D1727215

Geographisches Institut
der Universität Kiel
ausgesonderte Dublette

Lehrbuch der Allgemeinen Geographie
Band 6, Teil 1

Lehrbuch der Allgemeinen Geographie

Begründet von Erich Obst
Fortgeführt von Josef Schmithüsen

Autoren der bisher erschienenen Einzelbände

J. Blüthgen, Münster · K. Fischer, Augsburg
H. G. Gierloff-Emden, München · Ed. Imhof, Zürich
H. Louis, München · E. Obst, Göttingen · J. Schmithüsen, Saarbrücken · S. Schneider, Bad Godesberg
G. Schwarz, Freiburg i. Br. · M. Schwind, Hannover
W. Weischet, Freiburg i. Br. · F. Wilhelm, München

Walter de Gruyter · Berlin · New York 1989

PG-I-19a,2

Gabriele Schwarz

Allgemeine Siedlungsgeographie

4. Auflage

Teil 1

Die ländlichen Siedlungen

Die zwischen Land und Stadt stehenden Siedlungen

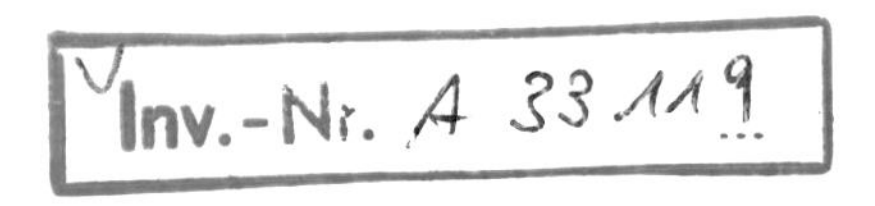

Geographisches Institut
der Universität Kiel
Neue Universität

Walter de Gruyter · Berlin · New York 1989

Professor Dr. Gabriele Schwarz
Albert-Ludwigs-Universität Freiburg i. Br.
Geographisches Institut I
Werderring 4
7800 Freiburg i. Br.

Teil 1 enthält 95 Abbildungen und 3 Tabellen

CIP-Titelaufnahme der Deutschen Bibliothek

Lehrbuch der allgemeinen Geographie / begr. von Erich Obst.
Hrsg. von Josef Schmithüsen. Autoren d. bisher erschienenen
Einzelbd. J. Blüthgen ... – Berlin, New York : de Gruyter.
NE: Obst, Erich [Begr.]; Schmithüsen, Josef [Hrsg.]; Blüthgen, Joachim
[Mitarb.]

Bd. 6. Schwarz, Gabriele: Allgemeine Siedlungsgeographie.
Teil 1. Die ländlichen Siedlungen. – 4. Aufl. – 1988

Schwarz, Gabriele:
Allgemeine Siedlungsgeographie / Gabriele Schwarz. – Berlin ;
New York : de Gruyter.
(Lehrbuch der allgemeinen Geographie ; Bd. 6)
Teil 1. Die ländlichen Siedlungen. Die zwischen Land und Stadt
stehenden Siedlungen. – 4. Aufl. – 1988
ISBN 3-11-007895-3

Copyright © 1988 by Walter de Gruyter & Co., Berlin 30.
Alle Rechte, insbesondere das Recht der Vervielfältigung sowie der Übersetzung, vorbehalten. Kein Teil des Werkes darf in irgendeiner Form (durch Fotokopie, Mikrofilm oder ein anderes Verfahren) ohne schriftliche Genehmigung des Verlages reproduziert oder unter Verwendung elektronischer Systeme verarbeitet, vervielfältigt oder verbreitet werden. Printed in Germany.
Satz und Druck: Buch- und Offsetdruckerei Wagner GmbH, Nördlingen.
Bindearbeiten: Dieter Mikolai, Berlin.

Vorwort zur 4. Auflage

Die vorliegende Auflage des Lehrbuchs mußte diesmal in zwei Teilen erscheinen. Dies erwies sich als unumgänglich, da sich die siedlungsgeographische Forschung immens ausgeweitet und neue Themenkreise aufgegriffen hat. Insbesondere die Literatur über die Siedlungen der Entwicklungsländer und über stadtgeographische Themen allgemein hat eine erhebliche Erweiterung erfahren. Trotz des gewachsenen Umfangs ist die Gliederung im Prinzip gleich geblieben, lediglich manche Kapitel-Überschriften wurden aktualisiert.

Wenn die Literatur über die ländlichen Siedlungen im allgemeinen nur bis Mitte der siebziger Jahre verfolgt werden konnte, so ist dies hauptsächlich arbeitsmäßig begründet. Jedoch dürfte dieser Mangel nicht allzu stark ins Gewicht fallen, da die Arbeiten zur Genese ländlicher Siedlungstypen inzwischen gegenüber denjenigen anderer Siedlungstypen an Bedeutung eingebüßt haben.

Die Literatur zu ländlichen Siedlungs- und Flurformen ist im Gegensatz zur letzten Auflage nun zusammengefaßt, da beides meist gemeinsam behandelt wird. In den Kapiteln IV und V wurden veraltete Titel ausgeschieden und statt dessen neuere Arbeiten aufgenommen. Erweitert wurde das Literaturverzeichnis hinsichtlich der Fremdenverkehrs- und Marktsiedlungen, weil die Beschäftigung mit diesen gegenwärtig besonderes Interesse entgegengebracht wird.

In bezug auf die Stadtgeographie ließ es sich nicht vermeiden, daß manche Kapitel neu formuliert wurden. Ich habe mich dabei bemüht, dem aktuellen Forschungsstand nahezukommen. Daß dies nicht immer gelingen konnte, hängt mit den schnellen Veränderungen, etwa im Gefolge politischer Krisen und raschen wirtschaftlichen Wandels zusammen. Abgesehen davon sind, seitdem das Manuskript für den Druck vorbereitet wurde, zahlreiche Untersuchungen im In- und Ausland erschienen, die nicht mehr eingearbeitet werden konnten.

Aus drucktechnischen Gründen mußte auf Seitenverweise verzichtet werden. Es war nur die Angabe der entsprechenden Kapitel bzw. Unterkapitel möglich. Mitunter habe ich die Nummern der Abbildungen bzw. Tabellen eingefügt, in deren Nähe sich der Text befindet, auf den Bezug genommen wird. Ansonsten muß auf das ausführliche Register zurückgegriffen werden.

Dem Verlag und seinen Mitarbeitern danke ich für ihre Geduld und Hilfe, die sie mir haben zuteil werden lassen. Ebenso danke ich all denen, die mir Teile des Manuskripts durchgesehen haben; bei Übersetzungen, kartographischen- und Schreibarbeiten ebenso wie bei den Korrekturen von Fahnen und Umbruch behilflich waren. Sie alle namentlich zu erwähnen, würde den Umfang eines Vorwortes sprengen.

Freiburg im Breisgau, Januar 1988 — Gabriele Schwarz

Es war Gabriele Schwarz nicht mehr vergönnt, das Erscheinen der 4. Auflage ihres Lehrbuchs selbst zu erleben. Kurz vor dem Abschluß der Arbeiten an ihrem Werk ist sie im März 1988 plötzlich verstorben. Den Text- und den Literaturteil hatte sie noch selbst zu Ende führen können. Lediglich die Arbeiten am Register waren noch nicht vollendet. Hierfür lagen jedoch bereits Unterlagen vor, die eine Fertigstellung ermöglichten. Damit kann dieses Lebenswerk von Gabriele Schwarz, das von ihrer beeindruckenden Persönlichkeit als Wissenschaftlerin Zeugnis ablegt, der Fachwelt zugänglich gemacht werden.

Aachen, Oktober 1988 Werner Kreisel

Inhalt

Teil 1

Teil 2

Verzeichnis der Abbildungen und Tabellen

Abbildungen

Tabellen

Literaturverzeichnis

I. Die Entwicklung der Siedlungsgeographie

Die Siedlungsgeographie in ihrer Entwicklung darzustellen, ist aus mancherlei Gründen nicht einfach. Sie ist ein Glied der allgemeinen Kulturgeographie und kann weniger als andere Zweige aus diesem Zusammenhang gelöst werden. Wenn ihre Entfaltung hier isoliert behandelt werden muß, dann gereicht eine solche Beschränkung einerseits zum Vorteil, weil die Verlagerung in den Schwergewichten der jeweils auftretenden Probleme von ihrer Ausgangsbasis bis zur vollständigen Anerkennung oder Einengung auf das zu verantwortende Maß gekennzeichnet werden kann; dasselbe birgt andererseits die Gefahr, die Integrität der allgemeinen Kulturgeographie nicht genügend zu beachten. Schließlich soll berücksichtigt werden, daß jede Einzeldisziplin im Rahmen von Zeitströmungen steht, deren geistige Bindungen teils hingenommen, teils durchbrochen werden, ohne die individuelle Persönlichkeit des Forschenden zu beeinträchtigen. Dieser Gesichtspunkt wurde wohl zuerst von Wisotzki für die Geographie fruchtbar gemacht. In scharfer Ablehnung gegenüber Peschels „Geschichte der Erdkunde" (1865), der diesen Gedanken „völlig ignorierte", verweist er in dem Vorwort zu seinen „Zeitströmungen der Geographie" (1897) auf folgende wichtige Tatsachen hin: „Das vorliegende Werk stellt sich die Aufgabe, Beiträge zu liefern für die Geschichte der Geographie des 16. bis 19. Jahrhunderts in ihrem Zusammenhange mit der sonstigen geistigen resp. kulturellen Entwicklung eines Zeitraumes ...". Bei der Ausweitung und intensiven Forschungsart, die die Geographie wie alle andern Disziplinen seitdem genommen haben, sind die Lücken in der geographisch-historischen Forschung heute kaum geringer geworden.

Alexander von Humboldt (1769-1859) und Carl Ritter (1779-1859) gelten mit Recht als die Begründer der modernen wissenschaftlichen Geographie, wozu die Verschiedenheit von Persönlichkeit und Werk sowie ihre gleichzeitige Wirksamkeit in Berlin (seit 1827) in glücklicher Weise beitragen mochten. Uns stellt sich die Frage nach ihrer Bedeutung für die Kultur- bzw. Siedlungsgeographie, und dann ist ein kurzes Eingehen auf ihr Schaffen und Bemühen unausbleiblich.

Alexander von Humboldt, begünstigt durch den Lebenskreis, in dem er reif wurde, und seine Gabe, das an sich heranzuziehen, was seiner Neigung entsprach, hatte sich früh naturwissenschaftlichen Studien zugewandt. Dabei war er bereits zu der Erkenntnis gelangt, daß „Wissenschaften einen inneren Zweck haben ...", denn „Alles ist wichtig, was die Gränzen unseres Wissens erweitert, und dem Geist neue Gegenstände der Wahrnehmung oder neue Verhältnisse zwischen dem Wahrgenommenen darbietet" (1797, II, S. 4 und 5). Der Nützlichkeitsstandpunkt, wie er in der Geographie des Rationalismus herrschte, wurde damit aufgegeben, und die Rückkehr zur Natur forderte nun ihre Erforschung. Nach der anzuerkennenden Interpretation von Beck (1959, I, S. 109) „wies Humboldt damit den Weg der zweckfreien Forschung, ohne sich von der Aufklärung zu trennen, die ja viele Möglichkeiten der Stellungnahme kannte". Hier liegt auch die Wurzel zum Verständnis seiner Südamerika-Expedition, die als Höhepunkt der verschiedenen

Zwecken dienenden Reisen des 18. Jahrhunderts anzusehen und zugleich als Ausgangsbasis für die wissenschaftlichen Reiseunternehmen der Zukunft zu betrachten sind. Die vielfältigen in Paris veröffentlichten Ergebnisse, die dreißig Bände füllen, wirken in manchem Bereich bis auf unsere Zeit, gaben der physischen Geographie mannigfaltige Anregungen und enthalten zahlreiche und tiefe Ansatzpunkte für spezifische Disziplinen der Naturwissenschaften oder für ihre Gesamtschau. Zwei Untersuchungen heben sich davon ab. Im Bd. VIII, „Examen critique de l'histoire de la géographie du Nouveau Continent" (1814-1834), der auf den vorangegangenen Band „Atlas géographique et physique du Nouveau Continent" (1814) bezogen ist, finden wir eine quellenkritische Arbeit, die zeigt, daß auch historisches Verständnis vorhanden war. Wichtiger für unsern Zusammenhang erscheinen die Bände XXIII und XXIV, die den „Essai politique sur le royaume de la Nouvelle-Espagne" (1811) enthalten. In der Verbindung von physischen und wirtschaftsgeographischen Verhältnissen, in der Art der Vergleiche u. a. m. wird er meist als die erste moderne Länderkunde bezeichnet, in der dennoch das Band zu Büsching nicht völlig aufgegeben ist (Brand, 1959; Beck, 1961, S. 70 ff.). Jedenfalls liegen hier vielleicht Anknüpfungspunkte für wirtschaftsgeographische, nicht aber für siedlungsgeographische Fragen vor.

Daß Alexander von Humboldt sich unabhängig von seinem Reisewerk naturwissenschaftlichen Problemen der einen oder andern Art zuwandte, ist verständlich genug. Sie teilweise in einer Form niederzulegen, die über den Kreis der Fachgelehrten hinausging, gelang ihm in vollkommener Weise in den „Ansichten der Natur" (1. Aufl. 1808), in denen zugleich die Methode des geographischen Vergleichs unmittelbar hervortritt. Noch einmal fand er Gelegenheit, seine Erfahrungen in Wort und Schrift zusammenzufassen, denn im „Kosmos" (1. Aufl. 1845-1862), dem „Entwurf einer physischen Erdbeschreibung", vereinigte er die naturwissenschaftlichen Erkenntnisse einer Periode, an deren Beginn er Descartes stellt und deren Ende in die zweite Hälfte des 19. Jahrhunderts fällt, einen weiten Bogen umspannend, wie es in der Persönlichkeit Alexander von Humboldts und eben noch zu jener Zeit möglich war, bevor die erhebliche Spezialisierung der Wissenschaften einsetzte.

Wesentlich schwieriger erscheint es, Carl Ritter und sein Wirken in kurzen Zügen einzufangen. In der philanthropischen Schule von Salzmann in Schnepfenthal groß geworden, steuerte er nicht unbedingt auf ein von ihm selbst gewähltes Ziel hin, sondern wurde nach kurzem Universitätsstudium in Halle Erzieher im Hause des Bankiers von Bethmann-Hollweg in Frankfurt a. M. Dieser Bestimmung suchte er in jeder Weise gerecht zu werden, nahm die Gedanken seiner Zeit, in der die Klassik von der Romantik abgelöst wurde, auf und suchte von ihm selbst empfundene wissenschaftliche Lücken auszufüllen. Das führt ihn – wohl ohne Anstoß von außen – zu seinen ersten Veröffentlichungen. „Europa, ein geographisch-historisches-statistisches Gemälde" (1804 und 1807) und „Sechs Karten von Europa über Produkte, physikalische Geographie und Bewohner dieses Erdteils" (1806), kein genialer Griff, um sofort anerkannt zu werden, aber der Beginn eigener wissenschaftlicher Arbeit.

Als sein Weg ihn nach Iferten führte (1807), öffnete sich ihm dort in mancher Beziehung eine neue Welt. Das Erlebnis der Alpen löste Kräfte in ihm aus, die sein

Naturgefühl steigerten und ein tieferes Begreifen der räumlichen Zusammenhänge ermöglichten. Die methodischen Anregungen, die er hier empfing, wirkten in ihm fort, so daß die innere Anschauung als das Wesentliche erkannt wurde und die begriffliche Fixierung nur als Notbehelf zu gelten hatte. Daraus ergibt sich eine höhere Bewertung der Synthese gegenüber der Analyse, ein schwierig zu bewältigender Denkprozeß, der aber der Länderkunde zugute kam. Hier wurde ihm zugleich die Anregung zuteil, eine Elementargeographie zu schaffen, so daß er auch von dieser Seite zu geographischen Fragen geführt wurde. In mannigfachen Gesprächen mit Mitarbeitern von Pestalozzi nahm Ritters Weltanschauung festere Formen an (Plewe, 1958) und mündete in der oft mißverstandenen Teleologie, die letztlich nichts anderes als das Bekenntnis zu einer gewissen Grundhaltung bedeutet, nämlich daß der Mensch, das Volk oder der Staat in dem Eingefügtsein in einen bestimmten Raum trotz aller Fortschritte einem höheren Ordnungsprinzip unterliegt.

In immer neuem Durchdenken fand Carl Ritter im Jahre 1813 Gelegenheit, seine Studien in Göttingen fortzusetzen, bis schließlich die Arbeit so weit gediehen war, daß an eine Veröffentlichung des ersten Teils gedacht werden konnte: „Die Erdkunde im Verhältnis zur Natur und zur Geschichte des Menschen oder allgemeine vergleichende Erdkunde“ (1818), zwar nie vollendet, aber doch einen Wegweiser für die künftige Geographie bildend. Die dazu gehörige „Einleitung zu dem Versuche einer allgemeinen vergleichenden Geographie“, die mehrfach abgedruckt wurde, ebenso wie der in der Berliner Akademie der Wissenschaften gehaltene Vortrag „Über das historische Element in der geographischen Wissenschaft“ (1833) stellen den Grundstein zu seiner Auffassung dar. Er brach bewußt mit der statistischen, auf politische Einheiten bezogenen Methode, in der die Zweckdienlichkeit im Zeitalter der Aufklärung das wesentliche Element abgab. Demgegenüber setzte er eine auf die physischen Verhältnisse bezogene Gliederung, und zwar jeweils unter Hinwendung zum Menschen, der teils das Vorhandene hinnimmt, teils es zu bewältigen lernt. Nicht mehr der Kosmos, sondern allein die Erde, diese aber als Wohn- und Erziehungshaus des Menschen, wird in sein geographisches, auf die Länderkunde ausgerichtetes Arbeitsfeld einbezogen, ein Gedanke, der unter etwas andern Voraussetzungen bereits bei Johann Gottfried von Herder anklingt (Schwarz, 1953). Als Lehrer an der Kriegsakademie und als erster Professor der Geographie an der Universität Berlin (1820-1859) hatte er die Möglichkeit, die geographische Wissenschaft in seinem Sinne weiter zu leiten und seine pädagogischen Interessen in den Dienst dieser Sache zu stellen. Man wird kaum davon sprechen können, daß er die Siedlungsgeographie befruchtete, aber über die Länderkunde war eher die Möglichkeit gegeben als über die physische Geographie, sich diesem spezifischen Zweig zu nähern.

Carl Ritters Wirken blieb nicht ohne Widerhall, sei es, daß Elisée de Reclus u. a. zeitweilig bei ihm als Lernende weilten, sei es, daß manches Werk seiner Schüler noch heute Beachtung verdient wie insbesondere die „Vergleichende allgemeine Erdkunde“ von Ernst Kapp (1845). Noch wesentlicher aber erscheint, daß sich auch Verbindungen zu Friedrich Ratzel (1844-1904), dem Begründer der Anthropogeographie, feststellen lassen. In einer Periode, in der die Naturwissenschaften Erfolg um Erfolg errangen, begann auch er mit naturwissenschaftlichen Studien, kam als Reiseschriftsteller und Journalist jedoch mit vielfältigen andern Problemen in Berührung, bis er zunächst in München und später in Leipzig als Hochschullehrer für Geographie ein ausgedehntes Wirkungsfeld fand.

Unter seinen zahlreichen Arbeiten steht in unserm Zusammenhang seine „Anthropo-Geographie" an bevorzugter Stelle. Der erste Band mit dem Untertitel „Grundzüge der Anwendung der Erdkunde auf die Geschichte" erschien in der ersten Auflage im Jahre 1882, der zweite, „Die geographische Verbreitung des Menschen", im Jahre 1891. Wohl von Darwin und dessen biologischer Entwicklungslehre beeinflußt und aus der Verbindung mit Moritz Wagner (1813-1887) in München um dessen Migrationstheorie wissend, kommt das deutlich in seiner „Anthropo-Geographie" zum Ausdruck. Ebenso machen sich diese Einwirkungen in seinen zahlreichen ethnologischen Arbeiten und in seiner „Politischen Geographie" (1897) bemerkbar mit den dazu gehörigen Aufsätzen, die zu einem erheblichen Teil in den „Kleinen Schriften" zusammengestellt wurden (1906).

Das grundlegende Werk von Carl Ritter erkannte Ratzel vollkommen an und hat das in seinen Untersuchungen klar zum Ausdruck gebracht. Gegenüber Alexander von Humboldt verhielt er sich kritisch, obgleich das Beherrschen der Naturschilderung eine gemeinsame Basis hätte abgeben können. „Wenn wir entsprechend Becks Aufforderung aus Ratzels anthropogeographischen Werken all dies wegdenken, was von v. Humboldt stammt, würden diese nicht zerfallen. Würden wir aber die Ritterschen Gedanken aus Ratzels anthropogeographischen Schriften entfernen, dann würden sich diese Werke sofort auflösen" (Steinmetzler, 1956, S. 114/115).

Ratzel baute auf den Gedanken Ritters auf, verwandte sie aber selbständig und gab ihnen eine eigene Wendung. In seiner Anthropo-Geographie, für die er auch die Bezeichnung „Kulturgeographie" verwandte (Anthropo-Geographie, I, S. 17), setzt er sich mit der Beziehung zwischen Natur und Mensch auseinander: „Wie an einem Fels von bestimmter Gestalt jede Welle in dieselbe Form von Brandungen zerschellen wird, so werden bestimmte Naturverhältnisse den auf ihrem Boden, in ihrer Umrahmung sich abspielenden geschichtlichen Geschehnissen immer wieder gleichartige Formen verleihen, ihnen dauernd Schranken und Bedingung sein. Sie erlangen damit eine Bedeutung, welche über diejenige hinausreicht, welche der Schauplatz für das einzelne geschichtliche Ereignis hat, sie sind ein Dauerndes im Wechsel der Völkergeschicke, die sich wohl in den geisteserfülltesten Momenten der Geschichte zu großer Freiheit erheben, ohne aber je die Wurzel lösen zu können, durch welche sie mit ihnen zusammenhängen" (Anthropo-Geographie, I, S. 42/43). Daraus geht deutlich hervor, daß Ratzel die Beziehung zwischen Natur und Mensch vor allem auf die Abhängigkeit des Menschen von der dauerhaften Natur beschränkt wissen will und soziologische Bedingungen, über die er durch Comte orientiert war, nicht in die Kulturgeographie aufzunehmen gewillt war. In seiner vorsichtigen Ausdrucksweise klingt immerhin die Umwelttheorie in der von ihm verstandenen Weise an. Sie tritt beherrschend bei manchem seiner Schüler hervor, insbesondere in der Interpretation von E. C. Semple, die mit ihrem Werk „Influences of Geography Environment on the Basis of Ratzel's System of Anthropo-Geography (1. Aufl. 1911) die angelsächsische Geographie für längere Zeit an der These des Milieus festhalten ließ.

Welchen siedlungsgeographischen Elementen schenkte nun Ratzel im Rahmen seiner Anthropo-Geographie Beachtung? In dem ersten Band behandelt er die Verteilung der Wohnstätten, besser der Wohnplätze, und leitet dies folgendermaßen ein: „Auch die kleineren und kleinsten Elementarorganismen der menschlichen Gesellschaft: Stämme, Gemeinden, Familien sind in Lage und Ausdehnung ihrer Wohnsitze vielfach von der Natur abhängig" (Anthropo-Geographie, I, S. 143/144). Er macht auf die Unterschiede zwischen Nomaden und Seßhaften aufmerksam, und bei den letzteren trifft er Unterscheidungen nach der Größe der Siedlungen und kommt zu den Städten, die nach ihm durch den Verkehr entstanden sind und deren geographische Lage er noch im wesentlichen nach dem Vorbild von J. G. Kohl behandelt und sich ausdrücklich auf ihn bezieht.

J. G. Kohl (1808-1878), der vor allem als Reiseschriftsteller bekannt wurde, offenbar nicht immer mit dem gewünschten Erfolg (Alexander, 1940), bemühte sich auch um wissenschaftliche Anerkennung, aber hatte ebenfalls in dieser Hinsicht wenig Glück. Ein Vortrag in der Berliner Gesellschaft für Erdkunde vor Carl Ritter und Alexander von Humboldt mißlang. Seine beiden wichtigsten Werke, „Der Verkehr und die Ansiedelungen des Menschen in ihrer Abhängigkeit von der Gestaltung der Erdoberfläche" (Dresden und Leipzig 1841) und „Die geographische Lage der Hauptstädte Europas" (Leipzig 1874), blieben zunächst wenig beachtet, bis Ratzel darauf aufmerksam machte. Somit liegt hier der Beginn der Stadtgeographie, wenn auch nur *ein* Problem herausgehoben und durch mathematische Begriffe der Wirklichkeit etwas Gewalt angetan wurde.

Eingehender erörterte Ratzel im zweiten Band der Anthropo-Geographie (1891), in dem der zuvor großzügig abgesteckte Rahmen sachlich unterbaut wird, siedlungs- und bevölkerungsgeographische Fragen. Hier wird der Begriff der Ökumene im geographischen Sinne geprägt und die Dynamik an der Grenze des Siedlungsraumes erkannt (S. 3-142). Hier auch werden Bevölkerungsdichte und -bewegung behandelt und auf die Schwierigkeiten verwiesen, die zwischen statistischer Erfassung und geographischen Belangen bestehen (S. 143-398). Und schließlich kommt er in dem Abschnitt „Die Werke und Spuren des Menschen auf der Erdoberfläche" auf die Siedlungen selbst zu sprechen. Er unterscheidet sie nach Größe, Gestalt und Verteilung, beschäftigt sich mit ihrer Physiognomie, die er durch Bauart und Material gegeben sieht (S. 399-463). Daß dabei mehr das Vorhandene in einer Überschau und weniger der Werdegang im Vordergrund steht, ist selbstverständlich, denn Ratzel war der erste, der die Kulturgeographie in das Gesamtgebäude der Geographie einführte. Den Städten widmete er ein besonderes Kapitel, gab zwar die Arbeit von J. G. Kohl in der Literatur an, ging nun aber weit über diesen hinaus, indem er sich nicht allein mit der Lage der Städte befaßte, sondern auch verschiedene Funktionstypen bestimmte, Hauptstädte miteinander verglich usf. (S. 464-509). Noch einmal ging er auf die „Lage der großen Städte" (1902) ein und schuf insgesamt die Grundlage der Siedlungsgeographie.

Dies geschah in einer Zeit, in der innerhalb der Geographie die physischen Probleme im Vordergrund standen. Man wird Ferdinand von Richthofen (1833-1905) in erster Linie als physischen Geographen kennzeichnen. Trotzdem nahm er die Kulturgeographie in seine Vorlesungen in Berlin auf, die nach seinem Tode von Otto Schlüter unter dem Titel „Vorlesungen über Allgemeine Siedlungs- und

Verkehrsgeographie“ (1908) veröffentlicht wurden. Ihm verdanken wir die Unterscheidung zwischen „bodenvager und bodenständiger Siedlung“ (S. 129 und S. 145), und auch ihn beschäftigte die Frage nach dem Verhältnis zwischen Siedlung und Verkehr (S. 259 ff.), wo er beide Möglichkeiten zur Diskussion stellt: Der Verkehr erzeugt Städte, und Städte erzeugen den Verkehr. Eine erstaunlich genaue Differenzierung gerade der mit dem Verkehr verbundenen Siedlungen schließt sich an.

Wesentlich später war die Siedlungsgeographie so ausgeweitet, daß Alfred Hettner (1859-1941) ihr in seinem Werk „Die Geographie, ihre Geschichte, ihr Wesen und ihre Methoden“ (1927, S. 147) innerhalb der Kulturgeographie eine eigene Stellung einräumte. Seine Arbeiten auf diesem Gebiet beschränkten sich auf zwei Aufsätze. Mit „Der Lage der menschlichen Ansiedlungen (1895)“, wo er zwar den wichtigen Unterschied zwischen geographischer und topographischer Lage traf, knüpfte er letztlich an das Vorhandene an und gab zu, daß die einseitige Ausrichtung auf die Lageverhältnisse dem Bedürfnis entspreche, die physischen Bedingungen einzubeziehen. In den „Wirtschaftlichen Typen der Ansiedlungen“ (1902) regte er eine andere und neue Betrachtungsweise an, was erst nach Jahrzehnten Frucht tragen sollte.

Die französische Geographie entwickelte sich mehr oder weniger selbständig. Als ihr wichtigster Vertreter, der in dieselbe Periode wie Ratzel und Richthofen gehört, hat Vidal de la Blache zu gelten (1845-1918). Seine Bedeutung liegt darin, daß er die Geographie an den französischen Universitäten zu einer wissenschaftlichen Disziplin erhob und einen großen Schülerkreis um sich sammelte, aus dem Persönlichkeiten hervorgingen, die sein Werk fortführten und auch für die Siedlungsgeographie wichtig wurden. In der engen Verbindung, in der in Frankreich das Studium von Geographie und Geschichte steht, und unter dem Einfluß von Ratzel wandte sich Vidal de la Blache der Kulturgeographie, der Géographie Humaine, zu, allerdings unter einem etwas andern Vorzeichen, als es in Deutschland geschah. In den posthum veröffentlichten „Principes de Géographie Humaine“ (1922) äußerte er sich eingehend über die Aufgabenstellung, löste sich von der einseitigen Naturbezogenheit und prägte den noch heute üblichen Begriff des „genre de vie“. In den einzelnen Abschnitten ging er exakter als Ratzel vor, so etwa bei der Verteilung des Menschen über die Erdoberfläche (S. 19-95) oder hinsichtlich des Baumaterials der Wohnstätten (S. 149-167), für die er eine bisher unübertroffen gebliebene Weltkarte entwarf. Auch die Form der Wohnplätze beschäftigte ihn (S. 119-197), wo er die Unterscheidung zwischen l'habitat dispersé und l'habitat aggloméré traf.

Aber es bedurfte noch anderer Hilfsmittel, die sowohl der Geographie der ländlichen Siedlungen als auch derjenigen der Städte zugute kamen. Unter ihnen muß zunächst die *Ortsnamen-Forschung* genannt werden. Ernst Förstemann hatte in seinem „Altdeutschen Namenbuch“ (1855-1859) die erste wissenschaftliche Ortsnamen-Sammlung geschaffen. In der deutschen Geographie wirkte sich stärker das Werk von Wilhelm Arnold aus (1826-1883), einem Schüler und späteren Freund von Leopold von Ranke, der sich der deutschen Rechtsgeschichte zugewandt hatte und von dieser Seite „Die Ansiedelungen und Wanderungen deutscher Stämme“ zumeist nach hessischen Ortsnamen behandelte (1875). „Seine mit

Vorsicht oder wechselnder Bestimmtheit vorgetragenen Ansichten von der Stammesgebundenheit der deutschen Ortsnamen wurde von voreiligen Jüngern in der Zukunft allzu wörtlich aufgefaßt. Sein bleibendes Verdienst ist es jedenfalls, daß es das Problem der Gruppenbildung der Ortsnamen ... in neuer Vertiefung aufgerollt hat und es ihm gelang, unter sprachlichen, geographischen und siedlungsgeschichtlichen Gesichtspunkten eine Gliederung der typischen Namen nach Siedlungsperioden vorzunehmen" (Bach, 1953, S. 9). Nach dem Ersten Weltkrieg wurde die These von der Stammesgebundenheit der Ortsnamen durch Adolf Bach (1923, S. 112-175) und Friedrich Steinbach (1926 und 1962) widerlegt; die Einordnung bestimmter Typen in Zeitperioden blieb jedoch bestehen. Seitdem wurde die Erforschung der Ortsnamen nach mancher Richtung intensiviert, wobei in den deutschen Grenzgebieten bei der Überschichtung verschiedenen Sprachgutes die wertvollsten Aufschlüsse ermittelt wurden. In der „Deutschen Namenkunde" von Adolf Bach (1953), die allerdings von sprachgeschichtlicher Seite geschrieben wurde, liegt und eine gute Zusammenfassung vor, in der auch die Entwicklung der Ortsnamen-Forschung außerhalb Deutschlands Berücksichtigung fand, wenngleich heute, durch prähistorische Untersuchungen in Nordwestdeutschland bedingt, für diesen Raum hinsichtlich der Ortsnamenschichtung Unsicherheiten auftauchen, zu denen von philologischer Seite noch keine Stellung genommen wurde.

In dieselbe Zeit, als die Betrachtung der Ortsnamen aufgenommen wurde, fällt ebenso die Begründung der *Volkskunde*. Wilhelm Heinrich Riehl (1823-1897) steht hier an erster Stelle. Durch seine zahlreichen Wanderungen hatte er sich genügendes geographisches Verständnis erworben, um „den Stil bestimmter Bevölkerungsgruppen" in ihren jeweiligen Siedlungen, sei es Land oder Stadt, kennzeichnen zu können. In der „Naturgeschichte des deutschen Volkes" (1851-1869) wurden nicht nur die volkskundlich-geographischen Beobachtungen literarisch verwandt, sondern auch die soziologischen Verhältnisse erfaßt, wie es der Untertitel „Als Grundlage einer deutschen Sozialpolitik" verrät. Erst wesentlich später und ohne Bezugnahme auf die Arbeiten von Riehl erhielt die Siedlungsgeographie durch die Soziologie einen neuen Impuls. Die „Deutsche Volkskunde" von Elard Hugo Meyer (1837-1908) bedeutete einen weiteren Schritt zur Verselbständigung dieser Disziplin. Überschneidungen mit der siedlungsgeographischen Betrachtung hinsichtlich Hausbau, Orts- und Flurform sind zwar vorhanden, aber bereits in dem genannten Werk zeichnen sich Unterschiede ab, denn meist werden nur die ländlichen Siedlungen einbezogen und für sie treten Sitte und Brauchtum, Mundart, Volksdichtung u. a. m. in den Vordergrund. E. J. Meyer hat recht, von der Situation am Ende des 19. Jh.s ausgehend, zu sagen, daß in diese Umwälzung mitten hinein die Volkskunde tritt, „indem sie das Alte liebevoll der Erinnerung bewahrt und aus Älterem erklärt und zugleich aufmerksam die Vorbereitung und Wendung zum Neuen nachweist" (1898, S. III). Letzteres ist nie ganz in Erfüllung gegangen, und deshalb bleibt die Aufgabenstellung der Volkskunde, die zurückblickt, eine andere als die der Geographie, die gerade bemüht ist, den Umwandlungsprozeß bis zur Gegenwart zu erfassen.

Die Entwicklung der Anthropologie kann hier außer acht gelassen werden. Wichtiger ist die Entfaltung der *Ethnologie* oder Völkerkunde (social bzw. cultural anthropology). Sie wurde teilweise noch im 19. Jh. von Geographen bearbeitet, wie es Oscar Peschel (1877) oder Friedrich Ratzel (1885-1889) taten. Das von ihnen zur Verfügung gestellte Material wird im modernen Schrifttum noch öfter benutzt (Werth, 1954). Die „Geographische Völkerkunde" von Siegfried Passarge (1934 und 1951) zeigt bereits die Grenze zwischen geographischer und ethnologischer Arbeitsweise und ist für beide Seiten nicht recht befriedigend. Die Aufgabe der Völkerkunde, von Adolf Bastian begründet (1826-1905), wurde von Eugen Fischer (1923, S. 4) klar und ohne Prätensionen folgendermaßen definiert: „Sie ist die Lehre von dem, was der Mensch in seinen einzelnen Verbänden, d. h. sozialen Gruppen, bewußt oder unbewußt an materiellen und immateriellen Erzeugnissen hervorbringt; sie studiert das seelische Leben. Aber es handelt sich dabei nicht um die seelischen Regungen des Einzelindividuums als solche ... Die Ethnologie beschränkt vielmehr ihr Augenmerk auf das geistige Leben von Gesamtheiten, sozialen Gruppen (Nationen, Völker, Stämme, Kasten, Klassen, Schichten, Verbände usw.). Daß man so oft hauptsächlich Gruppen geringer Kultur (von unserem Standpunkt aus) als Objekte der Ethnologie auffaßt, ist nur der zufälligen Tatsache zuzuschreiben, daß die Untersuchung der betreffenden Verhältnisse der sogenannten Kulturvölker längst den fertigen Disziplinen Geschichte, Kulturgeschichte usw. zugefallen ist". So wie sich die seelischen Äußerungen der Naturvölker in materiellen Verhältnissen manifestieren, demgemäß auch in den Siedlungen, erhalten wir von ethnologischer Seite eine erhebliche Hilfestellung, mögen auch die etwas weit gespannten Thesen über Kulturkreise nicht völlig gesichert erscheinen.

Weiter ist der Verbindung mit der *Urgeschichte* manches zu danken. Ebenso wie die Erforschung der Ortsnamen ist ihr Beginn mit dem Ideengut der Romantik verknüpft, mag sie sich auch späterhin anders entwickelt haben. Sie bildete ein wichtiges Fundament der Steppenheide-Theorie von Robert Gradmann, der, auf den Erfahrungen in Süddeutschland aufbauend, seine These das erstemal im Jahre 1901 vertrat. Auch Otto Schlüter, der die frühgeschichtliche Siedlungslandschaft Mitteleuropas zu rekonstruieren versuchte, zunächst an einigen Beispielen und dann zusammenfassend in den Jahren 1952-1958, griff auf urgeschichtliche Ergebnisse zurück. Da gegenüber der theoretischen und praktischen Methode begründete Bedenken erwachsen sind, zumal die Betrachtung jeweils nur beschränkte Räume umschließt, wurde späterhin von einer Erläuterung abgesehen. Inzwischen hat aber die Urgeschichte hinsichtlich der Erkenntnis von Orts- und Flurwüstungen bzw. entsprechenden Orts- und Flurformen erhöhte Bedeutung gewonnen. Von geographischer Seite ist lediglich die Frage zu klären, wieweit damit die gegenwärtige Gestaltung zusammenhängt. Von dieser Beantwortung, die teils bejahend, teils verneinend ausfallen wird, hängt es ab, in welcher Art die Urgeschichte für die Siedlungsgeographie fruchtbar gemacht werden kann.

Schließlich ist auf das Verhältnis zur Geschichte, insbesondere in dem Zweig der *Agrargeschichte*, einzugehen. August Meitzen (1822-1910), der von sich aus den Weg zur Geographie fand und anläßlich des ersten Deutschen Geographentages (1881) über „Das deutsche Haus in seinen volkstümlichen Formen" berichtete, hat der Siedlungsgeographie einen starken Impuls verliehen. Sein großartiges Werk „Siedlungen und Agrarwesen der Westgermanen und Ostgermanen, der Kelten, Römer, Finnen und Slawen" (1895) bietet eine Fülle von Material und gleichzeitig eine Flurkarten-Sammlung verschiedener europäischer Gebiete, wie sie noch heute als einmalig zu bezeichnen ist. Wohl muß auf den Zusammenhang zwischen Orts- und Flurformen einerseits und bestimmten Volks- oder Stammesgruppen andererseits, wie er es wollte und aus kulturhistorischen Bedingungen verständlich ist, verzichtet werden; trotzdem ist seine Leistung noch heute zu bewundern. Daß nicht nur in Deutschland, sondern auch in andern europäischen Bereichen die Agrargeschichte zum Verständnis geographischer Belange beigetragen hat, sei wenigstens erwähnt. In Frankreich hat Marc Bloch (1886-1944) als ihr Vertreter zu gelten, der in einem jüngeren Stadium sein Werk „Les caractères originaux de l'Histoire Rurale Française" (1931 und 1955/56) veröffentlichte, so daß die Siedlungsgeographie zunächst ihren eigenen Weg suchte und erst relativ spät die Verbindung herstellte.

Damit haben wir die Grundlagen gekennzeichnet, auf denen spezifisch siedlungsgeographische Arbeiten aufbauen konnten. Die erste wichtige Untersuchung dieser Art stammt von Otto Schlüter (1872-1959), der die „Morphologie der Kulturlandschaft" betonte und die physiognomisch faßbaren Elemente der Siedlungen in den Vordergrund stellte. „Die Siedelungen im nordöstlichen Thüringen als Beispiel für die Behandlung siedlungsgeographischer Fragen" (1903) zeigt das deutlich genug. Von der Bevölkerungsdichte ausgehend, wandte er sich dann dem „geschichtlichen Gang der Besiedelung" zu (S. 133 ff.). Darin setzte er sich mit den Vorstellungen Arnolds auseinander (S. 141 ff.), übernahm die zeitliche Staffelung in der Entstehung der Ortschaften auf der Basis der Ortsnamen, verfeinerte aber diese Methode und änderte einiges entsprechend den Verhältnissen in Thüringen ab. Auch die überlieferten Namen von Wüstungen wurden einbezogen, und das Wüstungsproblem als solches erfaßt (S. 202 ff.). Von der Lage der Siedlungen ging er zu ihrer „äußeren Gestalt" über (S. 291 ff.). Die zunächst formal dargelegten Formen verglich er dann mit den Siedlungsepochen, d. h. den Ortsnamen, und konnte auf diese Weise bestimmten Zeitabschnitten typische Ortsformen zuordnen. So war ein bedeutungsvoller Schritt vorwärts getan. Eines allerdings fehlte zur Vervollständigung, nämlich die Betrachtung der Flurformen. Warum dies unterlassen wurde, läßt sich nicht übersehen, zumal Schlüter das Werk von Meitzen kannte und in anderer Hinsicht darauf Bezug nahm.

Robert Gradmann (1865-1950), der sich Süddeutschland zum Arbeitsfeld wählte, untersuchte hier auch eingehend die Siedlungen. „Das ländliche Siedlungswesen des Königreichs Württemberg" (1913) ist die zweite grundlegende Studie dieser Art, in deren Einleitung die Beziehungen zur Geschichte dargelegt werden: „Wir treiben lediglich Siedlungs*geographie*, d. h. wir betrachten die Siedlungen lediglich vom geographischen Standpunkt aus. Zahl, Größe, Form, räumliche Verteilung, wirtschaftlicher und kultureller Charakter der Siedlungen sind die Gegenstände unserer Untersuchung. Dazu gehören die Fragen nach dem Alter der Siedlungen, nach der Nationalität ihrer Begründer, nach den rechtlichen und wirtschaftlichen Bedingungen, unter denen sie entstanden sind, grundsätzlich der Siedlungs*geschichte* an und kümmern uns nur insoweit, als sie für die Siedlungsverhältnisse der Gegenwart von Bedeutung sind. Wir werden allerdings finden, daß dies in ziemlich weitem Umfang der Fall ist". Darin ist klar ausgesagt, daß hinsichtlich der Siedlungen eine gewisse Überschneidung zwischen geographischer und historischer Forschung vorliegt und ein solcher Zusammenhang nicht verlorengehen darf. Gradmann berücksichtigte unter ausdrücklichem Hinweis auf die agrarhistorischen Untersuchungen Orts-, Haus- und Flurform und stützte sich bei der Behandlung der letzteren einerseits auf die vorhandenen Flurkarten und andererseits auf die Ergebnisse von Meitzen. Man mag in mancher Beziehung heute weiter gekommen sein, etwa in der Entwicklung des Haufendorfes und der Gewannflur, in der Eigenständigkeit, die Orts- und Flurform besitzen, aber dies wäre ohne die einmal geschaffene Grundlage nicht möglich gewesen.

Vor dem Ersten Weltkrieg war auf diese Weise für die geographische Betrachtung der ländlichen Siedlungen die Basis vorhanden. Auch hinsichtlich der Städte griff man das eine oder andere Problem auf. Hettner (1895) wies auf deren geographische und topographische Lage hin, wie es bereits früher erwähnt wurde. Schlüter (1899) stellte unter Bezug auf die historische Arbeit von Fritz (1894) den Grundriß in den Vordergrund. Der Aufrißgestalt widmete sich Hassinger (1916) in dem „Kunsthistorischen Atlas der Haupt- und Residenzstadt Wien". Von sozialpolitischer Seite wandte sich Howard (1899) gegen das ständige Wachstum der Großstädte und forderte die „Gartenstadt", und Geddes prägte im Jahre 1915 für die kaum noch überschaubaren Agglomerationen den Begriff der „Conurbation". Am Beispiel von Wien entwickelte Hassinger die Isochronenmethode (1910), um Großstädte gegen das Land abgrenzen zu können, ein Verfahren, das in manch anderer Form in der Stadtgeographie noch heute angewandt wird.

Mehrere geographische Stadtmonographien entstanden in jener Zeit. Unter ihnen muß die von Hanslik über Biala (1909) und diejenige von Blanchard über Grenoble (1912) genannt werden, letztere die einzige dieser Art, die mehrere Auflagen erlebte. An Hand eines Vergleichs der württembergischen Städte ging Gradmann daran, unter weitgehender Berücksichtigung der historischen Literatur deren Entstehung zu klären und bestimmte Grundrißformen der „gegründeten Städte" herauszustellen (1914, S. 16ff.). Immerhin war im ersten Jahrzehnt dieses Jahrhunderts das stadtgeographische Material bereits so ausgedehnt und die Stadt als besonderes geographisches Phänomen erkannt, daß es gewagt werden konnte, zu einer zusammenfassenden Darstellung zu gelangen. Hassert verdanken wir die kurze und für die damalige Zeit treffende kleine Arbeit „Die Städte geographisch betrachtet" (1907), in der er den funktionalen Typen, der Beziehung zwischen Stadt und Verkehr, dem Großstadtproblem und schließlich der Physiognomie Aufmerksamkeit schenkte.

Nach dem Ersten Weltkrieg ging die Erforschung der Siedlungen auf breiterer Grundlage weiter, teils in speziell darauf ausgerichteten Untersuchungen, teils im Rahmen der Landeskunde. Da bei der Behandlung der ländlichen Siedlungen oft andere Probleme als bei der der Städte auftauchen, soll die Entwicklung des einen und des andern Zweiges gesondert aufgezeigt werden.

Zwei verschiedene Richtungen charakterisieren zunächst die Arbeiten über die ländlichen Siedlungen. Die erste ist in Anlehnung an Schlüter im wesentlichen morphographisch orientiert, insbesondere was den Grundriß anlangt. „Die Grundrißgestaltung der deutschen Siedlungen" (1928) von Martiny ist das beste Beispiel dafür. Die Mannigfaltigkeit der aufgestellten Typen birgt gewisse Schwierigkeiten, so daß der Verfasser sich hat nicht durchsetzen können. Abgesehen davon gewann die genetische Auffassung immer mehr an Gewicht, was insgesamt als Vorzug zu werten ist, allerdings häufig den Nachteil mit sich bringt, daß die gegenwärtigen Verhältnisse von Haus-, Orts- und Flurformen außer acht bleiben und das geographische Moment nicht ganz gewahrt wird. Für ein beschränktes Gebiet wandte sich Martiny selbst der zweiten Methode zu. In seiner Abhandlung „Hof und Dorf in Altwestfalen" (1926), wo Ortsnamen, Orts- und Flurformen zur Deutung herangezogen wurden, konnte er die Streusiedlung dieses Bereiches in ihrer Alterseinstufung klären und zugleich Meitzen widerlegen, der dafür keltischen Ursprung annahm. Seitdem ist die siedlungsgeographische Forschung in Nordwestdeutschland insbesondere durch die Arbeiten von Müller-Wille, Niemeier und Schott weit vorangekommen. Trotzdem liegt nur eine kleinmaßstäbige Karte der Verbreitung der ländlichen Siedlungstypen für Westfalen vor (Müller-Wille, 1952, S. 168).

In Süddeutschland konnte man auf Gradmanns Arbeiten aufbauen. Einige seiner Thesen wurden abgewandelt wie etwa die unbedingte Zuordnung von bestimmter Orts- zu bestimmter Flurform (Schröder, 1944, S. 62). In späterer Zeit rückte Huttenlocher (1949) die Funktionserscheinungen stärker in den Vordergrund. Aber es fehlte nicht an Versuchen, die primäre Entstehung der Gewannflur zu entkräften. Den Anstoß dazu gab Hömberg, der in den „Grundfragen der deutschen Siedlungsforschung" (1938) Ergebnisse aus dem Rheinischen Schiefergebirge verallgemeinern wollte und damit wenigstens die Unterscheidung zwischen primärer Gewannflur und Blockgewannflur anregte. Heute spielt einerseits die von Krenzlin (1961) entwickelte rückschreibende Methode eine Rolle, mit der man die Flurgestalt bis in das 16. Jh., mitunter auch bis in das Spätmittelalter bei günstiger Quellenlage zurückverfolgen kann. Hatte schon Schlüter die Wüstungen einbezogen, so gab Scharlau (1933) dafür eine schärfere begriffliche Fixierung. Andererseits fand Born (1970) in der Verknüpfung von Wüstungsforschung und rückschreibender Methode ein Mittel, bis zu hoch- und frühmittelalterlichen Altformen von Siedlung und Flur vorzudringen.

In Ostdeutschland liegen die siedlungsgeographischen Bedingungen anders, in mancher Beziehung schwieriger, in anderer einfacher. Krenzlin untersuchte die Rundlinge im hannoverschen Wendland (1931) und wandte sich dann vornehmlich den ländlichen Siedlungen Brandenburgs zu, deren Ausprägung sie in Zusammenhang mit der landwirtschaftlichen Nutzung brachte (1953). Kötzschke, allerdings Historiker, und die von ihm ausgebildete Schule beschränkten sich bei ihrer Arbeit nicht allein auf Sachsen, sondern dehnten ihre Forschungen auf den gesamten deutschen Osten aus. So erfolgte eine systematische Behandlung der „Ländlichen Siedelformen im deutschen Osten" (1937) durch Ebert; leider wurde die dazugehörige Karte der Ortsformen nicht gedruckt. Auch in Breslau machte die Erfassung der Siedlungen Fortschritte; man denke etwa an die Veröffentlichung von Schlenger „Formen ländlicher Siedlungen in Schlesien" (1930).

Die Leistung der deutschen siedlungsgeographischen Forschung wäre unvollständig dargestellt, wenn nicht auch die im Ausland durchgeführten Untersuchungen kurz erwähnt würden. Insbesondere auf der Iberischen Halbinsel kam dies zum Tragen, vornehmlich durch die gründliche Landeskunde über Portugal von Lautensach (1932 und 1937) und durch die „Siedlungsgeographischen Untersuchungen in Niederandalusien" von Niemeier (1935). Es ist insbesondere das

Verdienst von Schmieder, der selbst in Nord-, Mittel- und Südamerika wichtige Ergebnisse erzielt hatte (1932, 1933, 1934 bzw. 1962, 1963), in seinem Institut nachdrücklich die kulturgeographische Auslandsarbeit gefördert zu haben. Wenzels „Sultan Dagh und Akschehir-Ova" (1932), „Die ländlichen Siedlungen und die ländliche Wirtschaft" in Hochbulgarien von Wilhelmy (1935) und „Landnahme und Kolonisation in Canada am Beispiel von Südontario" von Schott (1936) seien zumindest erwähnt, um einen Begriff von der Weite des Untersuchungsfeldes zu bekommen. Diese Tradition ist in noch größerem Umfang nach dem Zweiten Weltkrieg fortgesetzt worden, so daß eine Fülle von Untersuchungen über ländliche Siedlungen für Nord- und Südamerika, für Afrika, Asien, Australien und Neuseeland entstanden, die hier nicht einzeln aufgeführt werden können.

Die die Einzelergebnisse zusammenfassenden Darstellungen lagen zeitlich leider zu früh, um einen befriedigenden Überblick zu vermitteln. Dies betrifft einerseits den Sammelband von Klute „Die ländlichen Siedlungen in verschiedenen Klimazonen" (1933), wobei die Bezugnahme auf unterschiedliche Landschaftsgürtel wohl richtiger gewesen wäre. Selbst wenn in der Einleitung gewisse Richtlinien gegeben wurden, in denen die Flurformen außer acht blieben, so hatte jeder Verfasser genügend freie Hand, um sein Kapitel in selbständiger Art gestalten zu können. Immerhin wurde für einige europäische und überseeische Gebiete eine bis dahin nicht vorliegende Übersicht gewonnen. Andererseits machen sich die fehlenden Unterlagen in dem Abschnitt über die ländlichen Siedlungen in der „Geographie des Menschen" von Hassinger bemerkbar (1933, S. 403-433). Den Hausformen und der topographischen Lage wird das Übergewicht zugestanden, und die Behandlung der Orts- und Flurformen geht nur wenig über Mitteleuropa hinaus. Man wird sich der resignierenden Meinung des Autors anschließen müssen, daß „eine erdumspannende Schau der siedlungsgeographischen Verhältnisse noch lückenhaft und ungleichmäßig bleibt" (S. 406). Bedenkt man allerdings, daß zuvor von französischer Seite eine umfassendere Übersicht gegeben wurde, was später noch zu erörtern ist, so kann man nur bedauern, daß Hassinger sich nicht ausführlicher mit den ländlichen Siedlungen abgab. Dörries, der uns die wertvolle bevölkerungs- und siedlungsgeographische Bibliographie schenkte, war es leider nicht vergönnt, das von ihm kritisch durchgesehene Material zu einem Gesamtbild zu vereinigen.

Nach dem Zweiten Weltkrieg befaßte sich Schröder (1974) verstärkt mit der Entwicklung der bäuerlichen Hausformen des südwestlichen Mitteleuropa. Sonst ruht das Schwergewicht der deutschen Forschung auf der Genese der Siedlungs- und Flurformen und ist vornehmlich historisch-geographisch orientiert. Das kommt einerseits in der Zusammenfassung von Born (1974) über die Entwicklung der deutschen Agrarlandschaft zum Ausdruck, andererseits in dem von Nitz (1974) herausgegebenen Band „Historisch-genetische Siedlungsforschung", in dem ältere und jüngere Aufsätze über bestimmte siedlungsgeographische Probleme zusammengestellt wurden. Weiter ist auf die Arbeit von Born „Geographie der ländlichen Siedlungen, Teil I: Die Genese der ländlichen Siedlungen in Mitteleuropa" (1977) zu verweisen, in der sich der Verfasser auf die Orts- und Flurformen beschränkt und den Versuch unternimmt, für beide Entwicklungsreihen abzuleiten. Mehr dürfte der Leser von der zuvor genannten Untersuchung haben.

Schließlich ist es der Initiative von Uhlig zu danken (1969 und 1972), daß man im Gedankenaustausch mit europäischen Siedlungsgeographen zu einer einheitlichen Nomenklatur fand, die in dieser Auflage unter Angabe der früheren Bezeichnungen verwendet wird.

Schließlich muß darauf aufmerksam gemacht werden, daß die Erforschung der ländlichen Siedlungen von deutscher Seite im Ausland, sei es in Afrika, im mittleren Osten, in Indien, Südostasien und Lateinamerika ein Ausmaß erreicht hat, wie es zuvor nicht möglich gewesen wäre, ohne daß an dieser Stelle näher darauf eingegangen werden könnte.

Man darf nicht meinen, daß die Geographie der ländlichen Siedlungen nur in Deutschland eine Stätte fand. Allerdings traf dieser Zweig in andern Ländern auf unterschiedliches Interesse. In den europäischen Mittelmeerländern brachten ausländische Untersuchungen maßgebende Grundlagen, bis man dazu kam, sich selbständig damit zu befassen. In Italien geht das in erster Linie auf Biasutti zurück, der die Reihe „Ricerche sulle Dimore Rurali in Italia" mit dem ersten Band „La casa rurale in Toscana" (1938) einleitete. Ob von heimischer oder ausländischer Seite, zeichnet sich jetzt eine vertiefte Auseinandersetzung mit den Problemen der ländlichen Siedlungen ab, wie es u. a. in dem von Desplanques herausgegebenen Band über die europäische Agrarlandschaft zum Ausdruck gelangt, in dem dem Mittelmeerraum besondere Beachtung geschenkt wurde.

Völlig anders verlief die Entwicklung in den nordischen Ländern, wo geeignetes historisches Material zur Beschäftigung mit siedlungsgeographischen Fragen führte, aber auch die Problematik von besonderer Art war. Die bolskifte im frühen Mittelalter, die solskifte im Hochmittelalter und schließlich der Vereinödungsprozeß seit der zweiten Hälfte des 18. Jh.s ließen die Genese der ländlichen Siedlungen zu einem dankbaren Forschungsobjekt werden. Diesem Sachverhalt trugen u. a. die Arbeiten von Vahl (1934) und Hastrup (1964) für Dänemark, Enequist (1937), Hannerberg (1955) und seiner Schüler für Schweden, Granö (1952) für Finnland und Rönneseth (1974) für Norwegen Rechnung. In Großbritannien hielt man sich etwas isoliert, zumal die früh einsetzende enclosure-Bewegung und die Industrialisierung häufig ältere Siedlungstypen verwischten, wenngleich Einzelarbeiten immerhin soviel bieten, daß ein Einbau in die europäische Gesamtentwicklung möglich erscheint.

Die französische Forschung bildet den Gegenpol zur deutschen. Sie fand in Albert Demangeon einen unermüdlichen Förderer und Führer (1872-1910), so daß eine gleichmäßige Ausrichtung des Zieles erfolgen konnte. Er wandte sich einer Klassifikation der Hausformen zu, einerseits für Frankreich (1920), andererseits die Ökumene umspannend (1937) und fand die Beziehung zu physischen Bedingungen, sozialen Verhältnissen und landwirtschaftlicher Nutzung. Diese Gliederung wurde von J. Brunhes in die dritte Auflage seiner etwas eigenwilligen „Géographie Humaine" (1925) übernommen.

Bereits im Jahre 1927 entstand die größere Arbeit „La géographie de l'habitat", ein erstaunlich weitsichtiger Überblick über die Welt unter Benutzung ausgedehnter Literatur, in der die deutsche einen wesentlichen Platz einnimmt. Hier bezog er auch die Flurformen ein in der Unterscheidung von „villages à champs assolés, villages à champs contigus und villages à champs dissociés", etwas variiert von der

Gliederung von Bloch (1931) und derjenigen von Dion (1934) und mit einer gewissen Distanz zu allgemeinen Hypothesen, die die beiden letzteren Autoren jedenfalls für Frankreich aufgestellt haben. „Seitdem ist die Forschung in eine Phase örtlich begrenzter analytischer und synthetischer Arbeiten eingetreten" (Juillard und Meynier, 1955, S. 15). Das Verdienst von Demangeon bleibt trotzdem erhalten, zumal er es vermochte, die Siedlungsgeographie als besonderen Programmpunkt auf den Internationalen Geographentagen (seit dem Jahre 1925) einzuführen. Auch Sorre, der mit den „Fondements de la Géographie Humaine" auf andere Weise als zuvor der Analyse der Kulturlandschaft eine Grundlage gab, behandelt in seinem Bd. III (1952) das Siedlungswesen als Synthese der biologischen und technischen (wirtschaftsgeographischen) Voraussetzungen und stützt sich dabei hinsichtlich der ländlichen Siedlungen in Zustimmung oder Kontroverse auf Demangeon.

Abgesehen von Spezialarbeiten verknüpfte man in Frankreich – stärker als in Deutschland – agrar- mit siedlungsgeographischen Problemen, was in unterschiedlicher Weise bei Faucher (1949), Derruau (1969) oder George (1963) zu erkennen ist. Der deutschen Auffassung am nächsten kommt die Zusammenfassung von Lebeau (1972), der die Flurformen einbezog.

In Nordamerika sind die Fragen nach der ländlichen Siedlungsform weniger akut. Man richtet sein Interesse auf die besonders auffallenden Gruppensiedlungen und deren soziologische Bedingungen, und der letztere Gesichtspunkt wurde u. U. in europäischen Ländern aufgenommen. In den großräumigen Landeskunden, die Amerikaner verfaßten, zeigt sich, daß die Geographie der ländlichen Siedlungen durchaus bekannt ist.

Es soll nicht daran vorbei gegangen werden, daß auch in andern als den bisher genannten Gebieten die ländlichen Siedlungen in die geographische Betrachtung einbezogen werden, teils an Hand von Einzelbeispielen, teils in Form von Übersichten. Japan ist offenbar dabei am weitesten gekommen, indem Toshio Noh eine „Morphologie der ländlichen Siedlungen" schuf (1952), die leider nicht in eine internationale Sprache übersetzt wurde, so daß die Grundgedanken lediglich über Besprechungen zugänglich sind.

Soziologische Untersuchungen in den Vereinigten Staaten, Gemeindetypisierungen in manchen europäischen Ländern und Siedlungsmonographien gaben eindeutig zu erkennen, daß es Ortschaften gibt, die weder zu den ländlichen gehören noch zu den Städten zu rechnen sind. Sie nehmen eine Übergangsstellung ein, selbstverständlich auch in der methodischen Behandlung, was nahelegte, sie trotz ihrer Vielfalt als besondere Gruppe auszuscheiden. Sie wurden von Uhlig-Lienau (1972) unter den Siedlungen des ländlichen Raumes einbezogen.

Hinsichtlich der Städte knüpfen wir an das früher Gesagte an. Zunächst blieb die Betrachtung auf die geographische und topographische Lage, auf die Grundriß- und Aufrißgestaltung beschränkt. „Die deutsche Stadt" von Geisler (1924), die im Ausland öfter als einziger Beitrag der deutschen Forschung zur Stadtgeographie bekannt ist, zeigt dies in eindrucksvoller Weise. Mehr zur Genese im Hinblick auf die historische Begründung neigte Dörries, sowohl beim Vergleich einzelner Städte als auch im Hinblick auf die Gesamtheit der niedersächsischen Städte, deren Entstehung und Formenbild er darlegte (1929); zwar gelangte er zu andern

Ergebnissen als Gradmann für Württemberg, was ohne weiteres mit der regionalen Differenzierung innerhalb Deutschlands zusammenhängen kann. Die geographische Definition der Stadt, die Dörries gab, entspricht jedenfalls durchaus dem physiognomischen Standpunkt (1930). Dieser überwiegt auch in den „Stadtlandschaften der Erde", von Passarge im Jahre 1930 herausgegeben, wo der Versuch unternommen wird, von der Individualität einer Stadt abzusehen und sie in den Rahmen der Kultur zu stellen, aus der sie erwachsen ist. Auch im Ausland war die allgemeine Situation ähnlich. Es sollen nur zwei Beispiele angeführt werden, die Arbeit des Amerikaners Leighly über „The towns of Mälardalen in Sweden" (1928) und diejenige von Nelson „Svenska stadstyper. Byggnadmaterial och stadsplaner" (1931).

Nachdem dann andere Gesichtspunkte in den Vordergrund traten und heute noch bestimmend sind, blieb die morphologische Arbeitsweise hier und da noch erhalten. Sie bekam einen neuen Aspekt durch die gründliche Untersuchung von Conzen, eine englische Landstadt betreffend, nämlich Alnwick in Northumberland (1960). Während man früher die Genese des Straßennetzes berücksichtigte, werden nun die Baublöcke und Bauparzellen verfolgt und diejenigen, die etwa dieselbe Entwicklung durchgemacht haben, zu einem Typus vereint. So erhält man kleinräumige morphologische Einheiten, die eine Gliederung der Gesamtstadt bewirken.

Eine solche Differenzierung kann auch auf andere Weise und mit anderen Zielen erreicht werden, indem funktionale Glieder herausgestellt werden, was sich insbesondere für Großstädte als lohnend erweist. Sten de Geer gab eine erste solche Übersicht für Stockholm (1923), Ahlmann u. a. setzten die Arbeit mit intensiveren Methoden fort (1934), und William-Olsson gelang der Vergleich über ein halbes Jahrhundert hinweg (1937), so daß nicht allein der Zustand, sondern auch die Veränderungen der inneren Differenzierung in die geographischen Untersuchungen aufgenommen wurden. Seitdem bildet dieser Zweig einen unentbehrlichen Bestandteil der nordischen Stadtgeographie. Auch in Frankreich erkannte man schnell dessen Bedeutung, so daß z. B. Demangeon in seiner Arbeit „Paris, la Ville et sa Banlieue" (1934) einen erheblichen Teil darauf verwandte, Blanchard die dritte Auflage seiner Monographie über Grenoble (1935) dadurch vervollständigte, und in mancher Untersuchung nur dieses Problem behandelt wird, wie es z. B. Barrère für Bordeaux tat (1956). In Rom erscheint eine Reihe „Ricercha di Geografia Urbana", in der manch wertvolle Studie in der genannten Hinsicht enthalten ist. Etwa gleichzeitig wie in Europa wurde die Frage nach der funktionalen und sozialen Gliederung, verbunden mit dem Wachstum der Städte, in den Vereinigten Staaten aufgenommen, allerdings nicht von geographischer, sondern von soziologischer Seite. Deshalb war auch die Richtung eine etwas andere, indem man für die Lage der verschiedenen Stadtteile nach theoretischen Vorstellungen suchte. Das ringförmige Schema von Burgess (1925), das der Sektoren von Hoyt (1935) oder die Mehrkerntheorie von Harris und Ullman (1945) weisen darauf hin, daß nach einem allgemein verbindlichen Prinzip gesucht wurde, wodurch das Wachstum der Städte und ihre innere Gliederung bestimmt werden. Der soziologische Gesichtspunkt hat weitgehenden Einfluß auf die amerikanische, europäische, japanische Stadtgeographie und die anderer Länder gewonnen und erweist sich dort als besonders fruchtbar, wo verschiedene Bevölkerungsgruppen mit- oder nebeneinander leben. Jedenfalls ist die funktionale und soziale Differenzierung zu einem wichtigen Element in der Stadtgeographie geworden, so daß einerseits die City als ein Teilglied und andererseits die innere Gliederung insgesamt anläßlich des Internationalen Geographentages in Stockholm (Norborg, 1962) besonders ausführlich behandelt wurden, was seitdem so geblieben ist, zumal die stadtgeographischen Probleme nun auf die Dritte Welt ausgedehnt wurden.

Hassert (1907, S. 34ff.) bezog zwar die funktionalen Stadttypen in die Betrachtung ein, aber sonst hat man sich in Deutschland relativ wenig damit befaßt, wohl deswegen, weil die Tendenz immer mehr auf die Ausbildung multifunktionaler Städte gerichtet ist. In Frankreich hat man sich stärker diesem Zweig zugewandt, zuletzt in dem nach statistischen Methoden arbeitenden Werk von Carrière und Pinchemel (1963) „Le fait urbain en France". Seitdem Harris (1943) eine erste funktionale Klassifizierung sämtlicher Städte der Vereinigten Staaten von 10 000 Einwohnern und mehr vornahm, ging man hier mit sich verfeinernden Methoden demselben Problem nach, sei es, daß die Standardabweichung (Nelson, 1955), sei es, daß das basic-non-basic-Konzept im Vordergrund stand (Alexandersson, 1956). In zahlreichen Ländern der Welt bildet die funktionale Städtetypisierung einen wichtigen Grundstein im Rahmen der Stadtgeographie, wobei Entwicklungsländer nicht ausgenommen sind (Übersicht in Berry und Horton, 1970, S. 144ff.).

Schließlich ist ein letzter Problemkreis zu erwähnen, der sich mit der Rangordnung der Städte und den damit verbundenen Hinterlandsbeziehungen befaßt. Auf soziologischer Basis beschäftigten sich Douglas (1927) und Kolb (1933) damit in den Vereinigten Staaten, und in der ersten Stadtdefinition von Bobek (1927) klingt dieser Zusammenhang an. An einem Beispiel, nämlich den unterschiedlichen Einzugsbereichen von Leeds und Bradford, gelangte Dickinson (1930) zu dieser Frage. So war manche Vorarbeit geleistet, bis das Werk von Christaller (1933) erschien: „Die zentralen Orte in Süddeutschland" mit dem Untertitel „Eine ökonomisch-geographische Gesetzmäßigkeit der Verbreitung und Entwicklung der Siedlungen mit städtischen Funktionen". Seitdem trat in Deutschland eine Wandlung stadtgeographischer Betrachtungsweise ein, indem man die Städte als zentrale Orte bestimmter Ordnung mit einem daraus sich ergebenden Hinterland erkannte. Das blieb nicht auf Deutschland beschränkt, sondern fand ebenso Eingang in die Forschung der nordischen Länder, und dasselbe zeigte sich in Frankreich (Chabot, 1934 und 1961) und Großbritannien. Hier, wo die mittelalterliche Verwaltungseinteilung nicht mehr mit der durch die Industrialisierung hervorgerufenen Situation übereinstimmte, wurde das Problem der Hierarchie der Städte und ihres Hinterlandes ein besonderes Anliegen. Dickinson (1947) faßte mit Hilfe einer reichhaltigen Literatur in seinem Werk „City, Region and Regionalism" die Ergebnisse auf diesem Gebiet zusammen und regte weitere Arbeiten an. Zwei verschiedene Richtungen lassen sich dabei erkennen. In der einen werden geographische Tatbestände zugrunde gelegt und die realen Verhältnisse dargestellt wie z. B. in der Arbeit von Klucka (1970): Zentrale Orte und zentralörtliche Bereiche mittlerer und höherer Stufe in der Bundesrepublik Deutschland". Bei der zweiten sucht man auf ökonomischer und soziologischer Basis mit Hilfe umfangreicher quantitativer Methoden zu einem Modellschema zu gelangen. Seitdem das Werk von Christaller in den Vereinigten Staaten bekannt wurde, hat man sich dort insbesondere letzterem zugewandt, nicht allein in bezug auf die Stadt-Land-Beziehungen, sondern auch im Hinblick auf die zuvor genannten andern Schwerpunkte der modernen Stadtgeographie, am besten zusammengefaßt von Berry und Horton (1970). Manche Versuche in dieser Richtung werden auch in Europa übernommen, wenngleich es bei der starken historischen Verankerung der Städte fraglich erscheint, ob die anstehenden Probleme hier damit gelöst werden können.

Zum Schluß sei darauf hingewiesen, daß auch der kulturellen Verankerung der Städte Beachtung geschenkt wird. Ob Schöller (1967) die deutschen Städte charakterisierte, Wirth (1975) die orientalischen, Harris (1970) diejenigen der Sowjetunion, Kiuchi (1970) die japanischen, Wilhelmy (1952) die südamerikanischen, zusammen mit Borsdorf vor kurzem erheblich erweitert (1984-1985) – ohne daß letzteres Werk noch ganz benutzt werden konnte, Hofmeister diejenigen Nordamerikas (1971) und Manshard die von Tropisch-Afrika (1977), dann mag daraus hervorgehen, daß auch darin ein Anliegen der Stadtgeographie besteht. Wenn hier kein besonderes Kapitel dafür vorgesehen wird, so liegt das nicht daran, daß das Problem nicht erkannt worden wäre. In den einzelnen Teilabschnitten wurde darauf eingegangen, und mit Hilfe des Registers dürfte es nicht schwerfallen, zu einer Zusammenfassung zu gelangen.

II. Siedlungsraum und Siedlungsverteilung

A. Die Grenzen des Siedlungsraumes

Der Siedlungsraum, der der Menschheit zur Verfügung steht, umfaßt nur einen Teil der Erdoberfläche, denn trotz aller Errungenschaften der modernen Zeit sind für den Wohnraum des Menschen *Grenzen* gesetzt. Diese Grenzen bedeuten selbstverständlich Grenz*säume* und sind nicht allein von den physischen, sondern auch von den sich wandelnden wirtschaftlichen Bedingungen abhängig, was teilweise in Abb. 1 und 2 zum Ausdruck gebracht werden konnte.

Als erste dieser Grenzen ist das *Meer* zu betrachten. Wenn auch letzteres vollends im Zeitalter der modernen Technik in das Wirtschafts- und Verkehrsfeld einbezogen wurde, so bleibt es doch außerhalb des Siedlungsraumes. Damit scheidet bereits der größere Teil der Erdoberfläche aus unserer Betrachtung aus. Lediglich die Landflächen, die mit 149 Mill. qkm ein knappes Drittel ausmachen, stehen dem Menschen als Wohnbereich zur Verfügung.

Geringe Veränderungen in der Ausdehnung des Landes an der Grenze gegen das Meer sind möglich. Naturkatastrophen vermögen vulkanische Inseln aufsteigen zu lassen oder auszulöschen. Durch hebende oder sinkende Bewegungen der Erdkruste kann sich das Verhältnis von Land- zu Meerfläche ändern und der Wohnraum erweitert oder eingeengt werden. Flüssen ist bei genügenden Sinkstoffen und gezeitenschwachem Meer das Hinausschieben von Deltabildungen eigen u. a. m. Auch dem Menschen ist Macht gegeben, am Saume von Meer und Land das Siedlungsgebiet auszudehnen. Die Trockenlegung der Zuidersee z. B. brachte einen Landgewinn von 225 000 ha, der an Fläche etwa das aufwiegt, was im 13. Jh. hier den Sturmfluten zum Opfer fiel. So wird die Ausweitung des Landes gegen das Meer immer nur beschränkt sein.

Aber auch die Landflächen stehen dem Menschen nicht ganz zur Verfügung. Das Auftreten des Inlandeises setzt der siedlungsmäßigen Erfüllung in den *Polargebieten* eine zweite nicht überschreitbare Grenze. Allein 17,5 Mill. qkm Fläche werden auf diese Weise dem Siedlungsraum ohne die Antarktis entzogen, so daß die polare Anökumene nach den Berechnungen von Hambloch (1966, S. 16) mit einem Anteil von 11,7 v. H. an der Landoberfläche die größte Ausdehnung unter den nicht besiedelten Gebieten besitzt.

Die Polargrenzen des bewohnten Bezirkes stimmen meist nicht mit den peripheren Grenzen des Inlandeises überein. Letztere wurden von den Eingeborenen jener Regionen hoher Breitengrade nur ausnahmsweise erreicht, so daß im Verlaufe der Europäisierung der Welt der Siedlungsraum polwärts ausgedehnt werden konnte (Abb. 1, 2).

Im Bereiche der Südhemisphäre liegt der antarktische Kontinent außerhalb der Ökumene. Erst in 63° s. Br. treffen wir auf der Insel Deception den am weitesten nach dem Pol vorgeschobenen Wohnplatz an, eine nur im Sommer von Walfängern besetzte Station, die um das Jahr 1820 entstand und seit dem Jahre 1940 bzw. 1948 als englischer bzw. argentinischer Stützpunkt dient. Noch 8 bis 9 Breitengrade nach Norden müssen wir gehen, ehe wir in Südgeorgien der ersten, seit dem Jahre 1904 ständig bewohnten Siedlung in 54 bis 55° s. Br. begegnen.

Für die niedere Breitenlage der Siedlungsvorposten an der Südpolargrenze ist die thermische Benachteiligung der Süd- gegenüber der Nordhalbkugel verantwortlich zu machen. Es kommt hinzu, daß die den antarktischen Kontinent umgebenden Wasserflächen nur von wenigen kleinen Inseln durchsetzt sind, die ursprünglich unbewohnt waren; erst die wirtschaftlichen Interessen Europas haben seit dem 19. Jh. teilweise zur Besiedlung der isolierten Inseln geführt. Damit wurde die Siedlungsgrenze von den Landspitzen der Südkontinente polwärts verlagert.

Während die südliche Polargrenze des menschlichen Siedlungsraumes wegen der überwiegenden Meeresbedeckung in den entsprechenden Breiten nur durch die Besiedlung oder Nicht-Besiedlung der Inseln gekennzeichnet werden kann, stellt die Nordpolargrenze eine mehr oder minder geschlossene „Linie“ auf den das Eismeer umgebenden Kontinenten dar. Im großen und ganzen lehnt sie sich im eurasiatischen Bereich an den Küstenverlauf an. Die vorgelagerten Inseln dagegen sind als Vorposten zu betrachten, die erst in jüngerer Zeit besetzt worden sind. Nach Nowaja Semlja kamen Kolonisten im 20. Jh.; die russische Wetterfunkstation im Franz-Joseph-Archipel in 81,5° n. Br. wurde im Jahre 1929 gegründet, und Spitzbergen, das zunächst durch Walfangstationen der Ökumene angegliedert wurde, erhielt seit Beginn des 20. Jh.s seinen Wert durch den Kohlenbergbau; das nördlichste Kohlenbergwerk an der Kingsbai befindet sich in 78° n. Br. Im amerikanischen Gebiet, wo die Inseln viel stärker mit dem Festland in Kontakt stehen, sind sie es, auf denen die in Frage stehende Polargrenze verläuft. Sie setzt in Grönland jenseits des Smith-Sundes in 78° n. Br. in den nördlichsten Eskimosiedlungen Etah und Anoreto wieder ein. Der schmale Küstensaum zwischen Inlandeis und Meer ist von hier aus bis zur Melville-Bucht bewohnt, und nach kurzer Unterbrechung trägt der gesamte westliche Küstendistrikt weiterhin Niederlassungen. An der benachteiligten Ostküste Grönlands dagegen, die mit Ausnahme der von den Dänen geschaffenen Handelsstationen Angmagssalik und Scoresby-Sund nicht besiedelt ist, liegt die nördliche Grenze des Siedlungsraumes in 65° n. Br.

Die Polargrenzen des menschlichen Wohnraumes befinden sich im allgemeinen weit jenseits derjenigen des Ackerbaus. Dies bedeutet, daß die Siedlungen in den subpolaren Tundren und borealen Nadelwaldregionen ihre wirtschaftliche Grundlage nicht im Feldbau haben können, sondern in der Jagd, im Fischfang, in der Viehwirtschaft, in der Nutzung des Holzes oder im Bergbau, was sich teilweise mit nomadischer Lebensweise verknüpft. Nur wenn die klimatischen und edaphischen Verhältnisse den Anbau von Feldfrüchten gestatten, war bei einem auf Eigenversorgung ausgerichteten Wirtschaftssystem die Möglichkeit zu seßhaftem Leben gegeben. Deshalb spielen die Polargrenzen des Ackerbaus für die Art der Siedlungen eine wichtige Rolle. Sie sind nicht als absolut und beständig zu verstehen. Wir wissen, daß die Russen es vermochten, den Feldbau nach Norden auszudehnen. In Finnland ging man nach dem Zweiten Weltkrieg erneut daran, im Norden und Westen Land zu roden und zu kultivieren, so daß eine höhere Bevölkerungsdichte

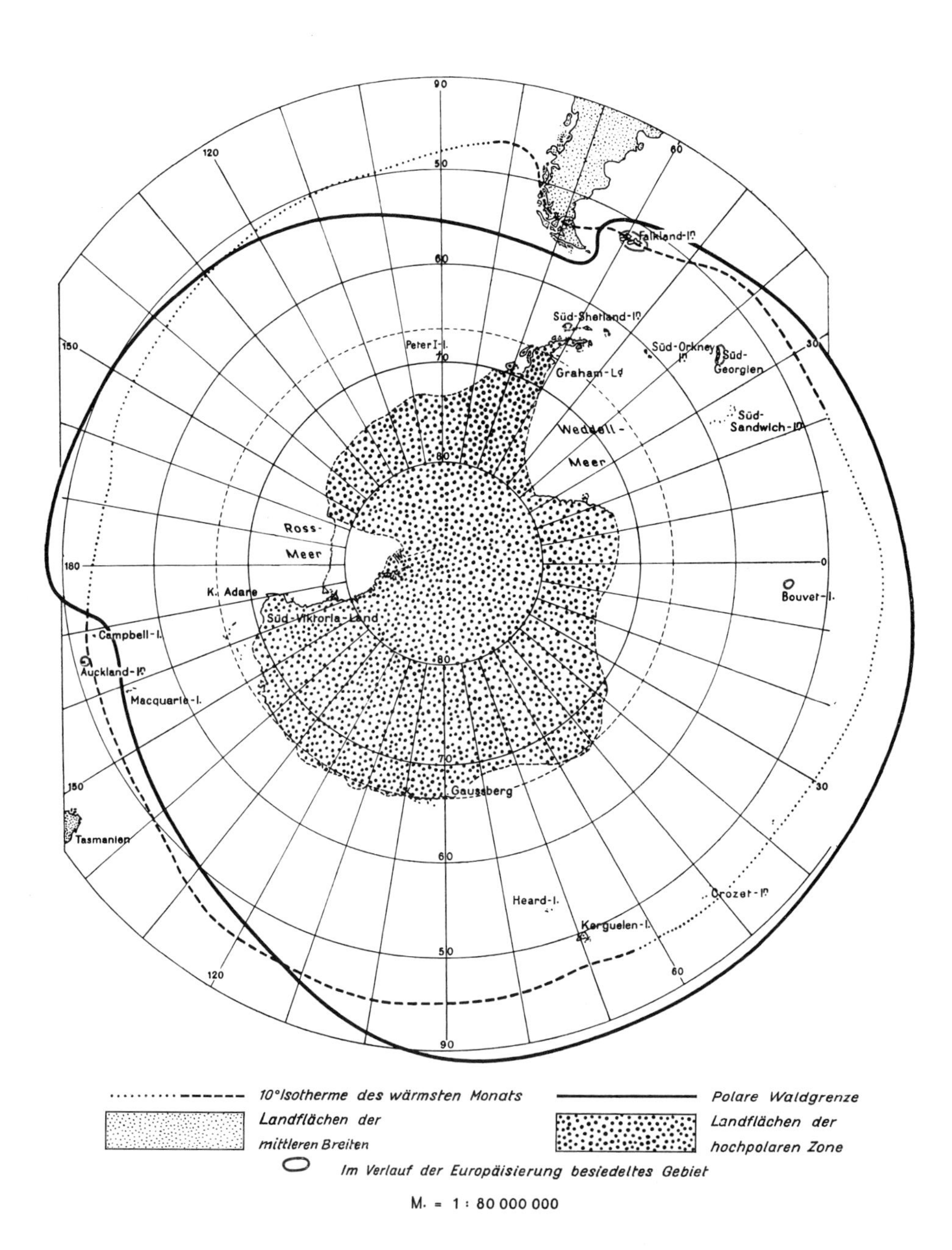

Abb. 1 Die Verlagerung der Südpolargrenze des Siedlungsraumes (nach Ratzel, Krebs, Hassinger, Troll, Breitfuß).

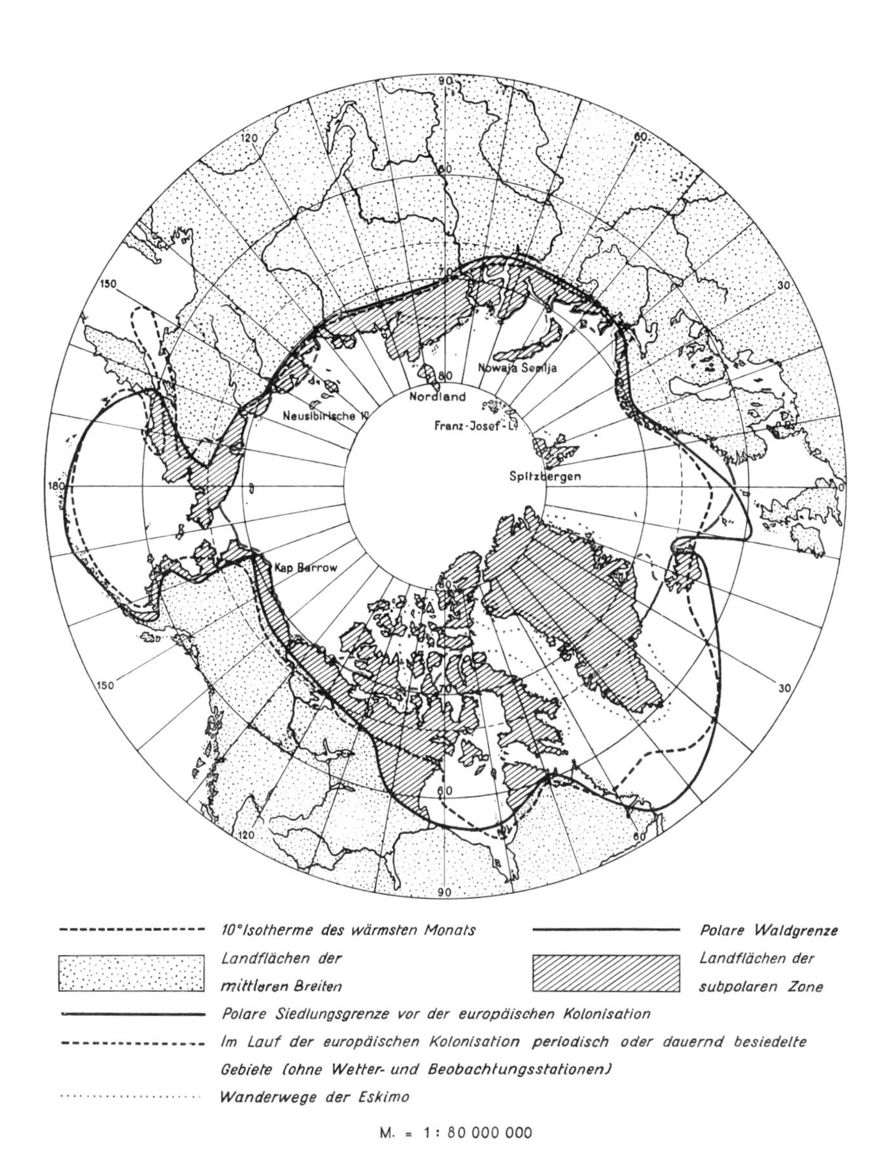

Abb. 2 Die Verlagerung der Nordpolargrenze des Siedlungsraumes (nach Ratzel, Krebs, Hassinger, Troll, Breitfuß).

jenseits des 60. Breitenparallels als in Schweden und Norwegen resultiert (Smeds, 1960). In Schweden dagegen hat man weitgehend aufgehört, kolonisatorisch vorzustoßen. In den kritischen Bereichen des Nordens finden sich zahlreiche Reliktformen wie aufgelassene Almhütten (seter), verfallene Höfe u. a. m., zugleich eine Konzentration der Bevölkerung in verkehrsmäßig günstig gelegenen Bezirken unter Aufgabe der einst landwirtschaftlichen Betätigung. Gerade diese Verhältnisse der Ausweitung der Pioniergrenze im 16. und 17. Jh. und des Rückgangs, der seit der zweiten Hälfte des 19. Jh.s oder später zu beobachten ist, hat das Problem der Ökumene noch einmal zur Diskussion gebracht (Rudberg, 1957, Enequist, 1959 und 1960, Ehlers, 1967 und 1971, Stone, 1971 und 1973), nun in einem kleineren Rahmen, nämlich den Schwankungen an der Grenze des Feldbaus.

Sind durch das Meer und die Polargrenzen die äußeren Grenzen des Siedlungsraumes abgesteckt, so befinden sich auch innerhalb der Ökumene große Flächen, die nicht bewohnbar sind. Hier wird der Siedlungsbereich zunächst nach der Höhe zu eingeengt. Die „vertikale Anökumene" (Hambloch, 1966, S. 16) umfaßt 6,7 Mill. qkm oder 4,5 v. H. der Landoberfläche. Die Höhengrenze der Siedlungen wird zwar auch von dem Relief, der Art der Bodendecke, von wirtschaftlichen Überlegungen der Bevölkerung u. a. m. beeinflußt, ist jedoch entscheidend klimatisch bedingt und steigt daher vom Meeresniveau in polaren Breiten bis rd. 3000 m Seehöhe am Äquator an. Ähnlich wie bei der oberen Getreide- und Waldgrenze und aus den nämlichen Gründen wird der absolute Höchstwert jedoch nicht unter dem Äquator erreicht, sondern innerhalb der Trockenregionen in Wendekreisbreite. Das meridional gerichtete Hochgebirge des amerikanischen Westens liefert einprägsame Belege dafür. Wenngleich hier gewiß die tatsächlich festzustellende Höhengrenze der Siedlungen nicht immer mit der klimatisch möglichen zusammenfällt, so bleiben doch die folgenden Angaben bezeichnend:

Tab. II.1 Obere Grenze der auf Ackerbau basierenden Siedlungen und der auf Weidewirtschaft basierenden Siedlungen in den Kordilleren Nordamerikas

Geographische Breite	I	II
64°	300 m	500 m
54°	1000 m	1500 m
40°	2000 m	2500 m
20°	3000 m und mehr	3500 m und mehr

I Ackerbausiedlungen nach Weihl (1925)
II Weidesiedlungen nach Hambloch 1966 und 1967

Bei dieser Aufstellung blieben die Expositionsunterschiede unberücksichtigt. Hambloch befaßte sich mit den Siedlungstypen und ihrer jeweiligen Höhenlage (1967) und wies für das nordamerikanische Kordillerensystem nach, daß Bergbau und Fremdenverkehr mit den dazu gehörigen Siedlungen höher aufsteigen als solche, die auf dem Agrarsektor beruhen, selbst wenn letztere nur periodisch genutzt werden, eine Aussage, die sich in einem gewissen Rahmen verallgemeinern läßt.

Die auf Weidewirtschaft eingestellten Dauersiedlungen, die insbesondere für die südamerikanischen Anden der randlichen Tropen charakteristisch sind, erreichen größere Höhenlagen als die entsprechenden nur periodisch besetzten Nordamerikas (Abb. 3, s. Seite 24).

Je höher und mächtiger sich die Gebirge erheben, umso stärker steigen auch die Dauersiedlungen an. So trifft man in Peru die höchsten Dauersiedlungen überhaupt in etwa 5000 m Höhe, wenngleich der Feldbau nur bis 4700 m reicht (Monheim, 1959); ähnliche Werte werden im südlichen tibetanischen Hochland erreicht. Auch in den Alpen zeigt sich, daß mit wachsender Massenerhebung die Siedlungen in höhere Lagen hinaufgehen. Bleiben sie am Alpenrand unter 1000 m, so treffen wir sie im Innern bis rd. 2000 m. Die höchsten alpinen Dauersiedlungen sind hier Juf in Graubünden (1680-2130 m), Trapalle im Veltlin (2070-2170 m) und St. Veran in den französischen Alpen (1980-2050 m).

Der Verlauf der oberen Siedlungsgrenze wird weiterhin durch lokalklimatische Gegebenheiten beeinflußt. Auf der Nordhalbkugel wirkt sich in ost-westlich gerichteten Tälern die Exposition einschneidend aus, indem die Dauersiedlungen an nach Süden exponierten Hängen stärker ansteigen als an solchen nach Norden.

Ob die obere, durch das Klima bestimmte Grenze der Dauersiedlungen überall erreicht wird, ist eine besondere Frage. Allzu große Reliefenergie, Ausbildung von Blockmeeren usf. schränken die Nährfläche ein und vermögen die Siedlungsgrenze hinabzudrücken. Neben den natürlichen Gegebenheiten finden auch wirtschaftliche und kulturelle Verhältnisse ihren Niederschlag. In dem gebirgserfüllten japanischen Inselland lag die Höhengrenze der Dauersiedlungen in 200-400 m Seehöhe. Das ist zum einen in der Steilheit der Hänge begründet und erklärt sich zum andern aus dem Bestreben der Japaner, ihre Siedlungen in der Nähe der Naßreiskulturen anzusetzen. Diese müssen in 400-500 m Seehöhe dem Trockenfeldbau weichen. Nach dem Zweiten Weltkrieg fand insbesondere an den Hängen von Vulkanen im Zusammenhang mit dem erheblichen Bevölkerungsdruck eine Ausweitung des Agrarraumes statt, was sich mit einer Höherschaltung der oberen Siedlungsgrenze um 300-400 m verband (Muraki, 1959, S. 429 ff.).

In den Alpen ist häufig beobachtet worden, daß die Dauersiedlungen der Italiener nicht jene Höhe erreichen wie die der Deutschen. Verzichtet man im Süden ungern auf den Anbau von Wein und Mais und bevorzugt das Zusammenwohnen in größeren Orten, so zieht man es im Norden vor, in einzelnen isolierten Höfen zu leben, legt das Schwergewicht auf die Viehzucht und begnügt sich mit weniger empfindlichen Feldfrüchten. Auf diese Weise bleiben im Ortlergebiet die italienischen Siedlungen der Südseite in ihrer Höhenlage um 200 m gegenüber den deutschen auf der Nordseite zurück (Krebs, 1928, S. 210).

Die obere Grenze der Dauersiedlungen ist nicht konstant, denn die Höhengebiete werden im allgemeinen erst spät erschlossen. Bei Bevölkerungsverdichtung und Raumnot setzt eine Verlagerung der Siedlungen nach der Höhe zu ein, sofern die klimatische Grenze noch nicht erreicht ist. Eine solche Entwicklung war in den Karpaten und südosteuropäischen Gebirgen nach dem Ersten Weltkrieg zu beobachten, während dieser Vorgang in den Alpen bereits im 19. Jh. abgeschlossen wurde. Seitdem macht sich hier die gegenteilige Tendenz bemerkbar: die Bevölkerung wandert gerade von den höchsten und verkehrsfernsten Wohnplätzen ab, was

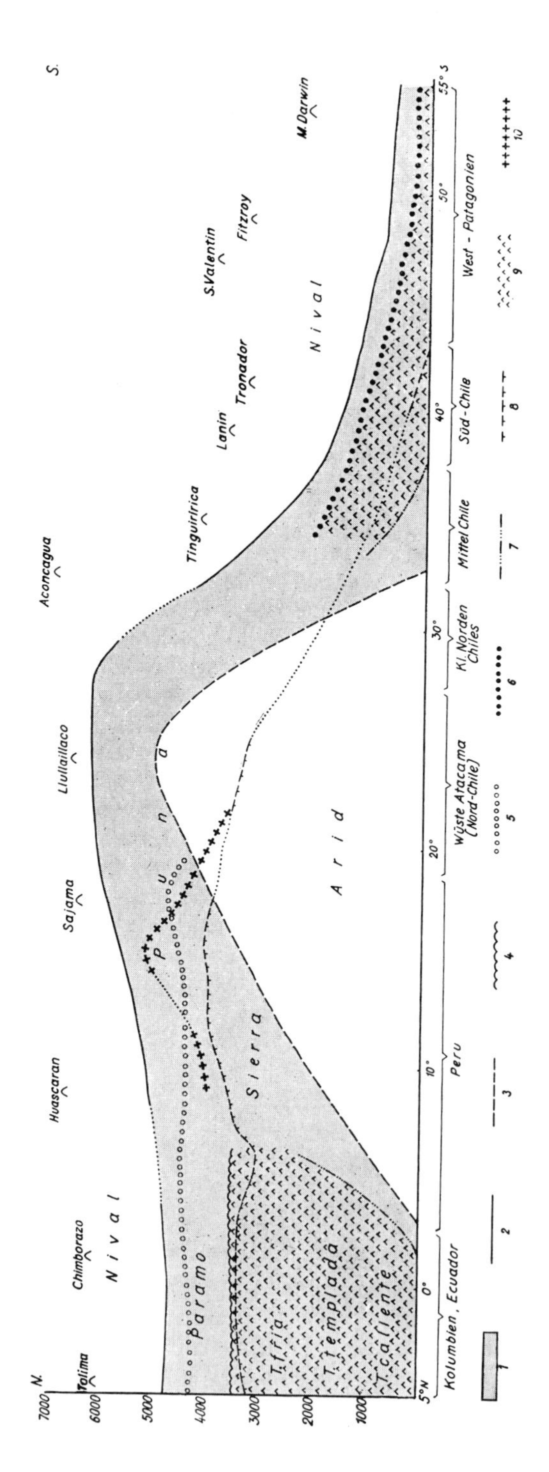

Abb. 3 Die Höhengrenze der Ökumene in den südamerikanischen Anden (nach Troll). 1 Humider Klimabereich; 2 Firngrenze; 3 Trockengrenze; 4 Obere Grenze des Nebelwaldes; 5 Obere Grenze der lockeren Polylepisgehölze; 6 Obere Grenze des außertropischen Waldes; 7 Untere Grenze des Feuchtwaldes; 8 Obere Grenze des Ackerbaues; 9 Bereiche der feuchten Wälder; 10 Obere Grenze der Dauersiedlungen in den randtropischen Breiten (Hirtensiedlung).

häufig ein Hinabdrücken der oberen Schranke der Dauersiedlungen zur Folge hat. Als Beispiel sei das Mitter-Ennstal angeführt, wo von 1760-1920 die Zahl der dauernd bewohnten Höfe um 24 v. H. zurückging und ihre obere Grenze sich von 1300 m auf 1200 m senkte (v. Wissmann, 1927/28, S. 107).

Vor allem außerhalb der Tropen, dort, wo thermische Jahreszeiten ausgebildet sind, dienen die Höhenregionen nur während des Sommers als Weidegebiete. Den periodisch genutzten Weideländereien entsprechen periodisch besetzte Siedlungen, die in den Hochgebirgen über der Grenze der Dauersiedlungen liegen. So beträgt der Höhenunterschied zwischen dauernd besetzter und periodischer Siedlung im Etschtal 1100 m. Die periodischen Wohnplätze sind in den Alpen die Almhütten, für deren Höhengrenze im großen und ganzen dieselben Regeln wie für die obere Grenze der Dauersiedlungen gelten: Ansteigen von den Gebirgsrändern zum Gebirgsinnern, höhere Lage in Süd- und niedrigere in Nordexposition. Stärker als bei den Dauersiedlungen wirkt der Untergrund auf die obere Grenze der Almsiedlungen ein. Besonders deutlich prägt sich dies dort aus, wo sich Täler an der Gesteinsgrenze zwischen Kalk und Schiefer befinden. So liegt die obere Grenze der periodischen Wohnplätze im Drautal im Urgestein und zugleich in Südexposition in 1965 m, im Kalk bei gleichzeitiger Nordexposition in 1700 m Höhe. Aber selbst dann, wenn die Sonnenseite vom Kalk eingenommen wird wie im Inntal, ist die obere Grenze der Almhütten niedriger als in den nach Norden exponierten Urgesteinshängen.

Auch noch oberhalb der periodisch genutzten Wohnstätten treffen wir Siedlungen an. Diese sind allerdings von besonderer Art, denn sie müssen von außen mit den notwendigen Lebensmitteln und Verbrauchsgütern versorgt werden. Es handelt sich dabei um wissenschaftliche Stationen wie Wetterwarten, die im Mt. Lincoln im Felsengebirge der Vereinigten Staaten 4310 m, im Berghaus Jungfraujoch der Berner Alpen 3460 m Höhe erreichen. Auch mit dem Bergbau in Zusammenhang stehende Siedlungen können sich oberhalb der Grenze der Dauer- oder periodischen Siedlungen entwickeln. Als Vorposten in der Ökumene erreichen sie wohl die größten Höhen überhaupt: so liegt der Minenort Tok-Dschalung in Tibet in 5000 m und der von Loripongo in Bolivien in 5300 m Höhe.

Außer der Beschränkung, die der Wohnraum des Menschen in den Hochgebirgen erfährt, tritt eine Einengung weitflächig durch allzu große Trockenheit ein. Wenn man im allgemeinen das Isohyeten-Band von 350-250 mm Jahresniederschlag als Grenze der auf Regenfeldbau gegründeten Dauersiedlungen und das Isohyeten-Band von 75-100 mm Jahresniederschlag als Grenze der Weidesiedlungen ansetzt (Jaeger, 1946), so entscheiden die Niederschläge doch nicht allein über Bewohnbarkeit oder Nicht-Bewohnbarkeit. Das Wasser bedeutender Fremdlingsströme, Flüsse von randlichen Gebirgen, Quellen, Grundwasser und unterirdische Wasserschätze können die Grundlage von Kulturoasen in wüstenhafter Umgebung bilden. So ist der Verlauf der *Trockengrenze* außerordentlich gebuchtet und schließt nicht unbedingt an eine Isohyete an, wie Taylor am Beispiel von Australien nachweisen konnte (Taylor, 1932). Ihr vorgelagert finden sich häufig Siedlungsinseln, die an Ausdehnung klein, an Zahl aber meist erheblich sind. Diese „zentrale Anökumene“ (Hambloch, 1966, S. 16) erstreckt sich auf 5,6 Mill. qkm oder 4,0 v. H. der Landoberfläche.

Die Trockengrenze des Siedlungsraumes ist stärker als die andern zuvor besprochenen Schranken durch den Menschen verschiebbar. Das Auffinden bisher noch nicht erschlossener Wasservorräte oder Vervollkommnung der Bewässerungswirtschaft können eine Erweiterung der Ökumene nach sich ziehen, und Vernachlässigung der Bewässerungsanlagen verursacht unter Umständen eine Einengung. Beide Vorgänge haben sich in der Geschichte abgespielt. Die Franzosen dehnten in der Sahara das Kulturland durch Erschließung artesischer Brunnen aus, und ebenso taten es die Italiener in Libyen. Durch artesische Brunnen konnten in Australien größere Areale für Ackerbau und Viehzucht gewonnen werden. Ebenso bekannt wie diese auf Kulturleistungen beruhende Vergrößerung der Ökumene gegen die Trockengrenze sind aber auch jene Beispiele, die auf Grund von Kulturvernachlässigung eine Einschränkung brachten. Die einstigen Getreidekammern Roms in Nordafrika sind vom Sande überweht und die dazugehörigen Siedlungen nur durch archäologische Grabungen zugänglich.

Gab Hassinger (1933, S. 195) für die Größe des Siedlungsraumes 80-90 Mill. qkm oder 17 v. H. der Landoberfläche an, so kam Hambloch (1966, S. 16) auf rd. 119 Mill. qkm, weil Schätzungen über die Ausdehnung der Subökumene (Bevölkerungsdichte unter 1 E./qkm) und bisher unerschlossener, aber noch nutzbarer Areale allzu weit auseinanderklaffen.

Wohl verbesserten die Araber die Bewässerungseinrichtungen und trugen in mannigfacher Weise seit dem 7./8. Jh. zur Vervollkommnung der Agrarwirtschaft bei; aber mit der Einwanderung von Nomaden seit der zweiten Hälfte des 11. Jh.s bzw. später traten erhebliche Verluste an Kulturland ein, was erst seit der zweiten Hälfte des 19. Jh.s ausgeglichen werden konnte.

Dort, wo bei ungenügenden Niederschlägen keine andern Wasservorräte existieren, sind dem Vordringen des Menschen unüberwindbare Schranken gesetzt. Nur dann, wenn alles zum Leben Notwendige herangeschafft wird, ist unter diesen Umständen ein Vordringen in die Wüste möglich. Solche Anstrengungen rechtfertigen sich in der Regel nur, wenn wertvolle Bodenschätze zu gewinnen sind. Die Goldgräber- und Minenorte im Westen der australischen Wüste, die mit dem Diamantenbergbau zusammenhängenden Siedlungen der Namib oder die auf der Gewinnung von Salpeter und Kupfer basierenden in der Atacama können als Beispiele herangezogen werden.

Mit der Grenze des Landes gegen das Meer und den Polargrenzen sind die äußeren Schranken des Siedlungsraumes gekennzeichnet; die Höhen- und Trockengrenze dagegen umschließen nicht bewohnte bzw. nicht bewohnbare Flächen innerhalb der Ökumene. Kleinere oder größere, inselförmig in den Siedlungsraum eingelagerte Gebiete, die nicht vom Menschen besetzt worden sind, finden sich auch noch in den Urwäldern, Mooren und Sümpfen.

B. Die Verteilung der Siedlungen und der Bevölkerung über die Erdoberfläche in ihrer Abhängigkeit von physisch- und anthropogeographischen Faktoren

Die Siedlungen gliedern sich in bestimmter Weise in den Siedlungsraum ein. Die Art, wie dies geschieht, ist am besten einer Wohnplatzkarte zu entnehmen, in der jeder Wohnplatz nach der Zahl seiner Einwohner verzeichnet ist, gleichgültig, ob es sich um einen Hof oder eine große Ortschaft handelt. Auf einer solchen Karte ist die Verteilung der Siedlungen, ihre Größe und Dichte zu erkennen. Dabei wird unter Siedlungsdichte die Zahl der Wohnplätze in einer zu wählenden Flächeneinheit verstanden (Wagner, 1923, S. 876).

Handelt es sich um Untersuchungen in kleinräumigen Gebieten, dann wird eine solche Wohnplatzkarte, die zugleich die Bevölkerungsverteilung darlegt, die Grundlage abgeben müssen; bei genügend großem Maßstab wird jeder einzelne Wohnplatz erscheinen. Anders liegen die Dinge bei einer Übersicht über große Räume. Unter diesen Umständen muß bei kleinem Maßstab darauf verzichtet werden, jeden Wohnplatz aufzunehmen. Die Wohnplatzkarte wird zu einer Karte der Bevölkerungsverteilung, in der die Signaturen nicht mehr dort angebracht werden können, wo die Bevölkerung wirklich wohnt. In diesem Abschnitt, in dem es sich um die Verteilung der Siedlungen über die Erdoberfläche handelt, können daher Siedlungs- und Bevölkerungsverteilung bzw. -dichte nicht voneinander getrennt werden.

1. Der Einfluß der physischgeographischen Faktoren auf die Verteilung der Siedlungen und der Bevölkerung

Innerhalb der Ökumene sind die Siedlungen sehr ungleichmäßig verteilt. Diese ungleichmäßige Verteilung hängt zunächst mit der unterschiedlichen natürlichen Ausstattung des Siedlungsraumes zusammen. Die großen Klima- und Vegetationsgebiete der Erde haben hier entscheidenden Einfluß.

Die *subpolaren Tundren* mit dem angrenzenden Tundrenwald werden immer, unabhängig von der Wirtschaftsform und der Kulturstufe ihrer Bewohner, wegen der Dürftigkeit der natürlichen Ausstattung Bereiche sehr geringer Siedlungsdichte und durchaus ungleichmäßiger Verteilung der Siedlungen sein. Die Bevorzugung der Kontinentalränder innerhalb dieser Zone, geringe Beständigkeit der Siedlungen und ihre Vereinzelung erscheinen charakteristisch. Die mittlere Bevölkerungsdichte, die überall unter 1 E./qkm bleibt, vermag gerade hier recht wenig über die Anordnung der Siedlungen auszusagen.

Die Küste zieht in besonderer Weise den Menschen an. Von der Tschuktschen-Halbinsel über den Nordrand Nordamerikas bis nach Ostgrönland sind die Eskimos in erster Linie Küstenbwohner, die von der Jagd auf Meeressäuger und Landtiere lebten. Im eurasiatischen Norden dagegen ist neben der Jagd die Rentier-Weidewirtschaft die wichtigste Lebensgrundlage. Während im Winter nach Möglichkeit die Waldtundra aufgesucht wird, ziehen die Rentiernomaden im Frühjahr zur Küste, um der Insektenplage des Innern zu entgehen. So ist auch bei dieser Lebensform – allerdings auf die warme Jahreszeit beschränkt – die Bevorzugung der Küsten gegeben. Daß Europäer, Amerikaner und Russen, sofern sie von außen in den subpolaren Raum eindrangen, sich vornehmlich an der Küste ansetzten, braucht nicht näher begründet zu werden.

Eine flächenhafte Erfüllung ist nirgendwo gegeben und der Verkehr zwischen den einzelnen Siedlungen erheblich erschwert. Die Abkehr von den wirtschaftlichen Grundlagen der Vergangenheit ist in den subpolaren Bereichen überall bemerkbar, was sich auf die entsprechenden Siedlungen und deren Sozialverhältnisse auswirkt. In Alaska leben nur wenige hundert Einheimische (Eskimos, Indianer und Aleuten) isoliert in traditioneller Weise von insgesamt 37 400 (Tussing und Arnold, 1973, S. 124/25); im nördlichen Kanada liegen die Dinge nicht anders. Auch in Grönland ist die Zahl derer, die nicht in den Handelsstationen und Städten wohnen und vornehmlich der Robbenjagd nachgehen, gering.

Wie sich dadurch die Verteilung der Siedlungen änderte, ist am Beispiel von Angmagssalik zu belegen (Bornemann, 1973, S. 403). Im Jahre 1933 handelte es sich um 26 Siedlungsplätze, unter denen Angmagssalik und zwei weitere mehr als hundert Einwohner hatten, was etwa die Hälfte der Bevölkerung ausmachte, während sich die andere Hälfte auf 23 kleine Orte verteilte. Um das Jahr 1950 setzte die Kabeljaufischerei ein. Das hatte zur Folge, daß Angmagssalik als Handelsstation bis zum Jahre 1965 auf fast 800 Einwohner anwuchs, die Zahl der Kleinsiedlungen auf zehn reduziert wurde, deren Bevölkerung nur noch mit einem Viertel an der des Distriktes beteiligt war. Wohl spielt in der Sowjetunion die Rentierhaltung noch immer eine Rolle, wenngleich die Winterquartiere in der Waldtundra und die Sommersiedlungen im Küstenbereich oder in den Gebirgen feste Standorte erhielten und die Tendenz zur Ausbildung weniger, aber großer Kolchose-Ortschaften sichtbar wird (Arutjunov, 1973, S. 631).

Demgemäß zeichnet sich ein Konzentrationsprozeß ab. Bereits 25 v. H. der einheimischen Bevölkerung in Alaska leben in den sechs Städten und kommen hier intensiver als je mit amerikanischer Lebensweise in Berührung. Für den kanadischen Norden ergeben sich dieselben Probleme. Bessere Ausbildungsmöglichkeiten, günstigere medizinische Versorgung u. a. m. förderten diesen Prozeß und brachten ebenfalls ein erhebliches Bevölkerungswachstum hervor. Aber damit sind in beiden Gebieten soziale Fragen erwachsen. Nur wenigen Einheimischen gelingt es, nach der Lösung von der ursprünglichen Lebensform in die neue überzuwechseln. Arbeitslosigkeit und staatliche Unterstützung sind die Folge. Sowohl am unteren Yukon als auch in Neu-Quebec hat man in den letzten zehn Jahren mit genossenschaftlichen Zusammenschlüssen der Fischer, die die Verarbeitung der angelandeten Produkte selbst übernehmen, gute Erfahrungen gemacht.

Etwas anders liegen die Verhältnisse an der Westküste Grönlands. Mit der Erwärmung der Arktis in den letzten Jahrzehnten verlagerten sich die Fischgründe nach Norden. Die Grönländer stellten sich von Robbenfang und Landjagd auf die Fischereiwirtschaft um. Dies hatte den Übergang zu seßhafter Lebensweise zur Folge. Von den abgelegenen und verstreuten Orten fanden Abwanderungen in die größeren Siedlungen und von diesen in die Handelsstationen und Städte statt, in welch letzteren im Jahre 1965 bereits 60 v. H. der Bevölkerung lebten. Offenbar gelang hier die Umstellung besser als in Alaska und Kanada, weil in der Fischerei

Ersatz gefunden werden konnte, wenngleich in Abhängigkeit von weltwirtschaftlichen Krisen.

Im Nationalen Kreis der Tschuktschen, dessen Entwicklung nach Arutjunov (1973) als typisch für die Gebiete im Norden Sibiriens, in denen heimische Bevölkerungsgruppen das Übergewicht besitzen, angesehen werden kann, wohnten im Jahre 1959 62 v. H. und im Jahre 1967 bereits 76 v. H. der Bevölkerung in stadtähnlichen Siedlungen oder in Städten, in denen nun aber die Mehrheit von Russen gestellt wurde. Insofern erscheint hier der Konzentrationsprozeß am stärksten.

Eine gewisse Unbeständigkeit ist geblieben. Sie betrifft kaum noch die Siedlungen selbst, sondern eher deren Bevölkerung. Sofern Amerikaner, Kanadier, Dänen oder Russen als Facharbeiter, Techniker u. a. m. herangezogen werden, dann verbleiben sie nur für wenige Jahre. Für die stadtähnlichen Siedlungen und Städte im Nationalen Kreis der Tschuktschen wurde geschätzt, daß jährlich ein Drittel der Einwanderer durch neue ersetzt wird (Arutjunov, 1973, S. 630).

Ungleichmäßige Verteilung der Siedlungen in geringer Dichte kennzeichnet auch die ausgedehnten borealen *Nadelwaldregionen* der höheren Breiten. Teilweise noch jenseits der Polargrenze des Getreidebaus gelegen, teilweise diese nach Süden überschreitend, im Norden in den Tundrenwald übergreifend, im Süden mit den Kulturlandschaften der mittleren Breiten verzahnt, zeigt sich dort, wo der Mensch Fuß gefaßt hat, eine Zunahme der Siedlungsdichte von Norden nach Süden; damit verbindet sich eine Zunahme der Bevölkerungsdichte, die durchschnittlich auf 10 E./qkm ansteigen kann. Auf dem Reichtum an Pelztieren, Holz und Bodenschätzen beruht die Erschließung dieser unermeßlichen Waldgebiete, in die von Süden her die landwirtschaftliche Nutzung einzudringen vermag. Für den Verkehr aber spielen die Flüsse eine wichtige Rolle, denn wenn auch im Sommer die Eisdecke nur für kurze Zeit verschwindet, so stellen sie doch die wichtigsten Verkehrsadern dar, in einem Gebiet, in dem das Auftauen des Bodeneises für den Landverkehr die größten Schwierigkeiten mit sich bringt. Infolgedessen geben die Flüsse die Leitlinien für die Verteilung der Siedlungen ab. Die Pelzhandelsstationen der Hudsonbay-Company, punktförmige Siedlungsinseln bildend, waren an den Flüssen und an den Ufern der Seen aufgereiht. Auch die russischen Pelztierjäger, die in die sibirischen Wälder eindrangen, hatten ihre Stützpunkte an den Flüssen. Der Flußtransport stellt eine notwendige Voraussetzung der Holzwirtschaft dar, so daß auch die damit zusammenhängenden Siedlungen – abgesehen von den Holzfäller-Lagern – die Nähe der Stromadern aufsuchen und dadurch abgelegene, isolierte Siedlungsinseln zu entstehen vermögen. Etwas unabhängiger von den Flüssen werden die Ortschaften dann, wenn sie sich auf Grund des Vorkommens hochwertiger Bodenschätze ausbildeten, zumal in moderner Zeit die Verkehrsschwierigkeiten durch den Einsatz von Flugzeugen überwunden werden können. Bei der landwirtschaftlichen Erschließung zeichnet sich deutlich die Bevorzugung der Flußtäler ab, in denen sich schmalere oder breitere Siedlungsbänder entlangziehen. In der Verteilung der Siedlungen im nördlichen Schweden und Finnland läßt sich die bandförmige Aneinanderreihung der Siedlungen gut beobachten, ebenso wie an der Dwina oder Petschora in Rußland oder an den sibirischen Strömen. Diese Siedlungsbänder sind durch weite, unbewohnte Strekken voneinander getrennt.

In den *innertropischen Urwaldtiefländern* wie in Amazonien und dem Kongobekken wird die geringe Dichte der Siedlungen, die sich mit geringer Bevölkerungsdichte paart (Amazonien rd. 1 E./qkm), nicht unbedingt nur auf das Klima und die Urwaldbedeckung zurückzuführen sein; nicht minder wird dafür die Wirtschaftsform der einheimischen Bevölkerung und die zurückgebliebene koloniale Erschließung verantwortlich gemacht werden müssen. Seitdem Penck die Großräume der Erde auf ihre Bevölkerungstragfähigkeit hin untersuchte, galten die innertropischen Regenwaldgebiete als diejenigen Bereiche, die auf der Erde den größten Bevölkerungszuwachs aufnehmen können (Penck, 1925); bei der geringen Regenerationsmöglichkeit des Bodens jedoch teilt man heute diese Anschauung nicht mehr.

Wenn auch die geringe Siedlungs- und Bevölkerungsdichte nicht schlechthin Ausdruck der natürlichen Ausstattung sind, so prägt sich letztere doch in der Verteilung der Siedlungen nachdrücklich aus. Ebenso wie in den Nadelwäldern der höheren Breiten ist der Verkehr auch hier im wesentlichen an die Flüsse gebunden. Die Verbindung von Ort zu Ort vollzieht sich in den Regenwaldtiefländern mit ihrem dichten Unterwuchs zumeist auf den Wasserwegen. Infolgedessen liegen die Siedlungen an den Flüssen oder Altwasserarmen außerhalb des Überschwemmungsbereiches. Flußnahe Siedlungsinseln sind es zumeist, die sich in Form schmaler Bänder zusammenschließen können und erst in einem fortgeschritteneren Stadium eine größere zusammenhängende Fläche erfüllen, wie es Lehmann für Indonesien zeigte (Lehmann, 1934).

In den winterkalten oder immerwarmen *Trockenregionen* der Erde wird die Verteilung der Siedlungen durch das Vorhandensein von Wasser bestimmt. Große Flächen jenseits der Trockengrenze des Feldbaus können nur als Weideland genutzt werden, sei es durch Hirtennomaden wie in der Alten Welt, sei es von Dauersiedlungen aus wie insbesondere in den Kolonialräumen mit Trockenklima. Diese Trockengebiete sind immer Bereiche sehr geringer Siedlungsdichte, in denen auch die Bevölkerungsdichte meist unter 1 E./qkm bleibt. Die Verteilung der Wohnplätze ist verschieden. Die Hirtennomaden errichten ihre Lagerplätze in der Nähe von Quellen, Brunnen oder Wadis, wo Wasser leicht erreichbar ist; den periodischen Niederschlägen folgend, wechseln sie in festgelegtem Rhythmus ihre Weidegebiete.

Die Verteilung der Viehfarmen, Ranchos usf., die für Australien und den Westen Nordamerikas, für den Süd- und Nordosten Südamerikas und den Westen Südafrikas eine typische Erscheinung darstellen, ist ebenfalls abhängig von der Möglichkeit, Wasser zu beschaffen. Da dies aber in der Regel mit den modernen technischen Errungenschaften geschieht, kann eine größere Streuung der Wohnplätze erreicht werden. In der Großen Karru Südafrikas z. B., wo die Weidebedingungen recht gleichartig sind, Wasser mit Hilfe von Wind- und Motorpumpen leicht gehoben werden kann, ist die Verteilung der Farmen über das Land eine leidlich gleichmäßige (Carol, 1952, S. 55). Anders dagegen steht es in Patagonien, dessen Plateau von tiefen Cañons zerschnitten wird. Nur hier ist Wasser erreichbar und nur hier Schutz vor den Stürmen vorhanden, so daß sich die Wohnplätze in weiten Abständen an die Talräume halten (James, 1942, S. 313 ff.). So bringen die besonderen Bedingungen der Wasserbeschaffung jeweils ein besonderes Verteilungssystem der Siedlungen hervor.

Die geringe Besiedlung und Streuung der Bevölkerung über große Flächen hin gilt jedoch nicht für alle Teile der Trockengebiete. Dort, wo Fremdlingsströme die Wüstensteppen und Steppen durchqueren, wo Grundwasser in reichlichem Maße zur Verfügung steht oder unterirdische Wasserschätze vorhanden sind, können diese Vorräte für Bewässerungszwecke in Anspruch genommen werden. Den ausgedehnten und nur dürftig besiedelten Wüstensteppen und Steppen stehen die kleinräumigen und dicht bevölkerten Oasen gegenüber. Diesem Gegensatz begegnen wir überall in den Trockengebieten. Als kleine Inseln, in denen sich die Menschen drängen, erscheinen die Grundwasseroasen der Sahara. Am Rande der Gebirge, wo das Wasser der besser beregneten Höhen genutzt wird, reihen sich die Oasen auf, wie das in Nordwestafrika, Vorder- und Zentralasien zu beobachten ist. Die größten zusammenhängenden Oasenlandschaften treffen wir zu beiden Seiten der großen Fremdlingsströme, insbesondere aber am Nil, und doch ist dieses so dicht besiedelte Oasenland (732 E./qkm) mit seinen rd. 35 000 qkm Fläche winzig klein gegenüber den benachbarten Wüsten seines eigenen Staatsgebietes, die über 1 Mill. qkm ausmachen.

Durch die klimatischen Verhältnisse werden die großen Züge der Siedlungs- und Bevölkerungsverteilung auf der Erdoberfläche festgelegt. Ausgedehnte Räume wie die subpolaren Tundren, die Trockensteppen und die borealen Nadelwälder scheiden für eine dichte Besetzung von Wohnplätzen aus. Hier konnte die Siedlungsdichte als Kennzeichen für die Verteilung der Bevölkerung herangezogen werden. Unter weniger extremen Bedingungen jedoch ist dies nicht möglich. Die Siedlungsdichte ist dann in keiner Weise mehr ein Abbild der Bevölkerungsdichte.

Dort, wo das Klima eine dichte Besiedlung zuläßt, wird in erster Linie der *Oberflächengestaltung* ein differenzierender Einfluß zuzuerkennen sein. Dies trifft vor allem für die Gebirge zu, die nicht allein durch die Abwandlung des Klimas mit der Höhe, sondern vornehmlich durch ihr Relief eine Behinderung darstellen. Ob sich die Gebirge aus Tiefebenen erheben oder ob sie Hochflächen aufgesetzt sind, immer werden sich die Wohnplätze den breiteren Tälern einschmiegen. Diesen folgend, zeigt die Verteilung der Siedlungen eine Aufsplitterung in breitere und schmalere Siedlungsbänder, wie es auf der Karte der Bevölkerungsverteilung im Atlas des Deutschen Lebensraumes für die Alpen gut zu beobachten ist (Hartke, 1937). Doch der Talboden wird in der Regel gemieden, und man bevorzugt Terrassen, die Höhe der von kleinen Hangrunsen erzeugten Schuttkegel u. a. m. Schalten sich die Verebnungen übereinander, wie dies insbesondere in glazial überformten Tälern der Fall ist, dann sind auch die Siedlungsbänder nach der Höhe zu gestaffelt. Nur bei allzu starker Auflösung des Geländes und tief eingeschnittenen Tälern meiden die Siedlungen diese Engräumigkeit und liegen verstreut an sanften Hängen oder auf Verebnungsresten.

Den *Hochflächen* kommt in den verschiedenen Klimabereichen für die Verteilung der Siedlungen eine unterschiedliche Funktion zu. In den mittleren Breiten, wo die Abwandlung des Klimas nach der Höhe eine Benachteiligung bedeutet, wirkt sich dies auch in einem Nachlassen der Besiedlung aus. Deutlich hebt sich

z. B. das französische Zentralplateau mit seiner geringen Bevölkerung gegenüber den benachbarten Landschaften ab, und die Schwäbische Alb mit ihren weit auseinanderliegenden Siedlungen zeigt unter den süddeutschen Landschaften mit Ausnahme der alpinen die geringste Bevölkerungsdichte überhaupt (Gradmann, 1931, S. 200).

In den Tropen kommt der Höhenlage eine unterschiedliche Bedeutung für die Verteilung zu. Der afrikanische Neger meidet nach Möglichkeit das Höhenklima und siedelt nur ungern im Bereich des Nebelwaldes. Er bevorzugt in Bezug auf die Höhenlage Binnenhochländer in 1000-1500 m Seehöhe. Nach Sapper bzw. Gillman wohnen im einstigen Tanganyika-Territorium 73 v. H. der Bevölkerung in Höhen von über 1000 m, d. h. in Binnenhochländern, die sich in diesem alten Völkerwanderungsgebiet wegen ihrer leichten Inkulturnahme (Savannen) und ihrer Gängigkeit als Siedelraum empfahlen (Sapper 1939, S. 2; Gillman, 1936). Im zentralen und südlichen Mexiko, in Mittelamerika und den andinen Gebieten Südamerikas liegt der Hauptteil der Siedlungen im Bereich der inneren Hochflächen; die Tiefenzonen am West- und am Ostfuß der Kordilleren werden gemieden, weil sie teils wegen ihrer Wüstenhaftigkeit, teils wegen ihres ungesunden Urwaldklimas wenig Anreiz bieten und der Indio das Höhenklima ausgezeichnet verträgt. In Hinterindien drängen sich die Siedlungen in den meridionalen Flußebenen ungleich stärker als in den benachbarten Gebirgen, und in Java und Madura ist das Land so intensiv genutzt – auch und gerade in den Küstenebenen –, daß es im Mittel über 300 E./qkm aufweist. Hier spielen einerseits die Steilheit der Gebirgshänge und andererseits die Vorliebe der malayischen Bevölkerung für Leben und Arbeit in einem feuchtwarmen Klima eine entscheidende Rolle für die Bevorzugung der niederen Lagen als Hauptsiedelraum. – Als der weiße Mensch in die Tropen eindrang, mußte er bald feststellen, daß die Anlage von Siedlungen in tropischen Küstenniederungen für ihn zwar manche Vorteile hinsichtlich der Entfaltung von Wirtschaft und Verkehr mit sich brachte, die Höhengebiete jedoch seiner Akklimatisationsfähigkeit besser entsprachen. So entstanden die europäischen Erholungsorte in den Gebirgen der Tropen (Indien, Indonesien) bzw. die europäischen Wirtschafts- und Verwaltungssiedlungen (z. B. afrikanische Binnenhochländer).

Die *Ebenen*, welcher Entstehung sie auch sein mögen, stellen bevorzugte Siedlungsräume dar, wenn man von den dargelegten Ausnahmen absieht. Insbesondere die von Gebirgen umrahmten Stromaufschüttungsebenen zogen den Menschen an. Zwar wurde es meist notwendig, sich vor den Überschwemmungen der Flüsse zu schützen, so daß die Verteilung der Siedlungen, vor allem im jungen Alluvialland, durch das Netz der Deiche, natürliche Uferdämme und Strandwälle bestimmt wird; aber in dieser Bindung kann sich die Bevölkerung hier in einzigartiger Weise konzentrieren, am stärksten in der Nähe des Stromes selbst. Die Po-Ebene stellt diejenige Landschaft Italiens dar, in der auf großen Flächen die Dichte von 150-200 E./qkm erreicht wird. In der Ganges- und Brahmaputra-Senke, die bis zu 250 E./qkm besitzt, wächst die Dichte im jungen Alluvialland Bengalens auf mehr als 500 an. Ob wir die Irawadi-, Menam- oder Mekong-Ebene betrachten, ob die Große Ebene Chinas oder Tal und Delta des Jangtsekiang, immer häufen sich hier die Siedlungen.

Wenn auch die Natur der Ebenen eine gleichmäßige Verteilung der Wohnplätze begünstigt, wie dies ebenso für die unzerschnittenen Hochflächen gilt, so wird sich eine solche selten über große Flächen einstellen. Unterschiede in der Bodengüte, unterschiedlicher Grundwasserstand und Untergrund (Kalk) wirken von den natürlichen Bedingungen her differenzierend.

Durch Klima und Oberflächengestaltung werden die Grundlagen in der Verteilung von Siedlung und Bevölkerung festgelegt. Die wesentliche Ausgestaltung aber übernimmt der Mensch selbst. Erhebliche Teile der Erde sind zu dürftig ausgestattet, um eine dichte Besiedlung zu ermöglichen; doch ist in den zur Verfügung stehenden Räumen nicht überall das höchste Maß der Tragfähigkeit erreicht. Dies bedeutet, daß die anthropogeographischen Faktoren wesentlich bei der Verteilung der Siedlungen und der Bevölkerung zu berücksichtigen sind.

2. Der Einfluß der anthropogeographischen Faktoren auf die Verteilung der Siedlungen und der Bevölkerung

a) Der Einfluß der Siedlungsart und der Wirtschaftskultur

Wenn sich die Siedlungen und die Bevölkerung außerhalb der klimatisch oder reliefbedingten Kümmerräume sehr ungleichmäßig über die Erde verteilen, dann müssen dafür zunächst die Unterschiede der Siedlungsart und der Wirtschaftskultur verantwortlich gemacht werden.

Richthofen führte den Begriff der Siedlungsart ein und wollte damit den Gegensatz zwischen den bodenvagen Siedlungen der Nomaden und den bodensteten der Seßhaften charakterisieren (Richthofen, 1908, S. 108). Doch zeigten sich insbesondere unter den nomadischen Lebensformen in kultureller und wirtschaftlicher Beziehung sehr starke Differenzierungen, die in der Benutzungsdauer eines Siedelplatzes ihren Ausdruck finden. Unter Berücksichtigung dieses Gesichtspunktes kam Müller-Wille zu einem neuen System, das hier, soweit wir davon Gebrauch machen, wiedergegeben sei (Müller-Wille, 1954, S. 144):

1. die flüchtige oder ephemere Siedlung – Benutzung des Siedlungsplatzes nur wenige Tage
2. die zeitweilige oder temporäre Siedlung – Benutzung des Siedlungsplatzes mehrere Wochen
   a) die ungeregelte oder episodische Benutzungsfolge
   b) die geregelte oder periodische Benutzungsfolge
3. die jahreszeitliche oder Saisonsiedlung – Benutzung des Siedlungsplatzes einige Monate
4. die halbfeste oder semi-permanente Siedlung – Benutzung des Siedlungsplatzes einige Jahre
5. die Dauer- oder permanente Siedlung – Benutzung des Siedlungsplatzes mehrere Generationen

Die Siedlungsart nun steht in engem Zusammenhang mit der Wirtschaftskultur. Verbinden wir mit den Wirtschaftsformen von der Sammelwirtschaft bis zum Pflugbau zunächst nur die Nutzung oder Kultivierung des Bodens und der Tierwelt, so ist jeder Wirtschaftsform zugleich eine bestimmte Kulturstufe zugeordnet, die ihrerseits wieder auf das Wirtschaftsleben einwirkt. Um diese enge Beziehung kurz ausdrücken zu können, sei die Bezeichnung *Wirtschaftskultur* verwandt.

Nach den genannten Vorbemerkungen gilt es nun, die Verteilung der Siedlungen und der Bevölkerung in Abhängigkeit von der Art der Siedlungen und den Formen der Wirtschaftskultur darzulegen, wobei letztere den übergeordneten Gesichtspunkt abgibt.

α) Die autarke Primitivwirtschaft der Sammler, Jäger und Fischer. Abgedrängt in die tropischen Regenwälder wurden die primitiven Sammler, Jäger und Fischer, die wir als Wildbeuter zusammenfassen. Zu ihnen gehören u. a. die Negritos der Philippinen, die Kubus in Sumatra, die Toala in Celebes, die Tapiros in Neuguinea, die Semang in Malaysia ebenso wie die Pygmäen des afrikanischen Urwaldgebietes und eine Reihe kleiner Horden im Amazonasbecken und im brasilianischen Küstenwaldgebiet. Auch in den Wüsten- und Trockensteppen haben sich solche Wildbeuter erhalten, die restlichen Australneger und die Buschmänner der Kalahari. Schließlich gehören primitive Fischer, wie wir sie noch im Feuerland finden, in diese Gruppe. Sie alle sind unmittelbar auf das angewiesen, was die Natur ihnen bietet und deshalb gezwungen, ihre Wohnplätze in sehr kurzen Abständen zu verlagern. Ihre Siedlungsart ist deshalb ephemer. Um einen Begriff von dem Verhältnis ihrer Zahl und der von ihnen benötigten Fläche zu gewinnen, sei die Angabe von Kroeber für die einstigen indianischen Sammler in den intermontanen Landschaften des westlichen Nordamerika herangezogen, wo im besten Falle von einem Menschen 20 qkm benötigt wurden, u. U. dies aber auch 100 sein mußten (Kroeber, 1947, S. 4).

Unter besonders günstigen Bedingungen kann sowohl die Siedlungsart als auch das Verhältnis von Fläche zu Bevölkerung abgewandelt werden. Die einstigen Sammler Kaliforniens verdienen in dieser Hinsicht Beachtung. Ihre Ernährung war vor allem auf das Sammeln von Eicheln gegründet, und diese waren so reichlich vorhanden, daß das den einzelnen Gruppen zugehörige Sammelareal in ein bis zwei Tagen durchwandert werden konnte (Bartz, 1950, S. 212). Infolgedessen lebten sie während des Winters, in dem sie sich von den gesammelten Früchten ernährten, in Dörfern, die jedes Jahr wieder aufgesucht wurden. Im Sommer verstreuten sie sich in kleineren Gruppen auf ihr jeweiliges Sammelgebiet und zogen von Sammelplatz zu Sammelplatz. So ist ihre Siedlungsart als Saisonsiedlung zu betrachten. Dabei war die Nährfläche relativ klein. Mit Ausnahme der Feldbaukulturen auf Bewässerung im Südwesten wurden bei ihnen die höchsten Dichtewerte auf dem nordamerikanischen Kontinent überhaupt erreicht. Kroeber berechnete, daß auf einen Menschen 2,2 qkm entfielen (Kroeber, 1947, S. 4).

Für die Siedlungen der Fischervölker, deren Existenz in erster Linie auf den Fischfang in Flüssen, Seen und auf dem Meere gestellt ist, sind nur beschränkte Möglichkeiten gegeben, indem man entweder in Booten auf dem Wasser selbst lebt oder auf die Küsten bzw. Fluß- und Seeufer angewiesen ist. Mit dieser

Beschränkung in der Wahl des Siedlungsplatzes hängt die Tendenz zusammen, u. U. permanente Siedlungen auszubilden, falls nicht Wohnboote bevorzugt werden. Als einziger ausgedehnter kontinentaler Bereich, in dem Fischervölker eine Rolle spielten, ist die sibirische Taiga zwischen Ob, Irtysch, Jenissei, oberer und unterer Tunguska zu nennen. Sonst sind es vor allem die aufgelösten Küsten der höheren Breiten ebenso wie die Inseln Südostasiens und der Südsee. Hinsichtlich der Verteilung der Bevölkerung ist auch hier eine gewisse Variationsbreite gegeben. Am höchsten entwickelt waren wohl indianische Gruppen der nordamerikanischen Nordwestküste, die Seefischerei und Lachsfang in den Flüssen betrieben. Während des Winters lebten sie in ihren Küstendörfern; im Sommer zerstreuten sie sich in kleinen Gruppen in ihre Lachsfanggebiete, so daß sie eine Saisonsiedlung besaßen. Angewiesen auf einen schmalen Küstenstreifen zwischen dem Meer und dem Waldland des Innern ebenso wie auf die Ufer der Flüsse, erreichten sie in vorkolonialer Zeit eine erhebliche Dichte, so daß im Durchschnitt auf einen Menschen 3 qkm kamen (Kroeber, 1947, S. 4).

Von den Wildbeutern und Fischern heben sich die Jägervölker ab, die wandernden Herdentieren nachfolgen. Sie sind auf bestimmte Räume beschränkt. Der Alten Welt fast völlig fehlend, finden wir sie heute in Nordamerika eingeengt auf die Tundra und die boreale Waldregion. Die Küsteneskimos trieben vor allem Jagd auf Seesäuger, Wale und Robben usf. und waren gezwungen, den Wanderungen dieser Tiere zu folgen. Die Waldindianer gingen im wesentlichen der Jagd auf das Karibu nach, das in Herden zusammengeschlossen, recht unregelmäßige Wanderungen unternimmt, so daß sich der Mensch diesen Wanderungen anpassen mußte. So ist hier die Siedlungsart episodisch-temporär, bei den Küsteneskimos dagegen jahreszeitlich. Für indianische Gruppen Ostlabradors berechnete Tanner, daß 400 qkm Jagdgrund für die Ernährung eines Menschen gewährleistet sein müssen (Tanner, 1944, S. 593).

Bei der selbstgenügsamen Primitivwirtschaft, bei der lediglich die unmittelbare Sicherung der Existenz hinsichtlich Nahrung, Kleidung und Unterkunft eine Rolle spielt, ergibt sich wohl eine Differenzierung in der Siedlungsart (ephemer bis jahreszeitlich, bei Fischervölkern u. U. permanent) und auch eine Differenzierung hinsichtlich der benötigten Nährfläche. Doch niemals kommt es zu einer ausgesprochen dichten Besiedlung. Eine handwerkliche Betätigung oder ein organisierter Güteraustausch hat sich nie in nennenswertem Umfang zu entwickeln vermocht, so daß sich auch keine Differenzierung hinsichtlich des wirtschaftlichen Charakters der Siedlungen zeigte.

Vor der kolonialen Erschließung war die selbstgenügsame Primitivwirtschaft auf der Erdoberfläche weitverbreitet. Australien und Tasmanien, die Trockenräume Südafrikas, das brasilianische Bergland und die intermontanen Landschaften Nordamerikas waren von primitiven Sammlern und Jägern besetzt. Höhere Jägervölker hatten die Trockengebiete im Südosten des amerikanischen Kontinents inne bis in die Pampa hinein ebenso wie die Grasländer des nordamerikanischen Westens bis in die boreale Waldregion und Tundra. Heute sind alle diese Gruppen auf die Grenzgebiete der Ökumene beschränkt und unterliegen hier, insbesondere seit dem 19. Jh. weitgehenden Wandlungen ihrer Lebensformen (Kap. III. B. 2.b).

β) Die semi-autarke Sippen- und Stammeswirtschaft. Diese ist einerseits bei den Hirtennomaden, andererseits bei den Hackbauvölkern ausgebildet. Beide Gruppen kennen keine höhere soziale Einheit als die Sippen- oder Stammesgemeinschaft. Das bedeutet eine Begrenzung ihrer kulturellen Entwicklung und zugleich ihrer wirtschaftlichen Betätigung. Doch zeichnet sich bei ihnen bereits eine beschränkte soziale und wirtschaftliche Differenzierung ab, die sich mit einem organisierten Austausch der durch Weidewirtschaft, Landbau, Fischerei oder Hausgewerbe gewonnenen Erzeugnisse verbindet. Diese semi-autarke Wirtschaftskultur gelangt auch in der Verteilung von Siedlung und Bevölkerung zum Ausdruck.

Wir wollen uns zunächst den *Hirtennomaden* zuwenden. Waren die höheren Jäger vornehmlich auf die Neue Welt beschränkt, so dominiert der Hirtennomadismus in der Alten Welt. Wechsel der Weidegebiete von den Flachlandschaften in die Höhenregionen (Bergnomadismus) oder Wechsel in der Horizontalen, hervorgerufen durch unterschiedliche Niederschlagsverteilung oder sonstige Unterschiede in der Güte der Weidegebiete (Flächennomadismus), kennzeichnen diese Wirtschaftsform, bei der die Haltung von Großvieh (Rentiere, Kamele, Pferde, Yakrinder, Buckelrinder, ausnahmsweise auch Büffel) die Hauptrolle spielt, und seltener Kleintierzucht die alleinige Grundlage abgibt wie in Südosteuropa und den Karpatenländern (Karakatschenen, Wlachen bzw. Aromunen), abgesehen von den Transporttieren (Dobrowolski, 1961).

Die Rentiernomaden wie die Lappen Skandinaviens, die Tungusen, Samojeden, Tschuktschen und Jakuten Sibiriens gehören der Tundren- und Waldregion an. Sie führen meist regelmäßige Wanderungen von den Winterweiden im Tundrenwald oder der borealen Waldregion zu den Sommerweideplätzen an der Küste oder auf den Gebirgshöhen durch. Nur bei dürftiger Ausstattung der Weiden stellt sich die episodisch-temporäre Siedlungsart ein, wie es bei den Waldviehnomaden Sibiriens der Fall ist (Müller-Wille, 1954, S. 151). An und für sich entspricht den geregelten Wanderungen die periodisch-temporäre Siedlungsart, wenn nicht gar die Saisonsiedlung, die wohl noch weiter verbreitet ist. Bei dem Wechsel der Weidegebiete werden meist große Entfernungen zurückgelegt. So beträgt der Wanderweg der Lappen zwischen Wald und Küste über 600 km (Tanner, 1929). Doch unter bestimmten Voraussetzungen, meist dann, wenn Rentiernomaden die Rinderzucht übernommen haben, ist ihre Beweglichkeit gemindert. Die Entfernung zwischen Winter- und Sommersiedlung beträgt dann u. U. nur 10 km (Müller-Wille, 1954, S. 154).

Mongolen, Kirgisen, Turkmenen, arabische Stämme usf. leben als Hirtennomaden und besiedeln als solche die weiten Trockengebiete der Alten Welt von Zentralasien über Vorderasien und Arabien bis nach Nord- und Ostafrika, und isoliert davon finden sich Hirtennomaden im Südwesten Afrikas (Hottentotten und Hereros). Ebenso wie bei den Rentiernomaden sind auch hier die Lebensformen außerordentlich vielfältig. Unter sehr ungünstigen Weidebedingungen stellt sich die episodisch-temporäre Siedlungsart ein. Meist jedoch wird ein bestimmter Rhythmus im Aufsuchen der verschiedenen Weidegebiete eingehalten, was sich mit periodisch-temporärer Siedlungsart verknüpft. Eine solche ist auch dann noch vorhanden, wenn gelegentlicher Regenfeldbau betrieben wird, denn was im Frühjahr gesät wird, kann auf der Rückwanderung im Herbst geerntet werden, wie es z. B. bei einem Teil der Kirgisen der Fall war (Machatschek, 1921, S. 124). Besitzen die Nomaden kleine Oasen, wie es sich mitunter in der Sahara zeigt, dann sind diese zwar als Dauersiedlungen das ganze Jahr über von ehemaligen Sklaven bewohnt; aber die eigentlichen Nomaden halten sich nur wenige Wochen im Jahr hier auf, so daß für sie die periodisch-temporäre Siedlungsart gilt. Die Halbnomaden dagegen, bei denen der Regenfeldbau etwas stärker im Vordergrund steht, haben standfeste Winterorte; während des Sommers bleiben hier nur wenige Menschen zurück, und der Hauptteil zieht auf entferntere Weiden. Bei ihnen ist die Saisonsiedlung ausgebildet. Mitunter stellt sich sogar die semi-permanente Siedlungsart ein, wie es Niemeier für die an Oasen reichen Wüstengebiete der nördlichen Sahara beschrieb (Niemeier, 1955, S. 257) und wie es z. B. auch für einen Teil der Hereros in Südwestafrika galt (Baumann, 1975, S. 487 ff.). Das Schwergewicht liegt jedoch einerseits bei der periodisch-temporären und andererseits bei der Saisonsiedlung. Das wird auch bestimmend für die Verteilung und Dichte der Besiedlung.

Mag das Verhältnis von Fläche zu Bevölkerung bei den „Großen Nomaden“ nicht wesentlich von dem bei den Jägervölkern beobachteten abweichen, so ist in anderer Beziehung ein grundlegender Unterschied gegeben. Die Hirtennomaden üben eine gewisse, meist allerdings nicht sehr umfangreiche handwerkliche Tätigkeit aus (z. B. Weberei, Teppichknüpferei, Lederbearbeitung). Daneben besitzen sie Transporttiere und sind dadurch in der Lage, sich in ihrer Ernährung nicht allein auf die eigenen Erzeugnisse zu stützen, sondern bei den benachbarten Hackbau- oder Pflugbauvölkern pflanzliche Produkte einzutauschen. Darüber hinaus sind sie Mittler eines weitreichenden Fernhandels, und zwar insbesondere dort, wo sie in Berührung mit hochentwickelten Pflugbauvölkern standen. Allerdings kommt der von den Nomaden übernommene Karawanenverkehr mehr den Siedlungen der Seßhaften zugute. Doch mitunter prägt sich dies auch in der Verteilung ihrer eigenen Siedlungen aus. So haben nomadische Fernhändler der Sahara ihr Zentrum im Anschluß an eine kleine Oase. In der Form eines befestigten Oasendorfes ist hier ein permanenter Schwerpunkt gegeben, der sich durch eine gewisse Konzentration der Bevölkerung auszeichnet und einen spezifisch gearteten wirtschaftlichen Typ unter den sonst gleichförmigen Weidesiedlungen der Zeltlager darstellt (Niemeier, 1955). In Turkestan beobachtete Machatschek, daß sich in Winterdörfern von Halbnomaden Handwerker und Kaufleute ansetzen, die hier das ganze Jahr über wohnen (Machatschek, 1921, S. 129) und diesen Ort zu einem gewissen Zentrum machen.

Seit dem 19. Jh., insbesondere aber vor und nach dem Zweiten Weltkrieg sind die Hirtennomaden im Rückgang begriffen. Heute wird ihre Zahl in Südwestasien (Türkei, Irak, Iran, Afghanistan und Pakistan) auf 5 Mill., in der Sahara auf 1,2 Mill geschätzt (Barth, 1962, S. 341; Capot-Rey, 1962, S. 302; Awad, 1962, S. 311). Ausdehnung und Einengung des nomadischen Lebensraumes hat es seit jeher gegeben. Der Unterschied gegenüber früher aber besteht nach Wirth (1969, S. 41/42) darin, daß nun der Prozeß der Seßhaftmachung irreversibel ist.

Mehrere Ursachen trugen dazu bei. Einerseits dehnte man das Bewässerungsland und die Flächen mit Regenfeldbau aus. Hinzu kam der Rückgang des

Karawanenhandels und damit das Sinken im Wert der Kamele. In manchen Gebieten bedeutete die Freilassung der einst von Nomaden beherrschten Sklaven einen weiteren Einschnitt.

Brachten die Kolonialmächte die Pazifizierung der Nomaden, so waren die selbständig gewordenen Staaten an deren Seßhaftmachung interessiert, so wie es in Südosteuropa und in der Sowjetunion schon zuvor geschehen war (Beuermann, 1967). Der Übergang zu unterschiedlichen halbnomadischen Lebensformen mit überwiegender Schafhaltung brachte das Problem der Überweidung der zur Verfügung stehenden Flächen.

Auflösung der hierarchischen Stammesordnung kann sich auf die Siedlungen auswirken ebenso wie ein Festhalten daran, was dann eine Stärkung der Scheichs bei gleichzeitiger Verarmung der übrigen Stammesmitglieder bedeutet.

Für die Wirtschaftsform des *Hackbaus*, der heute im wesentlichen auf die Tropen beschränkt ist, in vorkolonialer Zeit jedoch auch in den mittleren Breiten des östlichen Nordamerika vorhanden war, sind mehrere Elemente charakteristisch, die in engem Zusammenhang miteinander stehen (Werth, 1954). Angebaut werden in erster Linie Knollengewächse, Yams, Taro, Maniok, Bataten, Kartoffeln usf.; Fruchtbäume gesellen sich hinzu, die teilweise nur genutzt und gehegt, teilweise aber gepflanzt werden (Sagopalmen, Kokos- und Ölpalmen, Bananen). Schließlich ist der Mais zu nennen, der nach seinen Anbaumethoden in diese Gruppe gehört. Anderes Getreide fehlte ursprünglich. Wenn ihm in den Savannen Afrikas (Hirse) und in Südostasien (Bergreis) erhebliche Bedeutung zukommt, dann geht das auf den Einfluß benachbarter Pflugbaukulturen zurück. Mit den genannten Kulturpflanzen verbindet sich eine bestimmte Art des Anbaus, denn nicht der Pflug, sondern Grabstock (Ozeanien und Südostasien, Amerika) oder Hacke (Afrika) werden benutzt. Fehlen der Großtierhaltung und düngerlose Bewirtschaftung der Felder sind weitere Kennzeichen.

Das nun aber ist gerade im Hinblick auf die Verteilung der Siedlungen und der Bevölkerung wichtig. Da keine Düngung existiert, ist der Hackbauer gezwungen, nach Erschöpfung des Bodens die bebauten Parzellen aufzugeben und sie durch Rodung neuer Flächen zu ersetzen. So sind Wanderfeldbau, Brand- oder Stockrodung und Hackbau ursprünglich miteinander verknüpft. Durch das Verlagern des Feldareals wird auch ein Verlagern der Siedlungen notwendig. Oft verharren letztere länger an ihrer Stelle, solange, bis das kultivierte Land in zu große Entfernung gerückt ist, um die Feldarbeit vornehmen zu können. Müssen die Felder in 1-3 Jahren verlegt werden, so ist der Zeitraum, nach dem die Verlagerung der Wohnplätze erfolgt, verschieden. Als relativ fortgeschritten betrachtet Kolb die Subanus der Philippinen, deren Siedlungen etwa 10 Jahre an derselben Stelle verbleiben (Kolb, 1942, S. 120), und Helbig gibt für Sumatra an, daß es hier 15-60 Jahre sein können (Helbig, 1936, S. 1068). So ist im Grundprinzip die semipermanente Siedlungsart ausgebildet, die allerdings bei großer Bedeutung der Fruchtbäume oder der Fischerei zur permanenten werden kann.

Dort, wo mit dem Wandern des Feldareals die dazugehörigen Orte in kurzen Zeitabständen verlegt werden, sind die Siedlungen klein. Bleiben letztere länger ortsfest, dann schließen sich mehr Menschen in ihnen zusammen und Dörfer werden charakteristisch. Diesen Sachverhalt konnte Helbig für Sumatra zeigen:

„Je weiter die Siedler ziehen, je mehr der Ladangbau (Wanderfeldbau) und damit der wandernde Kampong (Ortschaft) zur Geltung kommt, um so geringer wird die Zahl der jeweilig beisammen wohnenden Menschen“ (Helbig, 1933, S. 127). Unter solchen Umständen ist die Siedlungs- und Bevölkerungsdichte gering. Zwar lassen sich genaue Zahlenangaben nicht machen; doch dürfte der Wert von 5 E./qkm meist schon zu hoch gegriffen sein, wenn keine fremden Einflüsse vorliegen.

Bei der starken Bevölkerungszunahme, die gerade in den tropischen Gebieten vor sich geht, reicht der Raum für den Wanderhackbau häufig nicht mehr aus, und der Übergang zur Landwechselwirtschaft erfolgt. Es entwickeln sich unregelmäßige oder mehr oder minder geregelte Feld-Busch-Wechselsysteme, bei denen die Siedlungen dann ortsfest werden (Manshard, 1974, S. 56).

In Südamerika, wo die Bevölkerungsdichte in den größten Teilen des Amazonastieflandes noch immer unter 1 E./qkm liegt, wird die Zahl der Indianer nur noch auf 150 000 geschätzt (Sandner und Steger, 1973, S. 366 ff.). Hier geht man daran, einerseits von den westlichen Gebirgen her die tierra firme des Ostens zu erschließen, andererseits vom brasilianischen Osten längs Fernverkehrsstraßen einzudringen (Brücher, 1970; Sternberg, 1966; Wilhelmy, 1966).

Aber nicht allein der Feldbau mit zusätzlichem Sammeln von Früchten sowie Jagd und Fischfang bilden die Grundlage der wirtschaftlichen Existenz der Hackbauvölker. Ein mitunter spezialisiertes Hausgewerbe tritt hinzu, Flechterei und Weberei, Töpferei und bei afrikanischen Stämmen auch Gewinnung und Verarbeitung von Eisen. Darüber hinaus ist ein bisweilen nicht unbeträchtlicher Güteraustausch entwickelt, denn in benachbarten Dörfern oder Stammesgebieten werden nicht unbedingt dieselben landwirtschaftlichen Produkte erzeugt und nicht unbedingt dieselben Handfertigkeiten geübt. Besonders eingehend sind wir über die Formen des Güteraustausches bei den afrikanischen Hackbauvölkern unterrichtet. In der ursprünglichen Form handelt es sich um Märkte an Grenzen von Dörfern oder Stammesgebieten (Grenzmärkte) außerhalb bestehender Siedlungen (Fröhlich, 1941), an denen in bestimmten Abständen die Bevölkerung zusammenkommt, um ihre Erzeugnisse miteinander einzuhandeln. Demgemäß haben wir es mit einem organisierten Güteraustausch zu tun, der sich bei der autarken Primitivwirtschaft noch nicht findet. Wenn sich auch Hausgewerbe und Lokalhandel nicht unmittelbar in der Siedlungs- und Bevölkerungsverteilung auswirken, so sind sie zum einen für die Charakterisierung der semi-autarken Stammeswirtschaft wichtig, und zum andern geben sie die Grundlage ab für eine weitere Entwicklung, die es nun zu kennzeichnen gilt.

Nur auf afrikanischem Boden kam es zu einer Durchdringung von Hirtennomaden und Hackbauern und dem Aufgehen beider Komponenten in staatlichen Gemeinschaften. Die Savannen südlich der Sahara und Ostafrikas stellen die wichtigsten Kontaktzonen dar, wo sich auf Grund der Überlagerung von Viehzüchtern als herrschender und Hackbauern als unterworfener Schicht über die Stämme hinweggreifende Staatswesen ausbildeten und die Verknüpfung beider zu einer Wandlung der Wirtschaftskultur führte. Zwar hatten diese Reiche oftmals nicht lange Bestand, und die Stammesbindungen wurden nie restlos überwunden. Immerhin kam es im Sudan zu dem Anfangsstadium einer Wirtschaftskultur, die sonst erst auf der Grundlage des Pflugbaus erzielt und vervollkommnet wurde. Zu den auf landwirtschaftlicher Basis beruhenden Siedlungen mit ihrem Hausgewerbe traten dort nämlich periodische Märkte in der Nähe oder innerhalb vorhandener Siedlungen hinzu. Schließlich kam es zur Ausbildung größerer Siedlungszentren, in denen der Feldbau nicht fehlte, die sich aber durch spezialisiertes Gewerbe, Markt und Fernhandel auszeichneten. Als Beispiel sei auf die „Sudanstädte" verwiesen, die unter dem kulturellen Einfluß des Mittelmeerraumes und des Islams entstanden (Hirschberg, 1974). Auf den Begriff der Stadt wird später einzugehen sein (Kap. VII. A.). Mit der Veränderung der Wirtschaftskultur trat eine Verdichtung der Siedlungen ein. Wenn heute das Übergewicht des Sudans gegenüber den Waldlandschaften des Südens mitunter nicht mehr in voller Schärfe in Erscheinung tritt, dann hängt dies mit dem Einfluß der europäischen Kolonisation vor allem an der Oberguineaküste zusammen. Zu der allgemeinen Verdichtung der Bevölkerung aber gesellt sich auf der Basis der dargelegten Wirtschaftskultur eine Konzentration an bestimmten Stellen, Verhältnisse, wie sie der autarken Primitivwirtschaft fremd sind.

Wurde der Hackbau durch Bewässerungsanlagen und regelmäßige Düngung intensiviert, setzte sich die permanente Siedlungsart durch, dann waren ebenfalls die Voraussetzungen geschaffen, kleinere Stammeseinheiten zu Staatswesen zusammenzuschließen und damit diejenige Wirtschaftskultur zu entwickeln, die in wesentlich größerer Verbreitung von den Pflugbauvölkern geschaffen wurde. Dies war vor allem in den Kordillerenhochländern Amerikas von Mexiko bis Nordwest-Argentinien und Nordost-Chile der Fall, wo die Hochkulturen der Azteken, Maya und Inka entstanden. Nur hier treffen wir im Bereich der Hackbauern ein hochstehendes Gewerbe einschließlich von Bergbau und Verarbeitung der Edelmetalle sowie einen weitgespannten Handelsverkehr an; zum zweiten Male begegnen wir hier, und noch viel einprägsamer als etwa im Sudan, bei Hackbauern dem Nebeneinander von Dorf und Stadt.

γ) Die anautarke Wirtschaft auf staatlicher Grundlage. Mit jenen eben geschilderten Ausnahmen bildet der Pflugbau die Basis für die Wirtschaftskultur, die nicht allein durch Feldbau mit Großviehzucht gekennzeichnet ist, sondern in der neben den ländlichen Siedlungen auch den Städten eine wichtige Aufgabe zukommt. Wohl ist eine gewisse gewerbliche Betätigung mitunter auch der ländlichen Bevölkerung eigen, und besondere gewerbliche Siedlungen kommen hinzu. Doch das Spezialgewerbe ist zumeist auf die Städte beschränkt. Können sich die periodischen Märkte in ländlichen Siedlungen abspielen (Orient, Indien), so sind die Städte Sitz des ständigen Marktes. Sie sind die Zentren des Lokalhandels, der sie mit den ländlichen Siedlungen verknüpft, und einige von ihnen sind Mittelpunkte eines weitreichenden Fernhandels, der sich über Kontinente und Ozeane erstrekken kann. In ihnen konzentriert sich das kulturelle und politische Leben, denn nur im Bereiche einer höheren staatlichen Organisation vermag sich diese Form der Wirtschaftskultur auszubilden. Zwar kommt es auch schon auf stammesmäßiger Grundlage zu Staatsbildungen; doch voll entwickelt und mit eigener kultureller Ausprägung pflegen sie sich in der Regel erst auf überstammesmäßiger Basis einzustellen.

Der Einfluß dieser Wirtschaftskultur auf die Verteilung der Siedlungen und der Bevölkerung muß nun dargelegt werden. Wir gehen dabei von der Wirtschaftsform des *Pflugbaus* aus. Verwendung des Pfluges mit Hilfe tierischer Arbeitskraft, infolgedessen Großviehzucht, Getreideanbau mit planvoller Bodenpflege und Anbau von Handelsgewächsen stellen die wesentlichen Merkmale von der agraren Seite her dar (Werth, 1954, S. 82 ff.). Feldbau und Großviehzucht bildeten ursprünglich eine untrennbare Einheit, wenn auch das Verhältnis beider zueinander variiert und man sich in Ostasien auf das Heranziehen der Zugtiere beschränkt. Zwar sind auch primitive Arten des Pflugbaus vorhanden, denn es kommt Brandrodungswirtschaft mit Verlagerung von Feld und Siedlungen vor, wie es Lautensach für die Waldgebiete Koreas beschrieb (Lautensach, 1941). Doch im allgemeinen ging man dazu über, die einmal geschaffenen Feldflächen dauernd zu nutzen und die entzogenen Nährstoffe durch geeignete Fruchtfolgen, Einschaltung von Brachjahren und Düngung zu ersetzen oder womöglich durch Bewässerung eine Intensivierung zu erreichen. Mit dem Festlegen der Feldflächen verbinden sich permanente Siedlungen. Diese aber sind Voraussetzung dafür, daß eine Verdichtung von Siedlung und Bevölkerung stattfinden kann.

Auf einer Karte der Bevölkerungsverteilung der Welt zeigt sich deutlich, daß im Bereiche des Pflugbaus eine außerordentlich starke Zusammendrängung der Bevölkerung vorhanden ist. Die Dichtezentren der Erde in Ost- und Südasien, in Europa und im Osten Nordamerikas, in denen auf einer Fläche von nur 15 Mill. qkm, dem zehnten Teil der Erdoberfläche, drei Viertel der Menschheit konzentriert sind, konnten sich nur auf der Grundlage des Pflugbaus ausbilden. Allerdings ist weiterhin zu erkennen, daß innerhalb der Pflugbaugebiete sehr große Unterschiede in der Bevölkerungsverteilung auftreten. Sofern die Art der Bodennutzung bei einem großräumigen Überblick für diese Unterschiede verantwortlich zu machen ist, soll hier darauf eingegangen werden.

Besondere Beachtung verdient die Weidewirtschaft in der Form der Almwirtschaft und Transhumance. Sie ist im wesentlichen auf die Alte Welt beschränkt und hängt genetisch mit dem hier entwickelten Pflugbau zusammen. Almwirtschaft und Transhumance sind für die Gebirge, insbesondere die Hochgebirge, charakteristisch. Gemeinsam ist ihnen, daß die Gebirgshöhen über der oberen Grenze des Ackerbaus bzw. der Waldwirtschaft von den Talgemeinden aus, in denen Feldbau getrieben wird, während des Sommers als Weideland genutzt werden. Während jedoch bei der Almwirtschaft das Vieh im Winter in den Taldörfern eingestallt wird, benutzt man bei der Transhumance die benachbarten Ebenen als winterliche Weidegebiete. Transhumance ist in den winterkalten Gebieten nicht möglich; hier ist nur das System der Almwirtschaft vorhanden. Im mediterranen Raum jedoch und von hier aus einerseits über Vorderasien bis nach Zentralasien, andererseits von Südosteuropa in den karpatischen Raum übergreifend, kommen beide Formen nebeneinander vor, die Almwirtschaft als die intensivere, die Transhumance als die extensivere. Die Bedeutung der Hochgebirgsweidewirtschaft für die Verteilung der Siedlungen und der Bevölkerung liegt darin, daß eine Erweiterung der Wirtschaftsfläche gegeben ist und damit eine Verdichtung von Siedlung und Bevölkerung in den Gebirgstälern stattfinden kann. Darüber hinaus entstehen oberhalb der Grenze des Feldbaus periodisch genutzte Siedlungen, die Alm- und Hirtenhütten, zu denen sich bei gestaffeltem Almauftrieb Zwischenalmen in verschiedenen Höhenlagen gesellen.

In Ost- und Südostasien fehlen beide Formen der Hochgebirgsweidewirtschaft. In Latein- und Nordamerika stellte sich die Transhumance nach der europäischen Kolonisation und Erschließung ein, wobei in Nordamerika Weideberechtigungen in den Nationalforsten der Hochgebirge für solche Zwecke in Anspruch genommen werden und die damit verbundenen periodischen Siedlungen unterhalb der oberen Waldgrenze zu liegen kommen, anders, als das in Europa der Fall ist (Hofmeister, 1959). In der peruanischen Puna entwickelte sich auf heimischer Grundlage in diesem Höhenbereich eine ständige Weidewirtschaft, die sich siedlungsmäßig in permanenten und das ganze Jahr über benutzten Hirtensiedlungen ausdrückt.

Feldbau und Viehzucht finden in den verschiedenen Klimabereichen unterschiedliche Voraussetzungen. In den höheren Breiten kommt wegen der klimatischen Gefährdung des Feldbaus der Viehzucht im allgemeinen eine größere Bedeutung zu, womit sich ein erheblicher Flächenbedarf verknüpft; eine relativ geringe Dichte von Siedlung und Bevölkerung ist die Folge. In den mittleren Breiten sind Feldbau und Viehzucht in mannigfacher Weise miteinander verbunden, dergestalt, daß im Bereich ozeanischen Klimas und in den großen Talungen mit hohem Grundwasserstand die Viehzucht, sonst der Feldbau die Hauptrolle spielt. Unter gewissen Umständen wird eine Verdichtung der Siedlungen und der Bevölkerung dadurch erreicht, daß arbeitsintensive Spezialkulturen das Übergewicht gewinnen. Dies gilt einerseits für den Gartenbau und trifft andererseits für den Rebbau zu. Letzterer wird in den mittleren Breiten vorzugsweise auf Hanglagen betrieben, die sonst nicht landwirtschaftlich genutzt werden können; infolgedessen trägt er zu einer Erweiterung der Wirtschaftsfläche bei, aber auch zu einer Verdichtung der Siedlungen insofern, als Wohnplätze an diesen Hängen entstanden. Mehrfach wurde eine ausgesprochene Verdichtung der Bevölkerung für Rebbaugemeinden festgestellt. Unter Ausschaltung anderer Einflüsse wie Industrie usf. kamen Schröder (Taubertal) und Bernhard (nordzüricher Gebiet) übereinstimmend für Ackerbaugemeinden auf eine Dichte von 40 bis 50 E./qkm, für Rebbaugemeinden auf eine solche von rd. 110 (Schröder, 1953, S. 81; Bernhard, 1915, S. 27).

In den ständig warmen und winterkalten Trockengebieten wirkt der Einfluß der Bewässerungswirtschaft in ähnlicher Richtung. Scharf unterscheiden sich hinsichtlich der Verteilung von Siedlung und Bevölkerung diejenigen Gebiete, die ausschließlich auf Trockenkulturen gestellt sind, von denjenigen, in denen die Bewässerungswirtschaft eine ausschlaggebende Rolle spielt. Hier treten die Gegensätze zwischen dicht und gering besiedelten Landschaften wesentlich schärfer in Erscheinung als in den mittleren Breiten mit genügend Niederschlägen. Gegenüber den winterkalten Trockengebieten erscheinen die winterwarmen, gerade in den Bewässerungslandschaften, bevorzugt.

Die größte Bevölkerungskonzentration auf landwirtschaftlicher Basis ist jedoch in Monsunasien vorhanden, insbesondere in den winterwarmen Gebieten. Hier ist Dauerfeldbau möglich, so daß mehr als *eine* Ernte im Jahr eingebracht werden kann. Bei Einschaltung einer Trockenzeit ist es möglich, durch Bewässerungswirtschaft ebenfalls Dauerfeldbau zu erreichen. Schließlich bildet der Reis das wichtigste Getreide, das mit seinen großen Ernteerträgen mehr als eine andere Frucht die Ernährung einer dichten Bevölkerung zu sichern vermag. Man pflanzt ihn nicht allein in den Niederungen, sondern die Anbauflächen werden in mühevoller Arbeit durch Terrassierung der Hänge erweitert und die Terrassen bewässert. Eine außerordentlich hohe Siedlungs- und Bevölkerungsdichte zeichnet die meisten Reisbaugebiete Süd- und Ostasiens aus. Lokal wirkt überdies noch der „ostasiatische Gartenbau" vornehmlich in Mittel- und Südchina, aber auch in Japan verdichtend. Bei größtem Einsatz menschlicher Arbeitskraft unter Benutzung von Hacke, Spaten und Rechen werden kleinen und kleinsten Flächen bei intensiver Düngung und Bewässerung sowie ununterbrochener Fruchtfolge höchste Erträge abgewonnen. Dort, wo Trockenkulturen angebaut werden müssen und eine Bewässerung nicht mehr stattfinden kann, drückt sich dies auch in einem Nachlassen der Bevölkerungsdichte aus.

Die ländlichen Siedlungen bilden den Grundstock. Der Pflugbau und die mit ihm verbundene permanente Siedlungsart geben die Möglichkeit, eine stärkere Verdichtung zu erzielen, als es beim Hackbau in der Regel zu geschehen vermag. Die ausgesprochene Konzentration von Siedlung und Bevölkerung auf engem Raum jedoch, wie es sich in Ägypten, Indien, China u. a. O. zeigt, ist nicht allein das Ergebnis des Pflugbaus als einer höheren Technik des Feldbaus an sich, sondern hängt mit der Entwicklung von Hochkulturen zusammen, die, von der erwähnten Ausnahme abgesehen, erst mit dem Pflugbau zu erfolgen vermochte. Damit aber setzte die auf menschlicher Erfindungskraft und Beobachtungsgabe immer stärker werdende Intensivierung des Anbaus ein. Die Ausbildung von Hochkulturen, deren älteste im Zusammenhang mit der Organisation der Bewässerungswirtschaft entstanden (Ägypten, Babylonien, Indien), bedeutet die Schaffung von Staatswesen; und ein wesentliches Element der staatlichen Einheiten sind die Städte (Kap. VII. A.). Damit entwickelten sich sehr enge Beziehungen zwischen der ländlichen, der Kultivierung des Bodens nachgehenden Bevölkerung und der sozial sich immer mehr differenzierenden städtischen Bevölkerung, was in der Stadt-Land-Wirtschaft seinen Ausdruck findet. Die Stadt als ständiger Markt, mitunter durch periodische Märkte verstärkt, nimmt die überschüssige landwirtschaftliche Produktion auf, teilweise, um sich selbst zu versorgen, teilweise, um sie an größere Zentren weiterzugeben. Sie übernimmt zugleich, auch wenn den ländlichen Siedlungen Handwerker und Hausgewerbe nicht fehlen, in ihrer Spezialisierung des Gewerbes die Versorgung der bäuerlichen Bevölkerung mit denjenigen Erzeugnissen, die auf dem Lande nicht hergestellt werden. In der Verteilung der Siedlungen macht sich die Stadt-Land-Wirtschaft dadurch bemerkbar, daß die ländlichen Siedlungen mit ihrer großen Wirtschaftsfläche im Verhältnis zu ihrer Bevölkerung Städten zugeordnet sind, deren Wirtschaftsfläche klein sein kann, weil ihre Existenz auf einer andern als der landwirtschaftlichen Basis beruht. Je mehr in ihnen die Landwirtschaft durch Handwerk, Gewerbe und Handel zurückgedrängt wird, je umfangreicher die Verwaltungs- und Kulturfunktionen werden, um so stärker vermag sich die Bevölkerung auf engem Raum zusammenzudrängen. In der relativ gleichmäßigen Durchsetzung der ländlichen Siedlungen mit kleineren und größeren solcher Bevölkerungszentren spiegelt sich die Stadt-Land-Wirtschaft in der Verteilung der Siedlungen wider.

Doch mit der Stadt-Land-Wirtschaft ist nicht alles erfaßt, was die anautarke Wirtschaft auf staatlicher Grundlage ausmacht. Mit der Differenzierung im gesellschaftlichen Aufbau eines Volkes bilden sich Bevölkerungsgruppen heraus, deren gesteigerte Lebensbedürfnisse auf eine Verfeinerung von Handwerk und Gewerbe hinzielen. Die dazu notwendigen Rohstoffe versucht man einerseits durch vermehrten Anbau von Handelsgewächsen zu erreichen, was zur Intensivierung der Landwirtschaft führt. Andererseits geht man daran, in stärkerem Ausmaß als zuvor die Bodenschätze auszubeuten, sei es Gestein, Edelmetalle oder andere Erze. Und schließlich sucht man durch weitreichenden Handel das zu erwerben, was das eigene Land versagt. Damit ergibt sich eine Verdichtung der ländlichen Siedlungen (s. o.). In bestimmten Gegenden treten auf Bergbau, Verhüttung usf. beruhende Siedlungen hinzu, und in ausgesprochen bevorzugter Lage, an den Karawanenstraßen, an den Flüssen als Verkehrsadern oder an geeigneten Küsten bilden sich auf der Grundlage des Fernhandels besondere Zentren heraus. Sobald aber der Fernhandel wichtig geworden ist, bedeutet das einen Anreiz zur Intensivierung des gewerblichen Lebens zum Zwecke der Ausfuhr. Diese gewerbliche Tätigkeit konzentriert sich einerseits in den Städten, wie es z. B. beim mittelalterlichen Textilgewerbe Flanderns oder bei den Porzellanmanufakturen Chinas der Fall war, oder aber sie wird zu einem erheblichen Teil von der ländlichen Bevölkerung übernommen, wie es sich z. B. bei der Seidenherstellung in China zeigte. So zeichnet sich die anautarke Wirtschaftskultur, die vornehmlich auf staatlicher Grundlage zu erwachsen vermag, einerseits durch die Stadt-Land-Wirtschaft aus, andererseits durch den Fernhandel, der überwiegend auf hochwertigen und leicht transportierbaren Gütern beruht. Siedlungsgeographisch führt das zur Entstehung größerer ländlicher Siedlungen und zur Entfaltung kleinerer und größerer Städte.

δ) Die anautarke Wirtschaft im Zeitalter von Industrie, Weltwirtschaft und Weltverkehr. Wesentlich neue Momente in der Verteilung von Siedlung und Bevölkerung entstanden erst mit der von West- und Mitteleuropa ausgehenden Industrialisierung seit dem 19. Jh. Doch wie im historischen Ablauf ein Zeitpunkt *keine* scharfe Scheide abgibt und das Neue sich schon im Vorangegangenen ankündigt, so hatte auch das technisch-wissenschaftliche Zeitalter seine Vorboten. Mit der Entdeckung Amerikas und der weiteren Entschleierung der Erde war das Weltbild geschaffen worden, in dessen Rahmen die neue Wirtschaftskultur eingespannt wurde. Ehe es jedoch zu einer weltweiten Verflechtung kam, deuteten sich im Abendland hier und da bereits bezeichnende Umgestaltungen an. War im Mittelalter die traditionelle Wirtschaftskultur durch die Stadt-Land-Wirtschaft und den Fernhandel gekennzeichnet, doch mit einigermaßen strenger Trennung der landwirtschaftlichen Basis der Dörfer und der gewerblichen und handelsmäßigen Grundlage der Städte, so gesellte sich jetzt im Nachmittelalter ein neuer Typ von Siedlungen hinzu, der einen durchaus industriell anmutenden Einschlag zeigte. An ältere Versuche dieser Art anknüpfend, führte der Erzbergbau durch die Verbindung von Erzvorkommen, Holz und Wasserkraft zum Entstehen von Bergbausiedlungen und Hüttenorten in bislang überhaupt noch nicht nennenswert besiedelten Gebirgshöhen (z. B. Erzgebirge, Harz) oder zu einer Verdichtung der Bevölkerung in bis dahin nur landwirtschaftlich genutzten Gebieten (z. B. Siegerland oder

Bergslagen in Schweden). – Als einen weiteren wichtigen Vorboten des eigentlichen Industriezeitalters führen wir die Heimindustrie an, wie sie sich vielfach in den Mittelgebirgslandschaften, mitunter als Folge des niedergehenden Bergbaus, herausbildete (Holz- und Metallverarbeitung, Spinnerei und Weberei, Uhrenherstellung u. a. m.). Der Export spielte dabei eine wesentliche Rolle und wurde meist durch die Kaufherren der Städte vermittelt. Der starke Aufschwung der Heimindustrie in manchen Mittelgebirgslandschaften (z. B. Thüringer Wald, Erzgebirge, Sudeten) trug schon im Nachmittelalter zu einer beträchtlichen Verdichtung der Bevölkerung und teilweise auch der Siedlungen bei. Landwirtschaftlich benachteiligte Gebiete erhielten auf dieser Grundlage zum erstenmal in größerem Ausmaß eine dichtere Bevölkerung als Bereiche, in denen die Bodenkultur günstigere Voraussetzungen fand. Für Sachsen konnte Blaschke (1962) diese Entwicklung vom 16.-19. Jh. belegen. Um 1550 variierte die Bevölkerungsdichte in den Kreisen des Landes zwischen 10 und 70 E./qkm, im Jahre 1750 bei derselben Ausgangsbasis bis 120 E./qkm, wobei außer den Städten die gewerbereichen Ortschaften des Gebirges den größten Bevölkerungsanstieg verzeichneten, durch hohen Geburtenüberschuß und Zuwanderung bewirkt; von 1750-1843 verstärkte sich dieser Prozeß.

Aber das alles war, wie gesagt, nur ein Auftakt. Die entscheidende Wandlung der Wirtschaftsstruktur und der siedlungsgeographischen Gegebenheiten brachte erst die Inwertsetzung der Kohle und die Vielzahl der technischen Erfindungen seit dem Ende des 18. Jh.s. Mit der Industrialisierung, die die alte Sozialordnung auflöste, war ein starkes Wachstum der Bevölkerung und insbesondere der Arbeiterschicht gegeben. Vor allem die Schwer- und Textilindustrie führte zur Bildung von Industrielandschaften, in denen vorhandene Orte sich ausweiteten, benachbarte zusammenwuchsen, neue Siedlungen sich zwischen das alte Netz legten, so daß mehr oder minder unorganische Siedlungskomplexe weite Flächen bestimmen. Zugleich aber setzte ein Zustrom in die Städte ein, die sich nun jenseits der mittelalterlichen Kerne ausdehnten. Eine Vielzahl von Großstädten entwickelte sich, und dort, wo besondere Voraussetzungen vorlagen, sei es in den politischen Mittelpunkten, sei es unter dem Einfluß der Industrie oder eines weit ausgreifenden Handelsverkehrs, bildeten sich Millionenstädte; in ihnen gingen benachbarte kleinere und größere Siedlungen auf, und sie stellen auf engem Raum eine ungeheure Zusammenballung der Bevölkerung dar. Zwar gab es derartig volkreiche Metropolen auch schon in den antiken Weltreichen; aber diese erreichten die Größe der heutigen nicht, und gleichzeitig waren jeweils immer nur einige wenige solcher Zentren vorhanden, während sich ihre Zahl gegenwärtig auf über 150 beläuft. Der Bevölkerungskonzentration in den Industrierevieren, in den Groß- und Weltstädten steht eine Verminderung in den ländlichen Gemeinden gegenüber, was in manchen Bereichen sogar zu einer Verringerung der Bevölkerungsdichte führte.

Der Einfluß der modernen Industrie- und Verkehrswirtschaft auf die Verteilung von Siedlung und Bevölkerung geht aber noch weiter. Die städtischen Großsiedlungen und die ländlichen Siedlungen stoßen in der Regel nicht unmittelbar aneinander. Am Stadtrand, an der Peripherie der Bevölkerungsballungen, stellte man sich auf den Bedarf dieser Marktzentren an leicht verderblichen, aber hochwertigen Nahrungsmitteln ein. Dies geschah insbesondere durch den Übergang zum Gartenbau, der eine größere Bevölkerung bindet, als es beim Feldbau der Fall ist. Auch in großräumiger Sicht spielt dieses Prinzip eine Rolle. In ausgeprägtem Maße zeigt sich das in den Niederlanden, die nicht bloß auf Grund des weitgespannten Handels, sondern auch infolge der Umstellung auf höchst intensive Viehzucht und Gartenbauwirtschaft zu einem Bereich hoher Bevölkerungs- und Siedlungsdichte wurden.

Die Spezialisierung der Landwirtschaft in den Industrieländern und deren Umkreis, das Wachstum der industriellen und städtischen Bevölkerung und die steigende Produktion industrieller Erzeugnisse über den Bedarf der staatlichen Einheiten hinaus verknüpfte sich, insbesondere für die kleinräumigen europäischen Industrieländer, mit der Erschließung wirtschaftlicher Ergänzungsräume, die einerseits die Industrieprodukte aufnehmen konnten und die andererseits die Nahrungsmittel und industriellen Rohstoffe zu liefern vermochten. Solche Ergänzungsräume standen vor allem in den überseeischen Kolonialländern zur Verfügung, für die nun vielfach Monokultur-Betriebe charakteristisch wurden. Damit war dort eine Verdichtung der Siedlungen verbunden und zugleich ein besonderes Wachstum der Hafen- und Handelsstädte.

Bei dieser einfachen Zuordnung von Industrieländern mit ihren Bevölkerungsagglomerationen, agraren Ergänzungsräumen und relativ gleichmäßiger Verteilung der Siedlungen blieb die Entwicklung nicht stehen. Politische Erfordernisse, häufig ausgelöst durch Unterbrechung der Verkehrsbeziehungen, auf denen ein solches System aufgebaut war, führten dazu, daß die Industriewirtschaft in geringerem oder stärkerem Maße in allen Teilen der Welt aufgenommen wurde. Allerdings erhielt sich bis heute das Übergewicht der alten Industrieländer Europas und der Vereinigten Staaten, wenngleich Japan oder die Sowjetunion nicht vergessen werden dürfen. Hier ist die Verteilung von Siedlung und Bevölkerung am stärksten durch die moderne Wirtschaftskultur bestimmt.

b) Der Einfluß der historischen Entwicklung

Der gegenwärtigen Verteilung von Siedlung und Bevölkerung liegen auch historische Momente zugrunde. Die oben besprochenen Wirtschaftskulturen stellen keinen unabänderlichen Dauerzustand dar, sondern unterliegen zeitlichen Wandlungen. Die Kulturentwicklung als solche, die eine Verdichtung der Siedlungen nach sich zieht, ist ein historisches Phänomen. Aus dem 3. Jahrtausend v. Chr. sind die ersten Stadtkulturen bekannt, die Induskultur im Pandschab, die sumerisch-akkadische Kultur im Zweistromland von Euphrat und Tigris und die ägyptische Kultur der Niloase. Im 2. Jahrtausend entfaltete sich die Stadtkultur der Chinesen am Hoangho und die der Minoer auf Kreta, diese die erste auf Seeherrschaft gegründete Kultur des Mittelmeerraumes, deren Erbe die Phöniker antraten. Im ersten Jahrtausend entwickelten sich die antiken Kulturen des Mittelmeerraumes. In der Ausdehnung dieser Reiche, ihrem Vergehen im Sturme von Völkerwanderungen und ihrem Wiederaufleben im Rahmen neuer Herrschaftsbildungen, innerhalb derer das Vergangene weiterlebte, bildete sich die orientalische, indische und ostasiatische Kultur.

Die erfaßten Kernräume trugen schon in früher Zeit eine dichte Bevölkerung, und sie erscheinen auch noch heute als wichtige und zum Teil wichtigste Dichtezentren der Erde trotz Schwankungen der Bevölkerungszahl, die Kriege, Hungersnöte und Seuchen hervorriefen. Mesopotamien war im 8./7. Jh. v. Chr. von 4 Mill. Menschen bewohnt, und heute sind es etwa 31 Mill. In Kleinasien (Türkei ohne europäischen Teil) wird die Bevölkerungszahl zur römischen Kaiserzeit auf 15 Mill., im 2. Jh. n. Chr. auf 20 Mill. geschätzt, und sie beläuft sich gegenwärtig auf rd. 36 Mill. Ägypten hatte schon im 13. Jh. v. Chr. 8 bis 9 Mill. Einwohner, zur römischen Kaiserzeit 10 Mill. und im Jahre 1910 11 Mill. Für Indien wird die Bevölkerung im 3. Jh. v. Chr. auf 100 bis 140 Mill und um die Mitte des vorigen Jahrhunderts auf 155 Mill. veranschlagt. In den letztgenannten Ländern wurden unter europäischem Einfluß die Bewässerungsanlagen verbessert (Staudämme) und ein Absinken der Sterblichkeitsziffer erreicht, so daß bei hohen Geburtenzahlen die Bevölkerung Ägyptens auf 39 Mill. und diejenige Indiens[1] auf 687 Mill. im Jahre 1975 ansteigen konnte. Nimmt man trotz der unsicheren Schätzungen, die vorliegen, China hinzu, dann ergibt sich hier zur Zeit der hohen Kulturblüte während der Sung-Dynastie (960-1279) eine Bevölkerung von 100 Mill.; seit dem 18. Jh. erfolgte ein weiterer Anstieg, so daß heute allein in der Volksrepublik China mit 773 Mill. zu rechnen ist (Kirsten – Buchholz – Köllmann, 1955/56 u. a.). Aus diesen Beispielen ist zu ersehen, daß die Räume alter Kulturentwicklung mit dichter bis dichtester Besiedlung von jeher Gebiete gedrängten menschlichen Zusammenlebens waren und sich diese Konzentration u. U. durch die Errungenschaften der modernen Wissenschaft und Technik noch verstärkt. Die Verteilung der Siedlungen ist aber nach wie vor im wesentlichen durch die Stadt-Land-Wirtschaft bestimmt, und die Dichtezentren in Ägypten, Indien, China und Indonesien beruhen vornehmlich auf der außerordentlich hohen Dichte der ländlichen Bevölkerung.

Gingen die antiken Kulturen einerseits in der orientalischen auf, so befruchteten sie andererseits die Kulturentwicklung Europas, die sich seit dem frühen Mittelalter in den mittleren Breiten vollzog. Sie war hier mit einer Verdichtung der ländlichen Siedlungen, Ausbildung und Verdichtung des Städtenetzes sowie kolonisatorischer Erschließung größerer Räume verbunden. Mit einer gewissen Phasenverschiebung gilt dies auch für Osteuropa, wo aus weiten Gebieten Nomaden verdrängt und durch seßhafte Ackerbauern ersetzt wurden. Es darf als bezeichnend erscheinen, daß die Bevölkerung Europas im Mittelalter eine Zunahme erfuhr, während sonst auf der Erde eine Stagnation zu beobachten war.

Die Entdeckung Amerikas und die Entschleierung der übrigen Welt wirkten sich zunächst für die Verteilung der Bevölkerung nur in geringem Maße aus. Doch wurden nun Räume in den Gesichtskreis gerückt, die entweder von primitiven Völkern sehr dürftig besetzt waren oder die mit ihren tropischen Erzeugnissen für die Europäer besonderen Anreiz bieten mußten. Von nun ab waren die Veränderungen in der Bevölkerungsverteilung der Welt im wesentlichen durch die Initiative der Europäer bestimmt. In Nordamerika fand man einen Kontinent vor, der am Ende des 15. Jh.s nur 0,5 bis 0,7 Mill. Einwohner besaß; sie konzentrierten

[1] Indische Union sowie Pakistan und Bangladesch.

sich vornehmlich in den pazifisch orientierten Landschaften. Hier vereinigten die höheren Fischer der Nordwestküste, die Eichelsammler Kaliforniens ebenso wie die Columbias und die Feldbau mit Bewässerung treibenden Pueblo-Indianer der südwestlichen Trockenlandschaften über zwei Drittel der Bevölkerung des gesamten Erdteils auf sich. In Mittel- und Südamerika waren zwar die Kordillerenhochländer, wo sich auf der Grundlage des Hackbaus, aber in Verbindung mit der Bewässerungswirtschaft heimische Hochkulturen ausgebildet hatten, relativ dicht besiedelt; vor der spanischen Eroberung wird die Bevölkerung Mexikos und Zentralamerikas auf 3 bis 5 Mill., die der südamerikanischen Hochländer auf 2 bis 3 Mill. geschätzt (Handbook, 1946). Aber die übrigen Gebiete, in denen Sammler und Fischer, Jäger und Hackbauern lebten, waren nur dürftig besetzt. Australien und Tasmanien mit ihrer Wildbeuter-Bevölkerung beherbergten vor der europäischen Kolonisation lediglich 300 000 bzw. 5000 Menschen, während sich die polynesischen Maori Neuseelands, für die Hackbau und Schiffahrt die Existenzgrundlage abgaben, auf 200 000 beliefen. In Südafrika dehnte sich der Bereich nomadischer Viehzucht bis an die Südküste aus. Raumreserven, die einer wesentlich dichteren Besiedlung durch Hebung der Wirtschaftskultur zugänglich waren, standen zu Beginn der Neuzeit in reichlichem Maße zur Verfügung, wobei an dieser Stelle auch Sibirien nicht vergessen werden darf.

Doch zunächst ging es den Europäern nicht um eine siedlungsmäßige Expansion in jene Gebiete. Selbst noch in der Stadt-Land-Wirtschaft verharrend und in der Lage, auch eine wachsende Bevölkerung innerhalb des eigenen Lebensraumes aufzunehmen, waren sie zunächst bestrebt, sich das anzueignen, was die fremde Welt bot. In Mittel- und Südamerika, die unter Spanien und Portugal aufgeteilt wurden, betätigten sich anfangs nur Südeuropäer. Hier trafen die Spanier, denen es vor allem auf die Ausbeutung der Bodenschätze ankam, auf die dicht besiedelten Kordillerengebiete; die Arbeitsleistung der Indianer gab die Basis des Kolonialsystems ab. Großräumig gesehen erfolgten keine wichtigen Veränderungen in der Verteilung von Siedlung und Bevölkerung. Kleinräumig dagegen vollzog sich manche Wandlung, indem verstreute indianische Siedlungen zu größeren zusammengefaßt wurden und eine Vielzahl neu gegründeter Städte als Verwaltungsmittelpunkte die an Zahl geringe spanische Herrenschicht aufnahm. Die relativ dichte Besiedlung dieser Gebiete ließ auch späterhin keine nennenswerte Einwanderung zu. Anders werteten die Portugiesen schon im 16. Jh. ihren Kolonialbesitz aus. Sie kamen als Unternehmer und Kaufleute und wandten sich im tropischen Küstenstreifen Brasiliens dem Zuckerrohranbau im Plantagenbetrieb zu, was zuvor schon von den Spaniern auf den Westindischen Inseln, doch mit geringerer Intensität, in Angriff genommen worden war. Damit wandelte sich das Bild der Siedlungs- und Bevölkerungsverteilung Süd- und Mittelamerikas weitgehend. Der alte Schwerpunkt im Bereiche der Kordillerenhochländer, wo sich Spanier und Indianer vielfach mischten, blieb zwar erhalten; doch entwickelte sich ein neuer Schwerpunkt an den tropischen Küsten des Kontinents, insbesondere im Osten, und auf den Westindischen Inseln in der Form von Handelsstützpunkten und Plantagen. Hier wanderten Portugiesen, die Verbindungen mit der heimischen Bevölkerung eingingen, und andere Europäer ein; hierhin wurden Indianer aus dem Innern verpflanzt, um als Arbeitskräfte zu dienen, und hierhin die Einfuhr von Negersklaven gelenkt. Die kolonisatorische Erschließung im Innern des Kontinents und in den mittleren Breiten blieb gering, und wenn die Indianer, die von Sammelwirtschaft, Jagd und wanderndem Grabstockbau lebten, zurückgedrängt wurden und in den offenen Landschaften die extensive Weidewirtschaft an Ausdehnung gewann, so bedeutete dies zunächst keine Verdichtung der Bevölkerung. Die Ausdehnung der Plantagenwirtschaft im 18. Jh. und die verstärkte Einfuhr von Negersklaven kamen siedlungsmäßig vor allem den tropischen Küstenländern der atlantischen Seite zugute, und lediglich die Entdeckung von Gold in Minas Geraes und Matto Grosso war der Anlaß zu einem Ausgreifen ins Innere, das vor allem von Mischlingen getragen wurde. So wuchs die Bevölkerung Süd- und Mittelamerikas von 1650 bis 1800 von 12 auf fast 19 Mill. an (Carr-Saunders, 1936, S. 42), wobei die eigentliche Verdichtung im Bereiche der tropischen Inseln und Küsten stattfand.

Damit zeichnet sich ein Prinzip ab, das für die Verteilung der Siedlungen in den tropisch-subtropischen Feuchtwäldern weithin bestimmend wurde: Gründung von Handelsplätzen an der Küste, und, wo Raum zur Verfügung stand, Anlage von Plantagenbetrieben in verkehrsbegünstigter Lage, d. h. zunächst auch im Küstenbereich. Insbesondere aber wurde Wert auf Stützpunkte und Häfen gelegt. Schon im 16. und 17. Jh. schuf man die Basis für einige der wichtigsten Welthäfen der Gegenwart: Rio de Janeiro und Kapstadt, Bombay und Kalkutta, Batavia (Djakarta), Manila u. a. m.

Neben der wirtschaftlichen Erschließung setzte im 17. Jh. ein anderer Vorgang ein, der für die Verteilung der Siedlungen und der Bevölkerung in der Welt nicht minder bedeutungsvoll werden sollte. Es begann die Auswanderung europäischer Menschen in überseeische Gebiete, was kaum unmittelbar wirtschaftliche Vorteile bot, sondern die in diesen Ländern, ähnlich geartet wie die europäischen Ausgangsbereiche, durch eine bäuerliche Kolonisation neuen Lebensraum abgaben. Nordamerika, von Europa aus schneller erreichbar als der entsprechende Südkontinent und ohne Durchquerung der Tropen, bot sich als bevorzugtes Siedlungsland an. Neben Franzosen, die in Akadien, im Tal des St. Lorenz und am unteren Mississippi Fuß faßten, stellten vor allem Engländer, Schotten, Iren und Deutsche den größten Anteil der Einwanderer. Von den Flußmündungen der atlantischen Küste ausgehend, erreichten sie im Laufe des 18. Jh.s die Appalachen und drangen teilweise schon in diese ein, im Norden als bäuerliche Siedler, im Süden vorwiegend als Plantagenbesitzer, die bald die Einfuhr von Negersklaven benötigten. Wenn auch die Zahl der Einwanderer nicht allzu hoch war – bis zur Unabhängigkeitserklärung (1776) belief sie sich in den Vereinigten Staaten auf rd. 750 000 –, so genügte sie doch, um mit Hilfe der hohen Gebürtigkeit das atlantische Gebiet wesentlich dichter zu besetzen, als es zuvor der Fall war. Die semi-permanente Siedlungsart der Indianer, die Grabstockbau trieben, wurde weitgehend durch die permanente ersetzt. Kamen vor der Kolonisation auf 100 qkm 11 bis 15 Menschen, so entfielen um die Mitte des 18. Jh.s auf dieselbe Fläche 100 Einwohner, wobei der genannte Durchschnitt im Norden über- und im Süden unterschritten wurde. Zu den ländlichen Siedlungen gesellten sich Städte, die als Stützpunkte der Kolonisation und als Häfen fungierten und mit wenigen Ausnahmen im Bereich des verkehrsgünstigeren Nordabschnittes der atlantischen Küste lagen. Die wich-

Geographisches Institut
der Universität Kiel
Neue Universität

tigsten atlantischen Zentren der Gegenwart entstammen der ersten Periode der Besitzergreifung Nordamerikas durch die Europäer (z. B. New York, Philadelphia, Baltimore, Boston). Mit dieser Entwicklung im Osten des Kontinents, der Europa zugewandten Front, hielt die im Westen nicht Schritt. Hier drangen zwar die Spanier vor, legten auch einige permanente Siedlungen an, zu denen die bedeutendsten Mittelpunkte und Häfen des gegenwärtigen Zeitalters gehören (Los Angeles und San Francisco), aber eine eigentliche flächenhafte Besiedlung des Landes erzielten sie hier nicht. Mit einem allgemeinen Bevölkerungsanstieg von 1 Mill. im Jahre 1650 auf 5,7 Mill. im Jahre 1800 (Carr-Saunders, 1936, S. 42) wurde somit eine Schwergewichtsverlagerung der Siedlungen und der Bevölkerung von der pazifischen nach der atlantischen Seite erzielt als Ausdruck der jetzt nicht mehr von Südeuropa, sondern der von Westeuropa ausgehenden Siedlungsbewegung.

Das überdurchschnittliche Wachstum der europäischen Bevölkerung fand seit dem Ende des 18. Jh.s bis zum Ersten Weltkrieg seinen Ausdruck in einer verstärkten überseeischen Auswanderung. Die Gesamtzahl der nach Übersee Ziehenden in der Welt wurde für den Zeitraum von 1800-1924 auf 60 Mill. geschätzt; davon waren 2,6 Mill. Süd- und Ostasiaten und 57,4 Mill. Europäer (Ferenczi, 1929; Arbos, 1930), ein Beweis, in welchem Ausmaß die Veränderungen in der Siedlungs- und Bevölkerungsverteilung der Erde durch die europäische Expansion bestimmt wurden. Wichtigstes Ziel dieser Bewegung war Nordamerika, das mehr als die Hälfte der Auswanderer erhielt (1821-1924 rd. 38 Mill., davon die Vereinigten Staaten 33,5 Mill. und Kanada 4,5 Mill.). 1857-1924 betrug die Einwanderung nach Argentinien 5,5 Mill., 1821-1924 die nach Brasilien 2,9 Mill. und 1861-1924 die nach Australien und Neuseeland über 3 Mill., während die für Südafrika unter 1 Mill. blieb.

Dies bedeutet, daß die dünn besiedelten Räume der Welt in den Subtropen und mittleren Breiten, deren heimische Bevölkerung zumeist keine permanente Siedlungsart kannte, nun von Europäern besetzt wurden unter Vernichtung oder Reduzierung der primitiven Wirtschaftskulturen. Nur in den Tropen, die von den Europäern zwar wirtschaftlich erschlossen, aber nur in beschränktem Maße besiedelt werden können, und in den Grenzgebieten der Ökumene, sowohl in den Trockenländern der Alten Welt als auch in den subpolaren Bereichen, blieben die ursprünglichen Wirtschaftskulturen, wenn auch nicht unbeeinflußt, teilweise erhalten.

Die Durchdringung der neuen Siedlungskontinente allerdings war verschieden. Die jeweilige Entfernung zur europäischen Ausgangsbasis zeigt sich in den oben angeführten Zahlen deutlich, der Vorsprung Nordamerikas gegenüber Südamerika und die stärkere Einwanderung hierhin gegenüber Australien, auch wenn die unterschiedliche Ausdehnung der Kontinente in Betracht gezogen wird. Nur in den Vereinigten Staaten brachte der große Einwandererstrom im Zusammenhang mit der zunächst sehr hohen Geburtenrate eine fast vollständige Erschließung des gesamten Bereiches. Mit dem Bau der Eisenbahnen setzten die inneren Wanderungen nach Westen hin ein, die schließlich die pazifischen Landschaften erreichten.

Auch in der Verteilung der Siedlungen offenbart sich, daß die Erfüllung der neuen Großräume nicht von innen erfolgte wie bei den alten Kulturländern. Die Verdichtung der Siedlungen an den Kontinentalrändern, insbesondere an den Europa zugekehrten Fronten, zeigt sich bei ihnen schärfer als anderswo, wenn wir von den Inselländern absehen, für die diese Erscheinung fast überall gültig ist. Diese randliche Verdichtung erhielt durch zwei Momente ihre spezifische Note. Seit der Mitte des 19. Jh.s begann in den Vereinigten Staaten die Industrialisierung, vor allem an der Ostküste, aufbauend auf einem schon zuvor hoch entwickelten Gewerbe, und im Ohiogebiet. Damit war hier eine erhebliche Verstärkung der Siedlungsdichte und erneute Aufnahmefähigkeit für Einwanderer gegeben. Diese Industrialisierung verband sich mit einem Wachstum der Städte, so daß sich trotz Überwindung des Kolonialstadiums auch hier die Bevölkerung im Küstenbereich konzentrierte und die großen Agglomerationen besondere Bedeutung gewannen. Zu den alten Dichtezentren der Welt in Ost- und Südasien sowie in Europa entwickelte sich im atlantischen Raum der Vereinigten Staaten das einzige, das der Neuen Welt angehört. In seiner Struktur ist es dem europäischen vergleichbar. Doch auch in den agrarwirtschaftlich ausgerichteten Überseegebieten kommt den Städten am Küstenrand als Handelshäfen eine wichtige Rolle zu; ihre Bevölkerung stieg erheblich an, so daß die peripheren Groß- und Millionenstädte für die neu erschlossenen Kontinente ein bezeichnendes Merkmal darstellen. Die Ansätze, die im 18. Jh. geschaffen wurden, reiften nun aus. Mit kaum 1 Mill. Einwohner vor der europäischen Kolonisation war durch diese in Nordamerika eine Verdichtung auf 108 Mill. im Jahre 1913 (1974: 235 Mill.) erzielt worden. In Süd- und Mittelamerika war ein Anstieg von 12 Mill. um die Mitte des 17. Jh.s auf 82 Mill. vor dem Ersten Weltkrieg (1974: 315 Mill.) erfolgt, und in Australien sowie Neuseeland, die vor dem Eingreifen der Europäer nur einige Hunderttausend Einwohner hatten, belief sich die Bevölkerung im Jahre 1913 auf 5,6 Mill. (1975: 16 Mill.). Diese Angaben lassen ermessen, welch ungeheure Bedeutung die europäische Kolonisation für die Verteilung der Siedlungen und der Bevölkerung auf der Erdoberfläche besitzt (Thistlewaite, 1972).

Sicher traten nach dem Ersten Weltkrieg noch weitere Veränderungen ein, wie sie durch die Erschließung Sibiriens seit der zweiten Hälfte des vorigen Jahrhunderts, durch weitere Auswanderung nach Übersee oder durch die Industrialisierung Rußlands, Japans und anderer Rohstoffländer hervorgerufen wurden. Auch das politische Geschehen nach den beiden Weltkriegen führte zu erheblichen Bevölkerungsverlagerungen. Doch großräumig gesehen werden nun die Wandlungen in der Verteilung der Siedlungen und der Bevölkerung vor allem durch die Industrialisierung und Verstädterung verursacht, die gegenwärtig in mehr oder minder starkem Maße auf die ganze Welt übergreifen.

Schon verschiedentlich haben wir darauf hingewiesen, daß sich der siedlungsgeographische Einfluß Europas in den tropischen Gebieten in beschränktem Rahmen hielt. Wandlungen stellten sich allerdings auch in diesen Bereichen ein. Die Ausdehnung der Plantagen und Pflanzungen an den Küsten der mittelamerikanischen Länderbrücke, in West- und Ostafrika sowie in Südostasien, der Bergbau auf Erdöl im tropischen Südamerika, von Kupfer, Uran u. a. m. im Kongogebiet (Katanga), der Goldbergbau in Südafrika, alles führte lokal zur Verdichtung von

Bevölkerung und Siedlung und ist stellenweise mit einer Beschränkung der Eingeborenen auf Reservate (z. B. Südafrika, Nordamerika) ebenso wie mit dem Entstehen größerer städtischer Siedlungen verknüpft. Das Einwirken auf die Eingeborenen, ihre Landwirtschaft zu intensivieren und im Anbau auch Exportprodukte aufzunehmen, führte mitunter dazu, daß der Wanderfeldbau zum Erliegen kam; aus den semi-permanenten Siedlungen wurden permanente, und ein nicht unbeträchtlicher Bevölkerungsanstieg setzte ein (Oberguineaküste, Uganda und Zwischenseengebiet in Ostafrika). Auch durch verwaltungstechnische Maßnahmen der Kolonialregierungen (z. B. in Ostafrika) bürgerte sich die permanente Siedlungsart mehr und mehr ein. Darüber hinaus wurden durch Missionsstationen, Polizeiposten, hochgelegene Erholungsstätten und vor allem durch Anlage von Städten in zuvor städtelosen Gebieten kleinere und größere Zentren geschaffen.

III. Die Gemeindetypisierung, ihre Grundlagen und ihre Bedeutung für die funktionale Gliederung der Siedlungen

Welche Zielsetzung auch mit der wirtschaftlichen und sozialen Typisierung der Siedlungen verfolgt wird, immer müssen die statistischen Unterlagen die Grundlage abgeben, sobald ein umfangreiches Gebiet untersucht werden soll. Dies gilt, wenn siedlungs- oder wirtschaftsgeographische Fragen im Vordergrund stehen; doch auch die Landesplanung und Raumforschung ist aufs stärkste an einer solchen Typisierung interessiert, um die Zweckmäßigkeit des vorhandenen Zustandes zu prüfen, Verbesserungen vorzuschlagen und diese je nach den gesetzlichen Möglichkeiten durchzuführen. So sind bei der Typisierung der Siedlungen enge Berührungspunkte zwischen kulturgeographischer Forschung und Landesplanung gegeben. Absichtlich wird in diesem Abschnitt nur die statistische Methode behandelt. Wenngleich anzuerkennen ist, daß – sobald nach einheitlichen Gesichtspunkten durchgeführt – damit eine großräumige Übersicht der Gemeindetypen erzielt werden kann, so muß doch bedacht werden, daß dies für siedlungsgeographische Belange nicht ausreicht. In den späteren Abschnitten ist darzulegen, welcher Ergänzung die statistische Methode für unsere Zwecke bedarf.

Haben wir bereits betont, daß die statistischen Hilfsmittel zu Rate gezogen werden müssen, so wird man hinsichtlich der Gliederung zunächst durch die unterschiedlichen Erhebungs- und Auswertungsmethoden gebunden sein, die in den einzelnen Staatsgebieten vorliegen. Es bedeutet schon eine große Erleichterung, wenn die Volks-, Berufs- und Betriebsstättenzählung die verwaltungsmäßige Einheit der Gemeinde zur Grundlage nehmen, wenngleich es – insbesondere für Einzelhofsiedlungsgebiete – wünschenswert wäre, daß die Siedlungseinheiten selbst Berücksichtigung fänden. In Schweden z. B., wo mit der Volkszählung des Jahres 1940 letzteres verwirklicht wurde, konnte auf dieser Basis die Gemeindetypisierung vom Jahre 1930 wesentliche Verbesserungen erfahren und zu einer solchen der Siedlungseinheiten ausgeweitet werden (Enequist, 1946). Ist man hinsichtlich der Aufgliederung der Gemeinden nach sozialen oder wirtschaftlichen Gesichtspunkten vom gebotenen Material abhängig, dann ist der Maßstab, in dem die Ergebnisse kartographisch niederzulegen sind, für die geringere oder größere Detaillierung in der jeweiligen Gruppenbildung verantwortlich.

Schwind (1950) und Finke (1950) bevorzugten die Gliederung nach sozialen Gruppen, indem sie die in den Gemeindestatistiken der Bundesrepublik Deutschland gebotene Aufteilung zum Ausgangspunkt nahmen (Selbständige, mithelfende Familienangehörige, Beamte und Angestellte, Arbeiter, selbständige Berufslose). Unter den Selbständigen aber erscheinen Bauern, Handwerksmeister, Geschäftsinhaber, Ärzte und Rechtsanwälte mit eigener Praxis, Industrieunternehmer, die sicher keine einheitliche soziale Gruppe bilden. So blieb nichts anderes übrig, als die Zugehörigkeit zu den einzelnen Wirtschaftsabteilungen – wenngleich erst sekundär – in die Betrachtung einzubeziehen. Wegen der unbefriedigenden Ergebnisse wurde diese Methode später nicht mehr verfolgt.

Einen andern Weg schlug Mittelhäusser ein (1959/60), die auf der Grundlage der Gebäude- und Wohnungszählung Siedlungstypen herausschälen wollte. Als bäuerliche Siedlungen, die bei relativ einheitlicher Betriebsgröße in der Umgebung von Hannover nicht weiter untergliedert wurden, treten solche in Erscheinung, bei denen 75 v. H. und mehr der Normalwohnungen Bauernhöfe darstellen. Gewisse Beziehungen zwischen funktionalem Gemeinde- und Siedlungstyp sind vorhanden, und trotzdem liegen unterschiedliche Aussagen vor. Einerseits wohnt nicht die gesamte ländliche Bevölkerung in Bauernhöfen, und andererseits verändert sich der Baubestand langsamer als die Bevölkerungsstruktur, so daß neue Entwicklungstendenzen selbst bei einer Kartierung der Hausformen nicht unbedingt sichtbar werden. Wichtiger ist es u. U., die Diskrepanz zwischen Gemeinde- und Siedlungstyp zu erfassen, weil daraus die zu erstrebenden Wandlungen des letzteren abzulesen sind.

Eine andere Frage ist die, welche Bezugsbasis bei der Aufgliederung der Bevölkerung nach Wirtschaftsabteilungen gewählt wird (I. Sektor: Land- und Forstwirtschaft sowie Fischerei, II. Sektor: Produzierendes Gewerbe = Handwerk und Industrie, III. Sektor: Handel und Verkehr sowie Dienstleistungen. Ruppert (1965) verwandte in dieser Beziehung die Wohnbevölkerung, um Vorstellungen über den Lebensunterhalt der bayerischen Bevölkerung zu gewinnen. Mitunter greift man auf die Erwerbstätigen zurück (z. B. Moewes, 1968); in der Regel aber hat es sich als günstig herausgestellt, dafür die Beschäftigten in einem Ort zu nehmen, d. h. die Erwerbstätigen plus den Einpendlern minus den Auspendlern. In den Gemeindestatistiken sind seit dem Jahre 1970/71 sämtliche Angaben vertreten. Ob die von Bähr dargelegte Methode der Gemeindetypisierung mit Hilfe der Faktorenanalyse (1971) sich durchsetzen wird, ist wegen der Aufwendigkeit des Verfahrens nicht sicher, zumal einerseits eine Anwendung lediglich dort möglich ist, wo das statistische Material umfangreich genug ist, andererseits bei acht ausgeschiedenen Typen die Städte im wesentlichen als Dienstleistungsgemeinden – ähnlich wie bei Hesse – erscheinen. Zumindest bleibt die Anwendbarkeit auf kleine Räume beschränkt.

Wir haben uns zunächst mit einer methodischen Frage zu beschäftigen, nämlich damit, welche Gesichtspunkte in der Siedlungsgeographie für die Typisierung der Siedlungen wichtig sind. Zweifellos liegt das Schwergewicht auf der Siedlung selbst, wobei der Zusammenhang mit ihrer Entwicklung und Ausprägung immer gewahrt bleiben muß. Beides, soziale *und* wirtschaftliche Momente, wirken auf die Siedlungen ein und vermögen ihnen den Stempel aufzudrücken. Infolgedessen erscheint es richtig, kein einheitliches System zugrunde zu legen, sondern das Ziel der Untersuchung im Auge zu behalten, um einmal dem wirtschaftlichen und einmal dem sozialen Element den Vorrang zu geben, so wie es bereits Gradmann tat (1913) und wie es auch Huttenlocher (1949) für notwendig erachtete, als er die sozialen Gemeindetypen Hesses geographisch unterbaute. Im übrigen sind bei der Behandlung von kleinen Gebieten andere Methoden anzuwenden als bei der von Großräumen.

In jeder Gemeindetypisierung werden zu Recht zunächst die ländlichen Siedlungen im eigentlichen Sinne ausgeschieden. Sie sind dadurch charakterisiert, daß ihre Bevölkerung Pflanzen- und Tierwelt zur Erlangung von Nahrung und Kleidung für die Eigenversorgung nutzt sowie die gewonnenen Erzeugnisse teilweise dem Markt zur Verfügung stellt. Damit geben sich folgende Eigenschaften der ländlichen Siedlungen zu erkennen: 1. Die Wirtschaftsfläche ist jeweils wesentlich größer als die Fläche, die durch den Wohnplatz in Anspruch genommen wird. 2. Die Wirtschaftsfläche bzw. Teile davon sind unmittelbar mit dem Wohnplatz verknüpft, wovon nur in Ausnahmefällen Abstand genommen wird. Die obige Begriffsbildung bedeutet, daß die Siedlungen der Sammler und Fischer, der Jäger und Hirtennomaden ebenso zu den ländlichen Siedlungen zu rechnen sind wie die derjenigen Völker, die in irgendeiner Form Landbau betreiben bzw. sich auf dieser Grundlage auch der Viehzucht, dem Fischfang oder der Pelztierzucht zuwenden. Die ländlichen Siedlungen umfassen demnach die Lagerplätze der Wildbeuter, die Zeltlager der Jäger und Hirtennomaden, die standfesten Orte der Halbnomaden, auch wenn sie nur jahreszeitlich benutzt werden, und die kleineren oder größeren Wohnplätze der Seßhaften, sofern sie auf Hack- oder Pflugbau, auf Garten- oder Plantagenbau, auf Fischfang oder Pelztierzucht beruhen, unter Hinzuziehung der jeweiligen Wirtschaftsfläche.[1]

Der Begriff der ländlichen Siedlung wird vielfach anders gefaßt, als es hier geschehen ist. Ratzel (1891, S. 417), der von „ländlichen Wohnplätzen" spricht, schränkt diese auf solche Siedlungen ein, in denen der Landbau bestimmend erscheint. Ausdruck der ländlichen Siedlung ist für ihn das Dorf, wenn auch seine Definition der vollen Klarheit und Eindeutigkeit entbehrt. Dieser Auffassung schloß man sich vielfach an, so z. B. Wagner (1923, S. 844) und Hassinger (1933, S. 403 ff.), obgleich das bei letzterem nur indirekt zu folgern ist. In der französischen Geographie wird diese Auffassung allgemein vertreten (Demangeon 1927, Cavaillès, 1936, Sorre, 1952). Richthofen (1908, S. 346) und Hettner (1902, S. 93) betonen die Gleichförmigkeit der wirtschaftlichen Siedlungstypen auf niederer und ihre Differenzierung auf höherer Kulturstufe, woraus sich ergibt, daß sie auch die Siedlungen der Nomaden den ländlichen zuzählen. Im Bereiche der autarken Wirtschaftskultur sind in der Tat nur ländliche Siedlungen vorhanden. Bei der semi-autarken Wirtschaftskultur zeichnet sich eine beschränkte Differenzierung ab, und erst die anautarke Wirtschaftskultur gestattet eine weitergehende Gliederung. Hier tauchen Siedlungen auf, die zwar in ihrer Physiognomie noch an ländliche erinnern, in ihrer Sozialstruktur jedoch derartige Sonderheiten zeigen, daß wir sie nicht mehr zu den ländlichen Siedlungen im eigentlichen Sinne rechnen (Kap. II. B.2.a.α-γ).

Die hier angewandte Definition der ländlichen Siedlungen empfiehlt sich aus mehreren Gründen. Ebenso wie bei den Hack- und Pflugbauern, die Landwirtschaft treiben, sind auch die Nomaden, welcher Lebensform sie angehören mögen, an den Boden gebunden, auf dem sie sammeln, jagen oder ihre Viehherden weiden lassen. Sammel-, Jagd- und Weidegebiete sind in der Regel durch Übereinkunft

[1] Es ist ein Unterschied zwischen Fischfang und gewerblich betriebener Fischerei zu machen. Vgl. dazu Kap. V. A. 3. und V. B. 2.

gegeneinander abgegrenzt, genauso wie beim Wanderfeldbau die Stammesbereiche beschränkt sind, innerhalb derer die Verlagerung des Kulturlandes stattfindet und genauso wie beim entwickelten Pflugbau die Wirtschaftsflächen der Ortschaften festgelegt sind. Ob es zu einer linearen Abgrenzung kam oder nicht, ist im Prinzip unwesentlich. Die vielfachen Übergangsformen zwischen nomadischer und seßhafter Lebensweise zeigen sich auch in andern Elementen, die die Struktur und Physiognomie der Siedlungen ausmachen, z. B. in der Art der Wohnstätten, in der Form ihrer Anordnung usf. Um diesen Verbindungen nachzugehen, ist es notwendig, die ländlichen Siedlungen aller Wirtschaftskulturen in Betracht zu ziehen, gleichgültig, ob sie den einzigen überhaupt existierenden Typ darstellen oder ob sich auf dem von ihnen gebildeten breiten Unterbau ein schmalerer Oberbau anderer Typen (Gewerbe-, Industriesiedlungen, Städte) entwickelt.

Bereits im Rahmen traditioneller Bindungen, insbesondere aber bei modernen Industriegesellschaften, kommt es vor bzw. wird sogar zur Regel, daß nicht mehr die Gesamtbevölkerung von der Landwirtschaft lebt. Im nördlichen und mittleren Europa ist man vornehmlich unter den nach dem Zweiten Weltkrieg entstandenen Bedingungen bei unterschiedlichen Voraussetzungen zu einer relativ einheitlichen Abgrenzung der ländlichen Siedlungen gelangt, indem etwa 50 v. H. der Erwerbstätigen bzw. der Beschäftigten am Ort mit oder ohne Einbeziehung der Familienangehörigen in der Landwirtschaft tätig sein sollen.

Eine Verfeinerung in der Gliederung der ländlichen Siedlungen führte bereits Gradmann für Württemberg durch (1913, S. 53 ff.), als er mit Hilfe der landwirtschaftlichen Betriebsstatistik groß-, mittel- und kleinbäuerliche Gemeinden gegeneinander absetzte und den Weinbauorten eine besondere Stellung einräumte. Groß- und mittel- sowie kleinbäuerliche Gemeinden, jede Gruppe wiederum dreifach gegliedert, stellte Hesse als ländliche Siedlungstypen für Südwestdeutschland wie folgt auf (1949 und 1950):

Tab. III.1 Ländliche Siedlungstypen in Südwestdeutschland

Typen		Anteil der Haushalte mit keinem oder kleinem Grundbesitz (0,5 ha)	Hauptber. landw. Erwerbst. in v. H. der gesamten Erwerbspersonen	Anteil der Kleinstellen	Anteil der Hufen- u. Großbetr.
				in v. H. der landw. Betriebe	
Bäuerliche Gemeinden	E I	über 30	60-80		über 15
	E II	unter 30	60-80		über 15
	E III	unter 30	über 80		über 15
Kleinbäuerliche Gemeinden	D I	über 30	60-80	unter 60	unter 15
	D II	unter 30	60-80	unter 60	unter 15
	D III	unter 30	über 80	unter 60	unter 15

Nach Hesse 1949 und 1950.

Damit würden sich sechs verschiedene Typen ländlicher Siedlungen ergeben. Das aber erscheint als zu große Zahl, „um alle Typen mit bildhaften Vorstellungen zu erfüllen“ (Huttenlocher, 1949, S. 24). Sie in eine kulturgeographische Gliederung einzubauen, hat Huttenlocher (1949, S. 25ff.) am Beispiel der mittleren Alb und des nördlichen Oberschwaben ebenso wie an dem des Neckarbeckens und dessen Umrahmung versucht. Darin wird die Verteilung der ländlichen Siedlungen, durch diejenigen der Weingärtner ergänzt (10 v. H. der landwirtschaftlichen Nutzfläche und mehr unterliegt dem Rebbau), indem sie Städte geringer Bedeutung und einseitiger Funktion direkt umgeben, wichtigere Mittelpunkte jedoch von andern Strukturtypen umfaßt werden, bis dann in einiger Entfernung wieder ländliche Siedlungen auftauchen. Die Differenzierung der letzteren aber erscheint unabhängig von der Zuordnung zu zentralen Orten.

In der Sowjetunion, wo man sich ebenfalls um eine wirtschaftliche Typisierung der Gemeinden bemüht, übernahm man das praktische Prinzip der Vereinigten Staaten, die auf dem Lande Wohnenden in zwei Gruppen aufzugliedern, einerseits in diejenigen, die in der Landwirtschaft ihre Existenzgrundlage besitzen, und andererseits in die rural-nonfarm-Bevölkerung, die in der Industrie oder den Dienstleistungen ihr Auskommen finden. Kolchosen und Sowchosen werden als Agrargemeinden anerkannt. Die Zahl der ersteren belief sich im Jahre 1959 auf 350 000, die der letzteren auf 15 000 (Kovalev, 1968, S. 642/43); ihnen standen 80 000 rural-nonfarm-Ortschaften gegenüber. Nach den Ausführungen von Lola (1968, S. 694) ist anzunehmen, daß die Schwellenwerte für die Einstufung als Agrargemeinde enger als im westlichen und mittleren Europa gezogen werden, denn nur solche Siedlungen, in denen 90 v. H. der Beschäftigten und mehr in der Landwirtschaft tätig sind, werden als ländlich bezeichnet; bereits diejenigen, in denen sich 20 v. H. der Industrie oder Dienstleistungen zugewandt haben, wird eine gesonderte Stellung zuerkannt. Wären die Untersuchungen nicht in der im Bereiche der Kuban-Stawropol-Ebene, sondern im Donez-Gebiet gemacht worden, dann wären die Schwellenwerte vielleicht anders ausgefallen. Immerhin überrascht, daß – abgesehen von den Städten – lediglich knapp 18 v. H. der Siedlungsplätze im Jahre 1959 als rural-nonfarm galten.

Schon in vorindustrieller Zeit konnten der Bergbau und die Verhüttung des gewonnenen Materials, die Nutzung des Waldes durch Bereitstellen von Holzkohlen, Errichtung von Glashütten u. a. m., der Fischfang oder die Heimindustrie wirtschaftlich einen bedeutenden Faktor ausmachen und darüber hinaus die Siedlungen nach Struktur und Gestaltung wesentlich beeinflussen. Erst recht gilt dies im Industriezeitalter, wo bergwirtschaftliche, holzwirtschaftliche und Fischereisiedlungen jeweils einen besonderen Charakter besitzen. Mit Recht wurden die holzwirtschaftlichen Siedlungen in Schweden von Enequist (1946) und in der Sowjetunion von Kosmachev (1968) und Vladimirov (1968) gegenüber andern Typen abgehoben.

Neben die ländlichen Siedlungen im eigentlichen Sinne und die eben erwähnten treten solche, die zwar aus Agrargemeinden hervorgingen, aber im Wirkungsfeld von Industrie, Verkehr oder größeren Städten abgewandelt wurden. Hier ist die Art und der Grad der Veränderung darzulegen. Insbesondere in den west- und mitteleuropäischen Industriegebieten, nach Lage der Dinge aber auch in Japan und andern Räumen mit dichter ländlicher Bevölkerung und dezentralisierter Industrie häufig vertreten, gingen Bauern mit unzureichendem Besitz im Umkreis von Industriebetrieben zur Fabrikarbeit über; sie erhielten ihren kleinst- oder kleinbäuerlichen Besitz aufrecht, und die Entfernung zum Arbeitsort wird mit Hilfe der modernen Verkehrsmittel überwunden. Machen diese Arbeiterbauern einen erheblichen Teil der Erwerbstätigen aus, dann haben wir es mit Arbeiterbauern-Gemeinden zu tun. Hesse (1965) verdanken wir, auf südwestdeutsche Verhältnisse bezogen, eine genauere statistische Eingrenzung, dessen wichtigste Kennzeichen folgende sind: Die in der Landwirtschaft hauptberuflich Tätigen sind anteilsmäßig geringer als in den rein ländlichen Siedlungen und können bis unter 40 v. H. absinken; demgegenüber stellen über 60 v. H. der landwirtschaftlichen Betriebe Wirtschaftsheimstätten und Kleinstbetriebe (unter 0,5 ha) dar, während vollbäuerliche Höfe kaum eine Rolle spielen; der Anteil der Pendler, insbesondere der Auspendler, ist relativ hoch und umfaßt mehr als 10, meist mehr als 15 v. H. der Erwerbstätigen. Saenger (1963) berücksichtigt leider die Arbeiterbauern-Gemeinden nicht; sie sind bei ihm in den Gruppen „bäuerliche Gemeinden mit beträchtlicher Auspendlerzahl" und „bäuerliche Auspendlergemeinden" zu finden.

Da später die Arbeiterbauern-Siedlungen nur wenig berührt werden, müssen wir sie an dieser Stelle etwas eingehender behandeln. Sie sind insbesondere für Realteilungsgebiete charakteristisch, wo ungenügender Grundbesitz diese Lebensform begünstigte. Nicht von ungefähr sind es innerhalb der Bundesrepublik Deutschland das Saarland, Rheinland-Pfalz, Hessen und Baden-Württemberg, in denen das Arbeiterbauerntum hervortritt. Hier ist auch die Zahl derjenigen Auspendler recht groß, die mit Hilfe ihrer Familien noch einige ererbte Parzellen bewirtschaften, ohne daß dies als selbständige Landwirtschaft eingestuft werden könnte. Und schließlich bleibt die Trennung von Wohn- und Arbeitsort häufig selbst dann noch erhalten, wenn das Arbeiterbauerntum aufgegeben wird – eine in industrialisierten Bereichen überall bemerkbare Tendenz, weil der Besitz an Haus und Gartenland an die Heimatgemeinde bindet (Schöller, 1956). Arbeiterbauern-Siedlungen stellen demgemäß Arbeiterwohnorte einer bestimmten sozialen Struktur dar, in denen die Industrie selbst nicht Fuß gefaßt hat. Dies bestimmt einerseits ihre räumliche Anordnung, indem sie in mehr oder minder großem Abstand um Industrieorte gelagert erscheinen, und andererseits äußert sich das in ihrer Physiognomie. Im Siegerland, das durch den Rückgang des Eisenerzbergbaus und die Verstärkung der eisenverarbeitenden Industrie sowie das Auflassen der Hauberge in letzter Zeit erhebliche Veränderungen erfuhr, zeigt sich das in eindrucksvoller Weise. Um das Industriezentrum Siegen liegen in den Haupttälern Industrie- und Wohnsiedlungen mit erheblichem Bevölkerungsanstieg; an sie gliedern sich Arbeiterbauern-Gemeinden mit geringerem Wachstum und unter stärkerer Erhaltung bäuerlicher Elemente, bis man im Eder- und Westerwald in Seitentälern und Talschlüssen unbeeinflußte Bauerndörfer antrifft (Haas, 1958, Karte 11). Allgemein wird für die Arbeiterbauern-Siedlungen gelten dürfen, daß die industrielle Betätigung ihrer Bewohner weniger zum Ausdruck gelangt, als es der wirtschaftlichen Bedeutung der Industrie entspricht.

Neben den Arbeiterbauern-Siedlungen finden sich im Umkreis von Industrieunternehmen ebenso wie in den randlichen Bereichen von größeren Städten Siedlungen, die ebenfalls frei von Industrie sind, aber als Wohnorte der industriellen oder städtischen Bevölkerung dienen. Auch sie sind durch einen hohen Anteil der Auspendler gekennzeichnet. Sie gingen teilweise aus ländlichen Siedlungen hervor, so daß dann verschiedene Grade der Umgestaltung zu unterscheiden sind. Die ausführlichste Untergliederung hinsichtlich des stärkeren oder geringeren Anteils der bäuerlichen Schicht gab wiederum Hesse (1965) folgendermaßen: Die Haushaltungen ohne Grund und Boden oder bis 0,5 ha machen über 70 bzw. 40 v. H. der Gesamt-Haushaltungen einer Gemeinde aus, während der Anteil der in der Landwirtschaft hauptberuflich Erwerbstätigen entsprechend bei 40 bis unter 60, 20 bis unter 40 und unter 20 v. H. der gesamten Erwerbspersonen liegt. Die Abstufung von rein bäuerlichen zu reinen Wohnsiedlungen gab Saenger (1960) durch die Begriffe „bäuerliche Gemeinden mit beträchtlicher Auspendlerzahl" und „bäuerliche Auspendlergemeinden" wieder, die statistisch leicht einzugrenzen waren. Mittelhäusser (1959, S. 149) dagegen benutzte die ebenso einprägsamen Ausdrücke „bäuerlich bestimmte Bauern- und Wohnsiedlung (Bauernhäuser 50 bis unter 75 v. H. der Normalwohngebäude)" und „durch Wohnbauten bestimmte Bauern- und Wohnsiedlung (Bauernhäuser 10 bis unter 50 v. H. der Normalwohngebäude)". Hier stellt sich ein Vorteil der Siedlungs- gegenüber den Gemeindetypen heraus, denn gerade bei den Übergängen zwischen den reinen Typen handelt es sich nicht immer um eine regellose Durchmischung, sondern in den genannten Fällen kann die Bauernsiedlung fast völlig intakt bleiben, und die Wohnsiedlung liegt geschlossen innerhalb der Gemeindegrenze, was nun auch in die kartographische Darstellung einzugehen vermag.

Von den Wohnsiedlungen sind die „Fabriksiedlungen" zu scheiden, wie sie Gradmann treffend bezeichnet hat (1913, S. 60), um zum Ausdruck zu bringen, daß die Siedlungen zum Industriestandort wurden. Auch diese Industriesiedlungen umfassen eine Vielzahl von Übergängen zwischen noch ländlich geprägten bis zu ausgesprochen industriellen Formen. Immerhin sind ländlich-industrielle Mischformen verschiedener Abstufung von reinen Industriesiedlungen zu trennen (Hüfner, 1953). Ebenso wird die Verbindung von Industrie- und Wohnfunktion eingegangen, die Wohn- und Industriesiedlung bzw. die Industriesiedlung mit beträchtlichen Auspendlerzahlen.

Auch der Verkehr und Fremdenverkehr ebenso wie Burgen, Schlösser und Kultstätten können sich im Zusammenhang mit ländlichen Siedlungen bilden, stellen eigenständige Typen dar, oder es erfolgte die Aufnahme anderer sozialer und wirtschaftlicher Gruppen. Meist werden sie bei der Gemeindetypisierung nicht sonderlich gewürdigt, weil ihre Zahl nicht allzu groß ist und die statistische Erfassung Schwierigkeiten bereitet. Gemeinsam ist den bisher aufgeführten Siedlungen, daß sie sozial und wirtschaftlich eine gewisse Einseitigkeit zu den voll entwickelten Städten erkennen lassen und in ihrer Physiognomie teilweise ländlich, teilweise städtisch bestimmt erscheinen. Aus diesem Grund werden sie in Kapitel V zusammen als die „zwischen Land und Stadt stehenden Siedlungen" behandelt.

Sofern allerdings kleinere Bereiche ausgewählt werden und man sich zum Ziel setzt, eine kulturgeographische Gliederung mittels der wirtschaftlichen und sozialen Siedlungstypen zu erarbeiten, wie es Schlichtmann (1967) für den nördlichen Schwarzwald und die angrenzenden Landschaften tat, dann werden auch diese Momente beachtet, wobei es nun allerdings notwendig ist, das statistische Material durch eigene Beobachtungen zu ergänzen.

Zu einer vollständigen Typisierung fehlt nun noch die Gliederung der Städte, was um der besonderen Fragestellung willen erst in Kapitel VII geschieht.

Überblickt man die bisherigen Versuche zur Gemeindetypisierung, die in Spezialarbeiten, in Atlanten bestimmter Länder oder in solchen der Landesplanungsbehörden niedergelegt sind und nicht alle aufgeführt wurden, dann gewinnt man den Eindruck erheblicher Uneinheitlichkeit. In Portugal z. B. (de Amorim Girão, 1958, Bl. 17) begnügte man sich damit, ländliche Siedlungen, Städte und halbstädtische Gemeinden zu unterscheiden, wobei die letzteren voraussichtlich in einige spezifische Gruppen der „zwischen Stadt und Land stehenden Siedlungen" einzugliedern wären. Im Atlas von Finnland dagegen (Aario, 1961, Bl. 13) wurden, abgesehen von den Städten, die rein bäuerlich-waldwirtschaftlichen Gemeinden in drei Abstufungen zu rein industriellen Gemeinden geführt, so daß danach Wohnsiedlungen u. a. m. nicht existent wären. So ist es einstweilen nicht möglich, genauere Einblicke der sozialen und wirtschaftlichen Gemeindetypen in Europa zu erhalten, ganz zu schweigen von außereuropäischen Gebieten. Wenn die Landesplanung daran interessiert ist, von dem gegenwärtigen Status in die Zukunft zu weisen und unabhängig von den gesetzlichen Möglichkeiten erwünschte Gemeindetypen aufzustellen, dann sollte es ein wissenschaftliches Anliegen sein, auch frühere Zustände dieser Art zu erfassen, wobei vielleicht etwas andere Methoden angewandt werden müßten, aber das Ziel einer vertieften Genese der Kulturlandschaft damit erreicht werden könnte.

IV. Die ländlichen Siedlungen im eigentlichen Sinne

A. Die topographische Lage der Wohnplätze

Über den Begriff der ländlichen Siedlungen ist zuvor Klarheit geschaffen worden (Kap. III), und in Kapitel II wurden die *allgemeinen* Lageverhältnisse dargelegt. Nun geht es darum, die *besonderen Bedingungen* für die ländlichen Siedlungen zu betrachten. Für sie ist charakteristisch, daß die Verkehrslage weitgehend außer acht gelassen werden kann. Gewisse Ausnahmen existieren, auf die später besonders verwiesen werden soll. Zwar versucht die Bevölkerung des einen Wohnplatzes mit der eines anderen auch schon auf primitiver Kulturstufe Kontakt aufzunehmen; doch läßt sich dies zumeist unter *den* Voraussetzungen erreichen, die auch für die Wahl der Ortslage maßgebend sind.

Die topographische Lage der Wohnplätze ist wesentlich durch die „agrare" Wirtschaftsform in Verbindung mit der Siedlungsart bestimmt. Wohl müssen auch bei ephemerer Siedlungsart an den Lagerplatz gewisse Anforderungen gestellt werden; aber es ist meist leicht, diesen nachzukommen, und wenn einmal das Optimum nicht erreicht werden kann, dann zieht man schneller weiter, als es zunächst vorgesehen war. Je stärker die Siedlungsart durch Permanenz gekennzeichnet ist, um so mehr wird auf die Wahl des Wohnplatzes Gewicht gelegt. Bei ephemerer Siedlungsart, d. h. bei Wohnstätten, die die Natur zur Verfügung stellt oder solchen, die bei jedem Lagerwechsel von neuem errichtet werden, bleibt die topographische Lage ein vergängliches Element; erst wenn standfeste Wohnstätten die topographische Lage fixieren, geht letztere als ein wesentlicher Zug in die Physiognomie der Siedlungen ein und gibt darüber hinaus dem Landschaftsbild eine besondere Prägung. Und schließlich ist die Siedlungsart insofern von Bedeutung, als lediglich bei Permanenz eine höhere Siedlungsdichte erreicht werden kann (Kap. II. B. 2. a) und erst dann nach Besetzung der günstigsten Stellen auch mit weniger geeigneten vorlieb genommen werden muß. Dies heißt, daß die topographische Lage bei permanenter Siedlungsart zu einem wesentlichen Faktor für die Genese der Siedlungen innerhalb eines kleineren oder größeren Gebietes werden kann.

Überall ist bei den ländlichen Siedlungen der Wohnplatz mit der Wirtschaftsfläche verknüpft. Die Art dieser Verknüpfung gilt es zunächst zu prüfen. Doch weiterhin sind für den Standort des Wohnplatzes in der Regel noch andere Bedingungen zu erfüllen; für die Anlage einer Siedlung wird trockener und einigermaßen ebener Baugrund benötigt, ebenso wie man auf das Vorhandensein von Wasser angewiesen ist. Das aber heißt, daß Oberflächengestalt und Grundwasserverhältnisse, die Art des Untergrundes und das Klima Einfluß auf die topographische Lage gewinnen.

Unter gewissen Voraussetzungen macht sich der Mensch von den oben genannten Bedingungen unabhängig. Fischer z. B. legen so großen Wert auf die Nähe des Wassers, daß sie u. U. auch feuchtes Gelände für ihre Siedlungen in Anspruch nehmen. Häufig wird auch eine erhebliche Entfernung zwischen Wohnplatz und Wirtschaftsfläche trotz ihrer Verknüpfung in Kauf genommen, weil der gewählte Wohnplatz einmalige Vorteile bietet (z. B. Wasserversorgung) oder man aus anderen Gründen (z. B. Sicherheit) daran festhalten will. Auch auf Schwierigkeiten der Wasserversorgung läßt man sich ein, z. B. wenn das Bedürfnis nach Schutz dies erforderlich macht (Höhensiedlung), und aus demselben Grunde kann bewußt auf ebenes Gelände verzichtet werden.

1. Die Siedlungen der Wildbeuter (ephemere Siedlungsart)

Da die Wildbeuter auf kleine Rückzugsgebiete beschränkt sind, wird nicht erwartet werden können, daß die Betrachtung der topographischen Lage ihrer Ruheplätze zu weittragenden Gesichtspunkten führt. Je nach dem, in welchen Lebensräumen sie wohnen und welcher Betätigung sie vorwiegend nachgehen (Sammeln, Jagd oder Fischfang), verhalten sich die Lageverhältnisse anders.

In den tropischen Urwaldgebieten bei Sammelwirtschaft und Jagd sucht man gern natürliche Lichtungen an einem Bach oder dessen Nähe auf (Gusinde, 1942, S. 282 ff.); droht aber Gefahr, dann zieht man sich in dichte Urwaldbestände zurück. Die primitiven Fischervölker an den Küsten Thailands, Malakkas und Indonesiens, die als Orang Laut zusammengefaßt werden, leben zwar meist in Booten; errichten sie gelegentlich Lagerplätze auf dem Land, so wählen sie trockenere Stellen innerhalb der Mangrovesümpfe oder im Bereiche der Flußdeltas. In den subtropischen Trockengebieten bilden die Wasserstellen Anknüpfungspunkte. Doch man macht sich häufig genug unabhängig davon, und zwar aus mehreren Gründen: Zum einen können Sammler und Jäger durch das Sammeln safthaltiger Wurzeln und Früchte zumindest zeitweise auf Wasser verzichten; zum andern will man das Wild nicht verscheuchen, das sich an die Wasserstellen begibt, so daß z. B. die Buschmänner ihre Lagerplätze immer abseits des Wassers aufsuchten. Und schließlich begnügt man sich mit minder begünstigten Stellen dann, wenn Gefahr droht. Bei allen Lagebeziehungen, die sich heute für die Lagerplätze der Wildbeuter ergeben, wird aber zu berücksichtigen sein, daß letztere in Gebiete abgedrängt wurden, die für Völker mit höheren Wirtschaftsformen nicht begehrenswert sind. Vielfach müssen ungünstige Lageverhältnisse auf diesen Vorgang zurückgeführt werden.

2. Die Siedlungen der höheren Jäger (episodisch-temporäre Siedlungsart)

Die Siedlungen der Küsten- und Inlandeskimos sowie der Waldindianer des amerikanischen Nordens sind hier im wesentlichen zu betrachten.

Im Rahmen der Küstenkultur (Kap. II. B. 2. α) am Eismeer befinden sich die Wohnplätze an den äußersten Küstenvorsprüngen, auf den Inseln und Schären mitten in den guten Jagdgebieten, und bei gelegentlicher Jagd auf Landtiere werden die Lagerplätze im Innern der Fjorde, in den Flußtälern oder an Seen aufgeschlagen.

Die indianischen Stämme der nördlichen Waldregion, die während des Sommers teilweise in die Tundra vorstoßen, ebenso wie die kleinen Gruppen der Inlandeskimos halten sich in jeder Weise an die Nähe von Flüssen und Seen. Mehrere Ursachen sind hierfür verantwortlich zu machen. Die Flüsse bilden im Sommer die wichtigsten Verkehrsadern. Teilweise findet die Jagd vom Boot aus statt, und mit dem Boot wird die Verlagerung der Wohnplätze in dieser Jahreszeit vorgenommen. Seen und Flüsse ermöglichen zusätzlichen Fischfang, und das früher die Lebensgrundlage bildende Karibu wurde vor allem bei der Durchquerung von Flüssen und Seen gefaßt. So erscheint es verständlich, daß die Lagerplätze am Rande von Fluß- und Seeufern errichtet werden, denn Wirtschaftsform und lokale Verkehrsbedingungen erfordern dies.

3. Die Siedlungen der Hirtennomaden (periodisch-temporäre Siedlungsart)

Der Lebensraum der höheren Jäger und der der Rentiernomaden ist heute annähernd derselbe. Für die topographische Lage der entsprechenden Siedlungen zeigen sich deshalb gewisse gemeinsame Züge; doch mit den unterschiedlichen Wirtschaftsformen sind auch nicht unerhebliche Differenzierungen vorhanden.

Bei den Rentiernomaden spielen die Flüsse als Verkehrsadern keine Rolle; Schlitten und Rentier geben die wesentlichen Verkehrsmittel ab. Nur wenn zusätzlich Fischfang betrieben wird, kommt im Sommer der Uferrandlage Bedeutung zu. Nie dringen die Binnenland-Jäger bis zu den Küstenlandschaften vor, und kaum gelangen sie im Bereich der Gebirge in die Höhentundra. Küste und Höhentundra aber stellen im Sommer Vorzugsgebiete der Rentiernomaden dar. Die Winterweidegebiete liegen entweder in der Waldtundra oder am Rande bzw. in den unteren Tälern der Gebirge. Schutz vor den Stürmen steht für die Wahl des Lagerplatzes jeweils im Vordergrund. So nutzt man in der Waldtundra kleine Höhenzüge aus und schlägt die Zelte nicht in den Talgründen, sondern in windgeschützter Hanglage auf (Sverdrup, 1928, S. 113). Die ausgesprochene Bindung der Siedlungen an die Fluß- und Seeufer ist demnach bei den Rentiernomaden nicht gegeben.

In den Trockengebieten der Erde sind die Hirtennomaden bei der Wahl ihrer Zeltplätze vor allem auf das Vorhandensein von Wasser angewiesen, und zwar ausschließlicher, als dies bei den Wildbeutern entsprechender Räume der Fall ist. Länger als Sammler und Jäger verbleiben die Hirtennomaden an einer Stelle, und nicht nur der Mensch benötigt hier Wasser, sondern vor allem die Viehherden, von deren Größe Wohlstand und Ansehen abhängig ist.

Die Täler mit episodisch oder periodisch abkommenden Flüssen und leicht erreichbarem Grundwasser oder solche von Fremdlingsflüssen bilden im wesentlichen die Ansatzpunkte. So bevorzugen die kurdischen Nomadenstämme, die während des Sommers in den Höhengebieten des Taurus, im Frühjahr und Herbst auf niedriger gelegenen Plateaus und im Winter in der Tigrisniederung ihre Herden weiden lassen, entweder Talschlüsse, Quellen oder Bäche, in deren Nähe die Zelte aufgeschlagen werden (Hütteroth, 1959, S. 74 ff.). Doch müssen neben der Wasserversorgung mitunter auch andere Momente berücksichtigt werden. Die Siedlungen der Steppenkirgisen, die allerdings heute seßhaft gemacht worden sind, geben ein gutes Beispiel ab. Im Frühjahr und Herbst, wenn sich Niederschläge einstellen, ist keine allzu große Beschränkung vorhanden. Im Sommer steht die Notwendigkeit der Wasserversorgung im Vordergrund, so daß dann die Fluß- und Seeufer aufgesucht werden, und zwar im offenen Gelände, um auf diese Weise der Insektenplage zu entgehen und u. U. der Kühlung durch Winde teilhaftig zu werden. Im Winter dagegen benötigt man Brennholz und Schutz vor den kalten Stürmen; infolgedessen werden die Zeltplätze dann in die Schilfniederungen der Flüsse und Seen oder in kleinere Mulden mit reicherem Brennmaterial verlegt (Schwarz, 1900, S. 84).

4. Die Siedlungen bei halbnomadischen Lebensformen (Saisonsiedlung)

Die wichtigsten Gebiete halbnomadischer Lebensformen sind heute einerseits die kontinentalen Tundren und nördlichen borealen Nadelwälder ebenso wie die subpolaren Küsten und Inseln, andererseits die Trockengebiete der Alten Welt.

Die Saisonsiedlung entwickelte sich teilweise auf heimischer Grundlage, so bei Fischer- und Jägervölkern der subpolaren Bereiche oder Hirtennomaden der Trockenregionen, bei letzteren insbesondere dann, wenn Bergnomadismus ausgebildet ist oder zusätzlich Feldbau auf Regen betrieben wird. Die Saisonsiedlung entstand aber auch, wenn sich europäisch-amerikanischer Einfluß auf nomadische Völker geltend machte. Zwei Beispiele in dieser Hinsicht seien genannt: Der Versuch, die Rentierzucht in Nordwestalaska einzuführen und die Eskimos dafür zu gewinnen, war mit deren Übergang von der episodisch-temporären Siedlungsart zur Saisonsiedlung verbunden; damit änderte sich die topographische Lage ihrer Siedlungen, die nun den Belangen der Rentierwirtschaft angepaßt wurde. Das Bestreben der Sowjetunion, Nomaden seßhaft zu machen und Weidekolchosen ins Leben zu rufen, erfolgt teilweise durch Ausbildung eines geregelten Wechselsystems im Rahmen der Saisonsiedlung. Schließlich stellen sich halbnomadische Lebensformen bei Europäern und Amerikanern ein, die zur wirtschaftlichen Nutzung in die subpolaren Grenzbezirke des Siedlungsraumes vordrangen, sei es nur vorübergehend, sei es auf Dauer.

Für die topographische Lage der Siedlungen bei halbnomadischen Lebensformen werden wir nur einige Beispiele herausgreifen, die von grundsätzlicher Bedeutung sind. Folgende Fragen müssen erörtert werden: 1. In welcher Beziehung steht die größere Stetigkeit der Siedlungen zur topographischen Lage? 2. Wie verhält sich die topographische Lage bei Eingeborenen und Kolonialpionieren unter Voraussetzung annähernd derselben Wirtschaftsform?

Die erste Frage läßt sich am besten lösen, wenn wir die vorkolonialen Verhältnisse in Betracht ziehen, wie sie im Bereiche der Eskimokultur an den Küsten des Beringmeeres, auf den Alëuten und an der Südküste Alaskas ausgebildet waren. Die wirtschaftliche Grundlage gaben Seejagd und Fischfang ab; ein eigentlicher Wechsel der Wohnplätze erfolgte nicht, so daß eine Art Dauersiedlung vorhanden war, innerhalb derer allerdings im Sommer und Winter verschiedene Wohnstätten bezogen wurden (Kap. IV. B. 2.). Diese Siedlungen lagen zumeist in den geschützten Buchten der aufgelösten Steilküste; gelegentlich mußte man sich mit einer Flachküste begnügen, wo die Wohnplätze vielfach Überschwemmungen ausgesetzt waren wie zwischen den Mündungen von Yukon und Kuskokwim (Bartz, 1950,

S. 120). Wichtiger jedoch ist, daß u. U. aus Sicherheitsgründen die günstigen Lagebedingungen innerhalb der Buchten nicht wahrgenommen wurden. So legten die Aleuten ihre Siedlungen an der Küste *zwischen* den Buchten an (Bartz, 1943, S. 209), und die Eskimos im Bereiche der Beringstraße wählten Inseln und Vorgebirge (Bartz, 1950, S. 119). Damit zeigt sich hier zum erstenmal die topographische Lage wesentlich durch das Bedürfnis nach Schutz bestimmt. Dies muß zum einen als eine Folge der stärkeren Permanenz der Siedlungen gewertet werden; eine relativ hohe Bevölkerungsdichte und Stammeszersplitterung kamen zum andern hinzu, was in den Kämpfen der einzelnen Gruppen gegeneinander seinen Ausdruck fand und dem Schutzmotiv Bedeutung zukommen ließ.

Hatten sich die höheren Jäger Nordamerikas und wohl auch einheimischer Gruppen Nordasiens weitgehend auf Pelztierfang eingestellt, obgleich Jagd und Fischfang zur Sicherung der eigenen Ernährung bestehen blieben, so war damit nicht unbedingt eine Änderung der episodisch-temporären Siedlungsart und der topographischen Lage ihrer Siedlungen verbunden. Eingewanderte Europäer gingen vornehmlich als Trapper dem Pelztierfang nach. Sie mußten sich in ihren Lebensformen weitgehend der einheimischen Bevölkerung anpassen. Insofern allerdings besteht ein Unterschied, als sie neben periodisch benutzten Siedlungen innerhalb ihrer Fanggebiete *feste* Stützpunkte benötigen. Diese Dauersiedlungen gehören häufig nicht zu den ländlichen Siedlungen (Handelsstationen); doch kommen auch ausgesprochene Pelzjäger-Siedlungen vor, wie sie Tanner aus Labrador beschrieb (Tanner, 1944, S. 700 ff.). Die Flüsse und Seen stellen im Sommer die Verkehrsadern zwischen den Siedlungen dar; mit dem Boot gelangen die Trapper ebenso wie die Indianer in ihre Fangbereiche. So liegen die Wohnplätze der Pelzjäger fast ausnahmslos an Fluß- und Seeufern, genau wie die der einheimischen Jäger.

5. Die Siedlungen auf der Grundlage des Hackbaus (überwiegend semi-permanente Siedlungsart)

Mit der topographischen Lage der Hackbauern-Siedlungen werden sich neue Fragestellungen ergeben, denn sobald der Landbau die Existenzgrundlage ausmacht, ist die Wirtschaftsfläche enger begrenzt. Betrachten wir zunächst die Beziehung zwischen Wirtschaftsfläche und Wohnplatz, dann treten wesentlich kompliziertere Verhältnisse auf als bisher. Der Wanderfeldbau, der weitgehend mit dem Hackbau verknüpft ist (Kap. II. B. 2. a. β), bringt in dieser Beziehung besondere Bedingungen hervor. Der Wohnplatz wird immer dann von dem Nutzland unmittelbar umgeben, wenn eine gleichzeitige Verlagerung von Wirtschaftsfläche und Siedlung erfolgt. Häufig genug aber ist dies nicht der Fall, so daß sich dann notwendig gewisse Entfernungen zwischen dem Wohnplatz und dem jeweils kultivierten Areal einstellen. Ist eine Verlegung der Feldflächen wegen Verknappung des Raumes nicht mehr möglich und bildet sich damit die permanente Siedlungsart aus, dann werden langwährende Brachjahre eingeschaltet, damit sich bei der düngerlosen Bewirtschaftung der Boden wieder erholt. Das insgesamt zur Verfügung stehende Nutzland liegt dann fest, aber innerhalb dieser Fläche wandern die jeweils bestellten Parzellen. Deshalb ist auch unter dieser

Voraussetzung eine unmittelbare Nachbarschaft zwischen Wohnplatz und kultiviertem Land nicht vorhanden. Das zeigt sich schon bei Kleinsiedlungen, die u. U. ganz von Brachland umgeben sein können, wie es Untersuchungen aus Südnigeria erkennen lassen (Morgan, 1955, S. 322). In besonderer Schärfe jedoch macht sich das in Großsiedlungen geltend, wie wir sie vor allem wiederum in Südnigeria treffen (Dittel, 1936). Durch die Errichtung von Feldhütten, in denen man zur Zeit der Feldarbeit lebt, werden die Schwierigkeiten überwunden, die die großen Entfernungen zwischen Wohnplatz und Wirtschaftsfläche mit sich bringen.

Dort allerdings, wo der Anbau von Fruchtbäumen im Vordergrund steht und sich auf dieser Grundlage die permanente Siedlungsart einstellt, ist in der Regel eine unmittelbare Verknüpfung von Siedlung und Nutzland gegeben. Dasselbe ist der Fall, wenn dem Fischfang neben dem Anbau besondere Bedeutung zukommt, weil dann durch ihn die topographische Lage bestimmt wird. Immerhin wird die im allgemeinen nur lockere Bindung zwischen Wirtschaftsfläche und Wohnplatz als Kennzeichen der Hackbauern-Siedlungen gewertet werden müssen, unmittelbar hervorgerufen durch die ursprüngliche Wirtschaftsform des Hackbaus selbst.

Doch auch in indirekter Weise werden die eben geschilderten Verhältnisse dadurch beeinflußt. Mit der Wirtschaftsform verknüpfen sich gewisse kulturelle Entwicklungsstufen, und damit hängt die animistische Basis der religiösen Vorstellungen der Hackbauvölker zusammen. Das führt mitunter dazu, daß Siedlungen und ganze Stammesgebiete verlassen werden, wenn das Wirken böser Geister festgestellt wird, und die Geister werden auch zu Rate gezogen, wenn es zur Wahl neuer Wohnplätze kommt (Helbig, 1951, S. 276). So kann eine Verlagerung der Siedlungen erfolgen, ohne daß wirtschaftliche Belange berücksichtigt werden.

Die Hackbauern-Siedlungen liegen heute vorwiegend im Bereiche der Tropen, und auch daraus wird manche Eigenart ihrer Lageverhältnisse verständlich. Innerhalb des Regentieflandes sind die Hochufer bzw. Uferdämme der Flüsse bevorzugt, zumal, wenn der Feldbau durch Fischfang ergänzt wird oder der Fischfang als spezialisiertes Stammesgewerbe ausgebildet ist. Die Uferdämme sind es, die auch im Feuchtgelände Niederlassungen ermöglichen, wenngleich es mitunter vorkommen mag, daß sie sich in dieses hineinwagen (z. B. Sagosümpfe Neuguineas, Behrmann, 1933, S. 133). Sobald sich ein gewisses Relief einstellt, weichen die Wohnplätze den versumpften Talauen aus und liegen mitunter weit entfernt von den Bächen auf den Hügel- oder Bergrücken dazwischen. Die Abseitslage vom Wasser stellt sich häufig auch in den Baumsavannen und Trockenwäldern ein, d. h. in Gebieten, wo sich die Wasserversorgung in der Lage der Siedlungen geltend machen sollte. Doch werden gerade die Bodenwellen *zwischen* den Bachbetten, wasserscheidende Rücken oder nicht allzu geneigte Hanglagen bevorzugt und weite Wege zu den Wasseradern in Kauf genommen. Zwar hat man mitunter Methoden entwickelt, um das Niederschlagswasser aufzufangen; doch sind diese Vorrichtungen in der Regel so unzulänglich, daß die oft weit entfernten Bäche aufgesucht werden müssen. Auf diese Abseitslage der Siedlungen vom Wasser wurde vielfach hingewiesen, so für den Bereich der Ober- und Niederguinea-Schwelle ebenso wie für Ostafrika (Morgan, 1955; Thorbecke, 1933; Jaeger, 1933). Daß die versumpften Talauen gemieden werden, ist eine allgemein übliche Erscheinung. Wenn man auf starke Hangneigungen verzichtet, dann dürfte auch dies nichts Außergewöhnliches sein; doch wird in den Tropen, wo Hangrutschungen größere Bedeutung zukommt, darauf mehr Rücksicht genommen werden müssen als anderswo. Der Vorrang, der sanfteren Hangneigungen oder kleineren Wasserscheiden gegeben wird, hängt teilweise mit den klimatischen Verhältnissen der wechselfeuchten Tropen zusammen, wo Schichtfluten häufig auftreten, denen man sich nicht allzu sehr aussetzen darf. Und schließlich sind die genannten Standorte geeignet, weil hier Luftbewegungen etwas Kühlung versprechen. Aus den dargelegten Gründen verzichtet man häufig darauf, die Siedlungen in der Nähe der Wasseradern anzulegen. Nur bei noch stärkerer Aridität wie im abflußlosen Trockengebiet Ostafrikas „bestimmt die Anordnung der Bäche unmittelbar die Lage der Dörfer, die mit Bewässerung Ackerbau treiben" (Jaeger, 1933, S. 111), und dasselbe ist im Ovamboland der Fall, wo der Feldbau durch Viehzucht ergänzt wird.

Noch ein anderer Gesichtspunkt verdient, bei der topographischen Lage der Hackbauern-Siedlungen beachtet zu werden. Wir wiesen schon an anderer Stelle darauf hin, daß sich mit der Tendenz zur Ausbildung permanenter Siedlungen das Schutzmotiv geltend macht. Topographische Lageverhältnisse, die durch das Bedürfnis nach Sicherheit hervorgerufen werden, stellen gerade für die Hackbauern-Siedlungen etwas durchaus Charakteristisches dar. Die Notwendigkeit des Schutzes wird vielfach höher gewertet als die wirtschaftlichen Belange, so daß auch aus diesem Grunde größere Entfernungen zu den Wirtschaftsflächen und Schwierigkeiten der Wasserversorgung entstehen. Typische „Schutzlagen" sind solche auf Inseln oder im Bereiche stark gekrümmter Flußmäander, wie sie am Rovuma, Rufidji und am Panganifluß in Ostafrika vorkommen. „Die Inseldörfer pflegen mit dem Flußufer durch einen Steg verbunden zu sein, dessen Balken nachts entfernt werden, so daß der Übergang gesperrt ist" (Jaeger, 1933, S. 109). In den Gebirgsdörfern liegen die Orte häufig auf Bergkuppen oder Bergspornen, was sich in den ostafrikanischen Gebirgsländern und auf den „hohen Inseln" Ozeaniens ebenso zeigt wie im Osten des Sunda-Archipels u. a. O.

Vielfach gibt vornehmlich nach dem Zweiten Weltkrieg die jüngere Generation exponierte Lagesituationen auf; nachdem der Anbau von Handelsgewächsen größeren Umfang als früher annahm, die Marktorientierung durch die Anlage neuer Straßen Förderung erfuhr, sind es die letzteren, die für die Wahl des Siedlungsplatzes häufig entscheidend wurden (Gleave, 1966).

Fragen wir nach den Ursachen, warum die topographische Lage der Hackbauern-Siedlungen in so vielfältiger Weise durch das Bedürfnis nach Sicherheit gekennzeichnet ist, dann muß folgendes in Erwägung gezogen werden: Zum einen spielt gegenüber den früher dargelegten Lebensformen die semi-permanente bis permanente Siedlungsart eine Rolle. Zum andern aber ist es das Verharren in Stammesbindungen ohne die Existenz einer übergeordneten staatlichen Organisation, so daß nicht der Raum – u. U. durch Anlage besonders dafür vorgesehener Siedlungen – geschützt wird, sondern jede Siedlung unmittelbar bei Auseinandersetzungen zwischen den Stämmen in Mitleidenschaft gezogen ist. Man kann einwenden, daß „Schutzanlagen" für die amerikanischen Hackbauern-Siedlungen kaum bekannt sind. Sie finden sich hier vor allem bei den Hopi-Indianern in Arizona, deren Siedlungen sich auf den unzugänglichen Höhen der Mesas befinden

(Hoover, 1930), abseits der Felder, die auf den Überschwemmungsflächen der Täler liegen. Doch selbst hier ist die „Schutzlage“ relativ jung, denn die Hopi-Indianer zogen sich erst am Ende des 16. Jh.s während der Kämpfe mit den Spaniern auf die Höhen zurück. Wenn das Bedürfnis nach Sicherheit in der Lage der amerikanischen Hackbauern-Siedlungen sonst wenig zum Ausdruck gelangt, so bedeutet dies nicht, daß man des Schutzes entbehren konnte. Auch hier waren Stammesfehden durchaus üblich. Aber es gibt andere Mittel, um sich zu schützen. Sie haben allerdings nichts mehr mit den Lageverhältnissen zu tun, so daß diese Frage erst an späterer Stelle berührt werden kann (Kap. IV. A. 5).

6. Die Siedlungen auf der Grundlage des Pflugbaus (permanente Siedlungsart)

Sobald der Pflugbau bestimmend wird und die permanente Siedlungsart herrscht, wirkt sich das in bezeichnender Weise in der Lage der entsprechenden Siedlungen aus. Mit der Wirtschaftsform des Pflugbaus bzw. eines intensiv betriebenen Hackbaus (Kap. II. B. a. β) liegt die Wirtschaftsfläche fest. Dies ruft eine viel engere Verknüpfung von Wohnplatz und Wirtschaftsfläche hervor, als es in der Regel beim Hackbau der Fall ist. Man wird versuchen, den Wohnplatz in eine annähernd zentrale Lage innerhalb der Wirtschaftsfläche zu bringen, sei es, daß er vom intensiv genutzten Land umgeben wird und nach außen u. U. extensiver bewirtschaftete Flächen folgen, oder sei es, daß man ihn an der Grenze unterschiedlicher Nutzflächen wählt. Doch neben der Rücksichtnahme auf die Wirtschaftsfläche werden auch die früher genannten und für alle Wirtschaftsformen gültigen Bedingungen (trockener und ebener Baugrund, Sicherung der Wasserversorgung) nicht außer acht gelassen werden dürfen. Daraus ergibt sich, daß Pflugbauern-Siedlungen in besonderer Weise den natürlichen Gegebenheiten anzupassen sind. Es kommt hinzu, daß nun auch die siedlungsgeschichtliche Entwicklung in der topographischen Lage zum Ausdruck gelangt. Schließlich verbindet sich mit der kulturellen Entfaltung, die mit dem Pflugbau gegeben ist, eine Vervollkommnung der technischen Hilfsmittel, und dadurch wird es nun möglich, Lageverhältnisse in Anspruch zu nehmen, die für die Siedlungen der früher genannten Wirtschaftsformen kaum in Frage kamen. In der engen Anpassung an die natürlichen Voraussetzungen und die wirtschaftlichen Belange zum einen, in der Überwindung der durch die Natur gegebenen Schwierigkeiten zum andern, ist für die Lagebedingungen der Pflugbauern-Siedlungen ein weiter Spielraum vorhanden. Allgemeine Aussagen lassen sich deshalb hier am wenigsten machen. Es kann sich nur darum handeln, an Hand einiger charakteristischer Beispiele die Bedeutung der Landschaftsausstattung und der auf sie bezogenen Landnutzung für die topographische Lage der ländlichen Siedlungen darzulegen.

In den weiten *Ebenen* und *Flachländern* ist die topographische Lage der ländlichen Siedlungen in besonderer Weise geprägt. Ausweichen vor dem Überschwemmungsgelände ist erstes Erfordernis, so daß sich die Siedlungen im Bereiche der Flußtäler an die Hochufer und hochwasserfreien Terrassen halten. Abseits von den größeren Flüssen ist weitgehend der morphologische Formenschatz bestimmend.

In den *diluvialen Ausräumungs-Flachländern* wird die topographische Lage der ländlichen Siedlungen einerseits durch das Anknüpfen an Fluß- und Seeufer gekennzeichnet; Bodengüte, Fischreichtum der Gewässer und leichte Verkehrsverbindungen wirken hier begünstigend. Andererseits aber werden gerade die kleinen Höhen aufgesucht, Moränenhügel und langgestreckte Oser, die das Feuchtgelände überragen und deshalb auch lokalklimatisch bevorzugt sind. Hinsichtlich der Lage der Wohnplätze zu den von ihnen bewirtschafteten Flächen unterschied Granö für Finnland zwei Typen, Feld-Lage und Feld-Wald-Lage (Granö, 1952, S. 341 ff.). Immer stellt hier das Feldland in seiner außerordentlichen Beschränkung den Anknüpfungspunkt dar, auch wenn das Schwergewicht auf der Viehzucht liegt oder die Fischerei maßgebend ist. Daß der Wald vielfach als Weide genutzt wird, kommt in der Feld-Wald-Lage zum Ausdruck.

In der *altdiluvialen Aufschüttungslandschaft* Nordwestdeutschlands und der angrenzenden Niederlande, wo das Relief wenig ausgeprägt ist, sind die Grundwasserverhältnisse entscheidend. Nur die trockenen Geestinseln mit ihren leicht bearbeitbaren Sandböden kamen in der Frühzeit der Besiedlung als Feldland in Frage. Durch das alte Feldland ist die Lage der entsprechenden Siedlungen bestimmt, die ihm randlich zugeordnet sind (Abb. 24). Trotz des Ausweichens vor den feuchten Gründen ist das Streben bemerkbar, den Rand der Niederungen mit feuchtem Eichen-Hainbuchenwald in die Ortslage einzubeziehen; dadurch wird eine Mittellage des Wohnplatzes zwischen den Ackerflächen der Höhe und dem Weideland der Niederungen erreicht. Zudem bietet der feuchte Eichen-Hainbuchenwald den besten Standort für die Anlage von Gärten und die günstigste Nährgrundlage für das vom allgemeinen Weidegang ausgeschlossene Vieh (Ellenberg, 1937). Die jüngeren Siedlungen dagegen (Hochmittelalter und Nachmittelalter) zeigen diese Bindungen nicht mehr. Im Bereiche der Urstromtäler werden die zwischen dem Feuchtland und der Geest gelegenen Dünen (Talsanddünen) randlich oder auf der Höhe für die Anlage der Wohnplätze benutzt, weil dadurch die Möglichkeit geboten ist, sowohl das Feldland auf der Geest als auch das Weideland in der Niederung gleichzeitig in die Wirtschaftsfläche einzubeziehen. In der *jungdiluvialen Aufschüttungslandschaft* müssen die verschiedenen Landschaftstypen herausgestellt werden, weil diese jeweils andere Bedingungen bieten. Insbesondere kommt es z. B. in Nordostdeutschland auf die Grundmoränenplatten und Urstromtäler an, deren Verhältnisse uns wichtige Aufschlüsse über die Bedeutung der topographischen Lagebedingungen vermitteln. Im Bereiche der Grundmoränenplatten breiten sich die von Feldflächen umgebenen Wohnplätze flächenhaft aus, doch so, daß sie sich zumeist an kleine Senken, Mulden, Täler oder Hangnischen halten, das, was Schlüter als Nestlage zusammengefaßt hat (Schlüter, 1903, S. 247). Im Gebiet der Urstromtäler bleibt das Alluvialland zwar siedlungsleer; doch können hier die Talsandflächen besetzt werden, die sich eng mit den Niederungen verzahnen. Im Ablauf der Besiedlungsgeschichte nun war die Bewertung von Talsanden und Grundmoränenplatten verschieden. Die Slawen, die im 6. Jh. einwanderten, bevorzugten die „Niederungslage“ in den Tälern, insbesondere Talsandinseln oder ins Feuchtland vorspringende Halbinseln; sie verzichteten nicht unbedingt auf die Grundmoränenlandschaften, wählten aber hier Standorte aus, wo genügend Wasser vorhanden war, d. h. Bach- und Seeufer. Die Viehwirtschaft war bei ihnen wichtiger als der Feldbau; dieser wirtschaftlichen Ausrichtung entsprach die topographische Lage ihrer Siedlungen, die sich auf trockenem

Gelände zwischen Feld- und Weideland einschalteten. Im Rahmen der deutschen Ostkolonisation jedoch legte man besonderen Wert auf den Getreidebau; die Bodengüte spielte nun eine wesentliche Rolle, so daß die Grundmoränenplatten den Vorzug erhielten (Krenzlin, 1952, S. 10ff.). An diesem Beispiel wird deutlich, wie weit – unter allerdings besonders gelagerten Umständen – unterschiedliche Nutzungsformen in den topographischen Lageverhältnissen Ausdruck gewinnen und sich dies mit altersmäßig verschiedenen Siedlungsschichten verbindet.

Die *lößbedeckten Ebenen, Becken* und *Plattenlandschaften,* die nördlich des eurasiatischen Hochgebirgsgürtels weite Verbreitung besitzen, sind auf Grund ihrer Bodengüte vor allem für den Feldbau geeignet; dieser bestimmt die Bodennutzung weitgehend. Für die Lage der Wohnplätze erscheint es vorteilhaft, inmitten der Feldflächen zu liegen. Verwirklichen läßt sich das jedoch nur dort, wo die Niederschläge ausreichend sind bzw. der Grundwasserspiegel sich in relativer Nähe der Erdoberfläche befindet. Unter diesen Umständen ist die topographische Lage der Siedlungen ähnlich geartet wie im Bereiche der Grundmoränenplatten. Tal-, Mulden-, Nischen- bzw. Nestlage sind für die Wohnplätze der mitteleuropäischen Lößlandschaften bezeichnend und damit zumeist auch die zentrale Lage innerhalb der Wirtschaftsfläche. In den Steppengebieten Ost- und Südosteuropas dagegen steht die Wasserversorgung bei der Wahl des Wohnplatzes an erster Stelle, und erst nachgeordnet spielt die Lage zur Wirtschaftsfläche eine Rolle. So sind die Siedlungen in der Walachei an die Täler der größeren Flüsse gebunden, und in der südrussischen Steppe halten sich die Orte an die kleinen, in die Bergufer eingerissenen Schluchten (Owrag), an die Terrassen bzw. Hochufer; sie versuchen, dem Wasser so nahe wie möglich zu kommen, weichen aber dem Überschwemmungsbereich aus und nehmen eine randliche Lage zur Wirtschaftsfläche ein.

In den *alluvialen Aufschüttungsebenen* werden besondere Anforderungen an die topographische Lage der ländlichen Siedlungen gestellt, denn vornehmlich im Bereiche der jungalluvialen Ablagerungen sind die Stellen beschränkt, die trockenen Baugrund gewähren. In den Marschgebieten der Nordseeküste wurden zunächst die Geestvorsprünge bzw. Strandwälle oder die höhere Marsch besetzt. Als diese durch Sturmfluten bedroht wurde, ging man dazu über, künstliche Erhebungen, die Wurten oder Warften, zu schaffen und die Wohnplätze auf diesen zu errichten. In den Flußaufschüttungsebenen bilden die älteren und jüngeren Flußdämme und in den Flußdeltas daneben die Strandwälle Ansatzpunkte. Wagte man sich in das Feuchtgelände hinein, dann ging man in der Regel auch hier zum Wurtenbau über. Sich durch Wurten vor Überschwemmungen zu sichern, ist ein Mittel, das auch von Hackbauvölkern angewandt wird (z. B. Barotse am oberen Sambesi, Songhai am Niger u. a.). Ein wesentlicher Fortschritt zur Nutzung des fruchtbaren Alluvialbodens wurde aber erst duch den Deichbau erzielt, der mit der technischen Vervollkommnung auf der Basis des Pflugbaus zur Entwicklung kam.

In den Marschländern der Nordsee legte man nun die Wohnplätze im Schutze der Deiche an oder, dies mitunter noch eine spätere Phase kennzeichnend, innerhalb der entwässerten Bereiche in Flächenlage. So spiegelt sich in den topographischen Verhältnissen der Wohnplätze auch hier der Vorgang der Besiedlung wider, während die Art der Bodennutzung, ob vorherrschender Feldbau oder Weidewirtschaft, keinen Einfluß ausübt.

Besondere Bedeutung besitzen die Alluvialebenen in Süd- und Ostasien, denn sie sind in erster Linie für die Naßreis-Kultur geeignet. Oft befinden sich die Wohnplätze inmitten der Reisfelder auf kleinen, durch die Natur gebotenen Erhebungen; im Bereiche der von Höhen eingefaßten Ebenen suchen sie die Randlage auf, und wenn Deiche gebaut wurden, bieten diese den Ansatzpunkt.

Moore, insbesondere Hochmoore, wurden erst nach umfangreichen Kultivierungsmaßnahmen besiedlungsfähig. Konnte man zunächst die Wohnplätze nur bis an den Moorrand vorschieben oder mußte Geestinseln benutzen (z. B. Worpswede im Teufelsmoor), so gelang es, nach ausgedehnten Entwässerungsarbeiten auch in das Innere der Moore vorzudringen. Dabei halten sich die Siedlungen, die zumeist auf abgetorftem Grund errichtet wurden, an die Kanäle, weil diese zumindest in früherer Zeit die wichtigsten Verkehrsadern abgaben, auf denen der Transport des Torfes besorgt wurde (Abb. 39). Bei der noch im Gange befindlichen Erschließung des deutschen Anteils am Bourtanger Moor ist eine solche Abhängigkeit nicht mehr vorhanden. Straßenbau und Anlage von Siedlungen gehen Hand in Hand, so daß ausgesprochene Flächenlage resultiert (Abb. 44), zumal nicht überall die Fehnkultur maßgebend ist.

Hochflächen weisen je nach dem Grad bzw. der Art ihrer Zerschneidung und je nach den klimatischen Verhältnissen unterschiedliche Bedingungen für die topographischen Lageverhältnisse der ländlichen Siedlungen auf. Tal-, Mulden-, Nischen- bzw. Nestlage sind im Bereiche unzerschnittener Hochflächen bei genügenden Niederschlägen wiederum eine typische Erscheinung, wobei hier auch der Windschutz eine Rolle spielt. Die größeren Täler sind zumeist zu tief und eng eingesägt und bieten zu wenig Raum für landwirtschaftliche Betätigung. Höchstens finden Wassermühlen hier ihren Standort, die zu den Siedlungen der Hochfläche gehören, innerhalb dieses Bereiches aber nicht die genügende Wasserkraft zur Verfügung haben. Als Beispiel sei auf das Mährische Gesenke oder die innerböhmische Hochfläche verwiesen. Selbst auf Kalkuntergrund wie in der Schwäbischen Alb stellen sich die eben gekennzeichneten Lagebeziehungen ein; die Wohnplätze liegen inmitten ihrer Feldflächen, mußten aber dafür in früherer Zeit Schwierigkeiten der Wasserversorgung in Kauf nehmen (Gradmann, 1913, S. 68). Bei starker erosiver Auflösung halten sich die Siedlungen bei Ausbildung von Kerbtälern an die genügend Platz bietenden Flächenreste, während sie bei Entwicklung von Sohlentälern vielfach diese aufsuchen. Handelt es sich um Kalkhochflächen mit einigen wenigen, aber breiteren Tälern und gestaltet sich die Wasserversorgung unter Einschaltung einer sommerlichen Trockenzeit besonders schwierig, dann finden sich die Siedlungen ausschließlich in den Tälern in der Nähe des Wassers und des Kulturlandes. Die Täler der Causses im südlichen Zentralplateau Frankreichs offenbaren dies in eindringlicher Weise. Besondere Verhältnisse treten ein, wenn es sich um eingesenkte Mäandertäler handelt. Hier tragen meist nur die Gleithänge Feldflächen und Siedlungen, und ebenfalls stellen sich bei der Einmündung von Seitentälern Wohnplätze ein. Lediglich bei Ausbildung von Spezialkulturen (insbesondere Rebbau) werden auch die Prallhänge zur Anlage genutzt.

In *Steppenhochflächen,* wie in der spanischen Meseta oder in Inneranatolien, ist für die topographische Lage der Siedlungen naturgemäß die Wasserversorgung entscheidend. Steht Regenfeldbau im Vordergrund, dann wird versucht, die

Forderung nach zentraler Lage des Wohnplatzes innerhalb des Feldareals mit der nach günstiger Wasserbeschaffung zu vereinen. Flächenlage der Siedlungen stellt sich häufig deswegen ein, weil weniger die Oberflächenformen als die Untergrundverhältnisse die Anlage von Brunnen bestimmen, wie es sich z. B. in der Mancha (Jessen, 1930, S. 198) und auch in der anatolischen Steppe zeigt (Wenzel, 1933, S. 72 ff.). Wie verschieden jedoch die topographischen Lageverhältnisse der Siedlungen eben durch die verschiedenen Bedingungen der Wasserbeschaffung sein können, wurde für Bereiche vorwiegender Weidewirtschaft bereits an anderer Stelle erläutert (Kap. II. A.).

Werden Ebenen oder Hochflächen von *Höhenzügen* überragt, dann lehnen sich die Siedlungen häufig an den unteren Rand der Höhen an oder liegen in den Talausgängen. Ob die Höhen waldbedeckt sind, ob die Hänge für den Rebbau in Frage kommen, immer wird auf diese Weise eine Mittellage zwischen verschiedenen Nutzflächen erzielt. Hanglagen werden gern bei vorherrschenden Rebbau in Anspruch genommen. Sowohl in der südwestdeutschen als auch in der ostfranzösischen Stufenlandschaft lassen sich diese Verhältnisse beobachten. Ein Anknüpfen an den Bergfußrand und die dort austretenden Täler spielt auch in den Trockengebieten eine Rolle, denn hier sind die Voraussetzungen für die Nutzung der episodisch oder periodisch abkommenden Flüsse oder des Grundwassers zur Bewässerungswirtschaft gegeben, so daß sich Oasensiedlungen zu entwickeln vermögen.

Bei kleinräumiger *Durchdringung* von *Ebenen* und *Gebirge* wird wiederum die Bergfußlage für die Wohnplätze bezeichnend; hier kann man dem Feuchtland ausweichen, und hier ist zugleich der Anreiz geboten, eine Mittellage zwischen verschiedenen Nutzflächen einzunehmen. So zeigen die ländlichen Siedlungen Japans vielfach die genannte Lagebeziehung und sind dadurch imstande, Reisbau im Niederungsland zu treiben und an den terrassierten Berghängen Trockenkulturen anzubauen (Trewartha, 1945, S. 153 ff.).

In den Mittelmeerländern, wo Durchdringung von Ebene und Gebirge ebenso wie die sommerliche Trockenheit zu den charakteristischen Kennzeichen gehören, prägen sich Relief und Notwendigkeit der Wasserbeschaffung zwar häufig in den topographischen Lageverhältnissen aus: ebenso oft aber erscheinen solche Fälle, wo die von der Natur gebotenen Möglichkeiten nur wenig genutzt werden. Vielfach liegen die Wohnplätze am Rande der Ebenen und ziehen sich, terrassenförmig ansteigend, auf der Sonnenseite der Berghänge hinauf. So entgeht man den Überschwemmungen, der Bodenfeuchtigkeit und der Malaria, die früher in den Ebenen weitverbreitet war; doch kann damit die Entfernung zu den intensiv bewirtschafteten Bewässerungsflächen relativ groß werden. Brunnen und Quellen sind oft genug maßgebend für die Lage der Siedlungen; doch mit Hilfe von Zisternen macht man sich auch weitgehend unabhängig von dieser Bindung. Am deutlichsten aber wird die Situation bei denjenigen Wohnplätzen, die sich auf Bergrücken, Bergspornen oder Gipfeln erheben; auf den in erheblicher Entfernung befindlichen Wirtschaftsflächen errichtet man Feldhütten, und die Wasserversorgung wird durch Zisternen geregelt. Hier ist für die Lage der Siedlungen das Schutzmotiv bestimmend. Das Streben nach Sicherheit in der Wahl der topographischen Lage zu dokumentieren, war ein Kennzeichen der Hackbauern-Siedlungen (Kap. IV. A. 5.). Im Bereiche des Pflugbaus jedoch ist dies keine allgemeine Erscheinung, sondern muß als Ausnahme gewertet werden. Sie stellt sich dann ein, wenn keine höhere staatliche Organisation ausgebildet wurde (z. B. Kabylei, Aures in Nordafrika, Kaukasus) oder wenn diese in gewissen Zeiten erlahmte. Nach dem Zerbrechen des Römischen Reiches setzte eine solche Periode der Unsicherheit in den Mittelmeerländern ein, so daß sich die Siedlungen aus den Ebenen in die Gebirgshöhen zurückzogen. Erst in der Neuzeit, nachdem die Ebenen saniert wurden und wieder eine politische Festigung eintrat, macht sich die Tendenz bemerkbar, die Siedlungen nunmehr in die Ebenen zu verlegen und damit die wirtschaftlichen Forderungen stärker zu berücksichtigen.

In den *Hochgebirgen* ist die topographische Lage der Siedlungen durch das Talnetz vorgezeichnet. Auch hier weicht man dem feuchten Talboden aus, benutzt Terrassen und Hangleisten ebenso wie Schwemmkegel, die Nebenbäche ins Haupttal vorbauen. Diese werden vor allem bevorzugt, wenn die Bewässerung des Nutzlandes eine Rolle spielt. Aber auch Hanglagen kommen vor, und selbst an recht steilen Hängen finden sich Siedlungen, insbesondere dann, wenn einigermaßen ebene Flächen oder sanftere Hänge nur in beschränktem Ausmaß zur Verfügung stehen; diese müssen dann ganz zur Bewirtschaftung herangezogen werden und scheiden für die Wohnplätze aus. In verkarsteten Gebirgen werden die Dolinen und Poljen, die das Kulturland abgeben, randlich von Siedlungen besetzt, oder aber die Karstquellen wirken anziehend, die das in der Regel um so stärker tun, je geringer die Niederschläge sind.

Die Art der angebauten Kulturen und ihre unterschiedliche Verknüpfung mit der Viehzucht gelangt in der topographischen Lage der ländlichen Siedlungen *nicht* eindeutig zum Ausdruck. Es wird dies dadurch verständlich, daß ein einigermaßen ausgeglichenes Verhältnis zwischen Feldbau und Viehzucht bestand, wie es durch die Wirtschaftsform des Pflugbaus gegeben erscheint. Eine Spezialisierung nach der einen oder andern Richtung konnte aus ökonomischen Gesichtspunkten erfolgen, ohne daß die Lage der Siedlungen darauf zu reagieren braucht. Anders steht es naturgemäß mit den Fischersiedlungen. Sie halten sich an die Ufer von Seen, Flüssen sowie an die Küsten des Meeres und stellen, sofern sie zu den ländlichen Siedlungen zu rechnen sind, keine allzu großen Anforderungen an die Küstenbeschaffenheit; aus diesem Grunde erübrigt es sich, die verschiedenen Küstenformen hinsichtlich ihrer Eignung für die Anlage vor Fischersiedlungen zu behandeln. Häufig etwas Feldbau mit dem Fischfang verbindend, sucht man nach Möglichkeit, dieser Verknüpfung auch bei der Wahl des Wohnplatzes gerecht zu werden.

Konnten wir bisher die Verkehrslage weitgehend vernachlässigen, so ist dies für zwei Typen der ländlichen Siedlungen nicht möglich, die auf Gartenbau basierenden zum einen, die Plantagen und Pflanzungen zum andern. Hier spielt die Frage des billigen Abtransportes der Erzeugnisse eine solche Rolle, daß der Verkehr für die Lage der Siedlungen bestimmend wird.

B. Die ländlichen Wohnstätten

Die Wohnstätten der ländlichen Siedlungen, unter denen wir die eigentlichen Wohnräume und – sofern vorhanden – auch die Wirtschaftsräume begreifen, geben jeder Siedlung erst Gesicht und Gestalt. Nur dadurch, daß Wohnstätten die Siedlung kennzeichnen, werden beide, Wohnstätte und Siedlung, zu Elementen der Landschaft und dadurch in das Blickfeld geographischer Forschung gerückt. So prägt sich die Physiognomie der Siedlungen zu einem erheblichen Teil durch die Art der Wohnstätten aus; deshalb soll ihre Behandlung der der Orts- und Flurformen vorangestellt werden.

Sind die Wohnstätten zunächst für das Erscheinungsbild der Siedlungen wichtig, so wird dadurch bereits zu einem Teil der Rahmen festgelegt, den die geographische Betrachtungsweise erfordert. Baumaterial und Bauform, ob es Hütten, Zelte, Häuser oder Gehöfte betrifft, erweisen sich abhängig von der Landschaftsausstattung und den ihr zugeordneten Wirtschaftsformen. Mit letzteren sind die technischen Möglichkeiten aufs engste verknüpft, die die Behandlung des dem Boden, der Pflanzen- oder Tierwelt entnommenen Materials erfordert. So werden sich die verschiedenen Wirtschaftsformen am besten dazu eignen, das Gliederungsprinzip abzugeben, um zu einer „Erfassung des körperlichen Siedlungsbildes" auf allgemeiner Grundlage zu kommen (Müller-Wille, 1936, S. 124).

Das gilt um so mehr, als die geographische Betrachtung der Wohnstätten nicht auf den physiognomischen Gesichtspunkt beschränkt bleiben darf. Die Wohnstätten bilden im Rahmen „agrarer Betätigung" zugleich den Mittelpunkt des wirtschaftlichen Lebens einer Bevölkerungsgruppe. Diese Funktion spielt naturgemäß bei den einzelnen Wirtschaftsformen eine unterschiedliche Rolle. Die stärksten Differenzierungen stellen sich erst im Bereiche des Pflugbaus ein, bei dem sowohl die Formen der Landnutzung als auch die der Betriebseinheiten die größte Spannweite zeigen. In welcher Art Wohn- und Wirtschaftsgebäude miteinander verknüpft sind und den Anforderungen des landwirtschaftlichen Betriebes genügen, gehört zu den besonderen Aufgaben einer geographischen Betrachtung der Wohnstätten, zum Unterschied gegenüber der ethnologischen und volkskundlichen Forschung. Auf diese Weise sind die Wohnstätten „nicht nur landschaftliche Erscheinungsform, sondern zugleich landschaftliche Strukturform" (Hassinger, 1933, S. 421).

Wie tiefgreifend der Einfluß der Landnutzung auf die Art der Wohnstätten ist, stellt eine besondere Frage dar. Ein gewisses Einwirken ist sicher vom Material und dessen Bewältigung gegeben, aber nicht alles kann darauf zurückgeführt werden. Nicht von ungefähr wurde eine enge Verbindung zwischen Landnutzung und Hofform für Mitteleuropa nahe gelegt. So glaubte Gruber (1924, S. 5/6), daß die Ausbildung von Einheitshöfen mit vorherrschender Viehwirtschaft in Zusammenhang stehe. Kriechbaum (1933, S. 65) ging für Österreich so weit, die Gehöftformen in Beziehung zum Verhältnis von Acker- und Wiesenland zu setzen, und Müller-Wille (1936, S. 137) forderte „eine schärfere Analyse des gesamten Betriebssystems, damit klare Parallelen zu den Gehöftanlagen herausgestellt werden können". Auch Demangeon (1920) sprach sich zunächst für eindeutige Beziehungen zwischen landwirtschaftlicher Nutzung und Form des Gehöftes aus. Demgegenüber steht die Auffassung von Otremba (1960, S. 137), der eine ursächliche Verbindung zwischen beiden ablehnt ebenso wie dies Brunhes (1947, S. 63), Sorre (1952, S. 125/26) oder Faucher (1962, S. 231 ff.) tun. Es ist kein Zweifel, daß die Hofanlage als Zweckform dem Wirtschaftsbetrieb angepaßt wird und in dieser Erfüllung eine Endform erreicht, die zur Tradition wird. Tritt aber ein wesentlicher Wandel der wirtschaftlichen Belange ein, wie es für einen großen Teil mitteleuropäischer Siedlungen nachgewiesen ist, dann sind verschiedene Möglichkeiten vorhanden, ein neues Gleichgewicht zu schaffen.

Auch die sozialen Verhältnisse finden im Hausbau ihren Niederschlag, denn selbst bei der bäuerlichen oder Farmbevölkerung sind Differenzierungen vorhanden, die sich auf die Hofanlage auszuwirken vermögen und für deren Entwicklung in Betracht zu ziehen sind.

In allen Kulturländern, nicht nur in Mittel- und Westeuropa, haben sich die heutigen Haus- und Gehöftformen allmählich aus älteren entwickelt. Ihnen liegt sicher ein historisches Moment zugrunde, das bei der Deutung nicht vernachlässigt werden darf. Allerdings taucht dabei die Schwierigkeit auf, eine Vorstellung von den Haus- und Gehöftformen früherer Perioden zu gewinnen, denn die ältesten auf uns überkommenen ländlichen Bauten reichen in Deutschland höchstens bis ins 16. Jh. zurück. Man wird auf Archivstudien, alte Bilddarstellungen und vornehmlich auf Grabungsbefunde zurückgreifen müssen, um den Werdegang der unterschiedlichen Formen aufzuhellen.

Die Entwicklung der Formen findet nicht nur autochthon im Sinne einer Evolution von einfachen zu fortgeschrittenen Formen statt. Wie bereits die Betrachtung der Wohnstätten von Primitivvölkern lehrt, tritt beim Kontakt verschieden ausgeprägter Kulturen eine gegenseitige Beeinflussung ein, meist so, daß die höheren Kulturen sich durchsetzen. Für solche Kulturströmungen, die auch von geographischer Seite zu berücksichtigen sind, erscheinen zwei Möglichkeiten gegeben. Zum einen entstehen sie bei direkter Berührung von Bevölkerungsgruppen unterschiedlicher Kultur, ausgelöst durch Wanderungsbewegungen. Auf Beispiele solcher Art, die die Gestaltung der Wohnstätten wesentlich beeinflussen können, wird später einzugehen sein. Zum andern aber lassen sich auch indirekte Kulturströmungen nachweisen, derart, daß bestimmte Baugedanken durch Verkehrsbeziehungen übertragen werden; sie brauchen nicht die Gesamtanlage von Haus und Hof zu betreffen, sondern können sich auf einzelne Elemente beschränken. Solche indirekten Kulturströmungen werden sich jedoch erst bei genügender Entwicklung des Verkehrsnetzes einstellen. Für Mitteleuropa sind sie seit dem Mittelalter nachweisbar (Steinbach, 1962).

Außer den Kulturströmungen muß für die Ausprägung der Wohnstätten, insbesondere in den Kulturländern, ein weiteres Moment in Rechnung gestellt werden: die Beeinflussung durch obrigkeitliche Maßnahmen. Mit einem solchen Einwirken – abgesehen von staatlichen Planungen bei modernen Kolonisationsunternehmen – ist auf jeden Fall zu rechnen. Die Bestrebungen Friedrichs des Großen z. B. in der zweiten Hälfte des 18. Jh.s weisen eindringlich auf solche Zusammenhänge hin (Goehrtz, 1931, S. 267). Wie weit in Deutschland vor dieser Periode entsprechende Maßnahmen im Bereiche der ländlichen Siedlungen sich durchgreifend auszuwirken vermochten, darüber ist heute nur in Einzelfällen ein Urteil möglich. Immerhin muß auch von dieser Voraussetzung her den früheren Territorialgrenzen Beachtung geschenkt werden, die sich in der Gestalt von Haus und Gehöft bereits durch indirekte Kulturströmungen abzubilden vermögen.

So ist der geographische Blickpunkt bei der Behandlung der Wohnstätten zum einen auf die durch sie vermittelte Physiognomie, zum andern auf ihre wirtschaftliche Funktion und schließlich auf das durch sie abgebildete soziale Gefüge zu lenken; dabei wird man sich der historischen Grundlagen im weitesten Sinne, wie oben dargelegt, bewußt bleiben müssen. Dies bedeutet, daß die Gestaltung von Haus und Gehöft als wesentliches Kulturelement zu betrachten ist, das „zu den wichtigsten Bestimmungsstücken für die Abgrenzung von Kulturräumen gehört“ (Hassinger, 1933, S. 422). Insbesondere im Rahmen landeskundlicher Arbeiten in Grenzgebieten ist dieser Aufgabe vielfach Beachtung geschenkt worden (z. B. Hanslik, 1908, S. 61 ff.; Schmithüsen, 1940).

Hierzu bedarf es jedoch noch einiger Erläuterungen. Materielle Kulturgüter sind nicht beständig, sondern unterliegen Wandlungen. Diese vollziehen sich aber nicht unabhängig von den menschlichen Gemeinschaften, die Träger dieses Kulturgutes sind. Sie werden fremdes Gedankengut aufnehmen, aber im Sinne ihres Herkommens und ihrer Tradition in den eigenen Kulturbestand eingliedern, und sie werden darüber hinaus durch Eigenschöpfung an der Umformung teilnehmen. Nur auf dieser Grundlage ist es möglich, die Gestaltung von Haus und Gehöft für die Abgrenzung von Kulturräumen zu benutzen, wobei sich mitunter scharfe Grenzen einstellen können, weit häufiger jedoch Kern- und Übergangsräume zu erkennen sein werden.

1. Windschirme und Hütten der Wildbeuter

Die Wildbeuter, die nur wenige Tage an ein und derselben Stelle verweilen, die kein Verkehrsmittel besitzen, um transportierbare Wohnstätten mit sich zu führen und die keine Vorsorge für den kommenden Tag treffen, nutzen als Obdach entweder das, was die Natur bietet, oder errichten nach jedem Wechsel des Lagerplatzes eine neue Unterkunft aus dem Material, das an Ort und Stelle zur Verfügung steht. Da jeweils nur kleine Horden zusammenleben, besteht hinsichtlich der Wohnbauten keine soziale Differenzierung.

Die Natur stellt hohle Bäume, Erdhöhlen, Felsspalten, überhängende Felsen und Felshöhlen zur Verfügung. Hohle Bäume werden bzw. wurden in baumreichen Gegenden als Lagerstatt verwandt, so z. B. von den Australnegern in Neusüdwales oder von den Tasmaniern, die in den Bäumen vorhandene Hohlformen erweiterten oder durch Feuer künstlich solche hervorbrachten. Erdhöhlen, mit Blättern, Gras und Rinden ausgekleidet, benutzten die Australneger im nördlichen Eyrebecken ebenso wie die Schoschonen im Großen Becken Nordamerikas. Felsspalten und überhängende Felsen, mit Zweigen, Gras und Moos ausgebaut, boten mitunter den Buschmännern Südafrikas ein Obdach. Ihren Vorfahren werden die kunstvollen Felsbilder zugeschrieben, die Ähnlichkeit mit den paläolithischen Felsbildern Westeuropas besitzen. Doch keinesfalls in allen Landschaften ist es möglich, das zu nutzen, was die Natur bietet, und der Wildbeuter ist dann gezwungen, sich selbst eine Behausung zu schaffen. Diese besteht zumeist aus einem *Wind-* oder *Wetterschirm.* In den Regenurwäldern ist Schutz vor den Niederschlägen das wichtigste Erfordernis. Dazu dienen die großen Blätter von Palmen und Bananen, die über gegabelte Stützen gedeckt oder gegen eine darauf gelegte Querstange gelehnt werden. Die Negritos der Philippinen verfertigen ihre Wetterschirme derart, daß man aus gespaltenem Bambus einen Rahmen herstellt, in den Längs- und Querstöcke eingezogen und die Zwischenräume mit Blattwerk abgedichtet werden. Die Buschmänner Südafrikas suchen Schutz im dichten Busch, entfernen die überflüssigen Äste, verflechten die übrigen nach der Wetterseite zu, ziehen diese herunter und verstopfen die Lücken mit Reisig, so daß ein niedriges überhängendes Schutzdach entsteht. Die Kubus auf Südsumatra benutzen kleine, auf niedrigen Pfosten errichtete Plattformen, die mit Blättern überdacht werden, so daß sich hier Windschirme als Pfahlbauten abzeichnen.

Neben solchen einfachen Wind- oder Wetterschirmen, die für die Wohnstätten der Wildbeuter charakteristisch erscheinen, sind aber bereits die Anfänge zur Errichtung von *Hütten* vorhanden. Äste, in unregelmäßigem Halbkreis in den Boden gesteckt und an den Spitzen zusammengebunden, werden als Gerüst benutzt, das mit laubreichen Zweigen, Gras oder Baumrinde abgedichtet wird, wie es sich bei den Australnegern, den Buschmännern u. a. zeigt. Der halbkreisförmige Grundriß und die Kuppelform im Aufriß ergeben die Gestalt eines halben Bienenkorbes oder einer halben *Kuppelhütte.* Zwei schräg aneinander gelehnte Windschirme führen zu einer *Firstdachhütte,* die mitunter bei Australnegern in Gebrauch war.

Auf dieser Stufe gelangt man auch bereits zu geschlossenen Kuppelhütten, indem etwa Palmblätter kreisförmig angeordnet und nach oben zusammengebogen werden, wie es bei den Pygmäen Afrikas, bei südamerikanischen Wildbeutern u. a. der Fall ist. Steht kein biegsames Material zur Verfügung, dann müssen steife Äste für das Gerüst benutzt werden; es entstehen *Kegelhütten,* die z. B. bei den Negritos der Philippinen zu finden sind, insgesamt aber seltener erscheinen als Kuppelhütten.

Schließlich leben primitive Fischervölker, die den Wildbeutern zuzurechnen sind, zumeist auf ihren Flößen, Rindenbooten usf., wie etwa die Alacaluf und Yaghan Westpatagoniens oder die Orang Laut Südostasiens. Nur gelegentlich errichten sie Lagerplätze auf dem Lande, erstere Hütten aus Zweigen, die mit Robbenfellen überdeckt werden, letztere primitive Pfahlbauten.

2. Hütten und Zelte der höheren Jäger und Hirtennomaden

a) Die Wohnstätten der höheren Jäger

Bei den Wohnstätten der höheren Jäger, die einerseits die Steppenlandschaften verschiedener Breitenlagen (Tundra, subtropische Steppen usf.) und andererseits die Nadelwälder der höheren Breiten bewohnen bzw. dies einst taten, zeigt sich einerseits die Anpassung an die unterschiedlichen Klimabereiche, andererseits eine gewisse Fortentwicklung gegenüber den Behausungen der Wildbeuter; endlich machen sich mancherlei Kulturströmungen und Kulturübertragungen bemerkbar, die zur Abwandlung bestimmter Grundtypen oder zur Aufnahme neuer Elemente führten. Die soziale Gliederung ist in der Regel auch bei den höheren Jägern so gering, daß ein Einfluß auf die Wohnstätten nur selten zu verzeichnen ist.

In den winterkalten Gebieten sowohl Nordamerikas als auch Nordasiens mußte die Bevölkerung vor allem darauf Wert legen, ihren Behausungen den genügenden Schutz während der strengen Kälte des Winters zu geben. Häufig zeigt sich deshalb – und dies ist nicht auf die Wohnstätten der höheren Jäger beschränkt –, daß im Winter andere Behausungen als im Sommer benutzt werden. Die Winterhütten sind, um die Kälte von außen so wenig wie möglich eindringen zu lassen, vielfach in den Boden eingegraben. Es handelt sich demnach um *Grubenwohnungen,* die entweder durch einen tunnelförmigen Gang oder eine verschließbare Öffnung von oben mit Hilfe einer Leiter erreicht werden. Solche Unterkünfte sind z. B. von den Eskimos, Waldindianern und paläoasiatischen Gruppen Ostasiens bekannt. Der Grundriß dieser Wohnstätten erscheint in zwei verschiedenen Formen, zum einen in rundlicher, zum andern in rechteckiger Gestaltung. Teilweise läßt sich diese Differenzierung auf das unterschiedliche Baumaterial zurückführen. Dort, wo kaum Holz zur Verfügung steht, wie bei den Polareskimos (Kap York-Distrikt) in dem am weitesten im Norden gelegenen Siedlungsgebiet Westgrönlands, schichtet man große flache Steine so aufeinander, daß sie sich selbst ohne Stütze zu tragen vermögen, was sich mit rundlichem Grundriß und kuppelförmigem Aufriß verbindet. Ist aber Holz bzw. Treibholz zu finden, wie im Wohnbereich der Eskimos und Indianer Inneralaskas oder an der südlichen West- bzw. Ostküste Grönlands, dann tragen Holzbalken das abgeflachte Pyramidendach, was zu einem rechteckigen Grundriß führt. Die Zentraleskimos der Barren Grounds kommen hinsichtlich ihrer Wohnstätten zu einer anderen Lösung. Sie verwenden rechteckige Schneeblöcke, die in einer ansteigenden Spirale aufgeschichtet werden, so daß sich kuppelförmige Schneehütten (Iglu) ergeben, die in ein bis zwei Stunden errichtet werden können. Schneehütten einfacherer Art benutzt man auf Jagdzügen in der kalten Jahreszeit auch im Osten Alaskas, in Labrador und Nordwestgrönland.

Die gekennzeichneten Unterschiede in den Behausungen, insbesondere der Eismeer-Eskimos, lassen sich jedoch nicht allein auf das jeweils verwandte Material zurückführen. Archäologische Untersuchungen haben erwiesen, daß die in die Erde eingegrabene Hütte mit rundlichem Grundriß, ursprünglich mit Walrippen abgestützt (Walrippenhaus), einst bei allen Eskimos von Nordostsibirien bis Ostgrönland in Gebrauch war (Thule-Kultur). Die Zentraleskimos entwickelten dann den Iglu, und die Grubenwohnungen mit rechteckigem Grundriß kamen in Grönland – natürlich nur dort, wo genügend Treibholz vorhanden war – erst seit der zweiten Hälfte des 17. Jh.s auf. Historische Vorgänge spielen demnach für die Deutung der Eskimo-Wohnstätten eine erhebliche Rolle, wenn auch darüber im einzelnen sehr wenig Klarheit besteht (Birket-Smith, 1948, S. 157 ff.). Die Indianer des inneralaskischen Waldlandes entlehnten auf jeden Fall die in die Erde eingegrabene rechteckige Hütte mit Holzkonstruktion von benachbarten Eskimogruppen.

Im Sommer, wo der Schutz gegen die Kälte nicht mehr so notwendig ist, wird die halbunterirdische Hütte bei den Eskimos und bei anderen Jägervölkern meist mit dem *Zelt* vertauscht. Gemeinsam ist den Zelten, daß sie mit Rentier-, Robben- oder Walroßfellen bedeckt sind. Hinsichtlich ihrer Form jedoch sind erhebliche Differenzierungen vorhanden. Kuppelförmige Zelte, die als Vorläufer der Schneehütten aufgefaßt werden, zeigen sich vor allem im nördlichen Alaska und am Mackenzie; aus dem Windschirm entwickelte Formen mit einer Firststange verbreiteten sich von Grönland nach Westen, und das Kegelzelt gelangte wahrscheinlich teilweise von den Indianern, teilweise aus Asien zu den Eskimostämmen. So müssen hier in erheblichem Maße Kulturströmungen für die Deutung der sommerlichen Wohnstätten herangezogen werden. Man besitzt Hunde als Packtiere, darüber hinaus auch Schlitten als Transportmittel, so daß nun ein Verlagern der Wohnstätten möglich ist.

Zelte werden häufig das ganze Jahr über von den Waldindianern benutzt. Mit ihren Rindenkanus im Sommer, auf Schneeschuhen und mit Hilfe kleiner, aus Brettern bestehender Schleifen (Toboggan) im Winter sind sie in der Lage, ihr Kegelzelt mit Rindenbedeckung von Lager zu Lager zu bringen. Wahrscheinlich aber stellen diese Zelte nicht ihre ursprüngliche Wohnstätte dar. Kuppelhütten, für die der Wald das Material lieferte, wurden zunächst verwandt und später unter dem Einfluß der Prärieindianer durch das Kegelzelt verdrängt.

Die Prärieindianer besaßen das mit Büffelleder bedeckte Kegelzelt (Tipi), während die südamerikanischen Jäger der Grasländer ihre Felle (vom Guanaco) über drei Pfahlreihen breiteten, so daß die Zelte nichts als verbesserte Windschirme waren (Toldos). In beiden Fällen dienten Hunde als Packtiere. So ergibt sich, daß auf Grund des umfangreicheren Kulturbesitzes der Jäger gegenüber den Wildbeutern die Wohnstätten beim Wechsel des Lagerplatzes teilweise mitgeführt wurden, was einen Fortschritt gegenüber den Behausungen der Primitivstämme bedeutet.

Die wirtschaftlichen und sozialen Wandlungen, die bei den einheitlichen Volksgruppen der Tundra und des borealen Nadelwaldes stattfanden, wirkten sich auch auf die Wohnstätten aus. Am frühesten vollzog sich der Prozeß der Seßhaftmachung und Konzentration bei einem Teil der Lappen in den nordischen Ländern; sonst trat das vor oder nach dem Zweiten Weltkrieg in Alaska, Kanada, Labrador, Grönland und der Sowjetunion ein. Schneehütten, Grubenwohnungen und Zelte verschiedener Art ersetzte man durch Holzhäuser (Müller-Wille, 1974; Treude, 1973 und 1974).

Siedlungsgeschichtlich waren die Menschen der Eiszeit vor allem Jäger. Von ihnen wurden, sofern vorhanden, Felshöhlen benutzt. Im Kantabrischen Gebirge Spaniens, in den Pyrenäen, im französischen Zentralplateau, in den Alpen, hier sich in Höhen bis 2400 m oberhalb der Baumgrenze findend (Drachenloch bei Vättis, Mittelpaläolithikum), in den Juragebirgen ebenso wie auf der Krim, in Syrien-Palästina u. a. O. sind diese von Paläolithikern bewohnten Höhlen, meist im Kalkgestein, bekannt. Einige dieser unterirdischen Hohlräume dienten als kultische Stätten, in denen Zeichnungen und Malereien als magische Zauberbilder zu werten sind; fast 100 solcher mit Bildwerken ausgestatteter Höhlen wurden im französischen Zentralplateau, in den Pyrenäen und im Kantabrischen Gebirge aufgefunden (Kühn, 1952).

b) Die Wohnstätten der Hirtennomaden

Ebenso wie die höheren Jäger müssen auch die Hirtennomaden ihre Wohnplätze verlagern. In diesem Sinne wirkt die Wirtschaftsform auf die Art der Behausungen ein, indem der einigermaßen geregelte Wechsel der Weidegebiete in engem Zusammenhang mit der Ausbildung transportabler Wohnstätten steht; daß Last- und Packtiere jeweils vorhanden sind, wurde bereits früher erwähnt (Kap. II. B. 2. β). Wohl benötigt man etwas Holz für die Errichtung der Unterkünfte; das übrige Material aber liefert zumeist die Viehzucht (Häute, Felle und Wolle), was handwerklich u. U. Erfahrung im Gerben und Weben voraussetzt. Hierin werden wiederum Einflüsse der Wirtschaftsform offenbar, denn die Art der Viehzucht wird sich in dem jeweils verwandten Material bemerkbar machen. Die *Formen* der von den Hirtennomaden benutzten Wohnstätten dagegen lassen sich nur in beschränktem Maße auf die Landschaftsausstattung der entsprechenden Lebensräume und in keinem Falle auf die Wirtschaftsform zurückführen. Ähnlich wie bei den Unterkünften der höheren Jäger sind hier gewisse Entwicklungsstufen, Übertragungen materieller Kulturgüter u. a. heranzuziehen. In der Größe der Wohnstätten ebenso wie in ihrer inneren Ausstattung (Teppiche usf.) gelangt die mehr oder minder bedeutende Wohlhabenheit der Herdenbesitzer zum Ausdruck. Die Viehhaltung verlangt gewisse Vorrichtungen, um die Tiere beieinander zu halten.

Die Art der von den Hirtennomaden benutzten Wohnstätten ist nun verschieden. Auch bei ihnen kommen noch *Bienenkorbhütten* vor, die bei jeder Verlegung des Lagerplatzes von neuem errichtet werden. Das Gerüst aus Ästen, Ruten usf. wird mit Häuten oder Matten überdeckt. Dies trifft insbesondere für die Hirtennomaden Nord- und Ostafrikas zu, wobei die Unterkünfte bei den Massai tunnelförmig ausgebildet sind. Doch mitunter ging man dazu über, das Gerüst zu transportieren. *Transportable Bienenkorbhütten* (Pontok) wurden z. B. von den Hottentotten benutzt.

Eine gewisse Ähnlichkeit damit besitzen die *runden Zelte* der Mongolen und Turkvölker. Diese Wohnstätten bestehen aus einem zusammenschiebbaren Scherengittergerüst, das mit Filz überkleidet wird. Es sind die Kibitken oder Jurten. Sie sind insbesondere in den winterkalten Trockengebieten Mittel- und Zentralasiens verbreitet und stellen einen ausgezeichneten Kälteschutz dar. Allerdings fehlen sie bei den tibetanischen Nomaden, wurden aber von einigen Rentiernomaden, den Tschuktschen und Korjaken, übernommen. Auch bei den Jurten liegt es nahe, sie sich aus Bienenkorbhütten entstanden zu denken. Dasselbe ist für die Zelte der Schah Sevan-Nomaden im iranischen Teil von Aserbeidschan anzunehmen, wenngleich sie eine Sonderstellung gegenüber den schwarzen Zelten der Kurden und den Kibitken der Turkmenen besitzen (Schweizer, 1970, S. 125).

Sowohl für die Kibitken der Mongolen und Turkvölker als auch für die *Kegelzelte,* die zumeist von den Rentiernomaden sowohl im Wald als auch in der Tundra errichtet und mit Rentierfellen oder Birkenrinde bedeckt werden, benötigt man reichlich Holz. Beide Formen finden sich deshalb nicht in extremen Trockengebieten, und für beide ist weiterhin anzunehmen, daß sie sich aus entsprechenden Hütten an verschiedenen Stellen der Erde selbständig entwickelten, denn Rund-

und Kegelzelte finden sich ebenfalls bei einer größeren Anzahl von Stämmen höherer Jäger in Amerika.

Zwei lange Windschirme, aneinander gelehnt ergeben die Entwicklung zur First- oder Dachhütte, die zum Rechteckhaus führt (Kap. IV. B. 2. a). Damit verwandt ist diejenige Zeltform, die wir heute von Iran über Syrien, Anatolien, Arabien bis nach Nordafrika treffen, das sogenannte „*schwarze Nomadenzelt*". Es wird von einem Firstbalken, der auf Ständern ruht, getragen, erscheint mit oder ohne Wandbildung als Zelthütte bzw. Zelthaus und ist mit gewebten und schwarz gefärbten Decken aus Ziegenhaar u. a. überspannt. Diese schwarzen Nomadenzelte stellen eine ausgezeichnete Anpassung an die subtropischen Trockengebiete mit geringen Niederschlägen dar. Sie sichern weniger vor Regengüssen, sondern bieten genügend Schutz gegen nächtliche Abkühlung und Staubstürme (Frödin, 1944, S. 14ff.; Hütteroth, 1959, S. 64ff.). Ethnologische Untersuchungen ergaben, daß sie nicht wie die Kuppel- und Stangenzelte an verschiedenen Stellen der Erdoberfläche bei verschiedenen Völkern entstanden; ihr eng begrenztes Verbreitungsgebiet ebenso wie die Voraussetzung, die Webtechnik zu beherrschen, werden von Feilberg (1944) dahingehend gedeutet, daß sie von indoeuropäischen Nomaden entwickelt und frühzeitig von semitischen Stämmen übernommen wurden. Nach Nordafrika gelangten sie erst mit der arabischen Einwanderung, fanden ihren Weg aber nicht tiefer in den afrikanischen Kontinent hinein; nur die tunnelförmigen Hütten der Massai stellen eine gewisse Übergangsform dar. In erster Linie gingen die Nomaden der subtropischen Trockengebiete zur Errichtung der schwarzen Nomadenzelte über; doch wurden letztere ebenfalls in winterkalte Gebiete verpflanzt. Die Hirtenstämme Tibets, die vornehmlich das Yak halten, übernahmen diese Zelte, obgleich sie für ihren Lebensraum ungeeignet sind und nicht den genügenden Kälteschutz bieten (Hermanns, 1949). So ist auch hier zu erkennen, wie stark die Form der Behausungen von Kulturströmungen abhängig ist.

Sowohl bei Rentiernomaden als auch bei Yak-, Kamel-, Rindernomaden u. a. werden die Tiere vielfach des Nachts oder zum Melken in Krale oder Viehhürden getrieben; man richtet sie aus Dornen, Ästen oder niedrigen Trockenmauern her, bei Rentiernomaden u. U. durch Aneinanderfügen von Schlitten (Pohlhausen, 1954). Es kommt auch vor, daß die Unterbringung der Herden durch die Anordnung der Wohnstätten bewerkstelligt wird (Kap. IV. C. 2. b).

3. Der Übergang von Hütte und Zelt zum Haus bei halbnomadischen Lebensformen

Halbnomadische Lebensformen sind bei verschiedenen Wirtschaftsformen entwikkelt, die meist in Zusammenhang mit den früher dargelegten stehen. Infolgedessen zeigt sich bei den entsprechenden Wohnstätten manche Verwandtschaft mit den bereits besprochenen. Doch sind auch einige neue Momente von prinzipieller Bedeutung vorhanden, die teilweise auf die stärkere Permanenz der Siedlungen zurückzuführen sind; auf diese Elemente soll im folgenden besonders aufmerksam gemacht werden. Bilden Fischfang und Jagd in den höheren Breiten die wirtschaftliche Grundlage, dann ist häufig die Saisonsiedlung ausgebildet, und damit verbinden sich standfeste Winterbehausungen, während die sommerlichen Wohnstätten verlegt oder jeweils neu errichtet werden. Mitunter allerdings sind auch die Unterkünfte während der warmen Jahreszeit standfest und liegen nicht weit entfernt von denen der winterlichen, so daß nur ein Wechsel zwischen zwei verschiedenen, an die entsprechenden jahreszeitlichen Bedingungen angepaßten Wohnstätten innerhalb ein und derselben Siedlung stattfindet.

Im ersteren Falle stellen die Sommerbehausungen entweder einfache Hütten dar, oft in Bienenkorbform, oder aber es sind Zelte. Im zweiten haben wir es meist mit *Rechteckhäusern* zu tun, für die der Wald das Material liefert. Sie werden teilweise, sowohl bei paläoasiatischen Fischer- und Jägervölkern als auch bei indianischen Gruppen, auf Pfähle gesetzt. Selbst Zelte auf Plattformen, die ihrerseits von Pfählen getragen werden, kommen vor (z. B. Giljaken und Itelmen). Da man an Flußufern oder Küsten siedelt, bedeutet dies eine Schutzmaßnahme gegen Überschwemmungen, zugleich aber wohl den Vorteil einer besseren Durchlüftung. Es mag sich darüber hinaus in der Pfahlbauweise im Bereiche der nördlichen pazifischen Küsten Asiens und Amerikas ein kulturelles Moment verbergen.

Im Rahmen der winterlichen Behausungen sind zunächst die Grubenwohnungen zu nennen, bei Holzmangel mit rundem, sonst mit rechteckigem Grundriß und Holzkonstruktion. Weiterhin aber kommen auch rechteckige *Giebeldachhäuser* vor, bei denen Wand und Dach gegeneinander abgesetzt sind. Diese Giebeldachhäuser, giebelseitig aufgeschlossene Gerüstbauten, deren Wände aus horizontal, dachziegelartig übereinandergelegten oder senkrechten Planken hergestellt wurden (Plankenhäuser), waren bei den Völkern des Amurlandes ebenso wie bei den indianischen Stämmen der amerikanischen Nordwestkultur bekannt. Wohl mag das Holz, das der Wald zur Verfügung stellt, die Errichtung solcher Rechteckhäuser begünstigt haben; aber für ihre Ausbildung wird auch die sich immer wiederholende halbjährige Benutzung in einem winterkalten Klimabereich verantwortlich gemacht werden müssen, wo es sich lohnt, größere Mühe auf den Bau der Wohnstätten zu verwenden.

Da die Fischer- und Jägervölker mit Saisonsiedlung im Winter zu einem erheblichen Teil von den im Sommer erworbenen und dann konservierten Nahrungsmitteln lebten, mußte die Möglichkeit gegeben sein, diese unterzubringen. Teilweise wurden Fischrogen und Seesäugerspeck im Boden vergraben, sowohl bei nordostasiatischen als auch bei nordwestamerikanischen Stämmen. Bei einigen Gruppen, z. B. bei den Wogulen, kommen besondere Vorratshäuschen vor, die zum Schutz gegen Raubzeug auf Pfähle gesetzt werden. Es verdient das hervorgehoben zu werden, denn zum erstenmal begegnet uns hier die Ausbildung besonderer Speicherräume, was mit der stärkeren Permanenz der Siedlungen zusammenhängt.

Im Bereiche der amerikanischen Nordwestkultur war die Holzschnitzerei zu großer Blüte gelangt. Geschnitzte Totempfähle vor den Häusern gaben diesen ein besonderes Gepräge. Die größeren Gemeinschaftshäuser weisen auf einen stärkeren sozialen Zusammenhalt hin.

Auch die Eichelsammler Kaliforniens hatten standfeste Winterbehausungen, während im Sommer bei jedem Wechsel des Lagerplatzes primitive Hütten errichtet wurden. Die Wohnstätten des Winters waren unterschiedlich, Kuppel- und

Kegelhütten, Grubenwohnungen oder Giebeldachhäuser, wobei einerseits das jeweils vorhandene Material, andererseits aber auch zeitlich verschiedene Einwanderungswellen unterschiedlicher Gruppen maßgebend waren. Besondere Versammlungshäuser besaßen auch sie ebenso wie mitunter auf Pfähle errichtete Vorratsbehälter.

Die Hirtennomaden mit Saisonsiedlung, sofern sie lediglich Viehwirtschaft treiben, leben in der Regel in Zelten, für die die früher aufgezeigten Unterschiede gelten (Kap. IV. B. 2. b). Wird die Saisonsiedlung durch Aufnahme des Regenfeldbaus bewirkt, dann behält man mitunter die Zelte bei; ja, selbst wenn Hirtennomaden zur seßhaften Lebensweise übergehen, ändert sich vielfach nichts (sieht man davon ab, daß die Zelte nun standfest werden). Eine klare und eindeutige Scheidung der Lebens- und Wirtschaftsformen durch die Art der Wohnstätten ist demnach nicht möglich. Immerhin wird zugegeben werden müssen, daß sich bei festen Winterquartieren in der Nähe der Feldflächen häufig andere Formen der Behausungen einstellen. Ehe man zur Errichtung von Häusern nach dem Vorbild der jeweils benachbarten Seßhaften schreitet und dabei keine eigene Gestaltung entwickelt, stellen sich vielfach gewisse Übergangslösungen in der Form von Hütten oder primitiven Häusern ein; sie können hinsichtlich ihres Materials und in bezug auf ihre Form sehr unterschiedlich sein. Despois beschrieb solche Wohnstätten der nordwestafrikanischen Halbnomaden eingehender. Meist als „gourbi" bezeichnet, bestehen sie aus Zweigen, Lehm oder getrockneten Lehmziegeln, stellen Bienenkorb-, Kugelhütten oder auch kleine einräumige Rechteckhäuser dar. Ihnen haftet etwas Provisorisches an, und darin besteht ihre gemeinsame Note (1964, S. 252 ff.).

Für die Halbnomaden ist vielfach ein weiteres Moment charakteristisch: das Vorhandensein befestigter Magazine. Sie sind vor allem aus Nordwestafrika bekannt. In solchen um einen Hof gruppierten Gewölbebauten hat jede Familie einen Raum zur Aufbewahrung von Getreide, Datteln usf. Mitunter mögen auch Vollnomaden solche Bauwerke haben; häufiger jedoch stellen sie sich bei Halbnomaden ein (Despois, 1949).

Mit dem Einschränken des Wanderhirtentums mag es bei relativ schneller Akkulturation auch vorkommen, daß die dargelegten Übergänge vermieden und dauerhafte Formen geschaffen werden. Die Gujars, die wahrscheinlich aus dem Pandschab nach Kaschmir einwanderten und oberhalb der Reisbauern siedeln, errichten eingeschossige Häuser mit Flachdach, um in einem späteren Stadium zum Blockbau überzugehen (Uhlig, 1969, S. 4 ff.). In Belutschistan erstellen ehemalige Nomaden bei Übernahme des Bewässerungsfeldbaus Lehmhäuser oder Gehöfte (Scholz, 1974, S. 237 ff.), und Gehöfte, bei denen die Gebäude aus Lehm oder Bruchsteinen bestehen, wurden auch bei seßhaft gewordenen Yürüken im östlichen Phrygien beobachtet (Delavaud, 1958).

Halbnomadische Lebensformen sind schließlich bei den Trappern und Fischern der höheren Breiten entwickelt (Kap. IV. A. 4). Mögen ihre Wohnstätten, insbesondere die während des Pelztierfangs oder der Fischereiperiode, oft primitiv sein und über Zelte und einfachste Hütten nicht hinausgehen, so sind in ihren Dauersiedlungen eben doch auch andere vorhanden, die durchaus europäisch-amerikanische Abkunft dokumentieren und, dem Lebensraum entsprechend, meist rechtekkige Holzhäuser mit Satteldach darstellen. Dabei mag darauf hingewiesen werden, daß die nur während des Fischfangs benutzten Wohnstätten, wenn an zu exponierter Stelle gelegen, mitunter als Pfahlbauten erscheinen (z. B. in Labrador). Zusätzlich finden sich hier meist Gebäude, die für die Fischverwertung bestimmt sind, so daß in dieser Hinsicht der Einfluß der Nutzungsform deutlich erkennbar ist.

4. Das einräumige Haus der Hackbauern

Da die Hackbauern oft mehrere Jahre an demselben Wohnplatz verbleiben, werden sie der Errichtung ihrer Behausungen eine gewisse Sorgfalt zukommen lassen. Manche Vervollkommnung der früher erwähnten Wohnstätten wird sich zeigen, die in Zusammenhang mit der stärkeren Permanenz der Siedlungen steht. Darüber hinaus ist die Frage zu prüfen, wie es sich mit der Errichtung besonderer Wirtschaftsgebäude verhält. Auf Grund der größeren Stetigkeit der Siedlungen treten aber noch weitere Momente auf, die Berücksichtigung verdienen. Zum einen kommen die sozialen Verhältnisse mehr als im Rahmen der früher dargelegten Siedlungsarten in einer Differenzierung der Wohnstätten zur Geltung, und zum andern finden nun auch die religiösen Vorstellungen in eigens zu diesem Zweck erstellten Gebäuden ihren Ausdruck. Zunächst wollen wir die Form der Wohnstätten in Verbindung mit dem jeweils benutzten Material betrachten, ausgehend von denjenigen, die wir bei den primitiven Wirtschaftsformen kennengelernt haben und fortschreitend zu den höher entwickelten.

Ein wesentliches Element für die Wohnstätten der Wildbeuter, der höheren Jäger und der ost- und südafrikanischen Hirtennomaden bildeten die Bienenkorbhütten. Solche *Kuppelhütten* kommen nun auch bei Hackbauern vor. Sie scheinen bei ihnen auf drei verschiedene Ursachen zurückzuführen zu sein. Zum einen stellen sie sich offenbar bei Wildbeuter-Gruppen ein, die zum Hackbau übergegangen sind und ihre einstigen Wohnstätten beibehielten. Dies gilt z. B. für die Sandawe im abflußlosen Gebiet Ostafrikas (Baumann, 1940, S. 185) und wohl ebenso für die Baining auf der Gazellen-Halbinsel Neupommerns in Ozeanien. Zum zweiten waren Bienenkorbhütten bzw. kuppelförmige Zelte (Wigwam) bei indianischen Hackbauvölkern vorhanden, vornehmlich bei solchen, die neben der Feldbestellung im Sommer während der kalten Jahreszeit der Jagd auf den Büffel nachgingen. Am weitesten verbreitet jedoch sind die Kuppelhütten im Osten Afrikas und hier vor allem im Zwischenseengebiet und im Süden (bei den Zulu und Xhosa). Es handelt sich dabei um Hackbauern, die gleichzeitig Großviehzucht treiben. Vereinzelt findet sich eine solche Verbindung: Kuppelhütte – Hackbauern – Rinderzüchter auch im Sudan. Diese Kombination von Hackbau und Großviehzucht (Kap. II. B. a. β) in den offenen Landschaften, insbesondere Ostafrikas, wird der Überschichtung von Hackbauern durch Hirten zugeschrieben, welch letztere ihre Wirtschaftsform und ihre Wohnstätten teilweise den ersteren weitergaben.

So erkennen wir, daß Kuppelhütten vor allem dann auftauchen, wenn der Hackbau eine primitivere Wirtschaftsform verdrängte oder aber mit einer anderen Wirtschaftsform verbunden wurde (Jagd oder Großtierzucht). Die günstigsten Voraussetzungen für eine solche Verknüpfung sind in den offenen Landschaften gegeben, so daß sich auch die Verbreitung der Kuppelhütten in erster Linie an die Savannen hält.

Einfache Kegelhütten sind nur selten vorhanden. Um so mehr erscheinen bei Hackbauern *Kegeldachhäuser*[1], bei denen deutlich Wand und Dach zu unterscheiden sind. Ein kreisförmig von Pfosten gebildeter Unterbau wird zumeist durch ein Flechtwerk aus pflanzlichem Material miteinander verbunden und u. U. mit Lehm oder einem Gemisch von Gras und Lehm abgedichtet; die Dachhaut besteht aus Gras, Stroh, Rohr, Binsen u. ä. Mitunter benötigt man ein oder mehrere Ständer zum Stützen des Daches, insbesondere bei sehr großer Anlage dieser Wohnstätten. Die Kegeldachhäuser finden wir gelegentlich in Melanesien; sie haben aber ein wesentlich ausgedehnteres Verbreitungsgebiet bei süd- und nordamerikanischen ebenso wie bei afrikanischen Hackbauern. In Südamerika zeigen sie sich vor allem in den Feuchtsavannen und treten nur gelegentlich im tropischen Regenwald auf (Koch-Grünberg, 1909, S. 43); im östlichen Nordamerika waren einst ebenfalls Kegeldachhäuser bekannt, vornehmlich auch außerhalb der Waldgebiete.

Eine ähnliche Beobachtung machen wir in Afrika. Hier sind die Kegeldachhäuser weitgehend an die offenen Landschaften gebunden. Sie stellen sich im Sudan ebenso wie in Ostafrika ein und greifen von hier auf die Westseite über, wo wir sie wieder im Bereiche der Savannen Angolas finden[2].

Sehen wir uns die wirtschaftlichen Nutzungsformen der afrikanischen Bevölkerungsgruppen an, die Kegeldachhäuser errichten, dann stellt sich das folgende heraus: Der Hackbau bildet eine wesentliche Grundlage, wobei zumeist Hirse- oder Maisanbau eine Rolle spielen. Der Großviehzucht kommt unterschiedliche Bedeutung zu; sie kann vorhanden sein, braucht dies aber nicht. Kulturgeschichtlich sind wir in einem Gebiet, in dem die hackbautreibenden Bantu- oder Sudanneger den Grundstock abgeben und die Rinderzüchter sich, zumindest hinsichtlich ihrer Wohnstätten, nicht durchgesetzt haben. Unter Umständen greift auch in Afrika das Kegeldachhaus in das Regenwaldgebiet ein, insbesondere im Bereiche der Oberguineaküste; es wird dies darauf zurückgeführt, daß sudanische Gruppen bis in die Hylaea abgedrängt wurden und ihre Wohnstätten in diesen Raum verpflanzten (Baumann, 1940, S. 312 ff.).

Damit ergibt sich, daß Häuser, und zwar Kegeldachhäuser, bei den Hackbauvölkern ein weites Verbreitungsgebiet besitzen und insbesondere an die offenen Landschaften gebunden sind; sie können sowohl beim typischen Hackbau mit Kleintierhaltung als auch beim Hackbau mit Großviehzucht vorkommen. Es mag

---

[1] Im gewöhnlichen Sprachgebrauch wird „Hütte“ und „Haus“ oftmals in dem Sinne unterschieden, daß das „Haus“ als Wohnstätte für Generationen angesehen wird, die „Hütte“ dagegen den Charakter des zeitlich Beschränkten hat. Dann müßte folgerichtig auch von „Giebeldachhütten“ gesprochen werden. Es dürfte sich empfehlen, dem Beispiel von Oelmann (1927) zu folgen und nach der Konstruktionsart zu unterscheiden: Hütte = Wohnstätte, bei der Wand und Dach ineinander übergehen, Haus = Wohnstätte, bei der das Dach gegenüber der Wand abgesetzt ist und ein besonderes Konstruktionselement darstellt. Da dies zweifellos einen technischen Fortschritt bedeutet, der erst bei relativ permanenter Siedlungsart auftritt, sollte auf diese Unterscheidung Wert gelegt werden.

[2] Die vielfach veröffentlichte Karte über die Hütten- und Hausformen Schwarzafrikas von Schachtzabel (1911, auch in Hassinger, 1933, S. 422) entspricht nicht mehr ganz dem heutigen Forschungsstand. Offenbar ist keine strenge Scheidung von Kuppelhütte und Kegeldachhaus erfolgt.

darauf hingewiesen werden, daß es gerade in Afrika hoch entwickelte Hackbauvölker sind, zu deren Kulturgut das Kegeldachhaus gehört.

Sehen wir von Übergangsformen ab, dann müssen schließlich die *Giebel- oder Firstdachhäuser* und ihre Verbreitung gekennzeichnet werden. Einzelne Firstdachhütten, die als Bindeglied zwischen Windschirm und Giebeldachhaus aufzufassen sind, erscheinen vereinzelt, z. B. auf abgelegenen Inseln Melanesiens (Neuhebriden). Meist jedoch ruht das Satteldach auf einem Unterbau, der von Pfosten gebildet wird. Unter Umständen verzichtet man auf die Herstellung von Wänden und befestigt nur des Nachts zwischen den Pfosten Matten, wie es vor allem auf den Inseln Polynesiens geschieht. Häufiger jedoch sind Wände vorhanden, die das Haus nach außen abschließen. Im Prinzip jedenfalls haben wir es mit rechteckigem Grundriß und einem Gerüst aus senkrechten Pfosten zu tun, das von einem Satteldach überdeckt wird, d. h. mit Giebeldachhäusern. Für ihre Herstellung wird pflanzliches Material verwandt. In den Tropen dienen Palmstämme, das Holz des Brotfruchtbaumes, Bambus u. a. zur Errichtung des Gerüstes. Rohrwerk mit Blättern, Baumrinde, aber auch waagerecht oder senkrecht angeordnete Planken bilden die Wandfüllungen. Palmblätter und -rippen, Blätter des Zuckerrohrs oder des Pandanus u. a. m. werden zur Abdichtung des Daches benutzt. In ähnlicher Weise bieten auch die Waldbestände anderer Regionen das für den Hausbau notwendige Material.

Betrachten wir die Verbreitung der Giebeldachhäuser, dann zeigt sich folgendes: Satteldachhäuser herrschen in Ozeanien vor und sind als typische Hausform der südostasiatischen Hackbauvölker zu betrachten. In Afrika geben sie das charakteristische Merkmal für den Bereich des innertropischen Regenwaldes ab; im Savannengebiet wird der rechteckige Grundriß zum Quadrat, das Satteldach zum Pyramidendach, so daß sich dann das quadratische Pyramidendachhaus als Kontaminations- oder Kreuzungsform zwischen dem rechteckigen Giebeldachhaus und dem runden Kegeldachhaus einstellt. Giebeldachhäuser geben die Grundform in Madagaskar ab, sowohl bei den aus Südostasien als auch bei den aus Afrika eingewanderten Gruppen (Sick, 1979, S. 105). Auch für die amazonische Hylaea, das südliche Mato Grosso, ist das rechteckige Giebeldachhaus bezeichnend (Kühlhorn, 1959, S. 258 ff.). Dieses war ebenfalls die typische Hausform der Maori auf Neuseeland und der indianischen Hackbauvölker im nordöstlichen Nordamerika. Im Südosten dagegen hatten die Rechteckhäuser ein Tonnendach. Hier schob sich zwischen den Bereich des Kegeldachhauses aus Graslehm und den des Tonnendachhauses aus Holz eine Zone, in der rechteckige Graslehmhäuser ausgebildet waren, offenbar eine Kontaminationsform ähnlich der der Pyramidendachhäuser in Afrika (Seifart, 1909, S. 180).

Als Sonderelement ist die *Pfahlbauweise* zu betrachten. Sie ist manchmal mit Kegeldachhäusern verknüpft; doch kommt sie in erster Linie in Verbindung mit Giebeldachhäusern vor. Pfahlbauten erscheinen u. a. in Südamerika, insbesondere an der Nordküste, am oberen Amazonas und in dessen Mündungsbereich, vornehmlich dort, wo Schutz vor der Feuchtigkeit des Untergrundes notwendig ist und u. U. Fischfang eine maßgebliche Rolle im wirtschaftlichen Leben spielt. Allerdings existieren Pfahlhäuser auch im Innern Guayanas auf trockenem Boden im Hügelgelände der Savannen, für die die oben angegebene Deutung versagt.

Pfahlhäuser waren bei den Seminolen Floridas vorhanden. Sie zeigen sich ebenfalls in Afrika, und zwar finden sie sich hier in den Lagunen der Oberguineaküste, an den Seen des Ostens und in den der Überschwemmung ausgesetzten Zonen der größeren Flüsse. Verschiedene Ursachen mögen jeweils für die Anwendung des Pfahlbaus maßgebend gewesen sein. Bei stärkerer Bedeutung des Fischfangs ist die Wirtschaftsform verantwortlich zu machen wie z. B. an der Oberguineaküste. Mitunter sollte der Pfahlbau Schutz vor Raubtieren gewähren, manchmal auch vor der Mückenplage sichern, indem man unter dem Hause Feuer anzündet und durch Rauchentwicklung die Insekten vertreibt. Schließlich sind Pfahlhäuser als Fluchtsiedlungen gedacht wie z. B. diejenigen am nördlichen Njassasee oder Moryasee des oberen Lualaba (Lehmann, 1904, S. 49ff.).

Sowohl in Amerika als auch in Afrika stellen die Pfahlbauten eine vereinzelte Erscheinung dar. Anders ist es jedoch in Südostasien und Ozeanien, wo auf Pfählen errichtete Häuser, meist auf trockenem Boden und seltener ins Feuchtgelände oder ins Wasser hineingebaut, ein typisches Merkmal abgeben. Es sei ausdrücklich darauf hingewiesen, daß sie nicht allein von Hackbau-, sondern auch von Pflugbauvölkern benutzt werden, allerdings in der Regel durch solche, die keine eigene Hochkultur entwickelt haben. Von ungefähr 120 Mill. Einwohnern in Indochina und der Insulinde sollen vor mehr als vierzig Jahren 70 Mill. in Pfahlhäusern gewohnt haben und 50 Mill. in direkt dem Boden auflagernden Häusern (Huyen, 1934). Sicher gewährt der Pfahlbau auch in diesen Gebieten häufig Schutz vor Bodenfeuchtigkeit, Überschwemmungen und wilden Tieren, bietet den Vorteil einer einfachen Unterbringung des Kleinviehs zwischen den Pfählen und erleichtert die Anlage von Häusern an steileren Hängen in Gebirgsgegenden. Doch oft genug wird gerade hier eine die Umwelt oder auch die Wirtschaftsform berücksichtigende Deutung versagen. Das geringe Vorkommen des Pfahlbaus in den tropischen Gebieten der andern Erdteile ebenso wie seine stärkere Verbreitung in Nordwestamerika und Nordostasien weisen darauf hin, daß es sich um eine Kulturerscheinung handelt.

Broek und Webb (1968, S. 363) veröffentlichten eine gute Verbreitungskarte des Pfahlbaus für Südostasien, Tischner (1934) für Ozeanien. Als westlicher Ausläufer des südostasiatischen Pfahlbaus ist das östliche und nordwestliche Madagaskar anzusehen, wo die Einwanderung von Malayen dafür verantwortlich ist (Sick, 1979, S. 116ff.). Diese Volksgruppen wandten sich zwar zunächst dem inneren Hochland zu, aber unter indischem bzw. ostafrikanischem Kultureinfluß nahmen sie hier die Rinderhaltung auf, was eine Aufgabe des Pfahlbaus mit sich brachte. Dasselbe gilt für manche Gebiete Hinterindiens oder der Insulinde, wo direkte oder indirekte Kontakte aus Indien oder China wirksam wurden.

Für die Wohnstätten der Hackbauern ergibt sich damit zunächst das folgende: Hinsichtlich der Form der Wohnstätten lassen sich drei Typen unterscheiden, die Bienenkorbhütte, das Kegeldach- und das Giebeldachhaus. Die Kuppelhütte jedoch ist nicht unmittelbar dem Hackbau zugehörig, sondern entstammt anderen Wirtschaftsformen (Kap. IV. B. 1.-3.). Infolgedessen ist mit der Hackbauern-Siedlung das *Haus*, nicht aber die Hütte verknüpft. Die Häuser nun erscheinen in zweifacher Gestaltung; während die Giebeldachhäuser für die Waldländer bestimmend sind, herrschen die Kegeldachhäuser in den offenen Landschaften vor. Zwar wird von ethnologischer Seite ein solcher Zusammenhang häufig geleugnet; doch wenn in den Savannen Kreuzungsformen ausgebildet sind oder für Ausnahmen Wanderungen von Bevölkerungsgruppen oder indirekte Kultureinflüsse nachgewiesen wurden, dann läßt sich an dieser ursächlichen Verknüpfung von Material und Form für die Wirtschaftskultur des Hackbaus nicht zweifeln. Die von Vidal de la Blache (1922, Karte 6) entworfene Karte der Hausformen und ihres Materials für die Erdoberfläche zeigt diese Verbindung deutlich. Zwar erscheint mit dem Hackbau das rechteckige Haus in großer Verbreitung, aber es ist nicht die einzige dieser Wirtschaftsform zugeordnete Hausform, wie Werth (1954, S. 245 ff.) es darstellt. Daß das Giebeldachhaus nur *ein* Entstehungszentrum habe, das gleich dem des Hackbaus in Vorderindien liege (Werth, 1954, S. 63), darf einstweilen nur als Arbeitshypothese gewertet werden; doch sprechen mehr Befunde dagegen als dafür.

Pflanzliches Material wird in erster Linie für die Häuser der Hackbauern verwandt; Lehm tritt nur in Verbindung mit Gras, Stroh oder Holzbestandteilen auf, meist in Verknüpfung mit Rundbauten. Es fehlt die Benutzung geformten Lehms und die von Gestein; es fehlen in der Regel rechteckige Häuser mit Flachdach ebenso wie Lehmkuppelhäuser, die eine charakteristische Erscheinung ausgesprochener Trockengebiete mit Bewässerungsfeldbau darstellen. Treten die genannten Elemente bei Hackbauern auf, dann gehen sie entweder auf den Einfluß pflugbaulicher Hochkulturen zurück oder entwickelten sich im Bereiche intensiven Hackbaus auf Bewässerung. Letzteres gilt vor allem für die indianischen Kulturgebiete der Kordillerenhochländer, Süd-, Mittel- und Nordamerikas (z. B. Pueblo-Indianer (Kap. IV. B. 5. a) sowie der afrikanischen Sudanzone. Ebenso fand die Verwendung von Lehm bei den Giebeldachhäusern der Merina im zentralen Hochland von Madagaskar seit dem beginnenden 19. Jh. Eingang, mit zunehmender Rodung und Holzmangel verknüpft. Unter französischem Einfluß setzte sich seit dem Jahre 1820 der Stockwerkbau mit Veranden durch. Knapp zehn Jahre später führte ein Engländer den Backsteinbau ein. Stockwerkbau mit mehreren Räumen, aus Backstein bestehend und teilweise oder ganz von Veranden umgeben, wurde bei wohlhabenden Merina-Familien zum Statussymbol. Die von ihnen unterworfenen Betsilao im südlichen Hochland übernahmen seit der Mitte des 18. Jh.s die Bauweise in gestampftem Lehm oder Lehmziegeln, um am Ende des 19. Jh.s ebenfalls zum Backsteinbau überzugehen. Der Ausbreitung der genannten Gruppen vom dicht besiedelten Hochland in die peripheren Bereiche folgte der einfache Lehmbau, der sich für den feuchten Osten des Landes allerdings wenig eignet (Sick, 1979, S. 110). So liegt hier im Bereiche der Südkontinente eine einmalige Entwicklung vor, die noch dadurch verstärkt wird, daß die Firstlinie der Häuser aus kultischen Gründen in der Regel Nord-Süd-Orientierung zeigt.

Weiter ist hier auf das „Fremdgut" einzugehen, das sich bei Hackbauvölkern findet. Beispiele dafür liefert vornehmlich Afrika, das sowohl von Norden als auch von Osten neue Impulse empfing. Sie wirkten sich vor allem im Bereiche der großen Wanderstraßen Ostafrikas und des Sudans aus. Zu diesen fremden Elementen gehören die *Temben*. Es sind kastenartige Häuser mit Flachdach aus Pfosten, Stangengerüst und Lehm. Sie können beliebig erweitert werden, so daß sich eine hufeisenförmige Gestaltung ergibt; bei fortgeschrittener Entwicklung umschließen die Gebäude einen inneren Hof. Teilweise werden die Temben auf ebenem Boden errichtet. Vor allem in früherer Zeit jedoch hatten sie als ausgesprochene Schutzbauten zu gelten, die man nach Möglichkeit den Blicken der Feinde verbarg. Infolgedessen wurden sie in ebenem Gelände in den Boden versenkt, „so daß das Dach der Tembe genau im Niveau des Erdbodens lag", und eine weitere Sicherung erreichte man dadurch, daß auf dem Dach Getreide eingesät wurde. In Gebirgsgegenden trieb man die Temben wie Stollen in die Hänge hinein; nur ein geringer Teil der Dachfläche, ebenfalls mit Getreide bepflanzt, war sichtbar. Unterirdische Gänge setzten die Bewohner in die Lage, sich bei Übergriffen durch die Flucht zu entziehen (Obst, 1923, S. 271). Diese Temben sind auf ein kleines Gebiet beschränkt, das in der Tat unter den Einfällen von Kriegerhirten (Massai) in früherer Zeit besonders zu leiden hatte, das abflußlose Gebiet Ostafrikas und einige benachbarte Landschaften. Für die Entstehung der Tembe hat sich die Auffassung durchgesetzt, daß eine Übertragung aus Vorderasien vorliegt.

Auch andere Hausformen sind auf Kulturbeeinflussung von außen zurückzuführen. Vor allem im zentralen und westlichen Abschnitt des Sudans und von hier aus gegen die Oberguineaküste vordringend, setzten sich diese Kulturströmungen durch, was von den Landschaften am Mittelmeer ausging und durch den Einfluß des Islams verstärkt wurde (Hirschberg, 1974, S. 239 ff.). Starke Verwendung des Lehms bei Kegeldach- und kastenförmigen Flachdachhäusern, Übergang zum Mehrstockbau, Anordnung der Gebäude um einen inneren Hof und ihre Einfassung durch Lehmmauern sind Kennzeichen dafür. – Die Giebeldachhäuser an der ostafrikanischen Küste, oft mit einer das Haus umgebenden Veranda versehen, gehen u. U. auf malayische Einwirkung zurück. Die arabisch-persische Kultur, die hier seit den letzten Jahrhunderten des ersten Jahrtausends eindrang, ist in dem Wohnbau der ländlichen Siedlungen kaum greifbar.

Wir werden uns nun der Frage nach der Art der Wohngemeinschaft zuwenden müssen; sie ist für die Wohnstätten anderer Wirtschaftsformen kaum von Belang, spielt aber für die der Hackbauern eine wesentliche Rolle. Hier enthalten die Häuser in der Regel nur einen Raum. Häufig sind besondere Kochhäuser vorhanden. Meist wird die Wohn- und Wirtschaftseinheit nicht von der Kleinfamilie, d. h. den Eltern mit ihren Kindern gebildet, sondern von der Großfamilie die die verheirateten Kinder mit ihren Nachkommen einschließt. Dabei kann die Großfamilie die Wohngemeinschaft darstellen, oder aber jede Kleinfamilie hat innerhalb eines eingezäunten Bereichs ihr eigenes Haus. Auf diese Weise zeichnet sich die Wohnstätte der Großfamilie entweder als ein Haus oder als ein Häuserkomplex aus. Die weitverbreitete Sitte der Polygamie, vielfach nur Wohlhabenderen möglich, gibt sich ebenfalls in beiden Formen, dem Haus oder dem Häuserkomplex, zu erkennen; ersteres tritt dann ein, wenn die verschiedenen Frauen mit ihren Kindern in demselben Haus untergebracht sind, und letzteres ergibt sich, wenn der Mann verpflichtet ist, für jede seiner Frauen ein eigenes Haus, u. U. auch eine eigene Kochhütte zu errichten. Schließlich ist der Fall zu betrachten, daß die Wohngemeinschaft über die Großfamilie hinausgeht und eine umfassendere verwandtschaftliche Gruppe, eine Sippe, umschließt. Es entstehen Sippenhäuser, die eine unterschiedliche Zahl von Familien beherbergen. Bei den alt-indonesischen

Volksgruppen Nordborneos, die noch heute Wanderfeldbau treiben, „besteht ein ganzes Dorf aus einem einzigen, sich auf Tausenden von Hartholzpfählen 3-4 m über der Erde lang hinstreckenden Gebäude ... Auf geraden Strecken natürlicher Flußdämme können die Häuser bis zu mehreren Hundert Meter lang werden und bis zu 70 und mehr Familien aufnehmen; häufiger sind solche für 10-20 Familien" (Uhlig, 1966, S. 271; 1975, S. 88 ff.).

Haben wir bisher die eigentlichen Wohnstätten kennengelernt, so gilt es nun, sich mit den *Wirtschaftsgebäuden* zu befassen. Beschränkt sich das Anwesen auf die Wohnstätte allein, ohne daß Speicher und Ställe vorgesehen sind, gleichgültig, ob sie innerhalb des Wohnhauses liegen oder als besondere Gebäude erscheinen, dann besteht es aus dem Haus bzw. dem Sippenhaus oder dem Häuserkomplex. Werden aber Vorrichtungen für die Unterbringung von Großvieh oder für die Aufbewahrung der Ernte benötigt, dann ist es nicht mehr das Haus mit seinen Abwandlungen, sondern das *Gehöft,* in dem Wohn- und Wirtschaftsgebäude verknüpft sind. Daraus ergibt sich nun die Frage, ob für die Wirtschaftsform des Hackbaus das Haus oder aber das Gehöft charakteristisch ist.

Sehen wir uns die Verhältnisse beim Hackbau ohne Großviehzucht an, dann zeigt sich das folgende: Das Kleinvieh wird zumeist in den Wohnhäusern untergebracht, beim Pfahlbau zwischen den Pfählen unter der Wohnstätte. Hinsichtlich der Errichtung von Speichern zeigen sich Unterschiede. In den inneren Tropen, wo Dauerfeldbau möglich ist, erscheint eine Vorratswirtschaft nicht nötig. So finden wir im afrikanischen Regenwald keine besonderen Speicherbauten; sie fehlen auch in Südamerika und Ozeanien weitgehend oder sind räumlich nicht mit dem Wohnhaus verbunden. Hier umfaßt das Anwesen in der Tat nur das Haus bzw. das Sippenhaus oder den Häuserkomplex. Anders aber ist es, wenn Jahreszeitenfeldbau herrscht, denn dann ist auch der Hackbauer gezwungen, in umfangreicherem Maße eine Aufbewahrung der Erntefrüchte vorzunehmen. So waren bei den Maori auf Neuseeland Gehöfte ausgebildet, die mehrere Wohnhäuser, mehrere Vorratshäuser und Kochhütten umfaßten (Bachmann, 1931, S. 24). Auch in Afrika stellen sich in den äußeren Tropen Gehöfte ein, deren Speicher häufig in der Form kleiner Kegeldachhäuser auf Pfählen erscheinen. Im Bereiche des orientalischen bzw. altmediterranen Kultureinflusses (Kap. IV. B. 4) sind die Speicher anders geartet; hier zeigen sie sich in der Form von tönernen Getreideurnen oder großen Lehmspeichertürmen. Dort, wo Feldbau mit Großviehzucht verknüpft ist, sind innerhalb des Gehöftes mitunter Viehkrale vorhanden. Nur in Ausnahmefällen wird das Vieh eingestallt, wie es vor allem bei den Wadschagga Ostafrikas der Fall ist; in dem Kegeldachhaus trennt ein Mittelgang den Wohn- vom Viehraum (Huppertz, 1951, S. 43), so daß das Haupthaus als Wohnstallhaus ausgebildet ist, dem sich Viehkrale für Ziegen, Zauberhütte u. a. hinzugesellen. Durch eine Hecke sind die verschiedenen, zu einem Gehöft gehörigen Häuser, Hütten, Viehkrale usf. zusammengeschlossen. Zumeist erhält der Umriß des Gehöftes kreisförmige Gestalt. Die Bezeichnung „Kral" findet dann u. U. für die Gesamtanlage Verwendung.

Außer den durch verwandtschaftliche Beziehungen gegebenen Gesellungsformen, Kleinfamilie, Großfamilie und Sippe, existieren nun bei einer gewissen Differenzierung des gesellschaftlichen Lebens, wie sie für Hackbauern vorausgesetzt werden kann, noch weitere Verbände, die politischer oder religiöser Natur sind. Auch diese Institutionen schaffen sich häufig besondere Gebäude.

Mitunter zeichnen sich die Häuptlingsgehöfte durch die Größe und Sorgfältigkeit der Anlage aus. Männerhäuser, Beratungs- oder Versammlungshallen und Klubhäuser erfüllen soziale, meist aber auch religiöse Funktionen. Die Ahnenverehrung findet vielfach in besonderen kleinen Bauten ihren Ausdruck.

So zeigt sich, daß die Siedlung der Hackbauern nicht unbedingt auf die Häuser oder Gehöfte der ländlichen Bevölkerung beschränkt ist, sondern diese werden vielfach durch „öffentliche Gebäude" ergänzt. Ihnen gilt, was die Ausgestaltung anlangt, spezifisches Interesse. Durch Holzschnitzerei und anderes Zierwerk ebenso wie durch ihre Größe unterscheiden sie sich zumeist von den Häusern und Gehöften der Bevölkerung.

In abgelegenen Gebieten haben sich die dargelegten Haus- und Gehöftformen mehr oder minder erhalten. Aber der Einfluß der europäischen Kolonisation war nun einmal in indirekter oder direkter Weise stark, was teilweise die Lösung der Großfamilien- und Stammesbindungen mit sich brachte. Nach der Unabhängigkeit, die die meisten Staaten erzielten, vervielfachte sich einerseits durch die weltwirtschaftlichen Verflechtungen und andererseits durch innere Kolonisationsvorgänge, die eine Verbesserung der Sozialverhältnisse mit sich bringen sollten, das Streben, die heimische Bauweise aufzugeben. Von den Küsten gegen das Landesinnere fortschreitend und von den innertropischen Waldgebieten gegen die Savannen sich ausdehnend, werden Rechteckhäuser bestimmend, aus Ziegeln oder Beton bestehend, die in der Regel mehr als einen Raum enthalten.

5. Das entwickelte Haus bei den auf der Grundlage des Pflugbaus wirtschaftenden Menschen

a) Grundform und Baumaterial

Die Wohnstätten, die sich auf der Grundlage des Pflugbaus ausbildeten, sind ebenso wie diejenigen beim Hackbau standfest. Die durch den Pflugbau bewirkte permanente Siedlungsart kommt wiederum in gewissen Fortschritten des Wohnbaus zur Geltung, was sich in erster Linie – wie dies nach dem vorigen Abschnitt nicht anders zu erwarten ist – in einer Verstärkung bzw. fast ausschließlichen Anwendung des Rechteckbaus zeigt. Auch hinsichtlich des Materials, das benutzt wird, tritt durch Lehmziegel, gebrannte Ziegel und Mauerwerk mit Mörtelbindung eine Erweiterung ein, wenngleich es für die Wohnstätten der ländlichen Siedlungen charakteristisch bleibt, daß sie zumeist an das jeweils heimische Material gebunden erscheinen. Auf Abweichungen davon wird später aufmerksam zu machen sein. Der enge Zusammenhang zwischen Hausform und Baumaterial jedoch, wie er für den Hausbau der Hackbauern nachzuweisen war, ist nun gelockert; das wird zum einen durch die technischen Fortschritte bewirkt, zum andern aber auch durch Kulturströmungen, die auf die Benutzung des einen *oder* andern vorhandenen Stoffes verweisen, sofern sich verschiedenes Material in einer Landschaft anbietet.

Hatten wir es bisher im wesentlichen mit Einraumhäusern zu tun, so wird dies im Bereiche des Pflugbaus anders. Es werden erhöhte Anforderungen an die eigentliche Wohnstätte und ihre innere Gliederung gestellt, zugleich aber auch bei der Kombination von Feldbau und Großviehzucht größerer Wert auf die Wirtschaftsräume gelegt. So bilden sich in der Regel Gehöfte heraus, es sei denn, daß besondere Nutzungsformen vorliegen wie z. B. Fischerei oder Gartenbau, bei denen sich dies vielfach erübrigt. Daß die ländlichen Siedlungen außer den Gehöften noch andere Gebäude besitzen, wie Gemeinde- oder Rathaus und Gasthaus, Schule und Kultstätte, darauf kann nur kurz hingewiesen werden.

Wenn auch im Bereiche des Pflugbaus die vorherrschende Hausform das Rechteckhaus ist, so haben sich doch in abgelegenen Gebieten und bei Bevölkerungsgruppen, die von der Kulturentwicklung nur wenig erfaßt wurden, alte Bauformen erhalten, die sich in ihrem Typ vielfach bis in urgeschichtliche Zeit zurückverfolgen lassen. Nur in seltenen Fällen noch als Wohnhäuser vorhanden, finden sie sich zumeist bei Wirtschaftsgebäuden, bei periodisch benutzten Wohnstätten oder als Durchgangsstadium bei kolonisatorischer Erschließung, bevor die Mittel vorhanden sind, zu einem regelrechten Hausbau überzugehen. Auf diese Bauformen, die entweder nichts Endgültiges darstellen oder als Relikte vorhanden sind und im modernen Verkehrszeitalter immer mehr verschwinden, sei hier nur kurz eingegangen: sie besitzen sowohl für die Volkskunde als auch für die Archäologie und Urgeschichte ein wesentlich stärkeres Interesse als für die Geographie, die die Darstellung der *heute* vorwiegenden Wohnstätten zum Ziele hat.

Zu diesen Rest- und nur noch in seltenen Fällen wirklich lebenden Formen gehören im Bereiche des Pflugbaus alle Arten von Hütten. Hier sind zunächst die Kuppelhütten aus pflanzlichem Material zu nennen, die wir in Europa noch als Feldhütten (z. B. in Makedonien und Montenegro) oder als Schutzhütten von Weingärtnern antreffen und die auch vereinzelt von Nordchina oder Südindien als Wohnstätten besonders armer Bevölkerungsgruppen bekannt sind. Lehmbauten in der Form von Kuppelhütten, die meist steiler als die aus pflanzlichem Material bestehenden gewölbt sind, zeigen sich insbesondere in den Trockengebieten. In Nordafrika vor allem als Speicher erscheinend, geben sie aber auch Dauerbehausungen ab, die indessen gegenüber andern Formen nur inselhaft in Nordsyrien und dem Irak, in Iran und Westturkestan vorkommen. Auch im peruanischen Hochland treten solche Lehmkuppelbauten am Titicacasee auf. Diese Steilkuppelhütten (Oelmann, 1927, S. 25) können nun aber auch durch Aufeinanderschichten von Steinen entstehen, die so angeordnet werden, daß die oberen über die darunterliegenden vorkragen (falsche Gewölbe), ohne daß ein Bindemittel notwendig ist (Trockenmauerwerk). Sie kommen vor allem in den süd- und südosteuropäischen Gebirgen vor, zumeist als Hirtenbehausungen, aber auch in den baumarmen Gebieten Nordeuropas, wo sie in Island und auf den Hebriden Dauerwohnungen abgaben, die jedoch jetzt so gut wie verschwunden sind (Uhlig, 1959, S. 41). Eine besondere Art dieser Steilkuppelhütten stellen diejenigen mit abgeplatteter Spitze dar, wie man sie als Hirtenhütten auf der altkastilischen Hochfläche, als Feldhütten in Apulien und als Wohnstätten besonders in der Murge findet (Trulli). Sie haben ihre Vorbilder in den Wehrbauten der Nuraghen, die für Sardinien charakteristisch sind.

Kegelhütten aus pflanzlichem Material zeigen sich in restlichen Exemplaren in Nordeuropa, wo sie als Sommerküchen dienen. In den versumpften Küstenlandschaften Albaniens ebenso wie in den Pripjetsümpfen geben sie die Behausungen von Fischern ab, und in Südeuropa bilden sie mitunter die Wohnstätten von Hirten. – Firstdachhütten, oft etwas in den Boden versenkt, teilweise auch mit einem Rahmenfundament ausgestattet, erscheinen als alte Schaftställe (Lüneburger Heide). Unterkünfte von Hirten (z. B. Schweden, Süd- und Südosteuropa), Feldhütten oder Behausungen von Tagelöhnern. Tonnenhütten – Oelmann (1927, S. 42) deutet diese nicht eben häufige Form durch einen örtlich bedingten Mangel an Stangenholz – finden sich vor allem in holzarmen Alluvialebenen. Sie sind z. B. für die Marschlandschaft im Binnendelta des unteren Tigris charakteristisch und werden hier völlig aus Schilf hergestellt (Wirth, 1955, S. 22).

Hütten jeglicher Art als Dauerwohnstätten kommen demnach im Bereiche des Pflugbaus nur selten vor; sie sind in der Regel im Rückgang begriffen und haben anspruchsvolleren Wohnbauten Platz gemacht. Ähnliches gilt von den *Höhlenwohnungen,* die allerdings für manche Landschaften ein durchaus typisches Kennzeichen darstellen, so daß hier etwas näher auf sie eingegangen werden muß.

Natürliche Höhleneingänge und Felsüberhänge werden mitunter von Hirten als Unterkünfte benutzt. Feldbauern jedoch gestalten natürliche Hohlräume um oder schaffen sich in standfestem weichen Material, wie es sich vor allem in tertiären Schichten findet, künstliche Höhlen. Solche künstlichen Höhlen und vielverzweigte Gänge, oft mit mehreren Ausgängen (Erdställe), spielten als Versteck und Fluchtwohnungen im Mittelalter eine wesentliche Rolle (im Löß Ober- und Niederösterreichs, Ungarns und Mährens, in der Molasse des Alpenvorlandes, in Kreidemergeln Frankreichs). In reliefierten lößüberdeckten Landschaften wie z. B. am Kaiserstuhl werden Keller und Unterstände in den Löß hineingetrieben.

Wichtiger jedoch sind die *Höhlenwohnungen.* Im eigentlichen Mitteleuropa sind solche kaum noch vorhanden, spielten aber in Frankreich eine gewisse Rolle, wo sie in Schichten des Tertiärs und der Kreide auftreten (Brunhes, 1925, I, S. 107). Eine wesentlich stärkere Verbreitung besitzen diese Troglodyten jedoch in den Steppenlandschaften, wo sie vor extremer Hitze und Staub ebenso wie gegen Kälte schützen. Hier stellen sie nicht nur die Wohnstätten armer Bevölkerungsgruppen dar, sondern auch wohlhabende Feldbauern schufen sich Höhlenwohnungen. Sie sind eine sehr alte, aber immer noch lebende Form. In den spanischen Steppenlandschaften bei geeignetem Gesteinsaufbau vielfach auftretend, geben sie weiterhin für Nordafrika einen wichtigen Wohntyp ab. Ihr Hauptverbreitungsgebiet liegt dort im südlichen Ostalgerien, in Mittel- und Südtunesien und in Tripolitanien. Überwiegend handelt es sich um künstliche Höhlen. Oft acht bis zehn Räume enthaltend, mit Speicher usf. versehen, sind sie teilweise in den Berghang eingegraben. Im wellighügeligen Gelände jedoch bilden ein von oben aus 5-10 m in die Erde versenkter Hof den Mittelpunkt der Anlage. „Um diesen sind die Zimmer angeordnet, deren Zahl, Größe, Ausstattung je nach den Bedürfnissen und dem Reichtum der Besitzer stark schwanken. Häufig ist noch ein zweites Stockwerk von Kammern für Vorräte usw. vorhanden. Ein tunnelförmiger Gang, der an einer Stelle verbreitert ist und als Stall dient, führt von der Basis des Hofes schräg hinan zum Abhang des Hügels“ (Jessen, 1930, S. 132). In Palästina, im Hauran, im Hochland von Anatolien, hier zumeist in jungtertiären vulkanischen Tuffen, im Kaukasus, Hindukusch und Pamir stellen künstliche Höhlen noch immer einen bezeichnenden Wohntyp dar. Ob die Vorfahren der Pueblo-Indianer Arizonas wirkliche Höhlenwohnungen besaßen oder regelrechte Häuser in großer natürlichen Felsnischen errichteten (Oelmann, 1927, S. 105), muß dahingestellt bleiben.

In Nordchina gibt der Löß das geeignete Material für Höhlenwohnungen ab; sie sind vor allem für das Grenzgebiet gegen die Mongolei, für Schansi und Schensi charakteristisch und werden hier teilweise durch den Raummangel hervorgerufen. Wir wollen der Darstellung Richthofens folgen, der diese Art der Wohnstätten meisterhaft beschrieb (1877, S. 71/72): „Millionen von Menschen in den Nordprovinzen Chinas leben in Höhlen, welche sie im Löß ausgegraben haben. Sie werden am Fuß der Lößwände, wo diese in die Täler oder auf die Abstufungen der Terrassen abfallen, angelegt. ... Die meisten Wohnungen bestehen aus mehreren Räumen, von denen einer eine Tür hat, während von den anderen nur Fenster durch die dünne Lößwand nach außen führen. Sie sind alle gewölbt, durch übrig gelassene Lößwände getrennt und untereinander durch Türen verbunden. ... Es gibt in solchen Wohnungen die verschiedensten Abstufungen von einer einfachen Höhle bis zu wahren Lößpalästen, welche mit gebrannten Ziegeln ausgewölbt und mit einer hoch aufgebauten architektonisch verzierten Fassade aus demselben Material versehen sind."

Sind die Höhlenwohnungen nicht in die allgemeine Entwicklung einzubeziehen und haben für sie oft genug oberirdische Bauten als Vorbild gedient, so gilt es nun, die *Hausformen* im Bereiche des Pflugbaus zu betrachten.

Das bei den Hackbauvölkern so verbreitete Kegeldachhaus ist bei den Pflugbauern eine seltene Erscheinung, die sich vereinzelt in holzarmen Gegenden, insbesondere in Mittelmeerraum, findet; es tritt häufiger als Speicher denn als Wohnbau auf. Bei der Melkschäferei in der Siebenbürger Heide zwischen Maros und Mierosch waren bis zum Ende des vorigen Jahrhunderts aus Flechtwerk bestehende Kegeldachhäuser als Käserhütten in Gebrauch; sie wurden dann durch zerlegbare und leicht zu transportierende rechteckige Bretterhütten mit Satteldach ersetzt, weil nun die Schafherden zur Düngung des Brachlandes herangezogen wurden und sich damit ein schnellerer Ortswechsel notwendig erwies (Kovács, 1961, S. 359 ff.). Die Polygonalscheunen, die im Grundriß ein Sechseck, Achteck o. ä. ergeben und sich als Block- bzw. Ständerbau hier und da im östlichen Mitteleuropa finden, erinnern an die frühere Herstellung der Wände aus Flechtwerk, bei dem scharfe Ecken vermieden werden müssen. Selbst in waldreichen Gebieten Ost- und Südosteuropas verblieb man häufig, mit Ausnahme des Speichers, hinsichtlich der Wirtschaftsgebäude bei Kegeldachhäusern aus Flechtwerk; für das Wohnhaus dagegen ging man zum Blockbau über (Schier, 1966, S. 87 ff.). Noch weniger ist das quadratische Pyramidendachhaus und das Rundhaus mit Flachdach vorhanden. Auch der Pfahlbau bildet keine charakteristische Erscheinung: er ist zumeist auf ältere Speicherbauten beschränkt und wird u. U. für Fischerhäuser benutzt. Auf all die genannten Typen braucht, ihrer geringen Verbreitung wegen, nicht näher eingegangen zu werden. Auf diese Weise ergibt sich, daß das Rechteckhaus, bereits bei den Hackbauvölkern einen wichtigen Typ unter den Wohnstätten bildend, bei den Pflugbauvölkern nun zur herrschenden Form des Grundrisses wird.

In den Trockenzonen der Erde ist das Rechteckhaus, aus Stampflehm, ungebrannten Lehmziegeln oder Gestein bestehend, meist mit einem Flachdach aus Lehm verbunden. Es ist das *kubische Flachdachhaus.* Mit seiner dicken Lehmdecke bleibt das Haus am Tage relativ kühl, und am Abend kann die Dachterrasse zum Aufenthalt benutzt werden. Auf diese Weise ist das kubische Flachdachhaus besonders den Bedingungen eines extrem trockenen und warmen Klimas angepaßt und kann ebenso in den winterkalten Trockengebieten verwandt werden. In den ariden Gebieten Amerikas kam es lediglich bei den Pueblo-Indianern vor – wird allerdings in diesem Jahrhundert immer mehr durch angelsächsische Bauweise ersetzt (Mointrie, 1971) –, während es sonst auf die Alte Welt beschränkt ist und sein Hauptverbreitungsgebiet in den Oasenländern besitzt.

Es drang auch in Bereiche mit jahreszeitlich beschränkten Niederschlägen ein und ist in Südspanien ebenso zu finden wie in Kreta. Es zeigt sich in Indien, wo es von den Oasen der Induslandschaft bis ins Gangesgebiet hineinreicht und auch im Dekkan eine charakteristische Erscheinung darstellt. In Tibet und der Mongolei, in Nordchina und der Mandschurei geben die Flachdachhäuser, die hier sehr schmal ausgebildet sind, ein bezeichnendes Merkmal ab. Die überwiegende Verwendung von Lehm führt häufig zu einer geringen Beständigkeit der Häuser; sie bleiben insbesondere im Orient als Ruinen stehen und verfallen, während ein anderes Haus an einer neuen Stelle errichtet wird.

Bei eigentlichen Hackbauvölkern ist das rechteckige Flachdachhaus aus Stampflehm, Lehmziegeln oder Bruchstein mit Mörtelbindungen noch nicht vorhanden. Es ist an den Bereich des Pflugbaus bzw. entwickelten Hackbaus geknüpft. So wird man der Auffassung Oelmanns (1927, S. 62) recht geben müssen, daß das kubische Flachdachhaus in den Flußoasen der Alten Welt entstand und wahrscheinlich selbständig noch einmal in Nordamerika unter denselben äußeren Bedingungen – Holzarmut und trockenes Klima – und unter ähnlich gearteten Voraussetzungen der Wirtschaftskultur ausgebildet wurde.

Ein zweiter für die Trockengebiete charakteristische Typ ist das *Tonnendachhaus.* Gelegentlich auch bei Hackbauern vorkommend, doch bei ihnen aus pflanzlichem Material bestehend, liegt seine Hauptverbreitung und seine Umsetzung in Lehm oder Stein im Gebiet des Pflugbaus. Dabei kam es zu einer besonders fortgeschrittenen Technik der Wölbung; Lehmziegel oder Steine werden nicht mehr wie beim unechten Gewölbe nach oben gegeneinander vorgekragt, sondern radiär gestellt.

So ist das Tonnenhausdach mit dem Tonnengewölbe an die Trockenzone der Alten Welt gebunden und kommt hier meist neben dem kubischen Flachdachhaus vor. In einem Teil Nubiens, in manchen Oasen der Sahara und im Inneren Persiens bestehen ganze Ortschaften nur aus Tonnendachhäusern (Suter, 1955). Lediglich innerhalb des gekennzeichneten Raumes spielt der echte Wölbungsbau für die Wohnstätten der ländlichen Siedlungen eine Rolle.

Sonst ist das *Satteldachhaus,* auch Firstdach- oder Hangdachhaus genannt, herrschend. Es erscheint nach Dachkonstruktion, Dachform, Dachhaut und Ausgestaltung des Wandkastens in jeweils abgewandelten Formen.

Hinsichtlich der *Dachkonstruktion* sind – jedenfalls in Europa – zwei Typen zu unterscheiden, das Firstpfetten- oder Rofendach, in Nordeuropa Ansdach, im slawischen Bereich Sochadach genannt, und das Kehlbalken- oder Sparrendach. Bei dem ersteren werden in der Längsrichtung des Hauses von Giebel zu Giebel Firstsäulen oder Hochstüde errichtet, die in natürlichen oder künstlich geschaffenen Gabeln durch die Firstpfette miteinander verbunden sind. Durch diese wird ein Teil der Dachlast auf die Firstsäulen übertragen, die ihrerseits auf die Grundrißentwicklung einwirken. In unregelmäßigem Abstand und je nach Bedarf hängt man über die Firstpfette leichtere Dachbalken als Rofen, die zur Befestigung der Dachhaut dienen (Abb. 4a und b). Die Länge der Häuser kann man bei entsprechender Einschaltung von Firstsäulen beliebig halten; in bezug auf die Breite jedoch ist das nicht unbedingt möglich, es sei denn, daß die zentrale Firstsäulen-Reihe durch dazu parallel und symmetrisch verlaufende ergänzt wird. Das große Verbreitungsgebiet des Rofendaches in Nord-, Ost-, Südost- und Südeuropa ebenso wie in den Alpenländern, seine sonstige Verwendung bei besonders alten Bauten oder in ausgesprochenen Reliktlandschaften und die Rekonstruktion urgeschichtlicher Gebäude haben zu der Auffassung geführt, daß das Firstpfettendach früher allgemein üblich war und unter besonderen Voraussetzungen vom Sparrendach in historischer Zeit verdrängt wurde.

Dieses ist in seiner reinsten Ausprägung Nordwestdeutschland und den benachbarten Niederlanden eigen, bildete sich kontinuierlich aus urgeschichtlichen Hallenhäusern mit Zweipfostengerüst, wobei die Gründe für die Ausdehnung des Hallenbaus nicht ganz faßbar sind, es im frühen Mittelalter wohl eine fortschrittliche Hausform gewesen sein muß (Eitzen, 1954, S. 42). Die Entwicklung vom Firstpfetten- zum Sparrendach wurde von Schier (1966, S. 38 ff.) für das 5.-8. Jh. n. Chr. angenommen. In der Längsrichtung verbindet man die Ständer durch die Rähme, im Querverband durch Balken und unterscheidet Unterrhäm-, Oberrhäm- und Hochrhämzimmerung, je nach der Lage von Rähmen und Balken zueinander (Abb. 4e-g). Entweder dienten die Rhäme oder die Balken zur Aufrichtung der paarweise aneinander gelehnten Sparren, die mit Hilfe von Kehlbalken versteift wurden. Damit war der Vorteil verbunden, das Gebäude unabhängig von Firstsäulen in die Breite zu dehnen und den Dachboden für die Bergung der Ernte in Anspruch zu nehmen. Von Niederdeutschland aus wurde der Bereich des Firstpfettendaches zurückgedrängt; mittels Dachstühlen dehnte sich die Kehlbalkenkonstruktion nach Nordostfrankreich, Großbritannien, den nordischen Ländern, nach Mittel-, Ober- und Ostdeutschland ebenso wie nach dem östlichen Mitteleuropa aus.

Sehen wir von den verschiedenen Arten der Walmdächer ab, bei denen der First kürzer als die Dachtraufe ist und das Dach auch die Giebel ganz oder teilweise umschließt, dann haben wir im wesentlichen zwei verschiedene Arten der *Dachformen* zu unterscheiden, das flache und das steile Satteldach. Bei dem ersteren bilden die Dachflächen einen stumpfen, bei letzterem einen spitzen Winkel. Besonders Kloeppel (1924, S. 108 ff.) ebenso wie Steinbach (1962, S. 101 ff.) u. a. wiesen darauf hin, daß das Sparrendach notwendig den Steilgiebel nach sich ziehe, weil es sonst zusammenbrechen müsse. Doch folgt daraus nicht, daß die Pfettenkonstruktion nur mit einem flachen Satteldach verbunden sein kann. Hier sind offenbar beide Möglichkeiten gegeben.

Die Dachform ist weiterhin abhängig vom *Dachmaterial.* Flache Satteldächer sind für den Mittelmeerraum und Südfrankreich charakteristisch, wo zumeist mit Hohlziegeln gedeckt wird. Enger erscheint die Beziehung zwischen Dachform und Dachmaterial im eurasiatischen Hochgebirgsgürtel; hier zeigt sich in den Pyrenäen und Alpen ebenso wie im Kaukasus und Himalaja bis nach Westchina die Legschindelbedeckung mit Steinbeschwerung. Sie ist nur bei flacher Dachneigung möglich. In den Getreidebaugebieten der mittleren Breiten wird bzw. wurde vielfach Stroh für die Dachhaut verwandt, und dies hat meist steile Dachneigungen zur folgen, weil der Regen schnell genug ablaufen muß, damit das Stroh nicht verfault. Dasselbe gilt bei der Verwendung von Schilf. Steile Strohsatteldächer waren bis ins 19. Jh. hinein für Nordostfrankreich und Mitteleuropa typisch; nachdem das Stroh vielfach durch Ziegel ersetzt wurde, blieb die steile Dachneigung erhalten. In vielfachen Übergangsformen vom steilen Satteldach über den Krüppelwalm bis zum Vollwalm wird Stroh im östlichen Mitteleuropa, in Rußland und Südosteuropa verwandt, wobei das Satteldach die entwickeltere, der Vollwalm die einfachere Form darstellt. Somit gelangt das westöstliche Kulturgefälle in den Dachformen zum Ausdruck (Schier, 1966). Offenbar besteht weiter eine innere Beziehung zwischen Roggenanbauzone und Vorkommen der Strohdächer. Gradmann (1922, S. 177) wies darauf hin, daß sich Roggenstroh besser als Weizen- oder Gerstenstroh eigne; wo nur letzteres zur Verfügung stand, wie in großen Teilen Frankreichs, ging man schon früh zu anderem Material über, während sich die Strohbedeckung in Deutschland bis ins 19. Jh. hinein erhielt. Auch in Osteuropa besteht diese Verknüpfung – im Schwarzerdegebiet wurde

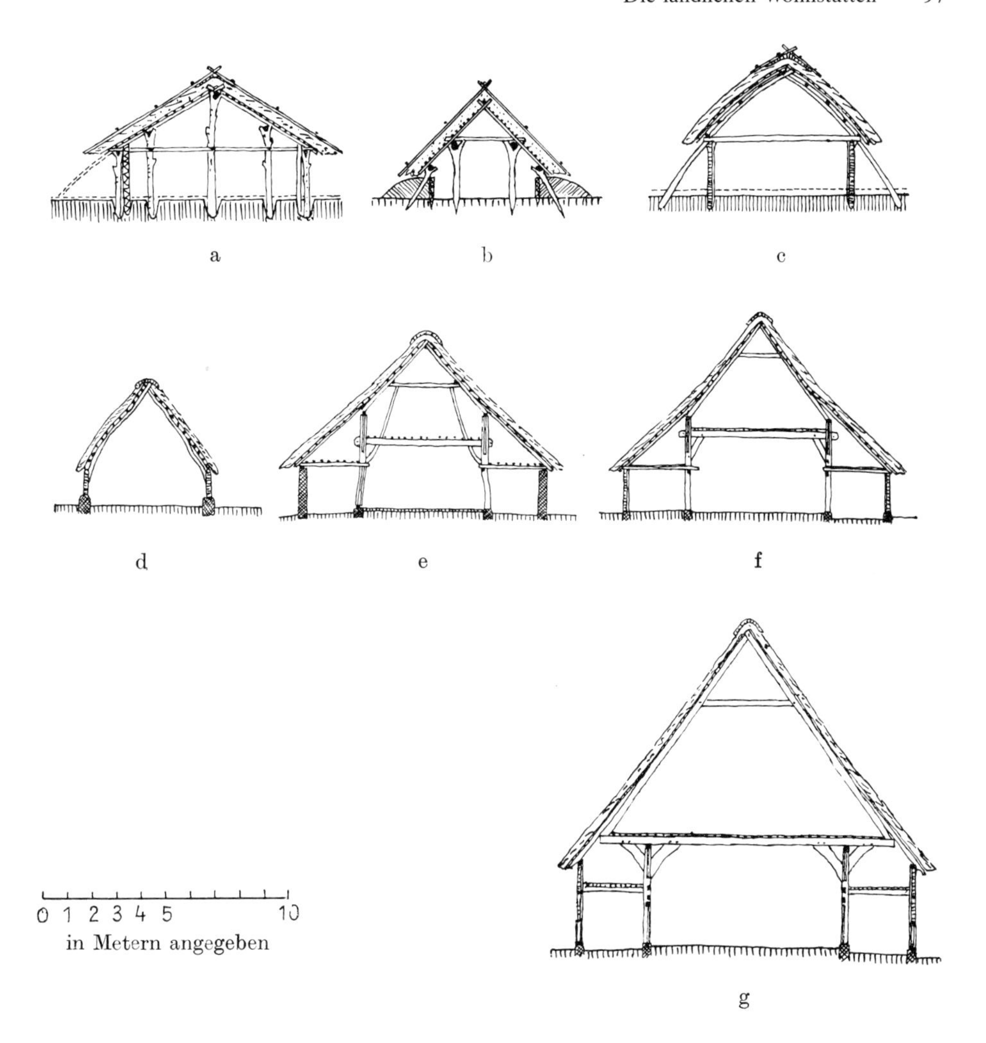

Abb. 4 Querschnitte hausgeschichtlich wichtiger bäuerlicher Hausgerüsttypen in Nordwestdeutschland seit urgeschichtlicher Zeit (nach Schepers).

a) Jungsteinzeitliches Firstpfostengerüst (um 2500 v. Chr.)
b) Zweipfostengerüst des 3.–5. Jahrhunderts n. Chr. aus Ezinge, Provinz Groningen
c) Krummsäulenbau mit Zweipfostenstützung des 8. Jahrhunderts n. Chr. bei Warendorf
d) Krummspanngerüst eines Schafstalls des 19. Jahrhunderts aus Rockstadt, Kreis Zeven
e) Zweiständergerüst mit durchgezapften Ankerbalken, wahrscheinlich 17. Jahrhundert, aus Hoevelaken bei Amersfort
f) Zweiständerbau mit durchgezapften Ankerbalken und reinem Kehlbalkendach, etwa 1775, aus Alstätte, Kr. Ahaus
g) Zweiständerbau mit Dachbalken, erbaut 1558, aus Aldrup bei Lengerich, Kr. Tecklenburg

neben Weizen auch Roggen angebaut. In Ost- und Südostasien spielt ebenfalls die Verwendung von Stroh eine Rolle. In Naßreisbau-Landschaften dient Reisstroh dazu, außerhalb von ihnen Weizen- oder Hirsestroh. Steilere Dachneigungen in den feuchteren und geringere in den trockeneren Gebieten zeigen, daß klimatische Einflüsse maßgebend sind. Wenn in Korea im großen und ganzen das Strohwalmdach üblich ist, im Nordwesten des Landes aber unter chinesischem Kultureinfluß Satteldächer erscheinen und im Norden eine vermittelnde Zone mit Halbwalmen auftritt (Lautensach, 1945, S. 152), dann finden wir hier eine Parallele zu den Verhältnissen in Mittel- und Osteuropa: das Walmdach bezeichnet die primitivere Form und verliert unter dem Einfluß eines benachbarten Kulturvolkes an Boden. – Die Bedachung mit Grassoden und Torf ist bzw. war in Teilen Nordeuropas gegeben, während in den Steppengebieten Kaukasiens, Mittelasiens bis nach Nordwest-China Lehm verwandt wurde, was jeweils mit dem flachen Satteldach verknüpft ist.

Bilden Dachform und Dachhaut wesentliche Elemente für die Gestaltung des Hauses, so nicht minder die *Art der Hauswände (Wandkasten)*. Auch hinsichtlich des dazu verwandten Materials sind enge Beziehungen zur natürlichen Ausstattung der entsprechenden Landschaft gegeben. In relativ niederschlagsarmen Gebieten, dort, wo sowohl Gestein als auch Holz fehlt, wird *Lehm* in Form von Stampflehm oder luftgetrockneten Ziegeln verwandt. Dies ist in den Steppenlandschaften Innerspaniens ebenso der Fall wie in denen des südöstlichen Rußland. Besonders kennzeichnend ist der Lehmbau u. a. für die Mandschurei und das nördliche China; hier greift er nach Mittel- und Südchina auf niederschlagsreichere Gebiete über und ist sogar nach Hinterindien eingedrungen, ein deutlicher Beweis, daß nicht die Landschaftsausstattung *allein,* sondern auch Kultureinflüsse für die Wahl des Materials verantwortlich zu machen sind (Spencer, 1947; Pezeu-Massabuau, 1969).

In den waldarm gewordenen Landschaften des Mittelmeerraumes ist man, vornehmlich in den Gebirgslandschaften, früh zum *Steinbau* übergegangen (Vidal de la Blache, 1922, S. 154 ff.). Bruchsteinbau findet sich ebenfalls bei den Gebirgs-Georgiern im Kaukasus und in manch andern Bereichen der asiatischen Hochgebirge. Doch wohl nur im Mittelmeerraum wurde der Steinbau mit flachem Hohlziegeldach zu einem ausgesprochenen Kulturelement, das seit dem Mittelalter über das Rhônetal und die Pässe der Westalpen nach Frankreich und den Rheinlanden hin vordrang (Steinbach, 1962, S. 99 ff.). Allerdings läßt sich keine stetige Abnahme des Bruchsteinbaus von Süden nach Norden beobachten. Während in Lothringen der Steinbau als alt bezeichnet wird, ordnete der Kurfürst von Trier in seinem Gebiet die Steinbauweise im 17. Jh. an. In der Südeifel wurde dies um 1700, am Niederrhein um 1800, in der Nordeifel um 1850 aufgenommen (Bendermacher, 1961, S. 21 ff.). Auch dort, wo besondere Schutzmaßnahmen notwendig waren, wie z. B. in Albanien, wurde dem Bruchstein der Vorzug gegeben, selbst dann, wenn das vorhandene Material nicht sonderlich geeignet ist (Louis, 1933, S. 52). Bietet sich in Landschaften, in denen man sonst anders zu bauen gewohnt ist, lokal günstiges Gestein an, wie es z. B. mit den Solnhofener Schiefern zwischen Ries und Regensburg der Fall ist, so verwendet man dieses; auch die Dachbedekkung ist hier durch Schieferplatten gegeben, was wiederum flache Dachneigungen nach sich zieht (Gradmann, 1922, S. 145). Solche Beispiele sind häufiger zu beobachten. Im oberen Wesergebiet etwa ist ein plattiger Buntsandstein, der „Sollingschiefer“, von Bedeutung, den man als Dachmaterial und für die Außenverkleidung der Wände als Wetterschutz benutzt.

Abb. 5 Blockbau auf Steinsockel in Wolfenschießen, Kanton Nidwalden, datiert vom Jahre 1601 (nach Gschwend).

In den Nadelwaldgebieten Eurasiens ist der *Blockbau* herrschend, für den man vor allem Langhölzer benötigt. Er setzt fortgeschrittene technische Kenntnisse voraus, kam in Europa wahrscheinlich in der Bronzezeit auf und mag in Osteuropa erst in der zweiten Hälfte des ersten nachchristlichen Jahrtausends stärker angewandt worden sein (Schier, 1966, S. 95). Hier ist eine deutliche Zunahme von Westen nach Osten zu beobachten, indem der Blockbau in den östlichen Teilen Deutschlands mit etwa 10-20 v. H. beteiligt ist, in der Wojewodschaft Lublin dagegen mit mehr als 90 v. H. (Warakomska, 1961). Mit der russischen Ostkolonisation dehnte er sich bis nach Sibirien und an das pazifische Gestade aus und gelangte bis an die Nordwestküste Nordamerikas. Ebenso zeigt sich der Blockbau in den Nadelwaldregionen Nordeuropas, in den entsprechenden Bereichen ostdeutscher und ostmitteleuropäischer Mittelgebirge mit ihrem jeweiligen Vorland, von denen aus Verbindung zum nördlichen Bayern besteht. Schließlich ist der Blockbau einem Teil des eurasiatischen Hochgebirgsgürtels eigen, besonders im Himalaja, in den Karpaten, den dinarischen Gebirgen und in den Alpen, von wo aus wahrscheinlich unter denselben pflanzengeographischen Bedingungen das bayerische Alpenvorland erreicht wurde (Burkhart, 1959). Während von Rußland aus der Blockbau nach Osten im Vordringen begriffen ist und als fortschrittliches Kulturelement gilt, wird von Mittel- und Südeuropa her eine Einengung bemerkbar, die mit der Veränderung der Lebensverhältnisse, dem Rückgang bäuerlicher oder dorfhandwerklicher Arbeit beim Hausbau und der Ausnahme andern Materials zusammenhängt. So begegnet man im Montafon oder im schweizerischen Prätigau einem gemischten Stein- und Holzbau, derart, daß Küche und Vorhaus in Mauerwerk, Stube u. a. in Blockbau aufgeführt sind (Ilg, 1961, S. 315 ff.). Im Engadin umgab man seit dem 17. Jh. den zunächst offenen Hof, Stube, Küche,

Geographisches Institut der Universität Kiel Neue Universität

Vorratskammer und Stall, ursprünglich Blockbauten, mit einem dicken Mauermantel, so daß eine Verknüpfung von inneralpinen und südlichen Elementen zustande kam (Weiss, 1946, S. 89). Anderswo mögen Fachwerk oder Ziegelbau an die Stelle getreten sein; u. U. blieben lediglich sorgfältig errichtete Getreidekästen als Reste des Blockbaus erhalten (Burkhart, 1959, S. 31).

Bei einfachen Anlagen ist der Charakter des Blockbaus „mit liegenden Langhölzern gewissen allgemein gültigen Materialverbindungen unterlegen (beschränkter Umfang des Hauses, einfache Inneneinteilung, materialbedingte Holzornamentik, ‚Wättung' der gekreuzten Balkenköpfe). Daraus erklären sich die auffallenden Ähnlichkeiten in der Bauweise in den Alpen, in Skandinavien, im Himalaja, und überall, wo das Vorhandensein geraden Stammholzes den Blockbau erlaubt" (Weiss, 1946, S. 91). Es bedarf dazu keiner ethnologischen Grundschicht, wie man dies bei Nord- oder Ostgermanen sehen wollte (Schier, 1966). Die unbearbeiteten Rundhölzer werden im Wechsel von Giebel- und Längswand aufeinander geschichtet, so daß die Stämme etwas über die Wände hinausragen (Hakenblattüberkämmung mit Wettköpfen). Durch vierseitig behauene Stämme, die mit Hilfe der Schwalbenschwanz- oder Hakenverblattung dicht aufeinandergefügt sind, erzielte man eine wesentliche Verbesserung. Auch die Beschränkung in der Größe der Gebäude lernte man zu meistern, sei es, daß zwei oder mehrere Blockhäuser aneinander gesetzt und später zur inneren Einheit verschmolzen wurden, sei es, daß man zum eineinhalb- oder zweigeschossigen Bau überging. Ersteres ist für die Baltenländer bezeugt (Ränk, 1962), letzteres für Rußland (Stockbau), und mitunter trat das eine und das andere zusammen. Teilweise ermöglichte man die Erweiterung um ein zweites Stockwerk durch ein dem Fachwerk entnommenes Ständergerüst, das in Nordböhmen und der Lausitz seit dem 15. Jh. erscheint. Diese Umgebinde, bei dem das Obergeschoß im Block- oder Fachwerkverband errichtet zu sein pflegt, erfuhr seit dem 18. Jh. eine Auflösung des konstruktiven Elementes zugunsten des Wandschmucks (Schier, 1966, S. 107 mit Verbreitungskarte).

In der Vereinigung von Blockbau und Fachwerk begegnet man dem *Bohlenständerbau* (Abb. 6), bei dem die in die Ständer eingenuteten Bohlen die Füllung der Gefache ausmachen. Er kommt in der nordwestlichen Umrahmung der Ostsee vor, war ursprünglich an Bereiche mit gemischtem Laubwald (Eiche) gebunden, bis später auch die Verwendung von Nadelholz üblich wurde. Heute lediglich in Reliktbeständen vorhanden, reichte der Ständerbohlenbau im frühen Mittelalter vom südlichen Skandinavien in einer breiten Zone zwischem dem Rhein und dem Schwarzen Meer bis zur Balkanhalbinsel und Kleinasien (Erixon, 1957, S. 56). Starke Entwaldung hat oft genug zur Aufgabe dieser Konstruktion geführt, wie es für die Bohlenspeicher der Probstei nachgewiesen wurde (Detlefsen, 1961) und wohl auch für die Nordwestdeutschlands gilt.

Von Dänemark gelangte der Ständerbohlenbau nach Schweden, umfaßt heute das nördliche Schonen, Halland, Västergötland, Blekinge, das südliche Småland sowie Öland und Gotland. Nach Norden hin nimmt er ab. Im Schweizer Mittelland beherrscht er die alpennahen Bereiche und ist hier z. B. für das Aargauer Strohhaus wichtig (Felder, 1961). Ebenso ist er für einige Typen des Schwarzwaldhauses charakteristisch. In den slawischen Gebieten kommt er in der Übergangszone

Abb. 6 Bohlenständerbau in dem Einheitshaus eines Schwarzwaldhofes, Wittenbacherhof in der Gemeinde Schonach-Wittenbach, Kr. Villingen-Schwenningen, um die Mitte des 17. Jahrhunderts errichtet (nach Schilli).

zwischen Block- und Lehmbau vor, und in Südosteuropa schließt an den Blockbau der dinarischen Gebirge der Bohlenständerbau in der Morava- und Vardar-Senke.

Ebenfalls zwischen Blockbau und Fachwerkbau stehend, erweist sich der Stabbau, der aus senkrechten Bohlen besteht, deren beide Enden in einen Rahmen eingenutet sind. In Norwegen spielt der Stabbau eine größere Rolle als in Schweden, ist hier auf den Westen des Landes beschränkt und erfuhr eine Einengung seines Verbreitungsgebietes durch den Blockbau (Erixon, 1957, S. 53). Weiterhin ist das *Fachwerk* (Abb. 7) wichtig. Bei ihm werden die Ständer meist aus Eichenholz hergestellt, während die Gefache durch Flechtwerk mit Lehmbewurf gefüllt wurden; später ersetzte man letzteres vielfach durch Ziegel, besonders früh dort, wo Bauern zum Export ihrer überschüssigen Produkte übergingen und mit städtischer Bauweise in Berührung kamen. So ist der Ziegelbau für Dithmarschen seit dem Ende des 16. Jh.s bezeugt, und im 18. Jh. kam er in der Geest, unterstützt von der Obrigkeit, auf (Schlee, 1958). Wohl ist das Fachwerk für Mitteleuropa charakteristisch, aber keineswegs auf diesen Raum beschränkt. Im östlichen Mitteleuropa und in Osteuropa fehlt es nicht, ist aber auf einen schmalen Saum eingeengt. Es findet sich im nördlichen Kleinasien wieder, wo das Gerüst aus Eichen- oder Rotkiefernholz besteht (Denker, 1963). Während der Ausdehnung des türkischen Reiches wurde diese Bauweise von hier aus nach Südosteuropa übertragen. Sie zeigt sich weiterhin in Ostasien, sowohl im mittleren China, in Korea und teilweise in Japan. Deutete Steinbach (1962, S. 98) den mitteleuropäischen Fachwerkbau als Kontaminationsform zwischen dem reinen Holzbau im Nordosten und dem Lehmbau im Südosten Europas, so stellte Helbok (1929) Beziehungen zwischen Vegetationsformation und vorherrschendem Material her. Im Laubmischwald West- und Mitteleuropas entwickelte sich das Fachwerk, bei dem gute Hölzer (Eichen) für das Ständerwerk zur Verfügung stehen müssen. Ähnlich liegt es im Bereich des Schwarzen Meeres oder in Ostasien, wo sich das Fachwerk im wesentlichen an die Laubwaldbezirke hält. Nach nordwestdeutschen Verhältnissen zu urteilen, entwikkelte sich das Fachwerk relativ spät. Ihm ging zeitlich der Pfostenbau (mit eingegrabenen Pfosten) mit Wänden aus Flechtwerk voran. Bei der Wurtengrabung von Hessens bei Wilhelmshaven wurden für das 6.-9. Jh. zum erstenmal lehmverstrichene Fachwerkwände gefunden (Haarnagel, 1950, S. 88), und im Ammerland konnte der Übergang vom Pfosten- zum Ständerbau (mit oberirdischem, auf einem Fundament stehendem Gefüge) für das 14. Jh. festgelegt werden (Zoller, 1962).

Haben wir uns bisher mit Absicht im wesentlichen auf Eurasien beschränkt, so ergeben sich bereits hier einige wichtige Schlußfolgerungen. Als Kennzeichen für die Wohnstätten der ländlichen Siedlungen im Bereiche des Pflugbaus hat die rechteckige Grundrißform im Zusammenhang mit dem der jeweils heimischen Landschaft entstammenden Material zu gelten. Damit zeigt sich in großen Zügen gegenüber andern Wirtschaftsformen die fortgeschrittene Technik, sonst aber enge Beziehungen zwischen Hausbau, Klimaregion und Vegetationsformation. Oft genug kommt es jedoch vor, daß die Natur mehrere Werkstoffe zur Verfügung stellt, aus denen die Gebäude geformt werden können. Wenn nicht besondere Bedingungen vorliegen, wird der Mensch das Material wählen, dessen technischer Bewältigung er sich durch sein Herkommen am meisten gewachsen fühlt. Nur aus diesem Grunde setzt sich über größere Landschaften hin die Verwendung einheitlicher Baustoffe durch, und nur deswegen bildet sich bei bestimmten Völkern die Vorliebe für die Benutzung spezifischen Materials heraus. Für das japanische Haus ist die leichte Bambus-Holzkonstruktion charakteristisch, die selbst nach Sachalin verpflanzt wurde, obgleich es näher gelegen hätte, dort zum Blockbau überzugehen (Schwind, 1942, S. 179/80). Die Kulturtradition des chinesischen Volkes entwickelte sich im Norden des Landes, wo der Lehmbau durchaus im Einklang mit Klima- und Bodenverhältnissen steht. Aber von hier aus gelangte das „chinesische Lehmhaus", teilweise direkt durch Kolonisation, teilweise indirekt durch Kulturströmungen, sowohl nach Mittel- und Südchina als auch nach Norden bis nach Transbaikalien (Thiel, 1953, S. 115), obgleich jeweils andere Möglichkeiten bestanden hätten. Solche Beispiele ließen sich mehren und wurden bereits früher erwähnt. So bestehen nicht nur Beziehungen zwischen Baumaterial und Landschaftsausstattung, sondern auch zwischen Baustoff und Volkstum bzw. dessen Tradition.

Anders liegen die Verhältnisse in den überseeischen Kolonialländern. Wohl haben die europäischen Siedler vielfach zunächst ihre heimische Bauweise verwandt; doch oft genug erwies sich diese als ungeeignet. So gaben die nach Niederkanada eingewanderten Franzosen bald den Steinbau auf. Die deutschen Kolonisten Australiens hielten zwar lange am Fachwerkbau fest, „bis ihnen in Queensland die weißen Ameisen die Häuser aufgefressen hatten" (Geisler, 1933, S. 153) usf. Es ist nicht nur charakteristisch, daß traditionsgebundene Formen aufgegeben wurden, sondern daß sich vielfach ein *einheitlicher* Bautyp entwickelte.

So bildete in den Vereinigten Staaten das Blockhaus, die log cabin, eine weitverbreitete und gerade für das Erschließungsstadium kennzeichnende Erscheinung, wenn sie auch nicht in allen Landschaften Eingang fand. Ausgewanderte Engländer zeigten gegenüber der log cabin große Zurückhaltung: Sie wurde von Deutschen in Pennsylvanien gebraucht und schließlich von Iro-Schotten übernommen und seit der ersten Hälfte des 18. Jh.s nach Westen bis über den Mississippi hinaus verbreitet. Nur geringen Eingang fand der Blockbau im Gebiet der Großen Seen, weil hier der von französischen Einwanderern entwickelte Bohlenständerbau üblich wurde (Kniffen und Glassie, 1966; Deffontaines 1967). Die log cabin ist seit der Mitte des 19. Jh.s im Rückgang begriffen (Zelinski, 1953). Mit dem Aufkommen zahlreicher Sägewerke trat der Holzgerüstbau mit Plankenverkleidung an seine Stelle (Rahmenhaus, frame house), der sich selbst in den westlichen Trokkengebieten durchsetzte.

Ein weiteres Verbreiterungsgebiet von Blockhäusern trifft man in Mexiko (Winberry, 1974). Voraussichtlich um die Mitte des 16. Jh.s, als deutsche Bergleute aus den Sudeten nach Mexiko geholt wurden, wandten sie die ihnen bekannte Bauweise in den Waldgebieten an, was dann von den Indianern übernommen und weiter verbreitet wurde. Noch einmal im ersten Viertel des 19. Jh.s brachte die Einwanderung deutscher Bergleute in das östliche Mexiko eine Verstärkung des Blockbaus, der im nördlichen Mexiko ebenfalls im 19. Jh. von den Vereinigten Staaten her eindrang.

Auch in Brasilien findet man Häuser verschiedener Völker europäischer oder asiatischer Abkunft, aber das Übergewicht bilden einfach gehaltene Holzbauten (Lehmann, 1958, S. 67). Wenngleich in der Alten Welt, was Baumaterial und Konstruktion anlangt, die Uniformisierung der Bauernhäuser immer mehr um sich greift, so wurde das u. U. schon ein Jahrhundert früher kennzeichnend für die überseeischen einstigen Kolonialgebiete.

b) Haus und Gehöft

Die Haus- und Gehöftformen, die es nun zu betrachten gilt, sind Ausdruck der allgemeinen Wohnkultur, d. h. der Ansprüche, die an Wohn- und Wirtschaftsgebäude gestellt werden; in ihnen prägt sich zugleich die wirtschaftliche Nutzung *und* die Betriebsgröße aus. Während jedoch in den überseeischen, von Europäern besiedelten Räumen im wesentlichen die oben genannten Gesichtspunkte zu berücksichtigen sind, spielen in der Alten Welt Bautradition und kulturelle Momente eine wichtige Rolle. Es kommt hinzu, daß hier auch die Raumbeengung von Einfluß ist, während dort in dieser Hinsicht die Möglichkeit zu freierer Entfaltung besteht.

Haus und Gehöft werden bei den Pflugbauern von der Einzelfamilie, u. U. auch von der Großfamilie bewohnt; doch ist dies hier nicht mehr in dem Maße entscheidend wie bei den Hackbauern, weil man die Größe von Haus und Gehöft dem Umfang der Wohngemeinschaft anpassen kann, sei es durch Errichtung verschiedener Häuser innerhalb eines Gehöftes oder sei es durch Übereinanderschaltung mehrerer Geschosse. Die Mehrgeschossigkeit, der Stockwerkbau (Kap. IV. B. 4), ist bei den Hackbauern noch nicht vorhanden (Werth, 1954, S. 250); tritt er bei ihnen auf (z. B. im Sudan), dann geht das meist auf fremde Einflüsse zurück.

Wir müssen uns bei der Behandlung von Haus und Gehöft auf Beispiele beschränken und werden die von der bäuerlichen Bevölkerung benutzten Formen in den Vordergrund stellen, was insofern gerechtfertigt ist, als sie den Grundstock der ländlichen Bevölkerung abgeben. Ausgehend von den kulturellen Bindungen, werden wir dann jeweils die Abwandlungen darlegen, wie sie durch soziale Verhältnisse und Nutzungsformen hervorgerufen werden.

α) Haus und Hof im Orient, im Mittelmeerraum und im Fernen Osten. Daß die kulturelle Verankerung das umfassendere Prinzip ausmacht, zeigt sich mit einiger Klarheit im *Orient.* Hier ist das Lehm-Flachdachhaus herrschend (Kap. IV. B. 5. a), bei dem die Wohnräume um einen Innenhof angeordnet sind. Dieses *Hofhaus* ist als solches sehr alt, wurde aber mit der Ausbreitung des Islams in Gebiete verpflanzt, wo es ursprünglich wahrscheinlich nicht heimisch war, insbesondere nach Nordafrika und südlichen Teilen der europäischen Mittelmeerländer. Der Forderung des Islams nach Abschluß der Frauen von der Außenwelt kommt das Hofhaus in besonderer Weise nach, denn die Anlage kann so gestaltet werden, daß sich die Räume nach dem inneren Hof öffnen, während Fenster nach der Außenfront vermieden oder durch Vergitterung gegen Einblick in das Innere geschützt werden. Gehen Nomaden innerhalb des vom Islam beherrschten Gebietes zur seßhaften Lebensweise über, dann stellt sich nach Überwindung von Übergangsstadien auch bei ihnen häufig die genannte Form ein.

Umfaßt das Hofhaus zunächst lediglich die Wohnräume, so ist die Art der Wirtschaftsgebäude von der jeweiligen Landnutzung abhängig. Herrschen Baumkulturen und Gartenbau vor, dann kann man meist auf besondere Wirtschaftsräume verzichten. So gehören zu den Häusern der Sahara-Oasen weder Stall- noch Vorratsräume. Die wenigen Ziegen und Esel, die der Oasenbauer besitzt, werden nachts im inneren Hof gehalten, ebenso wie man hier abschließbare Speicher zur Aufbewahrung von Datteln, Korn usf. beobachtet; erst in neuerer Zeit trennt man Stall- und Wohnräume (Suter, 1958). Es mag ebenfalls vorkommen, daß man sich auf der Dachterrasse einen besonderen Raum für die Aufbewahrung von Vorräten schafft. Anders dagegen liegt es dort, wo der Getreidebau größere Bedeutung hat und damit auch die Viehhaltung umfangreicher sein muß. Dies ist vor allem in den winterkalten Oasengebieten der Fall. So sind z. B. in Turkestan den Hofhäusern Stall und Scheune angegliedert.

Doch nicht überall bildet das Hofhaus im Orient die Grundlage. Teilweise sind soziale Verhältnisse für Abweichungen verantwortlich zu machen. Der ausgesprochene Klein- und Kleinstbesitz der ägyptischen Fellachen z. B. hat dazu geführt, daß sie sich mit besonders primitiven Bauten begnügen. Ihre Lehmterrassenhäuser enthalten in der Regel nur einen Raum, der die Menschen und wenigen Tiere aufnimmt. Dabei hat jedes Dorf eine gemeinsame Dreschtenne und einen gemeinsamen Speicher für die Aufbewahrung der Ernte. Auch im unteren Tigrisgebiet liegen die Verhältnisse nicht viel anders. Einräumige Schilfmatten-Halbtonnen sind im Marschgebiet die Behausungen der Ärmsten; bei etwas höherem Lebensstandard werden mehrere solcher Halbtonnen nebeneinandergesetzt und das Ganze von einem Schilf- oder Dornzaun umgeben (Wirth, 1955, S. 23).

Andere Haus- und Gehöftformen im Bereiche des Orients stellen sich schließlich in den randlichen Gebirgslandschaften ein, in denen sich das Hofhaus nicht durchzusetzen vermochte, sei es, daß das Relief hemmend wirkte oder sei es, daß die Haustypen von den jeweiligen Kultureinflüssen unberührt blieben und das Eigenleben der Gebirgsbevölkerung einigermaßen intakt gelassen wurde. Unter den zahlreichen Formen, die sich in diesen Randgebieten finden, verdient die von den Türken benutzte besondere Beachtung. Obgleich ihre Bindung an den Islam nicht minder stark ist als bei den Oasenbewohnern, kann das Hofhaus nicht als charakteristisch angesprochen werden. Ob aus Bruchstein, Lehm, Lehmziegel oder gar Holzfachwerk in den Waldgebirgen bestehend, ob mit Flachdach in den trockeneren oder mit Sattel- bzw. Walmdach in den feuchteren Landschaften ausgestattet, handelt es sich überwiegend um einen Stockwerkbau, bei dem Ställe und Vorratsräume im Untergeschoß liegen, während das Obergeschoß die Wohnräume aufnimmt. Diese öffnen sich nach einer rückwärtig vorhandenen Veranda, die durch eine Treppe von außen her zu erreichen ist. Bei dem vorherrschenden Feld- und Gartenbau und sehr geringer Viehhaltung reichen die Wirtschaftsräume im Erdgeschoß aus; sie werden mitunter um einen besonderen Schuppen vermehrt, der zur Aufbewahrung von Stroh oder Häcksel dient. Den religiösen Forderungen des Islams kommt man durch Abtrennung der für die Frauen bestimmten Räume nach; vor allem aber ist die Gesamtanlage durch einen dichten Flechtzaun oder eine hohe Lehm- bzw. Lehmziegelmauer gegen die Außenwelt abgeschlossen. Sicher ist der Stockwerkbau mit traufseitiger Veranda eine Gehöftform, die nicht von den Türken *allein* benutzt wird. Doch haben sie sich in besonderer Weise diesem Typ zugewandt und ihn bei kolonisatorischen Vorgängen auch außerhalb ihres eigentlichen Lebensraumes verbreitet (Südosteuropa).

In den randlichen Gebirgsländern, z. B. in verschiedenen Teilen des Atlas, im Taurus, Kaukasus, Pamir und Hindukusch, verblieb die Bevölkerung im Sippen- und Stammesbewußtsein; dem entspricht es, daß eine Vielfalt von Haus- und Gehöftformen entwickelt ist, denn ein kultureller Ausgleich vermag sich in solchen Räumen nur schwer anzubahnen. Mitunter sind es nur Einraumhäuser, in den trockenen Gebieten mit Flachdach versehen und dann den Hang terrassenförmig ansteigend, so daß die höher liegenden Häuser nur über die Dachterrassen der unteren zu erreichen sind; selbst Blockhäuser als Terrassenhäuser kommen vor (Pamir und Hindukusch). Vielfach erscheint auch hier der Stockwerkbau. Doch erhalten die Gehöfte dieses Gebietes durch ein anderes Element ihre spezifische Note; es ist die Einbeziehung von Wehrtürmen in die Hof- oder Ortsanlage. So hat die berberische Bevölkerung im Anti-Atlas und im westlichen Hohen Atlas befestigte Kollektivspeicher, die entweder zu einem oder zu mehreren Dörfern gehören. Bei manchen kaukasischen Stämmen besitzt jedes Gehöft einen eigenen Wehrturm, sei es, daß häufige Auseinandersetzungen zwischen den Stämmen dies erforderlich machte oder sei es, daß es durch den Zusammenhalt von Großfamilien und die Sitte der Blutrache notwendig wurde. In Vorderasien sind bäuerliche Wehrtürme für Südwestarabien (v. Wissmann, 1937), in Europa für Albanien charakteristisch, hier durch Blutrache und langwährende politische Unsicherheit bedingt. Als Kula bezeichnet, breitete sich der als Wohnung dienende Wehrturm besonders während der Türkenzeit aus (Louis, 1933).

Im *europäischen Mittelmeerraum* ist keine vorherrschende Form der Haus- und Gehöftanlage vorhanden. Häufig wird der Stockwerkbau als typisch betrachtet, der sich vornehmlich in den Gebirgsländern zeigt, allerdings ohne abschließende Mauer; aber er überwiegt in keinem Falle so, daß er für den gesamten Bereich verbindlich wäre. Dort, wo genügend Lehm zur Verfügung steht und die klimatischen Verhältnisse es gestatten, sind die aus getrocknetem Lehm oder Lehmziegel hergestellten Häuser bezeichnend, bei denen das Material mitunter nur eine eingeschossige Bauweise erlaubt. Baldacci (1958) zeigte das Verbreitungsgebiet der „casa di terra“ in Italien, das die Po-Ebene, einen schmalen und beschränkten Küstensaum an der Adria, Kalabrien und den Süden Sardiniens umschließt, nicht aber Sizilien. Wie überall in warmen Gebieten zeichnen sich die Häuser dadurch aus, daß sie nicht Wohnung zu ständigem Aufenthalt sind wie in den mittleren Breiten. Infolgedessen sind auch die Ansprüche, die seitens der bäuerlichen Bevölkerung an Größe und Ausstattung des Hauses gestellt werden, gering. Dasselbe aber gilt für die Wirtschaftsräume. Überwiegen von Feldbau, Garten- und Baumkulturen bei geringer Viehhaltung und Kleinbesitz lassen Wirtschaftsgebäude oder -räume mitunter entbehrlich erscheinen, oder zumindest sind sie gegenüber den der höheren Breiten reduziert. Demgemäß ist meist auch das Dreschen im Freien üblich, und der gemeinsame Dreschplatz mit den darum gruppierten Speichergebäuden befindet sich meist am Rande eines Dorfes. In den südlichen Alpen (z. B. Tessin) ebenso wie im Bereich der Südabdachung der Pyrenäen begegnet man den nördlichen Vorposten des freien Dreschplatzes; dann beginnt der Übergang zur gedeckten Tenne, die räumlich mit der Kornhiste (notwendig zum Dörren des Getreides), mit der Scheune oder andern Elementen des Wirtschaftsbetriebes verbunden wird (Krüger, 1936 und 1939; Huber, 1944).

Nur in geringem Maße ging man der Genese der Haus- und Gehöftformen im Mittelmeerraum nach. Doch dort, wo dies getan wurde, hat sich gezeigt, daß auf alte Grundlagen zurückgegriffen werden muß, um die heutige Ausprägung zu verstehen. Für Kreta sind viereckige Kastenhäuser aus Bruchstein mit Flachdach bezeichnend, meistens nur einen, höchstens zwei Räume umfassend. Sie erhalten ihre charakteristische Note nicht allein dadurch, daß sie selten isoliert auftreten, sondern zu Baublöcken vereinigt sind, deren Dächer bei ebenem Untergrund zu einer einzigen Plattform verschmelzen. Bei stärkerem Relief steigen sie terrassenartig an, so daß die oberen Häuser über kleine Treppen nur über die Dächer der darunter gelegenen zu erreichen sind. Wohl ist damit eine enge Anpassung an die klimatischen Verhältnisse gegeben und ebenso eine leichte Verteidigungsmöglichkeit; beide Momente haben die Erhaltung des geschilderten Haustyps begünstigt. Seine Entstehung aber geht auf die minoische Periode zurück (um 2500 v. Chr.), für die bereits die gekennzeichnete Gestaltung maßgebend war (Creutzburg, 1933, S. 59). Das bedeutet nicht, daß sich dieser Baugedanke auf eine einzige Kultur beschränkt; er kann sich unter ähnlich gearteten klimatischen und historischen Verhältnissen (Schutzmotiv) auch anderswo einstellen, wie dies z. B. die Wohnstätten der Pueblo-Indianer im Südwesten Nordamerikas zeigen (Fliedner, 1974).

Auch die Hausformen Niederandalusiens müssen auf ältere Anlagen zurückgeführt werden. Zu ihnen gehört vor allem das Corralhaus. An der Straßenfront befindet sich das einfache, meist nur aus zwei Räumen bestehende Haus; gegen die Nachbargrundstücke ist es durch hohe Mauern getrennt, die einen kleinen Hof, den Corral, einschließen. Hier sind Verschläge für die wenigen Tiere errichtet, während die Ernte auf dem Dachboden geborgen wird. Einer jüngeren Schicht ist das Hofhaus zuzurechnen; immerhin führt Niemeier (1935, S. 153 ff.) letzteres auf Einflüsse aus dem östlichen Mittelmeergebiet beruhend, bereits in die vormaurische Zeit zurück. Das Hofhaus ist zwar für die Wohnstätten der bäuerlichen Bevölkerung in diesem Gebiet kaum von Belang; doch sind vielfach Übergangsformen zwischen Corral- und Hofhaus vorhanden, die wohl als Kontaminationsform gedeutet werden müssen und sich u. U. auch bei der bäuerlichen Bevölkerung einstellen. Die von Jessen (1930, S. 206 ff.) geschilderten Corralhäuser der Mancha sind eine solche kombinierte Form. In den Weingegenden mit großen, 4 bis 5 m unter der Erde liegenden Kellern ausgestattet, die vom Haupthof zu erreichen sind und sich bis zur Mitte der Straße hinziehen, sind sie dieser Nutzungsform angepaßt; doch die Art der Anlage wurde nicht durch den Rebbau hervorgerufen.

Anders steht es mit den nur periodisch genutzten Wohn- und Wirtschaftsgebäuden, wie sie sich insbesondere im Rahmen der Gebirgsweidewirtschaft einstellen, sei es bei der Transhumance oder bei der Almwirtschaft (Kap. II. B. 2. a. j). Bei ihnen stehen in der Tat die wirtschaftlichen Belange im Vordergrund. Ob lediglich Hirten eine Unterkunft benötigen oder ob Milchverarbeitung eine Rolle spielt, ob bei Zwischenalmen Heu gelagert wird oder ob nur der Heuvorrat geborgen werden muß, um ihn mit dem Schlitten zur Dauerwohnstätte transportieren zu können u. a. m., prägt sich relativ eindeutig in den dafür vorgesehenen Bauten aus.

Für Indien sind die Unterlagen über die Haus- und Gehöftformen – trotz einiger Fortschritte – noch immer gering. Zunächst sei auf die Zusammenstellung von Spate (1967, S. 201) verwiesen, in der außer der Abhängigkeit von Klima und Pflanzenwelt die durch das Kastenwesen bedingte erhebliche soziale Spanne auch in den Hausformen zum Ausdruck gelangt. Für Südindien wurde dieser Sachverhalt von Bronger (1970, S. 89 ff.) betont, der für das Dekkan-Hochland in der Umgebung von Haiderabad den Gegensatz zwischen den meisten zweigeschossigen ziegelgedeckten Steinhäusern der Brahmanen- und Reddi-Kaste, den Steinhäusern von Handwerker-Kasten und den einräumigen und strohgedeckten Lehmhütten der Parias kennzeichnete. Hatte man nach dem Zweiten Weltkrieg zuerst daran gedacht, entlassene Kriegsteilnehmer unterzubringen, so mußten nach der politischen Teilung des Subkontinent auch Bevölkerungsgruppen aus dem Pandschab und Bengalen angesetzt werden. Infolgedessen findet man in den jungen Kolonisationsgebieten von Ort zu Ort wechselnde Hausformen, wie es Nitz (1968) für das Himalaja-Vorland von Kumaon darlegte.

Wir wollen als weiteres Beispiel die Haus- und Gehöftformen in *China* und seinen Nachbarlandschaften betrachten[1]. Sicher kann nicht davon die Rede sein, daß im chinesischen Großraum nur *ein* Typ entwickelt ist. Spencer (1947, S. 247 ff.) wies besonders auf die Vielfalt der in China vorhandenen Haus- und Gehöftformen hin. Doch bereits in der Ausbreitung des Lehmbaus über sein Ursprungsgebiet hinaus (Kap. IV. B. 5. a) kommt das Übergewicht Nordchinas als Kernland der chinesischen Kultur zur Geltung. In dieser Richtung liegt es nun auch, wenn die im Norden ausgebildeten Formen als Ausdruck chinesischer Kultur sowohl nach Süden als auch in die peripheren Landschaften vordrangen.

[1] Die Ausführungen über siedlungsgeographische Sonderheiten in China beziehen sich auf die Zeit vor der kommunistischen Revolution.

In Nordchina wird besonderer Wert auf den Abschluß der Wohn- und Wirtschaftsgebäude von der Außenwelt gelegt. Die chinesische Familie, meist nicht die Einzel-, sondern die Großfamilie, isoliert sich. Darum ist die gesamte Anlage in der Regel von einer rechteckigen Mauer umgeben. Sie erscheint als das Primäre, während die Raumgliederung innerhalb des so abgeschlossenen und meist nur durch ein Tor zu erreichenden Hofes als sekundär betrachtet werden muß. Die Anordnung der Gebäude, die den Hof einfassen – u. U. auch die Mauer ersetzen, nach außen dann aber weder Tür noch Fenster besitzen –, stellt sich unterschiedlich dar. Als Ideal jedoch, das allerdings nicht immer realisiert sein mag, gilt, das Hauptwohnhaus an der Nordseite zu errichten. Das ist im nördlichen China aus klimatischen Gründen vorteilhaft, denn so werden einerseits die kalten Nordwinde abgehalten, andererseits der Wintersonne Eintritt in das sich nach Süden öffnende Haus gewährt. Diese ohne Zweifel klimatischen Vorzüge decken sich überdies mit geomantischen Vorstellungen der Chinesen, so daß auch religiöse Momente auf die Verwirklichung eines solchen Planes hinzielen. Nicht umsonst berichtet Yang (1947, S. 38), daß das Haupthaus als „Nordhaus" bezeichnet und dadurch seine Stellung auch im Volksmund festgelegt wird. Baumaterial und Zahl der Räume, die das meist eingeschossige Wohnhaus enthält, sind von der sozialen Lage seiner Bewohner abhängig. Dasselbe gilt auch für den Umfang der Wirtschaftsgebäude, die getrennt vom Wohnhaus errichtet werden. Ein armer Bauer benötigt nur einen kleinen Schuppen, der sich an einer der andern Hofseiten befindet. Bei etwas größerem Landbesitz braucht man Ställe, Scheunen, auch Unterkünfte für Landarbeiter, so daß die Innenseiten der Abschlußmauer auf zwei, drei, u. U. auch vier Seiten teilweise oder vollständig mit Gebäuden ausgefüllt werden. Wohlhabende Bauern, die noch mehr Raumbedarf haben, errichten parallel zum „Nordhaus", den Hof querend und mit einer Toreinfahrt versehen, das „Mittelhaus", das meist verheiratete Familienmitglieder aufnimmt. Der Hof wird auf diese Weise in zwei Teilhöfe gegliedert (Yang, 1947, S. 38 ff.; Pezeu-Massabuau, 1969). So erscheint für das nordchinesische Gehöft die Hofanlage als das wesentliche Moment ebenso wie die Lage des „Nordhauses", während die sonstige Anordnung der Gebäude von untergeordneter Bedeutung ist und nur als Abwandlung einer Grundform aufgefaßt werden kann. Infolgedessen lassen sich die für Mitteleuropa eingeführten Begriffe wie Zweiseit-, Dreiseitgehöft usf. (Kap. IV. B. 5. β) hier nicht verwenden.

Das gekennzeichnete nordchinesische Gehöft ist nun, wie Spencer (1947, S. 273) hervorhebt, im Vordringen begriffen; man findet es, wenn auch nicht mehr mit dieser Ausschließlichkeit, über ganz China verbreitet. Es hat sich, meist in seinen einfacheren Formen, in der Mandschurei durchgesetzt (Fochler-Haucke, 1941, S. 211 ff.), und auch in Korea ist nordchinesischer Einfluß bemerkbar (Lautensach, 1945, S. 19 ff.). In Japan allerdings hat das nordchinesische Gehöft nicht Eingang gefunden, obgleich dort manche anderen siedlungsgeographischen Elemente auf chinesische Einwirkung zurückgehen (Kap. IV. C. 2. e. α). Auf jeden Fall aber ist zu erkennen, daß trotz aller Unterschiede *eine* Grundform der Gehöftanlage in China herauskristallisiert wurde, die als Merkmal chinesischer Kultur Geltung besitzt.

β) Bäuerliche Haus- und Hofformen Mitteleuropas. Schließlich wollen wir die Gehöfte Mitteleuropas als Beispiel heranziehen unter Berücksichtigung der gesamteuropäischen Zusammenhänge. Ist der nach allen Seiten abgeschlossene Hof ein Kennzeichen der chinesischen Formen, so liegen die Verhältnisse bei den nord-, west-, mittel- und osteuropäischen anders. Hier sind die Gebäude und ihre Anordnung das Primäre; eine Zusammenfassung durch Zaun oder Mauer fehlt mitunter oder ist als sekundär zu betrachten.

Für die sehr verschiedenen Formen Mitteleuropas gab Müller-Wille (1936, S. 130 ff.) eine Klassifizierung, die auf der äußeren Erscheinung, d. h. der Anordnung der das Gehöft ausmachenden Gebäude beruht. In Frankreich kann man sich auf die Definition von Demangeon (1920 oder 1952, S. 276 ff.), Faucher (1962, S. 238 ff.) und Deffontaines (1972) stützen. Es wird dadurch das physiognomische Moment betont und zugleich die vielfach verwendeten auf germanische oder andere Stämme bezogenen Bezeichnungen (z. B. fränkisches Gehöft, niedersächsischer Einheitshof usw.) vermieden; dies ist als Vorzug zu werten, da sich gezeigt hat, daß Gehöfttypen nicht mit einstigen Stammesgrenzen zusammenfallen und die Grenzen verschiedener Formen im Laufe der Zeit nicht konstant bleiben, sondern bei wirtschaftlichen und sozialen Wandlungen Verschiebungen erleiden.

Zwei Hauptgruppen sind zu unterscheiden: unter *Mehrbauhöfen* versteht man solche, die mehrere gesonderte Gebäude umfassen, während bei *Einheitshöfen,* auch Einhof oder Einbau genannt, Wohn- und Wirtschaftsräume unter einem Dach vereinigt sind. Als dritten Typ scheidet Müller-Wille (1936, S. 130) Sammelbauhöfe aus, bei denen die Gebäude hintereinander, nebeneinander oder auch ineinander geschaltet sind; doch lassen sich diese unschwer unter die beiden Hauptgruppen aufgliedern, abgesehen davon, daß diese Vorgänge entwicklungsgeschichtlich wichtig sind und zur Ausbildung derjenigen Formen führten, die im 19. Jh. meist ihr Endstadium erreichten. Notgedrungen müßten unter dem genannten Aspekt Einheitshöfe jeglicher Art als Sammelbauhöfe angesprochen werden.

Wir beginnen mit den Mehrbauhöfen. Bei ihnen kann die Anordnung der einzelnen Gebäude ungeregelt oder geregelt sein. Die ungeregelten werden als *Haufenhöfe* oder *Vielhofanlagen* bezeichnet (maison en ordre lâche nach Demangeon, 1952, S. 279 ff.; oder maison dissociée nach Faucher, 1962, S. 248). Für jeden Zweck existierte ursprünglich ein besonderes Gebäude, so daß in der Schweiz der Begriff des Einzweckbaus üblich wurde (Weiss, 1946, S. 93). Dann, wenn die für die Wirtschaft notwendigen Bauten in erheblicher Entfernung untereinander und gegenüber dem Wohnhaus angetroffen werden, der betriebliche Zusammenhang nicht ohne weiteres klar ist und der eigentliche Hofraum fehlt, soll der Begriff „Streuhof" Anwendung finden. Dies ist in besonders extremen Ausmaßen im Wallis der Fall, wo der Bauer versucht, Land in verschiedenen Höhenstufen mit unterschiedlicher Nutzung vom Rebbau bis zur reinen Weidewirtschaft zu erwerben und außerdem die Besitzzersplitterung auf Grund der Realteilung erheblichen Umfang angenommen hat. Unter solchen Umständen wird der Ertrag von ein oder zwei Parzellen in einer Scheune gesammelt, die mit einem oder mehreren Nachbarn geteilt wird; der Viehstall jedoch gehört höchstens zwei Eigentümern. Damit besteht ein Hof mitunter aus zwanzig bis über fünfzig Gebäudeanteilen (Huber, 1944). Sicher kommt der Blockbau, dessen Größenverhältnisse zunächst von der

Länge der zur Verfügung stehenden Stämme bestimmt war, der vorherrschenden Viehwirtschaft auf weit voneinander gelegenen Flächen und starke Reliefenergie ohne genügend ebenen Raum für eine andere Hofanlage der Streuung von Wohn- und Wirtschaftsgebäuden entgegen, und Gefahr wie Brand- oder Lawinenkatastrophen erscheinen gemindert. Infolgedessen stellen die Haufenhöfe ein kennzeichnendes Merkmal der Alpenländer, der südosteuropäischen Gebirge und Nordeuropas dar, ohne daß eine ethnologisch einheitliche Basis, etwa eine nord- oder ostgermanische, angenommen werden muß.

Mitunter ging man dazu über, zwei oder mehrere Wirtschaftsgebäude zusammenzufassen, was besonders für den Heuschober und den Stall gilt. Dazu eignet sich am besten eine Vertikalgliederung mit den Ställen im Unter-, der Heuscheune im Obergeschoß. Teils wird dann das Heu von außen in den Stall befördert (z. B. Graubünden), teils errichtete man zu diesem Zweck eine wettergeschützte Treppe (z. B. Prätigau), teils wurde die Stalldecke unterbrochen, um das Heu durch die so entstandenen Öffnungen nach unten zu geben (z. B. Montafon), und teils birgt man die Ernte erdlastig, so daß der Tiefbansen vom Scheunengeschoß in das Erdgeschoß des Stalles reicht (Fanilleställe der östlichen Schweiz, der Niederen Tauern und des Berchtesgadener Landes (Moser, 1961, S. 95 ff.).

Zu den Haufenhöfen gehören auch die von Rhamm (1908, II, 1, S. 744) als Ring- oder Zwiehöfe ausgeschiedenen Formen, die von Haberlandt (1926, S. 445) Paarhöfe genannt werden. Zwei Höfe machen die Anlage aus: ein Viehhof, auf den die Heuställe ausgerichtet sind, letztere ursprünglich in der Form von Umlaufställen, bei denen dem Vieh ursprünglich kein bestimmter Stand zugewiesen war, und ein Wohnhof mit dem Wohnhaus, dem Speicher u. a. m., beide durch einen inneren Zaun getrennt. In Nord- und Osteuropa ebenso wie in den Alpenländern liegt das Verbreitungsgebiet des Zwiehofes, der sich mitunter entweder zu einem Mehrseitgehöft oder zu einem Einheitshaus entwickelte, wie es z. B. für das norische Gehöft in Kärnten und der Steiermark dargestellt wurde (Moser, 1954).

Wenn sich dieser Vorgang seit dem 15. bis zum 19. Jh. in der nördlichen, östlichen und südlichen Umrahmung Deutschlands vollzog, so ist die Vermutung nicht unbegründet, daß noch im Mittelalter der Haufenhof auch in Mitteleuropa eine beherrschende Stellung einnahm und gegenwärtig auf Rückzugsbereiche beschränkt ist. So werden die mitteldeutschen geregelten Gehöfte im nördlichen Harzvorland auf frühere Haufenhöfe zurückgeführt, weil der Wirtschaftsteil keine einheitliche Konzeption erkennen läßt (Eitzen, 1957, S. 176).

Daß auch bei Grabungen, die der Erforschung mittelalterlicher Verhältnisse dienten, der Übergang von Haufenhöfen zu Dreiseithöfen bestimmt werden konnte, gibt die Möglichkeit, in den Haufenhöfen die Ausgangsform zu erkennen, die sich bei wachsender Bevölkerungszahl, u. U. Verstärkung des Getreideanbaus und Raumbeengung innerhalb der Dörfer zum geregelten Gehöft entwickelte (Schröder, 1970, S. 214 und 1974; Fehring, 1973, S. 23 ff.).

Bei den geregelten Hofanlagen (maison à cour fermée oder maison en ordre serré) hat der Hof meist rechteckige Gestalt, wird auf zwei, drei oder vier Seiten von Gebäuden umgeben und unter besonderen Bedingungen von einem Graben, einer Hecke oder einer Mauer umfaßt (Abb. 7). Sind die Gebäude selbständig, haben sie keine gemeinsamen Wände und keinen durchlaufenden First, dann sind

Abb. 7 Gestelztes Fachwerkhaus innerhalb eines Dreiseitgehöftes, Hof Danner, Bottenau, Ortenau-Kreis (nach Schilli).

Zweiseit- (Winkel- oder Hakenhöfe), Dreiseit- oder Vierseithöfe ausgebildet. Wenn dagegen die den Hof umschließenden Gebäude im rechten Winkel miteinander verbunden sind und eine einheitliche, jeweils abgeknickte Dachfirstlinie entsteht, dann kommen Zwei-, Drei- oder Vierkanter zustande.

Hinsichtlich ihres Verbreitungsgebietes lassen sich die verschiedenen Typen der geregelten Hofanlagen nicht voneinander scheiden, zumal die intensivere Bewirtschaftung seit der industriellen Revolution vielfach den Übergang vom Einheitshaus zum mehrseitigen Gehöft bewirkt hat. Mitunter mag sich die Besitzgröße in der unterschiedlichen Anzahl der den Hof umschließenden Gebäude ausprägen. Am ehesten noch sind die Bereiche des Vierkanters gegenüber anderen Hofformen abzugrenzen, denn die Geschlossenheit dieses Typs hat offenbar zu besonderem Interesse an ihm geführt. Er kommt einerseits in Dänemark vor, andererseits im belgischen Lößgebiet bis zum Niederrhein, in Niederbayern und im voralpinen Österreich und ist vielleicht auf das Vorbild benachbarter Gutsherrschaften zurückzuführen. Ingesamt ist die Ausbildung von „Kanter"-Höfen seltener als die von „Seiter"-Höfen.

Die geregelten Hofanlagen, welcher Sondergestalt sie auch angehören mögen, sind kennzeichnend für Mitteldeutschland (mitteldeutsches Gehöft) mit einem Ausläufer in die Oberrheinebene; sie reichen von hier sowohl nach dem Osten als auch nach dem Westen zur Champagne und zur flandrischen Küste (Verbreitungskarten der Hofformen z. B. in Steinbach, 1926 und 1962, Karte XII; Lautensach, 1964, Bl. 60; Diercke, 1968, Bl. 34/35; Demangeon, 1946, S. 166 ff.; Schröder, 1974, S. 8).

Man wird sich allerdings nicht mit der Unterscheidung von Kanter- und Seiterhöfen und deren Bebauung an zwei oder mehr Seiten begnügen können, sondern muß, um die Entwicklung zu verstehen, zumindest außerdem die Gliederung des Haupthauses, mitunter auch der Scheune in die Betrachtung einbeziehen. Wichtig ist vor allem, ob Wohnräume und Speicher (Wohnspeicherhaus) oder Wohnräume und Stallung (Wohnstallhaus) unter einem Dach zusammengefaßt wurden. Die Verhältnisse liegen jedoch nicht so einfach, wie u.a. Schier annahm (1966, S. 135ff.), der für Mitteleuropa das Wohnstallhaus für charakteristisch erachtete, für Nord-, Osteuropa und die Alpenländer das Wohnspeicherhaus. Auch im Westen, und zwar am Ober- und Mittelrhein, im Rheinischen Schiefergebirge, im südlichen Limburg bis nach Flandern, ist das Wohnspeicherhaus ausgebildet, das sich in Hessen mit dem Wohnstallhaus mischt (Eitzen, 1960, S. 97).

Es ist nicht zu verkennen, daß die geregelten Hofanlagen relativ ebene Gebiete bevorzugen, in denen eine Lehm- oder Lößdecke dem Getreidebau zur Vorherrschaft verhilft. Sicher hat die wirtschaftliche Nutzung dazu beigetragen, ein Vordringen des geregelten Gehöftes gegenüber andern Formen zu erleichtern. In Brabant und Teilen von Limburg, wo ursprünglich das längsgeteilte Hallenhaus herrschte, ging man besonders seit dem 17. Jh. mit wachsender Getreideproduktion zur Querteilung des Hauses über ebenso wie dies für Brandenburg und Hinterpommern aus dem nämlichen Grunde bezeugt ist. Hier wurde zunächst eine Vergrößerung des Dachraumes durch Einschalten eines Zwischengeschosses, des Drempels oder Kniestocks, angestrebt. Dann setzte sich die Zweigeschossigkeit durch, und aus dem Zweiständerhaus wurde gleichzeitig das Dreiständerhaus, bis auch die einseitige Kübbung verschwand, ein dreiständiger Ständerwandbau entwickelt und der Stall an das Hinterende des Hauses angefügt wurde. Schließlich verlegte man die Wirtschaftsräume in besondere Gebäude. Im Weichsel-Nogat-Delta gehörte seit der ersten Hälfte des 17. Jh.s zu jedem Hallenhaus eine quergeteilte Scheune (Kloeppel, 1924, S. 127). In Brandenburg dagegen trat an die Stelle der breiten Längsdiele ein schmaler Längsflur mit Herd und Rauchfang in der Mitte. Während der Intensivierung der Landwirtschaft im 19. Jh. genügte der Dachboden nicht mehr zur Bergung der Ernte. Stall und Scheune bildeten nun eigene Gebäude, das Haus wurde vollständig zum Wohnhaus und von der Traufseite her erschlossen (Krenzlin, 1954/55, S. 638ff.). Das ursprünglich längsgeteilte Einheitshaus gestaltete man in verschiedenen Stufen zum geregelten Gehöft um. Allerdings vermochte man bei ähnlich gearteten wirtschaftlichen Wandlungen auch andere Wege zu gehen, wenn es sich darum handelte, eine Anpassung des Gehöftes an wirtschaftliche Belange zu erzielen, wie es z.B. im Bereich der südlichen Umrahmung der Nordsee bei der Entwicklung des Gulfhauses geschah.

Die mehr als ein Geschoß enthaltenden Wohnhäuser (Abb. 8) innerhalb eines Gehöftes sind auch aus andern Gegenden bezeugt, wobei ihre Entstehung in unterschiedliche Zeitabschnitte fällt. Die Kniestockhäuser in Mittelbaden und im benachbarten Elsaß z.B., mit liegendem Stuhl ausgestattet, besitzen einen Halbstock, der bis in die Hälfte des 19. Jh.s nicht ausgebaut war, sondern der Aufbewahrung von Vorräten diente. Er geht zumindest bis in das 16. Jh. zurück und ergibt sich aus einer bestimmten Zimmerungsart des Fachwerks, „bei der die Dachhölzer etwa 60-80 cm höher liegen als das Dachgebälk, das durch die Knie-

Abb. 8 Stockwerkbau im Rahmen des Wohnhauses, Hof Nr. 76 in Niedereggenen (Kr. Lörrach), voraussichtlich aus dem Ende des 16. Jahrhunderts stammend (nach Schilli).

stockbalken gebildet wird. Die Dachtraufen rücken damit um das Maß der Kniestockwände nach oben" (Schilli, 1957, S. 63). Voraussichtlich in den elsässischen Städten entwickelt, wurde diese Bauweise ohne erheblichen Nutzen für den Wirtschaftsbetrieb und ohne Gewinn für eine Erweiterung der Wohnräume von der ländlichen Bevölkerung übernommen.

Innerhalb des Verbreitungsgebietes des „mitteldeutschen Gehöftes" spielt in klimatisch begünstigten Landschaften der Weinbau eine Rolle. Die wirtschaftlichen Anforderungen des *Rebbaus* zeigen sich naturgemäß in der Ausformung des Gehöftes. Doch werden in der Regel lediglich gewisse Veränderungen der Grundform hervorgerufen. Die der Landwirtschaft dienenden Gebäude sind kleiner als sonst; mitunter, aber nicht immer, tritt ein besonderer Kelterraum auf. Die Unterkellerung ruft eine Höherlegung des Wohnteils hervor, und da der Keller aus Bruchstein errichtet wird, ist das Fachwerk auf diesen Sockel gestelzt (gestelztes Haus[1]). Der Wohnteil erscheint dann über eine äußere Treppe erreichbar. Auf Grund der mit dem Weinbau zusammenhängenden Bevölkerungsverdichtung wird der Wohnbau mitunter um ein Geschoß erweitert. Von einer grundsätzlichen Wandlung der Hofanlage aber kann kaum die Rede sein (Schröder, 1953, S. 114 ff.; Lehmann, 1934, S. 71 ff.; Weitz, 1937).

---

[1] Der Begriff des gestelzten Einheitshauses oder -hofes wird nicht einheitlich gebraucht. Mitunter wird die Zweigeschossigkeit des Gebäudes darunter verstanden (Schröder, 1957, S. 164 ff.), mitunter auch eine bestimmte innere Gliederung, indem der Stall im Untergeschoß, die Wohnräume im Obergeschoß liegen. Aber Stelzung bedeutet lediglich eine spezifische Konstruktion, unabhängig von der Nutzung der Räume, nämlich das Errichten des Fachwerkgerüstes über einem Steinsockel.

Neben den Mehrbauhöfen sind in Mitteleuropa auch Einheitshöfe vorhanden, die mehrere Zwecke erfüllen und deshalb in der Schweiz als Mehrzweckbauten ausgeschieden werden (Weiß, 1946, S. 94). Teils kommen sie in relativ geschlossenen Verbreitungsgebieten vor, teils treten sie in ein- und derselben Ortschaft nebeneinander auf, und zwar meist zwischen dem alten Kern und ausgesprochenen Neubauten. Nach Stockwerkhöhe und Innengliederung gibt es drei voneinander verschiedene Typen: den *Stockwerkbau* (Stockbau oder maison en hauteur nach Demangeon, 1920 bzw. 1952, S. 281 ff.), den *quergeteilten Einheitshof* (maison élémentaire oder maison-bloc à terre von Demangeon, 1920 bzw. 1952, S. 268 ff.) und den *längsgeteilten Einheitshof.*

Den Stockwerkbau mit der Übereinanderschaltung von Stallräumen, die sich im Untergeschoß zu ebener Erde befinden, Wohnräumen, die das Obergeschoß einnehmen, und Dachboden, auf dem die Ernte geborgen wird, haben wir bereits in den Gebirgslandschaften des Mittelmeerraumes, Vorder- und Mittelasiens kennengelernt. Er ist weiterhin für die mediterranen Gebiete Frankreichs charakteristisch und zeigt sich, auf kleinere Bereiche beschränkt, in den westlichen Alpen, in den Pyrenäen und französischen Weinbaulandschaften. Innerhalb Deutschlands finden wir ihn vor allem in Südwestdeutschland und in den westdeutschen Mittelgebirgen. Hier ist er zumeist mit andern Hofformen gemischt, und es ist selten, daß ganze Ortschaften durch ihn geprägt werden. Dies hat dazu geführt, daß er als Kümmerform des mitteldeutschen Gehöftes aufgefaßt worden ist und bei den auf kleine Landschaften beschränkten Untersuchungen sehr verschiedene Bezeichnungen erhielt wie Einheitshaus, Gebirgshaus, gestelztes Haus oder Wohnstallhaus. Vielfach sind nur Stall und Wohnung übereinander angeordnet, und die Scheune daneben nimmt die ganze Höhe des Gebäudes ein. Auf jeden Fall ist, sofern es sich um einen Fachwerkbau handelt, jedes Geschoß für sich abgezimmert, so daß Zweigeschossigkeit vorliegt. Schrepfer (1940, S. 240 ff.) nahm für den Stockwerkbau eine alte einheitliche Grundlage an; Schröder dagegen wies an Hand von Beispielen aus Württemberg nach, daß sein „gestelztes Kleinbauernhaus", bei dem die Wohnräume über den Stallungen liegen und daneben die Scheune angegliedert ist, eine Kombination von Stockwerkbau und quergeteiltem Einheitshaus zu erkennen ist. Besonders starke Realteilung, bei der auch die Hofraiten zur Aufteilung kamen – was in manchen oberrheinischen Gebieten nicht üblich war –, u. U. auch der Rebbau führten vom Haufenhof über das geregelte Gehöft und das quergeteilte Einheitshaus schließlich zum gestelzten Kleinbauernhaus, was sich zunächst in den Städten und dann auf dem Lande vollzog. Im Neckargebiet war dieser Prozeß im 16. Jh. vollendet, in andern Bereichen fand ein solcher Vorgang erst in der zweiten Hälfte des 17. oder 18. Jh.s statt (Schröder, 1974, S. 15 ff. und 1975).

Für den *quergeteilten Einheitshof* (Abb. 6) ist bezeichnend, daß Wohnräume, Stallung und Scheune nebeneinander angeordnet sind und durch Wände quer zur Firstlinie getrennt werden. Traufseitiger Aufschluß des Gebäudes ist meist charakteristisch, wenngleich für einzelne Teile der Eingang auch an der Giebelseite zu liegen kommt. Eingeschossigkeit, die Müller-Wille (1936, S. 134) als Merkmal anführt, ist nicht unbedingt erforderlich. So befinden sich z. B. beim Schwarzwaldhaus im ersten Obergeschoß die Schlafstube des Bauern, weitere Kammern und die Heuböden; das Dachgeschoß enthält noch einen Arbeitsraum und die „Fahr", von der aus das Heu auf die Heuböden eingebracht wird (Schilli, 1953). Ebenso erscheint das Dreisässenhaus des Schweizer Mittellandes mit seinem steilen Firstpfettendach, und in dieser Beziehung ähnlich dem Schwarzwaldhaus, häufig in zweigeschossiger Form, so daß der Dachboden das Bergen der Ernte übernimmt, im Untergeschoß Wohnräume, Tenne und Stallung nebeneinander geschaltet sind (Wohnstallspeicherhaus). Auch im Grenzsaum von Westfalen und dem niederbergischen Land entstanden seit dem 18. Jh. quergeteilte Einheitshäuser, bei denen in beiden Geschossen je drei Wohnräume nebeneinander liegen. Hinsichtlich des Baumaterials, der Höhen- und Breitenentwicklung sowie der Dachform ist kein Hoftyp so variabel wie der quergeteilte Einheitshof; er zeigt ausgesprochene landschaftliche Sonderprägungen wie z. B. eine Vielfalt von Typen bei dem Schweizer Dreisässenhaus (Aargauer Strohhaus, Berner Haus usf.) oder dem Schwarzwaldhaus, das ebenfalls regionalen Wandlungen unterliegt u. a. m.

Ebenso differenziert aber sind die Beziehungen des quergestellten Einheitshofes zu den wirtschaftlichen Nutzungsformen und zu der Größe der bäuerlichen Betriebe. Häufig in den Gebirgen mit nur geringer Nährgrundlage vorkommend, ist er hier wie auch in Schwaben dem Kleinbauertum zugeordnet. In den Alpen u. a. O. stellt er einen ausgesprochenen Viehbauernhof dar und ist keineswegs auf Kleinbetriebe beschränkt. Er kann aber auch als Getreidebauernhof erscheinen wie z. B. im Schweizer Mittelland. Schließlich ist er mit dem Weinbau verbunden, in Frankreich (z. B. im Loire-Gebiet oder im Bordelais) ebenso wie in Deutschland (z. B. Bodenseegegend), wobei eine Abwandlung durch Einbau eines Kellers erfolgt; auch bei Obstbaubetrieben findet u. U. eine Erweiterung durch Kellerräume zur Aufbewahrung des Mostes statt (z. B. Bodensee-Gebiet, Freudenberg, 1938, S. 25).

Das Verbreitungsgebiet des quergeteilten Einheitshofes umfaßt die Ardennen und die westliche Eifel, das Moselgebiet und den westlichen Hunsrück. Für Südwesteuropa ist es durch Abb. 9 nach der Darstellung von Schröder (1974) wiedergegeben. Es fehlte auch in Ostdeutschland nicht, wenngleich seine genaue Verteilung dort nicht bekannt ist.

Vornehmlich den Untersuchungen von Schröder (1974) ist es zu danken, mittels archivalischer Quellen die Entstehung des quergeteilten Einheitshofes für das südwestliche Mitteleuropa bzw. darüber hinaus geklärt zu haben. Teils ging die Entwicklung vom Haufenhof direkt zum quergeteilten Einheitshof, teils aber kam es zur Zwischenschaltung eines geregelten Gehöftes. Ebenso wie bei dem „gestelzten Kleinbauernhof" ist der zeitliche Ansatz der Entwicklung regional durchaus unterschiedlich. Mitunter begann der Prozeß bereits im ausgehenden Mittelalter (z. B. Bodenseegebiet, Tesdorpf, 1969), aber es konnte auch eine Verzögerung bis zum 19. Jh. eintreten (z. B. Nordschweiz, Gschwend, 1971). Ebenso waren die Ursachen durchaus differenziert. Manchmal spielte die Umstellung der landwirtschaftlichen Betriebe eine Rolle (etwa in Oberschwaben), und mitunter bildeten Bevölkerungsvermehrung bei gleichzeitiger Verkleinerung der landwirtschaftlichen Betriebsgrößen das auslösende Moment.

Als letzte Form von regionaler Bedeutung im westlichen und mittleren Europa ist schließlich der *längsgeteilte Einheitshof* zu betrachten. Er kommt mit geringe-

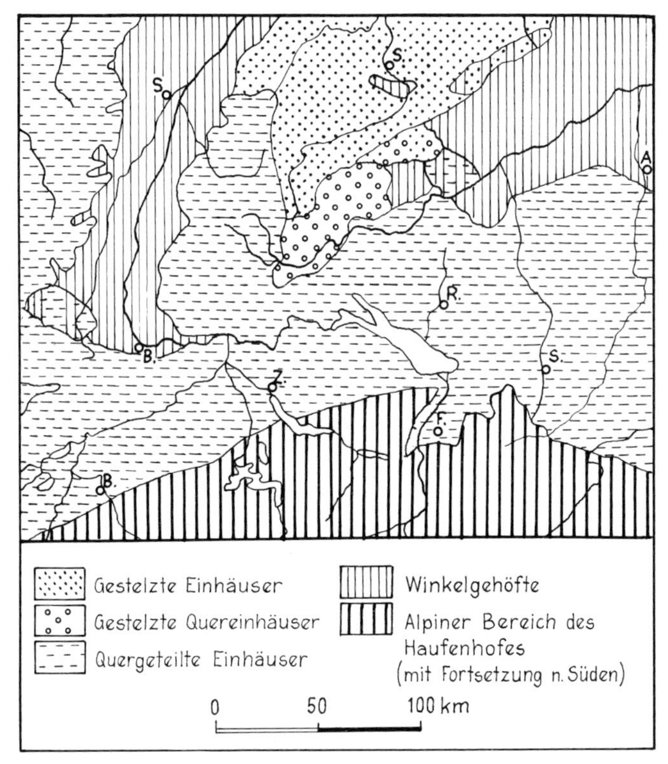

Abb. 9 Die Verbreitung ländlicher Wohnstätten im südwestlichen Mitteleuropa (nach Schröder).

rem Verbreitungsgebiet bei Höfen mit Firstpfettenkonstruktion vor, in größerem Ausmaß bei solchen mit Kehlbalken.

Häufiger jedoch ist das *Hallenhaus* ausgeprägt, das im südlichen Nordseegebiet schon in urgeschichtlicher Zeit eine Rolle spielte. Eigentliche Bauernhäuser mit tief eingegrabenen Pfosten wurden bei den Wurtengrabungen erst seit der vorrömischen Eisenzeit gefunden. Jeweils handelte es sich um dreischiffige Wohnstallhäuser, deren Walmdach in Pfettenkonstruktion von zwei inneren Ständerreihen getragen wurde, so daß zwischen den umschließenden Reisigwänden und den Ständern die Viehboxen lagen. Um Christi Geburt wurden in solchen Häusern mit mehr als 25 m Länge, 7,45 bzw. 6,75 m Breite, von der die Längsdeele 2,10 m einnahm, 56 Kühe aufgestallt, wie es die Befunde in Ezinge erkennen lassen (van Giffen, 1961, S. 33). So wird es verständlich, daß diese Gebäude auch als *Langhäuser* bezeichnet werden; man fand sie nicht nur in der Marsch, sondern ebenfalls auf den dänischen Inseln, im südlichen Schweden und benachbarten Norwegen. Hier wurden sie etwa im 10. Jh. von kleinen Häusern in neuen Konstruktionsarten abgelöst, denen die inneren Säulenreihen fehlten (Erixon, 1961, S. 10 ff.) und die dann offenbar ausgesprochene Haufenhöfe ergaben. In den Randgebieten des Hallenhauses erhielt sich diese Konstruktion mit zwei oder drei Ständerreihen bei den Scheunen, in denen die Ernte erdlastig aufgenommen wurde und bei denen sich deshalb die Entwicklung anders vollzog als bei den entsprechenden Haupthäu-

Abb. 10 Kübbungshaus, Hof Budde von Jahre 1815, Westfalen (Mit Genehmigung des Archiv-Baupflegeamts Westfalen).

sern. Dies gilt für Gotland, Dänemark und das angrenzende Norwegen, für England, die Niederlande, Belgien und Frankreich, für Teile Mitteldeutschlands und Bayerns, für Nordostpolen, die baltischen Gebiete und Weißrußland (Eitzen, 1954, S. 86; Ränk, 1962, S. 110).

Bei der Vervollkommnung des Hallenhauses in Nordwestdeutschland und den benachbarten Niederlanden gelangte man wahrscheinlich im 5.-8. Jh. n. Chr. zum Sparrendach, das die Möglichkeit bot, die Ernte auf dem Dachboden balkenlastig zu stapeln (Abb. 4a-g). Dabei kam es zu regionalen Unterschieden in bezug auf die Konstruktionsform und die innere Gliederung.

Zunächst begnügte man sich mit *Zweiständergerüstbauten*, bei denen zwei Ständerreihen das Dach tragen, während die Wände in dieser Beziehung keine Bedeutung besitzen. Zwischen Ständer und Wand befinden sich die Kübbungen, die zum Aufstallen des Viehs dienen und über die Auflanger oder Zusparren die Verbindung mit den Dachsparren erhalten (Abb. 4f und g). Deshalb wird auch von *Kübbungshaus* gesprochen (Abb. 10). Hinsichtlich des Gerüstes sind Unterrhäm-, Oberrhäm- und Hochrhämzimmerung zu unterscheiden. Werden die Ständer erst in der Längsrichtung durch Rhäme verknüpft und dann Balken in der Querrichtung aufgebracht, dann hat man es mit der Unterrhämzimmerung zu tun (Abb. 4g und 10), häufig mit überstehenden Balken und von Schepers als „das vollkommenste Ständergerüst des dreischiffigen Hallenhauses" bezeichnet (1960, S. 46/47). Die Gebinde müssen relativ engmaschig sein in Abständen von 2–3 m. Wenn umgekehrt zunächst die Dachbalken und dann die Rhäme gezimmert werden, so daß letztere die Schwelle der Dachsparren abgeben, dann sind Oberrhäme vorhanden, die in einigen Teilen Niedersachsens bis in das 18. Jh. hinein herrschten und

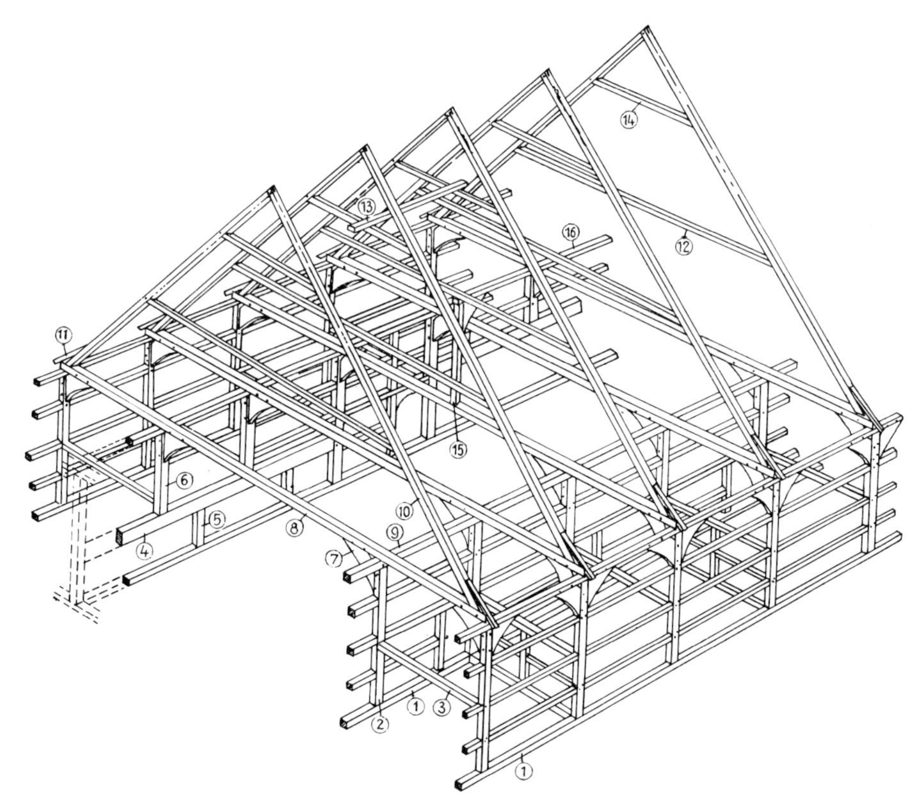

Abb. 11 Vierständergerüst mit Unterrähmzimmerung und doppeltem Kehlbalken (nach Schepers).

1 Schwelle
2 Ständer
3 Hillenbalken
4 Langriegel (Luchtholz)
5 abstützender Zwischenstiel
6 abgefangener Deelenständer
7 Kopfband
8 Dachbalken
9 Rähm
10 Sparren
11 Aufschiebling
12 unterer Kehlbalken
13 Balken (Überzug) für den Ernteaufzug
14 oberer Kehlbalken (Hahnholz)
15 Dachstuhlsäule
16 Dachstuhlrähm

ebenfalls für einige Küstengegenden bestimmend waren (Jochbalken). Beim Hochrhäm mit durchgezapftem Ankerbalken (Abb. 4f) erhält der vertiefte Dachboden besonderes Gewicht. Das Ankerbalkengefüge mit weiten Gebinden ist vornehmlich für das westliche Hallenhausgebiet bis nach den Niederlanden entscheidend und vermochte sich in den letzten drei Jahrhunderten sogar nach dem Emsland und dem Oberweserbereich auszudehnen. Schepers sah in der Hochrhämzimmerung eine alte Form, die teils im späten Mittelalter, teils seit dem 16. Jh. durch das Dachbalkengefüge verdrängt worden sei (1960, S. 39 ff.). Eitzen dagegen bestritt aus den bereits erwähnten Gründen eine solche entwicklungsgeschichtliche Tendenz vom Anker- zum Dachbalken.

Das Kübbungshaus zeigt in bezug auf die Grundrißgestalt drei verschiedene Lösungen: das Durchgangshaus, das Flettdeelenhaus und das Durchfahrtshaus.

Ersteres erhielt sich vor allem in den Loshüsern der niederländischen Landschaft Twenthe, ist durch die von Giebel zu Giebel durchlaufende Halle oder Deele charakterisiert, mit einem Einfahrtstor am Wirtschafts- und einer Tür am Wohngiebel. Beim Flettdeelenhaus wurde die mittlere Deele am Wohngiebel um die Kübbungen erweitert, derart, daß die Deele durch die seitlichen Nischen oder Luchten Licht erhält und die Deele einen T-förmigen Grundriß besitzt. Zuerst bei Ackerbürgerhäusern des südöstlichen Westfalen erscheinend (15. Jh.), verdrängte es vielfach das Durchgangshaus. Auf Holstein und Mecklenburg beschränkt blieb das Durchfahrtshaus, das voraussichtlich nicht der Kolonisationszeit angehört, wie es Folkers darstellte (1961), sondern mit wachsendem Getreidebau seit dem 16. Jh. in den genannten Bereichen als Endform einer spezifischen Entwicklungsreihe entstand. Die Einfahrt am Wirtschaftsgiebel wird durch eine niedrigere Ausfahrt am Wohngiebel ergänzt, so daß das Ein- bzw. Ausfahren der Erntewagen erleichtert wurde.

Im oberen Wesergebiet entwickelte sich, ausgehend von den Städten, im 16. Jh. aus dem Zweiständerhaus das Vierständerhaus, bei dem die Wände der Kübbungen auf die Höhe der Ständer gehoben wurden und die Wände nun einen Teil der Dachlast aufnahmen (Wandständerbau). Die Umwandlung zum Vierständerhaus, meist mit Unterrhämzimmerung (Abb. 11) vollzog sich vor allem in Westfalen und im südöstlichen Niedersachsen. An die Stelle der Wohnlucht konnte hier schon früh eine rauchlose abgetrennte Stube treten, und auch die Feuerstelle gelangte von der Deele in das Seitenschiff. Bereits am Ende des 16. Jh.s wurde an der Oberweser unter städtischem Einfluß die Stube vom Hof- an den Straßengiebel verlegt (Eitzen, 1961, S. 12). Unter diesen Voraussetzungen war dann die Möglichkeit zum Einwirken mitteldeutscher Hausformen auf die Hallenhäuser gegeben.

Wie schon früher erwähnt, vermochte die Umgestaltung des Hallenhauses bei wachsendem Getreidebau auch in anderer Weise zu geschehen. Dies wurde in den Gulfhäusern der niederländischen und niederdeutschen Marschen verwirklicht, als im 16. Jh. die vorherrschende Weidewirtschaft vom Export-Getreidebau abgelöst wurde und gleichzeitig soziale Wandlungen eintraten, indem etwa ⅓ der Bauernhöfe verschwand, auf Kosten derer großbäuerliche Betriebe enstanden (Folkers, 1954, S. 23). Auch das Gulfhaus, das dem Haubarg in Eiderstedt entspricht, ist dreischiffig, aber die Längsdeele wird in ein Seitenschiff verlegt, die Ernte erdlastig gestapelt und der Wohnteil häufig vor die giebelseitig erschlossenen Wirtschaftsräume gestellt.

Wurden bisher die Grundtypen der mitteleuropäischen Hofformen gekennzeichnet, so darf nicht der Eindruck erweckt werden, als ob innerhalb einer Gemeinde völlige Gleichartigkeit geherrscht habe. Sowohl in Gebieten mit Anerbenrecht als auch in solchen mit Realteilung bildeten sich in Zeiten erheblichen Bevölkerungswachstums unterbäuerliche Schichten aus. In Nordwestdeutschland waren es die Erbkötter des Hoch- und Spätmittelalters, die Markkötter des 16. und die Brinksitzer des 18. Jh.s, in Schwaben verschiedene Arten von Seldnern (Wenzel, 1974, S. 41). Selbst wenn keine bestimmten Bezeichnungen für diese Gruppen vorliegen, so waren im 18. Jh. vielfach Nebenerwerbs-Landwirte vorhanden, die sonst vom Tagelohn, von Heimarbeit oder vom Handwerk lebten. Die von ihnen errichteten Wohn- und Wirtschaftsgebäude hielten sich wohl in der Konstruktion an das

Überkommene, waren aber sonst bescheidener als die der Altbauern. So stellte Schröder (1957, S. 170 ff.) einen Wandel der Hofformen am Beispiel württembergischer Haufendörfer vom Zentrum nach der Peripherie hin fest und bezeichnete das als Hausformengefüge. Im Kern befinden sich die Dreiseithöfe oder davon abgeleitete Formen, in einem nächsten Ring die quergeteilten Einheitshöfe; daran schließen sich einfache Seldnerhöfe an, bis schließlich am Rand moderne Wohnbauten erscheinen. Bei Reihendörfern in Bereichen mit Anerbenrecht überließ man den Nicht-Berechtigten mitunter ein kleines Stück Land neben dem Altbauernhof zum Errichten von „Häusle", die dann zwischen die Althöfe eingeschaltet sind.

So ist auf europäischem und besonders auf deutschem Boden eine Vielfalt von Formen entwickelt, deren Grundtypen sich landschaftlich stark differenzieren und deren Verbreitungsgebiete Wandlungen ausgesetzt waren und noch sind. Es gibt *keine* Form, die für den deutschen Raum schlechthin als verbindlich bezeichnet werden könnte, wie wir dies etwa für Haus und Gehöft des Orients oder Chinas gesehen haben. Das liegt u. E. nicht daran, daß im außereuropäischen Bereich die Forschung weniger weit fortgeschritten ist, sondern hier scheint ein Unterschied in der Kulturausprägung vorzuliegen. Die orientalische und die chinesische Kultur zeichnen sich durch eine gewisse Stabilität aus, und wenn staatliche Bildungen dem Ansturm von Nomaden erlagen und letztere sich zu Herren aufschwangen, dann brachten sie an Kulturgütern nichts mit, was zu grundsätzlichen Veränderungen im Leben der Seßhaften geführt hätte. Sie gaben wohl neue Impulse, ohne aber der aufsaugenden Kraft der bestehenden Kultur entgehen zu können. Demgegenüber liegt in Europa eine ausgesprochene Dynamik vor, die es einerseits verhindert, zu einem Ausgleich zu kommen, und die andererseits gegenseitige Beeinflussung hervorruft. Eine Tendenz zur Gleichförmigkeit ist unter solchen Umständen nicht möglich. Deshalb läßt sich die Ausprägung der europäischen Haus- und Hofformen nicht direkt auf völkischer Grundlage sehen; zwar sind völkische Eigenheiten vorhanden, aber diese drücken sich nicht in der Hof*form* aus, sondern in Elementen, die einer *allgemeinen* Betrachtung wenig zugänglich sind. Dazu gehört etwa der größere oder geringere Wert, der auf die Ausschmückung des Hauses gelegt wird u. a. m. Daß demgemäß die Unterschiede der deutschen Hofformen nicht auf die deutschen Stämme zurückgeführt werden können, wie es Meitzen (1882) einst sah, bedarf nun keiner näheren Begründung mehr.

γ) Sonderformen von Haus und Hof. Haben wir bisher die *bäuerlichen* Haus- und Hofformen behandelt, so liegen die Verhältnisse beim *Herrenhof* der Gutsbetriebe anders. Mag die Wurzel des Großgrundbesitzes in den verschiedenen Großräumen ebenso wie in kleineren Landschaften sehr verschieden gelagert sein, so wird die Gestaltung der damit zusammenhängenden Bauten von prinzipiell anderen Voraussetzungen bestimmt. Diese sind teils dadurch gegeben, daß hinsichtlich des Materials keine Bindung an die physisch-geographische Ausstattung vorzuliegen braucht. Häufig bezieht man kostspieligere Baustoffe aus entfernteren Gegenden, weil Wert auf repräsentative Gestaltung gelegt wird. Infolgedessen werden Baumeister aus den Städten, vielleicht sogar aus dem Ausland herangezogen bzw. fremde Vorbilder nachgeahmt. Der Zeitstil derjenigen Epoche, der die Herrenhäuser entstammen, spielt für ihre Physiognomie im Gegensatz zu den bäuerlichen

Wohnstätten eine wesentliche Rolle; Garten- und Parkanlagen vervollständigen u. U. das Bild. Leister (1952) ging dieser Entwicklung in einer gründlichen Studie über die Herrenhäuser in Holstein und Schleswig nach. Vielfach bleibt die Verbindung von Herrenhaus und Wirtschaftshof gewahrt; aber es kommt ebenfalls vor, daß auf eine solche Verknüpfung kein Gewicht mehr gelegt wird, so daß sich Herrenhaus und Wirtschaftshof in getrennter Lage befinden. Im Gegensatz zum Gutshaus oder Schloß stehen die einfachen Wohnhäuser der Landarbeiter, die für den Gutsbetrieb notwendig sind.

In den *überseeischen Kolonialgebieten* zeigen sich ähnlich geartete Verhältnisse dort, wo der Latifundienbesitz Eingang gewann. In besonderem Maße gilt dies für die älteren *Plantagensiedlungen.* Die Art der notwendigen Wirtschaftsgebäude, die industriellen Charakter annehmen können, ist abhängig von dem Produkt, das meist in Monokultur angebaut wird. Die einfachen Unterkünfte der Plantagenarbeiter zum einen, die architektonische Gestaltung der Herrenhäuser zum andern, wie sie z. B. von Pfeifer (1954, S. 309 ff.) für den Südosten Nordamerikas geschildert wurden, geben den älteren Plantagen die charakteristische Note.

Die Neigung zur Monokultur und Mechanisierung ist auch sonst für die landwirtschaftliche Betätigung in den überseeischen Kolonialgebieten bezeichnend, so daß hier die Art der wirtschaftlichen Nutzung für die Ausprägung der Höfe fast entscheidender ist als in der Alten Welt.

Die großen extensiven Viehzuchtbetriebe unterscheiden sich in der Hofanlage von denen mit vorherrschendem Weizen- oder Maisanbau, diese wiederum von den auf Milchwirtschaft ausgerichteten usf. Wir können nur einige dieser Typen herausstellen.

Die extensiven Viehzuchtbetriebe in den Trockengebieten, ob sie in Südamerika, Südafrika oder Australien liegen, sind hinsichtlich ihrer siedlungsmäßigen Ausprägung einander sehr ähnlich. Da das ganze Jahr über freier Weidebetrieb herrscht, sind Stallungen nicht nötig. Zu dem Wohnhaus, einfacher oder anspruchsvoller gehalten, mitunter durch bewässertes Gartenland ergänzt, kommen Schuppen und Vorratshäuser hinzu. Windmotoren zur Hebung des Wassers oder Brunnen bilden einen notwendigen Bestandteil ebenso wie Gehege, um das Vieh für kürzere Zeit bei der Siedlung zu halten. Handelt es sich um Schafzucht, dann vervollständigen Scher- und Wollschuppen das Bild. Bei sehr großen Besitzungen haben die Viehhirten in den Weidegebieten einfache Unterkünfte.

Anders stellt sich das Bild der arbeitsextensiven Getreidebetriebe dar, die vor allem auf den Anbau von Weizen oder Mais ausgerichtet sind. Die großen Weizen- oder Maisfarmen Nordamerikas, Südafrikas oder Australiens, die voll mechanisiert sind und bei denen von Farmindustrie gesprochen werden kann, bestehen meist nur aus dem Farmhaus und einem Geräteschuppen. Nach der Ernte wird das Getreide sofort mit dem Lastwagen zum Silo an der Bahnstation gebracht.

Mitunter wird das Haus nur noch zur Zeit von Saat und Ernte benutzt, und sonst wohnt der Farmer in den zentralen Orten.

Die Spezialisierung der Landwirtschaft in den überseeischen Gebieten führte jedoch nicht immer zu einer solchen Reduktion der Wirtschaftsgebäude. So bestehen z. B. die auf Milchwirtschaft ausgerichteten Farmen in Wisconsin durchschnittlich aus 6 bis 12 Gebäuden, unter denen die großen Scheunen für die Bergung des Heus, Silo und Futterkrippen wichtig sind.

Seit langem haben die auf Getreide und Viehwirtschaft basierenden Höfe der Pennsylvanien-Deutschen die Aufmerksamkeit auf sich gelenkt, zumal sie als besonders gepflegt gegenüber den anderen erscheinen. Das Bauernhaus, zweistökkig, in Backstein errichtet und rot gestrichen, wird von einem Sparrendach geschützt. „Das augenfälligste landschaftliche Wahrzeichen jedoch sind die breit ausladenden hochräumigen Stallscheunen" (Meynen, 1939, S. 273), die von Schweizer Mennoniten übernommen und getrennt von Wohnhaus errichtet wurden. Die heimischen Formen der Pfälzer Einwanderer, weder der Vierseit- noch der Einheitshof, treten in Erscheinung, sondern Auswanderung, Pionierstadium u. a. m. ließen es zu keinem einheitlichen Hausstil kommen.

Wie das Blockhaus Eingang gewann, wurde bereits geschildert (Kap. IV. B. 5. a). Entsprachen in England bei den vom 16.-18. Jh. erbauten Höfen zwei unterschiedlichen Fachwerkkonstruktionen auch zwei unterschiedliche Hofformen, nämlich im Osten das geregelte Gehöft und im Westen der quergestellte Einheitshof, so bildete in beiden Fällen die „hall" das Kernstück (Shephard, 1966). Dieses „central hall"-Haus wurde nun von den Mormonen, die zu einem erheblichen Teil aus Einwanderern bestanden, in ihr amerikanisches Siedlungsgebiet übertragen (Francaviglia, 1966); es wurde dort zum Ausdruck ihres religiösen und kulturellen Lebens.

Die Uniformisierung hinsichtlich der Wohnstätten, der man in den überseeischen Kolonialländern begegnet, ist das Ergebnis einer Entwicklung, bei der der Verkehrserschließung durch die Eisenbahn erhebliche Bedeutung zukommt, was dazu führte, von der Verwendung heimischen Baumaterials weitgehend abzusehen und zu reinen Zweckbauten überzugehen.

Anders lagen die Verhältnisse in Europa, wo die vor dem Verkehrszeitalter ausgebildete Tradition noch lange nachwirkte. Aber auch hier ist ein Wandel zu bemerken. Schon früher hatte die Stadt auf das Land ausgestrahlt, indem neue Konstruktionsformen auf städtischen Einfluß zurückgingen (z. B. Vierständer- oder „gestelztes" Haus). Mit den neuen Verkehrsmitteln wurde das Einwirken der Städte ungleich größer. Das einstige dörfliche Bauhandwerk ging immer mehr zurück. Mit der Rationalisierung und Technisierung der Landwirtschaft, insbesondere nach dem Zweiten Weltkrieg, war es, sofern Aussiedlerhöfe errichtet oder Dorfsanierungen durchgeführt werden sollten, geboten, Architekten heranzuziehen, die von Vorschlägen für neue Zweckbauten machen, zumal die Kosten für die Erneuerung alter Höfe höher als die für neue Gebäude liegen. Um noch etwas von den alten Formen zu erhalten, ist man in manchen Ländern dazu übergegangen, Freilichtmuseen zu eröffnen, in denen mehrere Typen des alten Bestandes auf relativ engem Raum vereinigt werden.

In der Sowjetunion ist es anerkanntes Ziel, die Bauweise auf dem Land der der Städte anzugleichen. Die Wirschaftsgebäude von Kolchosen und Sowchosen stellen selbständige Einheiten dar, so daß die Möglichkeit besteht, Kolchosebauern oder Sowchose-Arbeiter in mehrstöckigen Wohnungen unterzubringen.

C. Die Gestaltung der Wohnplätze oder die Siedlungsform unter Berücksichtigung der Ortsnamen

Der Wohnplatz, aus einer Wohnstätte[1] oder aus einer kleineren bzw. größeren Gruppe von Wohnstätten bestehend, stellt die Siedlungseinheit dar. Mit Absicht werden in den folgenden Abschnitten indifferente Bezeichnungen gewählt, weil die Betrachtung der Wohnplätze und ihrer Gestaltung nicht auf die bei semipermanenter und permanenter Siedlungsart beschränkt werden darf, sondern die der andern Siedlungsarten einschließen muß, auch wenn letzteren das Moment der Dauer fehlt. Aus diesem Grunde wird ebenfalls auf die Darlegung der Verbindungen, die u. U. zwischen der Anordnung der Wohnstätten innerhalb eines Wohnplatzes (Grundriß) und der Gliederung der dazugehörigen Wirtschaftfläche besteht, einstweilen verzichtet. An anderer Stelle wird das für die Wohnplätze auf der Grundlage des Landbaus nachzuholen sein (Kap. IV. C. 2. c).

Wir müssen die Gestaltung der Wohnplätze oder die Siedlungsform (Uhlig, 1972, S. 11) als etwas Selbständiges behandeln, als ein morphologisches Element, das sich in der Landschaft abbildet. Für die Kennzeichnung der Siedlungseinheiten wird zunächst ihre Größe maßgebend sein. Diese ist nicht nur für die Physiognomie der Siedlungen wichtig, sondern steht in engem Zusammenhang mit der Art der menschlichen Gemeinschaft, die sich in einer Siedlungseinheit zusammenfindet. Die Art dieser Gemeinschafts- oder Gesellungsformen, die für einen Wohnplatz charakteristisch ist, stellt nichts Zufälliges dar, sondern steht in enger Beziehung zu den verschiedenen Wirtschaftsformen. Hierauf wies vornehmlich Thurnwald (1935, S. 8) hin, ohne einen zwangsläufigen Ablauf anzunehmen. Mit Hilfe der *sozialen Verhältnisse* ist eine Basis gegeben, die Größenverhältnisse der Siedlungseinheiten nicht nur als „formales" Element zu betrachten, sondern sie der Art der Gemeinschaftsbildungen im Rahmen der Wirtschaftsformen zuzuordnen. Dasselbe gilt auch für die Grundrißgestalt, bei der nicht nur der Grundriß als solcher wesentlich ist, sondern auch die Lage bestimmter Wohnstätten ebenso wie der Abschluß der Siedlungseinheit gegenüber der Wirtschaftsfläche.

1. Einführung in die Grundbegriffe

a) Gliederung der Wohnplätze nach der Größe

Fragen wir nach der Größe der Wohnplätze, dann wird die Antwort in zweifacher Weise lauten können: die Größe läßt sich einerseits auf die Zahl der Wohnstätten beziehen; sie wird andererseits die Zahl der Menschen nicht außer acht lassen dürfen, die die Siedlungseinheit bewohnen. Beide Faktoren sind in Rechnung zu stellen.

Wir gehen zunächst von der *Zahl der Wohnstätten* aus und haben bereits oben berührt, daß in dieser Hinsicht zwei Extreme existieren: entweder wird der Wohnplatz von *einer* Wohnstätte gebildet, so daß wir es mit einer *Einzelsiedlung* zu tun haben; oder aber mehrere Wohnstätten schließen sich zu einer Gruppe zusammen, was die *Gruppensiedlung* ergibt.

[1] Dabei wird ein Gehöft als eine Wohnstätte gerechnet.

Mag diese Definition einfach erscheinen, so schließt sie doch Schwierigkeiten nicht aus. Diese stellen sich zunächst beim Begriff der *Einzelsiedlung* ein. Sie können sich in dichter oder weiter Streuung voneinander befinden. Rücken sie enger zusammen, dann erhebt sich die Frage, ob in der Tat *noch* eine Einzelsiedlung vorliegt oder ob *schon* eine Gruppensiedlung ausgebildet ist. Die Entfernung zwischen zwei Wohnstätten wird offenbar berücksichtigt werden müssen. Bei dem Vorwiegen der genetischen Arbeitsrichtung in Deutschland wurde diesem Problem hier wenig Beachtung geschenkt. Um so mehr befaßte man sich im Ausland damit, in der Schweiz (Windler und Winkler, 1950), vor allem aber in Belgien (Lefèvre, 1926) und in Frankreich (z. B. Sorre, 1952, S. 43 ff.). Eine allgemeine und für alle Räume verbindliche Lösung kann überhaupt nicht erzielt werden, weil dazu die sozialen Verhältnisse der „ländlichen" Bevölkerung zu differenziert sind. So beschränkt sich Sorre (1952, S. 44) mit seiner Berechnung auf Westeuropa und kommt auf Grund einer einfachen Überlegung zur Bestimmung der genannten unteren Grenze. Er denkt sich eine Anzahl von Wohnstätten n mit ihren jeweils gleich großen Betriebsflächen auf das Areal von 1 qkm gleichmäßig verteilt. Die Entfernung e variiert mit n und ist durch den Ausdruck

$$\frac{1000\ \text{m}}{\sqrt{n}}$$

gegeben. Es ist leicht einzusehen, daß für 100 Wohnstätten die Entfernung 100 m beträgt, die zu jeder Wohnstätte gehörige Betriebsfläche jedoch nur 1 ha, was für bäuerliche Anwesen bereits zu wenig ist. Es mag mit diesem Hinweis auf die Problemstellung sein Bewenden haben. Wir müssen uns an anderer Stelle und von anderer Sicht noch einmal mit dieser Frage befassen.

Bereits hier muß der Unterschied zwischen einer ungeregelten und geregelten Streuung der Höfe getroffen werden, wobei sich letzteres meist dann einstellt, wenn eine planmäßige Vermessung des Landes der Besiedlung vorausging.

Nehmen wir den Begriff der Einzelsiedlung als gegeben hin, dann wird die Einwohnerzahl als differenzierendes Moment wichtig. Allerdings wollen wir dabei nicht allzu schematisch vorgehen, sondern die Art der Wohngemeinschaft betrachten, die sicher in unmittelbarem Zusammenhang mit der Zahl der Bewohner steht. Den einfachsten Fall haben wir vor uns, wenn die Kleinfamilie, die Eltern mit ihren Kindern, als Wohngemeinschaft fungiert, wozu sich u. U. einige wenige Arbeitskräfte gesellen. Hierauf ist der Begriff Einzelsiedlung schlechthin anzuwenden. Wir haben bereits früher erwähnt, daß vielfach andere Verhältnisse vorliegen und die Wohngemeinschaft von einer umfassenderen Gruppe gebildet wird (Kap. IV. B. 4). Diese kann sich in der Form der Großfamilie zeigen, bei der mindestens drei Generationen unter einem gemeinsamen Oberhaupt leben. Es wird weiterhin die polygame Familie berücksichtigt werden müssen. Ebenso kann sich die Sippe als Wohngemeinschaft darstellen, „die durch das Bewußtsein der gemeinsamen Abstammung von einem Ahnen und gemeinsamen Ahnenkult zusammengehalten wird" (Thurnwald, 1935, S. XVIII). Nicht immer allerdings bildet das Bewußtsein gemeinsamer Abstammung das bindende Moment, worauf später zurückzukommen sein wird (Kap. IV. C. 2. d). Immerhin muß noch erwähnt werden, daß Herren und von ihnen Abhängige innerhalb einer Wohnstätte zusammengeschlossen sein können (z. B. innerhalb eines Gutshofes, sofern die Landarbeiter in Gebäuden des Hofes untergebracht sind). Man wird alle diese Verhältnisse zu berücksichtigen haben und zur Unterscheidung der einzelnen Typen jeweils von *„Großfamilien-Einzelsiedlung"*, *„Sippen-Einzelsiedlung"*, *„Herren-Einzelsiedlung"* usf. sprechen. Damit verbindet sich der Vorteil, über die Größenverhältnisse hinaus sofort Einblick in den soziologischen Typ einer Einzelsiedlung zu gewinnen. Unter welchen Voraussetzungen die verschiedenen Gruppierungen vorkommen, wird in einem der nächsten Abschnitte zu erörtern sein. Allerdings muß darauf aufmerksam gemacht werden, daß vielfach die Unterlagen fehlen, um eine genaue Typisierung der Einzelsiedlungen nach der vorgeschlagenen Art vorzunehmen.

Den Gegensatz zur Streusiedlung (habitat dispersé) bildet die konzentrierte Siedlung (habitat concentré), was bedeutet, daß *Gruppensiedlungen* vorherrschen, selbst, wenn es sich um Hofgruppen oder Weiler handelt.

Die Gruppensiedlungen müssen nun nach ihrer Größe unterschieden werden. Es ist etwas anderes, ob die Gruppe von 5 oder 50 oder sogar fünfhundert Wohnstätten gebildet wird. Man wird nicht immer so weit gehen können, wie es Sorre (1952, S. 48) vorschlägt, die spezifische Größengliederung der Wohnplätze eines Gebietes durch Intervallbildung (3-10 Wohnstätten, 10-25 Wohnstätten usf.) zu entwickeln, zumal für viele Bereiche weder die kartographischen noch die statistischen Unterlagen ausreichend sind. Doch empfiehlt es sich zumindest, kleine, mittelgroße, große und sehr große ländliche Siedlungen (Uhlig-Lienau, 1972, S. 15 und 60 ff.) zu unterscheiden. Natürlich taucht auch hier wieder die Schwierigkeit der gegenseitigen Abgrenzung auf.

Schon bei den Kleinsiedlungen, die bei hinreichend permanenter Siedlungsart vielfach als Weiler bezeichnet werden, wird eine durchaus unterschiedliche obere Grenze für die Zahl der Wohnstätten angegeben. In der deutschen Siedlungsgeographie hat man sich mit dem Größenbegriff des „Weilers" kaum auseinandergesetzt. Überall sonst aber, sowohl in der ethnographischen Literatur als auch in der siedlungsgeographischen des Auslandes bedeutet „Weiler" (hameau, hamlet, aldea) ganz allgemein eine kleine Gruppensiedlung. Wir werden nicht umhin können, uns dem anzuschließen. Vergleicht man die zahlreichen Angaben über die Größe der kleinen Gruppensiedlungen, z. B. in französischen Arbeiten (Demangeon, 1946, S. 196 ff.; Flatrès, 1971), dann gelangt man zu sehr unterschiedlichen Werten. Doch dürfte die obere Grenze für die Zahl der Wohnstätten auf etwa 20 zu liegen kommen.

Gelangen wir zu den größeren Gruppensiedlungen, dann muß bei diesen noch eine Untergliederung zwischen mittleren, großen und sehr großen erfolgen. Die mittleren unter ihnen werden bei hinreichend permanenter Siedlungsart als Dörfer bezeichnet. Ihre untere Grenze hinsichtlich der Größe liegt bei etwa 20 und ihre obere mag durch rd. 250 Wohnstätten gegeben sein. Zu den sehr großen Gruppensiedlungen oder *Großdörfern* gehören dann alle Siedlungen mit mehr als 250 Wohnstätten.

Ebenso wie bei den Einzelsiedlungen tritt auch bei denen in Gruppenform die Art der Wohngemeinschaft differenzierend hinzu, denn davon ist die jeweilige Bevölkerungszahl abhängig. Doch läßt sich das im wesentlichen durch Beschreibung erzielen, so daß neue Begriffe erspart bleiben. Es können selbständige Kleinfamilien ohne sonstigen Zusammenhalt sein als den, in einem Wohnplatz miteinander zu leben, Verwaltungsangelegenheiten zu regeln u. a. m. Außerdem dürfen Bindungen, wie sie durch Großfamilien-Organisation, Sippe oder Stamm erscheinen, nicht unbeachtet bleiben. Wir wollen hier nur auf solche Beziehungen hinweisen und werden später darauf zurückgreifen (Kap. IV. C. 2. a).

Haben wir die Siedlungseinheiten zunächst nach ihrer Größe gegliedert, so führt die Frage, wie die dabei gewonnenen Typen miteinander kombiniert sind, einen Schritt weiter. In einem Raum können lediglich Einzelsiedlungen auftreten. Auf diesen Fall sollte man den Begriff der *Streusiedlung* beschränken. Sie ist teils flächenhaft verbreitet, teils aber in Anpassung an die Geländebeschaffenheit gerichtet. Eine solche gerichtete Streusiedlung stellt sich z. B. häufig in den Gebirgen ein, wenn die Wohnplätze den Tälern eingefügt sind.

Es wird allerdings zugegeben werden müssen, daß in Frankreich, Italien und andern Ländern die Definition der Streusiedlung anders gehalten wird.

Um verschiedene Landschaften hinsichtlich der Streuung oder Konzentration miteinander vergleichen zu können, wird es sich nun darum handeln, den *Grad* der Auflockerung bzw. der Zentrierung zu bestimmen. Dieser Aufgabe hat man sich besonders in Frankreich zugewandt, wo in der offiziellen Statistik die notwendigen Unterlagen gegeben sind. Hier ist die Bevölkerungszahl für jede Siedlungseinheit bekannt, selbst wenn sie als Einzelsiedlung erscheint, was z. B. in der deutschen Statistik nicht der Fall ist. Die Grundlage stellen die kleinsten Verwaltungsbezirke dar, nämlich die Gemeinden. Um einen kurzen Ausdruck für den Grad der Auflockerung zu finden, ist es das einfachste Verfahren, die gesamte Einwohnerzahl einer Gemeinde t in Beziehung zu setzen zur Zahl e derjenigen, die „zerstreut" leben; unter letzteren versteht man in Frankreich alle diejenigen, die nicht dem Wohnplatz mit der Gemeindeverwaltung angehören (chef lieu). Daß damit gewisse Schwierigkeiten für die Definition des Grades der Auflockerung verbunden sind, ist selbstverständlich. Immerhin kommt dem Ausdruck

$$\frac{e}{t}$$

eine gewisse Bedeutung zu, um sich für vergleichende Betrachtungen einen Begriff von dem Grad der Auflockerung zu machen. Demangeon fügte die Zahl der zu einer Gemeinde gehörigen Siedlungseinheiten n hinzu; nach seinem Vorschlag wurde im Atlas de France (1942, Blatt 80) der Grad der Auflockerung für die Siedlungen Frankreichs mit Hilfe des Ausdrucks

$$\frac{e}{t} \cdot n$$

festgelegt und kartographisch wiedergegeben. Sorre (1952, S. 47) sieht eine weitere Verbesserung darin, außerdem die Fläche s zu berücksichtigen, auf die sich die Siedlungseinheiten einer Gemeinde verteilen; dann wird der Grad der Auflockerung durch

$$\frac{e}{t} \cdot \frac{n}{s}$$

dargestellt.

Zum Zwecke des Vergleichs zwischen verschiedenen klein- oder großräumigen Landschaften kommt dem Grad der Auflockerung erhebliche Bedeutung zu, weil damit ein siedlungsgeographischer Sachverhalt kurz und prägnant auszudrücken und bei kartographischer Wiedergabe eine schnelle Übersicht möglich ist. Es würde als großer Fortschritt zu werten sein, wenn der Grad der „Zerstreuung" auf Gemeindebasis – gleichgültig, welche Berechnungsgrundlage – für die gesamte Erde kartographisch fixiert werden könnte. Mag es sich dabei nur um eine Bestandsaufnahme handeln, so ist zumindest eine einigermaßen sichere Ausgangsposition für die folgende Genese vorhanden. Die Tatsache jedoch, daß wir von einem solchen Überblick noch weit entfernt sind und ihm kaum für alle europäischen Länder haben, weist auf die Grenze der angeführten Methode hin.

b) Gliederung der Wohnplätze nach der Grundrißgestaltung bzw. die Siedlungsform

Sofern Gruppensiedlungen vorliegen, wird, abgesehen von ihrer Größe vor allem die Anordnung der Wohnstätten im Zusammenhang mit dem Wegenetz und dem Umriß für die Kennzeichnung der Siedlungseinheit wichtig, d. h. die Grundrißgestalt. Wir charakterisieren zunächst nur die äußere Erscheinung oder die Physiognomie. Hier wird es notwendig sein, die Bezeichnung so zu wählen, daß keine allzu große Belastung durch feststehende Begriffe eintritt. Weiter muß es darauf ankommen, eine beschränkte Anzahl von Typen aufzustellen und Einzelzüge zu vernachlässigen, weil lediglich auf diese Weise ein Vergleich über ausgedehnte Räume zu gewinnen ist.

Wir wollen zunächst die *kleinen Gruppensiedlungen* bzw. *Weiler* behandeln. Bei ihnen können die Wohnstätten trotz Wahrung des Zusammenhalts in lockerer Anordnung erscheinen, oder aber sie schließen dicht aneinander; damit gibt sich ein Unterschied zwischen *lockeren kleinen* und *dichten kleinen* Gruppensiedlungen in jeweils flächiger Anordnung zu erkennen. Allerdings sind noch andere Möglichkeiten gegeben. Ziehen sich die Wohnstätten in lockerer oder dichter Folge an einer Seite oder zu beiden Seiten eines Weges hin, dann sprechen wir von *linear gerichteten kleinen Gruppensiedlungen* oder *Weilern.* Es kommt schließlich vor, daß die Wohnstätten um einen Platz angeordnet sind (Platzform). Nimmt letzterer halbkreis- oder kreisförmige Gestalt an, dann resultieren *Halbrund-* oder *Rundformen*, die wegen ihres relativ zahlreichen Auftretens besonders ausgeschieden werden sollen.

Von der Form her läßt sich bei den kleinen Gruppensiedlungen meist nicht auseinanderhalten, ob der Grundrißgestalt von vornherein ein Plan zugrunde gelegt wurde, an den die Bewohner bei Errichtung ihrer Wohnstätten gebunden waren, oder aber ob es im freien Ermessen des einzelnen lag, die Wahl für den Standort der Wohnstätte selbständig zu treffen. Besteht eine Siedlung nur aus wenigen Wohnstätten, dann ist es leicht, sich einem gewissen Plan unterzuordnen, ohne daß es einer unbedingten Regelung bedarf. Infolgedessen ist eine Unterscheidung zwischen ungeregelter und geregelter Ausprägung von der äußeren Form her bei den kleinen Gruppensiedlungen kaum möglich; man wird von Fall zu Fall entscheiden müssen, ob das eine oder andere vorliegt.

Für die *größeren Gruppensiedlungen* jedoch wird ungeregelte oder geregelte Grundrißgestaltung zu einem wichtigen Gliederungsprinzip. Sobald eine beträchtliche Zahl von Wohnstätten die Siedlungseinheit ausmacht, sind geregelte Grundrißformen lediglich möglich, wenn individuellen Maßnahmen Beschränkungen auferlegt werden, gleichgültig, welcher Art diese sind.

Für die ungeregelten Grundrißformen der *größeren Gruppensiedlungen* können wir eine ähnliche Gliederung durchführen wie für die kleinen: *lockere* und *dichte Dörfer* bzw. *Großdörfer,* die als Haufendörfer bezeichnet werden, *linear gerichtete* und *Platzformen.*

Auch bei *geregelter Grundrißgestaltung* wird die lockere oder dichte Stellung der Wohnstätten berücksichtigt werden müssen; für erstere ist der Begriff *Reihen-* und für letztere der der *Straßensiedlung* in Gebrauch, was sich ebenfalls auf die Weiler anwenden läßt. Verbreitert sich bei den dichten gerichteten Dörfern die zentrale Straße zu einem Platz, dann haben wir es mit *Angerdörfern* zu tun. Schließlich kann ein geregeltes Straßennetz die Anordnung der Wohnstätten bestimmen. Damit kommen *Straßennetzanlagen* zustande. Kombinationen zwischen den hier aufgezeigten Grundtypen sind ohne weiteres möglich.

c) Gliederung der Siedlungen in bezug auf ihre Genese

Waren die bisherigen Gliederungsmöglichkeiten beschreibender Art, so wird im Rahmen der ländlichen Siedlungen deren Genese ein wesentliches Moment bleiben. Dabei sind vornehmlich zwei Gesichtspunkte zu berücksichtigen, einerseits Konstanz oder Wandel von Funktionen und Formen und andererseits die Zuordnung der Siedlungen zu bestimmten Perioden ihrer Entstehung.

Im Rahmen dieses Abschnittes ist von einem unbedeutenden Funktionswandel auszugehen, weil es sich lediglich um ländliche Siedlungen handelt. Sie unterlagen in den Industrieländern mit vorwiegender Gruppensiedlung insofern Änderungen, als vielfach noch um die letzte Jahrhundertwende in einem Bauerndorf 70 v. H. und mehr der Erwerbstätigen in der Landwirtschaft beschäftigt waren und gegenwärtig dieser Anteil auf etwa 50 v. H. gesunken ist.

Tab. IV.C.1 Größe und Form der Siedlungen

Größe der Siedlung	ungeregelte Form	Geregelte Form
Einzelsiedlung	–	–
Einzelsiedlungen	+	+
Doppelsiedlung	+	+
Doppelsiedlungen	+	+
Kleine Gruppensiedlung (Weiler)	Haufenweiler	Straßennetzweiler
	linear gerichteter Weiler	Straßenweiler
	Platzweiler	geregelter Platzweiler
Große Gruppensiedlung (Dorf)	Haufendorf	geregeltes Straßennetzdorf
	linear gerichtetes Dorf	Straßendorf
		Reihendorf
	Platzdorf	Angerdorf

– Unterscheidung nicht möglich
+ Unterscheidung kann gegeben sein

Sonst hat man von dem gegenwärtigen Zustand auszugehen und muß versuchen, an Hand geeigneten Materials die „Ur"-, Erst- oder Primärform zu erkennen. Diese vermag, u. U. im Zusammenhang mit historischen Belegen, Aufschluß über den Siedlungsvorgang zu geben. Wird letzterer vom einzelnen individuell getragen, dann erscheint die Primärform häufig als Einzelsiedlung. Ist eine Gruppe daran beteiligt, gleichgültig, wie der Zusammenhalt gewährleistet wird, dann stellt sich meist die ungeregelte Gruppensiedlung ein. Sofern Kolonisationsvorhaben auf höherer Ebene geplant werden, kommt es zu geregelten Anlagen, mögen es Verbände von Einzelsiedlungen oder geregelte Gruppensiedlungen sein.

In Verknüpfung mit der Bevölkerungsbewegung unterliegen die Primärformen einer Entwicklung, die stetig verlaufen kann oder durch erhebliche Einschnitte gekennzeichnet ist. Bei wachsender Tendenz wird aus einer Einzelsiedlung entweder ein ungeregelter oder geregelter Verband von Einzelsiedlungen, oder aber die Einzelsiedlung wird zum Kern eines Weilers, der sich in der nächsten Phase zum Dorf erweitert. Der Verband von Einzelsiedlungen oder der Weiler und das Dorf sind nun als Sekundär- oder Tertiärformen anzusprechen (Uhlig-Lienau, 1972, S. 85). Bei einer Abnahme der Bevölkerung tritt eine Verringerung in der Zahl der Wohnstätten ein, was Reduktions- oder Wüstungsformen nach sich zieht. Dieser Prozeß kann zu einer völligen Aufgabe eines Siedlungsplatzes führen, der u. U. in einer späteren Periode wieder besetzt wird. Perioden wachsender oder abnehmender Bevölkerung bedeuten in den einzelnen Kulturgebieten unterschiedliche zeitliche Einschnitte, die es später zu berücksichtigen gilt.

Die getroffenen Unterscheidungsmerkmale in Verbindung mit dem Siedlungsvorgang führen zu der Frage nach der *Altersschichtung der Siedlungen.* In größeren Teilen Europas existieren Phasen, in denen bevorzugt Siedlungen entstanden bzw. Primär- zu Sekundärformen wurden, ebenso wie solche, in denen sich Reduktionsformen ausbildeten. Ähnliches trifft für die von Europäern besiedelten Kontinente zu bzw. für diejenigen, die unter europäischen Einfluß gerieten. Auch in Japan hat sich eine Altersgliederung der Siedlungen als möglich erwiesen. Am schwierigsten läßt sich dies in den alten Kulturreichen durchführen, denn wohl kann Konstanz oder Wandel für jüngere Perioden dargelegt werden, aber ob die Primärform faßbar wird, bleibt fraglich.

2. Die Siedlungsformen und die Ortsnamen im Rahmen der unterschiedlichen Wirtschaftskulturen

a) Die kleinen Gruppensiedlungen der Horden und Banden von Wildbeutern und höheren Jägern

Haben wir die Wohnplätze, bestimmt durch die Zahl der Wohnstätten, als ein wesentliches Merkmal für die Gestalt der Siedlungen erkannt, so läßt sich über die Lagerplätze der Wildbeuter und höheren Jäger eine relativ einheitliche Aussage machen: wir haben es in der Regel mit kleinen Gruppensiedlungen zu tun. Es erscheint dies verständlich, denn die Nahrungsmittelbeschaffung ist, ob in den tropischen Regenwäldern oder den borealen Nadelwäldern, ob in den Trocken- oder Kältesteppen der Erde, schwierig; sie erscheint nur dann möglich, wenn die Siedlungsgemeinschaften und damit die jeweiligen Wohnplätze klein bleiben. Ausgesprochene Einzelsiedlungen dagegen sind kaum vorhanden, weil lediglich in der Gemeinschaft etwas erreicht werden kann.

Die wenigen Familien, die sich zu einer Gruppe zusammenschließen, sind meist miteinander verwandt, entbehren jedoch einer höheren Organisation, und ein Hinüberwechseln der einen oder andern Kleinfamilie in eine andere Gruppe zeigt sich häufig. Damit ist die soziale Gruppierung durch Horden gegeben (Thurnwald, 1935, IV, S. XV und 64/65). Eine stärkere Konstanz der Siedlungsgemeinschaft liegt bei den „Banden“ vor, wobei sich gewisse Übergänge zur Großfamilie einstellen können. Jede Wohnstätte beherbergt in der Regel nur eine Kleinfamilie.

Nach diesen Vorbemerkungen wollen wir die Gestaltung der Wohnplätze bei verschiedenen Wildbeutern und höheren Jägern betrachten und wenden uns zunächst den *Sammlern und Jägern* der tropischen Waldgebiete zu. Die Lagerplätze der Semang (Malaysia), wie sie Schebesta (1954, II, S. 17/18) schildert, bestehen aus 5-14 Windschirmen; größere Gruppierungen müssen als Ausnahme gewertet werden. Ähnliches trifft auch für die Ituri-Pygmäen des afrikanischen Urwaldes zu, bei denen manchmal vier, dann wieder sechs oder sogar zwölf Einzelfamilien zur Horde vereint sind, diese einmal nur 27, dann wieder 66 Mitglieder umfaßt (Gusinde, 1942, S. 282). Bei den Kongo-Pygmäen leben zumeist 50-100 Menschen zusammen; sind es mehr, was auch beobachtet worden ist, dann handelt es sich überwiegend um solche Gruppen, die ihrer eigentlichen Lebensweise entfremdet sind und sich in Symbiose mit der Feldbau treibenden Negerbevölkerung befinden. So erscheinen kleine Gruppensiedlungen charakteristisch, innerhalb derer jede Kleinfamilie unter einem besonderen Windschirm oder in einer besonderen Hütte lebt.

Die Anordnung der Wohnstätten wird nicht völlig dem Zufall überlassen. Die Schiriana im Orinocogebiet ordnen ihre Windschirme in Rundform an, derart, daß in einem relativ eng geschlossenen Kreis zwei einander gegenüberliegende Zwischenräume bleiben, die Zugang zu dem inneren Platz gewähren; gegen diesen sind die Windschirme geöffnet (Koch-Grünberg, 1923, III, S. 300). Bei den Kongo-Pygmäen bilden die Hütten häufig einen Halbkreis, und die Eingänge sind zur Mitte gerichtet (Schebesta, 1975, S. 781). Doch nicht immer erlauben die örtlichen

Verhältnisse eine solche Gruppierung; dann begnügt man sich mit einer andern Anordnung, allerdings so, daß die Hütteneingänge einander zugewandt bleiben. Rundformen der kleinen Gruppensiedlungen sind z. B. auch für die Semang charakteristisch, wobei der innere Platz nicht unbedingt Kreisform besitzt, sondern auch etwas in die Länge gezogen sein kann. So sind Halbrund- oder Rundformen als bezeichnend zu werten. Da für die topographische Lage dieser Siedlungen vielfach natürliche Lichtungen bevorzugt werden, sind die Halbrund- oder Rundformen u. U. als Anpassung an die natürlichen Gegebenheiten zu bezeichnen; es mag außerdem darin eine Schutzmaßnahme gegen wilde Tiere zu sehen sein, sichern doch die Semang ihre Lagerplätze durch eine Bambushecke gegen die Tigergefahr.

Ähnliche Verhältnisse treffen wir bei den Wildbeutern der Trockenräume. So leben die Buschmänner[1] Südafrikas in Horden zusammen. Diese können zwanzig, aber auch sechzig bis achtzig Menschen umfassen, wobei die Gruppen im Süden des Landes im allgemeinen kleiner waren als diejenigen im Norden, ein deutlicher Hinweis darauf, daß bei besserer natürlicher Ausstattung des Lebensraumes und damit günstigerer Nahrungsmittelbeschaffung auch die Gemeinschaftsbildung erleichtert wird. Da die Horden nichts Beständiges sind, unterliegt die Größe der Lagerplätze vielfachen Veränderungen: sie können nur drei bis vier, manchmal aber auch zwanzig Wohnstätten umfassen. Kleine Gruppensiedlungen sind demgemäß typisch ohne bestimmtes Anordnungsprinzip.

Ein wenig anders liegt es bei den Bergdama Südafrikas[1], die zwar durchaus Wildbeuter waren – die Männer jagten und die Frauen sammelten –, aber unter starkem Einfluß benachbarter Hirtennomaden standen (Hottentotten und Hereros); von diesen übernahmen sie teilweise die Kleinviehhaltung (Schafe und Ziegen). Die Siedlungsgemeinschaft war bei den Bergdama durch etwa fünfzehn Menschen gegeben, wenige, meist verwandte Familien, die unter Führung des Angesehensten unter den Familienvätern zusammengeschlossen waren. Man kann diese Sozialform nach Thurnwald (1931, I, S. 52 ff.) als Bande mit Neigung zum Ausbilden einer Großfamilie bezeichnen. Der etwas stärkere Zusammenhalt äußert sich in einer bestimmten Anordnung der Bienenkorbhütten, die das Lager – nach einem burischen Ausdruck die „Werft“ – ausmachen. Im Mittelpunkt der Anlage brennt das heilige Feuer, 3 m von dem schattenspendenden Werftbaum entfernt, der keiner Siedlung mangelt und kultische Bedeutung besitzt. Im Kreis um das heilige Feuer werden die Hütten angeordnet, die sich nach dem inneren Platz hin öffnen. Zum Schutz gegen wilde Tiere umgibt man das Lager mit einem Dornwall, ein deutlicher Hinweis auf die Funktion, die dieser Einhegung zukommt, zumal sie fehlt, wenn kein Kleinvieh gehalten wird. So haben wir es mit einer ausgesprochenen Rundform zu tun, die als Banden- oder Großfamilien-Einzelsiedlung angesprochen werden kann. – Auch die Australneger waren in Horden, teilweise in Banden gegliedert, deren jede ein eigenes Jagd- oder Schweifgebiet besaß. Die Größe der Horden unterlag Schwankungen; sie mochte dreißig Menschen umfassen (z. B. in Westaustralien), aber auch achthundert Individuen

[1] Sowohl die Buschmänner als auch die Bergdama sind heute ihrer ursprünglichen Lebensweise weitgehend entfremdet.

zusammenschließen (z. B. in Südostaustralien). In letzterem Falle zerfielen die Horden in Unterabteilungen. Bei kleinen Gruppen wurden die Wohnstätten jeder Einzelfamilie in bestimmter Ordnung in 5-6 m Entfernung voneinander aufgerichtet; waren Unterabteilungen vorhanden, dann wahrte man diese Einteilung auch für die Großlager, indem zwischen den Wohnstätten von je zwei Untergruppen ein Abstand von 20 m gelassen wurde. So kam es bei den Australnegern, insbesondere in den etwas günstiger ausgestatteten Landschaften, zu größeren Gruppensiedlungen von hundert bis zweihundert Windschirmen, in deren Anordnung jedoch die Kleingliederung erhalten blieb.

Obgleich die Lagerplätze der *höheren Jäger* meist etwas länger benutzt werden als die der Wildbeuter (Kap. II. B. 2. a. α) und obgleich die vervollkommneten Hütten oder Zelte fortschrittlichere Wohnstätten darstellen als die Windschirme, so sind hinsichtlich der Gestaltung der Wohnplätze keine ausgeprägten Unterschiede vorhanden.

Wir wollen zunächst die Wohnplätze der Eskimos betrachten. Diese Gruppen, die sich nach der Gegend, in der sie vornehmlich leben, benennen, sind verwandtschaftlich gebunden, ohne daß die Zusammengehörigkeit zu einer Horde etwas Unabänderliches ist. „Die individuellen Mitglieder wechseln beständig von einer Gruppe zur andern, und zwar nicht nur zeitweilig zu einem besonderen Zwecke . . ., sondern auch für die Dauer, falls die andere Gegend größere Vorteile für die Jagdbeute eröffnet" (Thurnwald, 1931, I, S. 39). Sind die Eskimos, während sie beieinander bleiben, zu gegenseitiger Hilfe verpflichtet, so hören diese Bindungen auf, wenn sich eine Einzelfamilie aus der Gruppe löst. Solche Verhältnisse wirken sich nun maßgeblich in der Größe der Siedlungen aus, die einmal zwei bis drei und dann wieder fünfzehn und mehr Wohnstätten umfassen. Die Gestalt der jeweiligen Siedlungen erweist sich verschieden und ist zunächst abhängig von der Art der Wohnstätten, die man zu errichten gewohnt ist (Kap. IV. A. 2). Dort, wo mehrere Familien in einer Behausung untergebracht werden bzw. wurden, insbesondere in den Gebieten mit reichlichem Treibholz wie in Alaska oder Grönland, handelt es sich u. U. um Mehrfamilien-Einzelsiedlungen. Sonst sind es kleine Gruppensiedlungen, bei denen mitunter, sowohl bei der Anlage von Schneehütten als auch von Grubenwohnungen, mehrere Wohnstätten durch einen einzigen Zugang zu erreichen sind. Die Form dieser Wohnstätten bringt es mit sich, daß die Siedlungen wie „eine unregelmäßig verstreute Hügelreihe" aussehen (Sarfert, 1909, S. 204).

Während der Dauer einer solchen kleinen Gruppensiedlung wird die Zusammengehörigkeit ihrer Bewohner durch die Errichtung einer oder mehrerer Versammlungshäuser verstärkt, die größer als die normalen Wohnstätten sind und vornehmlich kultischen Zwecken dienen. Für die Gestaltung der Wohnplätze sind sie deswegen wichtig, weil sie häufig den Kern der Siedlung abgeben, um den sich die Wohnstätten gruppieren. Sind Mehrfamilien-Einzelsiedlungen ausgebildet, dann erübrigen sich besondere Gemeinschaftshäuser. Häuptlinge sind nicht vorhanden; nur die persönliche Geschicklichkeit des einzelnen verhilft diesem zu besonderem Ansehen als Jäger oder als Zauberer, so daß daraus kein Einfluß auf die Ausformung der Siedlungen erfolgt. Auch die Zeltlager der indianischen Jäger in der borealen Waldregion Nordamerikas ebenso wie diejenigen der südamerikanischen Jäger gaben kleine Gruppensiedlungen ab, wobei ebenfalls hier die Unbeständigkeit der Horden zu Veränderungen in der Größe der jeweiligen Lager führte.

Unter bestimmten Bedingungen jedoch wandelt sich das Bild der kleinen unbeständigen Gemeinschaften und damit der kleinen Gruppensiedlungen zu größeren Verbänden und infolgedessen zu umfangreicheren Lagerplätzen. Dies trat insbesondere dann ein, wenn die kleinen Gruppen, meist auf bestimmte Jahreszeiten beschränkt, sich zu gemeinsamen Treibjagden vereinigten. Das beste Beispiel dafür waren die Büffeljäger der nordamerikanischen Plains. Nachdem die Indianer in den Besitz von den durch die Europäer eingeführten Pferden gelangt waren und auch das Gewehr übernahmen, erforderten die Massenjagden, vor allem im Herbst, die Bildung umfangreicher Verbände. Die Lagerplätze bestanden dann aus mehreren hundert Zelten, die kreisförmig angeordnet wurden, während sich das Beratungszelt im Zentrum befand.

Damit ergibt sich für die Wohnplätze der Wildbeuter und höheren Jäger, daß kleine Gruppensiedlungen bezeichnend erschienen und größere nur unter besonderen Bedingungen vorkamen. Es ist dies als Ausdruck der Wirtschafts- in Verbindung mit der Sozialform zu werten, wobei mitunter die dürftige natürliche Ausstattung verschärfend hinzutritt. Im allgemeinen existiert kein besonderes Prinzip in der Gruppierung der jeweiligen Wohnstätten, was nicht zuletzt mit dem sozialen Gefüge von Wildbeutern und höheren Jägern zusammenhängt. Macht sich eine bestimmte Anordnung bemerkbar, dann wird sie vornehmlich durch die Rundform gegeben, wobei entweder eine Anpassung an die physischen Gegebenheiten in Verbindung mit einer Sicherung gegen wilde Tiere vorliegt oder ein stärkerer Gruppenzusammenhalt maßgebend ist.

Am besten haben sich offenbar Wildbeutergruppen in den inneren Tropen erhalten, während sonst Europäer, Amerikaner und Russen direkt oder indirekt die ursprüngliche Lebensweise und damit auch die Siedlungsformen in der Verknüpfung von Wirtschafts- und Sozialgefüge auflösten. Die meisten Eskimos und Indianer in Kanada und Alaska leben heute in der Nähe von Stationen, die für Wetterbeobachtungen, Straßenüberwachung, Flugverkehr, militärische Zwecke, Bergbau, u. U. auch für den Fremdenverkehr eingerichtet wurden, in der Hoffnung, dort zeitweise Verdienst zu finden (Clark, 1971, S. 222 ff. und S. 227 ff.).

b) Die Großfamilien- und Stammessiedlungen der Hirtennomaden als kleinere oder größere Gruppensiedlungen

Zwar entwickelte sich das Hirtennomadentum erst auf der Grundlage des Pflugbaus; doch waren es vielfach Jäger, die die Großviehzucht auf direktem oder indirektem Wege von benachbarten Pflugbauvölkern übernahmen und dabei das Hirtennomadentum ausbildeten (Werth, 1954, S. 117). Dort, wo dieser Vorgang relativ kurze Zeit zurückliegt, prägen sich die sozialen Verhältnisse der Jäger noch nachdrücklich aus und bestimmen weitgehend die Gestaltung der Siedlungen. Dies trifft insbesondere für die *Rentiernomaden* zu. Wenn auch das gezähmte Ren wahrscheinlich schon seit der Bronzezeit existiert, so entwickelte sich die eigentliche Renhaltung im Norden Eurasiens erst in den letzten Jahrhunderten v. Chr. Manche Stämme wie die Syrjänen, Ostjaken und Wogulen gingen nachweislich erst im Laufe des Mittelalters zur Rentierzucht über. Ein weiteres Moment kommt hinzu, um die Parallelen, die bei der Gestaltung der Wohnplätze zwischen höheren Jägern und Rentiernomaden bestehen, verständlich zu machen und damit den Unterschied gegenüber den Siedlungen anderer Hirtennomaden zu begreifen: es ist das Fehlen einer seßhaften einheimischen Bevölkerung jenseits der Polargrenze des Feldbaus, d. h. im Grunde genommen die natürliche Ausstattung der Landschaft, die die Vereinzelung befürwortet und einem stärkeren organisatorischen Zusammenschluß hinderlich ist.

Betrachten wir daraufhin die Wohnplätze der Rentiernomaden, so handelte es sich nach den allerdings nicht allzu zahlreichen Unterlagen um kleine lockere Gruppensiedlungen. Sverdrup (1928, S. 113) berichtet z. B., daß zwei oder drei, auch bis sechs Familien der Rentier-Tschuktschen in einem Lagerplatz vereinigt waren, so daß jedes Zelt von einer Kleinfamilie bewohnt wurde, die die Grundlage des sozialen Lebens abgaben. Tanner (1929 und 1944) betont, daß die sozialen Verhältnisse und die dadurch bedingte Siedlungsgestalt bei den indianischen Jägern Labradors und den Lappen Nordeuropas ähnlich geartet sind.

Anders liegen die Verhältnisse bei den nomadischen *Rinderhirten Afrikas*. Bei ihnen ist eine mehr oder minder starke Staffelung in der Gesellschaftsordnung zu erkennen, in der dem Sippenältesten und dem Häuptling besondere Bedeutung zukommt und u. U. Knechte gehalten werden. Dies wirkt auf die Gestaltung der Siedlungen maßgeblich ein und ist deshalb für unsere Betrachtung wichtig. Weiterhin aber zeigt sich, daß hier auch die Wirtschaftsform als solche die Ausformung der Siedlungen wesentlich beeinflußt. Zwar werden die Herden nicht im ökonomischen Sinne genutzt; immerhin ist man genötigt, die Rinder des Nachts bei der Siedlung zusammenzuhalten, während die Rentiere meist frei weiden und sich selbst überlassen bleiben. Die Unterbringung der Herden verlangt besondere Einrichtungen, wobei es am einfachsten ist, die Wohnstätten in dichter Folge kreisförmig anzuordnen; der kreisförmige innere Platz wird dann dem Vieh vorbehalten und die gesamte Siedlung zum Schutz gegen Raubtiere mit einem Dornverhau umschlossen. So stellen sich die Lagerplätze der nomadischen Rinderhirten in der Regel in Rundform dar, wofür in Afrika die Bezeichnung Kral in Gebrauch ist (Abb. 17).

Die nomadische Weidewirtschaft fördert einerseits die Anlage kleiner Siedlungseinheiten. Andererseits aber wird eine größere Anzahl von Menschen benötigt, um die Herden zu beaufsichtigen und die damit verbundene Arbeit zu verrichten. Deshalb ist die Wohn- und die Wirtschaftseinheit selten durch die Kleinfamilie gegeben. Sowohl bei den Hottentotten und den Herero als auch bei den Massai u. a. herrschte ursprünglich die Polygamie. Darüber hinaus aber verblieben die verheirateten Söhne zumeist innerhalb der Wohn- und Wirtschaftsgemeinschaft, zu der sich u. U. noch andere Verwandte und Knechte (Bergdama) gesellten. Infolgedessen bildeten Großfamilien die Wohn- und Wirtschaftseinheit. In dieser Form waren sowohl bei den Hottentotten als auch bei den Herero Einzelsiedlungen in Kralform vorhanden. Polygame Familienhöfe, unter Leitung des Familienältesten als Einzelsiedlungen, ebenfalls in Kralform, bildeten bei den Massai vielfach die Siedlungseinheit, mitunter auch kleine Gruppensiedlungen aus zwei bis drei Familien-Kralen bestehend. Erst nach dem großen Rindersterben am Ende des vorigen Jahrhunderts wurde es bei ihnen üblich, daß ein Kral mit zwanzig bis fünfzig Hütten von mehreren Familien bewohnt wurde.

Die soziale Differenzierung gelangt in besonderen Häuptlingskralen zum Ausdruck, was z. B. für die Hottentotten und die Massai galt. Im Häuptlingslager der Nama, dem bedeutendsten Stamm der Hottentotten, befanden sich die Wohnstätten der Häuptlinge im Westen der Kralanlage, umgeben von denen seiner Sippe, und an diese reihten sich die Hütten anderer Sippenangehöriger; immer waren Vertreter aller zum Stamm der Nama verbundenen Sippen im Häuptlingslager anwesend (Hirschberg, 1975, S. 398). Als „Kraldorf" mit einer beträchtlichen Anzahl von Kralen zeichnete sich der Häuptlingssitz der Massai aus. Von einem der Häuptlinge wird berichtet, daß er mehr als 200 Frauen besaß und deshalb für sich mehrere Krale beanspruchte. Ein besonderer Kral für Beratungen und Empfänge, weitere für die Ratgeber des Häuptlings mit ihren Familien und schließlich diejenigen der „Krieger" kamen hinzu. Die Einrichtung der Kriegerkrale stellt etwas durchaus Charakteristisches dar und weist auf die hier durch das Alter gegebene Staffelung der Gesellschaftsordnung bei den Massai hin. Den jüngeren Männern nämlich kam die Aufgabe zu, Raubzüge auf die benachbarten seßhaften Stämme zu unternehmen. Die einstige Expansionskraft der Massai hing im wesentlichen mit dieser Einrichtung zusammen.

Auch für die *Hirtennomaden des asiatisch-nordafrikanischen Trockengürtels* von der Mongolei bis zur Sahara gilt, daß die Gestaltung ihrer Zeltplätze den wirtschaftlichen Verhältnissen angepaßt ist, ebenso aber mit den sozialen Gruppierungen in Zusammenhang steht. Gegenüber den Siedlungen der süd- und ostafrikanischen Hirtennomaden ergeben sich dabei nicht unbeträchtliche Unterschiede. Diese mögen zum einen auf wirtschaftliche Belange zurückzuführen sein, denn offenbar verlangen Rinderherden eine größere Wartung, als es bei Kamelen, Pferden, Schafen usw. der Fall ist. Zum andern aber sind auch kulturelle Unterschiede in Rechnung zu stellen, was bereits hinsichtlich der jeweils benutzten Wohnstätten zum Ausdruck gelangte (Kap. IV. B. 2. b). Die Hirtennomaden von Zentralasien bis nach Nordafrika standen viel stärker unter hochkulturellen Einflüssen als diejenigen Ost- und Südafrikas, ja sie wurden u. U. selbst zu Vermittlern hochkultureller Einwirkungen auf primitivere Kulturen (z. B. die Tuareg für den Sudan).

Diese Verhältnisse finden zunächst darin ihren Ausdruck, daß mit den Jurten oder Kibitken Zentral- und Mittelasiens ebenso wie mit den „schwarzen Zelten" Vorderasiens und Nordafrikas große Wohnstätten zur Verfügung stehen, die mehr Menschen Obdach bieten als die Bienenkorbhütten in Ost- und Südafrika. So werden z. B. in den Jurten außer der eigentlichen Familie auch die „angestellten Hirten" aufgenommen, häufig verarmte Stammesangehörige, die bei der Weidewirtschaft behilflich sind (Consten, 1919/20, II, S. 265; Grenard, 1929, S. 179, hier auch Abb.). Weiterhin aber sind die polygamen Familien bei den mongolischen, türkischen, arabischen Nomaden u. a. in der Regel nicht so ausgedehnt wie bei denen Hochafrikas. Wohl kommen auch bei den ersteren polygame Eheverbindungen vor, aber doch in beschränkterem Maße. Dies bedeutet, daß in den großen Zelten zusammengefaßt werden kann, was bei den Bienenkorbhütten notwendig isoliert werden muß und dann eine besondere Anordnung der kleinen Wohnstätten notwendig macht.

Die Belange der nomadischen Weidewirtschaft wirken auf eine geringe Größe der Siedlungseinheiten hin. Da der einzelne und die Kleinfamilie als Hirtennomaden nicht existenzfähig sind, bildet zumeist die patriarchalisch geleitete Großfamilie den Kern des sozialen Gefüges. Eine Anzahl von Großfamilien, die sich von einem gemeinsamen Ahnen ableiten, stellen die Sippe bzw. den Sippenverband dar. Teile einer Sippe, mitunter auch lediglich die Großfamilie, finden sich jeweils in einem Zeltlager zusammen, so daß eine Sippe mehrere Zeltlager umfaßt, die sich innerhalb desselben Gebietes befinden. Überall ist für das Zeltlager bzw. die Zeltlager-Gemeinschaft eine besondere Bezeichnung vorhanden. In Nordafrika ist es der Douar, bei den Kirgisen der Aul, bei den Mongolen der Khoton, und fast überall stellen diese Zeltlager kleine Gruppensiedlungen bzw. Weiler dar, die mitunter aus zwei bis drei Zelten bestehen, aber auch vier bis zehn Zelte umfassen können. In letzterem Falle wird häufig die Rundform bevorzugt, so daß der innere Platz einen Teil der Herden während des Nachts aufnehmen kann. Wird die Anlage *kleiner Zeltlager,* die sogar zur Streusiedlung aufgelockert sein kann, durch die Wirtschaftsform befürwortet, so wirken andere Momente u. U. auf eine Konzentration hin. Vor der Befriedung durch die Kolonialmächte waren die Siedlungseinheiten bei den großen Nomaden mit langen Wanderwegen umfassender. In Nordafrika stellten Douare von 30-50 Zelten keine Seltenheit dar ebenso wie es im Taurus und in Belutschistan beobachtet wurde. Insbesondere während der Wanderungen von den Sommer- zu den Winterweiden und umgekehrt schloß man sich zu umfangreicheren Gemeinschaften zusammen, um gegen Überfälle gesichert zu sein. Blieb gar in diesem Fall ein ganzer Stamm mit stark gestaffeltem Gesellschaftsaufbau zusammen, dann wurde die Anordnung der Zelte in besonderer Weise geregelt. Im Kern befanden sich die Unterkünfte des Scheichs und seiner Familie, kreisförmig eingefaßt von denjenigen der Fraktionen bzw. Teilstämmen, und diese wurden wiederum ringförmig von Zelten solcher Familien umgeben, die den Fraktionen angegliedert waren, aber nicht zum Stamm gehörten. So zeichnete sich in den *Großlagern in Rundform* einerseits die soziale Struktur des Stammes und andererseits das Bedürfnis nach Sicherheit aus (Bernard, 1927, S. 90; Scholz, 1974, S. 246 ff.). Die Einbeziehung in das koloniale System bzw. die politischen Vorgänge vor und nach dem Zweiten Weltkrieg brachten grundsätzliche Veränderungen, denn selbst wenn sich Stämme oder Fraktionen erhielten und trotz des Übergangs zur Schafhaltung noch als Hirtennomaden zu werten sind, dann setzte eine Vereinzelung der Lager ein, die sich auf wenige Zelte beschränken (Despois, 1964, S. 254; Planhol, 1970, S. 258 ff.).

c) *Die Einzelsiedlungen und Gruppensiedlungen verschiedener Art bei halbnomadischen Lebensformen*

Für die Gestaltung der Wohnplätze bei halbnomadischen Lebensformen wollen wir uns auf drei Beispiele beschränken und lediglich die einstigen Siedlungen der höheren Sammler Kaliforniens, die der höheren Fischer der amerikanischen Nordwestküste und die der halbnomadischen Hirten heranziehen. In den beiden ersten Fällen handelt es sich um stabile Gruppen, die ständig vorhandene, meist aber nur im Winter bewohnte Siedlungen hatten. In deren Gestaltung ergeben sich wesentliche Unterschiede. Diese sind vor allem geeignet zu demonstrieren, wie einerseits Verhältnisse fortleben, die wir bereits bei Wildbeutern antrafen (kalifornische Eichelsammler) und wie andererseits das Fortschreiten zu umfangreicheren und stärker gegliederten Gemeinschaftsformen auch in die Gestaltung der Siedlungen wesentlich eingreift (Fischervölker der amerikanischen Nordwestküste). Anders liegt es mit den Siedlungen halbnomadischer Hirten, bei denen Übergangsstadien zum seßhaften Leben eine Dissoziierung ihrer sozialen Ordnung zur Folge haben kann, was sich wiederum in ihrer Siedlungsweise auswirkt.

Die Wohnplätze der kalifornischen Eichelsammler tragen besondere Namen, wie es für dauernd vorhandene Siedlungen überhaupt üblich ist. Diese Ortsnamen wurden nie von Personennamen abgeleitet, sondern waren beschreibender Art und knüpften an die natürlichen Gegebenheiten an; topographische Sonderheiten, solche der Gewässer oder der Pflanzenwelt wurden vor allem benutzt, daneben auch an mythologische Vorstellungen angeknüpft (Kroeber, 1925, S. 892 ff.). Besonders zu erwähnen ist, daß im nordwestlichen Kalifornien die einzelnen Häuser benannt wurden, wobei man wiederum nicht Personennamen wählte, sondern Lage oder Größe, topographische Verhältnisse usf. als Unterscheidungsmerkmal heranzog. Das deutet darauf hin, wie stark die Lebensverhältnisse örtlich gebunden und wie gering die Klammern waren, die die verschiedenen Glieder einer Gruppe zusammenschlossen.

Stämme als politische Einheiten existierten nicht, und im Nordwesten Kaliforniens wurden nicht einmal die Siedlungen als Einheit empfunden. Auch sonst erstreckte sich das Gefühl der Zusammengehörigkeit nur auf sehr kleine Gruppen – im zentralen Kalifornien auf etwa hundert Menschen –, die ein bestimmtes Gebiet innehatten, innerhalb dessen sie ihre Ernährung sicherten und sich auf verschiedene Wohnplätze verteilten. Jeder Wohnplatz konnte so nur aus wenigen Wohnstätten bestehen. Immerhin hatte jede Gruppe einen Hauptort, dem eine größere Stabilität eignete, während die Neben-Wohnplätze verlassen, wieder besetzt oder neu angelegt wurden. Auf diese Weise handelte es sich jeweils um kleine Gruppensiedlungen, ja mitunter sogar um Einzelsiedlungen, die aber von untergeordneter Bedeutung waren und denen die Beständigkeit fehlte. So kam meist eine lockere Anordnung der Wohnstätten unter weitgehender Berücksichtigung der topographischen Verhältnisse zustande, was des öfteren zu einer linearen Ausrichtung führte. All diese Merkmale deuten auf den geringen sozialen Zusammenschluß hin, der auch darin zum Ausdruck gelangte, daß die Häuptlinge wenig Einfluß besaßen und keine feste Institution darstellten. Nur selten wurde für die Wohnstätte des Häuptlings ein besonderer Platz innerhalb der Siedlung ausersehen. Typisch für die Siedlungen der Kalifornier waren die Schwitzhäuser. Sie wurden in derselben Art, doch kleiner als die Wohnhäuser errichtet und dienten den Männern häufig als Schlaf- und Klubhaus. Doch waren sie keine Einrichtung für die gesamte Siedlungsgemeinschaft; sie lagen neben den Wohnstätten ihrer Besitzer und übten meist keinen Einfluß auf die Gestaltung der Siedlungen aus. Mitunter waren außerdem noch Tanzhäuser vorhanden, die kultische Bedeutung besaßen und sich in ihrer Größe gegenüber den anderen Gebäuden abhoben. Um sie war u. U. die Siedlungseinheit gruppiert. Insgesamt aber zeigt sich in der Gestaltung der Wohnplätze der kalifornischen Eichelsammler – überwiegend kleine lockere Gruppensiedlungen – der geringe soziale Zusammenhalt, wie er für Wildbeuter- und Jägerhorden bezeichnend ist.

Wesentlich anders stellen sich die Verhältnisse bei den Fischervölkern der Nordwestküste Amerikas dar. Ihre ausgeprägte soziale Differenzierung in Adlige, Freie und Sklaven mit einem erblichen Oberhäuptling und der Zusammenschluß mehrerer Häuptlings-Gefolgschaften zu Stämmen und sogar zu Konföderationen von Stämmen fanden in der Gestaltung der Siedlungen nachhaltigen Ausdruck. Entsprechend der von der Wirtschaftsform bestimmten topographischen Lage der Wohnplätze an der Küste oder an den Flüssen wurden die Wohnstätten überwiegend linear, vielfach in dichter Folge angeordnet, wobei eine Häuserreihe u. U. von einer verwandtschaftlich verbundenen Gruppe bewohnt wurde, jede Wohnstätte aber mehrere verwandte Kleinfamilien umfaßte. Hatten mehrere solcher Lokalgruppen einen gemeinsamen Winterwohnplatz, dann errichtete man mehrere hintereinander liegende Hausreihen, zwischen denen sich Wege befanden. Vier bis zehn Mehrfamilienhäuser lagen auf diese Weise in einer Reihe, und eine Siedlung konnte fünfzig bis sechzig Mehrfamilienhäuser umfassen. So kam es hier zur Ausbildung recht ansehnlicher Dörfer.

Wie sich die soziale Gliederung in ihnen ausprägte, soll am Beispiel der Wohnplätze der Nootkan-Stämme nach den Untersuchungen von Drucker (1951) dargelegt werden. Ihr Siedlungsgebiet war die Vancouver-Insel. Auch bei ihnen bestand jeder Wohnplatz aus mehreren Mehrfamilienhäusern, deren jedes eine Häuptlingssippe und die von ihr abhängigen Freien und Sklaven beherbergte. War eine Sippe sehr groß, dann hatte sie zwei oder mehrere solcher Mehrfamilienhäuser inne. Dem Oberhäuptling, der Besitzer des Hauses ebenso wie auch des Landes bzw. der Gewässer war, in denen man der Fischerei nachging, wurde mit seiner Familie innerhalb des Hauses ein besonderer Platz in einer der Hausecken vorbehalten und den untergeordneten Häuptlingen die anderen Eckplätze zugewiesen. Die Freien und Sklaven von deren Arbeitsleistung die Gesamtgruppe lebte, mußten sich mit Plätzen an den Längswänden begnügen. In jedem Haus lebten auf diese Weise etwa vierzig Menschen zusammen. Auch unter den Häuptlingen einer Siedlung bestand eine Rangordnung, und dasselbe galt für die Häuptlinge einer gesamten Stammeskonföderation. Dies gelangte bei den großen Festen zum Ausdruck, die die Häuptlinge um ihres Ansehens willen geben mußten; eine bestimmte Sitzfolge der Häuptlinge war dann üblich.

An den dargelegten Beispielen wurde wiederum deutlich, wie stark die Sozialordnung auf die Gestaltung der Siedlungen einzuwirken vermag. Doch muß außerdem betont werden, daß sich zwar mit der stärkeren Neigung zur Permanenz der Siedlung entwickeltere Sozialformen ausbilden können, dies aber nicht notwendig der Fall zu sein braucht. Es bleibe dahingestellt, ob bei den Fischervölkern Nordamerikas fremde Einflüsse oder eigene Entwicklung maßgebend war; auch wenn das erstere der Fall gewesen sein sollte, haben sie es doch vermocht, anderes Kulturgut sinngemäß mit dem eigenen zu verschmelzen.

Bei dem Übergang vom Voll- zum Halbnomadismus oder gar zur seßhaften Lebensweise sind verschiedene Möglichkeiten für die nun entstehenden Siedlungsstrukturen vorhanden. Einerseits spielt die Art der Seßhaftmachung eine Rolle, andererseits aber auch der Zeitraum, der dafür zur Verfügung stand, und schließlich erscheint es wesentlich, welchen sozialen Status die einstigen Hirtennomaden erhielten bzw. sich selbst schufen. Als die Gujars im vorigen Jahrhundert in

Kaschmir einwanderten (Kap. II. B. 2. a. β und IV. B. 2), siedelten sie sich in 2000-2400 m Höhe in Einzelsiedlungen oder Hofgruppen an; sie nahmen den Maisanbau auf und wandelten die früher nomadisch betriebene Büffelhaltung zum Almnomadismus um (Uhlig, 1969, S. 4/5). Die Vereinzelung der Siedlungen bei Lockerung des Stammeszusammenhaltes bis zur Auflösung in Kleinfamilien wird für die Halbnomaden Nordwestafrikas für charakteristisch gehalten (Despois, 1964, S. 254). Auch im östlichen Sudan trifft man in entsprechenden Fällen die Streusiedlung an, die in ihrer Anordnung auf Flußdämmen und längs Wasserscheiden linear gerichtet sein kann (Born, Lee und Randell, 1971, S. 73 ff.). Meist aber entwickeln sich hier Einzelsiedlungen oder Hofgruppen durch Zuzug von außen oder Wachstum von innen zu lockeren Haufendörfern. Letztere sind es, die teilweise für jene Gebiete bezeichnend wurden, in denen ein gesamter Stamm zur Seßhaftmachung schritt, doch so, daß die Stammesführer das gesamte Land erhielten, als Feudalherren fungierten und die übrigen Angehörigen zu Pächtern oder Landarbeitern absanken, wie es z. B. in der Djezira des Irak geschah (Wirth, 1962, S. 103). Unter denselben Voraussetzungen stellen sich auch Planformen ein, etwa in der Upper Sind Province von Belutschistan, wo die Briten aus politischen Gründen an der Seßhaftmachung interessiert waren, voraussichtlich ohne die Gestaltung der Siedlungen zu beeinflussen (Scholz, 1974, S. 38). Wurde u. U. eine gleichmäßige Verteilung des Landes unter die Stammesangehörigen vorgenommen wie bei den Hasni innerhalb ihrer früheren Sommerweiden, dann durchlaufen die Siedlungen in demselben Zeitraum, nämlich vom Ende des 19. Jh.s bis heute, einen bestimmten Entwicklungsprozeß. Ausgehend von befestigten Siedlungen in der ersten Phase, als es galt, sich gegen benachbarte Stämme in einem noch nicht voll befriedeten Raum zu schützen, konnte man danach davon absehen. Nun entstanden bei wachsender Bevölkerung Familienweiler und Einzelsiedlungen. Als nach 1960 der Ausbau der Straßen den Anschluß an den Markt brachte und Brunnenbohrungen eine Intensivierung des Feldbaus ermöglichten bei gleichzeitiger Ausweitung der Viehhaltung, führte das zur verstärkten Anlage von Weilern und Einzelhöfen, die sich um die ebenfalls ausgeweiteten früher angelegten Dörfer gruppieren (Scholz, 1974, S. 106 ff.).

d) Die kleinen und großen Gruppensiedlungen bei den Hackbauern

Je permanenter die Siedlungsart wird, um so mehr stellen sich Differnzierungen in der Gestaltung der Siedlungen ein. Dafür werden die Wohnplätze der Hackbauern zahlreiche Beispiele liefern. Diese größere Spannweite hängt einerseits mit der stärkeren Stabilität zusammen, die die Wirtschaftsform als solche gewährt, und geht andererseits darauf zurück, daß auch die sozialen Verhältnisse erhebliche Unterschiede aufweisen. Großfamilien und Sippen bzw. verwandtschaftliche Bindungen bilden zwar die Zellen des sozialen Zusammenhaltes und üben häufig Einfluß auf die Gestaltung der Siedlungen aus; doch kann auch eine erhebliche Schichtung des sozialen Gefüges eintreten, und Führerpersönlichkeiten vermögen auf die Ausformung der Siedlungen einzuwirken. Aus der semi-permanenten bis permanenten Siedlungsart der Hackbauern resultiert weiterhin, daß die Form der Wohnplätze vielfach durch das Schutzmotiv bestimmt wird. Da die politischen Einheiten jeweils nur klein sind, muß den zahlreichen Auseinandersetzungen zwischen den Gruppen in der Gestaltung der Siedlungen Rechnung getragen werden, ähnlich wie wir es bereits bei der topographischen Lage der Hackbauern-Siedlungen beobachten konnten (Kap. IV. A. 5).

Die Wohnplätze der Hackbauern sind in der Regel durch *Ortsnamen* gekennzeichnet. Sicher wäre es wichtig, die Prinzipien darzulegen, nach denen die Benennung der Siedlungen erfolgt; doch reichen dazu die Unterlagen bei weitem nicht aus. Wir müssen uns in dieser Hinsicht mit wenigen Andeutungen begnügen. Zahlreich sind offenbar diejenigen Ortsnamen, die Besonderheiten der natürlichen Ausstattung bezeichnen. Doch kommt es auch vor – und das erscheint wesentlich –, daß zwar die einzelnen Wohnplätze nicht benannt sind, dafür aber alle Siedlungseinheiten eines Sippenverbandes mit dem Namen dieses Verbandes belegt werden. Dies ist z. B. bei den Baja (nördliches Kamerun) der Fall und geht durchaus parallel mit der größeren Bedeutung, die bei ihnen dem Sippenverband zukommt im Gegensatz etwa zu den Pangwe (Waldgebiet von Kamerun), die lediglich topographische Bezeichnungen anwenden (Tessmann, 1913 und 1934). Vor allem dort, wo die Baja unter den Einfluß der islamischen Fulbe-Hirten gerieten, wurde nicht der Name des Sippenverbandes, sondern der des Häuptlings auf die Siedlung übertragen, entsprechend dem stärkeren Herausgehobensein der Häuptlinge bei diesen Gruppen. In größerem Zusammenhang gesehen, weisen die Darlegungen Tessmanns (1934, S. 88) darauf hin, daß sich in den Namen der Hackbauern-Siedlungen die sozialen Verhältnisse widerzuspiegeln vermögen. Auch in Ostafrika werden die Siedlungen meist nach dem Häuptling benannt und wechseln demgemäß die Bezeichnung, wenn ein Häuptling durch einen andern abgelöst wird. Dies bedeutet eine gewisse Unstetigkeit, die als Ausdruck des Kulturniveaus der Hackbauvölker zu werten ist. Mit der semi-permanenten Siedlungsart hängt es zusammen, daß Wüstungen häufig erscheinen, ob sie die Ortschaften betreffen oder das genutzte Land, in dem sich sekundäre Vegetationsformationen entwickeln.

Wenn wir nun die *Gestaltung der Wohnplätze* betrachten, so gehen wir am besten von den früher dargelegten Haupttypen aus (Tab. IV. C. 1) und versuchen die Bedingungen aufzuzeigen, unter denen sie vorkommen. Daß auch hier keine Vollständigkeit erzielt werden kann und selbst über die Verbreitung der einzelnen Typen keine Klarheit besteht, sei ausdrücklich hervorgehoben.

Wir beginnen mit der *primären Einzelsiedlung,* die man sowohl in Lateinamerika, in Afrika und Südostasien einschließlich Neuguinea findet. Bei näherem Zusehen ergeben sich dabei nicht unbeträchtliche Unterschiede. Mit ausgesprochenem Wanderhackbau verknüpft, trifft man Einzelsiedlungen bei den Waldstämmen des nordwestlichen Amazonien an. Hier handelt es sich um Mehrfamilienhäuser, die eine verwandtschaftliche Gruppe beherbergen, zumeist eine Sippe oder einen Teil einer solchen (Steward und Faran, 1959, S. 351 ff.). Wenn als untere Grenze für die Einwohnerzahl zwanzig Menschen angegeben werden, so stimmt das mit den dargelegten Verhältnissen überein (Bennett, 1949, S. 15). Der zentrale Raum dieser Häuser wird für kultische Zwecke genutzt. Dem Familienoberhaupt wird eine besondere Stellung zuerkannt, wenngleich seine Befugnisse nicht sehr ausgedehnt sind. Schutz gegen benachbarte Gruppen erreicht man durch Isolierung. Ähnlich geartet und unter denselben sozialen und wirtschaftlichen Bedingungen stellen sich Sippen-Einzelsiedlungen in Südostasien und Neuguinea ein. Eine Verbreitungskarte der Mehrfamilienhäuser gibt hier zugleich die der Einzelsiedlungen an, sofern shifting cultivation im Vordergrund steht.

Unter wesentlich andern Voraussetzungen und in anderer Gestalt geben sich die Einzelsiedlungen in Afrika zu erkennen. Meist ist eine Verbindung von Pflanzer- und Hirtentum ausgebildet, wobei die Gewichtigkeit zwischen beiden unterschiedlich zu sein vermag. Einzelhöfe polygamer Familien finden sich im südwestlichen Angola und nördlichen Südwest-Afrika (Abb. 12). Wie es bereits bei den nomadi-

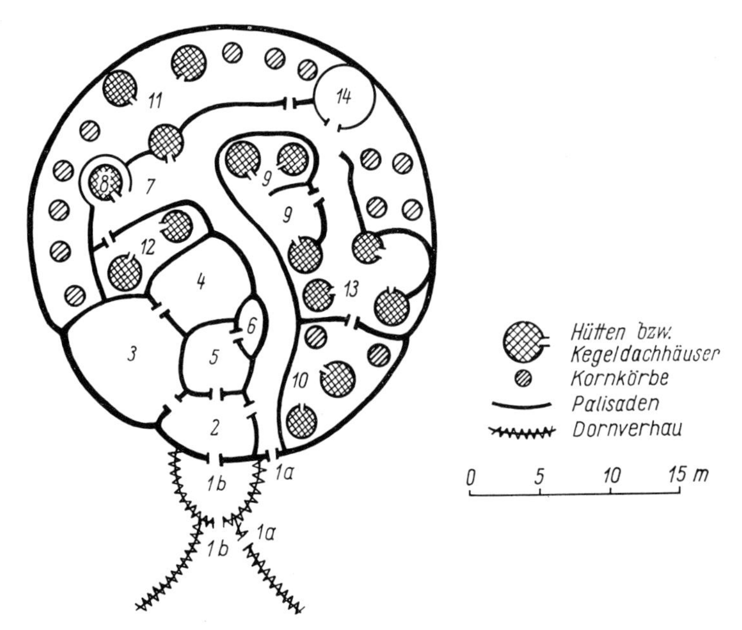

Abb. 12 Einzelgehöft der Ambo, Hackbau und Großviehzucht (nach Paul).

schen Rinderhirten Afrikas begegnete, sind die Pflanzer-Viehzuchtsgehöfte in Form eines Krals angelegt; vornehmlich die Wohnstätten der Häuptlinge weisen eine labyrinthförmige Innengliederung auf (Baumann, 1975, S. 495 ff.). Auch im Südosten, wo etwa die Xhosa, Zulu, Swazi, Tswana und Sotho wichtige Stämme abgeben, stellen sich Einzelkrale ein, die mit der Großfamilie identisch sind und bei denen die Kreisanordnung der Rangstellung entspricht, wie sie durch die polygamen Eheverbindungen gesetzt sind (Breutz, 1975, S. 439 ff.).

Einzelsiedlungen findet man häufig im östlichen Afrika, durchsetzt von einigen Bezirken, in denen Weiler oder Dörfer dominieren. Besonders in den dicht bevölkerten Gebirgen des Zwischenseengebietes von Tanzania, Burundi, Rwanda, Uganda, Kenya bis zum südlichen Äthiopien sind weitgehend Einzelsiedlungen anzutreffen (Davies, 1975, S. 29). Moore (1971, S. 124) unterschied für Tanzania zwei Typen, wobei eine Verallgemeinerung möglich erscheint. Der eine zeigt sich im Bereich von Kilimandscharo und Meru, wo eine völlige Individualisierung stattfand, verbunden mit der Ausbildung von Privateigentum, dem Übergang zum Daueranbau für den Eigenbedarf und den Markt (Bananen und Kaffee) unter Integration der Großviehhaltung (Ruthenberg, 1968, S. 216). Die Einzelsiedlung als solche im größeren Verband als der Einzelfamilie aber war bereits in vorkolonialer Zeit ausgebildet. Der andere Typ ist darin zu sehen, daß einer erweiterten Familie ein bestimmter Distrikt zur Verfügung stand, häufig als „Hügel" bezeichnet, der bei 100-200 Einwohnern 80-120 ha umfaßte, innerhalb dessen sich bei wachsender Bevölkerung der Ausbau in Form von Einzelsiedlungen vollzog, wie es früher insbesondere bei den Kikuyu gehalten wurde (Gourou, 1954 bzw. 1969, S. 117). Das eine stellt die moderne, das zweite die traditionelle Art der Einzelsiedlung dar. Wie bereits Jaeger annahm (1933, S. 108), ist die traditionelle Streusiedlung nicht an bestimmte Bevölkerungsgruppen gebunden. Hinsichtlich der Wirtschaftsform gelang der Übergang zur Landwechselwirtschaft oder zur Dauernutzung relativ schnell, und immer trat die Großviehhaltung hinzu.

Im zentralen und westlichen Afrika fehlen offenbar primäre Einzelsiedlungen weitgehend, verständlich deswegen, weil die Rinderhaltung an Gebiete gebunden ist, die nicht durch die Tsetse verseucht sind. Sie finden sich allerdings in dem dicht besiedelten Gebirgsland von Adamaua in Kamerun, wo verschiedene Ethnien in das Gebirge abgedrängt wurden und hier unter Häuptlingen, die das Land verteilen, so gesichert waren, daß sich die Einzelsiedlung ausbilden konnte (Herault, 1963, S. 47 ff.). Ähnlich steht es im „Altsiedelgebiet" des westlichen Senegal, wo unter dem Schutz der Mande-Reiche die „Dörfer" der Sere sich aus Quartieren zusammensetzen, die nichts anderes als Einzelhöfe der erweiterten Familien darstellen (Pélissier, 1966).

Sobald staatliche Institutionen die Sorge für den Schutz des Landes übernehmen, ist es u. U. wirtschaftlich günstiger, zur Streusiedlung überzugehen. Sie stellte sich in verschiedenen Bereichen des mexikanischen Hochlandes als Ausbausiedlung während des 14. Jh.s ein (Trautmann, 1972) und war auch bei den andinen Kulturen Südamerikas bekannt (Steward und Faron, 1959, S. 136 ff.), wenngleich ihr zumeist durch die spanische Kolonisation eine Kontinuität versagt blieb. Dasselbe Prinzip kommt bei ungelenkter Kolonisation noch nicht besetzter Räume seit der Mitte des 19. Jh.s zum Tragen, wie es Waibel (1933, S. 139 ff.) für die höheren Teile der Sierra Madre de Chiapas und Sandner (1961, S. 134 ff.) für Costa Rica beschrieb. Auch die Intrusos in Argentinien, die den squatters in Nordamerika entsprechen, sich aus der landlosen Schicht der Hacienden- oder der Saisonarbeiter rekrutieren und ohne rechtliche Grundlage Land in Besitz nehmen, bevorzugen die Einzelhofsiedlung (Eriksen, 1971, S. 223).

Ein Übergang zwischen geregelter und ungeregelter Streusiedlung hat sich vornehmlich auf staatlichen Ländereien in Argentinien entwickelt. Hier ging man in der zweiten Hälfte des 19. Jh.s unter Heranziehung europäischer Bevölkerungsgruppen zur Vermessung über, die allerdings mitunter erst nach der Landnahme stattfand und selbst bei deren rechtzeitigem Einsetzen wurde der Standort der Höfe innerhalb der zuzuteilenden Parzelle nicht festgelegt.

Die *sekundäre Einzel-* bzw. *Streusiedlung* mit meist unregelmäßiger Anordnung der Wohnstätte innerhalb derjenigen Gebiete, wo Hackbau betrieben wird, zeigt sich vornehmlich dort, wo primär Gruppensiedlungen üblich waren. Der Zeitpunkt der sekundären Zerstreuung ist in den einzelnen tropischen Bereichen unterschiedlich anzusetzen.

In Afrika sind die Siedlungen im südlichen Äthiopien, die bis zu einem gewissen Grade mit dem Ensetehackbau zusammenhängen, zu dieser Gruppe zu rechnen. Ursprünglich lebten die Sidamo voraussichtlich in Weilern, und erst nachdem die Großviehzucht aufgenommen wurde und über den anfallenden Dung die Festlegung der Ensetepflanzungen möglich erschien, ging man zur Streusiedlung über (Kuls, 1958, S. 121). In der Regel werden die Savannen der Sudanzone durch Gruppensiedlungen geprägt. Eine Ausnahme davon macht das nördliche Ghana,

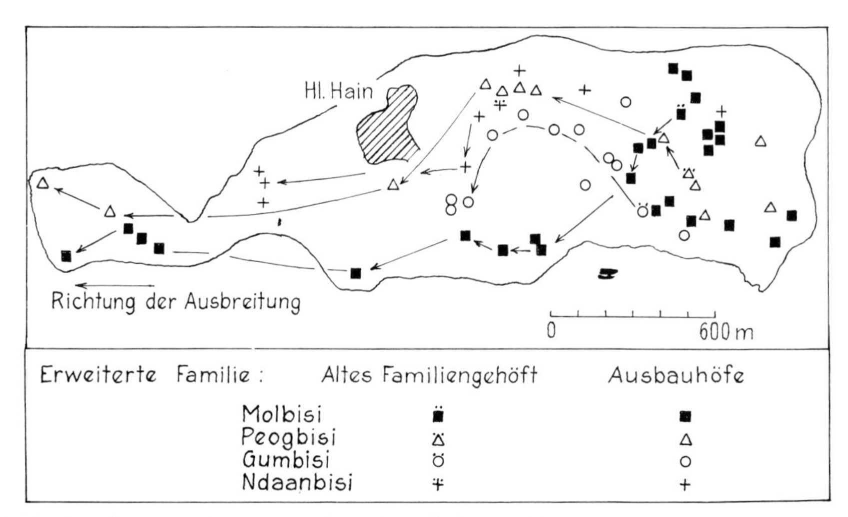

Abb. 13 Ausbau in Form der ungeregelten Streusiedlung, abhängig von der Zugehörigkeit zu erweiterten Familien in Zoagin, Nordghana (nach Hunter).

wo das Gegenteil der Fall ist (Hunter, 1967). Sind mehr als zwei Söhne innerhalb der polygamen Familien vorhanden, dann erfolgt beim Tod des Vaters ein relativ schneller Ausbau. Neue Gehöfte entstehen in der Nachbarschaft des alten, dann aber immer weiter ausgreifend, so daß allmählich der räumliche Zusammenhalt der erweiterten Familie verlorengeht und eine Durchmischung einsetzt (Abb. 13). Fragt man nach dem Alter dieses Vorganges, dann kam Hunter auf das Ende des 18. Jh.s, als ein kleiner einwandernder Stamm die Herrschaft über die autochthonen Gruppen antrat, die dann dazu übergehen konnten, sich zu zerstreuen, wobei Hackbau auf festliegenden Flächen mit Großviehhaltung und Düngung ausgebildet wurde.

Sonst wird man in erster Linie die Kolonialzeit mit der Befriedung der Stämme für die Ausbildung der *sekundären Streusiedlung* verantwortlich machen können. Im Kongo ist davon allerdings wenig zu spüren, wohl aber im Bereich der Oberguineaküste. Mit der Ausdehnung des Kakaoanbaus in Nigeria gingen die sonst in „Städten“ lebenden Yoruba daran, sich dort Einzelsiedlungen zu schaffen, wo sie das Land bebauten, ohne allerdings ihr Haus in der „Stadt“ aufzugeben, zu dem sie mindestens einmal jährlich zurückkehren. Im Bezirk Ibadan existierten im Jahre 1931 etwa hundert einzelne „Farmen“, im Jahre 1952 belief sich ihre Zahl auf mehr als dreitausend (Adejuwon, 1971, S. 3), die zwar die Nachbarschaft des großen Ortes aussparen, sonst sich aber von außen nach innen ausweiten und einen breiteren Gürtel als früher erfassen. Die primäre Streusiedlung Ostafrikas wurde während der Kolonialzeit durch die sekundäre verstärkt, wie es z. B. im Sukumaland südlich des Victoriasees geschah (Ludwig, 1967, S. 99 ff.).

In Lateinamerika brachte die dort um Jahrhunderte früher anzusetzende koloniale Periode eher eine Zusammenfassung denn eine Vereinzelung der Siedlungen, und nach der Verselbständigung der Staaten ging man im Rahmen von Neuerschließungs-Vorgängen oder Bodenreformen – mit Ausnahme von Argentinien – selten zur Streusiedlung über. Lediglich in Haiti, wo die Plantagen durch die

Sklavenaufstände am Ende des 18. Jh.s vernichtet wurden, ließen sich die Neger in Einzelsiedlungen nieder (West und Augelli, 1966, S. 162 ff.).

In den abgelegenen Gebieten Südostasiens kam z. B. in Borneo (Sabah) seit dem ausgehenden 19. Jh. eine ungelenkte Kolonisation der Berg-Dusun in das Küstentiefland zustande. In einem Falle gelang Uhlig (1970, S. 88) der Nachweis, daß zunächst die Langhausgemeinschaften bestehen blieben, bis man sich davon löste und die Gruppierung in Weilern bevorzugte, in denen jede Kleinfamilie ihr eigenes Haus hatte, nach dem Zweiten Weltkrieg bildete sich durch „Vereinödung" (Kap. IV. C. 2. e. β.) eine ungeregelte sekundäre Streusiedlung aus. Hand in Hand damit vollzog sich der Übergang zum Daueranbau (Naßreis) mit Benutzung des Pfluges. Die nach dem Zweiten Weltkrieg hier und in der pazifischen Inselwelt einsetzenden Bodenreformen führten meist nicht zur Einzelsiedlung, aber es kommt vor, daß nach der Zuweisung der für eine Familie bestimmten Parzellen die Verlagerung der Häuser auf letztere stattfindet, wie es für die Fidji-Inseln bekannt ist (Bedford, 1968).

Wenden wir uns nun den *primären Gruppensiedlungen* zu, dann erscheinen Weiler und kleine Dörfer als die dem Wanderhackbau am besten angepaßte Siedlungsform, und zwar in zweifacher Hinsicht: zum einen ist die Verlagerung der Ortschaften bei kleinen Siedlungen leichter, und außerdem läßt sich dann eine unmittelbare Nachbarschaft von Wohnplatz und Wirtschaftsfläche erreichen; zum andern ist der Zusammenschluß verwandter Familien in Weilern am ehesten zu verwirklichen, ohne daß es höherer Organisationsformen bedarf. Wenn für die Siedlungen der Hackbauvölker Südamerikas 50-60 Menschen im Durchschnitt angegeben werden (Bennett, 1949, S. 15), dann entspricht dies der weiten Verbreitung von Weilern innerhalb jenes Gebietes, sofern nicht Sippen-Einzelsiedlungen vorliegen. Auch bei den Hackbauern des östlichen Nordamerika bildeten locker gefügte Weiler die „natürliche" Siedlungsform (Sarfert, 1909, S. 200; Swanton, 1946, S. 629 ff.), wenn es auch unter gewissen Voraussetzungen zu nicht unerheblichen Abweichungen kam. Bei einer ganzen Reihe von Stämmen war dabei jede kleine Siedlungseinheit von einer Großfamilie bewohnt.

Für die Ausformung der Gruppensiedlungen spielen naturgemäß die topographischen Verhältnisse eine Rolle. Längs der Flüsse stellt sich eine lineare Ausrichtung ein, wie es am Amazonas zu beobachten ist. In Afrika wurde die linear gerichtete dichte Gruppensiedlung zum Typus der westafrikanischen Urwaldkultur, unabhängig von der Stammeszugehörigkeit der Siedlungsgemeinschaften. Dies ist wohl nicht zuletzt darauf zurückzuführen, daß bei der Schwierigkeit des Rodens im äquatorialen Regenwald eine dichte Anordnung der Wohnstätten am vorteilhaftesten ist und Urwaldpfade die Richtung vorschreiben. Am Beispiel der Pangwe-Siedlungen (Kamerun) zeigte Tessmann (1913, S. 56 ff.), wie solche gerichteten dichten Gruppensiedlungen entstehen.

„Will ein Familienvater eine Ansiedlung gründen, so baut er zwei Häuser, ein Wohnhaus und ein Versammlungshaus. Das Wohnhaus ist das eigentliche Reich der Frau, in dem sie mit ihren Kindern lebt und schafft. ... Das Versammlungshaus ist umgekehrt der gewöhnliche Aufenthaltsort des Mannes, in dem er sich tagsüber beschäftigt, seine Nebenarbeiten verrichtet, Besuche empfängt und in das die Frau nur hin und wieder kommt. Werden die Kinder größer, so baut er jedem sein eigenes Haus anschließend an das ursprüngliche erste Wohnhaus, und ebenso bekommt jede seiner weiteren Frauen ihr eigenes Haus." Dabei wird das Versammlungshaus in der Regel quergestellt, während die Giebeldach-Wohnhäuser die Begrenzung des Weges abgeben. Setzt sich ein zweiter Familienvater an, der meist derselben Sippe angehört, dann schließen sich seine Wohnstätten linear an die ersteren an, während sein Versammlungshaus ebenfalls quer zum Weg gerichtet ist und die Siedlung abschließt. Jeder Familienvater fungiert als Häuptling seiner Gruppe.

Primär linear gerichtete Siedlungen, häufig in der Form wenig geregelter Reihenweiler oder -dörfer, spielen bei jüngeren Kolonisationsvorgängen in tropischen und subtropischen Urwaldgebieten eine Rolle. In Ghana konnte Manshard (1961) feststellen, daß die Krobo, die seit der Mitte des 19. Jh.s in den Feuchtwald abwanderten, ihre Häuser längs Urwaldpfaden anlegten, die sich zwischen den Flüssen und Wasserscheiden befanden.

Im ersten Viertel des 19. Jh.s setzte die Kolonisation in Südbrasilien unter Hinzuziehung europäischer Siedler ein, insbesondere von Deutschen und Italienern. Armut an Kapital und Entfernung zum Markt waren die Gründe dafür, daß Brandrodung und Landwechselwirtschaft aufgenommen wurden (Waibel, 1955; Roche, 1959; Pfeifer, 1967). Hinsichtlich der Art der Bewirtschaftung hat manche Neuerung eingesetzt, vornehmlich in Rio Grande de Sul. Die Form der Aufschließung durch Reihendörfer, die voraussichtlich auf deutsche Einwanderer zurückgeführt werden muß, hat sich weiter verbreitet. Sie wurde seit dem Ende des 19. Jh.s im Rahmen der Landvergabe durch private Kolonisationsgesellschaften in Misiones (Argentinien) wieder aufgenommen und nach dem Zweiten Weltkrieg hier von Japanern verwandt (Eidt, 1968 und 1970). Wasserversorgung, Verkehrsanschluß und Einfügung der Siedlungen in ein stärker betontes Relief ließen sich auf diese Weise besser gewährleisten als bei den staatlich vergebenen Länderreien, in denen man am Einzelhofsystem festhielt.

Nach dem Zweiten Weltkrieg, als die Überbevölkerung der andinen Altsiedelgebiete Südamerikas immer mehr in Erscheinung trat, der soziale Konflikt zwischen Großgrundbesitzern und Inhabern von Minifundien bzw. Landlosen immer schwieriger zu überbrücken und schließlich auch die Steigerung in der Produktion von Nahrungsmitteln unerläßlich war, wurde die Lösung der Probleme vielfach in einer Kolonisation noch kaum besetzter Räume gesucht. Am Beispiel von Bolivien sei dies dargelegt.

Seit der Revolution und der damit verbundenen Bodenreform in Bolivien im Jahre 1953 verstärkte sich die Kolonisation in den montañas an der Ostabdachung der Anden und am Andenfuß, meist in Verbindung mit zuvor erbauten oder auch nachträglich eingerichteten Straßen. Im Rahmen der „spontanen Kolonisation" wanderten in den Jahren 1952-1966 mehr als 10000 Familien oder rd. zwei Drittel der gesamten Umsiedler von Occidente in den Oriente (Reye, Juli 1970, S. 56). Meist in Gruppen von 30-50 Personen, in Gewerkschaften organisiert, okkupierten sie Staatsland oder kaum genutzte Flächen von Hacienden und legten Reihendörfer an. Positiv wird einerseits die Eigeninitiative und der Wille zum wirtschaftlichen Aufstieg sowie die geringen Kosten des Verfahrens beurteilt, negativ das Fehlen von öffentlichen Einrichtungen und das Einschalten von Zwischenhändlern bei der Vermarktung. Auch bei den dirigierten Kolonien fand – von wenigen Ausnahmen abgesehen – die Form des Reihendorfes Verwendung. Hier sorgte man für Verkehrsanschluß und die Anlage einer ausreichenden Zahl von zentralen Orten ebenso wie für Kredite zur Überwindung der Anfangsschwierigkeiten

Abb. 14 Pueblo Taos (nach Stubbs).

(Monheim, 1965; Schoop, 1970). Für die entsprechenden Probleme in Peru und Venezuela sei auf die Arbeiten von Monheim (1968), Maass (1969) und Eidt (1975) verwiesen.

Häufig kommen Gruppensiedlungen auch in *Platzform* vor. Das kann schon bei relativ einfach gelagerten sozialen Verhältnissen der Fall sein, wie es Vennetier (1965, S. 124) für das nördliche Kongogebiet darlegte, wo der Platz das Versammlungs- oder Männerhaus aufnimmt. Auch die Siedlungen der Pueblo-Indianer von Neu-Mexiko in vorspanischer Zeit gehörten dazu, deren Grundtyp Fliedner (1974, S. 20) folgendermaßen beschrieb: „Eine rechteckige Plaza mit 500-2000 m^2 wurde von ein- bis viergeschossigen, aneinandergebauten Häusern auf allen vier oder doch drei Seiten umgeben. An dieses architektonisch bestimmende Karree waren ein oder mehrere Wohnflügel angebaut, die ihrerseits eigene Plazas begrenzen und umschließen konnten. ... Hinzu kamen mehrere meist kreisrunde Kivas, die Kulträume von Männergeheimbünden". Bewohnt wurden die Pueblos ebenso wie die von Arizona von unter sich gleichgestellten Großfamilien ohne politische Organisation. Die Dorfgemeinschaft erhielt durch kultische Bindungen ihre Begründung. Topographische Lage und Geschlossenheit der Ortsform ebenso wie das Fehlen von Türen nach außen, derart, daß von hier die oberen Geschosse nur über Leitern erreicht werden konnten, trugen dem Schutzmotiv Rechnung (Abb. 14).

Auch bei höherer sozialer Organisation kam der Platzform Bedeutung zu. Die Maori-Siedlungen waren von Unterstämmen oder Stämmen mit straffem Häuptlingstum bewohnt, allerdings jeweils in kleinen politischen Einheiten. Auf dem Platz befanden sich die Häuser der Häuptlingsfamilie, ein Versammlungshaus und ein weiteres zur Aufnahme von Gästen. Letztere zeichneten sich durch ihre Größe aus, und bei allen wurde besonderer Wert auf die Verzierung durch prachtvolles Schnitzwerk gelegt. Außerdem aber befanden sich hier Werkstätten, Speicher und Schulen, in denen der jüngeren Generation Überlieferung, Handwerk und Kunstfertigkeit übermittelt wurde (Bachmann, 1931, S. 19ff.). Um dieses Zentrum mit seiner Bedeutung für das gesamte soziale Leben waren die einfachen Wohnhäuser gelagert, in Siedlungsbezirke der miteinander lebenden Familiengemeinschaften getrennt. Ähnlich geartet zeigen sich die Siedlungen im Osten Indonesiens, in Melanesien und in Polynesien (Bühler, 1959/60).

Schließlich sei noch auf ein Beispiel von Gruppensiedlungen aufmerksam gemacht, für die die topographischen Verhältnisse unwesentlich sind gegenüber den Beziehungen, die zwischen Siedlungsgestaltung und sozialer Ordnung bestehen, wobei ebenfalls das Platzmotiv eine gewisse Rolle spielt. Es handelt sich um die Siedlungen Mikronesiens, insbesondere die von Palau, die durch die Untersuchungen Krämers (1919, S. 4ff.) bekannt geworden sind. Taro-Naßkultur, entwickeltes Handwerk und Schiffahrt innerhalb eines beschränkten Lebensraumes von Atoll-Inseln ebenso wie ein geschichteter Gesellschaftsaufbau, bei dem der Adel in zwei, wahrscheinlich mit totemistischen Vorstellungen zusammenhängende Klassen geteilt ist, geben die Grundlage ab.

Als Beispiel für die entsprechenden Siedlungen diene der Ort Ngabiŭl im Norden von Palau (Abb. 15). Etwa in der Mitte der Anlage auf dem Platz befinden sich zwei Versammlungshäuser, je eines für jede der beiden Klassen bestimmt, in die die bevorrechtete Schicht der Häuptlinge aufgeteilt ist. Meist sind zehn Häuptlinge vorhanden, denen zehn Hauptfrauen aus derselben Sippe zur Seite stehen und je einen „Titel" besitzen. Ein Häuptling mit der entsprechenden Hauptfrau jeder Klasse hat die Führung inne. Ihre beiden Häuser sind durch die bevorzugte Lage in der Nähe der Dorfhäuser ausgezeichnet (in Abb. 15 Haus I und VIII). Von den Dorfhäusern gehen die Hauptwege aus, meist zwei in entgegengesetzter Richtung, die zu den beiden Landungsplätzen führen. Hier befinden sich die Klubhäuser beider Klassen, die u. U. gleichzeitig als Bootshäuser dienen. Die Häuser der übrigen Häuptlinge liegen entlang der Haupt- oder Nebenwege, unter Fruchtbäumen versteckt. Dasselbe gilt für die titellosen Wohnhäuser, die in beliebiger Zahl auftreten können und zu denen kein Landbesitz gehört.

Vielfach sind Weiler und kleine Dörfer auch in Rundform angelegt. Ebenso wie für die Platzform mag die kreisförmige Anordnung der Wohnstätten auf Belange des sozialen und kultischen Lebens zurückgehen. Doch auch wirtschaftliche Erwägungen können dazu führen, nämlich dann, wenn neben dem Hackbau die Großviehhaltung eine Rolle spielt. Rundformen in Gestalt der Kralsiedlung sind für das östliche Afrika eine typische Erscheinung (Abb. 17). Es muß darauf aufmerksam gemacht werden, daß Zulu-Gruppen, die im 19. Jh. auf ihren Kriegszügen vom südlichen in das mittlere Ostafrika gelangten, sich hier auf das Pflanzertum umstellen mußten, die Kralform wieder verwandten. Die wirtschaftliche Nutzungsform wandelte sich, zog aber keine Veränderung der gewohnten Siedlungsform nach sich.

Abgesehen von sozialen, kultischen und wirtschaftlichen Verhältnissen wird für die kreisförmige Anordnung der Wohnstätten mitunter das Bedürfnis nach Schutz

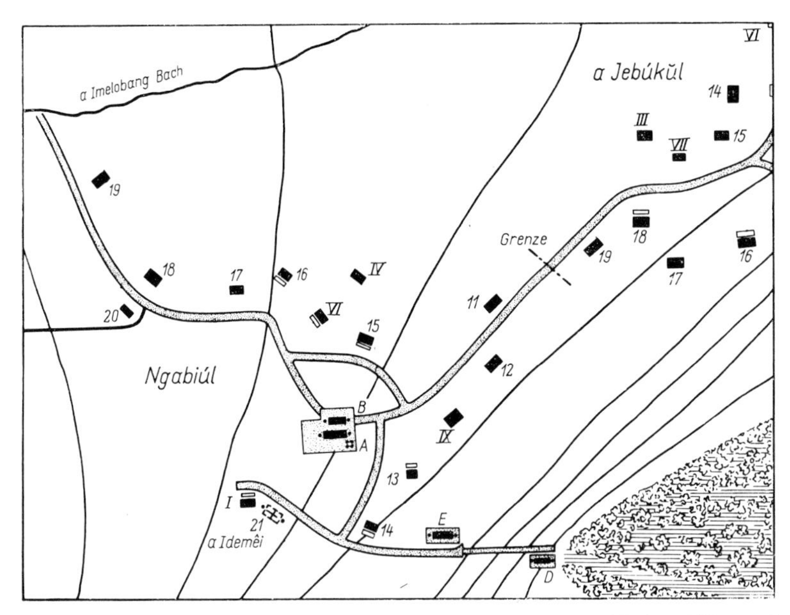

Abb. 15 Lockere Gruppensiedlung mit Platzform um die Dorfhäuser auf Palau, Mikronesien (nach Krämer).

in Rechnung zu stellen sein. Vielfache Kämpfe zwischen den Stämmen machten es erforderlich, Gruppensiedlungen gegen Überfälle durch Palisaden, Dornverhaue usf. zu sichern. Gleichzeitig konnte ein Platz ausgespart werden, wenngleich das nicht zu sein brauchte. In erster Linie achtete man darauf, der äußeren Begrenzung kreisförmige Gestalt zu geben. In Lateinamerika waren es einerseits Gruppen der zirkum-karibischen Kultur mit gestaffeltem sozialen Aufbau, wobei den kriegerischen Auseinandersetzungen kleiner territorialer, von Häuptlingen geführten Einheiten sich befestigte Dörfer einstellten, deren Wohnstätten um einen inneren Platz gruppiert wurden. Ähnlich stand es bei den Tupi sprechenden Gruppen, die sich von Norden nach Süden längs der brasilianischen Küste ausdehnten und bis nach Paraguay gelangten. Vier bis acht Mehrfamilienhäuser scharten sich um einen inneren Platz und waren außen von doppelten Palisaden umgeben (Steward und Faron, 1959, S. 325 und 330 ff.). Hier allerdings bewirkte die spanisch-portugiesische Kolonisation, die meist gleichzeitig eine Wüstungsperiode herbeiführte, ein Aufgeben der heimischen Siedlungsform.

Anders steht es in Afrika, wo im Rahmen der Kolonialperiode siedlungsmäßig nur punkthafte Veränderungen eintraten. Im „Mittelgürtel" von Nigeria, wo sich einerseits die Sklavenjagden von Süden, andererseits das Vordringen islamisierter Gruppen von Norden auswirkten, spielen befestigte Siedlungen eine erhebliche Rolle (Udo, 1970, S. 110 ff. und S. 159 ff.).

Dasselbe gilt z. B. für Sierra Leone, deren heutige Bevölkerung vornehmlich unter dem Druck der Fulbe erst im 16.-18. Jh. einwanderte. Hier sicherten die Mende ihre Siedlungen durch mehrere kreisförmige Palisaden mit dazwischen gelegenen Gräben und errichteten ihre Wohnstätten so dicht aneinander, daß nur

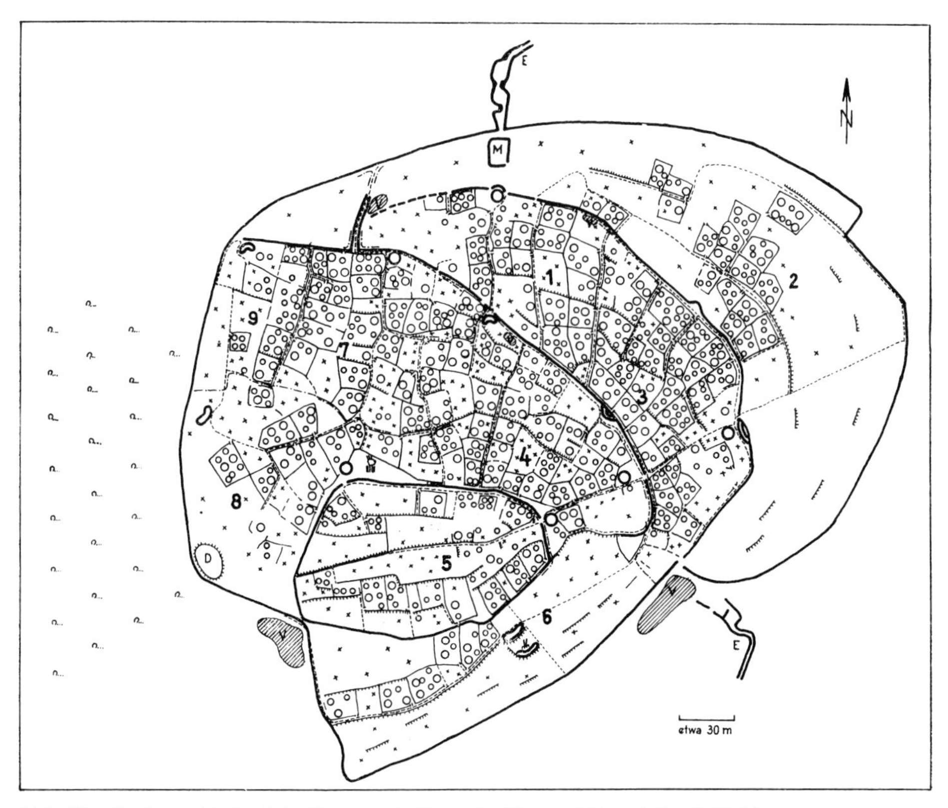

Abb. 16 Große und befestigte Gruppensiedlung der Konso (Olanta) (nach Kuls).

die Bewohner selbst sich in diesem Gewirr zurecht finden konnten (Siddle, 1969, S. 33 ff.). Viel beachtet wurden die Dörfer der Konso (Abb. 16) in der südäthiopischen Seenregion. Der äußeren Mauer kommt wohl sicher Schutzfunktion zu; die Bedeutung der inneren Mauern ist nicht ganz geklärt, sei es, daß Erweiterungen von dem ältesten Teil aus stattfanden, sei es, daß dadurch verschiedene Verwandtschaftsgruppen voneinander getrennt wurden, zumal eine Aufgliederung in neun Quartiere vorliegt (Kuls, 1958, S. 91 ff.).

Auch bei junger kolonisatorischer Erschließung kommt es in einigen Fällen zu primären Gruppensiedlungen, etwa in Venezuela. Abgesehen von dem Bevölkerungswachstum in den andinen Gebieten, wurde hier eine Agrarreform notwendig, weil auf Grund der Erdölexporte die landwirtschaftliche Produktion so nachließ, daß wichtige Lebensmittel eingeführt werden mußten. Ausgelöst durch die Gewinne aus dem Erdölhandel, wurde das Straßennetz erheblich ausgedehnt und Malaria verseuchte Bereiche saniert. Wohl kam es zu einer wilden Landnahme entlang der Straßen, wo man den Boden in alt hergebrachter Weise nutzte und ihn wieder aufgab, wenn die Ernte zu gering wurde (Borcherdt, 1967). Ebenso aber wurde nach dem Zweiten Weltkrieg eine staatlich gelenkte Kolonisation aufgenommen, bei der man nach einigen Mißerfolgen Israelis als Berater hinzuzog. Auf sie gehen die Gruppensiedlungen in Straßennetzanlage mit je achtzig bis hundert

Familien zurück, die jeweils einheitliche Bevölkerungsgruppen erhielten und mit Hilfe genossenschaftlicher Organisation und Krediten eine Überwachung der landwirtschaftlichen Produktion einsetzen konnte. Mehreren solchen centros poblados ordnete man Dienstleistungszentren zu, und diese wurden durch Städte zusammengefaßt, die außer ihren städtischen Funktionen die Aufgabe haben, die überschüssige landwirtschaftliche Produktion zu verarbeiten. Später ging man zum Typ der Reihensiedlungen über, insbesondere wenn sich die Spezialisierung mehr auf Gartenbau oder Geflügelhaltung vollzog. „Über 1000 ländliche Siedlungen wurden zwischen 1960 und 1970 im ganzen Land für einheimische Farmer errichtet; ohne Zweifel die intensivste, ausgedehnteste und am gleichmäßigsten durchgeführte Expansion geplanter landwirtschaftlicher Siedlungen in ganz Südamerika" (Eidt, 1975, S. 118), wobei dann allerdings die Unterschiede in den Siedlungen von Hack- und Pflugbauvölkern allmählich verschwinden. Die landwirtschaftliche Erzeugung ist soweit gestiegen, daß man bei wichtigen Produkten unabhängig vom Ausland wurde oder sich sogar nach fremden Absatzmärkten umsehen muß.

Bereits bei den Siedlungen der Konso trat ein neuer Gesichtspunkt auf, nämlich die Gliederung von Dörfern in einzelne *Zellen,* wobei die Ursachen dafür nicht einheitlich zu sein brauchen. Kaum werden in Lateinamerika solche Prinzipien zu erwarten sein, weil die hier früh einsetzende Kolonialperiode neue Akzente setzte. Wohl aber findet sich dieses Moment einerseits in Südostasien und andererseits in Afrika. Insgesamt ist die Anordnung der Wohnstätten ungeregelt, aber die verschiedenen Quartiere sind deutlich voneinander getrennt, sei es durch nicht bebautes Gelände, sei es durch Gräben, Mauern oder Hecken. So gliedern die Naga in Assam ihre Dörfer in bestimmte Zellen, durch Befestigungen voneinander abgesetzt, von unterschiedlicher Größe und Einwohnerzahl. In diesem Fall sind es weder Großfamilien noch Sippen, sondern voraussichtlich historisch begründete Khelgemeinschaften (Hartwig, 1970, S. 152). Auch in den Hackbaugebieten Indonesiens sind solche Zellendörfer bekannt, die, jeweils mit einem eigenen Versammlungshaus ausgestattet, Großfamilien umschließen (Nooy Palm, 1968).

Bei der Ewe-Bevölkerung in Südost-Ghana zerfällt eine Sippe in mehrere Großlinien, deren jede in einem deutlich abgegrenzten Teil des Haufendorfes wohnt (Asamoa, 1972). Von Großfamilien abhängig erweisen sich ebenfalls die Zellendörfer der Bewässerungsgebiete im östlichen Sudan (Born, Lee, Randell, 1971, S. 66ff.), wenngleich es fraglich erscheint, ob dabei islamischer Einfluß maßgebend war. Vielmehr handelt es sich um Sozialstrukturen, bei denen verwandtschaftlichen Bindungen mehr Rechnung getragen wird als der Ausbildung übergeordneter Dorfgemeinschaften. In mehrfacher Hinsicht beobachtete Sick (1979, S. 113) Zellendörfer in Madagaskar. Eine besondere Note erhalten diejenigen der Tanala im Südosten des Landes, wo im Kern ein Platz mit dem Haus des Sippenoberhauptes ausgespart ist und davon zehn Sektoren ausgehen, auf die sich die andern Großfamilien verteilen. Bei einem Teil der Bara im südlichen Hochland ist das Zentrum ähnlich gestaltet, doch ordnen sich die übrigen erweiterten Familien nach dem Grad des Verwandtschaftsverhältnisses nördlich und südlich an den Platz an, derart, daß das jeweilige Haus des Oberhauptes wiederum die Mitte einnimmt, demnach sämtliche Häuptlings-Behausungen die Nord-Süd-Richtung

Abb. 17 Kralsiedlung Mukobela im Zululand (nach Light).

einhalten. Die einzelnen Dorfteile sind durch Speicherbauten voneinander getrennt, und am Außenrande der Siedlung befinden sich die Krale für das Großvieh.

Nicht nur Dörfer, sondern auch *Großdörfer* stellen sich bei Hackbauvölkern ein. Ein Teil der bereits gekennzeichneten befestigten Siedlungen im Umkreis des Karibischen Meeres gehörte dazu ebenso wie ein Teil derjenigen im westlichen und östlichen Afrika.

Sichergestellt ist die *sekundäre Entstehung von Dörfern und Großdörfern* für die Irokesen und Huronen im nordöstlichen Nordamerika. Ihre ursprünglichen Wohnplätze wurden an anderer Stelle als lockere Weiler ohne bestimmtes Anordnungsprinzip charakterisiert (Kap. IV. C. 2. a). Mit den Fehden zwischen beiden Stämmen im 17. Jh., die schließlich zum Untergang der Huronen führten, bildeten sich bei beiden Gruppen Großdörfer aus. Die der Huronen umfaßten bis hundert, u. U. sogar bis zweihundert Mehrfamilienhäuser mit mehr als 1000 Einwohnern (Schott, 1936, S. 47 ff.). Die Wohnstätten waren um einen Platz in lockerer Anordnung gruppiert. Bei den Siedlungen der Irokesen schloß man die Häuser in Reihen zusammen, zwischen denen Wege ausgespart blieben, denen der Dorfplatz als Richtungsmarke diente. „Auf diese Weise erhielt ein Irokesendorf etwas europäisches Aussehen“ (Sarfert, 1909, S. 208). Umgeben wurden alle diese Ortschaften von Palisaden.

Auch in Afrika läßt sich der Nachweis der sekundären Entstehung von Dörfern bzw. Großdörfern führen. War bei den Zulu im südöstlichen Afrika der Großfamilienkral als Einzelsiedlung oder als Weiler üblich (Kap. IV. C. 2. b), so wurde die Bevölkerung im 19. Jh. unter dem Häuptling Shaka und seinen Nachfolgern in großen Kralsiedlungen zusammengefaßt (Abb. 17), und zwar im wesentlichen um der militärischen Organisation willen. Dem Viehkral gegenüber befanden sich die Hütten des Häuptlings und seines Gefolges, während die andern Hütten kreisförmig die Anlage umgaben und durch Dornverhaue gesichert waren.

Vor und nach dem Zweiten Weltkrieg gingen die Kolonialmächte bzw. die selbständig gewordenen afrikanischen Staaten daran, einen Konzentrationsprozeß der Bevölkerung vorzunehmen. Die indirect rule in den einstigen englischen Kolonialgebieten erschien solchen Eingriffen nicht unbedingt günstig. Nur unter den besonders gelagerten Verhältnissen von Kenya kam es dazu. Als das Gebiet britische Kronkolonie wurde (1895), waren Teile des Hochlands fast unbewohnt und wurden für geeignet befunden, europäische Farmer aufzunehmen (White Highlands), wenngleich die Kikuyu, zahlenmäßig durch Hungersnöte geschwächt und seit dem Jahre 1926 auf Reservate westlich und nördlich der Hauptstadt beschränkt, Anspruch darauf erhoben. Dieser Konflikt im Zusammenhang mit dem starken Bevölkerungswachstum des Stammes von 450000 im Jahre 1902 auf mehr als eine Million im Jahre 1948 führte zu den Mau Mau-Aufständen, die von einem Teil der Kikuyu getragen wurden. Zur besseren Überwachung und im Interesse der Sicherheit der übrigen Bevölkerung zog man die bis dahin in Streusiedlungen lebenden Kikuya in Dörfern zusammen (Lambert, 1956, S. 108ff.; Sorrensen, 1963; Fliedner, 1965, S. 36ff.; Middleton und Kershaw, 1972, S. 27ff.). Auf diese Weise entstanden 1300 Notsiedlungen (emergency villages), und die früheren Wohnstätten zerfielen. Gleichzeitig setzte die Flurbereinigung ein; in Verbindung damit errichtete man neue Dörfer, auf einen Zuwachs von 50 v. H. der Bevölkerung berechnet, die sich an die Verkehrswege auf den Hügelrücken hielten; die Notsiedlungen gab man auf. Nach Abschluß der Unruhen erlaubte man den Bauern mit größerem Besitz, sich wieder in Einzelhöfen niederzulassen. Die Inhaber kleiner Betriebe verblieben in den neuen Dörfern, die sich u. U. zu zentralen Orten entwickelten, wo sich die Gelegenheit bot, einen nicht-landwirtschaftlichen Nebenerwerb zu finden. In manchen Distrikten wohnt etwa die Hälfte der Bevölkerung in den neuen Dörfern, die andere in Streusiedlungen (Fliedner, 1965, S. 36ff.). Es mag auch vorkommen, daß die Notsiedlungen belassen wurden und ein Teil von ihnen zentrale Funktionen übernahm (Middleton und Kershaw, 1972, S. 28).

Planmäßige sekundäre Reihendörfer entwickelten sich vor und nach dem Zweiten Weltkrieg zunächst im Kongo, wo die Belgier seit dem Jahre 1935 Reihendörfer anlegten und eine geregelte Feld-Busch-Wechselwirtschaft unter Einbeziehung des Anbaus von cash crops einführten. Nach dem Zweiten Weltkrieg setzte man das verstärkt fort, so daß im Jahre 1958 ein knappes Zehntel der einheimischen Agrarbevölkerung in solchen neu geschaffenen Ortschaften lebte (Hance, 1964, S. 325ff.; Tulippe, 1956, S. 303ff.). Nach der Unabhängigkeit blieb zwar ein Teil der Siedlungen, die sog. paysannats, erhalten, aber die strengen Regeln der Bewirtschaftungsabfolge wurden bei mangelnder Beaufsichtigung nicht mehr befolgt. Im benachbarten Äquatorialafrika nahmen die Franzosen dieses Beispiel auf. Das bedeutet zugleich, daß die auf solche Weise entstandenen Siedlungen mit der ursprünglichen Sozial- und Wirtschaftsform der Hackbaubevölkerung nichts mehr zu tun haben.

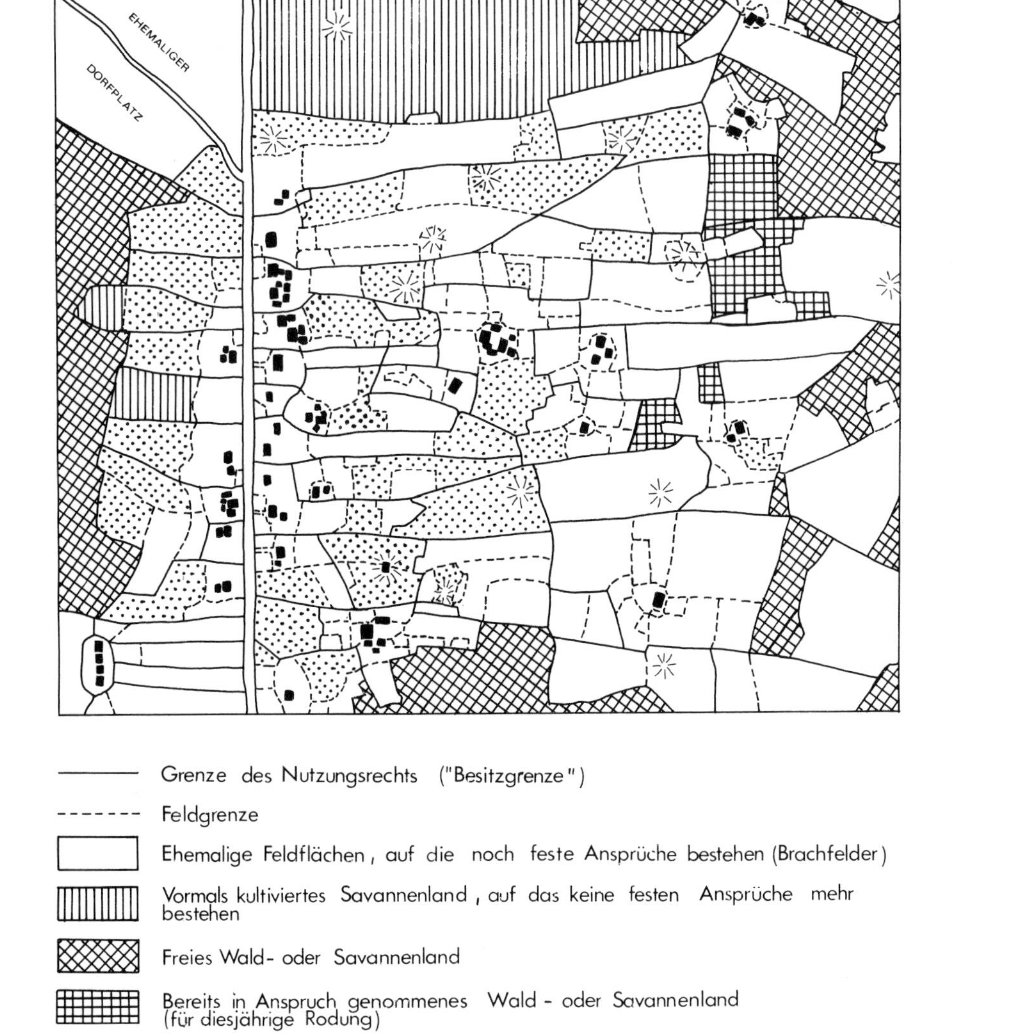

Abb. 18 Linear gerichtete Reihensiedlung mit Streifen-Einödverbänden im südlichen Tanzania (nach Jätzold).

Der Aufgabe der Selbstversorgung und der Hinwendung zur Marktproduktion kommt nach dem Zweiten Weltkrieg eine noch größere Bedeutung zu als früher. Demgemäß spielen alte oder neu geschaffene Straßen für die Siedlungen eine wichtigere Rolle zu als zuvor. Eine spontane und nicht gelenkte Konzentration der Bevölkerung längs der Verkehrswege läßt sich sowohl im westlichen als auch im östlichen Afrika beobachten. Stellvertretend mag ein Beispiel aus dem südlichen Tanzania genannt sein, wobei ein weiteres Moment hinzukommt, nämlich die Durchmischung der Stämme (Abb. 18). An der Straßenkreuzung entwickelt sich eine kleine Ladenzeile, hier hat man das Lagerhaus der Baumwollgenossenschaft errichtet, die Schule und das Gemeinschaftshaus, darauf verweisend, daß die Eigeninitiative, die zum Zusammensiedeln in linear gerichteten reihenartigen Siedlungen führte, politisch genutzt wird (Jätzold, 1970, S. 87 ff.). Zumindest ist nicht von der Hand zu weisen, daß in Gebieten mit überwiegender Streusiedlung, wie es in Ostafrika der Fall ist, eine Konzentration günstigere infrastrukturelle Maßnahmen ermöglicht.

Demgemäß entschloß man sich in Tanzania, die Bevölkerung in planmäßig angelegten Siedlungen von 100-250 Familien zusammenzuziehen, die genossenschaftlich organisiert sein sollen und nicht von Angehörigen eines Stammes bewohnt zu sein brauchen. Bis zum Jahre 1971 waren fast 4500 solcher Ujamaa villages entstanden, in denen etwa 12 v. H. der Gesamtbevölkerung lebt (Connell, 1974, S. 12). Ein wirtschaftlicher Erfolg stellte sich allerdings nur in Ausnahmefällen ein.

In anderer Form geschah die Aufsiedlung der White Highlands in Kenya, wo die europäischen Farmer auf Grund der Unsicherheit ihren Besitz teilweise veräußerten, so daß 400 000 ha Land 50 000-70 000 afrikanischen Bauern zur Verfügung gestellt werden konnte, um eine gewisse Entlastung des Bevölkerungsdruckes zu erreichen. Hier war man bestrebt, die verschiedenen Stämme getrennt voneinander zu halten, wobei sich eine Kombination von Einzelhöfen und Reihendörfern längs der Verkehrswege entwickelt (Hecklau, 1968, S. 259).

In Lateinamerika setzten Veränderungen der vorspanischen Siedlungen in der zweiten Hälfte des 16. und im beginnenden 17. Jh. ein mit Ausnahme jener Gebiete, wo der einheimischen Bevölkerung Sonderrechte zugestanden wurden (z. B. Becken von Tlaxcala, Tichy, 1966, S. 100 und S. 107). Sonst aber wurde die bis zur Conquista herrschende Streusiedlung weitgehend aufgegeben, teils durch den Rückgang der Bevölkerung verursacht, teils durch die Umsiedlungsaktionen der Spanier hervorgerufen (Trautmann, 1974, S. 115 ff; Kern, 1968, S. 176; Seele, 1968, S. 155; Tichy, 1968, S. 146 ff.). Für das Becken von Tlaxcala-Puebla erkannte Tichy (1974, S. 202 ff.), daß die planmäßigen Anlagen weitgehend auf vorspanische Strukturen zurückgehen, die der indianischen Landnahme entstammen und kultisch-religiöse Reliktformen darstellen. Nur die Franziskaner errichteten einen Teil ihrer Konvente in geographischer oder magnetischer Nord- bzw. Ostrichtung, was dann für die entsprechenden Pueblos ebenfalls galt, so daß es zu einer Überdekkung des indianischen Systems kam. Ob in andern Bereichen von Mexiko oder in den Hochländern des andinen Südamerika die Anlage der Pueblos mit altindianischen Kultvorstellungen zusammenhängen, ist bisher nicht geklärt. Es kommt hinzu, daß Jesuiten, Franziskanern und anderen Orden die Möglichkeit gegeben wurde, Indianer in Reducciones zusammenzuziehen (vgl. Karte der Jesuiten-Missionen in Eidt, 1975, S. 37), die die Plaza- und Straßennetzanlage der Pueblos etwas abwandelten, indem die Plaza von drei Seiten von den Wohnstätten der Indianer, auf der vierten von den Gebäuden der Mission umgeben wurde.

e) Die differenzierte Gestaltung der Siedlungen bei den Pflugbauvölkern, insbesondere bei den Kulturvölkern, unter Berücksichtigung kultureller und historischer Gesichtspunkte

Haben wir bereits bei den Hackbauvölkern eine gewisse Differenzierung in der Größe der Wohnplätze kennengelernt, so tritt dies dort, wo der Pflugbau bzw. ein entwickelter Hackbau die Grundlage des wirtschaftlichen Lebens abgibt (Kap. II. B. 2. a. α-γ), noch stärker hervor. Vom Einzelhof bis zur Großsiedlung von mehreren tausend Einwohnern sind alle Übergänge vorhanden, wobei die Tendenz zur Isolierung und die zur Konzentration auf sehr verschiedene Kräfte zurückzuführen sind. Dabei muß, wie bisher, *ein* Prinzip weiter verfolgt werden: neben der Form als solcher, die als physiognomisches Element in der Landschaft hervortritt, hat ihre *Bedeutung* im Vordergrund der Betrachtung zu stehen und nicht bloß formale Elemente. Aber gerade, weil dies der Fall ist, kommen wir mit den bisher in den Vordergrund gestellten Gesichtspunkten nicht aus.

Im Gegensatz zu den Siedlungen der „Naturvölker" wirkt sich bei den Kulturvölkern neben den sozialen und wirtschaftlichen Verhältnissen auch das historische Moment entscheidend aus. Mit der Permanenz der Siedlungen, ihre Dauerhaftigkeit über Menschenalter hinweg, kommt der *Entwicklung* der Wohnplätze eine überragende Rolle zu, und zwar in mehrfacher Art. Zum einen unterliegt jede *einzelne* Siedlung im Laufe ihres Bestehens Veränderungen in mannigfacher Weise, wobei zunächst lokale Ursachen verantwortlich zu machen sind. Hier liegt der Ansatzpunkt für historische Ortsbeschreibungen, die mitunter nicht zu unterschätzende Bausteine für eine siedlungsgeographische Betrachtung abzugeben vermögen. – Doch darüber hinaus macht auch die *Gesamtheit* der Siedlungen eines Raumes Wandlungen durch, die sich einem größeren Rahmen einfügen, nämlich der kulturgeographischen, weitgehend historisch bedingten Entwicklung dieses Bereiches. Ohne historische Grundlagen läßt sich eine geographische Betrachtung der Siedlungsgestaltung, wenn sie nicht im Formalen steckenbleiben will, nicht durchführen[1]. Zweifellos begegnet sich hier die geographische mit der landesgeschichtlichen Forschung, und beide zusammen vermögen – jeweils von einem andern Blickpunkt, aber doch in gegenseitiger Befruchtung – *die* Zusammenhänge aufzudecken, die zur heutigen Gestaltung der Siedlungen führten. – Betrachtet man die historischen Wandlungen in Großräumen, so ergibt sich außerdem ein neues Moment. Menschen derselben Kulturgemeinschaft werden die Gestaltung ihrer Siedlungen im Sinne ihrer *Kulturtradition* vornehmen. Diese Kulturtradition aber ist in den einzelnen Großräumen sehr verschieden geartet und kann auch ihrerseits wieder Wandlungen unterliegen.

Im *kontinentalen Ostasien* beobachten wir die frühzeitige Ausbildung eines starken, auf dem Bauerntum aufbauenden Kulturbewußtseins, das auch bei der Ausbreitung des Chinesentums erhalten blieb und weder durch nomadische Inva-

---

[1] Um sich Klarheit über die Entwicklung der Wohnplätze zu verschaffen, müssen, soweit vorhanden, alte Pläne und Karten ebenso wie Urkunden verschiedener Art herangezogen werden. Ohne Archivstudium wird dies zumeist nicht möglich sein. Wie weit die Flurgestaltung auch Fingerzeige für die Entwicklung der Wohnplätze gibt, ist später zu erörtern.

sionen noch durch Wechsel der Dynastien erschüttert werden konnte. Die kulturhistorische Entwicklung zeichnet sich daher durch eine Stetigkeit von der Frühzeit bis in die Gegenwart hinein aus, die durchaus einmalig ist; dies wirkt auf eine ungewöhnliche Konstanz des Prinzips ein, das in der Gestaltung der Siedlungen angewandt wird, und auch die Revolution vom Jahre 1949 knüpfte in manchem an die Tradition an.

In *Indien* liegen die Verhältnisse schon anders. In kulturhistorischer Beziehung kommt hier der arischen Einwanderung in das drawidische Indien besondere Bedeutung zu, und eine ähnliche Rolle spielt das spätere Eindringen der Mohammedaner. Bei den Alteingesessenen war hier die Kulturtradition derart, daß den Eroberern eine Verschmelzung mit den Einheimischen nicht erstrebenswert erschien. Vielmehr entwickelte sich ein geschichteter Gesellschaftsaufbau, derart, daß die Einheimischen der Herrenschicht der Eroberer untergeordnet wurden und letztere zur Sicherung ihrer zahlenmäßigen Minderheit die Kastenordnung ausbildeten. Niemand kann die Gestaltung der indischen Siedlungen verstehen ohne dieses das gesamte Leben durchdringende Kastenwesen, das später auch von den islamischen Eroberern übernommen wurde. Immerhin erhielt sich das Kastenprinzip seit der Zeit der arischen Einwanderung, so daß darin eine Konstanz der kulturhistorischen Tradition zu sehen ist, wie wir sie z. B. in Europa nicht kennen.

Auch im *Orient* kann man, freilich nur mit großen Einschränkungen, von einer Konstanz der Kulturtradition insofern sprechen, als der Gegensatz zwischen den Seßhaften und den Nomaden durch die Jahrtausende hindurch von maßgeblicher Bedeutung für die Gestaltung der Siedlungen war. Im übrigen aber kommt es, sicherlich nicht zuletzt im Zusammenhang mit der physischen Ausstattung des Orients, zur Bildung einer ganzen Reihe von Kulturzentren, und bei fast allen wird die Kulturtradition nicht von dem Bauerntum, sondern von der herrschenden Schicht bzw. den Städten getragen.

Für *Gesamteuropa* ergeben sich keine einheitlichen Gesichtpunkte. Vielmehr liegen die Dinge in den einzelnen Teilräumen recht unterschiedlich. Rußland einschließlich seines sibirischen Kolonialgebietes, Südosteuropa und die Mittelmeerländer sowie schließlich der Rest unseres Erdteils, West-, das weitere Mittel- und Nordeuropa zeigen jedes für sich historisch und kulturell begründete Sonderheiten, die in der Gestaltung der jeweiligen Siedlungen ihren Niederschlag finden. Dabei steht *Rußland* dem Orient insofern nahe, als auch hier der Gegensatz zwischen Seßhaften und Reiternomaden, letztere in der Steppe, erstere im Waldland, bestanden hat. Indem die in die russische Steppe eingedrungenen Mongolen durch Jahrhunderte die Gewalt über die Völker Waldrußlands erlangten, wandelten sie das russische Kulturbewußtsein in sehr spezifischer Weise. Mongolische Herrschaftsformen gewannen Eingang und wirkten maßgeblich auf die Sozialordnung ein; diese aber prägt sich in der Gestaltung der Siedlungen nachdrücklich aus. Nachdem der Moskowitische Staat die Tatarenherrschaft in den Steppengebieten beseitigt hatte, verlief die Entwicklung von da ab nahezu geradlinig. – Für *Südosteuropa* und die *Mittelmeerländer* ist das Einwirken der ungewöhnlich starken politischen Dynamik auf die Gestaltung der Siedlungen bezeichnend. Hatten die Römer den Raum noch einmal zu einer Einheit zusammengeschlossen, so konnten nach dem Zerbrechen ihres Reiches weder die einheimischen Völker noch die von außen andrängenden Gewalten politisch oder kulturell dem Gesamtbereich oder auch nur größeren Teilen davon ein einheitliches Gepräge verleihen. Auch in der Gestaltung der Siedlungen kommt es dahin, daß alt überlieferte Formen neben neuen, durch die jeweilige Situation bedingten, bestehen, wobei sich, wie früher schon, manche Gebirge vielfach auch in dieser Beziehung als Rückzugsgebiete erweisen. – Im *übrigen Europa,* jenseits von Pyrenäen, Alpen und Dinarischen Gebirgen, fehlt es zwar nicht an politischer Dynamik; aber sie betrifft im wesentlichen kulturell nahestehende Völker, so daß die dadurch hervorgerufenen Wandlungen in der Gestaltung der Siedlungen von untergeordneter Bedeutung sind. Hier ist es die allmähliche Erschließung des Raumes und die damit verbundene Art der Kolonisationsvorgänge, die die Gestaltung der Siedlungen bestimmen. In diesen Rahmen gehört auch die deutsche Kolonisation im Osten, durch die Deutschland zu einem Ausstrahlungsherd bestimmter Siedlungsformen wurde. Wenn sich in dem eben gekennzeichneten Ausschnitt Europas eine bestimmte Art in der Gestaltung der Wohnplätze auf bestimmte Zeitperioden zurückführen läßt, so ist das einerseits Ausdruck der relativ jungen Kulturentwicklung dieses Gebietes, denn je jünger die Formen sind, um so mehr lassen sie den ursprünglichen Zustand erkennen; andererseits deutet es auf eine starke Wandlungsfähigkeit und innere Dynamik seiner kulturellen Eigenart hin, denn in andern, keineswegs früher in die Kulturentwicklung einbezogenen Räumen (Rußland) ist eine solche unmittelbare Zuordnung zwischen der Form der Wohnplätze und bestimmten Perioden der Landeserschließung nicht möglich. – Kolonisationsvorgänge sind es schließlich, die in den *überseeischen Räumen* weitgehend in der Gestaltung der Siedlungen zur Geltung gelangen.

Es ist sinnvoll, von spezifischen Grundsätzen der Siedlungsgestaltung bei den Wildbeutern, Jägern, Hirtennomaden oder auch bei den Hackbauvölkern zu sprechen. Für die Pflugbauvölker, insbesondere für die eigentlichen Kulturvölker, verbietet sich das weitgehend. Gewiß kann man generell feststellen, daß in jeder Siedlungseinheit das Bewußtsein der Siedlungsgemeinschaft lebendig ist und die ländlichen Siedlungen der Pflugbauvölker ebenso wie die Primitivvölker zum Zeitpunkt ihrer Anlage ein Abbild des bestehenden Sozialgefüges darstellen. Aber dieses Sozialgefüge ist keineswegs gleichgeartet und kann sich bei den Kulturvölkern u. U. auch im Laufe der Zeit wandeln. So erklärt es sich, daß die ländlichen Siedlungen Chinas und Indiens, des Orients oder der verschiedenen Teilräume Europas bzw. der Neuen Welt in ihrer Erscheinungsform und in ihrem inneren Gefüge jeweils etwas Verschiedenes sind. Um dem Rechnung zu tragen, gehen wir im folgenden von den großen Kulturräumen aus und betrachten die ländlichen Siedlungen, ohne die bisher angewandten Grundsätze zu vernachlässigen, als Elemente ihrer jeweiligen Kulturtradition.

α) Die Siedlungsgestaltung in Ostasien. Überall in Ostasien herrscht die Gruppensiedlung vor. Unterschiede in ihrer Gestaltung sind insbesondere auf den Einfluß des Reliefs zurückzuführen. Luftbilder von der Großen Ebene Chinas zeigen immer wieder die geschlossenen großen Dörfer, in Baumhaine gebettet, in denen sich die von Mauern umgebenen Höfe dicht zusammendrängen, während in den zerschluchteten Lößlandschaften mit ihren Höhlenwohnungen (Kap. IV. B. 5. a) die Topographie als solche die Ortsform bestimmt. Ebenso ist das kleinere oder

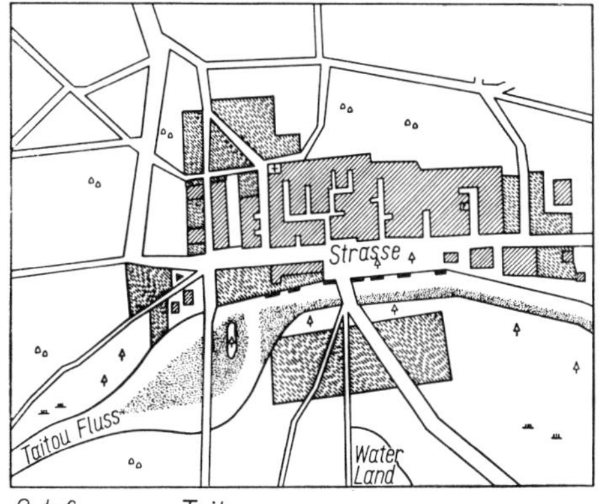

Ortsform von Taitou

▲ Dorfschrein △ Friedhof ▨ Wohnfläche

▦ Gärten ꟼ Schule + Christliche Kirche

Abb. 19 Die Siedlungsgestaltung von Taitou, südlich von Tsingtau (nach Yang).

größere Dorf für Korea und die Mandschurei charakteristisch, das im Gebirgsgelände eine lineare Ausrichtung erfahren kann. Die Gruppensiedlung erscheint bezeichnend für Japan, wo die Oberflächengestalt vielfach die Ausbildung von lockeren Weilern veranlaßt oder, im Bereich der Strandwälle bzw. am Rande zwischen Ebenen und steil aufragenden Höhen, zur Entwicklung von linear gerichteten Gruppensiedlungen führt. Auch im Bereich der Dämme und Deiche längs der chinesischen Ströme erfolgt eine lineare Anordnung.

Um die überragende Bedeutung der Gruppensiedlungen in Ostasien verstehen zu können, wollen wir zunächst *ein* chinesisches Dorf als Beispiel heranziehen, das über die lokalen Besonderheiten hinaus in mancher Hinsicht als Typus zu werten ist. Es handelt sich um das Dorf Taitou, südlich von Tsingtau gelegen, über das eine Spezialuntersuchung von Yang (1947, S. 13 ff.) vorliegt (Abb. 19).

Vier Sippen, jede aus einer kleineren oder größeren Anzahl von Kleinfamilien bestehend, bewohnen den Ort. Der Ahne einer dieser Sippen gilt als der Gründer des Dorfes. Nach Norden zu schließen die von Mauern eingefaßten Höfe die Ortschaft ab; nur wenige Wege führen hier durch die bebaute Fläche hindurch und verbinden die Dorfstraße mit den nach andern Ortschaften führenden Wegen. Von der Dorfstraße her werden die Höfe durch Sackgassen erschlossen, deren Eingang durch Tore oder Barrikaden abgeriegelt ist. Durch diese Sackgassen erscheint die bebaute Fläche in vier Abschnitte gegliedert, deren jede von den Angehörigen einer Sippe bewohnt wird. Die älteren und reicheren Familien haben ihre Höfe im Kern, die kleineren und ärmeren am Rande. Hinter den Gehöftmauern jenseits der Gärten liegen die Begräbnisstätten jeder Sippe. Eine kleine Kultstätte dient der gesamten Gemeinde, während Schule und christliche Kirche nur akzessorische Bestandteile sein dürften.

Was lehrt diese Betrachtung? Als typisch ist der Abschluß des Dorfes nach außen anzusehen. Ist dies in unserm Beispiel dadurch erreicht, daß die Höfe nur durch Sackgassen zugänglich sind, so findet man in zahlreichen andern Fällen die Umwehrung des Dorfes durch eine rechteckige Mauer. Das befestigte kompakte Dorf ist insbesondere für Nordchina eine charakteristische Erscheinung und als Ausdruck der vielfachen Nomadeneinfälle in früherer Zeit ebenso wie der politischen Unsicherheit im Innern zu werten. Auf chinesischen Einfluß gehen die geschlossenen Siedlungen der Nara-Ebene Japans und benachbarter Gebiete zu-

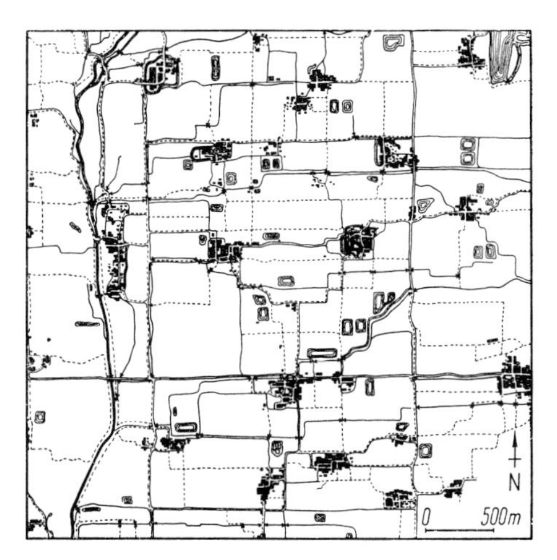

Abb. 20 Jôri-Siedlungen im Yamato-Becken, Japan (nach Hall).

rück (Abb. 20). Ihr rechteckiger Umriß deutet auf den früheren Abschluß durch eine Mauer hin; sie sind heute von einer Hecke umgeben, während die ehemaligen Befestigungsgräben verschiedene Stadien des Verfalls zeigen. Diese Siedlungen werden hier als „jôri-Haufendörfer" (Schwind, 1943, S. 116) oder als „kaito" (Hall, 1931, S. 97 ff.) bezeichnet, was „innerhalb der Mauer" bedeutet. Sie sind vor allem auf die politische Umwälzung der Taikwa-Reform im 7. Jh. zurückzuführen, als die Yamato-Kultur sich chinesische Einrichtungen mehr als früher zum Vorbild nahm, was einerseits die Übernahme der Beamtenhierarchie betraf, andererseits die Agrarreform. Der Grund und Boden, der bisher in den Händen der Geschlechter lag, wurde zum Eigentum des Kaisers, der es an seine Untertanen nach bestimmten Prinzipien verteilte, Steuern erhob und sonstige Dienste und Abgaben verlangte. Das so verliehene Land konnte nicht im Erbgang weiter gegeben werden, sondern fiel bei dem Tod seines Besitzers an die Krone zurück (Kresler, 1950, S. 586). Das jôri-System mit seinem rechtwinkligen Straßennetz, den rechteckig ummauerten und ursprünglich in gleichem Abstand voneinander liegenden Siedlungen mit bestimmten Ortsnamen ist im Kernland der Yamato-Kultur, d. h. in der Nara-Ebene, am stärksten ausgeprägt; es verliert an Prägnanz nach der Peripherie, wo es auf Kiuschu noch bis Kagoschima, im Norden in Spuren bis Akita und der Insel Sado gefunden wurde. Es erscheint nicht ausgeschlossen, daß das gekennzeichnete Prinzip auch von einigen Feudalherren angewandt wurde (Ikeda, 1959, S. 348; Tanioka, 1959, S. 506). Auch die von Bambushecken umgebenen kompakten Dörfer im südwestlichen Formosa wurden von chinesischen Kolonisten übertragen; koloniales Milizsystem zum einen (17. Jh.) und Feindseligkeiten zwischen den einheimischen Gruppen und den chinesischen Einwanderern zum andern waren der Anlaß, auf Ortsformen Wert zu legen, die auf Selbstverteidigung ausgerichtet waren (Tomita, 1938). Daß bei bewußter Übernahme chinesischer Einrichtungen (Japan) oder bei einer staatlich gelenkten Kolonisation die umwehrte kompakte Dorfsiedlung angewandt wurde, zeigt, wie sehr diese zum Typus chinesischer Gestaltung wurde.

Kommen wir auf unser Beispiel, das chinesische Dorf Taitou, zurück, so wird ein weiteres Moment Aufmerksamkeit verlangen: es ist das soziale Gefüge. Nicht die Kleinfamilie besteht für sich, sondern bereits innerhalb der Höfe wohnt ein Teil der verheirateten Söhne bei ihren Eltern (Kap. IV. B. 5. b. α), und benachbarte Höfe gehören deselben Sippe. Der Zusammenhalt der Sippengemeinschaft ist außerordentlich groß. Vielfach sind Dörfer vorhanden, die den Namen der Sippe tragen, und wenn eines ihrer Mitglieder sich andernorts ansetzt, entsteht bald aus dem Einzelhof ein Sippenweiler, der sich u. U. zu einem Dorf entwickeln kann. Diese Art der sozialen Ordnung, unterbaut durch die Ahnenverehrung und die gemeinsame Begräbnisstätte, trug wesentlich dazu bei, der Gruppensiedlung in Ostasien den Vorrang zu geben. Wenn in Japan festgestellt wurde, daß sich in einem Dorf nur ein bis zwei verschiedene Familiennamen finden, selten aber mehr als vier bis fünf und wenn der Anteil der zugewanderten Bevölkerung zumindest bis zum Zweiten Weltkrieg außerordentlich gering war gegenüber dem der ortsgebürtigen (letztere etwa 95 v. H.), dann weist dies alles in dieselbe Richtung.

Die Auswirkungen der chinesischen Revolution und der Kollektivierung sollen an anderer Stelle behandelt werden (Kap. IV. D. 2. a). Hier geht es im wesentlichen um die Siedlungsgestalt. Die im Jahre 1958 gebildeten Volkskommunen stellen die untersten Verwaltungsbezirke dar mit einem Hauptort, der bereits zentrale Funktionen erfüllt. Dazu gehören fünf bis zehn Produktionsbrigaden, die ihrerseits in zehn bis zwanzig Produktionsgruppen untergliedert erscheinen mit jeweils achtzig bis hundert Arbeitskräften (Schiller, 1970, S. 191). Brigaden oder Gruppen geben die ländlichen Siedlungseinheiten ab, wie man aus den von Buchanan veröffentlichten Abbildungen ersehen kann (1970, S. 143 ff.). Großes Gewicht wird auf schulische und medizinische Betreuung gelegt ebenso wie auf die Erweiterung der landwirtschaftlichen Nutzfläche und die Intensivierung der Produktion, so daß bisher wesentliche Veränderungen in bezug auf Neubauten in den Dörfern unterblieben (Buchanan, 1970, S. 134).

Während in China das Feudalwesen nie sehr stark war (Erkes, 1953), hatte der Landadel in Japan eine gewisse Machtposition inne. Das gewinnt hier in den ländlichen Siedlungen Ausdruck, in denen der adlige Landsitz vielfach zu einem beherrschenden Element innerhalb der Ortschaften wurde (Abb. 21).

Wenn bisher mit Nachdruck betont worden ist, daß den Gruppensiedlungen in Ostasien der Vorrang zukommt, so bedeutet dies nicht, daß Einzelsiedlungen fehlen. Wie vorhin schon erwähnt (s. o.), bilden Einzelhöfe häufig das Anfangsstadium sowohl beim inneren Ausbau als auch bei nicht gelenkten Kolonisationsvorgängen in Form der Unterwanderung (z. B. Mandschurei und Mongolei). Sie sind lediglich als Übergangsstadium zur Gruppensiedlung zu betrachten, die sich beim Anwachsen der Familie ohne weiteres einstellt. Planmäßige Kolonisationsvorgänge dagegen werden durch andere Ortsformen geprägt. Oben wurde auf die kompakten, umwehrten chinesischen Kolonisationssiedlungen aufmerksam gemacht.

In Japan ging man unter den politisch sicheren Verhältnissen des 17.-19. Jh.s (1603-1867) in der Tokugawa-Periode an eine großzügige Erschließung bisherigen Ödlandes in zuvor noch nicht genutzten Flußebenen, in Deltas und Marschen, wozu neben dem Bevölkerungsüberschuß verbesserte Methoden der Be- und

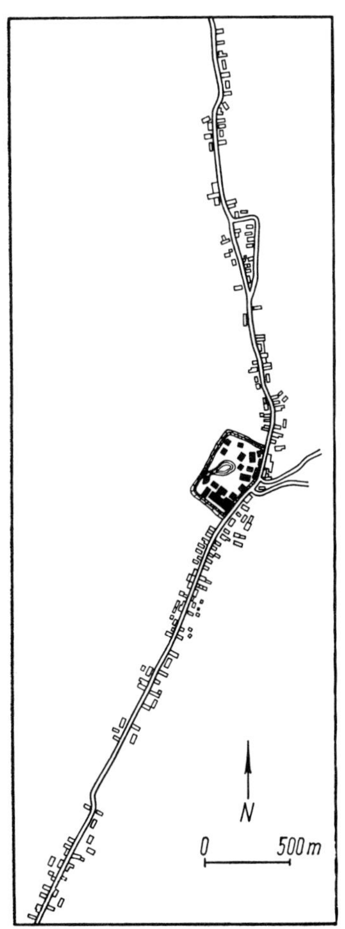

Abb. 21 Linear gerichtete Gruppensiedlung mit Adelssitz in der Echigo-Ebene, Japan (nach Hall).

Entwässerung verhalfen. Es entstanden linear gerichtete, geregelte Siedlungen in Form von Reihendörfern, die als Shinden bezeichnet werden (vgl. Abb. 57). Hier wurden mitunter neue Möglichkeiten gefunden, indem der Anbau von Handelsgewächsen zur Pflicht gemacht wurde. Wohl trifft man hier und da isolierte Shinden; meist aber treten sie in größeren Gruppen außerhalb des älter besiedelten Bereiches auf. Ihre Zahl wurde auf 14387 berechnet; davon befinden sich im Kernland um die Inlandsee 3051, im Südwesten, den größten Teil von Kiuschu und den Westen von Schikoku umschließend, 3445 und im Nordosten 7891. Geht bereits aus diesen absoluten Zahlen eine stärkere Konzentration der Kolonisations-Siedlungen in den peripheren Bezirken hervor, so wird dieser Sachverhalt durch die Angabe des Anteils der Shinden an der Gesamtzahl der Siedlungen am Ende der Tokugawa-Periode noch besser wiedergegeben. Der Prozentsatz der Shinden liegt im Kerngebiet häufig genug unter 10 v. H. und geht selten bis 30 v. H. Er macht im Südwesten vielfach 31-51 v. H. aus und steigt im Nordosten von Hondo bis 70 v. H. Hier, in der Tsingaru-Ebene, sind sogar von insgesamt 836 Siedlungen

709 als Shinden in Anspruch zu nehmen, die von Feudalherren des Hirosaki-Geschlechts gegründet wurden (Kikuchi, 1959).

Auf den japanischen Inseln kommt außer den geschlossenen Gruppensiedlungen und den Reihendörfern auch die Streusiedlung vor. Sie ist auf kleine Bereiche beschränkt, die entweder durch ihre Höhen- oder Breitenlage nicht zu den begünstigten Landschaften gehören. Nachdem Hall (1931) die Verteilung von Gruppen- und Streusiedlung das erstemal kartographisch erfaßte, liegt nun eine weitere Karte desselben Inhalts von Tanioka (1959, S. 504) vor, in der die ausgesprochen kleinen Flächen mit Streusiedlung, die häufig an Bezirke mit geringer Bevölkerungsdichte anknüpfen, besonders betont werden. Einfach sind die Verhältnisse in Hokkaido zu übersehen, wo bei der japanischen Kolonisation seit dem Ende des 19. Jh.s nach amerikanischem Vorbild Einzelhöfe in gleichem Abstand voneinander angelegt wurden. Nach wie vor ist der Ursprung derselben Siedlungsform im Norden von Schikoku nicht ganz geklärt; doch ist es wahrscheinlich, daß sie auf einen inneren Kolonisationsvorgang von bestehenden Dörfern aus zurückgehen, was voraussichtlich in der früher erwähnten Tokugawa-Periode geschah. Es ist nun aber festgestellt worden, daß das Prinzip der Einzelhöfe noch weiter zurück verfolgt werden kann, nämlich in die Taikwa-Periode, wo im Kernland die jôri-Siedlungen, an den Grenzen bei der Erschließung von Neuland Einzelhöfe angelegt wurden. Wie letztere allmählich zu Gruppensiedlungen wurden, z. B. nördlich von Nagoya, ist nicht ganz zu übersehen, weil bisher die Entwicklung, die zwischen der Aufnahme der Katasterkarten des 8. bzw. 12. Jh.s und dem gegenwärtigen Zustand liegt, nicht genau analysiert werden konnte. Realteilung und Bewässerungswirtschaft mögen an solchen Wandlungen wesentlich beteiligt sein.

Auch in China, das immer bestrebt war, seine eigene Kulturtradition fortzusetzen, sind Einzelsiedlungen vorhanden. Im oberen Weiho-Tal nehmen sie eine durchaus charakteristische Gestalt an. Es sind Familien-Wohnburgen, rechteckig im Umriß, mit Wehrturm versehen, daneben auch Weiler, die dann aber eine besondere Fliehburg besitzen; Feuersignaltürme sind dazu bestimmt, die Bevölkerung in Zeiten der Gefahr zu warnen. In der Ningshia-Ebene, an der Grenze zwischen Steppe und Bewässerungsland, stellen sich mit einer viereckigen Wehrmauer umschlossene Einzelgehöfte als chinesische Kolonisationsform dar; sie werden von Großfamilien bewohnt, deren Namen sie tragen (Köhler, 1952, S. 278/79). Näher dem bewässerten Land sind es dann Einzelgehöfte mit Wehrturm, während an den Bewässerungskanälen eine lineare Anordnung vorherrscht. Wird man in den genannten Bereichen doch noch typische Elemente chinesischer Siedlungsgestaltung antreffen – Wehrmauer und Großfamilie bzw. Sippe –, so trägt die Streusiedlung Szetschuans offenbar einen andern Charakter. Hier liegen die Einzelhöfe inmitten ihrer Reisfelder oder Teegärten, völlig ungeschützt, obgleich oft genug auch hier eine Sicherung notwendig war; selbst der starke Familienzusammenhalt hat nicht vermocht, eine Konzentration herbeizuführen. Klarheit über das aufgelockerte Siedlungsbild besteht nicht; Kolb (1963, S. 176) vertritt die Auffassung, daß in diesem frühen chinesischen Kolonisationsgebiet zunächst ummauerte Dörfer angelegt wurden, die später zu Marktorten wurden, und erst nach der Befriedung Weiler und Einzelhöfe entstanden.

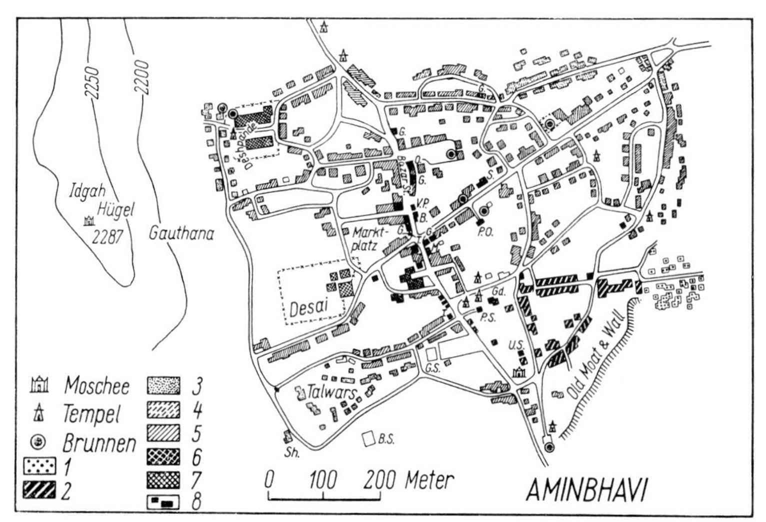

Abb. 22 Kastengliederung im Dorf Aminbhavi, Dharwar-Distrikt, Bombay (nach Spate). 1 Harijans 2 Muslims 3 Talwars 4 Schafhirten 5 Lingayats 6 Janins 7 Brahmanen 8 Läden

β) Die Siedlungsgestaltung in Indien. Wenn es gilt, das Bezeichnende der indischen Siedlungsweise aufzuzeigen, so muß bei dem Überwiegen der Gruppensiedlungen insbesondere diese näher betrachtet werden. Sie ist im wesentlichen durch die Kastengliederung bestimmt, die zumeist auch die berufliche Stellung fixiert. Obgleich Bronger (1970, S. 97 ff.) erheblich kompliziertere Verhältnisse darstellte als Spate (1967, S. 200 ff.), ist das prinzipiell Wichtige auch bei letzterem enthalten. Aus diesem Grund wurde Abb. 22 nicht geändert, wenngleich im Text auf die von Bronger dargelegten Abweichungen eingegangen wird. Zudem ist nicht erklärt, ob u. U. auch regionale Verschiedenheiten zu etwas andern Auffassungen führen.

Bei dem Großdorf Aminbhawi (Abb. 22) mit rd. 4000 Einwohnern handelt es sich um eine früher befestigte Siedlung. Ob dazu noch Weiler als Ausbauorte gehören, konnte nicht festgestellt werden. Eine bestimmte Anordnung der Höfe und Häuser ist nicht zu erkennen, so daß die Ortschaft zu der Gruppe der großen Haufendörfer zu rechnen ist, ähnlich wie es Bronger für sein Arbeitsgebiet konstatierte, nur mit dem Unterschied, daß die Haufendörfer auch funktional mit Ausbauweilern verknüpft erscheinen. Wohl aber zeigt sich bei den Beispielen beider Autoren ein festes Prinzip in der Lage bestimmter Wohnstätten. In Aminbhawi sind es die Brahmanen und Jains, die für ihre compounds die besten Plätze in der Nähe eines Brunnens oder Tanks beanspruchen, in Pochampalli (östlich von Haiderabad mit ebenfalls rd. 4000 Einwohnern) die Brahmanen-, Vaishyas und Reddi-Kasten, die nach ihrer Berufszugehörigkeit und Untergliederungen Priester, Landlords, Landwirte, Kaufleute und mit höheren Verwaltungsaufgaben Betraute umfassen. Völlig von ihnen und den übrigen Kasten getrennt leben die Unberührbaren (Landarbeiter, untere Dienste im kommunalen Leben), als Harijans oder Parias bezeichnet. In Aminbhawi geben die in der Landwirtschaft Tätigen der Lingayats die Hauptgruppe ab mit fast 50 v. H. der Bevölkerung.

Es bleibt auch hier ein erheblicher Teil, der von Handwerk und Handel lebt, selbst wenn er in Abb. 22 zurücktritt und vielleicht kartographisch nicht völlig erfaßt ist. Für Pochampalla legte Bronger gerade auf diese Kasten, fünfzehn an Zahl, zu denen Goldschmiede, Grobschmiede, Baumwoll-, Seidenweber usf. gehören, besonderen Wert, die mit etwa 50 v. H. an der Bevölkerung beteiligt sind. Allerdings erfuhr eine solche Struktur nach dem Zweiten Weltkrieg dadurch eine Verstärkung, daß die Ortschaft mit einer Zubringerstraße an den Highway nach Haiderabad angeschlossen wurde. Damit entwickelte sich ein neues Zentrum, das öffentliche Gebäude und Dienstleistungsbetriebe aufnimmt, außerdem eine mit staatlicher Unterstützung errichtete Weberkolonie. Hier macht sich eine gewisse Lockerung in dem Abschluß der Kasten gegeneinander bemerkbar. Aber auch ohne diese modernen Einflüsse bleibt es für indische Dörfer charakteristisch, daß Handwerker in erheblichem Maße existieren und in der Regel die Versorgung der übrigen Bevölkerung des Dorfes, u. U. ebenfalls die der Ausbauweiler übernehmen.

Vornehmlich im Süden des Dekkans gruppieren sich die Wohnstätten um einen kleinen oder größeren Platz, der neben dem Hauptbrunnen oder Tank und dem kleinen Tempel den Hof des Dorfhauptmanns trägt. Die Höfe der andern Bauern ordnen sich um diesen Platz an, die Handwerker haben besondere Quartiere, und die „cheri-Siedlung" der Unberührbaren zeigt sich scharf getrennt. Im Gegensatz zu Aminbhawi, wo eine landbesitzende Herrenschicht ausgebildet war, spielt im südlichen Dekan der erbliche Dorfhauptmann eine führende Rolle. Er hat gewisse öffentliche Pflichten, dafür auch einige Vorrechte; doch sind die Bauern in erblichem Besitz ihres Bodens. Bauern- und Herrendörfer zeichnen sich auf diese Weise auch in der Gestaltung der Siedlungen ab, wenngleich in beiden die Kastengliederung in der Anordnung der Wohnstätten verwirklicht ist und in beiden die Handwerker, die keinen Grund und Boden besitzen, in enger Verflechtung mit dem Gesamtorganismus des Dorfes für die Dorfbewohner arbeiten, von diesen erhalten werden und ursprünglich zur Selbstgenügsamkeit des Dorforganismus beitrugen. Wahrscheinlich sind die Bauerndörfer auf eine ältere Kulturschicht, die drawidische, zurückzuführen, wobei auch bei ihnen im Gefolge der arischen Einwanderung eine gewisse Kastengliederung stattfand, doch außerhalb der bäuerlichen Schicht. Die Herrendörfer dagegen stellen vermutlich den Siedlungstyp dar, der sich mit den arischen Einwanderungswellen und der Ausbildung des Kastenwesens entwickelte (Baden-Powell, 1896; Kraus, 1927). Den mohammedanischen Siedlungen geben die Moscheen, die außerhalb der Ortschaften liegenden Friedhöfe und der strenge Abschluß der Häuser und Höfe von der Außenwelt ein besonderes Gepräge; aber auch sie sind, wenngleich in geringem Maße, durch die gesonderten Kastenquartiere gekennzeichnet (Geddes, 1928).

Selten ist es in den alten Kulturländern möglich, Perioden der Siedlungsausbreitung und des -verfalls im Zusammenhang mit der Bevölkerungsentwicklung zu bestimmen. Immerhin mag ein Beispiel aus Uttar Pradesh erwähnt sein, wo zwar die Zeit der Landnahme nicht erfaßt ist, wohl aber in etwa der Abschnitt seit unserer Zeitrechnung. Nach der arischen Landnahme setzte eine Blütezeit ein, die sich bei starken Staatsbildungen auch später noch wiederholte. Mit dem Einfall der „Weißen Hunnen" machte sich ein Niedergang bemerkbar, so daß seit dem 6. Jh. n. Chr. eine Wüstungsperiode zustande kam. Sie wurde im östlichen Abschnitt erst durch die Kolonisation der Kriegerkaste der Rajputen seit dem 12. Jh. überwunden, die langsam unter dem Druck der Moguln einwanderten und das Land in einem dreistufigen Aufbau organisierten. Vom Hauptort der herrschenden Kaste mit dem ihm zugeordneten Land waren die um diesen sich ausbildenden Weiler abhängig. Bei wachsender Bevölkerung entwickelten sich zunächst die Weiler zu Dörfern; sofern eine noch stärkere Zunahme eintrat, entsandte man jüngere Mitglieder der Hauptkaste, um in den Außenbezirken sekundäre Zentren anzulegen. Bis zur Mitte des 18. Jh.s dauerte diese Entwicklung ungestört an, um seit dem letzten Drittel des 19. Jh.s insofern eine Strukturänderung zu erfahren, als eine Reihe primärer oder sekundärer Hauptorte ihre übergeordneten Funktionen verlor und zu ländlichen Siedlung absank (Singh, 1968).

Sonst setzten sich im 19. und 20 Jh. planmäßig geschaffene Siedlungen gegenüber den älteren ungeregelten durch. Von der britischen Kolonisation wurde u. a. Assam betroffen, wo Teeplantagen entstanden. In der zweiten Hälfte des 19. Jh.s ging man im Himalaja-Vorland von Kumaon dazu über, auf den Schwemmkegeln der aus dem Gebirge austretenden Flüsse Bewässerungseinrichtungen zu schaffen und einen Teil der Berglandbevölkerung in Reihenweilern und -dörfern anzusetzen. Am Ende des 19. Jh.s schuf man im Pandsuhab die Kanalkolonien, ohne daß man zunächst Einfluß auf die entsprechenden Siedlungen nahm; erst in einem zweiten Stadium ging man daran, im Zentrum der Gemarkungen Platz für die Dörfer auszusparen, bei denen man sich für die Straßennetzanlage entschied (Nitz, 1968).

Das im Bhabar versickernde Wasser tritt im Terai wieder zutage. Dieser Bereich trug bis zum beginnenden 19. Jh. eine relativ dichte Besiedlung, entvölkerte sich dann aber, weil während der politischen Sicherung durch Großbritannien die Stromebene des Ganges mehr Anziehungskraft ausübte, Malaria u. a. m. eine Verstärkung des Wüstungsprozesses herbeiführten. Erst nach dem Zweiten Weltkrieg, als entlassene Kriegsteilnehmer, nach der Teilung des Subkontinents auch Flüchtlinge untergebracht werden mußten, setzte die Wiederbesiedlung ein. Gelegentlich griff man auf Straßennetzanlagen zurück, ließ aber sonst für die Gestaltung der Siedlungen freiere Wahl, so daß die Bengasi-Flüchtlinge es vorzogen, ihre Höfe auf die ihnen zugeteilte Parzelle zu verlegen. Wurden hier 40 000 ha kultiviert, so waren es in der gesamten Indischen Union bis zum Jahre 1971 600 000 ha, auf denen 160 000 Kolonistenfamilien bzw. 800 000 Menschen eine neue Existenzgrundlage fanden (Farmer, 1974, S. 73 ff.), im Vergleich zur Größe des Landes und seiner Bevölkerung nicht viel.

Bei der britischen und bei der indischen Agrarkolonisation sind – abgesehen von den Siedlungsformen – erhebliche Unterschiede gegenüber den älteren Ortschaften zu bemerken. Dort gehört der Boden denjenigen, die ihn bebauen, hier aber ist das häufig nicht der Fall, so daß sich verschiedene Pachtverhältnisse zwischen landlosen und landbesitzenden Kasten ausbildeten. Es kommt hinzu, daß dort eine Lockerung der Kastenhierarchie eintritt, zumal bei verschiedenen Projekten nur Mitglieder einer Kaste angesetzt wurden, während hier die Lösung davon schwieriger zu erreichen ist. Für entsprechende Probleme in Sri Lanka sei auf die Arbeiten von Sievers (1964), Farmer (1963) und Hausherr (1971) verwiesen.

γ) Die Siedlungsgestaltung in Südostasien. Hinterindien, Malaysia, Indonesien und die Philippinen nehmen eine gewisse Sonderstellung ein. Hier spielt der Naßreisbau eine entscheidende Rolle, ohne das volle Potential erreicht zu haben. Wohl entwickelten sich auf der Grundlage des Pflugbaus verschiedene Völker, deren kleinste Einheiten in der Regel Großfamilien darstellen, die sich zur Dorfgemeinschaft zusammenfanden. Aber eine gemeinsam umfassende Kultur, die ethnische, sprachliche und religiöse Differenzierungen zu überbrücken imstande war, vermochte sich nicht auszubilden. In dieser Beziehung machte sich der Einfluß von Indien und China bemerkbar. Inder und Chinesen wanderten auch in der Kolonialperiode zu, und die nach dem Zweiten Weltkrieg neu gebildeten Staaten sind nun daran, sich ein eigenes Kulturbewußtsein zu schaffen. Zumeist handelt es sich um locker gefügte Gruppensiedlungen, bei denen die Höfe von Baumgärten mit Kokos- und Arecapalmen, Bananen, Mangos usf. verdeckt sind. Der Zusammenhalt der Großfamilien, die Notwendigkeit der Bewässerung und kultische Belange ließen die Streusiedlung selten aufkommen. Stellte sie sich dennoch ein, wie es z. B. im südlichen Kambodscha der Fall war, dann handelte es sich nur um ein Stadium in der Entwicklung zu Weilern, indem verheiratete Kinder ihre Häuser in der Nachbarschaft des elterlichen Hofgrundstücks errichteten (Delvert, 1961, S. 204 ff.). Die lockeren Gruppensiedlungen erscheinen häufig linear gerichtet, weil man bestrebt ist, trockenes und für den Naßreisbau ungeeignetes Land für die Anlage der Ortschaften in Anspruch zu nehmen. Natürliche Flußdämme, Deiche, alte Strandwälle, Terrassen, auch Wege, die die Verbindung zu andern Siedlungen herstellen, geben die Leitadern ab (Credner, 1935, S. 408; Troger, 1960, S. 107 ff.; Pendleton, 1963, S. 208; Uhlig, 1975, S. 87 ff.).

Ausgesprochene Einzelsiedlungen waren vornehmlich den Chinesen eigen, die, nachdem sie als Kontraktarbeiter eingewandert waren, insbesondere nach dem Ersten Weltkrieg sich als squatter auf früherem Bergbaugelände oder an den Rändern des Waldes niederließen und dabei eine marktwirtschaftliche Spezialisierung im Anbau oder der Viehhaltung eingingen. Als Pioniere lösten sie sich von den Familienbindungen. Hier und da in Malaysia oder Indonesien mögen sich Einzelsiedlungen von squattern anderer ethnischer Gruppen nach dem Zweiten Weltkrieg ausgebildet haben, vornehmlich auf den Plantagen Indonesiens. Im Grunde aber ging die Tendenz stärker zu einer Zusammenfassung, wobei die Ursachen dafür in den einzelnen Gebieten verschieden geartet sind. In der Republik Khmer (Kambodscha) ebenso wie im südlichen Thailand führten die politischen Auseinandersetzungen zu der Anlage von Wehrdörfern, häufig mehr als tausend Einwohner umfassend. In Malaysia, insbesondere im Westen, aber auch in Sarawak, sah man sich gezwungen, die chinesischen squatter in Notstandssiedlungen zusammenzuziehen. Mehr als 500 000 Menschen unterlagen in Westmalaysia dieser Umsiedlungsaktion in neue Dörfer in Straßennetzanlage mit günstiger Infrastruktur-Ausstattung. Auch auf den Plantagen nahm man einen solchen Konzentrationsprozeß vor. Die Plantagen in Indonesien wurden zu einem erheblichen Teil durch besitzlose Schichten aufgesiedelt, wobei in Zentraljava meist eine Anlehnung an bestehende Dörfer erfolgte (Röll, 1971).

Sowohl in Malaysia, Indonesien als auch in den Philippinen setzte nach dem Zweiten Weltkrieg die Kolonisation noch wenig besiedelter Räume ein, wobei Ertragssteigerung in der Landwirtschaft, gleichmäßigere Verteilung der Bevölkerung, Landausstattung besitzloser Schichten die wichtigsten Gesichtspunkte waren. In Malaysia galt es, einerseits die Reisanbaufläche zu vergrößern, andererseits Kautschuk und Ölpalmen in kleinbäuerlichen Betrieben von 2 ha zu erzeugen. Durch die Federal Land Development Authority und Projekte der einzelnen Staaten wurden in den Jahren 1956-1970 500 000 ha Agrarland erschlossen und damit fast 175 000 Kolonistenfamilien oder fast eine Million Menschen angesetzt (Senftleben, 1971), wobei Reihendörfer oder Straßennetzanlagen angewandt wurden. In Indonesien geht die Transmigration aus den dicht besiedelten Kernlandschaften (Java, Madura und Bali) in die relativ bevölkerungsarmen Außenbezirke auf die Niederländer zu Beginn des gegenwärtigen Jahrhunderts zurück, und damals wurde es für sinnvoll gehalten, Einzelhöfe zu schaffen. In beschränktem Ausmaß ging dieser Vorgang während der japanischen Besatzungszeit weiter und erlebte seit der Unabhängigkeit erneuten Aufschwung. Ob mit oder ohne staatliche Hilfe, in jedem Falle aber staatlich gelenkt, kam es nun zu Gruppensiedlungen, die denen in Malaysia in etwa entsprechen (Zimmermann, 1975, S. 111). Seit dem Jahre 1905 wurden mehr als 800 000 Personen umgesiedelt und 500 000-700 000 ha Wald für diesen Zweck gerodet. Eine erhebliche Schwierigkeit aber besteht darin, daß die Zahl der jährlich anzusetzenden Kolonisten in den letzten

Jahren nur etwa ein Drittel des jährlichen Bevölkerungszuwachses in Java, Madura und Bali ausmachte. Die Philippinen erhalten ihre Sonderstellung durch die spanische Einflußnahme (Encomienda-System; Kap. IV. C. e. ε). Auch hier geriet eine Umsiedlung von dicht in dünn bevölkerte Bereiche in Gang, wo – bei Überwiegen der ungelenkten Form – insbesondere Mindanao das Zielgebiet abgibt (Krinks, 1970).

δ) Die Siedlungsgestaltung im Orient. Auch in den Kulturländern in der Trockenzone der Alten Welt geben kleinere und größere Gruppensiedlungen das charakteristische Merkmal ab, während ausgesprochene Einzelsiedlungen eine Ausnahme bilden. In einem Großraum, der kulturgeschichtlich durch den Gegensatz von seßhaftem Leben in den Oasen und Hirtennomadentum in den Wüstensteppen gekennzeichnet ist unter Betonung des Städtewesens, erscheint die Neigung der bäuerlichen Bevölkerung zur Konzentration nur allzu verständlich. Auch andere Momente wirken auf deren Vorrangstellung hin, wie im folgenden zu zeigen sein wird. Haben wir die Siedlungen der Halbnomaden in den Steppen und Gebirgen früher erwähnt (Kap. IV. C. 2. ι), so kommt es nun auf die der seßhaften Bevölkerung an, die entweder in den randlichen Gebirgen, in den Steppen oder in den Oasen lebt.

Den Gebirgen des betrachteten Raumes kommt, sofern sie nicht in den nomadischen Lebensraum einbezogen wurden, die Funktion von Rückzugsgebieten zu, sei es, daß sich in abgelegenen Gebieten die seßhafte Lebensweise über die Zeit des Einbruchs der Nomaden im Mittelalter erhielt (montagnes intactes), sei es, daß die Gebirge erst aufgesucht wurden, nachdem die benachbarten Ebenen zu unsicher geworden waren (refuges montagnes, Planhol, 1968, S. 89, S. 139 und S. 214/5). Siedlungsgeographisch hat allerdings dieser historisch bedeutsame Unterschied geringe Auswirkungen.

Bewässerung, Regenfeldbau und Almwirtschaft geben nach Möglichkeit eine breite landwirtschaftliche Basis ab. Ein gutes Beispiel stellen die Tadschiken im Hindukusch dar. Die Beobachtungen über ihre Siedlungen sind recht verschieden, weil einerseits große gedrängte Dörfer existieren, andererseits aber auch – wohl meist in Seitentälern mit geringem Umfang der landwirtschaftlichen Nutzfläche – Kleinsiedlungen auftreten. In letzteren leben Großfamilien oder Brüderkollektive zusammen, deren Höfe auch den Kern oder die Zelle von Haufendörfern ausmachen (Kussmaul, 1965; Grötzbach, 1972, S. 235 ff.). Zwistigkeiten unter den Einheiten der Großfamilien führten häufig zur Anlage von Fliehburgen, die von einem Teil der Gruppe dauernd bewohnt wurden. Verstärkt trat das Moment der Sicherung bei den kaukasischen Bergvölkern zutage, die sich bei ihren inneren Auseinandersetzungen mit Wehrwohntürmen und Wehrtürmen als Zufluchtsstätte einer gesamten Sippe zu schützen wußten. Sonst wird die Konzentration der Bevölkerung in Haufendörfern betont wie im östlichen und nordöstlichen Elburz oder auf der Nordseite des Sahend (Planhol, 1960 und 1964), ohne daß es zusätzlicher Schutzmaßnahmen bedurfte.

Als Rückzugsgebiet ist der Libanon besonders bekannt, weil hier außer islamischen Gruppen (Drusen) seit dem 10. Jh. Christen einwanderten, insbesondere Maroniten, aber auch Orthodoxe und Römisch-Katholische. Überall handelt es sich um dicht gedrängte Haufendörfer, allerdings derart, daß Angehörige verschiedener Glaubensgemeinschaften innerhalb eines Ortes das Streben zeigen, besondere Viertel auszubilden (Durand-Dastès, 1961).

Anders liegen die Verhältnisse im Jemen, wo sich auf steilen Graten und Höhen die Bauernburgen erheben. „Es sind quadratische Türme mit dicken Mauern, manchmal 6-12 Stockwerke hoch ... Die untersten dienen als Stall und Speicher und sind nur mit Schießscharten versehen, die oberen sind oft die Wohnräume

Abb. 23 Dörfliche Siedlung im Hohen Atlas. Das Dorf wir aus mehreren Sippenweilern gebildet (nach Montagne).

ganzer Sippen ... Diese Türme stehen einzeln oder sind zu Weilern vereinigt (v. Wissmann, 1937, S. 199). Nur in den lößbedeckten Hochtälern schließen sich die Turmhäuser zu Dörfern zusammen, Sippen- und Dorfgemeinschaft beginnen sich zu überschneiden. Aus den alten Sabäerreich sich entwickelnd, in dem nur das Hofhaus bekannt war, sind Turmhaus und Sippenzusammenhalt u. U. auf nordarabische Einflüsse zurückzuführen (Planhol, 1968, S. 80).

Auch bei der berberischen Bauernbevölkerung der nordwestafrikanischen Gebirge zeigt sich einerseits die ausgesprochene Zersplitterung der politischen Einheiten, andererseits der enge Zusammenhalt, der durch die Sippe oder den Sippenverband gegeben ist. Die Gestaltung der Siedlungen mag unterschiedlich geartet sein, lockere Weiler, in Zellen aufgelöste Dörfer (Abb. 23), dichte Weiler oder Dörfer. Sogar die Sippen-Einzelsiedlung taucht im östlichen Rifatlas auf (Grohmann-Kerouach, 1971, S. 44 ff.); immer aber stehen sie in engem Zusammenhang mit der sozialen Gliederung in Großfamilien und Sippen, denen entweder durch die Beduinen Gefahr droht oder die miteinander in Auseinandersetzungen stehen.

Häufig wird das Vorhandensein befestigter Kollektivmagazine inner- oder außerhalb der Siedlungen betont, oder aber es werden Fehdetürme beschrieben, die den Häusern an einer oder mehreren Ecken aufgesetzt sind.

Völlig anders liegt es in Abessinien. Das mittelalterliche Reich der christlichen Amharen wurde durch Muslimkriege und Einfälle der Galla seit dem 16. Jh. weitgehend zerstört. An den tief zerschnittenen Rändern der Woina Dega zur Kolla konnten sich Amharen-Siedlungen, meist in Form großer Haufendörfer, erhalten. Seit dem 18. Jh. setzte die Expansion der Amharen wieder ein unter Assimilierung fremdvölkischer Gruppen, insbesondere der Galla. Weiler oder Hofgruppen, unabhängig von völkischen oder religiösen Gruppen, wurden nun ausgebildet, so daß offenbar die gedrängten Dörfer auf den Talterrassen die ältere, die kleineren Einheiten die jüngere Form darstellen. Ob aber – was nahe liegt – die kompakten Großdörfer sekundärer Entstehung und der Unsicherheit des sich auflösenden Amharenstaates zuzuschreiben sind, ist nicht bekannt (Stitz, 1974, S. 163 ff.).

Von wesentlich anderem Gepräge sind die Siedlungen in den vereinzelt oder zu Gruppen auftretenden Oasen in der Wüste, sofern sie sich über die Zeit der mittelalterlichen Beduinisierung zu halten vermochten. Hier haben wir es in der Regel mit eng gedrängten Gruppensiedlungen zu tun (Abb. 24), die in ihrer dichten Bebauung stadtähnlich zu wirken vermögen. Die Schwierigkeit der Wasserbeschaffung und die Bewässerungswirtschaft trugen sicher zur Entwicklung eines solchen Siedlungstyps bei. Es kommt hinzu, daß isolierte Oasen in besonderem Maße dem Zugriff der Nomaden ausgesetzt waren, so daß die Bevölkerung auf Schutz durch Konzentration Wert legen mußte. Häufig sind aus diesem Grunde Oasendörfer befestigt. Wenn in der Sahara jede Siedlung als Ksar, d. h. befestigter Platz, bezeichnet wird (Capot-Rey, 1953, S. 234), so deutet auch dies auf die Notwendigkeit der Sicherung hin. Ähnliches gilt für die Qaleh-Dörfer in Iran bis nach Zentralasien hinein, die von hohen Lehmmauern umgeben und mit Wehrtürmen versehen sind (Planhol, 1958). Ebenso aber müssen die sozialen Verhältnisse herangezogen werden. Nur selten sind die isolierten Oasen mit ihren Palmgärten bzw. Feldern im Besitz derjenigen, die sie bebauen, wie es z. B. bei den Mozabiten der Fall ist (Suter, 1958). Vielfach übten die Nomaden die Herrschaft aus und ließen ihr Eigentum durch verarmte Stammesangehörige oder frühere Sklaven meist in Anteilspacht bewirtschaften. Auch dann, wenn eine alt eingesessene Bevölkerung vorhanden ist, die sich unabhängig von Hirtennomaden zu halten wußte, ist nur selten ein eigentliches Bauerntum entwickelt; insbesondere im Bereich der Karawanenstädte gewannen die Städter weitgehend Einfluß und ketteten die Bevölkerung durch Verschuldung und Teilpacht an sich. Daß diese Verhältnisse wesentlich für die Konzentration in Dörfern verantwortlich zu machen sind, liegt auf der Hand. Schließlich wirkt auch der religiöse Zusammenhalt in diese Richtung; zumeist besitzen die größeren Dörfer eine Moschee.

Diese geben den Kern der Anlage ab, meist im Zusammenhang mit einem kleinen Markt (Abb. 24). Vielfach sind für den Grundriß die Sackgassen charakteristisch. Für die Ksour der Sahara stellen sie den ältesten Grundrißtyp dar (Capot-Rey, 1953, S. 235), in besonderer Weise dazu geeignet, die Siedlung nach außen hin abzuschließen, zum Markt und zur Moschee hin zu öffnen und u. U. Bevölkerungsgruppen verschiedener Herkunft in Quartieren zusammenzuschließen. Mitunter allerdings zeigen sich planmäßige Formen. Sie wurden vornehmlich in Oasen am Nordrand der Sahara angetroffen. In den Oasen des Souf schrieb Capot-Rey (1953, S. 235) die geregelten Straßennetzanlagen einer arabischen Kolonisation des 16. Jh.s zu. Bei den Ksour der marokkanischen Oasen, ebenfalls mit einer rechteckigen Mauer versehen, erreicht man nach Passieren des einzigen Zugangs einen kleinen Platz mit der Moschee und dem Markt. Von hier aus durchzieht eine mehr oder minder geradlinige Gasse den Ort fast bis zum gegenüberliegenden Teil der Mauer, derart, daß die Hofhäuser entweder dadurch oder durch Wege, die die Mauer innerhalb der Siedlung begleiten, erschlossen werden. Für die Zurückführung von Haus- und Siedlungsform auf Einflüsse des Römischen Reiches (Gaiser, 1968) sind die historischen Belege wohl nicht ganz ausreichend.

Nicht nur in den isolierten Oasen, sondern auch in den zusammenhängenden Stromoasenlandschaften, bei denen der Einbruch von Nomaden auf größeren Widerstand stieß, ist die geschlossene Gruppensiedlung bei weitem der herrschende und charakteristische Typ. Der Sippenverband hat hier seine Bedeutung völlig verloren; „die Bevölkerung kennt nur ihre Ortsgemeinde und die von Machthabern gesetzte Obrigkeit" (Bobek, 1948, S. 198). Lediglich im Umkreis der

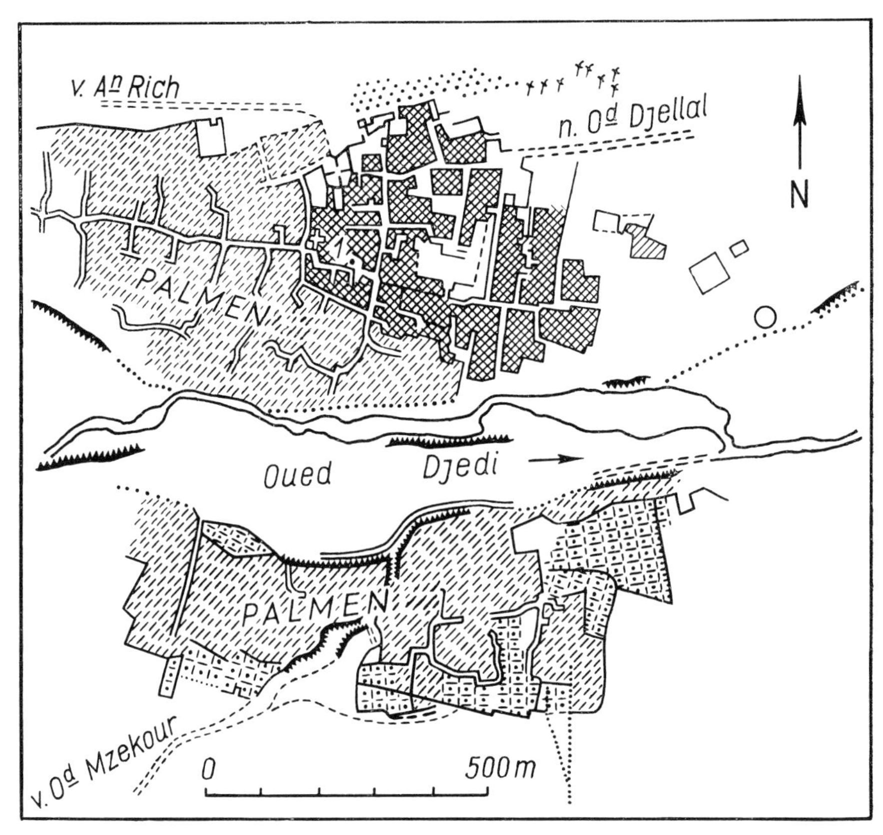

Abb. 24 Unbefestigte dichte Gruppensiedlung mit Sackgassen in der Oase Sidi Khaled, Sahara (nach Capot-Rey).

Städte und in den besser ausgestatteten Küstenlandschaften, wo die Bevölkerung die Möglichkeit hat, durch Gartenkulturen und Nebenerwerb in den Städten sich gewisse Ausweichmöglichkeiten zu schaffen, findet u. U. eine Auflockerung der Siedlungen statt. Sonst aber stellt sich die mehr oder minder dichte Gruppensiedlung ein, deren Bevölkerung durch Schuldknechtschaft oder Teilpacht – drei Viertel oder vier Fünftel des Ertrags sind häufig abzuliefern – den Feudalherren und Städtern ausgeliefert ist; in deren Besitz befinden sich nicht nur Grund und Boden, sondern mitunter auch die Häuser (Birot und Dresch, 1956, Bd. II, S. 317).

Wann auch immer die Ortschaften angelegt wurden, ein Wandel im Formenbestand ist bis zum 19. Jh. nur in Ausnahmefällen zu erkennen. Das führt zur Frage nach der Altersschichtung der Siedlungen. Wirth (1962 und 1971, S. 162) definierte am Beispiel des Zweistromlandes und von Syrien als Altsiedelland dasjenige, das um die Mitte des 19. Jh.s Dauersiedlungen trug, und als Jungsiedelland werden diejenigen Gebiete angesehen, die seit dieser Zeit durch Ausdehnung der Bewässerung und des Regenfeldbaus entstanden, ohne die wechselvollen Geschicke in früheren Perioden zu übersehen. Planhol (1968) dagegen stellte heraus, daß einerseits Bereiche existieren, die seit der Antike wohl ununterbrochen Kulturland und demgemäß mit Dauersiedlungen ausgestattet waren. Nur diese können als

„Altsiedlungen" im strengen Sinn in Anspruch genommen werden. Andererseits bedeutete das Vordringen der Nomaden im 11. bzw. 13./14. Jh. einen deutlichen Einschnitt, teils verbunden mit dem Wüstfallen von Ortschaften und Fluren, teils aber auch mit der Gründung neuer Dörfer in bislang noch unbesetzten Räumen, unter denen Waldgebirge eine besondere Rolle spielten wie z. B. der Libanon oder die Große Kabylei. Die entsprechenden Ortschaften überdauerten in der Regel bis zur Gegenwart und entsprechen dem mitteleuropäischen Jungsiedelland. Da es sich um eine ungelenkte Kolonisation handelte, ist nicht zu erwarten, daß sich andere Formen als bei der Altschicht einstellten. Insbesondere Hütteroth (1968 und 1975) beschäftigte sich mit dem Siedlungsgang von Inneranatolien sowie von Palästina und Transjordanien. Er stellte für diese Gebiete während der Blütezeit des Osmanischen Reiches im 16. Jh. eine Ausweitung der Dauersiedlungen auf Kosten des nomadischen Weidelandes fest, eine erste Phase der Wiederbesiedlung, die von einem erneuten Wüstungsprozeß um 1600 abgelöst wurde. Ob sie stetig bis zur Mitte des 19. Jh.s anhielt, läßt sich nicht ausmachen. Zumindest setzte nun eine zweite Phase der Wiederbesiedlung ein, die noch heute andauert. Sie ist deshalb besonders wichtig, weil nun auch gelenkte Kolonisationsvorgänge einsetzen, die sich in den Formen der Siedlungen widerspiegeln.

An drei Beispielen, die wohl die wichtigsten innerhalb des Gesamtraumes sind, soll die Rekolonisation im 19. und 20. Jh. dargelegt werden, an dem von Anatolien, vom Maghreb und von Israel. Das Osmanenreich und nach dem Ersten Weltkrieg die Türkei hatte seit dem Ende des 18. Jh.s bis nach dem Zweiten Weltkrieg islamische Flüchtlinge aus dem südlichen Rußland und Südosteuropa aufzunehmen, die als Muhaçir bezeichnet werden. Etwa seit dem Jahre 1878 bis zum Ersten Weltkrieg wurden planmäßige Siedlungen geschaffen, sowohl in der Türkei als auch in Syrien, indem man das Wegenetz in der Art eines Rechteckgitters auslegte, „wobei die Karrees zwischen den Wegen durch jeweils vier Hofstellen eingenommen werden" (Hütteroth, 1968, S. 159). Auf diese Weise entstanden Straßennetzanlagen, die aber häufig – weil Grundstücke geteilt, zusammengelegt oder Neubauten nicht dieselbe Fläche einnehmen wie die zu ersetzenden alten Häuser – innerhalb eines Jahrhunderts bis zur Unkenntlichkeit verwischt sein können. Nach dem Ersten Weltkrieg kam es in dem von Hütteroth untersuchten Teil Anatoliens nicht mehr zur Anlage neuer Wohnplätze, sondern nun wurden existierende Dörfer planmäßig erweitert, wobei man die Reihenform wählte.

Festlegung von Besitztiteln und Käufe von Grundherren, die ihr Land nicht selbst bewirtschafteten, ermöglichten es den Franzosen, seit der zweiten Hälfte des 19. Jh.s, eine beachtliche europäische Kolonisation im Maghreb durchzuführen, meist in den begünstigten Landschaften in Küstennähe. 27 v. H. des Kulturlandes in Algerien, 23 v. H. desjenigen in Tunesien und mehr als 10 v. H. desjenigen in Marokko mit insgesamt rd. 4,17 Mill. ha wurden in europäischen Besitz überführt (Planhol, 1968, S. 164). Im Rahmen der privaten Kolonisation bediente man sich der Form von Einzelhöfen, die u. U. Mittelpunkte von Großbetrieben waren, während die staatlich gelenkte Kolonisation Dörfer vorsah mit unterschiedlicher geometrisch vermessener Grundrißgestalt. Da man aber auf einheimische Landarbeiter nicht verzichten konnte, selbst wenn man deren Zahl beim Übergang zur Mechanisierung, insbesondere bei den großen Getreidebau-Betrieben, einschränkte, so gesellte sich, ob bäuerlicher Einzelhof, ob Gutshof oder planmäßiges Dorf, die heimische Landarbeitersiedlung hinzu.

Setzte die jüdische Einwanderung nach Israel in den letzten Jahrzehnten des 19. Jh.s vornehmlich aus dem östlichen Europa ein, so war die in derselben Zeit aufkommende zionistische Bewegung für die besondere Gestaltung der Kibbutzim verantwortlich. Die erste freiwillige genossenschaftliche Siedlung, deren Mitglieder kaum über eigenes Eigentum verfügten, entstand im Jahre 1909. Im Jahre 1946 gab es 116, im Jahre 1960 229 Kibbutzim, die bei der strikten Trennung von Wohn- und Wirtschaftsgebäuden planmäßige Gestalt besitzen. Nicht anders steht es bei den Moshavim, deren früheste nach dem Ersten Weltkrieg gebildet wurde. Langsam nahm die Zahl der Moshavim zu, so daß im Jahre 1945 63 existierten; dann erfolgte ein starkes Anwachsen, derart, daß im Jahre 1960 345 dieser Siedlungen vorhanden waren, die nun zahlenmäßig die Kibbutzim übertrafen (Richter, 1969). Die strengen gemeinschaftlichen Bindungen der Kibbutz-Gemeinschaft wurden nicht von allen Zuwanderern akzeptiert, die dennoch aus ideellen oder wirtschaftlichen Gründen genossenschaftliche Zusammenschlüsse befürworteten. Letztere werden deshalb auf den Absatz der landwirtschaftlichen Produkte und die Zuführung notwendiger Betriebsmittel beschränkt, während sonst die Familie den Grundstock abgibt, die das ihr zugeteilte Land individuell bewirtschaftet und für die eingebrachte Ernte bezahlt wird.

Die entsprechenden Siedlungen sind für fünfzig bis hundert Familien gedacht. Öffentliche Einrichtungen nehmen das Zentrum ein, um das die Höfe der bäuerlichen Betriebe in Kreis- oder Ellipsenform angeordnet wurden. Da eine Ausweitung solcher Ortschaften erschwert ist, gelangte man nach dem Zweiten Weltkrieg zu einer Form, bei der vom Kern ausgehende Radialstraßen den Standort der bäuerlichen Höfe vorzeichnen. Die Moshavim sind deswegen besonders wichtig, weil manche Entwicklungsländer sich an israelischen Erfahrungen orientieren und in der Regel nicht das System der Kibbutzim, sondern das der Moshavim zu übernehmen gewillt sind (Kap. IV. C. 2. e) ε). Aus der politischen Situation ist es zu verstehen, daß es in Israel nicht zu Einzelsiedlungen kam, wenngleich außer den genossenschaftlich gebundenen Ortschaften auch Privatdörfer (Moshavot) vorhanden sind, deren Betriebsinhaber zusätzlich Lohnarbeiter einstellen.

Damit ist die Periode nach dem Zweiten Weltkrieg erreicht. Ausweitung des Bewässerungs- und Regenfeldbaus, Verstärkung in der Seßhaftmachung der Nomaden (Kap. II. B. 2. a) β), Versuche zur Überwindung des Rentenkapitalismus mit darauf abzielenden Bodenreformen, schließlich die Aufgabe europäischer Kolonisationsgebiete setzten neue Akzente, die sich auch im Siedlungsbild äußern.

Eine relativ geringe Ausbreitung von Einzelsiedlungen fand nun statt, etwa in Syrien, wo auf Grund des Einsatzes von Motorpumpen man es als Vorteil ansah, sich in der Nähe des Bewässerungslandes anzusetzen (Wirth, 1971, S. 249), oder im Irak im Bereich von Dujaila, wo mit staatlicher Hilfe freie Bauern in planmäßiger Streusiedlung angesetzt wurden.

In der Regel aber verblieb man bei Gruppensiedlungen, sei es, daß frühere Teilpächter zu Eigentümern des Landes wurden (z. B. Iran), sei es, daß dasselbe auf genossenschaftlicher Basis mit Flurzwang, aber individueller Bewirtschaftung geschah (z. B. Ägypten, Wörz, 1967), sei es, daß europäische Gutsbetriebe zum Ansatzpunkt von Kollektiven wurden (z. B. Tunesien oder Algerien, Achenbach, 1971).

Auch bei Neusiedlungen legte man bevorzugt Weiler oder Dörfer an. Als man in Ägypten seit den dreißiger Jahren des 19. Jh.s von der Überschwemmungs- zur Beckenbewässerung und zur Vorrangstellung des Baumwollanbaus überging, geschah dies im Nildelta durch Großgrundbesitzer, die den Boden mit Landarbeitern bewirtschaften ließen. Die Bodenreform vom Jahre 1952 schränkte den Großgrundbesitz erheblich ein, und durch weitere Verbesserungen der Bewässerung konnte innerhalb des Deltas Neuland erschlossen werden. Man bediente sich dabei planmäßiger Weiler, über die das Genossenschaftsprinzip sich am einfachsten verwirklichen ließ (Planhol, 1968, S. 108), und dasselbe trifft offenbar für Marokko (Le Coz, 1968, S. 151) und für Pakistan zu.

Mitunter schritt man in Iran und Pakistan im Rahmen von Bewässerungsprojekten zur Anlage von Staatsgütern, die eine bessere Gewähr für Ertragssteigerungen gewähren sollten, als das mit Hilfe des Ansetzens bäuerlicher Betriebe möglich gewesen wäre. Zu den voll mechanisierten Gutswirtschaften mit Verwaltungs- und Wirtschaftsgebäuden gesellen sich die planmäßig angelegten Landarbeitersiedlungen (Ehlers, 1975, S. 154 ff.; Saidi, 1973, S. 286 ff.).

ε) Die Siedlungsgestaltung in Rußland. Mit den orientalischen Verhältnissen in mehr als einer Beziehung vergleichbar sind diejenigen *Rußlands* (Kap. IV. C. 2. e. δ), wenn auch die natürliche Ausstattung dieses Raumes mit seinen ausgedehnten Waldlandschaften teilweise anders geartet ist und durch die wesentlich jüngere Erschließung und staatliche Konsolidierung Unterschiede gegeben sind. Ob wir uns aber in Waldrußland befinden, im Bereich der Waldsteppen oder der russischen Steppenlandschaft, immer tritt uns die Gruppensiedlung als charakteristisches Element entgegen.

Allerdings machen sich darin gewisse Differenzierungen bemerkbar. Wenn Woeikow (1909, S. 15 ff.) im ersten Jahrzehnt dieses Jahrhunderts betonte, daß die

Größe der Ortschaften von Norden nach Süden zunimmt, für Waldrußland Weiler und kleine Dörfer mit 50 bis 120 Einwohnern bezeichnend erscheinen, für Steppenrußland aber Dörfer mit 400 bis 700 Einwohnern, oft sogar wesentlich mehr, so wird der Einfluß der Landesnatur und der daran gebundenen Wirtschaftsweise erkennbar. War die Ausweitung der Feldflächen im Waldgebiet durch Moor und Sumpf vielfach gehemmt und trat die Viehzucht wesentlich hinzu, so benötigte man dafür große Flächen bei geringer Bevölkerung; in der Steppe dagegen konnte eine Ausdehnung des Getreidelandes ungehindert stattfinden, und die Schwierigkeit der Wasserversorgung förderte eine Konzentration in großen Dörfern.

Doch wird man dem Wesen der russischen Siedlungen in keiner Weise gerecht, wollte man ihre Art allein auf den Einfluß der natürlichen Ausstattung bzw. der landwirtschaftlichen Nutzung zurückführen. Schon Woeikow (1909, S. 17 ff.) wies darauf hin, daß dort, wo die Bevölkerung durch politische Unsicherheit bedroht wurde – und dies war namentlich im Süden der Fall –, die Tendenz zur Konzentration in Dörfern erkennbar ist. Wenn im allgemeinen die Größe der Ortschaften von Norden nach Süden, aber auch von Westen nach Osten zunimmt, dann spiegelt sich darin der historische Ablauf der russischen Staatsbildung wider.

Neue Untersuchungen, die sich auf archäologische und historische Befunde unter Auswertung der russischen Forschung stützen, haben gezeigt, daß sich auch in Rußland eine Altersschichtung der Siedlungen durchführen läßt, die bisher in dieser Form nicht bekannt war (Goehrke, 1968; Stökl, 1975). Demnach haben nur ausnahmsweise spätantike Siedlungen an der Küste des Schwarzen Meeres (Krim) die durch die Völkerwanderung verursachte Wüstungsperiode und diejenige des 9./10. Jh.s, die mit dem Einfall von Nomaden verknüpft war, überdauert. Erst seit dem 5. Jh. wanderten kleine slawische Gruppen aus dem Waldgebiet nördlich der Karpaten in die russische Waldsteppe ein, aber auch ihre Siedlungen gingen zu einem erheblichen Teil durch die Mongolen/Tataren-Einbrüche des 13. Jh.s wieder ein, wird doch der Wüstungsquotient der Süd- und Südwest-Rus von Goehrke (1968, S. 48) auf 50-65 v. H. geschätzt. Selbst eine gewisse Zahl von Städten ist darin enthalten. Für partielle städtische Wüstungen kann Kiew genannt werden. Bis weit in das 15. Jh. hinein verbot sich eine Wiederbesiedlung von Waldsteppe und Steppe.

In die „altrussischen" Gebiete von Nowgorod und Smolensk ist mit der Einwanderung von Ostslawen erst im 8./9. Jh. zu rechnen. Innerhalb dieser Bereiche entstand etwa ein Drittel der Siedlungen vor der Jahrtausendwende, zwei Drittel aber gehören einer inneren Kolonisationsphase des 11. und 12. Jh.s an (Goehrke, 1968, S. 23). Gleichzeitig drang man weiter nach Osten in das Gebiet zwischen Oka und oberer Wolga, wo nur 13,5 v. H. der Siedlungen in der Vormongolenzeit bis zum 10. Jh. entstanden, weit mehr als 80 v. H. aber im 11. und 12. Jh. Wurde Nowgorod und Umgebung relativ wenig von den Tatareneinfällen betroffen – der von Goehrke geschätzte Wüstungsquotient liegt bei etwa 25 v. H. –, so der Bereich von Rjasan-Wladimir wesentlich mehr mit einem Wüstungsquotienten von 33-50 v. H. Nun blieb nur ein Ausweichen in das Zentralgebiet um Moskau und nach Norden jenseits der Wolga.

War Nowgorod an einer Ausdehnung von landwirtschaftlichen Siedlungen nicht interessiert, sondern legte auf einige Stützpunkte für Fischfang und Erbeutung von

Pelzen Wert, so bildete sich in Moskau ein neuer politischer Schwerpunkt, dessen Großfürsten es in der zweiten Hälfte des 15. Jh.s gelang, Nowgorod einzubeziehen und die kleinen Fürsten, die sich zunächst an der Kolonisation beteiligten, auszuschalten (Stökl, 1975, S. 767).

Nun setzte im 14. und 15. Jh. die Kolonisation nördlich der Wolga ein, zu einer Zeit, als im westlichen und mittleren Europa mit Bevölkerungsabnahme und Wüstwerden von Siedlungen und Fluren zu rechnen ist (Kap. IV. C. 2. e. ζ 3). Einödklöster waren daran beteiligt, von denen gerade im 14.-16. Jh. fast 60 v. H. gegründet wurden (Stökl, 1975, S. 768) ebenso wie zunächst kleinere Fürsten und der Staat. Den Rodungsbauern wurden Freiheiten gewährt. Veselovskij (1936) wies im nordöstlichen Rußland dreihundert solcher slobody nach und beschrieb eine von ihnen aus der Gegend von Rostov nach Goehrke (1968, S. 64) und Stökl (1975, S. 769) folgendermaßen: Sie umfaßte zwei kleine Klöster, sechs sela (mit achtzig Höfen, je selo im Durchschnitt dreizehn Höfe), 223 derevni und počinki (203 volle derevni, 24 počinki/Anfangssiedlungen, mit insgesamt 456 Höfen, in der Mehrzahl der Fälle je derevnja und počinok ein bis zwei Höfe). Demnach handelte es sich um Weiler und Einzelhöfe. Trotz der Privilegierungen und der Aufnahme der Dreifelderwirtschaft kann wohl kaum von einer gelenkten Kolonisation gesprochen werden.

Sicher nicht für das 9. Jh., wohl aber für das 14. und 15. Jh. wird die Annahme von Mielke (1923, S. 69) bestätigt, daß das nördliche Rußland mit Einzelsiedlungen und Weilern übersät war.

Dann aber setzte insofern ein Wandel ein, als die Dorfgemeinden nicht durch freie Vereinbarung der Mitglieder, sondern im wesentlichen durch den Staat organisiert wurden. Ausweitung der grundherrlichen Rechte des Staates, der Klöster und des Adels, Aufhebung der Freizügigkeit der Bauern (1577), Erklärung der Leibeigenschaft zur staatsrechtlichen Institution (1649), Ausbildung der Kopfsteuer zu Beginn des 18. Jh.s und Haftung der Gemeinden dafür, all solche Maßnahmen, die zum Mir-System führten, ließen Einzelsiedlungen nicht mehr aufkommen.

Vielleicht ist die Ausbildung der linear gerichteten Siedlungen im nördlichen Rußland im Zusammenhang mit diesen Vorgängen zu sehen.

Trotzdem gelangen am Ende des 16. und während des 17. Jh.s weitere kolonisatorische Maßnahmen, die zunächst nach Norden gerichtet waren. Gewerbesiedlungen des Nowgoroder Typs dehnten sich zunächst bis zum Petschorabecken aus, denen wegen der immer größer werdenden Entfernungen bald die landwirtschaftliche Erschließung folgte. Mit Freiheiten begabte Siedlungen wurden von Lokatoren gegründet, die aber offenbar auf die Gestaltung der Ortschaften kaum Einfluß nahmen. Die Bewegung dehnte sich weiter nach Osten aus. Es kam zu einer ersten Kolonisation in Sibirien. Zwar durften nur freie Bauern angesetzt werden, aber in der Hauptsache waren es solche, die den grundherrlichen Bindungen entgehen wollten. Abgesehen davon war die Zahl derer, die nach Sibirien gingen, nicht groß, denn am Ende des 17. Jh.s befanden sich dort fast 12000 Dienstleute, rd. 2500 Gewerbetreibende und etwa 11000 Bauern bei einer Gesamtbevölkerung Rußlands von 10-12 Mill. (Goehrke, 1968, S. 190). Weiler und Einzelsiedlungen bestimmten weiterhin das Bild dieser auf individueller Basis erfolgten Kolonisation.

Wenn schon Sibirien entgegen dem geltenden Recht, aber im Interesse des Staates von entlaufenen Bauern besiedelt worden ist, so gilt das noch viel mehr von der Besiedlung des russischen Südens (Stökl, 1975, S. 775). Hier stand zunächst die Sicherung der Grenze im Vordergrund, wobei die sich aus dem Wald vorschiebenden Gruppen als Kosaken bezeichnet wurden, die sich in militärischen Verbänden organisierten und in befestigten Lagern in den Flußauen lebten. Als sie im 18. Jh. stärker zur Viehhaltung übergingen, entwickelten sie einerseits Haufendörfer (Stanica), und andererseits entstanden als Ausbau Einzelhöfe als Viehhöfe unter Bevorzugung der Flußufer. Mit der stärkeren Einflußnahme des Staates ging man frühestens im beginnenden 19. Jh. zu Straßennetzanlagen über und versuchte, die squatter-Aussiedlungen im Zusammenhang mit der stärkeren Hinwendung zum Getreidebau einzudämmen, indem die Chutora-Höfe zu linear gerichteten Siedlungen, teils Reihen- und teils Straßendörfer – konzentriert wurden (Rostankowski, 1969). Dabei wird allerdings zu berücksichtigen sein, daß die unter Katharina II. beginnende staatliche Kolonisation in der Steppe, die mit Straßendörfern durchgeführt wurde, bereits eingesetzt hatte.

Mit der Bauernbefreiung (1861) und den Reformen von Stolypin (1906) wurde in Anlehnung an west- und mitteleuropäische Verhältnisse die Bindung gelockert, die die russische Dorfgemeinschaft (Mir) zusammenhielt. Vielfach setzte ein Ausbau durch Einzelhöfe ein, und Unterschiede in der sozialen Stellung der Bauern bildeten sich mehr als früher heraus. Mit der Aufhebung der Leibeigenschaft war zugleich die Möglichkeit einer stärkeren Besiedlung von Sibirien gegeben, das während des 19. Jh.s sieben Millionen Menschen aufnahm. Doch bedeutete dies nur eine kurze Unterbrechung in einer sonst geradlinigen Entwicklung, die vom sowjetischen Staat unter bewußter Abkehr von der westlichen Welt seit etwa dem Jahre 1930 aufgenommen wurde. Nicht mehr über Grund- und Gutsherren wirkte nun der Staat auf die Gestaltung der Siedlungen ein, sondern in direkter Weise, indem der Grund und Boden zum Staatseigentum erklärt, privater Besitz mit Ausnahme des Hoflandes so gut wie völlig ausgeschaltet und die Mechanisierung der Landwirtschaft als Mittel dazu benutzt wurde, eine privatwirtschaftliche Nutzung des Bodens auf ein Mindestmaß zu beschränken.

Für die Gestaltung der Siedlungen wirkte sich das maßgebend aus. In einer Gesellschaftsordnung, in der der einzelne nichts gilt, sondern nur als Glied eines staatlich gelenkten Kollektivs seine Berechtigung hat, haben Einzelsiedlungen keinen Sinn. An Stelle der alten Dorfgemeinschaft trat nun die politisch geführte Kolchose und die Traktorenstation mit der dazugehörigen Arbeitersiedlung. Außer den Kolchosen aber enstanden riesige Staatsgüter, die Sowchosen, nichts anderes als landwirtschaftliche Industrieunternehmen mit einer Fläche von durchschnittlich 15 400 ha (Kovalev, 1956), für die große Arbeitersiedlungen geschaffen wurden. Die Art der landwirtschaftlichen Nutzung ist für die Gestaltung der ländlichen Siedlungen Rußlands von untergeordneter Bedeutung, wenngleich die Möglichkeit stärkster Mechanisierung über große Flächen im Steppengebiet zu größeren Kolchose-Siedlungen führte als im Waldland. Wesentlich wichtiger jedoch erscheint, daß die Gestalt der Siedlungen überall Ausdruck der sowjetischen

Gesellschaftsordnung ist – 99 v. H. der landwirtschaftlichen Nutzfläche werden von Sowchosen und Kolchosen bewirtschaftet –, in der sich Einzelsiedlungen nicht auszubilden vermögen und Gruppensiedlungen im Staatsinteresse liegen. Sobald nach Kriegszerstörungen oder aus andern Gründen die Ortschaften neu zu errichten waren, bevorzugte man einen geometrischen Grundriß.

Doch noch in anderer Weise traten Umformungen ein. Man schloß mehrere Kolchosen betrieblich zusammen, so daß die durchschnittliche Größe der landwirtschaftlichen Nutzfläche nun bei etwa 3000 ha liegt und damit wie auch hinsichtlich der Lohnzahlung ein Angleichen an die Sowchose erfolgte. Zudem löste man die Traktorenstationen auf, deren Maschinen an die angeschlossenen Kolchosen verkauft wurden. Weiterhin versuchte man, die Unterschiede zwischen ländlichem und städtischem Leben durch Gründung von Agrostädten zum Verschwinden zu bringen, wenngleich die Unterbringung der Kolchosangehörigen in Mietskasernen auf Schwierigkeiten stößt; bis um das Jahr 1960 war Sernograd in der Donsteppe in der Nähe von Rostow, vor mehr als dreißig Jahren gegründet, der einzige Ort dieses Typs geblieben (Schiller, 1963, S. 95).

Allerdings hat sich die Tendenz zur Ausbildung von Agrostädten verstärkt. Im Rahmen der Neulanderschließung in Kasachstan hatte man Gelegenheit, den theoretischen Vorstellungen recht nahe zu kommen. Bei der Zusammenlegung von Kolchosen, aber auch bei den Sowchosen erforderte die Bewirtschaftung von mehreren tausend Hektar eine Differenzierung der dazu gehörigen Siedlungen. Eine von ihnen wurde zum Zentralort (Abb. 25) mit dem Angebot sozialer, administrativer und kultureller Dienstleistungen, u. U. auch industrieller Produktionsstätten. Die andern beherbergen Brigaden bzw. Abteilungen, die in Außenbezirken eingesetzt sind, und schließlich können am Rande der Gemarkungen noch Saisonsiedlungen auftreten (Hahn, 1970). Zumindest konnte für den Zeitraum von 1959-1970 von Kovalev (1974, S. 4 ff.) festgestellt werden, daß die Zahl der ländlichen Siedlungen mit weniger als 200 Einwohnern abnimmt, die mit 1000 Einwohnern und mehr im Wachsen begriffen ist, wenngleich der Anteil der letzteren an der Gesamtzahl im Jahre 1970 nicht mehr als 5 v. H., der Anteil der Einwohner in solchen Großsiedlungen allerdings fast 44 v. H. ausmachte.

ζ) Die Siedlungsgestaltung in Europa. ζ1) *Die Siedlungsgestaltung in Südosteuropa.* Stellte Woronin (1959, S. 203) die Auflösung der Großfamilien in Rußland in das 10.-13. Jh., so bildete diese Sozialform bei den Südslawen, hier als Zadruga bezeichnet, bis in das 19. Jh. hinein ein wichtiges Element. Ebenso bewahrte der illyrische Stamm der Albaner weitgehend die ihm eigene Großfamilienorganisation.

Hinsichtlich der Gestaltung der Siedlungen ist als Ausgangsform der Großfamilien-Einzelhof anzunehmen. Bei den südslawischen Gruppen wird dabei das Hauptwohnhaus von den kleinen Häusern der Einzelfamilien umgeben, während die albanischen Großfamilien meist in einem einzigen, vielfach als Wehrbau entwickelten Haus (Kap. IV. B. 5. b. α) zusammen leben (Louis, 1933, S. 50). Bot der Großfamilienhof beim Wachstum der Zadruga nicht mehr genügend Platz,

[1] Einen ersten Überblick über die Verbreitung der Zadrugen in Südosteuropa gab Cvijič (1918, S. 170, Tafel III). Eine wesentliche Verbesserung stellt die Karte von Sicard (1943) dar.

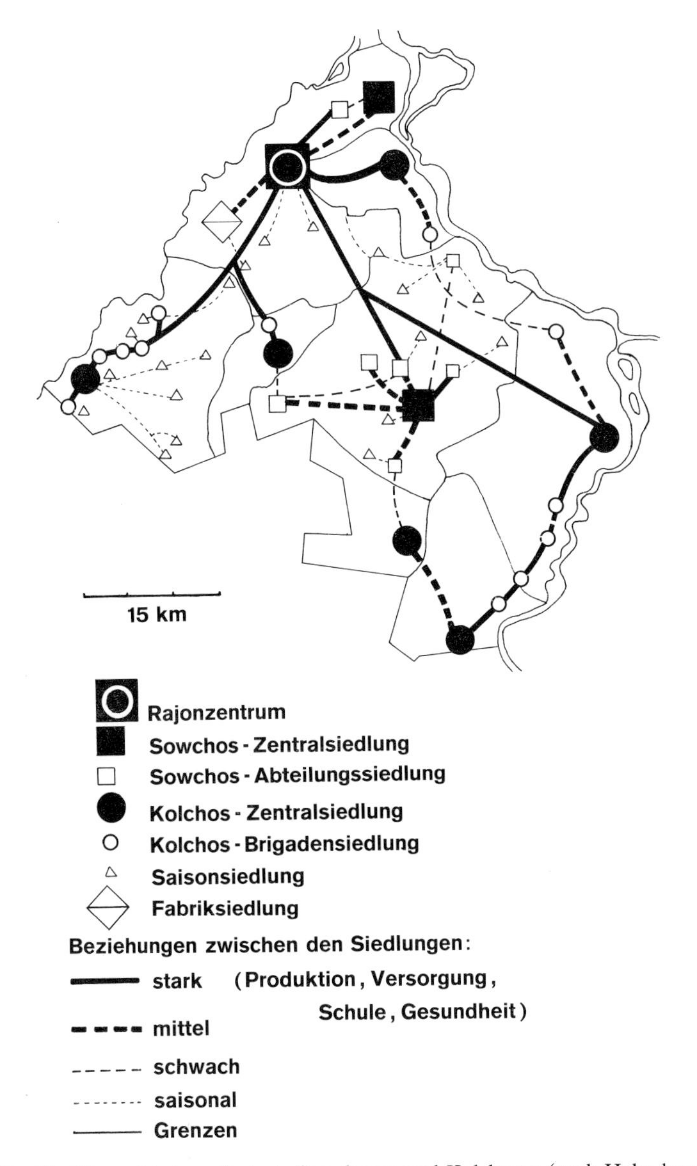

Abb. 25 Hierarchisch gegliederte Sowchosen und Kolchosen (nach Hahn bzw. Kovalev).

dann erfolgte eine Teilung derart, daß die jüngeren Mitglieder einen neuen Hof in der Nachbarschaft gründeten. Aus dem Großfamilien-Einzelhof entwickelte sich der Sippenweiler (Abb. 26). Wenn noch heute Einzelhöfe und Weiler für die westliche und zentrale Balkanhalbinsel einschließlich des größten Teiles von Albanien charakteristisch sind[1], dann ist das zunächst als unmittelbarer Nieder-

[1] Auch hinsichtlich der Ortsformen ist auf der von Cvijič (1918, S. 170, Tafel IV) gegebenen Karte manche Korrektur anzubringen (Louis, 1933, S. 48; Jaranoff, 1934).

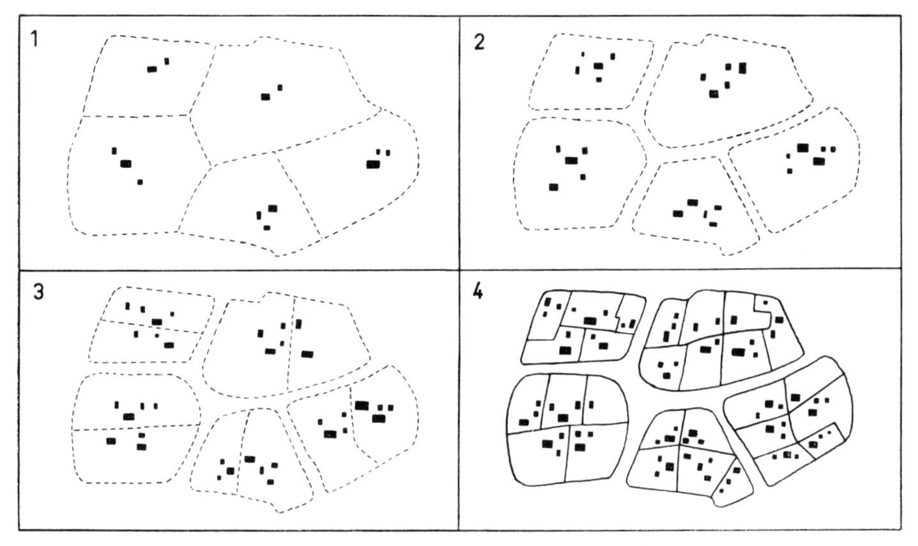

Abb. 26 Die Entwicklung des Zellen-Haufendorfes (nach Wilhelmy)
1 Sippen-Einzelhöfe 2 Vermehrung der Gebäude durch Wachstum der Großfamilien
3 Beginn der Teilungen, Ausbildung von Weilern 4 Haufendorf mit Sippenvierteln

schlag der sozialen Verhältnisse zu werten. Diese spielen sich auch in den Ortsnamen wider, werden doch Großfamilien-Einzelhöfe und Sippenweiler vielfach durch patronymische Ortsnamen gekennzeichnet, in denen der Name des Gründers erscheint. Nur in beschränktem Maße lassen sich deshalb hier die Ortsnamen für eine zeitliche Einstufung der Siedlungen verwenden (Wilhelmy, 1935, S. 102 ff.; Jaranoff, 1934, S. 185). Mitunter aber ging die Entwicklung noch über die kleine Gruppensiedlung des Weilers hinaus. Beim Wachstum der Sippenweiler näherten sich diese, und es kam zur Ausbildung von Dörfern, aus deren innerem Aufbau jedoch der Vorgang ihrer Entstehung vielfach noch abzulesen ist (Abb. 26).

„Aus dem scheinbar regellosen Gewirr der Gehöfte heben sich Gruppen eng zusammengedrängter Häuser heraus, die durch Zonen lockerer Bebauung von andern Komplexen ebenso dicht verbauter Anwesen getrennt sind. Es sind die Siedlungskerne mit den ältesten Baštinen, jenen Einzelhöfen, aus deren Erweiterung schließlich Weiler und Haufendörfer hervorgegangen sind. Jede dieser Zellen trägt noch heute den Namen ihres Begründers, der gleichzeitig zum Namen der Sippe und des von dieser im Dorf eingenommenen Viertels geworden ist“ (Wilhelmy, 1935, S. 97).

Das Zusammenwachsen von Sippenweilern führte demnach zur Ausformung von Dörfern, die mit ihrem regellosen Wegenetz als Haufendörfer bezeichnet werden. Der besonderen inneren Struktur dieser Haufendörfer, ihrer Aufgliederung in dicht bebaute Zellen, die durch locker bebaute oder sogar unbebaute Strecken getrennt sind, wird man durch den Begriff des „Zellen-Haufendorfes“ gerecht. Dieses vermochte sich insbesondere in den Becken und Ebenen auszubilden, wo genügend Raum für solch eine Entwicklung vorhanden war. Doch trägt es bereits den Keim zu einem weiteren Umformungsprozeß in sich. Bei zunehmender Bevölkerung bleibt den sich aus der Zadruga lösenden Mitgliedern nichts anderes übrig, als ihre neuen Höfe in den wenig bebauten Scharnieren zwischen den Kernen ohne Rücksicht auf die Zugehörigkeit zu einer bestimmten Sippe zu errichten. Das Zellen-Haufendorf wird zum „echten“ Haufendorf, in dem die Sozialgliederung verwischt ist.

Bei den zahlreichen Siedlungsverlagerungen, zu denen sich die Bevölkerung während der Jahrhunderte dauernden türkischen Herrschaftsperiode gezwungen sah (Busch-Zantner, 1937), bildete nach wie vor die Zadrugen-Organisation die Grundlage. Die außerordentliche Beharrungskraft, die der patriarchalische Lebenskreis (Cvijič, 1918, S. 109) in Südosteuropa außerhalb des eigentlich mediterranen Gebietes hatte[1], ist nicht nur der Funktion der Gebirge als Erhaltungsgebiete zu danken, sondern auch die türkischen Eroberer wirkten indirekt auf die Wahrung der alten Sozialform ein. Mittelbar förderte die türkische Eroberung den Zusammenhalt der Großfamilien und Sippen dadurch, daß in dem Verbundensein der größeren Familie wesentlich mehr Schutz hinsichtlich Übergriffen der fremden Macht gegeben war, denen der einzelne hilflos gegenübergestanden hätte. Unmittelbar begünstigten die Türken die Zadrugen-Organisation durch das Steuersystem; sie folgten darin dem alten Gewohnheitsrecht, diese nicht vom Individuum, sondern von der Hofeinheit insgesamt zu erheben, weil sie darin eine größere Gewähr für die Abführung der Abgaben sahen.

Wirkte sich die türkische Herrschaft – abgesehen von den Siedlungsverlagerungen – in einer Erhaltung des Bestehenden bezüglich der Struktur der ländlichen Siedlungen aus, so prägte sie dem Siedlungsbild aber auch neue Elemente ein. Diese sind zunächst in Siedlungen türkischer Kolonisten zu sehen, die sich vornehmlich in den entvölkerten Ebenen und Becken oder in deren von der heimischen Bevölkerung noch nicht besetzten Teilen (Niederungsgebieten) ansetzten; davon wurden vor allem die östlichen Durchgangslandschaften der Balkanhalbinsel betroffen. Ihre Dörfer, durch zahlreiche Sackgassen und die Moschee im Zentrum ausgezeichnet, zeigten naturgemäß nicht die Zellenstruktur. Erhielten sich diese Wohnplätze über die Zeit der Befreiung vom türkischen Joch hinaus, indem die heimische Bevölkerung Besitz von ihnen nahm, dann konnte an der Ortsgestaltung selbst kaum etwas geändert werden. Osmanischer Einfluß machte sich auch noch in anderer Weise bemerkbar. Nachdem sich seit dem 17. Jh. bei sinkender Zentralgewalt aus der Grundherrschaft die Gutsherrschaft entwickelte, entstand damit ein neuer Siedlungstyp, die Guts- oder Tschiftlik-Siedlung. Der Gutshof mit Herrenhaus und zugeordneter Landarbeiter-Siedlung, die häufig als geregelte Anlage geschaffen wurde, hielt Einzug. Nur teilweise blieb diese Art der Siedlung nach der Befreiung erhalten (z. B. in Niederalbanien, Makedonien, Thrakien); sie zeugt aber immerhin von derjenigen Epoche, der sie ihre Entstehung verdankt.

Deuten sich damit Veränderungen in der Gestaltung der Siedlungen an, die auf politische Einflüsse zurückzuführen sind, so bildet die Wandlungsfähigkeit in der Ausformung der Wohnplätze auch im allgemeinen, unabhängig von politischen Eingriffen, ein durchaus charakteristisches Element für Südosteuropa. Nur die Haufendörfer der Becken und Ebenen haben ein gewisses Endstadium erreicht,

[1] Die nach Griechenland eingewanderten Slawen gingen weitgehend in der griechischen Bevölkerung auf. Nur in abgelegenen Gebieten, wie z. B. im Epirus, weist das Vorhandensein von Zellen-Haufendörfern (Kosack, 1949) auf die Bewahrung der Zadrugen-Organisation hin.

indem hier eine Ausweitung der landwirtschaftlichen Nutzfläche kaum noch möglich ist und bei Bevölkerungswachstum höchstens eine Verdichtung innerhalb der bestehenden Ortschaften stattfinden kann. Anders ist es im Gebirgsland, wo noch genügend Raum zur Verfügung steht. Hier läßt sich das Nutzland noch auf Kosten des Waldes erweitern. Vorhandene Dörfer lösen sich durch Ausbau in die Nachbarschaft auf, Einzelsiedlungen entstehen, die sich bei Vermehrung der Bevölkerung wieder zu Weilern entwickeln. Ebenso bilden sich bei Wanderung und Landnahme einzelner zunächst Einzelhöfe, aus denen Weiler und lockere Haufendörfer werden können, die bei genügender Ausdehnungsmöglichkeit der Nutzfläche wieder einem Auflösungsprozeß unterliegen. So ist die Instabilität der Siedlungstypen für große Teile Südosteuropas charakteristisch, insbesondere für die Gebirge, wobei allerdings hinzugefügt werden muß, daß ein Streben nach der Endform des Weilers besteht und damit der Gegensatz zu den Dörfern der Ebenen und Becken in Erscheinung tritt. Die gekennzeichnete Instabilität hängt mit den ohne offizielle Beeinflussung vor sich gehenden inneren Wanderungen zusammen, die sich innerhalb dieses Raumes durch Jahrhunderte hindurch noch bis lange nach dem Ersten Weltkrieg vollzogen (Jaranoff, 1934, S. 185). Mochten sie ein Ausweichen vor der türkischen Herrschaft und nach deren weitgehender Abwanderung ein Besitzergreifen des frei gewordenen Landes bedeuten oder waren rein wirtschaftliche Erwägungen maßgebend, auf jeden Fall erscheint dieser Vorgang nur möglich, weil in den Gebirgsländern noch nicht die volle Bevölkerungskapazität erreicht war. Diese Art der inneren Kolonisation, vielfach in Verbindung mit der Zadrugen-Organisation, ist verantwortlich zu machen für das sich heute darbietende Siedlungsbild mit seinen Haufendörfern bzw. Zellen-Haufendörfern in den Ebenen und Becken, dagegen Weilern und mitunter auch Einzelhöfen in den Gebirgen.

Planmäßige Siedlungen in Südosteuropa entstanden in der Regel nicht vor dem 17. Jh. Eine Ausnahme davon ist zu machen, indem die Siebenbürger Sachsen, vom ungarischen König zum Grenzschutz geholt, im Hochmittelalter einwanderten und die damals in Altdeutschland bereits bekannte und während der Ostkolonisation zahlreich verwendete Form des Straßendorfes bevorzugten (Sick, 1968). Die Kirchenburgen verleihen ihnen noch heute ihre charakteristische Note.

Mit Reihendörfern erschlossen serbische Wlachen im 17. Jh. den westlichen Bereich von Slawonien, wo durch die Auseinandersetzungen zwischen Österreichern und Türken Siedlungen wüst geworden waren und die Fluren sich wieder mit Wald bedeckt hatten, offenbar ohne Einfluß von außen (Karger, 1963, S. 80 ff.). Man sollte aber daran erinnern, daß schon im 16. Jh. Wlachen in den Beskiden Reihendörfer anlegten (Cellbrot, 1963). Als die Türken am Ende des 17. Jh.s zurückgedrängt werden konnten, setzte ein Zustrom von Serben und Kroaten ein, die sich wiederum der Form des Reihendorfes bedienten. Reihen- oder Straßendörfer wurden auch für die österreichische Staatskolonisation wichtig, bis um die Mitte des 18. Jh.s in der Batschka und im Banat Siedlungen entstanden, bei denen die Straßen parallel zueinander angeordnet und durch Quergassen verknüpft wurden. Damit war der Schritt zur Straßennetzanlage getan (Abb. 27). Quadratischer oder rechteckiger Umriß sind charakteristisch, während der Innenraum durch zwei sich senkrecht schneidende Straßenbündel gegliedert ist. Der zentrale

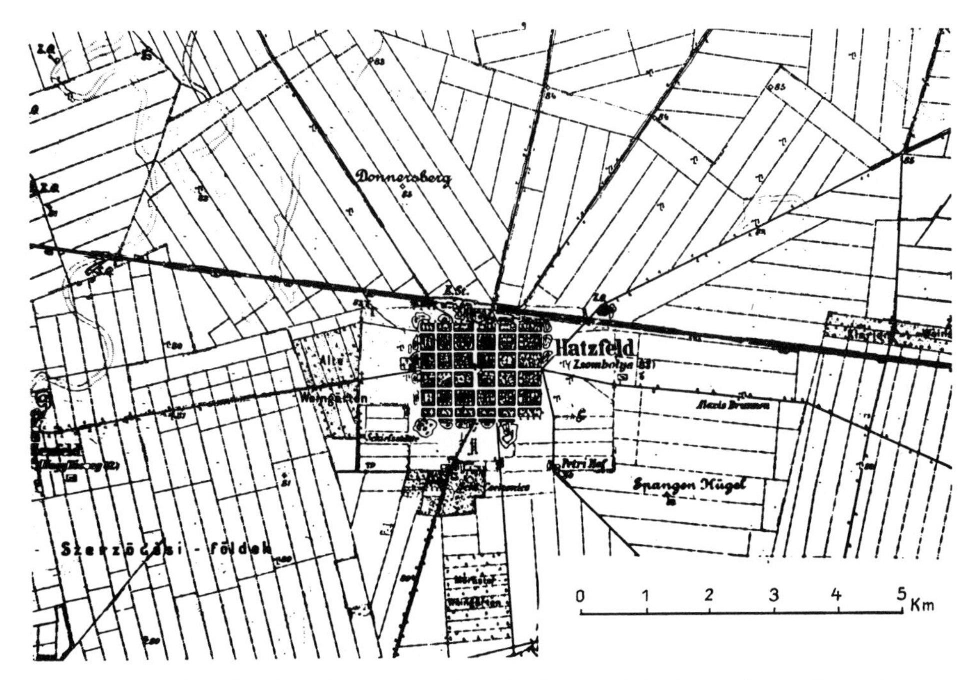

Abb. 27 Schachbrettdorf bzw. Straßennetzanlage im Banat (Nach der amtlichen Karte des k. k. Militär-Geogr. Instituts Wien, Zone 22, Col. XXIII).

Block nahm häufig die Kirche und öffentliche Gebäude auf. Wohl ermöglichte die Weiträumigkeit der Steppe eine solche Anlage; doch ist nicht zu verkennen, daß die Stärkung rationaler Gesichtspunkte im 18. Jh. den geistigen Hintergrund bildete. Während des 19. Jh.s wanderten Volksdeutsche nach Südosteuropa ein, die, obgleich ohne obrigkeitliche Lenkung, die ihnen vertrauten Formen der Straßen- oder Reihendörfer bzw. der Straßennetzanlagen anwandten, je nach ihrem Herkunftsgebiet aus Südrußland oder Südungarn. Eine gelenkte Kolonisation jedoch fand in Südosteuropa erst nach dem Ersten Weltkrieg statt, insbesondere in Schwarzmeerbulgarien, in Makedonien und Thrakien, hier durch den erzwungenen Bevölkerungsaustausch zwischen Griechen, Türken und Bulgaren hervorgerufen. Geregelte schematische Straßennetzanlagen mit Serienhäusern kennzeichnen diese allerdings zahlenmäßig nicht sehr ins Gewicht fallenden Neugründungen, wenn sie auch durch ihre Andersartigkeit gegenüber der sonstigen Gestaltung der Siedlungen besonders hervortreten.

In unterschiedlicher Weise haben die sozialistischen Staaten Südosteuropas das Sowchose- und Kolchose-System übernommen, und davon abhängig erweist sich die Umgestaltung der Siedlungen. In Rumänien wurden die vorhandenen Gutsbetriebe in staatliches Eigentum überführt, so daß 30 v. H. der landwirtschaftlichen Nutzfläche davon betroffen sind und die Sowchosen eine durchschnittliche Größe von 6000 ha besitzen (Blanc, 1974, S. 85). In Albanien und Bulgarien sind Sowchosen lediglich mit 4 bzw. 9 v. H. an der landwirtschaftlichen Nutzfläche beteiligt. Hier ging man am stärksten zum Kolchose-System über und beschränkte das im Eigentum stehende Hofland. An die früheren bulgarischen Dörfer lehnen sich die neuen Wirtschaftsgebäude der Kolchose an, und innerhalb der Dörfer können Wirtschaftsräume auf ein Mindestmaß beschränkt werden, weil es in der Regel nur erlaubt ist, Geflügel und Ziegen selbst zu halten. Zwar wandte man sich auch in Rumänien der Kollektivierung zu, aber in den Karpaten stehen noch 30 v. H. der landwirtschaftlichen Nutzfläche in privatem Eigentum, und innerhalb der Kolchosen ist das eigene Hofland wesentlich größer bemessen als sonst. In Jugoslawien bearbeiten Kolchosen lediglich 6 v. H. der landwirtschaftlichen Nutzfläche, 86 v. H. sind privates Eigentum, so daß hier die Veränderungen am geringsten zu veranschlagen sind.

ζ2) *Die Siedlungsgestaltung in den Mittelmeerländern.* Wohl sind die Mittelmeerländer alter Kulturboden. Wasserarmut des sommertrockenen Klimagebietes und weitverbreitetes Vorkommen von Kalkuntergrund haben von der natürlichen Ausstattung her fördernd auf die Ausbildung von Gruppensiedlungen gewirkt. Wenn im eigentlich mediterranen Raum Dörfer und Großdörfer charakteristisch sind, in den atlantisch orientierten Gebirgslandschaften dagegen Weiler, mitunter auch Einzelhöfe das Gepräge geben, dann offenbaren sich darin zunächst Unterschiede der physischen Grundlagen.

Es kann kein Zweifel darüber bestehen, daß – wie in den andern noch älteren Kulturländern auch – das Bezeichnende mediterraner Siedlungsweise die Gruppensiedlungen ohne bestimmtes Anordnungsprinzip der Wohnstätten ist. Immer wieder wird betont, daß es sich dabei um einen sehr alten Siedlungstyp handelt. Doch den Siedlungen selbst war vielfach keine stetige Entwicklung beschieden. Perioden staatlicher Macht wechselten mit solchen politischer Unsicherheit, und wenn in ersterem Falle sich eine Ausweitung des Siedlungsraumes und Auflockerung der Wohnplätze bemerkbar machte, so im letzteren Falle Einengung der besiedelten Flächen und Konzentration in großen Orten. Auf diese Weise wird auch das Vorwiegen der Gruppensiedlungen nicht ausschließlich auf die Klima- und Bodenverhältnisse zurückgeführt werden können. Ein weiteres Moment kommt hinzu. Da die einzelnen Landschaften des mediterranen Raumes in ihrem historischen Schicksal sehr unterschiedlich geartet sind, gehören die heute vorhandenen Gruppensiedlungen ebenso wie auch die Streusiedlungen durchaus verschiedenen Zeitperioden an. Die Differenzierung in der Gestaltung der Gruppensiedlungen aber ist nur gering, handelt es sich doch zumeist um Dörfer oder Großdörfer ohne bestimmtes Anordnungsprinzip der Wohnstätten.

Die Ortsnamen sind nur bedingt für die zeitliche Einstufung der Siedlungen verwertbar. Für den Peloponnes stellte Sauerwein fest (1968, S. 19ff. und 1969), daß sich griechische Ortsnamen einer altersmäßigen Gliederung entziehen, höchstens slawische (seit dem Ende des 6. Jh.s), albanische (seit der zweiten Hälfte des 14. Jh.s) und türkische (seit der zweiten Hälfte des 15. Jh.s und während des 18. Jh.s) Ortsnamen – unabhängig von der ethnischen Zugehörigkeit der Bevölkerung in den entsprechenden Siedlungen – eine relative Datierung zulassen. In Nordwestportugal blieb die römische villa-Organisation bis über die Zeit der Westgoten erhalten. Die Gutshöfe wurden nach dem Namen ihrer Besitzer in genitivischer Form benannt. Nachdem sich Gruppensiedlungen bildeten, hielt man an der alten Art der Ortsnamen bis in das 12. Jh. hinein fest, erst mit lateinischen, dann mit germanischen Personennamen. Seit dem 12. Jh. jedoch trat eine Änderung ein, indem sich nun adjektivische Ortsnamen durchsetzten, auf die Pflanzen- und Tierwelt bezogen (Lautensach, 1964, S. 165ff.). Das sind einige Anhaltspunkte, die für den Gesamtraum nicht allzu viel bedeuten. Immerhin wird an dem letzten Beispiel klar, daß noch im Hochmittelalter mit Siedlungsgründungen zu rechnen ist, insbesondere innerhalb der Gebirge.

Ebenso wie in andern europäischen Ländern wird die siedlungsgeographische Forschung in den Mittelmeerländern auf historischen Untersuchungen beruhen müssen unter besonderer Berücksichtigung archäologischer Ergebnisse, wenngleich solche Verknüpfungen nur lückenhaft vorliegen. Als zentrale Frage erscheint die, wie weit sich Siedlungen oder bestimmte Siedlungstypen bis in die Antike zurückverfolgen lassen oder wie stark sich Wandlungen durchsetzten. Zumindest in Verbindung mit der römischen Kolonisation kam es einerseits zur Ausbildung von Stadtdörfern (Kirsten, 1958, S. 57), andererseits aber auch zur Anlage von Gutshöfen, den villae rusticae (Smith und Litt, 1967, S. 208).

Zumindest fällt auf, daß für erhebliche Teile des mediterranen Raumes Dörfer und Großdörfer charakteristisch sind, die sich selten in den Ebenen befinden, sondern, wo die Reliefverhältnisse es zulassen, extreme Schutzlagen auf Gipfeln und Bergspornen aufsuchen. Sie scharen sich häufig um Kastelle und wiesen Ortsbefestigungen auf. Sie sind charakteristisch für die Ägäischen Inseln Griechenlands, für Sizilien, Unteritalien und Sardinien. Auf der Iberischen Halbinsel sind diese Großsiedlungen an den Bereich gebunden, der in die Auseinandersetzungen zwischen islamischer und christlicher Welt eingespannt war, d. h. die Mancha, Andalusien bis zum Guadiana und in Portugal vom Alentejo bis etwa zum Tajo.

Die enge Bebauung der Ortschaften und ihre hohe Bevölkerungszahl, meist mehrere tausend Einwohner umfassend, gibt ihnen ein gewisses städtisches Gepräge, zumal Kleinhandel und Gewerbe soweit vorhanden sind, daß die Ortsbevölkerung versorgt werden kann. In ihrer Sozialstruktur sind sie spezifisch ausgerichtet, indem der Anteil von Landarbeitern, Tagelöhnern, Kleinpächtern sehr hoch ist. In den Ortschaften Andalusiens machten sie mit ihren Familien die Hälfte bis vier Fünftel der Bevölkerung aus (Niemeier, 1943, S. 333). Durch den Begriff des „Stadtdorfes" wird den städtischen Zügen Rechnung getragen (Niemeier, 1935 und 1943). Diese dem südlichen mediterranen Raum eigenen Siedlungen, die einerseits dem Fortleben städtischer Zivilisation und andererseits der besonderen Ausbildung des hochmittelalterlichen Feudalwesens ihre Entstehung verdanken, sollte man nicht als „Agrostädte" bezeichnen (R. Monheim, 1969). Letztere als Idealtyp der Kolchosesiedlungen in der Sowjetunion (Kap. IV. C. 2. e. ε) sind weder genetisch noch in der sozialen Struktur mit den Stadtdörfern des mediterranen Raumes verwandt.

Wir kommen auf die zuvor gestellte Frage zurück. Gibt es Anhaltspunkte, wann der Typ der römischen villa rustica aufgegeben und durch den des Stadtdorfes ersetzt wurde? Für das Tavoliere in Apulien konnte an Hand von Luftbildauswertungen gezeigt werden (Smith und Litt, 1967, S. 206 ff.), daß im Rahmen der römischen Gutswirtschaft der Anbau von Wein, Ölbäumen und Getreide in Verbindung mit der Viehhaltung eine Rolle spielte. Aber bereits im ersten nachchristlichen Jahrhundert begann eine Extensivierung zugunsten der Kleintierhaltung. Die spätere villa besaß keine Räume oder Gebäude für die Aufbewahrung von Getreide. Wie weit Bodenerosion in Verbindung mit Vernichtung der ursprünglichen Vegetation daran beteiligt waren und wie weit es historische Momente waren, Einfuhr billigen Getreides aus Nordafrika, ebenfalls Einfuhr von Sklaven, die das offenbar in größeren Einheiten zusammengefaßte Land absentistischer Herren zu bewirtschaften hatten, ist wohl kaum auszumachen. Ebenso ungewiß ist, ob bereits seit spätrepublikanischer Zeit Ansätze zur Ausbildung von Stadtdörfern erkennbar waren, wenngleich die Möglichkeit zumindest für süditalienische Gebiete nicht auszuschließen ist.

In der Provence verschwanden die römischen villae im vierten nachchristlichen Jahrhundert. Die Entstehung der Stadtdörfer (villages perchés) läßt sich nicht genau fassen, wenngleich sie im 11. und

12. Jh. vorhanden waren, in der Regel um ein Kastell geschart und selbst befestigt (Livet, 1962, S. 146 ff.). In Sizilien, das während des 11. Jh.s von den Normannen erobert wurde, hatten die Sarazenen bis dahin eine blühende, auf die städtischen Märkte ausgerichtete Landwirtschaft entwickelt, wohl ohne ausgesprochene Stadtdörfer. Daran wurde zunächst festgehalten, aber mit den Sarazenenverfolgungen im 12. Jh. setzte die Latifundienwirtschaft ein und damit offenbar die Ausbildung von Stadtdörfern. Auf der Iberischen Halbinsel geschah dasselbe im Hoch- und Spätmittelalter, als die Krone, die Kirche und der Adel in den von Arabern befreiten Gebieten riesige Ländereien erhielten. Schon im Jahre 1275 schlossen sich die adligen Herdenbesitzer zur Mesta zusammen (Lautensach, 1964, S. 180) und erzielten die Ausweitung der Transhumance.

Es kommt nun darauf an, die weitere Entwicklung der Stadtdörfer darzustellen. Im 14. und 15. Jh. setzte im südlichen Italien ein Wüstungsprozeß ein, der in der Campagna Romana 25 v. H., in Sardinien und Sizilien 50 v. H. der bis zum 13. Jh. vorhandenen Siedlungen erfaßte (Klapsch-Zuber und Day, 1965. S. 436 ff.). Zu einem ähnlich hohen Wüstungsquotienten für das Tavoliere in Apulien gelangte Delano Smith (1975, S. 134 ff.), die die archäologisch ermittelten wüst gefallenen Orte einschloß, was in den obigen Angaben nicht enthalten ist. Ob ein Bevölkerungsrückgang, verbunden mit Pestepidemien und politischer Unsicherheit, daran beteiligt war, ist einstweilen nicht ganz klar. Klapsch-Zuber (1965, S. 456 ff.) will den Abgang von Siedlungen allein mit sozialen und wirtschaftlichen Wandlungen in Zusammenhang bringen, nämlich mit der Ausweitung der Latifundien und der Transhumance. Delano Smith (1975, S. 136) urteilt in dieser Beziehung vorsichtiger, weil in ihrem Gebiet zweifellos ein erhebliches Wüstfallen von Siedlungen zu beobachten war, aber gleichzeitig bei den resistenten keine Änderungen eintraten. Ein weiterer Faktor kam hinzu, indem bis zum Ende des 16. Jh.s die Preise für Produkte der Viehzucht (Wolle) hoch, für solche des Getreides niedrig lagen und für die Besitzer der Latifundien zunächst kein Anreiz bestand, sich stärker mit dem Anbau abzugeben. Als sich das am Ende des 16. Jh.s in das Gegenteil verkehrte, zogen die sizilischen „Barone" griechische Albaner heran, um Weide- in Ackerland umzuwandeln. Wiederum entstanden Stadtdörfer, nun aber in Straßennetzanlage (Klapsch-Zuber, 1965, S. 454 ff.). In wesentlich geringerem Ausmaß geschah das auch in der Provence (Livet, 1962, S. 147 ff.), ob unter ähnlichen Voraussetzungen, muß dahin gestellt bleiben.

Im südlichen Spanien wurde zwar die Zahl der abgegangenen Ortschaften historisch bestimmt, aber nicht in Beziehung zu den überdauernden gebracht. Abgesehen davon ist die Zahl der nicht datierbaren Ortswüstungen größer als die Zahl derer, die vor dem 16. Jh. eingingen, so daß eine Beurteilung des Problems einstweilen nicht möglich ist (Cabrillanno, 1965, S. 461 ff.).

Anders als im südlichen Italien liegen die Dinge in der Provence. Einerseits vollzog sich hier zwischen dem 12. und 14. Jh. ein mehrfacher Wechsel in der Lage und Bedeutung der ländlichen Siedlungen, was an Hand archäologischer Befunde östlich von Marseille festgestellt werden konnte (Démians d'Archimbaud, 1965, S. 287 ff.). Andererseits war in der hohen Provence ein relativ großer Wüstungsquotient vorhanden, der sich mit einer Bevölkerungsabnahme verknüpfte; aber gleichzeitig konnte ein Abwandern der Bevölkerung aus den villages perchés in die Becken und Ebenen festgestellt werden, ebenso wie im Umkreis der Städte Adel und Bürger Land kauften und es durch Pächter bewirtschaften ließen (Livet, 1962, S. 152 ff.; Pesez und Le Roy Ladurie, 1965, S. 159 ff.). Auf jeden Fall aber blieb der Typ der Stadtdörfer bis zum Ende des 19. Jh.s bzw. beginnenden 20. Jh. erhalten, wenngleich in verminderter Zahl gegenüber dem Hochmittelalter.

In Griechenland kam es nur in beschränktem Maße zur Ausbildung von Stadtdörfern. Hier trat zunächst das Byzantinische Reich die Nachfolge des Römischen an. Mit Ausnahme der Einwanderung von Slawen machte sich die Völkerwanderung weniger als in Westrom bemerkbar. Das hatte zur Folge, daß anstelle der römischen villae einerseits Domänen oder sonstiger Großgrundbesitz (Kirche, Klöster, Adel) traten, andererseits Dörfer freier Bauern. Vornehmlich die Türkenherrschaft seit der Mitte des 15. Jh.s brachte erhebliche Einschnitte. Mitunter wurden zwar versumpfte Ebenen entwässert und mit Gutsbetrieben, den Tschiftliks, besetzt; schwerer aber wog zumindest während des 17. und 18. Jh.s die Bedrückung der Bauern, wie es Philippson folgendermaßen schilderte (1948, S. 227): „Man rettete sich vor dem Steuerdruck, der Willkürherrschaft, ewigen Plünderungen und Sklavenjagden der Krieger und Korsaren in die schwer zugänglichen und gesünderen Gebirgslandschaften, wo man in Armut, aber verhältnismäßig frei leben konnte". Das von Wagstaff (1975) geschilderte Beispiel der Helosebene in Lakonien, wo sich keine Veränderungen in der Verteilung der Siedlungen während des 18. Jh.s bis zur Gegenwart einstellten, mag als Ausnahme zu werten sein.

Die von Philippson (1914, S. 139) erwähnten Siedlungsverlagerungen müssen etwas näher behandelt werden, weil man sich über deren Art nicht ganz einig ist. Philippson beobachtete im Peloponnes im Gebirge gelegene Stammdörfer mit Ackerbau und Viehhaltung, die im Sommer bewohnt wurden, während man die Hüttendörfer oder Kalyvien am Rande der Ebenen im Winter aufsuchte und auch hier Anbau und Viehhaltung kombinierte. Nach der Befreiung kehrte sich das Verhältnis von Stammdorf und Kalyvie um. Die Kalyvie wurde zum Stammdorf, und heute geht man nur für drei Monate in das zur Kalyvie gewordene Gebirgsdorf zurück (Sauerwein, 1968, S. 81). Beuermann (1954, S. 230) nahm einen ähnlichen Entwicklungsgang an, nur mit dem Unterschied, daß die in die Gebirge abgedrängten Bauern zu Hirten wurden mit einem sehr bescheidenen Feldbau am Rande der Ebenen. Zumindest für Messenien zeigte Sauerwein (1968, S. 91), daß arkadische Hirten während des Winters mit ihren Kleintierherden in die Becken abwandern, dort u. U. eigene Häuser besitzen, nicht aber über Grund und Boden verfügen.

Sauerwein (1969) rekonstruierte für den Peloponnes die Verteilung der Siedlungen um das Jahr 1700, wobei zwei Tatsachen wichtig erscheinen. Zum einen waren die Küsten mit Ausnahme befestigter Siedlungen kaum bewohnt, und zum andern hatten die Gebirge ein relativ dichtes Siedlungsnetz, was sich durch die Kalyvienwirtschaft erklärt, wenngleich die Ortschaften, ob in den Ebenen oder Gebirgen relativ klein waren und Weilern näher standen als Dörfern. Ein Vergleich mit den gegenwärtigen Verhältnissen unterblieb, weil sich seitdem allzu viel geändert hat.

Zieht man als Erklärung für diese Wandlungen die Wüstungsforschung heran, dann erreichte die Zahl der historisch erfaßbaren Ortswüstungen in der Zeit von 1750-1850 ein Ausmaß wie nie zuvor, einerseits mit dem Niedergang des Osmanischen Reiches und andererseits mit dem Befreiungskampf selbst zusammenhängend. Abgesehen von den regionalen Unterschieden, die hier nicht behandelt werden können, sollen von den etwa 6000 ländlichen Siedlungen, die im Jahre 1961 in Griechenland existierten, ein knappes Drittel die Befreiungskriege überdauert haben. Das würde bedeuten, daß seit dieser Zeit zwei Drittel neu entstanden (Antoniadis-Bibicou, 1965, S. 403). Dabei bleibt allerdings fraglich, was mit den Orten geschah, innerhalb derer sich die Kalyvienwirtschaft vollzog, und ebenso ist nicht ganz klar, ob eine Unterscheidung zwischen permanenten und temporären Siedlungen getroffen wurde. Eine Tatsache allerdings bleibt bestehen, daß ein erheblicher Teil der griechischen Siedlungen relativ jung ist und – abgesehen von der staatlichen Lenkung bei der Aufnahme griechischer Flüchtlinge nach dem Ersten Weltkrieg – sich in der Regel Haufendörfer bildeten, etwas gedrängter in den Ebenen, lockerer in den Gebirgen.

Im nördlichen Spanien und Portugal handelt es sich ebenfalls um ungeregelte Dörfer verschiedener Zeitperioden. In der Terra de Barroso in Nordportugal konnte Freund (1970, S. 142 ff.) Besiedlungsvorgänge im frühen und im Hochmittelalter nachweisen, u. U. derart, daß sich Weiler aus Einzelhöfen entwickelten. Ebenso griff die Landnahme in den nordwestlichen Apennin erst im Verlaufe des Mittelalters ein; hier wurden die Weiler des 18. Jh.s später zu ungeregelten Dörfern (Ullmann, 1967, S. 65 ff.).

Wenn die Gruppensiedlungen unterschiedlicher Altersschichten im mediterranen Raum überwiegen, so heißt das nicht, daß *Einzelhöfe* fehlen. Auch sie gehören in den einzelnen Landschaften verschiedenen Zeitperioden an.

Die ungeregelt angeordneten Einzelhöfe von Mykonos sind voraussichtlich nicht auf die Auflösung von Dörfern zurückzuführen, sondern stellen Primärformen dar. Länger als auf den Kykladen dauerte hier die venezianische Herrschaft, so daß die relativ kurze Zugehörigkeit zum Osmanischen Reich kaum Einfluß auf die Siedlungsformen gewann (Creutzburg, 1960). – Wie weit die Einzelhöfe in der Küstenebene von Valencia in die römische Zeit zurückreichen, ist unklar (Lautensach, 1964, S. 270); vielleicht stammt der Siedlungstyp aus jener Periode, kaum aber die heutige Anordnung. – Ebenfalls primäre Einzelhöfe finden sich in den erst im Mittelalter oder später erschlossenen Gebirgen. Innerhalb des von den Basken bewohnten Gebietes entwickelten sich im Süden in Verknüpfung mit vorwiegendem Feldbau Weiler, die u. U. aus Einzelhöfen hervorgingen (Caro Baroja, 1945); im Bereiche der pyrenäischen Nordabdachung dagegen, wo im stark aufgelösten Gelände die Viehwirtschaft den Haupterwerbszweig darstellt, sind Einzelhöfe charakteristisch. Dasselbe zeigt sich im ligurischen Apennin; hier führte die Nutzung der Kastanienwälder am Ende des 16. und im beginnenden 17. Jh. zu einer Ausweitung des Siedlungsraumes durch Einzelhöfe bis in 850 m Höhe (Moreno und Maestri, 1975, S. 389 ff.).

Häufiger kommt es im Mittelmeergebiet vor, daß die Einzelhöfe sekundärer Entstehung sind. Dazu gehören diejenigen im nordwestlichen Portugal, die aus dem 9.-11. Jh. stammen, als die römische villa-Organisation verschwand und das Land an die den Boden bearbeitenden Bauern verteilt wurde. „Durch Erbteilung begünstigt, bildete sich auf diese Weise in den Becken und Tälern der bäuerliche Kleinbesitz und die Masse der Einzelsiedlungen; sie scharen sich um Weiler, die die Stelle des Palatiums und seines Zubehörs einnehmen" (Lautensach, 1964, S. 175/76). – Anders in ihrer Entstehung sind die Einzelhöfe oder podere in der zentralen Toskana, in Umbrien, den Marchen und der Emilia. Als Vorläufer sind in der Regel auf Höhen gelegene Stadtdörfer zu betrachten. Mit dem Erstarken des Bürgertums in den Städten seit dem 12. Jh. veranlaßte die Signoria den Landadel, in die Städte zu ziehen und seine Vorrechte aufzugeben. Es entwickelten sich die freien Communen, innerhalb derer das Bürgertum in den Besitz des Grund und Bodens kam um diesen gewinnbringend zu bewirtschaften. Man griff auf ein System zurück, das bereits in römischer Zeit bekannt war, nun aber den neuen Verhältnissen angepaßt wurde, nämlich dem der mezzadria; die mezzadri stellten die Arbeitskraft ihrer Familien zur Verfügung, die Signoria die Häuser und das zu bearbeitende Land, und die Ernte wurde geteilt. Damit verband sich der

Übergang zur arbeitsintensiven coltura mista, und ebenso fand das Anerbenrecht Geltung (Desplanques, 1969; Dörrenhaus, 1971; Sabelberg, 1975).

Ein besonderer Impuls zur Bildung von Einzelhöfen setzte seit der zweiten Hälfte des 19. Jh. in der Provence und nach dem Ersten Weltkrieg auch in den andern Gebieten ein, wohl mit Ausnahme von Griechenland. In der Provence war es die Vervollkommnung der Bewässerung, die zum Niedergang der villes perchés und zur Verstärkung der bäuerlichen Einzelhöfe in den Becken und Ebenen führte. – Die Bodenreform in Italien und Spanien, teilweise mit einer Neulandgewinnung verknüpft, soll in erster Linie dazu dienen, extensiv bewirtschaftetes Land der Latifundien aufzuteilen, um bäuerliche Familienbetriebe zu schaffen, so daß Landarbeiter, landlose oder mit zu wenig Fläche ausgestattete Pächter daran beteiligt werden (Mountjoy, 1973). In der Regel gibt sich eine planmäßige Streusiedlung zu erkennen, bei denen die Einzelhöfe von vornherein auf zentrale Orte ausgerichtet wurden.

Weiter sind die Gutsweiler zu betrachten. Auf der Iberischen Halbinsel und im südlichen Italien stellen sie das Korrelat der Stadtdörfer dar und entstanden gleichzeitig mit ihnen. Sie fehlen in Griechenland weitgehend, weil das Land der Tschiftliks an die Bauern aufgeteilt wurde. In Norditalien allerdings zeigen sich Gutsbetriebe wieder in größerer Zahl. Teils entstanden sie im Zusammenhang mit Meliorationen in der östlichen Po-Ebene seit dem 16. Jh.; teils entwickelten sie sich während des 18. Jh.s, als der kirchliche Grundbesitz aufgegeben werden mußte, städtische Bürger Land kauften, Meliorationen durchführten, die Bewässerung verbesserten und ihren Besitz durch Großpächter bewirtschaften ließen, die, je nach der Ausrichtung der Landwirtschaft, Land- oder Saisonarbeiter heranzogen: wie in der Lombardei (Ullmann, 1967, S. 130). In der östlichen Po-Ebene hingegen brachten die Meliorationen in der zweiten Hälfte des 19. Jh.s noch einmal den Großgrundbesitz zum Tragen (Dongus, 1966, S. 101 ff.). Als sich nach dem Zweiten Weltkrieg das mezzadria-System Mittelitaliens als überlebt erwies, eine erhebliche Abwanderung der Halbpächter einsetzte, podere wüst fielen, gingen die Eigentümer häufig daran, die ihnen gehörenden mezzadria-Betriebe zu einem Gut zusammenzufassen. Damit verknüpfte sich die Aufgabe der coltura mista, die Hinwendung zu Monokulturen, zur Mechanisierung und zur Einstellung von Lohnarbeitern (Sabelberg, 1975, S. 136 ff.).

Ein Siedlungstyp wurde bisher nur kurz für Sizilien erwähnt, der des geregelten Dorfes. Er kommt offenbar im Mittelmeergebiet nur in beschränktem Maße vor und ist im wesentlichen auf Makedonien und Thrakien beschränkt, wo Griechenland nach dem Ersten Weltkrieg zahlreiche Flüchtlinge aus der Türkei und Südosteuropa aufzunehmen hatte. Sie wurden dort angesetzt, wo einerseits durch die Abwanderung der Türken erhebliche Flächen frei wurden, andererseits dort, wo die Bevölkerungsdichte ohnehin gering war. Hierbei ging man bei der Erweiterung bestehender oder bei der Schaffung neuer Siedlungen in der Regel zur Straßennetzanlage über (Schultze, 1937).

ζ 3) *Das übrige Europa.* Hier kommt für die Altersschichtung der Siedlungen mehr als sonst der Ortsnamenforschung besondere Bedeutung zu, allerdings vielleicht nicht mehr in so eindeutiger Form, wie es in der dritten Auflage dieses Buches dargestellt wurde. Zugleich aber tritt in stärkerem Maße als früher das

Problem auf, ob und wo eine Kontinuität zwischen römischer und germanischer Besiedlung vorliege, jedenfalls für die Gebiete, die im westlichen und mittleren Europa einst zum römischen Imperium gehörten.

In denjenigen Gebieten, die von Galliern besetzt waren und schon zu römischer Zeit eine gewisse Konsolidierung erlebten, spielen gallo-romanische Ortsnamen eine wichtige Rolle. Das Grundwort „acum", das später regional zu „ich" oder „ach", „ie", „y", „ey" oder „ay", zu „er", „es" oder „ez" verkürzt wurde, verbunden mit einem Personennamen nicht-germanischer oder germanischer Herkunft, wobei letzterer adjektiviert und das Substantiv fundus weggelassen wurde, bilden das Hauptmerkmal. Noniacum z. B. gebrauchte man anstelle von fundus Noniacus. Solche Ortsnamen sind zahlreich in Frankreich, den Beneluxländern, dem linksrheinischen Gebiet und im südlichen Teil des Schweizer Mittellandes zu finden (Perret, 1960).

Sie zeigen sich in geringem Maße in Südwest- und Südostdeutschland, was offenbar damit zusammenhing, daß die Franken die germanisch-romanische Mischkultur schufen und sich auf das, was sie vorfanden, stützten, während die Alemannen das kaum taten und die Bajuwaren in ihre Altsiedelgebiete erst im 6. Jh. einwanderten.

Für das linksrheinische deutsche Gebiet der Rheinlande ist zwar die Übernahme keltoromanischer Ortsnamen bezeugt, nicht dagegen, ob die römischen villae als Siedlungsplätze weiter existierten. Im einstigen Gallien lassen sich in dieser Beziehung deutlichere Hinweise erbringen. Zuletzt konnte Peltre (1975, S. 425 ff.) nachweisen, daß in Lothringen längs der römischen Straßen in bestimmten Abständen von 2222 m oder 2415 m entweder Nebenstraßen oder Gemarkungsgrenzen auf sie treffen, derart, daß Orte mit galloromanischem Namen sich zentral innerhalb der Gemarkungen finden und die Umrisse der Gutsflur übernommen wurden oder daß Orte mit galloromanischem Namen und solche jüngeren Alters (Bestimmungswort als Eigenname zu Beginn, Grundwort ville oder court am Ende, Nachwirken fränkischen Sprachgeistes auf die französische Sprache; Bach, 1953, S. 132) sich in einen fundus teilten. Wichtig ist, daß sich solche Relationen in Lothringen lediglich bei 10 v. H. der heutigen Orte finden, in manchen Gegenden wie in der Umgebung von Metz bei 20 v. H. Es ist demgemäß deutlich, daß ein erheblicher Teil der Siedlungen keinen Bezug zu denen des kaiserzeitlichen Rom besitzt. Da sonst das Nachwirken römischer Siedlungsweise über die Rekonstruktion von Zenturiatssystemen durchgeführt wird, soll diese Frage eingehender im Rahmen der Flurformen behandelt werden, wo dann auch die entsprechende Literatur Berücksichtigung findet (Kap. IV. D. 2. b).

Kommen wir zu den Ortsnamen zurück. Hier hat sich gegenüber früher ein wesentlicher Unterschied zwischen Nordwestdeutschland, u. U. auch Teilen von Mitteldeutschland einerseits und – abgesehen von den Rheinlanden – Süddeutschland herausgestellt. Erfolgte im Südwesten die Konsolidierung bereits im 5., im Südosten seit dem 6. Jh., so daß sich hier eine einigermaßen stetige Entwicklung der bis dahin vorhandenen Siedlungen ebenso wie eine Verdichtung vollzog, so läßt sich für Nordwestdeutschland eine Wüstungsperiode nachweisen.

Das machte Grohne (1953) am Beispiel des Gräberfeldes von Mahndorf südlich von Bremen deutlich, wo 250-500 n. Chr. mit achtzig, 500-750 n. Chr. mit fünfzehn bis zwanzig und 750-905 n. Chr. mit etwa fünfundsiebzig Bewohnern zu rechnen ist. Gerade in der Periode, wo in Südwestdeutschland bereits ein Ausbau und ein Wachstum der Bevölkerung zu verzeichnen war, stellte sich in Nordwestdeutschland eine Entsiedlung ein, die seit der zweiten Hälfte des 7., mitunter auch erst im 8. Jh. ihr Ende fand (Nitz, 1971; Niemeier, 1972; Born, 1974, S. 34). Das hat nun weit reichende Konsequenzen für die Alterseinstufung der Ortsnamen, was sich in manchen Fällen heute noch der Beurteilung entzieht. Was im einzelnen dazu gesagt wird, kann nur als vorläufig betrachtet werden, weil von philologischer Seite aus diese Aspekte noch keine Berücksichtigung fanden.

Bei jeder siedlungsgeographischen Auswertung der Ortsnamen, insbesondere, wenn es um eine zeitliche Einstufung der mit diesen Namen belegten Siedlungen geht, gilt es, erhebliche Vorsicht zu üben. Es muß danach getrachtet werden, sprachliche Wandlungen und spätere Ortsnamenänderungen auszuschalten. Dies bedeutet, daß auf die meist in Urkundensammlungen niedergelegte ältest faßbare Form der Ortsnamen zurückgegriffen werden muß. Bestehen die Ortsnamen zumeist aus Grundworten, z. B. „ingen", „heim", „weiler", „rode" usf. und Bestimmungsorten (Personennamen, Naturbezeichnungen u. a. m.), so lassen sich zwar beide Gruppen für unsere Belange verwenden; doch kommt den ersteren die größere Bedeutung zu. Je beschränkter der Zeitraum ist, für den sich ein Grundwort durchsetzt und dann von andern abgelöst wird, um so stärker ist seine Beweiskraft, während ubiquitäre Grundworte, die über lange Perioden angewandt werden, nur wenig auszusagen vermögen. Es handelt sich demgemäß darum, diejenigen Grundworte zu erkennen, die als „Leitfossilien" Geltung beanspruchen können.

Aber selbst bei ihnen wird damit gerechnet werden müssen, daß sie vereinzelt noch einmal in späterer als der ihnen eigentlich zugeordneten Periode auftauchen. Das heißt, daß die Art der Ortsnamen *nur* im Zusammenhang mit andern Kriterien Beweiskraft für unsere Zwecke besitzt, während im Einzelfall manche Abwandlung eintreten kann. Darüber hinaus aber sind in der Verwendung bestimmter Ortsnamen und ihrer zeitlichen Einordnung auch regional erhebliche Differenzierungen vorhanden, so daß die für ein Gebiet erlangten Ergebnisse nicht unbedingt auf ein anderes übertragen werden dürfen.

Wenn trotz all der dargelegten Vorbehalte und bei genügender Vorsicht bestimmte Ortsnamen für die zeitliche Einstufung der entsprechenden Siedlungen in Anspruch genommen werden können, so ist dies im wesentlichen darin begründet, daß im westlichen, mittleren und nördlichen Europa die Bedingungen, unter denen die Siedlungen entstanden, in relativ kurz gespannten Perioden trotz einer gewissen Stetigkeit der Entwicklung Wandlungen unterlagen. Die Landnahme der Völkerwanderung und der erste innere Ausbau von den Kernsiedlungen vollzog sich unter anderen Voraussetzungen als die mittelalterliche Rodungskolonisation, und letztere wiederum hatte andere Ziele als neuzeitliche Siedlungsbewegungen. Wir können nur einige Beispiele herausgreifen, um dies zu demonstrieren.

Für die bisher als älteste Siedlungen im germanischen Landnahmegebiet ausgewiesenen schwer deutbaren kurzen vordeutschen oder germanischen Ortsnamen ebenso wie für diejenigen mit den Grundworten „ithi" und „ede", die in das 4. und 5. Jh. gestellt wurden und sich insbesondere in Nordwestdeutschland finden, ist einstweilen eine Datierung nicht möglich.

Sonst gehören in die Landnahmezeit – wobei für Nordwestdeutschland auch das Frühmittelalter in Betracht kommt – Siedlungen mit den Grundworten „ingen" und „heim" in Verbindung mit einem in den Genitiv gesetzten Personennamen. Sie sind im gesamten Bereich germanischer Landnahme vorhanden, teilweise in einer Landschaft nebeneinander, teilweise sich gegenseitig ausschließend. Zunächst von kleineren Untersuchungsräumen ausgehend, kam es zu der auf Arnold (1875) zurückzuführenden These von der stammesmäßigen Bindung der Ortsnamen. Die „ingen" Grundworte sollten von den Alemannen, die „heim"-Grundworte von den Franken benutzt worden sein. Ebensowenig jedoch wie sich die Hausformen Mitteleuropas unmittelbar als Erbe germanischer Stammessitten erwiesen (Kap. IV. B. 5b. ß), ebensowenig gilt diese Beziehung für die Ortsnamen, weder allgemein, noch speziell für den eben skizzierten Fall. Darauf basierend, daß Ortsnamen Sprachformen darstellen, die ähnlichen Regeln unterliegen wie die Mundarten, wiesen Steinbach (1926 und 1962), Schwarz (1961) und Bach (1954) darauf hin, daß sprachliche Ausgleichsbewegungen in Verkehrsräumen stattfanden und damit häufig Einflüsse der territorialen Gestaltung für das heutige Verbreitungsgebiet der „ingen" und „heim"-Namen verantwortlich zu machen sind. Auf jeden Fall aber gehören sie beide nachweislich den alt besiedelten Gebieten an, die sich in ihrer naturlandschaftlichen Ausstattung für eine Landnahme eigneten (leicht bearbeitbare Böden bei geringen Reliefunterschieden), was meist durch frühgeschichtliche Gräberfelder bestätigt wird. Bereits Bach (1954, S. 319) wies darauf hin, daß ein Teil der „ingen"- und „heim"-Ortsnamen in Nordwestdeutschland erst dem Hochmittelalter angehört. Den Beginn ihres Gebrauches in diesem Gebiet in das 7./8. Jh. zu stellen, dürfte dann keine große Schwierigkeiten machen.

Was bedeuten die Grundworte „ingen" und „heim"? „Ingen" kennzeichnet die Siedlergemeinschaft eines Wohnplatzes, „heim" dagegen umfaßt die Siedlung selbst im Sinne einer Gruppensiedlung. Warum einmal die Siedlergemeinschaft und das andere Mal die Siedlung selbst Gegenstand der Benennung war, will Helbok (1944, S. 20 ff.) darauf zurückführen, daß im ersteren Falle große Wanderbewegungen durchgeführt wurden, bei denen der Personenverband im Vordergrund stand, während im letzteren Falle nur Kleinwanderungen beschränkter Gruppen existiert haben sollen. Bewiesen ist das ebensowenig wie jene Vermutung, daß Ortschaften mit dem Grundwort „ingen" ursprünglich Sippensiedlungen darstellten. „Heim" im Zusammenhang mit Lagebezeichnungen oder im Ortsnamen verwendete Volksnamen wie Sachsen, Wenden, Welschen oder Walchen deuten zumeist auf Umsiedlungsvorgänge während der fränkischen Kolonisationsperiode, die uns später auch siedlungsgeographisch zu beschäftigen hat.

Ob das Grundwort „hausen", ebenfalls meist mit einem genitivischen Personennamen zusammengesetzt, erst in Anwendung kam, nachdem „ingen" und „heim"-Grundworte weniger gebraucht wurden oder ob – jedenfalls für Nordwestdeutschland – Gleichzeitigkeit gegeben ist, läßt sich nicht entscheiden. Wesentliche Veränderungen setzten sonst erst seit der Merowingerzeit ein. Sie beruhen zunächst darauf, daß sich „die Grundherrschaft entwickelte, so daß die mittelalterliche Gesellschaft durch die Aufspaltung in einen grundherrlichen Oberbau und einen grundholden Unterstand" (Brinkmann, 1953, S. 52) gekennzeichnet wurde. Auf dieses Phänomen wird noch einmal an anderer Stelle einzugehen sein. Doch haben wir hinsichtlich der Siedlungsgestaltung und der Ortsnamen mit der Grundherrschaft zu rechnen. Heiligennamen und Grundworte auf „zell" deuten auf die Anlage von Siedlungen durch kirchliche Institutionen. Eigennamen der Grundherren in genitivischer Form wurden nun als Bestimmungswort häufig verwandt und verbanden sich in West- und Süddeutschland mit dem Grundwort „weiler", „weier", „wil". Wohl geht die Bezeichnung „weiler" sprachlich auf das römische villa zurück. Jedoch sind in seiner Verbreitung sowohl im französischen als auch im deutschen Sprachgebiet, wie Steinbach (1926, S. 123ff. und 1962, S. 123) gezeigt hat, keine Beziehungen zu den Grenzen des Römischen Reiches gegeben. Vielmehr entwickelten sich die Orte mit den Grundworten „villier", „viller" oder „villiers" in der germanisch-romanischen Mischkultur des Merowingerstaates und gelangten dann durch Strahlung vom romanischen Westen nach Deutschland, wo sie teils dem ersten Ausbau bis zum 8. Jh. und teils der Rodezeit angehören. In Nordwestdeutschland ebenso wie in Bayern sind sie nicht bekannt. In dieser Periode der merowingisch-karolingischen Staatskolonisation taucht noch einmal das Grundwort „heim" auf, im Bestimmungswort nun mit topographischen Bezeichnungen verbunden, unter denen Himmelsrichtungen eine besondere Rolle spielen (z. B. Nordheim, Sudheim).

Ortsnamen mit dem Grundwort „dorf" sind in ihrer zeitlichen Schichtung verschieden zu beurteilen. Im westlichen Deutschland wurden sie in die Landnahme bzw. in die Zeit der Wiederbesiedlung gestellt, in Thüringen, in Mittel- und Oberfranken in die Periode der fränkischen Kolonisation, in manchen Gebieten der ostdeutschen Kolonisation einschl. einiger Volkstumsinseln (Zips und Siebenbürgen) waren sie im 11.-13. Jh. das wichtigste Grundwort bei neu entstandenen Siedlungen.

Je stärker die Auseinandersetzung mit den natürlichen Gegebenheiten wurde, um so mehr gelangten Ortsnamen zur Geltung, die die umwandelnde Tätigkeit des Menschen charakterisierten. Ortsnamen mit den Grundworten „rode" und „hain" sind mitunter schon für das 9. Jh. bezeugt. Sie mögen sich in Nordwestdeutschland zeitlich mit den Grundworten „ingen", „heim", „dorf" oder „hausen" überschneiden. Insbesondere im nördlichen Harzvorland und im Eichsfeld wird das durch das Grundwort „ingerode" nahegelegt. „Im allgemeinen ist das 10.-14. Jh. die Zeit der Gründung der „rode"-Orte, besonders aber das 12. und 13. Jh. In dieser Zeit entstehen sie im deutschen Westen, aber auch darüber hinaus in Holstein und in skandinavischen Gebieten" (Bach, 1954, S. 378). Ähnliches gilt für das Grundwort „grün", das auf das Regnitzgebiet, das Fichtelgebirge, das Vogtland und die Randbezirke des Egergrabens beschränkt ist. In den Marschgebieten dagegen zeichnen sich die Landgewinnungsarbeiten in den Ortsnamen ab, wie es etwa in den Grundworten „deich" oder „damm" zum Ausdruck gelangt.

Hat „hagen" die Bedeutung von Einfriedung, so entwickelte sich in Nordwestdeutschland das Hagenrecht, durch das rodende Bauern ein besseres Besitzrecht erhielten, als es sonst üblich war. Von hier aus wurde das genannte Grundwort, teilweise in Verknüpfung mit einer bestimmten Siedlungsform (Hagenhufendörfer) nach Nordostdeutschland übertragen.

Im deutschen Kolonisationsraum liegen die Verhältnisse ein wenig anders, denn bei siedlungsgeographischen Gesichtspunkten kommt es vor allem darauf an, die slawisch besetzten Bereiche von jenen zu scheiden, die erst durch Deutsche in Kultur genommen wurden. Slawische Ortsnamen reichen allein nicht aus, um eine Siedlung anzunehmen, die zu Beginn der Kolonisation von Slawen bewohnt war. Einerseits übernahmen Deutsche während der Kolonisation slawische Orts- und Flurnamen, andererseits vermochten Slawen, sich deutsche Grundworte oder Eigennamen anzueignen. Mitunter bestanden deutsche und slawische Ortsnamen für dieselbe Siedlung Jahrhunderte nebeneinander, wie es Schwarz (1961, S. 375) für die Sudetenländer konstatierte. Immerhin geben die slawischen Ortsnamen einen ersten Hinweis, der in erster Linie durch rechtliche Kriterien gestützt werden muß. Insgesamt fällt auf, daß Rodungsnamen bei den Slawen weniger ins Gewicht fallen als bei den Deutschen. Wohl kannten auch die ersteren einen durch Rodung hervorgerufenen Landesausbau, bei denen die Siedler rechtliche Sonderstellungen erhielten; es sind die voraussichtlich im 11. und 12. Jh. gegründeten „lgota"-Orte in Polen, die „lhota"-Orte in der Tschechei, die hier von den insgesamt 1400 Rodungsnamen nur 45 ausmachen (Schwarz, 1961, S. 268). Bei den von den Deutschen ins Land gebrachten Ortsnamen scheiden alle jene aus, die während der Landnahme, während des ersten Ausbaus und in der ersten Zeit der großen Rodungsperiode mit Vorliebe benutzt wurden. Infolgedessen sind die zur Verfügung stehenden Grundworte nicht allzu zahlreich. Wie oben bereits erwähnt, zeigt das Grundwort „dorf" erhebliche Verbreitung; im Nordosten konnte sich bei Rodungen vielfach „hagen" durchsetzen, in Ostmitteldeutschland dagegen „rode", „hain" u. ä.

Wesentlich geringeres Interesse beanspruchen die neuzeitlichen Ortsnamen. Grundworte wie „fehn" oder „moor" verleihen dem Vordringen in die Moorgebiete Ausdruck, während es bei der staats- und grundherrlichen Kolonisation des 18./19. Jh.s beliebt wurde, den Eigennamen des Gründers oder eines seiner Familienmitglieder als Bestimmungswort zu benutzen. Doch sind für diese späten Perioden meist genügend Quellen vorhanden, die Einblick in den Siedlungsvorgang gestatten.

Kommen wir nun zur *Gestaltung der Siedlungen* im westlichen, mittleren und nördlichen Europa, dann wird sich das, was bei den Ortsnamen vorgezeichnet erscheint, auch in deren Ausprägung dokumentieren: ein Wandel der Formen in Abhängigkeit von Veränderungen der sozialen Grundlagen, der Art der jeweiligen Erschließungsvorgänge und von den Veränderungen der wirtschaftlichen Grundlagen.

In den ebenen Lößlandschaften und den mitunter von einer Lehmdecke überzogenen Kalkplateaus im *östlichen Frankreich* und in *Altdeutschland* begegnen wir großen geschlossenen Ortschaften, ausgesprochenen Dörfern, in deren Grundriß meist kein Prinzip für die Anordnung der Wohnstätten zu erkennen ist (Abb. 28). In der Regel im Zentrum der Wirtschaftsfläche gelegen, an Böden erster Wahl gebunden, mit großen Gemarkungen ausgestattet, durch alte Ortsnamen und das Vorhandensein ur- und frühgeschichtlicher Funde bzw. Grabfelder ausgezeichnet, stellen sie zumeist alte Siedlungen dar, in dem Sinne, daß sie im germanischen Volksgebiet der Landnahmezeit und der ersten Ausweitung des Siedlungsraumes entstammen, wenn auch nicht in ihrer heutigen Gestaltung. Es sind die mehr oder minder dicht gedrängten *Haufendörfer* (Gradmann, 1913 und 1943), die vielfach durch einen Zaun, in Südwestdeutschland Etter genannt, gegenüber der Wirtschaftsfläche abgeschlossen waren; sie haben deshalb hier die Bezeichnung „Etterdorf" erhalten (Huttenlocher, 1949). Zweifellos sind die Haufendörfer in besonderem Maße für die Altsiedellandschaften des gekennzeichneten Raumes charakteristisch; dies schließt jedoch nicht aus, daß sich gelegentlich andere Formen einstellen. So begegnen wir z. B. auf Flußterrassen mitunter einer linearen Anordnung der Höfe, und in Thüringen stellen sich Platzdörfer ein (Schlüter, 1903).

Wir haben bereits in andern Gebieten Haufendörfer kennengelernt (Kap. IV. C.2.e. ζ 1) und beobachten können, daß sie einem allmählichen Entwicklungsprozeß ihre heutige Gestaltung verdanken, daß Bevölkerungsvermehrung, genügende Nährfläche u. a. m. in Ebenen und Becken die Voraussetzung für ihre Ausbildung waren. Auch für die Haufendörfer Ostfrankreichs und Altdeutschlands sind mannigfache Hinweise vorhanden, daß ihre gegenwärtige Ausprägung das Ergebnis einer langsamen Entwicklung darstellt. Einerseits finden sich nämlich im altbesiedelten Bereich mitunter auch einmal Weiler, die alle Kennzeichen der alten Siedlungen tragen, die aber aus lokalen Ursachen in ihrer Entfaltung zurückblieben. Andererseits deuten frühgeschichtliche Ausgrabungsfunde darauf hin, daß es

Abb. 28 Haufendorf Ottmarsheim, nördlich von Stuttgart (nach der Topographischen Karte 1:25000, Bl. 6921).

sich ursprünglich um Kleinsiedlungen gehandelt hat, die erst später zu Haufendörfern erwuchsen.

So stellte Veeck (1931, S. 296) in Südwestdeutschland fest, daß sich innerhalb einer Gemarkung häufig mehrere Reihengräber befinden, die er mit einst dazu gehörigen Kleinsiedlungen identifizierte. Diese Kleinsiedlungen sollen später einem Konzentrationsprozeß unterlegen haben, wobei ein Teil von ihnen wüst wurde, ein anderer Teil aber zu Haufendörfern wurde. Durch genaue Untersuchung des Gräberfeldes von Hailfingen im oberen Gäu vermochte weiterhin Stoll (1942) für die Gruppensiedlungen des 6. und 7. Jh.s Einwohnerzahlen abzuleiten. Für die genannte Periode zeigt sich ein nicht unbeträchtliches Anwachsen sowohl in der Zahl der Höfe als auch in der Zahl der Bewohner. So soll Hailfingen zu Beginn des 6. Jh.s aus 3 Höfen mit etwa 20 Einwohnern bestanden haben, am Ende des 6. Jh.s aus 4 bis 5 Höfen mit 40 bis 60 Einwohnern und am Ende des 7. Jh.s aus 9 bis 16 Höfen mit 200 bis 250 Einwohnern.

Auch in Nordwestdeutschland geht man von Kleinsiedlungen aus, die hier vornehmlich seit der Mitte des 7. Jh.s entstanden. Hambloch (1960, S. 54) prägte für die locker gefügten Höfe den Begriff der Einödgruppe, wenngleich die von ihm

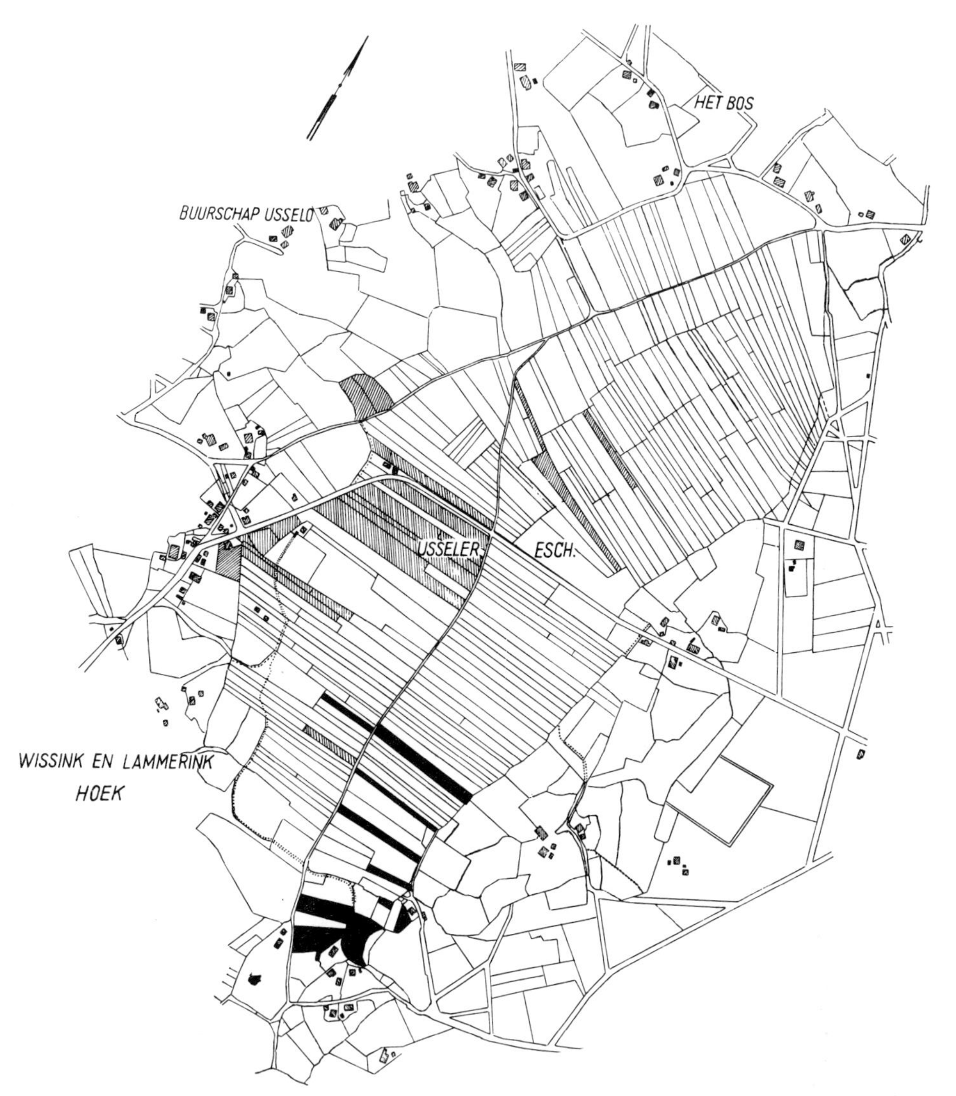

Abb. 29 Kranzdrubbel um einen isolierten Langstreifenverband, am Außenrand Kampflur (nach Keuning).

angenommene zeitliche Datierung (6. Jh.) für die Mehrzahl nicht mehr übernommen werden kann. Die *Einödgruppen* erweiterten sich, so daß sie entweder das Feldland ringförmig umschließen (Abb. 29) oder an einer Seite linear gerichtet erscheinen. Ihre noch immer lockere Anordnung läßt ihre innere Bezogenheit nicht unmittelbar sichtbar werden, was erst im Zusammenhang mit der Flurgliederung geschehen kann (Kap. IV. D.2.e). Wodurch aber geschah die Bindung der Urhöfe zu dem, was Müller-Wille (1944) als *Drubbel* bezeichnete?

Vermutlich war es die Ausbildung der Grundherrschaft und des Villikationssystems, die einen engeren Verband schufen, wobei nicht feststeht, ob das vom sächsischen Adel durchgeführt wurde oder auf der Übernahme karolingischer Einrichtungen zurückgeht (Hesping, 1963; Nitz, 1971, S. 20ff.). Zumindest stellt der Drubbel keine Urform dar, sondern ein Entwicklungsstadium voraussichtlich des 8./9. Jh.s.

Bis zu einem gewissen Grade damit vergleichbar sind bzw. waren die lockeren Weiler in Nordost- und Nordwestengland, in Cornwall, Wales, Irland und Schottland einschließlich der atlantischen Inseln und in der Bretagne, die auf Angelsachsen, Norweger und Kelten zurückgehen und teils im Rahmen ihrer Landnahme, teils bei Waldrodung bzw. Kultivierung des Landes bis in das Hochmittelalter hinein entstanden (Bretagne, Meynier, 1968, S. 124). Insbesondere in den keltisch besetzten Bereichen wurde eine solche Gruppierung durch den Sippenzusammenhalt verstärkt (Uhlig, 1958), der aber keineswegs allein dafür verantwortlich ist.

Ähnliches zeigte sich in Teilen von Schweden. Hier ist man in der Lage, durch die von Hannerberg entwickelte metrologische Analyse zeitliche Einschnitte für die Entstehung bzw. Umformung von Siedlungen zu finden. Es wird davon ausgegangen, daß in bestimmten Perioden für die Ausmessung von Gebäuden, Hofgrundstücken und Besitzparzellen unterschiedliche Maße benutzt wurden (1958). In Schonen verwandte man in der Eisenzeit die keltische Elle (50,7 cm); nachdem eine dauerhaftere Verbindung mit dem Römischen Reich hergestellt war, bürgerte sich die römische (44,4 cm), u. U. die griechische (47,4 cm) Elle ein. Frühestens seit dem 11. Jh. war die tyckonische Elle maßgebend (51,7 cm), die um 1200 von der gotländischen (55,1-55,4 cm) und um 1250 von der jütischen abgelöst wurde. Einige Schwierigkeiten allerdings, wie sie für Öland Göransson (1958, S. 122) darstellte, bleiben auch hier nicht aus. Sowohl für Schonen als auch für Öland (Andersson, 1960; Göransson, 1958 und 1969) ließen sich bis zum 5. nachchristlichen Jahrhundert im wesentlichen Einzelhöfe feststellen; nach einer Wüstungsperiode im 6. und 7. Jh. entstanden während der Wikingerzeit (800-1050) eine Vielzahl von Siedlungen, meist in höherer Lage als die aufgegebenen und nun zu kleinen Gruppensiedlungen zusammmengeschlossen. Dort, wo später keine Regulierungen stattfanden, haben sie sich erhalten wie im nördlichen Teil der Insel Öland. Rönneseth (1975) nahm für das westliche Norwegen eine ähnliche Entwicklung an, indem er den vorhistorischen gard (Siedlung mit eingehegter Flur), der in der Regel als Einzelhof erscheint, dem „historischen gard" gegenüberstellte, der als Siedlung eine Gehöftgruppierung trug, nur daß letztere erst dem Hochmittelalter angehört.

Seit dem 7./8. Jh. erfolgte die Wiederbesiedlung der Marsch, die von zwei Unterbrechungen abgesehen, seit dem Spätneolithikum besetzt war (Abb. 30). Die zweite Periode der Marschbesiedlung vom 1. vorchristlichen Jahrhundert bis zur Völkerwanderung ist besonders wichtig, weil sich in dieser Zeit ein Wandel abzeichnet, wie es am Beispiel von Feddersen Wierde bei Bremen und andern Grabungsbefunden deutlich wird (Haarnagel, 1961, 1968 und 1978). Im ersten vorchristlichen Jahrhundert mit dem Einsetzen einer Meeresregression waren die Siedlungen noch zu ebener Erde gebaut. Am Ende des ersten nachchristlichen Jahrhunderts ging man dazu über, um einen freien Platz schmale langgestreckte Hügel aus Erde und Stallmist von 1 m Höhe aufzuwerfen, auf denen die Wohnstätten ihren Platz fanden. Bei späterer Erweiterung wurde ein zweiter, u. U. ein

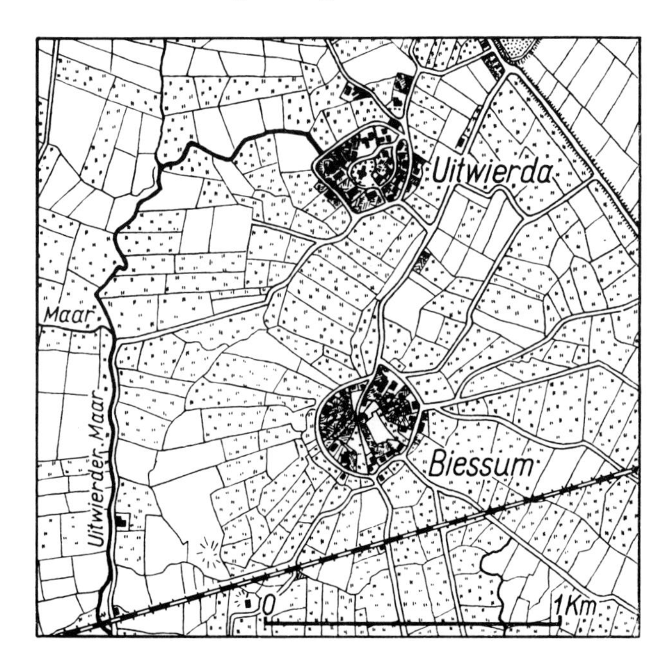

Abb. 30 Niederländische Wurtsiedlung (nach Keuning).

dritter Ring um den ersten gelegt, so daß breite Wege die Ringe voneinander trennen, vom Kern nach außen nur schmale Gassen radial verlaufen. Nach dem Verlassen der Wurten, das in die nordwestdeutsche Wüstungsperiode fällt, begann im 7./8. Jh. die nochmalige Bildung von *Wurtdörfern,* sei es, daß die alten Wurten benutzt oder neue geschaffen wurden, wobei der zentrale Platz nach der Christianisierung die Kirche aufnahm. Zumindest wurde ein planmäßiger Siedlungstyp entwickelt, der urgeschichtlich als Typ bereits nachweisbar war.

Auch im Rahmen der merowingischen Staatskolonisation ging man zu regelhaften Siedlungsformen über, zunächst noch innerhalb des nicht voll erschlossenen Altsiedellandes. Es handelt sich um *linear gerichtete Siedlungen,* die sich mitunter zu Haufendörfern entwickelten, in der Regel aber in der linearen Erstreckung, die nicht unbedingt topographisch begründet ist, etwas von der ursprünglichen Ausformung wahrten (Abb. 31). Sie finden sich im Unterelsaß, am Rande des Hagenauer Forstes und Bienwaldes, im Umkreis von Worms, zwischen Ausgsburg und Mindelheim, um Merseburg, Hildesheim und am Hellweg (Nitz, 1961 und 1971). Sie sind, wie Nitz (1961) erkannte, in einen spezifischen historischen Rahmen eingefügt, indem sie vor allem in der Nähe von Königshöfen, von Königsgut bzw. ehemaligen Reichsforsten vorkommen, außerdem längs strategisch wichtigen Straßen. Ihre Bevölkerung gehörte zu den Königsfreien (Dannenbauer, 1958, S. 212 ff.; Mayer, 1943 bzw. 1963, S. 139 ff.), die zu rodendes Land erhielten, Kriegsdienst zu leisten hatten, den Königszins abgaben und sich gegenüber der sonstigen bäuerlichen Schicht abhoben. Es steht noch aus, ob sich ähnliche Siedlungen in der Schweiz, im nordöstlichen Frankreich und den Beneluxländern finden.

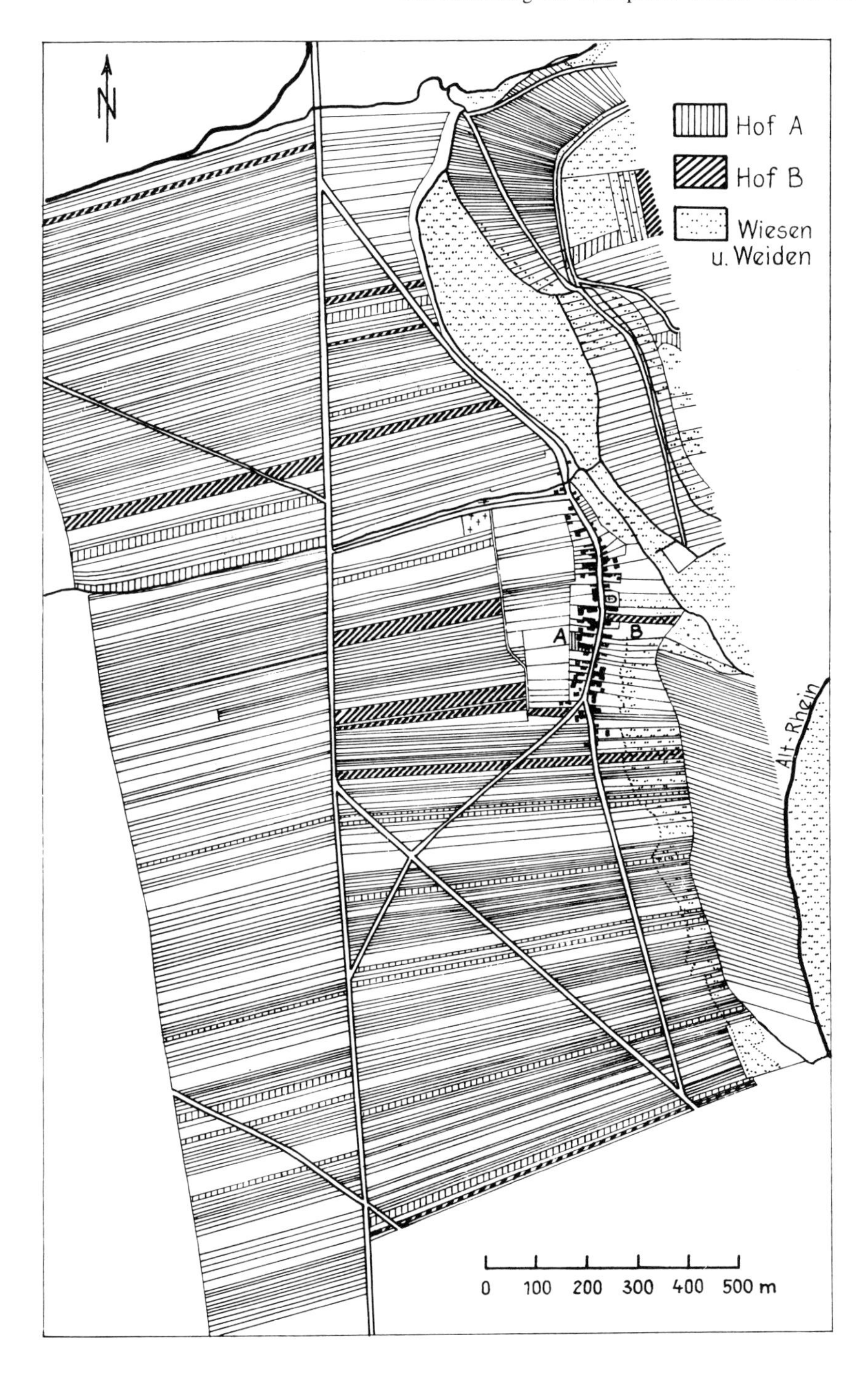

Abb. 31 Studernheim bei Worms, linear gerichtete Siedlung der fränkischen Staatskolonisation (nach Nitz).

Ähnliche Einrichtungen hatten die Burgunder in den faramanni oder Burgundofarones, die eine gehobene Stellung einnahmen; in Südfrankreich setzte man spanische Flüchtlinge als hostolenses an, die in ihren Rechten und Pflichten den Königsfreien gleichkamen. Bei den Langobarden wurden die Arimannen auf Königsland angesetzt, wenngleich der Ausdruck im späteren Mittelalter für solche Gruppen gebraucht wurde, die mit besonderen Freiheiten ausgestattet, Rodungsarbeit leisteten (Mayer, 1963, S. 147 ff.). Ob allerdings in Norditalien, in Burgund und im südwestlichen Frankreich die Siedlungen der Königsfreien eine planmäßige Gestaltung erfuhren, ist bisher nicht bekannt.

Seit der Merowingerzeit hat man mit der Umwandlung bestehender und der Anlage neuer Siedlungen zu rechnen. Die Basis dafür gab einerseits die Bevölkerungszunahme ab, die bis zum Ende des Hochmittelalters währte, und andererseits die Ausbildung der Grundherrschaft. Der nicht genutze Boden wurde nun als Königsgut behandelt und von der Krone an Bischöfe, Klöster und den Dienstadel als Lehen vergeben. Ähnliches führte der einheimische Hochadel durch. Damit ergab sich für die Bewohner der vorhandenen Ortschaften die Notwendigkeit, rechtliche Fixierungen zu treffen, so daß „die Verdichtung der Siedlungen ... zu einer Intensivierung genossenschaftlicher Bindungen führte, sei es in der Form der Dorfgemeinde, sei es in der spezielleren Form der Ausbildung oder Fortentwicklung der Gemeinheiten (Allmende) in Wald oder Weide“ (Lütge, 1963, S. 34). Ein wenig anders und doch dem Sinne nach ähnlich faßte Bader (1964, S. 17) den Sachverhalt auf: „Zusammenwirken nachbarlicher Interessen mit herrschaftlichen Formen von Hoheitsrechten hat die Dorfgemeinde geschaffen“. Die Grundherren gingen daran, ihren oft weit verstreuten und ausgedehnten Besitz teilweise in Villikationen zusammenzufassen, innerhalb derer Eigengüter bewirtschaftet wurden, was einerseits durch Gesinde, andererseits durch abhängig gewordene Bauern geschah, die man zu Frondiensten verpflichtete. Innerhalb dieser Villikationen setzte sich seit dem 8. Jh. in Südwestdeutschland das Dreizelgen-Brachsystem durch, wenngleich das gegenwärtig wieder in Zweifel gezogen wird (Kap. IV. D. b und c).

Beim Ausbau innerhalb der Gunstlandschaften oder beim Eindringen in bisher noch nicht genutzte Wälder konnten die Grundherrschaften bei der Anlage der Siedlungen teils die Bauern gewähren lassen, teils griff man bereits regelnd ein. Im ersteren Falle entstanden Einzelhöfe, die sich vielfach zu *Weilern* entwickelten, oder auch primäre Haufenweiler. Die Gehöftgruppen im östlichen Rheinischen Schiefergebierge, die seit dem 7., verstärkt seit dem 8. Jh. entstanden, gehören hierher (Born, 1967).

Nahmen die Grundherren Einfluß auf die Gestaltung, dann handelte es sich mitunter um linear gerichtete Siedlungen, wie sie vielfach in Hessen auftreten (Hildebrandt, 1968; Born, 1972). Sie können u. U. als Vorform ausgesprochener *Straßendörfer* betrachtet werden. Auch *Platzdörfer* mögen im Frühmittelalter bewußt angelegt worden sein, wie sie sich um Hildesheim und Braunschweig finden, wenngleich hier völlige Klarheit noch nicht gegeben ist (Nitz, 1974, S. 34 ff.). Bei der Erschließung des Odenwaldes im 9. Jh. durch das Kloster Lorsch legte man Reihenweiler an, wahrscheinlich auf die Formen der fränkischen Staatskolonisation zurückgreifend unter Anpassung an das Relief des Gebirges (Nitz, 1962, S. 90 ff.). Einzelhofreihen fand Niemeier (1949) im Klei-Münsterland und datierte sie in das 9. Jh. Reihenweiler und Einzelhofreihen wies Zschocke (1963) am linken Niederrhein nach; sie setzten sich offenbar in die benachbarten Niederlande fort. Wegen ungenügender Quellen war eine zeitliche Einstufung nicht möglich.

Mit dem weiteren Bevölkerungswachstum im Hochmittelalter traten einschneidende Veränderungen ein, die sich auf die Siedlungen entscheidend auswirken mußten. Hierzu gehörte die Auflösung der Villikationen, die sich regional in verschiedenen Formen vollzog (Lütge, 1963, S. 71 ff.), zumindest aber günstigere bäuerliche Besitzrechte herbeiführte. Hinzu kam die Ausbildung der Städte, die nun ihrerseits versorgt werden mußten, was eine Intensivierung der Landwirtschaft nach sich zog. Schließlich begann die Ausbildung kleinerer Grundherrschaften und die Erstarkung der Territorialherren, die Interesse an der Erschließung noch nicht genutzten Landes gewannen.

Auf die vorhandenen Siedlungen Altdeutschlands wirkte sich das in einer Verdichtung der Ortschaften aus, und dies in mehrfacher Weise. Zu den Altbauern traten mit weniger Land ausgestattete Besitzerschichten hinzu. In Nordwestdeutschland waren es die Kötter, Kötner u. ä., in Hessen die Hintersiedler bzw. Kätner (Hildebrandt, 1968, S. 270 ff.; Born, 1974, S. 47) und in Süddeutschland die Seldner (Grees, 1975). Später hatten sie häufig die Möglichkeit der Besitzerweiterung, so daß der Unterschied gegenüber den Altbauern sich verringerte.

Die Intensivierung der Landwirtschaft brachte einerseits in manchen Gegenden wie in Südwestdeutschland und der Wetterau die Ausbildung von Zelgensystemen bei den bäuerlichen Wirtschaften, was die Entwicklung der Flurformen beeinflußte, andererseits die Erweiterung im Anbau von Spezialkulturen.

Das wirkte sich in zweifacher Weise auf die vorhandenen Siedlungen aus. Einerseits begannen sich verschiedene Erbsitten durchzusetzen. Mit den Verbreitungsgebieten von Anerbenrecht und Realteilung beschäftigten sich für Deutschland Hartke und Westermann (1940, S. 16) sowie Röhm (1957 und 1962, Lief. II, Bl. 5). Huppertz (1939) schloß daraus auf Kulturströmungen derart, daß mittelmeerischer Einfluß die Realteilung gebracht und die von Norden kommende Anerbensitte verdrängt habe. Doch reichen seine Belege keinesfalls aus, abgesehen davon, daß in Schweden und Norwegen Teilungen bekannt sind, in Nordwestdeutschland die Gruppe der Halbmeier, Halbspänner usf. nicht allein auf spätere steuerliche Einstufungen zurückgeführt werden kann, sondern häufig genug Teilungen von Bauernstellen anzeigen. Eher ist anzunehmen, daß Bauern und Grundherren in solchen Gegenden an Hofteilungen besonders interessiert waren, wo Spezialkulturen, insbesondere der Rebbau, einen wichtigen Faktor des bäuerlichen Betriebes ausmachten und gleichzeitig ein dichtes Städtenetz vorhanden war, das die überschüssige Produktion aufzunehmen vermochte. Das war im 12. und 13. Jh. sicher für die rheinischen Gebiete und Südwestdeutschland der Fall. Mit der Realteilung verband sich eine Verdichtung innerhalb der Dörfer.

Vornehmlich in Rebbaugebieten kam es in Mitteleuropa zur Befestigung der Haufendörfer, insbesondere dann, wenn sie in sich in hochmittelalterlichen Verkehrslandschaften befanden, wo u. U. auch ohne Rebbau Befestigungen vorgesehen wurden wie im nördlichen Hessen (Born, 1972, S. 47). Die Bevölkerung selbst, aber auch Grund- und Territorialherren mußten am Schutz des Weinbaus interessiert sein; zugleich aber waren gerade wohlhabende Rebbaudörfer bei territorialen Auseinandersetzungen besonders betroffen. So sicherte man sich hier, wo genügend Kapital und Arbeitskräfte zur Verfügung standen, vielfach durch Umwehrung der Dörfer, was einen gewissen städtischen Eindruck hinterließ (Metz, 1926; Schröder, 1953, S. 88 ff.).

Abb. 32 Weiler Zell (Württemberg) mit Block- und Streifenflur (mit Genehmigung des Landesvermessungsamtes Baden-Württemberg).

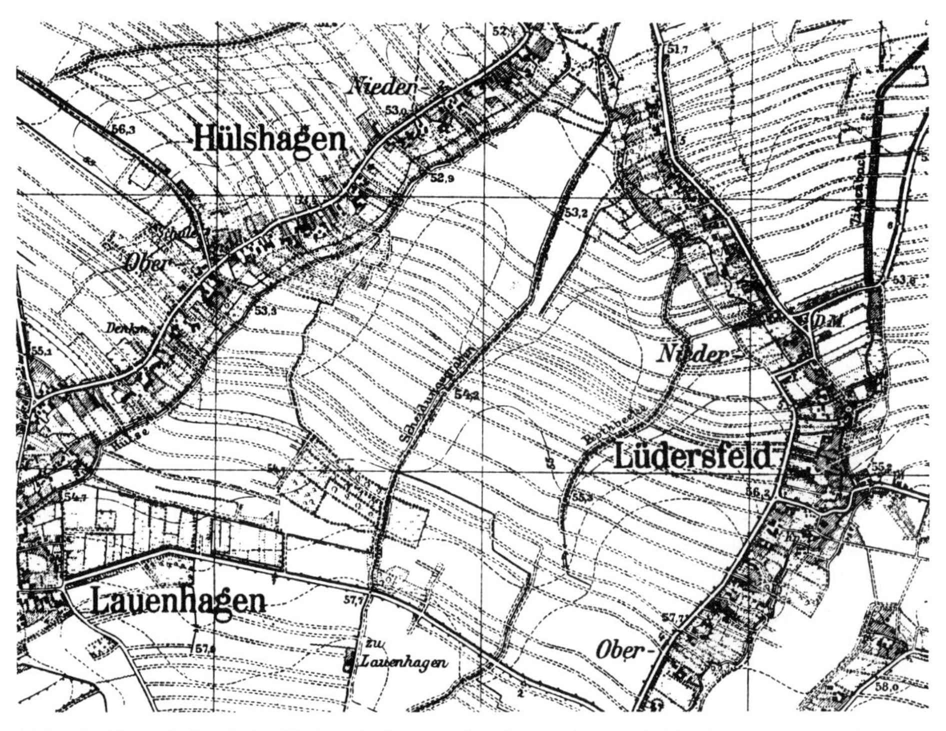

Abb. 33 Hagenhufendörfer (Reihendörfer) aus dem Schaumburger Gebiet (Ausschnitt aus der Topographischen Karte 1:25000, Bl. 3621).

Auch im Hochmittelalter, wo man Gebirge und Feuchtland erschloß, bestand wie früher die Möglichkeit, Land zur Verfügung zu stellen und den Bauern freie Hand bei der Anlage der Siedlungen zu lassen. Beispiele dafür liegen im Rheinischen Schiefergebirge vor (Schepke, 1934; Steinbach, 1937; Hömberg, 1938; Born, 1958), im Odenwald (Nitz, 1962) und im Bereiche der Keuperhöhen vor (Sick, 1963). Ob sich Einzelhöfe zu Weilern entwickelten oder primär Haufenweiler in mehr oder minder lockerer Form angelegt wurden, beides war gegeben (Abb. 32).

Jenseits von Saale und Elbe gehören die spätslawischen Siedlungen in diese Zeit. Dort, wo sie nicht reguliert wurden, findet man lockere Weiler, die in den Lößgebieten als Haufenweiler, am Rand der Urstromtalungen als linear gerichtete Weiler erscheinen. Ihnen war innerhalb des deutschen Kolonisationsgebietes häufig keine Weiterentwicklung beschieden, weil sie von den festgelegten Gemarkungen der Kolonisationssiedlungen eingeengt wurden. Dort, wo das nicht der Fall war wie in den Kernbereichen von Böhmen und Mähren, u. U. auch Polen, vermochten sie sich zu Haufendörfern zu entwickeln.

Stärker jedoch war im Hochmittelalter das Streben bemerkbar, bestimmte Regel- oder Planformen zu bevorzugen. Drei Typen kamen im wesentlichen in Frage. Von den Reihenweilern konnte man zur Einzelhofreihe übergehen, bei denen die Höfe eine Entfernung von 150-200 m besitzen, und gelangte von hier aus zu ein- oder zweiseitig bebauten *Reihendörfern.* Ebenso stand in Frage, den Dorfverband stärker zu betonen und die linear gerichteten Orte zu einer Art Straßendorf zu entwickeln. Schließlich machte man von der Möglichkeit Gebrauch, die Höfe um einen Platz zu gruppieren.

Den ersteren Weg ging man im Niederrheingebiet, wo die Reihendörfer dem Hochmittelalter angehören (Zschocke, 1963). In die erste Hälfte des 12. Jh.s setzte Engel (1951) Einzelhofreihen, die den älteren im Klei-Münsterland ähneln, östlich von Bückeburg wurde bis zum 13. Jh. das Waldgebiet, das sich zwischen Stadthagen und dem Steinhuder Meer erstreckte, durch einseitige Reihendörfer aufgesiedelt (Abb. 33), und zwar durch die Grafen von Roden und von Schaumburg-Lippe.

Diese Reihendörfer Nordwestdeutschlands, die auch nördlich von Hannover anzutreffen sind, werden häufig als Hagenhufendörfer bezeichnet. Der Name leitet sich von einem besonderen Rodungsrecht ab, dem Hagenrecht. Zwar wurden damit nicht unbedingt planmäßige Siedlungsformen verbunden; zahlreiche Orte mit dem Grundwort „hagen" im Leinebergland besaßen das Hagenrecht, aber die Ansiedlung vollzog sich in Haufenweilern. Daß Rodungsbauern eine gehobene Rechtsstellung gewährt wurde, war im Hochmittelalter eine weit verbreitete Erscheinung. Dies war einerseits für die deutsche Ostkolonisation entscheidend, andererseits diente das Loi de Beaumont im östlichen Frankreich ähnlichen Zwecken (Maas, 1939, S. 209 ff.).

Im hessischen Bergland wurde ein Teil der Buntsandsteinbergländer erst in dieser Zeit aufgesiedelt. Häufig handelte es sich um Kleinformen linearer Ausrichtung, deren Regelhaftigkeit mehr an Hand der Flur- denn der Siedlungsformen abzulesen ist (Hildebrandt, 1973, S. 251 ff.).

Einzelhofreihen und Reihendörfer entwickelten sich bei bestimmten Territorialherrschaften im Odenwald ebenso wie im nördlichen (Knödler, 1930; Scholz, 1971, S. 176 ff.) und im mittleren Schwarzwald (Habbe, 1960). Auch im Französischen und Schweizer Jura verwandte man dasselbe Prinzip (Kreisel, 1972).

Die Reihung der Höfe war im Hochmittelalter nicht allein bei Waldrodung üblich, sondern ebenfalls bei der Kultivierung von Niederungsgelände. Seit dem

Geographisches Institut
der Universität Kiel
Neue Universität

11. Jh. gingen die Grafen von Flandern, bald auch der Erzbischof von Utrecht und im 12. Jh. die Grafen von Holland daran, die in ihrem Besitz befindlichen Fluß- und Seemarschen durch bäuerliche Kolonisation zu erschließen. Nun entstanden Reihendörfer, „deren Bevölkerung im wesentlichen als frei zu bezeichnen ist, ihr Land gegen Zahlung eines mäßigen Recognitionszinses in erblichem Besitz hatte und in einer rechtlichen Ordnung lebte, die ihr eine mehr oder weniger weitgehende Mitbestimmung einräumte" (Petri, 1975, S. 706), wobei die Planung der Siedlungen Lokatoren überlassen wurde. Flamen und Niederländer wurden in entsprechende Gebiete von Frankreich, England und Deutschland geholt. Im letzteren Fall waren es vornehmlich das Stedinger Land, das Hollerland an der unteren Weser, das Alte Land und Teile der nördlichen Elbmarschen, wo Niederländer dieselben Rechte wie in ihrer Heimat erhielten, die Entwässerung in Gang setzten und Reihendörfer schufen, die hier in das 12. Jh. gehören (Fliedner, 1970). Der Einfluß von Flamen und Niederländern ging weit über das Küstengebiet hinaus, sowohl in Frankreich als auch in Altdeutschland. Mitunter handelte es sich um die Entwässerung versumpfter Flußauen, mitunter um die Rodung von Wald. Das Verbreitungsgebiet stellte Petri (1975) fest, ohne daß in jedem Fall die Siedlungsform auszumachen ist.

Da die Reihendörfer in den Niederlanden und Altdeutschland im Hochmittelalter bereits voll entwickelt waren, wird verständlich, daß diese Form auch im Rahmen der deutschen Ostkolonisation vielfach Verwendung fand, insbesondere innerhalb der Gebirge, aber nicht auf sie beschränkt. Mitunter läßt sich eine direkte Übertragung nachweisen. Dies ist z. B. für die Hagenhufendörfer in Mecklenburg und Pommern der Fall, in denen niederdeutsche Siedler angesetzt wurden. Seit der zweiten Hälfte des 12. Jh.s wurden Niederländer bzw. Flamen an der Ostkolonisation beteiligt, nicht allein zu Entwässerungszwecken, sondern auch zur Waldrodung. Bereits Kötzschke und Ebert (1937, S. 60 ff.) stellten die Orte Kühren und Flemmingen heraus, die beide von Schlesinger (1975, S. 263 ff.) noch einmal untersucht wurden, während August (1959, S. 94 ff.) einerseits die niederländischen Siedlungen der Goldenen Aue, andererseits aber auch Flemmingen bearbeitete. Weder in Kühren noch in Flemmingen fand eine völlige Neugründung statt. In Kühren mußte soweit auf die slawische Siedlung Rücksicht genommen werden, daß sich keine Plananlage durchsetzen konnte. Für Flemmingen machte Schlesinger (1975, S. 284) wahrscheinlich, daß zunächst die vertraute Form des Reihendorfes Anwendung fand, aus bestimmten Gründen aber nach 1250 eine Umgestaltung durch die Bauern stattfand. Sonst sind solche Übertragungen schwieriger zu fassen und haben u. U. auch nicht bestanden, weil sich Reihendörfer am besten dem Gebirgsrelief anpassen lassen. Daß aber vielleicht während der Kolonisation sich in bestimmten Gebieten eine Vorliebe für die eine oder andere Planform herauskristallisierte, liegt im Bereiche der Möglichkeiten. Zumindest fällt auf, daß im Rahmen der bayerischen Kolonisation Reihendörfer wenig zur Ausbildung kamen, während in solchen Gebieten, wo Schlesier beteiligt waren, Reihendörfer auch außerhalb von Gebirgen den Vorzug erhielten.

Wurden einerseits durch deutsche Kolonisten in Altdeutschland entwickelte Siedlungsformen, teilweise unter Hinzunahme von Slawen, weit nach Osten getragen, so übernahmen andererseits die Völker Ostmitteleuropas mit einer gewissen

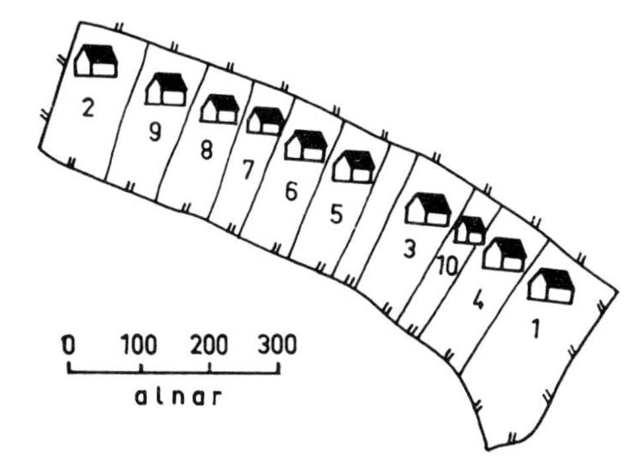

Abb. 34 Regulierte Solskifte-Siedlung in Schweden, Norrby, Högby-Kirchspiel (nach Helmfrid).

zeitlichen Verzögerung die rechtlichen und daraus erwachsenen formalen Gestaltungselemente, weil die Ansetzung zu deutschem Recht und die Anwendung deutscher Wirtschaftsmethoden für sie selbst Vorteile versprach. So erfuhr die deutsch-rechtliche Siedlung besonders in Polen eine weite Verbreitung (Kuhn, 1975).

Den Dorfverband stärker wahrend, kam es im Hochmittelalter auch zur Ausbildung von Straßenweilern bzw. -dörfern, zunächst in Altdeutschland. In Hessen dürfte für sie dasselbe wie für die dort gefundenen Reihenweiler gelten. Im Odenwald gehen sie auf das Kloster Amorbach zurück.

In Südwestfrankreich gehören die *Castelnaux-Siedlungen* des 11. und 12. Jh.s hierzu, die sich allerdings dadurch auszeichnen, daß sie an einen auf erhöhtem Gelände gelegenen und durch natürliche Steilhänge geschützten Burgsitz anknüpfen (Higounet, 1975, S. 668 ff.).

Von diesen Primärformen sind jene zu scheiden, die *sekundär* durch *Dorfregulierungen* entstanden. Solche sind vornehmlich in Schweden im 13. Jh. nachweisbar, wo nach der Wikingerzeit ein nochmaliger Konzentrationsprozeß eintrat, was zu ein- oder zweiseitig bebauten *Straßenweilern* bzw. -dörfern führte (Abb. 34). Dabei erhielten die Hofraiten eine bestimmte Anordnung, die der Aufeinanderfolge der Parzellen in der Flur entsprach (Göransson, 1958; Helmfrid, 1962). Daß in England, wo Beispiele aus Yorkshire bekannt wurden (Sheppard, 1968; Allerston, 1970, S. 108), im Hochmittelalter eine Zusammenfassung von Weilern zu Straßendörfern erfolgte, ist eindeutig bewiesen, obgleich es daneben solche gibt, die lediglich dem Bevölkerungswachstum ihre Entwicklung vom Weiler zum Haufendorf verdanken. Es stellt sich nur die Frage, ob Beziehungen zwischen den in Schweden und England vorkommenden Regulierungen bestehen. In dieser Beziehung sind manche Meinungen vertreten worden, ohne daß das Problem bisher einer Lösung zugeführt worden wäre.

Unter den geregelten Formen, bei denen die Höfe um einen Platz gruppiert wurden, brachte man denen besonderes Interesse entgegen, wo der Platz rundliche Gestalt erhielt, so daß direkt von *Rundlingen* gesprochen wird, die relativ kleine Anlagen darstellen (Abb. 35). Nur ein Weg führt zur benachbarten Straße bzw. schließt die Feldmark auf. Häufig ist die Lage auf Diluvialspornen, die in die Niederung hineinragen. Ähnlich geartet sind die Sackgassendörfer, bei denen die

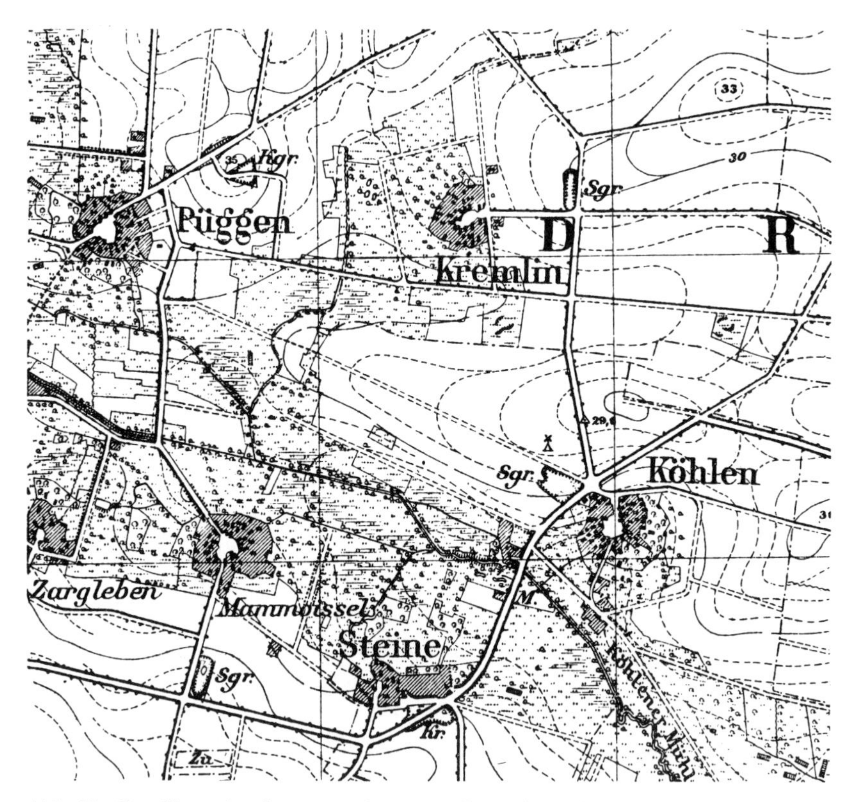

Abb. 35 Rundlinge im hannoverschen Wendland (Ausschnitt aus der Topographischen Karte 1:25000, Bl. 3032).

Höfe zu beiden Seiten des Weges angeordnet sind und gegen die Niederung hin durch hufeisenartig angelegte Höfe ihren Abschluß erhalten. Mitunter ist die Entwicklung eines Rundlings zum Sackgassendorf zu beobachten, wenn bei ersterem längs des Zufahrtsweges weitere Höfe entstanden. Rundlinge, Sackgassendörfer und verschiedene Übergangsformen zeigen sich im hannoverschen Wendland (Krenzlin, 1931 bzw. 1969), im nordöstlichen Niedersachsen (Meybeier, 1964), in Holstein und Lauenburg (Prange, 1960), Mecklenburg (Engel, 1953), im westlichen Brandenburg (Krenzlin, 1953) und in Sachsen (Kötzschke, 1953). In wieweit die von Käubler (1963) im Tepler Hochland festgestellten Rundformen dazu gehören, erscheint fraglich, weil die Anlagen größer sind und mehr Rundangerdörfern entsprechen. Zunächst brachte man die Rundlinge mit den Slawen in Zusammenhang. Dem steht entgegen, daß sie in den kernslawischen Gebieten fehlen und auf das deutsch-slawische Berührungsgebiet beschränkt sind. Über die Bedeutung des Platzes bzw. die Rundform ist viel gerätselt worden. Schutzbedürfnis und Beziehungen zur Agrarwirtschaft wurden als Ursache angenommen (Schott, 1953; Krenzlin, 1952, S. 109 ff.). Wenn man den Platz als eine der Möglichkeiten ansieht, zu planmäßiger Gestaltung der Siedlungen zu gelangen, dann ist die Frage nach den Ursachen der Platzbildung nur noch sekundär. Wichtig dagegen erscheint, wie Meybeier für das östliche Niedersachsen beweisen konnte, daß es sich um Rodungssiedlungen des 12. Jh.s handelt. Archäologische Untersuchungen im Raum von Berlin haben belegt (von Müller, 1975, S. 316 ff.), daß eine wüst gewordene Siedlung mit spätslawischer und frühdeutscher Keramik Platzform besaß, die dem Rundling nahe steht, der vom kleinen Platz ausgehende Weg aber nicht zum Getreideland, sondern ins Feuchtgelände führt.

Sie ist der Frühphase deutscher Siedlung, bei der sowohl Deutsche als auch Slawen angesetzt wurden, um das Jahr 1170 zuzurechnen. Danach ist eine relativ klare zeitliche Begrenzung für die Entstehung der Rundlinge wahrscheinlich gemacht.

Im deutschen Kolonisationsgebiet jenseits von Elbe und Saale und weit darüber hinaus ist die Gestaltung der Siedlungen insofern anders geartet, als zwar Gruppensiedlungen überwiegen, aber planmäßige Formen des Hochmittelalters herrschend werden. Die Siedlungen zu deutschem Recht weisen eine erstaunliche Gleichförmigkeit auf, was dadurch verständlich wird, daß Landes- und Grundherren Einfluß nahmen. Was sich in Altdeutschland im wesentlichen beim früh- und hochmittelalterlichen Ausbau vollzog, nämlich der Übergang zu geregelten Formen, erfaßte im Osten weit größere Flächen.

Lokatoren, Siedlungsunternehmer, wurden damit beauftragt, die Ansetzung von Bauern vorzunehmen. Erhielten letztere erblichen Besitz und andere Vorteile gegenüber der stärker gebundenen bäuerlichen Schicht Altdeutschlands, so wies man den Lokatoren mehr Grund und Boden zu und zeichnete sie durch besondere Berechtigungen aus wie die Erlaubnis, Handwerker anzusetzen, Schankrecht, niedere Gerichtsbarkeit, Dorfschulzenamt u. a. m. Häufig als große Bauernhöfe oder kleine Gutsbetriebe innerhalb der Gruppensiedlungen erscheinend, finden sich diese meist in begünstigter Lage innerhalb des Dorfes und geben u. U. einen gewissen Konzentrationspunkt der Ortschaften ab.

Hatte man zunächst mit der Anlage relativ kleiner Siedlungen begonnen, wie es zuvor bei den Rundlingen dargestellt wurde, so ging man seit den ersten Jahrzehnten des 13. Jh.s dazu über, größere Dörfer zu gründen. Wiederum wird dies durch die archäologischen Befunde im Teltow gestützt (von Müller, 1975, S. 315 ff.). Seit dem Jahre 1220 wurde der zuvor erwähnte Rundling und weitere Siedlungen der Umgebung wüst. Es setzte sich eine Verlagerung von den bisher bewirtschafteten Sand- auf die Lehmflächen durch, so daß es durch die Konzentration mehrerer bisheriger Wohnplätze zum Angerdorf von Zehlendorf kam, das eine zweiphasige Entwicklung erlebte, indem es seit 1300 um etwa das Doppelte erweitert wurde und seine endgültige Gestalt erhielt. Sofern Orte des 12. Jh.s nahe genug an den Lehmflächen lagen, begnügte man sich mit deren Erweiterung.

Damit stellen die *Angerdörfer* einen Typ unter den Siedlungsformen dar, der sich über Kleinformen zum großen Dorf zunächst im Kolonisationsland selbst entwickelte. Der Anger kann dabei lanzettförmig, rund, dreieckig oder rechteckig sein. Neben Straßendörfern sind Angerdörfer vor allem in den für den Getreideanbau geeigneten Bereichen maßgebend, weisen aber in ihrer spezifischen Ausbildung (Abb. 69 und Abb. 70) auf den nachhaltigen Einfluß entweder der Grundherren oder der Lokatoren hin. Die Regelmäßigkeit der Anlage nahm mit fortschreitender Kolonisation zu, so daß in großräumiger Sicht sich eine wachsende Schematisierung von Westen nach Osten ergibt.

Unter welchen Voraussetzungen und zu welcher Zeit die Angerdörfer in Flandern bzw. im nordöstlichen Belgien entstanden (village en lisière, village de dreis u. ä.), ist nicht bekannt (van Haege, 1975; Dussart und Claude, 1975).

Vereinzelt treten Angerdörfer in Altbayern auf, wo nach der Zerstörung von Ortschaften sekundär das Angerdorf in Aufnahme kam. Sie zeigen sich im Bayerischen Wald, wo sie dem 11. und 12. Jh. angehören und treten schließlich in Bayerisch-Schwaben in einem relativ geschlossenen Verbreitungsgebiet auf, wo Grundherrschaften im 13./14. Jh. daran gingen, Waldgebiete mit Angerdörfern aufzusiedeln, ohne daß Beziehungen zum ostdeutschen Kolonisationsgebiet vorgelegen hätten. Um diese Zeit waren Planformen für die Gestaltung von Siedlungen wohl bereits zum Allgemeingut geworden (Fehn, 1966).

Den kontinentalen Angerdörfern stehen die green villages in England und die Forta-Dörfer in Dänemark gegenüber. Ebenso wie bei Straßendörfern in England handelt es sich bei diesen um Sekundärformen, die in Dänemark mit der solskifte zusammenhängen, in England mit Regulierungen, die ebenfalls im Hochmittelalter durchgeführt wurden (Hastrup, 1964). Göransson (1975) stellte fest, daß dort, wo der König alleiniger Grundherr war, wie auf der Insel Falster, die Zusammenfassung von Weilern zu Fortadörfern weitgehend durchgeführt wurde, daß dies in der Regel auch noch dann gelang, wenn nur ein Grundherr bestimmend war, daß unter andern Voraussetzungen aber von einer Umlegung zu Dörfern abgesehen wurde.

Daß die Problematik bei ihnen dieselbe ist wie bei den entsprechenden Straßendörfern, dürfte verständlich erscheinen.

In Südwestfrankreich begegnet eine Form der hochmittelalterlichen Binnenkolonisation, die recht auffällig ist und in dieser Zeit sonst in West-, Mittel- und Nordeuropa nicht auftaucht. Seit der Mitte des 11. Jh.s entstanden – meist unter der Leitung von Abteien – die sauvetés, wo den Kolonisten ähnliche Vorrechte gewährt wurden wie den Rodungsbauern Mitteleuropas. Ein Teil dieser Siedlungen entstand als Planform in *Straßennetzanlage*, wobei allerdings nicht ganz auszuschließen ist, daß dies durch Umformungen im 14. Jh. geschah. Wesentlich ausgreifender waren jedoch die Rodungen, die seit dem beginnenden 13. bis zur Mitte des 14. Jh.s durchgeführt wurden und mit den bastides-Siedlungen verknüpft sind. Higounet stellte die unterschiedlichen Ziele der bastide-Bewegung zusammen (1975, S. 687); wirtschaftliche Motive waren jeweils vorhanden und konnten sich mit politischen verzahnen. Die Zahl der bastides-Siedlungen wurde von ihm auf 350 geschätzt und eine Verbreitungskarte der verschiedenen Siedlungswellen von den castelnaux über die sauvetés bis hin zu den bastides erstellt (S. 676/77). Bei den letzteren nun kam die Straßennetzanlage besonders häufig vor.

Bisher wurden ungeregelte und geregelte Siedlungsformen erwähnt, die sich bis zum Hochmittelalter entwickelten. Wenig hingegen war von Einödhöfen die Rede, was damit zusammenhängt, daß Einzelhöfe, falls sie existiert haben, sich im Zusammenhang mit der Bevölkerungszunahme zu Gruppensiedlungen umformten. In einem größeren Bereich jedoch haben sie sich erhalten, es sei denn, daß sie durch die Landflucht seit der Mitte des 19. Jh.s aufgegeben wurden. In den westlichen Alpen handelt es sich um die Walsersiedlungen, die von den Grundherren meist oberhalb der rhätischen angesetzt wurden. In den Ostalpen waren es die Schwaighöfe, die bewußt oberhalb der Ackerbaugrenze entstanden.

Was erhielt sich nun von dem, was an Siedlungen bis zum Hochmittelalter geschaffen worden war bzw. welcher Art waren die Umwandlungen?

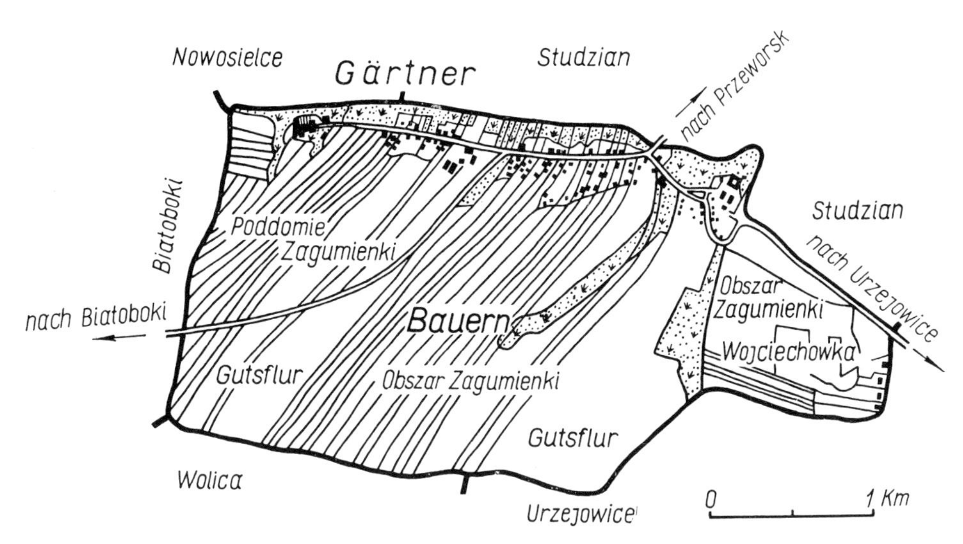

Abb. 36 Ursprüngliches Reihendorf Debow im Karpatenvorland, bei dem durch Realteilung die Reihenanordnung der Höfe entartete (nach Hildebrandt).

Das Anerbenrecht wirkte sich auf die Formen stabilisierend aus, und bei Realteilung ist mit stärkeren Veränderungen zu rechnen. In den ostdeutschen Kolonisationsgebieten setzte sich das Anerbenrecht durch und demgemäß unterlagen die Planformen kaum einem Wandel, es sei denn, daß noch andere Faktoren wirksam wurden. In Frankreich und in Polen galt in den meisten Gebieten die Realteilung. Demgemäß konnte die ursprüngliche Anlage völlig verwischt werden, wie es etwa bei den Reihendörfern des Juras der Fall war. U. U. erhielt sich eine gewisse lineare Ausrichtung des Grundrisses, wie es Abb. 36 wiedergibt.

Mit dem ausgehenden Mittelalter setzte eine Bevölkerungsabnahme ein, durch Pestepidemien bedingt, was nun zu einer Agrarkrise führte mit einem Absinken der Getreidepreise, einem Ansteigen der Preise für gewerbliche Produkte, während die Höhe der Löhne sich zwischen beiden Extremen hielt (Abel, 1967). Diese Vorgänge waren so stark, daß sie in dem Wüstwerden von Siedlungen ihren Niederschlag fanden, so daß in Deutschland dieser Abschnitt als Wüstungsperiode bezeichnet wird. Sie währte in Altdeutschland vom beginnenden 14. bis zur Mitte des 15. Jh.s und setzte in Ostdeutschland später ein und fand dort ein halbes Jahrhundert danach ihr Ende. Diese Vorstellung übertrug Abel (1966, S. 58) auf andere westeuropäische Gebiete. Jedoch lassen die Vorstellungen von Pesez und Le Roy Lanurie (1965, 183 ff.) für Frankreich mit Ausnahme des Elsaß einen etwas verschiedenen Ablauf erkennen, indem die Zahl der totalen Ortswüstungen einerseits geringer war als in Deutschland, andererseits innerhalb von Frankreich andere Perioden, insbesondere der Hundertjährige Krieg, mehr totale Ortswüstungen hervorbrachte als die Zeit des ausgehenden Mittelalters. Bereits zu Beginn des 15. Jh.s war der Bevölkerungsrückgang wieder ausgeglichen und temporäre Wüstungen in der früheren Art besetzt. In manchen Gebieten von England erreichte die Bevölkerungsabnahme ihren Höhepunkt erst in der zweiten Hälfte des 15. Jh.s. Bei niedrigen Getreide- und hohen Wollpreisen war das Interesse der

Grundherren darauf gerichtet, das Ackerland als Weide für die sich mehrenden Schafherden zu nutzen. Dabei mag es bereits am Ende des 15. Jh.s dazu gekommen sein, Bauern zu legen (Beresford, 1965, S. 539 ff.).

Wir müssen uns hier auf die deutschen Untersuchungen beschränken, weil lediglich hier der Einfluß der Wüstungsperiode auf die Gestaltung der Siedlungen eingehend untersucht wurde, wobei es sich vorläufig nur um die Ortswüstungen handelt. Zu unterscheiden sind partielle und totale Ortswüstungen und solche, die zwar im ausgehenden Mittelalter abgingen, dann aber wieder besetzt wurden (temporäre Wüstungen). Um einen Vergleich zwischen einzelnen Landschaften herzustellen, benutzte bereits Schlüter (1903) den Wüstungsquotienten, mit dem auch Pohlendt (1950) arbeitete. Dieser Wüstungsquotient stellt den Anteil der totalen Ortswüstungen des ausgehenden Mittelalters an der Zahl der im Hochmittelalter existierenden Siedlungen dar. Sicher sind damit Unsicherheitsfaktoren verbunden. Sie liegen darin, daß man sich auf schriftliche Quellen beschränken muß, durch die aber nur ein Teil der tatsächlich vorliegenden Wüstungen erfaßt wird; archäologische Funde, d. h. Bestimmung der Keramik, läßt häufig die Zahl der totalen Ortswüstungen höher erscheinen. Zudem bleibt bei der Bildung des Wüstungsquotienten unberücksichtigt, ob Einzelhöfe, Weiler oder Dörfer abgingen, und auch temporäre Wüstungen sind darin nicht enthalten. Zudem besteht der Einwand von Prange (1967, S. 74 ff.) zu Recht, daß die Aufgabe bäuerlicher Stellen mehr über die Stärke des Wüstungsprozesses aussagt als der Anteil der totalen Ortswüstungen. Für Ostholstein, Lauenburg und das nordwestliche Mecklenburg zeigte er, daß im ausgehenden Mittelalter nur 11 v. H. der Dörfer abging, aber 56 v. H. der Stellen. Für manche Gebiete Altdeutschlands sind aber entsprechende Unterlagen nicht zu erwarten. Aus diesem Grunde nahm auch Abel (1966, S. 84 ff.) den Wüstungsquotienten zu Hilfe. Nach ihm beläuft sich der durchschnittliche Abgang von Orten in Deutschland auf 26 v. H. (in den Grenzen von 1933).

Dieser Wert wird dort unterschritten, wo das Hauptgewicht auf der Viehwirtschaft lag, insbesondere im Niederrheingebiet und in Nordwestdeutschland. Für die Krummhörn bestätigte Reinhard (1967, S. 100) diesen Sachverhalt, indem hier im wesentlichen Einzelwurten wüst fielen.

Im Weser-, Leine- und hessischen Bergland, die auch Jäger (1958) als besonders wüstungsanfällig ansah, ist der genannte Quotient besonders hoch (mehr als 40 v. H.), was ebenfalls für den gesamten Umkreis des Harzes bis östlich der Elbe gilt. In den Höhenbereichen war der Bevölkerungsrückgang und die damit verbundenen wirtschaftlichen Schwierigkeiten entscheidend. In den Senken und Tälern wirkten sich diese Momente ebenfalls aus; doch kam ein weiterer Gesichtspunkt hinzu. Hier ist zu beachten, daß es sich um städtereiche Gebiete handelte. Zwar blieben die Städte vom Bevölkerungsverlust des ausgehenden Mittelalters nicht verschont, aber in ihnen boten sich bessere Möglichkeiten zur Überbrückung der Krise auf Grund der steigenden Preise für gewerbliche Güter. Das bedeutet, daß der schon im Hochmittelalter zu beobachtende Konzentrationsprozeß im ausgehenden Mittelalter noch einmal wirksam wurde, wie es Jansen am Beispiel des südwestlichen Harzrandes (1967) und Marten (1969, S. 38 ff.) an dem des Amtes Aerzen (Hameln-Pyrmont) gezeigt haben.

Seit dem letzten Drittel des 15. Jh.s erfolgte ein Bevölkerungszuwachs, so daß um das Jahr 1560 die Einwohnerdichte des Hochmittelalters wieder erreicht war. Wie sich das auf die resistenten Siedlungen auswirkte, ist zunächst zu behandeln. Dabei kommt man deswegen in einige Schwierigkeiten, weil von der Wüstungsforschung mehr auf die Entwicklung der Flurformen als auf die der Siedlungsformen abgehoben wurde. Man kann theoretisch von der Überlegung ausgehen, daß am Ende des 16. und im beginnenden 17. Jh. weniger Ortschaften existierten als im Hochmittelalter und – abgesehen von den Neugründungen – die sich vermehrende Bevölkerung auf eine geringere Zahl von Wohnplätzen verteilte. Demgemäß ist mit einer Verdichtung und/oder Ausweitung der Ortschaften zu rechnen.

Betrachtet man zuerst ungeregelte Anlagen, d. h. Weiler und Dörfer, dann können solche Vorgänge bestätigt werden. Für das östliche Schwaben ist das von Grees (1975, S. 296 ff.) belegt worden und findet seine Fortsetzung in Bayerisch-Schwaben. Allerdings kamen „geschlossene" Gemeinden, in denen die Nachkommen der hochmittelalterlichen Bevölkerung die Gemeinderechte für sich beanspruchten und nicht auf weichende Erben oder Zugezogene erweitern wollten, dafür nicht in Frage. In „offenen" Gemeinden hingegen, Marktflecken, Orten der Reichsritterschaft oder des Herzogtums Württemberg, wo die Herrschaft bestrebt war, Gewerbetreibende anzusetzen, findet man im 16. und beginnenden 17. Jh. eine Zunahme der Selden, die bevorzugt am Außenrand der bestehenden Dörfer, meist an den Ausfallstraßen ihre Hofraite erhielten.

Anders verlief die Entwicklung in Nordwestdeutschland, und zwar vornehmlich westlich der Weser. Hier ging man unter dem Einfluß der Landesherrschaften dazu über, die Kötter in der Gemeinheit mit Land auszustatten. Zu den älteren lockeren Weilern oder Drubbeln gesellten sich die jüngeren Einzelhöfe hinzu.

Mitunter haben kleinere Platzanlagen wie die Reihen- und Straßenweiler des Odenwaldes die Wüstungsperiode überdauert, und der Abgang einzelner Höfe konnte in der alten Form ersetzt werden. Für einige Teile des mittleren Schwarzwaldes allerdings wie für die Grundherrschaften der Klöster St. Peter, Friedenweiler und Tennenbach gingen 40-50 v. H. der Höfe ein, und die Einzelhofreihen, mitunter auch Einödhöfe in ihrer heutigen Ausprägung setzten sich erst seit dem 16. Jh. durch (Gothein, 1886; Sick, 1974, S. 112 ff.). Gleichzeitig wurde weichenden Erben, die als Handwerker oder Tagelöhner ihre Existenz fanden, das Recht zuerkannt, auf den jeweiligen Hofgrundstücken ihre Häusle zu errichten.

Besser erhielten sich in Altdeutschland und im Kolonisationsgebiet die planmäßig angelegten Dörfer, Anger-, Straßen- und Reihendörfer, bei denen sich partielle Wüstungen einstellen konnten, die teils mit Kossäten besetzt wurden, teils aber wegen der sonstigen rechtlichen Fixierungen ihre alte Form wiedergewannen.

Schließlich ist in Rechnung zu stellen, daß partielle oder totale Ortswüstungen in Gutsbetriebe überführt wurden. Born (1973, S. 35) nannte für Hessen die Wetterau, den Löwensteiner Grund und das Werragebiet, wo das eine Rolle spielte. Die herrschaftlichen Schäfereien in Württemberg entwickelten sich auf Ödland, das während der Wüstungsperiode anfiel (Jänichen, 1970, S. 182).

Wesentlich stärker machte sich dieses Phänomen im Kolonisationsgebiet und im östlichen Mitteleuropa bemerkbar. Das Ansteigen der Bevölkerung nach der Wüstungsperiode war meist geringer als in Altdeutschland (Krenzlin, 1959,

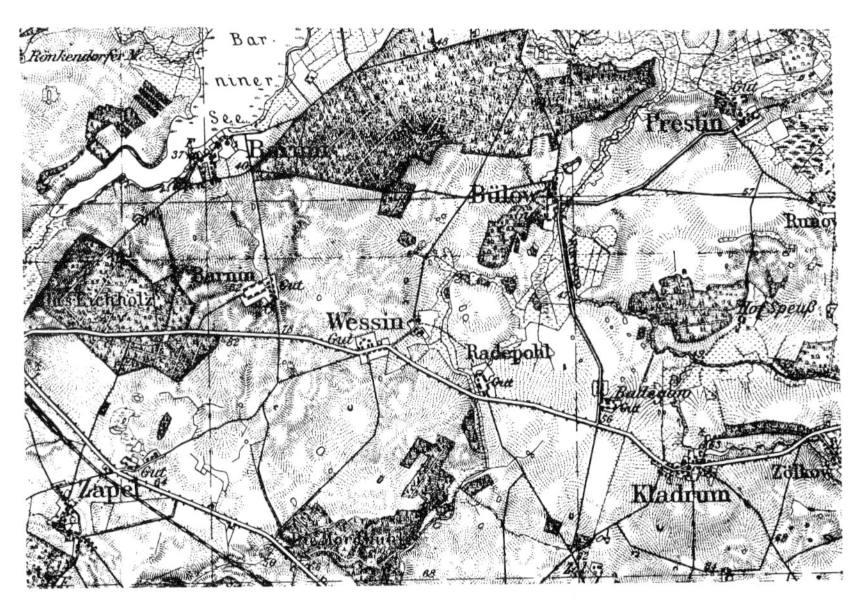

Abb. 37 Gutssiedlungen in Mecklenburg, südöstlich von Schwerin (Ausschnitt aus der Karte des Deutschen Reiches 1:100000, Großblatt 35).

S. 168), und demgemäß ergaben sich größere Schwierigkeiten, wüste Stellen mit Bauern zu besetzen. So erschien es vielfach zweckmäßiger, die vorhandenen Eigenwirtschaften auszudehnen bzw. neue *Gutskomplexe* zu bilden. Gleichzeitig brachten die steigenden Getreidepreise den Anreiz, die Getreideproduktion zum Zwecke des Exports auszuweiten. Zudem ließen die Landesherren einen Teil ihrer Rechte dem Adel zukommen, der nun die Gerichtsherrschaft erhielt (Lütge, 1963, S. 109 ff.). Dies bedeutet, vornehmlich nach dem Dreißigjährigen Krieg, einen entscheidenden Anstoß zum Bauernlegen. Im Bereiche der Ostseeumrahmung war die Gutsbildung und das dadurch bedingte Verschwinden von Dörfern besonders groß, weil hier die Möglichkeit zum Export sich besser als in den Binnenlandschaften durchführen ließ (Abb. 37), in den Mittelgebirgen verblieb es in der Regel bei den kleineren Gütern der ehemaligen Lokatoren.

Nach der Wüstungsperiode traten sowohl im Westen als auch im Osten Neugründungen auf. Im nordöstlichen Lothringen wurden zwischen dem beginnenden 17. Jh. und dem ersten Drittel des 18. Jh.s etwa vierzig Dörfer und Weiler angelegt, der Hauptteil vor dem Dreißigjährigen Krieg, wobei die Form des Straßendorfes gewählt wurde (Peltre 1966). In Altdeutschland waren insbesondere kleinere Grundherrschaften daran interessiert, neue Siedlungen anstelle von Wüstungen oder unabhängig davon zu gründen. Mitunter wie in der Rhön konnte es dazu kommen, daß die Zahl der Neuanlagen die der perennierenden mittelalterlichen Siedlungen übertrag (Röll, 1966, S. 40). Wenig Raum blieb für ein individuelles Vorgehen der Siedler; meist handelte es sich um geplante Anlagen, die sich häufig durch ihre kleinen Ausmaße von denen der hochmittelalterlichen Kolonisation unterscheiden.

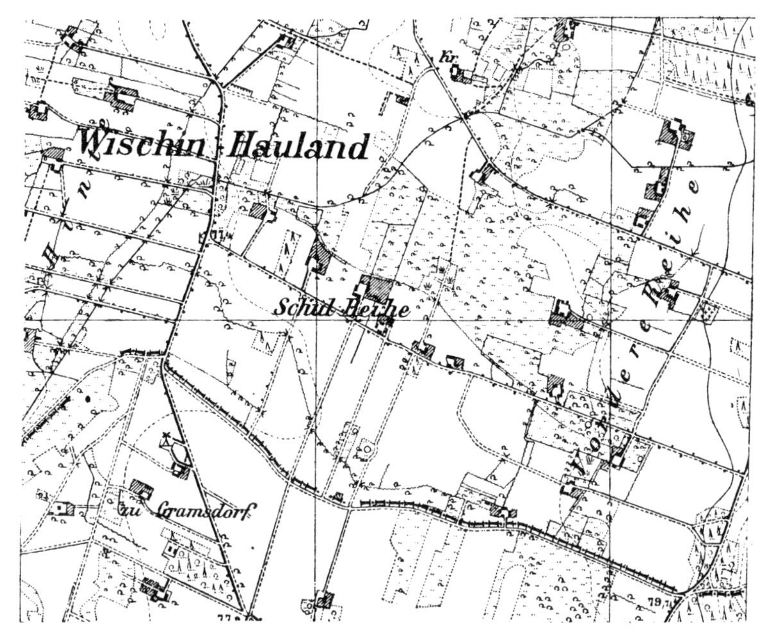

Abb. 38 Hauländereien im ehemaligen Kreise Kolmar (Ausschnitt aus der Topographischen Karte 1:25000, Bl. 3166).

Im Kolonisationsgebiet und darüber hinaus setzte im Zusammenhang mit der Gutsherrschaft die zweite deutsche *Ostkolonisation* ein. In die Grenzmark und das östliche Pommern wanderten Bauern aus den westlich benachbarten Bereichen ein, wobei die Form des Angerdorfes weitergeführt wurde. Holländische Mennoniten leiteten die Bewegung im Danziger Werder ein und hatten bis zum Beginn des 17. Jh.s zu beiden Seiten der Weichsel zwischen Thorn und Leslau ihre *Reihendörfer* angelegt.

Wenige Jahrzehnte später verhandelten sie bereits über die Kultivierung des Weichseltales bei Warschau. Bald weitete sich die Siedlungsbewegung auf die benachbarten Waldgebiete aus, da insbesondere polnische Grundherren an der Inwertsetzung dieser Bereiche interessiert waren. Dabei mischte sich im Volksmund die ursprünglich für die niederländischen Dörfer aufgenommene Bezeichnung „Holländerdorf" mit jener für die Rodungssiedlungen auftauchenden Benennung „Hauland"; sowohl die Orte des Niederungslandes als auch die der Waldkolonisation erscheinen fortan als Hauländereien (Abb. 38).

Sie zeigen sich als kleine *Reihendörfer* oder unregelmäßig angeordnete Einzelhöfe, die allerdings durch die Flurform regelhafte Züge erhalten. In ihrer kleinbäuerlichen Struktur weisen sie nicht mehr den Zusammenhalt auf wie die voll ausgebildeten Reihendörfer. Bis in das 18. Jh. hinein setzte sich dieser Vorgang fort, so daß in Großpolen fast 2000 Hauländereien gezählt wurden (Maas, 1935).

Wurde zeitlich vorausgegriffen, um einerseits die Gutsbildung und andererseits die Kolonisationswelle im Zusammenhang darstellen zu können, so kam es seit dem 16. Jh. auch zur Neulanderschließung im Westen. Die Kultivierung der

Abb. 39 Hochmoorsiedlung Westrhauderfehn (Reihendörfer), Ostfriesland (Ausschnitt aus der Topographischen Karte 1:25000, Bl. 2811).

Hochmoore setzte in den Niederlanden im 16. Jh. ein; hier wurde die Fehnkultur entwickelt, die zumindest im Innern der Hochmoore nur unter einheitlicher Leitung stattfinden konnte. Bedingt durch den Dreißigjährigen Krieg wurde die Fehnkolonisation in Nordwestdeutschland erst seit der zweiten Hälfte des 17. Jh.s aufgenommen. Da man die ausgehobenen Kanäle zur Torfabfuhr benötigte, lag es nahe, die Hofraiten längs der Wasserwege aufzureihen (Abb. 39).

Der Dreißigjährige Krieg hinterließ kaum totale Ortswüstungen. Allerdings war nun, insbesondere im Osten, ein neuer Anstoß zur Ausdehnung der Gutsbetriebe gegeben.

Seit dem 17. Jh., als man in den Niederlanden zur Trockenlegung der nordholländischen Seen überging, nahm man von der Reihendorf-Anlage Abstand. Nun entstanden Einzelhöfe, ein Prinzip, was seine volle Entfaltung meist erst im 19. Jh. erlebte.

Nochmalige Verdichtung von Siedlungen, Nachsiedlungen und staatlich gelenkte Kolonisationsvorgänge kennzeichnen die Periode nach dem Dreißigjährigen Krieg bis zum ausgehenden 18. Jh. Die unterbäuerliche Schicht wuchs sowohl in

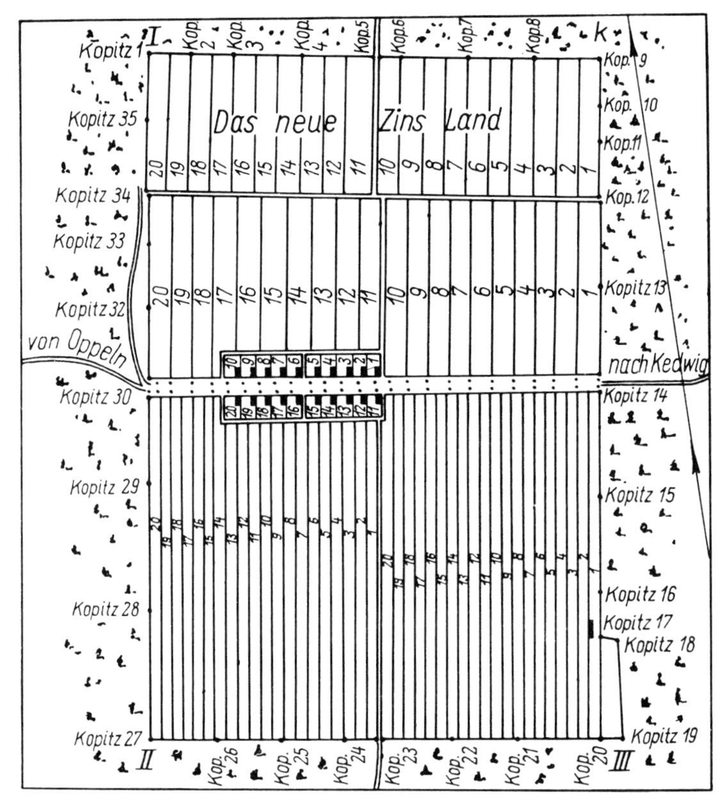

Abb. 40 Friderizianische Kolonie Tempelhof im nordschlesischen Waldgebiet (Alte Planskizze, nach Kuhn).

Realteilungsgebieten als auch in solchen mit Anerbenrecht an. Die Einzelhöfe der Rhön (Röll, 1967) und die meist schematisch angelegten Ortschaften von Glaubensflüchtlingen in den protestantischen Territorien des Westens (Born, 1973) gehören in diesen Zusammenhang. Wesentlich umfangreicher gestaltete sich die Siedlungsbewegung in Preußen, wo bis zum Jahre 1740 150000 und danach noch einmal 300000 Zuwanderer aufgenommen wurden (Franz, 1970, S. 203). Hier konnte eine staatlich gelenkte Kolonisation in die Wege geleitet werden. Teilweise handelte es sich um die Entwässerung der Urstromtäler, teilweise um Rodung von Waldgebieten, innerhalb derer schematisch angelegte *Straßendörfer* den Vorzug erhielten (Abb. 40).

In den durch die Teilung Polens an Preußen gekommenen Gebieten wurde die Schematisierung der Formen durch den Begriff der Liniendörfer ausgedrückt (Abb. 41). Als mit der Bauernbefreiung in Polen (1864) die Aufteilung der Gutsbetriebe begann, bediente man sich weitgehend der *Liniendörfer,* die ohne Rücksicht auf die Oberflächengestalt das Gelände durchziehen. Auf die österreichische Staatskolonisation, die auch Galizien erfaßte, wurde bereits verwiesen.

Im 16. Jh. hatte man in Oberschwaben (Fürstabtei Kempten) damit begonnen, die Gemengelage des Besitzes zu beseitigen und mitunter die Höfe auf das von

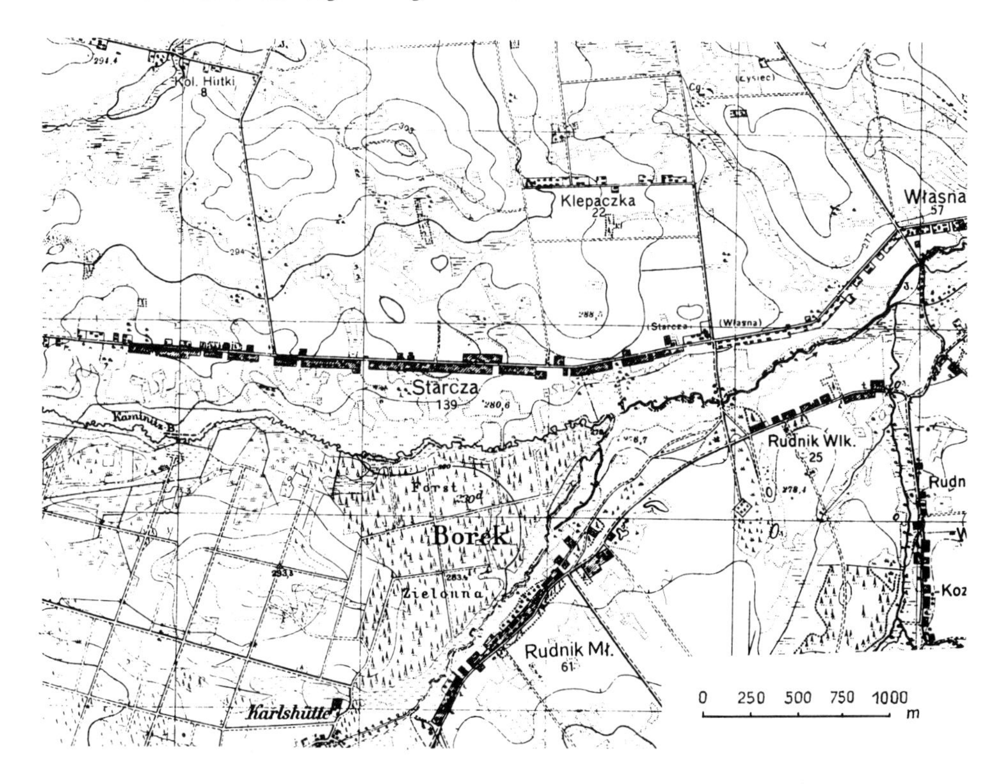

Abb. 41 Liniendörfer in Ostschlesien (Ausschnitt aus der Topographischen Karte 1:25000, Bl. 5380).

ihnen bewirtschaftete Land zu verlegen *(Vereinödung)*. Aber erst nach dem Dreißigjährigen Krieg nahm dieser Prozeß größeren Umfang an und dehnte sich seit dem 19. Jh. räumlich aus. Damit vollzog sich der Übergang von Dörfern oder Weilern zu Einzelhöfen.

Hatten die Grundherren in England bereits seit dem 14. Jh. versucht, Allmendland einzuhegen und in ihren Besitz zu überführen, so förderten seit dem 18. Jh. Parlamentsakten den *Einhegungsprozeß*, der bis zur Mitte des 19. Jh.s fortgeführt wurde. Diese Entwicklung verlief zugunsten der Landlords, die ihre arrondierten Betriebe verpachteten. An die Stelle von Dörfern traten unregelmäßig angeordnete Einzelhöfe. Das angelsächsische Beispiel nahm man zunächst in Dänemark und damit auch in Schleswig-Holstein auf, dann auch in Schweden und Norwegen, allerdings derart, daß hier die Bauern in den Genuß der Neugliederungen kamen. Die Ablösung der Grundherrschaft und das Streben nach Intensivierung der Landwirtschaft bildeten die treibenden Kräfte.

Auf dem Kontinent wurden gesetzliche Bestimmungen für *Flurbereinigungen* erst seit dem 19. Jh. erlassen. Was dann geschah und ob damit und der zusätzlichen Aufteilung der Allmenden bzw. Gemeinheiten aus geschlossenen Dörfern Einzelhöfe wurden oder eine Verstärkung der schon vorhandenen Einzelhöfe erfolgte, ist Abb. 42 und 43 zu entnehmen.

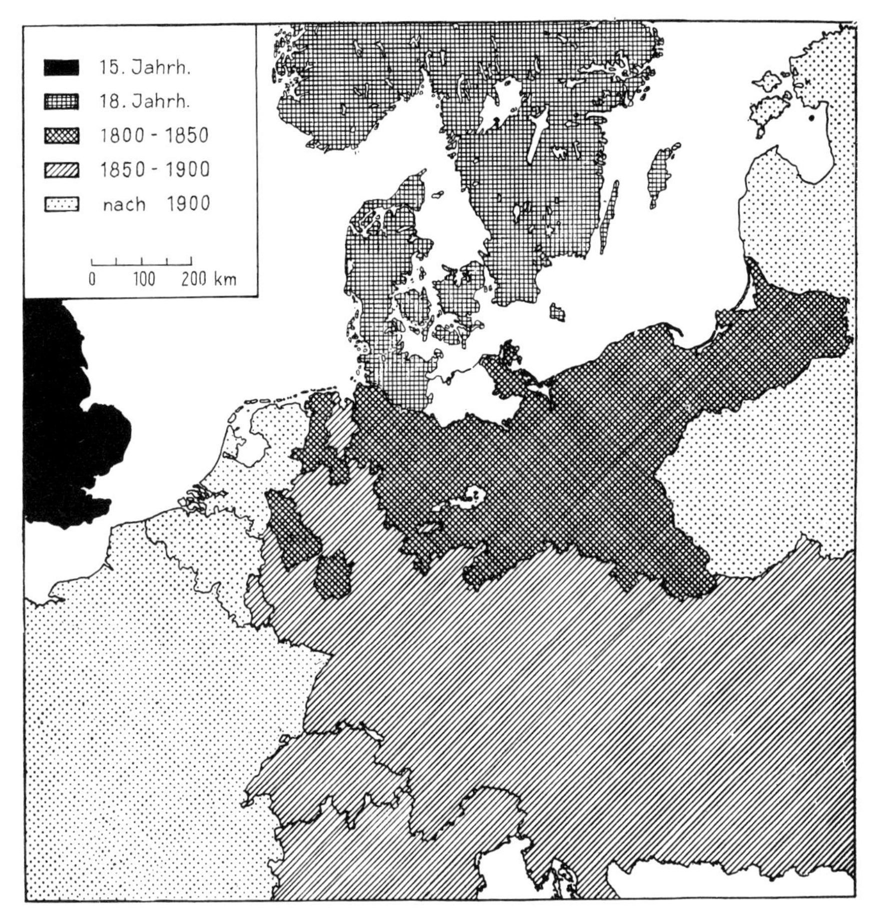

Abb. 42 Der zeitliche Ablauf der Flurbereinigungen auf Grund der gesetzlichen Bestimmungen.

Die Stein-Hardenbergschen Reformen in Preußen zu Beginn des 19. Jh.s hatten wohl auf den Domänen Erfolg, wo teilweise schon im 18. Jh. der Schutz der Bauern eine größere Rolle spielte, nicht aber bei den dem Adel gehörigen Gütern. Die zu zahlenden Ablösungen in Land oder in Geld konnten meist nicht aufgebracht werden, so daß der Gutsbesitz häufig noch einmal eine Ausdehnung erfuhr und die Bauern zu Landarbeitern absanken. Allerdings mußte der Adel auf Gerichtsherrschaft und Steuerfreiheit verzichten. Der Konkurrenz ausgesetzt, kam es in bescheidenem Umfang bis zum Ersten Weltkrieg und danach zur Aufsiedlung von Gütern durch Bauern.

Mag während des 19. Jh.s bei Flurbereinigungen das keineswegs immer erreichte Ideal die Einzelhofsiedlung gewesen sein, so änderte sich das bereits zwischen den beiden Weltkriegen, jedenfalls bei Neulanderschließungen. Bei dem Projekt der Einpolderung der Zuidersee wurden Hofgruppen einem Mittelpunkt zugeordnet, innerhalb dessen die sozialen, kulturellen und wirtschaftlichen Einrichtungen Aufnahme finden. Nachbarschaftshilfe und genügende Infrastruktureinrichtungen werden auf diese Weise miteinander verbunden.

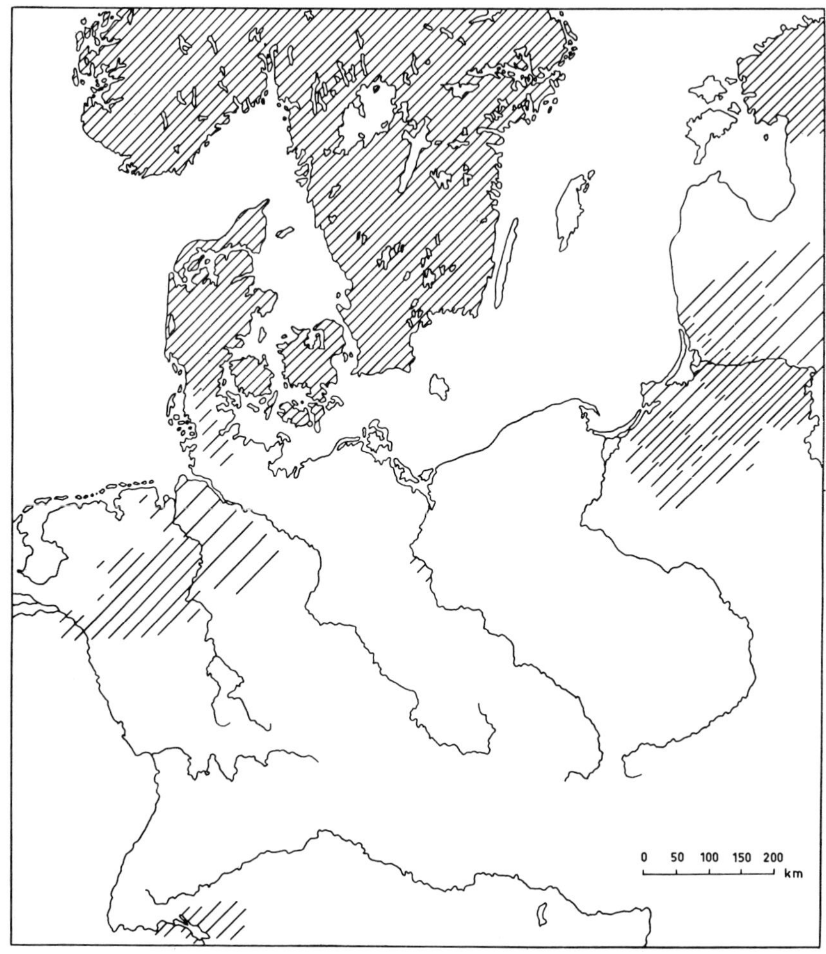

Abb. 43 Der Zusammenhang zwischen Flurbereinigung und Einzelhofsiedlung. Die Dichte der Signatur gibt die Stärke „Vereinzelung" durch die Flurbereinigung an.

Ähnlich steht es bei den Hochmooren im Emsland, wo sich eine entsprechende Lösung durchgesetzt hat (Abb. 44). Auch bei den Flurbereinigungen nach dem Zweiten Weltkrieg bevorzugt man kleine Hofgruppen, die auf die Dörfer ausgerichtet sind, falls überhaupt eine Auflockerung der Gruppensiedlungen in Frage kam.

η) Die Siedlungsgestaltung in den einstigen europäisch besiedelten Kolonialländern. Vergleicht man die Siedlungsformen in Eurasien und großen Teilen Afrikas, wo die Gruppensiedlungen überwiegen, mit denen der einstigen europäischen Kolonialländer, dann kommt hier – mit Ausnahme von Lateinamerika – der Streusiedlung die größere Bedeutung zu. Ob es sich um Nordamerika handelt, um Australien, Neuseeland oder Südafrika, immer wird – und zwar über große Räume hinweg – die *Streusiedlung* als gestaltender Faktor der Landschaft den Stempel aufprägen. Die Jugendlichkeit des Kolonisationsvorganges in einer Zeit, in der

Abb. 44 Neusiedlung im Emsland. Niederlangen-Oberlangen, Dorfkern mit Hofgruppen (Mit Genehmigung des Landeskulturamtes in Meppen).

auch in manch anderer Hinsicht dem Individualismus zum Durchbruch verholfen wurde (Renaissance bzw. 19. Jh.), bildet sich damit in den Ortsformen ab. Spiegelte sich in den Siedlungsverhältnissen des westlichen Europa der Kampf zwischen ererbter Gebundenheit und Hinwendung zum Individualismus wider, so stellt letzterer die Grundlage für die Kolonialsiedlung dar.

Wenn in den einstigen Kolonialräumen vielfach – auch das gilt nicht ausschließlich – nicht von Bauern, sondern von Farmern gesprochen wird –, so ist ein

Sachverhalt angedeutet, der zum Verständnis der Farm-Einzelsiedlungen führt. Den Bindungen, die das bäuerliche Dasein in Europa mit sich brachte, entronnen, wollte man nun draußen, auf sich selbst gestellt, den größtmöglichen Gewinn aus dem Boden ziehen. Meist machte die Periode der wilden Landnahme einer planmäßigen staatlichen Vermessung Platz, die dem Rechnung trug, was durch die Initiative des einzelnen bewirkt worden war: die Einzelsiedlung wurde nun staatlich gelenkt, wie es sowohl für die Vereinigten Staaten und Kanada als auch für Australien, Neuseeland und Südafrika zum Tragen kam. Auf die Art der Landaufteilung wird an anderer Stelle eingegangen (Kap. IV. D. 2). Auf jeden Fall aber war ursprünglich bei der Landnahme durch squatter right eine unregelmäßige, bei der durch staatliche Vermessung eine regelmäßige Verteilung der Einzelhöfe gegeben. Allerdings blieb letztere nicht immer erhalten. Für Indiana z. B. stellte Hard fest (1968), daß durch Aufgabe von Betrieben und Vergrößerung der bestehen bleibenden eine unregelmäßige Anordnung der Einzelhöfe bewirkt wurde. Das war zweifellos auch in andern Bereichen der Fall, etwa in der Prärie, wo die Zahl der Weizenfarmen bis zum Jahre 1930 zunahm, dann aber auf Grund von Dürreperioden die umgekehrte Entwicklung einsetzte, während die dazu gehörige durchschnittliche Fläche seit dem Jahre 1880 erhebliche Erweiterungen erfuhr (Haystead und Fite, 1954, S. 179 ff.), was zu einer unregelmäßigen Verteilung der Höfe führen mußte.

Schließlich bleibt zu berücksichtigen, daß die Isolierung der Siedlungen auch in den Dienst staatlicher Ziele gestellt wurde. Da Kolonisten aus vielen Ländern Europas kamen, versuchte man durch die Einzelhof-Siedlungen völkische Gruppenbildungen zu verhindern, die für die recht jungen Staatsbildungen eine politische Gefahr hätten werden können. Farm-Einzelhof-Siedlungen wurden auf diese Weise für Kanada (mit Ausnahme des franko-kanadischen Siedlungsgebietes) und dem größten Teil der Vereinigten Staaten charakteristisch ebenso wie für Australien, Neuseeland und Südafrika.

Unter gewissen Voraussetzungen schlossen sich in der Neuen Welt europäische Kolonisten auch zu *Gruppensiedlungen* zusammen. Dies gilt zunächst für die Franzosen, die sich im Bereich des St. Lorenz ansetzten und dem franko-kanadischen Siedlungsraum seine kulturelle Eigenart und Sonderstellung gaben. Dem Flusse folgend, wurde eine lineare, lockere Anordnung der Höfe gewählt (Reihendörfer), die im Herrenhof, Presbyterium und Kirche ihren Konzentrationspunkt besaßen. Mit wachsender Bevölkerung verdichtete sich die einst locker gefügte Siedlungsreihe, und hinter die erste wurde in größerem Abstand eine zweite oder sogar dritte Reihe gefügt, für die nun nicht mehr der Fluß, sondern Straßen die Ausrichtung vorschrieben. Mag die schon im 17. Jh. einsetzende Kolonisation der Franko-Kanadier unter grundherrlicher Leitung ebenso wie ihre geringe Zahl die Anlage von Gruppensiedlungen begünstigt haben, so ist deren Erhaltung und die Ausbreitung dieses Siedlungstyps bei neuer kolonisatorischer Erschließung (Bartz, 1955) auf das starke Bewußtsein der Franko-Kanadier zurückzuführen, innerhalb der angelsächsisch-puritanischen Welt durch Abstammung und religiöses Bekenntnis eine Sonderstellung einzunehmen. Ob die Reihendörfer, hier als „rang“ bezeichnet, eine Übertragung aus der nordfranzösischen Heimat der Kolonisten darstellt oder ob sie in Anpassung an die natürlichen und wirtschaftlichen Gegebenheiten der ersten Kolonisationsphase selbständig entwickelt wurden – die Flüsse waren die einzigen Verkehrsadern und der Fischfang trat ergänzend zur Landwirtschaft hinzu –, muß einstweilen offen bleiben.

Auch die Puritaner in Neu-England ließen sich zunächst in Gruppensiedlungen nieder, wobei der Zusammenschluß in Form der green villages (Kap. IV. C. 2.e. ζ.3) zum einen eine Schutzmaßnahme gegenüber den noch nicht befriedeten Indianern darstellte und zum andern der Erhaltung der sozialen und religiösen Bindungen der puritanischen Gruppen zu dienen hatte (Trewartha, 1946, S. 573 ff.; Bichwell und Falconer, 1925, S. 58); bei wachsender Bevölkerung und Zuzug neuer Kolonisten bildeten sich zunächst Tochterdörfer. Doch schon früh begann der wirtschaftlich vorteilhaftere Ausbau in Form von Einzelhöfen. Damit war in knapp zwei Jahrhunderten die geschlossene Siedlung vom Einzelhof abgelöst worden. Nachdem die Vorbedingungen für die Anlage von Gruppensiedlungen – Schutzbedürfnis und besondere Pflege des Gemeinschaftslebens – nicht mehr gegeben waren und wirtschaftlich-rationale Gesichtspunkte über alle andern Belange gestellt wurden, lösten sich die vorhandenen green villages meist zugunsten einer sekundären Streusiedlung auf. Man wird den sozialen Wandel nicht verkennen dürfen, der dazu führte, und man wird gewisse Parallelen zu der Entwicklung der Siedlungen im nordwestlichen Europa gewahr, wenngleich es hier eines wesentlich längeren Zeitraums dafür bedurfte.

Immer dann, wenn besondere Gründe für eine bestimmte Art des Gemeinschaftslebens vorlagen, ob durch völkische oder religiöse Motive bedingt, wurden auch noch in den jüngeren Phasen der Kolonisation im 19. und 20. Jh. Gruppensiedlungen ins Leben gerufen. Wir können hier nur einige Beispiele nennen. In Australien waren es die Deutsch-Lutheraner, die sich in Reihen- und Straßendörfern niederließen (Geisler, 1930). In der kanadischen Prärie heben sich die Gruppensiedlungen der Duchoborzen, der Mormonen und Mennoniten, letztere volksdeutsche Kolonisten aus Rußland, gegenüber den sonst herrschenden Einzelhöfen ab (Dawson, 1936), wenngleich sich auch hier gewisse Auflösungserscheinungen bemerkbar machen und eine Angleichung an das Einzelhof-System stattfindet. Wandten die Mennoniten in der kanadischen Prärie, deren eigentliche Erschließer sie waren, diejenige Form an, die sie von der Kolonisation in Rußland her kannten, nämlich das Straßendorf (Warketin, 1959), um am Ende des 19. Jh.s zum Einzelhof überzugehen, so zeigen ihre Siedlungen in Paraguay die Anlage von Reihendörfern (Schmieder-Wilhelmy, 1939; Hack, 1960, S. 60 ff.). Es seien schließlich noch die auf deutsche Kolonisten zurückgehenden Reihensiedlungen im südlichen Chile genannt.

Das eindrucksvollste Beispiel einer Gruppenkolonisation in der Neuen Welt stellen jedoch die Mormonensiedlungen im Großen Becken Nordamerikas dar.

Wenn es dieser Sekte auch nicht gelang, hier in völliger Isolierung ein eigenes Staatswesen aufzubauen, so weist ihr Siedlungsgebiet mit dem Mittelpunkt Salt Lake City doch so eigenartige Züge auf, daß „es noch heute ein Mormonenland als geographischen Begriff" gibt (Lautensach, 1953, S. 13). Das gilt auch für ihre Siedlungen, deren Ortsnamen (aus dem Alten Testament, kirchliche Bezeichnungen, Vor- und Familiennamen von Mormonenführern) bereits auf die Eigenart dieser religiös gebundenen Gruppe hinweisen. Ebenso zeigt sich das in der Gestaltung ihrer Siedlungen, die mit ihren rechtwinklig sich schneidenden, den Haupthimmelsrichtungen folgenden breiten Straßen und dadurch ausgesparten Baublöcken die straffe Zusammenfassung des Gemeinschaftslebens betonen (Abb. 45), wenngleich sich auch hier die sekundäre Streusiedlung durchzusetzen beginnt.

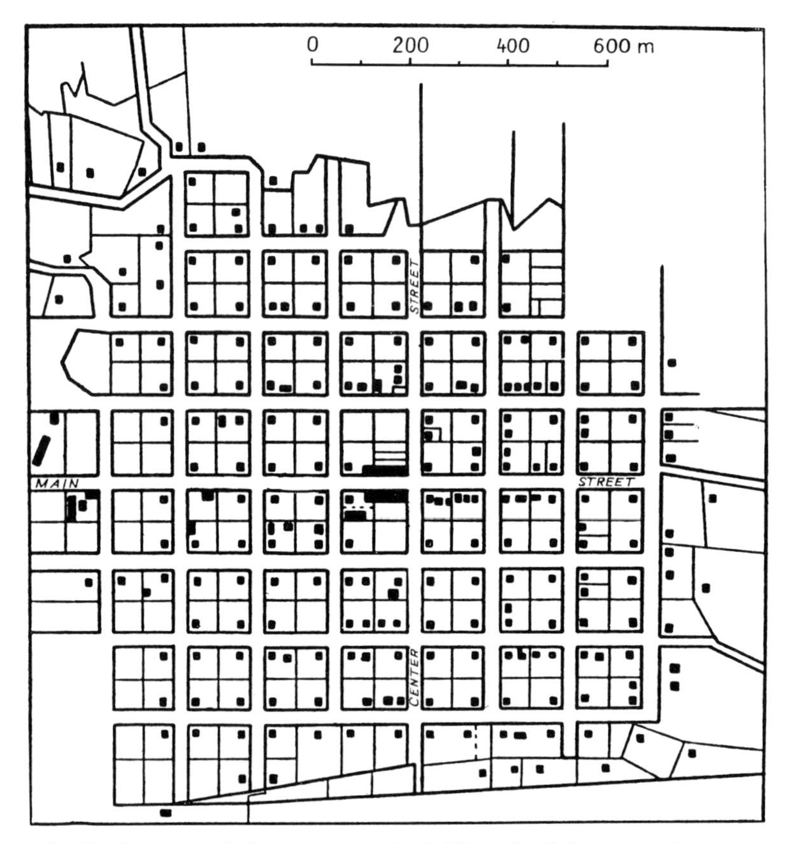

Abb. 45 Mormonensiedlung Escalante in Süd-Utah (nach Lautensach).

Überall, wo sich in den Kolonialräumen bäuerliche Gruppensiedlungen zeigen, entstanden sie nie aus wirtschaftlichen Erwägungen. In keinem Fall ergibt sich eine Zuordnung zu bestimmten agraren Nutzungsformen. Immer war eine bestimmte Art des Soziallebens maßgebend, das in fremder Umgebung gewahrt werden sollte, wobei das Gemeinschaftsbewußtsein seine besondere Stärke religiösen Motiven verdankt.

Allerdings begegnet noch ein anderer Typ von Gruppensiedlungen, der zunächst eng verbunden mit der feudalen Gesellschaftsordnung und der Ausbildung von Großbetrieben war und dann auch von Gesellschaftsunternehmen getragen wurde, gleichgültig ob es sich um Ackerbau- oder Viehzuchts-Hacienden handelt oder um Plantagen. Weder die spanische noch die portugiesische Kolonisation Lateinamerikas wurde seinerzeit von einer bäuerlichen Bevölkerung getragen, sondern von einer Herrenschicht, die sich entweder durch das Encomienda-System in den Besitz von Land und Menschen in den Kordillerenhochländern (vor allem die Spanier) oder kaum besiedelten Flächen in Anspruch nahmen und diese in Form von Plantagen oder Viehzuchts-Estancien bewirtschafteten. Auch im Südosten der Vereinigten Staaten geschah die britische Besitzergreifung in ähnlicher Art. Herrenhof und dazu gehörige Siedlung von Leibeigenen oder Sklaven bildeten den ursprünglichen Siedlungstyp.

Im 19. und 20. Jh. zeigen sich hinsichtlich dieser Großbetriebe verschiedene Tendenzen. Einerseits behielt man die feudale Gesellschaftsordnung bei ohne wesentliche Änderungen der Siedlungsstruktur, wie es etwa in Guatemala, El Salvador, Nicaragua oder Costarica der Fall ist (West und Augelli, 1966). In Kentucky ging man nach dem Sezessionskrieg daran, neue Weiler am Rande der Großgrundbesitzungen zu schaffen und den befreiten Negern 2,5-5 ha Land zur eigenen Nutzung zu überlassen. Auf diese Weise sicherte man sich die Arbeitskräfte für den eigenen Betrieb, der bald wieder instand gebracht werden konnte, und den Negern wurde Hilfe zuteil, die damals außerhalb der Landwirtschaft kaum Arbeit fanden (Smith und Raitz, 1974, S. 217 ff.). Auch in manchen Gegenden von Peru ist eine erhebliche Konstanz der Latifundien zu beobachten (Matos Mar, 1967, S. 317 ff.).

In Peru kam ein anderer Typ zur Entwicklung. Hier gingen die Großbetriebe seit der zweiten Hälfte des 19. Jh.s in den Besitz kapitalkräftiger Gesellschaften über, die Erweiterungen und erhebliche Modernisierungen vornehmen konnten. Das kam einerseits den Arbeitersiedlungen zugute, die hinsichtlich Versorgungs- und Gemeinschaftsanlagen befriedigend ausgestattet wurden; andererseits aber brachte die Mechanisierung einen geringeren Arbeitskräfte-Bedarf. Ein kleiner Teil der früheren Peones, die mit Maschinen umzugehen verstanden, erlebten einen gewissen Aufstieg; die Mehrzahl sank zu unterbeschäftigten Tagelöhnern ab (Collin Delavaud, 1967, S. 363 ff.). Seit der Verstaatlichung hat sich daran nicht viel geändert, auch nicht durch die Bildung von Kooperativen, in denen die Arbeiter zusammengeschlossen wurden, ohne wesentlichen Einfluß ausüben zu können. Solche Gesellschaftsunternehmen, meist auf amerikanischem Kapital basierend, fanden sich auch auf einem Teil der Westindischen Inseln. Nach der Revolution in Kuba im Jahre 1959 wurden die amerikanischen Zuckerrohrplantagen nicht aufgeteilt, sondern blieben als Staatsbetriebe erhalten, wobei der Absatz und technische Hilfe nun durch die Sowjetunion bzw. die Ostblockstaaten gewährleistet ist. – Auch in Süd- und Südostasien entwickelten sich seit der zweiten Hälfte des 19. Jh.s Plantagen mit den planmäßigen estate-villages.

Eine andere Form des Großgrundbesitzes hat sich im Süden der Vereinigten Staaten nach den Sezessionskriegen ausgebildet. Diese Post Bellum-Betriebe blieben zwar im Besitz ihrer früheren Eigentümer, wurden aber zur Bewirtschaftung an Pächter vergeben, die sich aus den früheren Sklaven rekrutierten. Diese legten nicht aus wirtschaftlichen Gründen, sondern als Statussymbol ihrer Freiheit Wert darauf, in einzelnen, über die Fläche verstreuten Siedlungen zu leben (Prunty, 1955, S. 463 ff.). Insbesondere nach dem Zweiten Weltkrieg, als die Abwanderung der Neger in die Industrie des Nordens immer größere Ausmaße annahm und die notwendigen Arbeitskräfte in den Großbetrieben nicht mehr gesichert waren, ging man zur Mechanisierung über. Die Besitzer faßten die zuvor an Pächter vergebenen kleineren Einheiten wieder zusammen, und häufig wurde auch die Arbeitersiedlung längs einer Straße konzentriert.

Soziale und politische Gründe führten seit dem beginnenden 19. Jh. mitunter zur Auflösung der Latifundien, wobei wieder verschiedene Wege beschritten werden konnten. In Haiti, wo die Franzosen während des 18. Jh.s mit Hilfe afrikanischer Sklaven Zuckerplantagen einrichteten, brachen unter dem Einfluß der französischen Revolution die Unruhen bereits am Ende des genannten Jahrhunderts aus und führten zur Aufgabe der Kolonie. Das Land wurde in kleinen Parzellen an die Neger verteilt, eine ausgesprochene Streusiedlung setzte ein. Bis heute ist man bei der Subsistenzwirtschaft geblieben.

Das ist das eine Extrem. Das andere ist in Mexiko gegeben. Die Ausweitung der Latifundien noch während des 19. Jh.s auf Kosten des Gemeindelandes der Pueblos führte im Jahre 1910 zur Revolution mit der seit dem Jahre 1915 stattfindenden Agrarreform, die allerdings noch heute nicht zum Abschluß gekommen ist. Zunächst erhielten die bestehenden Pueblos auf Kosten der Hacienden, für die Maximalgrößen festgelegt wurden, unter bestimmten Voraussetzungen ihr Gemeindeland zur Nutzung zurück. Mitunter gleichzeitig, mitunter erst seit dem Jahre 1934 wurden auch die auf den Hacienden lebenden ehemaligen Leibeigenen, die nach der Revolution als Arbeiter fungierten, an der Landvergabe beteiligt. Taten sich mindestens zwanzig Peones zusammen und erbrachten den Nachweis, daß in bestimmter Entfernung von ihrem Wohnsitz die Hacienden das Größenlimit überschritten, dann konnte die überschüssige Fläche enteignet und ihnen zur Nutzung überlassen werden. Sowohl die Siedlungsgemeinschaft, für die neue Siedlungen in Straßennetzanlage geschaffen wurden, als auch für die von ihnen bewirtschaftete Fläche, die nicht in ihr Eigentum überging, fand der Begriff des Ejido Verwendung, in den aztekische und spanische Vorstellungen über das Gemeindeland eingingen, ohne damit identisch zu sein (Chardon, 1963; Tichy, 1966; Friedrich, 1968; Nickel, 1970). Die Hoffnung allerdings auf eine kollektive Bewirtschaftung und eine genossenschaftliche Organisation hat sich nur in Ausnahmefällen erfüllt.

D. Die Gestaltung der Flur und die Zuordnung von Flur- und Siedlungsform

1. Einführung in die Problematik und in die Grundbegriffe

Schon die nomadisch lebenden Völker kennen gewisse Nutzungsrechte am Land, die durch Gewohnheit festgelegt sind, wobei der Gruppenzusammenhalt wesentlich durch diesen gemeinsamen Anspruch auf Sicherung der Ernährung innerhalb eines bestimmten Gebietes gegeben ist. Wildbeuter durchstreifen nur gewisse Bezirke, in denen andern Horden zu sammeln, jagen oder fischen verwehrt ist. Dem Wild folgen Jägerhorden lediglich in durch Übereinkunft abgegrenzten Bereichen. Die Stammesgebiete der Hirtennomaden, in denen die Herdenwanderungen durchgeführt werden, sind mehr oder minder fest umrissene Ländereien. Aber in diesen Nutzungsrechten kleinerer oder größerer Gruppen auf bestimmte Bezirke, innerhalb derer dann die Wohnplätze verlegt werden, ist die Beziehung zwischen Wohnplatz und Wirtschaftsfläche bei den nomadischen Völkern erschöpft. Ihre Siedlungen sind durch die Siedlungsart und die Wirtschaftsform, die Gestaltung der Wohnplätze sowie deren topographische Lage charakterisiert und durch die meist an natürliche Leitlinien anknüpfenden, keineswegs linear und definitiv bestimmten Grenzen der von einer Gruppe benutzten Wirtschaftsfläche. Letztere selbst ist als Gesamtheit dem Wohnplatz zugeordnet, in sich aber nicht mehr durch menschliche Arbeitsleistung gegliedert.

Anders ist es dort, wo der Anbau von Kulturpflanzen die Grundlage des wirtschaftlichen Lebens abgibt. Hier ist die Bindung an den Boden eine wesentlich engere; die Arbeit, die vom Menschen durch Zubereitung des Landes für die Aufnahme von Pflanzen oder Samen, für deren ungehindertes Wachstum und für die Ernte der Früchte angewandt wird, schafft Bindungen zwischen der Gruppe bzw. dem Individuum und einem *bestimmten* Stück Boden. Dabei hebt sich das in Kultur genommene Land ab gegenüber dem, das sich selbst überlassen bleibt und als Sammel-, Jagd- oder Weideland genutzt wird. Letzteres stellt also einen *zusätzlichen Gemeinschaftsbesitz* dar, der als *Allmende* oder *Gemeinheit* bezeichnet werden kann; ersteres ist die Flur im engeren Sinne, die u. U. durch Parzellen verschiedener Form, die Nutzungs- oder Eigentumsansprüche anzeigen, gegliedert sind. Die gesamte Wirtschaftsfläche einer Gruppensiedlung, die das eigentliche Kulturland und die Gemeinheit umschließt, wird gewöhnlich als *Gemarkung* bezeichnet.

„Die Gemarkung bildet als räumliche Organisationsform die mehr oder minder geschlossene Wohn- und Wirtschaftsfläche eines Siedlungsverbandes, die durch Gewohnheitsrecht – oder wie es bei uns heute überall der Fall ist – durch Kataster fixiert und deren Zugehörigkeit zu einer bestimmten Siedlung festgelegt ist" (Uhlig-Lienau, 1967, S. 92).

Die Flur, die unter den gegenwärtigen Bedingungen häufig mit der Gemarkung identisch ist, dies aber nicht zu sein braucht, falls noch Allmende existiert, besteht aus Parzellen derselben Form oder unterschiedlicher Gestaltung. Wie aber erkennt man die Form von Parzellen?

Wohl wird durch geeignete Luftaufnahmen sich ein gewisser Überblick in solchen Gebieten erreichen lassen, die nicht katastermäßig erfaßt sind. Doch bleiben Unsicherheitsfaktoren bestehen, weil im Luftbild benachbarte Parzellen, die in derselben Art landwirtschaftlich genutzt werden, als Einheit erscheinen, obgleich sie besitzmäßig in zwei oder mehr Parzellen zerfallen. Auch das Umgekehrte kommt vor, daß unterschiedliche Nutzungsparzellen besitzrechtlich zusammengehören. Demgemäß ist auf die Unterscheidung von *Besitz- und Nutzungsparzellen* zu achten. Für die Bestimmung der Flurformen sind nur die ersteren zu gebrauchen; im Rahmen agrargeographischer Probleme stellt sich das Nutzunsgefüge als wichtiger heraus, und es kommt auf die jeweilige Ausrichtung an, ob die besitzrechtliche Struktur ebenfalls zu bearbeiten ist. Geländebegehungen und Erkundigungen bei der Bevölkerung bleiben unerläßlich, um Luftbildaufnahmen auf ihren besitzrechtlichen Inhalt zu überprüfen.

Nicht nur für die gegenwärtigen Verhältnisse vermögen Luftbilder mit Vorsicht zu benutzende Anhaltspunkte für die Flurgliederung bzw. das Erfassen der Elementarteile der Parzellenformen zu geben, sondern mitunter auch für vergangene Epochen. Hiermit gelang die Aufhellung urgeschichtlicher Formen in West-, Nord- und Mitteleuropa ebenso wie die Abgrenzung von römischen Zenturiatssystemen in den entsprechenden europäischen und nordafrikanischen Bereichen.

Bei archäologischen Befunden, gleichgültig, welche Periode damit abgedeckt werden soll, ergibt sich ein ähnliches Problem, nämlich das Auffinden von Besitzparzellen. In Mitteleuropa löste diese Frage manche Diskussionen aus, speziell im Hinblick auf im ausgehenden Mittelalter wüst gewordene Fluren (Kap. IV. D. 2.d).

Topographische Karten reichen nur in Ausnahmefällen aus, um die Form von Parzellen festzulegen. Infolgedessen bleiben als wesentliches Hilfsmittel Katasterpläne mit den entsprechenden Grundbüchern, dort, wo solches Material zur Verfügung steht.

Wenn Besitz- bzw. Betriebsgrenzen für die Bestimmung der Flurformen entscheidend sind, dann ergibt sich eine weitere Frage, auf die Matzat (1976, S. 133) aufmerksam machte. Wie steht es, wenn in feudalen Systemen eine Rangfolge in den Eigentumsverhältnissen bzw. Betriebsverhältnissen existiert? Im westlichen und mittleren Europa war bis zum Ende des 18. bzw. beginnenden 19. Jh.s grundherrliches Ober- und bäuerliches Untereigentum verschiedener Rechtsqualität vorhanden, und in Osteuropa erhielt sich das bis weit in das 19. Jh. hinein. Im Mittelmeergebiet, im Orient und teilweise in Lateinamerika begegnet mitunter eine mehrstufige Staffelung, indem der in der Stadt lebende Eigentümer den ihm gehörigen Boden verpachtet und die Pächter ihrerseits zur Weiterverpachtung übergehen. Unter solchen Voraussetzungen gilt es, einerseits diejenige Flurform zu bestimmen, die für das Obereigentum maßgebend ist, in die sich dann die des Untereigentums bzw. der Pachtbetriebe einpassen müssen, wobei letztere durchaus eine andere Gestaltung besitzen können als erstere.

Zwei Gesichtspunkte spielen für die Parzellen und ihe Anordnung eine Rolle. Zum einen handelt es sich um die *Parzellenformen,* die sich auf zwei Grundtypen zurückführen lassen bei später zu berücksichtigenden Variationen innerhalb eines jeden: *Block* und *Streifen* können jeweils allein oder auch in Kombination miteinander das Grundgerüst abgeben. Die Abgrenzung zwischen Block und Streifen legte man seit langem durch das Verhältnis von Breite zu Länge fest. Daran hat sich nichts geändert (3. Aufl., S. 193), wenngleich nach mancherlei Überlegungen der Richtwert anders als früher fixiert wurde. Die obere Grenze für einen Block und gleichzeitig die untere für einen Streifen ist dann gegeben, wenn das genannte Verhältnis 1:2,5 beträgt. – Zum andern spielt die *Lage der zu einem Betrieb gehörigen Parzellen* eine Rolle, und zwar unabhängig von der Form der Parzellen.
Liegt der Besitz bzw. die Wirtschaftsfläche eines Betriebes geschlossen innerhalb der Flur, dann hat man es mit der *Einödlage* zu tun, wobei Hofanschluß vorhanden sein kann, aber nicht zu sein braucht. Verteilt sich aber die Wirtschaftsfläche auf mehrere Parzellen, die von solchen anderer Betriebsinhaber getrennt werden, dann spricht man von *Gemengelage* (Uhlig-Lienau, 1967, S. 36/37).

Ist ein Block als Grundelement gegeben, so erscheint die Unterscheidung von *Groß-* und *Kleinblock* sinnvoll, wenngleich die Abgrenzungskriterien schwieriger sind. Bei Gutsbetrieben, Hacienden und deren spezieller Ausprägung von Plantagen, bei Kolchosen u. a. m. ist die Sachlage insofern klar, als das davon bewirtschaftete Land ein Vielfaches von dem ausmacht, was etwa Landarbeiter zur eigenen Bestellung überlassen bleibt oder was Kolchosbauern als Hofland zugestanden wird. Ob man unter solchen Voraussetzungen für einen Großblock von einer unteren Grenze von 50 oder 100 ha ausgehen will, ist wenig von Belang. Komplizierter wird es, für ein oder mehrere Blöcke, die relativ groß im Verhältnis zu den sie umgebenden Parzellen erscheinen, ein absolutes Maß anzugeben. Für mitteleuropäische Verhältnisse soll ein Großblock unter den genannten Bedingungen mindestens einen Flächeninhalt von 10-15 ha haben (Uhlig-Lienau, 1967, S. 39), wobei bereits in der Beschränkung auf eine Region sichtbar wird, daß für andere Kulturräume vielleicht andere Normen Platz greifen müssen.

Unter den Blöcken, ob Groß- oder Kleinblöcke, sind amorphe, unregelmäßige und regelmäßige zu unterscheiden. Gegenüber Uhlig-Lienau (1967, S. 38), die die amorphen den unregelmäßigen gleich setzten, soll hier die Dreigliederung bevorzugt werden. Unter amorphen Blöcken sind solche zu verstehen, „deren Seitenzahl von vier verschieden ist, die keine in ganzer Erstreckung parallelen Seiten bzw. ganz unregelmäßige Begrenzungslinien aufweisen (runde, ovale, amorphe Parzellen)“. Insbesondere dann, wenn nicht der Pflug, sondern Grabstock, Pflanzstock oder Hacke für die Bodenbearbeitung benutzt werden, stellen sich amorphe Blöcke ein. Sobald Hackbauern den Pflug übernehmen, richtet man schnell die Parzellengrenzen geradliniger aus. Das schließt nicht aus, daß unter besonderen Voraussetzungen auch einmal im Rahmen des Pflugbaus amorphe Blöcke die Grundeinheit bilden. Für die unregelmäßigen Blöcke muß dann eine Abwandlung in der Definition von Uhlig-Lienau (1967, S. 38 und Abb. 6) gefunden werden. Hier sollen mindestens zwei einander gegenüberliegende Seiten einigermaßen parallel verlaufen, wie es in Abb. 6a und 6e in der Tat gegeben ist. Sobald die Blockform durch Vermessungen herbeigeführt wurde, hat man es mit regelmäßiger Gestaltung zu tun. Konnte das in neu zu erschließendem Land geschehen, dann kamen Quadrate oder Rechtecke zustande. Mußte auf Vorhandenes Rücksicht genommen werden, so ließ sich das meist nicht vollständig durchführen, rhombische, trapezförmige oder dreieckige Parzellen ließen sich kaum vermeiden; trotzdem müssen auch diese zu den regelmäßigen Blöcken gezählt werden.

Hinsichtlich der Streifen als Grundelement sind mannigfaltigere Merkmale zu beachten. Breite und Länge der Streifen spielen eine Rolle, wobei Erfahrungstatsachen im mittleren Europa entscheidend wurden. Überlange Streifen mit einer Länge von mindestens 1 km sollten von Langstreifen mit einer Länge von mehr als 400 m und diese von Kurzstreifen, bei denen der angegebene Wert nicht erreicht wird, unterschieden werden. Hier wurde eine gewisse Abwandlung gegenüber den Vorschlägen von Uhlig-Lienau (1967, S. 41) vorgenommen, die bei einer Länge von 250-300 m lediglich Kurz- und Langstreifen trennen. Für das nördliche Hessen zeigte Born (1967), daß die Längserstreckung wüst gewordener Fluren nicht das Ausmaß erreichen, wie es Mortensen und Scharlau (1949) annahmen und wollte deswegen die meist 500-600 m langen parallel zu den Isohypsen verlaufenden Terrassenäcker nicht als Langstreifen aufgefaßt wissen. Weiterhin kennzeichneten Nitz (1962, S. 90 ff.), Zschocke (1963, S. 69 ff.) und Hildebrandt (1968, S. 302 ff.) Kurzstreifen bis 400 m Länge, die dem frühen Mittelalter angehören und gegenüber den weitaus längeren Streifen des Hochmittelalters abgesetzt werden sollten. Das Verhältnis von Breite und Länge kann u. U. zur Charakterisierung hinzugefügt werden. Beträgt dieses mehr als 1:10, dann wird es sich in der Regel um lange oder überlange Streifen handeln, obgleich das nur als sekundärer Faktor hinzutreten sollte.

Ebenso ist die Breite der Streifen zu beachten. Eine solche von etwa 40 m und mehr gibt Breitstreifen ab, was darunter liegt Schmalstreifen (Uhlig-Lienau, 1967, S. 40/41). Auch hier ist zwischen Einöd- und Gemengelage zu unterscheiden, wobei in der Regel Streifeneinöden Breitstreifen sein werden (früher Marsch-, Wald-, Moorhufen u. ä.), aber ebenso Breitstreifen im Gemenge existieren. Bei Schmalstreifen setzt sich meist Gemengelage durch. Schließlich sollte das Moment der geringeren oder stärkeren Regelmäßigkeit auch hier eingeführt werden. Daß die Längsseiten eines Streifens einigermaßen parallel zueinander verlaufen sollten, weil sonst die Streifenform nicht mehr gewährleistet ist, dürfte einleuchtend sein. Trotzdem gibt es Streifen, bei denen mittels einfacher Methoden lediglich die Breite der Parzellen bestimmt wird ebenso wie solche, bei denen man eine genaue Vermessung vornahm. Das läßt sich beschreibend durchführen, ohne die Nomenklatur zu überlasten.

Auf einen andern Gesichtspunkt sei noch hingewiesen. Wenn überlange, lange und kurze sowie breite und schmale Streifen ausgeschieden wurden, dann erhebt sich die Frage, welche Kombinationen zwischen beiden Gruppen bestehen. Bei überlangen oder langen Streifen besteht eher die Möglichkeit, daß sie schmal ausgebildet sind, während bei breiten Streifen sowohl Kurz- als auch Langformen vorhanden sein können. Wenn es die Verhältnisse erforderlich machen, sollten sowohl hinsichtlich Länge als auch Breite Angaben gemacht werden, wie es mitunter bereits angewandt wird (Hildebrandt, 1968, S. 260 ff. und 302 ff.; Born, 1973, S. 10 ff.).

Abgesehen von den Großblöcken, die die Flur oder sogar die Gemarkung vollständig ausfüllen können und nur in einigen Fällen mit andern Grundelementen kombiniert sind, bestehen Kleinblöcke und Streifen jeglicher Art nicht für sich, sondern sind in gleich geartete Verbände zusammengeschlossen, die folgende Bezeichnungen tragen:

Kleinblock-Einödverbände	Kleinblock-Gemengeverbände
Streifen-Einödverbände	Streifen-Gemengeverbände

Mit Einschränkung gehören solche Verbände dazu, in denen Kleinblöcke und Streifen so ineinander verwoben sind, daß keines von beiden sich als Verband ausscheiden läßt und die Gesamtheit als Block- und Streifenverbände anzusprechen ist.

Schließlich ist für die Streifen-Gemengeverbände zu beachten, ob sie sich in isolierter Lage befinden (früher meist Langstreifenflur) oder ob mehrere Verbände aneinanderschließen (früher Gewannflur). In letzterem Fall ist es wichtig, ob die Richtung der Streifen in allen Verbänden gleichlaufend ist oder ob ein mehr oder minder starker Wechsel zwischen den Verbänden eintritt (früher kreuzlaufende Gewannflur).

Sofern ein solcher Verband die gesamte Flur ausmacht, kann der Ausdruck „Verband“ durch den von „Flur“ ersetzt werden, wenn man sich darüber klar ist, daß die Flur nicht von einem Einzelelement, sondern von einem Verband gleichgearteter Parzellen aufgebaut wird. Folgende Typen lassen sich dann unterscheiden, wobei die früher verwandten Bezeichnungen (3. Aufl., S. 195 ff.) in Klammern gesetzt wurden.

Großblockflur	(Geschlossener Besitz in Großblockform)
Kleinblock-Einödflur	(Geschlossener Besitz in Kleinblockform)
Streifen-Einödflur	(Geschlossener Besitz in Streifenform bzw. Hufenformen)
Kleinblock-Gemengeflur	(Gemengelage des Besitzes in Kleinblockform)
Streifen-Gemengeflur	(Gemengelage des Besitzes in Streifenform, unterschiedliche Typen von Gewannfluren)

Nimmt man die wichtigsten Differenzierungen innerhalb der Kleinblöcke (amorph, unregelmäßig, regelmäßig) und der Streifen (überlang, lang, kurz, breit und schmal) hinzu, dann kommt man bereits auf fünfzehn Typen:

	Großblockflur
Kleinblock-Einödflur	Streifen-Einödflur
amorph	breite Kurzstreifen
unregelmäßig	breite Langstreifen
regelmäßig	breite überlange Streifen
Kleinblock-Gemengeflur	Streifen-Gemengeflur
amorph	überlange Schmalstreifen
unregelmäßig	schmale Langstreifen
regelmäßig	breite Kurzstreifen
	schmale Kurzstreifen
	Block- und Streifenflur

Bei den auf diese Weise formal ausgeschiedenen Typen kann man nicht stehen bleiben. Bereits früher (3. Aufl., S. 246 ff.) wurden Kombinationen verschiedener Verbände innerhalb einer Flur behandelt. Solche kommen häufiger vor, als man bisher glaubte und gehen meist auf unterschiedliche Entwicklungs- oder Umformungsvorgänge zurück. In Abb. 46 findet man die mit I-IV bezeichneten Komplexe, zu denen jeweils ein Verband von schmalen überlangen Streifen-Gemengenverbänden gehört sowie mit Ausnahme von IV ein weiterer Verband, der sich aus kreuzlaufenden Kurzstreifen-Gemengeverbänden zusammensetzt. Der Komplex V wurde seiner andersartigen Gliederung wegen besonders hervorgehoben. Die im Nordwesten und Südosten gelegenen Komplexe VI und VII enthalten kleine Kurzstreifen-Gemengeverbände sowie Blöcke und Streifen. Die Kleinblock-Gemengeverbände VIII und IX beziehen sich auf die Gliederung des Wiesengeländes. Der Großblock X und die kleineren Blöcke XI stehen im Gutsbesitz. XII und XIII außerhalb der Flur geben den Gemeindewald bzw. die Allmende ab.

Schließlich sei noch kurz etwas zu den Begriffen „Gewann“ und „Gewannflur“ gesagt, zumal bei einigen ihrer Typen „Gewann“ in die Begriffsbildung einging (z. B. Hufengewannflur, Kap. IV. D.2.e). „Ein Gewann stellt einen Verband gleichgerichteter Streifen dar, der unregelmäßig oder regelmäßig begrenzt sein kann, deren Besitzer ihr Land im Gemenge liegen haben“ (Uhlig-Lienau, 1967, S. 63). Eine Gewannflur setzt sich dann aus mehreren Gewannen zusammen, während in den isolierten Streifen-Gemengeverbänden auch jene Fluren enthalten sind, deren kurze, lange oder überlange Streifen vom Außenfeld oder der Gemeinheit erreicht werden können. In beiden Fällen sind Zusammenhänge mit bestimmten Bodennutzungssystemen vorhanden, die es später zu erörtern gilt (Kap. IV. D.2.e).

Eine solche Terminologie erhält ihre Berechtigung, um über die Grenzen des westlichen und mittleren Europa hinaus Fluranalysen besser als bisher durchführen zu können. Die in andere germanische und in die französische Sprache übersetzten Begriffe finden sich bei Uhlig-Lienau (1967). Hier wurde mit Absicht darauf verzichtet, weil oft genug zu den neuen Begriffen in Klammern die alten gesetzt

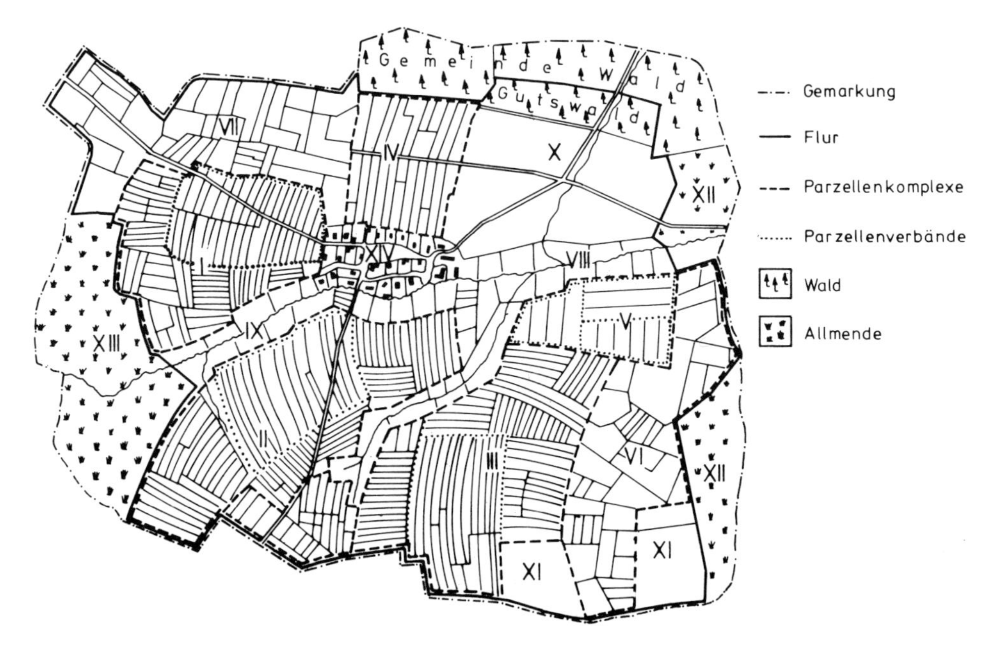

Abb. 46 Schematische Darstellung von Flurverbänden und -komplexen (nach Obst und Spreitzer bzw. Uhlig-Lienau).

werden mußten, um die Verbindung mit den früheren Auflagen aufrecht zu erhalten und gleichzeitig den Zugang zur älteren Literatur nicht zu verschließen.

Letztlich aber war und ist nicht beabsichtigt, bei terminologischen Fragen stehen zu bleiben; sie sollen lediglich dazu dienen, ohne regionale Beschränkung die Genese zu erleichtern.

Durch die besitzmäßige Gliederung der Flur finden die sozialen Verhältnisse, die bereits in der Gestaltung der Siedlungen zum Ausdruck gelangte, ihren Niederschlag auch in dem dem Wohnplatz zugeordneten Land. Ebenso können sich manchmal bereits innerhalb der Flur einer Gemarkung, häufiger jedoch beim Vergleich der Flurformen innerhalb einer kleineren oder größeren Region unterschiedliche Arten der Siedlungsvorgänge abbilden. Individuelle oder kollektive Landnahme, spontane oder gelenkte Kolonisationsvorgänge einschließlich mancherlei Übergangsformen führen jeweils zu unterschiedlicher Ausbildung von Parzellenverbänden bzw. -komplexen.

Noch ein anderes Moment muß berücksichtigt werden: die Wirtschaftskultur (Hackbau, Pflugbau, technisierte Landwirtschaft) und innerhalb dieser die jeweilige Nutzungsart. Die Erfordernisse des landwirtschaftlichen Betriebes und die jeweilige landwirtschaftliche Technik prägen der Flurgliederung stärker den Stempel auf, als das hinsichtlich der Gestaltung der Siedlungen der Fall war. Nicht von ungefähr ging die Anregung zur Untersuchung der Flurgliederung von der agrarwissenschaftlichen Forschung aus (Meitzen in Deutschland, Bloch in Frankreich).

Soziale und agrare Verhältnisse aber sind Wandlungen unterworfen. Entstehen neue Siedlungen, dann wird die Gliederung der Flur von vornherein den obwaltenden Bedingungen angepaßt werden. Wesentlich schwieriger ist es jedoch, eine bereits vorhandene Flurgestaltung auf andere Erfordernisse einzustellen. Um diesen Fall aber handelt es sich zumeist, denn wenigstens bei permanenter Siedlungsart bedeuten die Wohnplätze und ihre Flur relativ stabile Elemente. Wie wirken sich unter diesen Umständen Veränderungen sozialer und wirtschaftlicher Art aus? Niemand wird eine allgemein verbindliche Lösung erwarten. Man kann zu dem einen Extrem greifen, indem man sich über Gegebenes hinwegsetzt und die Flur nach neuen Gesichtspunkten ordnet. Man kann aber auch das andere Extrem walten lassen und, solange es eben angängig ist, bei den alten Formen verharren. Zwischen diesen beiden Polen werden sich mitunter fließende Übergänge einschalten, auf die im Rahmen der Entwicklung der Flurformentypen zurückzukommen ist.

Nur im Falle einer evolutionären Entwicklung der sozialen und wirtschaftlichen Verhältnisse vereinigen sich im heutigen Flurbild ältere und jüngere Elemente. Hieraus ergeben sich Ansatzpunkte, die Genese der Siedlungen und ihrer Flur als Grundlage für die Entwicklung der Kulturlandschaft zu benutzen. Bereits an manchen Beispielen hinsichtlich der Gestaltung der Siedlungen wurden Einschnitte sozialer und wirtschaftlicher Art deutlich, die zwar die altersmäßige Einstufung der Siedlungen erleichtert (vgl. Rußland, Kap. IV. C.3. ε; europäische Mittelmeerländer, Kap. IV. C.3. ζ; Mitteleuropa, Kap. IV. C.3. ζ.3), die aber doch für manche Kulturgebiete Zweifel an einer kontinuierlichen Entfaltung der Formen aufkommen ließen. Im Rahmen der einfachen oder kombinierten Flurformen wird auf dieses Problem zurückzukommen sein.

Im Folgenden soll zunächst von der Großblockflur ausgegangen werden, sofern sie allein für die Gemarkung oder Flur bestimmend ist. Es schließen sich diejenigen Flurformen an, die durch Einödlage charakterisiert sind (Block- und Streifeneinöden), wiederum unter der Voraussetzung, daß die gesamte Flur dadurch geprägt wird. Dieselbe Annahme gilt für die Kleinblock-Gemengeverbände, die zusammen mit den Block- und Streifenfluren behandelt werden, bis die Streifen-Gemengeverbände den Abschluß bilden. Schließlich werden diejenigen Formen behandelt, in denen Parzellenverbände verschiedener Art miteinander kombiniert sind.

Eine besondere Rolle spielt die Zuordnung von Siedlungsform und Flurgestaltung. Ging man in der deutschen Siedlungsgeographie, auf der spezifischen Situation Mitteleuropas beruhend, zunächst davon aus, daß bestimmte Siedlungs- zu jeweils bestimmten Flurformen gehören, so mußte eine solche enge Beziehung selbst für diesen Raum aufgegeben werden. Geht man über Mitteleuropa hinaus, so kann als sicher gelten, daß Siedlungs- und Flurformen unabhängig voneinander behandelt werden müssen. Wandelt sich die Gestaltung der Flur, dann kann die der Siedlungen intakt bleiben, und auch das Umgekehrte kommt vor. Immerhin soll in diesem Abschnitt nicht unterlassen werden, die jeweilige Zuordnung von Flur- und Siedlungsform darzustellen und – soweit möglich – zu begründen.

Beim Feldbau zeichneten sich bis zur Mechanisierung einige Geländeformen ab, die Schaefer (1957, S. 194) als „Kleinformen des Ackerlandes“ zusammenfaßte.

Matzat (1975, S. 347 ff.) nahm eine Erweiterung auf norditalienische Verhältnisse vor und gelangte zu einem Vergleich mit entsprechenden Formen in West- und Mitteleuropa. Hier sollen im wesentlichen nur diejenigen herausgegriffen werden, die für die Rekonstruktion von Wüstungsfluren eine Rolle spielen.

Überall dort, wo mit der Hacke oder dem Pflug der Boden bearbeitet wird und gegen Wiese, Weide oder Wald grenzt, gibt sich eine kleine Geländestufe zu erkennen, die als *Kulturgrenz-* oder *Kulturwechselstufe,* in Nordwestdeutschland als *Oiwer* bezeichnet wird (Scharlau, 1956/57, S. 452). Sie entsteht allein durch unterschiedliche Abtragungsvorgänge.

Davon zu scheiden sind jene Raine, die auf allen Seiten des Ackerlandes durch Anhäufen von Erde und Lesesteinen geschaffen wurden. Natürliche Abtragung, Bodenbearbeitung, Sammeln von Lesesteinen wirkten zusammen, und u. U. mag die Wahrung von Besitzansprüchen zu ihrer Ausbildung beigetragen haben. Solche *Blockwälle* finden sich vornehmlich bei urgeschichtlichen Feldarealen, auf die später zurückzukommen ist (Kap. IV. D.2.e).

Auf Hanglagen beschränkt sind die *Hoch-* oder *Stufenraine,* die sich unter unterschiedlichen Voraussetzungen bilden. In Norditalien in der Umgebung von Lucca wurden sie künstlich mit dem Spaten aufgeworfen, während sie in den deutschen Mittelgebirgen einerseits durch Bodenabtrag und andererseits durch die Pflugbearbeitung entstanden sind. Unter Verwendung des Beetpfluges mit einseitigem Streichbrett wurde bei hangabwärts gerichtetem Pflügen jeweils Material von oben nach unten verfrachtet, so daß parallel zu den Isohypsen Stufenraine entstehen. Born (1967, S. 112) fügte hinzu, daß eine Besitzparzelle u. U. in zwei Arbeitsparzellen aufgeteilt wurde, „wobei beim Pflügen auf der einen Ackerterrasse die Schollen hangabwärts, bei der Rückfahrt auf der zweiten Terrasse hangaufwärts gekippt werden“. Diese Feststellung erleichtert die Beurteilung, ob zwei durch Stufenraine begrenzte Ackerterrassen Besitzeinheiten darstellen oder nicht, was für die spätmittelalterlichen Flurwüstungen wichtig erscheint.

Meist in ebenem Gelände, vielfach auf Lößlehm, aber nicht unbedingt daran gebunden, treten bei streifenförmiger Parzellierung an den Quergrenzen der Parzellen breitere Wälle auf, die 2-3 m Höhe erreichen können. Sie werden auf das hier vonstatten gehende Wenden des Pfluges zurückgeführt, da dabei der am Pflug haftende Boden abgestreift wird. Diesen kleinen Ackerbergen oder crêtes de labours (Juillard, 1954, S. 161 ff.) gab Schaefer (1954, S. 126) die Bezeichnung *Anwand,* die auch aus Urbaren und Berainen bekannt ist. Einige Differenzierungen sind zu berücksichtigen. Für Südwestdeutschland unterschied Jaenichen (1970, S. 57 ff.) zwischen der Anwand, die in den Besitz dessen übergegangen war, der den jeweiligen Streifen bewirtschaftete, während der *Anwander* gesondert an einen Bauern vergeben wurde, auf dem dann Überfahrtsrechte lasteten.

Weiterhin spielen die *Wölbäcker* eine Rolle, auch Beet- oder Hochäcker genannt. „Es sind zur Mitte hin aufgewölbte, in der Regel 3-20 m breite Ackerstreifen, die an den beiden Längsseiten von Furchenrainen begrenzt sind, die als Grenze zu den benachbarten, parallel verlaufenden Wölbackerstreifen dienen“. (Uhlig-Lienau, 1967, S. 107 ff.). Zum Teil durch Drainage bestimmt, können solche Wölbäcker im wesentlichen nur mit Beetpflug und einseitigem Streichbrett hergestellt werden. Im östlichen Niedersachsen kannte man bis zum 16. Jh. lediglich den *Ebenerdbau* mittels des Hakenpfluges; als man zum Beetpflug überging, stellten sich Wölbäcker ein. Letztere besaßen bis zum 19. Jh. im östlichen Schwaben und in Bayern eine weite Verbreitung; im westlichen Schwaben dagegen ging man am Ende des Hochmittelalters zum Beetpflug mit beweglichem Streichbrett über, was das Verschwinden der Wölbäcker und den Übergang zum Ebenerdbau zur Folge hatte (Jänichen, 1970, S. 40 ff.). Allerdings zeigte Matzat (1975, S. 353 ff.) für Ober- und Mittelitalien, daß hier die Wölbäcker nichts mit dem Beetpflug zu tun haben, sondern verschiedenen Bestellungsvorgängen ihre Entstehung verdanken, unter denen vornehmlich das Einsäen wichtig war, indem danach die Samen mit Boden bedeckt wurden, der mittels Hacken aus den Furchen oder den Flanken der Wölbäcker geholt wurde.

2. Flurformen mit geschlossenem Besitz

a) Großblockfluren

Sie kommen unter drei Voraussetzungen vor. Einerseits kann es sich um kollektive Bewirtschaftung auf gewohnheitsrechtlicher Basis handeln, andererseits um kollektive Bewirtschaftung aus ethischen, sozialen oder politischen Gründen. Schließlich ist das Phänomen bei zahlreichen Grußgrundbesitzungen vorhanden, sofern der Eigentümer oder eine Gesellschaft über Beauftragte mit Hilfe von Landarbeitern die Leitung in die Hand nehmen.

Kollektive Bewirtschaftung auf gewohnheitsrechtlicher Grundlage findet sich mitunter im Rahmen des Hackbaus, wo kein Eigentum Einzelner existiert, sondern lediglich unterschiedliche Nutzungsrechte am Boden bestehen (Manshard, 1965). Gemeinsame Rodung und Kultivierung, gemeinsame Pflege und Ernte einer Gruppe vermögen zu einer Art amorpher Großblockflur zu führen.

Besonders gut ist das System der Nupe im Mittelgürtel Nigerias untersucht worden (Nadel, 1942, S. 208 ff.). Die erwachsenen Männer einer Großfamilie – für afrikanische Verhältnisse sicher nicht die Regel – betrieben die Landwechselwirtschaft zusammen. Für die vorkoloniale Zeit schätzte Nadel die Zahl der Gruppenzugehörigen auf 10-15, die in der oben genannten Weise das Familienland (efacó) bewirtschafteten und die Ernte in eigens dafür vorgesehene Speicher einbrachten. Dem Ältesten stand die Verteilung unter die Einzelfamilien zu. Da jedes Mitglied mindestens eine Fläche von 2 acres benötigte, hatte der entsprechende amorphe Großblock eine Fläche von 8-12 ha. Darüber hinaus stand jedem männlichen Mitglied vom achten bis zehnten Lebensjahr ab eine Parzelle zu (bucá), deren Ausdehnung einige Zehner von ar nicht überschritt. Das bedeutet, daß nicht allein Großblöcke maßgebend waren.

Bis zum Zweiten Weltkrieg hatten sich erhebliche Wandlungen vollzogen, indem ein Sinken in der Zahl der erwachsenen männlichen Mitglieder innerhalb der Großfamilien bemerkbar wurde. Selten arbeiteten noch mehr als 4, in der Regel nur 2 oder 3 Männer zusammen. Bei einem Drittel der beobachteten Fälle war bereits der Übergang zur Kleinfamilie vollzogen. Damit erschien der Unterschied von efacó- und bucá-Land ausgelöscht, und zugleich verschwunden die Großblöcke. Reste der gemeinsamen Arbeit erhielten sich bis zur Gegenwart (Udo,

1970, S. 121) ebenso wie über die Großfamilien hinausgreifende Verpflichtungen von Altersklassen oder verwandtschaftlichen Gruppierungen, die aber nie den gesamten Arbeitszyklus übernahmen und deshalb keinen Einfluß auf die Flurgestaltung ausübten.

Etwas anders lagen die Verhältnisse in den zentralen Anden Südamerikas. Verwandtschaftlich gebundenen Gruppen, hier als ayullu bezeichnet, gehörte in der Vor-Inkazeit der Boden, von dem ein Teil gemeinsam für den Häuptling und den Kult bebaut wurde. Unter der Inkaherrschaft (seit dem 13. Jh.) begann eine Systematisierung, indem innerhalb der Flur Land für den Kult und für den Staat bereitgestellt wurde, das der gemeinsamen und staatlich beaufsichtigten Bewirtschaftung unterlag, da Steuern in der Form geleisteter Arbeit zu erbringen waren. Über das Verhältnis von dem einen zum andern Teil ist nichts bekannt ebensowenig wie über die Ausdehnung an sich, aber zumindest ist die Interpretation als Großblöcke möglich. Der dritte Abschnitt unterlag der jährlichen Neuverteilung, was mit Sicherheit Großblöcke ausschließt (Rowe, 1963, S. 253 ff. und 265 ff.).

Diese beiden Beispiele, bei denen voraussichtlich Teile der Flur Großblöcke waren, sollten deshalb etwas ausführlicher dargestellt werden, weil heute von verschiedenen Seiten Bestrebungen im Gange sind, in den Entwicklungsländern frühere Gemeinschaftsformen wieder aufleben zu lassen. Wie weit damit das Entstehen neuer Großblockfluren verknüpft ist, wird später zu erörtern sein.

Bilden Großfamilien die kleinste soziale Einheit, dann können unregelmäßige Großblöcke auch im Rahmen des Pflugbaus die Ausgangsform der Flur abgeben, wie es z. B. bei den Zadrugen Südosteuropas der Fall war (Kap. IV. C.2.e. ζ.1). Allerdings ist die Annahme nicht zulässig, daß die Großfamilienorganisation notwendig die Form des Großblocks nach sich zieht. Es gibt andere Möglichkeiten, die z. B. in den keltischen Gebieten Nordwesteuropas verwirklicht sind (Kap. IV. C.2.e. ζ.3). Für die Landschaft Jaeren südlich von Stavanger (Norwegen) rekonstruierte Rönneseth (1975, S. 76 ff.) eisenzeitliche eingefriedete und nicht untergliederte Großblöcke, die sich im 4.-6. nachchristlichen Jahrhundert in erheblicher Fülle einstellten und von Großfamilien bewirtschaftet wurden, bis im Hochmittelalter ein neues Gliederungsprinzip an ihre Stelle trat.

Amorphe Großblockfluren können auch bei der planmäßigen Erschließung von Neuland, vornehmlich in den Tropen, entstehen. Hatte man im Rahmen des Erdnußprojektes in Tanzania nach dem Zweiten Weltkrieg zunächst vor, schematische Großblöcke mit einer Fläche von 12 000 ha zu schaffen, so mußte man nach einigen Jahren einsehen, daß einerseits die großräumige mechanisch durchgeführte Rodung in der Dornsavanne und im Miombowald auf Schwierigkeiten stieß und andererseits Boden- und Klimaverhältnisse für den Anbau von Erdnüssen nicht optimal waren. Zumindest im Urambogebiet ging man in den fünfziger Jahren dazu über, nur die etwas besseren Böden auf den weitgespannten Riedeln zu roden, Talhänge und -mulden dem Wald zu überlassen, so daß die Blöcke völlig unregelmäßige Umrisse erhielten. Sofern Großgrund- bzw. Staatsbesitz vorgesehen war, umfaßten die Katenafluren Einheiten von rd. 500 ha, die durch Anbau von Tabak und Rinderhaltung in zuvor von der Tsetse verseuchten Gebieten geprägt wurden (Jätzold, 1965).

Unregelmäßige oder regelmäßige Großblöcke finden sich bei religiösen Gruppen, deren Mitglieder auf persönliches Eigentum verzichten. Das war z. B. bei den Duchoborzen der Fall, die am Ende des 19. Jh.s in die kanadische Prärie einwanderten. – Im Zusammenhang mit den Kibbutz-Siedlungen in Israel (Kap. IV. C.2.e. δ) entstanden Großblockfluren von 300-600 ha, die bis zur Staatsgründung unregelmäßige Umrisse hatten, weil das Land arabischen Grundherren abgekauft werden mußte. Danach, als ein erheblicher Teil der arabischen Bevölkerung flüchtete, fiel deren aufgegebener Besitz an den Staat, der es zu günstigen Bedingungen verpachtete. Dadurch war nun die Möglichkeit gegeben, zur Anlage regelmäßiger Großblöcke zu gelangen. Immerhin machen die Kibbutzim 30 v. H. der ländlichen Siedlungen in Israel aus mit einem Anteil von etwa 20 v. H. an der Agrarbevölkerung, die rd. 20 v. H. des Kulturlandes bewirtschaftet, selbst wenn die Kibbutzim-Bewegung ihren Höhepunkt überschritten hat.

In der Sowjetunion, in China und einem Teil der Ostblockstaaten (Ausnahmen sind Polen, Jugoslawien und ein Teil von Ungarn) bildeten sich Großblockfluren in Verknüpfung mit der Kollektivierung aus. Diese verlief in der Sowjetunion zunächst ähnlich wie mehr als zwanzig Jahre später im Ostblock, indem die Besitzgrenzen innerhalb der Flur mit Ausnahme des Hoflandes ausgelöscht und die früheren unregelmäßigen Gemarkungs- zu Besitzgrenzen wurden (Abb. 47 und Abb. 48).

In der Deutschen Demokratischen Republik, der Tschechoslowakei, in Ungarn und Rumänien blieb es bei dieser Art der Zusammenschlüsse. Seit dem Jahre 1950 ging man in der Sowjetunion daran, mehrere Kolchosen betrieblich zu vereinigen, so daß deren durchschnittliche Fläche von 500 ha im Jahre 1937 auf 1400 ha im Jahre 1953 und auf nahezu 3000 ha im Jahre 1964 anstieg (Schiller, 1970, S. 178) bei regionalen Differenzierungen in der Ausdehnung der Großblöcke in Abhängigkeit von den früheren Strukturen und der wirtschaftlichen Ausrichtung der Betriebe (Giese, 1973). Danach machte sich wieder eine umgekehrte Entwicklung bemerkbar, indem Aufspaltungen von Großkolchosen vorgenommen wurden, weil die betriebswirtschaftlichen Schwierigkeiten zu erheblich wurden. Bis zu einem gewissen Grade nahm man in Bulgarien das sowjetische Beispiel auf.

In China setzte die Kollektivierung im Jahre 1953 ein und war bereits nach drei bis vier Jahren abgeschlossen. Zu den Großblöcken, deren Fläche 100-200 ha nicht überschritt, gesellte sich das Hofland, das für jede Familie nur wenige ar betrug. Mit der Bildung der Volkskommunen (Kap. IV. C.2.e.α) wurde der Schritt zu umfassenderen Einheiten von mehreren 1000 ha getan, um nach kurzer Zeit über die Gliederungen von Brigaden und Produktionsgruppen wieder zu kleineren Betriebsflächen zu zerfallen. Es kann ohne weiteres sein, daß den Brigaden zugeteilte Großblöcke von 100-200 ha früheren Dorfgemarkungen entsprechen, und ebenso besteht die Möglichkeit, daß Umorganisationen stattfanden. In der Nähe von Nanking beschrieb Buchanan (1970, S. 154 ff.) eine Volkskommune, die sich aus 65 früheren Dörfern zusammensetzte und zur Zeit der Beobachtung auf neun Brigaden und 105 Produktionsgruppen verteilt war.

Die in den neuen japanischen Poldern nach dem Zweiten Weltkrieg gebildeten freiwilligen Genossenschaften erhielten einen Großblock von 60 ha. Da hier meh-

Abb. 47 Hosterschlag, Kr. Neuhaus, Tschechoslowakei, vor der Kollektivierung, Streifen-Eindödverbände in Radialform (nach Urban).

rere Großblöcke eine Gemarkung ausmachen, kommt es in diesem Fall zur Ausbildung von Großblockverbänden.

In den Entwicklungsländern entstand die Idee des Kollektivs entweder auf heimischer Grundlage, oder es wurden Vorstellungen von außen übernommen, und auch wirtschaftliche Notwendigkeiten konnten eine solche Lösung veranlassen. Die Ejidos in Mexiko (Kap. IV. C.2.e.η) gingen nur in Ausnahmefällen wie etwa in Yucatan zur kollektiven Bewirtschaftung über. Wie weit sich letzteres bei den Ujamaa-Siedlungen in Tanzania durchsetzte (Kap. IV.C.2.d), läßt sich nicht übersehen, ebensowenig wie weit das group farming in von Europäern aufgegebenen Großbetrieben in Kenya oder Tanzania zustande kam (Jätzold, 1967; Newiger, 1968; McKay, 1970, S. 128 ff.; Schultz, 1971; Paulus, 1967).

In Algerien verwandelte man nach der Unabhängigkeit die ausländischen Großbetriebe von mehr als 100 ha in Selbstverwaltungsbetriebe genossenschaftlicher Art (domaines d'autogestion), die häufig zu größeren Einheiten von mehreren 100 oder sogar 1000 ha konzentriert wurden (Isnard, 1968, S. 41; Achenbach, 1971). Außerdem aber wurden neue Domänen geschaffen, indem französische Siedlerbetriebe zu Domänenland erklärt wurden, selbst dann, wenn sie nicht benachbart zueinander lagen, so daß weite Wege die Bewirtschaftung des Landes erschwerten. Die während der Kolonialzeit verbliebenen einheimischen Großgrundbesitzer ebenso wie Groß- und Mittelbauern schlossen sich der „Front de Libération

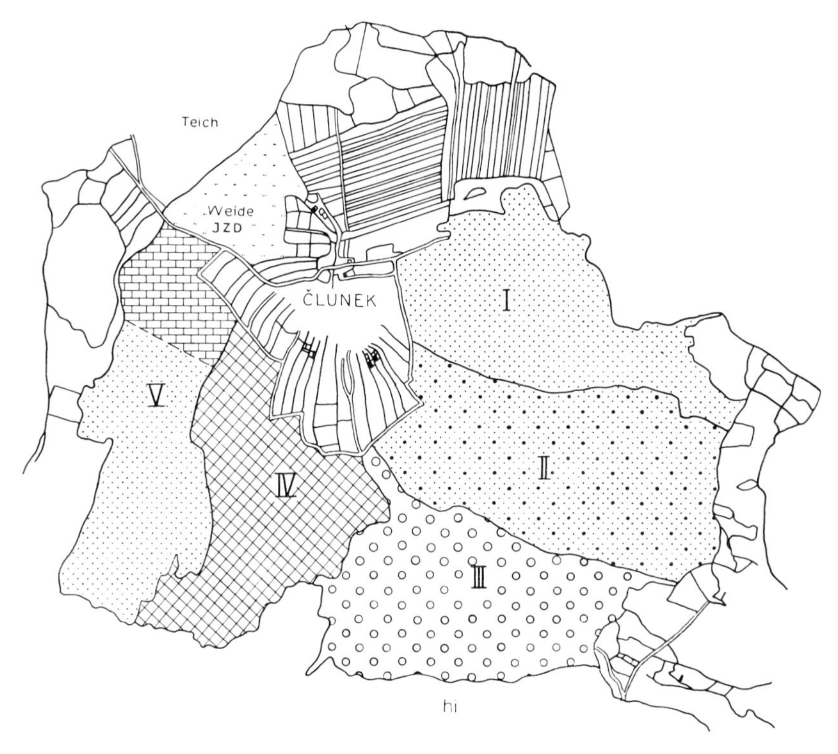

Abb. 48 Hosterschlag, Kr. Neuhaus, Tschechoslowakei, nach der Kollektivierung. Die Streifenparzellen stellen das privatwirtschaftlich genutzte Land dar. Die Ziffern geben die Nutzung der verschiedenen Schläge an (nach Urban).

Nationale" an und hatten zunächst nichts zu befürchten. Vom Jahre 1971 ging man dann daran, Mindestgrößen für private Betriebe festzulegen, um das so gewonnene Land in Selbstverwaltungsbetriebe zu überführen, um Pächter und Kleinbauern ansetzen zu können. Allerdings hatte letzteres nur geringen Erfolg, weil beim Fehlen eines Katasters keine Überprüfung der gemachten Angaben stattfinden konnte und zudem offiziell Teilungen unter Familienangehörigen stattfanden (Steinle, 1982, S. 198 ff.). Anders verlief die Entwicklung in Tunesien, indem heimische und ausländische Großbetriebe zwar auch zu Ansatzpunkten genossenschaftlich geführter Betriebe wurden, aber eine Ausweitung auf Parzellen von Kleinbetrieben erfolgte, deren Besitzer in die Genossenschaft aufgenommen werden konnten oder ihr Land pachtweise abtreten mußten.

Zu den Großblöcken, die der kollektiven Bewirtschaftung ihre Entstehung verdanken, gehören geschlossene Dörfer. Die Art der landwirtschaftlichen Nutzung gelangt in der Siedlungs- und Flurgestaltung kaum zum Ausdruck. Die Kollektivwirtschaft als Folge einer bestimmten sozialen Gruppierung gibt diesem Typ, Großblockflur und Gruppensiedlung, das Gepräge.

Die Großblockflur findet sich weiter im Rahmen der Großgrundbesitzungen. In der Art der Besitzgrenzen wird man hier auf die Entstehung des Großgrundbesitzes zu schließen vermögen; in der Größe der zu einer Besitzeinheit zusammengeschlossenen Fläche ergeben sich wesentliche Beziehungen zur wirtschaftlichen Nutzungsform, und auch das Betriebssystem kann u. U. von Einfluß sein. So läßt sich die allmähliche Arrondierung und Vergrößerung der Gutsbetriebe Ostdeutschlands nach der Wüstungsperiode und dem Dreißigjährigen Krieg im Flurbild verfolgen, ebenso wie dies für die Hacienden der Kordillerenhochländer Lateinamerikas der Fall ist, die sich langsam indianischen Grund und Boden aneigneten. Unregelmäßiger Umriß der Großblöcke ist stets die Folge. In zuvor unbesiedeltem Neuland ging man verschieden vor. Konnten die jeweiligen Besitzer die Wahl treffen, dann fügte man die Grenzen des Großblocks den natürlichen Gegebenheiten ein; meist aber mußte man sich staatlichen Vermessungsplänen einordnen, so daß die Abgrenzung schematisch vorgenommen wurde. So führten z. B. die Franzosen bei den Zuckerplantagen ihrer westindischen Kolonie Haiti eine regelmäßige rechteckige Fluraufteilung durch. Die Spanier versuchten in Kuba zunächst jeder Viehzuchts-Estancia das Land im Umkreis einer Legua zukommen zu lassen, so daß sich überschneidende kreisförmige Besitzflächen entstanden. Rechteckige Umrisse sind sowohl für die Viehzuchts-Estancien der Pampa als auch für die des Hochlandes von Guayana typisch (Platt, 1942).

Im südlichen Spanien, jenseits des Kastilischen Scheidegebirges, wo die Reconquista von Kastilien aus durchgeführt wurde, im südlichen Portugal ebenso wie in den spanischen Außenbesitzungen (Sizilien) standen nach der Vertreibung der Mauren kaum Menschen zur Verfügung, die eine bäuerliche Kolonisation hätten durchführen können. Ein Teil des eroberten Landes blieb im Besitz der Krone, sonst erfolgten Verleihungen an Kirche, Klöster, Ritterorden und Adel. Lediglich auf kirchlichem Besitz vergab man das Land in Erbpacht, ohne daß über die dabei entstandenen Flurformen etwas bekannt wäre. Außer dem kleinparzellierten Gemeindeland der Pächter in der Umgebung der Stadtdörfer entstanden Großbetriebe, die man Verwaltern oder Großpächtern zur extensiven Bewirtschaftung überließ, derart, daß die Großblöcke die randlichen Teile der Gemarkung einnehmen (Mayer, 1960, S. 18).

Eine ähnliche Entwicklung setzte im 14. Jh. in der Lombardei an, als man die Fontanilizone für Bewässerungszwecke zu nutzen begann. Auch hier spielten Großpächter eine Rolle, die sich zur intensiven Bewirtschaftung der Kleinpächter bedienten, so daß eine starke Untergliederung der Großblöcke gegeben war. Im Gegensatz aber zu Unteritalien und zur Iberischen Halbinsel stellten sich die Großpächter während des 18. Jh.s auf Eigenbewirtschaftung mittels Landarbeitern um, bis ein Teil der Güter seit dem 19. Jh. in das Eigentum der ehemaligen Großpächter überführt wurde (Matzat, 1976).

In Mittelitalien entwickelte sich seit dem 12. Jh. eine bestimmte, damals ausgesprochen fortschrittliche Form der Halbpacht in der mezzadria (Kap. IV. C.2.e. ζ.2). Hier fand eine zweistufige Abfolge statt, indem sich die Kleinblockeinöden der mezzadria-Betriebe den Großblöcken der städtischen Signoria einordneten. Ob dabei in manchen Fällen, z. B. in der Emilia und Romagna, die Großblöcke den Grenzen römischer Zenturien folgen, wurde bisher nicht eindeutig bewiesen und ist in Zweifel zu ziehen. Bei den starken Auflösungserscheinungen der mezzadria nach dem Zweiten Weltkrieg machten die Halbpächter wenig davon Gebrauch, das von ihnen bewirtschaftete Land zu erwerben, was außerdem bei dann einsetzender Realteilung in kurzer Zeit die völlige Zersplitterung der früheren Blockeinöden mit sich brachte. Stärker war das Bestreben der städtischen Eigentümer, mehrere ehemalige Pachtbetriebe zu vereinigen und die so geschaffenen Großblöcke mit Hilfe von Lohnarbeitern selbst zu bewirtschaften mit den bereits genannten Folgeerscheinungen. Offenbar sind die Verhältnisse in Teilen von Katalonien ähnlich, wo sich im Hochmittelalter, verstärkt im 14. und 15. Jh. ein erbliches Nutzungsrecht der Bauern ausbildete, deren geschlossene Kleinblöcke grundherrlichen Großblöcken eingeordnet waren (Barraza, 1966, S. 297 ff.). Ein ähnliches System kam in Menorca im 15. und 16. Jh. zustande, als städtische Grundherren den Boden verarmter Bauern kauften, sich zur Hälfte an den Investitionen beteiligten und das Prinzip der mezzadria verwirklichten (Mayer, 1976, S. 249 ff.).

Daß sich die Größe der Blöcke von der Art der Nutzung abhängig erweist, läßt sich sowohl an europäischen als auch überseeischen Verhältnissen erkennen. Bei den ausgesprochenen Latifundien Ostdeutschlands z. B. bestand ein erheblicher Teil der Fläche aus Forsten, während landwirtschaftliche Gutsbetriebe in der Regel von kleineren Ausmaßen waren. In den früheren Kolonialländern umfassen die gemischt-wirtschaftlichen Hacienden der Kordillerenhochländer meist weniger als 1000 ha, während die in Monokultur betriebenen Plantagen und erst recht die Viehzuchts-Estancien wesentlich umfangreichere Großblöcke benötigen. Zu verschiedenen Zeiten einsetzende Agrarreformen haben zwar in Lateinamerika eine Reduktion der Großblockfluren gebracht, sie aber nicht völlig beseitigt.

Schließlich konnte durch die Mechanisierung der Landwirtschaft vornehmlich im 20. Jh. eine nochmalige Vergrößerung der Besitzflächen erreicht werden, was sich sowohl bei den Sowchosen in der Sowjetunion zeigt, von denen mindestens eine Fläche von 10 000 ha bewirtschaftet wird, als auch bei einer größeren Anzahl von Plantagen im Gesellschaftsbesitz oder bei den Agrobusiness-Betrieben in Iran, Pakistan und Ägypten. Werden Plantagen im Pachtsystem bewirtschaftet, dann macht sich eine Untergliederung in Blockeinöden bemerkbar. Die damit verbundenen Wohnplätze sind in letzterem Falle Einödhöfe, die auf eine Gruppensiedlung ausgerichtet sind (Verarbeitungsstätte der Plantagenprodukte und Wohnsiedlung von Beamten und Angestellten), sonst Gutsweiler mit Herrenhof und dazu gehöriger Arbeitersiedlung.

Großblockfluren sind auch bei einem Teil der nordamerikanischen Farmen ausgebildet, wenngleich das in gewissem Kontrast zu dem jeweils ausgebildeten Vermessungssystem stand. Ein gutes Beispiel dafür bieten die Vereinigten Staaten, wobei sich für Kanada, Australien, Neuseeland und die Südafrikanische Republik entsprechende Beispiele finden lassen.

In den Vereinigten Staaten wurde im Jahre 1785 das noch zur Verfügung stehende Land als Public-Domain erklärt, der Landverkauf geregelt und die Grundsätze der Vermessung festgelegt. Quadratische townships sollten gebildet werden, derart, daß ihre Grenzen auf ausgewählte Hauptmeridiane und senkrecht dazu verlaufende Basislinien bezogen wurden. Jede township, deren Umrisse die Gemarkung abgeben, umfaßt 36 Quadratmeilen und wird in 36 Sektionen von je einer Quadratmeile gegliedert, wobei die Sektionen nach einem bestimmten System beziffert werden. Längs einiger Sektionsgrenzen sind meist die öffentlichen Wege festgelegt, und eine Sektion bleibt für die Schule der township ausgespart (Abb. 49). Wurde zunächst nur Land von mindestens 9 Quadratmeilen verkauft, um mit dem Erlös die im Unabhängigkeitskrieg entstandenen Schulden zu tilgen, so änderte sich das grundle-

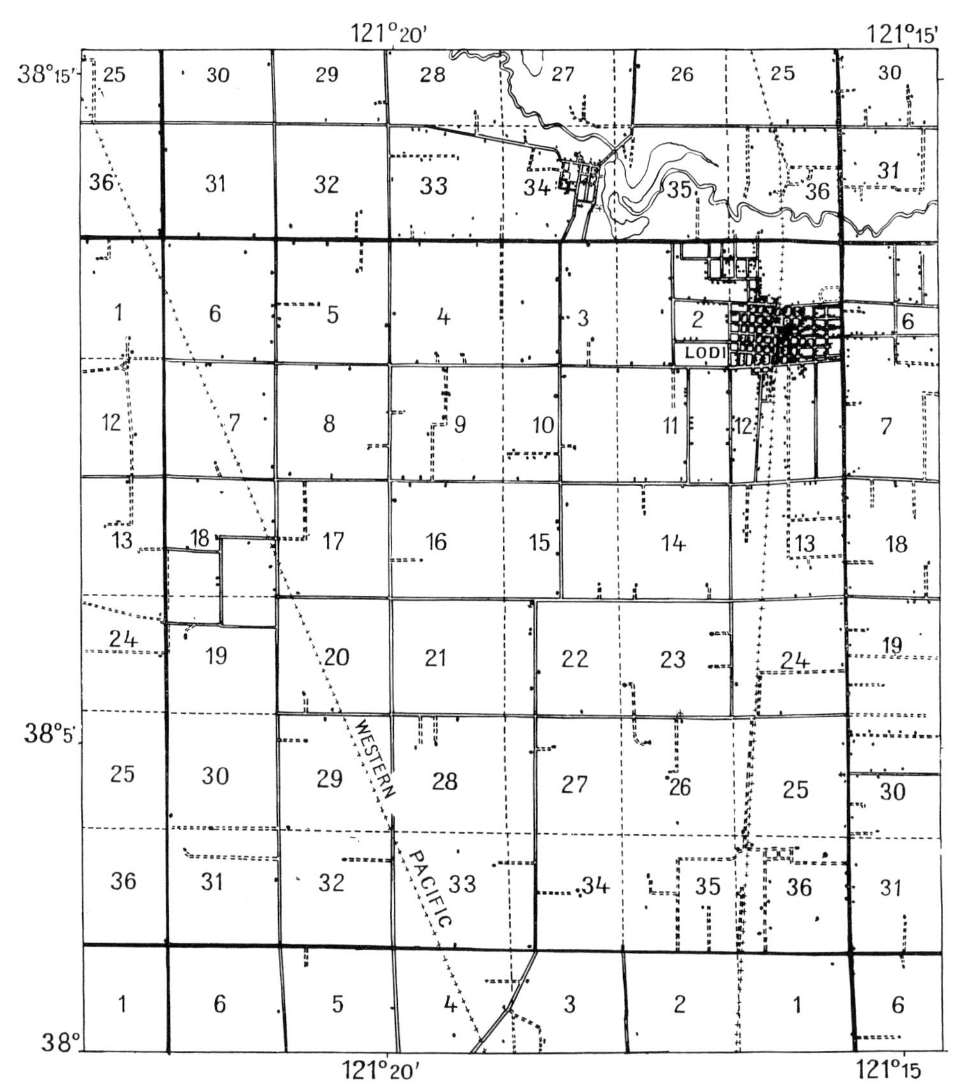

Abb. 49 Schematisch aufgegliederte township in den Vereinigten Staaten (Kalifornien) (nach der Topographischen Karte 1:63300).

gend mit der im Jahre 1862 vom Kongreß angenommenen Homestead Act (Marschner, 1959, S. 22), die jedem Kolonisten die kostenlose Zuweisung von Grund und Boden im Ausmaß einer Viertelsektion (160 acres = 64 ha) zusicherte.

Auf diese Weise setzte sich die quadratische, auf Meridiane bezogene Flurgliederung in den Vereinigten Staaten außerhalb der älter besiedelten Gebiete weitgehend durch. Drei Viertel der gesamten landwirtschaftlichen Nutzfläche wurden in dieser Weise aufgeteilt. Nur in wenigen Bereichen, vornehmlich dort, wo ältere Besitztitel anerkannt werden mußten (z. B. in Texas und Kalifornien), konnte dieses Prinzip nicht in voller Schärfe angewandt werden (Karte der Verbreitung der Vermessungstypen bei Marschner, 1959, S. 20).

Das Vermeiden von Grenzstreitigkeiten, die Übersichtlichkeit des Verfahrens und der wirtschaftliche Vorteil eines abgerundeten Besitzes für jeden einzelnen Kolonisten waren so ausgeprägte Vorzüge, daß das System seine Gültigkeit bis heute bewahrt hat. Allerdings besitzt das dargelegte Prinzip auch gewisse Nachteile, denn bei schematischer Vermessung können Reliefunterschiede nicht berücksichtigt werden. Bei extensiver Nutzung, insbesondere bei vorherrschender Viehzucht in Weidebetrieben macht das wenig aus; bei intensiver Nutzung stellen sich jedoch Schwierigkeiten ein. So gingen die Kolonisten im Bereich der Jungmoränenlandschaft im Umkreis der Großen Seen durch Kauf oder Tausch zu einer dem Relief und den unterschiedlichen Bodenverhältnissen besser angepaßten Besitzverteilung über, und auch das Straßennetz erfuhr gewisse Veränderungen.

Solch ein Wandel hatte aber auch andere Gründe. Schon in der zweiten Hälfte des 19. Jh.s bei der Aufsiedlung der Prärie gestand man den Eigentümern zwar insgesamt 64 ha zu, die aber, wenn möglich, in zwei Teile aufgespalten wurden, der eine mit 48 ha im Grasland, der andere mit 16 ha in bewaldeten Flußtälern, weil man damals ohne Holz nicht auskommen konnte. Mancher Besitzer nahm die Möglichkeit wahr, Betriebe, die nur für den Eigenbedarf produzierten, aufzukaufen, so daß sie z. B. innerhalb von zwanzig Jahren 200 ha besaßen, von denen 120 ha als Großblock mit den Farmgebäuden erschien, weitere 80 ha, auf zwei Parzellen verteilt, in 5 km Entfernung lagen.

Die Notwendigkeit zur Vergrößerung der Betriebsflächen war mit dem Einsetzen der Mechanisierung und dem Ansteigen der Löhne in noch stärkerem Maße gegeben und hält noch heute an (Gregor, 1970, S. 151 ff.). Zählt man die Homestead-Parzellen zu den Blockeinöden und besteht die Möglichkeit, Land im Anschluß daran zu erwerben, dann vollzieht sich die Entwicklung zum Großblock. Ist das nicht der Fall, so wird versucht, eine Erweiterung derart zu erzielen, daß sich zwei Blöcke wenigstens in einem Punkt berühren. Gelingt auch das nicht, dann wird die Ausdehnung innerhalb oder außerhalb der township vollzogen, wie es Smith (1975, S. 66 ff.) für Minnesota darstellte, was zu einem Gemenge von Groß- und Kleinblöcken führt. Macht sich dieser Prozeß bereits bei Farmen bemerkbar, so zeigt sich das in voller Stärke bei Großbetrieben, die Gesellschaften gehören, vornehmlich in den Bewässerungsgebieten der westlichen Bundesstaaten, deren wesentliche Einkünfte aus Obst- und Gemüseanbau stammen (Birle, 1976). Der größte Betrieb in Abb. 50 verfügt über 2200 ha, davon steht die Hälfte im Eigentum und die andere ist gepachtet. Darüber hinaus sind noch weitere Betriebsflächen in Arizona und Kalifornien vorhanden, um die Gemüseernten so einrichten zu können, daß der Markt das ganze Jahr über beliefert werden kann. Die Arbeitsspitzen bei den Ernten werden mit Hilfe von Wanderarbeitern (Filipinos und Mexikaner) überwunden.

Das amerikanische System wurde lediglich in den Prärien und im Westen Kanadas übernommen. Doch hatte dieses Land ebenso wie die Südafrikanische Republik, Australien und Neuseeland die Vermessung ihrer Gebiete selbst in die Hand genommen, auch wenn der Schematismus nicht so weit vorangetrieben wurde wie in den Vereinigten Staaten. Jeweils geradlinig begrenzte Blöcke in Besitzeinheit wurden maßgebend (Plügge, 1916; Roberts, 1924; Schott, 1936). Aber auch hier führen Betriebserweiterungen zu erheblichen Abweichungen von der ursprünglichen Gestalt. In den Prärien Kanadas fand eine Ausdehnung der Weizenfarmen von durchschnittlich 64 ha zu Beginn auf 300 ha im Jahre 1965 statt (Lenz, 1965, S. 122), so daß sich hier der in den Vereinigten Staaten geschilderte Vorgang wiederholt.

Ähnlich ging man in Chile und Peru vor, wo man seit dem vergangenen Jahrzehnt in unterschiedlichem Ausmaß zur Enteignung von Großbetrieben schritt und diese zur kollektiven Bewirtschaftung an diejenigen Familien vergab, die bisher als inquilinos darauf gearbeitet hatten, so daß die Masse der Inhaber

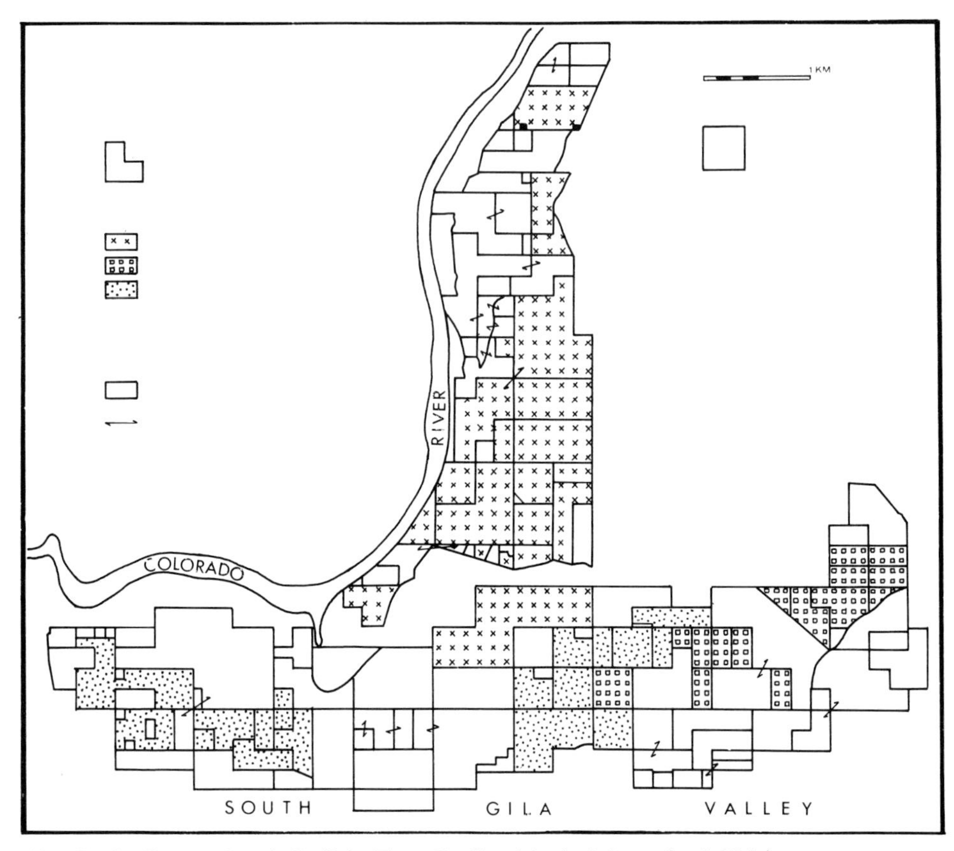

Abb. 50 In Gemengelage befindliche Farm-Großbetriebe in Arizona (nach Birle).

indianischer Klein- und Kleinstbetriebe von der Reform ausgeschlossen war. Inzwischen wurden seit dem Jahre 1973 den Enteignungen in Chile ein Ende gesetzt. Nun hat man vor, das Gemeinschaftseigentum (cooperativa agricola asignataria) in Privateigentum der daran Beteiligten zu überführen, was voraussichtlich mit einer Auflösung der geschlossenen Siedlungen zu Einzelhöfen verbunden sein wird (Weischet, 1974; Monheim 1972; Roth, 1974).

b) Kleinblock-Einödfluren

Kleinblock-Einöden, zu Verbänden vergesellschaftet und die gesamte Flur erfüllend, sind in ihrem Erhaltungszustand bedroht, wenn nicht rechtliche Gegebenheiten eine Konsolidierung über längere Zeiträume ermöglichen. Zudem kann es sein, daß in bestimmten Regionen Kleinblock-Einöden andern Aufteilungsprinzipien vorangingen oder letztere ablösten, so daß ein Nebeneinander unterschiedlich strukturierter Verbände zu beobachten ist, die eine zeitliche Abfolge bedeuten. Da bei den Kleinblock-Einöden solche Zusammenhänge eine Rolle spielen, soll in diesem Abschnitt auch dann darauf eingegangen werden, wenn derartige Verbände nur einen Teil der Flur ausmachen.

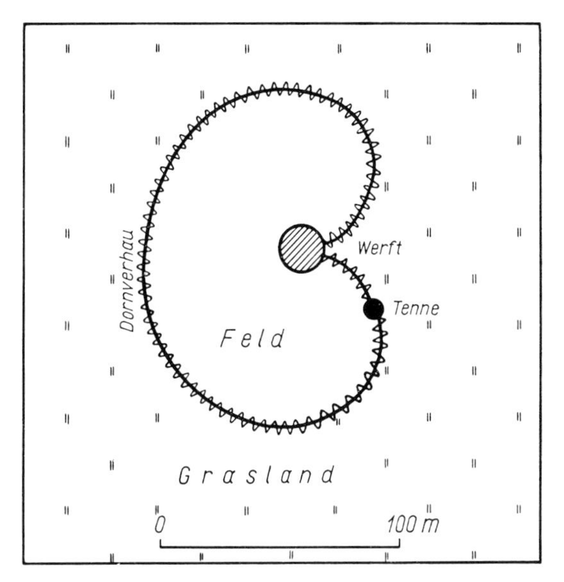

Abb. 51 Ambowerft mit Feldland (nach Paul).

Bei Hackbauvölkern, die Wanderfeldbau oder Landwechselwirtschaft treiben, setzen sich in der Regel andere Flurformen durch (Kap. IV. D.2.d). Sofern Hackbau mit Viehhaltung verknüpft erscheint, kommt es eher zur Ausbildung von Kleinblock-Einödfluren, weil dann das Bedürfnis besteht, das Nutz- vom Weideland zu trennen. Das ist z. B. bei den Ambo im südwestlichen Afrika der Fall (Abb. 51), die ihre amorphen Blöcke von 1-1,5 ha mit einem Dornverhau umgeben.

Man wird auch dann noch von Kleinblock-Einöden sprechen müssen, wenn Innen- und Außenfelder ausgebildet sind mit jeweils unterschiedlichen Rotationen in bezug auf die Nutzpflanzen und unterschiedlicher Dauer der Brache, sofern die Nutzungsrechte der Familien auf bestimmte Sektoren beschränkt sind, wie es Gilg (1970, S. 173 ff.) für die Savanne im Tschad und Tissandier (1969) für den Übergangsbereich zwischen Regenwald und Savanne in Kamerun kartographisch festlegten. Das Familienland kann in Einzelparzellen inmitten der Primär- oder Sekundärvegetation liegen oder sich zu umfangreicheren Flächen von einigen Hektar zusammenschließen, bevorzugt an den von der Siedlung ausgehenden Wegen, die mitunter auch die Leitlinien für die jährlich neu zu rodenden Parzellen abgeben. Nie aber kommt es in diesen Fällen dazu, daß Nutzungsberechtigungen der einen Gruppe sich mit denen einer andern vermengen, weil noch genügend Land zur potentiellen Nutzung zur Verfügung steht. Das auf den jeweiligen Karten abgebildete Blockgemenge wird lediglich durch die Nutzungsparzellen und den Rhythmus von Rotationsfolgen, Brache und Neukultivierung hervorgerufen.

Ähnliche Verhältnisse ergeben sich, wenn Dauerfeldbau in Verbindung mit Viehhaltung die Grundlage bildet, wobei aber meist eine gewisse Individualisierung des Bodenbesitzes und die Hinwendung zur Kleinfamilie einschließlich polygamer Familien zu beobachten ist. Bei den Sidama in Südäthiopien sind die halbkreisförmig die Hütten umgebenden Bananenkulturen, jeweils umsäumt von Euphorbienhecken, zu einer geschlossenen Kulturfläche zusammengezogen, die ihrerseits von dem gemeinsam genutzten Weideland umgeben wird (Kuls, 1956, S. 220 ff.). Auch die Bamileke im westlichen Kamerun (Kap. IV.D.2.d) sind Einzelsiedlungen mit unregelmäßigen Kleinblock-Einöden verknüpft, derart, daß Hecken zur Abgrenzung der „Konzessionen" verwandt werden, aber bedingt durch den hohen Bevölkerungsdruck, werden bereits Übergänge zu Kleinblock-Gemengeverbänden sichtbar. Eine ähnliche Situation findet man im nördlichen Hochland von Adamaua, wo kleine Ethnien durch die Fulbe abgedrängt wurden. Polygame Familiengehöfte an den Hängen sind charakteristisch, an die sich die terrassierte landwirtschaftliche Nutzfläche anschließt, die mit Hilfe der Viehhaltung ständiger Nutzung unterliegt. Bei der hohen Bevölkerungsdichte kann es dazu kommen, daß unter den erbberechtigten Söhnen die älteren in die benachbarten Ebenen abwandern und die väterliche Konzession dem Jüngsten überlassen wird (Boulet, 1970, S. 198 ff.).

In der Sierre Madre de Chiapas (Mexiko), wo die Erschließung relativ jung ist, sind ebenfalls Einzelhöfe mit Kleinblockeinöden verbunden (Schmieder, 1962, S. 180 ff.; Waibel, 1933, S. 135 ff.).

Unter bestimmten Voraussetzungen können amorphe Kleinblock-Einöden die Keimzelle der Flur auch im Rahmen des Pflugbaus bilden. Das ist z. B. in der Bretagne der Fall. Unter Zuhilfenahme von Luftbildern vermochte Meynier (1968, S. 123) rundliche bis ovale Blöcke zu erkennen, von Hecken umgeben, in deren Zentrum oder an deren Rande sich kleine Weiler befinden. Je nach der Zahl der Familien umfassen die amorphen Kleinblöcke 4 ha oder ein Mehrfaches davon. Mittels von Ortsnamen werden sie auf die bretonische Einwanderung zurückgeführt, die in kleinen Gruppen erfolgte. Wald und Heide wurden erschlossen und der weitere Ausbau bis in das 13. Jh. hinein in derselben Weise durchgeführt, bis man sich anderer Formen der Erweiterung bediente. Bevölkerungsmehrung, Erbteilungen u. a. m. lösten die Blockeinöden in Teilblöcke auf.

Die Zeitstellung der Worthkämpe, als unregelmäßige Kleinblockeinöden, die zu einem Teil der noch nicht als Drubbel organisierten Althöfe Nordwestdeutschlands gehörten (Kap. IV. C.2.e. ζ.3) und durch eine besonders mächtige Plaggenschicht ausgezeichnet sind, ist noch nicht eindeutig geklärt (M. Müller-Wille, 1965, S. 128 ff.).

Kleinblock-Einödfluren, mit Einzelhöfen verknüpft, können in Mitteleuropa dem späten Frühmittelalter oder dem Hochmittelalter angehören, wie es im Tertiärhügelland Bayerns (Fehn, 1935; Schreyer, 1935) oder wie es bei den Walsersiedlungen und den Schwaigöfen in den alpinen Bereichen der Fall war. – Der Bevölkerungsanstieg des 16. Jh.s führte in Nordwestdeutschland westlich der Weser dazu, daß Nicht-Erbberechtigten die Möglichkeit geboten wurde, Kleinblock-Einöden in der Gemeinheit zu kultivieren, die mit Hecken umgeben wurden, sei es, um das individuelle Besitzrecht zu markieren, sei es, um das Kultur- gegenüber dem Weideland abzugrenzen. Insbesondere die Erbkötter waren an Block-Einödverbänden beteiligt. Als im 18. Jh. die Heuerlinge zum Zwecke gewerblicher Betätigung angesetzt wurden, geschah das mitunter in randlichen Teilen der Gemarkung, und im Rahmen der Gemeinheitsteilungen trat noch

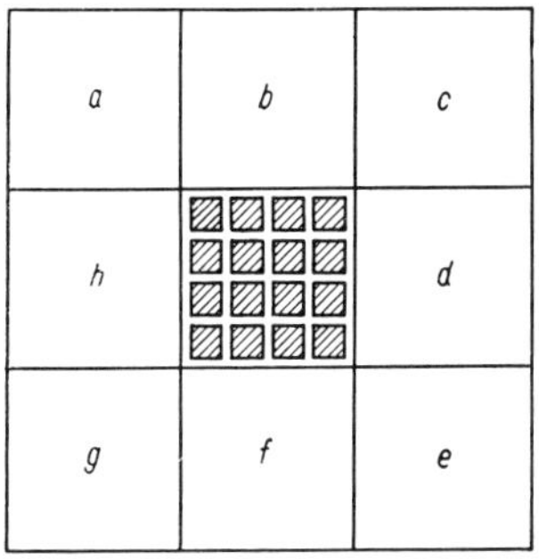

Abb. 52 Schematische Darstellung des Brunnenfeld-Systems (nach Siu).

einmal eine Verstärkung solcher Parzellenverbände mit den ihnen zugeordneten Einzelhöfen ein.

Sieht man von Flurbereinigungen und staatlichen Vermessungsprinzipien ab, dann sind primäre Kleinblock-Einödverbände nicht allzu häufig. In geregelter Art treten sie z. B. nach der Trockenlegung der holländischen Seen im 18. und 19. Jh. auf ebenso wie im Rahmen der Marschgewinnung im 19. Jh. bis etwa zum Zweiten Weltkrieg, jeweils mit Einzelhöfen auf der zugewiesenen Blockeinöde verknüpft.

Schematische Umrisse von Kleinblock-Einödverbänden kennzeichnen in der Regel staatlich gelenkte Vermessungsgrundlagen. Das älteste dieser Art stellt das Brunnenfeld-System in China dar (Abb. 52), bei dem ein Quadrat in neun Teilquadrate unterteilt wurde. Acht Familien erhielten davon je eine Blockeinöde, und die neunte wurde zusammen bewirtschaftet, so daß der Ertrag als Steuer an den Staat fiel. Die Idee dazu stammt aus der Tschou-Zeit (1000-500 v. Chr.); Verwirklichung fand ein solches Prinzip im 3. vorchristlichen Jahrhundert während der Tang-Dynastie, und zwar vornehmlich am mittleren Hoangho, wo sich auf topographischen Karten Feldwege, Straßen und Kanäle in Nord-Süd und Ost-West gerichteter Anordnung fanden (Suizi, 1963; Tanioka, 1976, S. 38), und im 3. nachchristlichen Jahrhundert nahm man eine solche Gliederung wieder auf.

Auch in den Reisebenen Koreas kam dieses Prinzip vor der Zeitenwende auf, und im südlichen Japan ging man im Rahmen der Taikwa-Reform im 7. nachchristlichen Jahrhundert dazu über, als der damalige japanische Staat nach chinesischem Vorbild organisiert wurde. Quadrate mit einer Seitenlänge von 654 m und einer Fläche von rd. 43 ha unterlagen im Reisland einer Untergliederung in 36 Teilquadrate, die man als Lehen an Bauern vergab, um nach sechs Jahren eine Neuverteilung stattfinden zu lassen (Tanioka, 1976, S. 35), als jôri-System bezeichnet. Jeweils gehörten in China, Korea und Japan Gruppensiedlungen dazu, die als Straßennetzanlage in die Vermessung einbezogen waren (Kap. IV. C.2.e. α).

Im Römischen Reich verwandte man seit dem 3. vorchristlichen Jahrhundert bei der Kolonisation die Zenturiate, derart, daß von einem Zentrum in Nord-Süd- bzw. Ost-West-Richtung der cardo maximus und decumanus maximus zur Vermessung kam, und die äußeren Begrenzungen, die die öffentlichen Wege trugen, eine Länge von je 710 m besaßen, so daß eine Zenturie eine Fläche von etwa 50 ha umfaßte. Wenn die Geländegegebenheiten es erforderlich machten, wich man von der auf Sonnenaufgang und -untergang bezogenen Orientierung ab (Künzler-Behncke, 1961, S. 161 ff.). Bradford (1957), Kirsten (1958), Chevallier (1961) und Nitz (1972) gaben einen Überblick über die Verbreitung der Zenturiate, für die in der Regel ein Kataster erstellt wurde.

Die Aufgliederung in Teilquadrate parallel zu dem Limites erfolgte nicht gleichmäßig, indem solche von 0,5 ha zumindest auf italienischem Boden überwogen, aber bereits in Apulien Gutsbetriebe einbezogen wurden, erst recht in Tunesien.

Geschah im italienischen Kolonisationsgebiet die Anlage von Straßen und Städten meist in Verbindung mit der Aufteilung des Landes, so daß die Kolonisten in den Stadtdörfern lebten (Kirsten, 1958, S. 57), so war das in den entfernteren Kolonien anders. Ruinen römischer Villen in Tunesien (Chevallier, 1961, S. 70), Ausgrabungen von solchen im westlichen und mittleren Europa innerhalb des Dekumatenlandes beweisen, daß sich die Höfe innerhalb der Feldflur fanden, meist im Bereiche der limites, gleichgültig, ob eine halbe, eine ganze Zenturie oder noch größere Einheiten dazu gehörten. War ersteres der Fall, dann hatte man es mit schematischen Kleinblock-Einödverbänden zu tun; handelte es sich um Großbetriebe, dann wären sie zu den regelmäßigen bzw. schematischen Großblockfluren des vorigen Abschnittes zu stellen. Sie sind dort nicht erwähnt worden, um den genetischen Zusammenhang zu wahren.

Von Neuem wurde in zahlreichen Veröffentlichungen in Frankreich und Deutschland der Frage nachgegangen, in wieweit die römische Flurgliederung zumindest bis zum 18. Jh. nachgewirkt hat, ein Problem, das bereits Meitzen aufgriff (1895, Bd. I, S. 289; Bd. III, S. 153 ff.; Bd. IV, Anlage 33 und 34). Da es sich lediglich darum handeln kann, daß auf kleine Strecken äußere Umrisse der Zenturiate sich in späteren Besitzgrenzen niederschlugen, soll hier nicht näher darauf eingegangen und nur auf die wichtigste Literatur verwiesen werden (Born, 1972; Filipp, 1972; Fliedner, 1974; Juillard, 1959).

Die von Tichy (1974) gefundenen orientierten Systeme in Mexiko lassen sich nach den bisherigen Untersuchungen für die voreuropäische Zeit nicht mit schematischen Großblockfluren ebensowenig wie mit orientierten schematischen Kleinblock-Einödfluren in Zusammenhang bringen (Trautmann, 1972, S. 43), wobei die Orientierung – ähnlich wie in der Bretagne – voraussichtlich darauf zurückzuführen ist, daß Tempelruinen bzw. Menhire immer wieder als Landmarken für die Ausrichtung von Wegen benutzt wurden, ohne daß ihnen ein besonders hohes Alter zugeschrieben werden müßte (Meyer, 1972, S. 455).

Die ursprünglichen Kleinblock-Einöden in den Vereinigten Staaten bzw. entsprechenden Ländern, in denen die Vermessung der Besiedlung vorausging, wurden bereits im Rahmen der Großblockfluren behandelt, weil die Entwicklung in dieser Richtung verläuft, wenngleich es sicher noch Betriebe gibt, bei denen keine Erweiterungen vorgenommen wurden und auf die durch die Homestead Act geschaffene Parzelle beschränkt bleiben (Kap. IV. D.2.a).

Bei der neuzeitlichen Staatskolonisation in Argentinien wurden vielfach schematische Kleinblock-Einödverbände geschaffen (Abb. 53), wo die Besitzparzelle den Einzelhof trägt. Allerdings gilt das nicht für das gesamte Land, abgesehen davon, daß keine einheitliche Bezugsbasis wie in den Vereinigten Staaten bestand, sondern mehrere Systeme sich spitzwinklig schneiden. Schließlich konnte es wie im südlichen Misiones dazu kommen, daß die Vermessung nicht mit der Besiedlung Schritt hielt und die Form der Parzellen den bereits gerodeten und in Kultur genommenen Flächen angepaßt werden mußte (Wilhelmy-Rohmeder, 1963, S. 156 ff.).

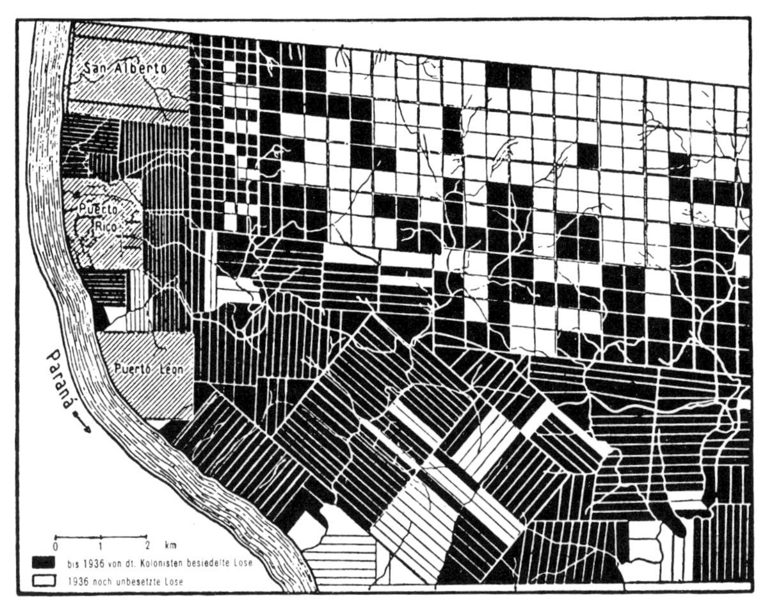

Abb. 53 San Alberto und Puerto Rico in Misiones als Beispiele richtiger und falscher Landaufteilung im Urwald (nach Wilhelmy).

Im Pandschab gingen die Briten am Ende des 19. Jh.s wohl unter Kenntnis der kanadischen Aufteilung daran, im Rahmen von Bewässerungsprojekten Nord-Süd und Ost-West orientierte Kleinblock-Einödverbände zu schaffen, ohne zunächst auf die entsprechenden Siedlungen Einfluß zu nehmen. Das geschah erst in einem späteren Stadium, als man sich entschloß, aus Sicherheitsgründen im Zentrum der neuen Gemarkung Dörfer in Straßennetzanlage zu errichten und das Einzelhofprinzip zu verlassen (Nitz, 1972, S. 391 ff.). Schließlich übernahmen die Japaner bei der Besiedlung von Hokkaido bewußt das Schachbrettsystem mit Einzelhöfen aus den Vereinigten Staaten.

Nitz (1972, S. 395 ff. und Karte 8) deutete die in Ostasien, im Römischen Reich und in Nordamerika entstandenen orientierten und in ein geschlossenes Vermessungssystem eingefügten Kleinblock-Einödverbände derart, daß dieses Prinzip zunächst für Städte verwandt wurde und nur in wenigen Fällen, sofern fortgeschrittene Vermessungsgrundlagen vorhanden waren, eine Ausweitung auf das Land geschah. Man wird allerdings hinzufügen müssen, daß die Gründe, die zur Schachbrettgliederung führten, verschiedener Art waren. Kultische Vorstellungen haben in China, u. U. auch im Römischen Reich mitgewirkt, während in Nordamerika die Zweckmäßigkeit eines solchen Verfahrens im Vordergrund stand.

Daß allerdings bei freier Verfügung über den Boden solche Systeme innerhalb relativ kurzer Zeit sich auflösen und die ursprünglichen Block-Einödverbände im Laufe von knapp zweihundert Jahren sich zu einem Blockgemenge gewandelt haben, wurde am Beispiel der Vereinigten Staaten bereits dargestellt.

Bei den etwa seit den dreißiger Jahren dieses Jahrhunderts und verstärkt nach dem Zweiten Weltkrieg einsetzenden Siedlungsunternehmen ist die Unterscheidung zwischen unabhängiger konvergenter Entwicklung und Übertragungen kaum noch möglich, weil bei neuen Landerschließungen die der Dritten Welt gewährte Hilfestellung damit verknüpft ist, daß die moderne Vermessung Eingang gewann. Abgesehen davon spielen rein wirtschaftliche Erwägungen nicht mehr die Rolle wie früher, indem nun sozialen Gesichtspunkten der Vorrang eingeräumt wird.

War man schon bei den Kanalkolonien im Pandschab von der Einzelhofsiedlung abgekommen, auch wenn der Besitz als Kleinblock zugeteilt wurde, so blieb man bei den staatlichen land settlement schemes in Pakistan und Indien nach dem Zweiten Weltkrieg bei diesem Prinzip (Nitz, 1968, S. 199). Bei unterschiedlicher Bodengüte, verschiedenen Nutzungsarten (Trocken- und Bewässerungsfeldbau) oder unter Berücksichtigung der Entfernung zwischen Wohnplatz und dem zu bewirtschafteten Land kam man sowohl in den Industrie- als auch in den Entwicklungsländern zu andern Lösungen. Nun war u. U. eine gewisse Streuung der Besitzparzellen erwünscht, und der Gruppierung von Höfen wurde der Vorzug gegeben.

Haben wir bisher Kleinblock-Einödverbände in ihrer primären Entstehung bei Landnahme- und Kolonisationsvorgängen kennengelernt, so ist nun der Fall zu betrachten, daß eine solche Flurform aus anders gearteten Aufteilungsprinzipien, d. h. einer Gemengelage des Besitzes, *sekundär* hervorging. Dies kann in zweifacher Weise geschehen; zum einen ist es möglich, daß Besitzeinheiten in Kleinblockform durch Kauf und Tausch von Parzellen zwischen den Beteiligten zustande kommen, während sie zum andern das Ergebnis einer völligen Neuaufteilung des Grund und Bodens innerhalb von größeren Teilen oder der gesamten Gemarkung sind. Ersteres entspricht individuell geprägten, letzteres gelenkten Vorgängen, Nimmt man die Aufteilung u. U. vorhandener Allmenden hinzu, so kann man den gesamten Prozeß unter dem Begriff der Flurbereinigung zusammenfassen.

Ausgedehnte und durchgreifende Flurbereinigungen, die zur Kleinblock-Einödflur führten, sind vornehmlich aus Europa bekannt (Kap. IV. C.2.e.ζ.3). Hier brachten sie in Großbritannien und Skandinavien einschließlich Dänemark und Finnland wesentliche Veränderungen im Siedlungsbild hervor (Abb. 42 und 43), während die Wandlungen in anderen Bereichen nicht so ausgeprägt waren oder sich auf kleinere Flächen erstreckten. Gewisse Beziehungen zwischen Vereinödung und landwirtschaftlicher Nutzung bestehen, mochte vorherrschende Viehzucht einen wesentlichen Anstoß zur Flurbereinigung geben oder umgekehrt eine vollzogene Flurbereinigung den Übergang vom Getreidebau zur Viehzucht begünstigen.

Ein gutes Beispiel für die Auswirkung individuellen Vorgehens bietet das deutsche Alpenvorland (Oberschwaben), wo das durch die unregelmäßige Linienführung der neuen Besitzgrenzen widergespiegelt wird.

Vielfach erfolgte mit der Ausbildung geschlossener Besitzflächen die Verlagerung der zuvor in Gruppensiedlungen beieinander gelegenen Höfe auf diese, so daß sich eine Einödsiedlung entwickelte. Doch bildeten oder erhielten sich auch Weiler, ohne daß der Hof immer auf seine Wirtschaftsfläche zu liegen kam. Deswegen ist die Kleinblock-Einödflur teils mit Einzelhöfen, teils mit Weilern verknüpft. Individuelles Vorgehen ist ebenfalls für die erste Periode der Flurbereinigung in England (1450-1750) charakteristisch (Darby, 1973, S. 321 ff.). Hier erhielten die Landlords das Recht, das Ödland privatwirtschaftlich zu nutzen; die ausgesonderten Flächen wurden mit Hecken umgeben, so daß der gesamte Vorgang als enclosure-Bewegung bezeichnet wird. Die im ausgehenden Mittelalter ansteigenden Wollpreise waren eine wichtige Triebfeder für die Ausdehnung der enclosures, und die Bevölkerungsabnahme jener Zeit gab die Möglichkeit, auch Teile des Kulturlandes in die Einhegung einzubeziehen. Die unregelmäßige Linienführung der Hecken kennzeichnet diese „alten enclosures".

Wesentlich regelmäßiger geprägt ist die Heckenlandschaft der „jungen enclosures" (1750-1850), die seit der gesetzlichen Fundierung der Flurbereinigung entstand und bei der es vor allem auf die Zusammenlegung von Grundstücken zu geschlossenen Besitzflächen ankam. Die Kleinblock-Einödflur mit Einzelhöfen setzte sich dabei weitgehend durch, ebenso wie das auch in Schweden, Finnland und Dänemark bestimmend wurde. Selten nur gelangte man bei diesen Umformungsvorgängen zur schematischen Aufteilung der Flur.

Flurbereinigungen spielen nach dem Zweiten Weltkrieg dort, wo man an individuellem Besitz festhält, eine Rolle. Gelegentlich kommt es dabei zu Kleinblock-Einödverbänden, wenngleich man nicht mehr so stark wie früher darauf abhebt, die Verbindung von Einzelhof und Blockeinöde zu erreichen. Nicht nur in den entsprechenden Teilen Europas, sondern auch in Japan geht man diesen Weg. Unter den Entwicklungsländern ist es insbesondere Kenya, wo im Siedlungsgebiet der Kikuyu (Kap. IV. C.2.d) bereits vor der Unabhängigkeit eine durchgreifende Flurbereinigung mit einer völligen Individualisierung des Besitzes durchgeführt wurde, was teilweise zu Block-Einödverbänden geführt hat.

Schließlich können Kleinblock-Einödverbände auch durch die Teilung von Großblöcken entstehen, d. h. durch Auflösung von Großgrundbesitzungen, womit dann zugleich ein wesentlicher Wandel des sozialen Gefüges einsetzt. Bodenreformen haben seit dem letzten Jahrhundert bis zur Gegenwart diese Entwicklung in vielen Teilen der Welt begünstigt, wenngleich bei der Aufgliederung von Großblöcken nicht notwendig Kleinblock-Einödverbände hervorgehen, sondern auch andere Prinzipien zur Geltung gelangen können.

c) Streifen-Einödverbände mit oder ohne Hofanschluß

Nun kommen wir zu dem Fall, daß bei geschlossenem Besitz die Flur jeweils in Streifen-Einödverbände gegliedert erscheint und jedem Beteiligten *ein* Streifen gehört bzw. das Nutzungsrecht darüber besteht. Das geschieht entweder derart, daß die einzelnen Streifen nebeneinander gelagert sind oder sektorenförmig von der dörflichen Siedlung ausstrahlen, so daß sie dann nach der Peripherie hin an Breite zunehmen (früher für mitteleuropäische Verhältnisse als Radialwaldhufen bezeichnet). Häufig sind die Besitzeinheiten durch Feldwege oder Entwässerungskanäle getrennt, so daß in diesem Fall mitunter die Flurgliederung aus den topographischen Karten ersichtlich wird.

Von der physischen Ausstattung her sind einer solchen Gestaltung kaum Grenzen gesetzt. Doch zeigt sich einerseits eine ausgesprochene Anpassungsfähigkeit an Reliefunterschiede, und andererseits sind Streifeneinöden in besonderer Weise dazu geeignet, bei notwendigen Entwässerungsmaßnahmen im Marsch- oder Moorgelände, sich dem erforderlichen Kanalsystem einzufügen. Stehen im Gebirge die Reliefverhältnisse in unmittelbarer Beziehung zur Bodengüte, so erhält bei einer Aufteilung in Streifeneinöden jeder Berechtigte Anteil an verschiedenen Bodengütegruppen, und Ähnliches gilt auch für zu entwässernde Gebiete. So finden sich Streifen-Einödverbände vielfach in relativ spät erschlossenen Bereichen, deren Besiedlung sich unter der lenkenden Hand einzelner oder genossenschaftlicher Vereinbarungen vollzog bei individueller Freiheit des Berechtigten, seinen Streifen nach Belieben zu nutzen.

In Afrika kennt man Streifen-Einödverbände, die sich unter verschiedenen Voraussetzungen ausbilden. Im Rahmen des Chitimene-Systems können diese Streifen vom Dorf radial nach außen führen und umfassen in verschiedenen Jahren angelegte Aschenhügel einer Familiengemeinschaft, wie es Richards (1961, Karte im Anhang) für die Bemba in Zambia beschrieb. Ob das in allen Fällen gilt, muß dahin gestellt bleiben; die von Grenzebach (1977, S. 155) angenommenen Kleinblock-Gemengeverbände sind bisher noch nicht kartographisch erfaßt und bedeuten u. U. eine Entwicklungsform, die sich bei Landverknappung und Individualisierung der Besitzrechte einstellt. In der Savanne von Obervolta untersuchte Barral (1968, Karte VIII) die Flurgliederung polygamer Großfamilien. Strahlenförmig von ihrem Gehöft führen Wege in den „Busch“, die gleichzeitig die Nutzungsrechte jeder Familieneinheit abgrenzen. Innerhalb eines einzelnen Radialstreifens liegt dem Gehöft benachbart das ständig genutzte Innenfeld; etwa dreihundert Meter nach außen folgt das Weideland für das Kleinvieh, bis schließlich das Außenfeld erreicht wird, innerhalb dessen sich amorphe Nutzungsparzellen befinden, mitunter einige Hektar umfassend, die höchstens acht Jahre hintereinander bebaut werden können und dann für fünfzehn bis zwanzig Jahre der Brache anheimfallen. Andere Voraussetzungen ergeben sich im Waldland von Ghana, wo seit dem Ende des 19. Jh.s einige Stämme in dünn besiedelte Bereiche von Osten nach Westen abwanderten mit dem Ziel, den Anbau von Kakao voranzutreiben; sie hatten die Möglichkeit, Land zu kaufen, bildeten dazu unabhängig von Familienverbänden Gesellschaften und nahmen mit Hilfe der Breitenmessung die Gliederung in Streifen-Einödverbände vor, entsprechend dem von dem einzelnen beigesteuerten Geldbetrag (Hill, 1963, S. 203 ff.; Manshard, 1961, S. 137 ff.). Die von Grenzebach (1977, S. 166 ff.) festgestellten Streifen-Einödverbände am unteren Meru (Tanzania) befinden sich offenbar im Zusammenhang mit der Ausbildung von Erbrechten und der Individualisierung des Besitzes bereits im Übergang zu einem Kleinblock-Gemenge. Bei der Neigung, die Siedlungen an die Verkehrswege zu verlagern, bilden sich ebenfalls in Südtanzania Streifen-Einödverbände spontan aus (Abb. 18).

Sonst hat die gekennzeichnete Flurform ihr ausgedehntestes Verbreitungsgebiet in Mitteleuropa und ist hier an relativ spät erschlossene Gebiete gebunden. Gewisse Entwicklungsstadien fallen in das frühe Mittelalter (8./9. Jh.), während die voll ausgebildeten Formen der hochmittelalterlichen Kolonisation angehören und bei neuzeitlichen Erschließungsvorgängen wieder angewandt wurden.

Hinsichtlich der Ausformung der Streifen werden einige Differenzierungen bemerkbar, indem Breite und Länge eine gewisse Rolle spielen. Zwar beträgt die

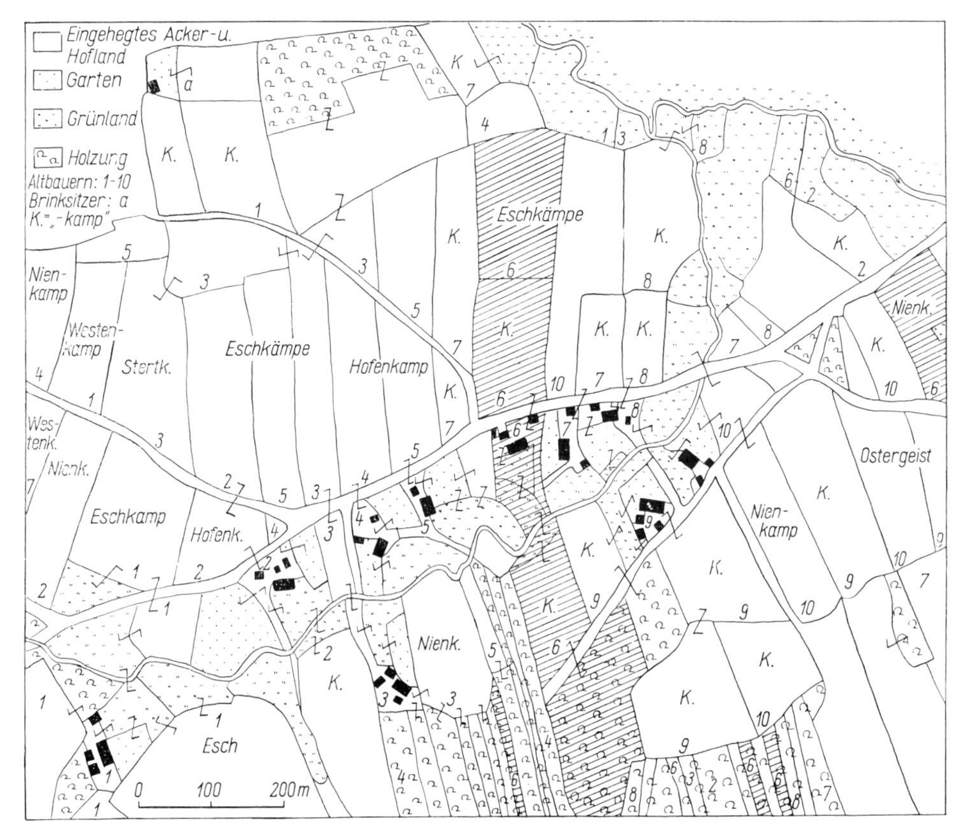

Abb. 54 Frühformen von Streifen-Einödverbänden; Münster-Mecklenbeck, 1828 (nach Niemeier).

Breite der Streifen in etwa 100 m und die Länge einige Kilometer, so daß es sich um Breit- und zugleich um Langstreifen handelt. Unter gewissen Voraussetzungen aber treten Abweichungen auf.

Wenn man sich nun die Ausformung der Streifen ansieht, dann stehen unregelmäßig ausgebildete im Zusammenhang mit einer langsamen Entwicklung dieser Form. Niemeier (1949) zeigte für das westliche Münsterland eine Hintereinanderreihung von Kleinblöcken, die allmählich aneinandergefügt und schließlich zu einem Streifen unregelmäßiger Ausformung mit ein- und ausspringenden Ecken wurden, wobei Länge und Breite der auf diese Weise entstandenen Streifen durchaus unterschiedlich sind (Abb. 54). Ähnliche Feststellungen traf Engel (1951) für den Bereich zwischen dem Bückeburger Altsiedelland und dem Rodungsland von Stadthagen. In Verbindung mit der topographischen Lage auf gut entwässernden Höheninseln (Münsterland), mit Hilfe der Besitzgliederung (altbäuerlicher Besitz), der Ortsnamen und historischer Belege konnten diese „Frühformen von Streifen-Einödverbänden" zeitlich eingestuft werden. Sie gehören im Münsterland dem 9. Jh. an, im Bückeburg-Stadthagener Gebiet erst der Mitte des 12. Jh.s. Auch für die Seemarschen Schleswig-Holsteins, die erst nach der Eindeichung besiedelt wurden, sind unregelmäßig ausgebildete Streifen-Einödverbände charakteristisch; sie fallen durch ihre relativ große Breite und geringe Länge auf; doch ist ihre genetische Stellung bisher nicht ganz klar (Schott, 1953, S. 126 ff.).

Im linken Niederrheingebiet untersuchte Zschocke (1963) ähnliche Formen, bei denen die Streifeneinöden von geringer Breite (unter 100 m) und auch in ihrer Länge beschränkt sind (300-600 m); sie wurden später auf Kosten der Allmende erweitert; eine Datierung ließ sich hier nicht ermöglichen.

Anders steht es in dieser Beziehung im Odenwald, wo zudem die beteiligten Grundherrschaften namhaft gemacht und dadurch aufgedeckt werden konnte, woher der Gedanke einer planmäßigen Aufteilung des Landes kam. Nach den von Nitz (1962 und 1963) gewonnenen Ergebnissen sind im westlichen Odenwald kurze Streifen-Einödverbände mit Allmende festzustellen mit kleinen Ortschaften, die in ihrer lockeren Fügung und ihrer Abhängigkeit von der Flurgliederung als Reihenweiler dargestellt wurden. In der zweiten Hälfte des 9. Jh.s vom Kloster Lorsch angelegt, orientierte sich dieses vornehmlich an den durch die fränkische Kolonisation geschaffenen Planformen und bildete den Vermittler für andere Grundherrschaften, die gewillt waren, die durch sie bewirkte Kolonisation zu lenken. Seit Beginn des 11. Jh.s wurden die Streifeneinöden breiter bemessen (200-300 m), wenngleich noch immer an der Allmende festgehalten wurde. Die damit verbundenen Einzelhofreihen zeigen sich im mittleren Schwarzwald wieder (Habbe, 1960), gehen hier aber in ihrer Breitenausdehnung – zumindest in manchen Bereichen – auf die spätmittelalterliche Wüstungsperiode zurück (Sick, 1974).

Diese Beispiele mögen genügen. Die dadurch gewonnene Erkenntnis über die Entwicklung von Streifen-Einödverbänden ist für Mitteleuropa von prinzipieller Bedeutung, denn offenbar handelt es sich nicht um *ein* Entstehungszentrum, von dem aus die Gestaltung ihren Ausgang nahm, um dann bei gelenkten Kolonisationsvorgängen in voll ausgebildeter Form angewandt zu werden; vielmehr entwickelte sich diese Form in verschiedenen Landschaften und zu verschiedenen Zeiten selbständig. Bisher jedenfalls ist keine Beziehung zwischen den nordwest- und südwestdeutschen Vorkommen von Streifen-Einödverbänden bekannt. Ähnlich wie bei der Übernahme von Breitstreifen in das Gebirge, wo sich die Umwandlung zu Streifeneinöden vollzog, braucht diese Entwicklung nicht auf den Odenwald beschränkt zu sein.

Mehr oder minder geregelte Streifen-Einödverbände finden wir vornehmlich dort, wo im Rahmen der Rodungskolonisation des Hochmittelalters das früher entwickelte Prinzip unter grund- oder landesherrlicher Leitung zur Anwendung kam.

Aus einer besonderen Situation heraus erhielten die Streifeneinöden die Bezeichnung *gereihte Hufen.* Schloß die Hufe ursprünglich sämtliche bäuerliche Nutzungsberechtigungen ein, so enwickelte sich daraus allmählich ein Größenbegriff (Kötzschke, 1938), etwa die Fläche umfassend, die für das Auskommen einer bäuerlichen Familie notwendig war. Legte man die Hufe als Streifeneinöde aus und rodete sie in das Waldland hinein, dann entstanden *Waldhufen,* die sich in ihrer hochmittelalterlichen Ausprägung noch durchaus den Geländeformen anpassen (Abb. 55). Eine Sonderform bilden die *Radialwaldhufen,* bei denen die Streifen radial vom Dorf ausstrahlen, zumeist von Quellmulden ausgehend; auch bei ihnen erscheint das Einfügen in die Geländeformen bestimmend (Abb. 47). Dasselbe gilt für die *Hagenhufen,* für deren Benennung nicht die Art der Landerschließung, sondern die besonderen, den Bauern zugestandenen Berechtigungen maßgebend waren (Abb. 33). Sofern nicht bei Frühformen Reihenweiler oder auf Grund der besonderen Breite der Streifen Einzelhofreihen als zugeordnete Ortsformen maßgebend waren, sind sonst Streifen-Einödverbände mit Reihendörfern verknüpft. Hinsichtlich ihrer Verbreitung in Mittel- und Ostmitteleuropa sei auf Kap. IV.C.2.ζ3 verwiesen ebenso wie auf die Arbeiten von (Krüger, 1967) und Schröder-Schwarz (1976). Wenn man heute von den Hufenbezeichnungen absieht, so deswegen, weil weder in Mitteleuropa in der Neuzeit noch etwa in überseeischen Ländern die hochmittelalterliche Hufe als Maß Verwendung fand.

Auch in den Marschen fand das Prinzip der Streifen-Einödverbände Eingang, hier von Flamen und Holländern seit der zweiten Hälfte des 11. Jh.s entwickelt. Nach Petri (1975) ist hier nur *ein* Entstehungszentrum anzunehmen, nämlich Flandern und die Niederlande, von wo Kolonisten in andere europäische Marschgebiete geholt wurden (Abb. 55) und sowohl ihre Rechtsnormen als auch die Form der Streifen-Einödverbände übertrugen. Als Niederländer im Rahmen der deutschen Ostkolonisation nicht allein Niederungsgebiete entwässerten, sondern auch

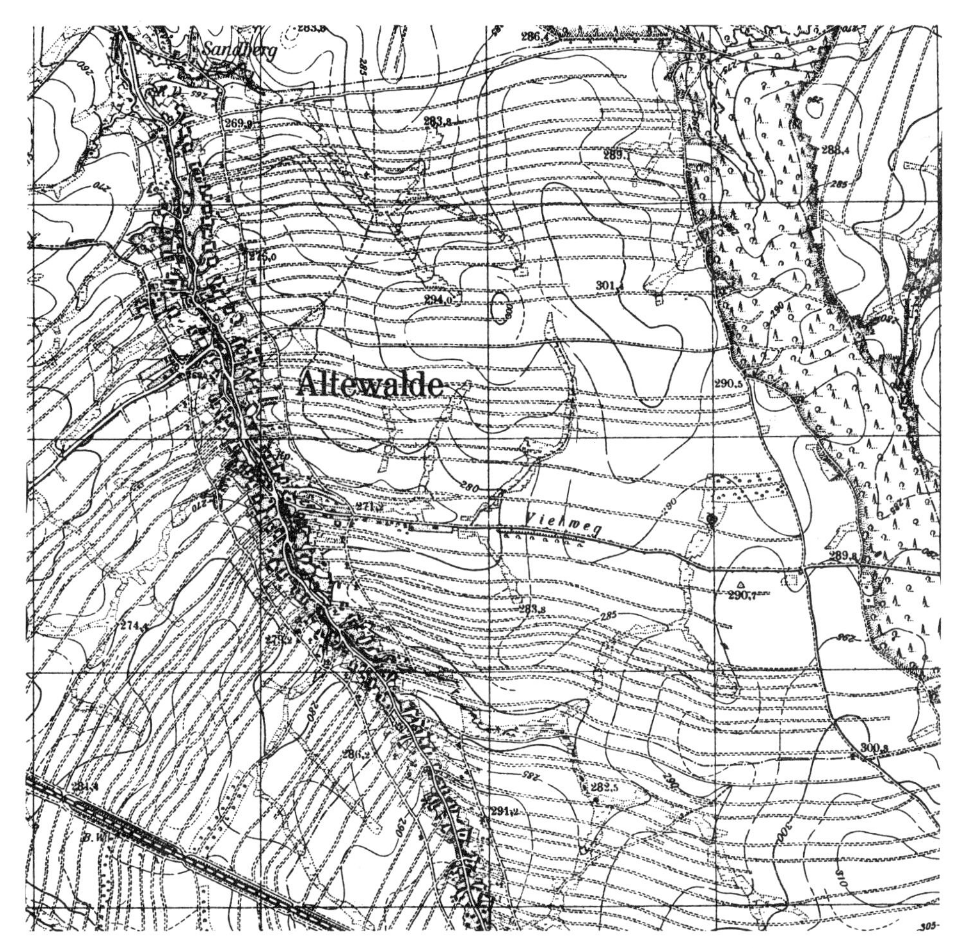

Abb. 55 Streifen-Einödverbände mit doppelseitigem Reihendorf in Schlesien (nach der Topographischen Karte 1:25 000, Bl. 5670).

zur Waldrodung herangezogen wurden, haben sie – sofern nicht slawische Siedlungen zu berücksichtigen waren – auch hier Streifen-Einödverbände benutzt (Schlesinger, 1975, S. 278).

Bei der neuzeitlichen Kolonisation in Mittel- und Osteuropa taucht das Prinzip der Streifen-Einödverbände vielfach wieder auf. Wenig allerdings scheint es bei der Aufsiedlung von Wüstungen verwandt worden zu sein (Jäger, 1967, S. 20 ff. und Born, 1972, s. 208 ff.). Wohl aber trat es einerseits bei der Waldrodung in den Gebirgen und andererseits bei der Entwässerung von Feuchtgelände wieder auf. Vornehmlich im Jura legte man die Streifen in besonderer Breite aus, um der Benachteiligung in den Hochlagen entgegen zu wirken (Kreisel, 1972, S. 300 ff.); sonst begnügte man sich mit geringerer Breite und Länge (früher Waldstreifendörfer), weil es sich nicht mehr um bäuerliche Vollerwerbsstellen handelte (z. B. Hohes Venn, Bayerischer Wald, Sudeten). Bei den Wlachen, die die höheren Teile der Karpaten besetzten und seit der Mitte des 16. Jh.s in die schlesischen Beskiden

Abb. 56 Streifen-Einödverbände in der Marsch, Frankop, Unterelbe (mit Genehmigung des Instituts für Film und Bild).

gelangten, wurden die Streifeneinöden mit einer Fläche bemessen, die die sonstiger „Hufen" weit überschritt (maximal 170 ha, Cellbrot, 1963, S. 84), da die Viehhaltung und nicht der Feldbau im Vordergrund stand.

Als niederländische Mennoniten im 16. Jh. zur Entwässerung des Weichseldeltas geholt wurden und stromaufwärts das Land erschlossen, hielten sie an der ihnen gemäßen Flurform fest. Um dieselbe Zeit begannen Niederländer, Hochmoore zu entwässern und die Fehnkultur zu entwickeln, wobei es am einfachsten war, vom Hauptkanal aus Stichkanäle zu graben und diesen die Streifeneinöden folgen zu lassen, was im westlichen Deutschland ein halbes Jahrhundert später aufgenommen wurde (Abb. 39).

Bei den Hauländereien in Polen (Abb. 38) setzte bereits eine gewisse Entartung ein, da die Höfe nicht mehr an eine Konzentrationslinie gebunden erschienen.

In Slowenien und Teilen von Kroatien gehen die Streifen-Einödverbände bis in das Mittelalter zurück (Ilesič, 1959, S. 95 ff.), während sie in Slawonien und Westkroatien seit dem Ende des 17. Jh.s entstanden, als Serben und Kroaten aus dem damals beim Osmanischen Reich verbliebenen Bosnien in die unter österreichischer Zivil- oder Militärverwaltung unterliegenden Gebiete flüchteten (Blanc, 1957, S. 149 ff.; Karger, 1963, S. 81 ff.), u. U. befürwortet durch die Lage der Reihenweiler bzw. -dörfer an Terrassenrändern.

In Übersee wurden die Shinden in Japan (Kap. IV.C.2.e.α) seit dem 17. bis etwa zur Mitte des 19. Jh.s mit Streifen-Einödverbänden ausgestattet (Abb. 57), die sich

Abb. 57 Von den Flüssen ausgehende Streifen-Einödverbände im französisch besiedelten Kanada (nach Schott).

am besten dazu eigneten, Naßreisfelder im Schwemmland und Trockenkulturen in Hanglagen betriebsmäßig zu vereinigen.

Den „rang“-Siedlungen (Kap. IV.C.e.η) des franko-kanadischen Siedlungsgebietes in Amerika ordnete man seit dem ersten Drittel des 17. Jh.s Streifen-Einödverbände zu (Abb. 58); sie gelangten von hier aus in andere französisch besiedelte Bereiche der Vereinigten Staaten, insbesondere in das Mississippi-Gebiet (Bartz, 1955; Jordan, 1974, S. 81 ff.). In Texas nahm man das Prinzip seit dem beginnenden 18. Jh. auf unter Beschränkung auf die flußnahen Bereiche. Streifen von 400 m Breite und 1,6 km Länge wurden vermessen, während die entsprechenden Höfe in einer planmäßigen Gruppensiedlung vereinigt wurden. Seit der Mitte des 18. Jh.s entfernte man sich noch mehr von der „Hufenflur“, indem nun die Breite 1,1 km und die Länge 16 km betrug, Viehzuchtsestancien näher kommend als bäuerlichen Betrieben. Erst im beginnenden 19. Jh., als die Beziehungen zur französischen Bevölkerung des Mississippitales enger wurden und ähnliche Formen in den östlichen Vereinigten Staaten die Aufmerksamkeit auf sich lenkten, erhielten die „long lots“ ähnliche Maße, wie sie in Mitteleuropa bekannt sind (Jordan, 1974). Entsprechende Formen finden sich ebenfalls in Neu-Mexiko, wo – ähnlich wie in Texas – die Beschränkung dieses Systems auf flußnahe Bereiche erfolgte und hier voraussichtlich ohne äußere Einwirkungen während des 18. Jh.s zur Abmessung kamen (Carlson, 1975).

In Südamerika wurden Streifen-Einödverbände in der ersten Hälfte des 19. Jh.s entscheidend, als die europäische Einwanderung nach Südbrasilien einsetzte. Mit einer Breite der Streifen von 250 m und einer Tiefe der Lose von 350 m erschien es

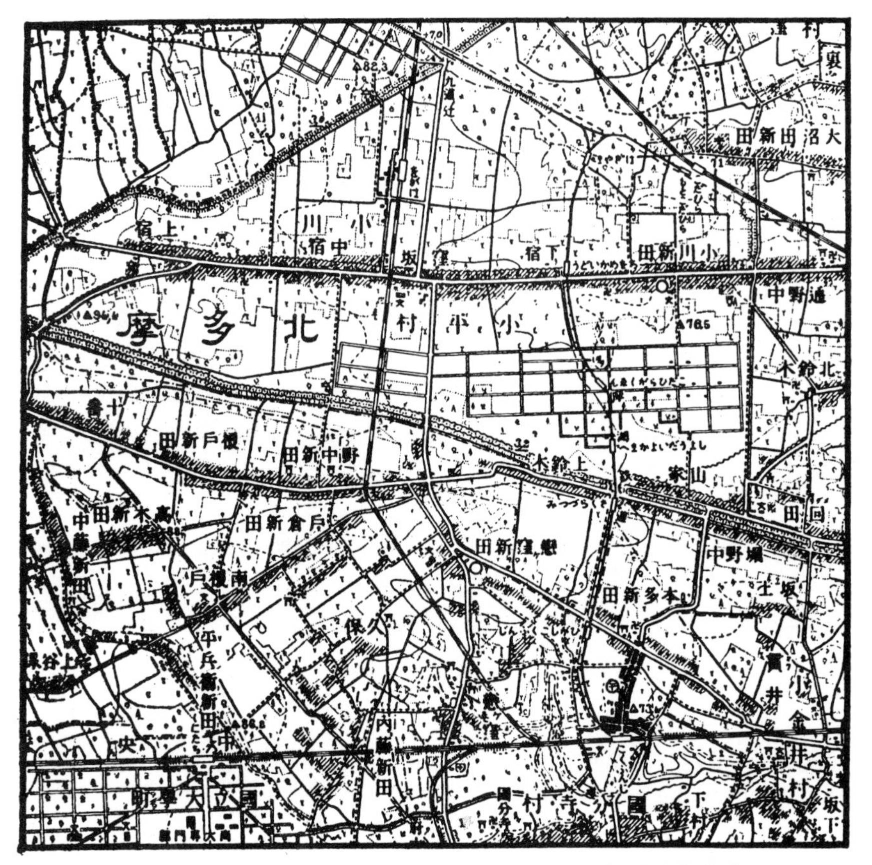

Abb. 58 Shinden-Siedlung (Streifen-Einödverbände) in Japan (nach Schwind).

bereits schwierig, den dörflichen Zusammenhalt zu wahren. Im südlichen Chile, Paraguay und Argentinien nahm man das genannte Prinzip vornehmlich seit dem Ende des 19. Jh.s auf, in Argentinien insbesondere dann, wenn private Kolonisationsgesellschaften am Werke waren. Bei den Mennonitenkolonien in Paraguay legte man lediglich Streifen von 60-100 m Breite aus bei einer Länge von mehr als 1 km, wodurch die Lose zu klein wurden, aber der dörfliche Zusammenhalt in einem Übergangsstadium von Reihen- zum Straßendorf gewährleistet blieb (Abb. 59).

Schließlich sind Streifen-Einödverbände auch in Südostaustralien bekannt, wo sie vor der Aufnahme eines regulären Vermessungssystems im ersten Drittel des 19. Jh.s entstanden und Flüsse die Leitadern abgaben, allerdings derart, daß die Breite der Parzellen durch Bäume markiert wurde und es zu Überschneidungen der Parzellen im Wasserscheidenbereich zwischen den Flußadern kam (Tyman, 1976).

In der zweiten Hälfte des 19. Jh.s machten Engländer bei der staatlich gelenkten Rodungskolonisation im Himalajavorland von Kumaon von demselben Prinzip

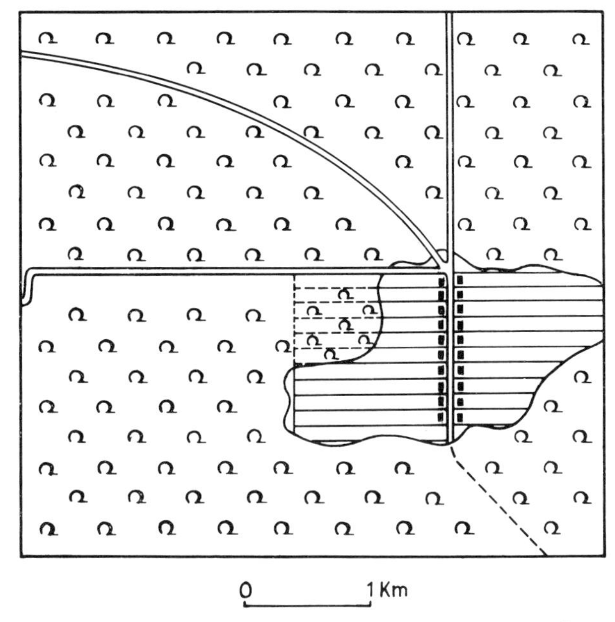

Abb. 59 Das Mennonitendorf Bergthal im paraguayischen Chaco, Übergang vom Reihendorf zum Straßendorf mit Streifen-Einödverbänden (nach Schmieder-Wilhelmy).

Gebrauch, ohne es später weiter zu verwenden (Nitz, 1968, S. 153), und im Rahmen der afghanischen Binnenkolonisation seit den dreißiger Jahren dieses Jahrhunderts fand am West- und Südrand der Oase von Ghori eine ähnliche Gliederung statt (Grötzbach, 1972, S. 198). In allen den genannten Fällen scheint nach der bisherigen Kenntnis das Verbreitungsgebiet beschränkt zu sein, und bisher ist nicht zu übersehen, ob man sich dabei auf Vorbilder stützte oder ob es sich um Konvergenzerscheinungen im Sinne von Nitz handelt. Ob die mit der Karezbewässerung zusammenhängenden Streifen Besitzeinheiten darstellen, erscheint fraglich, zumal Bobek für die entsprechenden Bereiche in Iran andere Flurformen als typisch herausstellte (1976, S. 294 ff.).

Im Rahmen der von einigen Kolonialmächten angestrebten Konzentration der heimischen Bevölkerung und der Fortsetzung dieser Vorgänge nach der Unabhängigkeit finden Streifen-Einödverbände häufig Verwendung. Das galt für das einstige Belgisch-Kongo und benachbarte Bereiche des früheren französischen Äquatorialafrika, wo zugleich eine feste Rotation senkrecht zu den Längsseiten der Streifeneinöden erstrebt wurde.

Es kommt hinzu, daß bei Neusiedlungsprojekten, bevorzugt bei der Aufschließung von Wald, aber nicht unbedingt daran gebunden, die Anlage von Streifen-Einödverbänden eine neue Blüteperiode erlebt, sei es, daß man an dem Hofanschluß festhält, sei es, daß man die Einheit zwischen dem Hof und der anschließenden Parzelle aufgibt und planmäßige Weiler und Dörfer errichtet, um Infrastrukturmaßnahmen billiger zu gestalten und genossenschaftliche Aktivitäten besser entwickeln zu können.

In Mexiko sah man sich vor der Situation, sich in Gegebenes einfügen zu müssen. Die Ejido-Mitglieder erhielten das von ihnen zu bewirtschaftende Land als Streifeneinöde, die aber auf Grund der Art der Enteignung des Großgrundbesitzes in erhebliche Entfernung von der Siedlung zu liegen kommen kann. Bei den Moshav-Siedlungen in Israel gelangte man nach dem Zweiten Weltkrieg dazu, im Anschluß an die Höfe Streifeneinöden zu vermessen, die hier allerdings nur einen Teil der Flur ausmachen. In den neuen Siedlungsgebieten des östlichen Bolivien, von Peru und Kolumbien blieb der Hofanschluß erhalten, während in Venezuela, Malaysia und einigen afrikanischen Ländern (z. B. Togo, Hetzel, 1964; Tanzania, Jätzold, 1965) planmäßigen Weilern oder Dörfern der Vorzug gegeben wurde. Dasselbe ist bei den brasilianischen Siedlungsprojekten längs der Transamazónica der Fall (Kohlhepp, 1976).

Wenn sich das Streifen-Einödprinzip in Mitteleuropa bereits im frühen Mittelalter entwickelte und in mancherlei Varianten bis in das 18. und 19. Jh. bei Kolonisationsvorgängen Verwendung fand, dies in Übersee teils als Konvergenzerscheinung und teils als Übertragung von West- und Mitteleuropa zu deuten ist und wenn man vor und nach dem Zweiten Weltkrieg dasselbe System in den Entwicklungsländern wieder aufgriff, dann müssen diesem Vorzüge eigen sein, die andere Flurformen nicht bieten. Nitz (1972, S. 396) glaubte, daß gegenüber den in ein Vermessungskonzept eingepaßten Blockeinöden bei Streifeneinöden eine einfachere Handhabung des Meßverfahrens bestanden habe, indem lediglich die Breite zu bestimmen war. Das mag für manche, aber nicht für alle Fälle zutreffen, denn sofern Kanäle oder Wege Längsbegrenzungen abgaben, ging man bereits im Hochmittelalter zur Festlegung der Länge über (Kuhn, 1954, S. 98 ff.). Andere Momente dürften dabei zum Tragen kommen: einerseits die gute Anpassung an Geländegegebenheiten und andererseits die Möglichkeit, den Zusammenhalt in Dörfern mit individueller Bewirtschaftung in Einklang zu bringen, wobei sich dann in der einen oder andern Art auch genossenschaftliche Prinzipien durchführen lassen.

Schließlich bleibt noch die Frage zu klären, wie es um die Erhaltung der Streifen-Einödverbände steht. Vererbungsgewohnheiten, Wüstungsvorgänge und Aufnahme jüngerer Besitzerschichten, die mit Land ausgestattet werden sollen, können zu Wandlungen führen. In Frankreich und in Polen, wo sich die Realteilung durchsetzte, fand in der Regel eine Längsteilung der Streifen statt, und der Hofanschluß blieb nicht immer bestehen (Abb. 36). In Deutschland zeigen sich Streifeneinöden überwiegend in Bereichen mit Anerbenrecht; lediglich auf der Enz-Nagoldplatte griff Realteilung etwas ein, aber hier ist der davon ausgehende Einfluß nicht von dem der Tagelöhnersiedlungen im 18./19. Jh. zu unterscheiden. Letztere bewirkten entweder eine Kleinparzellierung der Allmende, und es mochte ebenso zu Querteilungen der Streifeneinöden kommen (Neugebauer-Pfrommer, 1969, S. 100 ff.). Das Wüstfallen einzelner Höfe konnte später das Zusammenfassen von zwei Streifeneinöden bringen. Sonst aber ist es gerade für Mitteleuropa charakteristisch, daß die Streifeneinöden über Jahrhunderte hinweg ihre Gestaltung bewahrten und auch von Flurbereinigungen nicht betroffen wurden. Erst die Kollektivierung in einem Teil der Ostblockländer schränkte die Verbreitung der Streifen-Einödverbände im östlichen Mitteleuropa ein. – Anders verlief die Entwicklung im französischen Siedlungsgebiet Kanadas, indem in Quebec von 1941 bis 1971 die Zahl der landwirtschaftlichen Betriebe um 58 v. H. zurückging, das Kulturland um 29 v. H. und damit eine Ausdünnung der „rang-Siedlungen" verknüpft ist (Schott, 1976, S. 103).

Sekundäre Streifen-Einödverbände entstehen vornehmlich bei Flurbereinigungen. Im westlichen und mittleren Europa gibt es einige Beispiele dieser Art, wenngleich das insgesamt nicht von großer Bedeutung ist, weil man seit dem 19. Jh. entweder Kleinblockeinöden den Vorzug gab oder bewußt auf eine völlige Besitzarrondierung verzichtete. In Norwegen, zumindest in der Landschaft Jaeren, spielen allerdings solche sekundären Streifen-Einödverbände, die von den Höfen ihren Ausgang nehmen, über Acker, Wiese und ehemalige Weide radial nach außen verlaufen, eine erhebliche Rolle (Rönneseth, 1975). – Die im Kikuyuland von Kenya nach dem Zweiten Weltkrieg durchgeführte Zusammenlegung brachte teils von den Hängen bis zum Talgrund sich hinziehende Streeifen-Einöd-, teils aber auch Kleinblock-Einödverbände (Taylor, 1969, S. 474 ff.).

3. Flurformen mit Gemengelage des Besitzes

a) Kleinblock-Gemengeverbände sowie Block- und Streifenfluren

Kleinblock-Gemengeverbände sind Ausdruck ungeregelter Erschließungs- bzw. Kolonisationsvorgänge, wobei Erbrecht und Erfordernisse der Landbewirtschaftung eine Verstärkung der Kleingliederung herbeiführen können.

Das kann auch für Hackbauvölker gelten, die die ihnen zur Verfügung stehende Fläche nach sozialen Gesichtspunkten organisieren, ohne daß eine strenge Regelung gegeben ist. Soweit die Nutzungsberechtigungen an die Entscheidungen des Häuptlings oder Ältesten gebunden sind und ihnen auch die Verteilung der Ernte zusteht, dann sind Großblöcke gegeben. Wenn sich aber die Bindungen gegenüber der Gemeinschaft lockern und die Siedlungen ortsfest werden, beginnt häufig eine Auflösung in Kleinblock-Gemengeverbände. Das ist z. B. bei den Baule der Fall, die im 18. Jh. aus Ghana nach der Elfenbeinküste zuwanderten. Innerhalb eines Dorfes leben die Mitglieder einer erweiterten Familie in einem bestimmten Abschnitt zusammen, aber andere Familien können sich dazwischen ansetzen. Auf ein Jahr der Nutzung folgt eine unterschiedliche Zahl von Brachjahren. Die bevorzugt längs der Wege angelegten amorphen Kleinblöcke können sich auf einen Sektor der „Gemarkung" beschränken, brauchen das aber nicht. Selten sind durch Sekundärvegetation getrennte und völlig isolierte Kleinblöcke, die sich meist zu Gruppen von fünf oder mehr Parzellen zusammenschließen, so daß dann Nutzungsrechte unterschiedlicher Familien aufeinanderstoßen. Seit dem Beginn der sechziger Jahre verbindet sich mit dem Einführen neuer Kulturpflanzen (Baumwolle und Reis) eine gewisse Konzentration der Grundstücke. Bei einer Bevölkerungsdichte von etwa 40 E./qkm nimmt das jeweils genutzte Land nur 14 v. H. der Gesamtfläche ein (Wurtz, 1971).

Verstärkt muß mit der Ausbildung von Kleinblock-Gemengeverbänden gerechnet werden, wenn sich die Landwechselwirtschaft entwickelt und die Siedlungen ortsfest werden. Das war bei den Gurma in Burkina Faso am Ende des 19. Jh.s der Fall. Mit rd. 30 E./qkm erstreckt sich um die sehr locker gefügten Siedlungen das mit Hilfe von Dung ständig bestellte Land; es schließt sich eine Zone an, in der die Nutzung ein bis zwei Jahre währt, die Brache zwei bis drei Jahre, während in den Außenbezirken eine siebenjährige Anbaudauer zu erreichen ist mit fünfzehnjähriger Brache. Während am Ende des 19. Jh.s die Nutzungsrechte der einzelnen erweiterten Familien sich auf geschlossene Großblöcke erstreckten, sind seitdem erhebliche Wandlungen eingetreten. Über das Verleihen bzw. Borgen von Grundstücken ohne Entgelt innerhalb oder außerhalb der erweiterten Familien kam ein Blockgemenge zustande, derart, daß im Innenfeld mit Daueranbau 20 v. H. der genutzten Fläche, im mittleren Abschnitt 40 v. H. und im Außenfeld noch mehr auf diese Weise entfremdet wurde, wobei einerseits ein Ausgleich zwischen der Zahl der Arbeitskräfte und dem zu bestellenden Land eine Rolle spielt, andererseits aber die zunehmende Individualisierung (Remy, 1967).

Schließlich ist eine nochmalige Verschärfung dieser Tendenz zu erkennen, wenn fast die gesamte landwirtschaftliche Nutzfläche im Zusammenhang mit Großviehhaltung im Dauerfeldbau genutzt wird. Das zeigt sich z. B. bei den Serer in Senegal. Die Siedlungsstruktur ist locker gehalten, die Bevölkerungsdichte beträgt ungefähr 90 E./qkm. Die frühere Geschlossenheit der Nutzungsrechte der erweiterten Familien ließ sich noch rekonstruieren, wenngleich durch die Aufsplitterung einzelner Linien ebenso wie durch Verleihung und schließlich Übergang zur Vererbung, an der alle Söhne beteiligt wurden, Blockgemenge-Verbände entstanden, derart, daß jedes Familienoberhaupt 4 ha auf fünf Parzellen, die übrigen Männer 1,2 ha auf 1-2 Parzellen und die Frauen 0,9 ha auf 1-2 Parzellen bearbeiten und das verliehene Land etwa 13-16 v. H. der landwirtschaftlichen Nutzfläche ausmacht (Lericollais, 1971). In noch ausgeprägterem Maße findet sich Ähnliches bei den Haussa im nördlichen Nigeria (Grenzebach, 1976, S. 155), wo zu den Kleinblock-Gemengeverbänden Dörfer und Ausbauweiler als Siedlungsform gehören.

In den übervölkerten Bereichen des östlichen Afrika mit dem Überwiegen der Streusiedlung stellten sich ebenfalls Kleinblock-Gemengeverbände ein. Über die Entwicklung der letzteren ist man am besten für das Kikuyuland in Kenya unterrichtet (Taylor, 1969, S. 463 ff.). Eine Kartierung aus dem Jahre 1902 läßt erkennen, daß damals das Familienland als Kleinblockeinöde benachbart zur Siedlung lag, wobei die Größe des genutzten Landes zwischen 0,4 und 2,0 ha schwankte, darüber hinaus noch gemeinsam bewirtschaftetes Weideland existierte bei einer Bevölkerungsdichte, die auf etwa 45 E./qkm geschätzt wird. Bei dem dann einsetzenden Bevölkerungswachstum begann das Recht der erweiterten Familien zu erlöschen, und die einzige Möglichkeit bestand darin, immer mehr das Allmendland in Nutzung zu nehmen. Als dieses um das Jahr 1930 aufgezehrt war, ging man zur Vererbung an die Söhne über, was mit der Ausbildung von Kleinblock-Gemengeverbänden verbunden war, derart, daß ein „Besitz“ von 1,4 ha Land auf 24 gesonderte Kleinblockparzellen zersplittert sein konnte. Ein solcher Vorgang blieb nicht auf das Kikuyuland beschränkt, sondern stellte sich zunächst als Endstadium der Flurgliederung überall dort ein, wo sich Diskordanzen zwischen der Art der Landnutzung und der wachsenden Bevölkerung ergaben. Dem wurde im Kikuyuland seit der Mitte der fünfziger Jahre allerdings durch die in Gang gebrachte Flurbereinigung ein Ende gesetzt, was für die verbliebenen

Abb. 60 Ausschnitt eines Flurplanes aus dem Mesellenia-Distrikt, Sudan, Kleinblock-Gemengeverbände (nach Paecock).

Betriebsinhaber einen Gewinn bedeutete, zumal sie durch die Aufnahme von cash crops (Kaffee u. a.) recht beträchtliche Einkommen erzielten, wenngleich die damit zunehmende landlose Schicht neue Probleme aufwarf.

Ungeregelte Landnahme, die sich kaum noch rekonstruieren läßt, Erbteilungen und mitunter Erfordernisse der Bewässerungswirtschaft führten in den alten Kulturländern des Orients, Süd- und Südostasiens ebenso wie in Ostasien häufig zu Kleinblock-Gemengeverbänden. Als Beispiel geben wir zunächst den Ausschnitt einer Flurkarte aus dem Sudan (Abb. 60), in dem das Gestaltungsprinzip klar erkennbar ist, wenngleich die Besitzverhältnisse nicht verzeichnet wurden.

In Indien legte Bronger (1972) für Andrea Pradesh sowohl für das Dekkanhochland als auch die Koromandelküste, bei Tank-, Brunnen-, Kanalbewässerung sowie in den noch bewässerten Abschnitten die Ausbildung der Kleinblock-Gemengeverbände dar, was hier durch unterschiedliche Pachtverhältnisse und das Kastenwesen beeinflußt wird. Auch die Dorfuntersuchungen von Shapi (1959) in

Abb. 61 Flurgliederung im Tonking-Delta in der Umgebung von Thank-Nhan, Kleinblock-Gemengeverbände (nach Gourou).

der Gangesebene von Uttar Pradesh zeigen dasselbe, wobei die Parzellen im bewässerten Bereich meist erheblich kleiner sind als im nicht bewässerten.

Kleinblock-Gemengeverbände kennzeichnen ebenfalls die Reisanbaugebiete Südostasiens, ob in den Flußtälern und -deltas (Abb. 61) oder im stärker reliefierten Gelände, wo häufig die Anlage von Feldterrassen hinzukommt. Für Kambodscha bewies Delvert (1961, S. 214 ff. und Tafel 15-18), daß mit dem Reisbau Kleinblock-Gemengeverbände verknüpft sind, die sich sowohl vor als auch nach der Übernahme durch Frankreich (1863) bei ungelenkter Binnenkolonisation ausbildeten. Die inneren und äußeren Auseinandersetzungen, die vom 14. bis um die Mitte des 19. Jh.s andauerten, gestatten es nicht, bis zur Blüteperiode des Angkorreiches im 13. Jh. vorzudringen. Auch im südlichen und mittleren China war vor der letzten Revolution mit Kleinblock-Gemengeverbänden zu rechnen.

In Afghanistan bilden unregelmäßige Kleinblock-Gemengeverbände nach den Arbeiten von Jentsch (1965), Kussmaul (1965) und Grötzbach (1972, S. 193 ff.) die vorherrschende Flurform, und andere Gliederungsprinzipien tauchen erst mit der Binnenkolonisation seit den dreißiger Jahren dieses Jahrhunderts auf. In Iran geben unregelmäßige Kleinblock-Gemengeverbände für etwas mehr als ein Drittel des Kulturlandes den wichtigsten Typ ab, wenngleich teilweise mit andern Aufteilungsmustern kombiniert (Bobek, 1976, Tafel I). In Anatolien, Syrien, Jordanien und in Libanon ebenso wie in manchen Gebieten des nördlichen Afrika ist die genannte Flurform ebenfalls vorhanden (Hütteroth, 1968, S. 109 ff.; Wirth, 1971, S. 215 ff.).

Sicher entwickelte sich im Orient der Rentenkapitalismus mit den ihm zugeordneten Teilbauern und Pächtern, was sich auf das landwirtschaftliche Betriebssystem und die Flurform auswirken konnte. Daneben aber bildete sich sowohl in alt als auch jung besiedelten Landschaften ein relativ freies Bauerntum, dem das Recht zustand, nicht genutzten Boden zu kultivieren und in sein Eigentum zu überführen, was dann notwendig die Vererbung unter die Söhne zur Folge hatte, es sei denn, daß letztere den Betrieb gemeinsam bewirtschafteten, wobei bei wachsender Bevölkerung einem solchen Verfahren Grenzen gesetzt sind. Im östlichen Afghanistan gab es in den Gebirgstälern freie Bauern, und sonst war der Rentenkapitalismus nicht in der strikten Form wie in Iran vorhanden; kleinere Grundherren, die häufig innerhalb der Dörfer lebten, verpachteten zwar Land, hatten aber nicht wie stadtsäßige mit umfangreichem Besitz die Möglichkeit weiteren Einwirkens. In Iran bildete sich bäuerlicher Besitz teils im Umkreis der größeren Städte und teils in der nördlichen und westlichen Gebirgsumrahmung, wo Regenfeldbau durch Bewässerung ergänzt werden konnte. Die Verbreitung bäuerlichen Besitzes und die der unregelmäßigen Kleinblock-Gemengeverbände stimmen hier in etwa überein, und Ähnliches scheint in den Gebirgen bzw. Gebirgsrändern anderer orientalischer Länder der Fall zu sein. Wie weit für jede einzelne Siedlung das Kleinblockgemenge in die Vergangenheit zurückreicht, läßt sich kaum ausmachen, zumal die Besiedlung der Gebirge zeitlich unterschiedlich anzusetzen und innerhalb des Osmanischen Reiches die um 1600 anzusetzende Wüstungsperiode in Ansatz zu bringen ist. Das Prinzip dürfte alt sein, sich aber dann immer wieder erneuern, wenn eine nicht gelenkte bäuerliche Kolonisation einsetzte. Letzteres war z. B. seit dem letzten Drittel des 19. Jh.s in Teilen Anatoliens gegeben, als die Weidewirtschaft zugunsten des Feldbaus eingeengt wurde, sich periodisch genutzte Weide- zu permanenten Siedlungen entwickelten und die Bauern längs der vorhandenen Wege oder in Anlehnung an die Himmelsrichtungen größere und kleinere Blöcke ausschieden und umbrachen, was insgesamt zu Kleinblock-Gemengeverbänden führte. Auch wenig umfangreiche Muhaçirgruppen folgten diesem Beispiel, wenngleich sie in der Regel ein anderes Prinzip verfolgten (Hütteroth, 1968, S. 126ff.).

Gegenüber den unregelmäßigen Kleinblock-Gemengeverbänden setzte Bobek (1976, S. 299ff.) regelmäßige Typen ab, die in dieser Art bisher nur in Iran gefunden wurden. Sie zeichnen sich dadurch aus, daß sie Breitstreifen eingegliedert sind, die parallel zu Bewässerungskanälen unter obrigkeitlicher Lenkung geschaffen wurden, während die Unterteilung in Kleinblöcke bewässerungstechnisch bedingt ist. Demgemäß kommen solche geregelten Kleinblock-Gemengeverbände in Iran vornehmlich dort vor, wo zur Landbewirtschaftung Bewässerung unabdingbar ist. Hier vermochten es die Teilbauern häufig, durch Anlage von Gärten und Baumkulturen eine Intensivierung vorzunehmen und für den den Grundherren gehörigen Boden nur geringe Abgaben zu entrichten. Größere Freiheiten der Teilbauern bei grundherrlichem Splitterbesitz geben nach Bobek (1976, S. 301) den agrarsozialen Hintergrund der geregelten Kleinblock-Gemengeverbände ab, wenngleich einer solchen Theorie ein gewisser hypothetischer Charakter anhaftet und die zeitliche Stellung dieser Flurform unbekannt ist. Immerhin bleibt wichtig, daß innerhalb des Rentenkapitalismus Differenzierungen vorhanden sind, die weitere Auswirkungen zeitigen.

Auch im europäischen Mittelmeergebiet kommen Kleinblock-Gemengeverbände vor, die zeitlich unterschiedlicher Entstehung sind. Ihr Alter auf Mykonos ist nicht bestimmbar; zumindest verdanken sie ihre Entstehung nicht erst Umwandlungen während des 19. Jh.s und sind auf das individuelle Vorgehen der Bauern zurückzuführen. Die intensive Bewässerung und das von den Mauren ausgeübte Erbrecht führte an der levantinischen Küste Spaniens zur Streusiedlung und zu Kleinblock-Gemengeverbänden, was sich nach der von Aragonien und Katalonien durchgeführten Reconquista im 13. Jh. vielleicht in Einzelheiten, aber nicht im Prinzip änderte (Gonzalez, 1952, S. 66 ff.). Weiterhin muß damit gerechnet werden, daß während des Mittelalters auch im europäischen Mittelmeergebiet Gebirge erschlossen wurden, wobei die Grundherren den Bauern freie Hand ließen und sich wie in erheblichen Teilen des Apennin in der Regel Kleinblock-Gemengeverbände ausbildeten, die bei Realteilung eine gewisse streifige Unterteilung erhielten (Ullmann, 1967, S. 65 ff.). Für manch andere Gebirgsgebiete wurde dasselbe erwiesen, was hier nicht näher ausgeführt werden soll. Auf jeden Fall scheinen außer sozialen Bedingungen einerseits Bewässerungswirtschaft und andererseits Hangterrassierungen für Reb- und Olivenkulturen die Entwicklung von Kleinblock-Gemengeverbänden begünstigt zu haben. Abgesehen von Mykonos geben in Griechenland nach Beuermann (1956, S. 279) Kleinblock-Gemengeverbände die Grundlage ab trotz Wüstungsperiode und Umbruch nach den Befreiungskriegen. Nach den Untersuchungen von Sauerwein (1968, S. 75 ff. und 223 ff.) ging man in den altgriechischen Gebieten, in diesem Falle Innermessenien, an die Enteignung der Tschiftliks und sonstigen türkischen Grundbesitzes, wobei offenbar die von den früheren Teilbauern bewirtschafteten Parzellen in deren Besitz übergingen und zudem die Möglichkeit bestand, zusätzliche Grundstücke vom Staat zu erwerben.

Im westlichen und mittleren Europa finden sich in England, Skandinavien und im festländischen Nordseegebiet urgeschichtliche Flurrelikte unter Wald oder Weide, die in England als „celtic fields“, in Skandinavien als Oldtidsagre und in Deutschland nach dem Vorschlag von Scharlau (1957, S. 16) als Kammerfluren bezeichnet werden. Die eisenzeitlichen unter ihnen zeigen relativ regelmäßige Kleinblöcke, deren Fläche nach M. Müller-Wille (1965, S. 42) zwischen 1,5 ar und fast 1 ha schwankt, am häufigsten aber zwischen 10 und 20 ar sowie 20 und 30 ar liegt. Sie sind von Wällen umgeben, die durch Pflugarbeit, Abtragung, Sammeln von Lesesteinen usw. entstanden und 0,6-1,2 m Höhe erreichen. Zahlreiche solcher Parzellen schließen sich zu Verbänden zusammen. Zu diesen gehörten lockere Gruppen von zwei bis vier Höfen, deren Besitz im Gemenge lag und von jeder Familie etwa 15-16 ha bewirtschaftet wurden, wobei ein Feld-Weide-Wechsel-System anzunehmen ist (Hatt, 1955; M. Müller-Wille, 1965, S. 55 und 83 ff.). Zum größten Teil fielen Siedlungen und Fluren wüst, wohl auch im Zusammenhang mit der Abwanderung der Bevölkerung nach England. Wie sich der Übergang zu den Worthäckern und den späteren Streifen-Gemengeverbänden vollzog, läßt sich archäologisch in den Niederlanden und Nordwestdeutschland nicht fassen (M. Müller-Wille, 1965, S. 128 ff.) ebensowenig wie hier die metrologische Analyse von Hannerberg (Kap. IV.D.3.b) vorläufig nicht angewandt werden kann.

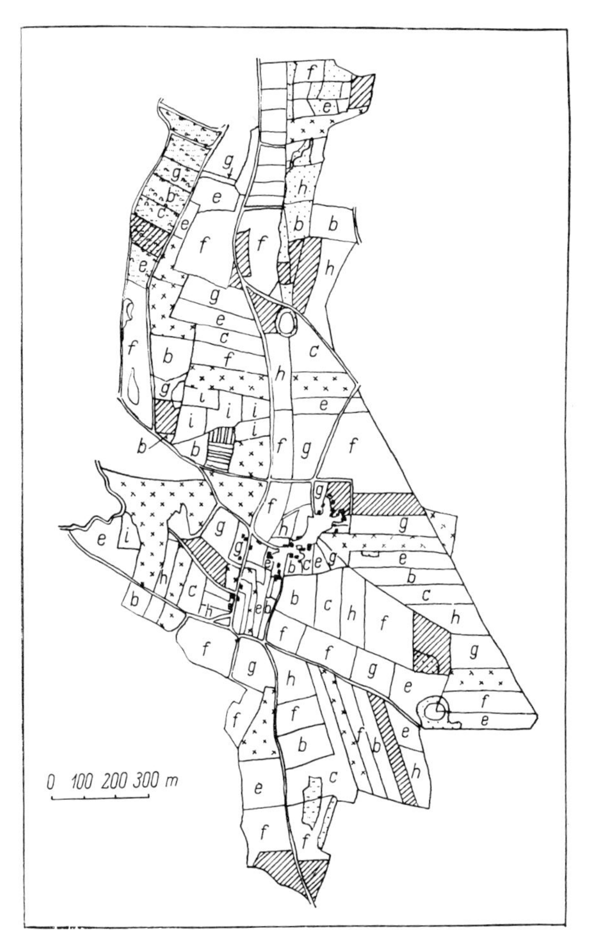

Abb. 62 Weiler mit Kleinblock-Gemengeverbänden einer ursprünglich slawischen Siedlung, Nipmerow auf Rügen (nach Kötzschke).

In den Altsiedelgebieten traten zumindest seit der Merowingerzeit so starke Wandlungen ein, daß an eine Erhaltung der Kleinblock-Gemengeverbände nicht gedacht werden kann. Während des Ausbaus und der Rodeperiode ist mit einer starken Lenkung der Besiedlung zu rechnen. Selten wurde den Bauern freie Hand gelassen, wie es zu Beginn des 9. Jh.s bei der Kolonisation des Klosters Lorsch im vorderen Odenwald der Fall war und sich hier Streuweiler mit Kleinblock-Gemengeverbänden ausbildeten, bis nach einem halben Jahrhundert das Streifen-Einöd-System sich durchsetzte. Ähnlich war es später bei kleineren Grundherrschaften im Buntsandstein-Odenwald (Nitz, 1962, S. 26 ff. und 87 ff.), im Bereiche der Keuperhöhen oder im oberen Sauerland (Hömberg, 1938), wobei eine Entwicklung vom Einzelhof mit Kleinblock-Einödflur zum lockeren Weiler mit Kleinblock-Gemengeflur nicht auszuschließen ist.

In Ostdeutschland und im östlichen Mitteleuropa erhielten sich Kleinblock-Gemengeverbände vornehmlich dort, wo die slawische Bevölkerung nicht in den deutschen Kolonisationsprozeß bzw. nicht in den Genuß des ius theutonicum einbezogen wurde und damit noch längere Zeit bei der wilden Feldgraswirtschaft verblieb. Ausgedehntere Gebiete dieser Art findet man einerseits auf der Insel Rügen und andererseits in der Niederlausitz, wo der deutsche Einfluß im Hochmittelalter gering blieb (Abb. 62). Kleinblöcke und Streifen kennzeichnen auch solche Siedlungen, deren Bevölkerung noch im 13. und 14. Jh. überwiegend slawisch blieb. Sie fanden sich bevorzugt in den Niederungen der Urstromtäler, die sich für den Getreidebau wenig eigneten (Krenzlin, 1952), und in den nördlich der Mittelgebirge gelegenen Lößgebieten. Selbst dann, wenn eine slawische Siedlung als Ansatzpunkt für deutsche Kolonisten diente, kann es vorkommen, daß ein Teil der Flur durch Kleinblöcke und Streifen gekennzeichnet ist (Schlesinger, 1975, S. 286 ff.), wenngleich es sicher häufiger vorkommt, daß ein Teil der slawischen Siedlungen wüst fiel, ein Konzentrationsprozeß einsetzte mit damit verbundenen Umlegungen der Flur.

Die Beschreibung der russischen Waldsiedlung (Kap. IV.C.e.ε) im 14. und 15. Jh. läßt hinsichtlich der Flurform auf Kleinblock-Gemengeverbände schließen, die bei zunehmender Bevölkerung, Ausbildung von Dörfern und Übergang zum Mirsystem in andere Formen umgewandelt wurden. Genauer läßt sich das für die russische Steppe verfolgen, wo der Übergang von der Weidewirtschaft zum Feldbau bei den Kosakenheeren im europäischen Anteil in der ersten Hälfte des 19. Jh.s zu einem Kleinblockgemenge führte. Als in der zweiten Hälfte des 19. Jh.s immer mehr Land umgebrochen wurde und die Bevölkerungsdichte stieg, sahen sich die genossenschaftlich organisierten Heere gezwungen, zu einer Regelung der Besitzansprüche zu gelangen, und damit verschwand das Kleinblockgemenge (Rostankowski, 1969, S. 64 ff.). Ähnlich verlief die Entwicklung in Sibirien am Ende des 19. und im beginnenden 20. Jh., als die Bevölkerung bzw. die Zuwanderung zunahm. Jeder okkupierte Land dort, wo er es wünschte, und wenn die Ansiedlung durch eine Gruppe geschah und von vornherein Weiler und Dörfer entstanden, so umgab man diese mit gemeinsam zu nutzendem Weideland, während Äcker und Wiesen von jeder Familie unabhängig voneinander in Besitz genommen wurden; Unterschiede in der Bodengüte riefen meist Gemengelage der blockförmigen Parzellen hervor, bis schließlich das Land verknappte, das Mirsystem Eingang gewann und damit das Kleinblockgemenge zum Verschwinden gebracht wurde (Dietze, 1920; Seraphim, 1923).

Primäre, schematisch angelegte Kleinblock-Gemengeverbände sind relativ selten zu beobachten, weil bei planvollem Vorgehen und bäuerlichem Besitz entweder Kleinblock-Einöd- oder Streifen-Einödverbände bevorzugt werden. Das schließt nicht aus, daß in Einzelfällen auch mit schematischen Kleinblock-Gemengeverbänden zu rechnen ist. Bei der Einpolderung der Zuidersee ebenso wie bei der Neulandgewinnung im deutschen Anteil des Bourtanger Moors waren unterschiedliche Bodenverhältnisse dafür verantwortlich, jedem Kolonisten zwei bis drei blockförmige Parzellen zu überlassen. Derselbe Grund, aber ebenfalls die gleichmäßige Verteilung der Arbeitswege führte bei den Mormonen in Utah dazu, daß ein dem allgemeinen Vermessungssystem eingeordnetes Kleinblockgemenge entstand, das zwar bis heute existiert, aber die kleinen Betriebsgrößen zunehmend zu Schwierigkeiten führen (Strässer, 1972, S. 107 ff.).

Nach dem Zweiten Weltkrieg hat man in Entwicklungsländern wie im Sudan (Gezira-Projekt), in Ägypten (Nildelta) und in Pakistan Pläne zur Intensivierung des Anbaus entwickelt, die teils mit Neusiedlungen verbunden waren, wobei hier nicht zur Debatte steht, ob sich dies noch im Planungsstadium befindet oder bereits zur Durchführung kam. Es handelt sich jeweils um schematische Kleinblock-Gemengeverbände, die in Zelgen einheitlicher Rotation gegliedert sind (Wörz, 1967; Schiller, 1970, S. 82 ff.) und die wohl um der Zelgeneinteilung willen als „Gewannfluren" bezeichnet wurden.

Schließlich ist mit der *sekundären Ausbildung* von Kleinblock-Gemengeverbänden zu rechnen. Bei Bevölkerungsvermehrung entwickelten sich Einzelhöfe mit Kleinblock-Einödflur zu Hofgruppen oder Weilern, was mit Zurodung neuen Landes verbunden war und sich damit Kleinblock-Gemengeverbände einstellten. Drescher (1957) konnte das für die aus der Landnahmezeit stammenden Siedlungen des Niederbayerischen Gäus zeigen, wo einerseits die Bildung von Selden gering blieb und diese mit grundherrlicher Genehmigung durch Absplitterung von Vollhöfen ihr Land erhielten, was teilweise auch wieder rückgängig gemacht werden konnte und das geltende Anerbenrecht eine weitergehende Aufgliederung verhinderte. Zurodungen im Hochmittelalter bis in die frühe Neuzeit erfolgten im Albvorland von Nürnberg (Weber, 1965, S. 243 ff.) die in Blöcke und Streifen zerfielen. Ebenso unterlagen hochmittelalterliche lange Breitstreifen-Gemengeverbände Querteilungen, die sich wohl zunächst an die vorgegebenen Längsgrenzen hielten, und, sofern ein gewisser Austausch von Grundstücken stattfand, zu einer Kleinblock-Gemengeflur führte (Hildebrandt, 1968, S. 230 ff.). Dasselbe kann sich auch bei neuzeitlichen Anlagen einstellen, wie es das Beispiel Unterbernhards in der Hohen Rhön zeigt, wo zumindest der größere Teil der Flur in ein fast schematisch angeordnetes Blockgemenge zerfiel (Hildebrandt, 1968, S. 148 ff.).

Unter gewissen Voraussetzungen wandelten sich planmäßige Langstreifen-Gemengeverbände, die auf die Dreizelgen-Brachwirtschaft zugeschnitten waren, zumindest randlich in Kleinblock-Gemengeverbände, wenn auf sandigen Böden der Feldbau eingeschränkt wurde (Krenzlin, 1952, S. 59 ff.). Ebenso setzte in der nordwestdeutschen Marsch ein Umformungsprozeß aus einer zuvor streifigen Gliederung in eine solche des Blockgemenges zu verschiedenen Zeiten ein. In der Osterstader Marsch fand dies im 16. und 17. Jh. statt, als man vom Getreidebau zur Weidewirtschaft überging (Pieken, 1956, S. 136).

In manchen Gebieten Süd-, Südost- und Ostasiens wurde vermutet, daß breitere Streifen die Ausgangsform der Kleinblock-Gemengeverbände abgeben, ohne daß bisher ein eindeutiger Beweis erbracht wäre. Beim ostasiatischen Reisbau, dort, wo in Japan ursprünglich zu Dörfern Blockeinöden gehörten, brachten Kauf, Tausch und Realteilung allmählich ein Blockgemenge hervor (Abb. 63), so daß auf einen Betrieb im Durchschnitt 6 Parzellen entfielen (Trewartha, 1967).

Schließlich wird bei zahlreichen Flurbereinigungsverfahren eine gewisse Gemengelage der nun blockförmig vermessenen Parzellen erstrebt oder auch notwendig, teils in der Kulturartenverteilung begründet, teils mit unterschiedlicher Bodengüte zusammenhängend. Nach der Formulierung von Zschocke (1959, S. 198) handelt

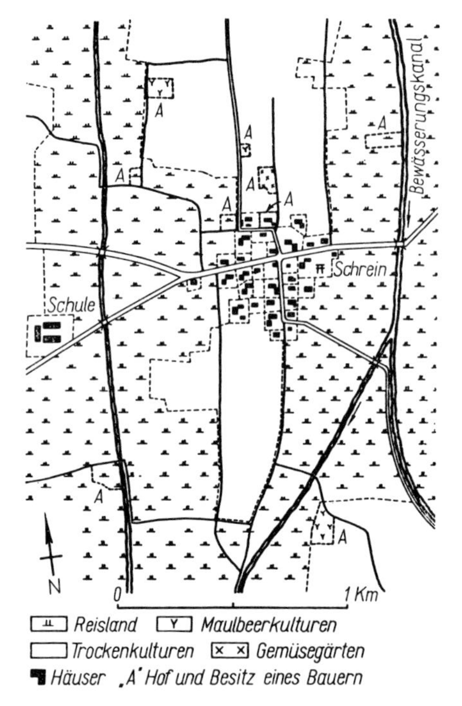

Abb. 63 Siedlung in Japan, Kleinblockgemenge in Reisbaulandschaft (nach Trewartha).

es sich unter solchen Voraussetzungen um planmäßige Kleinblock-Gemengeverbände mit eingeschränkter Gemengelage.

b) Streifen-Gemengeverbände (teilweise Gewannfluren)

Streifen-Gemengeverbände stellen diejenigen Flurformen dar, deren Entstehung zu mancherlei Vorstellungen geführt hat. Daß sie auf eine genossenschaftliche Organisation zurückgehen, ist bekannt; welcher Art diese ist, kann durchaus unterschiedlich sein. Einerseits besteht die Möglichkeit, daß im Rahmen des Hackbaus oder des Pflugbaus Sippen, innerhalb derer Wert auf gleiche Landzuteilungen auf die Kleinfamilien gelegt wird, sich Streifen-Gemengeverbände entwikkelten. Andererseits ist erwiesen, daß Dorfgemeinschaften von sich aus ebenso wie Nomaden, die seßhaft werden, den Gruppenzusammenhalt wahren und auf gleiche Beteiligung der Teilstämme bzw. Einzelfamilien dringen und deswegen zu periodischen Neuverteilungen des Landes übergehen, die sich am einfachsten bei einem Streifengemenge durchführen läßt, weil dann nur die Breite des Streifens zu berücksichtigen ist. Solche Umteilungen können aber auch durch Motive von Grundherren gesteuert werden, wobei mitunter die Erfordernisse des Anbaus als förderndes Element hinzutreten. Bäuerliche Gemeinschaft, grundherrliche Einflußnahme und landwirtschaftliche Bedingungen zusammen sind häufig derart miteinander verwoben, daß die einzelnen Komponenten schwer auseinander zu halten sind. Das Verbreitungsgebiet der Streifen-Gemengeverbände ist noch nicht völlig bekannt, weil damit gerechnet werden muß, daß Hackbauvölker in Südostasien und Afrika eine solche Aufteilung entwickelten, was vorläufig lediglich in Einzelbelegen greifbar ist. Sonst kamen sie in Teilen Europas, in Rußland, im Orient einschließlich des nördlichen Afrika, in Äthiopien und in einigen Bereichen von Mexiko und Nordamerika vor, um seit dem 18. Jh. häufig in andere Flurformen überführt zu werden.

Im Rahmen des Hackbaus finden sich Streifen-Gemengeverbände bei einem kleinen Bergstamm im Norden von Kambodscha (Matras-Thoubetzkoy, 1974, S. 426 ff.), wo noch Brandrodung mit Verlagerung der Anbauflächen üblich ist. Gelangt ein neues Stück zur Rodung, dann wird dieses senkrecht zu den Isohypsen in Streifen von etwa 10 m Breite und im Mittel 100 m Länge gegliedert, derart, daß die jüngeren Kleinfamilien, die u. U. das erstemal beteiligt werden, mehr Streifen erhalten als die älteren, die bereits weitere solcher Streifen in andern Systemen bewirtschaften. Trotz gemeinsamer Bearbeitung des Bodens durch die Sippe haben die Kleinfamilien für das Saatgut ihrer Parzellen zu sorgen und erhalten volle Verfügung über die daraus gewonnene Ernte.

Bei einer kleinen Ethnie im Mandara-Bergland (Nordkamerun) kommen ebenfalls Streifen-Gemengeverbände vor. Mit einer Bevölkerungsdichte von fast 200 E./qkm wird Dauerfeldbau mit Düngung betrieben. Im Gemenge befindliche, senkrecht zu den Isohypsen verlaufende Streifen von 4 m Breite und mehr als 100 m Länge, in sich terrassiert, sind sowohl hinsichtlich der einzelnen „Linien", die sich von einem gemeinsamen Ahnen ableiten, als auch in bezug auf die polygamen Kleinfamilien charakteristisch. Heiraten die Söhne, dann errichten sie ein eigenes Gehöft in der Nähe des väterlichen, dessen Parzellen meist durch Längsteilung an die Berechtigten vergeben werden. Weniger das Erbrecht oder die Individualisierung trugen zur Ausbildung der Streifen-Gemengeverbände bei als vielmehr die soziale Organisation, die innerhalb der erweiterten Familien auch den polygamen Kleinfamilien Nutzungsrechte gewährt (Hallaire, 1971).

Ähnlich steht es bei den Pueblo-Indianern (Abb. 64). Bei wachsender Zahl der zu den erweiterten Familien gehörigen Kleinfamilien gehen sie zur Anlage neuer Feldkomplexe über und teilen diese entsprechend der Zahl der Einzelfamilien in Streifenform auf. Ein Teil der Verbände schließt eng aneinander (Gewannflur), ein anderer liegt isoliert, weil die Auswahl des in Kultur zunehmenden Landes unter dem Gesichtspunkt der einfachen Bewässerungsmöglichkeit geschah (Forde, 1931).

Im südwestlichen Mexiko im Staat Oaxaca fand Schmieder (1930) Streifen-Gemengeverbände (Abb. 65 und Abb. 66), die nach der neueren Untersuchung von Sandner (1964, S. 97 ff.) teilweise bis auf die Gegenwart überkamen, sieht man von der Aufteilung weniger Hacienden an Ejidos ab. Hier ist es nicht die erweiterte Familie, sondern die Dorfgemeinschaft, die nach einem einheimischen Maß neu zu kultivierendes Land in soviel Streifen mit einer Breite von 6 m und einer Länge von etwa 200 m zerlegte, wie das Dorf Familien besaß (Abb. 66). Allmählich gliederte sich ein Streifen-Gemengeverband an den andern und füllte das Talbecken zwischen den als Allmende dienenden Hängen aus, wobei die Erhaltung aus vorspanischer Zeit darauf zurückgeführt werden muß, daß dieser Bereich für die Entwicklung von Hacienden wenig reizvoll erschien. Noch heute zeichnet sich der Staat Oaxaca dadurch aus, daß der Anteil des Ejidolandes an der

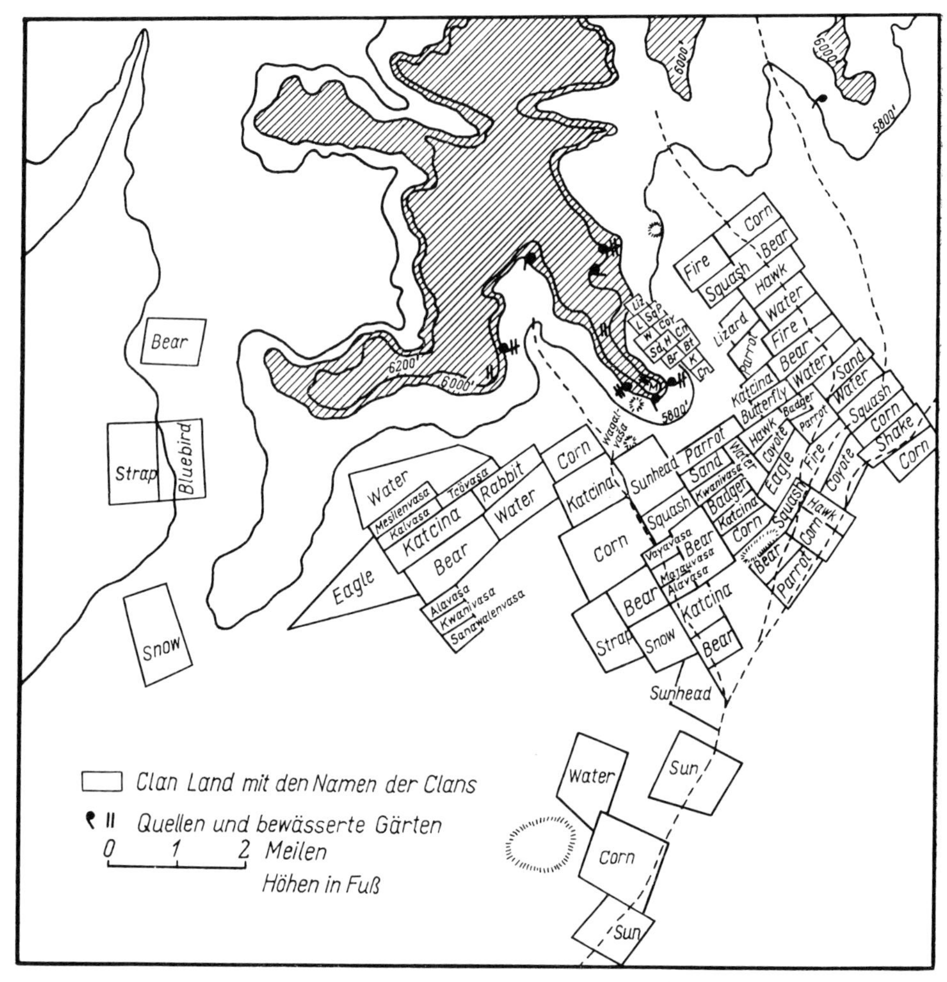

Abb. 64 Flurgliederung einer Hopi-Siedlung. Das Kulturland ist in größere, jeweils den Großfamilien gehörige Abschnitte gegliedert; die Einzelfamilien haben an den Abschnitten ihrer Großfamilie in Streifenform Anteil (nach Forde).

gesamten Ackerfläche mit unter 30 v. H. zu den niedrigsten in Mexiko gehört (Friedrich, 1968, S. 70).

Die Organisation erweiterter Familien mit dem Ziel, die Einzelfamilien gerecht bei der Landvergabe zu beteiligen, kann auch bei Pflugbauern auftreten. Das trifft z. B. für Teile von Nord- und Zentraläthiopien zu (Hövermann, 1958; Stitz, 1974, S. 266 ff.), wo nun aber zusätzliche periodische Neuverteilungen erfolgen. Dabei liegen in diesem Falle die Streifen von unter 10 m Breite und mehr als 400 m Länge als solche fest und werden im Abstand von einigen Jahren durch Los neu verteilt.

In den atlantischen Gebieten Europas, vornehmlich in den von Kelten besiedelten Bereichen, waren bis zum 18./19. Jh. Streifen-Gemengeverbände vorhanden. Meist handelte es sich um Schmalstreifen, deren Länge durch die Ausdehnung des

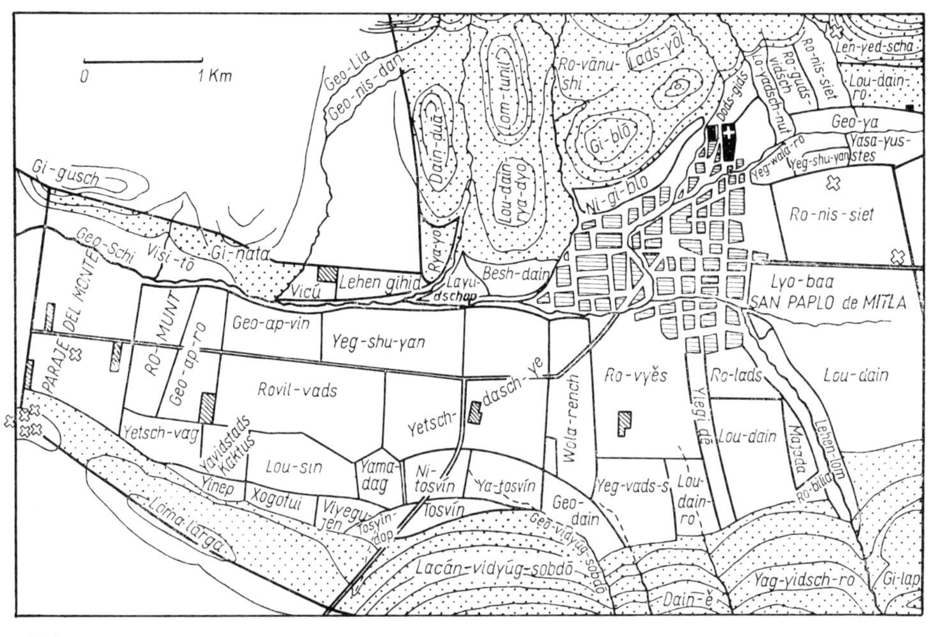

Gemeinheit mit Gesträuch bestanden

Felder im Besitz eines wohlhabenden Dorfbewohners

Gewannflur. Die Besitzverteilung innerhalb der einzelnen Gewanne ergibt sich aus Abb. 58

Häuser, Höfe und Gärten des Dorfes

Kirche auf vorkolumbischen Ruinen erbaut

Künstliche Hügel (mogotes) aus vorspanischer Zeit

Vorkolumbische Ruinen.

Abb. 65 Ausschnitt aus der Gemarkung des Tzapotekendorfes Lyoba (Mitla) im Staate Oaxaca (Mexiko). Schmale Kurzstreifen-Gemengeverbände mit wahrscheinlich starkem Richtungswechsel [früher kreuzlaufende Gewannflur] (nach Schmieder).

beackerbaren Landes bestimmt wurde, die das Innenfeld ausmachten, so daß jede Parzelle vom Außenfeld oder der Gemeinheit erreichbar war. Sie wurden in der Bretagne, hier als méjous bezeichnet, in Cornwall, Wales, Irland und Schottland gefunden und sind, soweit heute noch sichtbar, insgesamt oder parzellenweise eingehegt (Flatrès, 1957; Uhlig, 1958; Meynier, 1967; Meyer, 1972). Sie waren hier mit der Sippenorganisation verknüpft (clachan), die im schottischen Hochland bis zur Mitte des 18. Jh.s Gültigkeit hatte, wobei sowohl in Irland als auch in Schottland periodische Neuverteilungen vorgenommen wurden (run-rig-System in Schottland, rundale in Irland) und durch Realteilung eine Verschmälerung der Parzellen herbeigeführt wurde. Sowohl die gerechte Zuteilung auf die Kleinfamilien als auch die periodischen Neuverteilungen mögen in gleicher Weise die Streifengliederung befürwortet haben. Zu den méjous in der Bretagne und Kleinblockeinöden, die sich zum Blockgemenge entwickelten, treten nun weitere Streifen-Gemengeverbände hinzu, die sich an die amorphen Kleinblöcke anlehnen und zur Erweiterung des Dauerackerlandes beitrugen. Deren zeitliche Stellung bildet ein nicht ganz gelöstes Problem. Meynier (1967) stellte sie auf Grund der Ortsnamen der zugehö-

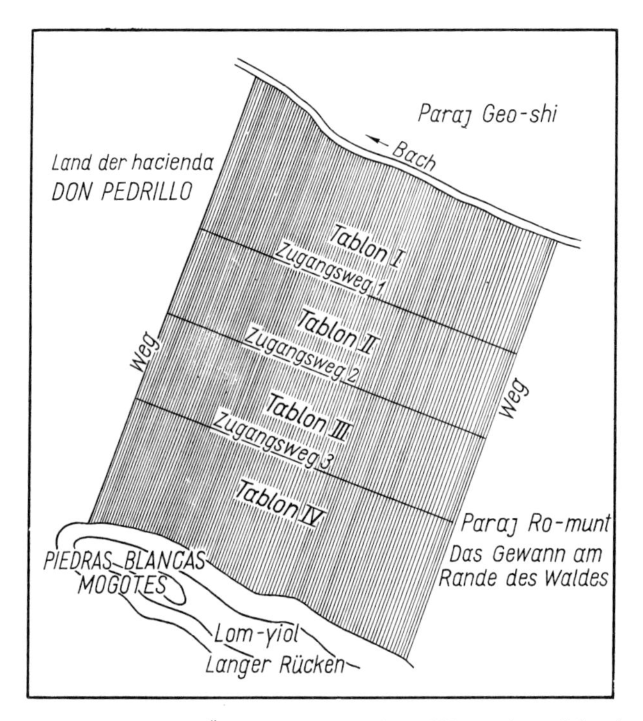

Abb. 66 Die Verteilung der Äcker in dem im Jahre 1883 geordeten Schmalstreifen-Gemengeverband Parajo del Monte des Tzapotekendorfes Mitla im Staate Oaxaca (Mexico). Die Länge der Äcker zwischen zwei Zugangswegen beträgt ungefähr 200 m; die Streifenbreite ist ungefähr 6 m (nach Schmieder).

rigen Siedlungen in das Hochmittelalter. Meyer (1972) hingegen sah auf Grund archäologischer und historischer Befunde in den Streifen-Gemengeverbänden die Form der keltischen Landnahme, in den eingehegten Kleinblöcken den hochmittelalterlichen Ausbau. Hinsichtlich der Bewirtschaftung wies er darauf hin, daß um diese Zeit der Übergang von der Klein- zur Großtierhaltung erfolgte und das Einhegen nur unter Voraussetzung der Rinderhaltung sinnvoll gewesen sei.

Die jährlichen Neuverteilungen des Wiesenlandes, die zwischen den Wurtenbewohnern der nordfriesischen Halligen vorgenommen werden, entstanden nach den mittelalterlichen Landverlusten, als Bodenverknappung und ständige Gefährdung durch Sturmfluten zur genossenschaftlichen Wirtschaftsweise führten, bei der nicht der einzelne, sondern die Gesamtheit den Verlust trägt. Mit Hilfe der Breitenmessung nahm man Neuverteilungen vor, so daß ebenfalls Streifen-Gemengeverbände zur Ausbildung kamen (Schott, 1953, S. 139).

Noch im 17. und 18. Jh. konnte es in Mitteleuropa zu einmaligen oder periodischen Neuverteilungen des Ackerlandes kommen, wie es bei den Stock- oder Vogteigütern im Saarland (Weyand, 1970; Born, 1974) oder bei den Gehöferschaften im Hunsrück (Zschocke, 1969) der Fall war. Um die Abgaben an Landes- und Grundherren zu gewährleisten, schloß man die Bauern nach der Wüstungsperiode zu unteilbaren Besteuerungseinheiten, den Stöcken, Schäften usf. zusammen, wobei das Ackerland zunächst noch in individuellem Besitz blieb. Nach dem Dreißigjährigen Krieg, der hier einen besonders starken Bevölkerungsverlust brachte, ging man dazu über, das Ackerland als Gemeingut zu behandeln und es so gerecht wie möglich unter den zu den Stöcken oder Gehöferschaften gehörigen Personenkreis durch Los aufzuteilen, mochte bei Anerbenrecht eine einmalige solche Neuverteilung genügen oder setzte bei Realteilung sich eine auf das Feldsystem bezogene periodische Neuverteilung durch (in der

Abb. 67 Schmale, teils durch die Topographie bedingte isolierte lange und kurze Streifen-Gemengeverbände mit Richtungswechsel zwischen benachbarten Verbänden im Dorf Pogost, Gouv. Kostroma (nach Wieth-Knudsen).

Regel Dreizelgen-Brachsystem). Das geschah zwar in unterschiedlicher Weise, indem man teils die vorhandenen Umrisse der Streifen-Gemengeverbände beibehielt und innerhalb dieser die Neugliederung vornahm, aber ebenso kam es vor, daß neue schematische Umrisse geschaffen wurden, die Zahl der dadurch erhaltenen Verbände groß (u. U. mehr als 40), deren Fläche allerdings dann klein war (3-5 ha) und man diese in kurze und schmale Streifen zerlegte, jeder Berechtigte an jedem Verband Anteil erhielt. Dabei konnten die Streifen verschiedener Verbände unterschiedliche Richtungen einnehmen (früher planmäßige kreuzlaufende Gewannflur).

In den Dorfgemeinden des nördlichen Rußland, die sich unter obrigkeitlicher Lenkung entwickelten (Kollektivhaftung der Gemeinde für das Steueraufkommen

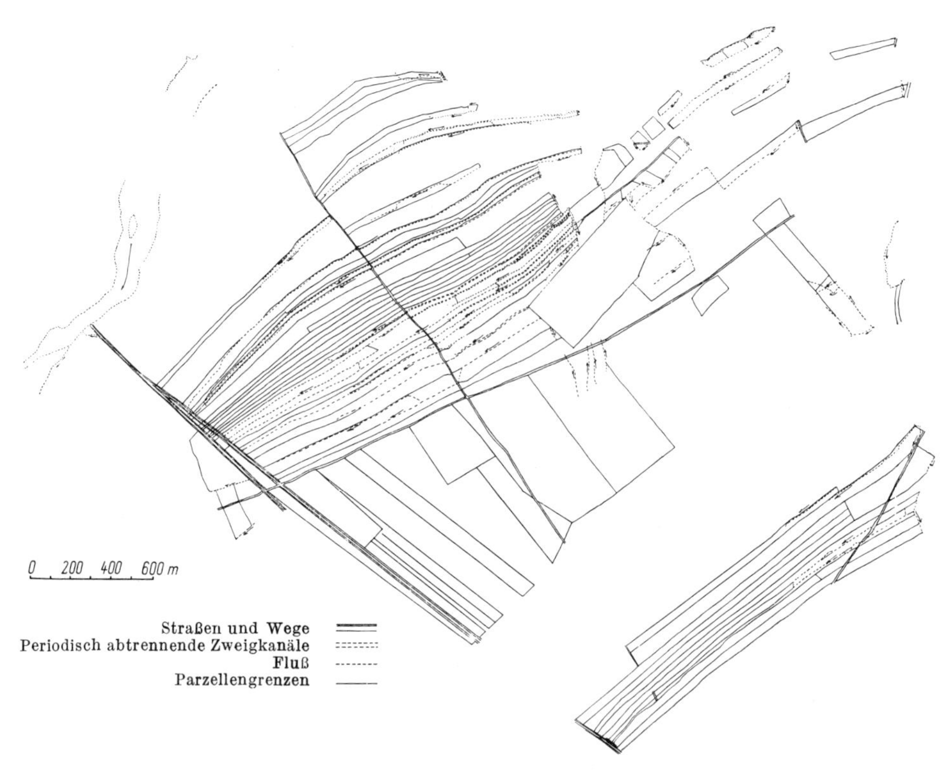

Abb. 68 Isolierte schmale überlange und gleichlaufende Streifen-Gemengeverbände im Hondnabecken (Algerien) (nach Depois).

usf.), bezweckten Umteilungen, die wohl seit dem 16. Jh. stattfanden, die gerechte Verteilung des Bodens. Jedes Familienoberhaupt hatte nur das Recht zur Nutzung eines bestimmten Anteils, dessen Größe von der Zahl der Familien und dem zur Verfügung stehenden Land abhängig war. Da das trockene Ackerland nur inselförmig innerhalb von Feuchtgelände lag (Abb. 67), bildeten sich mehrere Streifen-Gemengeverbände mit sehr schmalen Streifen, deren Länge durch die Ausdehnung der trockenen Inseln bestimmt wurde. Die Wege, durch die fast jede Parzelle erreicht werden konnte, dienten der Breitenmessung bei einer neuen Umteilung. In den Steppen Südrußlands entwickelte sich das Mirsystem erst in der zweiten Hälfte des 19. Jh.s mit der Ausdehnung des Getreidebaus. Als der Boden zu knapp wurde, veranlaßten die Versammlungen aller Nutzungsberechtigten, d. h. aller Kosaken vom 17. Lebensjahr an, eine Neueinteilung des früheren Blockgemenges mit periodischen Wiederholungen, um das Gleichgewicht zwischen Bevölkerung und Fläche herzustellen. Flurteile (Gewanne), nach Möglichkeit mit geradlinigen Begrenzungen, bei deren Auswahl unterschiedliche Bodengüte Berücksichtigung fand, erhielten eine schematische Gliederung in Blöcke, Breit- oder Schmalstreifen, wobei die nun entstehenden Parzellen an die Berechtigten verlost wurden. Bei diesen planmäßig vermessenen Verbänden, wo bei Bevölkerungsvermehrung im Laufe der Zeit Streifen die Grundeinheit bildeten, war jedes Grundstück von einem Weg erreichbar, so daß es nicht notwendig zu festgelegten Rotationen zu kommen brauchte. Wichtig erscheint, daß im nördlichen Rußland die Entwicklung durch Staat bzw. Grundherrschaften gesteuert wurde, in der Steppe aber die Dorfgemeinschaften selbst zu dem Prinzip fanden. Auch die Kolonisation in Sibirien stand zunächst unter individuellem Vorzeichen mit Kleinblock-Gemengeverbänden, bis bei Bevölkerungsvermehrung und Bodenverknappung das Mirsystem angewandt wurde (Dietze, 1920; Seraphim, 1923).

In diesem Zusammenhang muß auf die von den Inkas eingeführte Agrarverfassung aufmerksam gemacht werden. Das der ayullu-Gruppe zur Verfügung gestellte Land verteilte man alljährlich unter die Einzelfamilien neu auf. Ob sich damit Streifen-Gemengeverbände ergaben, bleibt unklar. Da gerade zur Inkazeit das Feldland durch künstliche Terrassierung erweitert wurde und künstliche Bewässerung eine erhebliche Rolle spielte, da außerdem eine entwickelte Vermessung bekannt war (Rowe, 1946; Tschopik, 1946), so ist es u. U. auf diese Momente zurückzuführen, wenn eine blockförmige Aufteilung der Flur stattgefunden haben sollte.

Periodische Umteilungen kommen bei der Seßhaftwerdung von Hirtennomaden vor, sofern die Stammesbindungen zunächst erhalten bleiben und die Landnahme genossenschaftlich erfolgt. So beobachtete Despois (1953) im Hodnabecken (Algerien) streifenförmig aufgeteilte Komplexe (Abb. 68), meist sogar schmale überlange Streifen von 10-20 m Breite und 1-2 km Länge, die an ihrer Schmalseite an einen Hauptkanal stoßen, um damit den Beteiligten die Möglichkeit zu geben, ihre Ernte mit Hilfe der Bewässerung zu sichern. Ob die von Wagner (1971, S. 122/23) gefundenen Streifen-Gemengeverbände im südöstlichen Algerien durch Umteilungen gekennzeichnet sind, wird nicht ganz deutlich.

Im nordwestlichen Himalaja untersuchte Fautz (1963, S. 67 ff.) im Bereiche des Swat die Folgen der Umteilungen, die noch vor vierzig Jahren von der landbesitzenden und ehemals nomadischen Schicht der Pathanen durchgeführt wurden. Diese wanderten im 16. Jh. ein, überschichteten die heimische Bevölkerung und nahmen um der gerechten Bodenverteilung willen periodische Neuverteilungen des den Sippen zugestandenen Landes vor. Nachdem die Sippengebiete definitive Grenzen erhielten, setzten sich die Umteilungen zwischen den Angehörigen einer Sippe fort. In der Flurgestalt äußert sich das genannte Prinzip nicht im dauernd bewässerten Bereich, wohl aber sind die Einflüsse in periodisch bewässerten Bezirken zu spüren, wo schmale und kurze Streifen (5 m breit und 100 m lang) die Grundeinheit ausmachen. Dort, wo keine Bewässerung stattfindet, zeigen sich in Abhängigkeit von der Umteilung Streifen-Gemengeverbände, deren einzelne Streifen allerdings noch eine sekundäre Längsteilung durch Erdwälle erhielten, um das verschiedenen Zinsbauern zur Bearbeitung übergebene Land sichtbar voneinander zu trennen. Demgemäß findet sich hier nur in bestimmten Teilen der Flur die Gliederung in Streifengemenge.

Eine etwas andere Situation besteht, wenn zwar Nomaden unter Wahrung des Gruppenzusammenhaltes seßhaft werden, aber bei einfacher Bewässerung auf Schwemmfächern durch Schichtfluten oder Kanäle eine gerechte Verteilung des Wassers zu regeln haben. Die von Scholz (1976, S. 340 ff.) dargelegten Beispiele aus Belutschistan, bei denen die Zuteilung des Landes auf die einzelnen Teilstämme mit zunächst gemeinsamer Bewirtschaftung durch diese in Form von

Breitstreifen senkrecht zum Gefälle der Schwemmfächer erfolgte, weist auf diesen Sachverhalt hin, wobei die Breitstreifen durch Kanäle begrenzt wurden und bei Umteilungen nur ein Tausch zwischen festgelegten Parzellen in Frage kam. Seit dem 18., verstärkt seit dem 19. Jh. setzten solche Verfahren ein, wobei dann mit der Individualisierung des Besitzes auf die Kleinfamilien die Umwandlung in ein Blockgemenge sichtbar wurde. Die von Grötzbach (1972, S. 196 ff.) behandelten Streifen-Gemengeverbände im nördlichen Hindukuschvorland mit 45-60 m Breite und 1,2-1,6 km Länge entstanden seit den dreißiger Jahren dieses Jahrhunderts im Rahmen der afghanischen Binnenkolonisation, sowohl beim Ansetzen von Bauern als auch bei dem von Nomaden im Bewässerungsland. Umteilungen spielen hier offenbar keine Rolle, und sonst läßt sich nicht entscheiden, wie weit eine staatliche Lenkung vorliegt bzw. welcher Einfluß bei Siedlungs- und Flurform der einzelnen Gruppe zukam.

In den nördlichen und südlichen Ackerebenen Syriens, aber auch in Palästina hatte vor dem Ersten Weltkrieg das Muchaa-System weite Verbreitung. Flurteile derselben Bodengüte (Gewanne), die innerhalb einer Flur 50-60 ausmachen konnten, wurden in so viele schmale und lange bzw. überlange Streifen (Breite 1,20-30 m, Länge 0,5-5 km) gegliedert, wie ein Dorf männliche Einwohner einschließlich der Kinder hatte, wobei mit Varianten in der Art der Aufteilung zu rechnen ist. Das Land stand im Eigentum der Dorfgemeinschaft, wurde periodisch neu verteilt und im Flurzwang ohne Bewässerung bewirtschaftet. Wenngleich heute noch keine vollständige Klärung herbeigeführt werden kann, so läßt sich zumindest ausschließen, daß sich darin nomadische Rechtsauffassungen dokumentieren, wie es Latron (1936) begründet und von Bobek (1950) zunächst aufgenommen wurde. Ebenso kann der Nachweis erbracht werden, daß zu römischer Zeit das Muchaa-System noch nicht existierte und dieses nicht sehr alt sein kann (Weulersse, 1947, S. 99 ff.). Wirth (1971) belegte, daß u. U. die Mamelukenherrschaft dafür verantwortlich sei, so daß es nicht vor dem 13. Jh. in Aufnahme kam. Dabei muß offen gelassen werden, ob der Staat als solcher einwirkte oder ob Prinzipien übernommen wurden, die man bei Dorfgemeinschaften in Oberägypten vorfand und nun auf andere Bereiche übertrug.

Jährliche oder zumindest kurzfristige Umteilungen sind nun auch aus dem Iran bekannt. Besonders ausführlich wurden sie von Ehlers (1975, S. 107 ff.) für Khuzistan beschrieben und von Bobek auf ihre Verbreitung und die Gründe ihrer Entstehung untersucht. Das Land stand bis zur Bodenreform im Eigentum städtischer Grundherren, die als Eigentümer des Bodens, u. U. auch des Wassers fungierten und Teilbauern zur Bewirtschaftung sowohl im Regenfeldbau als auch bei Bewässerungswirtschaft heranzogen, die – nach Feldfrüchten verschieden – festgelegte Anteile der Ernte an die Grundherren abzuliefern hatten. Da die Teilbauern in sich nicht homogen waren, die einen ein Ochsengespann, die andern nur einen Ochsen und wieder andere überhaupt keine Zugtiere stellen konnten, schlossen sie sich zu Pflug- oder Feldgemeinschaften zusammen mit unterschiedlichen ideellen Anteilsberechtigungen, deren Grundeinheit die Fläche ausmachte, die ein einzelner mit seinem Gespann innerhalb eines Jahres bearbeiten konnte. Bei jeder neuen Verteilung ging man zunächst daran, gleichwertige Flurbezirke (Gewanne) auszuscheiden, deren Zahl 40-50 betragen konnte, die dann zu Zelgen mit dem Anbau einheitlicher und vorgeschriebener Feldfrüchte vereint wurden. Jedes „Gewann" wurde durch Abschreiten in so viele Teile zerlegt, wie es Pfluggemeinschaften mal der Zahl der Mitglieder gab und in einem ersten Verfahren durch Los die auf jede Pfluggemeinschaft entfallenden Parzellen verteilt, in einem zweiten wiederum durch Los an die einzelnen Mitglieder innerhalb der Pfluggemeinschaft. Infolge der Breitenmessung entstanden auf diese Weise schmale und kurze Streifen-Gemengeverbände mit erheblichem Richtungswechsel zwischen den Verbänden. Das Verbreitungsgebiet dieser ist nach Bobek in Iran an die Gebiete gebunden, wo die städtischen Grundherrschaften eine starke Stellung besaßen, bis zum Jahre 1907 auch die Gerichtsherrschaft ausübten und durch Anbauvorschriften und Umteilungen bewirkten, daß die Bauern zwar das Gefühl der gerechten Landverteilung erhielten, sie in Wirklichkeit aber daran gehindert wurden, zum Anpflanzen mehrjähriger Kulturen überzugehen, durch die sie zumindest Miteigentum hätten erwerben können. Man wird daraus die Folgerung ziehen müssen, daß innerhalb der orientalischen Rentengrundherrschaft Differenzierungen vorkamen, die es einmal den Bauern erlaubte, relativ frei wirtschaften zu können, das andere Mal aber die Abhängigkeit so groß war, daß zelgengebundener Anbau vorgeschrieben wurde und sich dieser am besten durch Umteilungen verwirklichen ließ. Weitere Schlüsse daraus zu ziehen wie die Übertragung der Grundherrschaft durch die Araber über Nordwestafrika nach Spanien und von hier aus in erhebliche Teile Europas u. a. m. (Bobek, 1976, S. 311/12), ist aus historischen Gründen wohl kaum möglich.

Schließlich sind die von Hütteroth (1968, S. 129 ff.) beobachteten Streifen-Gemengeverbände im östlichen Anatolien zu betrachten. Dort, wo sich diese in der Nähe der Siedlungen befinden, entstanden sie seit der zweiten Hälfte des 19. Jh.s als ausgesprochen lange und schmale Streifen, auf denen Regenfeldbau betrieben wurde. Sie kamen mit der Aufnahme der Muhaçir auf, unabhängig davon, ob es sich um Nomaden oder Bauern handelte, und zwar immer dann, wenn bei relativ großen Gruppen der Wunsch nach gleichmäßiger Aufteilung des Landes bestand. Als nach dem Ersten Weltkrieg noch einmal Muhaçir anzusetzen waren, das noch nicht kultivierte Land nun dem Staat gehörte, taten die Feldmesser dasselbe, indem sie längs Wegen Streifen derselben Breite abmaßen, und in beiden Fällen waren die meisten Parzellen durch Wege erreichbar. Daß nach dem Zweiten Weltkrieg bei der Aufteilung restlicher Allmenden meist an den Rändern der Gemarkungen Dorfgemeinden auf das Gleichheitsprinzip Wert legten und demgemäß Streifen-Gemengeverbände auslegten, erscheint verständlich.

Bisher haben wir Streifen-Gemengeverbände kennengelernt, bei denen die Gründe, die dazu führten, relativ eindeutig zu erfassen waren. Jeweils handelte es sich um die Frage der gerechten Landaufteilung, bei der in der Mehrzahl der Fälle periodische Umteilungen dazu verhalfen, dem Verhältnis der zur Verfügung stehenden Fläche und der sich wandelnden Bevölkerungszahl in Einklang miteinander zu bringen. Ob der Staat, Grundherren, bäuerliche Dorfgemeinschaften, seßhaft werdende Nomaden oder Sippen den Ausschlag für die periodischen Umteilungen geben, dürfte von untergeordneter Bedeutung sein.

Vergleicht man die mit Umteilungen zusammenhängenden Streifen-Gemengeverbände, dann stellen sich in ihrer Ausformung einige Unterschiede heraus.

Selten erscheinen Breitstreifen. Sie zeigen sich bei der während dieses Jahrhunderts erfolgten Binnenkolonisation in Afghanistan und gehen hier u. U. auf staatliche Initiative zurück. Die von Nomaden in Belutschistan und im östlichen Iran bei der Seßhaftwerdung seit dem 18. Jh. erfolgte Aufgliederung in Breitstreifen, bei denen senkrecht zum Gefälle der Schwemmkegel angelegte Bewässerungskanäle als Parzellengrenzen fungieren, stehen hier mit der Art der Bewässerung in Verbindung. Die Einführung des Mirsystems in der südrussischen Steppe seit der zweiten Hälfte des 19. Jh.s brachte bei relativ planmäßiger Vermessung breite und kurze Streifen-Gemengeverbände hervor, da man meist an kein Zelgensystem gebunden war und die individuelle Bearbeitung der Parzellen mit unterschiedlichen Anbaufrüchten auf diese Weise Vorteile versprach.

Bei allen übrigen Umteilungsfluren waren Schmalstreifen ausgebildet, gleichgültig, ob man sich von vornherein dazu entschloß oder ob Bevölkerungszunahme und Vergrößerung in der Zahl der Anteilsberechtigten erst sekundär dazu geführt haben. Ein besonderer Typ unter ihnen zeigte sich dort, wo das für den Ackerbau günstige Land beschränkt war und das Hauptgewicht auf der Viehwirtschaft lag. Man kam dann mit einem einzigen isolierten Schmalstreifen-Gemengeverband aus, der das Innenfeld bildete. Von der jeweiligen Größe des Ackerlandes hing es ab, ob die Schmalstreifen zu Kurz- oder Langstreifen-Gemengeverbänden zusammengefügt waren, was vornehmlich für die keltisch besiedelten Gebiete des atlantischen Europa zutraf. Kam dem Feldbau eine wichtigere Bedeutung zu, dann existierten mehrere oder sogar eine Vielzahl von Schmalstreifen-Gemengeverbänden. Aus topographischen Gründen brauchten sie nicht unbedingt eine zusammenhängende Fläche zu erfüllen, sondern konnten in mehrere Teile zerfallen (mehrteilige Schmalstreifen-Gemengeflur), wie es sich im nördlichen Rußland zeigte, wo sich die Länge der Streifen ebenfalls abhängig von der Größe des inselhaft verteilten Ackerlandes erwies, was zu mehrteiligen schmalen Kurz- und Langstreifen-Gemengeverbänden führte. Wurden Nomaden seßhaft, dann genügte zu Beginn die Ausbildung von einem Schmalstreifen-Gemengeverband, wobei nun die jeweiligen Streifen lang bzw. überlang wurden, weil ein einmaliges Abschreiten der Breite am einfachsten war. Wandte man sich in verstärktem Maße dem Feldbau zu, so kam es zur Entwicklung mehrerer solcher schmalen Langstreifen-Gemengeverbände. Hinsichtlich des Muchaa-Systems, das sich mit Zweizelgen-Bewirtschaftung verband, war die unterschiedliche Bodengüte für die Aufgliederung in zahlreiche Schmalstreifen-Gemengeverbände verantwortlich. Demgemäß konnte es bei mehreren zu langen oder sogar überlangen Verbänden kommen, aber dort, wo kleinere „Gewanne“ auszuscheiden waren, mußte man mit Kurzstreifen vorliebnehmen. Ob in Iran die in Regenfeldbaugebieten vorhandenen Umteilungsfluren sich von denen unterscheiden, die in Bereichen mit Bewässerung ausgebildet sind, ist einstweilen nicht bekannt. Zumindest aber stellen sich in den letzteren schmale Kurzstreifen-Gemengeverbände heraus, wohl dadurch erklärlich, daß – von einigen Ausnahmen abgesehen – bei Bewässerung sonst meist Kleinblöcke die unterste Einheit bilden und bei Umteilungen dann kurze Streifen gewählt wurden. So sind es meist Erfordernisse der Landbewirtschaftung, die für den jeweiligen Typ der Streifen-Gemengeverbände verantwortlich sind. Daß aus Umteilungsfluren entstandene Streifen-Gemengeverbände jeweils mit Dörfern verknüpft sind, versteht sich von selbst.

Im europäischen Mittelmeergebiet sind Streifen-Gemengeverbände selten. Über diejenigen, die in Altkastilien existieren, ist außer ihrem Verbreitungsgebiet wenig bekannt (Gil Cresco, 1975, S. 260). Für das östliche Hoch-Barrossa (Portugal) stellte Freund (1970, S. 152) die schmalen Kurzstreifen-Gemengeverbände in Verbindung mit dem Zweizelgen-System in das Hochmittelalter. In einigen versumpften Becken von Umbrien entstanden schmale Kurzstreifenverbände im Zusammenhang mit Meliorationen seit dem 12. Jh. ebenso wie in einigen Karstbecken des Apennin (Desplanques, 1975, S. 150 ff.).

In West- und Mitteleuropa kommt es vornehmlich auf das Erfassen der unterschiedlichen Typen von Streifen-Gemengeverbänden an. Da in Frankreich das „open field" meist noch als Gesamtheit erfaßt wird, ohne daß die Gliederungsmöglichkeiten allzu starke Beachtung fanden, können hier nur gelegentlich Beispiele angeführt werden, vornehmlich aus Lothringen. Demgegenüber wird die Entwicklung in England, den nordischen Ländern, Mittel- und Ostmitteleuropa breiterer Raum gewährt und von den einfacher gehaltenen zu den komplizierter ausgebildeten vorgegangen.

In der Geest der Niederlande und Nordwestdeutschlands, hier insbesondere westlich der Weser, hat man es mit isolierten gleichlaufenden Streifen-Gemengeverbänden zu tun, bei denen häufig überlange Streifen die Grundform abgeben (Abb. 29). Nirgendwo wurde bisher eine Umformung von den urgeschichtlichen Kleinblock-Gemengeverbänden in schmale Langstreifen-Gemengeverbände, die, sofern der Wendepflug mit feststehendem Streichbrett benutzt wurde, spiegel-S-förmig ausgeprägt sind, archäologisch nachgewiesen. Seit der zweiten Hälfte des 7. Jh.s klang die frühgeschichtliche Wüstungsperiode aus, so daß frühestens seit dieser Zeit mit der Ausbildung langer Streifen zu rechnen ist, aber noch eine gewisse Spanne für die Entwicklung der hofanschließenden Worthäcker angesetzt werden muß. Die isolierten schmalen Streifenverbände, die ihre große Länge von mehr als 1 km vielleicht erst im Laufe der Zeit mit der Ausdehnung des Ackerbaus erreichten, halten sich an die trockenen Geestwellen und sind mit Flurnamen wie Esch (Saat- oder Getreideland), Brede oder Gaste verknüpft. M. Müller-Wille (1965, S. 128 ff.) vermutete, daß die an die Worthäcker anschließenden Geestrükken zunächst als Vöhden (mehrere Jahre Feldnutzung, dann Weide) bewirtschaftet wurden, bis man etwa im 9. Jh. unter Verwendung der Plaggendüngung zum Dauerfeldbau überging, wobei die periodisch vorgenommene Streifengliederung der ehemaligen Vöhden nun in fest liegende Parzellen übergingen. Niemeier (1972, S. 438) wandte ein, daß das historische Verbreitungsgebiet der Vöhden sich auf feuchte und schwere Böden beschränke, was aber für das frühe Mittelalter nicht unbedingt zu gelten braucht. Seine Beobachtung, daß nicht alle Langstreifen-Gemengeverbände mit Worthäckern verbunden sind, läßt sich damit klären, daß nach der frühgeschichtlichen Wüstungsperiode die Besiedlung auch solche Plätze erfaßte, bei denen das Stadium der Worthäcker übersprungen wurde. Nitz (1968, S. 20) versuchte eine historische Deutung, indem entweder die Sachsen bei ihrer Wanderung von Norden nach Süden und Südwesten für das Aufkommen der Langstreifen-Gemengeverbände verantwortlich waren oder aber der kulturelle Einfluß des Merowinger- bzw. Karolingerreiches mit dem zeitlichen Ansatz des 9./10. Jh.s. Sicher bleibt gegenüber früheren Auffassungen die spätere am Ende des

Frühmittelalters anzusetzende Entstehung der isolierten überlangen Streifen-Gemengeverbände, mit deren Ausbildung sich die Einödgruppen zu Drubbeln formierten. Einfeldwirtschaft bei überwiegender Viehhaltung mittels der großen Gemeinheiten trugen zur Konservierung der Langstreifen bei ebenso wie das wohl seit dem Hochmittelalter geltende Anerbenrecht und das geringe Eingreifen der spätmittelalterlichen Wüstungsperiode. Hinzu kam, daß jüngere Besitzerschichten kaum in den Drubbeln Aufnahme fanden, sondern seit der frühen Neuzeit mit Genehmigung der Grundherren sich in der Allmende Kleinblock-Einödverbände schufen.

Im nordöstlichen England fand Uhlig (1958) ein weiteres Verbreitungsgebiet der Langstreifen-Gemengeverbände. Da Angeln und Sachsen bei ihrer Wanderung nach England das Streifenprinzip noch nicht kannten, bedarf dessen zeitliche Einstufung einer erneuten Überprüfung. Nach den Untersuchungen von Shephard (1966, S. 73) dürfte der Ansatz kaum vor dem 11. Jh. zu machen sein.

In denjenigen nordwestdeutschen Geestgebieten ebenso wie auf den Lößböden, die für den Feldbau günstiger waren, ging man während der Getreidekonjunktur des Hochmittelalters zur Ausweitung der eingesäten Flächen über. Hier begegnet häufig ein überlanger schmaler Streifen-Gemengeverband als Kern, an dem im wesentlichen die Altbauern beteiligt waren, an die sich zusätzliche Kurzstreifen-Gemengeverbände mit Besitz von Altbauern und Köttern anlehnen. In dem von der Generallandesvermessung des Landes Braunschweig (1746-1784) nicht betroffenen Gemarkungen konnte die Zahl der Parzellenverbände etwa zwanzig betragen (Kraatz, 1975, S. 29). Mitunter können die Verhältnisse noch komplizierter werden, indem mehrere solcher Langstreifenkerne mit umgebenden Kurzstreifenverbänden vorhanden waren, deren Gesamtheit von schematischen Kleinblöcken und Streifen umsäumt wurden (Obst/Spreitzer, 1939; Abb. 46). Das deutet auf Wüstungsvorgänge hin, indem nur bestimmte bäuerliche Gruppen innerhalb eines Systems über Besitz verfügten, deren Hofplätze innerhalb der perennierenden Siedlung beieinander lagen.

Im mittleren und südlichen Deutschland sind ebenfalls überlange und schmale Streifen-Gemengeverbände bekannt. Die frühesten stellen Planformen der merowingischen Staatskolonisation dar, die zunächst als breite Streifen (120-160 m) ausgelegt wurden und durch Realteilung in der Längsrichtung zu Schmalstreifenverbänden wurden (Nitz, 1961 und 1963). Huttenlocher (1963) schlug dafür den Begriff der Riemenflur vor, der sich als unnötig erweist. Ob allerdings die Länge der Streifen mit mehr als 1000 m von vornherein angesetzt wurde, bleibt zu überprüfen; ob primär als überlange Streifen angelegt oder durch Erweiterung in der Längsrichtung sekundär zu einer solchen Gestaltung gelangend, in beiden Fällen ist die Voraussetzung gegeben, daß besonders begünstigtes relativ ebenes Gelände zur Verfügung steht.

Überlange, aus Breitstreifen hervorgegangene schmale überlange Streifen-Gemengeverbände sind nicht die einzigen planmäßigen Flurformen des frühen Mittelalters. Während der karolingischen Binnenkolonisation drang man bereits in Räume vor, die sich im Übergangsgebiet vom Alt- zum Jungsiedelland befanden, wo die landwirtschaftliche Nutzung bereits auf stärker reliefierte Bereiche übergreifen mußte. Sofern hier im Umkreis von Königshöfen und auf Königsgut regelhafte Siedlungen angelegt wurden, zeichneten sie sich durch Streifensysteme aus, deren Länge 500-600 m betrug, deren Breite zwar verschieden war, abhängig von topographischen und Besitzverhältnissen, die aber jeweils als Breitstreifen zu bezeichnen waren. Dabei konnte es sich um zwei bis drei solcher Systeme handeln, was dann relativ kurze Breitstreifen-Gemengeverbände ergab. Ihr Verbreitungsgebiet legte Hildebrandt (1974, S. 94 ff.) für Hessen und Unterfranken dar. Sie fanden sich ebenfalls vom Grabfeld ausgehend in einer ziemlich geschlossenen Gruppe über Mellrichstadt, Meiningen bis Hildburghausen südlich des Thüringerwaldes (Nitz, 1962, S. 136) ebenso wie im östlichen Buntsandstein-Odenwald (Nitz, 1962, S. 129 ff.).

Bei planmäßigen Fluranlagen des Hochmittelalters in Nordwestdeutschland verfolgte man weiter das Prinzip der schmalen und langen bis überlangen Streifen-Gemengeverbände, die zumindest den Kern der Flur abgaben. U. U. erfüllte ein einziger solcher Verband die Flur, es konnten aber auch mehrere sein. Im östlichen Niedersachsen, wo Rundlinge als Siedlungsform zu ihnen gehören, zeigten sie insofern eine besondere Note, als ein Verband dadurch seine innere Gliederung erhielt, daß jeder Unterverband in soviele gleich breite Streifen aufgeteilt wurde, wie es Vollhufen gab. Innerhalb eines solchen Unterverbandes, den Meibeyer (1964, S. 63) als Riegenschlag bezeichnete, erhielt jeder Beteiligte einen Streifen. Die Breite der Parzellen in den einzelnen Riegenschlägen konnte verschieden sein, aber die Reihenfolge in der Anordnung der Besitzparzellen wiederholte sich, so daß eine Ordnung zustande kam, die voraussichtlich im Rahmen einer gelenkten Binnenkolonisation in der zweiten Hälfte des 12. Jh.s geschaffen wurde.

Auch die hochmittelalterliche Kolonisation in den Bergländern des mittleren und südlichen Deutschland machte Fortschritte. Sofern man planmäßig vorging, hielt man hier zunächst im 11. und 12. Jh. an Breitstreifen-Gemengefluren fest, deren Verbreitungsgebiet wiederum Hildebrandt (1974, S. 88 ff.) darlegte, wobei die Basaltlandschaften früher, die Buntsandsteingebiete später erschlossen wurden. Im Gegensatz zu den frühmittelalterlichen kurzen Breitstreifen-Gemengeverbänden erhielten diejenigen des Hochmittelalters eine beträchtlichere Länge, so daß man sie als lang bis überlang bezeichnen konnte, eine Folge dessen, daß man in ungünstigere Bezirke vordrang und deshalb größere Besitzgrößen benötigte. Abgesehen davon kam es mitunter auch bei den frühmittelalterlichen Formen durch Verlängerung der Streifen zu langen bis überlangen Breitstreifen-Gemengeverbänden (Abb. 78 und Abb. 79). Schließlich muß hinzugefügt werden, daß sowohl bei den kurzen als auch bei den langen bzw. überlangen Breitstreifen-Gemengeverbänden, im Hochmittelalter beginnend und sich verstärkt in der Neuzeit fortsetzend, erhebliche Wandlungen des Flurformengefüges vor sich gingen.

Isolierte lange bis überlange Streifen-Gemengeverbände blieben nicht auf Altdeutschland beschränkt, sondern wurden auch im Rahmen der deutschen Ostkolonisation übernommen, und zwar dort, wo Niederdeutsche nachweislich an diesem Vorgang beteiligt waren, d. h. insbesondere in Mecklenburg und Vorpommern (Krenzlin, 1955; Rubow-Kalähne, 1959; Benthien, 1960, S. 95 ff.). Auf den besseren Böden der Grundmoränen allerdings fand eine Erweiterung durch zusätzliche

Streifen-Gemengeverbände statt, und die Einfeldwirtschaft (ohne Plaggendüngung) wurde von Mehrfeldersystemen abgelöst.

Etwas anders verlief die Entwicklung in Lauenburg, wo sich Landes- und Grundherren an der Kolonisation beteiligten. Gerade im ersten Stadium, als man die ebeneren und sandigen Böden besetzte, bevorzugte man große Angerdörfer, wo in einem bevorzugten Teil der Flur gleichlaufende überlange und schmale Streifen-Gemengeverbände angelegt wurden unter Verwendung eines bestimmten Hufenmaßes (6 bzw. 12 ha), so daß meist vier Parzellen auf jede Hufe entfielen, von Prange (1960) als Hufenschlagflur bezeichnet. Allerdings nahm dieser Verband nur einen Teil der Flur ein, die durch weitere jeweils kürzere Streifen-Gemengeverbände ausgedehnt wurde. Ob die obrigkeitliche Lenkung später erlahmte oder das unruhigere Relief der jungen Grundmoränen solche großzügigen Anlagen nicht mehr gestattete, läßt sich kaum entscheiden. Auf jeden Fall besaßen die nach dem Jahre 1230 angelegten Siedlungen wenig planvolle Züge, indem kleinere Streifen-Gemengeverbände und Kleinblock-Gemengeverbände miteinander verschachtelt sein konnten und die Beziehung zur Hufe nicht mehr immer gewährleistet war.

Ähnliches zeigte sich bei der deutschen Kolonisation im westlichen Brandenburg, an der sich meist kleinere Adelsgeschlechter beteiligten, die noch keine strenge Planform entwickelten. Kleinsiedlungen (Rundlinge, Platzdörfer usf.) verbanden sich mit schmalen, teils kurzen, teils langen Streifen-Gemengeverbänden (Kleingewanne), bei denen die Hufe noch nicht im Boden verankert war. Auch die Umsetzung slawischer Siedlungen verzögerte sich, indem bis um 1400 ein Teil von ihnen wüst fiel, deren Bevölkerung dann in größeren Ortschaften zusammengezogen wurde. Nicht immer führte man dabei eine neue Flurgliederung durch, sondern begnügte sich u. U. mit einer sekundären Streifengliederung der zuvor bestehenden Kleinblöcke (Krenzlin, 1976).

Mit dem Fortgang der Kolonisation in Brandenburg in den ersten Jahrzehnten des 13. Jh.s, als man für die Siedlungen die Grundmoränenplatten bevorzugte, setzten sich nun planmäßige Formen in Siedlung und Flur durch, was hier vornehmlich auf die obrigkeitliche Lenkung der Markgrafen von Brandenburg zurückzuführen war (Krenzlin, 1976, S. 142), so daß man von der askanischen Plansiedlung sprechen kann. Hier wurde die Hufe im Boden verankert, wobei die Zahl der Hufen größer als in den bisher behandelten Gebieten war. Vornehmlich in der Mittelmark und der Uckermark, wo keine Lokatoren eingeschaltet wurden, maß man, fast die gesamte Gemarkung erfüllend, drei überlange und schmale Streifen-Gemengeverbände aus, innerhalb derer jeder Beteiligte je einen Streifen erhielt, so daß jedem Langstreifenverband eine Zelge entsprach und damit die Flurgliederung von vornherein auf das Dreizelgen-Brachsystem abgestimmt wurde, wofür Krenzlin (1952, S. 25) den Begriff der Hufengewannflur prägte (Abb. 69).

In andern Kolonisationsgebieten oder bei der Übernahme deutschen Rechtes in Polen, wo jeweils das Dreizelgen-System aufgenommen wurde, fand man nicht immer zu derselben Form, denn Landesherren, Grundherren, Lokatoren oder die Gemeinschaft der Siedler suchten mitunter ihren eigenen Stil. Einerseits konnte es bei unterschiedlicher Bodengüte ratsamer sein, mehr als drei Streifen-Gemengeverbände zu schaffen, während man sich bei geringerer Differenzierung zu noch

Abb. 69 Planmäßige Langstreifen-Gemengeverbände mit drei Verbänden (Hufengewannflur) und Angerdorf, Schönfeld, Barnim (nach Krenzlin).

großzügigeren Lösungen entschloß, eine Reduktion auf einen einzigen überlangen Schmalstreifen-Gemengeverband vornahm, der dann eine Zelgengliederung erhielt.

Letzteres verwirklichte man z. B. im Marchfeld (Meitzen, Atlasband, Nr. 120), wo die Anlage aus wilder Wurzel geschah. Dasselbe kam aber auch durch Umlegungen zustande, wie es Schlesinger (1975, S. 282 ff.) am Beispiel von Flemmingen zwischen Saale und Elbe ableitete. Hier handelte es sich um eine niederländische Kolonistensiedlung mit ursprünglichen Streifen-Einödverbänden, angelehnt an eine slawische Siedlung, die in einer Zisterzienser-Grangie aufging. Als letztere um die Mitte des 13. Jh.s an die Nachkommen der niederländischen Einwanderer in Erbzinsleihe übergeben wurde, schufen diese einen zusammenhängenden, fast die gesamte Gemarkung erfassenden Langstreifenverband. Trotz einer gewissen Variationsbreite in der jeweiligen Ausformung wird man alle diese Flurtypen als planmäßige Langstreifen-Gemengeverbände (früher Gewannfluren) auffassen können.

Davon zu unterscheiden ist eine andere Form. Noch immer handelt es sich um Langstreifen-Gemengeverbände, bei denen aber überlange Streifen nur ausnahms-

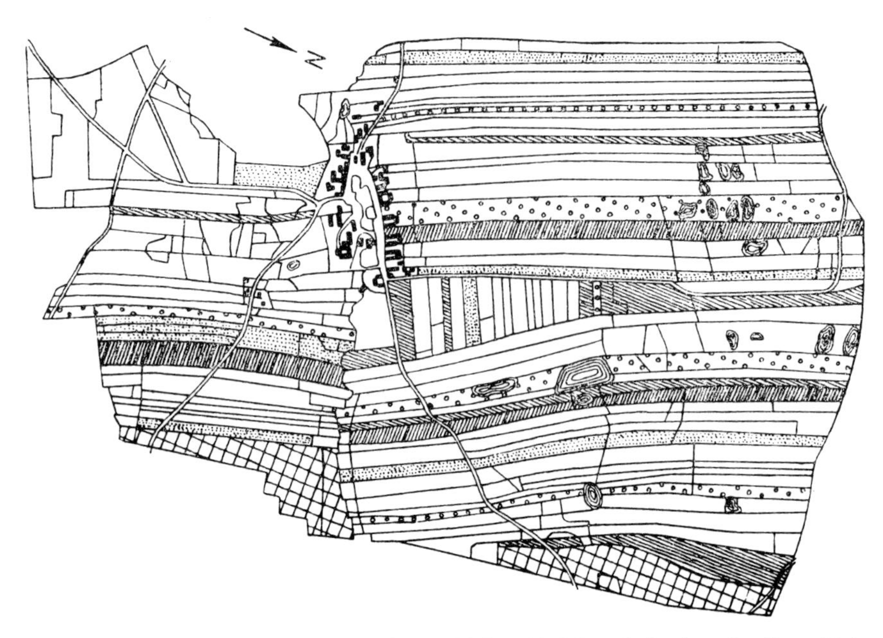

Abb. 70 Breitstreifen-Gemengeverbände mit Hofanschluß innerhalb eines Streifens (Gelängeflur). Angerdorf Burkersdorf, Kr. Schleiz (nach Kötzschke).

weise vorkamen. Die Breite der Streifen aber bemaß man größer, so daß es sich um Breitstreifen-Gemengeverbände handelte, derart, daß die zu Angerdörfern vereinigten Höfe in einem Streifen Hofanschluß erhielten und innerhalb eines Breitstreifens alle Kulturarten vertreten sein konnten, während die zuvor behandelten Formen sich lediglich auf das Ackerland bezogen. Zuerst von Leipoldt (1927, S. 185 ff.) im östlichen Thüringen gefunden, dann vornehmlich bei der Kolonisation im Vogtland und andern Teilen Sachsens verwandt, führte er den Begriff der Gelängeflur ein (Abb. 70). Da man aber in Altdeutschland Breitstreifen-Gemengeverbände bereits seit der merowingischen Staatskolonisation kannte, diese während des karolingischen Ausbaus und der hochmittelalterlichen Rodung seit dem 11. Jh. in hessischen und fränkischen Gebieten eine erhebliche Rolle spielten, wird man die Gelängefluren davon ableiten müssen. Wenn bei den Breitstreifen-Gemengeverbänden der Hofanschluß innerhalb eines Breitstreifens meist fehlte, so war er doch gelegentlich vorhanden, so daß die wichtigste Neuerung im Kolonisationsgebiet diejenige war, auf dem Hofanschluß in einem Streifen zu bestehen. Wenn in Sachsen das Verbreitungsgebiet der Breitstreifen-Gemengeverbände mit Hofanschluß sich zwischen die planmäßigen Langstreifen-Gemengeverbände einerseits und die Streifen-Einödverbände andererseits einschaltet (Leipoldt, 1936), dann wird das so gedeutet werden können, daß in etwas ungünstigerem, stärker reliefiertem Gelände Breitstreifen-Gemengeverbände sich besser eigneten als lange bis überlange Schmalstreifen-Gemengeverbände. Gelängefluren blieben nicht auf Sachsen beschränkt, sondern wurden ebenfalls in Schlesien, Böhmen (Maydell, 1938), Ostpreußen und Österreich (Klaar 1942) während der hochmittelalterlichen Kolonisation angelegt.

Auch in Altdeutschland gab es meist außerhalb der Gebirge im 13. und 14. Jh. noch Waldgebiete, die erst nun erschlossen wurden. Dazu gehören die Siedlungen in der badischen Hardt zwischen Schwetzingen und Rastatt, die auf linksrheinisches Gebiet übergreifen (Nitz, 1963, S. 227 ff.), ebenso wie solche auf der südlichen Frankenalb (Eigler, 1975) und auf der Mindel-Lechplatte, 20-30 km westlich von Augsburg (Fehn, 1966), um die wichtigsten Gruppen zu nennen. Jeweils handelte es sich um grundherrschaftliche Anlagen, die im Oberrheingebiet als zweiseitige Straßendörfer erscheinen, hinter den Höfen relativ große Gartengrundstücke ausgespart wurden, die sich heute durch Wege gegen die Flur absetzen und den früheren Etter abbilden. Unabhängig davon legte man die Flur in schmale (etwa 6 m) und lange bis überlange (700-1700 m) Streifen-Gemengeverbände aus. Da der Besitz des Einzelnen aber nur knapp 5 ha umfaßte, ging man später dazu über, zusätzliche kürzere Streifen-Gemengeverbände anzulegen, teils in Verlängerung der früheren Streifen, aber als eigener Verband davon abgesetzt, teils kreuzlaufend dazu. Voraussichtlich knüpfte man hier an das Prinzip der in der Nähe gelegenen Siedlungen der merowingischen Staatskolonisation an. Etwas anders lag es in der südlichen Frankenalb und in Bayerisch-Schwaben, wo „Meister", die den ostdeutschen Lokatoren in etwa entsprachen, für die Anlage von Dorf und Flur verantwortlich waren. Die Hofraiten der Angerdörfer hatten eine Breite von 30-45 m, hinter denen sich Gärten erstreckten, die wiederum durch den Etter von der Flur abgegrenzt wurden. Genau dieselbe Breite einhaltend, kam es nun zur Ausmessung des anschließenden Ackerlandes in Parzellen, deren Länge bis 1000 m ausmachen konnte. Das reichte nun aber für die Betriebe nicht aus, so daß gleichlaufend zu den hofanschließenden Streifen noch einmal je ein neuer Verband angelegt wurde, derart, daß diejenigen Besitzer mit den hofanschließenden Streifen in der Reihenfolge ihrer Höfe auf der entgegengesetzten Seite ihre Grundstücke erhielten, um sicherzustellen, daß damit zwei Zelgen vorhanden waren, an denen jeder denselben Anteil hatte. Nun wurde noch eine dritte Zelge benötigt, die je nach den Geländegegebenheiten entweder gleichlaufend an die vorhandenen anschloß oder rechtwinklig dazu zur Einrichtung kam, wobei hier die Parzellen verlost wurden. Sicher entstanden später durch Teilungen der Lehen, Aufnahme von Seldnern u. a. m. Veränderungen einer solchen Gelängeflur, obgleich sich bei einigen die hoch- bis spätmittelalterliche Anlage erhielt.

An anderer Stelle (Kap. IV.C.2.e.ζ.3) kam die Entwicklung der „Urdörfer" in Schonen und die daraus hervorgegangenen Ortschaften des hohen Mittelalters zur Darstellung ebenso wie die in Schweden ermittelte metrologische Analyse. Auch hinsichtlich der Flurgestaltung ergaben sich bei den Untersuchungen von Andersson (1959), Göransson (1958 und 1976) und Helmfrid (1960) wichtige Hinweise für die Gründe, die zur Anlage von Streifen-Gemengeverbänden führten. Hinsichtlich ihrer Ausformung lassen sich nach den veröffentlichten Flurplänen und aus Stichproben gewonnenen Durchschnittswerten von Helmfrid (1960, S. 191), der eine mittlere Breite der Parzellen von 12,2-17,5 m und eine mittlere Länge von 99-133 m angab, Kurzstreifen-Gemengeverbände erkennen, sowohl im Ackerland als auch in den Dauerwiesen. Andersson (1959) stellte für sein Arbeitsgebiet (Schonen) folgende Entwicklung heraus: Abgesehen von den Kammerfluren der urgeschichtlichen Zeit fand während der Völkerwanderung eine Neuordnung statt, indem das

Land von zwei Höfen in schmale Streifen abwechselnder Besitzzugehörigkeit geteilt wurde (kedjesskifte), wahrscheinlich, um eine übersichtliche Anordnung der von der Hofgruppe als auch von der Allmende zu erreichenden Parzellen, vielleicht auch eine bessere Entwässerung zu gewährleisten. Ein dritter Hof mit Kleinblock-Einödflur blieb nach wie vor isoliert. In der späten Völkerwanderungs- bzw. in der Wikingerzeit erfolgte eine weitere Regulierung, die bolskifte, bei dem einerseits der noch isolierte Hof in die bestehende Gruppe aufgenommen wurde, dieser ein Drittel seines Landes an die beiden andern Höfe abgab und letztere dafür jeweils ein Drittel ihrer Besitzstreifen zur Verfügung stellten, so daß die Kerne von zwei Vangen bzw. zwei Streifen-Gemengeverbänden sichtbar wurden. Gleichzeitig kam es zur Erweiterung der landwirtschaftlichen Nutzfläche, die gleichmäßig und in derselben Weise auf die drei Höfe aufgeteilt wurde, so daß man die bis dahin herrschende Einfeldwirtschaft durch ein Zweizelgen-Brachsystem ersetzen konnte. Nochmalige Erweiterungen der landwirtschaftlichen Nutzfläche im 12. Jh. dienten allein einer größeren Getreideproduktion, bis schließlich im 13. Jh. Bevölkerungsanstieg und Übergang zum Dreizelgen-Brachsystem eine nicht allzu einschneidende weitere Regulierung hervorriefen, neue Rodungen unter Aufnahme eines älteren Streifen-Gemengeverbandes zur Ausbildung der dritten Zelge führten (Abb. 71). Die zur Beweisführung herangezogenen Orte mit ihrer Flur unterlagen nicht der solskifte, die auf Teile von Dänemark, Östergötland, Södermanland, den Osten von Närke, Vastmanland, Uppland, einen Teil der Insel Öland und die von Schweden beherrschten Teile von Finnland beschränkt blieb (Göransson, 1958, S. 104). Über die damit in Zusammenhang stehenden ein- oder zweiseitigen Straßenweiler (Abb. 34) wurde bereits berichtet. Hier wurde bei der hochmittelalterlichen Konzentration der Wohnplätze die Hofraiten mit Garten- und Feldgrundstücken je nach dem Anteil der Besitzer an einer Hufe vermessen, wobei die Anordnung der Höfe im Dorf maßgebend wurde für die Reihenfolge der Besitzer innerhalb eines Streifenverbandes, wobei teils von Osten nach Süden, teils von Osten nach Norden vorgegangen wurde (Sonneneinteilung), wobei man teils beim Zweizelgen-Brachsystem blieb, teils zum Dreizelgen-Brachsystem überging. Eine Übertragung dieser Verhältnisse auf West- und Mitteleuropa ist bisher nicht gelungen, und ein Zusammenhang mit der Riegenschlagflur im östlichen Niedersachsen, worauf Göransson (1976, S. 34) hinwies, dürfte sich kaum bestätigen. U. U. sind Verbindungen zu England vorhanden (Göransson, 1961; Matzat und Harris, 1971), wo in einigen Orten von Yorkshire ein Dorfmaß, bydale genannt, vorkommt, bei dem bisher noch nicht klar ist, ob dieses mit dem schwedischen Byamal vergleichbar ist.

Am Beispiel der Landschaft Jaeren in Norwegen stellte Rönneseth (1975, S. 87 ff.) eine sich im Hochmittelalter vollziehende Umwandlung der Flurgestalt fest, indem das Innenfeld, dem Dauerackerland und Wiesen angehörten, eine Verlagerung zum Feuchtgelände hin erfuhr, weil der Getreidebau zugunsten der Viehhaltung eingeschränkt wurde. Die geringe Ausdehnung des Ackerlandes war dafür verantwortlich zu machen, daß bei dessen Gliederung unter die Kleinfamilien im wesentlichen ein schmaler isolierter Kurzstreifenverband zur Ausbildung kam, wobei einerseits die Auflösung der zuvor existierenden Großfamilien und andererseits staatliche bzw. grundherrliche Einflüsse maßgebend waren.

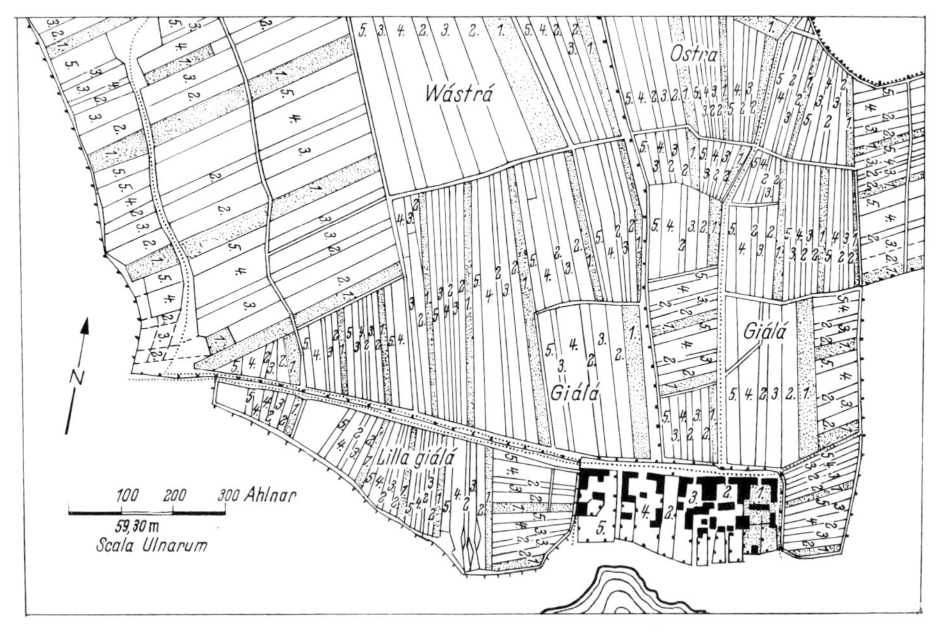

Abb. 71 Durch die Solskifte hervorgerufene Flurgliederung im Dorf Älgesta, Provinz Närke. Schweden, schmale Kurzstreifen-Gemengeverbände mit Richtungswechsel zwischen den Verbänden (nach Göransson).

Auch in der Neuzeit wurden Flurformen wieder aufgenommen, die man bereits aus dem Mittelalter kannte, nun allerdings häufig in schematischer Gestalt, wobei zum erheblichen Teil die Landesherrschaften mitwirkten und die Siedlung mitunter kleiner, ihre Landausstattung geringer war. Bis zum Dreißigjährigen Krieg handelte es sich um vier verschiedene Formen, die mit Straßen- oder Angerdörfern kombiniert waren. Einerseits handelte es sich um Breitstreifen-Gemengeverbände, wie sie Röll (1966, S. 46 ff.) von der Rhön und Peltre (1966) aus Lothringen beschrieb, wobei hier die Streifen eine Breite von 150 m und eine Länge von 900-1000 m besaßen, überlange Streifen demgemäß vermieden wurden. Andererseits ging man an die Vermessung schmaler Kurzstreifen-Gemengeverbände, die, sofern das Gelände es erlaubte, mit geradlinigen Begrenzungen versehen wurden. Jeder Verband hatte nach Möglichkeit denselben Flächeninhalt und zerfiel in soviele Streifen, wie es Besitzer gab. Wurden unterschiedliche Schichten angesetzt, z. B. Vollbauern und Kötter, dann drückte sich dies in der unterschiedlichen Breite der Streifen aus. Es konnte selbst dazu kommen, daß die Längs- und Querseiten jedes Verbandes an Wege und Triften stießen, wie es Hildebrandt (1968, S. 162 ff.) für das Hünfelder Land darlegte. Breitstreifen-Gemengeverbände oder planmäßige schmale Kurzstreifen-Gemengeverbände des 16. und beginnenden 17. Jh.s wurden ebenfalls im Weser- und Leinebergland (Jaeger, 1958, S. 87 ff.), in Waldeck (Engelhardt 1967, S. 62 ff.), im Seulingswald (Jaeger, 1958) und in Lothringen (Peltre, 1966) gefunden. Im Osten trat ein dritter Typ bei der Aufsiedlung von Wüstungen hinzu, insbesondere in Ostpreußen, wo zudem auf große Dörfer und volle Hufenausstattung Wert gelegt wurde. Im Ermland füllten Masowier die

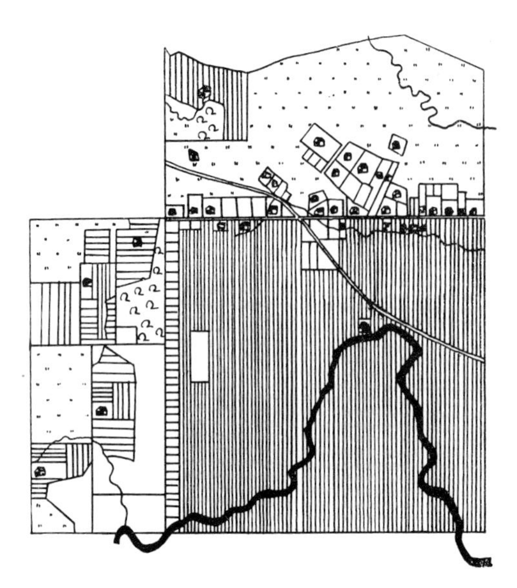

Abb. 72 Planmäßig überlange, gleichlaufende Streifen-Gemengeverbände, ursprünglich mit hofanschließendem Streifen in der mittleren Zelge, was durch Realteilung verwischt wurde, Kulai, Litauen (nach Conze).

Lücken mit Angerdörfern, mit in der Hufe verankerten und auf das Dreizelgen-Brachsystem abgestellten Plangewannfluren, und Ähnliches geschah im östlichen Ostpreußen durch die Herzöge von Preußen (Kuhn, 1957, S. 12 ff.). Bei der zweiten deutschen Ostsiedlung, die von den Grenzgebieten von Pommern und der Neumark in die anschließenden Teile Polens gerichtet war, bediente man sich kleinerer Siedlungen, Anger- oder Straßendörfer. Teils erhielten sie die Plangewannflur, teils aber wurden gleichlaufende Streifen-Gemengeverbände in drei Zelgen unterteilt, derart, daß die mittlere Zelge Hofanschluß erhielt, was zur Gelängeflur führte (Kuhn, 1957, S. 121). Dieser vierte Typ kam ebenfalls in der zweiten Hälfte des 16. Jh.s in Litauen zur Anwendung, als man auf Kronland Bauern ansetzte (Conze, 1940, S. 74).

Mit einer Breite der ursprünglich gleich breiten Streifen zwischen 30 und 40 m und einer Länge von mehr als 2 km handelte es sich um einen gleichlaufenden schmalen und überlangen Streifenverband. Durch Realteilung, die meist in der Längsrichtung erfolgte, ging der in der mittleren Zelge vorhandene Hofanschluß verloren ebenso wie die Breite der Streifen ungleichmäßig wurde (Abb. 72).

Vor und nach dem Dreißigjährigen Krieg nahmen die protestantischen Länder Deutschlands Glaubensflüchtlinge aus Österreich und Frankreich auf, wobei letztere insbesondere das städische Gewerbe fördern sollten, teilweise aber auch in ländlichen Siedlungen Aufnahme fanden. Zumindest in Altdeutschland war das Land knapp geworden, nachdem die Wiederbesiedlung der Wüstungen nahezu abgeschlossen war, Gutsbildung oder absichtliche Einforstung weitere Beschränkungen brachten. Nach Brandenburg-Preußen nahm Hessen die meisten Refugiés auf. Mit ein- oder zweiseitigen Straßendörfern, in denen dem Gotteshaus eine besondere Stellung eingeräumt wurde, verbanden sich planmäßige Streifen-Gemengeverbände, wobei sich diese allerdings den Geländeformen und den schon zuvor von Deutschen kultivierten Flächen einpassen mußten. Deshalb waren Umrisse und Größe der Verbände unterschiedlich ebenso wie Länge und Breite der Streifenparzellen innerhalb eines Verbandes noch übereinstimmen konnten, sich sonst aber von Verband zu Verband änderten (Zögner, 1966). Brandenburg-Preußen stand mit der Aufnahme von 20000 Glaubensflüchtlingen an erster Stelle. Die Ansiedlung von Salzburgern im östlichen Ostpreußen, gerade in den Bereichen, die durch Krieg und nachfolgende Pest besonders gelitten hatten, erfolgte auf wüsten Stellen in vorhandenen Dörfern oder in Einzelhöfen. Noch stärker kam die preußische Staatskolonisation unter Friedrich dem Großen in Gang, der die Urstromtäler von Oder, Warthe und Netze entwässern ließ. In den neu geschaffenen meist großen Dörfern in den königlichen Ämtern, deren Kolonisten meist aus den übervölkerten Realteilungsgebieten Altdeutschlands kamen und mit unterschiedlichen Besitzgrößen ausgestattet wurden, legte man planmäßige Streifen-Gemengeverbände an, die wiederum in drei oder vier Schläge unterteilt wurden. Jedes dieser Einheiten, Streifen-Gemengeverband oder Schlag, gliederte man in soviele Streifen, wie es Bauern in der Ortschaft gab, allerdings derart, daß Groß- und Kleinstellen oft ihren Anteil in getrennten Schlägen erhielten. Ging der Adel auf seinem Besitz zur Entwässerung über, dann entstanden entweder Vorwerke oder kleinere Kolonistensiedlungen, deren Flur nicht in so starkem Maße geregelt wurde wie auf den königlichen Ämtern (Krenzlin, 1972, S. 89). Sonst hatte man wie in Oberschlesien nur noch die Möglichkeit, auf Sandböden planmäßige Kolonien zu errichten, bei denen die Landwirtschaft lediglich dem Nebenerwerb diente und wobei ebenfalls schematische Streifen-Gemengeverbände eingerichtet wurden, bei denen sich die zugeteilten Parzellen nach der Lage der Höfe im Straßendorf richtete (Abb. 40).

In noch stärkerem Maße traten bei der österreichischen Staatskolonisation in Galizien und in Südosteuropa Streifen-Gemengeverbände im Zusammenhang mit den Straßennetzanlagen auf. Die durch Wege voneinander getrennten Verbände mit einer Länge von etwa 3 km und einer Breite von 50 m, die auf den topographischen Karten als schmale Bänder erscheinen, wurden senkrecht zu den Wegen in kurze und verschieden breite Streifen unterteilt, abhängig von den verschiedenen Besitzgrößen, da nicht allein Bauern, sondern auch Handwerker mit Land ausgestattet wurden (Abb. 27). Es muß angenommen werden, daß auch bei der russischen Staatskolonisation seit dem letzten Drittel des 18. Jh.s Streifen-Gemengeverbände zur Anwendung kamen, zumindest bei den Wolgadeutschen, die das Mirsystem übernahmen (Auhagen, 1939).

Abgesehen von den Flurbereinigungen, die zur Vereinödung oder sonstigen Aufteilungen führten, fanden während des 18. Jh.s auch solche statt, bei denen man sich vom Prinzip der Streifen-Gemengeverbände nicht löste, aber durch bessere Wege-Erschließung, günstigere Abgrenzung der einzelnen Verbände, Egalisierung der Streifen innerhalb der Verbände, u. U. auch durch Zusammenlegung von Parzellen zu mehr oder minder planmäßigen Streifen-Gemengeverbänden gelangte und damit der Intensivierung der Landwirtschaft Vorarbeit leistete, wie es Realteilungsgebiet von Hessen-Nassau seit dem beginnenden 18. Jh. (Born, 1972, S. 75) und in Anerbenbereich von Braunschweig seit der Mitte des 18. Jh.s,

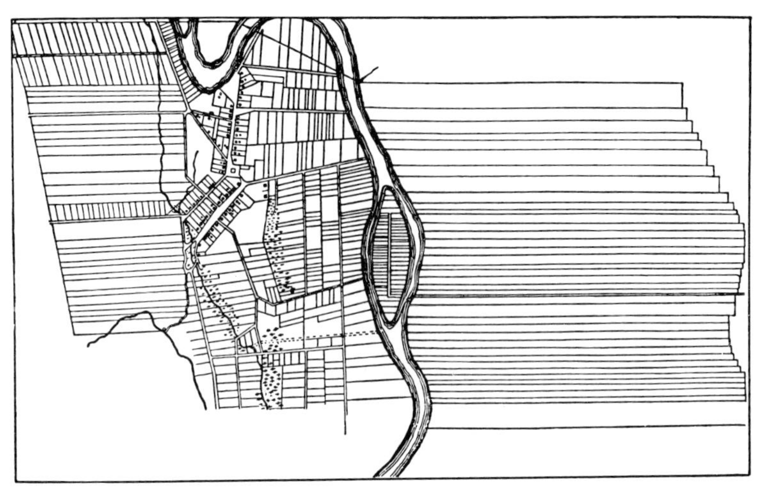

Abb. 73 Schmale gleichlaufende Langstreifenverbände in Neu-England (nach Atlas of the Historical Geography of the United States).

hier vornehmlich auf Lößböden, geschah (Kraatz, 1975). Mit Ausnahme von Rußland, wo zumindest bis zur Bauernbefreiung, wenn nicht gar bis zur Stolypinschen Reform an der alten Flurform festgehalten wurde, setzte mit der Vervollkommnung der Landwirtschaft im 19. Jh. im kontinentalen Europa der Ausbildung von Streifen-Gemengeverbänden ein Ende.

Wenn in den europäischen Kolonialländern fast durchgehend Kleinblock-Einödverbände bzw. Großblöcke zur Basis der Landaufteilung wurden, so sind doch einige Ausnahmen vorhanden, die noch kurz gestreift werden sollten. Die puritanische Kolonisation in Neu-England vollzog sich durch dörfliche Siedlungen (green villages). Jeder Kolonist erhielt außer dem Hofgrundstück Wiese und Ackerland, letzteres auf mehrere Streifen-Gemengeverbände verteilt (Abb. 73). Hinzu kam die Allmende, die als Wald oder Weide genutzt wurde und später zur Erweiterung des Ackerlandes diente.

In schematischer Weise zeigten sich die Fluren der im letzten Viertel des 19. Jh.s aus Rußland in die kanadische Prärie eingewanderten Mennoniten. Sie mußten sich hier dem quadratischen township-Grenzen anpassen, gliederten das Land zunächst in quadratische Blöcke von mehr als 1 km Seitenlänge mit unterschiedlicher Nutzung auf (Acker, Wiese und Weide), die dann mit Ausnahme der Allmend-Weide entsprechend der Zahl der Kolonisten in Streifen unterteilt wurden, die innerhalb jedes Verbandes dieselbe Abfolge hatten. Mit etwa 60 m Breite und mehr als 1 km Länge stellten diese überlangen Verbände wohl die letzten dar, die so angelegt wurden, wobei die an das Straßendorf anschließenden Streifen Hofanschluß erhielten (Abb. 74). Viel blieb davon allerdings nicht erhalten, weil ein erheblicher Teil der Mennoniten bei Entzug ihrer Vorrechte abwanderte und ein anderer sich auf Einzelhöfe mit Blockeinöden umstellte (Warkentin, 1959).

Bevor die sekundären Streifen-Gemengeverbände behandelt werden, soll auf den Einfluß der *spätmittelalterlichen Wüstungsperiode* auf die Flurformen einge-

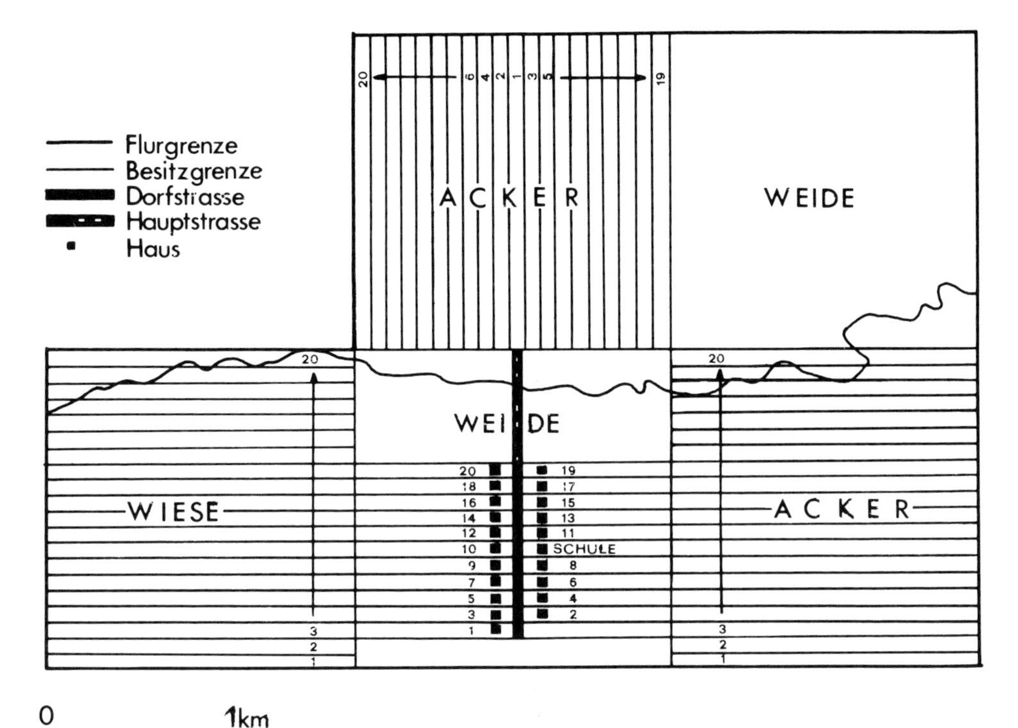

Abb. 74 Schematische überlange und breite Streifen-Gemengeverbände der Mennonitensiedlung (nach Warkentin).

gangen werden, wozu einige methodische Vorbemerkungen notwendig sind. Scharlau (1933, S. 10) unterschied – ähnlich wie bei den Ortswüstungen – zwischen totalen und partiellen Flurwüstungen. Nachdem man an die Kartierung wüst gewordener Fluren ging, sah man ein, daß dies nicht genügte, so daß Mackenthun (1948 bzw. 1950, S. 9) Wüstungen als extensiviertes Ackerland auffaßte und die Differenzierung zwischen Dauer- und temporären Wüstungsfluren vornahm.

Sowohl totale als partielle Flurwüstungen konnten bis zur Gegenwart als Hutung oder in verwaldetem Zustand erhalten bleiben, wenngleich bei den partiellen wohl eher die Möglichkeit bestand, daß Teile davon wieder in Kultur genommen wurden, wie es das Beispiel von Rengershausen, Kr. Frankenberg (Hessen) zeigt (Born, 1967, S. 130 ff.). Bei beiden war ebenso die Möglichkeit gegeben, daß der Wüstungszustand lediglich eine gewisse Zeitspanne umfaßte, bis bei Bevölkerungsvermehrung die Flurwüstungen teilweise oder vollständig wieder in Kultur genommen wurden.

Für den letzteren Fall machte Born (1970, S. 87 ff.) darauf aufmerksam, daß das Verhältnis benachbarter perennierender und temporärer Wüstungsfluren unterschiedlich sein konnte. Einerseits bildete sich trotz jeweils anderer mittelalterlicher Ausgangsposition in beiden während der Neuzeit dieselbe Flurform aus, so daß perennierende und temporäre Wüstungsflur während des 18. Jh.s physiognomisch eine Einheit darstellten und damit die Wüstungsflur in die perennierende voll integriert wurde. Andererseits entwickelte sich bei gleich gearteter mittelalterlicher Struktur später Differenzierungen heraus, indem bei geringfügigen Abwandlungen die perennierende Flur den mittelalterlichen Formenbestand wahrte, die temporäre Wüstungsflur aber erheblichen Wandlungen ausgesetzt war, so daß letztere nur angegliedert erscheint.

Die im Rheinischen Schiefergebirge und den hessischen Berglandschaften aufgefundenen Kammerfluren sollen hier nicht behandelt werden, weil ihre Datierung unsicher geworden ist.

Daß die spätmittelalterliche Wüstungsperiode nicht auf Deutschland beschränkt ist, wurde bereits erwähnt. Die Kartierung von spätmittelalterlichen Wüstungsfluren jedoch blieb auf Deutschland beschränkt und trug zur Vertiefung der Flurformen-Genese bei.

Es muß allerdings hinzugefügt werden, daß ein solches Verfahren nicht überall gelingt, denn dort, wo der Wölbackerbau bereits im 14. Jh. vom Ebenerdbau abgelöst wurde wie im westlichen Südwestdeutschland (Huttenlocher, 1963, S. 8), zeigen sich in manchen Bereichen trotz starken Wüstfallens von Siedlungen und Fluren kaum Flurwüstungen im Gelände. So konnte für das Freiamt bei Emmendingen im Übergangsbereich zwischen Vorbergzone und Schwarzwald nur für eine Siedlung Wölbäcker nachgewiesen werden, und Stufenraine fehlen deswegen, weil ein erheblicher Teil der Siedlungen mit ihrem Ackerland sich auf Hochflächen befinden (Sick, 1974, S. 176).

In welcher Art zeichnen sich nun Wüstungsfluren im Gelände ab? Einige Schwierigkeiten ergeben sich dann, wenn Wüstungsfluren als Wölbäcker ausgebildet sind, weil sich schwer beurteilen läßt, wieviel Furchen bzw. Wölbäcker eine Besitzeinheit ausmachten. In manchen Gemarkungen des Reinhardswaldes beobachtete Jäger (1958, S. 40), daß „sich die Breite der einzelnen Ackerrücken von Beet zu Beet ändert..., was sich nur durch Gemengelage (von Besitzparzellen) erklären läßt, denn es bestanden besondere Anordnungen, die Beetbreite gleich zu halten, wenn ein Bauer mehrere nebeneinander liegende Beete bewirtschaftet". Mit einer gewissen Vorsicht lassen sich dann auch bei Wölbacker-Systemen Schlüsse auf mittelalterliche Flurformen ziehen. Daß diese im Weser- und Leinebergland häufig als isolierte lange bzw. überlange Streifen-Gemengeverbände erscheinen, denen während der hochmittelalterlichen Vergetreidung kürzere Streifen-Gemengeverbände angegliedert wurden, dürfte nicht überraschen, weil das die Formen sind, die die perennierenden Fluren bis zum 18. Jh. bestimmten (Jäger, 1951; Oberbeck, 1957; Jäger, 1958).

Allerdings ist nun ein anderes Problem entscheidend geworden, nämlich die Altersstellung von Wölbäckern. Sie wurden bisher sämtlich als dem Mittelalter angehörend betrachtet, bis Born (1961, S. 34) für das Rheinische Schiefergebirge, Seel (1963, S. 47) für den Vogelsberg, Käubler (1962) für die Altmark und Meibeyer (1971, S. 44) für das östliche Niedersachsen sie als frühneuzeitliche Ackerbauformen erkannten, so daß in dieser Beziehung mehr- oder weniger kleinräumige Differenzierungen vorhanden sind, was dadurch noch komplexer wird, daß in einigen Bereichen der Wölbackerbau dem Ebenerdbau zeitlich vorausging (Südwestdeutschland), in andern aber das Umgekehrte der Fall war. Eine Erklärung dieser Unterschiede ist einstweilen wohl kaum zu erzielen. Ob auf dem Umweg über die Ackerbautechnik u. U. die Pflugformen indirekt auf die Flurformen Einfluß gewannen, muß offen gelassen werden.

Im nördlichen Hessen, vornehmlich im Knüll, untersuchten Mortensen und Scharlau (1949) Wüstungsfluren, die sich durch parallel zu den Isohypsen verlaufende Stufenraine mit dazwischen gelegenen Ackerterrassen auszeichneten, die sie als überlange Streifen-Gemengeverbände deuteten, voraussichtlich etwas unter dem Eindruck, daß sich die überlangen Streifen Nordwestdeutschlands nach Süden fortsetzen müßten. In neueren Untersuchungen von Eisel (1965) im Burgwald, von Kern (1966) im Amöneburger Becken und dessen Randlandschaften und von Born

Abb. 75 Reste von Breitstreifen-Gemengefluren, durch Hecken gekennzeichnet, Eichenrod, nordöstlicher Vogelsberg (nach Seel).

(1967), der die von Mortensen und Scharlau vermessene Wüstungsflur Muchhausen noch einmal im Gelände aufnahm und mit weiteren wüst gewordenen Fluren im nördlichen Hessen verglich, hat sich gezeigt, daß zwar lange (500-700 m), aber keine überlangen Streifen-Gemengeverbände existierten, da letztere durch rekonstruierte Verbindungen von Stufenrainen zustande gekommen waren, die der Wirklichkeit nicht entsprachen. Zudem verhielten sich Breite und Länge der einzelnen Ackerterrassen verschieden, so daß unregelmäßige Streifen-Gemengeverbände zu verzeichnen waren.

Wie weit Stufenraine als Besitzgrenzen gewertet werden dürfen, zeigte Hildebrandt (1968, S. 230 ff. und Fig. 25) am Beispiel von Schlotzau im Hünfelder Land, einer Gründung aus der Mitte des 12. Jh.s, dessen Gruppensiedlung zwei Breitstreifen-Systemen zugeordnet war. In die Flurkarte vom Jahre 1725 zeichnete er die Stufenraine ein, die mit Besitzgrenzen übereinstimmen, ebenso wie solche, die lediglich Betriebsparzellen (Kulturwechselstufen) markieren und kam zu folgendem Ergebnis:

Die 50-80 cm, 1-2 oder sogar 2-3 m hohen und 500-900 m langen, an einzelnen Stellen geringfügig versetzten Stufenraine des großgliedrigen Systems breiter Ackerterrassen ... decken sich überall dort, wo sie im Privatland ... von Schlotzauer Bauern liegen, fast immer mit Besitzgrenzen, d. h. mit Längsgrenzen der parzellierten Breitstreifen. ... Im Gegensatz dazu liegen die kartierten kurzen Stufenraine von 20-50, 60-80, 90-120 und 200-260 m Länge nur teilweise auf Besitzgrenzen von 1725. Einige decken sich lagemäßig mit Betriebsgrenzen des 18. Jh.s, während andere überhaupt keine Beziehung zum Besitz- oder Betriebsgefüge von 1725 zeigen. Diese kurzen und in der Regel niedrigeren Raine (20-80 cm) verlaufen teils parallel, teils schräg oder auch senkrecht zur Richtung der langen Hauptraine. Wo sie sich im Bereich der Breitstreifenflurteile mit Besitzlinien decken, sind diese immer sekundäre, d. h. nachträglich durch Quer- und Längsteilungen entstandene Parzellengrenzen. Diejenigen unter ihnen, die nach der Flurkarte von 1725 weder auf einer Betriebs- noch auf einer Besitzgrenze liegen ..., können entweder Betriebsgrenzen (Kulturwechselstufen) oder sekundäre Besitzgrenzen sein, die älter bzw. jünger als das Flurgefüge von 1725 sind (Hildebrandt, 1968, S. 236 und 238).

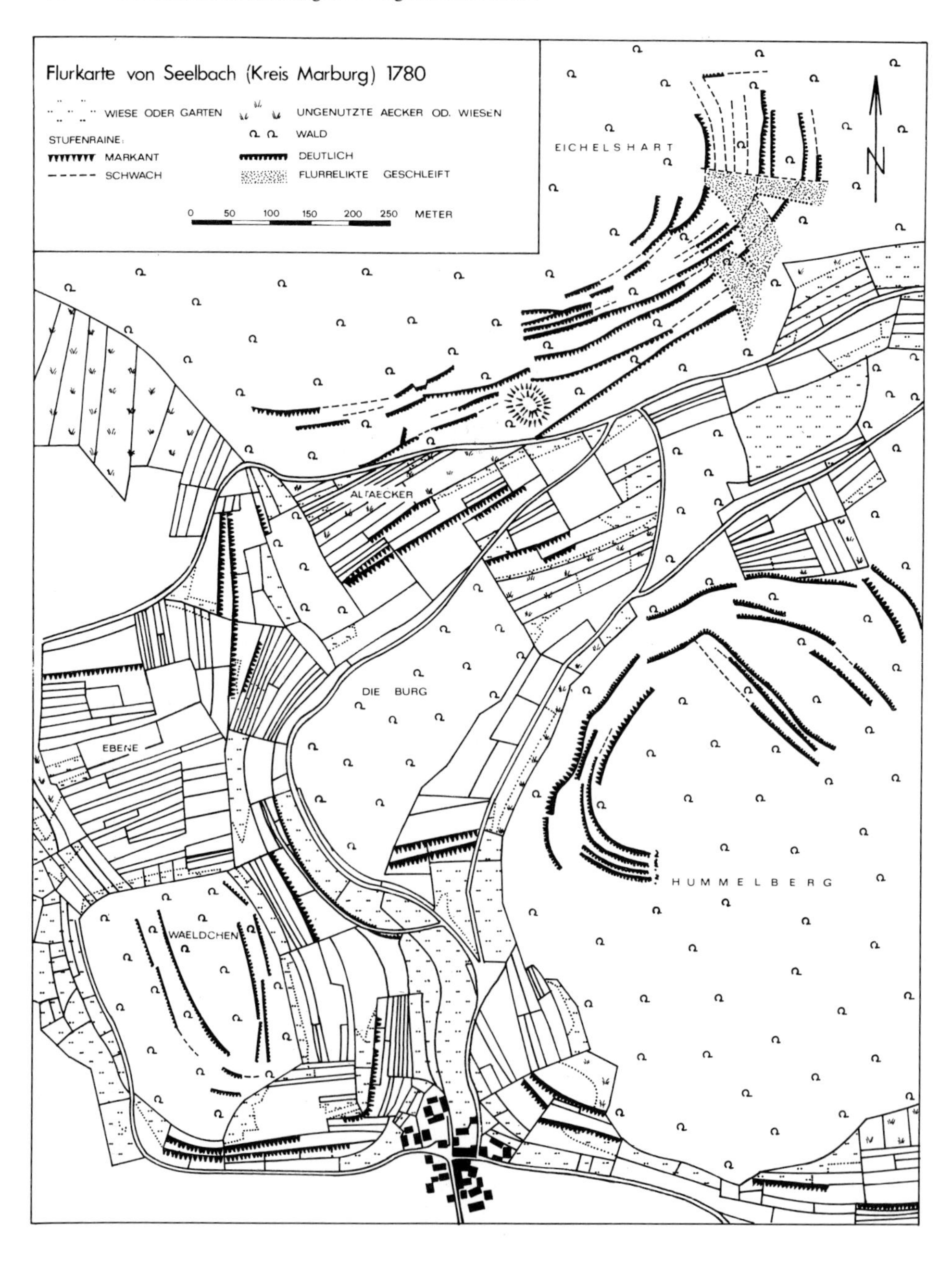

Abb. 76 Die Umwandlung langer zu Kurzstreifen-Gemengeverbänden, Seelbach, Kr. Marburg (nach Born).

Nun gab es im Spätmittelalter im nördlichen Hessen nicht allein hangsenkrechte (Abb. 75) und parallel zu den Isohypsen verlaufende Breitstreifen. Abgesehen von den unregelmäßigen Langstreifen bzw. Terrassenäckern kam es bereits zur Ausbildung schmaler Langstreifen-Gemengeverbände, bei denen zwischen den Verbänden Richtungswechsel festzustellen waren. Am Beispiel von Seelbach im östlichen Rheinischen Schiefergebirge, wo sich partielle Flurwüstungen abzeichnen, kann auf die Darlegungen von Born (1967, S. 123 ff.) zurückgegriffen werden (Abb. 76). Bei relativ starker Reliefgliederung bildet die landwirtschaftliche Nutzfläche kein zusammenhängendes Ganzes, sondern befindet sich an den unteren Hangpartien der Kuppen und auf den flacheren Sätteln zwischen den Erhebungen. Stufenraine im Wald beweisen, daß das Ackerland im Mittelalter ausgedehnter als in der frühen Neuzeit war.

Bereits beim Wüstwerden der Teilflur waren Querteilungen von Ackerterrassen erfolgt, die sich durch leichte Versetzung der Raine oder durch Einschaltung kurzer zwischen langen Rainen abzeichnen. Die Stufenraine unter Wald waren in der Regel länger als diejenigen der Flur vom Jahre 1780. „Der unterste Rain der Wüstungsflur an der „Eichelshart" ist unter Wald 300 m weit zu verfolgen. Er schließt nach Südwesten jenseits des Weges an eine in gleicher Flucht verlaufende Parzellengrenze, die im Gewann „Altäcker" über eine kurze Strecke als Stufenrain ausgebildet ist, an. Es darf so mit gewisser Berechtigung angenommen werden, daß die Gesamtlänge des Raines einst rd. 600 m betrug" (Born, 1967, S. 125). Ähnliches gilt für die nördliche Parzelle des schmalen Kurzstreifen-Gemengeverbandes „Altäcker", die sich ebenfalls als Stufenrain unter Wald fortsetzt. Im östlichen Abschnitt des „Eichelharts" deuten unterschiedliche Länge und Mächtigkeit der Stufenraine auf Querteilungen hin, so daß zu Beginn der Wüstungsperiode auf keinen Fall ein einheitliches Breit- oder Langstreifensystem vorlag, sondern bereits die Entwicklung zu kreuzlaufenden Kurzstreifen-Gemengeverbänden im Gange war.

Kommt man nun zu den *sekundären Streifen-Gemengeverbänden,* dann stellen sie sich – von einigen Ausnahmen abgesehen – überwiegend als schmale Kurzstreifen-Gemengeverbände mit geringerem oder stärkerem Richtungswechsel zwischen den einzelnen Verbänden heraus, wobei von den ihnen vorangegangenen Altformen ausgegangen werden soll.

Unter bestimmten Voraussetzungen können ehemalige Großblöcke in Streifen-Gemengeverbände zerfallen. Zu letzteren rechnen diejenigen, die in Südosteuropa in Besitz von Zadrugen waren und gemeinsam bewirtschaftet wurden. Wilhelmy (1935, S. 240) gab für die entsprechenden Großblöcke in Hochbulgarien Flächen von 30-40 ha an, Blanc (1957, S. 222) bis zu 50 ha im westlichen Kroatien. Letzterer entwickelte die verschiedenen Stadien des Aufgliederungsprozesses, der sich vornehmlich während des 19. Jh.s vollzog, wobei sich Blöcke und Streifen dann ausbildeten, wenn ein Teil der Zadrugen noch in der Gemeinschaft verblieb, ein anderer Teil aber zur Auflösung schritt. Das Endresultat zeigte sich dann in schmalen (unter 10 m) und kurzen (rd. 100 m) Streifen-Gemengeverbänden, die den topographischen Verhältnissen angepaßt waren mit Richtungswechsel zwischen den Verbänden, wobei allerdings die Beteiligung nur bestimmter Familien an den den Großblock gliedernden Streifenverbänden die früheren Verhältnisse kenntlich machte. Wilhelmy (1935, S. 241) legte nun den endgültigen Zustand dar (Abb. 77). Auch in Mitteleuropa sind Vorgänge bekannt, wo aus Großblöcken kreuzlaufende schmale Kurzstreifen-Gemengeverbände wurden, insbesondere in den Altsiedellandschaften des mittleren und südlichen Deutschland, im Schweizer Mittelland und sicher auch im östlichen Frankreich. Für die Wetterau konnte Obst (1961 und

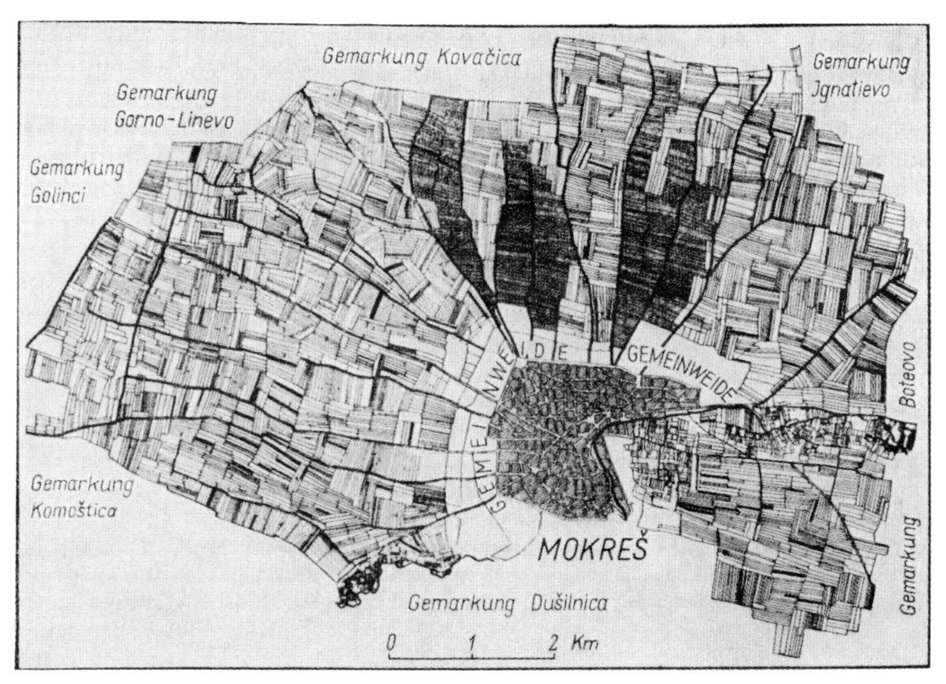

Abb. 77 In schmale kreuzlaufende Kurzstreifen-Gemengeverbände gegliederte Großblöcke von Zadrugen, Mokres, Bulgarien (nach Wilhelmy).

1966) nachweisen, daß die Grundherren des 14. Jh.s, die ihnen gehörigen Grundstücke nach Länge und Breite vermessen ließen. Sofern die Ergebnisse für einzelne Betriebe auf die gesamte Flur übertragbar sind, zeigte sich, daß Langstreifen eine völlig untergeordnete Rolle spielten, daß in drei Gemarkungen Kleinblock-Gemengeverbände mit 50 v. H. und mehr beteiligt waren, aber in dreißig Gemarkungen Kurzstreifen-Gemengeverbände das Übergewicht besaßen. Das bedeutet zugleich, daß innerhalb der sekundären Streifen-Gemengeverbände mitunter auch mehrere Aufteilungsprinzipien vergesellschaftet sind.

Zunächst muß davon ausgegangen werden, daß sowohl im östlichen Frankreich, in den Beneluxländern als auch in Altdeutschland einschließlich des Schweizer Mittellandes die Villikationsverbände der Merowinger- und Karolingerzeit grundsätzliche Veränderungen früher vorhandener, aber nicht mehr rekonstruierbarer Formen brachten. Die auf Salland eingerichteten Ding- oder Fronhöfe[1], die im Hochmittelalter in ihrer vollen oder in vermindeter Ausdehnung an Bauern verliehen wurden, hatten in Mainfranken eine Ausdehnung von 100-400 ha (Jäger, 1974, S. 2), in Südwestdeutschland eine solche von 50-150 ha (Jänichen, 1970, S. 131). Sie gaben sich als Großblöcke in Dorfnähe zu erkennen und trugen im Feldland den Flurnamen „Breite“, im Wiesengelände den von „Brühl“. Sie nahmen später eine recht unterschiedliche Entwicklung. Mitunter vermochten sie

[1] Regional bestehen dafür sehr unterschiedliche Bezeichnungen, unter denen hier nur die wichtigsten erwähnt wurden.

sich bis zur Gegenwart zu erhalten, wie es Fehn (1966, S. 140) für die alten Siedlungen Bayerisch-Schwabens beschrieb und wie es Born (1970, S. 40ff.) am Beispiel von Aue, Kr. Eschwege dartat, wo voraussichtlich der Gutsblock des 18. Jh.s aus einem karolingischen Reichsvorwerk hervorging. Mitunter waren nur geringe Teilungen bis zum 18. Jh. zu verzeichnen, wie es teilweise im Oberrheingebiet vorkam (Ott, 1970, S. 18ff.), oder sie bewahrten ihren Bestand zumindest bis zum 16./17. Jh., wie es u. U. in Mainfranken der Fall war.

An einem Beispiel sei die Aufgliederung eines solchen Großblockes kurz geschildert:

Bis zum 18. Jh. war der St. Peter gehörige zehntfreie Hof in Betberg (Markgräflerland), das als Kirchort für mehrere benachbarte Gemeinden eine übergeordnete Stellung besaß und dessen Kirche auf St. Peter radiziert war, als fast geschlossener Großblock auf die drei Zelgen etwa gleichmäßig verteilt und umfaßte rd. 57 ha. Andere Grundherrschaften mit Ausnahme von Kirche und Pfarre traten zurück. Mit Ausnahme der Kleinparzellierungen an den Gemarkungsrändern konnte man damals die Flurform als Großblock ansprechen. Dann erfolgte eine Teilung auf zwei Erben, die nun keine einfache Zweiteilung in jeder Zelge war, so daß schließlich auf einen Erben dreißig Parzellen entfielen. Daß häufig bei Erbteilungen die Zergliederung stärker ausfiel, als es unbedingt notwendig war, zeigten Krenzlin und Reusch (1961, S. 89ff.) für das nördliche Unterfranken, Matzat (1963, S. 120) für das Bauland und Hildebrandt (1968) für das Hünfelder Land. Daß dabei die Berücksichtigung von Relief und Bodengüte eine Rolle gespielt hat, steht außer Frage. Der sonst angeführte Grund, bei möglichst gleichmäßiger Parzellierung das Dreizelgen-Brachsystem einzurichten, scheidet hier aus, denn dieses bestand mit Sicherheit seit dem beginnenden 15. Jh. Voraussichtlich wurden bereits vorhandene Betriebsparzellen benutzt, indem es üblich war, auf der Winterzelge zwei bis drei Getreidearten einzusäen (Weizen, u. U. Dinkel, Weizen/Dinkel- oder Weizen/Roggengemenge) und auf die Sommerzelge Gerste und Hafer zu verteilen, wobei sich Unterteilungen der Zelgen einstellten, für die ebenfalls Relief und Bodengüte ausschlaggebend waren. Die nun entstandenen Parzellen hatten verschiedene Gestalt, denn einerseits handelte es sich um Kleinblöcke von 1-2 ha, um kurze und breite Streifen von derselben Größenordnug und einigen wenigen Kurzstreifen-Gemengeverbänden. Bei einer nochmaligen Teilung des einen Betriebes verblieb es dann bei einer Zweiteilung jeder einzelnen Parzelle.

Wenn durch Anerbenrecht die Entwicklung von Großblöcken zu schmalen Kurzstreifen-Gemengeverbänden gehemmt werden konnte, so bewirkte Realteilung das Entgegengesetzte. Für einige südwestdeutsche Gemeinden wies Jänichen (1970, S. 154ff.) nach, daß seit dem ausgehenden Mittelalter die „Breiten" gleichmäßig unter die vorhandenen Bauern aufgeteilt wurden. Dabei entstanden schmale Kurzstreifen-Gemengeverbände in allen auf die Zelgen verteilten Großblöcken mit relativ gleichlaufenden Streifen, die sich deutlich gegenüber benachbarten kreuzlaufenden Systemen abheben. Ähnliche Feststellungen trafen Krenzlin und Reusch (1961, S. 29ff. und Karte 5) für Seifriedsburg in der Südrhön, wo allerdings die Zurückführung auf einen Fronhof nicht gesichert ist. In diesem Falle lagen auch die Hufengüter geschlossen in größeren bzw. kleineren Blöcken. Teilungen der einzelnen Einheiten ergaben bis zum Ende des 16. Jh.s relativ breite Kurzstreifen-Gemengeverbände, bis zum Ende des 18. Jh.s schmale Kurzstreifen-Gemengeverbände, die sich jeweils in Anpassung an die Topographie kreuzlaufend verhielten mit Ausnahme der etwas mehr gleichlaufenden Streifen auf dem etwaigen Herrenland.

Wohl löste sich im Hochmittelalter die Villikationsverfassung auf. Dennoch kamen im westlichen Schwaben, im südlichen Oberrheingebiet und im Schweizer Mittelland bei einigen jüngeren Grundherrschaften noch einmal Hofverbände auf, die nun anders geartet waren, indem nicht mehr zinspflichtige Hufen, sondern kleinere Betriebe, die als Schupposen bezeichnet wurden, den Fronhöfen unterstellt wurden. Die Bevölkerungsvermehrung an sich, die Aufgabe der Eigenwirtschaft setzte Arbeitskräfte frei, die man nun mit geringerem als Hufenland ausstattete. Waren schon die Hufen im Altsiedelland kein Größenbegriff, so erst recht nicht die Schupposen, deren Umfang im Mittel auf 4 ha angesetzt werden kann. In den Quellen erscheinen sie seit der Mitte des 12. Jh.s. Vornehmlich für das Schweizer Mittelland sind Belege vorhanden, daß Hufen und das zu Fronhöfen gehörige Land völlig in Schupposen zerschlagen wurden (Münger, 1967, S. 165). Sie mögen sich in der Schweiz etwas länger als in andern Bereichen als Betriebseinheiten, die im Gemenge lagen, gehalten haben, waren aber im 16. Jh. schon in starkem Verfall. Trotzdem hielt man hier in manchen Bezirken an den Schupposen als Abgabeeinheiten bis zum 18. Jh. fest.

Infolgedessen vermochte Grosjean (1974) für das Amt Erlach am Bielersee Schupposen des 16.-18. Jh.s kartographisch zu fixieren. Sie stellten sich als Kleinblöcke und Streifen heraus, die bei weiteren Teilungen zu schmalen Kurzstreifen wurden und sich damit in die sonstigen, nicht zu den Schupposen gehörigen schmalen Kurzstreifen-Gemengeverbände eingliederten.

Wenn in den von Ott (1970) untersuchten Gemeinden den Fronhöfen von St. Blasien Schupposen zugeordnet waren, diese aber auf seinen Flurkarten nicht rekonstruiert werden konnten, so ist das darin begründet, daß sie im 14. Jh. nur noch mühsam durch Träger, die die Abgaben von den Beteiligten zu sammeln hatten, zusammengehalten wurden. Die spätesten Nachrichten über sie entstammen der Mitte des 16. Jh.s, so daß offenbar das Kloster dem Druck der Bauern nachgab und auf Einnahmen daraus verzichtete. Wahrscheinlich wäre durch die Schupposen, die offenbar in bäuerliches Eigengut überführt wurden, eine Abrundung des St. Blasianischen Besitzes erfolgt.

Der Übergang zu kleineren grundherrlich gebundenen Bauerngütern, allerdings ohne Bindung an einen Hofverband, vollzog sich auch anderwärts, so daß „die Lehen der bevorzugte bäuerliche Betrieb bei Anlage neuer und Ausbauten alter Siedlungen im fränkischen Raum des 12.-14. Jahrhunderts“ wurde (Jäger, 1974, S. 3).

Seit dem Spätmittelalter kamen nun auch einzeln verliehene Grundstücke hinzu, mochten sie aus früher bestehenden Einheiten herausgelöst worden oder auf anderem Weg in grundherrliche Abhängigkeit geraten sein. Sie unterlagen der Realteilung, konnten ohne grundherrliche Genehmigung verkauft und getauscht werden und trugen damit erheblich zur Mobilisierung des Grundbesitzes bei. Bei starker Stellung der Grundherrschaften vermochten sie sich vom 14.-18. Jh. in ihrem Bestand zu halten; schwächere Stellung der Grundherren konnte zu einem erheblichen Schwund zugunsten des bäuerlichen Eigengutes führen, und unter diesen Umständen waren auch Teilungen der aus dem Mittelalter überkommenen größeren Einheiten möglich, was soweit gehen konnte, daß Fronhöfe, Hufengüter oder Lehen in der Neuzeit rechtlich in Zinsgüter überführt werden konnten. Sofern Großblöcke verhältnismäßig ungeteilt blieben, daneben aber Zinsgüter und bäuerliches Eigen in erheblichem Maße bestand, zeigen sich Unterschiede zwischen dem wenig aufgeteilten Großblock und den schmalen kreuzlaufenden Kurzstreifen-Gemengeverbänden der Zins- und Eigengüter, die dann meist peripher innerhalb der Gemarkung zu liegen kommen.

Schließlich sei darauf verwiesen, daß auch bei spätmittelalterlichen Wüstungsvorgängen Großblöcke in kreuzlaufende schmale Kurzstreifen-Gemengeverbände zerfallen können. Die im östlichen Schwaben während des Hochmittelalters angesetzten Seldner erhielten nun die Möglichkeit, entweder grundherrlich gebundenes Land in wüsten Bännen als Feldlehen zu erhalten, das nicht unbedingt mit der Hofstelle in der perennierenden Siedlung verbunden zu sein brauchte und kamen auf dieselbe Weise mitunter auch zu Eigengütern. Am Beispiel von Holzkirch, Kr. Ulm wies Grees (1975, S. 229 ff.) nach, daß der Fronhofsblock einer wüst gefallenen Gemarkung zunächst zwei Bauern der perennierenden Siedlung überlassen wurde, bis um die Mitte des 17. Jh.s die Gemeinde das Land erwarb und an

33 gemeindeberechtigte Bauern und Seldner verteilte, was dann die Umformung zu kreuzlaufenden Streifen-Gemengeverbänden zur Folge hatte.

Nun waren es nicht allein Großblöcke, die zu verschiedenen Zeiten Wandlungen in Richtung auf kreuzlaufende schmale Kurzstreifen-Gemengeverbände durchmachten, sondern als Altform kamen ebenso Kleinblock-Gemengefluren in Frage. Die Rekonstruktion der Altflur von Altenritte und von Heiligenrode, beide im Kr. Kassel (Nordhessen) durch Born (1970, S. 68 ff. bzw. 74 ff.) ergab ein Blockgemenge, wo allerdings nicht bestimmt werden kann, zu welchem Zeitpunkt diese Flurform bestand und erst nach der Wüstungsperiode voraussichtlich mit der Einführung des Dreizelgen-Brachsystems sich schmale kreuzlaufende Kurzstreifen-Gemengeverbände ausbildeten. Ähnliches stellten Gräf und Matzat (1974, S. 261 ff.) an einem Beispiel der Gäuplatte (Reichertshausen) oberhalb der Jagst fest, wo die im 16. Jh. aufgenommene Realteilung und die Übernahme des Dreizelgen-Brachsystems eine solche Entwicklung ermöglichte. Schließlich sei darauf verwiesen, daß zu den Hofgruppen im südlichen Schwarzwald zunächst Kleinblock-Gemengefluren gehörten, die mit dem Übergang zur Realteilung eine Untergliederung in kleinste Streifen mit nur wenigen Metern Breite sowie einer Länge von unter 50 m erhielten (Abb. 82). Schließlich findet sich auch in Ostdeutschland die nachträgliche Umwandlung von Kleinblock-Gemengeverbänden zu kreuzlaufenden Streifen-Gemengeverbänden, nämlich dann, wenn slawische Siedlungen nicht umgesetzt wurden und noch für längere Zeit die alte Rechtsstellung erhalten blieb. Ein besonders bekanntes und von Meitzen (1898, Bd. II, S. 248 ff. und Bd. III, S. 354 ff.) behandeltes Beispiel stellen die als Schenkung an das Kloster Trebnitz gelangten Dörfer dar, bei denen in Lahse die relativ großen Blöcke im Gemenge verblieben, in Domnowitz dagegen die Kleinblöcke in schmale Streifen zerfielen, wobei die Gründe für die eine oder andere Lösung nicht bekannt sind. Die ausgesprochen unregelmäßige schmale kreuzlaufende Kurzstreifen-Gemengeflur von Chrosczütz, Kr. Oppeln, mit der sich Schlenger (1930, Karte im Anhang) befaßte, gehört nicht in diesen Zusammenhang, weil hier die Unregelmäßigkeiten topographisch bedingt sind, so daß eine planmäßige Streifen-Gemengeflur, mit einem Angerdorf vergesellschaftet, nicht zur Ausbildung kommen konnte.

Nun erscheinen nicht allein Großblöcke und Kleinblock-Gemengefluren als Altfluren, die sich zu Streifen-Gemengeverbänden entwickelten, sondern als faßbare Ausgangsfluren kommen auch Streifen-Gemengeverbände mit geringer Gemengelage in Frage, d. h. kurze und lange Breitstreifenverbände ebenso wie kurze und lange Streifen-Einödverbände. Die Kräfte, die zu solchen Umformungen führten, waren einerseits die Ablösung des Anerbenrechtes durch die Realteilung und andererseits der Übergang zu einem andern Bodennutzungssystem.

Sofern sich das Anerbenrecht erhielt, vermochten sich früh- und hochmittelalterliche Breitstreifen-Gemengeverbände ebenso wie Streifen-Einödverbände bzw. auch andere Flurformen zu erhalten, gleichgültig, welches Bodennutzungssystem zur Anwendung kam. In den unteren Lagen des Erzgebirges ging man spätestens im 16. Jh. nach einer intensiven Wüstungsperiode im 14. und 15. Jh. zur Dreifelderwirtschaft über mit gemeinsamen Viehtriften und von der Gemeinde bestellten Hirten (Käubler, 1963), und nicht anders war es in den Sudeten, wo Viehtriften zur

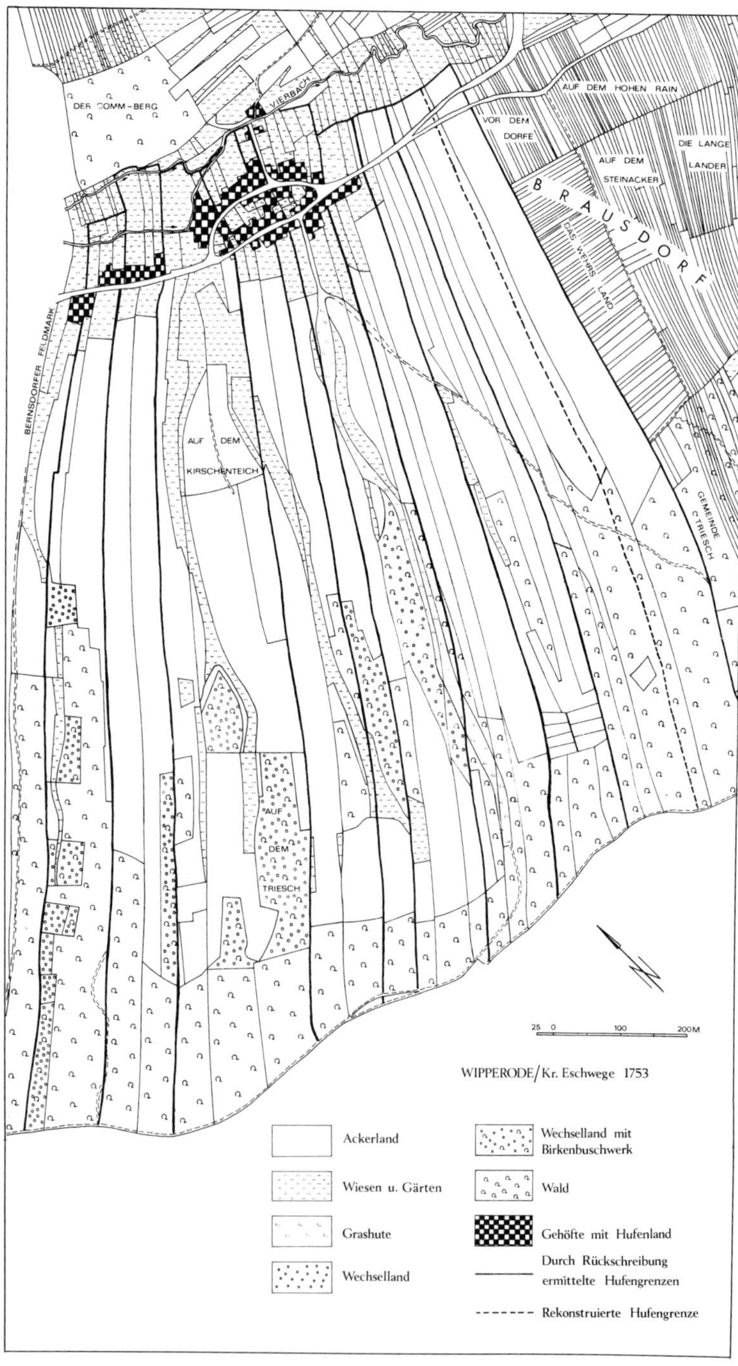

Abb. 78 Etwas veränderte Streifen-Einödverbände in Wipperode, wo sich das Anerbenrecht erhielt und Entwicklung von schmalen kreuzlaufenden Kurzstreifen-Gemengeverbänden auf der temporären Wüstungsflur von Brausdorf, wo sich Realteilung durchsetzte. Beispiel einer angegliederten Wüstungsflur (nach Born).

ursprünglichen Anlage gehörten. In Altdeutschland dagegen ist eine solche Konstanz meist dann gegeben, wenn Anerbenrecht und Feldgraswirtschaft zusammenfallen. Bei einer Übernahme der Dreifelderwirtschaft bzw. eines zelgengebundenen Systems stellen sich meist Veränderungen der entsprechenden Flurformen ein.

Mitunter allerdings waren diese relativ geringfügig, wie Born (1970, S. 19 ff.) am Beispiel von Wipperode im Kr. Eschwege feststellen konnte. Frühmittelalterliche kurze Breitstreifen-Gemengeflur mit Hofanschluß, für Hessen nicht häufig zu beobachten, entwickelte sich durch Verlängerung der Streifen im Hochmittelalter zu einer Streifen-Einödflur, deren Parzellen mehr als 1000 m Länge erreichten. Geringe Längsteilungen, durch Flurkorrespondenzen erschlossen, setzten ein. Erst für das 18. Jh. läßt sich die Bodennutzung erschließen, derart, daß die ursprünglichen kurzen Breitstreifen als Innenfeld mit individueller Dreifelderfolge bewirtschaftet wurden, das Erweiterungsland in Feldgraswirtschaft. Da mehrere Grundherrschaften in der Neuzeit innerhalb der Flur beteiligt waren, übte das u. U. einen konservierenden Einfluß auf die Gestaltung der Flur aus (Abb. 78). Eine andere Möglichkeit, bei der ebenfalls die Umformungen von Breitstreifen-Gemengefluren gering blieb, beschrieb Hildebrandt (1974, S. 141 ff.), was sich in Hessen, aber auch außerhalb davon findet. Ging man trotz Verbotes in der Neuzeit zur Realteilung über, dann führte das bei frühmittelalterlichen kurzen Breitstreifen-Gemengeverbänden, die im Hochmittelalter ihre Langform erhielten ebenso wie bei hochmittelalterlichen Breitstreifen-Gemengeverbänden, die von vornherein eine solche Langform besaßen, zu längsgerichteten Parzellierungen, bei denen man die Zelgen quer zu den Parzellengrenzen legte. Dasselbe könnte u. U. für die von Glaesser (1973, S. 75 ff.) untersuchten Fluren in den Hassbergen zutreffen, so daß dann von einer spätmittelalterlichen Flurumlegung abgesehen werden kann. Schließlich ist das Prinzip der Längsteilung von langen bzw. überlangen Breitstreifen und die senkrecht dazu verlaufende Zelgengliederung insofern nichts Neues, als dieses Prinzip sowohl bei der überwiegenden Zahl der Anlagen der merowingischen Staatskolonisation als auch bei den primären langen und schmalen Streifen-Gemengeverbände des Hochmittelalters in der badischen Hardt verwandt wurde. Wenn im nördlichen Hessen nur wenige Beispiele dafür vorliegen (Hildebrandt, 1974, S. 141), dann mag das darin begründet sein, daß in den begrenzten Becken- und Senkenbereichen von vornherein stärkere Hangneigungen in die Wirtschaftsfläche einbezogen werden mußten, was sich in einer stärkeren Parzellierung in Anlehnung an die Topographie auswirkte.

Eine weitere Möglichkeit der Auflösung der Breitstreifen in Verbindung mit Teilungsvorgängen und dem Übergang zum Dreizelgen-Brachsystem stellte Born (1961, S. 27 ff. und S. 124 ff.) am Beispiel von Salmshausen im Schwalmgebiet dar. Noch Ende des 16. Jh.s hob sich ein Teil der unter Güterschluß stehenden Hufengüter durch lange Breitstreifen ab, wenngleich bereits Teilungen und Absplitterungen vorhanden waren. Dreifelderwirtschaft wurde betrieben, allerdings derart, daß sich einige Besitzer auf Teilzelgen über die vorzunehmende Rotation einigten. Während des 17. Jh.s brachten weitere Teilungen die Zersplitterung in Kleinblöcke, Streifen und Kurzstreifengemenge, letzteres dort, wo Nachsiedler völlig real teilten, wobei nun die ausreichende Gemengelage die Möglichkeit bot, zu drei geschlossenen Zelgen überzugehen. Daß beim Übergang zur Realteilung

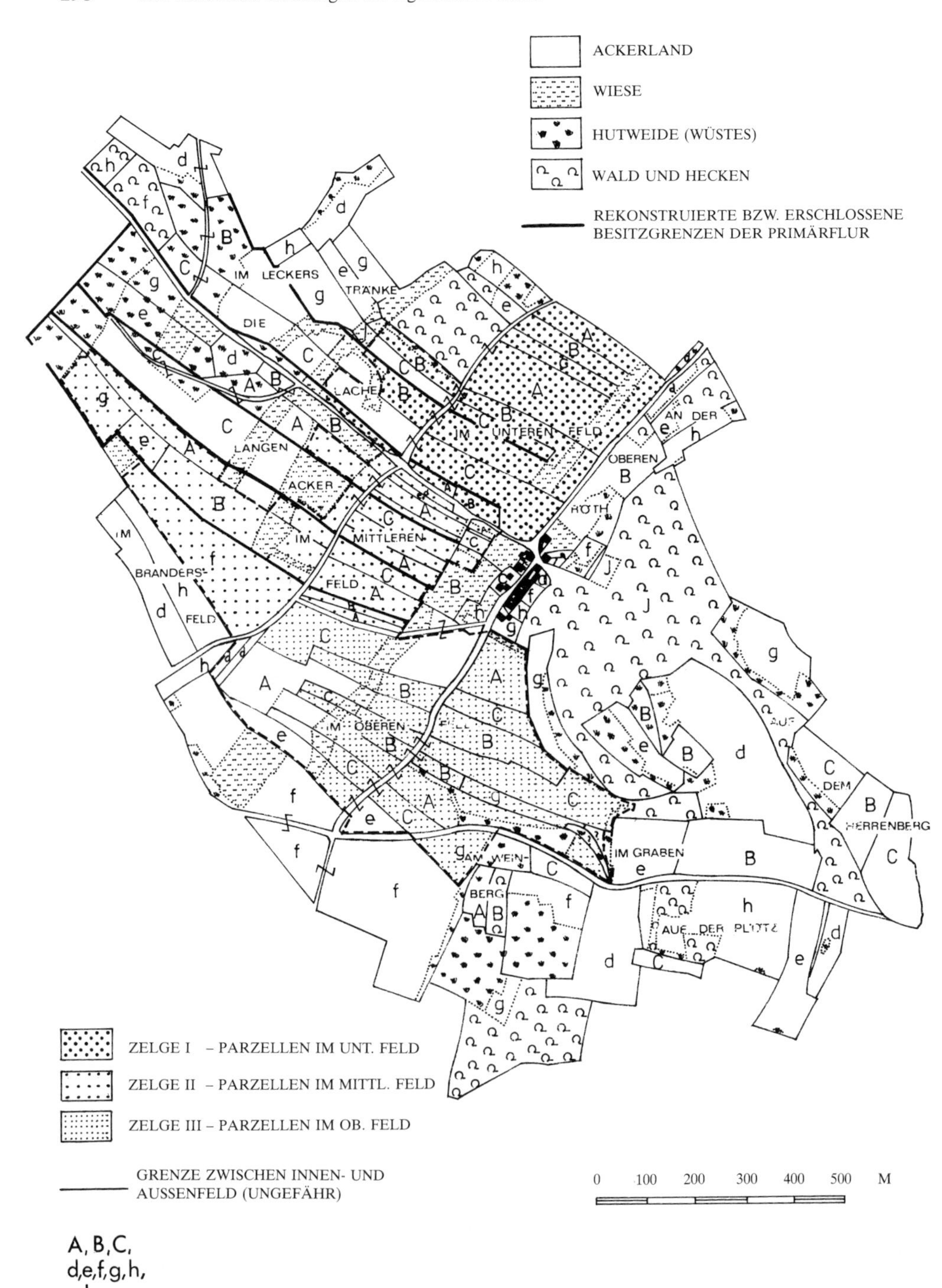

Abb. 79 Hangsenkrechte Breitstreifenflur und Zelgenbildung in Betzenrod um 1713/23 (nach Hildebrandt).

aus einer senkrecht zu den Isohypsen verlaufenden Breitstreifen-Gemengeflur die Umgestaltung zu einer gleichlaufenden schmalen Kurzstreifen-Gemengeflur erfolgen kann, beweist das Beispiel der angegliederten Wüstung Brausdorf (Abb. 78), die von den Bauern der perennierenden Siedlung Wipperode übernommen wurde, die voraussichtlich während des Dreißigjährigen Krieges in diesem Abschnitt zur Realteilung übergingen, wobei das Überwiegen von Längsteilungen zur Ausbildung gleichlaufender Streifen führte. Der an der Gemarkungsgrenze zwischen Wipperode und Brausdorf liegende senkrecht dazu geteilte Verband nahm als ehemalige Landwehr eine Sonderstellung ein (Born, 1970, S. 25 ff.).

Schließlich bleibt noch, solche Umwandlungen zu behandeln, bei denen nur in einem Teil der Flur die Dreizelgen-Brachwirtschaft aufgenommen wurde, der andere Teil als Außenfeld privat in Dreifelderfolge oder feldgraswirtschaftlich zur Nutzung kam. Hildebrandt (1968, S. 102 ff.) brachte hierfür das Beispiel Betzenrod im Hünfelder Land, wobei die Siedlung als hochmittelalterliche Kolonisationsform mit hangsenkrechten langen Breitstreifen entstand. Die für den Beginn des 18. Jh.s kartierten Zelgen setzten sich derart zusammen, daß in der unteren Zelge randliche Bereiche der Breitstreifen längsgeteilt eingingen (Abb. 79), die mittlere Zelge fast völlig aus der Quer- und Längsteilung der ehemaligen Breitstreifen hervorging und die obere Zelge an den ehemaligen Breitstreifen nicht beteiligt war, sondern auf jünger gerodeten Flächen in Dorfnähe hervorging. Im Außenfeld dagegen erhielten sich die Breitstreifen der ehemaligen Anlage bzw. in den Erweiterungen bildete sich ein Kleinblockgemenge zwischen den Altbauern und der Nachsiedlerschicht der Hintersiedler. Da die letzten Zurodungen nach der Wüstungsperiode erfolgten, konnte die Entstehung des Dreizelgen-Brachsystems in das 16. Jh. datiert werden, wobei wiederum Güterteilungen entweder zeitlich vorangingen oder im Zusammenhang mit der Einführung des neuen Bodennutzungssystems standen.

c) Kombinationsformen in der Flurgestaltung

Sobald unterschiedliche Verbände eine Flur bzw. eine Gemarkung ausmachen, dann soll bei einer gewissen Einengung gegenüber dem Vorschlag von Uhlig-Lienau (1967, S. 170) der Begriff des „Flurkomplexes“ eingeführt werden, wie es in Abb. 46 zum Ausdruck gelangt. Sämtliche Kombinationen, die möglich erscheinen und lediglich kurz skizziert werden können, fallen unter den Oberbegriff des Flurkomplexes.

Zunächst ist die Frage zu stellen, unter welchen Voraussetzungen mehr als *ein* Gliederungsprinzip innerhalb einer Flur vorhanden sein können. Dabei sind mehrere Gesichtspunkte zu berücksichtigen, die allein oder im Zusammenhang miteinander wirksam zu werden vermögen.

Dabei ist daran zu denken, daß die Flur im Laufe der Zeit Erweiterungen bzw. Rückbildungen erfuhr, meist mit der Bevölkerungsbewegung in Verbindung stehend, so daß ältere und jüngere Elemente sich in der Gestaltung der Flur abzeichnen. Dabei spielen die jeweiligen topographischen Verhältnisse hinein, denn im ebenen Gelände lassen sich mitunter einfachere Strukturen durchsetzen als bei stärkeren Reliefunterschieden.

Weiterhin kommt den Vererbungssitten Bedeutung zu, und zwar in der Weise, daß Anerbenrecht bis zu einem gewissen Grade konservierend wirkt, Realteilung aber die Auflösung eines bestehenden Gefüges begünstigt. Erschwerend kommt hinzu, jedenfalls für west- und mitteleuropäische Verhältnisse, daß bereits innerhalb eines Dorfes die diesbezügliche Rechtsqualität der Höfe unterschiedlich sein kann, abgesehen davon, daß die Erbsitten auch im zeitlichen Ablauf Veränderungen unterlagen.

Angegliederte Wüstungsfluren sind als solche bereits derart definiert, daß die perennierende Flur eine andere Gliederung aufweist als die temporär wüst gewordene.

Verschiedene Bodennutzungssysteme innerhalb einer Flur tragen ebenso zu Differenzierungen im Besitzliniengefüge bei, wie es Veränderungen der Betriebsgrößen tun.

Bei der Behandlung solcher Kombinationsformen soll von den Formen selbst ausgegangen werden, um dann kurz auf die jeweiligen Ursachen einzugehen, wobei kein Wert auf Vollständigkeit gelegt wird.

1. *Kombination von Großblöcken mit Kleinblock-Gemengeverbänden, Kleinblock-Einödverbänden, Streifen-Einödverbänden* und *Streifen-Gemengeverbänden* jeglicher Art. Häufig zeichnet sich darin die Verknüpfung von Großgrundbesitz und bäuerlichem Besitz ab. In den von Europäern besiedelten einstigen Kolonialländern, wo sich nach dem Zweiten Weltkrieg immer mehr die Tendenz durchsetzt, zum Großbetrieb überzugehen, zeigt sich mitunter die Verknüpfung von Großblock- mit Kleinblock-Einödverbänden. Lassen sich benachbarte Parzellen nicht eingliedern, dann scheut man nicht davor zurück, innerhalb oder außerhalb der jeweiligen township Gelände zu erwerben, so daß ein Gemenge von Großblöcken und Kleinblöcken entsteht, bei denen letztere solchen Besitzern gehören, die sich noch auf ihre Heimstätten-Parzelle von 64 ha beschränken (Abb. 50 und Sublett, 1975).

In Europa trifft man z. B. in einigen Gegenden der Bretagne auf adlige oder bürgerliche Großgrundbesitzungen im Kern der Gemarkung, an deren Rande sich Kurzstreifen-Gemengeverbände bäuerlicher Hofgruppen anschließen (Meynier, 1966, S. 113 ff. und Abb. 1). Born (1970, S. 45 ff.) kennzeichnete am Beispiel von Aue, Kr. Eschwege den in Dorfnähe gelegenen Gutsblock, der u. U. an ein mittelalterliches Reichsvorwerk anknüpfte und sich gegenüber der bäuerlichen Flur absetzte, die teils als kreuzlaufende schmale Kurzstreifen-Gemengeverbände und teils – sofern es sich um ehemalige Freigüter handelte – als etwas veränderte lange Breitstreifen-Gemengeverbände entwickelt waren. Die zentrale Lage von Großblöcken entspricht in etwa dem, was in Süddeutschland durch die Großblöcke der Fron- und Dinghöfe gegeben war, falls die Grundherrschaften am Güterschluß festhielten, während sich die bäuerliche Flur, in der die Realteilung herrschte, sich in der Regel als kreuzlaufende schmale Kurzstreifen-Gemengeverbände zu erkennen gaben. Da vornehmlich die Wüstungsperiode die Möglichkeit zur Gutsbildung brachte, zeigt sich in diesen Fällen die randständige Lage der Großblöcke (z. B. Reichensachsen, Kr. Eschwege, Born, 1970, S. 27 ff.), während sich sonst wiederum kreuzlaufende schmale Kurzstreifen-Gemengeverbände einstellten. In

Abb. 46 liegt ein schematisches Beispiel dafür vor, wie es mitunter in der niedersächsischen Bördenlandschaft anzutreffen ist. Vier überlange und schmale Langstreifen-Gemengeverbände bilden den ältesten Komplex, die als Kernfluren einer perennierenden Siedlung (Bennigsen) und von drei temporären Wüstungsfluren zu deuten sind, während die zu den letzteren gehörigen totalen Ortswüstungen in einem Konzentrationsprozeß in der perennierenden Siedlung aufgingen. Voraussichtlich hochmittelalterliche Erweiterungen der Kernfluren führten zu schmalen Kurzstreifen-Gemengeverbänden, vielleicht auch zu den Großblöcken des Gutes im Osten der Ortschaft. Schematische Blöcke und Streifen umfassen randlich als junge Erweiterungen die älter erschlossenen Bereiche, so daß – außer der Allmende – vier unterschiedliche Aufteilungsprinzipien herausgeschält werden können. Die Verknüpfung von Großblöcken mit Kleinblock-Einödverbänden trifft man z. B. verschiedentlich in Schleswig-Holstein an, wo z. B. in Schwansen um das Jahr 1800 auf freiwilliger Basis ein Teil des Gutslandes parzelliert wurde und damit die Verbindung von restlichem Großblock und Einzelhöfen mit geschlossenem Besitz zustande kam (Bonsen, 1966, S. 226 ff.). Eine Kombination von Großblökken mit planmäßigen Streifen-Gemengeverbänden im deutschen Osten konnte sich lediglich dort einstellen, wo sich neben dem in der Wüstungsperiode und dem Dreißigjährigen Krieg entstandenen Gutsbesitz Bauern zu halten vermochten, wenngleich die Tendenz meist dahinging, Guts- und Bauernland zu trennen und zumindest die im Hochmittelalter geschaffene Gliederung verschwand (Krenzlin, 1972, S. 86). Die Vergesellschaftung von Streifen-Einödverbänden mit Großblökken dürfte in Deutschland selten sein, weil das Hauptverbreitungsgebiet der Streifen-Einödverbände in den ostdeutschen Gebirgen liegt und bei stärkerem Relief eine Ausdehnung der Gutsländereien nicht erstrebenswert war. Im nördlichen Karpatenvorland hingegen, wo eine solche Kombination hinsichtlich der Oberflächengestalt möglich gewesen wäre, war früher der Gutsbesitz und heute die daraus hervorgegangenen staatlichen Großbetriebe in so geringem Ausmaß vorhanden, daß Großblöcke nur selten in Verbindung mit den längsgeteilten einstigen Streifen-Einödverbänden zu finden sein werden. Allerdings verknüpfen sich in Mexiko die Großblöcke restlicher Haciendas mit den Ejido-Streifenparzellen.

2. *Kombination von Streifen-Gemengeverbänden* und *Kleinblock-Einödverbänden* bzw. *Block-Gemengeverbänden.* Diese Vergesellschaftung deutet einerseits auf soziale Differenzierungen innerhalb einer Siedlung hin, und ebenso zeichnen sich unterschiedliche Erschließungsvorgänge innerhalb einer Gemarkung darin ab.

Für das nordwestdeutsche Diluvialland einschließlich der benachbarten niederländischen Geest ist charakteristisch, daß hier zunächst die hofanschließenden frühmittelalterlichen Worthäcker angelegt wurden, bis es in der weiteren Entwicklung zur Ausbildung der schmalen überlangen isolierten Streifen-Gemengeverbände kam und beides im wesentlichen im Besitz der Altbauern blieb. Erst seit der frühen Neuzeit erhielten die Kötter bei individueller Erschließung der Allmende Land in Form von Kleinblockeinöden, die sich auf Grund des Anerbenrechtes zu erhalten vermochten. Ob die Worthäcker den amorphen und später geteilten Kleinblöcken der Bretagne und die isolierten Streifen-Gemengeverbände, die mit oder ohne Anknüpfung an diese in ihrer zeitlichen Stellung denen Nordwestdeutschlands in etwa entsprechen, ist noch nicht ganz klar. Immerhin fand ein Wechsel von individueller zu kollektiver Erschließung bzw. umgekehrt statt.

Anders liegen die Verhältnisse im niederbayerischen Gäu, wo die Kombination von Kleinblock-Gemengeverbänden und Kurzstreifen-Gemengeverbänden auftritt, wobei sich erstere meist aus Kleinblock-Einödfluren entwickelten und in Siedlungen der Landnahmezeit die älteren Anlagen darstellen. Die Kurzstreifen-Gemengeverbände entwickelten sich erst seit dem Ende des 18. und beginnenden 19. Jh., als einerseits Hofzertrümmerungen einsetzten und Kleinblöcke eine sekundäre Streifengliederung erhielten und andererseits ausgedehnte Allmenden in schematische Kurzstreifen am Rande der Gemarkungen aufgeteilt wurden (Drescher, 1957). Auf ähnliche Vorgänge wies Weber (1965) für einen Teil der Siedlungen im Albvorland von Nürnberg hin, wobei diese späterer Entstehung sind, bei manchen aber noch mehr Elemente in die Flurgliederung eingehen. Mitunter erhielten sich geschlossene Kleinblockeinöden, derart, daß selbst die Verbindung zum entsprechenden Hof noch nicht gelöst war oder dieser relativ spät in die Siedlung einbezogen wurde. Bei starker grundherrlicher Lenkung im Ausbau der Flur konnte es ebenfalls dazu kommen, daß von der Grundherrschaft im Hochmittelalter zur Rodung angesetzte Bauern ihr Land in Langstreifen-Gemengeverbänden erhielten.

Einen weiteren Fall dieser Verknüpfung von Streifen- und Kleinblock-Gemengeverbänden begegnet im ostdeutschen Kolonisationsland, auch hier zeitlich verschiedene Besiedlungsvorgänge anzeigend. Es handelt sich um Fluren, bei denen ein Teil durch Blöcke und Streifen bzw. Kleinblock-Gemengeverbände der ursprünglich slawischen Siedlung gekennzeichnet ist, während der andere Teil überwiegend durch gleichlaufende schmale Langstreifen-Gemengeverbände gegliedert ist, den Abschnitt darstellend, der durch Umsetzung oder Rodung neuer Flächen während der Kolonisation hinzukam.

3. Kombination von *Kleinblock-Einöd-* und *Kleinblock-Gemengeverbänden.* Nitz (1962, S. 45 ff. und Abb. 5) fand im Buntsandstein-Odenwald eine kleine, aus dem Hochmittelalter stammende Siedlung (Brombach), bei der sich die Siedler zunächst Kleinblockeinöden schufen. Bei Zuzug neuer Kolonisten stellte sich durch Rodung im Allmendwald ein Gemenge von Kleinblöcken ein.

4. Kombination von kurzen *Streifen-Einödverbänden* mit *Kleinblock-Gemengeverbänden.* Zumeist dort, wo in Altdeutschland Streifen-Einödverbände mit Hofanschluß als planmäßige Rodungsflur gewählt wurden, waren diese relativ kurz, ausgestattet mit einer Fläche von 3-6 ha und zusätzlichen Allmenden. Genügte die so geschaffene landwirtschaftliche Nutzfläche nicht mehr und ließ der grundherrliche Einfluß nach, dann erweiterten die Bauern individuell das Ackerland, wodurch sich Kleinblock-Gemengeverbände einstellten, was sich im westlichen Odenwald, in der nordwestlichen Eifel, im Niederrheingebiet, Klei-Münsterland, Delbrücker Land und in Schaumburg-Lippe zeigt (Zusammenstellung bei Nitz, 1962, S. 99), wobei die Entstehung der kurzen Streifeneinöden nicht auf das frühe Mittelalter beschränkt blieb, sondern auch noch im Hochmittelalter vorkommen konnte.

5. Kombination von etwas veränderten *langen Streifen-Einödverbänden* und *kreuzlaufenden schmalen Kurzstreifen-Gemengeverbänden.* Bei dieser von Born

(1970, S. 19) gefundenen Verknüpfung wurde die sonst in Hessen wenig vorkommende Form der langen Streifen-Einödverbände bereits behandelt (Wipperode). Die benachbarte Flur von Brausdorf fiel temporär wüst und wurde von Bauern aus Wipperode weiter bewirtschaftet, doch derart, daß man zumindest seit dem Dreißigjährigen Krieg in diesem Abschnitt zur Realteilung überging mit stillschweigender Duldung des Landesherrn. Auf diese Weise setzte eine derartige Zersplitterung ein, daß innerhalb eines Jahrhunderts sich kreuzlaufende schmale Kurzstreifen-Gemengeverbände ausbildeten.

Zusammenfassung. Auf Sippensiedlungen, bei denen Wert auf gerechte Verteilung des Landes unter die Kleinfamilien gelegt wurde und sich dafür Streifen-Gemengeverbände am besten eigneten, braucht kaum eingegangen zu werden.

Ebenso erübrigt es sich, noch einmal die verschiedene Ausgestaltung von Umteilungsfluren zu berühren.

Wohl aber sollten kurz noch die Veränderungen der Flurformen unter dem Einfluß von Erbrecht und Feldsystemen zusammengefaßt werden, zumal die verursachenden Elemente selbst zeitlichen Wandlungen unterlagen.

Setzte sich das Anerbenrecht wahrscheinlich im Hochmittelalter durch und blieb im wesentlichen bis zum 18. Jh. bzw. bis zur Gegenwart erhalten, dann können sich von dieser Seite her keine Veränderungen innerhalb der Flur vollziehen, was zunächst für Nordwestdeutschland gilt. Mag sich das Einfeldsystem westlich der Weser gleichzeitig mit der Ausbildung der isolierten langen bis überlangen und schmalen Streifen-Gemengeverbände eingestellt haben, so trat darin bis zum 18. Jh. kein Wandel ein, was sich in der Konstanz der isolierten Langstreifenverbände äußerte, die allerdings nicht die gesamte Flur erfüllten. Sonst ist man zwar in manchen Gebieten über die Feldsysteme des 18./19. Jh.s unterrichtet, so daß z. B. in den Börden von Braunschweig und Hannover sowie in den günstigen Becken- und Tallandschaften des Leine- und Weserberglandes das Dreizelgen-Brachsystem herrschte, in der Hellwegbörde dagegen Mehrfelderwirtschaften. Aber es fehlen Belege über den jeweiligen zeitlichen Ansatz, abgesehen davon, daß sich sowohl auf den überlangen gleichlaufenden Streifen-Gemengeverbänden der karolingischen Staatskolonisation als auch auf denjenigen Fluren, die mit einem Kern von überlangen Streifen-Gemengeverbänden und randlichen Kurzstreifen-Gemengeverbänden ausgestattet waren, beide Systeme einrichten ließen.

Leider geht Emmerich (1968, S. 250) von den Erbsitten im Jahre 1925 aus und betrachtet auch nicht die Feldsysteme der Vergangenheit, so daß sich für Thüringen der Wandel der Flurformen unter dem Einfluß von Erbsitten und Feldsystemen kaum beurteilen läßt. – In Altbayern erhielt sich weitgehend das Anerbenrecht, was zur Folge hatte, daß die Ausbildung von Streifen-Gemengeverbänden zurückblieb und vornehmlich am Ende des 18. und im beginnenden 19. Jh. gerodete Allmendflächen erst diese Form erhielten. Wann sich im Dungau das Dreizelgen-Brachsystem durchsetzte, ist unbekannt, aber zumindest war es vereinbar mit der dort vorhandenen Kleinblock-Gemengeflur ebenso wie es bei den Weilern des tertiären Hügellandes der Fall war, während die zahlreichen Einzelhöfe mit Einödflur mehr eine Dreifelderfolge ausübten ohne klare Grenzen zwischen Winterung, Sommerung und Brache.

Da sich in Ostdeutschland weitgehend das Anerbenrecht durchsetzte, blieben die Veränderungen der einmal geschaffenen Flurformen gering und traten lediglich dann auf, wenn man das Dreizelgen-Brachsystem auf Bereiche ausgedehnt hatte, die sich hinsichtlich der Bodenverhältnisse für ein Vorwiegen des Getreidebaus nicht mehr eigneten. Allerdings fand das Dreizelgen-Brachsystem nicht allein in den Bereichen der planmäßigen Streifen-Gemengeverbände Eingang, sondern auch bei den Streifen-Einödverbänden, sofern diese noch außerhalb der Gebirge bzw. in den unteren Teilen der Täler sich befanden. Allmendflächen wurden hier nicht ausgewiesen, Viehtriften, die breiter als Feldwege waren, durchzogen die Flur, und senkrecht zu den Streifeneinöden, d. h. parallel zu den Isohypsen, verlief eine Einteilung, die Vorder-, Mittel- und Hinterfeld voneinander schieden (Bernard, 1931, S. 12), so daß kaum ein Zweifel an der Verwendung des Dreizelgen-Brachsystems bestehen kann.

Anders liegen die Verhältnisse, wo sich seit dem Hochmittelalter die Realteilung ausbildete, wobei allerdings bevorzugte Höfe den Güterschluß beibehalten konnten. Hier gibt es Gebiete, wo nicht allein das Dreizelgen-Brachsystem sicher seit dem Hochmittelalter allgemein üblich wurde, sondern mehrere Feldsysteme nebeneinander bestanden bzw. ein Wandel im zeitlichen Ablauf einsetzte. Die detaillierten Angaben von Schröder-Lembke (1957) für das Rhein-Maingebiet, die die Entwicklung der Feldsysteme vom ausgehenden Mittelalter bis zum 18./19. Jh. einbezog, lassen keine Rückschlüsse hinsichtlich des Einwirkens auf die Flurformen zu, was schon deshalb schwierig sein dürfte, weil Ausbildung der Realteilung und eines Zelgensystems zeitlich so eng beieinander liegen, daß eine quellenmäßige Erschließung kaum noch möglich sein wird. Nicht anders steht es für das Oberrheingebiet, für dessen südlichen Abschnitt auf deutscher Seite Ott (1970, S. 65 ff.) im ausgehenden Mittelalter die Feldsysteme bestimmte und neben vorherrschendem Dreizelgen-Brachsystem Zweifelderwirtschaften mit und ohne Brache ebenso wie freie Bewirtschaftung (Mehrfeldersysteme) fand. Die Existenz des Zweizelgen-Brachsystems begründete er mit geographischen Gegebenheiten, d. h. mit einer zu kleinen Fläche, die drei Zelgen nicht zuließ. Das mag für die von ihm ausführlich behandelten Gemarkungen zutreffen, dürfte aber für andere keine Gültigkeit besitzen. Einstweilen bleiben die Ursachen für das Nebeneinander bzw. die Verteilung unterschiedlicher Feldsysteme unklar. Die von Ott (1970, S. 8 ff.) mit Hilfe der rückschreibenden Methode bearbeiteten Fluren (abgesehen vielleicht von Sitzenkirch), in denen sich das Dreizelgen-Brachsystem vom ausgehenden Mittelalter bis zum 18./19. Jh. erhielt, zeigen neben kreuzlaufenden Kurzstreifen-Gemengeverbänden größere und kleinere Blöcke, wobei das Verhältnis beider Aufteilungsprinzipien unterschiedlich ist und sich von dem Grad der Parzellierung ehemaliger Großblöcke, die zu Höfen mit Güterschluß gehörten, abhängig erweist. Daneben aber gibt es in der Altsiedellandschaft des östlichen Oberrheingebietes Siedlungen, in denen kein bevorzugter Hof existierte bzw. so früh aufgesplittert wurde, daß er quellenmäßig nicht mehr zu erfassen ist. Fast die gesamte Flur ist dann mit kreuzlaufenden schmalen Kurzstreifen-Gemengeverbänden erfüllt mit Ausnahme jener Teile, die erst im 18. Jh. aus Allmende in Privatbesitz überführt wurden (Koziel, 1978). Schließlich sei noch auf den südlichen Schwarzwald verwiesen, wo sich Realteilung durchsetzte und im „zahmen Feld" winzige Streifenverbände in Feldgraswirtschaft bewirtschaftet wurden, die ausgedehnten Allmenden mit Talweiden, Gemeindewald und Hochweiden zur Existenzsicherung beitrugen. Auf diese Weise trägt in erster Linie das Erbrecht zur Veränderung der Flurformen bei. Das gilt z. B. auch für das östliche Schwaben, wo bis zum Spätmittelalter Realteilung geübt und nach der Wüstungsperiode für die Hufengüter Anerbenrecht durchgesetzt wurde, was darin zur Auswirkung kam, daß die Streifen innerhalb der Streifen-Gemengeverbände etwas breiter ausfielen als es sonst in Württemberg üblich war; doch war die Gemengelage des Besitzes bereits so weit fortgeschritten, daß es einer Änderung des Feldsystems nicht bedurfte.

Dort, wo gleichlaufende überlange Streifen-Gemengeverbände während der merowingischen Staatskolonisation oder in etwa entsprechende Formen während der hochmittelalterlichen Rodung ausgebildet wurden, bot die Einrichtung eines Zelgensystems keine Schwierigkeiten, weil die Zelgengrenzen senkrecht zu den Parzellengrenzen gelegt wurden. Auch bei Breitstreifenfluren konnte dieses Prinzip Anwendung finden, wie es Hildebrandt (1974, S. 141) für einige Gemeinden der südöstlichen Rhön beschrieb und Glaesser (1973, S. 81 und Karte 3) für den relativ ebenen Teil der Flur von Nassach (Hassberge) darlegte. Es stellt das nichts anderes dar als die Zelgengliederung der ostdeutschen Streifen-Einödverbände. Allerdings konnte das nur bei besonderer topographischer Begünstigung gelingen. Eine interessante, wenngleich nicht häufig vorkommende Lösung des Problems, Flurform und Feldsystem aufeinander abzustimmen, legte Nitz (1962, S. 131 ff. und Karte 32) an Hand von Mainbullau im östlichen Buntsandstein-Odenwald vor, indem die ursprüngliche Anlage aus drei Breitstreifen-Gemengeverbänden bestand, von denen jede eine geschlossene Zelge aufnahm.

Im nördlichen Hessen galt bis zum ausgehenden Mittelalter das Anerbenrecht, bis sich dann teilweise die Realteilung durchsetzte. Ebenso waren hier im Hochmittelalter in günstigeren Tälern und Becken Dreifelderfolgen üblich, und die Entwicklung zum Dreizelgen-Brachsystem vollzog sich vornehmlich vom 16.-18. Jh. Infolgedessen läßt sich hier die Beziehung Flurform, Erbrecht und Feldsystem besonders gut beurteilen. Falls Breitstreifen-Gemengeverbände die Altform abgaben, handelte es sich in der Regel um zwei solcher Verbände, bei denen die genügende Gemengelage des Besitzes nicht gegeben war. Man schlug dann verschiedene Wege ein, um zu einer gerechten Verteilung des Besitzes innerhalb der Zelgen zu kommen. Entweder bot sich die Möglichkeit, zum Innenfeld-Außenfeld-System überzugehen, wo durch Landaustausch innerhalb des Innenfeldes eine einigermaßen gleichmäßige Verteilung des Besitzes zustande kam, wie es am Beispiel von Betzenrod dargelegt wurde (Abb. 79), oder man tat dasselbe in stärkerem Maße innerhalb der gesamten Flur, wobei sich einzelne Bauern mit benachbarten Parzellen zusammentaten und ihr Land in Kleinzelgen bewirtschafteten, bis schließlich weitere Teilungen die Voraussetzungen für Großzelgen schufen, wobei es relativ gleichgültig ist, ob es dabei zu Kleinblock- oder Kurzstreifen-Gemengeverbänden kam.

Im Rahmen von Kleinblock-Einödverbänden trifft man das Dreizelgen-Brachsystem kaum an, wohl aber nicht deswegen, weil sich die Flurform dafür nicht eignet, sondern die Ursache dafür ist mehr darin zu sehen, daß entweder die physischen Verhältnisse dafür wenig geeignet sind wie auf den Feuchtböden in der Umgebung der Geestinseln oder in den höheren Teilen der Gebirge, wo man dann auf die Feldgraswirtschaft zurückgriff oder daß das individuelle Vorgehen der Bauern mit einer Dreifelderfolge vorliebnahm, selbst wenn die Möglichkeit des zelgengebundenen Systems bestanden hätte, wie es für das bayerische Tertiärhügelland zutreffen dürfte.

V. Die zwischen Land und Stadt stehenden Siedlungen (nicht-ländliche, teilweise stadtähnliche Siedlungen)

Haben wir bisher die „ländlichen Siedlungen im eigentlichen Sinne" behandelt, so gilt es nun, all jene Typen zu betrachten, die nicht mehr als ausgesprochen ländliche Siedlungen in Anspruch genommen werden können, denen aber noch nicht der Charakter von Städten zukommt (Kap. VII. A.). Dieser Übergangsstellung entsprechend, zeigen solche Siedlungen eine sehr unterschiedliche wirtschaftliche und soziale Struktur, und auch die Aufgaben, die sie innerhalb eines Ganzen zu erfüllen haben, sind von unterschiedlicher Art. Mehr oder minder breit ist die landwirtschaftliche Basis entwickelt die noch einen beachtlichen Faktor darstellt, aber auch schon völlig verschwunden sein kann. Deshalb gelten die für die ländlichen Siedlungen festgestellten Beziehungen zwischen Wirtschaftsfläche und Wohnplatz (nicht mehr unbedingt und müssen von Fall zu Fall geprüft werden. In der Regel läßt sich bei den nun zu kennzeichnenden Siedlungen in irgendeiner Form eine gewisse Einseitigkeit erkennen, die eine Typisierung erleichtert. Daß eine solche Differenzierung der Siedlungen in der autarken Primitivwirtschaft überhaupt nicht vorhanden ist, im Rahmen der semi-autarken Sippen- und Stammeswirtschaft in geringem Maße ausgebildet erscheint und erst in der anautarken Wirtschaftskultur zu vollständiger Entwicklung gelangt, darauf sei noch einmal kurz verwiesen. Wir gehen dabei von den Siedlungen aus, die noch dem vorindustriellen Zeitalter entstammen, um dann zu denjenigen überzuleiten, die mit der modernen Wirtschaftskultur zusammenhängen.

A. Gewerbe- und Industriesiedlungen der anautarken Wirtschaftskultur vor dem Einsetzen der Industrialisierung

Besondere Siedlungen entwickeln sich jeweils dort, wo der Lebensunterhalt vornehmlich aus der gewerblichen bzw. industriellen Tätigkeit unter Einschaltung des Handels gewonnen wird, was in der Regel erst im Rahmen der anautarken Wirtschaftskultur von größerem Belang ist. Sofern solche Siedlungen nicht als Städte zu werten sind, werden sie durch die Einseitigkeit ihrer wirtschaftlichen Ausrichtung gekennzeichnet, mochte es sich um den Abbau von Bodenschätzen und deren unmittelbare Verarbeitung handeln, um die Nutzung des Waldes oder die Gewinnung von Meeresreichtümern und deren Konservierung, oder es bildete sich eine gewerblich-industrielle Tätigkeit aus, bei der der Verarbeitungsprozeß im Vordergrund stand. Das bedeutet einerseits, daß die unmittelbar in Anspruch genommene Wirtschaftsfläche, die diesen Siedlungen als Gemarkung zugeordnet ist, gegenüber den ländlichen Siedlungen im eigentlichen Sinne klein wird und das Verhältnis von Wirtschaftsfläche zu bebauter Fläche zunimmt. Dies heißt andererseits, daß vielfach Grundstoffe, die nicht der eigenen Wirtschaftsfläche entstammen, in Anspruch genommen werden müssen, um verarbeitet zu werden, so daß damit die unmittelbare Verknüpfung von Wohnplatz und Wirtschaftsfläche gelokkert erscheint. Jedoch war vor der Industrie- und Verkehrswirtschaft des 19. Jh.s vielfach noch eine Verbindung zur Landwirtschaft gegeben, und die geringe Entwicklung der Verkehrswege und Verkehrsmittel trug dazu bei, daß die Entfernung zwischen Rohstoffgewinnung und Verarbeitungsstätte nicht übermäßig groß sein konnte. Innerhalb eines umfangreicheren Gebietes zeigt sich deshalb bis zu einem gewissen Grade Rohstofforientierung des Gewerbes, dessen genaue topographische Lokalisierung dann durch andere Faktoren bestimmt sein kann. Die wichtigsten dieser gewerblichen Siedlungen vor Einsetzen der Industrialisierung gilt es nun zu behandeln, wobei wir aus naheliegenden Gründen vor allem europäische Beispiele heranziehen und nur gelegentlich auf die Verhältnisse in andern Räumen eingehen.

1. Bergbau-, Hütten- und Hammersiedlungen

Gewinnung von Steinen und Erden sowie Erzen als Grundlage der Lebensexistenz haben schon früh eine Rolle gespielt. Die Bezeichnung der urgeschichtlichen Perioden (Steinzeit, Bronzezeit, Eisenzeit) deutet darauf hin, daß jedem dieser Zeitabschnitte eine jeweils besondere Art von Bodenschätzen zugeordnet werden kann, die – wie Ausgrabungen gelehrt haben – in besonderen Siedlungen gewonnen und verarbeitet wurden. Die Bewertung der verschiedenen Bodenschätze hinsichtlich ihrer wirtschaftlichen Brauchbarkeit hing von dem technischen Vermögen für ihre Gewinnung und Verarbeitung ab. So spielte in der Bronzezeit der Abbau von Kupfer und Zinn eine wichtige Rolle, und den Eisenminen kam in der Eisenzeit besondere Bedeutung zu, während die Gewinnung von Edelmetallen zunächst zurückstand und erst mit der Entwicklung des Geldwesens in den Kulturländern von ausschlaggebender Wichtigkeit wurde. Auf diese Weise ist die verschiedene Bewertung der Bodenschätze ein entscheidender Faktor dafür, ob eine intensivere Ausbeutung des einen oder anderen Objektes vorgenommen wurde oder nicht, d. h. ob es zu besonderen Bergbausiedlungen kam oder ob dies nicht der Fall war. Für die vorindustrielle Zeit handelt es sich vor allem um den Abbau von Erzen und Salz, und hinsichtlich der Erze traf die Wahl in erster Linie auf Edelmetalle und Eisen. Die Bergbausiedlungen jeglicher Art sind unmittelbar an die Lagerstätten gebunden. Dadurch wird ihre geographische *Lage* bestimmt, während ihre topographische Lage der jeweiligen Oberflächengestalt angepaßt ist. Das aber hat eine wesentliche Konsequenz hinsichtlich der *Bedeutung* dieses Siedlungstyps: auszubeutende Bodenschätze finden sich nicht überall, sondern sind an bestimmte geologische Bedingungen gebunden. Als Gang- und Alluviallagerstätten treten Erze vor allem in kristallinem Material auf, d. h. großräumig gesehen, in den Gebirgen und alten Massen der Erdoberfläche. Diese aber befinden sich zum Teil in den Grenzräumen der Ökumene. Sofern es hier vor allem um die Gewinnung von Gold, des wertvollsten Erzes, ging, griff man mit Bergbausiedlungen in die Anökumene vor, um nach Erschöpfung der Lagerstätten diese wieder aufzugeben. Für die Hochgebirge, die Wüsten und subpolaren Bereiche sind solche dem Verfall preisgegebenen oder schon nicht mehr kenntlichen, einst auf der Ausbeutung von Goldlagerstätten beruhenden Siedlungen eine charakteristische Erscheinung. Unter weniger extremen Voraussetzungen aber wurde die Gewinnung von Gold zum Pionier der Besiedlung noch unerschlossener Räume; Bergbausiedlungen, die teilweise wieder verschwanden, zogen auf Grund des Bevölkerungszustromes ländliche Siedlungen nach sich. Es erübrigt sich darauf einzugehen, welch außerordentlich große Bedeutung Goldvorkommen für die Besiedlung Amerikas, Südafrikas oder Australiens gehabt haben. Auch in den europäischen Gebirgen war der Bergbau vielfach der Wegbereiter der Besiedlung; die besondere Höhenlage noch vorhandener oder einstiger Bergbausiedlungen weisen auf diesen Sachverhalt hin, und häufig geben auch die Ortsnamen darüber Aufschluß (z. B. Goldberg, Silberberg, Kupferberg usw.).

Vor dem Einsetzen der Industrialisierung und Technisierung waren nur bestimmte Lagerstätten erschließbar. Diese umfassen einerseits Alluviallagerstätten, die entweder durch das Waschverfahren nutzbar gemacht werden können (vor allem bei Gold und Zinn) oder durch Aufgraben auszubeuten sind (Raseneisenerz), und andererseits an der Oberfläche ausstreichende oder nicht allzu tief liegende Linsen, Gänge usw., denen man im Tagebau oder durch Anlage von Stollen Erz zu entnehmen vermag. Siedlungsgeographisch wirkt sich dieser Unterschied maßgebend aus.

Bei den *Alluviallagerstätten,* die in erster Linie für die Goldgewinnung eine Rolle spielen, ist meist ein häufiger Ortswechsel notwendig, um die in Schottern weit verteilten Goldkörnchen erfassen zu können; jeder einzelne vermag sein Glück zu versuchen, ohne daß es einer irgendwie gearteten Organisation bedarf. Infolgedessen verbindet sich mit dem Goldwaschen häufig temporäre Siedlungsart, die in den winterkalten Gebieten, wo sich das Waschen im Winter verbietet, Saisoncharakter erhält. Die Gold-Rush-Perioden in den kolonialen Erdteilen, wo man das Zelt mit sich führte oder primitive Hütten errichtete, liefern genügend Beweise hierfür, und auch heute ist der Typ des unsteten Goldsuchers noch nicht völlig verschwunden. Ähnliche Verhältnisse treffen wir in Indonesien und Malaysia, wo insbesondere Chinesen die Zinnwäscherei ausüben (Helbig, 1940; Ooi Jin-Bee, 1955). Wesentliche Nachwirkungen jedoch zeitigt dieser Typ der Bergbausiedlungen nicht, es sei denn, daß dadurch eine ländliche Besiedlung in die Wege geleitet wird. In den Orts- und Flurnamen kann unter diesen Umständen dann die Periode des Bergbaus ihren Niederschlag finden. So stellen im Mährischen Gesenke Orts- und Flurnamen in der Zusammensetzung mit „gold“ oder „seifen“ das wichtigste Zeugnis für den mittelalterlichen alluvialen Goldbergbau dar; kein anderes Erz, weder Silber und Kupfer noch Eisen, übte in diesem Gebiet auf die Namengebung so starken Einfluß aus wie das Gold (Schwarz, 1949, S. 98 ff.).

Sobald der Bergbau an Erzlager, Erzgänge usw. anknüpft, bedarf es zumeist einer stärkeren Organisation und eines größeren technischen Vermögens, um die Gewinnung nach der Teufe ausdehnen zu können. So wurden im mittelalterlichen Deutschland die Bergleute zu einem besonders geachteten Stand, und für den Bergbau entwickelte sich hier ein besonderes Recht, das den Bergbau der grundherrlichen Abhängigkeit entzog und den Bergleuten die „Bergfreiheiten“ gab. Seit etwa der Mitte des 13. Jahrhunderts ist diese Rechtsform voll ausgebildet, die den Bergleuten freien Markt und freie Weide für das Vieh zusicherte ebenso wie

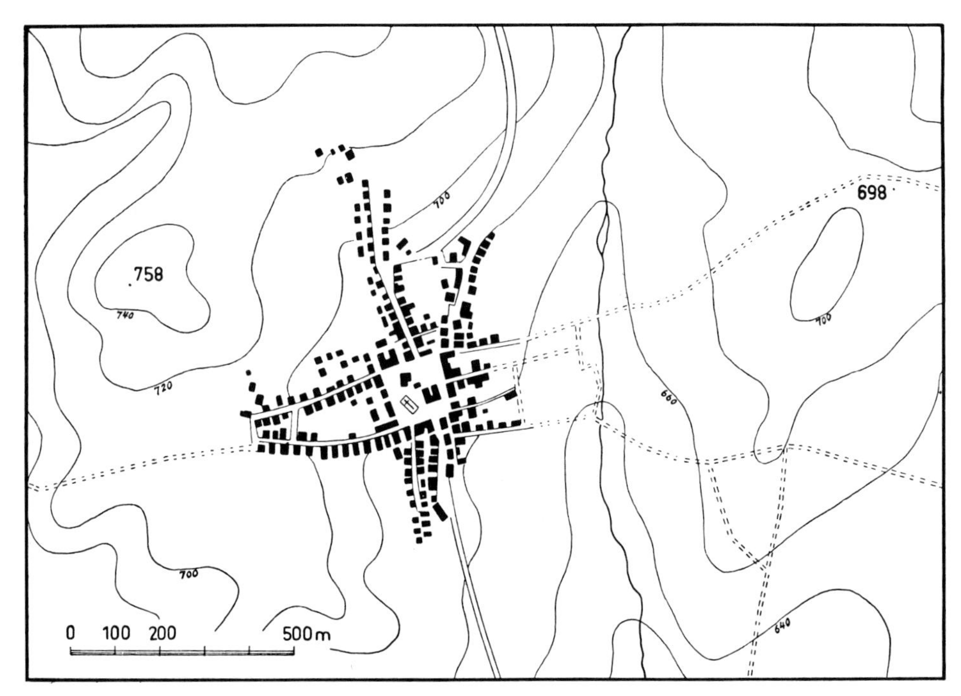

Abb. 80 Planmäßige Marktanlage der ehemaligen „Bergbaustadt" Engelsberg im Mährischen Gesenke, die nach Verfall des Bergbaus in ihrer sozialen und wirtschaftlichen Struktur eine ausgesprochene Notstandslage zeigte (bis zum 2. Weltkrieg).

Abgabefreiheit, Freizügigkeit, gerichtliche Sonderstellung u. a. m. (Weizsäcker, 1933, S. 372). Diese Berechtigungen erinnern an das deutsche Stadtrecht, und so ist es nicht von ungefähr, daß die hochmittelalterlichen und nachmittelalterlichen Bergbausiedlungen vielfach *städtische Gestaltung* annahmen, ja direkt Stadtrecht erhielten und sich mitunter auch zu wirklichen Städten entwickelten (z. B. Goslar, Freiberg, Kuttenberg). Ob es sich um regellose Anlagen handelt, aus der Willkür des Zusammensiedelns der Bergleute entstanden, wie es z. B. vielfach im Erzgebirge der Fall ist (Voppel, 1941), oder ob Straßennetz und Hausgrundstücke von vornherein vermessen wurden, wie es sich häufig in den Sudeten oder Karpaten zeigt (Abb. 80), immer heben sich diese Ortschaften durch ihre dichte Bebauung gegenüber den benachbarten ländlichen Siedlungen ab, sofern nur der Bergbau ertragreich genug war.

Offenbar ist die Tendenz zu städtischer Gestaltung der Bergbausiedlungen aber auch von der jeweiligen Bewertung der Bodenschätze abhängig. So konnte für das Mährische Gesenke nachgewiesen werden, daß insbesondere beim Abbau von Gold und Silber „Bergbaustädte" gegründet wurden, während dies bei der Gewinnung von Eisen in wesentlich geringerem Maße der Fall war. Auch für andere Gebiete (z. B. Oberharz; Jäger, 1972) gilt, daß die Ausbeutung von Edelmetallen, selteneren Erzen oder Salz zu städtischen Siedlungen führte, die von Eisen jedoch, die vielfach von der bäuerlichen Bevölkerung aufgenommen wurde (z. B. Siegerland, Bergisches Land, Bergslagen in Mittelschweden usw.), lediglich soziale

Wandlungen von ländlichen Siedlungen hervorbrachte (Ritter, 1965; Düsterloh, 1967).

Selbstverständlich äußert sich das Vorwalten des Bergbaus auch in der den Bergbausiedlungen zugeordneten *Flur*. Sie ist in den nur auf der Grundlage des Bergbaus entstandenen Siedlungen in der Regel relativ klein; haben wir es mit umfangreichen Gemarkungen zu tun, dann zeigt sich zumeist, daß sie erhebliche Waldflächen enthalten, die nicht unbedingt zur Siedlung selbst gehören. Wie auch die Flurform geartet sein mag, immer sind die Besitzgrößen gering, darauf verweisend, daß die Existenzbasis nicht allein auf der Landwirtschaft beruht; immerhin aber ist zumeist eine Feldflur vorhanden.

Da der Bergbau auf Edelmetalle in großen Teilen Europas nach der Entdeckung Amerikas und der Erschließung der dort in weit größerem Ausmaß zur Verfügung stehenden Lagerstätten meist aufgegeben werden mußte und auch ein erheblicher Teil der andern Erze unter den neuen wirtschaftlichen Bedingungen des Industriezeitalters nicht mehr abbauwürdig war, mußten sich die im Hochmittelalter und in der frühen Neuzeit entstandenen Bergbausiedlungen andere Hilfsquellen zu eröffnen versuchen, falls sie, wenn zu abgelegen, nicht überhaupt eingingen. Meist aber entsprach die neue wirtschaftliche Basis nicht der Stärke der alten, so daß sich deutliche Verkümmerungserscheinungen herausstellten. Waren die Bergbausiedlungen zu wirklichen Städten geworden, dann trat eine Verengung ihres wirtschaftlichen Einflußgebietes ein (z. B. Lüneburg, Goslar, Kuttenberg), und niemals mehr wurde jener Reichtum an Bauwerken erzielt, wie er für die Blüteperiode des Bergbaus kennzeichnend war. Kleinere Städte sanken zu Zwergstädten herab, denen zwar noch städtische Gestaltung in Grund- und Aufriß zu eigen ist, aber deren wirtschaftliche und soziale Struktur nicht mehr städtisch bestimmt erscheinen und die nicht mehr als Mittelpunkte ihrer Umgebung zu betrachten sind. Vielfach fand man in der Heimindustrie eine neue Basis. Besonders starke Abwanderung, Suchen nach Arbeitsgelegenheit in andern, durch Verkehr und Industrie begünstigteren Orten und daher Pendelwanderung (Auspendler) u. a. m. kennzeichnen vielfach die Kümmerstruktur früherer Bergbaugemeinden.

Neben der Gewinnung von Salz und Erz führte vor allem die Verhüttung der Erze zu besonderen Siedlungen. Für das Schmelzen der Erze wird zunächst Brennstoff benötigt, der in der vorindustriellen Zeit durch Holzkohle gegeben war. Damit ist der eine der Standortsfaktoren der Hütten und *Hüttensiedlungen* bestimmt, die an waldreiche Gegenden gebunden waren, da sich ein Transport von Holzkohle über größere Entfernungen verbot. Solange die Verhüttung in primitiver Form lediglich mittels einfacher Schmelzöfen stattfand, konnte dies am Ort des Bergbaus selbst durchgeführt werden. Sobald sich aber der Blasebalg als künstliche Kraftquelle durchsetzte und vor allem, seitdem dieser durch Wasserkraft angetrieben wurde – eine Erfindung, die erst im Hochmittelalter in den west- und mitteleuropäischen Bergbaugebieten gelang –, bildeten die Täler mit genügender Wasserkraft als zweiter wichtiger Standortsfaktor die bevorzugten Ansatzpunkte der Erzhütten.

Auf diese Weise ist die *Lage* der Bergbau- und Hüttensiedlungen in vorindustrieller Zeit einerseits ähnlich geartet: der Transportschwierigkeiten wegen ohnehin in nicht allzu großer Entfernung voneinander gelegen, befinden sie sich beide zumeist in solchen Bereichen, die landwirtschaftlich nur in beschränktem Maße nutzbar sind und zugleich nur selten die Voraussetzungen zur Aufnahme der modernen Industrie erfüllten. Andererseits aber zeigen sich hinsichtlich der jeweiligen topographischen Lage Unterschiede insofern, als die Bergbausiedlungen an die Nähe der Erzgewinnungsstätten geknüpft sind, während die Hüttensiedlungen der Nutzung der Wasserkraft wegen an die Täler gebunden erscheinen. Mit dem fast völligen Verschwinden des Abbaus von Edelmetallen seit dem Entdeckungszeitalter kam dem Eisenbergbau und damit den Eisenhütten immer größere Bedeutung zu. Die Herstellung von Roheisen zog vielfach die von Schmiedeeisen in den *Hammerwerken* nach sich; ihre Lage entspricht durchaus der der Hütten, indem die Hämmer durch Wasserkraft angetrieben wurden und auch sie Holzkohle benötigten. Vielfach lassen sich die Hütten- und Hammersiedlungen der vorindustriellen Zeit, auch wenn die Betriebe der Industrialisierung erlagen, an ihren *Ortsnamen* erkennen; die Grundworte „hütte" und „hammer" wurden vielfach verwandt, ob bei den Hüttensiedlungen in Bergslagen (Mittelschweden), in den deutschen Mittelgebirgen oder im oberschlesischen Waldland, um nur einige Beispiele zu nennen. Auch die Appalachen, wo Werden und Vergehen der Eisenhütten bzw. deren Überführung zu industriellen Siedlungen dargelegt wurden, bilden keine Ausnahme.

Die Hütten- und Hammersiedlungen der vorindustriellen Zeit besaßen zumeist eine gewisse, wenn auch keine ausreichende landwirtschaftliche Grundlage. Das ist für die *soziale* und *wirtschaftliche Struktur* dieser Siedlungen wichtig, denn meist waren die Hütten- und Hammerarbeiter gleichzeitig Bauern, allerdings mit geringeren Besitzgrößen als Vollbauern. Dort, wo die Hütten und Hämmer eingingen, entweder weil der Holzvorrat der Umgebung erschöpft war oder weil sie aus ökonomischen Gründen später dem industriellen Zeitalter erlagen, stellen die einstigen Hütten- und Hammersiedlungen heute vielfach ländliche Siedlungen dar, allerdings meist in der Form kleinbäuerlicher Gemeinden (z. B. im oberschlesischen Waldland; Kuhn, 1954, S. 154 ff.). Andernorts trat an die Stelle der Eisenverhüttung und ersten Eisenverarbeitung eine neue gewerblich-industrielle Betätigung; aber auch dann blieb häufig genug die wenn auch ungenügende landwirtschaftliche Basis als Nebenerwerb erhalten. Dort, wo die Verhüttung das Industriezeitalter überlebte, besitzen die Hüttenarbeiter in zahlreichen Fällen noch etwas Land, das von der Familie bebaut wird, so daß sich Arbeiterbauern-Gemeinden ausbildeten (z. B. im Siegerland; Kraus, 1931, S. 116 ff.). Trat eine Scheidung von landwirtschaftlicher und gewerblich-industrieller Tätigkeit als Hüttenarbeiter ein, dann entwickelten sich mitunter Gemeinden, die durch die Mischung von Bauern- und Arbeiterbevölkerung gekennzeichnet sind (z. B. Bergslagen; Seebass, 1928, S. 242 ff.). Daß unter den zuletzt genannten Bedingungen aus den früheren Hütten- und Hammersiedlungen auch reine Industrieorte hervorgehen konnten, sei an dieser Stelle erwähnt; doch auch in ihnen deutet vielfach das eine oder andere Siedlungselement noch auf die frühere Verbindung mit der Landwirtschaft hin. Eine Tendenz zur Ausbildung von Städten liegt hier nicht vor.

Die Hütten- und Hammersiedlungen, die – gleichgültig unter welchen wirtschaftlichen Bedingungen – erhalten blieben, stellen in der Regel in den Tälern gelegene *Gruppensiedlungen* dar; bei Fortgang der Verhüttung oder Aufnahme neuer gewerblich-industrieller Tätigkeit beherbergen sie eine größere Bevölkerung je Flächeneinheit als benachbarte rein ländliche Siedlungen. Die ursprünglich kennzeichnende Verknüpfung mit der Landwirtschaft, die mitunter noch heute besteht, zeigt sich häufig genug in den *Hausformen,* wie es z. B. im Siegerland der Fall ist: „Der dörfliche Charakter ist durch Fachwerkbau und lockere Bauweise gewahrt, aber statt der größeren Höfe herrscht das für das Siegerland so charakteristische Doppelhaus von Wohngebäude mit Stall und Scheune in der Firstlinie vor, dessen Bewohner Bergleute oder Arbeiter sind, die nebenbei etwas Acker oder Garten besitzen" (Kraus, 1931, S. 116). Trat eine Trennung von landwirtschaftlicher Betätigung und Hüttenarbeit ein, dann stehen den Bauernhöfen Arbeiterhäuser gegenüber, die keiner Wirtschaftsgebäude mehr bedürfen, in ihrer Bauweise jedoch oft noch die ländliche Tradition aufnahmen.

Auch die *Flurgestaltung* früherer oder noch bestehender Hütten- und Hammersiedlungen trägt der Verknüpfung von Landwirtschaft und Gewerbe vielfach Rechnung. Kleinere Gemarkungen oder zumindest eine im Verhältnis zur Bevölkerungsdichte geringe landwirtschaftliche Nutzfläche lassen erkennen, daß es sich nicht um rein ländliche Siedlungen handelt. Mitunter mag es vorkommen, daß das landwirtschaftliche Nutzsystem direkt auf das Hüttengewerbe abgestellt wurde. So beansprucht in den Gemeinden des Siegerlandes der in genossenschaftlichem Besitz stehende Hauberg (16-18 Jahre als Niederwald und 1 Jahr als Feldland genutzt), der einst zur Gewinnung der Holzkohle notwendig war, die größte Fläche, was Schepke (1934, S. 114) veranlaßte, diese Flur als Haubergsflur zu bezeichnen. Die im allgemeinen kleinen Besitzgrößen geben der Flurgliederung eine stärkere Bewegtheit als in rein ländlichen Siedlungen, um welche – durch den historischen Ablauf in den einzelnen Gebieten bestimmte – Flurform es sich im einzelnen auch handeln mag.

2. Waldgewerbliche Siedlungen

In mannigfacher Weise wurden die Wälder in vorindustrieller Zeit gewerblich ohne allzu große Rücksicht auf die Erneuerung der Bestände genutzt, um zumindest einen Teil der Existenz darauf zu gründen. Man brauchte Holz zum Bau von Häusern, Geräten und Schiffen. Man benötigte es als Feuerungsmaterial, das sich besonders größere Städte, soweit sie an flößbaren Flüssen lagen, auch in abgelegenen Gebieten sicherten. So wurden z. B. die mittelrheinischen Städte seit dem 15. Jh. durch die Murgschiffer mit Holz aus dem nördlichen Schwarzwald versorgt; Paris griff auf die Bestände im Waldgebirge des Morvan zurück. Daneben spielte die Gewinnung des Harzes eine Rolle. Minderwertiges Holz, mitunter aber auch gute Stämme, wurden zu Holzasche (Pottasche) verbrannt, die früher für die Herstellung von Glas unumgänglich notwendig war. Vor allem aber bedurfte man der Holzkohle, teilweise für den Hausbrand, insbesondere aber für gewerbliche Zwecke. Undenkbar wäre die Erzverhüttung ohne die Verwendung von Holzkohle gewesen, und die Erzeugung von Glas war in demselben Maße an die Gewinnung der Holzkohle gebunden. Holzhauer und Flößer, Harzer und Pottaschbrenner, Köhler und Glasmacher bildeten die wichtigsten Gewerbegruppen des Waldes. Schon hier wird deutlich, daß diese Betätigungen mit Ausnahme der Holzhauerei im Industriezeitalter fast völlig verschwanden oder der Standort solcher Gewerbe-

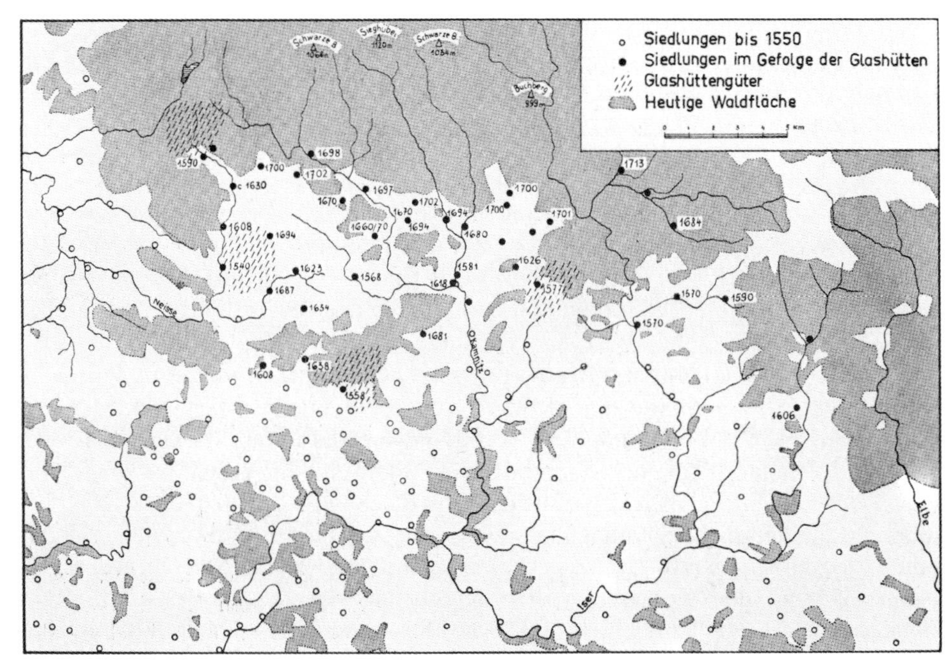

Abb. 81 Die nachmittelalterliche Erschließung des Isergebirges durch Glashütten (nach Klante).

betriebe ein anderer wurde (Abwandern der Glashütten zur Kohle oder zu verkehrsgünstigen Standorten, wo der Steinkohlentransport keine Schwierigkeiten bereitet).

Allen waldgewerblichen Siedlungen ist die Abgelegenheit hinsichtlich ihrer geographischen *Lage* eigen, denn mit Hilfe zusätzlicher oder alleiniger Nutzung des Waldes war es möglich, in Bereiche vorzudringen, die sich einer rein ländlichen Besiedlung verschlossen. Eindrucksvoll zeigt sich dies etwa in Skandinavien ebenso wie in den europäischen Waldgebirgen. Holzhauerkolonien z. B. bilden die höchst gelegenen Rodungsinseln im Bayerischen Wald (bis 1000 m Höhe), und auch im Schwarzwald drang man mit ihnen in besondere Höhenlagen vor. Neben den Eisenhütten und Hämmern, die wegen ihres erheblichen Holzkohlenverbrauches zur Erschließung der Waldländer beitrugen, waren es die Glashütten, die aus demselben Grunde Siedlungen auf sterilen Sandböden (z. B. Niederlausitz) entstehen ließen und als Wegbereiter der Besiedlung in den mittel- und westeuropäischen Waldgebirgen in die innersten Täler vorstießen (Abb. 81).

Zahlreiche *Flurnamen* (Glashüttenwald, Aschenwald usw.) ebenso wie *Ortsnamen* (Glashütte, vielfache Verwendung des Grundwortes „hütte", Namen der Glasmachergeschlechter u. a. m.) deuten auch nach Verschwinden der Glashütten auf ihre einstige Tätigkeit hin.

Sind Glashüttenbetriebe in einem Teil der west- und mitteleuropäischen Waldgebirge bereits seit dem ausgehenden 13. Jh. bekannt, so erfolgte das Eingreifen in landwirtschaftlich nicht voll nutzbare Bereiche auf der Basis der Waldgewerbe in durchgreifender Art erst seit der zweiten Hälfte des 16. Jh.s Anwachsen der

Bevölkerung zum einen und das Bestreben der Landes- und Grundherren zum andern, bei gesteigerten Lebensansprüchen ihre Einnahmen zu steigern, bildeten die Ursache für die waldgewerbliche Kolonisation der Neuzeit, die sich bis zum beginnenden 19. Jh. ausdehnte. Nimmt man hinzu, daß dieser Periode auch die Errichtung von Eisenhämmern und -hütten angehört, was eine Ausweitung des Köhlergewerbes mit sich brachte, dann mag man ermessen, wie stark die *siedlungsgeschichtliche Bedeutung* der Waldgewerbe zu veranschlagen ist. Für die Ardennen gilt dies ebenso wie für die oberrheinischen Gebirge (Huttenlocher, 1949/50, S. 80 und 1955), für den Bayerisch-Böhmischen Wald (Dirschel, 1938) ebenso wie für das Isergebirge (Klante, 1938) u. a. O. War zunächst die Erzeugung von Eisen und Glas der treibende Motor der gesamten waldgewerblichen Kolonisation, so wurde später in einigen Gegenden die Gewinnung von Stammholz so wichtig, daß eigens zu diesem Zwecke Siedlungen ins Leben gerufen wurden. Wohl legte man auch schon im 16. Jh. Holzhauerorte an (z. B. im Habelschwerdter Gebirge, Grafschaft Glatz); doch in der Regel gehören diese wohl erst dem 18. Jh. an, wie es Metz (im Vorwort zu Hasel, 1944) für die oberrheinischen Gebirge dargelegt hat. Der Erhaltung der Wälder und ihrer pfleglichen Nutzung sollten die von Friedrich dem Großen angelegten Holzfällerkolonien insbesondere in Oberschlesien dienen (Kuhn, 1954, S. 197 ff.).

Ebenso wie den Hütten- und Hammersiedlungen ist auch den waldgewerblichen Siedlungen eine gewisse landwirtschaftliche Grundlage eigen. Ihre Verkehrsferne machte es notwendig, sie nicht völlig von der Zufuhr von Lebensmitteln abhängig werden zu lassen. Bei den Glashütten mag mitgesprochen haben, daß bei Unterbrechung des Glashandels keine allzu große Krise eintreten sollte. So erhielten z. B. die Hüttengüter, wie sie in den ostdeutschen Mittelgebirgen zur Ausbildung kamen, 3-4 Vollhufen, die gegen Zins an die Mitglieder der Meisterfamilie oder die Glasmacher vergeben wurden (Klante, 1938). Dehnte sich das durch den Hüttenbetrieb geschaffene Rodungsland schneller aus, als es von den Hüttenleuten in Kultur genommen werden konnte, dann wurden Bauern nachgezogen, die allerdings meist mit relativ kleinen Besitzgrößen vorlieb nehmen mußten. Auch die Holzfäller erhielten Grund und Boden, doch ebenfalls nur von geringer Ausdehnung. Auf diese Weise war es möglich, daß nach dem Eingehen der Glashütten die dadurch entstandenen Siedlungen weiter zu existieren vermochten, sei es als kleinbäuerliche Gemeinden oder solche, in denen der nicht ausreichende landwirtschaftliche Ertrag durch Forstarbeit o. ä. ausgeglichen werden konnte.

In der *Flurgestaltung* prägen sich diese Verhältnisse deutlich aus. Als kleine Rodungsinseln, allseits vom Wald umschlossen, erscheinen die waldgewerblichen Siedlungen zumeist; ihre landwirtschaftliche Nutzfläche ist klein, und der Acker kann nur mit etwas Roggen und Kartoffeln bestellt werden. Keineswegs einheitlich stellt sich die Flurgliederung dar. In Deutschland wird im großen und ganzen auch bei diesen Siedlungen der Gegensatz zwischen den Ausbaulandschaften innerhalb des westlichen Altsiedellandes und dem ostdeutschen Kolonisationsgebiet offenbar. So findet sich z. B. im nördlichen Schwarzwald, daß teils der geringe Grundbesitz geschlossen um das Haus liegt, teils aber auch Gemengelage der wenigen und kleinen Parzellen gegeben ist; im badischen Murgtal erreichen dabei die Ackerstückchen nur 20, 30 oder 40 ar, in seltenen Fällen sind es 100 ar (Knödler, 1930,

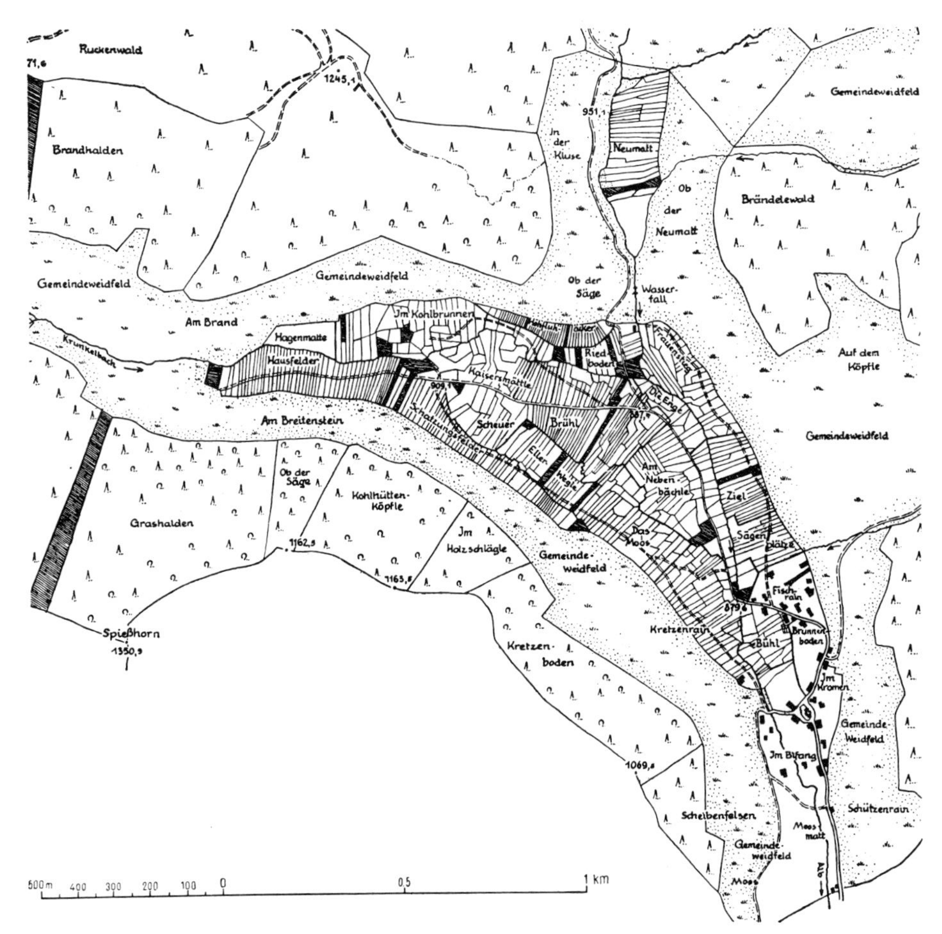

Abb. 82 Parzellierungsflur im Hinterdorf von Menzenschwand, südlicher Schwarzwald, durch Realteilung und Hausindustrie hervorgerufen (nach Bobek).

S. 91). Bei den Glashütten, die im westlichen Deutschland meist genossenschaftlich organisiert waren, kam es zur Ausbildung von Streifen-Gemengeverbänden (Abb. 82), die allerdings später mitunter zu Kleinblock-Gemengeverbände zusammengelegt wurden (Liehl, 1948, S. 540 ff.), wie es für den südlichen Schwarzwald bekannt ist. In den ostdeutschen Gebirgen dagegen zeigen die waldgewerblichen Siedlungen häufig Streifen-Einödverbände, und in den friderizianischen Kolonien des oberschlesischen Waldlandes wurde entweder das Prinzip der hofanschließenden Streifen oder das der planmäßigen kleingliedrigen Streifen-Gemengeverbände aufgenommen. Dementsprechend unterscheiden sich auch die *Ortsformen,* die in den ostdeutschen Gebieten häufig geregelte Anlagen darstellen, in den westdeutschen dagegen als locker gefügte Gruppensiedlungen erscheinen. Daß kein einheitlicher Haustyp ausgebildet ist, wird verständlich sein. Doch fehlen eigentliche Höfe, und die Wirtschaftsgebäude sind dem geringen landwirtschaftlichen Betrieb angepaßt. Vielfach aber ist eine Anlehnung an die jeweils heimische ländliche Bauweise bemerkbar, wenn nicht durch Zuzug Fremder aus andern Landschaften oder aber durch obrigkeitliche Maßnahmen ein anderer Haustyp eingeführt wurde; auf diese Weise kam z. B. der Fachwerkbau in das oberschlesische Waldland (Kuhn, 1954, S. 205).

3. Fischereigewerbliche Siedlungen

Sicher zeichnen sich Fischersiedlungen durch ihre besondere geographische Lage an den Ufern von Flüssen oder Seen und vor allem an den Meeresküsten aus und lassen diese hinsichtlich ihrer Bevölkerungsdichte oft gegenüber dem Binnenland bevorzugt erscheinen (z. B. nördliches Norwegen, Bretagne, Neufundland). Doch werden von den Fischersiedlungen ländlicher Art keine besonderen Anforderungen an die Küstengestalt gestellt; man zieht die kleinen Boote auf den Strand oder benutzt natürliche Buchten, ohne daß es einer Hafenanlage bedarf. Denken wir an die Fischersiedlungen der Boddenküste oder der Nehrungen der Ostsee, an solche der Riasküste der Bretagne u. a. m., dann wird klar, daß ihre geographische Lage nicht vom Gesichtspunkt der Verkehrsgunst zu beurteilen ist und ihre topographische Lage keine besonderen Rücksichten erforderlich macht. Darin stimmen sie durchaus mit der Mehrzahl der Siedlungen auf agrarer Grundlage überein. Da es sich in diesen Fällen jeweils um eine zusätzliche Küsten- oder Binnenfischerei handelt, ist meist auch die Verknüpfung von Wohn- und Wirtschaftsfläche gegeben.

Bei ausgesprochenen Fischervölkern primitiver Wirtschaftskulturen vermag der Fischfang alles zum Leben Notwendige zu geben. Auf der Basis des Pflugbaus kann er die Ernährung bis zu einem erheblichen Grade sichern und dadurch die landwirtschaftliche Betätigung weitgehend ersetzen, wenn letztere durch das Klima eingeschränkt wird oder das Land nicht ausreicht, um bei sehr hoher Bevölkerungsdichte die Menschen zu ernähren. Auf der Grundlage von Fischfang und etwas Landwirtschaft vermögen sich fast selbstgenügsame Siedlungen zu entwickeln. Zahlreiche japanische Bauern treiben dann, wenn die landwirtschaftliche Arbeit ruht, etwas Fischfang, oder aber Frauen und Kinder bestellen den Boden, während der Familienvater dem Fischfang nachgeht, dessen überschüssige Erträge den kleinen Märkten zur Verfügung gestellt werden (Trewartha, 1960, S. 248). In den Schwemmlandebenen Indochinas spielt der Fischfang eine außerordentlich große Rolle, sei es, daß man die während der Regenzeit unter Wasser stehenden tief liegenden Reisfelder dazu benutzt, sei es, daß die natürlichen oder künstlichen Teiche im Umkreis der Dörfer herangezogen werden ebenso wie die Flüsse und Küstengewässer. Auf diese Weise gilt hier das, was Gourou (1936, S. 432) für das Tonking-Delta ausdrücklich betonte: „La pêche est une occupation universelle; tout paysan se double à un pêcheur“. Doch nicht nur in Ost- und Südostasien, wo Reis und Fisch die wesentlichen Nahrungsmittel darstellen, sondern auch in Europa läßt sich die Betätigung als Bauer und Fischer oft nicht voneinander trennen. Vor dem Einsetzen der Industrie- und Verkehrswirtschaft gingen zahlreiche Bauern im norwegischen Küstenbereich dem Fischfang nach, und zwar vor allem im Winter, wenn die landwirtschaftliche Arbeit ruhte und zugleich die Fischschwärme an den Küsten auftauchten.

Doch nicht nur in Ost- und Südostasien, wo Reis und Fisch die wesentlichen Nahrungsmittel darstellen, sondern auch in Afrika, sowohl in der Seenregion des

Ostens als auch an den Flüssen und Küsten des Westens spielen Fischfang bzw. Fischerei eine Rolle, sei es, daß sich einige Stämme auf den Fischfang spezialisiert haben und durch Handel das sonst zum Leben Notwendige erwerben wie etwa die Wolof in Senegal, sei es, daß zusätzlich Hackbau betrieben wird (Nguyen, 1969). Ebenso sind in Südamerika einheimische Fischer vorhanden, die meist gleichzeitig dem Landbau nachgehen, in Kolumbien, Peru, in Mittelchile im Westen, und auch im Osten fehlen sie nicht. (Bartz, 1974, S. 447 ff., S. 476 ff. und S. 518 ff.).

Bei einer solchen Kombination wird häufig genug die Wahl des Siedlungsplatzes durch die landwirtschaftliche Betätigung, nicht aber durch die Erfordernisse der Fischerei bestimmt. Darauf wies Ahlmann (1928, S. 122 ff.) ausdrücklich für Norwegen hin. Dies kann u. U. so weit führen, daß sich die Siedlungen abseits der den Fischreichtum bergenden Gewässer befinden, wenn hier eine landwirtschaftliche Betätigung nicht möglich erscheint. Bei geringer Bedeutung des Fischfangs für die Betriebe und geringer Entfernung zwischen der Siedlung und dem Standort des Fischfangs stellen sich dann periodisch benutzte Fischerplätze ein; ihnen fehlen Wohnhäuser, und sie bestehen lediglich aus Landungsstellen für die Boote und Schuppen für die Unterbringung der Fischereigeräte, wie es etwa für die Ostküste Schwedens typisch ist (Moberg, 1938, S. 66 ff.). Nimmt der Fischfang einen wichtigeren Platz im Wirtschaftsleben ein und ist die Entfernung zwischen Siedlung und Gewässer zu groß, dann entwickeln sich periodisch bewohnte Fischersiedlungen, die einen Vergleich mit den Almhütten wohl aushalten. Doch vielfach benötigt man eine solche Trennung nicht; Landwirtschaft und Fischfang können von demselben Standort aus betrieben werden. Die entsprechenden Siedlungen, in ihrer Ortsform der topographischen Gestaltung der Uferlandschaften angepaßt, längs Anwachsküsten linear gerichtet, in engen Buchten stärker konzentriert, sind als Weiler oder Dörfer anzusprechen. Sie erhalten allerdings durch die Bootsanlegestellen, die Plätze zum Trocknen der Netze und gewisse zur Konservierung der Fische notwendige Einrichtungen ihr besonderes Gepräge.

Im Rahmen des Hack- oder des Pflugbaus und bei ausreichendem Handel vermag sich der Fischfang aber auch zur Fischerei, d. h. zum eigentlichen Gewerbe zu entwickeln, wobei die leichte Verderblichkeit der Frischfische ihre schnelle Konservierung erzwingt (insbesondere Trocknen und Einsalzen, Räuchern usw.). Zum Unterschied von den ländlichen Fischersiedlungen wollen wir dann, wie es Bartz (1940, S. 149) getan hat, von *Fischereisiedlungen* sprechen. Wo die Grenze zwischen beiden liegt, dafür wird sich kein einheitlicher und allgemein verbindlicher Maßstab finden lassen. In Zweifelsfällen läßt sich das Verhältnis der aus der Fischerei und der Landwirtschaft gewonnenen Erträge heranziehen. So kennzeichnete Bartz (1940, S. 149) diejenigen japanischen Küstengemeinden, in denen der Ertrag der Fischerei mehr als 50 v. H. des Ertrages aus der landwirtschaftlichen Betätigung ausmacht, als Fischereisiedlungen. Die geringe Ausdehnung der landwirtschaftlichen Nutzfläche im Verhältnis zur Bevölkerung oder ihr Fehlen geben ein entscheidendes Kriterium ab. Zwar entwickeln sich Fischereisiedlungen auch im Rahmen der Binnen- und Küstenfischerei; doch darüber hinaus kann nun auch die Hochseefischerei aufgenommen werden, was bedeutet, daß unter diesen Umständen keine unmittelbare Verbindung mehr zwischen Hauptwohnplatz und Wirtschaftsfläche besteht.

Die Fischereisiedlungen sind von sehr verschiedener Art. Nur einige Typen lassen sich hier herausstellen. Auf Grund des Wanderns der Fische, u. U. der Spezialisierung auf den Fang besonderer Fischsorten muß der Mensch den Tieren nachziehen, wenn er seine Existenz vornehmlich auf dem Sammeln und Fangen von Meeresreichtümern aufbauen will. Die *Saisonsiedlung,* die Trennung von Hauptsiedlung und periodisch bewohnten Nebensiedlungen am jeweiligen Ort der Fischerei, stellt deshalb eine weitverbreitete Erscheinung dar. Die Nebensiedlungen erscheinen teilweise in der Form von Fischerei-Kamps, wenn nur eine kurze Benutzung erfolgt und die Unterkünfte lediglich provisorischer Art sind. Solche Kamps sind z. B. von der Küste Pakistans (Siddiqi, 1956) ebenso wie auch aus dem Mittelmeergebiet bekannt (Roussillon; Doumenge, 1952); sie haben bzw. hatten aber ihr größtes Verbreitungsgebiet offenbar an der Westküste Nordamerikas, als man dort den Fischreichtum auszubeuten begann, ohne sich auf eine genügende Besiedlung der Küstenlandschaften stützen zu können. „Der gesamte Aufbau dieser Siedlungen ist nur ein Provisorium, nichts verspricht längere Dauer des Betriebes. Einfache Holzbuden und -hütten werden in den besten Fällen errichtet. In den trockenen Landstrichen, wo keine Gefahr vor Überraschungen durch Regenfälle besteht, hat man Zelte und Windschirme und nur ganz wenige Holzbuden für die Unterkunft der Fischer“ (Bartz, 1942, S. 128/29).

Periodisch benutzte Nebensiedlungen können aber auch einen andern Charakter zeigen, wenn man gewillt ist, dieselben Plätze alljährlich aufzusuchen. Unter diesen Umständen werden die entsprechenden Siedlungen auf Dauer errichtet, auch wenn sie nur während der Fischereisaison bewohnt sind. Bereits im Hochmittelalter spielte der von der Hanse in der Nord- und Ostsee organisierte Fischereibetrieb eine erhebliche Rolle, und es entstanden damit periodische Fischereisiedlungen sowohl an den Küsten Schonens als auch Norwegens. Sind die ersteren längst aufgegeben, nachdem die Heringszüge die Ostsee nicht mehr erreichen, so entwikkelten sich letztere zu Dauersiedlungen, die u. U. noch zusätzlich während der Saison von Ende Januar bis März noch fremde Fischer aufnahmen, was allerdings seit der erheblichen Krise der Fischereiwirtschaft kaum noch der Fall ist. Mit der Entdeckung der Neuen Welt nutzte man auch dort die Fischgründe an der Ostseite Nordamerikas aus. Periodische Siedlungen vor allem baskischer, bretonischer und spanischer Fischer entstanden mit entsprechenden Anlagen zum Trocknen und Einsalzen der Fische. Als Frankreich seine ursprünglich auf die gesamten neufundländischen Gewässer ausgedehnten Fischereirechte verlor und damit den Fischern die Möglichkeit genommen wurde, ihre Fänge an Land zu verarbeiten, blieben ihnen zu diesem Zwecke nur die Inseln St. Pierre und Miquelon, die in ihrer Isolierung allmählich die Fischerei aufgeben und sich andern Erwerbsquellen zuwenden (Makian u. a., 1970). Die Neufundländer hingegen weiteten ihr Tätigkeitsfeld auf Labrador aus.

Hier finden sich in exponierter Lage ihre isolierten oder zu Weilern zusammengeschlossenen, als Pfahlbauten errichteten Plankenhäuser, weiß, gelb oder rot angestrichen, ausgerüstet mit einem Landungssteg und mit einem Schuppen, in dem die Zubereitung der Dorsche vorgenommen wird. Anlagen zum Trocknen der Fische sind auch hier bezeichnend, wenn nicht einfach die Felsen dazu benutzt werden (Tanner, 1944, S. 748ff.). Ähnlich geartet stellen sich die Sommersiedlungen der einheimischen Labradorfischer dar, die im Winter die ungeschützte Küstenregion verlassen und dann kleine Siedlungen in den Waldtälern des Landes aufsuchen.

Zu den nur periodisch bewohnten Fischereisiedlungen sind auch die Walfangstationen zu rechnen. Zwar wurde der Walfang zunächst von der Küste aus betrieben; doch mit dem Seltenerwerden dieser Tiere in der Nachbarschaft der besiedelten Küsten folgte ihnen der Mensch zunächst in die nördlichen Breiten. Schon im 16. Jh. jagten Basken den Wal in Neufundland, Labrador und Island; sie dehnten im 17. Jh. ihr Betätigungsfeld auf Spitzbergen aus, wo holländische, britische, deutsche, dänische und norwegische Walfänger ebenfalls am Werke waren. Die sich in die Arktis vorschiebenden Walfangstationen, in denen auch die Ölgewinnung durchgeführt wurde, entwickelten sich nur selten zu Dauersiedlungen; sie mußten meist aufgegeben werden, nachdem der Walfang sich in die Gewässer der Antarktis verlagerte.

Einen spezifischen Typ unter den Fischereisiedlungen stellen diejenigen Chinas dar. Hier wohnen die Berufsfischer, die der Binnen- oder Küstenfischerei nachgehen, auf ihren Booten, was eine besondere Anpassung an die Erfordernisse ihres Gewerbes bedeutet. Die Boote, die mit den wechselnden Fangplätzen ihren Standort verändern, schließen sich am Abend zu bestimmten *schwimmenden Ortschaften* zusammen, die meist auch einen eigenen Tempel auf einer Dschunke besitzen (Gourou, 1952, S. 93). Hier führt das Fischereigewerbe zur Aufgabe der Großfamilienorganisation und damit zu völlig anderen sozialen Verhältnissen, als sie bei der ländlichen Bevölkerung Chinas vorliegen (Tsu, 1952). Über Zwischenhändler oder auf besonderen Fischmärkten, denen aber nur die Rolle des Zwischenhandels zukommt, werden die Fänge alle ein bis zwei Tage abgesetzt. Diese Fischmärkte, wo u. U. auch die Konservierung vorgenommen wird, befinden sich meist am Rande der Dörfer oder Städte an den Ufern der Flüsse, vielfach dort, wo zwei Flußadern zusammentreffen, um damit ein größeres Einzugsgebiet zur Verfügung zu haben. Schwimmende Dörfer, von denen aus Fischfang betrieben wird und in deren Hand der Flußtransport liegt, sind auch aus Indochina bekannt. Im Tonking-Delta sind es etwa 80 solcher schwimmender Dörfer mit 33 000 Einwohnern, die nur ihre Boote besitzen und einen kleinen Fetzen Land, wo die Toten beerdigt werden (Gourou, 1936).

Daß die Fischer häufig einen besonderen sozialen Status inne haben, ist nicht auf China beschränkt, sondern findet sich vielfach im asiatischen Raum. Dort, wo das hinduistische Kastenwesen Eingang gewann, gehören die Fischer zu den untersten Stufen in der Rangleiter der sozialen Ordnung, ob in Pakistan, in Indien oder Sri Lanka, selbst dann, wenn sich diese Gruppen zu andern Religionen bekennen (Islam, Christentum). Auch in Japan gibt es unter den Fischern sogenannte Unberührbare, die einst am Rande der Schloßstädte in Abhängigkeit von den Dynasten lebten, nicht im Besitz von Grund und Boden sein durften, zu den niedrigsten Dienstleistungen herangezogen und durch Beschränkungen sonstiger Art von der japanischen Bevölkerung isoliert wurden. Ihre Befreiung am Ende des 18. Jh.s bedeutete eine solche nach außen, nicht aber nach innen, so daß sie in bisher noch unbesiedelte Küstenregionen auswichen, allmählich zu etwas Land kamen, das mit Süßkartoffeln bestellt wurde, handwerkliche Fertigkeiten übernahmen und vor allem das Sammeln von Meeresgut betrieben. Wohl erst nach dem Zweiten Weltkrieg kam es zu einer gewissen Fischerei mit Boot und Netz, wobei der Abstand gegenüber den Japanern noch immer spürbar ist (Yamaoko, 1959). Daß unter solchen Bedingungen die Bauweise der Häuser besonders einfach ist, die „eta-Orte" sich deshalb wesentlich von denjenigen der „Nicht-eta" unterscheiden, erscheint als unmittelbare Folge.

Auch in Südamerika stehen Kleinfischer, Neger, Mischlinge oder Indianer, welch letztere nur in geringem Maße unter spanischen Einfluß kamen, häufig auf der untersten Stufe der sozialen Rangleiter (Bartz, 1974, S. 476 ff.).

Schließlich gilt es, die permanenten Fischereisiedlungen zu betrachten. Sie sind durchaus unterschiedlich geprägt und können als Streusiedlung, kleine oder größere Gruppensiedlungen erscheinen, wobei die jeweilige kulturgeographische Gesamtsituation entscheidend einwirkt. Als Streusiedlung oder Weiler ist ein erheblicher Teil der Fischersiedlungen in Nordwesteuropa ausgebildet. Das gilt z. B. für die Lofoten, wo die Bauern-Fischer, die kein eigenes Boot besitzen, und die Fischer-Bauern, die über ein solches verfügen und weniger als 3 ha Land bewirtschaften, noch immer den Hauptteil der die Fischerei betreibenden Bevölkerung ausmachen, aber sie haben nicht mehr das Übergewicht über die im zweiten und dritten Sektor Beschäftigten (Allefresde und Barre, 1966). In den Fischerweilern im westlichen Schottland einschließlich der Inseln, wo in manchen Verwaltungseinheiten 90-95 v. H. der Erwerbstätigen als crofter-Fischer fungierten, war dieser Anteil bis zum Jahre 1961 auf 10-20 v. H. gesunken (Carré, 1971).

Doch kommt den größeren Gruppensiedlungen mit häufig mehreren tausend Einwohnern bei gleichzeitiger Trennung von Landwirtschaft und Fischerei besondere Bedeutung zu. In ihrer topographischen Lage durch natürlich geschützte Buchten meist begünstigt, vielfach auch ausgezeichnet durch gute Verbindungen zum Hinterland, können sie als Anlegeplätze regelmäßig verkehrender Bootslinien, als Ausgangspunkte von Hochseefischerei- oder Walfang-Unternehmungen usw. Handel und Gewerbe anziehen, sofern letztere in unmittelbarem Zusammenhang mit der Fischerei stehen. Es sind die *Fischereihäfen,* für die dann größere Aufwendungen hinsichtlich der Hafenanlagen unternommen werden, in denen kleine Werften dem Bootsbau obliegen, die Anlagen zur Konservierung der Fische sich konzentrieren, Fischhändler eine wichtige Rolle spielen usw. Diese Ortschaften zeigen vielfach mehrstöckige Häuser und weisen städtisches Gepräge auf. In Schleswig-Holstein entwickelten sich mitunter Fischereisiedlungen zu Städten, wie es z. B. bei Eckernförde oder Travemünde der Fall ist. Selten aber sind besondere Fischerhäuser. Im Bereich des niederdeutschen Hallenhauses genügen geringe Abwandlungen der bäuerlichen Form, Verkleinerung der Diele, die zum Knoten und Aufstellen der Netze benutzt wird, u. a. m., um den betrieblichen Anforderungen gerecht zu werden (Pries, 1928, S. 350 ff. und 360 ff.; Timmermann, 1961). Für alle Fischereisiedlungen aber gilt, daß mit ihnen neue Siedlungen ins Leben gerufen werden können und durch sie eine Ausweitung des Siedlungsraumes zu erfolgen vermag.

4. Siedlungen des Verarbeitungsgewerbes bzw. der Verarbeitungsindustrie

Bergbau und Eisenhütten, Nutzung des Waldes und der Meeresreichtümer haben in vielfacher Weise zur Entstehung von neuen Siedlungen beigetragen. Anders steht es, wenn Rohstoffe oder Halbfabrikate verarbeitet werden, um auf dieser Grundlage mit Hilfe des Handels den Lebensunterhalt zu einem erheblichen Teil zu sichern. Unter diesen Umständen knüpft man überwiegend an vorhandene Orte an, die die Arbeitskräfte stellen, seien es ländliche Siedlungen im eigentlichen Sinne, die oben gekennzeichneten Bergbau-, Hütten- und Hammersiedlungen usw., oder seien es Städte. Gehört es zum Wesen der letzteren, daß in ihnen das Gewerbe eine besondere Stätte fand, so dehnte sich gewerbliche bzw. industrielle Tätigkeit auch auf die ländlichen Gemeinden aus, und zwar vor allem in der Form des Hausgewerbes und der Hausindustrie. Herstellung von Bürsten, Körben, Töpfen und Holzwaren aller Art, Spinnen und Weben von Wolle, Leinen, Hanf, Baumwolle oder Seide, Spitzenklöppelei und Stickerei, Anfertigung von Spielzeug, Schmuckwaren und Uhren, Herstellung von Nägeln, Draht oder Waffen u. a. m. gehören in den Rahmen der hausgewerblichen bzw. hausindustriellen Erzeugung.

Hausgewerbe bzw. Hausindustrie sind zu unterscheiden, nicht nur aus betriebswirtschaftlichen Gründen, sondern auch deswegen, weil sie jeweils etwas andere siedlungsgeographische Auswirkungen zeigen. Beiden gemeinsam ist, daß in den meisten Fällen die Wohnung des Heimarbeiters zugleich seinen Arbeitsplatz umschließt. Während aber beim Heimgewerbe keine oder nur eine sehr geringe Organisation vorliegt und jeder die von ihm hergestellten Waren auf dem benachbarten Markt oder im Hausierhandel verkauft, wird bei der Hausindustrie die Arbeit auf Rechnung von Unternehmern durchgeführt, die die Aufträge verteilen, mitunter den Einkauf der notwendigen Rohstoffe oder Halbfabrikate vornehmen und den Verkauf der Fertigwaren (Export) vollständig in der Hand haben.

Sehen wir uns das *Verbreitungsgebiet* hausgewerblicher bzw. hausindustrieller Betätigung an, sofern die soziale Struktur der ländlichen Siedlungen davon betroffen wird, dann stellen sich zunächst charakteristische regionale Unterschiede heraus. In Indien erlag das blühende ländliche Hausgewerbe, auf der Verarbeitung der Baumwolle basierend, weitgehend der britischen Kolonialwirtschaft. In der orientalischen Welt hatte der Rentenkapitalismus auch zum Heimgewerbe auf dem Lande geführt. Um den Bedarf der Städte an gewerblichen Gütern zu decken, gingen insbesondere die Großkaufleute daran, Arbeitsgeräte und Rohmaterial zur Verfügung zu stellen, während die Fellachen ihre Arbeitskraft hergaben und einen gewissen Nebenverdienst dafür erhielten, gerade in der Zeit, wenn die Landwirtschaft ruhte. Erst seit etwa 1850 kam dieses System zum Verfall (Wirth, 1973, S. 327ff.). In der Sudanzone spielen die Haussa als Gewerbetreibende und Händler eine Rolle, so daß die von ihnen bewohnten Siedlungen häufig genug als Handwerker- oder hausgewerbliche Dörfer zu bezeichnen sind. In den europäisch besiedelten Kolonialräumen vermochte sich das Hausgewerbe deswegen wohl nicht auf breiterer Basis zu entwickeln oder nachzuwirken, weil entweder die Menschen dazu fehlten, die Kolonisation selbst schon im Zeichen des Industrie- und Verkehrszeitalters stand oder die moderne Industrie einen so mächtigen Aufschwung nahm, daß Hausgewerbe und Hausindustrie weitgehend verschwanden und nur geringfügige Spuren hinterließen. So werden die Gebiete, in denen ländliches Gewerbe und ländliche Industrie vor der Industrialisierung auf die Siedlungen Einfluß gewannen, im wesentlichen auf zwei Großräume beschränkt sein: einerseits Ost- und Südostasien, wo sie u. U. noch heute eine große Rolle spielen, und andererseits Europa, wo sie einer vergangenen Zeit angehören. In beiden Großräumen verhalten sie sich in gewissem Sinne gegensätzlich. Wird man im allgemeinen sagen können, daß für Ost- und Südostasien die *gewerbliche* Betätigung in den ländlichen Siedlungen noch heute maßgebend ist, wenn die besonders gelagerten Verhältnisse Japans unberücksichtigt bleiben, so entwickelte sich teilweise bereits im Hochmittelalter, vornehmlich aber seit dem 15./16. Jh. vor allem im mittleren und westlichen Europa die *Hausindustrie,* die in wesentlich größerem Umfang als das Hausgewerbe bestimmend wurde. Sie erfaßte einerseits solche Bereiche, die nur eine kärgliche Nahrungsgrundlage besaßen und ein Ausgleich durch eine andere Betätigung geboten erschien (vor allem die Gebirge); andererseits aber drang sie auch in Gebiete ein, die, mit guten Böden ausgestattet, für die Landwirtschaft durchaus günstige Vorbedingungen besitzen (z. B. Flandern, Picardie, Normandie). Wenngleich ländliches Hausgewerbe und ländliche Hausindustrie in West- und Mitteleuropa während des 19. Jh.s meist zum Erliegen kamen, so spielen Nachwirkungen vielfältiger Art für die Siedlungen noch heute eine so entscheidende Rolle, daß dies nicht vernachlässigt werden darf.

Betrachten wir zunächst die Verhältnisse in *Ost- und Südostasien,* dann äußert sich das Hausgewerbe hier in dem Vorhandensein von Handwerker- und Gewerbedörfern, und zwar so, daß in dem einen Dorf meist nur ein bestimmter Gegenstand hergestellt wird und das benachbarte sich meist der Erzeugung eines andern Objektes zugewandt hat. Spinner-, Weber-, Korbflechter-, Tischler-, Schmiededörfer usw. existieren. Bei außerordentlicher Spezialisierung in dieser Richtung kommt es häufig zu einer Arbeitsteilung zwischen den Dörfern, in dem das eine seine Halbfertigwaren einem andern zur Weiterverarbeitung verkauft (Gourou, 1936 und 1952; Robequain, 1952). Die Rohstoffe, die man benötigt, werden in der Regel nicht selbst erzeugt; die Verarbeitung geschieht ausschließlich mit der Hand, und die fertigen Waren bringt man selbst auf den nahe gelegenen Markt. Auf diese Weise ist die Lage der Gewerbedörfer unabhängig von der Rohstoffbasis und unabhängig zugleich von den Verkehrsverhältnissen. Die bäuerliche Bevölkerung wendet sich dort der zusätzlichen gewerblichen Betätigung zu, wo der Landbesitz nicht mehr ausreicht, um sie zu ernähren. Demnach sind es die sozialen Bedingungen, hohe Bevölkerungsdichte bei großer Armut der Bevölkerung, die zur Entwicklung von Gewerbedörfern geführt hat. Daß unter solchen Umständen – abgesehen von den sozialen Verhältnissen – das Siedlungsbild nur wenig von der gewerblichen Betätigung geprägt wird, weil der Unterschied zu der rein bäuerlichen Bevölkerung geringfügig ist, erscheint verständlich.

Eine besonders hohe Bevölkerungsdichte kennzeichnet auch die u. U. noch vorhandenen oder einstigen hausgewerblichen bzw. hausindustriellen Siedlungen des *westlichen und mittleren Europa.* Entweder bildete die dichte Bevölkerung, wie sie etwa durch die Realteilung oder durch später wieder eingegangenen Bergbau hervorgerufen sein konnte, die unmittelbare Veranlassung zur Aufnahme von Hausgewerbe bzw. Hausindustrie, oder aber die nicht in der Landwirtschaft unterkommenden Menschen anderer Bereiche wurden durch die Hausindustrie angezogen. Wie die Dinge im einzelnen auch liegen mögen, auf jeden Fall stellt die hohe Dichte mancher Mittelgebirge ein Erbteil der Vergangenheit dar, wobei die Hausindustrie in dieser Richtung offenbar stärker wirkte als das Hausgewerbe. Es sei etwa auf den Thüringer Wald oder die Sudeten verwiesen. Im Gegensatz aber zu Ost- und Südostasien, wo auch auf rein landwirtschaftlicher Basis sehr hohe Dichtewerte erreicht werden, entwickelte sich im mittleren und westlichen Europa in dieser Hinsicht ein beträchtlicher Gegensatz zwischen den rein ländlichen Siedlungen und solchen, in denen das Hausgewerbe oder – in noch stärkerem Maße – die Hausindustrie zu einem wesentlichen Faktor wurden. Bildete sich das Hausgewerbe häufig in Anlehnung an die vorhandenen Rohstoffgrundlagen aus, so lagen bei der Ausbildung der Hausindustrie sehr komplexe Beziehungen vor; zahlreiche Untersuchungen haben erwiesen, daß diese nur auf wirtschaftshistorischer Grundlage geklärt werden können (z. B. Creutzburg, 1925; Müller, 1938). Immerhin aber wird bei den hausindustriellen Siedlungen eine gewisse Orientierung auf die Städte zu bemerken sein, von denen aus die Organisation durchgeführt wurde, ebenso wie die Orientierung auf Handelsstraßen zu berücksichtigen ist, ein Zug, der den hausgewerblichen Siedlungen fehlt.

In unserem Zusammenhang interessieren vor allem die siedlungsgeographischen Auswirkungen von Hausgewerbe und Hausindustrie, wobei es sich hier nur darum handeln kann, einige Hinweise zu geben, ohne Vollständigkeit erzielen zu wollen. Zunächst werden zwei Fälle zu unterscheiden sein: das Aufkommen von Hausgewerbe bzw. Hausindustrie in vorhandenen ländlichen Siedlungen zum einen, und Neusiedlung eigens zu dem Zwecke der Förderung von Gewerbe und Industrie zum andern. Wir wenden uns zunächst dem ersteren zu. Hier ist der Einfluß bei Realteilung und Anerbenrecht jeweils etwas anders geartet. Dort, wo Realteilung üblich ist, nahm die kleinbäuerliche Bevölkerung eine zusätzliche Beschäftigung auf, sofern der Teilungsprozeß zu weit fortgeschritten war; hatte man sich erst einmal auf Nebenerwerb eingestellt, dann vermochte die Teilung des Grundbesitzes weiterzugehen. Unter diesen Umständen wurde die vorhandene Flurform von kleinen und kleinsten Parzellen durchsetzt, wobei der Grad der Parzellierung abhängig von dem Anteil der auf Nebenerwerb angewiesenen Klein- und Kleinstbauern wurde.

Es mochte wohl soweit kommen, daß in solchen eine recht gleichmäßige soziale Struktur resultierte, indem jeder Besitzer landwirtschaftliche und gewerbliche bzw. industrielle Tätigkeit miteinander verband. Unabhängig von den genetischen Flurtypen spiegelt sich dies in einer ungeheuer starken Parzellierung der privatwirtschaftlich genutzten Flur (Abb. 82), so daß wir von Parzellierungsflur sprechen wollen. Als Beispiel möge auf das Alb- und Wiesental im südlichen Schwarzwald verwiesen werden.

Etwas anders liegen die Verhältnisse, wenn Anerbenrecht herrscht und daran auch nach Einführung von Hausgewerbe bzw. Hausindustrie festgehalten wurde. Unter dieser Voraussetzung mehrte sich die soziale Schichtung innerhalb der Siedlungen, indem zu den Bauern, die u. U. noch in sich gegliedert sein konnten, eine gewerblich-industrielle Gruppe hinzutrat. Im Bereiche des westfälischen Textilgebietes setzte man z. B. die Heuerlinge im 18. Jh. an. In Ostschwaben waren es die Seldner, die mit der Aufnahme der Barchentweberei im 14. Jh. zum Teil zum Zwecke der gewerblichen Betätigung angesetzt wurden, und in Schlesien waren es die Gärtner, die seit dem 16. Jh. trotz des Einspruchs der städtischen Zünfte zum Spinnen und Weben übergingen. In der Flurgliederung prägt sich dies darin aus, daß die vorhandene Parzellengliederung im wesentlichen intakt blieb; da man aber den neu geschaffenen Stellen meist etwas Land zuwies, mußte eine Erweiterung der Kulturflächen stattfinden. So verursachte die Heuerlings-Siedlung Nordwestdeutschlands eine Vermehrung der Kämpe in der Gemeinheit. Die Aufteilung der der Grundherrschaft verbliebenen Dorfauen in den schlesischen Reihendörfern, die Aufsiedlung einstiger Lokatorengüter u. a. m. gaben die Möglichkeit, Gärtnerstellen zu schaffen. Die den größten Teil der Flur erfüllenden Streifen-Einödverbände wurden damit durch kleine Parzellierungsflurteile ergänzt, so daß sich, wenn auch nur in geringem Grade, die soziale Schichtung auch hier in der Flur abbildet.

Darüber hinaus mußte bei wachsender Bevölkerung oder Zuzug von außen neuer Wohnraum zur Verfügung gestellt werden. Konnte man sich in Realteilungsgebieten mitunter damit behelfen, die vorhandenen Häuser zu teilen, so ging man doch meist daran, für jede Familie ein eigenes Wohnhaus vorzusehen. Auf diese Weise unterlagen die Ortsformen Wandlungen unterschiedlicher Art. In Westfalen, wo Streifen-Gemenge- und Kleinblock-Einödverbände, Drubbel und Einzelhof die typischen ländlichen Siedlungs- und Flurformen abgaben, nahm man die gewerbliche Bevölkerung der Heuerlinge einerseits in den Nebengebäuden des bäuerlichen Hofes auf; insbesondere wurden die Häuser der Altenteiler (Leibzucht) dazu verwandt. Andererseits aber errichtete man auf Außenschlägen des bäuerlichen Besitzes, meist am Rande der Gemeinheit, neue „Kotten". So wurde, wie es z. B. im Ravensburger Hügelland der Fall war, „allmählich jede Siedlung nicht nur im Innern von kleinen, oft sehr dürftigen Kotten durchsetzt, sondern auch nach außen hin, zur Mark, durch einen Kranz von Heuerlingskotten umsäumt" (Riepenhausen, 1938, S. 109). Konnten Hausgewerbe oder Hausindustrie in Bereichen, in denen die Einzelsiedlung ohnehin entwickelt war, zu deren Verstärkung führen, wie es sich z. B. auch in Flandern beobachten läßt (Lefèvre, 1926; Michotte, 1938), so kam es in Gebieten vorwiegender Gruppensiedlungen zu einer Verdichtung oder auch Ausdehnung der Ortschaften. Bei genügenden historischen Unterlagen läßt sich dieser Prozeß u. U. rekonstruieren. Es sei auf Beispiele aus den Sudeten verwiesen (Landeshuter Paßlandschaften), wo Pohlendt (1938, S. 52) für einige Dörfer diesen Vorgang aufdecken konnte.

Dort, wo die Hausindustrie Erfolg versprach, kam es, um diese ausweiten zu können, seitens Guts-, Grund- oder Landesherren auch zur Anlage neuer Siedlungen, die sich mit ihrer kleinen Gemarkung und den geringen Besitzgrößen gegenüber den rein ländlichen Siedlungen abheben. Wichtig ist, daß in der Regel auch bei ihnen auf eine gewisse zusätzliche Landausstattung Wert gelegt wurde. Allerdings kam es auch vor, daß bei allzu großer Landverknappung von diesem Prinzip abgewichen werden mußte, wie es sich z. B. bei einigen friderizianischen Weberkolonien zeigt. Das Aufgeben der bis dahin im allgemeinen eingehaltenen engen Verknüpfung von gewerblich bzw. industrieller und zusätzlicher landwirtschaftlicher Betätigung ist bereits als ein Vorbote des Industriezeitalters zu verstehen.

Je nach dem Verhältnis von landwirtschaftlicher und gewerblicher Betätigung, je nach der Größe der Landzuteilung stellen sich die Hausformen verschieden dar. Solche mit Wohnung, Stall und Scheune, meist unter einem Dach, finden sich neben solchen, die nur aus Wohnung und Stall bestehen; erfolgte eine völlige Lösung von der Landwirtschaft, dann genügten Wohnhäuser allein. Mitunter mochte es schon dazu kommen, daß diese reihenförmig angeordnet wurden, insbesondere in Gebieten mit ausgesprochener Hausindustrie. So ist z. B. das Flarzhaus als Spinner- und Weberhaus für den Bereich des oberen Glattales (Zürich) charakteristisch, das folgendermaßen geschildert wird:

„Mit seinem niederen, mit Schindeln gedeckten Flachdach widerspricht es den Anforderungen des Klimas, das durch seinen Schneereichtum einen Dachwinkel von 25° verlangt, während im schneeärmeren Unterland ein solcher von 15° genügt. Steildächer mit Neigungswinkel bis zu 60° beherrschen das Dorfbild. Nur der Textilarbeiter mußte sich aus finanziellen Gründen mit dem billigen Flachdach begnügen. Hausteil reiht sich an Hausteil, Stube an Stube, Fensterflucht an Fensterflucht. Die Hausteile waren nur durch billige Zwischenwände getrennt, die oft lediglich aus aneinandergereihten ‚Schwarten', Rindenstücken, bestanden. Bei Bränden boten sie dem Feuer besondere Nahrung" (Rebsamen, 1947, S. 92).

Meist war eine Anpassung der Hausformen an die Art der gewerblichen oder hausindustriellen Betätigung nicht vonnöten, von gewissen Ausnahmen abgesehen, die sich offenbar vor allem im Rahmen der Hausindustrie zeigen und hier vornehmlich bei Weberei und Uhrenmacherei. Legte man auf besonders feine Gewebe Wert, so bevorzugte man feuchte Keller als Arbeitsräume, während die Herstellung von Uhren nur bei genügend hellen Räumen durchgeführt werden konnte, so daß z. B. „zwei, drei und mehr eng aneinanderliegende Fenster" die durch die Uhrenindustrie beeinflußten Häuser des Schweizer Jura auszeichnen (Leu, 1950-54, S. 131).

B. Durch die Industrie hervorgerufene oder umgeformte Siedlungen der modernen Zeit

Im Rahmen der anautarken Wirtschaftskultur stellt sich, wie wir bereits in den vorigen Abschnitten sahen, eine Differenzierung der Siedlungen in sozialer und wirtschaftlicher Beziehung ein, unabhängig von den Unterschieden, die innerhalb der ländlichen Siedlungsschicht auftreten. Gewerblich-industrielle Siedlungen verschiedener Art schieben sich zwischen die ländlichen Siedlungen im eigentlichen Sinne und die Städte. Im Industriezeitalter, das zu Recht auch als das wissenschaftlich-technische Zeitalter bezeichnet wird, verstärkt sich diese Differenzierung insbesondere dort, wo die Industrie zu einem wesentlichen wirtschaftlichen Faktor wurde, und das aus mehreren Gründen. Die industrielle Betätigung weitet sich aus, weil der menschliche Erfindungsgeist immer neue Roh- und Kraftstoffquellen zu erschließen und in den Dienst des Wirtschaftslebens zu stellen weiß, ob es zuerst etwa die Kohle und dann die Elektrizität war oder ob es jetzt die Atomkraft ist. Die Maschine vermag weitgehend die menschliche Handarbeit zu ersetzen. Damit aber verbietet sich die industrielle Betätigung im Heim, und zur Arbeitsstätte wird nun die Fabrik, das Werk kleineren oder größeren Ausmaßes[1]. Dies aber bedeutet, daß die vor dem Industriezeitalter zu beobachtende Verknüpfung von landwirtschaftlich und gewerblich-industrieller Betätigung zumeist aufgehoben wird und der Arbeiter ohne Landbesitz zu einem bestimmenden Element in der sozialen Struktur der eigentlichen Industrieländer wurde. Dies heißt weiterhin, daß sich die unmittelbare Wirtschaftsfläche, in der die Produktion stattfindet, auf den Fabrikraum reduziert, während die von Arbeitern, Angestellten usw. beanspruchten Wohnflächen großen Umfang annehmen können.

Ein weiteres kommt hinzu. Die Intensivierung des Verkehrs, die Inanspruchnahme technischer Verkehrsmittel, sei es Fahrrad, Motorrad, Auto oder Eisenbahn, ermöglichen die Trennung von Arbeitsort und Wohnort, und damit ist die unmittelbare Verknüpfung von Wirtschaftsfläche und Wohnplatz in Frage gestellt.

1. Holzwirtschaftliche Siedlungen

In zweifacher Weise kann die Holzwirtschaft durchgeführt werden, zum einen durch Ausnutzung vorhandener Bestände, ohne daß auf Ersatz Wert gelegt wird, und zum andern durch planmäßigen Waldbau. Raubwirtschaft und Forstwirtschaft stehen sich gegenüber. In den west- und mitteleuropäischen Kulturländern gelangte man seit dem 18. Jh. zu der Erkenntnis, daß der Wald zu erhalten und keiner übermäßigen Nutzung auszusetzen sei. Hier hat seitdem das forstwirtschaftliche über das raubwirtschaftliche Prinzip so gesiegt, wie es sonst wohl in keinem andern Raum der Erde der Fall ist. Um aber der Waldpflege gerecht werden und die genügende Aufsicht ausüben zu können, braucht man Förster, die in den ihnen zugeteilten Revieren leben. *Förstereien* stellen den siedlungsmäßigen Ausdruck forstlicher Waldwirtschaft dar. Dort, wo zwar noch keine geregelte Forstwirtschaft Eingang gewann, immerhin aber der Waldvernichtung durch ausgedehnte Brände Einhalt geboten werden soll, kommt isolierten *Feuerüberwachungs-Stationen* eine ähnliche Aufgabe zu (z. B. in der borealen Waldregion Kanadas).

Der im 19. und 20. Jh. immer größer werdende Bedarf an Holz als Rohstoff für die Industrie gab der borealen Waldregion in dieser Hinsicht besondere Bedeutung. Hier vor allem kommt den holzwirtschaftlichen Siedlungen Selbständigkeit zu. Deshalb sollen ihre charakteristischen Züge an Hand eines Vergleichs zwischen denen Nordeuropas und Nordamerikas dargelegt werden, weil so am besten die durch dasselbe Wirtschaftsziel hervorgerufene gemeinsame Note zu erfassen ist und auch die Differenzierungen herausgearbeitet werden können, die sich letztlich aus der verschiedenen historischen Situation ergeben.

Erhebliche Unterschiede zeigen sich vor allem bei den Siedlungen der *Waldarbeiter,* denen das Fällen der Stämme und u. U. deren Abtransport obliegt. In den nordeuropäischen Ländern ist das Bezeichnende darin zu sehen, daß die schon in vorindustrieller Zeit vorhandene enge Bindung mit der Landwirtschaft erhalten

[1] In manchen Industriezweigen blieb zwar das System der Hausindustrie auch in den Industrieländern erhalten (z. B. Handschuhmacherei oder Herstellung von Spielwaren), stellt aber hier doch eine im Aussterben begriffene Reliktform dar, so daß es in unserm Rahmen vernachlässigt werden kann.

blieb. So betätigen sich die Bauern im nördlichen Norwegen, in Schweden und Finnland während des Winters als Waldarbeiter. In den Gebirgsländern Großbritanniens, wo man hier und da zur Aufforstung überging, wurden die Waldarbeiter trotz der Entfernung zum Arbeitsplatz nach Möglichkeit in vorhandenen Siedlungen untergebracht, oder man errichtete eigens dazu bestimmte Wohnplätze, die notgedrungen abseits der größeren Verkehrslinien zu liegen kamen (Spaven, 1960, S. 327 ff.). Um den gesteigerten Bedürfnissen der Holzwirtschaft Rechnung zu tragen, war man außerdem von staatlicher Seite daran interessiert, die abgelegenen Waldgebiete durch innere Kolonisation zu erschließen, doch immer so, daß die Landwirtschaft zumindest einen Nebenerwerb bildet, wie es sich z. B. in den Waldkolonien Norrlands und Dalekarliens ebenso wie in Nordfinnland zeigt. Da aber die Stellen, wo das Holz gefällt wird, häufig weitab von den Siedlungen liegen und der Standort verändert werden muß, sind Unterkünfte im Walde zu schaffen. Früher sehr primitive Bauten, mehr Wohngruben als Häuser, legen die Holzgesellschaften aus sozialen Gründen jetzt auf größere Bequemlichkeit in diesen temporären Siedlungen Wert, die teilweise aus transportablen Holzhäusern errichtet werden (Hendinger, 1956, S. 113; Alskogius, 1960). Anders liegen die Verhältnisse in den entsprechenden Bereichen Nordamerikas. Nur selten war hier die Möglichkeit gegeben, die bäuerliche Bevölkerung zur Waldarbeit heranzuziehen, wie es z. B. in dem weit nach Norden ausgreifenden franko-kanadischen Siedlungsgebiet der Fall war (Blanchard, 1960, S. 122 ff.).

Nach dem Zweiten Weltkrieg hörte hier die Verbindung zwischen Landwirtschaft und Holzfällen auf, weil die Zellulose- und Papierfabriken in ihrer Produktion nicht auf eine Jahreszeit beschränkt werden konnten. Sie wurden verpflichtet, die ihnen gehörigen Wälder durch Straßen zu erschließen, und da sich der Holztransport auf diesen besser im Sommer als im Winter durchführen läßt, hat sich die Hauptperiode des Fällens auf diese Zeit verschoben. Der Rückgang der ländlichen Siedlungen im östlichen Kanada einschließlich eines Teiles von Quebec hängt eng mit diesem Wandel zusammen (Schott, 1976). Sonst führte der enorme Holzbedarf und die geringe Waldpflege dazu, daß die Holzindustrie in unbesiedelte Gebiete vordringen mußte. Industriearbeiter im Dienste großer Gesellschaften besorgen das Fällen des Holzes und werden dazu in abgelegenen Bereichen in Kamp-Siedlungen untergebracht, die man verlagert, sobald das Gelände im Umkreis abgeholzt ist.

Unterschiede zeigen sich weiterhin zwischen den nordeuropäischen und nordkanadischen *Sägewerk-Siedlungen.* Die zunächst kleinen nordeuropäischen Sägemühlen der vorindustriellen Zeit waren auf die Nutzung der Wasserkräfte angewiesen, so daß die dazugehörigen Siedlungen an den Stromschnellen im Innern des Landes lagen. Bis dahin wurden die Stämme geflößt und von hier aus das Schnittholz wieder den Flüssen anvertraut, damit von den Küstenorten dann der Export übernommen werden konnte. Mit der Einführung der Dampfkraft und der Wasserkraftanlagen zwecks Elektrifizierung jedoch trat eine Verlagerung der Sägewerke an die Flußmündungen ein, und mit der steigenden Bedeutung der Holzwirtschaft entwickelten sich die Sägewerke zu umfangreichen Industrieunternehmen, teilweise mit eigenen Arbeitersiedlungen. In den nordkanadischen Waldgebieten dagegen, wo die „Farmfrontier“ hinter der „Holzfrontier“ zurückblieb, verlagert man die Sägewerke, sobald das wertvolle Holz in ihrem Umkreis geschlagen ist. Die Einführung beweglicher Kleinsägen erleichterte dies, so daß die temporären Holzsäge-Kampsiedlungen von Osten nach Westen abwanderten und immer mehr nach Norden vorgeschoben werden mußten. Dauersiedlungen vermochten nur dort zu entstehen, wo in verkehrsgünstiger Lage die Rohstoffzufuhr auf lange Zeit gesichert erscheint, wie es vor allem an der Küste Britisch-Kolumbiens der Fall ist (Schott, 1943, S. 224; MacKinnon, 1971).

Nachdem der Wert des Holzes für die *Zellulose- und Papierherstellung* erkannt worden war, bildete dies die Grundlage einer nochmaligen Intensivierung der Holzindustrie. Die Errichtung großindustrieller Zellulosefabriken lohnt nur dort, wo sich günstige Rohstoff-, Kraftstoff- und Transportverhältnisse miteinander vereinigen. So sind hinsichtlich der Lage der Zellulosewerke und der mit ihnen verbundenen Siedlungen dieselben Bedingungen sowohl im nördlichen Kanada als auch im nördlichen Europa gegeben; auch darin besteht Übereinstimmung, daß es sich jeweils um Dauersiedlungen handelt, weil nur so die Anlage der Großwerke wirtschaftlich ist. Überwiegende Holzbauweise bei fabrikmäßiger Holzhaus-Serienherstellung läßt in Nordeuropa den Gegensatz zur alten volksgebundenen Holzkultur deutlich in Erscheinung treten und trägt zur Amerikanisierung der entsprechenden nordeuropäischen Siedlungen bei. Doch zeigen sich auch gewisse Unterschiede. In Nordeuropa konnten sich die Zellulosewerke an der Küste konzentrieren und sind hier mit den Großsägewerken verknüpft, während die Papierindustrie nicht in demselben Maße als Pionier der Besiedlung auftritt. Die Flußmündungen sind es, in denen die Industriesiedlungen mit den riesigen Bretterlagern und den rauchenden Schornsteinen der Zellulosewerke das Bild bestimmen, teilweise an vorindustrielle Siedlungen anknüpfend. Andere Wege waren in dem kaum besiedelten kontinentalen nordkanadischen Waldland zu gehen. Bot sich die Möglichkeit, an der Küste Holzindustrieplätze zu schaffen, dann wurde davon Gebrauch gemacht wie etwa in Neufundland (z. B. Grand Falls und Cornerbrook). Im St. Lorenzgebiet waren die Mündungsstellen von Nebenflüssen in den Hauptstrom besonders geeignet, Holzindustrieplätze in guter Verkehrslage aufzunehmen. Meist aber war eine solche Gunst nicht gegeben, und so entstanden an den Eisenbahnlinien dort, wo sie größere Flüsse überqueren, die großen Zellstoff- und Papierfabriken (Schott, 1954, S. 296) und zugleich die dazugehörigen Siedlungen. Es sind überwiegend isolierte, von den Holzgesellschaften errichtete und mit allem modernen Komfort ausgerüstete „company towns“, die sich an der „frontier“ befinden, umrahmt von den unermeßlichen Wäldern, aber neuerdings durch tägliche Flugverbindungen in enger Berührung mit dem Süden des Landes. So kommt den holzwirtschaftlichen Siedlungen auch im Rahmen des Industriezeitalters, in größerem Maßstab noch als zuvor, Pioniercharakter zu, insbesondere im Bereiche der borealen Waldregion.

In der Sowjetunion ist eine Kanada entsprechende Holzfrontier nicht ausgebildet, weil man einerseits bestrebt ist, in vorhandenen Siedlungen bzw. Städten Holzkombinate zu erweitern bzw. neu einzurichten (z. B. Archangelsk oder Kotlas) oder aber bei Neuanlagen mehrere Industriezweige zu vereinigen sucht, wie das etwa für Bratsk an der Angara gelten dürfte (Karger, 1966; Barr, 1971).

2. Fischereiwirtschaftliche Siedlungen

Eine ähnliche Bedeutung wie die holzwirtschaftlichen Siedlungen besitzen im Industriezeitalter auch diejenigen, die sich auf den modernen Betrieb der Fischerei gründen, denn auch durch sie wurde eine Erweiterung des Siedlungsraumes bewirkt, vornehmlich in den subporalen Bereichen. Außerdem aber stellt sich die Tendenz zur Konzentration der Fischereiwirtschaft in dafür geeigneten und ausgerüsteten Häfen ein. Die im 19. Jahrhundert besonders stark wachsende Bevölkerungszahl und der damit gesteigerte Bedarf an Nahrungsmitteln führte zur Industrialisierung der Fischereiwirtschaft, was nachhaltigen Einfluß auf die entsprechenden Siedlungen hatte.

Die Ausdehnung des fischereiwirtschaftlichen Betätigungsfeldes und die Steigerung der Fangergebnisse wurden durch zahlreiche technische Neuerungen ermöglicht. Diese beziehen sich einerseits auf die Verkehrsmittel, sei es, daß das Segelboot vom Dampfschiff abgelöst wurde und der Einsatz des Dieselmotors weitere Verbesserungen, insbesondere für die Schiffahrt auf große Entfernungen brachte, oder sei es, daß durch die Eisenbahn Frischfisch von den Fischereihäfen zu den Verbraucherzentren transportiert werden kann. Die technische Entwicklung betrifft andererseits die Fangmethoden, indem z. B. mit Einführung des Schleppnetzes eine wesentliche Steigerung der Fangerträge erzielt worden ist. Schließlich unterlagen die Konservierungsmethoden erheblichen Wandlungen; Einsalzen oder Trocknen der Fische genügte den gesteigerten Ansprüchen nicht mehr. Konservenherstellung und Gefrierverfahren im industriellen Betrieb vergrößerten die Absatzmöglichkeiten. Nach wie vor aber erzwingt die leichte Verderblichkeit der Meeresprodukte ihre Verarbeitung möglichst nahe der Gewinnungsstätte, d. h. in den Küstenlandschaften oder sogar – in noch engerer Anpassung an die natürlichen Gegebenheiten und die wirtschaftlichen Erfordernisse als Folge der Technisierung – auf den Schiffen selbst.

Aus den dargelegten Gründen zeigen sich zunächst gegenüber der früheren Zeit wesentliche Veränderungen hinsichtlich der *Walfangstationen*. Die Erschöpfung der Walbestände im subpolaren Bereich führte zu Beginn unseres Jahrhunderts zur Verlagerung des Walfangbetriebes in die antarktischen Gewässer und damit zu einer Verlagerung auch der Walfangstationen. Diese von den Walfanggesellschaften ins Leben gerufene Siedlungen liegen vor allem an den Küsten der subantarktischen Inseln und erscheinen als weit in den südpolaren Bereich vorgeschobene Siedlungsvorposten. Mit Speckkocherei und Fabriken, in denen Walfleisch und -knochen restlos verarbeitet werden, mit Öltanks für die Versorgung der Schiffe, mit Reparaturwerkstatt und der Wohnsiedlung können die Walstationen als Werksiedlungen angesprochen werden. Nicht nur die Konzentration des Walfangs in der Hand einiger weniger kapitalkräftiger Gesellschaften, sondern auch der Übergang zu *schwimmenden Verarbeitungsfabriken,* zu denen Fangboote gehören, ließ die Zahl der landfesten Walfangstationen nach dem Ersten Weltkrieg zurückgehen.

In der eigentlichen Fischereiwirtschaft spielte der pelagische Betrieb vor dem Zweiten Weltkrieg eine untergeordnete Rolle und war offenbar nur unter bestimmten wirtschaftlichen und politischen Bedingungen ausgebildet, vor allem in Japan, wo die große Entfernung zu den Lachs- und Krabbenfangplätzen in den Gewässern von Kamtschatka diese Betriebsweise aufkommen ließ. Sonst aber hat sich im

Industriezeitalter gerade dort, wo die Fischereiwirtschaft in mehr oder minder unbesiedelte und auch verkehrlich wenig erschlossene Gebiete ausgriff, ein spezifischer Typ der Fischereisiedlungen entwickelt: die von großen Gesellschaften getragenen, nur während der Fischereisaison bewohnten Siedlungen im Zusammenhang mit Verarbeitungsanlagen, die isolierten *cannery-Siedlungen*.

Am Ende des 19. Jh.s existierten an der Westküste Nordamerikas mehr als 100 Lachskonservenfabriken, die meisten am unteren Columbia und Fraser. Nachdem sich Gesellschaftsunternehmen entwickelten, die in engem Kontakt mit den Lebensmittelkonzernen stehen, setzte unter Vergrößerung der bestehen bleibenden Betriebe ein Konzentrationsprozeß ein. Vor dem Zweiten Weltkrieg waren es noch 200 solcher Anlagen, die danach auf 100 reduziert wurden und zudem eine Verlagerung nach Alaska stattfand, wo sich früher ein Sechstel und nun mehr als die Hälfte dieser Fabriken befindet (Bartz, 1974, S. 225 ff.). Die isolierten cannery-Siedlungen besitzen den Vorteil, in der Nähe der Fanggründe zu liegen und stehen mit der Außenwelt nur durch den Schiffsverkehr in Verbindung. Beziehungen zum direkten Hinterland existieren nicht, so daß die topographische Lage vornehmlich durch die günstigen Landungsmöglichkeiten für Schiffe bestimmt wird. „Landungssteg und Piers sind gewöhnlich ins Meer hinaus gebaut; ans Pier schließt sich die Fabrik selbst an, die gelegentlich als Pfahlbau, teilweise über dem Wasser erbaut ist", in enger Anpassung an die natürlichen Gegebenheiten, aber auch den inneren Fabrikbetrieb (Bartz, 1942, S. 129/30). Die Gebäude bestehen zumeist aus Holz ebenso wie die Wohnhäuser der Arbeitersiedlung. Voraussichtlich sind auch die nach dem Zweiten Weltkrieg entstandenen Staatsbetriebe in Kamtschatka, die besonders unter der Abwanderung der Arbeitskräfte leiden, zu diesem Typ zu rechnen (Dibb, 1970). – Als Peru und Chile unter Einsatz amerikanischen und anderen Kapitals nach dem Zweiten Weltkrieg die Fischerei auf Anchoviten zum Zwecke der Fischmehlgewinnung aufnahmen, kam es gelegentlich auch hier durch die Unternehmer zur Anlage von cannery-Siedlungen, zumal häufig Berufsfremde aus dem Innern als Fischer und Arbeiter, mitunter auch Südeuropäer als Kapitäne herangezogen wurden (Bartz, 1974, S. 436), wenngleich es hier häufiger der Fall war, daß man diese Gruppen sich selbst überließ und bei fast ganzjährigem Fischerei- und Fabrikbetrieb Slumbezirke zur Ausbildung kamen.

Eine Übergangsstellung zwischen nur während der Saison bewohnten bzw. ganzjährigen cannery-Siedlungen und Fischereihäfen scheinen einige Plätze einzunehmen, bei denen eine Konzentration von Fischanlandung und -verarbeitung stattfindet und die gleichzeitig die Ausfuhr des Fertigprodukts übernehmen, die aber kaum spezialisiert sind. Das gilt vornehmlich für solche Orte, bei denen die Fischmehlerzeugung im Vordergrund steht und von denen aus gleichzeitig die Verteilung, ob in das In- oder in das Ausland, erfolgt. Man kann sie als *Fischanlandeplätze* bezeichnen, zu denen manche norwegische Häfen gehören ebenso wie z. B. Chimbote in Peru, wo fast 20 v. H. der Fischmehlfabriken des Landes konzentriert sind und die Siedlung wild gewachsen ist, während in Walfischbucht in Südwest-Afrika das Europäerviertel streng getrennt von den als Fischer und Arbeiter tätigen Ambos gehalten wird (Bartz, 1974, S. 435 und S. 639).

Anders liegen die Verhältnisse dort, wo die Fischereiwirtschaft von einer vorhandenen Küstenbevölkerung ausgeht und getragen wird. Unter diesen Umständen erhielten sich vielfach die alten Formen des Fischfangs und der gewerblichen Fischerei mit den auf sie bezogenen Siedlungen. In den dicht besiedelten Industrieländern ebenso wie in den auf ausgesprochenen Export abgestellten Gebieten jedoch machte sich mit dem Aufkommen der industriell betriebenen Fischerei bald deren wirtschaftliches Übergewicht so stark bemerkbar, daß in den kleinen Fischerdörfern soziale Notstände auftraten, wie es vor allem in einigen Gegenden in Japan zu beobachten ist, wo seit der Mitte der fünfziger Jahre Neulandgewinnungen zwecks Ansiedlung großer Industriekomplexe im Gange sind; zwar erhalten die Fischer Entschädigungen, die mitunter dazu führten, selbständig zu werden, häufiger jedoch wurden sie in eine Abseitssituation gedrängt (Flüchter, 1975, S. 161 ff.). Andernorts konnte eine wirtschaftliche Umstellung erfolgen; in Süd-, West- und Mitteleuropa ebenso wie in den Vereinigten Staaten und im östlichen Kanada bot vielfach der Fremdenverkehr einen Ersatz. Günstig zu den Fangplätzen gelegene kleine Fischerhäfen der früheren Zeit vermochten ihren Charakter zu wahren, wenn man zur Motorisierung der Boote überging, die Hafenanlagen den neuen Bedingungen anpaßte und die Konservierung des Fangguts durch Anlage von Fischverarbeitungswerken, Lagerhäusern und Gefrieranlagen auf den modernen Stand brachte. Daß sich dies in der Regel nur in günstigen natürlichen Häfen ermöglichen ließ, ist verständlich unter gleichzeitiger guter Verbindung zum Markt. Wenn man in den Vereinigten Staaten an den traditionellen Fischereihäfen von Neu-England wie Gloucester und New Bedford, mit einigen Einschränkungen auch Boston, festhielt, so läßt sich das hier darauf zurückführen, daß die mit Schleppnetz arbeitenden Fahrzeuge gegenüber den Verhältnissen in Europa und der Sowjetunion relativ klein blieben, Bootsbau und Löhne so hoch im Preis liegen, daß es geschickter ist, sich durch Einfuhr (Kanada) das billiger zu besorgen, was man selbst nur teuer produzieren kann (Bartz, 1974, S. 127 ff.).

Um den US-amerikanischen Markt beliefern zu können, baute man im östlichen Kanada mit Hilfe von Mitteln der Bundesregierung und der Provinzialregierungen die Fischerei aus und begann zu diesem Zwecke seit dem Jahre 1953 in Neufundland mit der Umsiedlung kleiner Fischerplätze in größere und den Anforderungen gerecht werdende Fischereihäfen. Bis zum Jahre 1968 wurden mehr als 180 Orte aufgegeben, und bis zum Jahre 1980 sollen vierhundert weitere folgen. Ähnliche Aktionen beabsichtigt man, in Labrador, Neu-Braunschweig und Gaspé vorzunehmen (Schott, 1971, S. 134 ff.).

Wichtige Fischereihäfen in Europa befinden sich an der spanischen Baskenküste und der Bretagne; unter den letzteren ragen Lorient (64 000 E.) und seit dem Zweiten Weltkrieg Concarneau (16 000 E.) hervor. Bei letzterem befand sich die ursprüngliche Siedlung auf einer kleinen Insel und weitere sich allmählich seit dem beginnenden 19. Jh. kranzförmig in das umgebenden Festland aus (Abb. 83). Da die Fischer noch weitgehend in den benachbarten Ortschaften leben, die Unternehmer erst vor kurzem zu Wohlstand gelangten und meist im Kern verblieben, ist die innere Gliederung einstweilen gering. Vor allem zeichnen sich die die Häfen umgebenden Straßen und Plätze als Zentrum der wirtschaftlichen Aktivität aus, wobei die Eisenbahn bis zum Auktionsgebäude durchgeführt ist. Um den Hafen von La Croix sind die Konservenfabriken und deren Zubringer-Betriebe konzen-

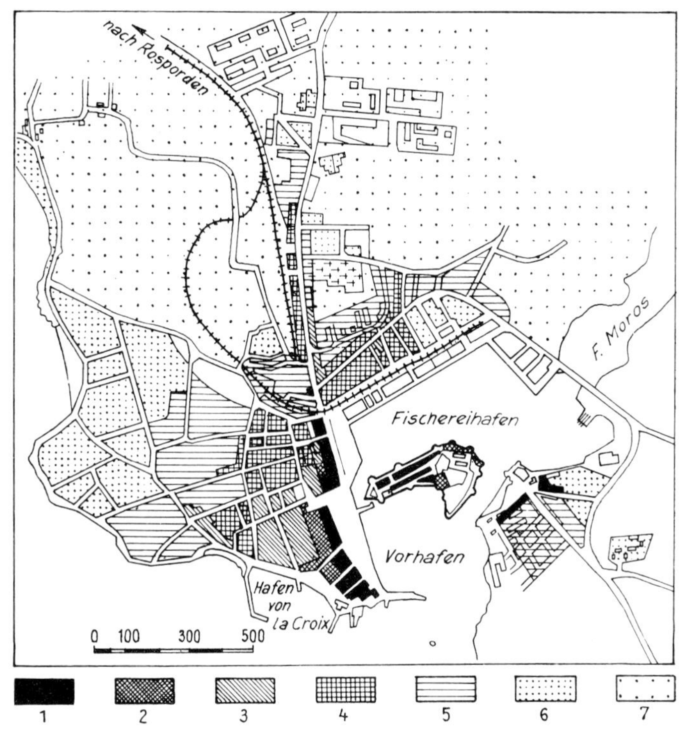

Abb. 83 Die Entwicklung des Fischereihafens Concarneau in der Bretagne (nach Pinna).

1 Entwicklung bis zum Jahre 1820
2 Entwicklung von 1820–1845
3 Entwicklung von 1845–1880
4 Entwicklung von 1880–1905
5 Entwicklung von 1905–1920
6 Entwicklung von 1920–1942
7 Entwicklung nach 1942

triert, und in den neueren Wohnvierteln überwiegt die dort beschäftigte Arbeiterbevölkerung (Pinna, 1964).

Die Tendenz zur Konzentration geht aber noch weiter, indem die Industrialisierung der Fischereiwirtschaft zur Ausbildung von *Fischerei-Großhäfen* führte, sei es, daß die Fischerei, die Verwertung der Fänge und die Verteilung der Fischereierzeugnisse an die Verbrauchszentren die ausschließliche Grundlage dieser Siedlungen abgeben oder sei es, daß dies nur zusätzlich zu andern Hafenfunktionen hinzutritt. So sind es in Deutschland Bremerhaven und Cuxhaven, die als Großfischereihäfen zu gelten haben; in Großbritannien treten Grimsby und Hull im Humber-Ästuar, Milford im Südwesten von Wales, Fleetwood an der Küste von Lancashire und Aberdeen in Schottland als Fischerei-Spezialhäfen in Erscheinung, in Frankreich kann Boulogne und in der Sowjetunion Murmansk und Nachodka im Fernen Osten genannt werden. Sie alle beruhen vornehmlich auf der Hochsee- und Fernfischerei und zeichnen sich durch besondere Naturgunst oder Anstrengungen in bezug auf Kunsthäfen aus; zudem stehen sie mit den Verbrauchergebieten durch ein gut ausgebautes Eisenbahnnetz in Verbindung. So weisen die Fischerei-Großhäfen eine sehr spezifische, weitgehend auf die Belange der industrialisierten

Fischereiwirtschaft ausgerichtete Physiognomie auf. Auktions- und Verpackungshallen, wo die Fänge zur Versteigerung und zum Abtransport kommen, ziehen sich an den Kais entlang, und der Fischversandbahnhof liegt nach Möglichkeit zentral im Hafengelände, um mit Kühlwagen eine schnelle Frischfischzufuhr in die Verbraucherzentren zu gewährleisten. Was nicht sofort zum Absatz gelangt, wird in Räuchereien, Marinieranstalten usw. verarbeitet bzw. Fischmehlfabriken zugeführt. Eis-, Essig-, Faß- und Blechdosenfabriken, Betriebe für die Ausrüstung und Ausbesserung der Fangdampfer u. a. m. vervollständigen das Bild, während die dazugehörigen Wohnsiedlungen mit ihren hohen Einwohnerzahlen (z. B. Grimsby 94 000 E., Bremerhaven 144 000 E.) städtische Züge hinsichtlich ihrer Erscheinungsform zeigen.

Nach dem Zweiten Weltkrieg gingen Franzosen, Spanier, Russen und Japaner daran, Häfen an der westafrikanischen Küste mit Konservenfabriken auszurüsten, für die die Fischerei in der Regel ein zusätzliches, aber nicht das Hauptaktionsfeld darstellt und die häufig mehr von ausländischen Fischereiflotten als von den einheimischen Fischern in Anspruch genommen werden (Dakar, Freetown, Monrovia, Abidjan und Pointe Noire). Mit Hilfe der Russen wurde der Hafen Tema angelegt, der die Hafenfunktion von Accra übernahm, so daß hier nur ein Teilhafen der Fischerei dient.

3. Bergwirtschaftliche Siedlungen

Die bergwirtschaftlichen Siedlungen, solche, die auf dem Abbau von Bodenschätzen und u. U. ihrer ersten Aufbereitung beruhen, unterscheiden sich von denen der vorindustriellen Zeit zunächst durch die Häufigkeit ihres Vorkommens. Besteht allgemein der Zug zur intensiveren Nutzung der Rohstoffe, die die Erdoberfläche zur Verfügung stellt, so gilt dies in besonderem Maße für das, was der Untergrund bietet, zumal der Kreis dessen, was im Industriezeitalter für abbauwürdig befunden wird, sich gegenüber der früheren Zeit erheblich erweiterte. Neben Steinsalz und Erzen gewann nun die Steinkohle überragende Bedeutung; Erdöl und Erdgas traten in den Dienst der menschlichen Wirtschaft, der Abbau von Kali-, Salpeter und Phosphatlagerstätten wurde lohnend, und was dergleichen mehr sein mag. Außerdem aber machte sich, wie schon mehrfach erwähnt, das Streben bemerkbar, mit Hilfe der modernen Technik zum Großbetrieb überzugehen, von Gesellschaften oder vom Staat getragen, was von wesentlichem Einfluß auf die bergwirtschaftlichen Siedlungen ist. In mancher Beziehung sind sie Industriesiedlungen vergleichbar (Kap. V. B. 4) – die einst den Bergleuten zukommenden Vorrechte existieren nicht mehr –, so daß hier vornehmlich nur diejenigen Fragen behandelt werden, die sich aus der Situation des Bergbaus ergeben.

In zweifacher Hinsicht stimmen die bergwirtschaftlichen Siedlungen der vorindustriellen Periode mit denen des Industriezeitalters überein: einerseits ist ihre Lage an das Vorhandensein abbauwürdiger Bodenschätze gebunden, und andererseits hängt ihre Lebensdauer von den erschöpfbaren Vorräten ab, die zur Verfügung stehen. Das Aufblühen des Bergbaus bringt neue Siedlungen zur Entwicklung, so daß dessen siedlungsbildende Kraft nach wie vor ein wichtiges Merkmal darstellt; sein Vergehen zeigt sich in zahlreichen „Ruinenstädten“, den „ghost towns" der Angelsachsen, die sich vor allem in den Grenzbereichen der Ökumene unter extremen klimatischen Bedingungen finden, weil dann der Übergang zu einer andern wirtschaftlichen Betätigung erschwert, wenn nicht sogar ganz in Frage gestellt ist. In abgewandelter Form macht sich die gekennzeichnete Unstetigkeit aber auch in solchen Gebieten bemerkbar, die durch ländliche Siedlungen bereits erschlossen waren, als der Bergbau in größerem Maßstab einsetzte. Wird dieser dann in genügend intensiver Form aufgenommen, dann müssen Arbeitskräfte aus entfernteren Bereichen herangezogen werden, für deren Unterbringung zu sorgen ist. Auf diese Weise entstanden z. B. in England seit dem zweiten Viertel des 19. Jh.s in unmittelbarer Nähe der Kohlenschächte oder längs vorhandener Straßen die eintönigen Bergarbeiter-Reihenhaussiedlungen.

Nicht allein die Erschöpfung von Lagerstätten, sondern auch wirtschaftliche Umstände können zur Aufgabe von Bergbaubetrieben zwingen.

Wie schon in vorindustrieller Zeit, so gilt es noch mehr im Industriezeitalter, zwischen Tagebau und Tiefbau zu unterscheiden, ebenso wie die Gewinnung von Erdöl und Erdgas besondere Probleme aufwirft.

Beim ersteren können die zum Abbau bestimmten Flächen nicht mit Siedlungen besetzt werden, abgesehen davon, daß Verlagerungen notwendig werden, die u. U. einen Wechsel im Standort der entsprechenden Siedlungen notwendig machen.

Insbesondere bei der Ausbeutung von Seifenlagerstätten ist es notwendig, die Lage der „Minen" häufig zu verändern, wie es sich unter Verwendung westlich-technischer Methoden etwa im Zinnbergbau von Malaysia und Indonesien (Bangka) zeigt. Damit erscheint die vielfache Verlegung der mit dem Bergbau zusammenhängenden Siedlungen charakteristisch, wie es Helbig (1940, S. 179) für die Insel Bangka betont. Auch im Kintatal Malaysias, wo alle andern wirtschaftlichen Interessen dem Zinnbergbau untergeordnet werden, war diese Verlagerung bis vor einem Jahrzehnt üblich; wenn hier aus politischen Gründen in den vergangenen Jahren größere, auf das Verkehrsnetz bezogene Siedlungen ins Leben gerufen wurden, die einen erheblichen Teil der Bergarbeiter stellen, so bleibt abzuwarten, wie sich das mit den wandernden Bergbaubetrieben wird vereinbaren lassen (Ooi Jin-Bee, 1955, S. 49 ff.).

Spielt im Seifenbergbau die Verlagerung der Siedlungen eine erhebliche Rolle, so erscheinen die Verhältnisse in solchen Landschaften ungleich komplizierter, wo schon vor der Bergbauperiode eine relativ durchgreifende ländliche Erschließung vorlag, wie es in den west- und mitteleuropäischen Kulturländern der Fall ist. Der im Tagebau betriebene Braunkohlenbergbau Deutschlands mag als Beispiel für ähnlich gelagerte Bedingungen des Tagebergbaus in andern Kulturländern herangezogen werden. Anwachsen der ländlichen Siedlungen im Umkreis des Abbaubezirkes und Wandlung ihrer sozialen Struktur, zumal ihre Wirtschaftsfläche immer mehr dem vordringenden Bergbau zum Opfer fällt; ihre Erweiterung durch Arbeitersiedlungen und neue Arbeiterkolonien stellen die erste Phase der Entwicklung dar (Ellscheid, 1929; Telschow, 1933; Schneider 1957). Hat sich aber der Tagebau so weit ausgedehnt, daß den Siedlungen die Gefahr droht, durch die sie umgebenden Gruben von der Außenwelt abgeschlossen zu werden, dann muß an ihre Verlegung gedacht werden, zumal wenn der Untergrund der Siedlung abbau-

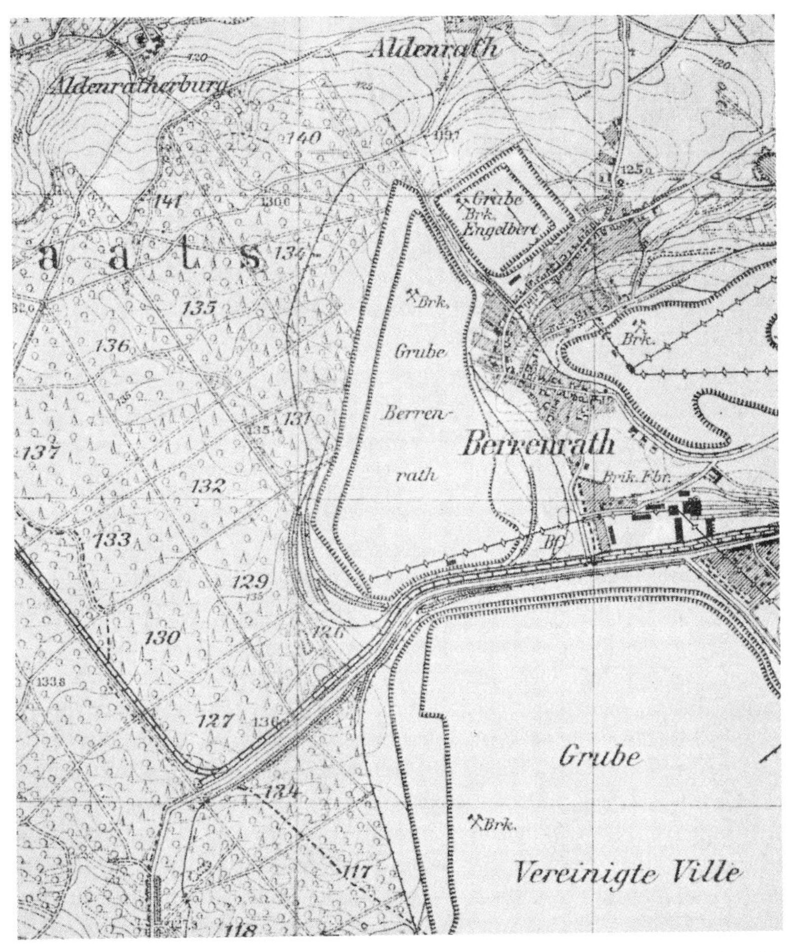

Abb. 84 Gemeinde Berrenrath im Braunkohlengebiet der Ville, westlich von Köln. (Nach der Topographischen Karte 1:25000, Blatt Kerpen [Nr. 5106], Ausgabe 1929).

würdige Flöze birgt. Am Beispiel von Berrenrath im Braunkohlengebiet der Ville sei diese Situation näher erläutert, die keineswegs etwas Einmaliges darstellt, sondern auch für andere Siedlungen in Tagebergbau-Gebieten, sofern diese relativ dicht besiedelt sind, Gültigkeit beansprucht.

Berrenrath, eine von kleinen Landwirten und Waldarbeitern bewohnte Rodungssiedlung, wurde relativ früh in den Braunkohlenbergbau einbezogen, der schon vor dem Ersten Weltkrieg innerhalb weniger Jahre auf maschinellen Betrieb umgestellt worden war. Der linear gerichtete Ort verdichtete sich, dehnte sich längs der zweiseitig bebauten Straße aus und wurde zur Arbeitersiedlung. Im Anschluß an die nach dem Ersten Weltkrieg entstandene Brikettfabrik wurde eine neue Arbeitersiedlung ins Leben gerufen (Abb. 84). Dem immer weiteren Vordringen des Tagebaus fielen zunächst einige Einzelhöfe in der Umgebung zum Opfer, bis schließlich Berrenrath von drei Seiten durch Grubenfelder eingeengt war; nur noch im Norden und Nordosten stand der Ort mit benachbarten Siedlungen in Verbindung. Schon um das Jahr 1926 wurde an eine Verlagerung von Berrenrath gedacht und diese von der Bevölkerung selbst gewünscht (Ellscheid, 1929, S. 292). Erweiterung der Brikettfabrik um ein Kraftwerk und Aufbau einer Werksiedlung im bereits abgekohlten und verkippten Gelände um das Jahr 1939 waren die eine Seite der weiteren Entwicklung, die andere aber die, daß der Abbau in den

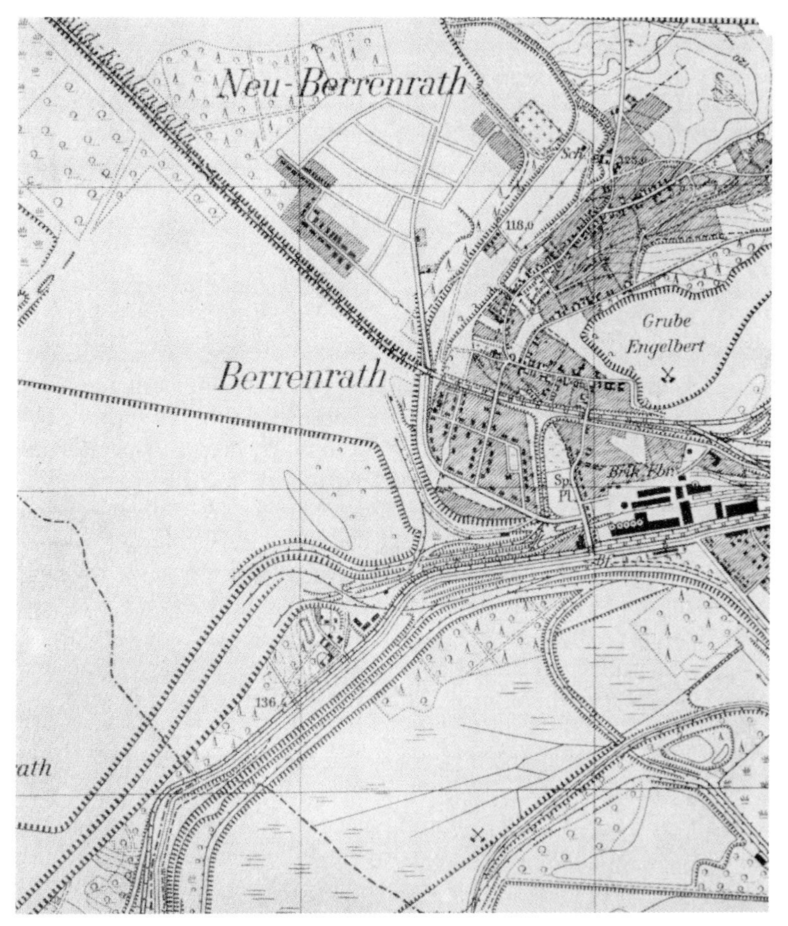

Abb. 85 Gemeinde Berrenrath im Zustand der Umsiedlung. (Nach der Topographischen Karte 1:25000, Blatt Kerpen [Nr. 5106], Ausgabe 1954).

Gruben „Berrenrath" und „Vereinigte Ville" zum Erliegen kam und nun die Frage auftauchte, wie das Ödland wieder nutzbar gemacht werden könne. Verwendung als Ascheklärbecken für ein benachbartes Kraftwerk und teils landwirtschaftliche, teils forstliche Rekultivierung bildeten die wichtigsten Maßnahmen in dieser Hinsicht. Doch daneben wurde der Abbau des unter der alten Siedlung liegenden mächtigen Hauptkohlenflözes erwogen, was im Jahre 1951 den endgültigen Entschluß herbeiführte, Berrenrath umzusiedeln. Eine 600 m weiter westlich gelegene verkippte und landwirtschaftlich rekultivierte Fläche wurde dazu ausersehen, die neue Siedlung aufzunehmen (Abb. 85). Der wirtschaftlichen Struktur des Ortes, dessen Bewohner zu 90 v. H. in Beziehung zum Braunkohlenbergbau und der darauf aufbauenden Industrie stehen, wurde beim Bau der Wohnhäuser Rechnung getragen: Einfamilienhäuser ohne Stall und Scheune, aber mit Garten ebenso wie zweigeschossige Mietshäuser werden in der im Aufbau befindlichen Siedlung errichtet. Durch Anlage einer neuen, das Braunkohlenrevier in Nord-Süd-Richtung durchziehenden Kohlenbahn wurde Vorsorge getroffen, daß nach Erschöpfung der Lagerstätte im südlichen Abschnitt durch Herantransport der Kohle aus den zukünftig aufzuschließenden Feldern im Norden die Arbeitsstätten im wesentlichen erhalten bleiben und damit die eben geschilderte Umsiedlung sinnvoll erscheint (Schneider, 1957, S. 46/47).

Etwas anders liegen die Probleme dort, wo man innerhalb oder außerhalb des eigenen Staatsgebietes den Bergbau in die *Grenzbereiche der Ökumene* vorschob.

Die entsprechenden Siedlungen sind hier zunächst durch ihre Isolierung gekennzeichnet. Dies erfordert besondere Maßnahmen, denn einerseits muß die Versorgung der Bevölkerung sichergestellt und andererseits der Abtransport des gewonnenen Gutes übernommen werden. Der planmäßige Abbau der hochwertigen Eisenerzlager Nordschwedens z. B. konnte erst nach dem Bau der Eisenbahn Luleå-Kiruna-Narvik beginnen, und die wirtschaftliche Ausbeutung der mehr als 500 km von der Küste entfernten Eisenerzlagerstätten von Knob Lake machte das Einrichten einer Bahnlinie von hier nach Seven Island am Ästuar des St. Lorenz notwendig. Welche Aufwendungen hinsichtlich der Verkehrseinrichtungen seitens der Minengesellschaften mitunter erforderlich waren, zeigte *Lerat* (1971, S. 177 ff.) insbesondere für Afrika und Südamerika.

Solange der Bergbau im Stadium spekulativer Unternehmungen verbleibt und sich Bevölkerungsgruppen finden, die notwendige Arbeit zu leisten, dann zeigen die entsprechenden bergwirtschaftlichen Siedlungen provisorischen Charakter. In Kiruna-Gällivare bildeten Erdhöhlen und Arbeiterkaten die ersten Behausungen, in Kanada einfache Holzhäuser längs einer Straße, wo stehengelassene Baumstümpfe und Benzinfässer davon zeugten, daß man sich nicht auf Dauer einrichtete (Schott, 1937, S. 561). Erweist sich der Bergbau als lohnend, dann gingen die Minengesellschaften – in Kanada seit der letzten Jahrhundertwende – dazu über, planmäßige Kamp-Siedlungen anzulegen, vornehmlich für alleinstehende Arbeiter gedacht, die teils in flachen Baracken und teils in mehrstöckigen Häusern untergebracht wurden, und lediglich für die führenden Angestellten sah man Einfamilienhäuser vor (Jüngst, 1971, S. 166). Hinsichtlich der Versorgung aber war man auf bereits vorhandene und unabhängig vom Bergbau entstandene Siedlungen angewiesen. Solche Kamp-Siedlungen, allerdings in wesentlich besserer Ausstattung, wurden auch bei der Erdölgewinnung in der Sahara üblich; hier schuf man entsprechend der Stellung der Beschäftigten ein besonderes Viertel für die aus Frankreich stammenden Ingenieure, ein weiteres für ausländisches und heimisches Aufsichtspersonal und schließlich eines für die meist aus dem eigenen Land herangezogenen Arbeitskräfte, die in Algerien aus den übervölkerten Oasen kommen. Da zunächst daran festgehalten wurde, daß sämtliche Beschäftigte hier ohne ihre Familien tätig sind, haben die Gesellschaften nicht allein für die Unterkünfte, sondern auch für die Ernährung ebenso wie für kulturelle und soziale Einrichtungen zu sorgen. Die Eintönigkeit im Lebensablauf sucht man dadurch zu mildern, daß die aus Algerien Stammenden nach drei Wochen Arbeit eine Woche Urlaub erhalten, während die Franzosen in etwas größeren Abständen für jeweils vierzehn Tage mit dem Flugzeug in die Heimat gebracht werden. Bis zu einem gewissen Grade ist man bereits von solchen Kamp-Siedlungen abgekommen, indem seit dem Jahre 1959 zwischen Ouargla und Fort Flatters eine neue company town entsteht, mit einem Geschäftsviertel ausgestattet, in der den Franzosen gestattet wird, mit ihren Familien zu leben (Lerat, 1971). Sollten in Kanada die Erdölreserven im Hohen Norden ausgebeutet werden, dann wird auch hier nichts anderes übrig bleiben, als wiederum Kamp-Siedlungen zu errichten (Dansereau, 1976).

Bereits vor dem Ersten Weltkrieg ging man in Kanada dazu über, die Kamp-Siedlungen durch company towns zu ersetzen, wo nun der größere Teil der

Beschäftigten mit ihren Familien Unterkunft fand, die Wohnungen zu billigen Preisen von den Gesellschaften gemietet werden konnten und die Ausstattung im Laufe der Zeit eine erhebliche Vervollkommnung erfuhr (Jüngst, 1971, S. 166 ff.). Seit etwa dem Zweiten Weltkrieg und in verstärktem Maße danach setzte man sich kritisch mit der company town auseinander (Robinson, 1962; Allen, 1966; Porteous, 1970) und bemängelte die Monotonie der Wohnbauten, die strenge Viertelsbildung, die soziale und wirtschaftliche Abhängigkeit von der jeweiligen Gesellschaft, die zugleich eine Eigeniniative der Bewohner nicht aufkommen ließ. So ist man heute mehr daran interessiert, mit eigener Verwaltung ausgestattete (incorporated) Orte zu schaffen, in denen sich das Geschäftsleben unabhängig von der Minengesellschaft vollzieht und auf kommunaler Ebene ein Gemeinschaftsbewußtsein geweckt wird.

Chile erhielt durch den im 19. Jh. einsetzenden Salpeter- und dann durch den Kupferbergbau sein Gepräge, was zunächst nur in kleinen Betrieben stattfand. Als sich seit dem Ende des 19. Jh.s amerikanische Gesellschaften dafür interessierten, entstanden ausgesprochene company towns, z. B. Chuquicamata (Kupfer) und Maria Elena (Salpeter), und auch ein Teil der Häfen, über die die Ausfuhr erfolgte, gehörte diesem Typ an. Eine stärkere Beteiligung Chiles vornehmlich an der Kupferproduktion wurde bereits nach dem Ersten Weltkrieg gefordert, über Steuererhöhungen u. a. m. weiter verfolgt, bis im Jahre 1967 die stufenweise Nationalisierung und im Jahre 1971 die Enteignung des Gesellschaftsbesitzes durchgesetzt wurde. Damit waren auch Veränderungen der einstigen company towns verbunden, indem der Sonderstatus der Bergarbeiter abgebaut wird und sie die Stellung sonstiger chilenischer Stadtbewohner erhalten sollten. Um das zu erreichen, siedelte man einen Teil der Bergarbeiter aus Chuquicamata nach Calama um, und im Kupferminenkombinat von El Teniente gab man die company towns Sewell und Coya völlig auf und setzte deren Bevölkerung in den Außenvierteln von Rancagua an. Wie weit eine Lösung der sozialen Probleme in den Umsiedlungsorten möglich ist, wo sich nun zwei Gruppen gegenüberstehen, diejenigen, die unabhängig von den Bergbaugesellschaften waren und die neu Hinzugekommenen, die diese Abhängigkeit gern in Kauf nahmen, muß dahingestellt bleiben (Porteous, 1973, S. 118 ff.), zumal unklar ist, wie sich die Entwicklung nach dem neuen Umbruch vollzieht.

Insbesondere nach der Unabhängigkeit suchten manche afrikanische Länder, neue Bodenschätze zu erschließen oder den Abbau bestehender zu erweitern, etwa in Liberia, Gabun oder Zambia, um nur einige zu nennen. Auch hier ist es häufig zur Ausbildung von company towns gekommen, etwa Yekepa oder Bong Town in Liberia, Munana, Moanda und Port Gentil in Gabun (Gerlach, 1973; Neuhoff, 1967, S. 170 ff.). Doch treten hier oft noch zusätzliche Probleme auf, die einerseits darin bestehen, daß das Arbeitskräfteangebot oft größer als die Nachfrage ist, und andererseits bleibt offen, was aus denjenigen wird, die aus Krankheits- oder Altersgründen aus dem Betrieb ausscheiden und die in der Regel nicht mehr in ihre Heimatdörfer zurückkehren wollen. Häufig entstanden peripher zu den company towns Spontansiedlungen, die sich unabhängig von Minengesellschaften bilden und von solchen Gruppen bewohnt werden, die noch nicht in der company town untergekommen sind oder die nach Beschäftigung im Bergbau suchen. Hier bebaut man Grundstücke nach eigenem Ermessen, und selbst wenn sich ein gewisses Geschäftsleben einstellt, so ist ein Absinken zu Slumbezirken oder bidonvilles meist nicht aufzuhalten. Das weitere Konzept besteht darin, ob auf Bergbaugelände oder nicht, seitens der Gesellschaften offene Bergbausiedlungen einzurichten, die das notwendige Angebot an Dienstleistungen selbst aufbringen und nicht der direkten Verwaltung und Aufsicht der Gesellschaft unterstehen, wie es in je einem Falle in Liberia (Blenck, 1975, S. 109 ff.) und in Zambia verwirklicht wurde (Kay, 1971, S. 874 ff.).

Im Bereiche der *alten Industrieländer* nehmen zunächst die *Erdöllagerstätten* in ihrer Auswirkung auf die Siedlungen eine Sonderstellung ein. Sobald ein Feld erschlossen ist, sind Förderung und Transport (pipelines) in der Regel so weitgehend mechanisiert, daß nur wenige Arbeitskräfte benötigt werden. Diese können in hinreichend besiedelten Gebieten in den vorhandenen Siedlungen im Umkreis des Erdölfeldes untergebracht werden. So gibt sich die Dezentralisation mit einer mehr oder minder erheblichen Trennung von Arbeitsstätte und Wohnort als charakteristisches Merkmal zu erkennen, wie es z. B. für die nordwestdeutschen Erdölfelder nachgewiesen werden konnte (Hartung, 1954/55; Heide, 1965). Eine Ausnahme liegt naturgemäß vor, wenn das Erdöl bergmännisch gewonnen und eine Schachtanlage erforderlich wird (früher Wietze). Auch die Verarbeitung des Erdöls in Raffinerien führt oft genug zur Konzentration der notwendigen Arbeitskräfte in besonderen Siedlungen, vornehmlich wenn der Standort der Raffinerien in der Nähe des Erdölfeldes oder in wenig besiedelten Gebieten, aber in verkehrsgünstiger Lage gewählt wird. Hier finden sich dann häufig genug auch die Verwaltungssitze der Erdölgesellschaften.

Beim *Tiefbau* wird die Oberfläche als solche nur in geringem Maße beansprucht, sofern durch geeignete Maßnahmen Bergschäden verhindert werden. Unter dieser Voraussetzung stellen sich keine einschränkenden Bedingungen für die Wahl des Siedlungsstandortes und die Ausdehnung der Siedlungen ein. Für manche Bodenschätze allerdings ist darauf zu achten, die für den Betrieb notwendigen Siedlungen außerhalb des im Untergrund vorkommenden und abzubauenden Bergbauproduktes anzulegen. So muß vermieden werden, Ortschaften im Bereiche von Salzstöcken anzusetzen, wenn diese sich nahe der Erdoberfläche befinden und durch Auslaugung Senkungserscheinungen auftreten können, die eine Gefährdung der Bauwerke mit sich bringen. Besonderer Maßnahmen bedarf es in Steinkohlen-Bergbaugebieten, um Senkungen nach Möglichkeit auszuschalten, weil hier auf größeren Flächen die Flöze im Untergrund ausgeräumt werden. In Deutschland hielt man schon früh mit Hilfe gesetzlicher Bestimmungen darauf, durch Wiederauffüllen der unterirdischen Hohlräume und Stehenlassen von Kohlenpfeilern Bergschäden einzuschränken. Anders verlief die Entwicklung in Großbritannien, wo solche Erwägungen bis etwa zum Zweiten Weltkrieg keine Berücksichtigung fanden und die Bergarbeiterhäuser in ungleich größerem Ausmaß von den Folgen eines solchen Verfahrens zeugen. Wenn im Rahmen der modernen Planungen erreicht werden soll, einerseits auf die Anlage neuer Siedlungen dort zu verzichten, wo der Kohlenabbau notwendig ist, und andererseits die Ausbeutung zu unterlassen, wenn Gemeinden dadurch gefährdet werden, so sind hierdurch unmittelbare Beziehungen zwischen Bergbau- und Siedlungsstandort gegeben (Uhlig, 1956, S. 234).

Da seit dem 18. Jh. der Kohlenbergbau der wichtigste Zweig wurde, der die Industrialisierung einleitete, soll insbesondere auf damit zusammenhängende Bergbausiedlungen eingegangen werden.

Ausgesprochene Bergbausiedlungen, die keine nennenswerte Verarbeitungsindustrie besitzen, geben sich in der Regel als Gruppensiedlungen zu erkennen, deren *Größe* direkt abhängig von dem Bedarf an Arbeitskräften im Bergbau bzw. in der Aufbereitung der Bergbauprodukte ist. Dies gilt um so mehr, als sich gerade für einseitige Bergbausiedlungen vielfach nachweisen läßt, daß sie selten Mittelpunkte ihrer engeren oder weiteren Umgebung darstellen, sondern häufig genug in bezug auf den Klein- und Großhandel ebenso wie soziale und kulturelle Einrichtungen selbstgenügsam, wenn nicht gar unterentwickelt sind. Im Zusammenhang damit mag die Tatsache stehen, daß sich Bergbausiedlungen nur selten zu wirklichen Großsiedlungen entfalten. Eindeutig ist dies für die Vereinigten Staaten dank der Untersuchung von Alexandersson (1956, S. 25 und 27 ff.) zu belegen. Hier lebt der größte Teil der Bergarbeiter in Siedlungen bis zu 2500 und nur ein Drittel in solchen mit über 2500 Einwohnern. Lediglich 17 Siedlungen über 10 000 Einwohner können als einseitige Bergbausiedlungen angesprochen werden, von denen drei Viertel diesen Wert nur unwesentlich überschreiten (bis 20 000 Einwohner).

In der Sowjetunion dürften Bergbausiedlungen vornehmlich zu den Siedlungen städtischen Typs gehören, die unabhängig von ihrer Einwohnerzahl hinsichtlich Ausstattung und Versorgung nicht an eigentliche Städte heranreichen; ihre Typisierung für den gesamten Raum steht m. W. noch aus.

Die Zahl der benötigten Arbeitskräfte ist einerseits von den Lagerstättenverhältnissen abhängig, indem die Bergarbeiter bei einfachen Bedingungen eine größere Tagesleistung zu erzielen vermögen als bei komplizierten; unter Voraussetzung derselben Produktionskapazität führt das im ersteren Falle zu einer geringeren, im letzteren zu einer umfangreicheren Einstellung von Arbeitskräften, was in der Größe der entsprechenden Siedlungen seinen Niederschlag findet. Zum andern aber spielen die Betriebsgröße und der Grad der Technisierung eine Rolle. Im Verlaufe des Industriezeitalters wirkten diese beiden Momente in entgegengesetzter Richtung auf die Größe der bergwirtschaftlichen Siedlungen ein. Hinsichtlich der Betriebsgrößen zeigt sich im allgemeinen die Tendenz, von kleinen Betrieben zu Großunternehmen überzugehen, so daß mit dieser Entwicklung eine wachsende Zahl von Arbeitskräften unterzubringen ist; das Fortschreiten der Technisierung aber spart Arbeitskräfte ein. Das bedeutet zugleich, daß sich ältere und jüngere Bergbausiedlungen unterscheiden lassen und damit u. U. eine *zeitliche Schichtung* erkennbar wird. Dies gilt um so mehr, als nicht nur das Industriezeitalter einen Bruch mit den früher vorhandenen Sozialverhältnissen hervorrief, sondern sich auch im Rahmen des Industriezeitalters selbst Wandlungen des gesellschaftlichen Gefüges abzeichnen, indem die zunächst aufgerissene Kluft zwischen den überkommenen Formen und der sich bildenden und abhängigen Arbeitermasse allmählich überbrückt wurde. Damit aber tritt auch bei der Untersuchung der bergwirtschaftlichen Siedlungen die Notwendigkeit der *historischen Unterbauung* auf, was besagt, daß sich ihre Ausprägung von den besonderen sozialen und kulturellen Bedingungen des Raumes abhängig erweist, in dem sie entstanden.

Ohne Vollständigkeit zu erstreben, sollen zunächst die Bergbausiedlungen der west- und mitteleuropäischen Kulturländer betrachtet werden, die in ihrer vielfach über 200 Jahre währenden industriellen Entwicklung die zeitliche Schichtung am besten dokumentieren.

Da in *England* die Industrialisierung auf der Grundlage des Steinkohlenbergbaus am frühesten begann, steht zu erwarten, daß sich hier die zeitliche Schichtung der Bergbausiedlungen in Abhängigkeit von den Lagerstättenverhältnissen, der oben dargelegten Entwicklung der Betriebsgrößen und der wachsenden Mechanisierung besonders deutlich abzeichnet. Uhlig (1956) wandte in seiner Studie über Nordostengland gerade diesem Problem seine Aufmerksamkeit zu; auf seine „formale und genetische Kartierung der Kulturlandschaft um Newcastle upon Tyne", in der die Bergbausiedlungen berücksichtigt werden, sei nachdrücklich verwiesen.

Drei Entwicklungsphasen, denen jeweils verschiedene Typen von Bergbausiedlungen entsprechen, wurden unterschieden. In der frühtechnischen Periode, die das 18. und beginnende 19. Jh. umfaßt, wurde der Stollen- und Tiefschachtbau aufgenommen, die Dampfmaschine zur Wasserbewältigung und Förderung der Kohle aus den tieferen Gruben ebenso wie die Pulversprengung eingeführt und Fortschritte im Kohlentransport unter Verwendung von Schienenstraßen erzielt. Noch rekrutierten sich die Bergarbeiter bei dem Fehlen von Eisenbahnen und dem Vorherrschen von kleinen oder mittleren Bergwerksbetrieben aus der Umgebung der Gruben. Demgemäß erscheinen die mit der frühtechnischen Landschaft verbundenen Bergbausiedlungen in zwei verschiedenen Formen. Dort, wo ein Anknüpfen an vorhandene ländliche Siedlungen möglich war, nutzte man dies aus unter Wandlung ihrer Ortsform (Verdichtung, z. B. Bebauung des Angers der green villages und Ausweitung) und ihrer sozialen Struktur. Drang aber der Bergbau in unbesiedelte Bereiche ein, die zuvor als Allmendflächen dienten, dann siedelten sich die Bergarbeiter spontan in der Nähe der Gruben in lockerer regelloser Streuung an.

Wesentlich anders stellen sich die Siedlungen der zweiten Phase der „industriellen Revolution" dar, die etwa im dritten Jahrzehnt des 19. Jh.s begann. Die technischen Voraussetzungen dieser Periode waren einerseits durch die Entwicklung der Eisenbahnen gegeben und andererseits durch Vervollkommnung der Grubentechnik, die den Abbau tieferer, noch nicht in Angriff genommener Flöze ebenso wie das Eindringen des Bergbaus in Gebiete mit mächtigeren Deckschichten erlaubte. Weiterhin aber machte sich das Streben bemerkbar, die Kohlenförderung in Großschächten zu konzentrieren. Jetzt genügte die heimische Landarbeiterbevölkerung nicht mehr; die starke Einwanderung aus entfernteren Gebieten brachte das Problem der Unterbringung der Arbeitermassen mit sich. Zumeist gingen die Unternehmer daran, möglichst schnell billige Unterkünfte zu errichten, und zwar dort, wo es ihnen am günstigsten schien, d. h. in der Nähe der Gruben, unabhängig von andern Belangen dem Bergbau in jeder Weise den Vorrang gewährend. Dem Prinzip des Einfamilienhauses folgend, hatte jede Familie ihr „eigenes Haus" mit eigenem Eingang, auch wenn die Wohnung oftmals nur aus einem Raum bestand. Zu Reihen längs der Straßen zusammengeschlossen, ergaben diese aus Bruchsteinen, später aus Ziegeln bestehenden Reihenhaus-Siedlungen den Typ der bergwirtschaftlichen Ortschaften der industriellen Revolution.

Waren die ältesten Reihenhäuser nur in einer Reihe, der pit-row, oder in einem kleinen Block, dem pit-village, angeordnet, so schlossen sich mit einer nochmaligen Intensivierung des Bergbaus seit der Mitte des 19. Jh.s die Reihenhäuser zu Bändern zusammen, während den späteren Großbetrieben geschlossene dicht bebaute, stereotype „Bergarbeiterstädte" ohne Mittelpunktswirkung zugeordnet waren.

Die dritte Phase, die sich unter den Auswirkungen der den englischen Kohlenbergbau schwer treffenden Weltwirtschaftskrise seit den dreißiger Jahren dieses Jahrhunderts anbahnte, stand hinsichtlich der Bergarbeitersiedlungen unter einem völlig andern Blickpunkt. Trotz steigender Kohlenförderung, die für einen Teil des nordostenglischen Reviers angestrebt wurde, benötigte man bei zunehmender Mechanisierung kaum mehr Arbeitskräfte als zuvor, so daß nur noch ausnahmsweise neue Bergarbeitersiedlungen entstanden. Vielmehr ging man unter Vorrangstellung sozialer Gesichtspunkte an die Umformung des Bestehenden, indem die veralteten Reihenhäuser durch moderne Wohnbauten ersetzt wurden (slum clearing).

Nach dem Zweiten Weltkrieg, insbesondere aber nach dem Jahre 1957, als die Kohlenproduktion drastisch einzuschränken war, ging die Erneuerung der alten Bausubstanz weiter, aber es kamen in dieser letzten Periode neue Elemente hinzu. Man mußte versuchen, andere Industriezweige in den ehemaligen Bergbau- und Schwerindustriegebieten aufzubauen, was mit Hilfe der trading oder industrial estates geschah, vom Staat errichtete moderne Fabrikationsanlagen für kleinere und mittlere Betriebe in günstiger Verkehrslage, die an die Unternehmer vermietet oder verkauft wurden. Seit der Aufnahme von Uhlig hat sich ihre Zahl vermehrt. Weiterhin ging man dazu über, „Neue Städte" zu schaffen, unter denen die ersten Newton Aycliffe (1947) und Peterlee (1948) waren, letzteres „eine Bergbaustadt ohne Bergwerk" (Uhlig, 1956, S. 240), indem hier vornehmlich die auf kleine veraltete Bergbausiedlungen verstreute Bevölkerung konzentriert wurde, deren Arbeitsstätte sich in den nahe gelegenen Großzechen befand, was der Idee der „Neuen Städte" widersprach. In bescheidenerem Ausmaß als in den entsprechenden Siedlungen ist es seitdem aber auch hier zum Ansetzen von Industrie gekommen. Im Jahre 1964 kam Washington hinzu, und schließlich baute das Northumberland County-Council im Norden des Reviers Killingworth und Cramlington zu „Neuen Städten" aus; eine wesentliche Verbesserung des Straßennetzes mit der Untertunnelung des Tyne vervollständigen das Bild (House, 1969, S. 219 ff.).

Gegenüber den englischen zeigen die *deutschen Bergarbeitersiedlungen* der Steinkohlenreviere sowohl hinsichtlich ihrer zeitlichen Schichtung als auch in bezug auf ihre äußere Erscheinungsform ein anderes Gesicht. Das hat teils historische Ursachen und ist teils in andern Baugewohnheiten begründet. Zwar wurde schon im Jahre 1788 die erste aus England importierte Dampfmaschine unter Friedrich dem Großen in den Blei- und Silbergruben von Tarnowitz aufgestellt; doch setzte sich die Technisierung des Kohlenbergbaus nur langsam durch. Die frühtechnische Phase wurde gleichsam übersprungen oder zumindest auf eine kurze Zeit zusammengepreßt; die Periode der industriellen Revolution, die hier in gemäßigteren Bahnen verlief, knüpfte fast unmittelbar an die Zeit des vorindustriellen Bergbaus an.

Der etwas langsamere Ablauf des Industrialisierungsprozesses führte dazu, daß die Anlage der Zechen und Zechensiedlungen nicht unabhängig von den vorhandenen ländlichen Siedlungen erfolgte, sondern im Gegenteil die Nachbarschaft solcher Orte aufgesucht wurde, weil sie zumindest einen Teil der Arbeitskräfte zu stellen hatten. So zeigt sich z. B. für den mittleren Abschnitt des Ruhrreviers nördlich der Ruhr bis zur Emscher, daß hier die aus den Jahren 1830-1880 stammenden Zechen vielfach in 1-1,5 km Entfernung von bestehenden Ortschaften angelegt wurden; die von den Zechen errichteten Bergarbeitersiedlungen schlossen an die Betriebsstätte an und erstreckten sich in Richtung auf den älteren Siedlungskern, der sich seinerseits in Richtung auf die Zeche ausweitete (Gephart, 1937, S. 67). Mit der gegenüber England langsameren Entwicklung des Kohlenbergbaus hängt es weiterhin zusammen, daß die Zechensiedlungen im mittleren Ruhrrevier häufig nicht als in sich abgeschlosssene Siedlungseinheiten entstanden, sondern mit dem Anwachsen der Belegschaftsziffern allmählich erweitert wurden; vielfach errichtete man nur wenige Häuser gleichzeitig, so daß der Baustil einem schnellen Wechsel unterlag. Dies tritt umso augenfälliger in Erscheinung, als bis zur Mitte des 19. Jh.s ein- bis eineinhalbgeschossige Fachwerk- und Ziegelbauten, mit Gärten versehen, in kleinen Gruppen um die Zeche verstreut die Regel waren, während später zwei- bis zweieinhalbgeschossige Ziegel- oder verputzte Häuser dichter zusammengeschlossen oder sogar drei- bis viergeschossige Mietshäuser aneinandergereiht und hintereinandergeschaltet wurden. Außerdem aber überließ man die Bautätigkeit auch privaten Unternehmungen, die meist in den alten Siedlungskernen ansetzten. Dort, wo sich eben Raum bot, wurden Mietshäuser errichtet, die entweder isoliert stehen, die kahlen Brandmauern der Seitenwände dem Beschauer darbietend, manchmal zu Reihen längs der Straßenzüge angeordnet oder sogar geschlossene Baublöcke bildend. Das unvermittelte Nebeneinander verschiedener Baustile und die Aufnahme des städtischen Mietshauses sind demgemäß für die Siedlungen der deutschen Steinkohlenreviere der industriellen Revolution charakteristisch.

Allerdings sind auch andere Siedlungsbilder vorhanden. Sie zeigen sich vor allem im nördlichen Abschnitt des Ruhrreviers zwischen Emscher und Lippe, wo mächtige Kreideschichten das Karbon überlagern und der Bergbau erst bei höher entwickelter Technik nach der Mitte des 19. Jh.s eindringen konnte. Großzechen wurden nun bezeichnend, die sich – bei starker Zuwanderung – in Anlehnung an bestehende Siedlungen oder völlig unabhängig davon ihre eigenen Arbeiter- und Beamtenkolonien schufen. Meist an eine Verbindungsstraße angelehnt, ging man nun vom Mietshausbau ab, schuf Ein- und Zweifamilienhäuser mit größeren Gärten und faßte auch die Straßen mit Bäumen und Grünanlagen ein. Bei gesteigertem Kohlenabbau nach der Jahrhundertwende wurden solche Kolonien häufig erweitert, so daß Großkolonien entstanden, die als Vorboten der modernen Epoche aufzufassen sind. Diese aber, die nach dem Ersten Weltkrieg einsetzte und vor allem für die nördliche Rand- und Ausweitungszone des Ruhrkohlenbergbaus kennzeichnend wurde, ließ die vorhandenen Siedlungen auch in ihrer wirtschaftlichen Struktur zumeist intakt; davon unabhängige, geplante Großzechen-Siedlungen, „Gartenstädte", wurden in diesem Abschnitt zum charakteristischen Element, ähnlich wie es die englische Landesplanung nach Sanierung der alten Reihenhaus-Siedlungen auch für ihre Bergbaugebiete erstrebt.

Eine solche Entwicklung führte dazu, daß man die aus dem beginnenden 19. Jh. stammende Verwaltungsordnung allmählich aufgab. Den Anfang machte Oberhausen, das im Jahre 1862 aus mehreren Gemeinden zusammengeschlossen wurde. Landkreise gingen in Stadtkreisen auf, Ämter gaben ihre Selbständigkeit ab und wurden verschmolzen. Bei genügender Einwohnerzahl und industriellen Arbeitsplätzen erhielten die neu gebildeten Einheiten verwaltungsmäßig das Stadtrecht und damit die Möglichkeit, in die Gestaltung der Siedlung ebenso wie auf die soziale Struktur Einfluß zu gewinnen (Croon, 1965), anders als in Großbritannien, wo sich den countys übergeordnete Bezirke erst nach dem Zweiten Weltkrieg ausbildeten. Die ausgesprochenen Zechensiedlungen oder „Kohlenstädte" allerdings konnten davon wenig Gebrauch machen, weil ein erheblicher Teil der neuen Gemarkungen im Besitz der Bergbaugesellschaften war, in Wanne-Eickel und Gladbeck z. B. mehr als ein Drittel, in Bottrop sogar mehr als die Hälfte (Jerecki, 1967, S. 149).

Erhebliche Zerstörungen während des Zweiten Weltkrieges veranlaßten einen beträchtlichen Neuaufbau, zumal seit dem Jahre 1950 eine bedeutende Konjunktur im Bergbau einsetzte. Manche der alten Zechenkolonien blieb zwar erhalten, z. B. Karnap am Nordufer der Emscher und nach Essen eingemeindet (Buchholz, 1970, S. 36 ff.) im Westen oder ein Bezirk innerhalb von Ahlen (Mayr, 1968, S. 120 ff.) im Osten des Reviers, und in Wanne-Eickel änderte sich an den verstreut im Gelände liegenden Zechensiedlungen zwischen den Jahren 1912 und 1964 kaum etwas (Busch, 1965, S. 183). Aber es setzte auch eine erhebliche Neubautätigkeit ein, entweder wie früher direkt von den Bergbaugesellschaften oder indirekt über Wohnungsbaugesellschaften getragen, meist aber doch so, daß in erster Linie die Unterbringung von Bergarbeiterfamilien in Frage stand, denen das Wohnrecht auch nach ihrem Ausscheiden aus dem Betrieb zugesichert wurde. Wie früher auch, blieb das Angebot an Dienstleistungen wenig differenziert ebenso wie keine Auflockerung in der sozialen Monostruktur stattfand, wie es Buchholz (1970, S. 46 ff.) am Beispiel von Oer-Eckenschwick darlegte, wo die Belegschaftserhöhung einer Zeche nach dem Jahre 1950 die Stadterhebung zur Folge hatte.

Selbst in den ersten Jahren der Bergbaukrise, als zahlreiche unrentable Zechen geschlossen werden mußten und ein nochmaliger Konzentrationsprozeß einsetzte, kam es nördlich der Lippe bei Wulfen zur Abteufung eines Großschachtes, und wiederum ging man an die Errichtung einer Zechensiedlung, die mit dem älteren Ort durch ein Geschäftszentrum verbunden werden sollte. Die wirtschaftlichen Schwierigkeiten aber wirkten sich in einem langsamen Aufbau von Wohnungen aus, und es bleibt in Frage gestellt, ob die ursprüngliche Planung zur Durchführung gelangt (Gakat, 1968, S. 153 ff.).

Das „Zechensterben" brachte neue Probleme in den vorhandenen Siedlungen. Bei allzu einseitiger Struktur der „Bergbaustädte" hatten diese bereits nach kurzer Zeit einen Auspendlerüberschuß. Die jüngere Generation sah sich nach andern Berufen um, die verbleibende Wohnbevölkerung überalterte und zeigte nach wenigen Jahren einen hohen Anteil von Rentnern. Die Bergbaugesellschaften hielten häufig an dem in ihrem Besitz befindlichen Gelände fest oder waren nur gewillt zu verkaufen, wenn die Nachfolgeinstitution für entstehende Bergschäden aufkam. Aber selbst wenn von der Veräußerung von Flächen Gebrauch gemacht wurde wie im oberbayerischen Pechkohlenbergbau, dann waren die entsprechenden Gemeinden nur in geringem Maße in der Lage, das für kommunale Belange wichtige Areal zu erwerben, wie es Schaffer (1969, S. 313 ff.) am Beispiel von Penzberg darlegte.

Unterschiedliche Auffassungen über die kommunale und regionale Neugliederung des Ruhrgebietes, bei der die nach dem Ersten Weltkrieg geschaffenen 16 kreisfreien Städte und 52 kreisangehörigen Städte und Gemeinden über bisherige Kreis- und Regierungsbezirks-Grenzen hinaus zu umfassenderen Einheiten zusammengefaßt (Klucka, 1970; Buchholz u. a., 1971; Heineberg und Mayr, 1973) und als kreisfreie Städte nur noch solche mit 200 000 Einwohnern und mehr anerkannt werden sollten, wirkten zunächst für eine Neuorientierung der ausgesprochenen Bergbaustädte in der Emscherzone retardierend. Ob der Vorschlag von Hottes (1976, 508 ff.), aufgelassene Zechen für die Anlage von industrial estates zu nutzen, Erfolg haben wird, bleibt abzuwarten.

4. Ländliche Industrie und Siedlung

Sind die mit der Holz-, Fischerei- und Bergwirtschaft zusammenhängenden Siedlungen hinsichtlich ihrer Lage durch die Rohstoffvorkommen gebunden und erhalten dadurch ihre besondere Note, so ist die Verarbeitungsindustrie in der Wahl ihrer Standorte wesentlich freier, und mit zunehmender Technisierung kommt der Unabhängigkeit von geographischen Bedingungen immer größere Bedeutung zu. Vergegenwärtigen wir uns die Entwicklung der Industrialisierung in den alten europäischen Industrieländern, dann griff die Industrie hier in eine bereits voll erschlossene Kulturlandschaft ein. Land und Stadt standen sich in ihren Lebensformen gegenüber, und das Land war nicht allein durch ländliche Siedlungen im eigentlichen Sinne gekennzeichnet, sondern auch durch solche gewerblicher Art, die aber in ihrer Verknüpfung mit der Agrarwirtschaft den ländlichen Rahmen nicht sprengten. Die Industrie setzte sowohl auf dem Lande als auch in den Städten ein, so daß wir ländliche und städtische Industrie lediglich im Hinblick auf diese beiden Anknüpfungsmöglichkeiten unterscheiden wollen. In dem nun folgenden Abschnitt befassen wir uns vor allem mit den Einwirkungen der ländlichen Industrie. Daß diese nicht gering zu veranschlagen sind, dafür genügt ein Hinweis auf alle diejenigen Gebiete, wo die Häufung von Industrieunternehmen zur Ausbildung von Industrie*landschaften* führte; hauptsächlich auf der Grundlage von Bergbau *und* Schwerindustrie entwickelten sich solche geschlossenen Industrielandschaften mit ihren Siedlungen innerhalb einst ländlicher Bezirke.

In zweifacher Weise wirkt die ländliche Industrie in ihrem unmittelbaren Umkreis[1] auf die Siedlungen ein, zum einen durch die Umformung vorhandener

[1] Den mittelbaren Wirkungen der Industrie, d. h. den durch Landflucht erzeugten in den ländlich gebliebenen Bereichen, die sich u. U. durch Wüstungserscheinungen, Sozialbrache u. a. m. abzeichnen, soll hier nicht weiter nachgegangen werden.

ländlicher Siedlungen und zum andern durch Entstehen neuer Siedlungseinheiten, wobei sowohl nur das eine oder das andere als auch beides in Kombination eintreten kann. So gibt sich der Einfluß der Industrie als *siedlungsverändernd* und *siedlungsschaffend* zu erkennen, das erstere bei allmählicher Entwicklung und geringerem Arbeiterbedarf, das letztere bei schneller Entfaltung und großem Arbeiterbedarf im Vordergrund stehend. Vor allem im Hinblick auf die siedlungsverändernde Kraft der Industrie ist es nötig, sich nicht mit der Darstellung des gegenwärtigen Zustandes der entsprechenden Siedlungen zu begnügen, sondern das heutige Bild als etwas Gewordenes zu betrachten, wobei der zeitliche Ansatz der Industrie jeweils die Ausgangsbasis abgibt. Daß der Entwicklungsablauf wesentlich einfacher zu verfolgen ist als bei den meisten ländlichen Siedlungen, weil wir nicht viel weiter als bis ins 19. Jh. zurückzugreifen brauchen oder sich die Vorgänge sogar in der Gegenwart abspielen, erscheint ohne weiteres verständlich. Auf die Forderung, die *Entfaltung* der Industriesiedlungen zu beachten, ist um so größeres Gewicht zu legen, als der Industrie eine ungeheure Dynamik eigen ist, die sich den entsprechenden Siedlungen mitteilt; das steht völlig im Gegensatz zu den ländlichen Siedlungen im eigentlichen Sinne, bei denen sich unter Erhaltung der vorwiegend landwirtschaftlichen Basis Wandlungen nur sehr langsam und allmählich vollziehen. Darüber hinaus aber unterliegen nicht nur die „Fabriksiedlungen" selbst der durch die Industrie bewirkten Dynamik, sondern benachbarte Siedlungen werden häufig genug in das industrielle Kraftfeld einbezogen, vor allem dadurch, daß sie zu Wohnorten von Arbeitern werden; auch das ist anders als bei den weitgehend in sich selbst ruhenden ländlichen Siedlungen.

Wenn die Entwicklung der ländlichen Industrie und industriell bestimmter Bereiche in den verschiedenen Gebieten der Erde auch jeweils ihr eigenes Gesicht trägt, so machen sich doch mehrere Phasen bemerkbar, die sich in den entsprechenden Siedlungen abzeichnen. Von dem frühesten Stadium, das im Grunde genommen nur in Großbritannien ausgebildet ist, sehen wir hier ab. In der ersten Industrialisierungsperiode, die etwa im zweiten Viertel des 19. Jh.s einsetzte und bis zum Ersten Weltkrieg andauerte, überließ man die Ausbreitung der Industrie vor allem der privaten Initiative, ungeachtet der Folgen, die etwa ein Verlust an landwirtschaftlicher Nutzfläche und eine Veränderung der Sozialstruktur nach sich ziehen würden. Ebenso war auch die mit der Bevölkerungsverdichtung einsetzende Bautätigkeit, ob sie von den Industrieunternehmern direkt oder von privaten Baufirmen aufgenommen wurde, vielfach von spekulativen Interessen bestimmt, die oft genug sowohl der allgemeinen Entwicklung der Siedlungen als auch den sozialen Belangen wenig Rechnung trugen.

Das hat sich in zweifacher Weise gewandelt, und zwar einerseits hinsichtlich der Wahl der Industriestandorte und andererseits bezüglich der zu schaffenden Siedlungen. In den alten europäischen Industrieländern ebenso wie in Nordamerika setzte sich der Gedanke durch, die Ausbreitung der Industrie in bestimmte Bahnen zu lenken: dort das Ansetzen von Industrieunternehmen zu fördern, wo soziale Notstände auftraten, die durch einen neuen Wirtschaftsimpuls zu beheben waren, und Beschränkungen aufzuerlegen dort, wo eine Gefährdung der Landwirtschaft zu befürchten war oder andere Interessen geschützt werden mußten. In den neuen Industrieländern beruht die Industrieplanung vielfach auf andern Erwägungen. Ob die Industrialisierung zum Staatsprogramm erklärt wurde wie in der Sowjetunion und deren Satellitenstaaten oder ob die Absperrung vom europäischen Markt während der Weltkriege in den kolonialen Erdteilen das Streben aufkommen ließ, sich hinsichtlich industrieller Produkte unabhängig von Europa bzw. Nordamerika zu machen, immer waren es staatliche Interessen, die hinter dem Aufbau insbesondere der Schwerindustrie standen. Schwierigkeiten, die sich mit der Einführung der Industrie verbanden, verlangten von vornherein eine genaue Planung für die zu wählenden Industriestandorte. Die staatlich gelenkte Planung wurde aber auch für die Anlage und Art der entsprechenden Siedlungen wichtig. Schon während des 19. Jh.s hatten einzelne Unternehmer in Großbritannien und Deutschland (hier vor allem Alfred Krupp) darauf hingewiesen, die Unterbringung der Arbeiter nach sozialen Gesichtspunkten zu gestalten, ohne sich allerdings allgemein durchsetzen zu können. Um die Jahrhundertwende hatte dann der Gartenstadtgedanke, von England ausgehend (Howard, 1898 und 1902), weite Kreise erfaßt, nicht zuletzt deswegen, weil die Elendsviertel der Industriesiedlungen „das soziale Gewissen" wachriefen. Die Erschütterungen des Ersten Weltkrieges und die Weltwirtschaftskrise der dreißiger Jahre verhalfen dann der allgemeinen Siedlungsplanung zum Durchbruch, die nicht zuletzt den Industriesiedlungen zugute kam. Die Gründung etwa des kommunalen Zweckverbandes „Siedlungsverband Ruhrkohlenbezirk" im Jahre 1920, der sich die Lenkung des Bau-, Siedlungs- und Verkehrswesens im gesamten Ruhrgebiet zur Aufgabe gemacht hat, oder die seit dem Jahre 1934 zu „Development Areas" erklärten notleidenden Schwerindustriebereiche Großbritanniens (Uhlig, 1952), in denen sowohl die Industriestandorte als auch die Bevölkerungsentwicklung und Siedlungsverhältnisse staatlich geleiteter Planung unterliegen, sind Ausdruck dieser neuen, gerade die Industriesiedlungen angehenden Ziele.

Dort, wo eine ländliche Industrialisierung in relativ früher Zeit einsetzte, d. h. insbesondere in West- und Mitteleuropa, teilweise auch in den Vereinigten Staaten und Japan, werden wir das, was sich im Verlaufe zweier verschiedener Entwicklungsphasen nacheinander ausbildete, heute nebeneinander finden, wobei die Industriesiedlungen alten Typs in ihrer größeren Ausdehnung meist die Oberhand haben. In den Neuländern der Industrie dagegen, ob in den südamerikanischen Staaten, in Afrika oder Australien, im Orient, in Indien oder großen Teilen der Sowjetunion ebenso wie in China hat sich der neue Typ der Industriesiedlungen durchgesetzt, mag er in einzelnen Gebieten auf Grund der geringen ländlichen Industrie an und für sich auch nur punktförmig auftreten. So führt die von West- und Mitteleuropa ausgehende industrielle Wirtschaftsform, die im Verlaufe von eineinhalb Jahrhunderten auf die gesamte Welt übergriff, zu einer gewissen Uniformisierung der Industriesiedlungen im Gegensatz zu den ländlichen Siedlungen, in denen sich noch immer das eigene soziale, kulturelle und historische Erbe dokumentiert.

Gehen wir nun zur Charakterisierung der von der Industrie beeinflußten ländlichen Siedlungen über, dann stellen wir als ersten Typ die *ländlich-industriellen Mischsiedlungen* heraus. Weder hinsichtlich ihrer sozialen Struktur noch in bezug auf Siedlungsform und Hausbau werden sie einheitliche Züge zeigen, weil einerseits der Grad der Industrialisierung unterschiedlich ist und weil andererseits der

Erhaltung der Landwirtschaft wegen das ländliche Element noch zum Ausdruck gelangt. Bei der Behandlung kleinerer Landschaften wird sich eine gradmäßige Abstufung im Mischungsverhältnis zwischen den in der Landwirtschaft und den in der Industrie Erwerbstätigen als richtig erweisen. Wir können hier nur allgemein auf das Vorkommen dieser Mischsiedlungen aufmerksam machen. Da die Landwirtschaft noch durchaus eine Rolle spielt, gibt die ursprünglich ländliche Siedlungsform das Grundgerüst ab und wirkt in gewissem Sinne leitend auf die industrielle Umformung ein. Anwachsen der bebauten Fläche auf Kosten der landwirtschaftlichen Nutzfläche, in Realteilungsgebieten u. U. besondere Zersplitterung der Flur (Parzellierungsflur), Ausweitung bzw. Verdichtung des ursprünglichen Ortes, vor allem längs der Straßen, Veränderungen der heimischen Hausform und Auftreten neuerer Wohnhäuser ohne Beziehung zum bäuerlichen Hausstil geben die allgemeinen Kennzeichen ab. An einem Beispiel, dem von Les Breuleux in den Freibergen des Schweizer Jura (Abb. 86), sei der Umformungsprozeß von einer ländlichen zu einer ländlich-industriellen Mischsiedlung an Hand der Untersuchung von Leu (1950-54) verfolgt:

Les Breuleux mit 436 Einwohnern im Jahre 1771 und 1240 Einwohnern im Jahre 1950 verdankt seine industrielle Entwicklung vor allem der Uhrenindustrie, die sich im 18. bis zur Mitte des 19. Jh.s in Form der Hausindustrie geltend machte, seit jener Zeit aber über kleine Ateliers auf Fabrikarbeit umgestellt wurde. Zunächst herrschten dabei ausgesprochene Kleinbetriebe bis zu 10 Beschäftigten vor, bis auch hier eine Konzentration zu etwas größeren Betrieben erfolgte. Auf diese Weise vollzogen sich die Wandlungen in Les Breuleux in zwei Phasen, wobei die seit der Jahrhundertwende abnehmende Bevölkerung darauf hinweist, daß die verkehrsferne Lage der Freiberge die weitere industrielle Entwicklung hemmt. Fast 20 v. H. der Erwerbstätigen sind in der Landwirtschaft tätig, knapp 64 v. H. in Industrie, Gewerbe und Handwerk, so daß die Struktur einer ländlich-industriellen Mischsiedlung deutlich ausgeprägt ist[1]. Zeichnet sich die Flur im engeren Sinne durch ausgesprochene Kleinparzellierung aus, da zahlreiche Industriearbeiter Landwirtschaft im Nebenerwerb treiben und außerdem Realteilung herrscht, so lassen sich die Veränderungen der Ortsform und die Wandlungen der Hausform leicht aus Abb. 86 ablesen. Zeigt die Verteilung des bäuerlichen Jurahauses die ursprünglich ländliche Siedlung an, ein lockeres kleines Dorf, so war die Hausindustrie und die sie fortsetzenden Atelierbetriebe maßgebend für die erste Verdichtung, die sich im oberen Teil des Ortes längs des Hauptverkehrsweges zeigt und durch das Auftreten des zwei- bis viergeschossigen industriell beeinflußten Jurahauses gekennzeichnet ist. Mit dem Fabrikbetrieb setzte dann, wie es durch die neuere Bebauung angegeben ist, eine mehr in die Fläche wirkende Ausweitung auf Kosten des Feldlandes bei ausgesprochen lockerer Anordnung der Häuser und kleineren Fabrikbetrieben ein.

Wirkte in Les Breuleux die verkehrsferne Lage einer Ausweitung der Industrieunternehmen entgegen, so entwickelten sich unter ähnlichen Vorbedingungen, nämlich starker hausindustrieller Betätigung in Dörfern der Mittelgebirgslandschaft, aber günstigeren Umständen betreffs der Verkehrsaufgeschlossenheit, ausgesprochene Industrieorte, die dennoch ihre Umbildung aus ländlichen Siedlungen erkennen lassen. Für sie ist deshalb die Charakterisierung als *Industriedörfer* am richtigsten, auch wenn sie u. U. wegen ihrer recht hohen Einwohnerzahlen verwaltungsmäßig zu Städten erklärt wurden. Ein Beispiel soll auch für diesen Typ herausgegriffen werden, die „Stadt" Langenbielau, im Vorland des Eulengebirges gelegen und in dieses noch eingreifend, bekannt durch das einst bedeutendste deutsche Textilwerk, den Dierigkonzern, der in seinem Unternehmen in Langenbielau etwa 4000 Arbeiter und Angestellte beschäftigte (Abb. 87).

[1] Die statistischen Angaben beziehen sich auf das Jahr 1941.

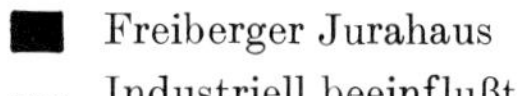

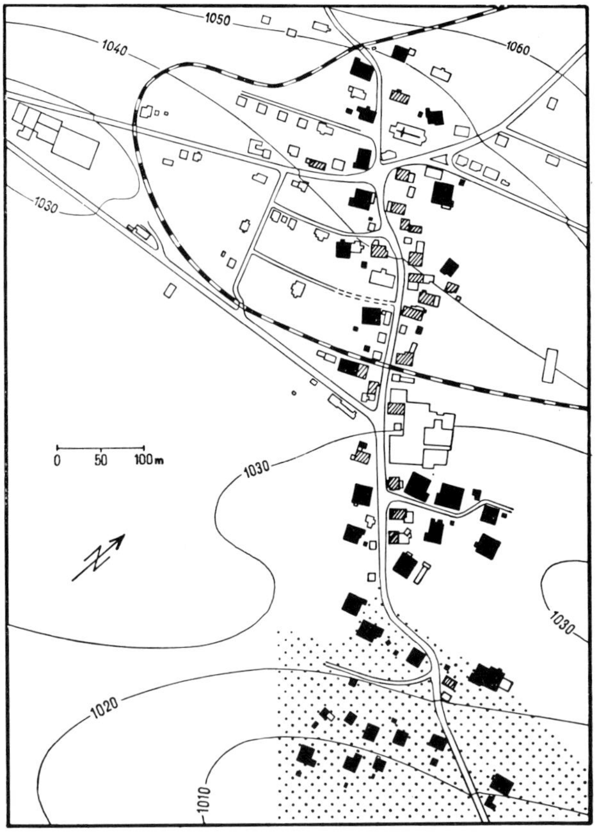

Abb. 86 Grund- und Aufriß von Les Breuleux in den Freibergen des Schweizer Jura. Hier läßt sich durch die unterschiedlichen Hausformen der Einfluß der Industrialisierung erkennen (vereinfacht nach Leu).

In dem 8 km langen Reihendorf mit hofanschließenden Streifen, dessen Bau sich trotz moderner Überformung noch recht gut abhebt, kamen, wie in den benachbarten Ortschaften auch, schon früh die Leinen- und dann die Baumwollweberei auf, die als Hausindustrie betrieben wurden. Mit der Blüteperiode der Weberei am Ende des 18. Jh.s hatte Langenbielau bereits 7000 Einwohner; zahlreiche kleine Weberhäuser schoben sich zwischen die mitteldeutschen Bauerngehöfte, und Weberkolonien entstanden auf der Gemarkung des Ortes (Nellner, 1941). Wohl traten mit der „Webernot" tiefgreifende Notstände auf, als die Handweberei gegenüber der bereits mechanisierten englischen Textilindustrie nicht mehr konkurrenzfähig war und ihre Absatzmärkte verlor. Doch als man seit der zweiten Hälfte des vorigen Jahrhunderts auch im Eulengebirgsland zum mechanischen Betrieb überging, erholte sich die heimische Textilindustrie schnell, so daß Langenbielau schon um die letzte Jahrhundertwende rd. 20 000 Einwohner hatte bei einer Bevölkerungsdichte von mehr als 800 E./qkm. Zwar zeugen die erhalten gebliebenen Bauerngehöfte, immerhin noch fast 60 mittel- und großbäuerliche Betriebe, von der einst ländlichen Siedlung; aber die landwirtschaftliche Bevölkerung sank anteilsmäßig auf etwa 4 v. H. ab. Die zahlreichen Weberhäuschen lassen die hausindustrielle Periode in Erscheinung treten. Doch das Gepräge verleihen der Siedlung die Fabrikgebäude, die, soweit sie aus Mühlen hervorgingen, direkt am Bach in der Dorfaue ihren Standort fanden, während die größeren Werke, insbesondere von Dierig, nicht mehr im Bereich der alten Konzentrationslinie des Ortes Platz finden konnten; sie mußten an der Rückseite der alten Hofreihe ansetzen, so daß die linienhafte Bebauung zur flächenhaften erweitert wurde. Ein größerer Teil der Miets- und Geschäftshäuser konnte auf der Dorfaue untergebracht werden; als der Raum hier nicht mehr ausreichte, errichtete man neuere Siedlungshäuser in Verbindung mit der alten Ortslinie am unteren Ende der Hufen und dehnte darüber hinaus die Bebauung längs der Straße bis zu den jüngeren Erweiterungen des benachbarten städtischen Zentrums Reichenbach aus. Waren 64 v. H. der erwerbstätigen Bevölkerung allein in der Textilindustrie beschäftigt[1], so wurde durch diese die Entwicklung zum Industriedorf vollzogen.

[1] Die Zahlenangaben beziehen sich auf das Jahr 1939.

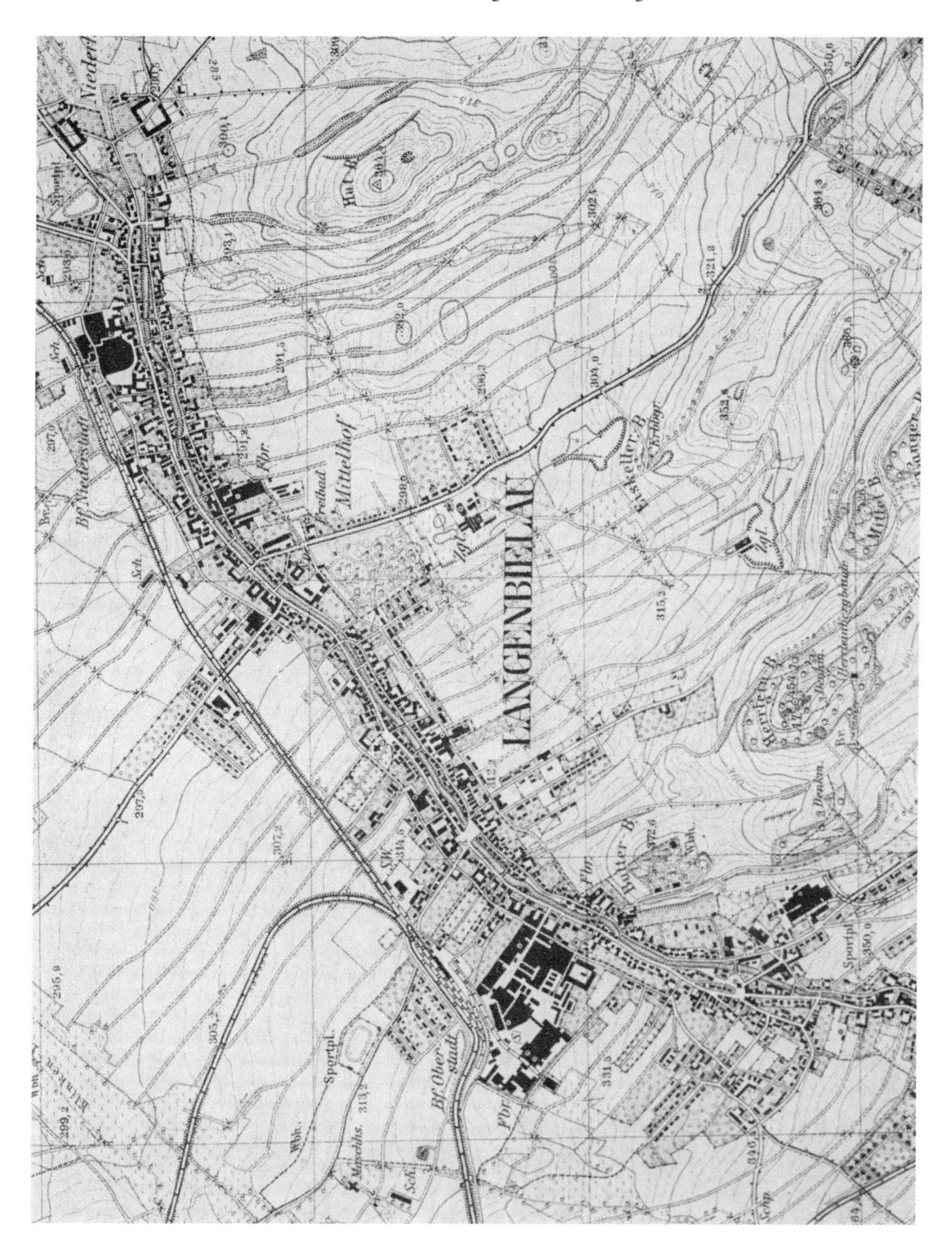

Abb. 87 Das Industriedorf Langenbielau (nach der Topographischen Karte 1:25000, Reichenbach und Langenbielau [Nr. 5265 und 5365]).

Mit Absicht haben wir zwei Beispiele für ländlich-industrielle Mischsiedlungen und Industriedörfer aus Bereichen gewählt, für die diese Art der Siedlungen besonders charakteristisch erscheint. Sie häufen sich einerseits in einem großen Teil der mitteleuropäischen Mittelgebirge und andererseits in Realteilungsgebieten, wie es sich vor allem in Württemberg (Schröder, 1942), teilweise in Baden und in der Schweiz zeigt. Entweder war es die Hausindustrie, die den Boden für die Aufnahme der modernen Industrie vorbereitete, oder aber die Vielzahl der Klein- und Zwergbauern ohne genügenden Grundbesitz bildete die Veranlassung zur Entwicklung einer arbeitsständigen hochqualifizierten Industrie auf der Grundlage des Arbeiterbauerntums. In beiden Fällen, die sich mitunter auch überschneiden, kam es zur Entfaltung ausgesprochener Industriegebiete mit ländlich-industriellen Mischsiedlungen in den verkehrsferneren Bereichen und Industriedörfern, die sich zumeist an die verkehrsaufgeschlossenen größeren Täler halten und hier u. U. miteinander verwuchsen. Gewisse Unterschiede stellen sich bei den gekennzeichneten Siedlungen in den Gebieten mit Anerbenrecht und mit Realteilung ein; abgesehen von der Inanspruchnahme eines Teiles der landwirtschaftlichen Nutzfläche durch die Ausdehnung der Bebauung blieb in ersteren die ursprüngliche Fluraufteilung weitgehend erhalten, während in letzteren eine noch stärkere Zersplitterung eintrat (Schröder, 1942; Haas, 1970) und in gewissem Zusammenhang damit die Arbeiterbauern die zusätzliche landwirtschaftliche Betätigung teilweise aufgaben und zu reinen Industriearbeitern wurden.

Sicher kommen ländlich-industrielle Mischsiedlungen und Industriedörfer auch anderswo in den west- und mitteleuropäischen Industrieländern vor, isoliert oder einen größeren Bereich umfassend wie etwa in den Groninger Veenkolonien (Keuning, 1933). Sie finden sich auch in der Sowjetunion in Verbindung mit Kolchosedörfern, hier vor allem auf der Grundlage von landwirtschaftlicher Industrie, Bergbau oder einer aus dem Handwerk hervorgegangenen industriellen Betätigung, die besondere Handfertigkeit oder künstlerisches Geschick erfordert (Kovalev, 1956, S. 274/75). Sie spielen in Japan eine wichtige Rolle, wo die dichte Besiedlung in Gruppenform günstige Voraussetzungen bietet und die geringen landwirtschaftlichen Betriebsgrößen die bäuerliche Bevölkerung vielfach dazu zwingt, neben- oder hauptberuflich in der Industrie tätig zu sein (Schwind, 1954, S. 58/59). Allerdings mögen sie hier physiognomisch oft weniger in Erscheinung treten als in West- und Mitteleuropa, weil einerseits die Industriebauten auf dem Lande vielfach kleiner, weniger ins Auge fallend sind und andererseits ländliche und städtische Hausformen einander viel näher stehen (Mecking, 1951, S. 79 und 86).

Anders liegen die Verhältnisse dann, wenn die ländlichen Siedlungen im wesentlichen als Einzelhöfe erscheinen, denn unter diesen Umständen sind keine Siedlungskerne vorhanden, an die die Industrieunternehmen anknüpfen könnten. Man benutzt hier einerseits ländliche Mittelpunkte, und andererseits bilden sich unter dieser Voraussetzung *reine Industriesiedlungen* aus. Gruppensiedlungen sehr unterschiedlicher Größe, die teilweise vom Unternehmer errichtete gleichförmige *Werksiedlungen* darstellen, entwickeln sich dann. Die ausgedehntesten Einzelhofgebiete finden wir in den europäisch besiedelten Kolonialländern. Unter ihnen sind die Vereinigten Staaten am stärksten industrialisiert, und hier kommt auch der ländlichen Industrie eine gewisse Bedeutung zu. Ihr entsprechen, sofern es sich um relativ kleine Siedlungen handelt, die „industrial villages", deren Zahl von Brunner insgesamt auf 4000 mit rd. 4 Mill. Einwohnern geschätzt wird (Kolb und Brunner, 1944). Neben Bergbau und Holzwirtschaft ist es außerdem die Verarbeitungsindustrie, die zu ihrer Entwicklung führte, wobei im Südosten des Landes in dieser Hinsicht die Baumwollspinnereien und -webereien eine besondere Rolle spielen. Nur in wenigen Gebieten ist hier die Verbindung von landwirtschaftlicher und industrieller Betätigung üblich, vor allem in den zur Landwirtschaft weniger geeigneten und auch sonst zurückgebliebenen Appalachen. Vielmehr erscheint die Trennung zwischen landwirtschaftlichem und nicht-landwirtschaftlichem Erwerb charakteristisch, so daß die „industrial villages" vornehmlich Arbeitersiedlungen darstellen, die nur wenig Kontakt mit dem sie umgebenden Land besitzen. Das Geschäftsleben ist geringer entwickelt als in ebenso großen ländlichen Mittelpunkten, und weder Schule noch Kirche der „industrial villages" werden von der umgebenden Farmbevölkerung aufgesucht (Brunner, 1930). Auf diese Weise haben die soziologisch ausgerichteten Untersuchungen in den Vereinigten Staaten bezeichnende Merkmale reiner Industriesiedlungen ergeben.

Fehlen den europäisch besiedelten Kolonialländern die ländlich-industriellen Mischsiedlungen und die Industriedörfer im oben gekennzeichneten Sinne, so konnten diese in der Alten Welt ein Übergangsstadium in der Entwicklung zu reinen Industriesiedlungen werden. Kleinere und größere Arbeitersiedlungen gingen aus dem Umformungsprozeß ursprünglich ländlicher Siedlungen hervor, am stärksten wohl in den Schwerindustriegebieten auf der Grundlage von Kohlen- oder Eisenerzvorkommen.

Neben den allmählich zu reinen Arbeitersiedlungen gewordenen Ortschaften sind aber auch diejenigen in die Betrachtungen einzubeziehen, die mit der Industrialisierung von vornherein als solche angelegt wurden. Dazu gehören die früher erwähnten Zechenkolonien (Kap. V. B.3), aber auch Hüttenwerke und andere Großbetriebe gingen daran, Werksiedlungen zu errichten, wenn der Bedarf an Arbeitskräften groß war und keine andere Unterbringungsmöglichkeit bestand. So mußte man im Minette-Schwerindustriegebiet Lothringens nach der Jahrhundertwende, vor allem aber nach dem Ersten und dem Zweiten Weltkrieg besonderen Wert auf die Anlage von Werksiedlungen (Cités) legen, weil man immer stärker auf ausländische Arbeitskräfte angewiesen war, die man sich auf diese Weise zu halten suchte. Das geschah hier auch im Rahmen anderer Industriezweige (z. B. Sochaux der Firma Peugeot).

Im Ruhrrevier wurde dies notwendig, als der Arbeiterzustrom aus dem Osten einsetzte, und im oberschlesischen Industrierevier stand die Anlage von Arbeiterkolonien am Beginn der industriellen Entwicklung, weil die Großgrundbesitzstruktur vielfach keine andere Lösung zuließ. In besonderem Maße aber mußten die Industrieunternehmer Großbritanniens darangehen, in unmittelbarer Nachbarschaft ihrer Werke Arbeiterquartiere zu errichten. Einerseits hatte die enclosure-Bewegung hier zu einer weitgehenden Auflösung der dörflichen Siedlungen geführt, so daß keine Ansatzpunkte zur Verfügung standen; andererseits ist die frühe Entwicklung der Industrialisierung zu berücksichtigen, als noch kein innerstädtischer Verkehr ausgebildet war und lange Arbeitszeit sowie geringe Löhne eine

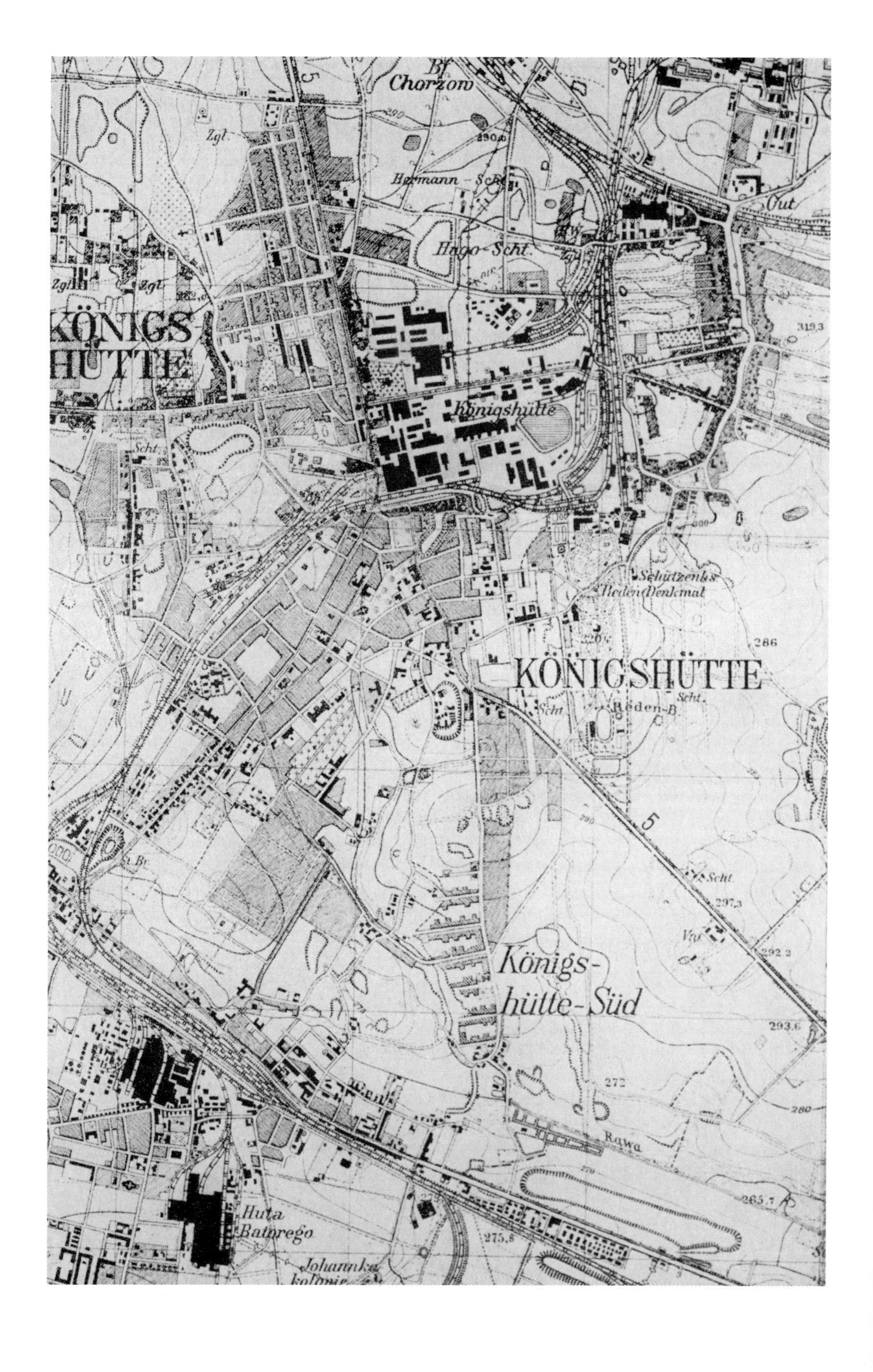

Bf
Chorzow
Zgl.
Hermann-Scht.
Hugo-Scht.
Out
KÖNIGS
HÜTTE
319,3
Königshütte
Scht.
Schützenhs.
Reden-Denkmal
286
KÖNIGSHÜTTE
Scht.
Reden-B.
5
297,3
292,2
Königs-
hütte-Süd
293,6
272
280
Rawa
265,7
275,8
Huta
Batorego

Trennung von Arbeitsstätte und Wohnort unmöglich machten. Auf diese Weise war die Lage der Arbeiterquartiere hier eindeutig auf das jeweilige Werk orientiert und dessen Belangen untergeordnet (Conzen, 1952; Uhlig, 1956).

Nirgendwo in den alten Industrieländern konnten in den reinen Industriesiedlungen der Bergbau- und Schwerindustriegebiete spekulative Interessen bei der Errichtung der Wohnbauten für die wachsende Arbeiterbevölkerung ausgeschaltet werden. In Großbritannien war es gerade dieses Moment, das dazu führte, auf möglichst geringer Fläche eine Vielzahl von Wohnungen unterzubringen; bis zum Jahre 1875 wurden 100-120, ja oftmals bis 150 Wohnungen auf einem Hektar zusammengedrängt. Bedenkt man, daß auch für die Arbeitersiedlungen mit der Verwendung des Reihenhauses am Prinzip des Einfamilienhauses festgehalten wurde, dann mußte es zur Ausbildung der berüchtigten Slumbezirke kommen. Erst mit dem Public Health Act vom Jahre 1875 setzte man die Wohnungsdichte etwas herab (50-75 Wohnungen je ha) und stattete die Häuser auch mit etwas Gartenland aus, das sich vielfach jedoch auf einen schmalen Vorgarten beschränkte, um der Vorschrift Genüge zu tun (Conzen, 1952, S. 12 ff.). Mietskasernentrakte und Mietshäuserquartiere wurden für eine große Zahl von Arbeitersiedlungen im Ruhrrevier und im oberschlesischen Industriegebiet charakteristisch, und auch Bauunternehmer im lothringischen Industriebereich waren nur darauf bedacht, ihren Vorteil aus den schlecht erstellten Mietshäusern mit völlig ungenügendem Wohnraum zu ziehen (Soemme, 1930, S. 169). Doch zeigten sich auch schon vor dem Ersten Weltkrieg Ansätze zu einer Besserung, vor allem in den Werksiedlungen des Ruhrreviers und des Saargebietes.

Gerade in den Bergbau- und Schwerindustriegebieten blieb es nicht bei der Ausweitung und Umformung ursprünglich ländlicher Siedlungen und den in den Zwischenräumen entstandenen Werksiedlungen, sondern die zunächst noch getrennten Siedlungseinheiten wuchsen in mehr oder minder starkem Maße zusammen, um *industrielle Siedlungsagglomerationen* zu bilden. Große ausgedehnte Arbeitersiedlungen, „Arbeiterstädte“, stellen häufig nichts anderes dar als eine solche zufällige Agglomeration.

An Hand der Entwicklung von Königshütte im oberschlesischen Industrierevier sei das verdeutlicht (Abb. 88). Um die Königsgrube (1780) und die Königshütte (1797) wurden auf einer Fläche von 75 ha, die den umliegenden Gütern abgekauft worden war, die für diese Betriebe notwendigen Berg- und Hüttenarbeiter in Kolonien untergebracht. Doch mit der Ausdehnung der Industrie faßte dieser geringe Raum die herangezogenen Arbeitskräfte nicht mehr, so daß sich die weiteren Kolonien auf das benachbarte Domanialland erstreckten. Das, was planlos zusammengewachsen war, mußte wenigstens nachträglich gemeindeorganisatorisch geordnet werden, um Fragen der Wasserversorgung, des Schulwesens u. a. m. zu regeln. So kam es im Jahre 1868 zur Herauslösung der besiedelten Fläche aus den umliegenden Gütern, und gleichzeitig wurde dieses zusammengewürfelte Gebilde, das damals über 14 000 Einwohner hatte, verwaltungsmäßig zur Stadt erhoben (Kuhn, 1954, S. 256). Durch weiteres Wachstum und Eingemeindungen umliegender Arbeitersiedlungen stieg die Bevölkerung auf mehr als 100 000 an, eine typische Agglomeration, die kein eigentliches Zentrum besitzt, der eine sinnvolle innere Gliederung fehlt und wo Bergbau- und Hüttenanlagen von dem Häusermeer der Mietskasernen umschlossen werden.

←

Abb. 88 Industrielle Agglomeration Königshütte im oberschlesischen Industrierevier (nach der Topographischen Karte 1:25000, Ausschnitt aus den Blättern Schwientochlowitz [Nr. 5779] und Beuthen [Nr. 5679]. (Zustand vor dem 2. Weltkrieg).

In England und Schottland, in Frankreich und Belgien, im rheinisch-westfälischen und im oberschlesischen ebenso wie im Donez-Revier finden sich Siedlungsagglomerationen, denen in den Vereinigten Staaten lediglich das von Pittsburgh gegenübersteht, weil die Eisen- und Stahlgewinnung sich hier schon wesentlich früher als in Europa vom Standort der Bodenschätze löste.

Die *moderne Planung* kann das, was durch die industrielle Revolution gerade hinsichtlich der reinen Industriesiedlungen geschaffen wurde, nicht mehr völlig zum Verschwinden bringen. Immerhin lassen sich Verbesserungen erzielen. Die schwerwiegendsten Probleme waren sicher in Großbritannien, das am stärksten industrialisiert ist, zu lösen. Hier versucht man durch das Slum Clearing die schlimmsten Auswüchse zu beseitigen und legt ganze Baublöcke nieder; der Wohnungsbau ging aus den Händen der Unternehmer in die öffentliche Hand über, und die Wohndichte wurde erheblich beschränkt (etwa 12 Einfamilienhäuser auf 40 ar). Allerdings erfolgte damit eine nochmalige Ausweitung der bebauten Flächen über die bisherigen Agglomerationen hinaus. Im Ruhrgebiet sieht die Planung eine Auflockerung der Siedlungen vor. Der Ruhrsiedlungsverband legt für sämtliche Orte Verbandsgrünflächen fest, die von einer künftigen Bebauung ausgeschlossen sind; auf diese Weise kann im nördlichen Abschnitt des Reviers, der erst spät in den Bergbau einbezogen wurde, eine Siedlungsagglomeration, wie sie im Süden anzutreffen ist, vermieden werden.

Am stärksten jedoch macht sich die moderne Planung in den neu gegründeten reinen Industriesiedlungen bemerkbar, für die in irgendeiner Form der englische Gartenstadtgedanke maßgebend wurde (Abb. 93). Man gab die schematische Straßen- oder Schachbrettanlage auf, und wenn sich die komplizierten geometrischen Formen mit ihren Sackgassen, wie sie in Großbritannien zur Ausbildung kamen, nicht überall durchsetzten, so wurde zumindest erstrebt, durch Schwingungen in der Straßenführung die Eintönigkeit zu bannen. Wert wird auf die Trennung von Verkehrs- und Wohnstraßen gelegt, wie es z. B. in der früher dargelegten Neusiedlung Berrenrath zur Durchführung kam (vgl. Abb. 85). Auflockerung der Bebauung zum einen kennzeichnet diese Siedlungen, indem allseitig umschlossene Baublöcke vermieden werden zugunsten freistehender Hauszeilen, die von Grünflächen durchsetzt sind, während zum andern die Orientierung auf einen Kern erstrebt wird, in dem die öffentlichen Gebäude, kulturelle Einrichtungen und das Geschäftsleben konzentriert sind. Wie weitgehend der Gedanke für diese Art der in sich abgeschlossenen und in Grünflächen eingebetteten Siedlungen verbreitet ist, zeigt sich nicht nur in den Industriegebieten Großbritanniens und Deutschlands, sondern ebenfalls in Frankreich, wo z. B. das Erdgasgebiet von Lacq neben dem Ausbau der vorhandenen ländlichen Siedlungen in einer Arbeiterstadt modernen Stils sein Zentrum findet.

Es kommt hinzu, daß man bestrebt ist, die einseitige Industriestruktur zugunsten von Investitions- und Konsumgüterzweigen aufzulockern, ob das durch industrial estates bewirkt wird wie in Großbritannien, ob stillgelegtes Zechengelände in Bochum der Aufnahme der Opelwerke diente oder ob in Salzgitter die Eisenförderung zugunsten von Importen reduziert wurde und die seit der Wirtschaftskrise der Jahre 1966/67 verstärkten Bemühungen um die Ansiedlung anderer Zweige mit der Entscheidung des Volkswagenwerkes, hier einen Betrieb aufzubauen, zum Erfolg führte (Tribian, 1976).

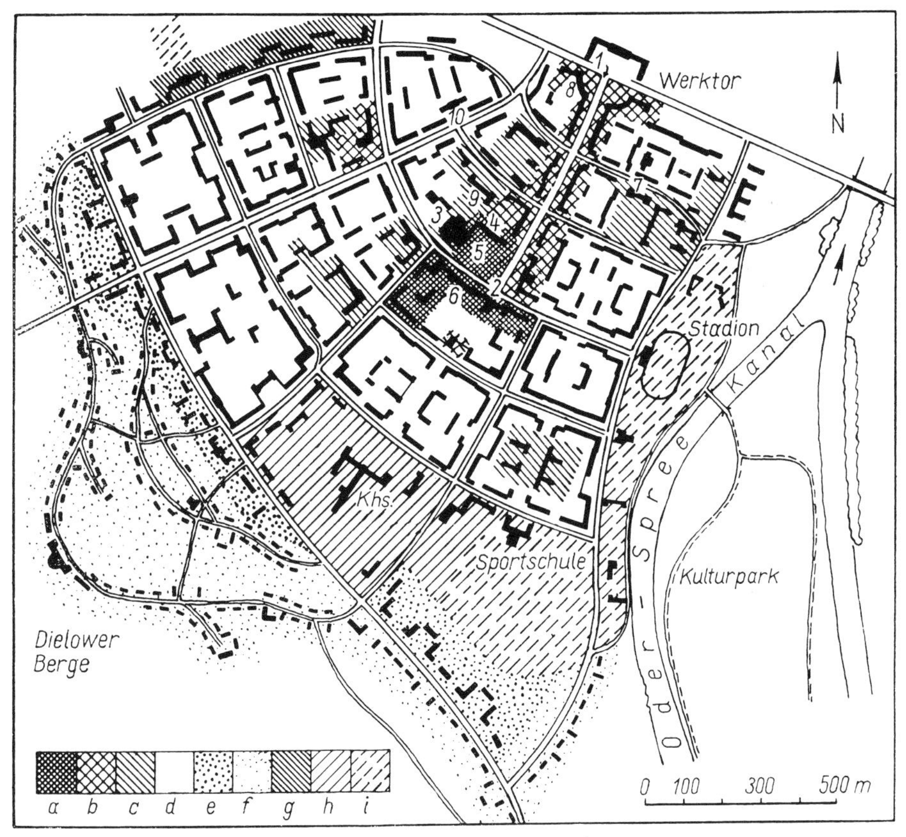

a) Stadtzentrum (Partei, Verwaltung, Kultur)
b) Hauptmagistrale (Geschäfts- und Feststraße)
c) Sekundärzentrum
d) Wohnkomplexe der Werktätigen
e) u. f) Wohnbezirke der schaffenden Intelligenz
g) Handwerkerkombinat
h) Krankenhausviertel
i) Sportparkgelände

Abb. 89 Eisenhüttenstadt/Oder, Struktur einer neuen Stadt des Ostens (nach Leucht bzw. Schöller).

In der Sowjetunion ebenso wie in den Ostblockländern hat die auf Bodenschätzen aufbauende Grundstoffindustrie noch nicht an Bedeutung verloren. Sofern man damit in wenig besiedelte Gebiete vordrang, entstanden neue Arbeiterstädte, die in ihrem Aufbau das gesellschaftspolitische Ziel dokumentieren. Mitunter mögen solche neuen Städte der Entlastung einer industriellen Agglomeration dienen wie Neu-Tichau in Oberschlesien; meist aber gelten sie als „Ausbaustädte", die mehr gesellschafts- als wirtschaftspolitisch zu verstehen sind (Schöller, 1974, S. 320). Eisenhüttenstadt (Abb. 89) war die erste dieser Gründungen in der Deutschen Demokratischen Republik mit der auf das Werktor ausgerichteten Aufmarschstraße und den noch relativ kleinen Wohneinheiten mit eigenen Versorgungszentren, für etwa 5000 Einwohner gedacht. In Halle-Neustadt, in dem man die bisher zu den Leuna- und Bunawerken Pendelnden zusammenziehen wollte, konzentrierte man die Versorgungseinrichtungen und verdichtete die Wohnbebauung.

Eine besondere Note ergibt sich für neue Industriesiedlungen in Japan. Großwerke, insbesondere der Grundstoffindustrien, suchen in den Aufschüttungsgebieten der Küste Raum und zugleich Tiefseehäfen, so daß für diesen Zweck in den Jahren 1964-1975 rd. 700 qkm Marschland gewonnen wurden. Da die Arbeitskräfte aus entfernt gelegenen Bereichen zuwanderten, schuf man für die Arbeiter und unteren Angestellten Beton-Standardbauten als company towns, die mit genügenden sozialen Einrichtungen ausgestattet waren, deren gesellschaftseigene Supermärkte in ihrem Angebot nicht immer ausreichten. Für die andern Gruppen sah man in der Nähe oder in einer etwas größeren Entfernung den Bau von Eigenheimen vor, wenn es das Management nicht vorzog, im Klubhaus unterzukommen und den Dauerwohnsitz in Tokyo oder entsprechenden Städten beizubehalten (Flüchter, 1975).

Daß in Gebieten, wo die Schwerindustrie spät einsetzte und sich an der Rohstoffgrundlage orientierte, meist keine andere Möglichkeit blieb, als company towns zu errichten, dürfte verständlich erscheinen. In Indien wurde damit bereits vor dem Ersten Weltkrieg begonnen; es entstand zunächst Jamshedpur, wo, durch das Wachstum von Werk und Siedlung bedingt, keine strenge Trennung zwischen beiden erzielt werden konnte, was bei den nach dem Zweiten Weltkrieg errichteten „Stahlstädten" immerhin zur Durchführung kam. Ohne daß der Kastengliederung Gewicht beigemessen wurde, kamen die sozialen Einrichtungen lediglich den Werksangehörigen zugute, und das Geschäftsleben blieb unterentwickelt. Sicher heben sich die company towns vorteilhaft gegenüber den älteren indischen Städten ab, aber erstere stehen inselförmig im Raum ohne Anbindung eines Umlandes, und die Ausbildung von Randsiedlungen, die mitunter schon eine größere Einwohnerzahl als die der Werkssiedlungen besitzen, wirft erhebliche Probleme auf (Stang, 1970).

Nicht viel anders steht es in Lateinamerika. In Brasilien z. B. ging man in der zweiten Hälfte des 19. Jh.s daran, in Minas Gerais Mangan abzubauen, verbunden mit kleinen company towns. Nach dem Ersten Weltkrieg begann man mit der Ausbeutung der hochwertigen Eisenerze, teils, um diese auszuführen, teils um sie selbst zu verhütten. Da man das im wesentlichen mit Hilfe von Holzkohle tun mußte, erwarben die entsprechenden Gesellschaften riesige Ländereien, um die Versorgung sicherzustellen. Wiederum kam es zur Anlage von kleineren (z. B. Itabira) oder großen company towns (z. B. Monlevada). Bei nochmaliger Steigerung der Produktion nach dem Zweiten Weltkrieg kam es hier sogar im Rio Docetal zur Ausbildung einer industriellen Agglomeration (Leloup, 1973). Ist die Bindung an Bodenschätze nicht gegeben, dann vollzieht sich in der Regel die Industrialisierung der Entwicklungsländer über die Städte, was nicht mehr zum Thema „Ländliche Industrie und Siedlung" gehört, sondern im Rahmen der Stadtgeographie zu behandeln ist (Kap. VII. b.3.c).

Noch nach dem Zweiten Weltkrieg galt das Ansetzen von Industrie im ländlichen Raum wegen der zur Verfügung stehenden Arbeitskräfte als Vorzug (Stavenhagen, 1961). Mit dem Erreichen der Vollbeschäftigung, der Heranziehung von Gastarbeitern, dem Ausgleich in den Löhnen spielten seit dem Ende der fünfziger Jahre im westlichen und mittleren Europa andere Erwägungen eine Rolle. Es konnte hinzukommen, daß durch die Aufnahme neuer Techniken eine Verstärkung dieses Momentes erzielt wurde. Nun wirkten die städtischen Verdichtungsräume anziehend mit ihren Möglichkeiten, Verbindung zur Forschung herbeizuführen, den Absatz der Produktion innerhalb des eigenen Marktgebietes besser beeinflussen und sonstige Fühlungsvorteile wahrnehmen zu können (Hottes, 1966). Kam es unter diesen Voraussetzungen noch zum Wohnungsbau durch die entsprechenden Gesellschaften, dann bildeten sich spezifisch geprägte Stadtviertel aus.

C. Verkehrssiedlungen

Ausgesprochene Verkehrssiedlungen sind zumeist in der früher erwähnten Typisierung der Siedlungen mit Hilfe der statistischen Methode (Kap. III) nicht besonders ausgeschieden worden; nur bei der Gliederung städtischer Siedlungen nach wirtschaftlichen Gesichtspunkten wurden – und nicht von ungefähr gerade für die Vereinigten Staaten und die Sowjetunion – Verkehrsknotenpunkte, in denen die Zahl der Beschäftigten im Verkehrswesen über dem Durchschnitt liegt, besonders hervorgehoben (Harris, 1943, S. 94; 1970, S. 100 ff.). Mag teilweise die ungenügende Differenzierung der statistischen Unterlagen dafür verantwortlich gemacht werden, so ist diese Tatsache doch tiefer begründet und hängt letztlich mit der Frage zusammen, welcher Art die *Beziehungen* sind, die zwischen *Verkehr und Siedlung* bestehen.

Der Verkehr nimmt zweifellos eine Sonderstellung ein, denn nicht wie Landwirtschaft, Gewerbe oder Industrie ist er Selbstzweck, sondern lediglich *Mittel* zu einem bestimmten Zweck. Man bedient sich seiner, wenn man im Lokal-, Regional- oder Fernhandel Waren austauschen will. Auf Verkehrswege ist man angewiesen, wenn religiösen Forderungen Genüge getan werden soll (Wallfahrten). Auf sie stützt man sich, um politische oder militärische Belange wirksam zu vertreten. Der Verkehr bringt fremde Völker und Kulturen miteinander in Berührung und befruchtet so das kulturelle Leben. Überall dort, wo sich der Verkehr staut, ob es Lokal-, Regional- oder Fernhandelsmärkte sind, Wallfahrtsplätze, Mittelpunkte von Herrschaftsgebieten u. a. m., wird eine Vielfalt wirtschaftlicher und kultureller Möglichkeiten eröffnet, die auf eine erhebliche Differenzierung in der sozialen Struktur der entsprechenden Siedlungen einwirken können, ohne daß dabei das Verkehrswesen selbst in besonderem Maße in Erscheinung zu treten braucht. Demgemäß gibt der größte Teil der später gekennzeichneten Mittelpunkts-Siedlungen (Kap. VI) Knotenpunkte eines lokalen oder überlokalen Verkehrsnetzes ab. Erst recht wird ein enger Zusammenhang zwischen der Ausbildung städtischer Gemeinwesen und der Verkehrsentwicklung bestehen, worauf später zurückzugreifen ist (Kap. V.B und Kap. VII. C. 3. c). Dabei sind beide Möglichkeiten in Rechnung zu stellen, sowohl die Entstehung von Siedlungen durch den Verkehr, der ihnen dann eine gewisse Breite ihrer Lebensbedingungen verleiht, als auch das Sich-Einfügen von Verkehrslinien in ein bestehendes Siedlungsnetz, wodurch ein Teil der vorhandenen Siedlungen eine besondere Befruchtung erfährt. Aber weder in dem einen noch in dem andern Falle wird man von ausgesprochenen Verkehrssiedlungen sprechen, sondern der ihnen eigenen Mittelpunkts-Wirkung größeres Gewicht beilegen und sie dadurch charakterisieren.

Damit ergibt sich die Frage, ob einseitig auf den Verkehr abgestellte Siedlungen existieren und die Ausscheidung von nicht-städtischen Verkehrssiedlungen gerechtfertigt ist. Zunächst muß gesagt werden, daß sie sich nicht eben häufig finden, vielfach nur ein Stadium in der Entwicklung zu Städten darstellen und ihre Ausbildung an ganz bestimmte Voraussetzungen geknüpft ist. Umreißen wir diese Bedingungen zuerst von der negativen Seite, dann entstehen besondere Verkehrssiedlungen sicher nicht im Rahmen eines ausgesprochenen Lokalverkehrs. Grenzmärkte, Wochenmärkte usf. liegen den auf sie bezogenen ländlichen Siedlungen zumeist so benachbart, daß es keiner Zwischenstationen bedarf, es sei denn, daß mitunter Gasthäuser die Nähe der Straße aufsuchen, um Gewinn aus einem solchen Lokalverkehr zu ziehen. Dies bedeutet positiv gesehen, daß Verkehrssiedlungen vor allem dort zu erwarten sind, wo der Fernverkehr eine wichtige Rolle spielt und aus unterschiedlichen Gründen Rastplätze notwendig werden. Letztere stellen sich insbesondere in Bereichen ein, in denen der Verkehr keinen Haltepunkt findet, um seine befruchtende Wirkung ausüben zu können, sondern lediglich hindurchflutet, um sich anderen Zielen zuzuwenden. Solche Gebiete, in denen ein direktes Bedürfnis nach Siedlungen besteht, die einen reibungslosen Ablauf des Verkehrs an und für sich gewährleisten, finden wir vor allem in den natürlichen Sperrlandschaften der Erde, in den Gebirgen, in den Wüsten, auf Inseln oder am Rande der Ozeane, sofern über diese Räume hinweg Verkehrsspannungen existieren. Aber auch dann, wenn man gezwungen ist, die Verkehrsmittel zu wechseln, ebenso wie dort, wo durch politische oder Zollgrenzen Hindernisse aufgerichtet sind, bilden sich häufig Verkehrssiedlungen aus. Sie erweisen sich ebenfalls als notwendig, wenn Verkehrswege durch dünn besiedelte Gebiete hindurchgeführt werden und ihnen u. U. die Aufgabe zukommt, eine wirkliche Besiedlung des Landes erst in die Wege zu leiten. Und schließlich kann man ihrer auch in dicht besiedelten Räumen nicht entraten, wenn die Verkehrswege bewußt in einer gewissen Entfernung von den vorhandenen Siedlungen angelegt werden.

Die *Art* der *Verkehrswege und Verkehrsmittel* stellt jeweils verschiedene Anforderungen hinsichtlich ihrer Benutzung für einen geregelten Waren- und Personenverkehr und der damit verbundenen Ausbildung von Rastplätzen. Sicher waren auch schon vor dem 19. Jh. wichtige Verbesserungen im Verkehrswesen erzielt worden, die es gestatteten, größere Räume mit beträchtlichen Lasten zu überwinden und die jeweilige Tagesleistung zu steigern. In den alten Kulturländern hatte man gerade die für den Fernverkehr bestimmten Trassen zu gepflasterten Straßen ausgebaut, sowohl in China, Indien und Mesopotamien als auch im Inkareich, und die Römer hielten ihr Weltreich durch ein bewunderungswürdiges Kunststraßennetz zusammen, das nicht nur militärischen und verwaltungsmäßigen Zwecken diente, sondern ebenfalls dem Handelsverkehr. Die Züchtung schneller Reittiere, die Nutzung von Tieren als Lastenträger, die Erfindung des Wagens und dessen Transport durch Tiergespanne bedeuteten jeweils einen Fortschritt in der Überwindung kontinentaler Räume, der in besonderem Maße dem Fernverkehr zugute kam. Ebenso lernte man die Ozeane zu bewältigen, vor allem dadurch, daß man den Wind als Antriebsquelle benutzte und die Segelschiffahrt durch Vergrößerung der Schiffstypen immer stärker dazu geeignet machte, eine Vielzahl von Menschen und umfangreichere Warengüter zu transportieren.

Doch erst seit dem 19. Jh., als sich die eigentliche Technik auch des Verkehrswesens bemächtigte, stellten sich mit dem Einsatz von Eisenbahnen, Auto und Flugzeug, von Dampf- und Motorschiff und deren immer weiterer Vervollkommnung umwälzende Bedingungen ein. Letztere können in aller Kürze dahingehend charakterisiert werden, daß sich der Fernverkehr zum Weltverkehr weitete, der Handel mit hochwertigen Produkten zu dem von Massengütern und die früher beschränkte Personenbeförderung zu der einer Vielzahl von Menschen wandelte. Hinsichtlich ausgesprochener Verkehrssiedlungen aber zeigt sich im Rahmen dieser Entwicklung die doppelte Tendenz, indem teilweise eine Verdichtung einsetzte, teilweise aber auf Grund der Technisierung eine Reduktion eintreten konnte.

Ebenso wie wir es bei den gewerblichen und industriellen Siedlungen getan haben, dürfte es sich auch bei den Verkehrssiedlungen empfehlen, dem durch das 19. Jahrhundert hervorgerufenen Umbruch Rechnung zu tragen und diejenigen durch die traditionellen Verkehrswege und -mittel hervorgerufenen von denen durch die Technisierung des Verkehrswesens entstandenen zu unterscheiden. Das erscheint um so mehr gerechtfertigt, als einerseits in den Industrieländern noch Zeugen der vortechnischen Verkehrssiedlungen, wenn auch zweckentfremdet, mitunter bis in die Gegenwart erhalten blieben und andererseits in vielen Gebieten der Erde alte und neue Verkehrsformen gegenwärtig noch nebeneinander bestehen.

Überall, wo sich der *Fernverkehr zu Lande* auf Tiere stützt, die entweder selbst als Handelsgut dienen oder die zum Reiten, Tragen von Lasten oder zum Ziehen von Wagen benutzt werden, kann man an einem Tag nur eine begrenzte Strecke zurücklegen. Beim Karawanenhandel durch die Wüsten mit Hilfe von Kamelen oder Dromedaren, wie es etwa in der Sahara üblich war, gaben die Wasserstellen, die für die Karawanenrouten maßgebend waren, gewisse Fixpunkte ab; doch die Genügsamkeit der verwandten Tiere ebenso wie die nomadische Herkunft der Karawanenführer machten permanente Stützpunkte vielfach entbehrlich. Immerhin zeugen vereinzelte isolierte Karawanserein und Raststationen, die mitunter einige Händler anzogen, auch hier von dem Bedürfnis nach festen Verkehrsstationen, wie sie z. B. in der westlichen Sahara anzutreffen waren; heute geben sich diese allerdings durch den Verfall des Karawanenhandels alten Stils häufig nur noch als Ruinen zu erkennen (Niemeier, 1956, S. 123).

Dort, wo der Straßen-Fernverkehr staatlich gelenkt wurde und ihm nicht nur handelsmäßige, sondern auch politische Aufgaben zufielen, kam es darauf an, schnelle und sichere Verbindungen zu schaffen, was meist durch die Einrichtung eines geregelten Postwesens geschah. In bestimmten Abständen wurde ein Wechsel der Tiere notwendig, und das konnte durch festliegende Poststationen gewährleistet werden; sie boten den Reisenden Unterkunft, hier wurde für die Tiere gesorgt, u. U. der Gespannwechsel vorgenommen. In den alten Kulturstaaten, ob in Ägypten oder Babylonien, ob in Persien oder dem Römischen Reich, wissen wir von dem Vorhandensein eines organisierten Postwesens. Für China konnte Herrmann (1910) nachweisen, daß während der Blüteperioden der Han-Dynastie (vor allem 114 v. Chr. bis 23 n. Chr. und 87-127 n. Chr.) längs der Seidenstraßen direkte Verkehrs- und Handelsbeziehungen mit den turkestanisch-iranischen Ländern angeknüpft wurden. Was man im Kern des Chinesischen Reiches noch nicht in dem Maße kannte, tat man, vielleicht auf iranisch-persische Einflüsse zurückgehend, auf Grund der Schwierigkeiten der zentralasiatischen Sperrlandschaft, indem man „längs der wichtigsten Straßen in bestimmten Entfernungen Herbergen zum Wechseln der Pferde und Poststationen" einrichtete (Herrmann, 1910, S. 126). Auch für spätere Zeiten der chinesischen Geschichte liegen historische Untersuchungen vor, die von dem hochentwickelten chinesischen Postwesen berichten und die Poststationen als Verkehrssiedlungen erwähnen (vgl. für die Zeit der Mongolenherrschaft Olbricht, 1954). Ebenso wurde im Inkareich die Benutzung des planmäßig angelegten Straßensystems durch „tambos" erleichtert, die, in festgelegten Abständen aufeinanderfolgend, den Reisenden Unterkunft gewährten. Im mittleren und westlichen Europa entwickelten sich seit dem Ende des 15. Jh.s ähnliche Einrichtungen (Cavaillès, 1946).

Als ein Hochgebirge, das dem Durchfluten des Verkehrs auf Grund seiner Aufgeschlossenheit besonders günstige Voraussetzungen bot, sind die Alpen zu betrachten, die sich im wirtschaftlichen, politischen und kulturellen Spannungsfeld zwischen den Mittelmeerländern und Mitteleuropa befinden. Die Alpenpässe wurden teilweise schon in vorrömischer Zeit begangen; die Römer bezwangen einen Teil von ihnen, z. B. den Großen St. Bernhard und den Brenner, durch den Bau von Straßen. Im Mittelalter wurden sie zunächst vom Pilgerverkehr nach Rom und Jerusalem benutzt, dem die auf den Paßhöhen errichteten Hospize dienten wie etwa das auf dem Großen St. Bernhard (bereits aus dem 10. Jh. stammend), auf dem Splügen oder St. Gotthard, während sich die entsprechenden Abteien in Paßfußlage befanden (Girardin, 1947). Die Hospize waren später auch Raststationen für den sich immer mehr ausbreitenden Handel, der in der Form des Saumverkehrs mit Hilfe von Pferden und Mauleseln durchgeführt wurde. Diesem standen außerdem die Susten zur Verfügung, die in Paßlage, am Fuß von Pässen, am Ein- oder Ausgang besonders schwieriger Wegstrecken errichtet wurden oder auch dort, wo man gezwungen war, Seen zu überqueren, was einen Umschlag auf Schiffe notwendig machte. Mochten die Susten oft einfach genug sein, so finden sich doch auch große turmartige Steinbauten, die sich allerdings heute nach Eröffnung von Eisenbahnen und Kunststraßen meist im Verfall befinden. Die Paßfußorte jedoch, vor allem wenn sie an Straßenkreuzungen lagen, entwickelten sich meist zu Marktorten, zu Mittelpunkts-Siedlungen, während diejenigen, denen diese Gunst nicht zuteil wurde, hauptsächlich vom Saumverkehr lebten und in dieser Hinsicht ebenfalls als Verkehrssiedlungen anzusprechen sind. Auch sie erliegen heute den modernen Wirtschafts- und Verkehrsbedingungen; doch zeugen vielfach die in ihnen vorhandenen zahlreichen Stallbauten für die Unterbringung der Saumtiere von ihrer einstigen Funktion (vgl. Angaben in Früh, 1932; Schulte, 1900).

Unter ganz ähnlichen Bedingungen vollzog sich der Verkehr in anderen Räumen, wo schwierige Wegstrecken zu überwinden waren. Als Beispiel sei auf die von der pazifischen Küste auf das Hochland von Mexiko hinaufführenden Wege verwiesen, die die Sierra Madre de Chiapas zu queren hatten. Die bedeutendste unter ihnen war die Topia-Straße, die seit der frühen Kolonialzeit benutzt wurde und in engem Zusammenhang mit dem Silberbergbau bei Topia stand. Gasthäuser

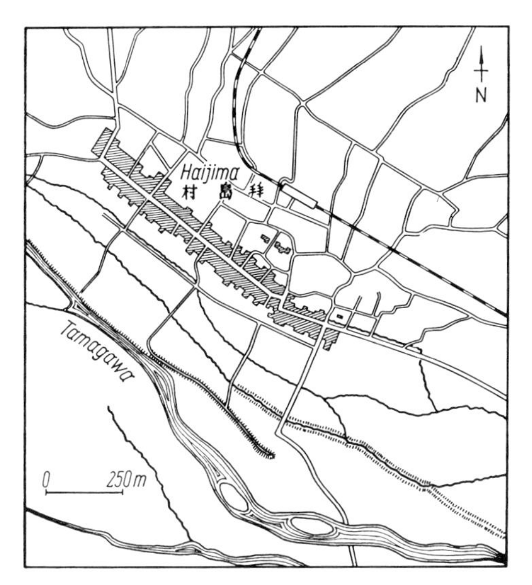

Abb. 90 Linear gerichtete Verkehrssiedlung Hiajima, Kanto-Ebene (nach Schwind).

für die Maultiertreiber (posados), die acht bis zehn Tage unterwegs waren, bildeten auch hier einen bezeichnenden Zug für das Verkehrsleben, bis der Niedergang des Bergbaus und das Aufkommen von Eisenbahnen die Topia-Straße mit ihren Verkehrseinrichtungen veröden ließen (West und Parsons, 1941).

Für die *Lage* der gekennzeichneten Raststationen zueinander war vielfach die an einem Tage zu bewältigende Wegstrecke maßgebend. Doch bedeutet dies nicht unbedingt eine strenge Aufeinanderfolge solcher Stationen in ganz bestimmten Abständen. Wie bei der Überquerung von Gebirgen Paß- und Paßfußlagen den Vorzug erhielten, so war bei der Überwindung von Trockengebieten für die Wahl der topographischen Lage die Wasserfrage entscheidend. Mußten Flüsse durch Furten oder mit Hilfe von Fähren überquert werden, dann bildete der Verkehrsstau an einem solchen Hindernis oft genug die Veranlassung zur Ausbildung von Rastplätzen.

Mögen die Raststationen, vornehmlich in den Sperrlandschaften, häufig als *Einzelsiedlungen* erscheinen, ein Gasthaus mit den entsprechenden Einrichtungen für die Unterbringung der Trag- oder Zugtiere, so zeigen sich nicht minder häufig auch andere Formen, unter denen den *linear gerichteten* besondere Bedeutung zukommt. Ziehen wir zunächst Brasilien als Beispiel heran, so konnten hier die Edelmetalle von Minas Gerais, die Plantagenprodukte abseits der unmittelbaren Küstenregion und die Rinderbestände des Sertaõ wirtschaftlich nur nutzbar gemacht werden, wenn sie mit Hilfe von Mauleseln, Ochsenkarren oder Herdenwanderungen an die Küste gebracht wurden. Längs der Karawanenpfade und „cattle routes“ entstanden, oft als die einzigen Siedlungen einer Gegend überhaupt, die „pousos“, in denen eine ganze Reihe von Gasthöfen häufig längs der benutzten Straße angeordnet wurde (Deffontaines, 1938, S. 382 ff.). Diese linear gerichteten Raststationen, die sich in Brasilien bei genügender Durchsiedlung einer Landschaft vielfach zu kleinen Städten erweiterten, stellen keine Einzelerscheinung dar. Sie finden sich ebenfalls in Japan (Abb. 90), und zwar hier vor allem an den seit

Beginn des 17. Jh.s eingerichteten Poststraßen, wobei auch in diesem Falle die Entwicklung zu Mittelpunkt-Siedlungen zu beobachten ist. Um schließlich noch ein europäisches Beispiel anzuführen, sei auf die Einzelsiedlungen der „ventas" in Spanien oder auf die linear gerichteten Ortschaften im Baskenland und in Galicien verwiesen; letztere entstammen dem Mittelalter und entstanden als Raststationen an dem Wallfahrtsweg nach Santiago de Compostela (Niemeier, 1934, S. 174/75).

Neben dem Fernverkehr auf den Straßen spielte in früherer Zeit, insbesondere für Warentransporte, derjenige auf den Flüssen eine weit größere Rolle als heute, und bei geeigneten Wasserstraßen bzw. Schwierigkeiten in der Benutzung anderer Verkehrswege kommt dem *traditionellen Flußverkehr* auch gegenwärtig noch eine nicht unerhebliche Bedeutung zu. In besonderem Maße gilt dies für das mittlere und südliche China, wo weder Eisenbahn noch Dampfschiffahrt den Verkehr mit Hilfe der einheimischen Dschunken zu verdrängen vermochten, wenngleich ein Rückgang in der Benutzung der alten Verkehrsmittel nicht aufzuhalten war (Wiens, 1955). Immerhin gewährleisten letztere auf vielen Flußstrecken, die mit ihren Stromschnellen, Unterschieden im jahreszeitlichen Wasserstand, Untiefen u. a. m. genügend Schwierigkeiten bieten, oft die einzige Möglichkeit des Verkehrsanschlusses für ein Gebiet; das gilt um so mehr, als in jeder Gegend entsprechend den Anforderungen, die die verschiedenen Flußabschnitte stellen, jeweils eigene, den besonderen Verhältnissen angepaßte Schiffstypen ausgebildet sind. Ähnlich wie der Fernverkehr auf den Straßen benötigt auch der auf den Strömen Relaisstationen; denn obgleich die Schiffer auf ihren Booten wohnen, kann die Fahrt doch nur am Tage durchgeführt werden. So berichtet Richthofen (1907, S. 87), daß die einheimischen Schiffer auf dem Jangtsekiang ihre festen Stationsplätze haben, wo sie die Nächte zubringen, bei Unwettern günstigere Bedingungen abwarten usf.; an solchen Stellen ziehen sich am Flußufer zumeist Siedlungen hin, die die Möglichkeit bieten, den unterwegs auftretenden Bedarf an Lebensmitteln oder Schiffsmaterial zu decken. Auch in Brasilien, vor allem in Amazonien, war vor Einführung der modernen Verkehrsmittel der Flußverkehr mit den dazugehörigen kleinen Hafenplätzen, die während der Nacht aufgesucht wurden, wichtig. Selbst die Einführung der Dampfschiffe änderte daran zunächst nichts, weil Holz als Brennstoff verwandt werden mußte und demgemäß etwa im Abstand von 30 km Holzladungen aufzunehmen waren; allerdings unterlag die Struktur der entsprechenden kleinen Landestellen einer gewissen Wandlung, indem nun eine größere Anzahl von Holzfällern zu den Händlern hinzutrat. Erst der Übergang zu Verbrennungsmotoren machte die eben charakterisierten Stationen meist entbehrlich; nur in abgelegenen Bereichen vermochten sie sich zu halten und blieb ihre Funktion gewahrt (Deffontaines, 1938, S. 384/85).

Für die *topographische Lage* der kleinen Hafenplätze an den Flußwegen ist bzw. war im Rahmen der an einem Tage zu meisternden Strecke die günstige Lande- bzw. Ankermöglichkeit an geschützten Stellen maßgebend. Doch darüber hinaus kommt, ähnlich wie bei den Fernverkehrsstraßen, denjenigen Punkten besondere Bedeutung zu, wo der Verkehr auf Schwierigkeiten oder Hindernisse stößt. Aus diesem Grunde ist die Lage ober- oder unterhalb von Stromschnellen beliebt, und auch diejenige an Wasserfällen wird aufgesucht. Dort, wo bei relativ schnellem Wechsel des Wasserstandes – etwa bei der Einmündung von Nebenflüssen – eine

Umstellung auf andere Bootstypen erfolgt, liegen günstige Bedingungen für die Ausbildung von Raststationen vor. Ebenso entwickeln sich Verkehrssiedlungen gern an den binnenwärts gelegenen Endpunkten der Schiffahrt, wo diese vom Landtransport abgelöst wird. Daß in allen Fällen *linear gerichtete Siedlungsformen,* die sich längs der Flußufer erstrecken, bedeutungsvoll sind, braucht nicht näher begründet zu werden.

Schließlich benötigt der *traditionelle Schiffsverkehr auf den Meeren* Stützpunkte. Auch solchen Hafenplätzen konnte eine Befruchtung durch den Verkehr versagt bleiben, wenn sie lediglich die Sicherheit des Verkehrs zu gewährleisten hatten oder nur Durchgangsstationen zum Landesinneren waren, ohne daß es zu einer nennenswerten Handelsbetätigung kam.

Gehen wir zum *modernen Verkehrswesen* bzw. den damit verbundenen Siedlungen über, dann soll hier zunächst der *Seeverkehr* mit den für ihn notwendigen Einrichtungen betrachtet werden. Hier wirkte die Entwicklung von Weltwirtschaft und Weltverkehr darauf hin, daß sich die Ausgangs- und Zielpunkte auf eine relativ geringe Zahl großer Häfen konzentrierten, und diese reichen bei der Vervollkommnung der Schiffe meist aus, um letztere mit den notwendigen Brennstoffen zu versorgen. Auch die eingeschalteten Stützpunkte, ob ältere Häfen diese Funktion erhielten oder eigens zu diesem Zwecke neue ins Leben gerufen wurden, besitzen meist eine breitere Basis und können deswegen nicht unbedingt als einseitige Verkehrssiedlungen angesprochen werden. Dort aber, wo der Seeverkehr unbesiedelte Küsten berühren muß, um entweder eine wirtschaftliche Erschließung des Binnenlandes zu ermöglichen oder Verkehrsverbindungen von Kolonialgebieten zu ihren Mutterländern sicherzustellen, werden die entsprechenden Häfen der Mittelpunkts-Wirkung häufig entbehren und als ausgesprochene Verkehrssiedlungen zu betrachten sein. Hierzu kann wohl ein Teil der Hafenplätze an den Küstenwüsten des westlichen Südamerika und Südafrika gerechnet werden. Die Salpetergewinnung in der Atacama veranlaßte die Entstehung einer ganzen Reihe von Hafenplätzen, die hinsichtlich ihrer Eignung teilweise ungünstig genug beschaffen waren, aber als Eingangs- und Ausgangspforten der binnenländischen Bergbaudistrikte mit diesen durch Eisenbahnen verbunden wurden. Der größere Teil dieser Häfen, die ebenso wie die Bergbausiedlungen mit Wasser, Lebensmitteln usf. von außen versorgt werden müssen, dient mehr oder minder ausschließlich der Aufgabe, Nitrat oder verarbeitetes Kupfer zu exportieren. Auch die Häfen an der Küstenwüste der Namib sind weitgehend auf den Bergbau abgestellt, und ein unmittelbares Hinterland, aus dem sie ihre Lebenskräfte beziehen könnten, fehlt. Der politischen Verbindung mit der Republik Südafrika nach dem Ersten Weltkrieg folgte bald auch eine wirtschaftliche und verkehrliche binnenländische Verknüpfung, insbesondere im Süden, so daß vor allem Lüderitzbucht einen Teil seiner Verkehrsaufgaben verlor (Obst, 1935).

Am eindeutigsten sind Hafenplätze über ein größeres Gebiet, durch das der Verkehr im wesentlichen hindurchführt, ohne einen Haltepunkt zu finden, wohl längs der Nördlichen Seeroute des Eismeeres entwickelt, d. h. im Grunde genommen in einer Sperrlandschaft. Die Russen unternahmen den Versuch, hier einen während der wenigen eisfreien Monate zu befahrenden Seeweg zu gewinnen, um einerseits die Rohstoffe vornehmlich des nördlichen Sibirien erschließen zu können und um andererseits eine nähere und billigere Verbindung zwischen Moskau und Wladiwostok zu erzielen, als es auf kontinentalem Wege möglich erscheint. Um diese Aufgabe zu bewältigen, mußten längs der Seerouten Häfen eingerichtet werden, die einesteils die Versorgung der Schiffe, vor allem mit Kohle, zu übernehmen hatten und in denen andernteils auch der Umschlag auf den Flußverkehr durchzuführen war, durch den das Binnenland an den Seeweg angeschlossen ist. Eine eingehendere Beschreibung der Hafenstationen und ihrer Funktionen wurde von Armstrong (1952, S. 64 ff.) gegeben, auf dessen Untersuchung wir uns hier stützen.

Am westlichen Ausgangspunkt der Seeroute standen Murmansk und Archangelsk, am östlichen vor allem Wladiwostok ohnehin als Schiffahrtsbasen zur Verfügung; sie gehören nicht in die Reihe der ausgesprochenen Verkehrsstationen. Wie weit es mit der Entwicklung von Hafenplätzen beim Eintritt des Weges in die Karasee steht (Chabarowo und Anderma), ist nicht bekannt. Der für die Erschließung des Ob-Einzugsgebietes benutzte Zugang von Nowy Port hat wegen seiner außerordentlich benachteiligten Lage seine Bedeutung als Stützpunkt verloren. Wesentlich günstigere Voraussetzungen dagegen sind im Mündungsgebiet des Jenissei vorhanden, wo der geschützte Hafen von Dickson auf der gleichnamigen Insel am Eingang in das Jenissei-Ästuar zur Hauptbasis des Verkehrs im westlichen Abschnitt der sibirischen Nördlichen Seeroute entwickelt wurde. Hier ist die Versorgung der Schiffe mit Kohle gewährleistet, und auch Schiffsreparaturen können durchgeführt werden; hier befindet sich das Zentrum der wissenschaftlichen Stationen, die die Wetter- und Eisvoraussagen ermitteln und weitergeben. Auf diese Weise kommt der Hafensiedlung von Dickson in erster Linie die Aufgabe zu, den Verkehr auf dem von der Natur benachteiligten Weg durch das nördliche Eismeer so weit wie möglich zu sichern. Ähnlich geartet liegen die Bedingungen für die Hafenstation von Tiksi östlich des Lenadeltas, die den zentralen Teil der Durchfahrt verkehrsmäßig zu garantieren hat. Neben der Kohlenstation Ambarchik (Kolyma-Mündungsbereich) ist schließlich noch im Gebiet der Beringstraße eine Hafen-Verkehrssiedlung zu nennen, Prowidenija an der Südküste der Tschuktschen-Halbinsel.

Im *modernen kontinentalen Verkehr* spielt derjenige auf den *Flüssen* im allgemeinen eine geringere Rolle als früher. Ebenso wie bei den Seehäfen setzte auch hier eine Konzentration zugunsten einer geringeren Zahl größerer Flußhäfen ein, deren Bedeutung über die reiner Verkehrssiedlungen meist hinausgeht. Nur in wenigen Gebieten der Erde stützt sich die moderne Entwicklung so gut wie ausschließlich auf diejenige des Flußverkehrs. Das gilt vor allem wieder für das nördliche Sibirien, wo zunächst durch die oberen Abschnitte der großen Ströme der Anschluß an den transkontinentalen Verkehrsweg im Süden gesucht wurde, bis mit dem Aufkommen der Nördlichen Seeroute auch die Unterläufe ebenso wie die nach Norden entwässernden kleineren Flüsse in das Verkehrsnetz einbezogen und mit einer geeigneten Schiffsflotte ausgerüstet wurden. Überall dort, wo der Umschlag von See- auf Flußschiffe erfolgt, entstanden Hafenstationen, die zumeist nicht weit von der Küste entfernt liegen. Nur der Jenissei zeichnet sich dadurch aus, daß Seeschiffe bis weit ins Landesinnere vordringen können. Und wiederum tauchen die schon früher erwähnten Bedingungen für die Ausbildung eines Hafenplatzes auf: an der Stelle, wo der Transport durch Seeschiffe sein Ende findet, entwickelte sich Igarka, das nun aber – und auch in dieser Hinsicht beispielhaft – keine reine Verkehrssiedlung mehr darstellt, sondern zum Zentrum der Holzindustrie wurde und als solches zu Versuchen einer ländlichen Besiedlung im Hohen Norden führte. Noch im Jahre 1927 hatte der Ort nur 49 Einwohner; bis zum Jahre 1939 war seine Bevölkerung auf etwa 20 000 angewachsen. Igarka trägt nicht nur deswegen städtische Züge, weil es bewußt als Stadt geplant und aufgebaut wurde, sondern vor allem deswegen, weil es zum wichtigsten Handels- und Industrieplatz und zum Mittelpunkt kolonisatorischer Erschließung im nördlichen Sibirien ausersehen ist.

Die wichtigste Umwälzung, die die Technisierung des kontinentalen Verkehrs hervorrief, brachte sicher die Ausbildung der *Eisenbahn* hervor. In den dicht besiedelten älteren Industrieländern wurden sie in den Lokal-, Regional- und Fernverkehr eingespannt und einem bestehenden Siedlungsnetz eingefügt. Für die gesamten kulturgeographischen Verhältnisse können die Einwirkungen des Eisenbahnverkehrs nicht hoch genug veranschlagt werden, denn Landflucht, Industrialisierung und Verstädterung sind aufs engste damit verbunden. Doch soll diese Entwicklung, der in zahlreichen kulturgeographischen Spezialuntersuchungen nachgegangen wurde, nicht näher berührt werden. In unserem Zusammenhang kann es sich nur darum handeln herauszustellen, wieweit die Eisenbahnlinien zu besonderen Verkehrssiedlungen Veranlassung gaben.

Kaum zu erwähnen lohnen sich die Eisenbahnwärter-Stationen, die häufig als selbständige Siedlungseinheiten dort auftreten, wo die Bahnstrecken von wichtigeren Straßen gekreuzt werden; sie dienen vor allem der Verkehrssicherheit. Sonst aber sollte man annehmen, daß bei genügender Dichte der vorhandenen Siedlungen diese in der Lage waren, die für den Eisenbahnbetrieb notwendigen Verkehrseinrichtungen aufzunehmen, wenn auch meist peripher dem älteren Kern angegliedert. Das gilt um so mehr, als man bei der Anlage des Bahnnetzes bestrebt sein mußte, möglichst viele Siedlungen mit dem neuen Verkehrsmittel in Berührung zu bringen, um dadurch dessen Rentabilität zu steigern. Doch auch andere Gesichtspunkte waren zu berücksichtigen. Bei der Reliefempfindlichkeit der Eisenbahnlinien mußten Steigungen nach Möglichkeit vermieden werden, und auch der Schnelligkeit des Verkehrs durch Anlage geradliniger Strecken war Rechnung zu tragen, was außerdem im Sinne einer Kostenverminderung lag. Dazu kam, daß oftmals das Fuhrgewerbe sich dagegen sträubte, den Bahnhof im Ort selbst zu errichten. Aus dem Mit- und Gegeneinander solcher Erwägungen mochte es dann dazu kommen, daß die Bahnlinien in einer gewissen Entfernung von den Ortschaften verliefen und diesen dann jeweils Bahnhöfe als isolierte Siedlungseinheiten zugeordnet werden mußten; letztere erwiesen sich oft besser als die alten Siedlungskerne dazu geeignet, als Ansatzpunkte größerer oder kleinerer Industriebetriebe zu dienen, so daß die Größe und soziale Struktur solcher „Bahnhofssiedlungen" recht unterschiedlich sein können.

Selbst Eisenbahnknotenpunkte brauchten, wenn topographische Gegebenheiten es erforderlich machten, nicht unbedingt dort entwickelt zu werden, wo sich in vortechnischer Zeit wichtigere Siedlungen, d. h. vor allem Städte, an entsprechenden Kreuzungen des einstigen Straßenverkehrs befanden. Das bedeutet, daß solche Verkehrsknoten, mochten sie an ländliche Siedlungen anknüpfen oder nicht, ausgesprochene Verkehrssiedlungen abzugeben vermögen. Auf einige Beispiele sei in dieser Beziehung verwiesen. Im Rahmen des Nord-Süd-Verkehrs, der die Nordseehäfen über Hannover, das Leinetal und die hessischen Senken mit Süddeutschland verbindet, war die Eisenbahntrasse dort, wo sie das niedersächsische und das hessische Bergland durchzieht, weitgehend durch die Oberflächengestalt dieses Bereiches vorgezeichnet; eindeutig wurden die Tiefenlinien aufgesucht, was an vielen Stellen zu einer Umgestaltung und Umwertung des früheren Verkehrsnetzes führte. Nicht die Stadt Einbeck, sondern das unbedeutende, aber im Leinetal gelegene Kreiensen wurde im Eisenbahnzeitalter zur Verkehrssiedlung. Die topographisch günstigste Verbindung zu den hessischen Senken ließ sich über den niedrigen Paß von Eichenberg (250 m) gewinnen, und hier, wo die Verzweigung zur west- und osthessischen Senke erfolgt und zudem eine Nebenlinie nach Thüringen abzweigt, entstand – abseits der ländlichen Siedlung – im Bereiche des Passes eine Bahnhofssiedlung als selbständige Einheit. Wabern im nördlichen Hessen war vor der Einrichtung von Eisenbahnstrecken nach Kassel (1849), Treysa (1852) und Bad Wildungen bzw. Korbach (1912) als ländliche Siedlung zu betrachten, auch wenn die Bevölkerung Gewinn aus der Lage an der alten Frankfurter Straße zog. Es stellt gegenwärtig keinen ausgesprochenen Verkehrsknoten dar. Trotzdem führte der Eisenbahnanschluß zur Entwicklung von Wabern (rund 3000 Einwohner) als Verkehrssiedlung. Zwar wurde die Landwirtschaft noch nicht überwältigt (21,6 v. H. der Erwerbstätigen); aber Handwerk und Industrie (34,3 v. H. der Erwerbstätigen), wo das Schwergewicht auf dem ersteren liegt, Handel und Verkehr (23,7 v. H. der Erwerbstätigen) sowie öffentlicher Dienst und private Dienstleistungen (20,4 v. H. der Erwerbstätigen) zeigen etwa dieselbe Größenordnung, sofern die Zugehörigkeit zu den Wirtschaftsgruppen den Maßstab abgibt. Dieser Sachverhalt äußert sich in einer gewissen inneren Differenzierung des Ortes, innerhalb dessen einerseits dem ursprünglichen Dorf, durch Handwerksbetriebe verdichtet, besondere Bedeutung zukommt und andererseits dem Bahnhofsviertel, das sowohl in der sozialen und wirtschaftlichen Struktur der Bevölkerung als auch im Baustil städtische Züge aufweist (Sandner, 1958). Viel stärker macht sich die Entfaltung zur Stadt in Bebra bemerkbar, das mit über 7000 Einwohnern insbesondere durch das Eisenbahnnetz zu einem wichtigen Verkehrsknoten wurde, kreuzen sich doch hier die Linien Hamburg–Frankfurt und Thüringen bzw. Berlin–Rheinlande. Im Anteil der Erwerbstätigen an den Wirtschaftsgruppen äußert sich das folgendermaßen (1950): Land- und Forstwirtschaft 8,2 v. H., Handwerk und Industrie 34,0 v. H., Handel und Verkehr 39,5 v. H., öffentlicher Dienst und private Dienstleistungen 18,3 v. H. Allein 2400 Bundesbahnbedienstete wohnen in Bebra gegenüber 260 in Wabern. Aber gerade die aus den genannten Werten zu ersehende Einseitigkeit läßt daran zweifeln, ob Bebra als Verkehrssiedlung mit städtischen Zügen oder bereits als Stadt im geographischen Sinne zu werten ist.

Außer den genannten waren aber auch noch andere Gründe für die Ausbildung besonderer, durch die Entwicklung des Eisenbahnnetzes verursachter Verkehrssiedlungen maßgebend. Einerseits konnte Raumbeengung dazu führen, Verkehrseinrichtungen an bestimmten Stellen zu konzentrieren; auf diese Weise kam der

Verschiebebahnhof des Ruhrreviers, der größte Europas, an den östlichen Rand des Industriegebietes zu liegen und wurde in Hamm eingerichtet, dessen Struktur teilweise dadurch bestimmt wird. Andererseits aber war man sich keineswegs überall des Fortschritts bewußt, der durch den Eisenbahnverkehr hervorgerufen wurde. So konnte es eintreten, daß manche Orte vor dem neuen Verkehrsmittel verschont bleiben wollten oder sich zumindest gegenüber Belästigungen, wie man sie durch Verknotung mehrerer Eisenbahnlinien oder Anlage von Verschiebebahnhöfen befürchtete, zur Wehr setzten. Als Beispiel sei Hannover genannt, wo die Abzweigung in Richtung Hildesheim nach Nordstemmen, die in Richtung Bremen nach Wunstorf und die in Richtung Hamburg nach Lehrte gelegt wurde; die beiden letztgenannten Orte erhielten Verschiebebahnhöfe. So unterschiedlich die Struktur- und Siedlungsentwicklung von Wunstorf und Lehrte (Mikus, 1966) auch sein mag, so sind ihre gemeinsamen Züge nicht zu verkennen. Diese zeigen sich darin, daß das Verkehrswesen selbst für ihre soziale und wirtschaftliche Struktur entscheidend ist, was sich einerseits in dem hohen Anteil der im Verkehrswesen eingesetzten Erwerbstätigen äußert und andererseits in den großen Flächen, die den Verkehrsanlagen zur Verfügung gestellt werden müssen. Gemeinsam ist beiden Siedlungen ferner, daß sie trotz allem nicht einseitig auf den Verkehr abgestellt sind, sondern durch Handel, Gewerbe usf. auch die Aufgaben von Mittelpunkts-Siedlungen erfüllen, ganz abgesehen von der Erweiterung ihrer wirtschaftlichen Basis durch die Aufnahme von Industriewerken. So zeigt sich hier wiederum das, was schon mehrfach erwähnt worden ist: die Seltenheit reiner Verkehrssiedlungen und ihre Entwicklung zu Mittelpunkts-Siedlungen.

Die Erfahrung, daß sich Verkehrssiedlungen gern dort ausbilden, wo der Verkehr gehemmt wird, ist in einer ganz bestimmten Beziehung auch auf den Eisenbahnverkehr anzuwenden, nämlich hinsichtlich des Staus, der durch politische Grenzen ausgeübt wird. Schon die Zersplitterung Deutschlands noch in jener Zeit, als der Eisenbahnbau in Gang kam, verhinderte die Durchführung eines unter einheitlichen Gesichtspunkten stehenden Netzes; auch dadurch ergab sich mitunter die Notwendigkeit, selbständige Verkehrssiedlungen zu schaffen. Grenzübergangsstationen mit ihren zollpolitischen Maßnahmen wirken sich vor allem dann als Einschnitt aus, wenn die Spurweite der Bahnen von dem einen zum andern Land wechselt. In Europa ist das lediglich beim Übergang nach Spanien und der Sowjetunion der Fall, die ihr Eisenbahnnetz in Breitspur entwickelt haben. In der französischen Grenzsiedlung Hendaye z. B., wo der Umschlag vom französischen auf das spanische Eisenbahnnetz vorgenommen wird, machen sich die Auswirkungen dieser Situation deutlich bemerkbar, indem Hendaye Plage, Hendaye Ville und Hendaye Gare deutlich unterscheidbare Einheiten bilden, letztere mit den großen Bahnhofsanlagen, Zollamt und Polizei, den Hotels und Wohnungen der im Verkehrswesen Beschäftigten.

Der Eisenbahnbau in den von Europa aus erschlossenen kolonialen Gebieten ging vielfach unter andern als den für europäische Verhältnisse gekennzeichneten Bedingungen vonstatten. In großen Teilen von Nord- und Südamerika, von Südafrika, Australien und Neuseeland ebenso wie von Sibirien wurden die Bahnen angelegt, ohne daß eine durchgreifendere Besiedlung vorausgegangen war, teilweise um eine solche in die Wege zu leiten und teilweise aus politisch-strategischen

Gründen. Das zeitliche Verhältnis von Bahnbau und Besiedlung war dabei durchaus unterschiedlicher Art,was im Hinblick auf die zu entwickelnden Verkehrssiedlungen nicht unwichtig ist. In Nordamerika z. B. wurde der Bahnbau meist von kapitalkräftigen Gesellschaften unternommen, die längs der von ihnen errichteten Strecken Ländereien erhielten, um sie zu besiedeln; Bahnbau und kolonialisatorische Erschließung liefen hier häufig zeitlich einander parellel. Anders lag es in großen Teilen Südamerikas, vor allem in Brasilien, wo die Eisenbahngesellschaften mit ihren Linien von der Küste aus weit in unbesiedelte Gebiete binnenwärts vorstießen, ohne von sich aus die Möglichkeit zu haben, auf eine Kolonisation dieser Bereiche einzuwirken. Infolgedessen entwickelten sich in Nordamerika die ausgewählten Bahnstationen in der Regel zu kleinen zentralen Orten, wenn auch ab und zu Fehlunternehmungen nicht ausbleiben mochten. Zunächst ließen sich an den Stationen einige Händler nieder; es folgte die Einrichtung eines kleinen Hotels, die Anlage einer Mehlmühle oder eines Sägewerks, u. U. die Errichtung eines Getreideelevators usf., und bald kam es zum Bau von Kirche und Schule. In relativ kurzer Zeit war auf diese Weise ein „village" (Kap. VI. 1) entstanden, ohne daß es einer besonderen Absicht bedurfte, ein solches ins Leben zu rufen (Gates, 1934). Im inneren Brasilien dagegen trat eine solche Entwicklung nur in Ausnahmefällen ein. Die Bahnstationen, die etwa im Abstand von 20 km angelegt wurden, blieben vielfach kleine und isolierte selbständige Bahnhofssiedlungen, die oft nur einer einzigen Hacienda dienen und nach dieser benannt sind (Deffontaines, 1938, S. 388); nur an den Endpunkten der Bahnlinien im Innern ist, aus den Lagebedingungen verständlich, eine größere Garantie dafür gegeben, daß sich die Verkehrs- zu Mittelpunkts-Siedlungen ausweiten.

Da die Voraussetzung für eine solche Entwicklung die einer genügend dichten Besiedlung ist, erscheint es begreiflich, daß in den natürlichen Sperrlandschaften, wo das nicht erreicht werden kann, nun auch reine Verkehrs-Eisenbahnsiedlungen eine größere Rolle spielen, als es sonst der Fall ist. Eine Reihe von Beispielen dafür ist aus den ariden intermontanen Landschaften des westlichen Nordamerika bekannt, unter denen wohl Barstow in der Mohawe-Wüste am meisten Beachtung verdient (Garrison, 1953). Wenn für die Sowjetunion neben den Verkehrs-Einzelsiedlungen, die wahrscheinlich als isolierte Bahnhofssiedlungen aufzufassen sind, auch größere Siedlungen erwähnt werden, die überwiegend von den im Eisenbahn- und Flußverkehr Beschäftigten bewohnt sind (Kovalev, 1956, S. 274), dann liegt die Vermutung nahe, daß sich solche in natürlichen Sperrlandschaften befinden, an denen die Sowjetunion so großen Anteil besitzt.

Dem Eisenbahnverkehr erwuchs im modernen *Auto- und Lastkraftwagenverkehr* nicht nur hinsichtlich der Personenbeförderung, sondern auch in bezug auf den Gütertransport eine erhebliche Konkurrenz. In großen Teilen der Erde, in denen der koloniale Charakter weitgehend erhalten blieb, vor allem auf den Südkontinenten, wird die moderne Erschließung durch den Ausbau von Straßen vorgenommen und damit teilweise die Phase des Eisenbahnbaus übersprungen. Verkehrssiedlungen, die auf den Auto- und Lastwagenverkehr zurückzuführen sind, finden wir in erster Linie wiederum dort, wo die Straßen durch unbesiedeltes Gelände führen. Gleichgültig, ob dies durch die natürlichen Verhältnisse hervorgerufen wird oder ob die historische Entwicklung dafür verantwortlich zu machen ist, auf jeden Fall werden längs solcher Linien Stationen geschaffen, an denen die Brennstoffe ergänzt und Ruhepausen eingelegt werden können. Nicht von ungefähr wurde die Transsahara-Route von Casablanca nach St. Louis im Abstand von mehreren 100 km mit Tankstationen ausgerüstet (Rudolph, 1943, S. 119). Legt man Fernverkehrsstraßen in dicht besiedelten Gebieten mit Absicht so an, daß sie abseits der vorhandenen Siedlungen verlaufen, wie es bei den Autobahnen Deutschlands teilweise der Fall ist, dann sind auch hier Raststationen eingefügt, der Schnelligkeit des Autoverkehrs entsprechend in relativ großen Entfernungen voneinander. Gegenüber dem traditionellen Straßenverkehr zeigt sich hier deutlich die Reduktion solcher Plätze, die die Technisierung mit sich gebracht hat.

Der *Flugverkehr,* der vor allem zur Überwindung großer Räume eingesetzt wird, führt ebenfalls zu besonderen Verkehrssiedlungen, die in ihrer Lage andere Kennzeichen tragen als die bisher behandelten. In Anknüpfung an bedeutende Städte befinden sie sich wegen der erheblichen Flächen, die benötigt werden, peripher dazu, was nicht hindert, daß sie bei schnellem Wachstum der Städte von der Bebauung eingeschlossen werden.

D. Fremdenverkehrs-Siedlungen

Der Fremdenverkehr gewann im Zuge der Industrialisierung, Verstädterung und Technisierung des Verkehrswesens immer mehr an Bedeutung. Seitdem er für ausgedehntere Landschaften zu einem wichtigen wirtschaftlichen Faktor wurde, gesteht man ihm in der Wirtschaftsgeographie eine selbständige Stellung zu. Auch die durch den Fremdenverkehr bestimmten Siedlungen zeigen in ihren Lageverhältnissen, in ihrer Struktur und Physiognomie so spezifische Kennzeichen, daß sie als besonderer Siedlungstyp in wirtschaftlicher Beziehung angesprochen werden müssen.

Nicht ohne Grund wurden die größeren Fremdenverkehrsorte in der wirtschaftsgeographischen Karte der Schweiz gesondert zur Darstellung gebracht (Carol, 1946, S. 205 ff.). Gegenüber denjenigen, die im vorigen Abschnitt als Verkehrssiedlungen ausgeschieden wurden, setzen sich die des Fremdenverkehrs dadurch ab, daß sie als Ziel- und Auffangpunkte in Erscheinung treten, die dem Zwecke der Erholung und des Ferienaufenthaltes dienen (Jost, 1952). Selten erscheinen sie in der Gemeinde-Typisierung, wo sie in der Regel als Dienstleistungsgemeinden eingestuft wurden und eine Unterscheidung gegenüber Städten unterblieb. Wohl vornehmlich Hahlweg (1968, S. 72) belegte Fremdenverkehrssiedlungen in Baden-Württemberg mit einer besonderen Signatur unter der Voraussetzung, daß der Anteil der Fremdenverkehrsübernachtungen an der Zahl der ständigen Einwohner mindestens 400 beträgt und der Dienstleistungssektor mit 25 v. H. und mehr an der Gesamtzahl der Beschäftigten in nicht-landwirtschaftlichen Arbeitsstätten beteiligt ist, damit einerseits der Fremdenverkehrsintensität und andererseits dem Überbesatz von Dienstleistungen Rechnung tragend.

In vielfältiger Weise ist die Ausbildung des Fremdenverkehrs und die Mannigfaltigkeit dessen, was zum Typ der entsprechenden Siedlungen gehört, von gewissen *Sozialverhältnissen* abhängig. Eine überwiegend bäuerliche Bevölkerung hat so gut wie kaum am Fremdenverkehr teil, und dort, wo diese noch heute für den gesellschaftlichen Aufbau eines Landes die wichtigste Gruppe darstellt, treten Fremdenverkehrs-Siedlungen zurück. Je stärker jedoch die Verstädterung um sich greift, um so mehr macht sich die Notwendigkeit und das Bedürfnis geltend, für eine gewisse Zeit des Jahres der Beengung durch das Stadtleben zu entgehen. Wenn im kaiserzeitlichen Römischen Reich den Badeorten eine solch große Bedeutung zukam und die Römer bereits Heilquellen nutzten, die dann in Vergessenheit gerieten und erst später wieder zur Anlage wichtiger Heilbäder Veranlassung gaben – z. B. Baden-Baden, Badenweiler, Bagnères de Luchon in den Pyrenäen, Vichy im Alliertal der Nordabdachung des Zentralplateaus –, so ist das nicht zuletzt auf das überwiegend städtisch ausgerichtete Leben jener Zeit zurückzuführen. Als diese Voraussetzungen mit dem Zerfall des Römischen Reiches verschwanden, wurde der Existenz von Heilbädern als Fremdenverkehrs-Siedlungen der Boden entzogen. Im Mittelalter machte der Wallfahrtsverkehr einen wichtigen Faktor aus, der in den Wallfahrtsorten sein Ziel fand. Mögen sie manche Ähnlichkeit mit den Fremdenverkehrs-Siedlungen besitzen, so waren für uns deren kulturelle Beziehungen und Bindungen maßgebend, um sie unter die später zu behandelnden Kultsiedlungen einzureihen (Kap. V. F. 2).

Erst seit dem 16. Jh. gewannen die Heilbäder wieder an Bedeutung. Dort, wo das siedlungsmäßig seinen Niederschlag fand, waren meist die Fürsten und der Adel daran beteiligt, einerseits die für das Badeleben notwendigen Einrichtungen zu schaffen und andererseits die wichtigste Gruppe der Fremden abzugeben; berühmte Dichter und Schriftsteller vor allem des 18. Jh.s übten mit ihrem Besuch von Heilquellen mitunter wesentlichen Einfluß darauf aus, bestimmte Badeorte in Mode kommen zu lassen. Man braucht nur an Karlsbad im Egergraben (rd. 390 m Seehöhe), an Warmbrunn im Hirschberger Kessel (rd. 340 m Seehöhe) oder an Pyrmont im Weserbergland (rd. 100 m Seehöhe) zu denken, die im 18. Jh. oder schon früher Weltruf genossen und von den oberen gesellschaftlichen Kreisen nicht nur um der Heilwirkung ihrer Quellen, sondern auch um der allgemeinen Zerstreuung willen aufgesucht wurden. Sie zeichnen sich alle durch ihre landschaftlich reizvolle, aber relativ niedrige Höhenlage aus, was einerseits in den damaligen Verkehrsschwierigkeiten begründet sein mag und andererseits dem Naturgefühl jener Zeit entsprach, das weniger dem Großartigen als vielmehr der Lieblichkeit landschaftlicher Erscheinungen zugewandt war. Die Forderung nach „Rückkehr zur Natur", wie sie vor allem in Frankreich aus Kritik an der herrschenden Gesellschaftsordnung gestellt wurde, bildete eine wichtige Grundlage für die gegen Ende des 18. Jh.s einsetzende Geistesströmung der Romantik. Sie, die sowohl ein feines Verständnis für landschaftliche Schönheiten wachrief, als auch zu den Quellen von Volkstum und Geschichte, vor allem des Mittelalters, zurückführen wollte, bildete von der geistigen Seite her die Voraussetzung für einen umfangreicheren Reise- und Fremdenverkehr; doch mußten andere Bedingungen hinzutreten, um neben angesprochenen Kurorten weitere Fremdenverkehrs-Siedlungen entstehen zu lassen.

Gewisse Anzeichen in dieser Richtung sind schon im ausgehenden 18. und beginnenden 19. Jh. zu erkennen. Heilbäder, unter denen nun etwa Baden-Baden, Kissingen und Wiesbaden hervortraten, blieben nicht die einzigen Siedlungen dieser Art. Neue Heilverfahren, die weitgehend natürliche Faktoren zu Hilfe nahmen, besondere Klimaeigenschaften, Wasser usf., bildeten sich aus (z. B. seit 1797 Einrichtung eines öffentlichen Seebades als Heilbad in Norderney oder seit 1825 Gründung der ersten Kaltwasserheilanstalt in Gräfenberg im Altvater) und erweiterten die Zahl der Kurorte. Schon seit dem Ende des 18. Jh.s machten sich Engländer das milde winterliche Klima der Riviera zunächst zu Heilzwecken während des Winters zunutze. Sie gingen allmählich daran, sich schloßartige Villen zu errichten, eingebettet in umfangreiche Parkanlagen, bis in der zweiten Hälfte des 19. Jh.s nach dem Bau der Eisenbahn sich Luxushotels auf die gehobene Gästeschicht einstellten, die nun unter günstigen winterlichen klimatischen Verhältnissen mehr zum Zwecke der Unterhaltung kam (Schott, 1973, S. 74 ff.). Der im Jahre 1816 auf dem Rigi gegründete Berggasthof, der erste seiner Art (Früh, 1932, S. 468), ist als Markstein für das Aufkommen des Touristenverkehrs und der damit verbundenen Siedlungen zu werten, und ebenso wegweisend mochte es sein, daß im Jahre 1823 in den Dünen von Arcachon ein kleineres Hotel entstand, um Badegäste aus Bordeaux aufzunehmen (Demangeon, 1948, S. 530). Damit zeichnete sich eine Ausweitung der für den Fremdenverkehr in Frage kommenden Landschaften ab, denn sowohl die höheren Gebirgslagen als auch geeignete Küstengestade begannen, Anziehungskraft auszuüben; die Art der Fremdenverkehrs-Siedlungen wurde vielfältiger, und das Bürgertum fing an, sich mehr am Fremdenverkehr zu beteiligen.

Stärker wirkten sich all diese Ansätze jedoch erst aus, als die Industrialisierung und Verstädterung im westlichen und mittleren Europa zunahm und im Zusammenhang damit die Technisierung des Verkehrswesens erfolgte. Nun erst, mit Hilfe der Eisenbahnen, wurden weitere Ziele für einen größeren Kreis von Menschen erreichbar, und so bedeutet etwa die Mitte des vorigen Jahrhunderts einen Einschnitt für die Entwicklung des Fremdenverkehrs. Dem größeren Bedarf entsprechend, wurden neue Heilbäder eröffnet, mit denen man nun auch in größere Höhen vordringen konnte. Durch die eingehendere Kenntnis heilklimatischer Faktoren entstanden neue Kurorte, vielfach in ausgesprochen „peripheren“ Landschaften (z. B. seit etwa 1860 Davos in Graubünden in 1560 m Höhe als Lungenkurort). Der Alpinismus fand einen weiten Anhängerkreis, und sommerliche Erholungsaufenthalte im Gebirge oder am Meer wurden allmählich zur Regel. Wohl erhielt noch manche der neuen Fremdenverkehrs-Siedlungen einen durchaus aristokratischen Zug wie z. B. Biarritz durch Napoleon III., und mit dem wachsenden Wohlstand der führenden Kreise aus Industrie und Handel spielten die auf Luxus abgestellten Fremdenverkehrs-Siedlungen bis zum Ersten Weltkrieg eine erhebliche Rolle. Doch daneben wurden für die mittelständische Bevölkerung auch einfachere Erholungsorte notwendig, sei es, daß Bauern und Fischer dazu übergingen, Fremde in ihren Häusern aufzunehmen oder sei es, daß Fremdenpensionen, kleinere Hotels usf. eingerichtet wurden. Durch den sich ausweitenden Wander- und Bergsport stellten sich Almhütten darauf ein, Gäste zu bewirten und zu beherbergen; eigens zu diesem Zwecke errichtete Unterkunftshütten und Gastwirtschaften trugen der Zunahme des Touristenverkehrs Rechnung, und das Aufkommen des Wintersports brachte in dieser Hinsicht eine nochmalige Verstärkung.

Der Wandel der sozialen Bedingungen, wie er vor allem nach dem Ersten Weltkrieg in Erscheinung trat, und die immer stärker werdende Benutzung motorisierter Fahrzeuge riefen wesentliche Veränderungen im Fremdenverkehrswesen hervor, was nicht ohne Einfluß auf die entsprechenden Siedlungen blieb. Vor allem in den industriell und städtisch bestimmten Ländern wurde der Fremdenverkehr zur Massenerscheinung. Die allgemeine Nivellierung der sozialen Verhältnisse bedeutete im Hinblick auf die Fremdenverkehrs-Siedlungen eine merkliche Schwerpunktsverlagerung. Die ehedem kostspieligen und zur Mode gewordenen Orte büßten die ihnen einst zukommende führende Rolle ein. Vielfach unterlagen solche Siedlungen eingreifenden Strukturwandlungen, indem Kranken- und Sozialversichungen in den vorhandenen Gebäuden ihre Kurheime einrichteten (z. B. für Bad Homburg vor der Höhe; Schamp, 1954), wenn man es nicht aus finanziellen Gründen vorzog, damit in weniger erschlossene und ihren Zweck gleichfalls erfüllende Siedlungen zu gehen. Die Fürsorge öffentlicher Betriebe und industrieller Unternehmen für Angestellte und Arbeiter durch Anlage von Erholungsheimen wirkte sich in derselben Richtung aus.

Durch die Motorisierung bürgerten sich Wochenendaufenthalte im Umkreis der Großstädte ein, während für die Urlaubszeiten ausgedehntere Reisen vorgesehen werden konnten. Die Art des Fremdenverkehrs (Heilbad, Luftkurort, Sommerfrische, Ski- oder Wochenendaufenthalt), die vorgesehene Dauer, die Wahl der Unterkünfte (Hotel, Gasthaus, Jugendherberge, private Zimmermiete, Ferienhaus, Appartement, Wohnwagen, Hausboot, Zelt) u. a. m. sorgten für eine starke Differenzierung der Fremdenverkehrs-Siedlungen. Wenn Ruppert (1970, S. 13) die Freizeitgestaltung als Oberbegriff für den Fremdenverkehr gewertet wissen will, wohl um die innerstädtische Erholung einbeziehen zu können, dann wird letztere hier mit Absicht außer acht gelassen, so daß in dieser eingeschränkten Form die Begriffe Fremdenverkehr bzw. Fremdenverkehrs-Siedlungen beibehalten werden. Der zu dienstlichen oder geschäftlichen Zwecken durchgeführte Reiseverkehr mit seinen Auswirkungen bleibt – entgegen Ruppert – außerhalb der Betrachtung.

Überall, wo Industrialisierung und Verstädterung Fuß faßten, muß den Fremdenverkehrs-Siedlungen Beachtung geschenkt werden, zumindest dort, wo Bestimmungen über die wöchentlich zu leistenden Arbeitsstunden ebenso wie über die Bezahlung einer festgelegten Anzahl von Feier- und Urlaubstagen existieren und finanzielle Mittel für die der Erholung dienende Periode frei werden (Simmons, 1975, S. 10 ff.). Mit gewissen Einschränkungen läßt sich sagen, daß das Verbreitungsgebiet der Fremdenverkehrs-Siedlungen von der Verstädterung eines Landes abhängig ist, was sich u. U. auf benachbarte Bereiche, die selbst noch nicht diesen Status besitzen, auszudehnen vermag.

Das gilt zunächst für Europa. Hier häufen sich die Seebäder an der Bodden- und Föhrdenküste der Ostsee und auf den dem Festland vorgelagerten Inseln der Nordsee mit ihrem Dünen- und Strandgelände. Sie sind an der belgisch-niederländischen Dünenküste vorhanden, und in Großbritannien wird vor allem die Südostküste im Einflußbereich von London bevorzugt (Werner, 1974). Zahlreich sind die kleineren oder größeren Seebäder an den französischen Küsten, die sich in der Normandie und Bretagne ebenso entwickelten wie im Bereich der Dünenküste des

Südwestens, der Riasküste im Vorland der Pyrenäen oder an der Riviera. Im Mittelmeerraum, wo seit den zwanziger Jahren dieses Jahrhunderts, mitunter auch später der Winter- vom Sommeraufenthalt abgelöst wurde (Schott, 1973), trägt der Formenreichtum der Küste dazu bei, Fremdenverkehrs-Siedlungen entstehen zu lassen. Sie werden überwiegend von Reisenden aus den nördlicher gelegenen Ländern Europas aufgesucht, die häufig den Anstoß zur Ausbildung des gekennzeichneten Siedlungstyps gaben. In den mediterranen Gebieten, wo die sozialen Verhältnisse – von einigen Ausnahmen abgesehen – einem breit gefächerten Fremdenverkehr entgegenstehen, wird dieser von Ausländern getragen, deren Zahl z. B. in Italien von 4,8 Mill. im Jahre 1950 auf 15,3 Mill. im Jahre 1958 anstieg (Hermitte, 1961) und sich seitdem auf dem Niveau von 10-12 Mill. jährlich hält. Das Schwergewicht verlagerte sich von hier nach Spanien, das im Jahre 1950 etwas mehr als 1 Mill. Ausländer aufnahm, deren Zahl sich bis zum Jahre 1973 auf 34,5 Mill. steigerte (Statistical Yearbook, United Nations, 1975, S. 565), von keinem andern Land in dieser Beziehung übertroffen. Unter ähnlichen klimatischen Verhältnissen kann die Krim als das vielleicht wichtigste russische Fremdenverkehrsgebiet gelten.

Daneben müssen die Gebirgslandschaften berücksichtigt werden. Ein großer Teil der west- und mitteleuropäischen Mittelgebirge hat seit langem dem Fremdenverkehr seine Tore geöffnet, und in Schweden legt man besonderen Wert darauf, die Schönheiten der nördlichen Gebirgswelt von Jämtland bis Lappland touristisch zu erschließen (Blüthgen, 1951/52). Nach der Entdeckung der Hochgebirgswelt zog diese die Reisenden an. Vor allem die Alpen sind in dieser Hinsicht begünstigt, die Schweiz und Österreich in besonderer Weise dazu geeignet, den Fremdenstrom auf sich zu ziehen. Der Fremdenverkehr fehlt auch nicht in den Pyrenäen ebensowenig wie in der Hohen Tatra der Karpaten oder im Kaukasus. Die Gebirge der Mittelmeerländer dagegen werden nur wenig einbezogen; erst nach dem Zweiten Weltkrieg setzten Bestrebungen ein, diese in der Nähe von Großstädten für Sommer- oder Winteraufenthalte zu nutzen wie den Zentralapennin, die Sierra de Guadarrama oder die Sierra de Gredos (Fiedler, 1970; Sprengel, 1973).

Nach dem Zweiten Weltkrieg, insbesondere seitdem die afrikanischen Länder ihre Selbständigkeit erhielten, setzten Bestrebungen ein, sie teilweise in den Fremdenverkehr einzubeziehen, sei es, daß die Initiative von Europäern ausging, um immer entferntere Bereiche auf diese Weise zu erschließen, sei es, daß einige afrikanische Staaten vom Ausländer-Fremdenverkehr wirtschaftliche und soziale Verbesserungen erhofften. Je größer aber die Distanz zwischen Quell- und Zielgebiet wird, umso stärker ist man auf das Flugzeug als Verkehrsmittel angewiesen; je weniger sich der Einzelne eine Vorstellung von dem machen kann, was ihn erwartet, umso mehr ist er geneigt, sich Gruppenreisen anzuschließen, die von Reiseagenturen mit Hilfe von Charterflugzeugen durchgeführt werden. Demgemäß entwickelte sich der Badetourismus in Tunesien und Marokko, in geringerem Maße in Algerien (Arnold, 1972; Klug, 1973; Widmann, 1976). Hinsichtlich der Ausländer-Übernachtungen steht das westliche Afrika südlich der Sahara zurück, selbst wenn Ansätze zu erkennen sind; im östlichen Afrika, insbesondere in Kenya, verdient er Beachtung, locken doch einerseits Wildreservate und andererseits Küstenstandorte.

In der orientalischen Welt, insbesondere in der Türkei, verbrachten die Familien der Oberschicht den Sommer in den Gebirgs-Yailas, ihnen gehörige Landhäuser, die alljährlich bezogen wurden. Sonst war und ist der von der eigenen Bevölkerung getragene Fremdenverkehr gering, weil man weitgehend noch an dem Abschluß der Frauen vor der Öffentlichkeit festhält und die Zahl derer, die wohlhabend genug sind, um sich am Fremdenverkehr zu beteiligen, ohnehin gering ist. Direkt oder indirekt waren es meist Europäer, die den Fremdenverkehr initiierten, sei es, daß in Ägypten vornehmlich Engländer längere Winteraufenthalte bevorzugten oder sei es, daß im Libanon christliche Gruppen, die über Verbindungen mit europäischen Ländern verfügten, seit der letzten Jahrhundertwende daran gingen, während des Sommers im Gebirge Erholung zu suchen, was sich dann auf Syrien ausdehnte und in religiösen Mischgebieten auch auf Mohammedaner übergriff (Wirth, 1965, S. 274 ff.). Im Jahre 1909 wurde der erste Badeort in der Nähe von Tel Aviv gegründet, und nach dem Zweiten Weltkrieg entwickelten sich eine Vielzahl von Seebädern an der israelischen Küste, von denen aus die Sehenswürdigkeiten im Innern besucht werden können. Man schätzt, daß zwei Drittel der ausländischen Besucher jüdischer Abstammung sind, die teilweise mit ihrem Ferienaufenthalt Verwandtenbesuche verbinden. In Ägypten wandelten sich die langfristigen winterlichen Aufenthalte der Europäer zu kurzfristigen Besichtigungsfahrten, während die eigene städtische Oberschicht sich an der Mittelmeerküste Badeorte schuf.

Nicht von ungefähr kommt in den Tropen den Höhengebieten besondere Bedeutung für den Erholungsaufenthalt zu, ursprünglich mehr als den Küstenlandschaften, und insbesondere gilt dies dort, wo Europäer sich in tropischen Kolonialgebieten betätigten und erheblichen Akklimatisationsschwierigkeiten begegneten. Engländer und Niederländer erkannten in Indien und Java bereits in den ersten Jahrzehnten des 19. Jh.s, wie wichtig es ist, der sommerlichen Hitze und Feuchtigkeit der Tiefländer und Küstenbezirke zu entgehen. Im Himalaja, in den Ghats, auf Sri Lanka, Java, Sumatra und Celebes wurden „hill stations" entwickelt. Der Ausdehnung europäischer Erschließungsarbeit nach Hinterindien, Malaysia und den Außenbesitzungen des einst niederländischen Kolonialreichs folgte bald die Anlage neuer Erholungsorte, wenngleich in minderer Zahl als in den Kerngebieten von Indien und Java. Während in Indien die „hill stations" nun von begüterten Kreisen der einheimischen Bevölkerung und Ausländern benutzt werden, stellte sich in Indonesien, Malaysia und Sri Lanka zunächst eine gewisse Verkümmerung dieser Orte nach der Unabhängigkeit ein (Whithington, 1961), bis der Ausländer-Tourismus in den letzten Jahren erheblich an Bedeutung gewann. Dabei trat in Sri Lanka eine Umkehrung der früheren Verhältnisse ein, indem die „hill stations" von der einheimischen Bevölkerung in Anspruch genommen werden, während an der Südwestküste neue Badeorte entstanden, die für Ausländer bestimmt sind, unter denen Europäer mehr als die Hälfte ausmachen. West-Malaysia ist dabei, die „hill stations" zu vermehren und den Fremdenverkehr sowohl an die Ost- als auch an die Westküste zu ziehen (Senftleben, 1972). Auf den Philippinen waren es wohlhabende spanische und Filipino-Familien aus Manila, die zu Beginn dieses Jahrhunderts zur Einrichtung besonderer, der sommerlichen Erholung dienender Siedlungen schritten (Spencer und Thomas, 1948). Schließlich dürfen in diesem

Raum die großen Städte nicht vergessen werden wie Bangkok, Singapore und Hongkong, die von Amerikanern, Japanern und Angehörigen anderer südostasiatischer Länder sowie Europäern besucht werden.

In Japan sollte man annehmen, daß Industrialisierung und Verstädterung zu einer erheblichen Förderung des Fremdenverkehrs geführt hätten. Das ist bis zu einem gewissen Grade auch der Fall, wurde aber, was die Teilnahme der eigenen Bevölkerung anlangt, dadurch beschränkt, daß für die Beschäftigten in der Industrie längere Arbeitszeiten üblich waren, zumindest bis zum Jahre 1968 fast 90 v. H. der Beschäftigten nur über einen freien Tag in der Woche verfügten (Simmons, 1975, S. 13), die Urlaubszeit kürzer bemessen war als in Amerika und Europa und die Bezahlung unter dem Niveau der westlichen Welt lag. Die Eröffnung des Japanischen Reisebüros im Jahre 1912 ebenso wie das Gesetz über die Schaffung von Nationalparks im Jahre 1931 trugen dazu bei, daß im Jahre 1972 die auf diese Weise geschützten Areale eine Fläche von 5 Mill. ha einnahmen und – abgesehen von dem den Präfekturen unterstehenden Gelände – eine Besucherzahl von mehr als 5 Mill. aufwiesen (Simmons, 1975, S. 130). Wohl in erster Linie Vulkane umschließend, spielen daneben in Gartenanlagen eingebettete Schreine und Tempel eine Rolle und untergeordnet Küstengebiete, unter ihnen meist vorgelagerte Inseln (Suzuka, 1967). Gegenüber europäischen Ländern und Nordamerika spielt der Ausländer-Tourismus bisher nur eine bescheidene Rolle, selbst wenn er nach dem Zweiten Weltkrieg eine Ausdehnung erfuhr, Chinesen ausblieben und von Amerikanern ersetzt wurden.

In den insbesondere von Angelsachsen besiedelten einstigen Kolonialländern setzte, auch wenn die Bevölkerungsdichte gering ist, schnell die Verstädterung ein, sowohl in Südafrika, als auch in Australien und Neuseeland. Da im weiten Umkreis der Großstädte meist Küsten- und Gebirgslandschaften zur Verfügung stehen, finden die Fremdenverkehrs-Siedlungen hier ihren Standort, wenngleich eine Bevorzugung der ersteren – zumindest für Australien – nicht zu verkennen ist (Schadbauer, 1974; Marsden, 1969). Daß in Nordamerika mit seiner starken Industrialisierung und seiner Vielzahl von Groß- und Weltstädten sowie der besonders hohen Motorisierung Erholungsaufenthalte eine besondere Rolle spielen, braucht nicht besonders betont zu werden. Ähnlich wie in Europa sind den Bevölkerungszentren im engeren und weiteren Umkreis Fremdenverkehrs-Siedlungen zugeordnet. Doch darüber hinaus treten vornehmlich zwei Bereiche als Fremdenverkehrsgebiete in Erscheinung, einerseits die Golfküste von Texas bis Florida und andererseits der „Westen" (Zierer, 1952). Für letzteren besitzen sowohl die Küsten und vorgelagerten Inseln als auch die Gebirge und intermontanen Becken von Alaska bis Kalifornien Bedeutung. Seit dem Jahre 1872 ging man in den Vereinigten Staaten, seit dem Jahre 1885 in Kanada daran, Gebiete mit besonderen Naturschönheiten als Nationalparks zu schützen. Sie stehen unter gewissen Voraussetzungen dem Fremdenverkehr zur Verfügung. Bis zum Jahre 1972 gab es in den Vereinigten Staaten 38 Nationalparks mit einer Fläche von 5,9 Mill. ha, in Kanada 28 mit 13 Mill. ha, unter denen sich allerdings rd. 5 Mill. ha in den Nordwest- und im Yukon-Territorium befinden. Hinsichtlich Zahl und Fläche ist in beiden Staaten der Westen bevorzugt. Daß die Nationalparks erhebliche Anziehungskraft ausüben, läßt sich an der hohen Zahl der Besucher ablesen, die im Jahre 1971 in den Vereinigten Staaten 200 Mill. und in Kanada 14 Mill. betrug (Simmons, 1975, S. 180ff. und 198ff.). Von hier aus griff man auf benachbarte Entwicklungsländer über, so daß ein Teil der Westindischen Inseln ebenso wie Mexiko einbezogen wurde, und dasselbe gilt für Hawaii (Pollard, 1970).

Die Sozialverhältnisse in den lateinamerikanischen Ländern sind meist der Ausbildung eines umfassenden Fremdenverkehrs und entsprechender Siedlungen nicht günstig. Immerhin mag es bezeichnend erscheinen, daß die Entwicklung von Großstädten, insbesondere in den Ländern mit erheblicher europäischer Einwanderung seit dem 19. Jh., zum Korrelat von Fremdenverkehrs-Siedlungen geführt hat. Um das Jahr 1870 entstanden die ersten an der Küstensierra von Rio de Janeiro, und solche sommerlichen Erholungsorte in relativ großen Höhenlagen vermehrten sich seit der Einrichtung von Nationalparks in den dreißiger Jahren dieses Jahrhunderts beträchtlich (Deffontaines, 1937, S. 410ff.). In Argentinien wird einerseits der Küstenbereich südlich von Buenos Aires, andererseits die andinen Sierren und der Ostabhang der Kordilleren für den Fremdenverkehr in Anspruch genommen (Eriksen, 1968).

Verschiedene Kriterien wurden herangezogen, um zu einer *Typisierung des Fremdenverkehrs bzw. der entsprechenden Siedlungen* zu gelangen, was meist in unterschiedlichen Untersuchungszielen begründet ist. Hier sollen nur zwei dieser Versuche behandelt werden. Mariot (1970 und 1971) gab der Fremdenverkehrsintensität in drei Stufen den ersten Rang und differenzierte danach zwischen „Orten mit Merkmalen des Fremdenverkehrs", „Orten mit Fremdenverkehr" und schließlich „Fremdenverkehrszentren". Diese teilte er auf ganzjährige und saisonale Benutzung auf, und als letztes Moment kam die dreigestufte Aufenthaltsdauer hinzu. Bei der Kombination dieser Kennzeichen ergeben sich dann achtzehn Typen von Fremdenverkehrs-Siedlungen, mehr als bei einer allgemeinen Gemeindetypisierung. Nicht erörtert wurde die Frage, ob alle theoretisch denkbaren Fälle auch realisiert sind. Nach der kartographischen Darstellung für die Slowakei stellte sich heraus, daß zumindest bei „Fremdenverkehrszentren" eine Verknüpfung mit kurzer Aufenthaltsdauer nicht erscheint. Ruppert (1973) hingegen veröffentlichte ein anderes Schema. Die eine Gruppe wird von „Feriendörfern" gebildet, bei denen die Ferienhäuser gewerblich oder privat vermietet werden und keine Freizeiteinrichtungen existieren. Hingegen sollen unter „Ferienzentren" solche Orte verstanden werden, bei denen die Ferienwohnungen überwiegend vom Eigentümer genutzt werden und gleichzeitig Freizeitanlagen vorhanden sind. Das leitet über zu den Freizeitwohnsitzen bzw. Zweitwohnungen, in welcher Form sie auch gestaltet sein mögen. Eine solch scharfe Trennung zwischen „Feriendörfern" und „Ferienzentren" ist aber nur in wenigen Fällen gegeben. Zudem wird auf die genetische Entwicklung der Fremdenverkehrs-Siedlungen keine Rücksicht genommen, so daß es in diesem Zusammenhang bei einer Verfeinerung der früheren Typisierung bleiben muß.

Hinsichtlich der Fremdenverkehrs-Siedlungen sind zwei Gesichtspunkte zu beachten. Einerseits ist zwischen ländlich und städtisch geprägten Fremdenverkehrs-Siedlungen zu unterscheiden mit zahlreichen Übergängen, andererseits spielt die Lage der relativ jungen Fremdenverkehrs-Siedlungen gegenüber älteren Ortschaften eine Rolle, wobei teils eine Umwandlung von innen heraus, teils eine Anknüpfung an bestehende Ortschaften erfolgt, und schließlich eine völlige Isolierung.

Zahlreich sind die *Einzelsiedlungen,* die dem Fremdenverkehr dienen und teilweise nur in der Bewirtung, teilweise auch in der Beherbergung der Gäste ihre Aufgabe sehen. Vor allem für Gebirgslandschaften bringt dies häufig extreme Lagebedingungen mit sich, weil hier meist der Zug zur Höhe besteht und weit ins Land hinausschauende Aussichtspunkte auf Berggipfeln besondere Anziehungskraft ausüben. Im Riesengebirge war es der Wanderverkehr, der zur Umwandlung von Almhütten zu „Gastbauden" und zur Anlage neuer Bauden gerade in der Kammregion führte; auch die Schneekoppe in 1605 m Höhe erhielt eine solche Raststätte (Poser, 1939). Ebenso wurden durch den Wanderverkehr viele andere deutsche Mittelgebirge erschlossen, und fast überall sind die jeweils höchsten Erhebungen mit Gasthäusern oder Hotels besetzt, der Brocken im Harz ebenso wie der Feldberg im südlichen Schwarzwald, um nur einige Beispiele zu nennen. Nicht viel anders steht es in den dem Fremdenverkehr geöffneten Hochgebirgslandschaften. Wander-, Berg- und Skisport veränderten häufig den Charakter ursprünglicher Almhütten. Dabei kann es sich um eine Doppelnutzung handeln, indem bewirtschaftete Almen diesen Zweck weiter, u. U. besser als früher verfolgen, im Sommer durch Schankkonzessionen am Fremdenverkehr teilnehmen und bei günstiger Lage zu Skiliften im Winter ihre „Hütten" an Skifahrer vermieten (Ruppert, 1965, S. 350). Das andere Extrem besteht in einer völligen Aufgabe des Weideauftriebs, so daß z. B. einer der bekanntesten Wintersportplätze in der Dauphiné, Alpe d'Huez, das mit seiner besonderen Höhenlage in Südexposition (1800-1865 m) und seiner klimatischen Gunst die entsprechenden Orte von Savoyen übertrifft, aus der Umwandlung einer Senn- in eine Unterkunftshütte hervorging (Barussaud, 1961, S. 276). Zahlreich sind die neuen Gast- und Beherbungseinrichtungen innerhalb der Almregion oder auf Berggipfeln. Seitdem Bergbahnen das Erreichen solch ausgezeichneter Punkte wesentlich erleichtern, sind die Berggasthöfe zahlenmäßig noch gewachsen.

Eine ähnliche Aufgabe erfüllen im Innern der Kanarischen Inseln gelegene staatliche Hotels (Riedel, 1971, S. 93 ff.). Die Gast- und Beherbergungsstätten, die als Einzelsiedlungen erscheinen und im Dienste des Fremdenverkehrs stehen, sind sehr unterschiedlicher Art, umfassen Jugendherbergen, Skihütten, einfache Gasthäuser, große Gaststätten und Hotels, je nach dem Kreis der Fremden, der aufgenommen werden soll oder auf den man sich einstellt. Doch werden diese Einzelsiedlungen in der Regel nur dort für die allgemeine kulturgeographische Situation ein wesentliches Moment darstellen, wo der Fremdenverkehr in unbesiedelte Gebiete vorstößt.

In Schweden, wo hinsichtlich der ländlichen Siedlungen weitgehend die Einzelhofsiedlung charakteristisch ist, wuchs nach dem Zweiten Weltkrieg der Bedarf an Wochenend- oder Ferienhäusern in besonderem Maße an; teilweise trägt man dem dadurch Rechnung, daß Bauernhäuser angemietet oder gekauft und den Bedürfnissen der Erholungsuchenden angepaßt werden, so daß z. B. in Småland bereits 44 v. H. ehemals bäuerlicher Anwesen in der genannten Weise genutzt werden (Helmfrid, 1968, S. 448). In der Toskana und Umbrien ist man froh, wenn bei dem starken Rückgang des mezzadria-Systems ein Teil der Halbpachthöfe durch Umwandlung zu Ferienhäusern vor dem Verfall bewahrt bleibt (Desplanques, 1973).

Bei den *ländlichen Fremdenverkehrs-Siedlungen* kommt lediglich eine Umformung bestehender Orte in Frage, die zuvor als Agrargemeinden in Erscheinung traten. Sofern Bauern- und Fischerdörfer die Ausgangssituation bilden, bleibt in ländlichen Fremdenverkehrs-Siedlungen der Anteil der im ersten Sektor Erwerbstätigen relativ hoch, die landwirtschaftliche Nutzfläche erfährt kaum Einschränkungen, Freizeiteinrichtungen sind von untergeordneter Bedeutung, aber doch insofern vorhanden, als Wegemarkierungen angebracht werden, und die Unterbringung der Gäste erfolgt vornehmlich durch private Zimmervermietung. Schulze-Göbel (1972, S. 154ff.) zeigte für das nördliche Hessen, daß von den mehr als 90 untersuchten Fremdenverkehrs-Gemeinden bei etwa einem Drittel Fremdenverkehr nur im Nebenerwerb betrieben wird. Hinsichtlich der Physiognomie kam das dadurch zum Tragen, daß innerhalb der Orte Fremdenverkehrs-Einrichtungen nur punkthaft auftraten oder lediglich Teilbereiche erfaßten, wobei gleichzeitig Übereinstimmungen zwischen Fremdenverkehrs-Intensität, Bettenangebot und der Art der Vermietung festgestellt werden konnten. Wie weit dieses Phänomen der Symbiose zwischen Landwirtschaft bzw. Fischfang und Fremdenverkehr auf das westliche und mittlere Europa beschränkt ist, muß einstweilen dahingestellt bleiben. In Nordamerika fehlt dies wohl nicht, aber mehr wird von andern Möglichkeiten der Unterbringung Gebrauch gemacht (Simmons, 1975, S. 156). Kolchose- und Sowchosebetriebe der Sowjetunion und Ostblockländer eignen sich wenig dafür, und dasselbe gilt für die Stadtdörfer der südlichen europäischen Mittelmeerländer. Erst recht ist eine solche Verbindung in den ausgesprochenen Entwicklungsländern nicht möglich.

Ein zweites Stadium in der Entwicklung von ländlichen zu Fremdenverkehrs-Siedlungen ist dann gegeben, wenn die Vermietung bereits als Hauptgewerbe aufgenommen, der Anteil der im ersten Sektor Tätigen geringer wird, Freizeiteinrichtungen in größerem Ausmaß zur Verfügung stehen, Campingplätze und/oder Wochenendhäuser besondere Viertel bilden.

Der Haupterwerb im Fremdenverkehr kann sich verstärken, die landwirtschaftliche Nutzfläche erfährt durch Parzellierung und Bebauung bei erheblichem Anteil von Ziergärten eine erhebliche Beschränkung. Im Umkreis von Großstädten gehen die Grundstücke in fremde Hand über, Industrielle oder andere soziale Gruppen versuchen, sich Zweitwohnsitze oder sichere Ferienaufenthalte zu schaffen. Am Beispiel von Tegernsee (Abb. 91 und Abb. 92), wo der Zustand vom Jahre 1815 mit dem vom Jahre 1960 verglichen werden konnte, läßt sich die Entwicklung von einer Agrargemeinde zur *städtisch geprägten Fremdenverkehrs-Siedlung,* die häufig ein Geschäftszentrum besitzt und in der der tertiäre Sektor dann überdurchschnittlich vertreten ist, deutlich machen, wobei sich in diesem Falle Ausflugs-, Wochenend-, Ferien- und Kuraufenthalte überschneiden. Ähnlich steht es bei manchen Ostsee- (Diekmann, 1963) oder Nordseebädern (Boeckmann, 1975; Newig, 1974). Auch in den Hochgebirgen begegnen städtisch geprägte Fremdenverkehrs-Siedlungen, die aus Agrargemeinden hervorgingen. In mancher Beziehung zeigen sie gemeinsame Züge, ist es ihnen doch eigen, günstigen Anschluß an den Verkehr zu haben. So erhielt z. B. Davos erst im Jahre 1890

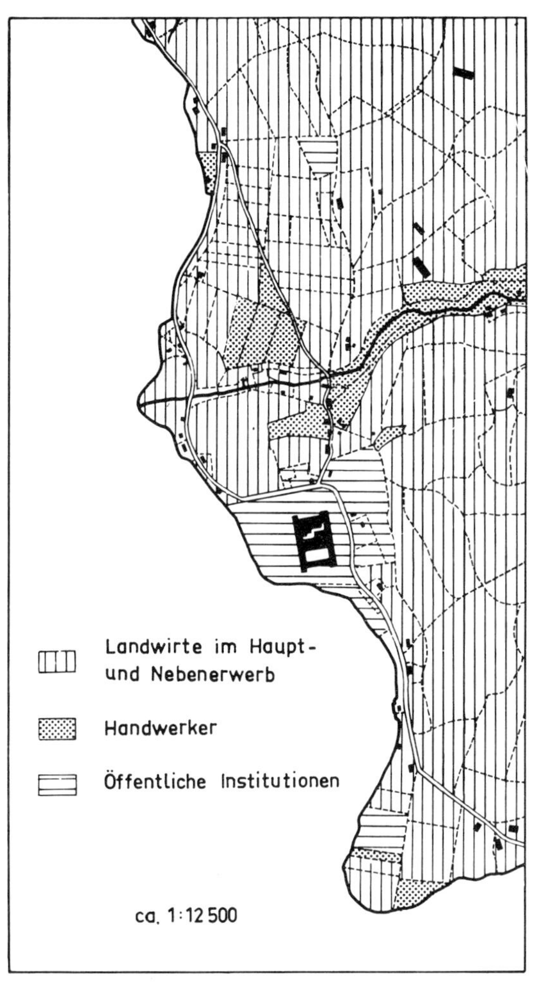

Abb. 91 Besitzgefüge in Tegernsee im Jahre 1815, überwiegend noch landwirtschaftliche Nutzung (nach Ruppert).

Eisenbahnanschluß, wie historisch belegt, um des Fremdenverkehrs willen,und dieser veranlaßte auch, daß der wichtige Kurort und Wintersportplatz mit dem Flugzeug von allen größeren Flugplätzen der Schweiz erreichbar geworden ist (Jost, 1952, S. 126 ff.). Erscheint damit Davos als Endpunkt von Verkehrslinien, so stellt das ebenfalls ein Kennzeichen mancher bedeutender städtischen Fremdenverkehrs-Siedlungen dar (z. B. Biarritz, Miami in Florida, Acapulco in Mexiko, die „hill stations" in Indien u. a. m.), deutlich darauf verweisend, in welchem starken Maße solche Orte Ziel- und Auffangpunkte des Verkehrs sind.

Hinsichtlich der Entwicklung städtisch geprägter Fremdenverkehrs-Siedlungen besteht eine Fülle von Möglichkeiten. Ländliche oder Fischersiedlungen können Anknüpfungspunkte abgeben, wobei dann eine so große Umgestaltung erfolgte, daß heute nichts mehr daran erinnert. Biarritz mag als Beispiel genannt sein. Einst ein größeres, aber relativ locker gefügtes Fischerdorf, entwickelte es sich, zunächst

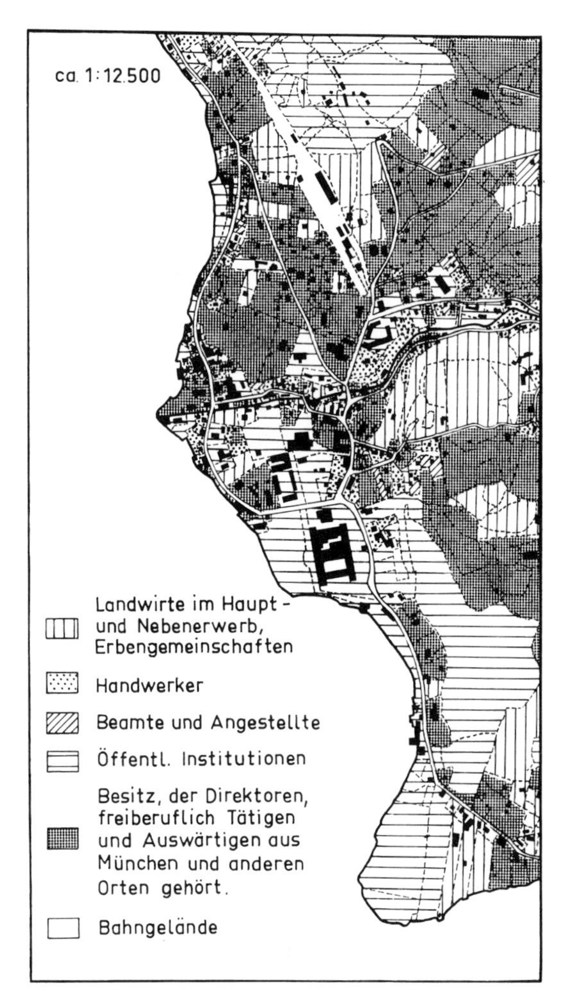

Abb. 92 Besitzgefüge in Tegernsee im Jahre 1960, verstärkte Parzellierung und Übernahme durch Auswärtige (nach Ruppert).

durch den französischen Hof begünstigt, zu einem internationalen Seebad und „ville de luxe". Mit mehr als 20 000 Einwohnern blieb von dem einst dörflichen Rahmen nichts mehr übrig; dieser ging völlig in der modernen „Stadt" unter, die sich mit ihrer bis zum Rand der Steilküste vordringenden Bebauung in geschlossener Fläche weit binnenwärts ausdehnt und sowohl hier als auch längs der Küste Villenviertel angegliedert hat. Bilden Märkte oder kleine Städte den Ansatz, dann fällt es schwer, den dichter bebauten Bereichen einen neuen, dem Fremdenverkehr Rechnung tragenden Aspekt zu verleihen.

Unter diesen Umständen entsteht vielfach eine Doppelsiedlung, derart, daß man den alten Kern, zumindest was seinen Grundriß anlangt, intakt läßt und die neue Siedlung an ihn anlehnt. Kurorte und Seebäder zeigen in gleicher Weise dieses Doppelgesicht. Verständlicherweise findet sich eine solche Gestaltung in besonderem Maße im Mittelmeerraum. Man braucht nur an die Fremdenverkehrs-Siedlungen Dalmatiens oder der Riviera zu denken. Hier begegnet uns das in St. Raphael ebenso wie in Antibes; in Nizza hebt sich die alte Hafenstadt mit ihren engen Gassen, überragt von der Zitadelle, ab gegenüber der „modernen Stadt", die sich längs des Strandes ins Innere ausbreitet, halbkreisförmig umrahmt von den Villen, die sich auf die benachbarten Höhen hinaufziehen. Auch Monaco hat in dem Ortsteil desselben Namens, der auf einem weit ins Meer vorspringen Kap liegt, seinen alten von Mauern umschlossenen Stadtkern, und die Entwicklung von Menton ist derjenigen von Nizza vergleichbar (Demangeon, 1948, S. 532 ff.; Schott, 1973).

Die städtisch geprägten Fremdenverkehrs-Siedlungen, gleichgültig, ob sie verwaltungsmäßig als Städte gezählt werden oder nicht, besitzen eine durchaus charakteristische innere Struktur, die sie von andern Siedlungen unterscheidet. Das, was bereits für die ländlichen Fremdenverkehrs-Siedlungen herausgestellt wurde, trifft in wesentlich höherer Potenz für diejenigen städtischer Gestaltung zu. Die große Zahl der Fremden, die untergebracht werden soll, führt notwendig dazu, die Beherbergung von Gästen zum Haupterwerb werden zu lassen. Unterschiedlich sind die Betriebsgrößen; doch sind Hotels und Pensionen meist wesentlich beteiligt und zeichnen sich im Ortsbild durch ihre konzentrierte Lage aus (Hotelfronten am Strand der Seebäder). Durch die Fremden wird aber auch das Geschäfts- und Gewerbeleben befruchtet, wenngleich häufig in einseitiger Richtung. Instandhaltung der Gebäude und Neubauten geben dem Baugewerbe überdurchschnittliche Möglichkeiten, und entsprechende Handwerker finden ausreichende Beschäftigung. Das Verkehrsgewerbe, das Ausflugsfahrten in die engere oder weitere Umgebung vermittelt, nimmt sichtbaren Aufschwung. Neben Banken spielen Spezialgeschäfte eine Rolle. Dabei kommt es zur Ausbildung von mindestens einem ausgesprochenen Geschäftszentrum, Gaststätten usf. fügen sich in reicher Zahl ein. Dabei erhebt sich allerdings die Frage, ob die Dienstleistungen im wesentlichen von der hier dauernd ansässigen Bevölkerung *und* den Fremden in Anspruch genommen werden oder ob auch die Bevölkerung des Umlandes davon profitiert. Eine eindeutige Antwort darauf läßt sich einstweilen nicht geben. Newig (1974, S. 101 ff.) stellte für Bad und Stadt Westerland fest, daß Einzelhandelsgeschäfte mit periodischem und episodischem Angebot überdurchschnittlich vorhanden sind, womit die gesamte Insel versorgt wird, so daß die Inhaber von Zweitwohnungen, die deren Benutzung nicht auf die Urlaubszeit beschränken, seit dem Jahre 1960 dazu beitrugen, die Zahl der Geschäfte zu vergrößern und mit einem speziellen Angebot zu versehen.

Nun bietet die Abgeschlossenheit einer Insel mit der erheblichen Entfernung zu größeren Zentren eine besondere Situation. Zumindest wären Vergleiche zu anderen „Inselstädten" mit noch größerer Isolierung, weil ohne Dammverbindung mit dem Festland wie z. B. Wyk auf Föhr, vorteilhaft, weil dann zum Ausdruck käme, ob eine Besonderheit für Westerland vorliegt. Sobald die Konkurrenz anderer Städte einzuwirken beginnt, wie das etwa in Badenweiler oder Baden-Baden der Fall ist, bringt das spezifische Angebot in städtisch geprägten Fremdenverkehrs-Siedlungen eine Minderung der Zentralität ebenso wie eine Beschränkung des Umlandes.

Einige Städte ziehen Nutzen aus dem Durchgangs-Fremdenverkehr. Der Wechsel von Verkehrsmitteln kann einen Aufenthalt vor dem Ziel erforderlich machen; meist aber wird der Durchgangsort auch von sich aus etwas zu bieten haben, was ein kurzes Verbleiben verlohnt, und oft genug wird die Besichtigung einer alten Stadt, von Bau- und Kunstdenkmälern usf. der Anlaß sein, um dessentwillen kurzfristige Aufenthalte eingelegt werden. Die Lage solcher Ortschaften ist entweder durch das gegeben, was den Anziehungspunkt ausmacht, oder durch günstige verkehrsgeographische Verhältnisse, wobei das eine das andere nicht ausschließt. Mitunter handelt es sich dabei um kleinere Städte, die abseits der modernen Verkehrsbahnen liegen, ihre einstige Bedeutung einbüßten und dabei das Altertümliche des Stadtbildes wahrten. Für sie muß die Frage gestellt werden, ob sie noch heute als Städte fungieren; mitunter verschafft ihnen der Durchgangs-Fremdenverkehr eine neue wirtschaftliche Existenz. Andere Städte erscheinen wegen ihrer geographischen Lage als Tore zu ausgeprägten Fremdenverkehrs-Gebieten; wie etwa Hirschberg den nördlichen Eingang zum Riesengebirge beherrscht, so kann Goslar als Pforte zum nordwestlichen Harz, Freiburg i. Br. als solche zum südlichen Schwarzwald aufgefaßt werden; Wien oder München, Grenoble oder Innsbruck bilden wichtige Stationen zu den Zielen in den inneren Alpen. Geringe Fremdenverkehrs-Intensität bei kurzfristigem Aufenthalt erscheinen charakteristisch, wenngleich der Tourismus für sie lediglich eine zusätzliche, wenn auch sicher wichtige Erwerbsquelle darstellt. Eine besondere Note erhalten sie dann, wenn hervorragende kirchliche und profane Kunstdenkmäler die Aufmerksamkeit auf sich lenken. Das ist z. B. für Florenz der Fall (1971 rd. 470 000 E.), das in der gleichmamigen Provinz im Jahre 1968 3,3 Mill. Fremde aufnahm, etwa die Hälfte In- und die andere Hälfte Ausländer, die zu 90 v. H. auf die Stadt selbst entfielen. Durch die Bevorzugung von Hotelübernachtungen wird die Beschäftigtenstruktur eindeutig vom Fremdenverkehr bestimmt ebenso wie das auf Qualitätsware Wert legende Gewerbe (Schmuck-, Lederwaren, Konfektion, Keramik), dessen Absatz auf diese Weise gewährleistet ist (Charrier, 1971).

Den ländlichen Fremdenverkehrs-Siedlungen können Campingplätze angegliedert sein, und dasselbe ist auch bei den städtisch geprägten möglich, wobei Zelt- und Wohnwagen als Unterkunft dienen, bei Ferienreisen kurze Aufenthaltsdauer üblich ist, über das Mieten auf längere Zeit aber auch das „weekend“ auf diese Weise bestritten wird. Eine völlig isolierte Lage ist unter europäischen Verhältnissen kaum gegeben, weil aus wirtschaftlichen Gründen vorhandene Versorgungsanlagen lieber ausgebaut als neue geschaffen werden. Wohl aber spielt letzteres in Nordamerika in den abseits der Verdichtungsräume gelegenen Nationalparks eine Rolle.

Schließlich sind die *geplanten Fremdenverkehrs-Siedlungen* zu behandeln. Die ersten dieser Art entstanden, soweit zu übersehen ist, als Seebäder in Frankreich (Berck Plage im Jahre 1861 und Touquet-Paris-Plage im Jahre 1912). Ihnen folgten zwischen den beiden Weltkriegen zwei französische alpine Wintersportplätze. Aber erst nach dem Zweiten Weltkrieg kam es in der Bundesrepublik Deutschland, Frankreich, Italien, Spanien, Jugoslawien und an der Schwarzmeerküste von Bulgarien und Rumänien sowie in Anfängen auch in Griechenland zu Siedlungen, die um des Fremdenverkehrs willen angelegt wurden. Keine von ihnen kann zu den ländlichen Fremdenverkehrs-Siedlungen rechnen, selbst wenn unter ihnen noch mancherlei Differenzierungen gegeben sind. Riedel (1971, S. 92 ff.) und Zahn (1973, S. 183 ff.) stellten Typisierungen auf, die in etwas abgeänderter Form – weil nicht speziell auf die spanischen Urbanitionen bezogen – hier angewandt werden können. Zunächst sind die Ferienhaus-Siedlungen herauszustellen, bei denen Villen, Bungalows, mitunter auch Reihenhäuser das Bild bestimmen, gelegentlich Hotels und Appartmenthäuser hinzutreten, aber Einkaufsmöglichkeiten fehlen, weil dafür entweder benachbarte Orte zur Verfügung stehen oder die Besitzer alles selbst mitbringen. Maklerfirmen bzw. Immobiliengesellschaften kaufen das Gelände und nehmen die Aufschließungsarbeiten vor (Straßen- und Telephonanschluß, Elektrizitäts- und Wasserversorgung, Abwasserbeseitigung), während der Hausbau der persönlichen Initiative vorbehalten bleibt. Nach dem Zweiten Weltkrieg mußte man am südlichen Rand des kanadischen Schildes daran gehen, die jeweilige Parzellengröße auf 0,2-0,8 ha und die Mindestbreite der Parzellen am Seeufer auf 30 m zu beschränken. Relativ einfache eingeschossige Holzhäuser ohne erhebliche Abweichungen voneinander überwiegen, während in Europa unter solchen Voraussetzungen ein erheblicher Wechsel in den Bautypen stattfindet.

Darüber hinaus kommt es wohl vornehmlich in Europa vor, daß sich die Immobiliengesellschaften, in Südeuropa auch Großgrundbesitzer, die ihr Land zur Verfügung stellen, sich mit der Erstellung der Häuser befassen bzw. Architekten damit beauftragen. Dabei ist eine gewisse Monotonie nicht auszuschließen, selbst wenn man sich an einheimischen Stilmotiven der Provence, Kataloniens oder Andalusiens orientiert. Je nach der Entfernung zu den Heimatgebieten werden solche Ferienhaus-Siedlungen für den Wochenendaufenthalt, für die Ferien oder zu beidem benutzt, teilweise mit dem Ziel, das Ferienhaus zum Alterssitz zu machen.

Appartmentshaus-Siedlungen, mit Hotels kombiniert und mit der Angliederung von Ferienhäusern, die einen eigenen Geschäftskern besitzen, sind den Ferienhaus-Siedlungen gegenüberzustellen. Häufig werden die Appartmenthäuser als Hochhäuser konzipiert, weil sich ohnehin erst von einer bestimmten Einwohnerzahl an die Errichtung eines Einkaufszentrums lohnt. La Grande Motte in der Languedoc oder Playamar an der Costa del Sol ebenso wie Cogolin als Yachthafen an der Riviera (Schott, 1973, S. 307 ff.) sind einige Beispiele dafür, wobei sowohl im Grund- als auch im Aufriß gewagte neue Elemente Eingang finden.

Das Nichtvorkommen reiner Hotelsiedlungen an der spanischen Mittelmeerküste (Zahn, 1973, S. 184) bedeutet noch nicht, die allgemeine Nicht-Existenz dieses Typs. Bereits auf den Kanarischen Inseln finden sie sich, allerdings in geringer Zahl. In den Maghrebländern ist dies in der Regel die einzig mögliche Form ebenso wie in andern Entwicklungsländern.

E. Wohnsiedlungen

Mit der Entwicklung des modernen Verkehrswesens wurde die Trennung von Wohnort und Arbeitsstätte immer stärker ermöglicht und damit die Pendelwanderung zu einem wichtigen Phänomen. Die Pendelwanderung verlangt für den zweimal am Tage zurückzulegenden Weg zwischen Wohn- und Arbeitsort einen begrenzten Zeitaufwand, der in der Regel eine Stunde nicht überschreitet. Nur unter besonderen Verhältnissen, wie sie z. B. durch die Zerstörung der Städte während des Zweiten Weltkrieges und dem Flüchtlingszustrom in die Deutsche Bundesrepublik nach dem Kriege hervorgerufen wurden, mußten oft genug wesentlich weitere Wege in Kauf genommen werden. Mit dem beschränkten Zeitaufwand für den Arbeitsweg ergibt sich für die *Lage der Wohnsiedlungen* eine gemeinsame Note; sie gruppieren sich im Umkreis solcher Orte, in denen eine Vielzahl von Arbeitsplätzen konzentriert ist; sie können sich an den Strecken weiter von ihnen entfernen, wo gute und schnelle Verkehrsverbindungen vorhanden sind und halten sich in einem engeren Bereich, wenn das nicht der Fall ist. Es bedeutet dies nichts anderes, als daß ausgesprochene Wohnsiedlungen einerseits für die Umgebung von Industriesiedlungen und andererseits für die von Städten, insbesondere Großstädten, kennzeichnend sind.

Überblickt man die *Entwicklung* der Pendelwanderung und die Gründe, durch die sie ausgelöst wurde, so kommt man damit auch der siedlungsgeographischen Charakterisierung der Wohnsiedlungen über die statistische Methode hinaus etwas näher. Dort, wo die Industrie meist um die Mitte des vorigen Jahrhunderts Eingang fand und sich in Realteilungsgebieten auf Kleinbauern als Arbeitskräfte stützte, war mit der Ausbildung des Arbeiterbauerntums von vornherein die Pendelwanderung in Rechnung gestellt. Die *Arbeiterbauerngemeinden,* die einen besonderen Typ der Wohngemeinden darstellen, haben wir bereits früher erwähnt (Kap. III). Ihre Entwicklung nimmt in den letzten Jahrzehnten und vor allem nach dem Zweiten Weltkrieg einen durchaus spezifischen Verlauf. Mit der sozialen Sicherstellung der Arbeiter und den hohen Löhnen, die die Industrie vornehmlich Facharbeitern gewährt, tritt der landwirtschaftliche Nebenerwerb immer mehr zurück. Man verpachtet das Land und begnügt sich mit einem eigenen Haus und Garten; man gibt einen Teil des Landes ab und baut auf dem verbleibenden Rest hochwertige Spezialkulturen, wie es mitunter im Rhein-Main-Gebiet beobachtet worden ist (Weigand, 1956, S. 127 ff.), oder aber man hält zwar an dem Bodenbesitz fest, unterläßt aber dessen Bewirtschaftung (Sozialbrache, vgl. Hartke, 1956). Immer stärker wird die Tendenz, daß die Arbeiterbauern zu Arbeitern werden, die Arbeiterbauerngemeinden zu *Arbeiterwohngemeinden,* in deren Physiognomie allerdings das ländliche Element vielfach noch zum Tragen kommt.

Zwar haben die Realteilungsgebiete, wie sie in bestimmten Landschaften des westlichen und mittleren Europa im Zusammenhang mit der Industrie vorhanden sind, für den genannten Wandel der Sozialverhältnisse und damit für die Entwicklung von ländlichen Siedlungen zu Arbeiterwohngemeinden eine besonders günstige Disposition. Doch vollzieht sich dieser Umformungsprozeß, allerdings auf kleinere Bereiche beschränkt, überall dort, wo ländliche Siedlungen in die Nähe von sich ausweitenden Industrieagglomerationen und Großstädten geraten. Immer ist dann die ursprünglich ländliche Bevölkerung geneigt, den Vorteil „städtischer Berufe“ wahrzunehmen, auf das eigene Heim und die billigere Lebenshaltung „auf dem Lande“, besser im verstädterten Land, nicht zu verzichten und dafür die tägliche Pendelwanderung in Kauf zu nehmen. Der soziale Wandel dieser ursprünglich ländlichen Siedlungen wird nun bei verkehrsgünstiger Lage zu den

Arbeitsplätzen oft noch dadurch verschärft, daß von außen Zuwandernde wohl die in Industriegemeinden und Städten existierenden Arbeitsmöglichkeiten ausnutzen wollen, aber es ihnen von vornherein geeigneter erscheint, nicht in städtisch geprägten Industriesiedlungen oder Großstädten zu wohnen. Unter diesen Umständen unterliegen die einst ländlichen Siedlungen nicht allein einer inneren sozialen Umformung, sondern es wird eine solche von außen an sie herangetragen. Mit der Zunahme der Bevölkerung muß neuer Wohnraum beschafft werden, die Orte verdichten sich, dehnen sich aus und verlieren dabei oft genug ihre ländliche Physiognomie.

In mancher Beziehung anders liegen die Dinge, wenn sich Wohnsiedlungen nicht durch zentripetale, sondern durch zentrifugale Kräfte entwickeln, die von innen nach außen gerichtet sind. Mit dem immer stärkeren Anwachsen der großen Städte und der weiteren Verbesserung des Verkehrs durch Elektrifizierung der Vorortbahnen und durch Anlage von Autobahnen bzw. highways unter Benutzung von Last- und Personenkraftwagen wuchs das Streben der Bevölkerung, ihren Wohnsitz aus zentralen Bereichen der großen Städte bzw. industriellen Agglomerationen nach außen zu verlegen. Das gilt um so mehr, als sich an der Peripherie zentripetale und zentrifugale Kraftströme überlagern, indem hier sowohl die aus den Kernbereichen Abziehenden als auch die Zuwanderer vom Lande oder andern Städten Aufnahme finden. Ländliche Siedlungen, die sich sozial wandelten, wurden in verschiedenem Grade von Bungalows, Mehrfamilienhäusern und u. U. auch von Hochhäusern durchsetzt oder erweitert. Benachbarte Städte gerieten in den Sog der Großstädte, entwickelten sich zu Wohnsiedlungen des benachbarten Zentrums und stellten sich auf dessen Bedürfnisse ein. So erhielten die Taunusrandstädte, so unterschiedlich sie einst waren, ihr gemeinsames Gepräge als Wohnstädte von Frankfurt a. M. (Kaltenhäuser, 1955), die Randstädte Berlins wurden überwiegend zu Wohnstädten dieses Zentrums, zahlreiche kleinere Städte im Umkreis von London wandelten sich zu „Schlafstädten" für die Bevölkerung der Hauptstadt.

Das immer weitere Ausgreifen der Wohnsiedlungen bzw. die Suburbanisierung wurde dadurch gefördert, daß Verlagerungen oder Neugründungen von Industrieunternehmen vornehmlich in den Außenbezirken stattfanden. In Deutschland setzte das bereits vor dem zweiten Weltkrieg ein, erreichte aber erst danach ein besonderes Ausmaß, sowohl in den Wirtschaftsräumen von Köln (Zschocke, 1959; Hermes, 1959) und Hamburg (von Rohr, 1971) als auch in denen von Frankfurt a. M. (May, 1968) und Stuttgart (Grotz, 1971), wobei Entfernungen vom Kern von 15-20 km zu beobachten sind, Bundesstraßen und Autobahnen gewisse, wenngleich nicht allzu häufige Ansatzpunkte bieten. Die Trennung von Arbeits- und Wohnort blieb bestehen bzw. verstärkte sich, so daß Bevölkerungs- und Industrie-Suburbanisierung unabhängige, aber in derselben Richtung verlaufende Vorgänge darstellen. Beide Arten der Suburbanisierung sind ebenfalls in den Vereinigten Staaten bekannt. Weltwirtschaftskrise und Zweiter Weltkrieg bedeuteten eine Unterbrechung in dieser Entwicklung, die sich erst nach dem Zweiten Weltkrieg voll durchsetzen konnte. Rechnete man in Chicago im Jahre 1908 damit, daß Industriewerke höchstens in einer Entfernung von 1,5 km vom Kern den genügenden Gewinn brachten, so erhöhte sich dieser Wert bis zum Jahre 1920 auf 2,5 km, wobei in der Regel noch die Eisenbahnen als Ansatzpunkte dienten. Besondere Schwerpunkte der Industrieansiedlung befanden sich um das Jahr 1960 bereits in einer Entfernung von 16-19 und von fast 40 km, derart, daß nun die highways besondere Anziehungskraft ausübten (Berry und Horton, 1970, S. 459 ff.). Begünstigt wurde dieser Prozeß durch die Anlage geplanter Industriebezirke (industrial estates), was um die letzte Jahrhundertwende zögernd begann, um nach dem Zweiten Weltkrieg verstärkt in Erscheinung zu treten. In Chicago gab es im Jahre 1965 mehr als 170 solcher industrial estates, von denen fast 150 außerhalb der City lagen. Wohnsiedlungen wurden nur in Ausnahmefällen damit verbunden, so daß für die Gesamtheit der Beschäftigten keine Verkürzung des Zeitaufwandes für den Weg zwischen Arbeits- und Wohnort eintrat (Berry und Horton, 1970, S. 409 ff.). Daß auch in anderen Industrieländern ähnliche Prozesse im Gange sind, braucht nicht näher erläutert zu werden.

Vornehmlich in den Vereinigten Staaten konnten sich die Wohnsiedlungen am weitesten vom Kern entfernen, weil in den großen Städten der spezialisierte Einzelhandel das zentrale Geschäftsviertel weitgehend verließ und in hierarchisch geordneten ungeplanten und geplanten shopping centers unter standörtlicher Bevorzugung der highways innerhalb oder zwischen den Wohnsiedlungen die dort lebende Bevölkerung versorgt.

Während in den amerikanischen Metropolen die Bindung zwischen Kern und Vororten eine Abschwächung erfährt, so ist das unter europäischen Verhältnissen nicht in dem Maße der Fall. Hier spielt das Abhängigkeitsverhältnis zwischen Geschäftskern und Vororten noch immer eine erhebliche Rolle, und daraus erwachsen vielfach wesentlich stärkere Verknüpfungen, indem die Bevölkerung der Wohnsiedlungen alle dem Zentrum zukommenden Einrichtungen in Anspruch nimmt und eine eigenständige Entwicklung nicht gewährleistet ist. Das wurde insbesondere in Großbritannien und hier vornehmlich in England zu einem solchen Problem, daß man nach andern Lösungen suchte. Schon um die letzte Jahrhundertwende entstand als Reaktion gegen die eintönigen Industrie- und Vorortsiedlungen die englische Gartenstadtbewegung. Sie verfolgte das Ziel, aufgelockerte, von Grünflächen durchsetzte und in ihrer Einwohnerzahl beschränkte (50-60 000 E.) Städte im Umkreis der Großstädte zu schaffen (Howard, 1898). Bereits vor dem Ersten Weltkrieg begann man mit der Anlage von Letchworth und Hampstead im Umkreis von London, danach Welwyn City (Abb. 93), ebenfalls als Garten-Satellitenstadt der Hauptstadt. War damit ein Vorbild auch für andere Industrieländer hinsichtlich der Anlage von Satellitenstädten gegeben, so erfolgte das intensivste Ausgreifen der Städte, als urban sprawl bezeichnet, doch erst in der Zwischenkriegszeit. Dabei wurden entweder in einem Zuge entworfene Siedlungen nach dem Gartenstadtprinzip angelegt, oder die Bebauung erfolgte längs der Straßen (ribbon development). Was aber zumeist fehlte, das waren Gemeinschaftsanlagen, die diesen Wohnsiedlungen eine gewisse Selbständigkeit hätten verleihen können. Wenn nach dem Zweiten Weltkrieg wiederum Wohnsiedlungen im Umkreis der großen Städte entstanden, so wurde jetzt, dem ursprünglichen Gedanken folgend, vor allem seitens der englischen Landesplanung entscheidendes Gewicht darauf gelegt, eine Integrierung insofern zu erreichen, als einerseits

Abb. 93 Die Gartenstadt Welwyn City (mit Erlaubnis der Aerofilms Limited, London).

genügend Arbeitsplätze geschaffen wurden und andererseits die Entwicklung des Geschäftslebens und anderer Gemeinschaftseinrichtungen Förderung erfuhr. In einigen dieser „Neuen Städte" gelang es, das Pendlertum zu beschränken, so daß nicht mehr „Schlafstädte", sondern relativ unabhängige Satellitenstädte zur Ausbildung gelangten (Cresswell und Thomas, 1972, S. 69 ff.), die dennoch nicht alle Probleme der wachsenden Metropolen zu lösen vermochten (Leister, 1970, S. 247 ff.). In den Vereinigten Staaten errichtete man, basierend auf dem englischen Gartenstadtgedanken, nach dem Ersten Weltkrieg geplante Wohnsiedlungen im Raume von New York und Pittsburgh, denen aber Vorortcharakter zukam. Seit dem Ende der zwanziger Jahre bis zum Zweiten Weltkrieg kamen vier Projekte zur Ausführung, Radburn in New Jersey, Greenbelt in Maryland, Greenhill in Ohio und Greendale in Wisconsin, die als selbständige „Neue Städte" aufzufassen waren, und nach dem Zweiten Weltkrieg fielen nur etwa 10 v. H. der zwischen 300 und 400 im Aufbau begriffenen Wohnsiedlungen unter die Gruppe der Satellitenstädte, die im Gegensatz zu Großbritannien und andern europäischen Ländern nicht staatlicher, sondern privater Initiative ihre Entstehung verdankten (Berry, 1973, S. 67ff.).

F. Schutz- und Herrschaftssiedlungen sowie Kultstätten und Kultsiedlungen

Eine besondere Stellung im Rahmen der nicht durchaus von der Landwirtschaft her bestimmten Siedlungen nehmen die Schutz- und Herrschaftssiedlungen ebenso wie die Kultstätten und Kultsiedlungen ein. Sie können als Einzelsiedlungen erscheinen oder aber in Verbindung mit ländlichen Siedlungen stehen; sie gehen mit Mittelpunkts-Siedlungen verschiedener Art Verknüpfungen ein oder sind mit Städten kombiniert. Infolgedessen lassen sie sich weder durch ihre soziale und wirtschaftliche Struktur noch durch ihre Funktion innerhalb des Siedlungsgefüges eindeutig erfassen. Vielmehr liegt ihre Bedeutung für die Siedlungsgeographie in einer andern Richtung. Häufig ausgezeichnet in ihrer topographischen, mitunter auch in ihrer geographischen Lage, ausgezeichnet auch durch Baumaterial und Bauform, sind sie in ihren ausgeprägten historisch-kulturellen Bindungen in besonderer Weise dazu geeignet, einerseits kulturgeographische Eigenheiten von Landschaften und Ländern zu erfassen, andererseits die kulturelle Schichtung innerhalb eines Raumes zu erkennen und damit Aufschluß über die Entwicklung der Kulturlandschaft zu geben.

1. Schutz- und Herrschaftssiedlungen (Burgen und Schlösser usw.)

Die Stellung der Schutzsiedlungen ist in erster Linie von ihrer Aufgabe bestimmt, Schutz zu verleihen, sei es nur in Zeiten der Bedrängnis und Not oder sei es auf Dauer. Durch ihre topographische Lage wird dieser Funktion entscheidender Ausdruck verliehen und damit in der Regel ein wesentlicher Unterschied gegenüber den ländlichen Siedlungen im eigentlichen Sinne erzielt. Der Mensch aber verstärkt durch Bauwerke geeigneter Art die Schutzposition und unterstreicht das, was in der Natur bereits vorgezeichnet ist. So muß der *topographischen Lage* besondere Aufmerksamkeit geschenkt und nach einer Differenzierung der Schutzsiedlungen in dieser Hinsicht gestrebt werden.

Am eindrucksvollsten das Landschaftsbild prägend, stellen sich die Schutzsiedlungen (Burgen) in *Höhenlage* dar. Öfter nehmen die Gebäude den Gipfel ein (Gipfellage); je steiler und schroffer er sich aus der Umgebung erhebt, um so günstiger liegen die natürlichen Voraussetzungen für den dargelegten Zweck. Isolierte Steilkuppen sind in besonderer Weise dazu geeignet. Nicht zufällig z. B. leisten die herausgewitterten Vulkanschlot-Höhen, wie wir sie etwa im Hegau oder in Hessen treffen, der Gipfellage zweifellos Vorschub, und Ähnliches gilt für die Umlaufberge oder die Auslieger der Schichtstufenlandschaft. Sind offenbar für die Ausbildung der Gipfellage spezifische morphologische Gegebenheiten Vorbedingung, so wird, wenn diese nicht vorliegen, die Höhenlage durch Ausnutzung von Spornen zwischen zwei eingeschnittenen Tälern erreicht (Spornlage). Je tiefer die

Täler eingekerbt sind, um so stärker erscheint die natürliche Schutzwirkung. Aus diesem Grunde zeigt sich hinsichtlich der befestigten Plätze eine Auswahl nach dem Gestein, indem widerständiges Material die Erhaltung von Steilformen fördert. Gradmann (1913, S. 70) stellte z. B. für Württemberg eine Bevorzugung des Hauptmuschelkalks und der Jurakalke und, ihnen nachgeordnet, eine solche des Keupers- und Buntsandsteins fest. Immer aber wird man dort, wo der Sporn mit dem übrigen Höhengelände zusammenhängt, den künstlichen Schutz zu verstärken haben. Dies ist dann erleichtert, wenn der Sporn lediglich durch einen schmalen Sattel mit der Gesamterhebung verbunden ist, indem die Einsattelung nur von Menschenhand vertieft zu werden braucht, um eine solche Spornlage der Gipfellage nahekommen zu lassen. Auch hierfür bieten die Umlauf- und Zeugenberge zahlreiche Beispiele. Schließlich liegt im Rahmen der Höhenlage eine ausgezeichnete Unterstützung der natürlichen Schutzwirkung vor, wenn in klüftig sich absonderndem Gestein Felsnadeln und Klippen ausgebildet sind, in die sich die Wehrbauten einfügen. Eine besondere Neigung in dieser Richtung zeigen etwa Sandsteine, Dolomite und Granite, so daß unter dieser Voraussetzung häufig Felsenburgen in Erscheinung treten (Ebhardt, 1939, S. 37 ff.).

Der künstliche Ausbau von Höhlen stellt ein weiteres Mittel dar, die Natur in den Dienst des menschlichen Schutzbedürfnisses zu stellen. Ebenso wie sich die Höhenlage abhängig vom Gesteinsaufbau und den morphologischen Verhältnissen erweist, in demselben Maße sind enge Beziehungen zwischen der *Höhlenlage* und der Art des Gesteins gegeben. Kalk, u. U. auch Sandstein spielen in dieser Hinsicht eine hervorragende Rolle.

Auch das Wasser kann zur Schutzwirkung herangezogen werden. In sehr verschiedener Form ist die *wasserständige Lage* entwickelt. Kleine, der Steilküste vorgelagerte Felsinseln, bei denen Höhen- und Wasserschutz in gleicher Weise zur Geltung gelangen, oder flache Inseln, die ihre Wahl allein der Isolierung durch das Wasser verdanken, ins Meer oder in Seen hinausragende Halbinseln, die mit Hilfe eines Grabens gegenüber der Landseite abgeriegelt werden, oder schmale Landzungen zwischen eng benachbarten Seen haben zu allen Zeiten den Menschen bestimmt, sich hier Schutzsiedlungen zu schaffen, wenn er ihrer bedurfte. Doch noch in anderer Weise tritt die wasserständige Lage in Erscheinung, wenn Sumpfgelände kleine trockene Sandinseln umschließt oder bei hohem Grundwasserstand künstliche Aufschüttungen leicht von künstlichen Gräben umgeben werden können.

Von grundsätzlich anderer Art als die bisher gekennzeichneten Beziehungen stellt sich die *klausenständige Lage* dar, die lediglich dann auftritt, wenn es um den Schutz oder die Sperrung von Straßen geht. Meist ist man unter diesen Umständen nicht in der Lage, durch besondere Höhe oder besondere Tiefe eines natürlichen Schutzes teilhaftig zu werden. Hinsichtlich der Ortswahl stellt sich nun die Ausformung der Täler als entscheidend heraus; der Vorzug wird Talverengungen zwischen Talweitungen gewährt werden (Burgen, z. B. in den Alpenländern). Schließlich kommen auch indifferente, in keiner Weise ausgezeichnete Lageverhältnisse vor, so daß der Wehrbau vollständig das zu ersetzen hat, was die Natur versagt; in diesem Falle wird von *ebenständiger Lage* gesprochen (Storm, 1940, S. 129/30).

Welche Art der topographischen Lage für die Schutzsiedlungen jeweils bestimmend ist, hängt in erster Linie von der morphologischen Gestaltung einer Landschaft ab, denn zumeist zeichnet die Natur, was den Schutz ausmacht, in so eindeutiger Weise vor, daß kaum ein Zweifel über das zu wählende Element auftauchen kann. Wenn für die Marschen die wasserständige Lage charakteristisch erscheint, so ist dasselbe für die von Mooren durchsetzte Altdiluviallandschaft der Fall; auch in den Jungmoränenlandschaften mit ihren zahlreichen Seen kommt diesem Typ eine wichtige Rolle zu, wenngleich die Kuppenformen der Moränen hier mitunter zur Höhenlage Anlaß geben. Ebenso wird in den japanischen Becken und Ebenen der wasserständigen Lage der Vorzug gegeben. In den Berg- und Hügelländern dagegen sowie in den Mittel- und Hochgebirgen kommt der Höhenlage besondere Bedeutung zu, ob es sich um Schutzsiedlungen in Europa, Vorderasien, Indien oder Ostasien handelt bzw. um solche in Südamerika, Afrika oder Neuseeland. Die ebenständige Lage stellt sich auf ausdruckslosen Ebenheiten ein, wie sie sich insbesondere in den großen Stromoasen der Alten Welt zeigen. Hier bildeten häufig kleine Hügel, die Reste untergegangener Siedlungen, den Ansatzpunkt.

So sehr die Schutzsiedlungen durch ihre besondere topographische Lage ausgezeichnet sein mögen, so wird doch auch ihre *geographische Lage,* d. h. ihre Anordnung im Raum, zu berücksichtigen sein. Landschaften, in denen sich Schutzsiedlungen häufen, heben sich ab gegenüber solchen, wo sie weitgehend fehlen. Wenn auch sicher keine allgemeine Gesetzmäßigkeit abzuleiten sein wird, sondern die Verteilung der Schutzsiedlungen in erster Linie ein historisch-politisches Phänomen darstellt, so lassen sich doch zuweilen bestimmte Beziehungen erkennen. Diese können unter zwei Gesichtspunkten zusammengefaßt werden; zum einen zeigt sich die Verteilung der Schutzsiedlungen abhängig von dem *Grenzverlauf* von Stammesgebieten, Territorien oder Staaten und zum andern von der Ausbildung von *Herrschaftszentren* innerhalb politischer Einheiten. So sicherten z. B. die Maori Neuseelands die Grenzen ihres Stammeslandes durch besonders ausgedehnte, nur in Kriegszeiten aufgesuchte Schutzsiedlungen, auf steilen Höhen und Kuppen gelegen, durch Wälle, Gräben, Palisaden und künstliche, stufenförmig sich aufbauende Terrassen befestigt, letztere der Verteidigung dienend und dazu bestimmt, die Wohnstätten des gesamten Stammes aufzunehmen. Es sind die Pa-Siedlungen, die in ihrer starken Umformung des Geländes teilweise noch heute zu erkennen sind (Best, 1927). Die Anlage von Grenzburgen spielte im Rahmen der mittelalterlichen Territorienbildung des westlichen und mittleren Europa eine große Rolle. Um nur eines unter den zahlreichen Beispielen herauszugreifen, sei auf das Burgenland verwiesen, dessen Name sich bereits auf den Reichtum an Burgen bezieht. Seit dem 12. Jh. schoben sich hier Burgen sowohl von österreichischer als auch von ungarischer Seite mit der Ausweitung der Territorien gegeneinander vor, so daß sich daraus eine Hintereinanderschaltung von Burgenreihen ergab. Auch die Festungen, die Schutzsiedlungen der modernen Zeit, zeigen eine Häufung an den Staatsgrenzen.

In der Bindung an bestimmte Herrschaftsgebiete finden wir Schutzsiedlungen, aber auch im Zentrum derselben. Befestigte Häuptlingssitze, wie sie z. B. in den kunstvoll befestigten Bomas ostafrikanischer Häuptlinge vorlagen (Schachtzabel,

1911, S. 27ff.), befanden sich notwendig in zentraler Lage des Stammesbereiches. Dasselbe galt für die Gauburgen keltischer, germanischer oder slawischer Stämme. Im Mittelpunkt ihrer Territorien lagen die Herrenburgen des Mittelalters, die nicht nur der Sicherung gegen äußere Gefahr dienten, sondern von denen auch Herrschaft ausgeübt wurde.

Schließlich kommt der Lage von Schutzsiedlungen an wichtigen Verkehrswegen und Furten große Bedeutung zu. Karawanenwege wurden, wenn in festem Herrschaftsbesitz befindlich, durch Forts geschützt. Rom sicherte seine Kolonialgebiete durch Anlage von Straßen, längs derer man Kastelle errichtete. Wenn die deutschen Kaiser, insbesondere aber Barbarossa, so außerordentlichen Wert darauf legten, die Burgen von Nürnberg oder Regensburg, die von Trifels oder Eger in die Hand zu bekommen und auszubauen, so geschah das im Hinblick auf deren Funktion als Verkehrsschutzpunkte, die den Zusammenhalt der verschiedenen Reichsteile gewährleisten sollten.

Ist zwar der Zweck der Schutzsiedlungen immer und zu allen Zeiten derjenige, Schutz zu verleihen, so umfaßt die in den Schutzsiedlungen aufgenommene Bevölkerung doch unterschiedliche Gruppen. Auch diese *soziologischen Verhältnisse* werden zu berücksichtigen sein, um die Rolle der entsprechenden Siedlungen zu verstehen. Sofern sich die ländliche Bevölkerung im eigentlichen Sinne an Ort und Stelle schützt, sei es durch die topographische Lage ihrer Wohnplätze, sei es durch Umwehrung der Ortschaft, durch Anlage von Kirchenburgen usf., so stellen die Schutzbauten ein Attribut der ländlichen Siedlung selbst dar und scheiden an dieser Stelle aus. In unserem Zusammenhang kommen zunächst solche Schutzsiedlungen in Frage, in denen sich die Bevölkerung eines gesamten Stammesgebietes oder Gaues in Zeiten der Gefahr zusammenfindet. Solche Fluchtburgen sind wohl vor allem für die Kultur der semi-autarken Sippen- und Stammeswirtschaft bezeichnend; sie fanden sich vielfach bei den Kulturen der ur- und frühgeschichtlichen Zeit und kamen auch bei entwickelteren Hackbauvölkern bis zu ihrer Befriedung durch die Europäer vor.

Sobald sich aber die anautarke Wirtschaftskultur auf staatlicher Grundlage entwickelte, damit eine wesentlich stärkere soziale Differenzierung einsetzte, stützte sich die staatliche Macht zum Zwecke des Schutzes für das gesamte Staatswesen auf besondere Schichten eines Volkes. Eine Möglichkeit in dieser Hinsicht besteht in der Ausbildung des Feudalwesens, wie es in der mittelalterlichen Welt des Abendlandes der Fall war. Ausdruck dieser Situation sind die Fülle von Burgsiedlungen, von Herrenburgen, die durch Normannen, Venetianer und Kreuzritter bis in den Vorderen Orient hinein verbreitet wurden. Handelte es sich zunächst um Holzbauten, so wurden sie meist im Hochmittelalter durch Steinbauten ersetzt, um die Wehrfähigkeit zu erhöhen. Unter den sich wandelnden sozialen Verhältnissen der folgenden Epochen und unter der Einwirkung neuer Kriegsinstrumente (Geschütze) gingen sie ihrer Funktion verlustig und sind heute meist nur noch in Ruinen erhalten oder einer anderen als der ursprünglichen Bestimmung zugeführt.

Überall dort, wo sich vor Einführung der neuen Waffen eine feudale Gesellschaftsordnung entwickelt hatte, fand das in der Vielzahl der Herrenburgen seinen Niederschlag, die Einzelsiedlungen darstellten, sich an bestehende ländliche Siedlungen anlehnten, ländliche Siedlungen nach sich zogen oder den Ansatzpunkt zur Ausbildung von Städten abgaben. Ebenso wie sich dies im europäischen Abendland zeigt (Patze, 1976), ebenso treffen wir in Japan eine Fülle von Burgen, die im Zusammenhang mit Städten am Ende des 16. und im beginnenden 17. Jh. entstanden.

In China dagegen, wo eine feudal geprägte Gesellschaftsordnung weit zurückliegt (Chou-Periode 1122 (?)-256 v. Chr. und 221-589 n. Chr.; Bodde, 1956, S. 50), spielen Burgsiedlungen der gekennzeichneten Art offenbar kaum eine Rolle. Daß sie in den europäisch besiedelten Kolonialländern so gut wie fehlen und – wenn vorhanden – der älteren Kolonialperiode zugehören, versteht sich von selbst.

Befestigte Militärsiedlungen, Festungen, lösten im abendländischen Europa die Burgen als Schutzsiedlungen ab, befestigte Militärsiedlungen deckten die Ausweitung des russischen Reiches nach Süden und Südosten. Als Festungen sind die militärischen Stützpunkte im Rahmen der chinesischen Mauer zu betrachten, jener einzigartigen Umwehrung, mit Hilfe derer sich der chinesische Staat gegen das Eindringen der Nomaden zu schützen suchte, und Festungen geben die Forts ab, die z. B. das Vordringen der spanisch-portugiesischen Kolonisation in Südamerika und im Süden Nordamerikas sichern sollten. Wandeln sich die Voraussetzungen, unter denen solche auf einen spezifischen Zweck ausgerichtete Siedlungen ins Leben gerufen wurden, wie es die Verlagerung politischer Grenzen mit sich bringt, dann werden sie aufgegeben und dem Verfall überantwortet oder durch Übernahme anderer Aufgaben der neuen Situation angepaßt. Das wird auch für die der modernen Kriegstechnik entsprechenden Flugbasen gelten, die zur Beherrschung großer und wenig besiedelter Gebiete angelegt und an den Küsten des Polarmeeres oder auf den Polarinseln ebenso wie auf den Inseln des Stillen Ozeans entstanden sind.

Den Schutzsiedlungen in gewisser Weise ähnlich, aber in der Erscheinungsform einen etwas anderen Charakter zeigend, stellen sich die Palast- und Schloßsiedlungen dar, die wiederum Anknüpfungspunkte für städtische Siedlungen abgeben können (z. B. Karlsruhe, Versailles, eine ganze Reihe orientalischer Städte). Von einer rechteckigen Mauer umgeben, lagen die Paläste der chinesischen Herrscher in ausgedehnten Gartenanlagen, mit Tempelbauten verknüpft. Mag sich diese Palastsiedlung an eine Stadt anschließen wie in Peking oder als Einzelsiedlung in Erscheinung treten wie die in die Bergwelt eingefügte Sommerresidenz der letzten chinesischen Dynastie in Jehoi (Hedin, 1932; Fischer, 1937), immer bildet sie ein selbständiges Ganzes und verkörpert in besonderem Maße chinesische Kultur, soweit sich diese in Bauwerken ausdrückt. Ausgesprochene Residenzen legten die islamischen Fürsten und Statthalter an, war es doch weitgehend Sitte, daß mit dem Aufkommen einer neuen Dynastie die Residenz verlagert wurde; auch Fürsten desselben Herrschergeschlechtes bauten neue Residenzsiedlungen auf und verließen die alten. Im abendländischen Europa wurde in der Renaissance der Burgenbau abgelöst durch die Errichtung von Schlössern oder durch Umwandlung von Burgen in solche. Als traditionellen Elementen war diesen zunächst noch ein burgartiger Charakter zu eigen; Burgtürme und Umfassung durch Wassergräben stellten nun ein ornamentales Glied der architektonischen Gestaltung dar. Ihre großartigste Entfaltung haben die Schloßbauten mit ihren Parkanlagen in Frankreich gefunden, wo sie dem Umkreis von Paris das Gepräge geben und dem Loiretal seine besondere Note verleihen. Sie dienten in der Periode des Absolutismus vielen europäischen Fürstenhöfen und auch dem Adel zum Vorbild. Doch ähnlich wie die Burgen unter bestimmten sozialen Bedingungen entstanden und dann ihrer Aufgabe verlustig gingen, ebenso steht es mit den Schloßbauten, die heute meist eine Belastung für ihre Besitzer darstellen und nur noch als Zeugnis einer vergangenen Epoche zu werten sind. Als solche aber sind sie aus den Kulturlandschaften der Alten Welt nicht wegzudenken, und damit verschärft sich der Gegensatz zu den europäisch besiedelten Kolonialgebieten, denen diese Art der Siedlungen so gut wie fehlt.

2. Kultstätten und Kultsiedlungen

So sehr die Religionen, ob es sich um Naturreligionen, Hochreligionen oder Weltreligionen handelt, den Menschen mit Jenseitigem, außerhalb seines Lebenskreises Seienden verbindet, so sehr sucht der Mensch dieses geistige Phänomen in spezifischer Weise, den Glauben an und die Furcht vor etwas außer ihm Existierenden, in der Form eines bestimmten Kultes greifbar zu machen. Nur durch die Sichtbarmachung dessen, was als heilig verehrt wird, ob im realen Sinne oder als Symbol verstanden, ist die Ausbildung von Kultstätten und Kultsiedlungen möglich. Sah Fickeler (1947, S. 121) die Aufgabe einer allgemeinen Religionsgeographie in der Klärung der Frage, wieweit eine bestimmte religiöse Form auf Volk, Landschaft und Land einwirke, so wird im Rahmen der Siedlungsgeographie eine Einengung stattfinden müssen; es ist hier lediglich der Einfluß der verschiedenen Kulte auf die Siedlungen zu behandeln, der am stärksten dann ausgeprägt ist, wenn besondere, nur kultischen Zwecken dienende Siedlungen existieren; letzteren ist vor allem Beachtung zu schenken.

In Tempeln und Kirchen, in Klöstern, Wallfahrtsplätzen und Begräbnisstätten geben die Religionen Zeugnis ihres eigentlichen Wesens. Demgemäß wird die Art der vorhandenen Kultstätten und die Ausdruckskraft, die sie besitzen, abhängig sein von dem Inhalt der verschiedenen Religionen. Je größerer Wert auf den Kult als solchen gelegt wird, um so mehr treten Kultstätten und Kultsiedlungen in Erscheinung; je weniger eine Religion äußere Formen anerkennt, um so geringer ist ihr Einfluß in der Kulturlandschaft. Der Grad der „Verkultung" einer Religion (Fickeler, 1947, S. 143) wirkt hier maßgeblich ein und bestimmt die Stärke der äußeren Erscheinungsform, ohne über den inneren Gehalt und die wirkliche Bedeutung etwas aussagen zu können. Indirekte Einflüsse kommen hinzu, die nicht allein Kultbauten und besondere Siedlungen betreffen, sondern die in die Sozialverhältnisse eingehen. In der Bindung der Religionen und ihrer Kultformen an bestimmte Räume bilden Kultstätten und -siedlungen sowie spezifische damit zusammenhängende Verhaltensformen ein wesentliches Moment zum Erfassen kultureller Eigenarten und Schichtungen.

Hinsichtlich der *topographischen Lage* der Kultstätten und Kultsiedlungen sind vielfach besondere Verknüpfungen zu bemerken, die sie gegenüber den „profanen Siedlungen" abheben. Unter den verschiedenen Lagetypen kommt der *Höhenlage* die größte Bedeutung zu. Wie sich die religiöse Vorstellungswelt an den Rätseln der Naturerscheinungen entfaltete, so wurden sehr früh aufragende und markante Berggestalten als Sitze von Geistern und Göttern erwählt. Wie weite Verbreitung der Höhenkult einst in Asien und Europa hatte, vermochte Adrian (1891) an Hand vielfacher Belege zu erweisen. Zwar wirkt sich die Bergverehrung wie jede Verehrung von Landschaftselementen in zweierlei Form aus, im Abstandhalten und im Aufsuchen der als heilig verehrten Stätte, im Verbot sowohl der Besteigung der Höhen als auch der Errichtung von Kultbauten und im Gebot und der Verpflichtung zum Darbringen von Opfern. Nur im letzteren Falle vermögen sich direkte Auswirkungen des Bergkultes zu zeigen. An einigen Beispielen soll dies dargelegt werden.

Als Bergheiligtümer erscheinen die Kultstätten der indonesischen Kultur (Megalithkultur), die sich vornehmlich an Hängen von Vulkanen befinden und noch heute von der Bevölkerung verehrt werden. Kosmologische Vorstellungen, auf Ahnenverehrung und Unsterblichkeitsideen basierend, sind maßgebend für die Gestalt der Kultbauten, die als emporführende Terrassen erscheinen; hier denkt man sich die Seelen der Verstorbenen aufsteigend zum Kraterrand, in dessen reinigendes Feuer sie untertauchen und dann den Gipfel erklimmen, der das Totenland oder den Himmelsberg verkörpert (Helbig, 1951, S. 258ff.). In Ostasien, wo der alte Volksglaube weitgehend erhalten blieb und unter der Decke von Staats- und Weltreligionen weiterlebt bzw. von diesen in ihren Kult aufgenommen wurde, bilden Bergheiligtümer die wichtigsten Kultstätten des Volkes. Wallfahrten zu ihnen, die die Erde mit dem Himmel verbinden, sind tief im Volksleben verwurzelt, ob der steil emporragende Vulkankegel des Fujijama die Menschen zum Bittgang vereint oder ob der sich unmittelbar aus der Ebene bis 1540 m Höhe erhebende Taischan in Schantung, das älteste und berühmteste Heiligtum Chinas, Anziehungskraft ausübt. Auch die taoistischen und vornehmlich die von Zentralasien über ganz Ostasien verbreiteten buddhistischen Klosteranlagen wurden mit Vorliebe auf Bergen oder zumindest in den Gebirgen errichtet, so etwa die einst ausgedehnten Anlagen auf dem Gipfel des Hiey-zan zwischen Kyotoy und Kiwasee-Becken (Mecking, 1929) oder die Lamaklöster auf dem fünfgipfligen Bergstock des Wutaischan in Schansi, um nur einige Beispiele zu nennen.

Einst hat der Höhenkult auch im Orient und in Europa eine erhebliche Rolle gespielt. Die Ruinen der antiken Göttertempel im Mittelmeerraum legen noch heute Zeugnis davon ab, und germanische Götter wurden teilweise auf Höhen verehrt. Mitunter knüpften christliche Kultstätten an diese Punkte an. Eindrucksvoll zeigt sich das z. B. auf Athos, der östlichen gebirgserfüllten Landzunge der Halbinsel Chalkidike, die seit dem 9. Jh. von christlichen Eremiten aufgesucht wurde und sich zur Mönchsrepublik und zur Wallfahrtsstätte der griechisch-orthodoxen Christenheit entwickelte; war einst der Gipfel, der Berg Athos, von einem Zeusheiligtum gekrönt, so wurde es durch ein Kirchlein Mariä Himmelfahrt ersetzt. Ebenso trat das berühmte Kloster Monte Cassino an die Stelle eines Apollotempels. Dies sind zwei Beispiele dafür, daß auch die christliche Kirche ältere Kultstätten zur Anlage ihrer eigenen benutzte. Doch tat sie es aus einem andern Grunde, als es in Zentral- und Ostasien geschah. Während z. B. die konfuzianische Lehre lediglich auf die gebildete Schicht der Literaten einwirkte, wurde das chinesische Volk seinen alten Glaubensvorstellungen überlassen und auch im Buddhismus gewährte man dem Volksglauben weiten Spielraum. In den christlichen Ländern dagegen bedeutete das Anknüpfen an vorchristliche heilige Plätze zwar ein Entgegenkommen gegenüber der bekehrten Bevölkerung, doch letztlich mit dem Ziele, den Volksglauben zu überwinden. Nachdem sich das Christentum durchgesetzt hatte, wurden für Klosteranlagen vielfach andere Lageverhältnisse gewählt und auf die Höhenlage vornehmlich zurückgegriffen, wenn besonderer Wert auf den Abschluß von der Welt und auf ein rein kontemplatives Leben gelegt wurde. Daß letzteres in den christlichen Ostkirchen stärker zum Ausdruck gelangt als in der römisch-katholischen Kirche, darauf sei hier nur kurz verwiesen. Für ausgesprochene Wallfahrtskirchen allerdings wird hier wie dort, sofern es die Oberflächengestalt zuläßt und nicht andere Gründe maßgebend sind, das Herausgehobensein über die Umgebung bevorzugt. Die Wallfahrtskirchlein auf der Höhe mit den zu ihnen hinaufführenden Stationswegen stellen vielfach ein charakteristisches Merkmal katholischer Gebiete dar.

Wie alles Eigenartige in der Natur in den animistischen Religionen von Geistern und Göttern belebt gedacht wird, so gilt dies auch für die *Höhlen*. Diese wurden häufig zu besonderen Kultstätten, vornehmlich wiederum in Zentral- und Ostasien ebenso wie in Indien, wo sie in der Häufigkeit, mit der sie mitunter auftreten, zu einem landschaftsbestimmenden Moment werden können. Anders steht es mit den Höhlenkirchen im Vorderen Orient, die, dem Verfall preisgegeben, einer Zeit entstammen, als sich die christlichen Gemeinden im Verborgenen sammeln mußten (z. B. in der Umgebung von Ürgüp, Anatolien). Hier ist die Umformung von Höhlen zu Kultstätten als Schutzmaßnahme zu betrachten.

Neben den Bergen, den Felsen und Höhlen kommt auch dem *Wasser* kultische Bedeutung zu, sei es, daß man ihm magische Kräfte zuschreibt, es als Symbol der Reinheit auffaßt usf. (Fickeler, 1947, S. 125 und 137 ff.). Zahlreiche Wallfahrtsorte der verschiedenen Religionen entstanden an Quellen. Daß diese für die Entwicklung von Kultstätten in den Trockengebieten eine ungleich größere Rolle spielen als in humiden Bereichen, versteht sich von selbst. Nicht von ungefähr bildete Mekka mit seinem heiligen schwarzen Stein *und* seiner heiligen Quelle ein altes heidnisch-arabisches Heiligtum, das von Mohammed aus nationalen Gründen zur Kultstätte ausersehen und zum Wallfahrtsort der gesamten islamischen Welt wurde. Am stärksten jedoch tritt die kultische Bedeutung des Wassers im Hinduismus hervor. „Bei allen Hindus besteht die tief eingewurzelte Überzeugung, daß bestimmten Strömen die Kraft innewohnt, den, der gläubigen Herzens in ihren Wogen untertaucht, von allem Sündenstaub zu reinigen. Der unerschütterliche Glaube an die Heiligkeit des Ganges, der Yamunâ, der Narbadâ, der Godâvâri, hat zur Folge gehabt, daß Städte an ihren Ufern den Ruhm besonderer Heiligkeit erlangten und alljährlich das Ziel vieler Tausende von Pilgern sind, die ihrer gnadenspendenden Wirkung teilhaftig werden wollen" (Glasenapp, 1928, S. 12). Als heiligster Ort des Hindutums aber, den auch zahlreiche Sekten und die Buddhisten als Kultstätte betrachten, hat Benares (Varanasi) zu gelten. Seine besonderen Lagebedingungen wurden von Mecking (1913, S. 138) eingehend erläutert: „Die Mittellage in der Stromebene, gerade dort, wo der Ganges aus der südöstlichen Richtung nach Nordosten auf den Himalaja zu ausbiegt, hat sicher eine Rolle gespielt, und es kommt hinzu, daß dieses ganze Umkehrstück des Stromes besser als irgendeines in seinem langen Lauf die Möglichkeit gewährt, den Blick übers heilige Wasser hin dem Sonnenaufgang zuzuwenden", was für die religiösen Zeremonien, das reinigende Bad im Angesicht der aufgehenden Sonne, entscheidend ist.

Bisher haben wir herausgestellt, in welch starkem Maße Kultstätten an ausgezeichnete „natürliche" Punkte anknüpfen, die in den Naturreligionen wegen ihrer „magisch-natürlichen" Heiligkeit verehrt wurden (Rust, 1933, S. 134). Nun muß zu einer völlig andern Seite der Lagebeziehungen übergegangen werden, die ebenso charakteristisch für Kultstätten und Kultsiedlungen ist. Nicht mehr um besondere Landschaftselemente handelt es sich jetzt, sondern um Stellen, die durch das Leben und Wirken von Religionsstiftern oder andern Persönlichkeiten, die sich religiöse Verdienste erwarben und deshalb der Verehrung für würdig befunden wurden, ausgezeichnet erscheinen. Damit begegnen wir den durch *religionsgeschichtliche Ereignisse* zu Kultstätten gewordenen Plätzen. Sie sind in allen Hochreligionen vertreten. So bemerkt Glasenapp (1928, S. 12), daß die Zahl dieser Kultstätten in Indien besonders groß sei, „und es scheint fast, als ob die Hindus an ihnen nie genug gehabt haben, weil sie sich nicht mit denen begnügen, die durch das Leben großer Hindus ihre Weihe empfingen, sondern vielmehr auch solche zu ihren eigenen Wallfahrtsplätzen erheben, welche den Heiligen anderer Religionen ihre Berühmtheit verdanken". Ebenso wurden die für das Leben von Buddha Gautama wichtigen Stätten zu bedeutsamen Kultplätzen, und die von den Buddhisten errichteten Pagoden, Tschorten oder Stupen zur Aufbewahrung von Reliquien oder zum Andenken an besondere Ereignisse im Leben der Heiligen dürften zu einem größeren Teil in die Gruppe der geschichtlich-religiösen Kultstätten gehören. Im Islam ist z. B. Medina hierhin zu stellen, wobei die enge Verknüpfung religiöser und politischer Motive gerade in der islamischen Welt die historische Bindung der Kultstätten unterstützt. Auch bei den christlichen Kultstätten zeigt sich dieses Moment in ausgesprochener Weise.

Wenngleich für die Kultstätten aller Hoch- und Weltreligionen das geschichtliche Ereignis, das sie zu solchen werden ließ, nicht außer acht gelassen werden darf, so wird bei einem Vergleich der religiösen Mittelpunkte in den verschiedenen Kulturräumen eines hervorgehoben werden müssen: während in Ost-, Zentral- und Südasien die magisch-natürliche Heiligkeit der Kultplätze im Vordergrund steht und sie das höchste Ansehen genießen, ist das geschichtliche Ereignis bei den jüdischen, mohammedanischen und christlichen Kultstätten stärker betont. Konnte Rust (1933) das bei einem Vergleich der größten Heiligtümer der Erde zeigen, so gilt es auch für die minder bedeutenden. Dieser Sachverhalt hängt aufs engste damit zusammen, daß die Hoch- und Weltreligionen Asiens die früheren Naturreligionen viel weitgehender in sich aufnahmen bzw. bestehen ließen, als es bei den Schrift- und Offenbarungsreligionen (Judentum, Islam, Christentum) im Mittleren und Vorderen Orient bzw. in Europa der Fall war.

Nicht nur in der Lage, sondern auch in der *Gestaltung und baulichen Ausformung* der Kultstätten ergeben sich tiefgreifende Unterschiede, die mit der Kulturentwicklung der Völker, ihrer religiösen Vorstellungswelt und deren kultischen Auswirkungen in Verbindung stehen. Bei allen nomadisch lebenden Gruppen

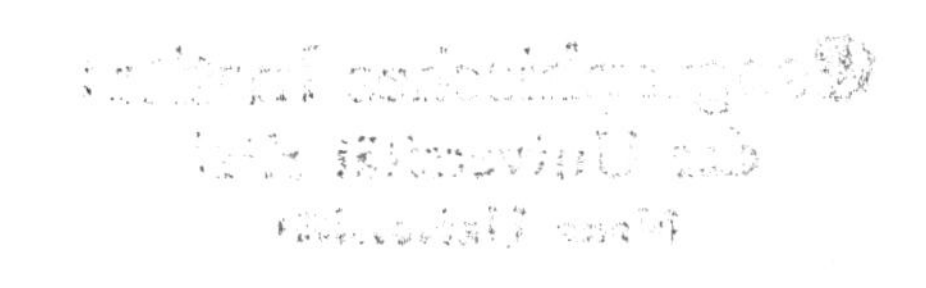

treten Kultstätten im Landschaftsbild kaum in Erscheinung. Dies gilt in ausgeprägter Weise für die Wildbeuter, bei denen der Glaube an überirdische Kräfte in Pflanzen, Tieren, Steinen usf. haftet, so daß „als Kultstätte und Kultgegenstand alles und jedes in Frage kommt" (Helbig, 1951). Ähnliches zeigt sich auch bei den höheren Jägern bei denen der Totemismus, der Glaube an die Tier-Mensch-Verwandtschaft, eine besondere Rolle spielt (Dittmer, 1954, S. 147 ff.). Immerhin sind bei ihnen Versammlungshütten innerhalb der Siedlungen bekannt, die sich aber nicht wesentlich von den sonstigen Wohnstätten unterscheiden. Hirtennomaden besitzen keine besonderen Kultbauten, wenngleich sich in ihren Zelten mancher Kultgegenstand befindet.

Sobald die Wirtschaftsform eine stärkere Seßhaftigkeit ermöglicht, treten mit dem Kult zusammenhängende Phänomene einprägsamer in Erscheinung. Allerdings sind in dieser Beziehung regionale Unterschiede vorhanden. Während bei den Afrikanern die kultische Vorstellungswelt kaum in die Siedlungen eingeht, tritt das bei Indianern und südostasiatischen Gruppen stärker hervor. In dieser Beziehung möge an die geschnitzten Totempfähle der nordwestamerikanischen höheren Fischer erinnert werden. Daß eine Fixierung kultischer Elemente vor allem einsetzt, sobald mit dem Anbau von Pflanzen die semi-permanente Siedlungsart ausgebildet ist, dürfte verständlich sein, zumal nun auch Kunst und Kunstgewerbe zu größerer Entfaltung gelangen. Kraftglaube, Seelen- und Geisterglaube sowie Ahnenkult geben zu mannigfachen Äußerungen Anlaß. Fetische verschiedener Art, denen etwa die Kraft zugeschrieben wird, Regen niedergehen zu lassen, wenn man ihn benötigt (z. B. Regengötzen der Batak; Helbig, 1951), die Fruchtbarkeit des Feldes zu erhöhen usf., finden sich innerhalb und außerhalb der Wohnplätze. Der Glaube an böse und gute Geister führt zu Geisterabwehrzeichen, wie sie z. B. Credner (1947, S. 49 ff.) bei den hinterindischen Hackbauvölkern beschrieb, oder zum Aufstellen von Schutzfiguren vor den Dörfern bzw. zur Errichtung einfacher Altäre, um hier Opfer darzubringen. Zauber- und Weissagehütten stellen sich ein, und den Versammlungshäusern innerhalb der Wohnplätze wird eine sorgfältigere Behandlung zuteil als den sonstigen Wohnstätten. Der Ahnenverehrung verleiht man durch Ahnenerinnungspfeiler Ausdruck, die sich z. B. bei den Dajak auf Borneo als große, 4 m hohe figürliche Darstellungen der männlichen und weiblichen Merkmale finden (Helbig, 1951, S. 253). Im Zusammenhang damit kommt zuweilen auch dem Totenkult stärkere Bedeutung zu, in Leichen-, Schädel- und Knochenschreinen sich äußernd. Was aber offenbar noch nicht entwickelt ist, das sind besondere Kultstätten. Eigentliche Tempel fehlen, und wo sie vorkommen, scheinen sie auf Einflüsse höherer Kulturen zurückzugehen. So führt Credner (1947, S. 50) die kleinen, den Geistern des Ortes geweihten Tempel in den Gebirgstälern Hinterindiens auf das Einwirken der buddhistisch gewordenen Völker der Ebenen zurück.

In Verbindung mit dem intensiven Terrassenfeldbau im Rahmen des Hackbaus wird der Ahnenglaube vertieft, und die kosmologischen Vorstellungen und Beziehungen werden erweitert. Damit setzt eine stärkere Heraushebung und Fixierung der Kultstätten ein, wie es sich insbesondere in der Megalithkultur zeigt. Ihre Zeugnisse finden sich von Nordwesteuropa bis zur Südsee, wo sie vornehmlich dem Neolithikum angehören und dort, wo eine hochkulturelle Entwicklung versagt

Geographisches Institut
der Universität Kiel
Neue Universität

blieb, bis an die Gegenwart heran maßgebend waren (Dittmer, 1954, S. 182 ff.). Durch den Ahnenkult veranlaßt, legt man auf die Bestattung von Dorfgründern, Sippenältesten oder Häuptlingen Wert, die in Steinkammern beigesetzt oder deren Gräber mit Steintischen (Dolmen) oder Steinpfeilern (Menhire) versehen wurden; Menhire errichtete man auch unabhängig von Gräbern als Gedenkstätten für Lebende oder Tote, die überragende Taten vollbracht hatten. Man denke an die großen Grabkammern Nordwestdeutschlands oder an die zahlreichen Menhire der Bretagne, auf die ein altes Wegesystem eingestellt ist, um die siedlungsgeschichtliche Bedeutung dieser Monumente einschätzen zu können. Aus Hinterindien wurden Megalithen von Credner (1947, S. 51), aus Indonesien von Helbig (1951, S. 258 ff.) beschrieben.

Nicht allein der Totenkult der Megalithkultur verdient Beachtung, sondern auch die eigentlichen Kultplätze, die vielfach in Verbindung mit Grabstätten auftreten. „In den Kerngebieten sind diese Kultplätze gepflastert, mit Mauern bzw. Wällen oder Stufen eingehegt und mit steinernen Sitzreihen versehen, und es ist die Grabstätte bzw. das später an seine Stelle tretende Heiligtum bzw. die Kultstätte einer Gottheit als stumpfe Stufenpyramide oder Terrassenanlage ausgeführt" (Dittmer, 1954, S. 183). In Südostasien über Indonesien bis nach Polynesien spielten bzw. spielen solche Kultstätten noch bis in die neuere Zeit eine Rolle. Das Motiv der stufenförmig ansteigenden Pyramide als Symbol des Himmelsberges oder Seelenlandes wurde in den alten Hochkulturen aufgenommen (Ägypten, Babylon), fand bei den Kultstätten der indianischen Hochlandskulturen Verwendung und erlebte seine bis in die Gegenwart wirksame architektonische Verkörperung vor allem in den indischen Kultbauten.

In den Kulturländern erhielten Kultstätten und Kultsiedlungen ihre eigene Prägung und ihre jeweils besondere Stellung im Rahmen der Gesamtheit der Siedlungen. So läßt sich zunächst für *Ostasien* ein spezifischer Typ herausstellen. Hier, wo Naturreligion und Ahnenverehrung die Grundlage bilden und im Schintoismus Japans, in der rationalen konfuzianischen Lehre Chinas und Koreas und auch in dem den gesamten Raum erfassenden Buddhismus weiterwirken, werden vor allem zwei Gesichtspunkte in den Vordergrund gerückt werden müssen: zum einen die außerordentlich starke Symbolbezogenheit in der Anlage der Kultstätten und zum andern das tiefgehende Verständnis, mit dem die Kultplätze der Natur eingefügt wurden, so daß Natur und Kultbau eine untrennbare Einheit eingehen. Nur wenig treten die Ahnenhallen und Schreine innerhalb der ländlichen Siedlungen hervor, die Ausdruck der engen Bindungen sind, durch die die Sippe auch in kultischer Hinsicht zusammengehalten wird. Sind diese wichtig für die Charakterisierung der sozialen Verhältnisse Ostasiens ebenso wie die zahlreichen Grabstätten, auf deren Erhaltung großer Wert gelegt wird, so weisen die einen etwas größeren Kreis angehenden Dorftempel ebenfalls auf die besonders gelagerten soziologischen Bedingungen hin. Doch erst die eine umfassende Gemeinschaft anziehenden Heiligtümer, die als Wallfahrtsplätze in Erscheinung treten, geben einen wirklichen Begriff von dem Wesen ostasiatischer Kultstätten. Diese wirken nicht – weder in China noch in Japan bzw. benachbarten Landschaften – durch die Massigkeit oder das imponierende Aufstreben der Bauwerke an sich, zumal zumindest in Japan und auch in Korea Holz als Baumaterial verwandt wird, sondern die Komposition einer Vielzahl von Bauwerken innerhalb eines umfassenderen heiligen Bezirkes stellt das Charakteristische dar. An einem Beispiel, dem des heiligen Berges von Taischan (Schantung), von Richthofen (1898, S. 147 ff.), Boerschmann (1912, S. 341) und Schmitthenner (1925, S. 147 ff.) beschrieben, soll das deutlich gemacht werden.

Am Fuß dieses bis 1540 m Höhe aufragenden Berges und nicht zufällig an dessen Südseite – gilt doch der Süden in der chinesischen Geomantik als Symbol des Lichtes und der Kraft spendenden Sonne im Gegensatz zur feindlichen Kraft des Nordens – liegt der Haupttempel, dem Geist des Berges Taischan geweiht. Von rechteckigen Mauern, die auf ihren Ecken Turmbauten tragen und in der Mitte ihrer vier Seiten je einen Torbau zeigen, ist die Gesamtanlage eingefaßt, deren Kern der Nord-Süd orientierte Tempel bildet. Dessen Hauptachse wird nach Süden zu in einer großen Zahl von Vortempeln, Brücken, Ehrenpforten weitergeführt; nach Norden weist sie genau auf den Gipfel des heiligen Berges, der wiederum von einem Tempel gekrönt wird, so daß, wie Boerschmann (1912, S. 341) es ausgedrückt hat, die Landschaft durch die Bauwerke einen heiligen Inhalt erfährt, Landschaft und Bauwerke sich in dieser Weise gegenseitig steigern.

Auch die rationale Lehre des Konfuzius, auf Grund derer der Kult an den Kaiser als den Sohn des Himmels und dessen Bevollmächtigte im Staatsdienst – die Schicht der Literaten – gebunden wurde, konnte an den im Volksglauben wurzelnden Vorstellungen nicht vorbei. Die in die Landschaft eingefügten Grabbauten bedeutender Persönlichkeiten, insbesondere der Mitglieder des Kaiserhauses – im Umkreis der jeweiligen Hauptstadt, aber nicht *in* ihr – beweisen dies ebenso wie auch die großen Staatsheiligtümer. Der Buddhismus, der sich über ganz Ostasien ausbreitete und wesentlichen Einfluß ausübte, brachte in der Betonung weltabgewandten Lebens im Mönchtum durch die Anlage von Klöstern vielfach ein neues Element[1] in die Art der Kultstätten, ebenso wie es durch die mehrstöckigen Pagoden geschah, die in China zur Abwehr böser Geister errichtet wurden. Schon dies weist darauf hin, daß die der Ahnenverehrung und der Naturreligion an sich fremden Elemente mit den traditionsgebundenen Vorstellungen verwoben wurden, so daß auch die buddhistischen Bauten den Grundzug ostasiatischer Kultstätten widerspiegeln: Einfügen der Heiligtümer in die Natur und Symbolisierung der kosmologisch bestimmten religiösen Vorstellungen in der Ausrichtung, Anordnung und Farbgebung der Bauwerke, die nur Teile eines größeren Ganzen sind. Für solche Kultstätten wurde nicht zu Unrecht der Begriff der „Tempellandschaft" geprägt (Mecking, 1929, S. 138), sofern man darunter nicht die Häufung von Tempeln und Schreinen versteht, sondern ihre bewußte Einordnung in die Landschaft. Daß in der Nähe gelegene Siedlungen in ihrer sozialen und wirtschaftlichen Struktur durch den Wallfahrtsverkehr beeinflußt werden können und u. U. Teehäuser, kleine Verkaufsläden eingegliedert sind, die teilweise auch isoliert auftreten, ändert nichts an der relativ großen Selbständigkeit, die den ostasiatischen Kultstätten gegenüber den „profanen" Siedlungen eignet.

Anders liegen die Verhältnisse in *Zentralasien.* Zwar fand der das gesamte südliche und östliche Asien als Weltreligion umspannende Buddhismus auch hier von Indien aus Eingang. Aber bei der tibetischen und mongolischen Bevölkerung der Hochgebirgswelt nahm er eine so anders geartete Ausprägung an, daß er als

---

[1] In China war dies bereits dem Taoismus eigen, wurde aber mit der Aufnahme des Buddhismus verstärkt.

besondere Religions- und Kultform, die des Lamaismus, herausgestellt werden muß. Diese beeinflußte auch Nepal, Nordchina, Transbaikalien und das südliche Sibirien. Aufnahme der indischen Volksreligion und Verknüpfung mit der heimischen schamanistischen Bonreligion führten zu einer außerordentlich starken „Verkultung". Besondere historische Bedingungen sind dafür verantwortlich zu machen, daß die Kirche in Tibet die weltliche Herrschaft antrat und eine ausgeprägte geistliche Hierarchie zur Ausbildung kam; diese umschloß die Mönche niederen und höheren Grades bis zu den Großlamas, die als Wiedergeburt großer Heiliger aufgefaßt wurden und an deren Spitze der Dalai Lama in Lhasa stand. Nicht isolierte Tempel oder solche innerhalb von „profanen" Siedlungen, in denen sich die Gemeinde der Gläubigen sammelte, sondern Klöster, in denen man sich der Welt entzog und die zugleich als Wallfahrtsplätze aufgesucht wurden, gaben den bezeichnenden Zug der Kultstätten ab; sie stellten den für Tibet charakteristischen Siedlungstyp dar, angefangen von den kleinen Einsiedlerklöstern bis zu den umfangreichen „Klosterstädten", die mehrere tausend Mönche beherbergten. Meist am Hange eines Berges angelehnt, hoben sich die burgartigen, in weiß oder rot gehaltenen Klosterbauten ab; sie waren in der Regel in einem weiteren Umkreis von Tschorten umgeben, glockenförmig nach oben in eine Spitze auslaufenden Bauten, die Reliquien aufnahmen oder als Gedächtnisstätten für Heilige errichtet wurden. An den Pilgerstraßen begegnete man vielfach den Obos, heiligen Steinhaufen, die jeder Vorübergehende um ein weiteres Steinchen vermehrte. Ob in den Gebetsmühlen, die jeder einzelne mit sich führte oder die von den Klöstern als umfangreiche Bauten errichtet wurden oder ob in der auf Steinen eingeritzten oder an Mauern in großen Lettern erscheinenden Gebetsformel „Om mani padme hum" (O du Kleinod im Lotos, Amen), überall wurde dem Kult Ausdruck verliehen; dieser fand seinen Höhepunkt im Weltheiligtum des Lamaismus, im Potala in Lhasa, dem einstigen Sitz des Dalai Lama. Der Naturbezogenheit, die sich in den Kultstätten Ostasiens offenbart, stand in Zentralasien die Sichtbarmachung des zu Verehrenden bis zum Extrem gegenüber.

Die Verschmelzung mit alt überkommenen Volksreligionen ist auch der in zahlreiche verschiedene Kultgemeinschaften zerfallenden und doch eine Einheit bildenden hinduistischen Religion eigen, die sich in *Indien* entwickelte und weitgehenden Einfluß auf Hinterindien und Indonesien ausübte. In Anerkennung der gottgewollten Kastenordnung wurde sie eben deswegen zur „weltverneinendsten Ethik, die es gibt" (Weber, 1920/21). Durch eine unendliche Reihe von Wiedergeburten glaubt man in dem immer wieder erneuernden Leben sozial zum Höchsten aufsteigen zu können, um schließlich durch Askese und Kontemplation als Brahmane sich alles Menschlichen zu entäußern und damit Erlösung von der Wiedergeburt zu finden. In der Art der Kultstätten wird dem Suchen nach dem Irrationalen Ausdruck verliehen. Das zeigt sich in den zahlreichen Dankaltären und Opferplätzen der Sippengemeinschaften, der verschiedenen Kasten usf. Es offenbart sich in den Wallfahrtsstätten, steht doch die Wallfahrt im Mittelpunkt hinduistischen Kultes. Demgegenüber fehlen Grabbauten als Kultstätten (Verbrennung), und trotz der hohen Bewertung von Askese und Meditation treten Klöster wenig hervor; sie entwickelten sich aus Brahmanenschulen und blieben in der Regel klein, während den als einzelne oder in Gruppen wandernden Asketen und

Bettelmönchen wesentlich größere Bedeutung zukommt. Mag die Lage der Wallfahrtsstätten weitgehend durch die „natürliche“ Heiligkeit von Bergen, Quellen oder Flüssen bestimmt sein, so werden die Tempel zum Sinnbild der kosmologischen Vorstellung vom Weltberg Meru. Die auf ansteigenden Terrassen sich erhebenden, zum Bau der Sikaren steil aufragenden Tempel in ihrer unendlichen Formenfülle wurden zum Ausdruck hinduistischen Geistes. Die engen Beziehungen nach Sri Lanka weisen sich hier in hinduistischen Tempelanlagen aus, sowohl auf der nördlichen Halbinsel Jaffna als auch im Bereich der höher gelegenen Teeplantagen, für die man Tamilen als Arbeitskräfte heranzog (Bartz, 1957). Die Großflächigkeit der Gesamtanlage und die Komposition einer Vielzahl von Tempelanlagen erscheint charakteristisch. So läßt sich auch hier von „Tempellandschaften“ sprechen, wenn man das Hauptgewicht auf die ersten Silben legt. Besser vielleicht wird man diesen Typ als „Tempelstadt“ bezeichnen, um von vornherein den Gegensatz zu den Kultstätten Ostasiens deutlich zu machen. Dies mag um so mehr Berechtigung haben, als die Verknüpfung mit größeren Siedlungen im hinduistischen Bereich wesentlich häufiger ist als in Ostasien.

Der Buddhismus, der sich in Indien letztlich als Protest gegen die „gottgewollte Kastenordnung“ entwickelte, jedoch eine außerordentliche Anpassungsfähigkeit und Duldsamkeit zeigte, verschwand zwar in Indien wieder, blieb aber in seinen „Missionsgebieten“, vor allem in Sri Lanka (über ⅝ der Bevölkerung, meist Singhalesen im Süden sowie im Binnenland), Hinterindien und der Insulinde weitgehend bis heute erhalten. Er fügte den Wallfahrtsplätzen neue Kultstätten hinzu, einerseits Klöster, die ebenfalls meist zum Ziele von Wallfahrten wurden, und andererseits die Reliquien- und Grabbauten der Stupen. Ob man im Tempelbau die Grundform der Sikara aufnahm (Burma, Republik Khmer), ob – wahrscheinlich in Anlehnung an chinesische Bauwerke – die Tempelhalle die Basis abgibt (Thailand), immer ist es auch hier die Vielzahl der Bauwerke auf großer Fläche, die bezeichnend erscheint. Dies gilt ebenfalls für die in Weiß und strahlendem Gold gehaltenen Stupen, die vor allem in Burma in einer ungeahnten Häufigkeit auftreten. „Nicht eine Stupa, sondern ein ganzes Feld von Stupen, deren jede auf steinernen Tafeln gemeißelt heilige Sprüche zur Schau stellt, findet man hier wie zu buddhistischen Kolossalbibeln vereint“ (Credner, 1947, S. 56). So ist nicht das Eingefügtsein der Kultbauten in die Landschaft, sondern das Übersteigern der landschaftlichen Elemente durch die Kunstwerke das Charakteristische für die Kultstätten Süd- und Südostasiens.

Völlig anders bringt der *Islam* seine Kultstätten zur Geltung. Weder die Naturbezogenheit der „Tempel*landschaften*“ Ostasiens noch die *Klosterstädte* Zentralasiens noch die *„Tempelstädte“* Süd- und Südostasiens sind für diese Weltreligion bezeichnend, die als monotheistische Offenbarungsreligion streng und unnachsichtig hinsichtlich ihrer kultischen Forderungen an den einzelnen ist, doch meist sparsam in der äußeren Verherrlichung des Kultes. Sehr bescheiden sind die Bethäuser in den Dörfern, die nach Vorschrift des Korans erst errichtet werden dürfen, wenn mindestens vierzig männliche Gläubige vorhanden sind. Der Klöster bedarf man kaum, weil jedem ohne Ausnahme die gleichen Verpflichtungen auferlegt sind, jeder, wo er auch sei, fünfmal am Tage zu bestimmter Stunde, mit dem Gesicht nach Mekka gewendet, das Gebet zu verrichten hat, jeder das ihm auferlegte Schicksal hinnehmen muß. Allerdings kam es auch hier zur Verehrung von Heiligen, denen besondere Grabmäler gesetzt wurden, wenngleich sich als Reaktion dagegen Sekten ausbildeten, die den Heiligenkult ablehnen. Die Toten werden auf gemeinsamen Friedhöfen im Umkreis der Siedlungen beigesetzt. Wallfahrtsstätten wurden bereits von Mohammed in den Kult eingeschlossen; doch das Gebot, mindestens einmal im Leben das Haupttheiligtum Mekka aufzusuchen, sicherte diesem eine überragende Bedeutung, wirkte aber sonst hemmend auf eine starke Entwicklung solcher Kultstätten hin. Eine Ausnahme macht die Sekte der Schiiten, die ebenso wie die Drusen Moscheen nicht kennen und bei denen die Kuppeln der Heiligengräber eine Vielzahl von Wallfahrtsstätten abzeichnen (Zimpel, 1963, S. 139). Wie der Islam sich mit einer ausgesprochenen Stadtkultur verbindet, so liegt das Schwergewicht seiner kultischen Äußerungen in den Moscheen, die in den Städten zu einer Vielzahl zusammentreten können. So finden sich in der Altstadt von Aleppo 27 Moscheen und 10 Medressen auf rd. 1,5 qkm (Zimpel, 1963, S. 140). Die Moscheen aber, ausgerichtet auf das Hauptheiligtum Mekka, stellen in der Einheitlichkeit ihrer Grundrißanlage das Abbild der zentralisierenden Kraft des Islams dar: der auf Pfeilern bzw. Säulen ruhende Betsaal und der Hof mit dem für die vorgeschriebene Reinigung vor dem Gebet notwendigen Brunnen geben die Grundelemente ab, und hinzu kommt das an der einen Seite des Innenhofes errichtete Minarett, von dessen Höhe der Muezzin die Gläubigen zum Gebet ruft. Unter den Erweiterungen und Umgestaltungen, wie sie mit Übernahme umfassenderer Aufgaben durchgeführt wurden, sei vor allem auf die Medressen verwiesen, Rechtsschulen zur Heranbildung von Theologen und Juristen. Auch in der Art der künstlerischen Entfaltung, derer die Kalifen bald bedurften, sind durch den Koran und Aussprüche des Propheten Grenzen gesetzt. In der Kostbarkeit des Materials brauchte man sich keinen Zwang aufzuerlegen und ebensowenig in der architektonischen Durchbildung, wohl aber hinsichtlich der dekorativen Elemente. Weder in Skulptur noch im Bild dürfen vergängliche Erscheinungen, Mensch, Pflanze oder Tier, dargestellt werden, und ebenso ist es untersagt, eine Vorstellung Allahs zu übermitteln. Alles beschränkt sich auf eine ornamentale Gestaltung, die allerdings mit großer Phantasie zu vollendeten Kunstwerken führte. Wohl kam der Islam auf seinem großen Siegeslauf bis nach Europa, bis zur Insulinde und Afrika mit anderen Kulturen in Berührung und nahm hier zweifellos manch andere Elemente in die Gestaltung seines Kultbaus auf, ohne aber von den einmal festgelegten Grundsätzen abzuweichen.

Für alle Offenbarungsreligionen, das Judentum, den Islam und das *Christentum*, gilt, daß sie ihre kultischen Äußerungen zunächst auf das Notwendige beschränkten. Im Urchristentum waren nicht einmal besondere Gebäude für die Abhaltung des Gottesdienstes vorhanden, sondern die Gemeinden sammelten sich in Privathäusern, sofern sie nicht in Zeiten der Verfolgung in den in Fels gehauenen unterirdischen Grabkammern der Katakomben Zuflucht suchen mußten. Eine Versinnlichung des religiösen Inhaltes, der absolut auf das Jenseits ausgerichtet war, wurde abgelehnt. Die Gemeinde bildete die Kirche, und eine eigentliche kirchliche Organisation war nicht vorhanden. Doch mit der missionarischen Tätigkeit im Mittelmeerraum und in der Berührung mit der antiken Kultur wandelte sich dies; das Drängen nach einem festen Lehrgebäude machte sich bemerkbar, und die Geistlichen wurden in mehr oder minder starker hierarchischer Ordnung zusammengeschlossen. Die Christenverfolgungen trugen wesentlich dazu bei, die Märtyrer als besondere Gestalten herauszuheben. Als Konstantin dann dem Christentum innerhalb des Römischen Reiches staatliche Anerkennung verschaffte und ihm die Möglichkeit bot, „sein Gesetz zur Lebensnorm der menschlichen Gesellschaft und des öffentlichen Lebens zu machen" (Sauer, 1933, S. 6), war die äußere Basis zur Entfaltung des Kultes gegeben. Das kam in der Errichtung zahlreicher Gotteshäuser zur Geltung, und das Kreuz wurde zum Symbol der christlichen Religion. Nicht ohne Beeinflussung durch den griechischen Heroenkult bildete sich der Märtyrerkult aus, die Grundlage der Heiligenverehrung, in dem Bau von Grab- und Gedenkkirchen Ausdruck gewinnend, die bald zum Ziele von Wallfahrten wurden. Nahm der Märtyrerkult wahrscheinlich vom östlichen Mittelmeerraum seinen Ausgang und griff dann nach Westen über, so war der Osten auch maßgebend für die Entwicklung des Asketentums, das die im Christentum liegende Forderung nach Überwindung der irdischen Welt schon auf Erden zu verwirklichen suchte; im 3. Jh. in Ägypten aufgekommen und sich von hier nach Palästina, Syrien und Mesopotamien ausbreitend, gelangte diese Lebensform und damit das Mönchtum um die Mitte des 4. Jh.s auch nach dem Westen (Sauer, 1933, S. 8/9). So bildeten sich schon in frühchristlicher Zeit alle wesentlichen Elemente der christlichen Kultstätten aus: Gotteshäuser und Wallfahrtsstätten, Eremitenklausen und Klöster.

Für das Verständnis der christlichen Kultstätten und Kultsiedlungen unerläßlich ist die Tatsache der Trennung zwischen den Ostkirchen und der katholischen Westkirche. Mit der Teilung des Römischen Reiches (395 n. Chr.) in Verbindung stehend, umfassen die Ostkirchen all jene christlichen Kirchen, die innerhalb des Oströmischen Reiches oder in dessen Missionsgebieten zur Entwicklung gelangten (Persien, Armenien, Äthiopien, Georgien und ein Teil der slawischen Gebiete). Volksgruppen sehr unterschiedlicher Herkunft und Kultur wandten sich hier dem Christentum zu, und damit hängt es zusammen, daß es zu keiner einheitlichen christlichen Lehre und Organisation kam; es bildete sich eine Vielzahl verschiedener Kirchen mit besonderen Glaubensrichtungen aus. Die bedeutendste Gruppe unter ihnen sind die byzantinischen oder orthodoxen Kirchen, die einst unmittelbar unter dem Patriarchat von Byzanz standen, so daß byzantinischer Ritus allgemein eingeführt wurde. Allen diesen christlichen Gemeinschaften der Ostkirchen ist eigen, daß sie von orientalischem Wesen beeinflußt wurden, sei es dadurch, daß sie auf orientalischem Boden entstanden oder sei es, daß durch die Kirche der Einfluß der östlichen Welt vermittelt wurde.

Anders verlief die Entwicklung im Weströmischen Reich. Hier war durch Rom eine gewisse kulturelle Einheit geschaffen worden, und im Rahmen dieser lateinischen Kultur kam Rom die unbedingte Vorrangstellung zu. Unter dieser Voraussetzung vermochte sich eine einzige, für das gesamte Abendland verbindliche allgemeine Kirche zu bilden, die ihr Zentrum in Rom fand, denn nach katholischer Lehre kommt dem Bischof von Rom als dem Nachfolger des Apostels Petrus das ausdrückliche Primat zu.

Mit der von Deutschland ausgehenden Reformation im 16. Jahrhundert entstand innerhalb des Christentums ein neues, das evangelische Bekenntnis, das als dritte Form des Christentums in seinen kultischen Äußerungen zu betrachten ist. Der Protestantismus breitete sich vornehmlich nach dem nördlichen Europa aus und wurde mit der überseeischen Kolonisation für den größten Teil der europäisch besiedelten Kolonialerdteile mit Ausnahme von Lateinamerika bestimmend.

Um zu unserer eigentlichen Fragestellung zurückzukehren, ist das Verhältnis der christlichen Kirchen zum Kult wichtig, zu den Ausdrucksformen ihres religiösen Bekenntnisses, sofern Kultstätten und Kultsiedlungen davon betroffen werden. Im Gegensatz zum Islam, wo die Durchführung der religiösen Gebote nicht unbedingt an einen bestimmten abgeschlossenen Raum gebunden ist und die Moscheen vor allem als Element der Städte zu betrachten sind (Kap. VII. D. 2 a und b), man auch der Vermittlung eines besonderen Priesterstandes nicht bedarf, finden sich die christlichen Gemeinden, ob in Dorf oder Stadt, in Gotteshäusern zusammen, in denen sich die Kulthandlungen vollziehen und die Gemeinde der Sakramente teilhaftig wird. Dies bedeutet, daß Kirchen in wesentlich stärkerem Maße zu den Siedlungen der christlichen Völker gehören als Moscheen zu denen der islamischen Welt. Kleiner und bescheidener in den ländlichen Siedlungen gehalten, stellen sie in besonders gearteten Kultsiedlungen Bauwerke höchster Kunstentfaltung dar. Das Kreuz als tiefstes Sinnbild christlichen Glaubens geht häufig genug in die Grundrißgestaltung des Kirchenbaus ein; Turm, Kuppel oder Giebelwand klingen im Kreuz aus und werden von ihm überhöht.

Östliches, katholisches und protestantisches Christentum aber zeigen trotz der eben gekennzeichneten gemeinsamen Züge hinsichtlich des Kirchenbaus auch Unterschiede, die nicht zuletzt mit der verschiedenen Form der Bekenntnisse und der verschiedenen Einstellung gegenüber kultischen Ausdrucksformen zusammenhängen. War es Byzanz, das in den Stürmen der Völkerwanderung die antike Kulturtradition wahrte, so entwickelte sich hier unter Verschmelzung römischer und orientalischer Bauformen die Kuppelbasilika und die Kreuzkuppelkirche über dem griechischen Kreuz im Grundriß zum Typ byzantinischen Kirchenbaus. Dieser wurde sowohl in Griechenland und Kleinasien als auch in den neuen Missionsgebieten der Balkanvölker und Russen aufgenommen; damit bewies byzantinische Baukunst eine ungeheure Ausstrahlungskraft. Die Sinndeutung dieser Bauwerke aber ist in dem dem Osten adäquaten mystischen und „weltabgewandten Erlebnis des Sakralen" zu sehen (Weigert, 1951, S. 23), wo sowohl die Feierlichkeit des Zeremoniells als auch die Raumwirkung des Zentralbaus dem passiven Sich-Versenken entgegenkommt. Im Abendland dagegen griff man auf den Langhausbau zurück, und am Beginn steht die frühchristliche Basilika, nicht das In-Sich-Ruhen, sondern den Weg zum Jenseitigen symbolisierend. In immer neuen Wandlungen werden hier die Bauwerke zum Ausdruck religiösen Erlebens, ob es die romanischen festgefügten Baukörper sind, die hochaufragenden gotischen Kathedralen oder die von der Freude am Gestalten zeugenden prachtvollen Barockbauten. Der geringen Entwicklungsvarietät des byzantinischen Zentralbaus im Osten steht die Dynamik des katholischen Abendlandes gegenüber, wo jeweils neue Formen gefunden wurden, um auch das Bauwerk bewußt in den Dienst der Heiligkeit zu stellen, Dörfer und Städte gleichermaßen umfassend. Selbst in Nordamerika heben sich die römisch-katholischen Kirchen als anspruchsvolle Bauwerke ab. Eine andere Haltung nimmt der Protestantismus ein. Hier, wo vieles auf die Entscheidung des einzelnen ankommt, mißt man kultischen Ausdrucksformen weniger Bedeutung bei, bedarf aber der Versammlungsräume für die Gemeinde, ob man römisch-katholische Kirchen übernahm oder die Errichtung neuer Gotteshäuser vorsah. In den Vereinigten Staaten, wo von vornherein eine Trennung zwischen Staat und Kirche erfolgte, spielen, vornehmlich durch die Einwanderung aus Großbritannien bedingt, Freikirchen eine erhebliche Rolle, denen die territoriale Geschlossenheit fehlt und die die Aktivität ihrer Mitglieder durch karitative und soziale Einrichtungen zu stärken sucht, mitunter derselben Richtung angehörend, aber aufgespalten in solche der Weißen und der Neger (z. B. bei den

Methodisten und Baptisten). Für Cincinnati/Ohio wurde berechnet, daß bei den Freikirchen ein Bethaus auf 90 bis 600 Mitglieder kam, während bei der jüdischen Gruppe eine Synagoge für 1150 und für die römisch-katholische eine Kirche auf 2500 Zugehörige entfiel (Hotchkiss, 1950, S. 84 und S. 94). Das führte Sopher (1967, S. 29ff.) zu dem Schluß, daß in der christlichen Welt – auch im Protestantismus – der Einfluß des kirchlichen Lebens wesentlich tiefgreifender sei als bei andern Hoch- bzw. Weltreligionen, deren Kultbauten in ihrer Fremdartigkeit für den Europäer bisher überschätzt worden seien.

Fehlen dem Protestantismus Kultstätten und Kultsiedlungen besonderer Art, weil keine eigentliche Priesterhierarchie besteht und Mönchtum sowie Heiligenkult abgelehnt werden, so hat das östliche und das katholische Christentum solche in reicher Zahl entwickelt. Hier ist zunächst auf die Bischofs- und Patriarchensitze zu verweisen, in denen Kirchen, Klöster und andere kirchliche Gebäude sich meist auf engem Raum häufen und oft besondere geistliche Siedlungen innerhalb von Städten ausgebildet sind (Kap. VII. C. 2).

Klosteranlagen befinden sich einerseits in den Städten, andererseits auf dem Lande. In zeitlich verschiedenen Perioden wurde sowohl im Osten als auch im Westen der einen oder der andern Form der Vorzug gegeben. Doch zeigt die Lage der „Landklöster" im Bereiche der östlichen Kirchen eine etwas andere Note als im Gebiet der römisch-katholischen. Die aus der Zeit der Entstehung des christlichen Mönchtums noch existierenden koptischen Klöster werden im Wadi Natrûn (Libysche Wüste) vom Flugsand umfaßt und geben sich als isolierte Wüstenklöster zu erkennen. Neben den von den russischen Fürsten und vom russischen Staat ins Leben gerufenen Klöstern, die sich in den Städten oder deren unmittelbarer Nachbarschaft befanden, entwickelte sich eine zweite Gruppe dadurch, daß einzelne Asketen in die Einsamkeit zogen und ihre sich allmählich sammelnde Gefolgschaft später in möglichst abseitiger Lage zum gemeinsamen klösterlichen Leben zusammenschlossen; so kam ursprünglich den „Einödklöstern" große Bedeutung zu. Im katholischen Abendland dagegen wurde das Klosterleben durch Benedikt von Nursia auf eine stärkere gesetzgeberische Grundlage gestellt und die Lage der Klostersiedlungen häufig genug durch das Vorbild des Mutterklosters, durch die Ordensregel selbst oder die besondere Zielsetzung eines Ordens bestimmt. Nach dem Beispiel des Mutterklosters Monte Cassino z. B. fand ein Teil wichtiger Benediktinerklöster auf Berghöhen ihren Platz wie etwa das von Montserrat oder Mont-Saint Michel, während für Zisterzienserklöster vorgeschrieben war, geschützte Täler abseits bestehender Siedlungen und in größerer Entfernung von Städten aufzusuchen. Entsprechend ihrer Aufgabenstellung waren Kollegiatstifte, die Klöster der Bettelorden u. a. m. an städtische Siedlungen geknüpft.

„Ländliche" Klöster können sich in isolierter Lage befinden; oft genug aber waren sie der Ansatzpunkt zur Entwicklung von Klosterdörfern, in denen sich die kleinen Häuser der Hintersassen des Klosters um die eigentliche Klosteranlage scharen. Mitunter wurde die Ausbildung von Märkten durch die Klöster gefördert, und manchmal mag auch eine Stadt einer Klostersiedlung ihre Entstehung verdanken. Wo immer aber auch ein Kloster zum Kern oder zum Bestandteil einer Siedlung wurde, hebt es sich in seiner Bauweise als etwas Besonderes ab. Einerseits tritt die Kirche durch Größe und Sorgfalt der Bauweise stärker in Erscheinung als die „profaner" Siedlungen, und andererseits zeigen sich auch die andern notwendigen Gebäude in besonderer Gruppierung, hier allerdings wieder mit gewissen Unterschieden zwischen Osten und Westen. Mit der Benediktinerregel wurde im Abendland das Grundrißschema der Klosteranlage geschaffen: die Gruppierung der Gebäude um einen viereckigen Hof, dessen nördlicher Abschluß durch die Kirche erzielt wird, während an der Innenseite des Hofes der Kreuzgang entlangführt. Diese klaustrale Klosteranlage bildet den Kern, dem dann meist Gast- und Wirtschaftsgebäude, Schule u. a. m. angegliedert sind. Anders steht es im Osten, wo es zu keiner straffen Regelung des mönchischen Lebens kam und trotz klösterlicher Gemeinschaft immer wieder Züge des Einsiedlertums auflebten, wie es sich etwa in Rußland noch bis zur Revolution zeigte (Smolitsch, 1953). So wurde auch kein Schema für die Klosteranlage entwickelt. Doch mag es bezeichnend erscheinen, daß die Gruppierung von Einzelzellen um einen Hof, in dessen Mittelpunkt sich die Kirche erhebt, für sehr alte östliche Klosteranlagen charakteristisch ist und auf dieses Prinzip in Rußland noch im 19./20. Jh. häufig genug zurückgegriffen wurde. Das entspricht dem stärker asketischen und mystischen Zug im östlichen Christentum, wo in einer lockeren gemeinschaftlichen Bindung für extremere Forderungen, die der einzelne an sich stellt, Raum gelassen wird.

Die christlichen Klostersiedlungen geben nicht nur auf Grund ihrer Lage und ihrer Bauwerke besondere Siedlungen ab, sondern die Klöster griffen auch ganz entscheidend in die Besiedlung wenig erschlossener Gebiete ein. Das gilt sowohl für den Osten als auch den Westen. Doch wiederum machen sich gewisse Unterschiede bemerkbar. Die russischen Einödklöster des 14. und 15. Jh.s drangen in die nördlichen Waldlandschaften vor. In der Hinwendung zu weltabgewandtem Leben verzichteten sie weitgehend auf direkte Erschließungsarbeit; doch angezogen durch das heilige Leben der Mönche, folgten bäuerliche Siedler nach, die sich dem Rodungswerk widmeten. So war es zunächst eine durch die Klöster bewirkte „passive" Kolonisation. Als dann vor allem der Adel um der guten Werke willen dazu überging, die Klöster mit Land auszustatten, trat nun das Streben der Klöster ein, Landbesitz und Reichtum zu mehren, vornehmlich dadurch, daß sie Bauern heranzogen und in Abhängigkeit vom Kloster brachten (16. und 17. Jh.). Nicht ohne Grund waren die russischen Klöster an der Entwicklung der Leibeigenschaft maßgebend beteiligt. Im abendländischen Mönchtum dagegen wurde schon in der Regel des heiligen Benedikt die eigene Arbeit in den Ordensregeln stärker verankert. Mochte diese in verschiedener Form aufgenommen werden, so spielte die bewußte Erschließung von Wald- und Sumpfland während des Mittelalters dabei eine wichtige Rolle, und oft waren die Klöster auch an der gewerblichen nachmittelalterlichen Kolonisation der Mittelgebirge beteiligt. Die Gewinnung von Neuland durch Rodung geschah teils durch Ansetzen von Bauern im grundherrlichen Abhängigkeitsverhältnis. Führte dieses vor allem im nordöstlichen Deutschland häufig genug zur Ausbildung des Großgrundbesitzes und zum Herabsinken der ehemaligen Bauern zu leibeigenen Landarbeitern, so sicherte die klösterliche Grundherrschaft häufig vor einer solchen Entwicklung. Wir verweisen als Beispiel auf das östliche Holstein, wo sich die im Mittelalter gegründeten Bauerndörfer nur im Bereich der Klostergrundherrschaft erhielten (Schott, 1938). Teils aber bildeten die Klöster auch Eigenbetriebe aus. Das gilt vor allem für die Zisterzienser, die es sich zum Ziele gesetzt hatten, durch Rodung und Melioration Ödland in Kulturland zu verwandeln. So waren die Klöster entscheidend an der Innenkolonisation in West- und Mitteleuropa beteiligt.

Schließlich sind die Wallfahrtsstätten in die Betrachtung einzubeziehen. Aus dem Gräber- und Märtyrerkult hervorgegangen, übten im Mittelalter das Heilige Grab in Jerusalem und die Gräber der Apostel in Rom und Santiago de Compostela besondere Anziehungskraft aus. Keine Mühe wurde gescheut, um von Norden her auf schwierigen Paßwegen Alpen und Pyrenäen zu überwinden mit dem Ziele, in religiöser Ergriffenheit dort zu verehren und zu beten, wo greifbare Zeugnisse des christlichen Glaubens vorlagen. Längs der Pilgerstraßen aber entstanden Abteien und Hospize, die den Wallfahrern als Rastorte dienten wie etwa das Hospiz am Paß des Großen St. Bernhard in fast 2500 m Höhe oder das von Ronceveaux in den westlichen Pyrenäen. Wie in der Wallfahrt der naive Volksglaube in den christlichen Kult aufgenommen wurde und dieser sich besondere, faßbare Formen der Verehrung schuf, so bildeten sich aus sehr verschiedenen Anlässen Wallfahrten heraus. Doch setzt ihre Entstehung die innere Bereitschaft voraus, an die Heilswirkung der Wallfahrt zu glauben, und dies kann in manchen Zeiten besonders stark aufleben und dann wieder verebben. So werden es – regional differenziert – verschiedene Perioden sein, in denen Wallfahrtsstätten in größerer Zahl zur Entwicklung gelangten; für manche katholische Landschaften Deutschlands war es die Zeit während und nach dem Dreißigjährigen Kriege (Bleibrunner, 1951). Der Rationalismus des 18. Jh.s war der naiven Glaubensfähigkeit wenig günstig, und die wirtschaftlichen und sozialen Umwälzungen des 19./20. Jh.s griffen auch in den religiösen Bereich ein. Wenn im Jahre 1866 auf Grund der Muttergottes-Erscheinungen der Bernadette Soubirou Lourdes zu einem der bedeutendsten christlichen Wallfahrtsplätze wurde, so steht dies nicht im Gegensatz zur allgemeinen Säkularisierung des Lebens, die sich im Verschwinden zahlreicher Wallfahrten dokumentiert.

An siedlungsbildender Kraft stehen die Wallfahrtsstätten im allgemeinen wohl den Klöstern weit nach. Mitunter in Verbindung mit Klöstern entstanden, knüpft eine Vielzahl jedoch an vorhandene profane Siedlungen an, oft so, daß eine benachbarte Höhe die Wallfahrtskapelle trägt, wenn nicht Heilwirkung versprechende Quellen eine andere Lage vorschreiben. Je nach der Anziehungskraft, die eine Wallfahrtsstätte ausübt, blieben die Kapellen klein und isoliert, oder es gesellten sich der Devotionalhandel und Gaststätten, kleine Häuser des Meßners usf. hinzu; zahlreiche Opfergaben mochten dann u. U. eine Erweiterung der Kapellen oder den Neubau größerer Kirchen ermöglichen, und auch Klosterniederlassungen, die der Wallfahrtsseelsorge oblagen, stellten sich des öfteren ein. Das Beispiel von Altötting in Niederbayern (Fehn, 1950) und insbesondere das von Lourdes (Lasserre, 1930) lehren, daß Wallfahrtsorte, die ihre wirtschaftliche Kraft fast allein aus dem Wallfahrtsbetrieb ziehen, durchaus ihr eigenes Gepräge besitzen.

Setzte sich mit der Reformation in den nördlichen Teilen des abendländischen Europa der Protestantismus weitgehend durch, so blieben zwar meist Kirchen und Klosteranlagen, letztere zweckentfremdet, erhalten; aber das den Volksglauben ausschließende und nur auf den inneren Gehalt gerichtete Bekenntnis ließ außer der Errichtung von Kirchen in den Gemeinden für kultische Äußerungen im Siedlungsbild sonst kaum Raum. Infolgedessen unterscheiden sich Landschaften mit katholischer und protestantischer Bevölkerung in der Sichtbarmachung des Kultes. Das gilt nicht nur für Europa, sondern auch für die von den Europäern besiedelten kolonialen Erdteile. Hier gliedert sich Lateinamerika weitgehend dem katholischen Europa an, während Nordamerika, Südafrika, Australien und Neuseeland dem protestantischen Europa nahestehen. Dort aber, wo die christliche Religion staatspolitischen Interessen weichen mußte wie in der Sowjetunion, den meisten Ostblockstaaten und China, fehlen nicht nur den neuen Siedlungen Kultstätten, sondern auch die alt überkommenen wurden vielfach vernichtet; bedeutende Baudenkmäler allerdings werden als solche geachtet oder wie das Lawrakloster in Kiew nach der Vernichtung im Zweiten Weltkrieg auf Grund des alten Vorbildes – als Museum – wieder errichtet.

Wo unterschiedliche Bekenntnisse unter denselben geographischen Voraussetzungen mehr oder minder benachbarte Gemeinden bestimmen, läßt sich mitunter ein verschiedenes Verhalten der beiden Gruppen nachweisen, was auch siedlungsgeographisch Ausdruck gewinnt. Am Beispiel des Hunsrück zeigte Hahn (1950), daß in überwiegend katholischen Orten mit relativ hoher Geburtenrate und Bevölkerungsdichte kleine Betriebsgrößen resultieren mit extensiveren Bewirtschaftungsmethoden und der Neigung zur Aufnahme eines nicht-landwirtschaftlichen Nebenerwerbs; in evangelischen Gemeinden dagegen wird bei geringerer Geburtenrate und Bevölkerungsdichte auf Erhaltung der Betriebsgrößen und Übergang zur intensiveren landwirtschaftlichen Nutzung Wert gelegt. Dieses Ergebnis läßt sich nicht unmittelbar auf andere Landschaften übertragen, zumal das, was unter geographischen Voraussetzungen zu verstehen ist, eine Fülle von Möglichkeiten einschließt und nicht notwendig Auswirkungen auf den „Wirtschaftsgeist" zeitigt.

In anderer Weise trugen in Nordamerika einige religiöse Gruppen zur Ausformung besonderer Kulturlandschaften bei. Das gilt zunächst für die Mormonen, die als einzige religiöse Gruppe in einem geschlossenen Gebiet von Utah und benachbarten Bereichen dominieren (Meinig, 1965). Auch für die Angehörigen der Niederländisch Reformierten Kirche im südwestlichen Michigan mit etwa 40 000 Mitgliedern kann Ähnliches festgestellt werden (Bjorklund, 1964). Sie, die aus Holland einwanderten und nicht-bäuerlicher Herkunft waren, gingen daran, das Land zu erschließen, wandten sich dann Spezialkulturen zu, arbeiteten zusätzlich in gewerblichen Betrieben, bis die Mechanisierung es ihnen gestattete, die Landwirtschaft im Nebenerwerb zu betreiben, auch das ein Ausdruck calvinistischer Gesinnung. Zwar gaben sie manches aus der Heimat Vertraute auf wie Haus- bzw. Siedlungsformen und mit Ausnahme der Ortsnamen auch die Sprache. Sie entwikkelten nur zwei größere Zentren, deren Kern Kirchen und Schulen bilden und denen nur die notwendigsten Geschäftseinrichtungen in randlicher Lage angegliedert sind. Besondere Aufmerksamkeit wird den eigenen Schulen geschenkt, die häufig mit den Kirchen kombiniert, in relativ kurzen Entfernungen von 5-8 km an Straßenkreuzungen über das Siedlungsgebiet verstreut sind. Die Betonung der Eigenständigkeit kommt bei den zahlreichen Denominationen in Nordamerika vornehmlich bei kirchlich konservativen Gruppen erhebliche Bedeutung zu. In

Ostmittel- und Südosteuropa waren die deutsch-evangelischen Diasporagemeinden in einer ähnlichen Situation.

Etwas anders scheinen die Verhältnisse im Orient zu liegen, wo das Nebeneinander unterschiedlicher christlicher und mohammedanischer Gruppen auf die Kulturlandschaft einwirkte. Wirth (1965) stellte für die Maroniten heraus, daß nicht die religiösen Belange von sich aus dazu führten, sondern daß die seit der zweiten Hälfte des 19. Jh.s wirksame Verbindung mit Europa als Ursache angesehen werden muß, wodurch ein höherer Bildungsstand erreicht und mit Hilfe dessen die Landwirtschaft intensiviert und der Hausbau europäisch-mediterranen Formen angepaßt werden konnte. Als nach dem Zweiten Weltkrieg Moslems in engeren Kontakt mit Europa gerieten, sind auch von ihnen Initiativen zur Verbesserung der Landwirtschaft ausgegangen. Wie weit die politische Verschärfung der Gegensätze ihrerseits Rückwirkungen zeitigt, läßt sich einstweilen nicht übersehen.

Über die Haussa und Fulbe gewann der Islam in Schwarzafrika Eingang und dehnt sich seitdem weiter aus. Vor und während der Kolonialzeit versuchten christliche Missionen Fuß zu fassen. An einigen Beispielen beschrieb Johnson (1967) die topographische und geographische Lage ihrer Stationen (Höhenlage, Bindung an Verkehrswege) sowie die Siedlungsformen. In den unabhängig gewordenen Staaten bildeten sich eigene afrikanische Kirchen, die im Erziehungswesen und auf sozialem Gebiet tätig sind und weiterhin die missionarische Aufgabe übernehmen. Ob allerdings christliche Gemeinden bereits Einfluß auf die Kulturlandschaft gewinnen, darüber ist wenig bekannt.

VI. Mittelpunkts-Siedlungen

Bei den bisher gekennzeichneten Siedlungen war die Struktur und die darauf abgestellte Physiognomie relativ einseitig, wenngleich den Verkehrs-, den Herrschafts- und Kultsiedlungen mitunter die Tendenz innewohnt, die Einseitigkeit zu überwinden. Letztere können, falls es nicht wichtiger erscheint, ihre spezifischen Funktionen zu betonen, u. U. auch zu den Mittelpunkts-Siedlungen gerechnet werden, die, mögen sie noch so klein sein, eine gewisse Differenzierung im sozialen Status der Bevölkerung aufweisen oder mit ihren Einrichtungen einen näheren oder weiteren Umkreis an sich binden. Sie vermögen die Vorstufe von Städten abzugeben, die man in der deutschen Literatur als „hilfszentrale Orte", in der schwedischen als „tätorte" und in der angelsächsischen als „sub-towns" bezeichnet.

Überall dort, wo die ländlichen Siedlungen im eigentlichen Sinne durch Dörfer oder Großdörfer repräsentiert werden, bedarf es nicht unbedingt besonderer Wohnplätze, um sozialen und wirtschaftlichen Erfordernissen gerecht zu werden. In der Regel ist jedes Dorf ein in sich geschlossener Organismus mit Kultstätte, Schule, Gasthaus, ein oder mehreren Geschäften für den täglichen Bedarf, einigen Handwerkern, bäuerlichen Genossenschaftsanlagen usf., so daß es zwischen benachbarten Dörfern im Hinblick auf europäische Verhältnisse keiner besonderen Mittelpunkte bedarf, es sei denn, daß letztere ausgesprochene Städte darstellen (Kap. VII).

Anders dagegen steht es dort, wo die ländlichen Siedlungen als Einzelhöfe erscheinen, d. h. die Streusiedlung herrscht. Unter diesen Umständen sind im Rahmen der anautarken Wirtschaftskultur und teilweise bis in das moderne Zeitalter hinein *besondere* Siedlungen nötig, die dem sozialen Zusammenhalt dienen und gewisse wirtschaftliche Funktionen übernehmen. Die daraus resultierenden Einrichtungen können an einem Ort zusammengefaßt sein, brauchen es aber nicht, wenngleich ersteres die Regel sein dürfte. Entweder knüpfen sie an bestehende ländliche Siedlungen an oder machen selbständige Wohnplätze aus. Das aber heißt, daß sich nun leicht eine Differenzierung in der Bedeutung der einzelnen Wohnplätze einstellt. So werden wir uns zunächst mit den der ländlichen Streusiedlung unmittelbar zugeordneten Mittelpunkten zu beschäftigen haben, die zu jeder Zeit ihre konzentrierende Wirkung ausüben, wofür Europa und die europäisch besiedelten Kolonialländer geeignete Beispiele liefern.

Weiter üben periodisch abgehaltene Märkte, die teilweise bereits bei semiautarker Wirtschaftskultur ausgebildet sind, Anziehungskraft auf die ländliche Bevölkerung aus. Die Mittelpunkte dieser Art müssen in einem zweiten Abschnitt charakterisiert werden.

Schließlich sahen sich mit der Europäisierung der Welt die einstigen Kolonialmächte gezwungen, Mittelpunkte für Verwaltung, Wirtschaft und soziale Belange zu schaffen, um Einfluß auf die Eingeborenen-Bevölkerung zu gewinnen, dort, wo sie dessen bedurften, was insbesondere für die subarktischen Gebiete und die Tropen gilt. Sie sollen abschließend behandelt werden.

Trotz der eben dargelegten verschiedenen genetischen Stellung der Mittelpunkts-Siedlungen bleibt zu bedenken, daß sie sich, falls günstige geographische Lageverhältnisse vorliegen, zu Städten zu entfalten vermögen.

1. Mittelpunkte in Streusiedlungsgebieten

Streusiedlungsgebiete größeren Ausmaßes finden wir vor allem im nördlichen, und westlichen Europa ebenso wie in den europäisch besiedelten einstigen Kolonialländern. In allen diesen Bereichen sind den ländlichen Siedlungen im eigentlichen Sinne kleine Mittelpunkte zugeordnet, in denen die nicht-landwirtschaftliche Bevölkerung vielfach überwiegt. Gewisse Unterschiede ergeben sich hinsichtlich dieser Mittelpunkte zwischen den entsprechenden europäischen Gebieten und den einst kolonialen Bereichen.

Für die *europäischen Streusiedlungsgebiete* ist charakteristisch, daß die Mittelpunkte als Wohnplätze meist zu einer Zeit entstanden, als die bäuerliche Bevölkerung noch fast vollständig auf Selbstversorgung ausgerichtet war. Weniger wirtschaftliche Gesichtspunkte als religiöse Belange waren zunächst an der Ausbildung solcher Mittelpunkte beteiligt. So gibt z. B. in Westfalen der Kirchort den Mittelpunkt der ländlichen Siedlungseinheiten ab. Ihm kommt die Bezeichnung „Dorf“ zu, hebt es sich doch durch die Geschlossenheit der Anlage sowohl gegenüber den lockeren Drubbeln als erst recht gegenüber den Einzelhöfen ab.

Ob die Gründung der Kirche im Anschluß an einen vorhandenen Drubbel oder als Eigenkirche weltlicher Herrschaften in Verbindung mit einem Schultenhof vorgenommen wurde, prägt sich im Grundriß der Kirchorte meist deutlich aus; im ersteren Falle haben wir es mit einem ungeregelten Grundriß zu tun; im letzteren dagegen konnten die „Kirchhöfner“ sich ringförmig um den ursprünglich befestigten Kirchhof ansetzen. Nicht notwendig bedarf es hier einer Wirtschaftsfläche, und so kommt es, wenn auch selten, vor, daß nur die bebaute Fläche einschließlich Gärten und Wegen zum Kirchort gehört. Die soziale Struktur ist durch „kleine Leute, die Handwerk oder Geschäft betreiben“, gekennzeichnet (Martiny, 1926, S. 277); die jüngeren Besitzerklassen der Kötner und Brinksitzer ohne Landbesitz überwiegen (Schuhknecht, 1952) oder geben zumindest dem Ortskern das Gepräge. Das traditionsgebundene bäuerliche Haus herrscht noch weitgehend, wenn auch in den Wirtschaftsräumen reduziert und den Bedürfnissen der jeweiligen Betätigung angepaßt, sofern nicht moderne Einflüsse Eingang gewannen.

Im nördlichen Schweden, insbesondere in Norrland, entsprechen den Kirchorten die „Kirchstädte“, die teils vor und teils nach der Reformation entstanden. Sie waren nicht allein kirchliche Mittelpunkte, sondern in ihnen wurde Gericht abgehalten, Steuern eingezogen, und hier fanden gleichzeitig oder zu andern Terminen periodische Märkte statt (Bergling, 1964).

Historische Bindung zum einen, Mischung von bäuerlicher und nicht-bäuerlicher Bevölkerung mit der Tendenz einer räumlichen Trennung innerhalb der zentralen „Dörfer“ zum andern kennzeichnen solche Mittelpunkte, die sowohl hinsichtlich ihrer sozialen als auch ihrer wirtschaftlichen Einrichtungen unmittelbar auf die Bedürfnisse der bäuerlichen Bevölkerung eines weiteren Umkreises abgestellt sind. Unterschiede hinsichtlich dieser Einrichtungen geben zu Differenzierungen in der Bedeutung der Mittelpunkte Anlaß.

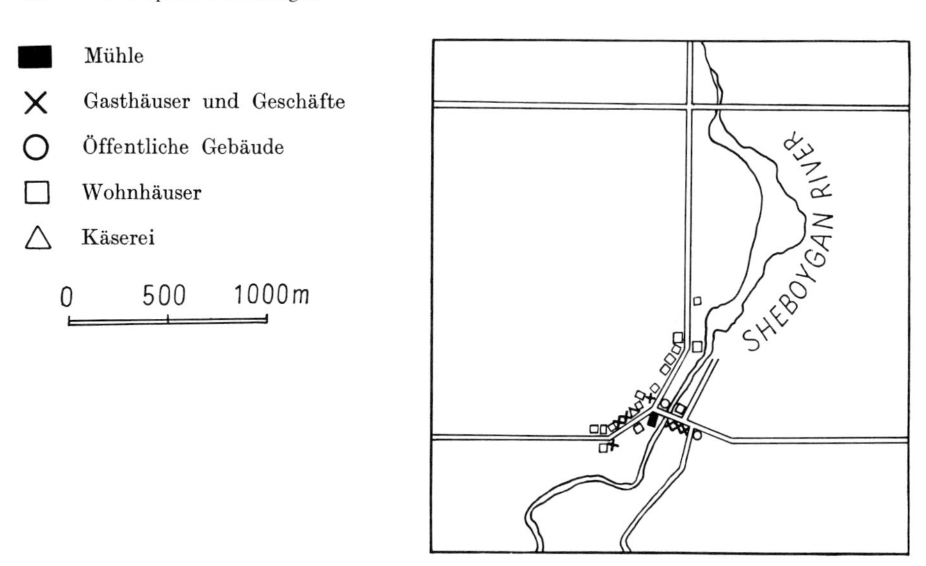

Abb. 94 Zentraler „Weiler" im Anschluß an eine Mühle; Franklin, Sheboygan County, Wisconsin (nach Bertrand).

In den ausgedehnten Einzelhof-Gebieten der *Vereinigten Staaten* ähnlich wie in Kanada gelten zentraler „Weiler" und zentrales „Dorf" (hamlet und village) als die den Einzelhöfen zugeordneten Mittelpunkte. Nur in sozial wenig ausgeglichenen Bereichen wie vor allem im Plantagengebiet des Südens werden die Mittelpunkte von der an einer Straßenkreuzung gelegenen Warenhandlung gebildet, eine Form, die im kolonialen Zeitalter eine weitverbreitete Erscheinung war.

Im allgemeinen jedoch sind an die Stelle der Warenhandlung die geschlossenen Siedlungen der zentralen „Weiler" und „Dörfer" getreten, die sich in der Regel ebenfalls an Verkehrskreuzungen entwickelten, und zwar erst, nachdem die Farmbesiedlung weitgehend durchgeführt war. Post- oder Eisenbahnstation, Mühle oder Schmiede, Gasthaus oder Warenhandlung usw. gaben zunächst die Ansatzpunkte ab und weisen darauf hin, daß wirtschaftlichen Gesichtspunkten bei der Ausbildung dieser Gruppensiedlungen der Vorrang gebührt. In moderner Zeit sind es Tankstation und Garage oder lokale Verarbeitungsstätten der landwirtschaftlichen Produkte, an denen angeknüpft wird. Zentralen „Weilern" und „Dörfern" gemeinsam war bis zum Zweiten Weltkrieg, daß sie nicht der landwirtschaftlichen Bevölkerung als Wohnort dienten; höchstens beherbergten sie einige landwirtschaftliche Arbeiter. Die im Gewerbe, Einzelhandel und den landwirtschaftlichen Verarbeitungsstätten Beschäftigten machen die Hauptgruppe aus, wobei diese „Fabriken" durchaus lokaler Art waren. Die in Transportunternehmen und im Einzelhandel Tätigen bilden weiterhin beachtliche Gruppen und kennzeichnen den Charakter der Mittelpunkte als Zentren des Kleinhandels, die zugleich die Aufgabe hatten, die überschüssigen landwirtschaftlichen Erzeugnisse den Städten zuzuleiten. Kirchen, Schulen, Bibliotheken, Krankenhäuser u. a. m. zeigten an, daß die Farmbevölkerung nicht nur in wirtschaftlicher, sondern auch in sozialer Hinsicht an diese Mittelpunkte gebunden war. Auf diese Weise hatte sich in den Vereinigten Staaten eine strenge Scheidung zwischen der Farm-Einzelhofsiedlung und der ihr zugeordneten und ihren Bedürfnissen Rechnung tragenden nicht-landwirtschaftlichen Gruppensiedlung herausgebildet (Abb. 94), ein wichtiger Unterschied zu den Verhältnissen in den entsprechenden europäischen Bereichen.

Abgesehen von den wenig charakteristischen isolierten Warenhandlungen werden die beiden andern Typen der ländlichen Mittelpunkte, „Weiler" und „Dorf", in der wissenschaftlichen Literatur – der Farmer bezeichnet beide als „town" – nach ihrer Größe unterschieden. Während der „Weiler" höchstens 250 Einwohner umfaßt (untere Grenze etwa 20; Trewartha, 1943, S. 38), liegt die Bevölkerungszahl des „Dorfes" höher und kann bis 2500 ansteigen. Im Grundriß prägt sich dies darin aus, daß der „Weiler" häufig linear längs einer Straße gerichtet erscheint (Abb. 94), während beim „Dorf" meist das zur Tradition gewordene Schachbrettsystem ausgebildet ist. Bleibt der „Weiler" meist ohne eigene Gemeindeverwaltung (unincorporated) und ist darin der Farmsiedlung gleichgestellt, so wurde dem „Dorf" häufiger die eigene Gemeindeverwaltung zuerkannt (54 v. H. der „Dörfer" waren um das Jahr 1940 incorporated; Kolb und Brunner, 1944, S. 84 ff.).

Die Entwicklung der „zentralen Weiler und Dörfer" nahm einen charakteristischen Verlauf, der von Berry (1967, S. 6 ff. und S. 114 ff.) u. a. dargestellt wurde, wobei einerseits regionale Unterschiede zu beobachten sind, andererseits für die vergangenen drei bis vier Jahrzehnte sich Differenzierungen zwischen ländlichen und verstädterten Gebieten ergeben. Im mittleren Westen der Vereinigten Staaten kam es mit wachsender Bevölkerung seit der Mitte des 19. Jh.s zu einer Verdichtung der „zentralen Weiler und Dörfer", die mit dem Bau der Eisenbahnen häufig Verlegungen an die Bahnstationen erfuhren, bis um die letzte Jahrhundertwende das Maximum erreicht war. Das Aufkommen des Automobils ermöglichte es dann den Farmern, die kleineren und weniger gut ausgestatteten Zentren zu übergehen, so daß die „zentralen Weiler" ausdünnten und das Einzugsgebiet der „zentralen Dörfer" sich ausweitete. In wenig urbanisierten Bereichen wuchs nun die Bedeutung der „zentralen Dörfer", die vornehmlich mit Gemeinschaftseinrichtungen ausgestattet wurden (höhere Schulen, Altersheime usf.) und deren Einzelhandel auch den gehobenen Bedarf berücksichtigte, so daß nun auch Farmer es vorziehen, solche „farm towns" als Wohnorte zu wählen (Lenz, 1976, S. 9 ff.). Im Ausstrahlungsbereich von Metropolen dagegen ist der Verlust an „zentralen Weilern" besonders groß, so daß z. B. in Sasketchewan zwischen den Jahren 1941 und 1961 fast 50 v. H. von ihnen eingingen. Die „zentralen Dörfer" dagegen erfahren Zuzug sowohl vom Land als auch von den städtischen Zentren, so daß die Bevölkerung ihrem Erwerb mit Hilfe des Autos in der Metropole nachgehen und entweder das eigene Geschäftsleben erweitern oder die am Außenrande gelegenen shopping centers aufsuchen.

In ähnlicher Weise bildeten sich in der *Südafrikanischen Republik*, sobald sich die Marktorientierung der Wirtschaft durchgesetzt hatte, ländliche Mittelpunkte aus, die „Dorp-Siedlungen"; sie heben sich ebenfalls als Gruppensiedlungen ohne landwirtschaftliche Bevölkerung ab.

So läßt sich bei genügender Marktorientierung der Wirtschaft ein kolonialer Typ der ländlichen Mittelpunkte herausstellen. Seiner Entwicklung sind allerdings

Grenzen gesetzt. Konnte Carol (1952) für die Karru Südafrikas zeigen, daß bei sehr gleichmäßiger Verteilung der Farmen und geringer Bevölkerungsdichte (0,33 E./qkm) eine gleichmäßige Verteilung der „Dorp-Siedlungen" resultiert (durchschnittlicher Abstand 116 km), so ist leicht einzusehen, daß es bei noch geringerer Bevölkerungsdichte nicht mehr zur Ausbildung von ländlichen Mittelpunkten kommt. Dies trifft z. B. für einen Teil der Weidewirtschaftsgebiete der südlichen Halbkugel zu, wo bei starker Aridität die Weidebesitzungen mehrere 1000 qkm umfassen (z. B. Patagonien und Teile Australiens).

Die Erfahrung, daß bei anautarker Wirtschaftskultur im Industriezeitalter die Einzelsiedlung aus sozialen und wirtschaftlichen Gründen nicht für sich bestehen kann, hat dazu geführt, daß bei moderner Planungskolonisation auf diesen Sachverhalt von vornherein Rücksicht genommen wird. Das gilt z. B. für die neuen Polder der Zuidersee, sofern nicht eine Änderung der ursprünglichen Konzeption stattfand (Ausweitung der Städte; Kap. VII.) ebenso wie für die Erschließung der restlichen Hochmoorflächen im Emsland. Das Prinzip weitete sich auf unterentwickelte Gebiete insbesondere der Tropen aus, wo man sich bemüht, für den Markt zu produzieren.

2. Marktsiedlungen mit periodischem Marktbetrieb im Rahmen der anautarken Wirtschaftskultur

Über den permanenten, durch Kaufleute ausgeübten Handel innerhalb der Städte hinaus bildeten sich in China, Korea, ebenso wie in Indien, Europa und Lateinamerika periodische Märkte aus, unter denen die Wochenmärkte eine besondere Rolle spielen. Hier bietet die ländliche Bevölkerung ihre überschüssigen Produkte an und versorgt sich selbst mit den für sie notwendigen gewerblichen Gütern. Der Marktort, ob er an eine Kultstätte anknüpft oder nicht, ob er durch besondere Rechtsnormen festgelegt ist oder ob diese fehlen, stellt demnach einen Mittelpunkt dar, dem ländliche Siedlungen ohne diese Funktion zugeordnet sind; eine solche Zuordnung kann sich auf Grund vorhandener Verkehrsverbindungen oder zu diesem Zweck geschaffener Wege allmählich einspielen oder rechtlich fixiert sein. Zentrale Lage innerhalb des Bezirkes und günstige Verkehrslage wird den Marktort, den Flecken, das Weichbild gegenüber den ländlichen Siedlungen im eigentlichen Sinne meist auszeichnen; die Entfernung der Marktorte voneinander ist bei vollständiger Entwicklung dadurch bestimmt, daß die ländliche Bevölkerung den Hin- und Rückweg in einem, höchstens in zwei Tagen zurücklegen muß. Innerhalb dieses Rahmens aber wird die Verteilung der Märkte über ein größeres Gebiet von mannigfachen historischen Bedingungen abhängig sein.

Die Art und Entwicklung des Verkehrsnetzes bzw. der Verkehrsmittel üben entscheidenden Einfluß auf die Bedeutung der Marktorte aus. Sie sind vor allem ein Kennzeichen der traditionellen anautarken Wirtschaftskultur bei relativ unentwickeltem Verkehrsnetz in den ländlichen Distrikten und keinen andern Hilfsmitteln zum Transport als Last- und Zugtiere bzw. Wagen. Sie waren im *westlichen* und *mittleren Europa* ein integrierender Bestandteil des Stadtrechts; doch darüber hinaus gab es in manchen Landschaften Dörfer, wo im Anschluß an Klöster oder Burgen Wochenmärkte stattfanden (Fehn, 1974).

Für *China* fand Skinner (1964 bzw. 1972, S. 561 ff.), vornehmlich am Beispiel von Szetschuan, ein hierarchisches System von periodischen Marktorten, in denen außer den „minor markets“ die „standard markets“ die unterste Einheit bildeten, die von zwei oder drei „intermediate markets“ abhängig waren. Erstere versorgten 18-20 Dörfer in einer Entfernung von 4-5 km und hielten sich nicht an die Städte der untersten Verwaltungseinheit (hsien-Städte, Kap. VII. B.3), während Wochenmärkte höheren Ranges (central markets) den Hauptstädten von Präfekturen oder Provinzen eingegliedert waren. Ishirara (1976, S. 7 ff.) konnte die Entwicklung der Wochenmärkte für die Provinz Hopei vom 14. Jh. bis zum zweiten Weltkrieg verfolgen, wobei mit zunehmender Einwohnerzahl von rd. 38 000 auf fast 200 000 in der angegebenen Zeitspanne die Zahl der Wochenmärkte von etwa 8 auf 21 anwuchs, die Markttage innerhalb der Zehntagewoche von 21 auf 48 stieg. Je nach Bevölkerungsdichte befanden sich die Wochenmärkte in 5-10 oder sogar in 2-5 km Entfernung voneinander, wobei in diesem Falle die Nachbarschaft zu den hsien-Städten aufgesucht wurde. Immerhin vermitteln diese Angaben die engen Verflechtungen zwischen den Dörfern und den Wochenmärkten.

Zweifellos sind auch in *Indien* ländliche Wochenmärkte ausgebildet, zumal der Hauptteil der Bevölkerung von der Landwirtschaft lebt, die vorhandenen Städte die Versorgung der Bevölkerung nicht allein übernehmen können ebenso wie Bauern und Handwerker in den Dörfern wegen der zu großen Entfernungen und Geldmangel nicht in der Lage sind, das Angebot in den Städten zu nutzen. Immerhin sind die Verhältnisse in unterschiedlichen Regionen differenziert, so daß ein Gesamtbild noch nicht zu vermitteln ist. In manchen Gegenden wie im Distrikt von Faizabad östlich von Lucknow ist das Anfangsstadium durch Wochenmärkte gegeben, die unter freiem Himmel ohne besondere Installationen abgehalten werden, wobei Käufer und Verkäufer sich zu 75 v. H. aus Bauern und Handwerkern der benachbarten Dörfer zusammensetzen, die ihre geringe Überschußproduktion auf diese Weise absetzen. Händler kommen hinzu, die mehrere Märkte besuchen, aber jeweils abends in ihre Heimatdörfer zurückkehren. Erweist sich ein solcher Wochenmarkt als lohnend, dann werden einfache Läden errichtet, der Wochenmarkt wird zum Wohnort, in dem der Anteil der Händler ebenso groß ist wie der der Bauern und Handwerker (Singh, 1965, S. 14 ff.). Je älter die Wochenmärkte sind, um so einflußreicher werden sie, um schließlich zum städtischen Wochenmarkt aufzusteigen. Doch ist eine solche Entwicklung nicht in allen Regionen gegeben, da bei geringer Bevölkerungsdichte und großer Entfernung der Dörfer voneinander ein solcher Prozeß nicht in Gang gesetzt werden kann. Händler, die ihren dauernden Wohnsitz in Dörfern haben, eröffnen dann Läden in einer Stadt und gleichzeitig in den Dörfern, wobei der Verkauf in den letzteren aber nicht mehr wöchentlich, sondern in größeren Abständen erfolgt, wie es im westlichen Rajasthan der Fall ist. Daß u. U. auch bei den ländlichen Wochenmärkten die Kastengliederung eine Rolle spielt, zeigte Harris (1976, S. 39 ff.) am Beispiel entsprechender Siedlungen im Dekkan-Plateau südwestlich von Madras, wo der Viehhandel in der Hand der Harijans (Unberührbare) liegt und außer Bauern und Handwerkern sich Händler beteiligen, die sich aus der Vielzahl der Unterbeschäftigten rekrutieren und nur mit geringem Kapital arbeiten. Dem entspricht es, wenn die Preise auf den Wochenmärkten billiger sind als in täglich geöffneten Läden innerhalb der Dörfer und erst recht in entsprechenden Einrichtungen in den Städten, zu denen wenig Beziehungen bestehen. In Gebieten, wo moderne Verkehrswege bestehen bzw. die Industrie eine Rolle spielt, liegen die Verhältnisse insofern anders, als dann das Beziehungssystem zwischen ländlichen Wochenmärkten und Städten enger wird (Wanalli, 1976, S. 49 ff.) und sich bei den ersteren eine hierarchische Gliederung einstellt. Die „regulierten Märkte“, die am Ende des 19. Jh.s von Engländern eingeführt wurden, stellen tägliche Märkte dar, die vornehmlich dem Großhandel dienen und meist in Städten installiert wurden (Johnson, 1970, S. 110).

Auch im *Orient* fehlen Wochenmärkte nicht, zumal hier unterschiedliche Wirtschaftsformen auf engem Raum zusammentreffen, Hirtennomaden und Pflugbauern einander begegnen. Auf diese Weise sind in den Maghrebländern (Troin, 1975), in Jemen, im nördlichen Syrien, in der Türkei und in Afghanistan (Wirth, u. a., 1976) Wochenmärkte vorhanden, die teils unter freiem Himmel abgehalten werden (Montagne, 1930; Rathjens, 1948; Mikesell, 1958), teils aber in Souks bzw. Bazaren. Gerade in den kleineren von ihnen bevorzugt man den Freitag als Termin, weil die ländliche Bevölkerung und die verschiedenen Händlergruppen den Marktbesuch mit dem einer Moschee verbinden. Mitunter gehen die Wochenmärkte zumindest bis in das 19. Jh. und wahrscheinlich in noch frühere Zeit zurück, mitunter aber entstanden sie während der kolonialen Periode oder erst seit der Erzielung der Unabhängigkeit. Wohl verkaufen Fellachen und Handwerker ihre geringe Überschußproduktion hier, aber es kommen Händler hinzu, die auch nomadischer Abkunft sein können, die mehrere Märkte besuchen, als Aufkäufer von Getreide, Vieh u. a. auftreten und damit die städtischen Märkte versorgen, so daß sich Unterschiede gegenüber manchen Teilen Indiens zeigen. Nicht ganz geklärt ist, warum sich die Wochenmärkte in den Grenzräumen des Orients ausgebildet haben, nicht aber im Kernbereich, wo der Handelsaustausch auf die Städte beschränkt bleibt.

In *Mexiko* gehen die Wochenmärkte teils auf die vorkoloniale Periode zurück. In einigen, die heute eine untergeordnete Bedeutung besitzen, läßt sich die ehemalige Struktur und Funktion noch erkennen, selbst wenn diese Gruppe heute im Rückgang begriffen ist. Das Beispiel der Plaza de Zacatelco, südlich von Tlaxcala gelegen, mit rd. 11 000 Einwohnern stellt einen „offenen Markt mit weniger als 400 Marktständen dar. Abgesehen von einzelnen Holzbuden, in denen Schweinefleisch verkauft wird, gibt es keine festen Installationen. Der ganze Betrieb spielt sich am Erdboden ab ... Als Wetterschutz dienen nur Zeltplanen, die zum überwiegenden Teil in Form von großen Sonnenschirmen aufgespannt sind“ (Gormsen, 1971, S. 384). Gerade diese kleinen Märkte finden häufig am Sonntag statt, weil einerseits die Käufer gern davon Gebrauch machen, Kirchgang und Einkauf miteinander zu verbinden und andererseits die Händler in die Lage versetzt werden, vor allem leicht verderbliche Waren in größeren und zuvor stattfindenden Märkten aufzukaufen. Selten zeigt sich ein direkter Übergang der Waren vom Produzenten zum Konsumenten. Die neuere Erschließung durch Straßen ermöglicht es der ländlichen Bevölkerung, außer dem kleinen Markt auch städtische Märkte mit spezielleren Angebot aufzusuchen und dem Händler, sein Einzugsgebiet zu erweitern.

In den inneren Weidegebieten *Brasiliens* gingen die Großgrundbesitzer daran, sich Mittelpunkte zu schaffen, nicht aus wirtschaftlichen Erwägungen, sondern in erster Linie, um ein kirchliches Zentrum zu besitzen. Von Plaza und Kirche gebildet, vielfach nur an Sonn- und Festtagen mit Leben erfüllt, fügen sich diese „Sonntagsstädte“ (Deffontaines, 1938, S. 384 ff.) in das Bild lateinamerikanischer Kulturtradition ein und zeigen den in den sozialen Verhältnissen begründeten embryonalen Charakter dieser ländlichen Mittelpunkte, die unter dem Einfluß der modernen Lebensverhältnisse sich nicht zu halten vermögen.

Sobald Großstädte Einfluß gewinnen, bedeutet das für die Wochenmärkte der engeren Umgebung (im Falle von Bogotá bis 75 km) ein Abschwächen der Wochenmärkte, was sich darin äußert, daß sie in der Mehrzahl nur einmal wöchentlich stattfinden, während im Umkreis von 75-150 km solche überwiegen, die mindestens zweimal in der Woche durchgeführt werden.

Eine besondere Note erhalten die Märkte dann, wenn in ihnen periodisch Vieh gehandelt wird, denn diese weisen gegenüber den Wochenmärkten eine stärkere Resistenz auf, wenngleich auch sie sowohl in Europa (Armand, 1974, S. 67 ff. und 655 ff.) als auch im andinen Südamerika (Wrigley, 1919) im Rückgang begriffen sind. Der Viehmarkt Goncelin (Isère), der mit seinen weitreichenden regionalen Beziehungen früher als Beispiel diente, ist dieser Aufgabe verlustig gegangen. Vornehmlich dort, wo man die Weidewirtschaft auf der Grundlage von Viehwanderungen durchführt, sei es im Rahmen des Almnomadismus oder in dem der Transhumance, sind bestimmte im Wesen der Nutzungsformen gelegene Termine für Austausch und Handel gegeben, nämlich im Frühjahr und Herbst, vor dem Auf- und nach dem Abtrieb zu und von den Gebirgsweiden. Auch bei fester Weidewirtschaft sind solche periodischen Zeitabstände gegeben, weil sich mitunter eine Spezialisierung bestimmter Gebiete auf vorwiegende Aufzucht oder Viehmast ausbildete und dadurch Transaktionen notwendig wurden. Ein gutes Beispiel bildeten vor dem Zweiten Weltkrieg die nordfriesischen Viehmärkte am Rande von Geest und Marsch (Riese, 1940). Danach konzentrierte man die Märkte in Husum, wo nur noch jahreszeitliche Unterschiede im Angebot von Mager-, Schlachtvieh usf. eine Rolle spielen (Wenk, 1968, S. 72 ff.).

Wichtige Verkehrswege sind es zum einen, die den Viehmarkt-Betrieb an sich ziehen (z. B. in den Westalpen die Zufahrtsstraßen zu den Pässen), und zum andern werden diejenigen Bereiche bevorzugt, die eine wirtschaftliche Ergänzung der Weidegebiete darstellen bzw. den Konsum der verarbeiteten Produkte gewährleisten. Sowohl in den westlichen Alpen (Arbos, 1922) als auch in den Pyrenäen (Casas Torres, 1948; Sabaris, 1951; Schwarz, 1957) zeigt sich deshalb, daß die wichtigsten Viehmärkte am Rande der Gebirgszone liegen. An ländliche oder städtische Siedlungen anknüpfend, haben sie jedoch mit Ausnahme des Gaststätten- und Unterkunftsgewerbes an den Handelsaktionen kaum teil. Einerseits treffen beim jährlichen Viehmarkt die Weidewirtschaft treibenden Bauern zusammen, um selbst miteinander in Handel zu treten und ihre Herden durch geeignete Tiere zu ergänzen usw. Andererseits aber erscheinen Viehhändler, oft aus weiter Entfernung, die Schlachtvieh und andere Viehzuchtsprodukte aufkaufen. Schließlich versorgen sich die Weidebauern hier mit den für sie notwendigen Erzeugnissen, so daß sich auch wandernde Warenhändler aller Art einstellen. Sowohl was die Bevölkerung anlangt als auch was die Reichweite der wirtschaftlichen Aktionen betrifft, tragen Wochenmarkt und Jahrmarkt in der Form des Viehmarktes einen durchaus verschiedenen Charakter: ersterer ist auf die lokalen Bedürfnisse eingestellt, während letzterer den lokalen Rahmen sprengt und regionale Bedeutung besitzen kann.

In den lateinamerikanischen Ländern entwickelten sich ebenfalls Jahrmärkte, die, wenngleich im Rückgang begriffen, noch einseitiger als die europäischen auf der Viehzucht basieren. Sie sind in ihrer Lage teils an die Nähe der Verbrauchszentren gebunden und teils auf Gebiete angewiesen, die gute Weidemöglichkeit bieten, weil die Tiere aus großen Entfernungen herangetrieben werden und einer erneuten Mast bedürfen. In Form des Börsenhandels geht der Verkauf vonstatten, ohne daß sich ein zusätzlicher Handel einstellt (Deffontaines, 1957).

Noch anders sind die *Fernhandelsmärkte* beschaffen, die eine große Ausstrahlungskraft ausüben. Sie kommen vor allem in den Trockenräumen der Alten Welt mit Karawanenverkehr vor wie z. B. in Tibet oder Arabien, wo sie eigenständige Siedlungen darstellen, die oft nur während der Marktperioden bewohnt sind und in denen die Kaufleute miteinander in Verbindung treten. Müssen große Entfernungen bei unentwickelten Verkehrswegen sowie Verkehrsmitteln und ungesicherten politischen Verhältnissen überwunden werden, dann schließen sich die Kaufleute zu Karawanen zusammen, um die zum Handel lockenden Waren hier zu erwerben und dort abzusetzen, wo es gewinnbringend ist. So waren im frühen Mittelalter vor allem wikingische und friesische Wanderkaufleute die Vermittler eines weitgreifenden Fernhandels zwischen Nordsee-, Ostseeraum und Byzanz. Unter ihren Handelsniederlassungen, den Wikorten, jeweils an geschützten Meeresbuchten oder schiffbaren Flüssen gelegen, waren u. a. Dorestad an der Rheinmündung, Haithabu bei Schleswig oder Birka bei Stockholm besonders wichtig. Ursprünglich unbefestigte Siedlungen darstellend, wurden sie von den Wanderkaufleuten zu bestimmten Zeiten, vielfach an Kultfesten, aufgesucht, um hier den Austausch der auf langer Fahrt erworbenen Waren zu bewerkstelligen. Sie sind demnach als Messeplätze zu betrachten, die nur von einer geringen ständigen Bevölkerung bewohnt wurden; lediglich in den bedeutenderen Wikorten entwickelte sich eine differenziertere Sozialstruktur, und nur diese wurden später befestigt, wie es Jankuhn (1963) für Haithabu dargelegt hat. Unter ähnlichen Bedingungen bildeten sich die mittelalterlichen Messeplätze aus, deren wichtigste an den Handelsstraßen vom Mittelmeer nach Flandern entstanden (Messen der Champagne; Allix, 1922).

Ausgesprochene Jahrmärkte im Zusammenhang mit Erntefeierlichkeiten entwickelten sich in den Vereinigten Staaten seit dem beginnenden 19. Jh., wo zugleich landwirtschaftliche Vereine entsprechende Ausstellungen initiierten, um damit eine Steigerung der landwirtschaftlichen Produktion zu erreichen. Bis zum Ende des 19. Jh.s verschob sich das Schwergewicht solcher fairs auf das Vergnügungsangebot, und diese Art der „non-commercial fairs" breitete sich von den Vereinigten Staaten sowohl nach Kanada als auch nach Australien und Neuseeland aus (Kniffen, 1949 und 1951).

3. Marktsiedlungen im Rahmen der semi-autarken Wirtschaftskultur

Sicher existieren in diesem Rahmen „marktlose Gesellschaften“ (Bohannan und Dalton, 1962, S. 3ff.), bei denen sich ein gewisser Austausch über die Darbietung von Geschenken vollzieht, meist im Zusammenhang mit kultischen Vorstellungen, wie es insbesondere von Melanesien und Neuguinea bekannt wurde (Belshaw, 1965, S. 12ff.).

Es kann sich aber auch in bestimmten Abständen und in bestimmten Orten ein lokaler oder regionaler Handel vollziehen. In ihrer einfachsten Form finden sich solche Plätze an der Grenze von Dorf- und Stammesgebieten, demnach außerhalb der ländlichen Siedlungen. Es sind die Busch- oder Grenzmärkte, die man bei einem Teil der afrikanischen Hackbauern antrifft, während sie hier bei den Wildbeutern und Rinderhirten ursprünglich fehlten.

Die *Buschmärkte* in Schwarzafrika lagen auf Hügelkuppen, schattigen Stellen entlang von Wegen oder Wegkreuzungen sowie an Flußufern. Dabei vollzog sich das Marktleben unter freiem Himmel, ohne daß Schutzvorrichtungen für Menschen oder Waren getroffen wurden. Der Handel mit Nahrungsmitteln bildete die Grundlage, gewerbliche, von der bäuerlichen Bevölkerung angefertigte handwerkliche Erzeugnisse traten hinzu, all das, was in der heimischen Wirtschaft hervorgebracht wurde. Demnach hat man es mit einem ausgesprochenen Lokalhandel zu tun, wo schon eine geringe Differenzierung in der überschüssigen Produktion genügt, um solche Märkte lebensfähig zu machen. Mit Ausnahme des westlichen Sudan traten fast ausschließlich Frauen als Verkaufende auf, die dies in der Regel zusätzlich zur Landbewirtschaftung tun, während sich Händler nicht einstellten. Es mag sein, daß unter dem Einfluß der europäischen Kolonisation die Buschmärkte im Verschwinden begriffen sind. Hetzel (1974, S. 253) fand sie in Togo und Dahomey nicht mehr bzw. nur dann, wenn in begrenzten Bezirken die ländlichen Siedlungen als Streusiedlung ausgebildet waren. Beide Momente, nämlich das Vorherrschen der Streusiedlung im östlichen Afrika und die Ablösung der Buschmärkte durch andere Formen des Handels haben dazu geführt, daß Bromley (1975) u. a. (in Bohannan und Dalton, 1962, S. 431ff.) die Einführung von Märkten in diesem Gebiet mit der europäischen Kolonisation in Zusammenhang brachten, während Fröhlich (1940, S. 239ff.) ihre Existenz hier ebenso wie im Kongobecken nachwies. Allerdings fehlten entsprechende Einrichtungen bei den Bantunegern des südlichen Afrika, was u. U. mit der kriegerischen Organisation der Zulus zurückzuführen ist, wenngleich die Frage offen bleiben muß.

Einen Schritt weiter in der siedlungsmäßigen Fixierung bedeutet es, wenn das *Marktleben* mit *ländlichen Siedlungen verknüpft* wird, was zugleich bedeutet, daß ein friedfertiger Handel garantiert sein muß, wozu die westafrikanischen Negerreiche die besten Voraussetzungen boten. Der Rhythmus der periodischen ländlichen Märkte ist von kultischen Vorstellungen abhängig, so daß sich im westlichen Sudan mit der Islamisierung die Siebentagewoche durchsetzte, sonst hielt man sich überwiegend an einen zwei-, vier- oder achttägigen Zyklus (Karte bei Smith, 1971, S. 323). Nun treten Marktplätze auf, ausgerüstet mit Marktständen.

Die zahlreichen Unterscheidungsmerkmale, die Hodder (1969, S. 15ff. und 58ff.) und Hetzel (1974, S. 264ff.) anführten, finden in den entsprechenden

Siedlungen keineswegs immer ihren Niederschlag, so daß hier lediglich zwei Typen herausgestellt werden sollen mit zahlreichen Übergängen, die sich dazwischen einschalten: Der eine ist dadurch charakterisiert, daß die Einwohner benachbarter Dörfer ihren Überschuß verkaufen und gleichzeitig das, was ihnen fehlt, erwerben, so daß die Handelsbetätigung als Nebenerwerb zu Landwirtschaft und Handwerk ausgeführt wird und Händler nur eine untergeordnete Gruppe bilden. Das andere Extrem ist darin zu sehen, daß Händler überwiegen, die auch solche Waren anbieten, die nicht der engeren Umgebung entstammen.

Für den ersteren Fall können die ländlichen Haussamärkte als Beispiel dienen (Smith, 1962, S. 324 ff.). Hier sind vornehmlich die Männer am Handel beteiligt, und Frauen treten lediglich beim Verkauf von Milch (Fulbe) und von solchen Lebensmitteln auf, die einem gewissen Verarbeitungsprozeß unterlagen. Das Einkommen aus dem Handel ist ausgesprochen gering, und trotzdem ist dies als zusätzlicher Erwerb notwendig. Von den Haussahändlern, die über die Landesgrenzen hinweg in vielen Teilen des westlichen Afrika tätig sind, soll hier zunächst abgesehen werden.

Zu der andern Form gehören zahlreiche ländliche Märkte der Yoruba in Nigeria, die einerseits wiederum von der Agrarbevölkerung aufgesucht werden und zumindest im Falle der Ile-Ife-Region so nahe beieinander liegen, daß jeder einzelne nicht mehr als rd. 9 km von ihnen entfernt ist. Bauern oder ihre Frauen, die jeweils spezifische Güter der heimischen Produktion anbieten, bevorzugen in der Regel einen einzigen dieser Märkte, weil sie die übrige Zeit mit der Landwirtschaft oder einem Gewerbe befaßt sind. Sonst aber tritt eine große Gruppe von Händlern hinzu, die entweder die überschüssige Produktion aufkaufen, um diese dann selbst oder über nochmalige Zwischenhändler in die Städte zu bringen oder die als Verteiler städtischer Güter wirksam sind. Hodder (1969, S. 64 ff.) wollte hier eine regelmäßige Abfolge im Aufsuchen der periodischen Märkte feststellen, allerdings eingeschränkt dadurch, daß von einem Mittelpunkt aus nicht immer die kürzeste Entfernung für den Besuch des zweiten, dritten Marktes erforderlich und ebenso ein Übergreifen des einen auf den andern „Marktring“ möglich erschien. Zumindest für die Ile-Ife-Region wies Wenke (1974, S. 142 ff.) nach, daß die Händler-Mobilität in gewissen Bahnen verläuft, die mit der jeweiligen Ausstattung der Verkehrswege übereinstimmt, daß aber von einzelnen Gruppen relativ große Entfernungen zurückgelegt werden, weil sie häufig ihren Geburtsort in die Marktbeziehungen einschließen. Die afrikanischen Städte mit ihrem Marktleben sollen hier nicht betrachtet werden.

Bildeten sich die bisher gekennzeichneten Mittelpunkte durch die sozialen, wirtschaftlichen und kulturellen Bedürfnisse der semi-autarken Sippen- und Stammeszusammenhalte, so gilt es nun, solche Mittelpunkte zu charakterisieren, die im Rahmen des europäisch-amerikanischen Kolonialimperialismus außerhalb der als Siedlungsland in Anspruch genommenen Räume entstanden. Nur in beschränktem Maße vermochten Europäer in den Tropen auf die Dauer siedlungsmäßig Fuß zu fassen; sie mußten sich hier weitgehend damit begnügen, in der Herrschaft über die Einheimischen und in deren Einbeziehung in ihr Wirtschaftssystem Einfluß zu gewinnen. Ebenso blieb in den allzu kärglich von der Natur bedachten Gebieten nichts anderes übrig, als in ähnlicher Weise vorzugehen. Dies ließ sich aber nur dadurch erreichen, daß man sich Stützpunkte schuf.

Ihre Art wird nun zu charakterisieren sein. Welche unterschiedlichen Ziele auch die einzelnen Kolonialmächte verfolgten, mit welch unterschiedlichen Mitteln sie vorgingen und wie unterschiedlich die jeweilige einheimische Bevölkerung auch sein mochte, immer sind es drei bis vier Siedlungstypen, die im Rahmen einer solchen Entwicklung entstanden: Verwaltungs- einschl. Polizeistationen, Handels- und Missionsstationen. Schließlich müssen all jene Stationen hinzugefügt werden, die im wesentlichen der erzieherischen und sozialen Arbeit an den Einheimischen dienten, nachdem man sich der Verantwortung gegenüber fremden Völkern bewußt geworden war.

Verwaltungs- und Polizeistationen der einstigen Kolonialmächte haben nur einen Sinn, wenn sie sich innerhalb der von den Einheimischen besiedelten Gebiete befinden. Spielte die militärische Sicherung noch eine Rolle, so bildeten Militärstationen, die zugleich Verwaltungs- und soziale Aufgaben wahrnahmen, den Ansatzpunkt europäischer Herrschaft, wie es etwa in der Sahara der Fall war. Burgartig hoben sich diese Stationen in den von Hirtennomaden bewohnten Wüstensteppen ab, in ihrer Lage von Karawanenwegen bzw. später Autostraßen abhängig, während sie in den Oasen an die vorhandenen Siedlungen anknüpften. Benötigte man nicht mehr unbedingt des militärischen Schutzes, dann konnten diese Stationen von der Zivilverwaltung übernommen werden, sofern ihre auch durch strategische Gesichtspunkte bestimmte Lage den neuen Anforderungen gerecht wurde. Manche Übergangsformen zwischen Land und Stadt vermochten sich aus Verwaltungsstationen zu bilden, wie es Prioul (1976, S. 110ff.) für die Zentralafrikanische Republik beschrieb, wenngleich dieses Phänomen keineswegs auf diesen Bereich beschränkt ist. Solche „Provinzstädte", deren Einwohnerzahl im Jahre 1968 zwischen 7500 und 50000 lag, mit einem kleinen Verwaltungs- und Marktzentrum, das kaum Arbeitsplätze bietet, bildete den Anziehungspunkt für die ländliche Bevölkerung. 82 v. H. der Männer lebten von der Landwirtschaft, 81 v. H. der Frauen waren im Besitz von Land, wobei die Produktion spezialisiert wurde, auf dem Markt zum Verkauf kam und damit die Selbstversorgung aufgegeben werden konnte.

Nicht immer wurde eine solche Entwicklung in Gang gesetzt. In dem vor allem von England verfolgten indirekten System, bei dem man die Afrikaner die Verwaltung ihrer inneren Angelegenheiten selbst überließ und nur ein Aufsichtsrecht ausübte, blieben die Verwaltungsstationen meist isoliert.

Ähnlich stand es mit den *Handelsstationen*, die die Aufgabe hatten, die in der Eingeborenenwirtschaft erzeugten Produkte, sofern sie der europäischen Wirtschaft dienstbar gemacht werden konnten, zu sammeln und weiterzuleiten. Waren die Eingeborenenreservate Südafrikas den Europäern so gut wie verschlossen, so wurde doch die Anlage von Handelsstationen zugelassen. Ihre großartigste Entwicklung aber erlebten sie in der borealen Nadelwaldregion bzw. den subarktischen Gebieten, wo Trapper und Eingeborene die Pelze, die Schätze des Landes, hierher brachten. Befestigte Handelsstationen schufen die Russen im sibirischen Waldland bis nach Alaska hinüber; einige russische Ortsnamen und verfallende orthodoxe Kirchen sind in letzterem Bezirk die einzigen Zeugen der russischen

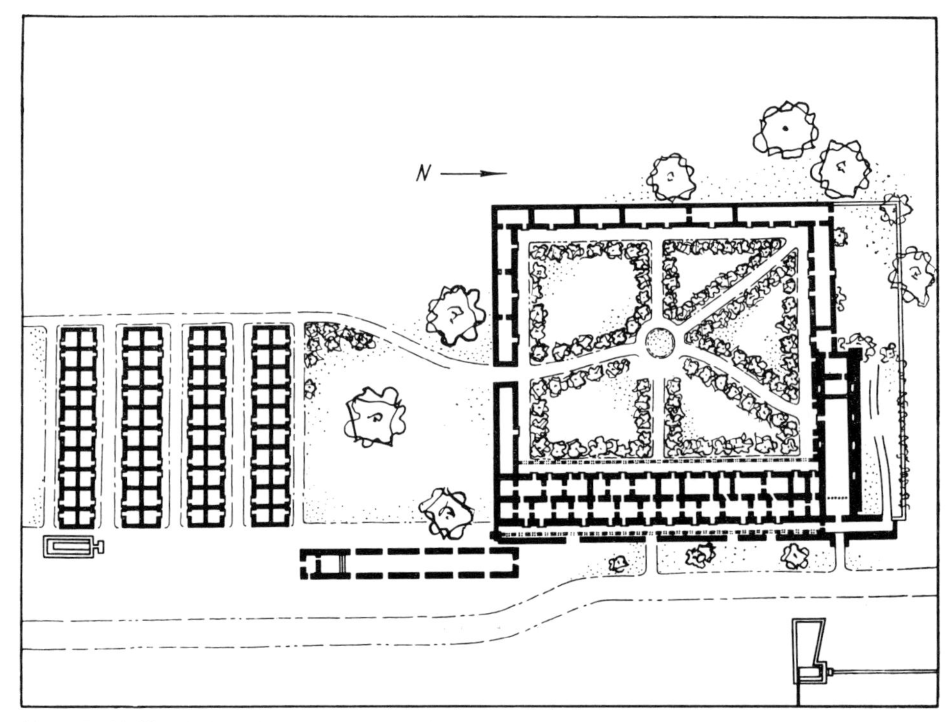

Abb. 95 Kalifornische Missions-Reduccion (nach Morrison). Links das indianische Dorf, das durch Grünanlagen mit der um einen Innenhof angelegten Mission verbunden ist.

Herrschaftsperiode. Im entsprechenden kanadischen Bereich waren es die zahlreichen an Flüssen und Seen gelegenen Handelsposten der Hudsonbay-Company, von denen aus der Pelztierfang organisiert wurde.

Überall in den ehemaligen Kolonialgebieten hat die *Mission* Fuß gefaßt und mit ihrem Wirken im Rahmen kolonialer Herrschaft und Wirtschaft ideelle Gesichtspunkte verfolgt. Zwar sind die Missionssiedlungen des spanisch-portugiesischen Kolonialreiches in Lateinamerika vergangen und haben sich lediglich als Ruinen erhalten (Paraguay). Unter Umständen gewannen sie in einer der Tradition entbehrenden Gesellschaft im Fremdenverkehr Anziehungskraft (z. B. Kalifornien). Doch wurden den Jesuiten-, Franziskaner- und Dominikanermissionen jener Gebiete besondere Ziele gesteckt, die nirgendwo anders in einer solchen Systematik ausgebildet waren. Durch Zusammenziehung der als Sammler und Jäger lebenden Indianer in spezifischen Gruppensiedlungen, den Reduccionen (Abb. 95), versuchte man, nicht nur die christliche Heilslehre zu vermitteln, sondern zugleich seßhafte Lebensweise, Übergang zum Feldbau usw. zu erzwingen; dies tat man nicht allein, um europäische Lebensformen durchzusetzen und das Missionswerk zu erleichtern, sondern auch, um die Indianer vor der Ausbeutung durch die Großgrundbesitzer zu schützen. Schon um die Mitte des 16. Jh.s entstanden die ersten Missions-Reduccionen, deren siedlungsgeschichtliche Bedeutung für Lateinamerika nicht hoch genug zu veranschlagen ist, auch wenn ihnen keine dauerhafte Lebensfähigkeit beschieden war. Als Nachklang der kolonialen

Missionssiedlung entstanden noch zu Beginn dieses Jahrhunderts am Rio Negro etwa ein Dutzend Missions-Reduccionen (Deffontaines, 1938, S. 380). Für ihren Grundriß wurde meist der in Lateinamerika schon frühzeitig eingeführte Plaza-Typ (Kap. VII. F) verbindlich.

Zeigt sich in den Missions-Reduccionen Lateinamerikas die besondere kulturhistorische Situation dieses Landes, die auch siedlungsmäßig Ausdruck gewann, so sind Ansätze für die Zusammenziehung der christlich gewordenen Eingeborenen in eigenen Siedlungen auch in anderen Kolonialgebieten bemerkbar. Doch die Erkenntnis der Gefahr, die mit einer so bewirkten Auflösung der Sippen- und Stammesbindungen gegeben ist, ließ ein solches Verfahren sonst nicht zur Regel werden. Immer aber haben sich die Missionen außer ihrer eigentlichen missionarischen Aufgabe auch der sozialen Betreuung der Eingeborenen zugewandt, sei es, daß die Stationen Krankenhäuser besitzen, sei es, daß sie mit Schulen, Handwerkslehrstätten usw. ausgestattet sind; noch heute liegt die Ausbildung von Lehrern und Geistlichen in vielen einstigen Kolonialgebieten in den Händen der aus der Mission hervorgegangenen afrikanischen Kirchen. Manchmal nahm die Mission auch den Handel in die Hand wie z. B. in Neufundland oder in Grönland. Wenn in zu entfernter Lage von Eisenbahn oder modernen Straßen, fand insbesondere in Afrika eine Verlagerung in Verwaltungs- und Handelsmittelpunkte statt.

Die häufige Beschränkung der Eingeborenen auf Reservate, die Befriedung der Stämme, das damit hervorgerufene Bevölkerungswachstum und die beginnende Raumnot oder das Streben, die Eingeborenen in die Weltwirtschaft einzubeziehen, machten es wünschenswert, ihre eigene wirtschaftliche Betätigung zu intensivieren. Unter den Stationen, die der Erziehung der Eingeborenen dienen, nehmen deshalb die landwirtschaftlichen *Versuchsstationen* eine besondere Stellung ein.

Unter dem Begriff der „Mittelpunkts-Siedlungen" wurden ihrer Struktur und Funktion nach sehr verschiedenartige Siedlungstypen zusammengefaßt. Allen jedoch ist eigen, daß in ihnen die ländliche Bevölkerung im eigentlichen Sinne zurücktritt oder sogar fehlt, und für alle gilt, daß sie auf einen geringeren oder weiteren Umkreis Anziehungskraft ausüben. Finden sich mehrere Typen der gekennzeichneten Art in einem Ort beieinander, dann wird die Bedeutung dieser Siedlung verstärkt und ihr Einflußbereich ausgeweitet. Vielfach gliedern sich den Verwaltungsstationen in einstigen Kolonialgebieten Kaufläden, Gaststätten usw. an, so daß kleine kommerzielle Zentren entstehen; in Nordafrika traten solche Siedlungen häufig an die Stelle der unter freiem Himmel abgehaltenen Souks Missions- und Handelsstationen finden sich miteinander vereint und fördern in besonderer Weise die Seßhaftwerdung der Eingeborenen im Falle temporärer Siedlungsart.

Wochen- und Viehmarkt in ein- und derselben Ortschaft verleihen ihr größeres Gewicht, als wenn nur eine dieser Einrichtungen vorhanden wäre usw. Je mehr Aufgaben eine Siedlung für einen weiteren Umkreis übernimmt, um so mehr nähert sie sich städtischem Charakter, um so stärker erweist sich die Tendenz zur Ausbildung einer eigentlichen Stadt. So ragen zwar die Mittelpunkts-Siedlungen über die ländlichen Siedlungen im eigentlichen Sinne hinaus, haben aber in der relativ geringen Differenzierung der dem einzelnen Mittelpunkt zufallenden Aufgaben das, was das Wesen der Stadt ausmacht, noch nicht erreicht. Grundsätzlich ergibt sich für die Betrachtung der Siedlungen hier ein neuer Gesichtspunkt, der bei den ländlichen Siedlungen im eigentlichen Sinne nicht berücksichtigt zu werden brauchte: stehen letztere gleichgeordnet nebeneinander, so tritt bei den Mittelpunkts-Siedlungen die Frage nach den funktionalen Beziehungen der Siedlungen zueinander hervor, ein Problem, das an späterer Stelle noch einmal im Zusammenhang zu erörtern sein wird (Kap. VII. B. 2).

Literatur

Allgemeine Werke und Bibliographien

Atteslander, P. und *Hamm, B.*: Materialien zur Siedlungssoziologie. Köln 1974.

Beaujeu-Garnier, J. und *Chabot, G.*: Traité de géographie urbaine. Paris 1963.

Beaujeu-Garnier, J.: Géographie urbaine. Paris 1980.

Berry, B. J. L. und *Horton, F. F.*: Geographic perspectives on urban systems. Englewood Cliffs, N. J. 1970.

Berry, B. J. L. und *Smith, K. B.*: City Classification Handbook. New York–London–Sydney–Toronto 1972.

Berry, B. J. L.: The Human Consequence of Urbanisation. London – New York usf. 1973.

Born, M.: Zur Erforschung der ländlichen Siedlungen. Geogr. Rundschau, S. 369-373 (1970).

Born, M.: Die Entwicklung der deutschen Agrarlandschaft. Darmstadt 1974.

Born, M.: Geographie der ländlichen Siedlungen, Teil I: Die Genese der ländlichen Siedlungen in Mitteleuropa. Stuttgart 1977.

Bourne, L. S.: Internal Structure of the City. Readings on Space and Environment. New York – Toronto – London 1971.

Bourne, L. S. und *Simmons, J. W.* (Hrsg.): System of Cities. New York 1978.

Broek, J. O. M. und *Webb, J. W.*: A Geography of Mankind. New York – St. Louis usf. 1968 (insbesondere S. 341-416).

Brünger, W.: Einführung in die Siedlungsgeographie. Heidelberg 1961.

Brunhes, J.: La Géographie Humaine. 3. Aufl. 3 Bde. Paris 1925; 4. verkürzte Aufl. Paris 1947.

Brunn, S. D. und *Williams, J. F.*: Cities of the World. World regional development. New York 1983.

Buchanan, R. H., *Butlin, R. A.* und *McCourt, D.*: Fields, Farms and Settlement in Europe. Ulster Folk and Transport Museum 1976.

Burke, G.: Towns in the making. London 1971.

Carter, H.: The study of urban geography. London 1972, 2. Aufl. 1975.

Carter, H.: Einführung in die Stadtgeographie. Übersetzt und herausgeg. v. *Vetter*, F. Berlin – Stuttgart 1980.

Chabot, G.: Les Villes. Paris 1948; 2. Aufl. Paris 1952.

Chabot, G.: Vocabulaire franco-anglo-allemand de géographie urbaine. Paris 1970.

Claval, P.: La Géographie urbaine. Revue de Géographie Montréal, S. 117-141 (1970).

Demangeon, A.: La géographie de l'habitat rural. Annales de Géographie, S. 1-23, S. 97-114, S. 159-205 (1927).

Derruau, M.: Précis de Géographie Humaine. Paris 1952; 2. Aufl.: Nouveau Précis de Géographie Humaine, insb. S. 294-325 und S. 459-514. Paris 1969.

Desplanques, H. (Hrsg.): I Paesaggi Rurali Europei. Deputazione di Storia Patria per l'Umbria, Appendice al Bol., Nr. 12. Perugia 1975.

Dörries, H.: Der gegenwärtige Stand der Stadtgeographie. Pet. Mitteil. Ergh. 209, S. 310-325. Gotha 1930.

Dörries, H.: Siedlungs- und Bevölkerungsgeographie (1908-1938), Bibliographie. Geogr. Jahrbuch, S. 1-380 (1940).

Dussart, F. (Hrsg.): L'Habitat et les paysages ruraux d'Europe. Les Congrès et Colloques de l'Université de Liege 1971.

George, P.: La Ville. Le Fait Urbain à travers le Monde. Paris 1952; 2. Aufl. Précis de géographie urbaine. Paris 1961.

George, P.: Précis de géographie rurale. Paris 1963.

Géographie et Histoire Agraires. Annales de l'Est, Faculté des Lettres et des Sciences Humaines de l'Université de Nancy, Mém. Nr. 21. Nancy 1959.

Hamdan, G.: Urban Geography. Kairo 1960 (arabisch).

Hassinger, H.: Die Geographie des Menschen. Handbuch der Geogr. Wissenschaft. Potsdam 1933.

Hauser, P. M. und *Schnore, L. F.* (Hrsg.): The Study of Urbanization. New York 1965.

Herbert, D. T. und *Johnston, R. J.*: Geography and urban environment. Progress in research and applications. Chichester 1978.

Herbert, D. T. und *Thomas, C. J.*: Urban geography. A first approach. Chichester 1982.

Hettner, A.: Allgemeine Geographie des Menschen. Stuttgart 1947.

Hofmeister, B.: Stadtgeographie. 1. Aufl. Braunschweig 1969; 3. Aufl. Braunschweig 1976; 4. Aufl. 1980.

Huntington, E. und *Cushing, S. W.*: Principles of Human Geography. New York 1921.

Johnson, J. H.: Urban Geography. Cambridge 1972.
Jones, E.: Towns and Cities. London – Oxford – New York 1966.
Kielczewska-Zaleska, M.: Geografia osadnietwa (Geography of Settlement) 2. Aufl. Warschau 1969.
King, H. W.: The scope and nature of urban research in Australia. Erdkunde, S. 316-320 (1953).
Kiuchi, S.: Urban Geography. The Structure and Development of Urban Areas and their Hinterlands. Tokio 1951 (jap., ausführl. Besprechung von *Scheidl, L.:* Neuere Beiträge zur Siedlungsgeographie Japans. Pet. Mitteil., S. 112 ff. (1955).
Kiuchi, S. (Hrsg.): Urban and Rural Geography. Tokio 1967 (jap.).
Kiuchi, S. u. a. (Hrsg.): Japanese Cities – a geographical approach. Special Publications, Nr. 2 der Association of Japanese Geographers 1970.
Köhler, F.: Neuere Literatur zur Siedlungsstrukturforschung. Pet. Mitteil., S. 54-56 (1974). Bibliographie.
Lavedan, P.: Géographie des Villes. Paris 1936; 2. Aufl. Paris 1959.
Lazmika, Z.: Die tschechoslowakische Siedlungsgeographie nach dem zweiten Weltkrieg. Wiss. Zeitschr. der Ernst Moritz Arndt-Univ. Greifswald, naturw.-math. Reihe 14, 1/2, S. 175-181 (1965).
Mayer, E.: Neuere Strömungen in der spanischen Stadtgeographie. Geogr. Zeitschr., S. 143-146 (1968).
Mayer, H. M. und *Kohn, C. F.:* Readings in Urban Geography. Chicago – London 1959; 4. Aufl. Chicago – London 1964.
Meynier, A.: Les paysages agraires. Paris 1958.
Norborg, K. (Hrsg.): Proceedings of the IGU-Symposium in Urban Geography Lund 1960. Lund Studies in Geogr., Ser. B: Human Geogr., Nr. 24 (1962).
Northam, R. M.: Urban Geography. New York 1975.
Ortolani, M.: Geografia delle Sedie. Padua 1984 (konnte nicht mehr berücksichtigt werden).
Pöhlandt, N. J.: Stand und Probleme der norwegischen Stadtgeographie. Norsk Geogr. Tidsskrift, S. 355-77 (1964).
Ratzel, F.: Anthropogeographie, Bd. II, 1. Aufl., S. 449-510. Stuttgart 1909. 2. Aufl. Stuttgart 1912.
Ray, W. und *Lynch, Sh.:* Urban studies in geography: A bibliography 1970-1972. Exchange Bibliography, Council of Planning Librarians. Monticello 1973.
Richthofen, F. v.: Vorlesungen über Allgemeine Siedlungs- und Verkehrsgeographie, bearbeitet von *O. Schlüter*, S. 259-312. Berlin 1908.
Rimbert, S.: Les Paysages Urbains. Paris 1973.
Schöller, P.: Aufgaben und Probleme der Stadtgeographie. Erdkunde, S. 161-185 (1950).
Schöller, P. (Hrsg.): Allgemeine Stadtgeographie. Darmstadt 1969.
Schöller, P. u. a.: Bibliographie zur Stadtgeographie. Deutschsprachige Literatur 1952-1970. Bochumer Geogr. Arbeiten, H. 14 (1970).
Schöller, P. (Hrsg.): Trends in Urban Geography. Reports on Research in Major Language Areas (Großbritannien und Irland, Niederlande und fläm. Gebiete Belgiens, deutschsprachige Bereiche, Polen, portugiesisch-sprachige Länder, Japan). Bochumer Geogr. Arbeiten, H. 16 (1973).
Smailes, A. E.: The Geography of Towns. London 1953.
Sorre, M.: Les Fondements de Géographie Humaine, Bd. III: L'Habitat, S. 154-436. Paris 1952.
Taylor, G.: Urban Geography. London 1949.
Toshio Noh: Geography of Rural Settlements. Morphology of rural Settlements as an element of rural landscape. Tokio 1952 [jap., besprochen von *Scheidl, L.:* Neuere Beiträge zur Siedlungsgeographie Japans. Pet. Mitteil., S. 155 ff. (1955)].
Vidal de la Blache, P.: Principes de Géographie Humaine. Paris 1922.

I. Die Entwicklung der Siedlungsgeographie

Ahlmann, H. W. u. a.: Stockholms inre Differentierung. Stockholm 1934.
Alexander, A.: J. G. Kohl und seine Bedeutung für die deutsche Landes- und Volksforschung. Deutsche Geographische Blätter, Bd. 43, S. 7-126. Bremen 1940.
Alexandersson, G.: The industrial structure of American Cities. London – Stockholm 1956.
Arnold, W.: Ansiedelungen und Wanderungen deutscher Stämme zumeist nach hessischen Ortsnamen. Marburg 1875; 2. Aufl. 1881.
Arnold, W.: Neue deutsche Biographie, Bd. I, S. 388. Berlin 1953.
Bach, A.: Die Ortsnamen auf -heim im Südwesten des deutschen Sprachgebietes. Wörter und Sachen 8, S. 142-175 (1923).
Bach, A.: Deutsche Namenkunde. Heidelberg 1953-1956.

Barrère, P.: Les Quartiers de Bordeaux. Etude Géographique. Auch 1956.

Beck, H.: Methoden und Aufgaben der Geschichte der Geographie. Erdkunde, S. 51-57 (1954).

Beck, H.: Alexander von Humboldt. Wiesbaden 1959 und 1961.

Biasutti, R.: La casa rurale in Toscana. Richerche sulle Dimore Rurali in Italia, Vol. I. Florenz 1938.

Blanchard, R.: Grenoble. Etude de Géographie Urbaine. Paris 1912; 3. Aufl. 1935.

Bloch, M.: Les caractères orginaux de l'Histoire Rurale Française. 1. Aufl. Institut pour l'Etude comparative des Civilisations d'Oslo 1931; 2. Aufl. hrsg. von *L. Febvre*. Paris 1955 und 1956.

Bobek, H.: Grundfragen der Stadtgeographie. Geogr. Anzeiger, S. 213-224 (1927).

Born, M.: Studien zur spätmittelalterlichen und neuzeitlichen Siedlungsentwicklung in Nordhessen. Marburger Geogr. Schriften, H. 44 (1971).

Born, M.: Die Entwicklung der deutschen Agrarlandschaft. Darmstadt 1974.

Brand, D.: Humboldts Essai Politique sur le Royaume de la Nouvelle Espagne. In: Alexander von Humboldt, Studien zu seiner Geisteshaltung, hrsg. von *J. H. Schultze*, S. 123-141. Berlin 1959.

Brunhes, J.: La Géographie Humaine. 3. Aufl. Paris 1925.

Burgess, E. W.: The Growth of the City. In: The City, hrsg. von *R. E. Park, E. W. Burgess* und *R. D. Mackenzie*, S. 47-62. Chicago 1925.

Carrière, F. und *Pinchemel, P.:* Le Fait urbain en France. Paris 1963.

Chabot, G.: Les zones d'influences d'une ville. Comptes Rendus du Congr. Intern. de Géographie Paris, 1931, Bd. III, Sect. IV-VI, S. 432-437. Paris 1934.

Chabot, G.: Carte des zones d'influence des grandes villes françaises. Mémoires et Documents, Bd. VIII, S. 139-143. Paris 1961.

Conzen, M. R. G.: Alnwick, Northumberland. A study in town-plan analysis. The Institute of British Geographers, Publ. Nr. 27. London 1960.

Christaller, W.: Die zentralen Orte in Süddeutschland. Eine ökonomisch-geographische Untersuchung über die Gesetzmäßigkeit der Verbreitung und die Entwicklung der Siedlungen mit städtischen Funktionen. Jena 1933.

Demangeon, A.: L'habitation rurale en France. Essai de classification des principaux types. Annales de Géographie 1920. Noch einmal veröffentl. in: Problèmes de Géographie Humaine, S. 261-287. Paris 1952.

Demangeon, A.: De l'Influence de régimes agraires sur des modes d'habitat dans l'Europe Occidentale. Comptes Rendus du Congr. Intern. de Géographie Kairo 1925. Noch einmal veröffentlicht in Problèmes de Géographie Humaine, S. 153-158. Paris 1952.

Demangeon, A.: Essai d'une classification des maisons rurales. Publ. du Département et du Museé National des Arts et Traditions populaires. Travaux du Premier Congrès International de Folklore 1937. Noch einmal veröffentlicht in: Problèmes de Géographie Humaine, S. 230-235. Paris 1952.

Demangeon, A.: Paris, la Ville et sa Baulieue. Paris 1934.

Dickinson, R. E.: The Regional Functions and Zones of Influences of Leeds and Bradford. Geography, Vol. XV, S. 548-557 (1930).

Dickinson, R. E.: City, Region and Regionalism. A Geographical contribution to Human Ecology. 1. Aufl. London 1947; 3. Aufl. 1956; neu bearbeitet: City and Region. London 1964.

Dion, R.: Essai sur la formation du paysage rural français. Tours 1934.

Döring, L.: Wesen und Aufgaben der Geographie bei Alexander von Humboldt. Frankfurter Geogr. Hefte, H. 1. Frankfurt a. M. 1931.

Dörries, H.: Entstehung und Formenbildung der niedersächsischen Stadt. Forschungen zur deutschen Landes- und Volkskunde, Bd. 27, S. 79-266 (1929).

Douglass, H. P.: The little town especially in its rural relationships. New York 1927.

Ebert, W.: Ländliche Siedelformen im deutschen Osten. Berlin 1937.

Enequist, G.: Nedre Luledalens Byar, en kulturgeografisk studie. Geographica IV. Uppsala 1937.

Faucher, D.: Géographie Agraire. Types de cultures. Paris 1949.

Fischer, E.: Anthropologie. Leipzig und Berlin 1923.

Förstemann, E.: Altdeutsches Namenbuch. Nordhausen 1855-1859.

Fritz, H.: Deutsche Städteanlagen. Beilage zum Programm Nr. 250 des Lyceums zu Strassburg i. E. 1894.

Geer, St. de: Greater Stockholm. A geographical interpretation. Geogr. Review, S. 497-506 (1923).

Geddes, P.: Cities in Evolution. London 1915.

Geisler, W.: Die deutsche Stadt. Forschungen zur deutschen Landes- und Volkskunde, Bd. XXII, 5. Stuttgart 1924.

Gist, N. P. und *Halbert, L. A.:* Urban Society. 1. Aufl. New York 1933; 4. Aufl. 1956.

Gradmann, R.: Das mitteleuropäische Landschaftsbild nach seiner geschichtlichen Entwicklung. Geogr. Zeitschr., S. 361-377 und 435-447 (1901).

Gradmann, R.: Das ländliche Siedlungswesen des Königreichs Württemberg. Forschungen zur deutschen Landes- und Volkskunde, S. 1-136 (1913).

Gradmann, R.: Die städtischen Siedlungen des Königreichs Württemberg. Forschungen zur deutschen Landes- und Volkskunde, Bd. XXI, 1 (1914).

Granö, J. G.: Settlement of the Country. In: Suomi, a general Handbook of the Geography of Finland. Fennia 72, S. 340-380 (1952).

Hannerberg, D.: Die älteren skandinavischen Akkermaße. Ein Versuch zu einer zusammenfassenden Theorie. Lund Studies in Geography, Ser. B: Human Geography, Nr. 12. Lund 1955.

Hanslik, E.: Biala, eine deutsche Stadt in Galizien. Geographische Untersuchung des Stadtproblems. Leipzig und Wien 1909.

Harris, C. D.: A Functional Classification of Cities in the United States. Geogr. Review, S. 86-99 (1943).

Harris, C. D.: Cities of the Soviet Union. The Monograph Series of the Association of American Geographers 1970.

Harris, C. D. und *Ullmann, E. L.:* The Nature of the Cities. Annals of the American Academy of Political and Social Sciences 1945.

Hartshorne, E.: The Nature of Geography. A critical survey of the current thought in the light of the past. Lancaster 1939.

Hartshorne, E.: Perspective of the Nature of Geography. London 1959 und 1961.

Hassert, K.: Die Städte geographisch betrachtet. Leipzig 1907.

Hassinger, H.: Beiträge zur Verkehrs- und Siedlungsgeographie von Wien. Mitteil. der Geogr. Gesellsch. Wien, S. 5-88 (1910).

Hassinger, H.: Kunsthistorischer Atlas der Haupt- und Residenzstadt Wien. Österreichische Kunsttopographie XV. Wien 1916.

Hassinger, H.: Die Geographie des Menschen. Klutes Handbuch der geographischen Wissenschaft. Potsdam 1933.

Hastrup, F.: Danske Landsbytyper. Skrifter fra Geografisk Institut ved Arhus Universitet. Aarhus 1964.

Helmfrid, S.: Östergötland „Västanstang". Studien über die ältere Agrarlandschaft und ihre Genese. Geogr. Annaler, Bd. XLIV, Nr. 1 und 2. Stockholm 1962.

Hettner, A.: Die Lage der menschlichen Ansiedlungen. Geogr. Zeitschr., S. 361-375 (1895).

Hettner, A.: Die wirtschaftlichen Typen der Ansiedlungen. Geogr. Zeitschr., S. 92-100 (1902).

Hettner, A.: Die Geographie, ihre Geschichte, ihr Wesen und ihre Methoden. Breslau 1927.

Hettner, A.: Heidelberger Geographische Arbeiten, H. 6. Gedenkschr. zum 100. Geburtstag. Heidelberg-München 1960.

Hözel, E.: Das geographische Individuum bei Carl Ritter und seine Bedeutung für den Begriff des Naturgebiets und der Naturgrenze. Geogr. Zeitschr., S. 376-396 (1896).

Hömberg, A.: Grundfragen der deutschen Siedlungsforschung. Veröffentl. des Seminars für Staatenkunde und historische Geographie der Universität Berlin V. Berlin 1935.

Hoyt, H.: City Growth and Mortgage Risk. Insured Mortgage Portfolio, Bd. I (1935).

Howard, E.: Tomorrow. London 1898; 2. Aufl. Garden Cities of tomorrow. London 1902.

Humboldt, A. v.: Versuche über die gereizte Muskel- und Nervenfaser nebst Vermutungen über die chemischen Prozesse des Lebens in der Thier- und Pflanzenwelt. 2 Bde. Posen und Berlin 1797.

Humboldt, A. v.: Ansichten der Natur. 1. Aufl. Stuttgart und Tübingen 1808.

Humboldt, A. v.: Essai politique sur le royaume de la Nouvelle Espagne. Paris 1811.

Humboldt, A. v.: Atlas géographique et physique du Nouveau Continent. Paris 1814.

Humboldt, A. v.: Examen critique de l'histoire de la géographie du Nouveau Continent. Paris 1814-1834.

Humboldt, A. v.: Kosmos. Entwurf einer physischen Weltbeschreibung. 5 Bde. Stuttgart 1845-1862.

Huttenlocher, F.: Versuche kulturlandschaftlicher Gliederung am Beispiel von Württemberg. Forschungen zur deutschen Landeskunde, Bd. 47. Stuttgart 1949.

Huttenlocher, F.: Robert Gradmann und die geographische Landeskunde Süddeutschlands. Erdkunde, S. 1-6 (1951).

Jäger, H., Krenzlin, A. und *Uhlig, H.* (Hrsg.): Beiträge zur Genese der Siedlungs- und Agrarlandschaft in Europa. Erdkundliches Wissen, H. 18. Wiesbaden 1968.

Juillard, E. und *Meynier, A.:* Die Agrarlandschaft in Frankreich. Münchener Geographische Abhandl., H. 9. Regensburg 1955.

Kapp, E.: Philosophische Erdkunde. Braunschweig 1845.

Käubler, R.: Otto Schlüter. Pet. Mitteil., S. 241-243 (1959).

Klucka, G.: Zentrale Orte und zentralörtliche Bereiche mittlerer und höherer Stufe in der Bundesrepublik Deutschland. Forschungen zur deutschen Landeskunde, Bd. 194 (1970).

Klute, F.: Die ländlichen Siedlungen in verschiedenen Klimazonen. Breslau 1933.

Kötzschke, R.: Ländliche Siedlungen und Agrarwesen in Sachsen. Forschungen zur deutschen Landeskunde, Bd. 77. Remagen 1953.

Kohl, J. G.: Der Verkehr und die Ansiedelungen des Menschen in Abhängigkeit von der Gestaltung der Erdoberfläche. Dresden und Leipzig 1841.

Kohl, J. G.: Die geographische Lage der Hauptstädte Europas. Leipzig 1874.

Kolb, J. H.: Trends in Town–Country Relation. Wisconsin Research Bull., Nr. 117 (1933).

Krenzlin, A.: Die Kulturlandschaft im Hannoverschen Wendland. Forschungen zur deutschen Landes- und Volkskunde, Bd. 28, 4. Stuttgart 1931.

Krenzlin, A.: Dorf, Feld und Wirtschaft im Gebiet der großen Täler und Platten östlich der Elbe. Forschungen zur deutschen Landeskunde, Bd. 70. Remagen 1953.

Krenzlin, A. und *Reusch, L.:* Die Entstehung der Gewannflur nach Untersuchungen im nördlichen Unterfranken. Frankfurter Geogr. Hefte 1961.

Kühn, A.: Die Neugestaltung der deutschen Geographie im 18. Jahrhundert. Quellen und Forschungen zur Geschichte der Geographie und Völkerkunde, Bd. V. Leipzig 1939.

Lautensach, H.: Portugal auf Grund eigener Reisen und der Literatur. Pet. Mitteil. Ergh. 213 (1932) und 230 (1937).

Lautensach, H.: Otto Schlüters Bedeutung für die methodische Entwicklung der Geographie. Kritischer Querschnitt durch 50 Jahre erdkundlicher Problemstellung in Deutschland. Pet. Mitteil., S. 219-231 (1952).

Lebeau, R.: Les grands types des structures agraires dans le Monde. 2. Aufl. Paris 1972.

Leighly, J. B.: The towns of Mälardalen in Sweden. A study in urban morphology. Univ. California Public. III, 1. Berkeley 1928.

Manshard, W.: Die Städte Tropisch-Afrikas. Stuttgart 1977.

Martiny, R.: Hof und Dorf in Altwestfalen. Forschungen zur deutschen Landes- und Volkskunde, Bd. XXIV. Stuttgart 1926.

Martiny, R.: Die Grundrißgestalt der deutschen Siedlungen. Pet. Mitteil. Ergh. 197. Gotha 1928.

Meitzen, A.: Das deutsche Haus in seinen volkstümlichen Formen. Verhandl. des ersten deutschen Geographentages zu Berlin 1881, S. 58-88. Berlin 1882.

Meitzen, A.: Siedlungen und Agrarwesen der Westgermanen, Ostgermanen, der Kelten, Römer, Finnen und Slawen. Berlin 1895.

Meyer, E. H.: Deutsche Volkskunde. Strassburg 1898.

Müller-Wille, W.: Westfalen, Landschaftliche Ordnung und Bindung eines Landes. Münster/Westf. 1952.

Nelson, H. J.: A Service Classification of American Cities. Economic Geography, S. 189-210 (1955).

Nelson, H.: Geografiska studier över de svenska städernas och stadsliknande orternas låge. Lunds Univ. Årsskrift, N. F. XIV, 3. Lund 1918.

Niemeier, G.: Siedlungsgeographische Untersuchungen in Niederandalusien. Abhandl. aus dem Gebiet der Auslandskunde, Bd. 42 (Reihe B, Bd. 22). Hamburg 1935.

Niemeier, G.: Gewannfluren. Ihre Gliederung und die Eschkerntheorie. Pet. Mitteil., S. 57-74 (1944).

Niemeier, G.: Siedlungsgeographie. 1. Aufl. Braunschweig 1967, 4. Aufl. 1977.

Nitz, H. J.: Historisch-genetische Siedlungsforschung. Darmstadt 1974.

Passarge, S.: Geographische Völkerkunde. Frankfurt a. M. 1934 und Berlin 1951.

Passarge, S.: Stadtlandschaften der Erde. Breslau 1930.

Peschel, O.: Geschichte der Erdkunde bis auf A. v. Humboldt und C. Ritter. München 1865; 2. Aufl. hrsg. von *S. Ruge*, München 1877.

Peschel, O.: Abhandlungen zur Erd- und Völkerkunde. Leipzig 1877.

Plewe, E.: Untersuchungen über den Begriff der „vergleichenden" Erdkunde und seine Anwendung in der neueren Geographie. Zeitschr. der Gesellsch. für Erdkunde Berlin, Ergänzungsheft IV. Berlin 1932.

Plewe, E.: Carl Ritter (1779-1859). Geogr. Taschenbuch, S. 501-503 (1958/59).

Plewe, E.: Alexander von Humboldt (1769 bis 1859). Geographisches Taschenbuch, S. 494-500 (1958/59).

Ratzel, F.: Politische Geographie. 1. Aufl. München und Leipzig 1897.

Ratzel, F.: Die geographische Lage der großen Städte. In: Die Großstadt. Vorträge und Aufsätze zur Städteausstellung. Dresden 1903.

Ratzel, F.: Kleine Schriften, hrsg. von *H. Helmolt.* 2. Bde. München und Berlin 1906.

Richerche di Geografia Urbana. Consiglio Nazionale delle Richerche Centro di Studi per le Geografia Antropica presso l'Istituto della Università di Roma, seit 1946.

Riehl, W. H.: Die Naturgeschichte des deutschen Volkes als Grundlage einer deutschen Sozialpolitik. 1. Aufl. Augsburg 1853.

Ritter, C.: Die Erdkunde im Verhältnis zur Natur

und zur Geschichte des Menschen. 21 Bde. Berlin 1818-1859.
Ritter, C.: Europa, ein geographisch-historisch-statistisches Gemälde. Frankfurt a. M. 1804.
Ritter, C.: Sechs Karten von Europa über Produkte, physikalische Geographie und Bewohner dieses Erdteils. Schnepfenthal 1813.
Ritter, C.: Über das historische Element in der geographischen Wissenschaft. Berlin 1833.
Ritter, C.: Einleitung zur allgemeinen vergleichenden Erdkunde und Abhandlungen zur Begründung einer mehr wissenschaftlichen Behandlung der Erdkunde. Berlin 1852.
Rönneseth, O.: Gard und Einfriedung. Entwicklungsphasen der Agrarlandschaft Jaerens. Geografiska Annaler, Special Issue, Nr. 2. Stockholm 1975.
Scharlau, K.: Beiträge zur geographischen Betrachtung der Wüstungen. Badische Geogr. Abhandl. X. Freiburg i. Br. 1933.
Schlenger, H.: Formen ländlicher Siedlungen in Schlesien. Veröffentl. der Schles. Gesellschaft für Erdkunde X. Breslau 1930.
Schlüter, O.: Die Siedelungen im nordöstlichen Thüringen, ein Beispiel für die Behandlung siedlungsgeographischer Fragen. Berlin 1903.
Schlüter, O.: Über den Grundriß der Städte. Zeitschr. der Gesellsch. für Erdkunde Berlin, S. 446-462 (1899).
Schlüter, O.: Die Stellung der Geographie des Menschen in der erdkundlichen Wissenschaft. Geographische Abende, H. 5. Berlin 1919.
Schlüter, O.: Die Siedlungsräume Mitteleuropas in frühgeschichtlicher Zeit. Forschungen zur deutschen Landeskunde, Bd. 63, Remagen 1952; Bd. 74, Remagen 1953; Bd. 110, Remagen 1958.
Schmieder, O.: Die Neue Welt. Mittelamerika und Südamerika. Heidelberg – München 1962.
Schmieder, O.: Die Neue Welt. Nordamerika. Heidelberg – München 1963.
Schmitthenner, H.: Carl Ritter. Frankfurter Geographische Hefte, H. 4, Frankfurt a. M. 1951.
Schöller, P.: Die deutschen Städte. Erdkundl. Wissen, H. 17. Wiesbaden 1967.
Schöller, P. (Hrsg.): Zentralitätsforschung. Darmstadt 1972.
Schott, C.: Landnahme und Kolonisation in Canada am Beispiel Südontarios. Schriften des Geogr. Instituts der Univ. Kiel, Bd. VI (1936).
Schott, C.: Orts- und Flurformen Schleswig-Holsteins. Schriften des Geogr. Instituts der Universität Kiel, Sonderband: Beiträge zur Landeskunde Schleswig-Holsteins, S. 105-133 (1953).
Schröder, K. H.: Die Flurformen in Württemberg und Hohenzollern. Tübinger geographische und geologische Abhandl., Reihe I, H. 29. Öhringen 1944.
Schröder, K. H.: Das bäuerliche Anwesen in Mitteleuropa. Geogr. Zeitschr., S. 241-271 (1974).
Schwarz, G.: Johann Gottfried von Herder und Carl Ritter, eine geistesgeschichtliche Parallele. Hannoversches Hochschuljahrbuch, S. 149-159 (1953).
Semple, E.: Influences of Geographic Environment on the Basis of Ratzel's System of Anthropogeography. London 1911.
Smailes, A. E.: The Urban Mesh in England and Wales. Transactions and Papers, The Institute of British Geographers, S. 87-101 (1946).
Steinbach, F.: Studien zur westdeutschen Stammes- und Volksgeschichte. Jena 1926; Wiederabdruck Darmstadt 1962.
Steinmetzler, J.: Die Anthropogeographie Friedrich Ratzels und ihre ideengeschichtliche Wurzeln. Bonner Geogr. Abhandl., H. 19, Bonn 1956.
Troll, C.: Alexander von Humbolds wissenschaftliche Sendung. In: Alexander von Humboldt, Studien zu seiner Geisteshaltung, hrsg. von *J. H. Schultze.* Berlin 1959.
Uhlig-Lienau: Flur- und Flurformen. Materialien zur Terminologie der Agrarlandschaft, Vol. I. Gießen 1967.
Uhlig-Lienau: Die Siedlungen des ländlichen Raumes. Materialien zur Terminologie der Agrarlandschaft, Bd. II. Gießen 1972.
Vahl, M.: Types of rural settlement in Denmark. Comptes Rendus Congr. Intern. de Géographie Paris, 1931, Bd. III, Sect. IV-VI. S. 165-176. Paris 1934.
Wenzel, H.: Sultan Dagh und Akschehir-Ova. Schriften d. Geogr. Instituts der Univ. Kiel, H. 1 (1932).
Wilhelmy, H. und *Borsdorf, A.:* Die Städte Südamerikas. 2 Bde. Berlin–Stuttgart 1984-1985.
Wilhelmy, H.: Hochbulgarien I. Schriften des Geogr. Instituts der Universität Kiel, Bd. IV. Kiel 1935.
Wilhelmy, H.: Südamerika im Spiegel seiner Städte. Hamburg 1952.
Werth, E.: Grabstock, Hacke und Pflug. Ludwigsburg 1954.
William-Ollson, W.: Huvudragen av Stockholms geografiska utveckling 1850-1930. Medd. från Geogr. Institut Stockholm Högskola XXXVII. Stockholm 1937.
Wirth, E.: Die orientalische Stadt. Saeculum, Bd. 26, S. 45-94 (1975).
Wisotzki, E.: Zeitströmungen in der Geographie. Leipzig 1897.
Wright, J. K.: Miss Semples Influences of geographic environment Notes towards a Bibliobiography. Geogr. Review, S. 346-376 (1962).

II. A: Die Grenzen des Siedlungsraumes

Blache, J.: L'homme et la montagne. Paris 1933.
Breitfuss, L.: Das Nordpolargebiet. Seine Natur, Bedeutung und Erforschung. Berlin 1943.
Czajka, W.: Lebensformen und Pionierarbeit an der Siedlungsgrenze. „Die bewohnte Erde", Nr. 1. Hannover 1953.
Deffontaines, P.: L'homme et la forêt. Paris 1933.
Deichmann, E.: Die obere Grenze der Dauersiedlungen in den Gebirgen Europas. Diss. Berlin 1936.
Despois, J.: Development of Land Use in Northern Africa. Arid Zone Research, Bd. XVII, S. 219-237 (1961).
Ehlers, E.: Das boreale Waldland in Finnland und Kanada als Siedlungs- und Wirtschaftsraum. Geogr. Zeitschr., S. 279-322 (1967).
Enequist, G.: Geographical changes of rural settlement in Northwestern Sweden since 1523. Meddelanden från Uppsala Universitets Geografiska Institution, Ser. A, Nr. 143. Uppsala 1959.
Enequist, G. und *Norling, G.:* Advance and retreat of rural settlement. Papers of the Siljan Symposium at the XIX th International Congress. Geografiska Annaler, S. 210-346 (1960).
Flückiger, O.: Die obere Grenze der menschlichen Siedlungen in der Schweiz. Bern 1906.
Frödin, J.: Zentraleuropas Alpwirtschaft. Oslo und Leipzig 1940 und 1941.
Hambloch, H.: Der Höhengrenzsaum der Ökumene. Anthropogeographische Grenzen in dreidimensionaler Sicht. Westfälische Geogr. Studien, H. 18. Münster 1966.
Hambloch, H.: Höhengrenzen von Siedlungstypen in Gebirgsregionen der westlichen USA. Geogr. Zeitschr., S. 1-41 (1967).
Hartke, W. und *Ruppert, K.* (Hrsg.): Almgeographie. Wiesbaden 1964.
Hassinger, J.: Die Geographie des Menschen. In: Klutes Handbuch der Geogr. Wissenschaft. Potsdam 1933.
Jaeger, F.: Die klimatischen Grenzen des Ackerbaus. Denkschriften der Schweizerischen Naturforschenden Gesellschaft, Bd. 76, Abhandl. I (1946).
Kosmachev, K.: Ways of Combining the Economy of the Indegenious Peuples of the North with new Economic Activities. Soviet Geography, S. 129-137, Febr. 1968.
Krebs, N.: Die Verbreitung des Menschen auf der Erdoberfläche. Berlin 1921.
Krebs, N.: Die Ostalpen und das heutige Österreich. Stuttgart 1928.
Lampadius, G.: Die Höhengrenzen der Cima d'Asta und des Lagorai-Gebirges. Berliner Geogr. Arbeiten XV. Stuttgart 1937.
Lautensach, H.: Der Höhenwandel in der Verteilung der Erdbevölkerung nach J. Staszewski. Erdkunde, S. 138-141 (1958).
Lehmann, O.: Der Begriff der oberen Siedlungsgrenze. Mitteil. Geogr. Gesellsch. Wien, S. 332-394 (1913).
Limits of Land Settlement. A Report to the Tenth International Studies Conference. Paris 1937.
Monheim, F.: Die indianische Landwirtschaft im Titicacabecken. Geogr. Rundschau, S. 9-15 (1959).
Muraki, S.: Post-war reclamation of the Volcanic Slopes in the Kanto-District. Proceed. of IGU Regional Conference in Japan 1957, S. 429-434. Tokyo 1959.
Nitz, H.-J. (Hrsg.): Landerschließung und Kulturlandschaftswandel an den Siedlungsgrenzen der Erde. Göttinger Geogr. Abhandl., H. 66 (1976). (Zahlreiche Aufsätze zu dem Thema einschl. Literatur).
Ratzel, F.: Anthropogeographie, Bd. II. 1. Aufl. Stuttgart 1891.
Rinaldini, B. v.: Die Obergrenze der Dauersiedlungen. Mitteil. der Geogr. Gesellsch. Wien, S. 23-47 (1929).
Rudberg, S.: Ödemarkerna och den perifera bebyggelsen i inre Nordsverige. Geographica, Nr. 33. Uppsala 1957.
Schumann, A.: Die obere Siedlungsgrenze am Nordrand der deutschen Mittelgebirge. Diss. Leipzig. Dresden 1911.
Sieger, O.: Zur Geographie der zeitweise bewohnten Siedlungen in den Alpen. Geogr. Zeitschr., S. 361-369 (1907).
Sieger, O.: Beiträge zur Geographie der Almen in Österreich. Veröffentl. aus dem Geogr. Institut der Univ. Graz I (1925).
Smeds, H.: Post war clearance and pioneering activities in Finnland. Fennia 1960.
Stone, K. H.: Regional abandoning of rural settlement in northern Sweden. Erdkunde, S. 36-51 (1971).
Stone, K. H.: Northern Finland's Post-War Colonising and Emigration. European Demographic Monographs, Bd. IV. Den Haag 1973.
Taylor, G.: The inner arid limits of economic settlement in Australia. Scottish Geogr. Magazine, S. 65-78 (1932).
Troll, C.: Studien zur vergleichenden Geographie der Hochgebirge. Bonn 1941.
Weihl, A.: Die Höhengrenze der Siedlungen in Nordamerika im Vergleich mit europäischen

Gebirgen. Zeitschr. für Geopolitik II, S. 560-575 (1925).
Wissmann, H. v.: Das Mitter-Ennstal. Forschungen zur deutschen Landes- und Volkskunde, Bd. 25. Stuttgart 1927/28.

II. B: Die Verteilung der Siedlungen und der Bevölkerung in ihrer Abhängigkeit von physisch- und anthropogeographischen Faktoren

Ahrens, R.: Wirtschaftsformen und Landschaft. Abhandl. a. d. Gebiet der Auslandskunde, Bd. 24, Reihe C. Hamburg 1927.
Arbos, Ph.: Les migrations intercontinentales aux XIX e et XX e siècles. Annales de Géographie, S. 84-90 (1930).
Arutjunov, S. A.: Direction administrative et régime politique des populations autothochtones et intégration. In: *Malaurie*, S. 623-631 (1973).
Awad, M.: Nomadism in the lands of the Middle East. Arid Zone Research, Bd. XVIII, S. 325-339. Paris 1962.
Barth, F.: Nomadism in the mountain and plateau areas of South West Asia. Arid Zone Research, Bd. XVIII, S. 341-355. Paris 1962.
Bartz, F.: Der Fernste Westen Nordamerikas in seiner bio- und anthropogeographischen Sonderstellung. Erdkunde, S. 206-216 (1950).
Beaujeu-Garnier, J.: Géographie de la Population. In: Géographie Economique et Sociale, hrsg. von *A. Cholley*. Paris 1956 und 1958.
Bernhard, H.: Landbau und Besiedelung im nordzüricherischen Weinland. Neujahrsbl. der Stadtbibliothek Winterthur 250. Winterthur 1915.
Blaschke, K.: Zur Bevölkerungsgeschichte Sachsens vor der industriellen Revolution. Beiträge zur deutschen Wirtschafts- und Sozialgeschichte des 18. und 19. Jahrhunderts, S. 133-165. Deutsche Akademie der Wissenschaften Berlin, Reihe V: Allgemeine und Deutsche Geschichte, Bd. 10. Berlin 1962.
Baumann, H. (Hrsg.): Die Völker Afrikas und ihre traditionellen Kulturen. Wiesbaden 1975-1979.
Beuermann, A.: Fernweidewirtschaft in Südosteuropa. Braunschweig 1967.
Blüthgen, J.: Die Wikinger auf Grönland. Geogr. Anzeiger, S. 422-425 (1936).
Bobek, H.: Hauptstufen der Gesellschafts- und Wirtschaftsentfaltung in geographischer Sicht. Die Erde, S. 259-298 (1959).
Bornemann, C.: Economic Development and the Specific Aspects of the Society in Greenland. In: *Malaurie*, S. 623-631 (1973).
Brücher, W.: Die Erschließung des tropischen Regenwaldes am Ostrand der kolumbianischen Anden. Tübinger Geogr. Studien 28 (1968).
Bowman, J.: The distribution of population in Bolivia. Bull. Soc. Geogr. Philadelphia, S. 28-46 (1909).
Capot-Rey, R.: The present state of nomadism in the Sahara. Arid Zone Research, Bd. XVIII, S. 301-310. Paris 1962.
Carol, H.: Das agrargeographische Betrachtungssystem. Geographica Helvetica, S. 17-67 (1952).
Carr-Saunders, A. M.: World Population. Past Growth and Present Trends. Oxford 1936.
Chen, Cheng-Siang: Population Growth and Urbanization in China. Geogr. Review, S. 55-72 (1973).
Cushing, S. W.: The distribution of population in Mexico. Geogr. Review, S. 227-242 (1931).
Dobrowolski, K.: Die Haupttypen der Hirtenwanderungen in den Nordkarpaten vom 14. bis zum 20. Jahrhundert. In: Viehzucht und Hirtenleben in Ostmitteleuropa. Ethnographische Studien, hrsg. von der Ungarischen Akademie der Wissenschaften, S. 113-146. Budapest 1961.
Easterlin, R. A.: Lange Wellen im amerikanischen Bevölkerungs- und Wirtschaftswachstum. In: *Köllmann* und *Marschalck*, S. 45-68 (1972).
Enequist, G.: Density and Grouping of Habitations in Rural Areas. Atlas over Sverige, Bl. 61-62, hrsg. von *M. Lundquist*. Stockholm 1962.
Ferenczi, J.: Une étude historique des statistiques des migrations. Revue Internationale du Travail XX, S. 375-405 (1929).
Fristrup, D.: Grönländische Wirtschaft. Erde, S. 33-52 (1952).
Frödin, W.: Zentraleuropas Alpwirtschaft. Oslo und Leipzig 1940 und 1941.
Fröhlich, W.: Das afrikanische Marktwesen. Zeitschr. f. Ethnologie, S. 234-328 (1941).
Geddes, A.: The population of Bengal. Its distribution and changes. Geogr. Journal, I, S. 314-368 (1937).
George, P.: Introduction à l'Etude Géographique de la Population du Monde. Institut national d'études démographiques, Travaux et documents, Cahier Nr. 14. Paris 1951.
Gillmann, C.: A population map of Tanganyika Territory. Geogr. Review, S. 352-375 (1936).
Gilot, M.: Die Bevölkerung Belgisch-Kongos. Beiträge zur Kolonialforschung, Bd. 3, S. 77-87 (1943).

Gradmann, R.: Süddeutschland. Stuttgart 1931 bzw. Darmstadt 1956.

Handbook of South American Indians, Vol. II: The Andean Civilization. Smithsonian Institution, Bureau of American Ethnology, Bull. 143. Washington 1946.

Hartke, W.: Bevölkerungsverteilung Mitteleuropas. In: Atlas des Deutschen Lebensraumes, hrsg. von *N. Krebs*. Leipzig 1937 ff.

Helbig, K.: Die ländlichen Siedlungen auf Sumatra. In: Die ländlichen Siedlungen in verschiedenen Klimazonen, hrsg. von *F. Klute,* S. 122-130. Breslau 1933.

Helbig, K.: Landschafts- und Wirtschaftsstufung im südlichen Batakland. Zeitschr. f. Erdkunde, S. 961-966, S. 1018-1026, S. 1057-1071 (1936).

Heske, H.: Wald und Bevölkerung in Afrika. Beiträge zur Kolonialforschung, Bd. I, S. 67-74 (1941).

Hettner, A.: Allgemeine Geographie des Menschen. Stuttgart 1947.

Hirschberg, W.: Die Kulturen Afrikas. Frankfurt a. M. 1974.

Hofmeister, R.: Die Transhumance in den westlichen Vereinigten Staaten. Diss. Berlin 1959.

James, P. E.: Latin America. New York 1942.

Kimble, G. H. T. und *Good, D.:* Geography of the Northlands. American Geogr. Society, Special Publications, Nr. 32. New York 1955.

Kirsten-Buchholz-Köllmann: Raum und Bevölkerung in der Weltgeschichte. Würzburg 1955/56.

Köllmann, W. und *Marschalck, P.* (Hrsg.): Bevölkerungsgeschichte. Köln 1972.

Koerner, F.: Die Bevölkerungsverteilung in Thüringen am Ausgang des 16. Jahrhunderts. Wissenschaftliche Veröffentlichungen des Deutschen Instituts für Länderkunde, N. F. 15/16, S. 178-315. Leipzig 1958.

Kolb, A.: Die Philippinen. Leipzig 1942.

Kovda, V. A.: Land Use Development in the Arid Regions of the Russian Plain, the Caucasus and Central Asia. In: Arid Zone Research, Bd. XII, S. 175-218. Paris 1961.

Kroeber, A. L.: Cultural and Natural Areas of Native North America. Berkeley 1947.

Lautensach, H.: Über den Brandrodungsfeldbau in Korea. Pet. Mitt., S. 41-54 (1941).

Lehmann, H.: Der tropische Wald in Niederländisch-Indien. Koloniale Rundschau, S. 205-228 (1934).

Leidlmeir, A.: Umbruch und Bedeutungswandel im nomadischen Lebensraum des Orients. Geogr. Zeitsch., S. 81-100 (1965).

Le Jeune, R.: L'Enterprise coopérative chez les Amérindiens du Nouveau-Québec. In: *Malaurie*, S. 337-348 (1973).

Louis, H.: Die Bevölkerungsverteilung in der Türkei 1965 und ihre Entwicklung seit 1935. Erdkunde, S. 161-177 (1972).

Machatschek, F.: Landeskunde von Russisch-Turkestan. Stuttgart 1921.

Malaurie, J. (Hrsg.): Le Peuple Esquimau Aujourd'hui et Demain. Bibliothèque Arctique et Antarctique, Bd. IV. Paris-Den Haag 1973.

Manshard, W.: Tropical Agriculture. London 1974.

Meynen, E. und *Pfeifer, G.:* Die Ausweitung des europäischen Lebensraumes auf die Neue Welt. Lebensraumfragen, Bd. III, Teil 1, S. 331-434. Leipzig 1943.

Monheim, F.: St. Véran-Juf-Trepalle, die drei höchsten Dauersiedlungen der Alpen. Erde, S. 39-60 (1954).

Monheim, F.: Junge Indianerkolonisation in Ostbolivien. Braunschweig 1965.

Müller-Wille, W.: Arten der menschlichen Siedlung. Versuch einer Begriffsbestimmung und Klassifikation. In: Ergebnisse und Probleme moderner Geographischer Forschung. H. Mortensen zu seinem 60. Geburtstag, S. 141-163. Bremen-Horn 1954.

Niemeier, G.: Vollnomaden und Halbnomaden im Steppenhochland und in der nördlichen Sahara. Erdkunde, S. 249-263 (1955).

Nitz, H.-J.: Siedlungsgang und ländliche Siedlungsformen im Himalaya-Vorland von Kumaon. Erdkunde, S. 191-205 (1968).

Penck, A.: Das Hauptproblem der physischen Anthropogeographie. Zeitschr. für Geopolitik II, S. 330-348 (1925).

Rathjens, Troll, Uhlig (Hrsg.): Vergleichende Kulturgeographie der Hochgebirge des südlichen Asien. Erdwissenschaftliche Forschung, Bd. V. Wiesbaden 1973.

Ratzel, F.: Anthropogeographie, Bd. 2, 1. Aufl. Stuttgart 1891.

Richthofen, F. v.: Allgemeine Siedlungs- und Verkehrsgeographie. Berlin 1908.

Rogge, J. (Hrsg.): Developing the Subarctic. Manitoba Geogr. Studies, Nr. 1. Winnipeg 1973.

Sandner, G. und *Steger, H.-A.* (Hrsg.): Lateinamerika. Frankfurt a. M. 1973.

Sapper, K.: Über Höhenschichtung und Arbeitskraft tropischer Rassen. Geogr. Zeitschr., S. 1-19 (1939).

Schebesta, P.: Die Bambuti-Pygmäen von Ituri. Brüssel 1938.

Schott, C.: Die Erschließung des nordkanadischen Waldlandes. Zeitschr. für Erdkunde I, S. 554-563 (1937).

Schott, C.: Zur Bevölkerungsentwicklung Nordamerikas. In: Lebensraumfragen, Bd. III, Teil 1, S. 435-512. Leipzig 1943.

Schröder, K. H.: Der Weinbau als Formkraft der

Kulturlandschaft. Forschungen zur deutschen Landeskunde, Bd. 73. Remagen 1953.
Schultis, J. B.: Bevölkerungsprobleme in Tropisch-Afrika. Tübinger Geogr. Studien, H. 41. Tübingen 1970.
Schwarz, G.: Dichtezentren der Menschheit. Die bewohnte Erde, H. 2. Hannover 1953.
Spencer, J. E.: Shifting Cultivation in Southeastern Asia. Berkeley und Los Angeles 1966.
Staszewski, J.: Vertical Distribution of World Population. Geographical Studies, Nr. 14 of the Polish Academy of Sciences. Institute of Geography. Warschau 1957.
Statistisches Jahrbuch für die Bundesrepublik Deutschland 1975.
Tanner, V.: Antropogeografisker studier inom Petsamo områded. Fennia 4 (1929).
Tanner, V.: Outlines of the Geography, Life and Customs of Newfoundland-Labrador. Acta Geographica 8. Helsinki 1944.
Sternberg, O'Reilly: Die Viehzucht im Careiro-Cambizo-Gebiet. Heidelberger Geogr. Arbeiten, H. 15, S. 198-207 (1966).
Thistlewaite, F.: Europäische Überseewanderung im 19. und 20. Jahrhundert. In: *Köllmann* und *Marschalck*, S. 323-355 (1972).
Tussing, A. R. und *Arnold, R. D.:* Eskimo Population and Economy in Transition. In: *Malaurie*, S. 123-169 (1973).
Werth, E.: Grabstock, Hacke und Pflug. Ludwigsburg 1954.
Wilhelmy, H.: Tropische Transhumance. Heidelberger Geogr. Arbeiten, H. 15, S. 198-207. Heidelberg 1966.
Wirth, E.: Das Problem der Nomaden im heutigen Orient. Geogr. Rundschau, S. 41-51 (1969).
Wissmann, H. v.: Ursprungsherde und Ausbreitungswege von Pflanzen- und Tierzucht und ihre Abhängigkeit von der Klimageschichte. Erdkunde, S. 81-94 und S. 175-193 (1957).

III. Die Gemeindetypisierung, ihre Grundlagen und ihre Bedeutung für die funktionale Gliederung der Siedlungen

Aario, L.: Atlas of Finland, Bl. 3. Helsinki 1960.
Amorim Girão, A. de: Atlas de Portugal. 2. Aufl. Coïmbra 1958, Bl. 17.
Birkener, H.: Die Pendelwanderung in der Bundesrepublik Deutschland. Wirtschaft und Statistik, S. 491-495 (1955).
Burmantov, G. G.: The Formation of Functional Types of Settlements. Soviet Geography, S. 112-129, Febr. 1966.
Carol, H.: Begleittext zur wirtschaftsgeographischen Karte der Schweiz. Geogr. Helvetica, S. 185-245 (1946).
Carol, H.: Wirtschaftsgeographische Karte der Schweiz. Bern 1946.
Bähr, J.: Gemeindetypisierung mit Hilfe quantitativer statistischer Verfahren. Erdkunde, S. 249-264 (1971).
Cavallès, H.: Comment définir l'habitat rural. Annales de Géographie, S. 561-569 (1936).
Demangeon, A.: La géographie de l'habitat rural. Annales de Géographie, S. 1-23 und S. 97-114 (1927).
Enequist, G.: Yrkesgruppernes Fördeling i Sveriges, År 1930. Geographica, Nr. 13. Uppsala 1943.
Enequist, G.: Types of Agglomerations and Rural Districts. Atlas over Sverige, Bl. 61/62. Stockholm 1962.
Finke, H. A.: Soziale Gemeindetypen. Die soziologische Struktur der Gemeinden in Niedersachsen zwischen Elbe und Weser. In: Das deutsche Flüchtlingsproblem, Sonderheft der Zeitschr. für Raumforschung, S. 16-23 (1950).
Fischer, D.: Siedlungsgeographie in der Sowjetunion. Erdkunde, S. 211-227 (1966).
Geipel, R.: Die regionale Ausbreitung der Sozialschichten im Rhein-Main-Gebiet. Forschungen zur deutschen Landeskunde, Bd. 124. Bad Godesberg 1961.
Gradmann, R.: Das ländliche Siedlungswesen des Königreichs Württemberg. Forschungen zur deutschen Landes- und Volkskunde, Bd. XXI, S. 1-136. Stuttgart 1913.
Haas, U.: Wandlungen der wirtschafts- und sozialgeographischen Struktur des Siegerlandes. Forschungen zur deutschen Landeskunde, Bd. 108. Bad Godesberg 1958.
Hahlweg, H.: Die Gemeindetypenkarte 1961 für Baden-Württemberg. Raumforschung und Raumordnung, S. 68-74 (1968).
Hassinger, H.: Die Geographie des Menschen. In: Klutes Handbuch der Geographischen Wissenschaft. Potsdam 1933.
Hesse, P.: Grundprobleme der Agrarverfassung, dargestellt am Beispiel der Gemeindetypen und Produktionszonen von Württemberg, Hohenzollern und Baden. Stuttgart 1949.
Hesse, P.: Darstellung von funktionalen Siedlungstypen. Geogr. Taschenbuch, S. 243-246 (1950).
Hesse, P.: Der Strukturwandel der Siedlungskörper und die Landesentwicklung in Baden-

Württemberg zwischen 1939 und 1961. Jahrbücher für Statistik und Landeskunde von Baden-Württemberg, 9. Jg. (1965).
Hettner, A.: Die wirtschaftlichen Typen der Ansiedlungen. Geogr. Zeitschr., S. 92-100 (1902).
Hüfner, W.: Wirtschaftliche Gemeindetypen. Forschungs- und Sitzungsberichte der Akademie für Raumforschung und Landesplanung, Bd. III: Raum und Wirtschaft, S. 43-57. Bremen-Horn 1953.
Huttenlocher, F.: Versuche kulturlandschaftlicher Gliederung am Beispiel von Württemberg. Forschungen zur deutschen Landeskunde, Bd. 47, Stuttgart 1949.
Huttenlocher, F.: Funktionale Siedlungstypen. Berichte zur Deutschen Landeskunde 7, S. 76-86 (1949/50).
Ivanička, K., Zelenski, A. und *Mládek, J.:* Functional Types of country Settlements in Slovakia. Acta Geologica et Geographica Universitas Comenianae Geographica, Nr. 6, S. 51-92. Bratislavia 1966.
Kosmachev, K. P.: On "Economic Types" of Rural Settlement. Soviet Geography, S. 678-688. Okt. 1968.
Kovalev, S. A.: Problems in Soviet Geography of Rural Settlements. Soviet Geography, S. 641-651 (1968).
Kovalev, S. A. und *Ryazanov, V. S.:* Paths of Evolution of Rural Settlements. Soviet Geography, S. 651-664 (1968).
Lehmann, H.: Zur Entwicklung der Gemeindetypisierung 1950-1952. Forschungs- und Sitzungsberichte der Akademie für Raumforschung und Landesplanung, Bd. III: Raum und Wirtschaft, S. 122-141. Bremen-Horn 1953.
Linde, H.: Grundfragen der Gemeindetypisierung. In: Forschungs- und Sitzungsberichte der Akademie für Raumforschung und Landesplanung, Bd. III: Raum und Wirtschaft, S. 58-121. Bremen-Horn 1953.
Lola, A. M.: The Formation of Future Types of Rural Places in the Kuban-Stavropol Plain. Soviet Geography, S. 689-698, Okt. 1968.
Lukhmanov, N. D.: Changes in the Distribution of Rural Settlement in Northern Kazakhstan. Soviet Geography, S. 699-710, Okt. 1968.
Manshard, W.: Zur Siedlungsstruktur der Insel Wight. Pet. Mitteil. S. 184-189. Gotha 1954.
Meynier, A.: Les paysages agraires. Paris 1958.
Mittelhäusser, K.: Funktionale Typen ländlicher Siedlungen auf statistischer Basis. Berichte zur Deutschen Landeskunde 24, S. 145-156 (1959/60).
Moewes, W.: Sozial- und wirtschaftsgeographische Untersuchung der nördlichen Vogelsbergabdachung. Gießsener Geogr. Schriften, H. 14 (1968).
Otremba, E.: Allgemeine Agrar- und Industriegeographie. 1. Aufl. Stuttgart 1953, 2. Aufl. Stuttgart 1960.
Ratzel, F.: Anthropogeographie, Bd. II, 1. Aufl. Stuttgart 1891.
Richthofen, F. v.: Allgemeine Siedlungs- und Verkehrsgeographie. Berlin 1908.
Ruppert, K.: Der Lebensunterhalt der bayerischen Bevölkerung – eine wirtschaftsgeographische Planungsgrundlage. Erdkunde, S. 285-291 (1965).
Schlichtmann, H.: Die Gliederung der Kulturlandschaft im Nordschwarzwald und seinen Randgebieten. Tübinger Geogr. Studien, H. 22 (1967).
Schnepfe, F.: Gemeindetypisierungen auf statistischer Grundlage. Die wichtigsten Verfahren und ihre methodischen Probleme. Hannover 1970.
Schöller, P.: Die Pendelwanderung als geographisches Problem. Berichte zur Deutschen Landeskunde, S. 254-265 (1956).
Schröder, K. H.: Realteilung und Industrialisierung als Ursachen agrargeographischer Wandlungen in Württemberg. Zeitschr. f. Erdkunde, S. 542-548 (1942).
Saenger, W.: Funktionale Gemeindetypisierung und Landschaftsgliederung. Studien zur südwestdeutschen Landeskunde, Huttenlocher-Festschr., S. 184-196 (1963).
Schwind, M.: Typisierung der Gemeinden nach ihrer sozialen Struktur als geographische Aufgabe. Berichte zur Deutschen Landeskunde 8, S. 53-68 (1950).
Sorre, M.: Les Fondements de la Géographie Humaine. Bd. III: L'Habitat. Paris 1952.
Vladirimov, V. V.: Settlement in Lumber-Industry Regions of the USSR. Soviet Geography, S. 710-725, Okt. 1968.
Wagner, H.: Lehrbuch der Geographie. 10. Aufl. Hannover 1920-1923.
Zill, C.: Gemeindetypen in Niedersachsen. Niedersächs. Archiv für Landes- und Volkskunde, S. 144-148 (1944).

IV. A: Die topographische Lage der ländlichen Siedlungen

Bartz, F.: Fischgründe und Fischereiwirtschaft an der Westküste Nordamerikas. Schriften d. Geogr. Instituts d. Universität Kiel, Bd. XII. Kiel 1942.

Bartz, F.: Die Aleuten. Zeitschr. d. Gesellsch. f. Erdkunde Berlin, S. 198-219 (1943).

Bartz, F.: Der Fernste Westen Nordamerikas in seiner bio- und anthropogeographischen Sonderstellung. Erdkunde, S. 206-218 (1950).

Bartz, F.: Alaska. Stuttgart 1950.

Behrmann, W.: Die Dörfer im Innern Neuguineas. In: Die ländlichen Siedlungen in verschiedenen Klimazonen, hrsg. v. *F. Klute*, S. 131-142. Breslau 1933.

Credner, W.: Die ländlichen Siedlungen in Siam. In: Die ländlichen Siedlungen in verschiedenen Klimazonen, hrsg. v. *F. Klute*, S. 112-121. Breslau 1933.

Dietrich, B.: Der Siedlungsraum in eingesenkten Mäandertälern. 95. Jahresber. d. Schles. Gesellsch. f. vaterländische Cultur. Breslau 1917.

Dittel, P.: Die Besiedlung Südnigeriens von den Anfängen bis zur britischen Kolonisation. Wissensch. Veröff. d. Deutschen Museums f. Länderkunde Leipzig, N. F. IV, S. 71-146. Leipzig 1936.

Ellenberg, H.: Bäuerliche Wohn- und Siedlungsweise in Nordwestdeutschland in ihrer Beziehung zur Landschaft, insbesondere zur Pflanzendecke. Mitt. d. Florist.-Soziol. Arbeitsgemeinschaft Niedersachsens III, S. 204-235. Hannover 1937.

Gleave, M. B.: Hill settlements and their abandonment in tropical Africa. Institute of British Geographers, Transactions, Nr. 40, S. 39-49 (1966).

Gradmann, R.: Das ländliche Siedlungswesen des Königreichs Württemberg. Forschungen zur deutschen Landes- und Volkskunde XXI, 1. Stuttgart 1913.

Granö, J. G.: Settlement of the Country. In: Suomi, a general Handbook of the Geography of Finland. Fennia 72, S. 340-380 (1952).

Gusinde, M.: Die Kongo-Pygmäen in Geschichte und Gegenwart. Nova Acta Leopoldina, N. F., Bd. 11, Nr. 76. Halle a. d. S. 1942.

Helbig, K.: Die ländlichen Siedlungen auf Sumatra. In: Die ländlichen Siedlungen in verschiedenen Klimazonen, hrsg. v. *F. Klute*, S. 122-130. Breslau 1933.

Helbig, K.: Glaube, Kult und Kultstätten der Indonesier in kulturgeographischer Betrachtung. Zeitschr. f. Ethnologie, S. 246-287 (1951).

Hettner, A.: Die Lage der menschlichen Ansiedlungen. Geogr. Zeitschr., S. 361-375 (1893).

Hoover, J. W.: Tusuayan: The Hopi Indian Country of Arizona. Geogr. Review, S. 425-444 (1930).

Hütteroth, W. D.: Bergnomaden und Yailabauern im mittleren kurdischen Taurus. Marburger Geographische Schriften, H. 11. Marburg 1959.

Jaeger, F.: Zur Geographie der ländlichen Siedlungen in Ostafrika. In: Die ländlichen Siedlungen in verschiedenen Klimazonen hrsg. von *F. Klute*, S. 103-111. Breslau 1933.

Jessen, O.: La Mancha. Mitt. d. Geogr. Gesellsch. Hamburg, S. 123-227 (1930).

Jessen, O.: Siedlungs- und Wohnweise der Eingeborenen im westlichen Angola. In: Die ländlichen Siedlungen in verschiedenen Klimazonen, hrsg. v. *F. Klute*, S. 86-102. Breslau 1933.

Kolb, A.: Die Philippinen. Leipzig 1941.

Koch-Grünberg, Th.: Vom Roroima zum Orinoco. Berlin 1917-1923.

Krenzlin, A.: Dorf, Feld und Wirtschaft im Gebiet der großen Täler und Platten östlich der Elbe. Forschungen zur deutschen Landeskunde, Bd. 70. Remagen 1952.

Lehmann, H.: Die Landschaft Ngada auf Flores. Geogr. Zeitschr., S. 339-352 (1935).

Machatschek, F.: Landeskunde von Russisch-Turkestan. Stuttgart 1921.

Merner, P.-G.: Das Nomadentum im nordwestlichen Afrika. Berliner Geogr. Arbeiten, H. 12. Stuttgart 1937.

Morgan, W. B.: Farming practice, settlement pattern and population density in South-Eastern Nigeria. Geogr. Journal, S. 320-333 (1955).

Niemeier, G.: Probleme der bäuerlichen Kulturlandschaft in Nordwestdeutschland. Deutsche Geogr. Blätter, S. 111-118 (1939).

Paravicini, E.: Die ländlichen Siedlungen Javas. Geogr. Zeitschr., S. 392-404, S. 451-466 (1927).

Philippson, A.: Das Klima Griechenlands. Bonn 1948.

Pohlhausen, H.: Das Wanderhirtentum und seine Vorstufen. Kulturgeschichtliche Forschungen, Bd. 4. Braunschweig 1954.

Schlüter, O.: Die Siedelungen im nordöstlichen Thüringen, Berlin 1903.

Schwarz, F. v.: Turkestan. Freiburg i. Br. 1900.

Sverdrup, H. U.: Die Renntier-Tschuktschen. Mitt. d. Geogr. Gesellsch. Hamburg, S. 87-135 (1928).

Tanner, V.: Outlines of the Geography, Life and Customs of New Foundland-Labrador. Acta Geographica 8. Helsinki 1944.

Thorbecke, F.: Landschaft und Siedlung in Kamerun. In: Die ländlichen Siedlungen in verschiedenen Klimazonen, hrsg. von *F. Klute,* S. 75-85. Breslau 1933.
Trewartha, G. T.: Japan. A physical, cultural and regional Geography. University of Wisconsin Press 1945.
Vennetier, P.: Hommes et Leur Activités dans le Nord du Congo-Brazzaville. Cahiers Orston, Sciences Humaines II, 1. Paris 1965.
Waibel, L.: Die Sierra Madre de Chiapas. Mitteil. d. Geogr. Gesellsch. Hamburg, S. 42-162 (1933).
Wenzel, H.: Ländliche Siedlungsformen in Inneranatolien. In: Die ländlichen Siedlungen in verschiedenen Klimazonen, hrsg. von *F. Klute,* S. 67-74. Breslau 1933.

IV. B: Die ländlichen Wohnstätten

Bachmann, K.: Die Besiedlung des alten Neuseeland. Diss. Leipzig 1931.
Baldacci, O.: La casa rurale in Sardegna. Richerche sulle Dimore Rurali in Italia, Vol. IX. Florenz 1952.
Baldacci, O.: L'ambiente geografico della casa di terra in Italia. Studi geografico sulla Toscana. Ergänzungsbd. zu Bd. LXIII, S. 13-43 (mit Verbreitungskarte).
Baumann-Thurnwald-Westermann: Völker von Afrika. Essen 1940.
Baumann, H. (Hrsg.): Die Völker Afrikas und ihre traditionellen Kulturen. Studien zur Kulturkunde, Bd. 34. Wiesbaden 1975-1979.
Baumann, H.: Die Südwest-Bantu. In: *Baumann, H.* (Hrsg.): Die Völker Afrikas und ihre traditionellen Kulturen. Wiesbaden 1975.
Bataillon, C. (Hrsg.): Nomade et Nomadisme au Sahara. Recherches sur la Zone Aride, XIX. Paris 1963.
Baumgarten, K.: Das mecklenburgische Niedersachsenhaus des ausgehenden 18. Jahrhunderts. Wissensch. Zeitschr. der Universität Rostock, sprachwissensch. Reihe 4, S. 199-205 (1954/55).
Baumgarten, K.: Rügens „Zuckerhüte". Deutsches Jahrbuch für Volkskunde 5, S. 74-86 (1959).
Beck, H. J.: Yafele's Kraal. A sample study of African agriculture in Southern Rhodesia. Geography, S. 68-78 (1960).
Biasutti, R.: La casa rurale in Toscana, Ricerche sulle Dimore Rurali in Italia, Vol. I. Florenz 1938.
Birket-Smith, K.: Die Eskimos. Zürich 1948.
Birket-Smith, K.: Geschichte der Kultur. Eine allgemeine Ethnologie. Zürich 1948.
Bonasera, F., Desplanques, H., Fondi, M. und *Poeta, A.*: La casa rurale nell'Umbria. Ricerche sulle Dimore Rurali in Italia, Vol. XIV. Florenz 1955.
Brigidi, I. und *Poeta, A.*: La casa rurale nelle Marche centrali e meridionali, Ricerche sulle Dimore Rurali in Italia, Vol. XI. Florenz 1953.
Broek, J. O. M. und *Webb, J. W.*: A Geography of Mankind, New York–Sydney 1968.
Bronger, D.: Der sozialgeographische Einfluß des Kastenwesens auf Siedlung und Agrarstruktur im südlichen Indien. Erdkunde, S. 89-106 und S. 194-207 (1970).
Brunhes, J.: La Géographie Humaine. Paris 1925 bzw. 1947.
Burkhart, H.: Zur Verbreitung des Blockbaus im außeralpinen Süddeutschland. Mitteil. der Fränkischen Geogr. Gesellsch. 5, S. 21-34. Erlangen 1959.
Bendermacher, J.: Das Dach ohne Stuhl. Niederschrift über die Tagung des Arbeitskreises für deutsche Hausforschung in Monschau, S. 16-27 (1961).
Capot-Rey, R.: Le Sahara Français. Paris 1953.
Consten, H. v.: Weideplätze der Mongolen. Berlin 1919/20.
Creutzburg, N.: Die ländlichen Siedlungen der Insel Kreta. In: Die ländlichen Siedlungen in verschiedenen Klimazonen, hrsg. von *F. Klute*, S. 55-66. Breslau 1933.
Deffontaines, P.: Evolution du Type d'Habitation au Canada Français. Cahiers Géographie de Québec, S. 497-522 (1968).
Deffontaines, P.: L'Homme et sa maison. In: Géographie Humaine, hrsg. von *P. Deffontaines,* Bd. 36. Paris 1972.
Delavaud, C.: Monographie humaine du terroir rural de Yörük Yaila (Phrygie, Turquie). Annales de Géographie. S. 521-539 (1958).
Demangeon, A.: L'Habitation rurale en France. Annales de Géographie, S. 352-375 (1920) und Problèmes de Géographie Humaine. S. 261-287. Paris 1952.
Demangeon, A.: L'Habitation rurale. In: Géographie Universelle. Bd. VI, 2, 1: La France Économique et Humaine, S. 166-185. Paris 1946.
Denker, B.: Die Siedlungs- und Wirtschaftsgeographie der Bursa-Ebene. Diss. Freiburg i. Br. 1963.
Despois, J.: L'Afrique du Nord. Paris 1964.

Detlefsen, N.: Die Bohlenspeicher der Probstei. Nordelbingen 30, S. 41-72 (1961).
Diercke: Weltatlas, Braunschweig 1968.
Ehemann, K.: Das Bauernhaus in der Wetterau und im SW-Vogelsberg. Forschungen zur deutschen Landeskunde, Bd. 61. Remagen 1953.
Eitzen, G.: Der bäuerliche Scheunenbau im Lüneburger Land. Lüneburger Blätter 5, S. 71-95 (1954)
Eitzen, G.: Die älteren Hallenhausgefüge in Niedersachsen. Zeitschr. für Volkskunde 51, S. 37-76 (1956).
Eitzen, G.: Das Bauernhaus im nördlichen Harzvorland. Niedersachsen, S. 175-179 (1957).
Eitzen, G.: Alte Bauerngehöfte in der Eifel. Rheinische Vierteljahrsbl. 23, S. 275-290 (1948).
Eitzen, G.: Das Bauernhaus im Kreise Euskirchen. Euskirchen 1960.
Eitzen, G.: Der ältere Scheunenbau im unteren Lahngebiet und seine Bedeutung für die Hausforschung. Rheinische Vierteljahrsbl. 26, S. 78-93 (1961).
Eitzen, G.: Durchfahrtshäuser in Holstein und Lauenburg. Nordelbingen 31, S. 7-33 (1962).
Eitzen, G.: Deutsche Hausforschung in den Jahren 1953-1962. Zeitschr. für Agrargeschichte und Agrarsoziologie, S. 213-233 (1963).
Eitzen, G.: Zur Geschichte des südwestdeutschen Hausbaus im 15. und 16. Jahrhundert. Zeitschr. für Volkskunde, S. 1-38 (1963).
Ellenberg, H.: Deutsche Bauernhauslandschaften als Ausdruck von Natur, Wirtschaft und Volkstum. Geogr. Zeitschr., S. 72-87 (1941).
Erixon, S.: Methoden und Ergebnisse der neueren Hausforschung in Nord- und Westeuropa. Niederschrift über die Tagung des Arbeitskreises für deutsche Hausforschung in Cloppenburg in Oldbg., S. 13-19 (1961).
Erixon, S.: Schwedische Holzbautechnik in vergleichender Bedeutung. In: Technik und Gemeinschaftsbildung im schwedischen Traditionsmilieu, S. 42-112. Stockholm 1957.
Farmer, B. H.: Agricultural Colonization in India since Independence. London–New York–Delhi 1974.
Faucher, C. G.: La vie rurale, vue par un Géographe, S. 231-252. Toulouse 1962.
Fehring, D.: Zur archäologischen Erforschung mittelalterlicher Dorfsiedlungen Südwestdeutschlands. Zeitschr. für Agrargeschichte und Agrarsoziologie, S. 1-35 (1973).
Felberg, C. G.: La Tente Noire. Svertryk of Nationalmuseets Skrifter. Etnografisk Raekke II. Kopenhagen 1944.
Felder, P.: Das Aargauer Strohhaus. Bern 1961.
Feucht, F.: Die ländlichen Haus- und Hofformen des Markgräflerlandes. Diss. Freiburg i. Br. 1972.
Filipp, K.: Hausformengefüge und Dorfentwicklung im Ries. Berichte zur Deutschen Landeskunde, Bd. 44, S. 111-142 (1970).
Fliedner, D.: Der Aufbau der vorspanischen Siedlungs- und Wirtschaftslandschaft im Kulturraum der Pueblo-Indianer. Saarbrücken, Geogr. Institut der Universität 1974.
Finley, R. und *Scott, E. M.:* A Great Lakes to Gulf Profile of Dispersed Dwelling Types. Geogr. Review, S. 412-419 (1940).
Fochler-Hauke, G.: Die Mandschurei. Heidelberg–Berlin–Magdeburg 1941.
Fondi, M.: La casa rurale nelle Lugania. Ricerche sulle Dimore Rurali in Italia, Vol. X. Florenz 1952.
Font, E. G.: La vivienda en terra alta (comarca de la provincia de Tarragona). Estudios Geograficos, S. 81-110 (1959).
Folkers, J. U.: Zur Frage nach dem Ursprung der Gulfhäuser. Nordelbingen 27, S. 112-145 (1958).
Folkers, J. U.: Mecklenburg – Haus und Hof deutscher Bauern 3. Münster 1961.
Francaviglia, R. V.: Mormon central houses in the American West. Annals of the Association of American Geographers, S. 65-71 (1971).
Franciosa, L.: La casa rurale nella Lugania. Ricerche sulle Dimore Rurali in Italia, Vol. III. Florenz 1942.
Freudenberg, H.: Die Obstlandschaft am Bodensee, ihr Wesen, Werden und ihre Bedingtheit. Badische Geogr. Abhandl., H. 19 (1938).
Frödin, J.: Neuere kulturgeographische Wandlungen in der Türkei. Zeitschr. der Gesellschaft für Erdkunde Berlin, S. 1-20 (1944).
Frödin, J.: Zentraleuropas Alpwirtschaft, 2 Bde. Oslo und Leipzig 1940 und 1941.
Gambi, L.: La casa rurale nella Romagna. Richerche sulle Dimori Rurali in Italia, Vol. VI. Florenz 1950.
Gebhard, T.: Dorf und Bauernhaus im Bereich des Stadtkreises München. Bayerisches Jahrbuch für Volkskunde, S. 24-38 (1958).
Gebhard, T.: Bauernhofform und Betriebsgröße in Bayern. Bayerisches Jahrbuch für Volkskunde, S. 7-17 (1954).
Geisler, W.: Die ländlichen Siedlungen in Australien. In: Die ländlichen Siedlungen in verschiedenen Klimazonen, hrsg. von *F. Klute*, S. 152-160. Breslau 1933.
Giffen, A. E. van: Das Bauernhaus der Vor- und Frühgeschichte Nordwesteuropas. Niederschrift über die Tagung des Arbeitskreises für deutsche Hausforschung in Cloppenburg i. Oldg., S. 27-33 (1961).
Goehrtz, E.: Das Bauernhaus im Regierungsbe-

zirk Köslin. Forschungen zur deutschen Landes- und Volkskunde, S. 239-269 (1931).

Goetzger, H. und *Prechter, H.*: Das Bauernhaus in Bayerisch-Schwaben. In: Das Bauernhaus in Bayern, hrsg. von *J. M. Ritz*. München 1960.

Gradmann, R.: Das Steildach des deutschen Bauernhauses. Geogr. Zeitschr., S. 143-148 (1922).

Graebner, F.: Kulturkreise in Ozeanien. Zeitschr. für Ethnologie, S. 28-53 (1905).

Granö, J. G.: Settlement of the Country. In: Suomi, Fennia 72, S. 349-381 (1952).

Grees, H.: Das Seldnertum im östlichen Schwaben und sein Einfluß auf die Entwicklung der ländlichen Siedlungen. Berichte zur Deutschen Landeskunde, Bd. 31, 1, S. 104-150 (1963).

Gruber, O.: Deutsche Bauern- und Ackerbürgerhäuser. Karlsruhe 1926.

Gschwend, M.: Hochstudbauten im Schweizerischen Mittelland. Regio Basiliensis I/2, S. 134-144 (1959/60).

Gschwend, M.: Die Konstruktion der bäuerlichen Hochstudbauten in der Schweiz. Alemannisches Jahrb., S. 203-239 (1960).

Gschwend, M.: Das Schweizer Bauernhaus. Bern 1971.

Gunda, B.: Zusammenhänge zwischen Hofanlage und Viehzucht in Siebenbürgen. In: Viehzucht und Hirtenleben in Ostmitteleuropa. Ethnographische Studien, hrsg. von der Ungarischen Akademie der Wissenschaften, S. 243-281. Budapest 1961.

Gusinde, M.: Von gelben und schwarzen Buschmännern. Graz 1966.

Guyan, W. U.: Das Pfahlbauproblem. Monographien zur Ur- und Frühgeschichte der Schweiz, Bd. XI. Basel 1955.

Guyan, W. U.: Die ländliche Siedlung des Mittelalters in der Nordschweiz. Geographica Helvetica, S. 57-71 (1969).

Haarnagel, W.: Das nordwesteuropäische dreischiffige Hallenhaus und seine Entwicklung im Küstengebiet der Nordsee. Neues Archiv für Niedersachsen, S. 79-91 (1950).

Haarnagel, W.: Die Grabung Feddersen-Wierde. Methode, Hausbau, Siedlungs- und Wirtschaftsformen sowie Sozialstruktur. Wiesbaden 1979.

Hanslik, E.: Kulturgrenze und Kulturzyklus in den polnischen Westbeskiden. Pet. Mitteil. Ergh. Nr. 158. Gotha 1908.

Haselberger, H.: Bautraditionen der westafrikanischen Negerkulturen. Wissensch. Schriftenreihe des afro-asiatischen Institutes in Wien, Bd. 2. Wien 1964.

Hassinger, H.: Die Geographie des Menschen In: Handbuch der Geographischen Wissenschaft. Potsdam 1933.

Hekker, R. C.: De Ontwikkeling van de Boerderijvormen in Nederland. In: Duizend Jaar Bouwen in Nederland II, S. 197-342. Amsterdam 1957.

Hekker, R. C.: Die Bauernhausforschung in den Niederlanden unter besonderer Würdigung der mittelniederländischen Hallenhaustpyen. Niederschrift über die Tagung des Arbeitskreises für deutsche Hausforschung in Cloppenburg, S. 34-47 (1961).

Helbok, A. und *Martzell, A.*: Haus und Siedlung im Wandel der Jahrtausende. Deutsches Volkstum, Bd. 6. Berlin und Leipzig 1937.

Hermanns, M.: Die Nomaden von Tibet. Wien 1949.

Hirschberg, W.: Die Kulturen Afrikas. Frankfurt a. M. 1974.

Hirschberg, W.: Khoisan sprechende Völker Afrikas. In: *Baumann, H.* (Hrsg.): Die Völker Afrikas und ihre traditionellen Kulturen. Wiesbaden 1975.

Hoferer, R.: Die Hauslandschaften Bayerns. Bayer. Südostdeutsche Hefte für Volkskunde 15, S. 1-12 (1942).

Hoferer, R.: Der Mittertennbau in Südostdeutschland. Bayer. Südostdeutsche Hefte für Volkskunde 13, S. 1-12 (1940).

Huber, K.: Über die Histen- und Speichertypen des Zentralalpengebietes. Genf–Erlenbach–Zürich 1944.

Hütteroth, W.: Bergnomaden und Yailabauern im mittleren kurdischen Taurus. Marburger Geogr. Schriften, H. 11 (1959).

Hultblad, F.: Övergang från nomadism till agrar Bosättning i Jikknokks socken. Meddel. från Uppsala Geogr. Institutionen, Ser. A, Nr. 230. Lund 1968.

Huppertz, B.: Räume und Schichten bäuerlicher Kulturformen in Deutschland. Bonn 1939.

Huppertz, J.: Die Viehhaltung und Stallwirtschaft bei den einheimischen Agrarkulturen in Afrika und Asien. Erdkunde, S. 36-50 (1951).

Huyen, N. van: Introduction à l'étude de l'habitation sur pilotis dans l'Asie du Sud-Est. Paris 1934.

Ilg, K.: Bodenständiges Bauen und Wohnen. In: Landes- und Volkskunde ... Vorarlbergs, S. 291-342. Innsbruck 1961.

Jessen, O.: Höhlenwohnungen in den Mittelmeerländern. Pet. Mitteil., S. 128-133, S. 180-184 (1930).

Jessen, O.: La Mancha. Ein Beitrag zur Landeskunde Neukastiliens. Mitteil. der Geogr. Gesellsch. Hamburg, S. 123-227 (1930).

Kloeppel, O.: Die bäuerliche Haus-, Hof- und Siedlungsanlage im Weichsel-Nogat-Delta. Danzig 1924.

Kniffen, F. und *Glassie, H.*: Building in Wood in Eastern United States. A Time-Place Perspective. Geogr. Review, S. 40-66 (1967).

Koch-Grünberg, T.: Das Haus bei den Indianern Nordbrasiliens. Archiv für Anthropologie, N. F. VII, S. 37-50 (1909).

Kovacs, L. K.: Esztena-Genossenschaften in der Siebenbürger Heide. In: Viehzucht und Hirtenleben in Ostmitteleuropa, S. 329-362. Budapest 1961.

Krenzlin, A.: Probleme geographischer Hausformenforschung, gezeigt am Beispiel des norddeutschen Einheitshauses. Zeitschr. der Ernst Moritz Arndt-Universität Greifswald, Jg. IV, naturw.-math. Reihe, Nr. 6/7, S. 629-641 (1954/55).

Kriechbaum, E.: Das Bauernhaus in Oberösterreich. Forschungen zur deutschen Landes- und Volkskunde, Bd. 29 (1933).

Krüger, F.: Die Hochpyrenäen. Landschaften, Haus und Hof. 2 Bde. Abhandl. aus dem Gebiet der Auslandskunde, Bd. 44 und 47. Hamburg 1936 und 1937.

Kühlhorn, F.: Forschungen im südlichen Mato Grosso III: Der Mensch und seine Lebensformen. Pet. Mitteil., S. 257-272 (1959).

Kühn, F.: Ländliche Siedlungen in der argentinischen Pampa. In: Die ländlichen Siedlungen in verschiedenen Klimazonen, hrsg. von *F. Klute*, S. 191-199. Breslau 1930.

Kühn, H.: Die Felsbilder Europas. Stuttgart 1952.

Lautensach, H.: Korea. Leipzig 1945.

Lautensach, H.: Atlas zur Erdkunde. Heidelberg 1964.

Lehmann, E.: Zur Kulturgeographie der japanischen Siedlungen in Brasilien. Wissensch. Veröffentl. des Deutschen Museums für Länderkunde Leipzig, N. F. III, S. 209-216 (1935).

Lehmann, E.: Historische Züge der Landesentwicklung im südlichen Brasilien. Wissensch. Veröffentl. des Deutschen Instituts für Länderkunde, N. F. 15/16, S. 51-93 (1958).

Lehmann, O.: Die Pfahlbauten der Gegenwart. Mitteil. der Anthropol. Gesellsch. Wien, S. 19-52 (1904).

Lehmann, S.: Die Siedlungen der Landschaft Rheingau. Rhein-Mainische Forschungen, H. 9 (1934).

Leister, I.: Rittersitz und adliges Gut in Holstein und Schleswig. Forschungen zur deutschen Landeskunde, Bd. 64. Remagen 1952.

Light, R. U.: Focus on Africa. American Geogr. Society, Special Publ. 25. New York 1944.

Louis, A.: Kalaa, ksour de montagne et ksour de plaine dans le Sud-Est Tunisien. In: Maghreb et Sahara. Etudes Géographiques Offertes à Jean Despois, S. 257-270. Paris 1973.

Louis, H.: Die ländlichen Siedlungen in Albanien. In: Die ländlichen Siedlungen in verschiedenen Klimazonen, hrsg. von *F. Klute*, S. 47-54. Breslau 1933.

Martin, L.: Kulturgeographische Untersuchungen in Deutsch-Lothringen und im Saargebiet. Forschungen zur deutschen Landes- und Volkskunde. S. 355-382 (1934).

Mathiasson, T.: Eskimo Migration in Greenland. Geogr. Review, S. 408-422 (1935).

Meitzen, A.: Das deutsche Haus. Berlin 1882.

Moergeli, H. A. Schaffhauser Bauernhausformen. Diss. Zürich 1966.

McIntrie, E. G.: Changing Patterns of Hopi Indian Settlement. Annals of the Assoc. of American Geographers, S. 510-521 (1971).

Morrison, H.: Early American Architecture. New York 1952.

Moser, O.: Der kärntnisch-steirische Ringhof. Blätter für Heimatkunde Graz 28, S. 30-39 (1954).

Moser, O.: Das Baualter des bäuerlichen Wohnhauses im politischen Bezirk Wolfsberg in Kärnten. Berichte für Landesforschung und -planung Wien I, S. 37-42 (1957).

Moser, O.: Stand und Bedeutung der Scheunenforschung im Ostalpenraum. Volkskunde im Ostalpenraum Graz, S. 89-103 (1961).

Müller-Wille, L.: Lappen und Finnen in Utsjoki (Ohcijohka), Finnland. Westfälische Geogr. Studien, H. 30. Münster 1974.

Müller-Wille, W.: Haus- und Gehöftformen in Mitteleuropa. Geogr. Zeitschr., S. 121-138 (1936).

Nice, R.: La casa rurale nella Venezia Giulia. Ricerche sulle Dimore Rurali in Italia, Vol. II. Florenz 1940.

Nice, B., Pratelli, G., Barbieri, G. und *Boriani, E.*: La casa rurale nell'Appennino Emiliano e nell'Oltrepo Pavese. Ricerche sulle Dimore Rurali in Italia, Vol. XIII. Florenz 1953.

Niemeier, G.: Siedlungsgeographische Untersuchungen in Niederandalusien. Abhandl. aus dem Gebiet der Auslandskunde. Hamburg 1935.

Nitz, H.-J.: Siedlungsgang und ländliche Siedlungsformen im Himalaya-Vorland von Kumaon. Erdkunde, S. 191-205 (1968).

Obst, E.: Das abflußlose Rumpfschollenland im nordöstlichen Deutsch-Ostafrika, Teil 2: Grundzüge einer geographischen Landeskunde. Mitteil. der Geogr. Gesellsch. Hamburg 1923.

Oelmann, F.: Haus und Hof im Altertum. Untersuchungen zur Geschichte des antiken Wohnbaus, Bd. I: Die Grundformen des Hausbaus. Berlin und Leipzig 1927.

Ortolani, M.: La casa rurale della Pianura Emiliana. Ricerche sulle Dimore Rurali in Italia, Vol. XII. Florenz 1953.
Ortremba, E.: Allgemeine Agrar- und Industriegeographie. 2. Aufl. Stuttgart 1960.
Padovan, E.: La casa rurale nella Valle dei Lessini. Ricerche sulle Dimore Rurali in Italia, Vol. VIII. Florenz 1950.
Passarge, S.: Geographische Völkerkunde. Berlin 1951.
Pezeu-Massabuau, J.: La maison traditionelle au Japon. Les Cahiers d'Outre-Mer, S. 273-297 (1966).
Pezeu-Massabuau, J.: Les Problèmes géographiques de la maison chinoise. Les Cahiers d'Outre-Mer, S. 252-287 (1969).
Pessler, W.: Der niedersächsische Kulturkreis. Hannover 1925.
Pfeifer, G.: Historische Grundlagen der geographischen Individualität des Südostens der Vereinigten Staaten. Pet. Mitteil. S. 301-312 (1954).
Planhol, X. de und *Inandik, H.:* Etudes sur la vie de montagne dans le Sud-Ouest de l'Anatolie. Revue de Géographie Alpine, S. 375-389 (1959).
Planhol, X. de: Les limites septentrionales de l'habitat rural de type lorrain. Erdkundliches Wissen, H. 18, S. 145-163. Wiesbaden 1968.
Pries, J. F.: Die Entwicklung des mecklenburgischen Niedersachsenhauses zum Querhaus und das mecklenburgische Seemannshaus. Forschungen zur deutschen Landes- und Volkskunde, S. 331-398 (1928).
Radig, W.: Das Bauernhaus in Brandenburg und im Mittelelbegebiet. Berlin 1966.
Ränk, G.: Bauernhausformen im baltischen Raum. Würzburg 1962.
Raisch, H.: Gehöft und Einhaus in Württemberg. Berichte zur Deutschen Landeskunde, Bd. 42, S. 97-146 (1969).
Resch, F. E.: Ruraler Hausbau in Entwicklungsländern. Das Beispiel der Dagombas in Nordghana. Frankfurter Wirtschafts- und Sozialgeogr. Schriften, H. 11. Frankfurt a. M. 1972.
Rhamm, K.: Ethnographische Beiträge zur germanisch-slawischen Altertumskunde, II. Abt., 1: Urzeitliche Bauernhöfe im germanisch-slawischen Waldgebiet. Braunschweig 1908.
Richthofen, F. v.: China, Bd. I. Berlin 1877.
Rickers, J.: Der Stand der Hausforschung in den holsteinischen Elbmarschen. Zeitschr. für Volkskunde, S. 253-277 (1958).
Ried, H. und *Eitzen, G.:* Das Bauernhaus im niederbergisch-westfälischen Grenzgebiet. Wuppertal 1955.
Robequain, C.: L'Habitation sur pilotis dans l'Indochine et l'Insulinde. Annales de Géographie, S. 642 ff. (1935).
Schachtzabel, J.: Die Siedlungsverhältnisse der Bantuneger. Leiden 1911.
Schahl, A.: Fragen der oberdeutschen Hausforschung. Württ. Jahrbuch für Volkskunde, S. 135-154 (1957/58).
Schepers, J.: Das Bauernhaus in Nordwestdeutschland. Schriften der Volkskundl. Kommission für westfälische Landes- und Volksforschung, H. 7. Münster 1944.
Schier, B.: Hauslandschaften und Kulturbewegungen im östlichen Mitteleuropa. 1. Aufl. Reichenberg 1932; 2. Aufl. Göttingen 1966.
Schilli, H.: Ländliche Haus- und Hofformen im alemannischen Gebiet Badens. Badische Heimat 31, S. 168-188 (1951).
Schilli, H.: Das Schwarzwaldhaus. Stuttgart 1953.
Schilli, H.: Das oberrheinische Kniestockhaus. Badische Heimat, S. 63-84 (1957).
Schmithüsen, J.: Das Luxemburger Land. Forschungen zur deutschen Landeskunde, Bd. 34. Leipzig 1940.
Scholz, F.: Belutschistan (Pakistan). Eine sozialgeographische Studie des Wandels in einem Nomadenland seit Beginn der Kolonialzeit. Göttinger Geogr. Abhandl., H. 63 (1974).
Schrepfer, H.: Zur Geographie des ländlichen Hausbaus in Süddeutschland. Zeitschr. für Erdkunde, S. 236-246 (1940).
Schröder, K. H.: Zur Entstehung des gestelzten Bauernhauses in Südwestdeutschland. Stuttgarter Geogr. Studien, Bd. 69, S. 164-180. Stuttgart 1957.
Schröder, K. H.: Einhaus und Gehöft in Südwestdeutschland. Studien zur südwestdeutschen Landeskunde, S. 84-103. Bad Godesberg 1963.
Schröder, K. H. u. a.: Geographische Hausforschung im südwestlichen Mitteleuropa. Tübinger Geogr. Studien, H. 54 (1974).
Schröder, K. H.: Das bäuerliche Anwesen in Mitteleuropa. Geogr. Zeitschr., S. 241-271 (1974).
Schumm, K.: Das Bauernhaus in Hohenlohe im 18. Jahrhundert. Württemb. Jahrbuch für Volkskunde, S. 117-121 (1955).
Schweizer, G.: Nordost-Azerbeidschan und Shah Sevan-Nomaden. In: Strukturwandlungen im nomadisch-bäuerlichen Lebensraum des Orients. Erdkundliches Wissen, H. 26. Wiesbaden 1970.
Schwind, M.: Die Gestaltung Karafutos zum japanischen Raum. Pet. Mitteil. Ergh. Nr. 230. Gotha 1942.
Seifart, E.: Haus und Hof bei den Eingeborenen Nordamerikas. Archiv für Anthropologie, N. F., Bd. VII, S. 119-215 (1909).
Seitz, S.: Die zentralafrikanischen Wildbeuterkul-

turen. Habilitationsschr. (Maschinenschrift). Freiburg i. Br. 1974.

Shephard, J. A.: Vernacular Buildings in England and Wales. Institute of British Geographers, Transactions, Nr. 40, S. 21-37 (1966).

Sick, W.-D.: Madagaskar. Tropisches Entwicklungsland zwischen den Kontinenten. Darmstadt 1979.

Simonett, C.: Die Bauernhäuser des Kantons Graubünden. Basel 1965 und 1968.

Smith, J. T. und *Stell, C. F.:* Survival of Pre-Conquest Building Traditions in the fourteenth Century. The Antiquaries Journal 40, S. 131-151 (1960).

Sorre, M.: Les Fondements de la Géographie Humaine, Bd. III: L'Habitat. Paris 1952.

Spate, O. H. K. und *Learmonth, A. T. A.:* India and Pakistan. 2. Aufl. London 1957; 3. Aufl. London 1967.

Spencer, J. E.: The Houses of the Chinese. Geogr. Review, S. 254-273 (1947).

Steinbach, F.: Studien zur westdeutschen Stammes- und Volksgeschichte. Jena 1926; Wiederabdruck Darmstadt 1962.

Storai De Rocchi, T.: Guida Bibliografia allo Studio dell' Abitazione Rurale in Italia. Richerche sulle Dimore Rurali in Italia, Vol. VII. Florenz 1950.

Suter, K.: Die Oase El Oued. Vierteljahrschr. der Naturforschenden Gesellsch. Zürich, S. 27-45 (1955).

Suter, K.: Die ländlichen Siedlungen des Mzab. Vierteljahrschr. der Naturforschenden Gesellsch. Zürich, Abhandl. I. Zürich 1958.

Tesdorf, J.: Historische Zeugnisse zur Entstehung des oberdeutschen Einbauhofes im westlichen Bodenseegebiet. Mitteil. der Geogr. Fachschaft Freiburg, N. F., Nr. 2, S. 78-101 (1969).

Thurnwald, R.: Werden, Wandel und Gestaltung von Familie, Verwandtschaft und Bünden. In: Die menschliche Gesellschaft, Bd. II. Berlin und Leipzig 1932.

Tischner, H.: Die Verbreitung der Hausformen in Ozeanien. Studien zur Völkerkunde VII. Leipzig 1935.

Treude E.: Studien zur Siedlungs- und Wirtschaftsentwicklung in der östlichen kanadischen Zentralarktis. Erde, S. 247-276 (1973).

Treude, E.: Nordlabrador. Westfälische Geogr. Studien, H. 29. Münster 1974.

Trier, J.: Das Gefüge des bäuerlichen Hauses im deutschen Nordwesten. Westfälische Forschungen, S. 36-50 (1938)

Uhlig, H.: Typen kleinbäuerlicher Siedlungen auf den Hebriden. Erdkunde, S. 98-124 (1959).

Uhlig, H.: Südostasien-Australien. Fischer-Länderkunde, Bd. 3. Frankfurt a. M. 1975.

Uhlig, H.: Hill Tribes and Rice Farmers in the Himalaya and South East Asia. Institute of British Geographers, Transactions, Nr. 47, S. 1-23 (1969).

Vidal de la Blache, P.: Principes de Géographie Humaine. Paris 1922.

Wagner, J.: Zur Kulturgeographie Islands als Bauernland. Geographischer Anzeiger, S. 266-274 (1935).

Warakomska, K.: Matériaux de construction dans les villages en Pologne selon leur état de 1957. Annales Univ. Mariae Curie Skledowska, Sect. B, Vol. XVI, S. 157-178. Lublin 1961.

Watermann, T. T.: North American Indian Dwellings. Geogr. Review, S. 1-25 (1924).

Weiss, R.: Volkskunde der Schweiz. Erlenbach-Zürich 1946.

Weitz, O.: Siedlung, Wirtschaft und Volkstum im südlichen Maindreieck. Fränkische Studien, N. F., H. 1 (1937).

Wenzel, H.: Ländliche Siedlungsformen in Inneranatolien. In: Die ländlichen Siedlungen in verschiedenen Klimazonen, hrsg. von *F. Klute,* S. 67-74. Breslau 1930.

Wenzel, H.-J.: Die ländliche Bevölkerung. In: Materialien zur Terminologie der Agrarlandschaft, Bd. III, hrsg. von *H. Uhlig* und *C. Lienau.* Gießen 1974.

Werth, E.: Grabstock, Hacke und Pflug. Ludwigsburg 1954.

Winberry, J. J.: The Log House in Mexico. Annals of the Association of American Geographers, S. 54-69 (1974).

Winkelmann, W.: Die Ausgrabungen in der frühmittelalterlichen Siedlung bei Warendorf (Westfalen). Neue Ausgrabungen in Deutschland, S. 492-517. Berlin 1958.

Winter, H.: Das Bauernhaus des südlichen Odenwaldes vor dem 30jährigen Krieg. Essen 1957.

Wirth, E.: Landschaft und Mensch im Binnendelta des unteren Tigris. Mitteil. der Geogr. Gesellsch. Hamburg, S. 7-70 (1955).

Weyns, J.: Stand und Aufgaben der Bauernhausforschung in Belgien. Niederschrift über die Tagung des Arbeitskreises für deutsche Hausforschung in Monschau, S. 44-59 (1961).

Wissmann, H. v.: Arabien. In: Handbuch der Geographischen Wissenschaft, hrsg. von *F. Klute,* Potsdam 1937.

Yang, M. C.: Chinese Village: Taitou, Shantung Province. New York 1947.

Zelinsky, W.: The Log House in Georgia. Geogr. Review, S. 173-193 (1953).

Zelinsky, W.: The New England connecting barn. Geogr. Review, S. 541-553 (1958).

Zoller, D.: Die Ergebnisse der Grabung Gristede. Nachr. aus Niedersachsens Urgeschichte 31, S. 31-57 (1962).

IV. C und D: Die Gestaltung der Wohnplätze oder die Siedlungsform und die Ortsnamen sowie die Flurformen

Abel, H.: Die Besiedlung von Geest und Marsch am rechten Weserufer bei Bremen. Deutsche Geographische Blätter, S. 1-110 (1933).

Abel, W.: Agrarpolitik. In: Grundriß der Sozialwissenschaft, Bd. 11. Göttingen 1951.

Abel, W.: Die Wüstungen des ausgehenden Mittelalters. 1. Aufl. Jena 1943; 2. Aufl. Stuttgart 1954.

Abel, W.: Geschichte der deutschen Landwirtschaft. Stuttgart 1962.

Abel, W.: Verdorfung und Gutsbildung in Deutschland zu Beginn der Neuzeit. Geografiska Annaler, S. 1-7 (1961) und Zeitschrift für Agrargeschichte und Agrarsoziologie, S. 39-49 (1961).

Abel, W.: Agrarkrisen und Agrarkonjunktur. Hamburg und Berlin 1966.

Abel, W.: Wüstungen in historischer Sicht. In: Sonderband 2 der Zeitschrift für Agrargeschichte und Agrarsoziologie, S. 1-15 (1967).

Achenbach, H.: Agrargeographische Entwicklungsprobleme Tunesiens und Ostalgeriens. Jahrbuch der Geogr. Gesellschaft Hannover für 1970. Hannover 1971.

Adejuwon, O.: Agricultural Colonization in Western Nigeria. Journal of Tropical Agriculture, S. 1-8 (1971).

Agrarian Reform in Latin America. An annotated Bibliography. 2 Bde. Wisconsin-Madison 1974.

Ahlmann, H. W.: Etudes de Géographie Humaine sur l'Italie subtropicale. Geogr. Annaler, S. 257-322 (1925) und S. 74-124 (1926).

Ahmed, A. G. M.: Nomadic Competition in the Funji Area. Sudan Notes and Records, S. 43-65 (1973).

Allertson, P.: English village development: findings from the Pickering district of North Yorkshire. Transactions, Institute of British Geographers, Nr. 51, S. 95-109 (1970).

Althaus, R.: Siedlungs- und Kulturgeographie des Ems-Weser-Winkels. Ungedr. Diss. Münster 1957.

Andersson, H.: Parzellierung und Gemengelage. Studien über die älteste Kulturlandschaft in Schonen. Meddelande från Geogr. Institutet från Stockholm Högskola, Nr. 122. Lund 1960.

Antoniadis-Bibicou, H.: Villages désertés en Grèce. In: Villages Désertés et Histoire Economique XI-XVIIIe siècle, S. 343-418. Paris 1965.

Arnold, W.: Ansiedelungen und Wanderungen deutscher Stämme. Marburg 1875.

Asamoa, A.: Die gesellschaftlichen Verhältnisse der Ewe-Bevölkerung in Südost-Ghana. Veröffentlichung des Museums für Völkerkunde zu Leipzig, H. 22. Leipzig 1971.

Ashar, S. R.: East Indian Settlement in Trinidad. Gainesville 1963.

Aufrère, L.: Les rideaux. Annales de Géographie, S. 529-560 (1929).

August, O.: Formen ländlicher Siedlungen vor den Veränderungen im 19. Jahrhundert. Atlas mit Erläuterungen zum Atlas des Saale- und mittleren Elbegebietes, 2. Teil, S. 59-89. Leipzig 1959-1961.

August, O.: Untersuchungen an Königshufenfluren bei Merseburg. Varia Archaeologica. Deutsche Akademie der Wissensch., Schriften der Sektion für Vor- und Frühgeschichte, Bd. 16, S. 375-394 (1964).

Auhagen, O.: Über die Entwicklung der Agrarverfassung der deutschen Bauern im heutigen Gebiet der Union der Sozialistischen Sowjet-Republiken. In: *Sering* und *von Dietze* (Hrsg.): Agrarverfassungen der deutschen Auslandssiedlungen in Osteuropa, Bd. I. Berlin 1939.

Atlas de France. Paris 1942 ff.

Bach, A.: Siedlungsnamen des Taunusgebietes in ihrer Bedeutung für die Besiedlungsgeschichte. Bonn 1927.

Bach, A.: Deutsche Namenkunde. 3 Bände. Heidelberg 1953-1956.

Bachmann, H.: Zur Methodik der Auswertung der Siedlungs- und Flurkarte für die siedlungsgeschichtliche Forschung. Zeitschr. für Agrargeschichte und Agrarsoziologie, S. 1-13 (1960).

Bachmann, K. W.: Die Besiedlung des alten Neuseeland. Diss. Leipzig 1931.

Baden-Powell, B. H.: The Land Systems of British India, 3 Bde. Oxford 1892.

Bader, K. S.: Das mittelalterliche Dorf als Friedens- und Rechtsgemeinschaft. Weimar 1957.

Bader, K. S.: Dorfgenossenschaft und Dorfgemeinde. Köln–Graz 1962.

Bader, K. S.: Dorf und Dorfgemeinde in der Sicht des Rechtshistorikers. Zeitschr. für Agrargeschichte und Agrarsoziologie, S. 10-20 (1964).

Baker, A. R. H.: Le remembrement rural en France. Geography, S. 60-62 (1961).

Banat: Handwörterbuch des Grenz- und Auslanddeutschtums, Bd. 1, S. 207-287. Breslau 1933.

Barral, H.: Tiogo (Haute Volta). Atlas des Structures Agraires, Bd. 2. Paris 1968.

Bartz, F.: Französische Einflüsse im Bilde der Kulturlandschaft Nordamerikas. Erdkunde, S. 286-305 (1955).

Batschka: Handwörterbuch des Grenz- und Auslanddeutschtums, Bd. 1, S. 291-345. Breslau 1933.

Baumann-Thurnwald-Westermann: Völkerkunde von Afrika. Essen 1940.

Baumann, H.: Die Völker Afrikas und ihre traditionellen Kulturen. Teil I: Allgemeiner Teil und südliches Afrika. Wiesbaden 1975.

Baumann, H.: Die Sambesi-Angola-Provinz. In: *Baumann, H.:* Die Völker Afrikas und ihre traditionellen Kulturen. Teil I: Allgemeiner Teil und südliches Afrika, S. 513-648. Wiesbaden 1975.

Baumann, H.: Die Südwest-Bantu-Provinz. In: *Baumann, H.:* Die Völker Afrikas und ihre traditionellen Kulturen. Teil I: Allgemeiner Teil und südliches Afrika, S. 473-512. Wiesbaden 1975.

Beck, J. H.: Yafele's Kraal. A sample study of African agriculture in Southern Rhodesia. Geography, S. 68-78 (1960).

Bedford, R. D.: Resettlement of Ellice Islanders in Fiji. Auckland Student Geographer, Nr. 5, S. 49-58 (1968).

Behrmann, W.: Die Dörfer im Innern Neuguineas. In: Die ländlichen Siedlungen in verschiedenen Klimazonen, hrsg. von *F. Klute,* S. 131-143. Breslau 1933.

Below, G. v.: Geschichte der deutschen Landwirtschaft des Mittelalters in ihren Grundzügen. Jena 1927.

Bennet, W. C.: A cross-cultural survey of South American Indian Tribes. In: Handbook of South American Indians, hrsg. von *H. Steward,* Vol. 5. Smithsonian Institution, Bureau of American Ethnology, Bull. 143. Washington 1949.

Benthien, B.: Die historischen Flurformen des südwestlichen Mecklenburg. Veröff. des mecklenburgischen Landeshauptarchivs, Bd. I. Schwerin 1960.

Beresford, M.: Villages désertés: bilan de recherche anglais. In: Villages Désertés et Histoire Economique XI.-XVIIIe siècle. Les Hommes et la Terre, Bd. XI, S. 533-580. Paris 1965.

Bernard, A.: Afrique Septentrionale. In: Géographie Universelle, Bd. XI. Paris 1927.

Bernard, W.: Das Waldhufendorf in Schlesien. Veröffentl. der Schlesischen Gesellschaft für Erdkunde XII. Breslau 1931.

Berninger, O.: Wald und offenes Land in Südchile seit der spanischen Eroberung. Geogr. Abhandl. 3. Reihe, H. 1. Stuttgart 1929.

Berninger, O.: Die ländlichen Siedlungen in Chile. In: Die ländlichen Siedlungen in verschiedenen Klimazonen, hrsg. von *F. Klute,* S. 200-208. Breslau 1933.

Berry, L.: Tanzania in Maps. London 1971.

Beuermann, A.: Kalyviendörfer im Peleponnes. In: Ergebnisse und Probleme moderner geographischer Forschung, H. Mortensen zum 60. Geburtstag, S. 229-238. Bremen–Horn 1954.

Beuermann, A.: Typen ländlicher Siedlungen in Griechenland. Pet. Mitteil., S. 278-285 (1956).

Beuermann, S.: Fernweidewirtschaft in Südosteuropa. Braunschweig 1967.

Biasutti, R.: Ricerche sui tipi degli insediamenti rurali in Italia. Comptes Rendus du Congr. Internat. de Géographie, Paris 1931, Bd. III, Sect. IV-VI, S. 7-16. Paris 1934.

Bichwell, P. W. und *Falconer, J. J.:* History of Agriculture in the Northern United States. Washington 1925.

Biebuyck, D. (Hrsg.): African Agrarian Systems. London 1963.

Birch, P. P.: The Measurement of Dispersal Patterns of Settlement (in the Corn Belt). Tijdschr. for Econ. en Sociale Geografie, S. 68-75 (1967).

Birket-Smith, K.: Die Eskimos. Zürich 1948.

Birle, S.: Der landwirtschaftliche Großbetrieb in USA: Untersuchungen im Bewässerungsraum des Südwestens. Marburger Geogr. Schriften, H. 66, S. 49-88 (1976).

Birot, P. und *Dresch, J.:* La Méditerranée et le Moyen-Orient. 2 Bde. Paris 1953 und 1956.

Blanc, A.: La Croatie Occidentale. Etude de Géographie Humaine. Travaux publiés par l'Institut d'Etudes Slaves XXV. Paris 1957.

Blanc, A.: L'Europe Socialiste. Paris 1974.

Bloch, M.: Les caractères originaux de l'histoire rurale française. Sammenlignende Kulturforskning, Serie B, Skrifter XIX. Oslo 1931.

Blohm, R.: Die Hagenhufendörfer in Schaumburg-Lippe. Schriften des Niedersächs. Heimatbundes, N. F. 10. Oldenburg 1943.

Bobek, H.: Soziale Raumbildungen am Beispiel des Vorderen Orients. Deutscher Geographentag München, S. 193-208 (1948).

Bobek, H.: Die Takte-Sulainangruppe im mittleren Alburzgebirge, Nordiran. In: Hundert Jahre Geographische Gesellschaft Wien, 1955-1956, S. 236-265. Wien 1957.

Bobek, H.: Entstehung und Verbreitung der Hauptflursysteme Irans – Grundzüge einer sozialgeographischen Theorie. Mitteil. Österr. Geogr. Gesellsch., S. 274-322. (1976).

Bodenstedt/Zeuner/Kobelt: Staatlich geplante Produktionsgenossenschaften. Das tunesische Modell. Ifo-Institut für Wirtschaftsforschung München, Afrika-Studien, H. 63. München 1971.

Böhner, K.: Das Trierer Land zur Merowingerzeit nach den Zeugnissen der Bodenfunde.

Schriften zur Trierischen Landesgeschichte und Volkskunde, Bd. 10, S. 303-337 (1964).
Boelcke, W. A.: Kornwestheim von der Römerzeit bis ins Mittelalter. Ludwigsburger Geschichtsblätter 17, S. 7-35 (1964).
Boelcke, W. A.: Wandlungen der dörflichen Sozialstruktur der südwestdeutschen Gewannflur. Zeitschr. für Agrargesch. und Agrarsoziologie, S. 80-103 (1967).
Boesch, H.: Amerikanische Landschaft. Neujahrsbl. der Naturforschenden Gesellschaft. Zürich 1955.
Bonn, J. M.: Die englische Kolonisation in Irland, 2 Bde. Berlin-Stuttgart 1906.
Borcherdt, C.: Junge Wandlungen der Kulturlandschaft in Venezuela. Geographische Zeitschrift, S. 142-161 (1967).
Born, M.: Siedlungsentwicklung am Osthang des Westerwaldes. Marburger Geographische Schriften, H. 8. Marburg 1957.
Born, M.: Langstreifenfluren und ihre Vorformen in den hessischen Berglandschaften. Berichte zur Deutschen Landeskunde, Bd. 20, S. 104-128 (1958).
Born, M.: Wandlung und Beharrung ländlicher Siedlung und bäuerlicher Wirtschaft. Marburger Geogr. Studien, H. 14 (1961).
Born, M.: Frühgeschichtliche Flurrelikte in den deutschen Mittelgebirgen. Geografiska Annaler, S. 17-25 (1961).
Born, M.: Zentralkordofan. Bauern und Nomaden im Savannengebiet des Sudan. Marburger Geogr. Schriften, H. 25 (1965).
Born, M.: Langstreifen in Hessen. Zeitschr. für Agrargeschichte und Agrarsoziologie, S. 105-136 (1967).
Born, M.: Studien zur spätmittelalterlichen und neuzeitlichen Siedlungsentwicklung in Nordhessen. Marburger Geogr. Schriften. H. 44 (1970).
Born, M.: Siedlungsgang und Siedlungsformen in Hessen. Hessisches Jahrbuch für Landesgeschichte, 22. Bd. S. 1-89 (1972).
Born, M.: Römerzeitl. Flurrelikte im Saarkohlenwald. 19. Bericht d. Staatl. Denkmalpflege im Saarland, Beiträge zur Archäologie und Kunstgesch., S. 73-88 (1972).
Born, M.: Nordhessen: Einheit und Vielfalt. Marburger Geogr. Schriften, H. 60, S. 1-21 (1973).
Born, M.: Die Entwicklung der deutschen Agrarlandschaft. Erträge der Forschung, Bd. 29. Darmstadt 1974.
Born, M.: Zur Entstehung der Gehöferschaften. Die europäische Kulturlandschaft im Wandel, Schröder-Festschr., S. 25-32. Kiel 1974.
Born, M.: Geographie der ländlichen Siedlungen, Teil 1: Die Genese der Siedlungsformen in Mitteleuropa. Stuttgart 1977.
Born, M., Lee, D. R. und *Randall, J. R.:* Ländliche Siedlungen im nordöstlichen Sudan. Arbeiten aus dem Geogr. Institut des Saarlandes, H. 14 (1971).
Boulet, J.: Un terroir de montagne en pays Mafa Magoumatz (Cameroun du Nord). Etudes Rurales, Bd. 37-39, S. 198-211 (1970).
Bradford, J.: Ancient Landscapes. Studies in Field Archeology, darin Kap. IV. London 1957.
Breutz, P.-L.: Die Südost-Bantu. In: *Baumann, H.* (Hrsg.): Die Völker Afrikas und ihre traditionellen Kulturen. Teil I: Allgemeiner Teil und südliches Afrika, S. 409-456. Wiesbaden 1975.
Brinkmann, C.: Wirtschafts- und Sozialgeschichte. In: Grundriß der Sozialwissenschaft, Bd. 18. Göttingen 1953.
Bronger, D.: Der sozialgeographische Einfluß des Kastenwesens auf Siedlung und Agrarstruktur. Teil I: Kastenwesen und Siedlung. Erdkunde, S. 89-106 (1970).
Brooke, C.: The rural village in the Ethiopian Highlands. Geogr. Review, S. 58-75 (1959).
Brown, A. R.: Three tribes of Western Australia. The Journal of the Royal Anthrop. Institute of Great Britain and Ireland XLIII, S. 143-194 (1913).
Brun, M. B.: Der Kibbuz. Studie über die Gemeinschaftssiedlung im Lande Israel. Zürich 1950.
Buchanan, K.: The Transformation of the Chinese Earth. London 1970.
Buck, J. L.: Land Utilization in China. Nanking und Chicago 1937.
Bühler, E.: Der Platz als bestimmender Faktor von Siedlungsformen in Ostindonesien und Melanesien. Regio Basiliensis, Bd. I, S. 202-219 (1959/60).
*Busch-Zantner, R.:*Agrarverfassung und Siedlung in Südosteuropa unter besonderer Berücksichtigung der Türkenzeit. Diss. München 1937.
Buse, K.: Stadt und Gemarkung Debrezin. Schriften des Geogr. Instituts der Univ. Kiel XI, 5. Kiel 1942.
Cabrilliana, N.: Villages désertés en Espagne. In Villages Désertés et Histoire Economique XI-XVIIIe siècle, S. 461-514. Paris 1965.
Caird, J. B.: The Isle of Harris. Scottish Geogr. Magazine, S. 85-100 (1951).
Capot-Rey, R.: Le Sahara Français. Paris 1953.
Carlson, A. W.: Long Lots in the Rio Arriba. Annals of the Association of American Geographers, S. 48-57 (1975).

Caro Baroja, J.: Los Pueblos de Espagne. 2 Bde. Madrid 1976.

Cech, D.: Inhambane. Kulturgeographie einer Küstenlandschaft in Südmoçambique. Braunschweiger Geogr. Studien, H. 4 (1974).

Cellbrot, G.: Die Siedlungsformen des Kreises Teschen. Zeitschr. für Ostforschung, S. 75-97 (1963).

Charddon, R. E.: Hacienda and Ejido in Yucatán. The Example of Santa Ana Cucá. Annals of the Assoc. of American Geographers, S. 174-193 (1963).

Chevallier, R.: La centuriasiation et les problèmes de la colonisation romaine. Etudes Rurales, H. 3, S. 54-80 (1961).

Clark, A.: The Canadian Habitat. In: Man and his habitat, S. 218-246. Hrsg. von *R. H. Buchanan, E. Jones* und *E. McCourt*. London 1971.

Collin Delavaud, C.: Les Conséquences Sociales de la Modernisation de l'Agriculture dans les Haciendas de la Côte Nord du Pérou. In: Colloques Internationaux du Centre National de la Recherche Scientifique, Sciences Humaines: Les Problèmes Agrarères des Amériques Latines, S. 363-383. Paris 1967.

Connell, J.: The Evolution of Tanzanian Rural Development. The Journal of Tropical Geography, S. 7 – 18. Juni 1974.

Consten, H.: Weideplätze der Mongolen. 2 Bde. Berlin 1919/20.

Conze, W.: Agrarverfassung und Bevölkerung in Litauen und Weißrußland. „Deutschland und der Osten", Bd. I. Leipzig 1940.

Cornish, R. T.: The Influence of Physical Features on Rural Settlement in East-Central Sweden. The Institute of British Geographers, Transactions and Papers, S. 123-135 (1950).

Credner, W.: Die ländlichen Siedlungen in Siam. In: Die ländlichen Siedlungen in verschiedenen Klimazonen, hrsg. von *F. Klute*, S. 112-121. Breslau 1933.

Credner, W.: Siam. Stuttgart 1935.

Cressey, G. B.: Land of the 500 Million. A Geography of China. New York–London–Toronto 1955.

Creutzburg, N.: Die mykonischen Inseln, insbesondere ihre Siedlung und Wirtschaft. Vosseler-Festschrift, Regio Basiliensis I/2. S. 212-232 (1959/60).

Curwen, E. C.: Ancient Cultivation. Antiquity, S. 389-406 (1927).

Cvijiť, J.: La Péninsule Balkanique. Paris 1918.

Czajka, W.: Der Schlesische Landrücken. Eine Landeskunde Nordschlesiens, Bd. II. Veröffentlichung der Schlesischen Gesellschaft f. Erdkunde XIII. Breslau 1938. Wiederabdruck Wiesbaden 1964.

Czybulka, G.: Wandlungen im Bild der Kulturlandschaft Masurens seit dem Beginn des 18. Jahrhunderts. Diss. Berlin 1936.

Dannenbauer, H.: Hundertschaft, Centena und Huntari. In: Grundlagen der mittelalterlichen Welt. Stuttgart 1958.

Darby, H. C.: The changing English Landscape. Geographical Journal, S. 377-398 (1951).

Darby, H. C.: A New Historical Geography of England. Cambridge 1973.

Davies, G. L.: The Parish of North Uist. Scottish Geogr. Magazine, S. 65-80 (1951).

Davies, H. R. J.: Tropical Africa. In: Atlas for Rural Development. University of Wales Press 1975 (mit einer Karte der Siedlungsformen, S. 29).

Dawson, C. A.: Group Settlement. Ethnic Communities of Western Canada. In: Canadian Frontiers of Settlement, hrsg. von *A. Mackintosh* und *W. L. G. Joerg*, Bd. VII. Toronto 1936.

Degn, C.: Parzellierungslandschaften in Schleswig-Holstein. Schriften des Geographischen Instituts der Universität Kiel, Sonderband, S. 134-174 (1953).

Deising, E.: Historisch-geographische Wandlungen des ländlichen Siedlungsgefüges im Gebiet um Verden (Aller) unter besonderer Berücksichtigung der Wüstungen. Mitteil. Geogr. Gesellsch. Hamburg, Bd. 61 (1973).

Delano Smith, C.: Villages désertés dans les Pouilles: Le Tavolière. In: I Paesaggi Rurali Europei, Appendici di Storia Patria per l'Umbria, Appendici al Bolletino, Nr. 12, S. 125-140. Perugia 1975.

Delvert, J.: Le Paysan Cambodien. Paris–Den Haag 1961.

Demangeon, A.: Problèmes actuels et aspects nouveaux de la vie rurale en Egypte. Annales de Géographie, S. 125-173 (1926).

Demangeon, A.: La Géographie de l'Habitat rural. Annales de Géographie, S. 7-23 und 97-114 (1927).

Demangeon, A.: Economie agricole et peuplement rural. Annales de Géographie, S. 1-21 (1934).

Demangeon, A.: Types de peuplement rurals en France. Annales de Géographie, S. 1-21 (1939).

Demangeon, A.: L'Habitation Rurale (Frankreich). In: Géographie Universelle, Bd. VI. Paris 1946.

Démians d'Archimbaud, G.: Archéologie et villages désertés en Provence. In: Villages Désertés et Histoire Economique XI-XVIIIe siècle, S. 287-302. Paris 1965.

Denecke, D.: Tradition und Anpassung der agraren Raumorganisation und Siedlungsgestaltung im Landnahmeprozeß des östlichen Nordamerika im 17. und 18. Jahrhundert. Geographentag Innsbruck, Tagungsberichte und wissensch. Abhandl., S. 228-255. Wiesbaden 1976.

Desall, A. R.: Rural Sociology in India. Bombay 1962.

Desplanques, H.: Campagnes Ombriennes. Contribution à l'étude des paysages ruraux en Italie centrale. Paris 1969.

Desplanques, H.: Types de parcellaires dans les bassins intérieurs de l'Apennin. In: Deputacione di Storia Patria per Umbria, App. al Boll. Nr. 12, S. 149-154. Perugia 1975.

Despois, J.: Les genres de vie des populations de la forêt dans le Cameroun Oriental. Annales de Géographie, S. 19-38 (1946).

Despois, J.: Géographie Humaine. Mission scientifique du Fezzan (1944/45). Institut de Recherches Sahariennes de l'Université d'Alger. Paris 1946.

Despois, J.: Le Hodna. Publications de la Faculté des Lettres d'Alger. Paris 1953.

Despois, J.: L'Afrique du Nord. Paris 1964.

Dickinson, R. E.: Dispersed Settlement in Southern Italy. Erdkunde, S. 282-297 (1956).

Dietze, C. v.: Stolypinsche Agrarreform und Feldgemeinschaft. Osteuropa-Institut Breslau, Quellen und Studien, 1. Abt.: Recht und Wirtschaft, H. 3. Leipzig und Berlin 1920.

Dion, J.: Essai sur la formation du paysage rural français. Tours 1934.

Dittel, P.: Die Besiedlung Südnigeriens von den Anfängen bis zur britischen Kolonisation. Diss. Leipzig 1936.

Dittmer, K.: Allgemeine Völkerkunde. Braunschweig 1954.

Dobby, E. H. G.: Padi landscapes of Malaya. The Malaya Journal of Tropical Geography, Vol. 6 (1955).

Dobrowolska, M.: The morphogenesis of the agrarian landscape of Southern Poland. Geografiska Annaler, S. 26-45 (1961).

Dörrenhaus, F.: Urbanität und gentile Lebensform. Erdkundliches Wissen, H. 25, Geogr. Zeitschr., Beihefte. Wiesbaden 1971.

Dongus, H.: Die Agrarlandschaft der östlichen Po-Ebene. Tübinger Geogr. Studien, Sonderband 2 (1966).

Dovring, F.: Agrarhistorien. Stockholm 1953.

Dozier, E. P.: The Pueblos Indians of North America. Case Studies in Cultural Anthropology. New York–Chicago usf. 1970.

Drescher, G.: Geographische Fluruntersuchungen im Niederbayerischen Gäu. Münchener Geogr. Hefte, H. 13. München 1957.

Drucker, P.: The northern and central Nootkan Tribes. Smithsonian Institution, Bureau of American Ethnology, Bull. 144. Washington 1951.

Dunin-Wasowicz, T. und *Podwinska, Z.:* Changes in the Rural Landscape of Poland till 1200 in the Light of Archaeological Research. Agrargeogr. Symposium Warschau 1975.

Durand-Dastès, R. Géographie zonale des régions chaudes. In: *Becnétrit, M.* u. a. Paris 1971.

Dussart, F. und *Claude, J.:* Les villages de dries en Basse- et Moyen Belgique. Agrargeogr. Symposium Warschau 1975.

Ebert, W.: Ländliche Siedelformen im deutschen Osten. Berlin 1936.

Ebert, W., Frings, Th. u. a.: Kulturräume und Kulturströmungen im mitteldeutschen Osten. Halle 1936.

Ehlers, E.: Traditionelle und moderne Formen der Landwirtschaft im Iran. Marburger Geogr. Schriften, H. 64 (1975).

Eidt, R. C.: Japanese Agricultural Colonization: A New Attempt at Land Opening in Argentina. Economic Geography, S. 1-20 (1968).

Eidt, R. C.: Pioneer Settlement in Northeast Argentina. Madison 1971.

Eidt, R. C.: Agrarian Reform and the growth of new rural settlements in Venezuela. Erdkunde 1975, S. 118-133.

Eigler, F.: Die Entwicklung von Plansiedlungen auf der südlichen Frankenalb. Studien zur Bayerischen Verfassungs- und Sozialgeschichte, Bd. VI. München 1975.

Eisel, G.: Siedlungsgeographische Geländeforschungen im südlichen Burgwald. Marburger Geogr. Schriften, H. 24 (1965).

Emmerich, W.: Die siedlungsgeschichtlichen Grundlagen (Thüringens). In: Geschichte Thüringens, Bd. I, S. 207-380. Mitteldeutsche Forschungen 48. Graz 1968.

Endriss, G.: Die Vereinödung im bayerischen Allgäu. Pet. Mitt., S. 276-280 (1936).

Engel, F.: Rodungskolonisation und Vorformen der Waldhufen im 12. Jahrhundert. Die schaumburgisch-lippische Heimat, S. 1-22 (1951).

Engel, F.: Erläuterungen zur historischen Siedlungsformenkarte Mecklenburgs und Pommerns. Zeitschrift für Ostforschung, S. 208-230 (1953).

Engelhard, K.: Die Entwicklung der Kulturlandschaft des nördlichen Waldeck seit dem späten Mittelalter. Gießener Geogr. Schriften, H. 10 (1967).

Eriksen, W.: Ländliche Besitzstruktur und agrarsoziales Gefüge im südlichen Argentinien. Zeitschr. für Agrargeschichte und Agrarsoziologie, S. 211-225 (1971).

Erixon, S.: Svensk bygnadskultur och dess geografi, S. 250-290. Ymer (1922).

Erixon, S.: Villages and common lands in Sweden. Transactions of the Westermark Society III (1956).

Erkes, E.: Die Entwicklung der chinesischen Gesellschaft von der Urzeit bis zur Gegenwart. Berichte über die Verhandl. der Sächs. Akademie der Wissensch. zu Leipzig, phil.-hist. Kl., Bd. 100, H. 4, Berlin 1953.

Ernst, V.: Die Entstehung des deutschen Grundeigentums. Stuttgart 1926.

Ertl, W.: Die Flurbereinigung im deutschen Raum. München 1953.

Essen, W.: Die ländlichen Siedlungen in Litauen. Veröff. des staatlich sächs. Forschungsinstituts für Völkerkunde in Leipzig, Reihe 2, Bd. 1, Leipzig 1931.

Eyre, J. B.: The Curving plough-strip and its historical implications. The Agricultural History Review, S. 80-94 (1955).

Farmer, B. H.: The pioneer peasant in India: Some Comparison with Ceylon. Ceylon Geographer, S. 49-63 (1963).

Farmer, B. H.: Agricultural Colonization in India since Independence. London–New York–Delhi 1974.

Fautz, B.: Sozialstruktur und Bodennutzung der Kulturlandschaft des Swat (Nordwest-Himalaja). Gießener Geogr. Schriften, H. 3. Gießen 1963.

Fehn, H.: Das Siedlungsbild des niederbayerischen Tertiärhügellandes zwischen Isar und Inn. Mitteil. Geogr. Gesellsch. München, S. 1-94 (1935).

Fehn, H.: Waldhufendörfer im hinteren Bayerischen Wald. Mitteil. Geogr. Gesellsch. Nürnberg, S. 5-61 (1937).

Fehn, K.: Siedlungsgeschichtliche Grundlagen der Herrschafts- und Gesellschaftsentwicklung in Mittelschwaben. Veröffentl. der Schwäbischen Forschungsgemeinschaft bei der Kommission für Bayerische Landesgeschichte, Reihe I, Bd. 9. Augsburg 1966.

Fel, A.: Les hautes terres du Massif Central. Publications de la Faculté des Lettres Clermont-Ferrand, N. S., Bd. XIII. Clermont-Ferrand 1963.

Fernandez, J. G.: Horche (Guadalajara). Estudio de estructura agraria. Estudios Geograficos, S. 55-66 (1953).

Filipp, K.: Frühformen und Entwicklungsphasen südwestdeutscher Altsiedellandschaften unter besonderer Berücksichtigung des Rieses und Lechfelds. Forschungen zur deutschen Landeskunde, Bd. 202 (1972).

Finberg, H. O. R.: Recent progress in English agrarian history. Geografiska Annaler, S. 75-79. Stockholm 1961.

Flatrès, P.: Hamlet and village. In: Man and his habitat, hrsg. von *R. H. Buchanan, E. Jones* und *D. McCourt*, S. 165-185. London 1971.

Flatrès, P.: Géographie rurale de quatre contrées celtiques: Irlande, Galles, Cornwall et Man. Rennes 1957.

Flatrès, P.: Typologie structurale de l'Habitat rural. In: I Paesaggi Rurali Europei, Appendici di Storia Patria Per l'Umbria, Appendici al Bolletino Nr. 12, S. 197-213, Perugia 1975.

Fliedner, D.: Zur Problematik der römischen und frühalemannischen Flurformen im Bereich der südwestdeutschen Gewannsiedlungen. Zeitschr. f. Agrargesch. und Agrarsoz., S. 16-35 (1970).

Fliedner, D.: Die Kulturlandschaft der Hamme-Wümme-Niederung. Göttinger Geogr. Abhandl., H. 55 (1970).

Fliedner, D.: Der Aufbau der vorspanischen Siedlungs- und Wirtschaftslandschaft im Kulturraum der Pueblo-Indianer. Arbeiten aus dem Geogr. Institut der Universität des Saarlandes, Bd. 19. Saarbrücken 1974.

Fliedner, M.: Die Bodenrechtsreform in Kenya. Ifo-Institut für Wirtschaftsforschung, München. Afrika-Studien, Nr. 7. Berlin–Heidelberg–New York 1965.

Forde, C. D.: Hopi Agriculture and Land Ownership. Journal of the Royal Anthropol. Institute XXI, S. 357-401. London 1931.

Franz, G.: Der Dreißigjährige Krieg und das deutsche Volk. Quellen und Forschungen zur Agrargeschichte 7 (1961).

Franz, G.: Geschichte des deutschen Bauernstandes. Deutsche Agrargeschichte, Bd. IV. Stuttgart 1970.

Freund, B.: Siedlungs- und agrargeographische Studien in der Terra de Barroso (Nordportugal). Frankfurter Geogr. Hefte, H. 48 (1970).

Fricke, W.: Sozialfaktoren in der Agrarlandschaft des Limburger Beckens. Rhein-Mainische Forschungen, Bd. 48 (1959).

Fricke W.: Bericht über agrargeographische Untersuchungen in der Gombe, Bauchi-Province, Nord-Nigeria. Erdkunde, S. 233-248 (1965).

Friedrich, J.: Die Agrarreform in Mexiko. Bedeutung und Verbreitung des Ejido-Systems in den wichtigsten Anbaugebieten des Landes. Nürnberger wirtschafts- und sozialgeogr. Arbeiten, Bd. 7 (1968).

Frödin, J.: Plans cadastraux et répartition du sol

en Suède. Annales Historique et Economique Sociale, S. 51-61 (1934).

Frödin, J.: Zentraleuropas Alpwirtschaft. Oslo und Leipzig 1940 und 1941.

Füldner, E.: Agrargeographische Untersuchungen in der Ebene von Thessaloniki. Frankfurter Geogr. Hefte, H. 44 (1967).

Gabler, A.: Die alemannische und fränkische Besiedlung der Hesselberglandschaft. Veröffentl. der schwäbischen Forschungsgemeinschaft bei der Kommission für Bayerische Landesgeschichte, Reihe I, Bd. 4. Augsburg 1961.

Gaiser, W.: Berbersiedlungen in Südmarokko. Tübinger Geogr. Studien, H. 26 (1968).

Galizien: Handwörterbuch des Grenz- und Auslanddeutschtums, Bd. III, S. 1-47. Breslau 1938.

Gavira, J.: Das spanische Flurbild. Vorträge von der Arbeitstagung europäischer Geographen in Würzburg, S. 299-314 (1942). (El reparto de tierras en España).

Geddes, A.: Le Pays de Tagore. La Civilisation Rurale du Bengal Occidental et ses Fonctions Géographiques. Rennes 1928.

Geisler, W.: Die Gutssiedlung und ihre Verbreitung in Norddeutschland. Geogr. Anzeiger, S. 250-253 (1922).

Geisler, W.: Die ländlichen Siedlungsformen des deutschen Weichsellandes. Altpreußische Forschungen, S. 45-58 (1926).

Geisler, W.: Die Deutschen und ihre Siedlungen in Australien. Jahrbuch der Geogr. Gesellsch. Hannover, S. 125-162 (1930).

Geisler, W.: Die ländlichen Siedlungen in Australien. In: Die ländlichen Siedlungen in verschiedenen Klimazonen, hrsg. von *F. Klute,* S. 152-160. Breslau 1933.

Giese, E.: Sovchoz, Kolchoz und persönliche Nebenerwerbslandwirtschaft in Sowjet-Mittelasien. Westf. Geogr. Studien, H. 27 (1973).

Giffen, A. E. van: Prehistoric Fields in Holland. Antiquity 2, S. 85-97 (1928).

Giffen, A. E. van: Die Warft in Ezinge. Provinz Groningen. Germania, Jg. 20 (1936).

Gil Cresco, A.: El openfield hispanico y sa transformacion par la concentracion parcelaria. Deputatione die Storia Patria per l'Umbria, App. al Boll. Nr. 12, S. 249-261. Perugia 1975.

Gilg, J.-P.: Culture commerciale et discipline agraire Debadéné (Tchad). Etudes Rurales 37-38-39, S. 173-197 (1970).

Giorgi, G.: The métayage in the Province of Perugia. Perugia 1947.

Glässer, E.: Südnorwegische Agrarlandschaften. Kölner Forschungen zur Wirtschafts- und Sozialgeographie, Bd. XXII. Wiesbaden 1975.

Glaesser, H.-G.: Alter und Genese der regelmäßigen Langstreifenfluren in den nördlichen Hassbergen. Frankfurter Geogr. Hefte, H. 49 (1973).

Gleave, M. A.: Dispersed and nucleated settlement in the Yorkshire Wolds. The Institute of British Geographers, S. 105-118. London 1962.

Gnielinski, S. v.: Struktur und Entwicklung Papuas und des von Australien verwalteten, ehemals deutschen Gebietes der Insel Neuguinea. Hamburger Geogr. Studien, H. 9. Hamburg 1959.

Goehrke, C.: Wüstungsperioden des frühen und hohen Mittelalters in Osteuropa. Jahrbuch für die Geschichte Osteuropas, S. 1-52 (1958).

Goehrke, C.: Die Wüstungen in der Moskauer Rus. Studien zur Siedlungs-, Bevölkerungs- und Sozialgeschichte. Quellen und Studien zur Geschichte des östlichen Europa 1 (1968).

Göransson, S.: Field and village in the Island of Öland. Geografiska Annaler. S. 101-158 (1958).

Göransson, S.: Regular open-field pattern in England and Scandinavian solskifte. Geografiska Annaler, Bd. XLIII, Nr. 1 und 2, S. 80-104. Stockholm 1961.

Göransson, S.: Morphogenetic aspects of the agrarian landscape of Öland. Meddelanden från Uppsala Universitets Geografiska Institutioner, Ser. A, Nr. 234 (1969).

Göransson, S.: Regulated villages in medieval Scandinavia. Geogr. Polonica, S. 131-137 (1978).

Göransson, S.: Solskifte: The definition of a confused concept. Fields, Farms and Settlement in Europe, S. 22-37. Ulster Folk and Transport Museum, hrsg. von *Buchanan, R. H., Butlin, R. A.* und *McCourt, D.* 1976.

Gonzales, V. F.: La Huerta de Gandia. Zaragoza 1952.

Gothein, E.: Die Hofverfassung auf dem Schwarzwald, dargestellt an der Geschichte des Gebietes von St. Peter. Zeitschr. Geschichte des Oberrheins 40 (N. F. 1), S. 257-316 (1886).

Gourou, P.: Les Kikuyu et la crise Mau-Mau. Les Cahiers d'Outre-Mer, S. 317-341 (1954) und Revue Belge de Géographie, S. 113-140 (1969).

Gourou, P.: Les Paysans du Delta Tonkinois. Paris 1936.

Gradmann, R.: Das ländliche Siedlungswesen des Königreichs Württemberg. Forschungen zur deutschen Landes- und Volkskunde, S. 1-136 (1913).

Gradmann, R.: die Steppenheidetheorie. Geogr. Zeitschr., S. 265-278 (1933).

Gradmann, R.: Siedlungsformen als Geschichtsquelle und als historisches Problem. Zeitschr. f.

Württemberg. Landesgeschichte VII, S. 25-56 (1943).

Gradmann, R.: Markgenossenschaft und Gewanndorf. Berichte zur Deutschen Landeskunde 5, S. 108-114. Stuttgart 1948.

Gräf, H. und *Matzat, W.:* Die Fluren von Reichertshausen. Berichte z. Deutschen Landesk., S. 261-277 (1968).

Graul, H.: Zur Typologie der Rodungssiedlungen auf der Nordabdachung der Karpaten. Schriftenreihe des Instituts für Deutsche Ostarbeit Krakau, Sektion Landeskunde, Bd. I, S. 11-96. Krakau 1943.

Gray, H. L.: The English Field Systems. Harvard Historical Studies 22. Cambridge, Mass. 1915.

Grees, H.: Ländliche Unterschichten und ländliche Siedlung in Ostschwaben. Tübinger Geogr. Studien, H. 58 (1975).

Gregor, H. F.: The Large Industrialized American Crop Frams. A Mid Latitude Plantation Variant. Geogr. Review, S. 151-177 (1970).

Grekow, B. D. und *Artamonow, M. I.* (Hrsg.): Geschichte der Kultur der alten Rus. Berlin 1959.

Grenard, F.: Haute Asie. In: Géographie Universelle, Bd. VIII. Paris 1929.

Grenzebach, K.: Indikatoren agrarräumlicher Innovationsprozesse in Tropisch-Afrika. Erde, S. 152-179 (1976).

Grötzbach, E.: Kulturgeographischer Wandel in Nordost-Afghanistan seit dem 19. Jahrhundert. Afghanische Studien. Bd. 4. Meisenheim am Glan 1972.

Grötzbach, E.: Zelgensysteme im Afghanischen Hindukusch. In: Vergleichende Kulturgeographie der Hochgebirge des südlichen Asien, hrsg. von *Rathjens* u. a., S. 49-51 (1972).

Grohmann-Kerouach, B.: Der Siedlungsraum der Ait Ouriaghel im östlichen Rif. Heidelberger Geogr. Arbeiten, H. 35 (1971).

Grohne, U.: Mahndorf. Zur Frühgeschichte des Bremer Gebietes. Bremen 1953.

Grosjean, G.: Dorf und Flur im Amt Erlach. Aus der Geschichte des Amtes Erlach, S. 233-261 (1974).

Gusinde, M.: Die Kongo-Pygmäen in Geschichte und Gegenwart. Nova Acta Leopoldina, N. F., Bd. 11, Nr. 76. Halle 1942.

Gutersohn, H.: Geographie der Schweiz, Bd. II, 1: Wallis, Tessin, Graubünden. Bern 1961.

Haarnagel, W.: Die Marschen im deutschen Küstengebiet der Nordsee und ihre Besiedlung. Berichte zur Deutschen Landeskunde, S. 203-219 (1961).

Haarnagel, W.: Die Grabung Feddersen-Wierde und ihre Bedeutung für die Erkenntnis der bäuerlichen Besiedlung im Küstengebiet im Zeitraum vom 1. vor bis 5. Jahrhundert n. Chr. Zeitschr. für Agrargeschichte und Agrarsoziologie, S. 145-157 (1962).

Haarnagel, W.: Die prähistorischen Siedlungsformen im Küstengebiet der Nordsee. Erdkundliches Wissen, Bd. 18, S. 67-84. Wiesbaden 1968.

Haarnagel, W.: Die Grabung Feddersen-Wierde. Methode, Hausbau, Siedlungs- und Wirtschaftsformen sowie Sozialstruktur. Wiesbaden 1979.

Habbe, K. A.: Das Flurbild des Hofsiedlungsgebietes im Mittleren Schwarzwald am Ende des 18. Jahrhunderts. Forschungen zur Deutschen Landeskunde, Bd. 118 (1960).

Hafström, G.: Ledung och marklandsidelnin. Uppsala 1949.

Hafström, G.: Hamarskipt. Lund 1951.

Hagen, A.: Studier i jernalderens gårdsamfunn. Oslo 1953.

Hahn, R.: Jüngere Veränderungen der ländlichen Siedlungen im europäischen Teil der Sowjetunion. Stuttgarter Geogr. Studien, Bd. 79. Stuttgart 1970.

Hall, R. B.: Some Rural Settlement Forms in Japan. Geogr. Review, S. 93-123 (1931).

Hall, R. B.: A Map of Settlement Agglomeration and Dispersion in Japan. Papers of the Michigan Academy of Science, Arts and Letters, S. 365-367 (1936).

Hallaire, A.: Hodogway (Cameroun nord). Atlas des Structures Agraires au Sud du Sahara, Bd. 6. Paris 1971.

Hambloch, H.: Einödgruppe und Drubbel. Landeskundl. Karten und Hefte der Geogr. Kommission für Westfalen, Reihe: Siedlung und Landschaft in Westfalen, H. 4. Münster/Westf. 1960.

Hambloch, H.: Langstreifenfluren im nordwestlichen Alt-Niederdeutschland. Geographische Rundschau, S. 345-356 (1962).

Hance, W. A.: The Geography of Modern Africa. New York – London 1964.

Handbook of the American Indians, hrsg. von *J. H. Steward,* Bd. II: The Andean-Civilizations. Smithsonian Institution, Bureau of American Ethnology, Bull. 143. Washington 1946.

Hannerberg, D.: Die älteren skandinavischen Akkermaße. Lund Studies in Geography, Ser. B.: Human Geography, Nr. 12. Lund 1955.

Hannerberg, D.: Råberga och Alm. Meddelande från Geografiska Institutet vid Stockholms Högskola, Nr. 107, S. 108-140 (1958).

Hannerberg, D.: Byomål och fomtreglering in Mellansverige före solskiftet. Meddelande från Geografiska Institutet vid Stockholms Högskola, Nr. 119, S. 161-193 (1959).

Hansen, V.: Green villages in Denmark-planned

or spontaneous. Geogr. Polonica, S. 139-145 (1978).
Hart, J. A.: Field Patterns in Indiana. Geogr. Review, S. 450-471 (1968).
Hartke, W.: Die Heckenlandschaft. Erdkunde, S. 132-152 (1951).
Hartke, W. und *Westermann, E.:* Zur Geographie der Vererbung der bäuerlichen Liegenschaften in Deutschland. Pet. Mitteil., S. 16-20 (1940).
Hastrup, F.: Danske landsbytyper. Skrifter fra Geografisk Institutet ved Aarhus Universitet, H. 14 (1964).
Hatt, G.: The ownerskip of cultivated land. Kopenhagen 1939.
Hatt, G.: Oldtidsagre. Det Kgl. Danske Videnskabernes Selskab, arch.-kunsthistor. Skrifter 2, 1 (1949).
Hatt, G.: Das Eigentumsrecht an bebautem Grund und Boden. Zeitschr. für Agrargeschichte und Agrarsoziologie, Jg. 3, S. 118-137 (1955).
Haudricourt, A. G. und *Delamarre:* L'homme et la charrue à travers le monde. Paris 1955.
Hausherr, K.: Traditioneller Brandrodungsfeldbau (Chena) und moderne Erschließungsprojekte in der „Trockenzone" im Südosten Ceylons. Erdkundliches Wissen, H. 27. S. 167-204. Wiesbaden 1971.
Hausherr, K.: Die Entwicklung der Kulturlandschaft in den Lanao-Provinzen auf Mindanao (Philippinen) unter besonderer Berücksichtigung des Kulturkontaktes zwischen Islam und Christentum. Bonn 1972.
Haushofer, H.: Die deutsche Landwirtschaft im technischen Zeitalter. Deutsche Agrargeschichte, Bd. V. Stuttgart 1963.
Haystead, L. und *Fite, G. C.:* The agricultural regions of the United States. Norman 1955.
Hecklau, H.: Die agrarlandschaftlichen Auswirkungen der Bodenbesitzreform in den ehemaligen White Highlands von Kenya. Erde, S. 236-264 (1968).
Helbok, A.: Grundlagen der Volksgeschichte Deutschlands und Frankreichs. Berlin und Leipzig 1937.
Helbok, A.: Die Ortsnamen im Deutschen. Berlin 1944.
Heller, H.: Die Peuplierungspolitik der Reichsritterschaft als sozialgeographischer Faktor im Steigerwald. Mitteil. der Fränkischen Geogr. Gesellschaft, Bd. 17, S. 149-264 (1970).
Helmfrid, S.: The storskifte, enskifte and laga skifte in Sweden, general features. Geografiska Annaler, Bd. XLIII, Nr. 1 und 2, S. 114-129. Stockholm 1961.
Helmfrid, S.: Östergötland „Västanstång". Studien über die ältere Agrarlandschaft und ihre Genese. Geografiska Annaler, Bd. XLIV, Nr. 1 und 2, S. 1-277. Stockholm 1962.
Hempel, L.: Individuelle Züge in der kollektivierten Kulturlandschaft. Erde, S. 7-22 (1970).
Herzog, A.: Grund- und Aufriß der Neudörfer im Bourtanger Moor. Jahrbuch der Geogr. Gesellsch. Hannover, S. 297-305 (1953).
Hesping, P. G.: Bevölkerung und Siedlung in der Niedergrafschaft Steinfurt. Diss. Münster 1963.
Hetzel, W.: Zur Problematik der „mezzadria" Italiens. Zeitschr. für Agrargeschichte und Agrarsoziologie, S. 160-169 (1957).
Hetzel, W.: Est-Mondo. Die Kabre und ihr neues Siedlungsgebiet in Togo. Würzburger Geogr. Arbeiten, H. 12, S. 45-80 (1964).
Higounet, Ch.: Zur Siedlungsgeschichte Südwestfrankreichs. In: Die deutsche Ostsiedlung des Mittelalters als Problem der europäischen Geschichte, hrsg. von *W. Schlesinger*. Reichenau-Vorträge 1970-1972, S. 657-685. Sigmaringen 1975.
Hildebrandt, G.: Dorfuntersuchungen in dem alten deutsch-ukrainischen Grenzbereich von Landshut. Schriftenreihe des Instituts für Deutsche Ostarbeit Krakau, Sektion Landeskunde, Bd. I, S. 97-192. Krakau 1943.
Hildebrandt, H.: Regelhafte Siedlungsformen im Hünfelder Land. Marburger Geogr. Schriften, H. 34 (1968).
Hildebrandt, H.: Grundzüge der ländlichen Besiedlung nordhessischer Buntsandsteinlandschaften im Mittelalter. Marburger Geogr. Schriften, H. 60 (1973).
Hildebrandt, H.: Breitstreifenaltfluren. Forschungsstand und Forschungsprobleme. Mainzer Naturw. Archiv, Bd. 12, S. 79-158 (1974).
Hill, P.: Migrant Cocoa-Farmers of Southern Ghana. Cambridge 1963.
Hirschberg, W.: Die Kulturen Afrikas. Frankfurt a. M. 1974.
Hirschberg, W.: Khoisan sprechende Völker. In: *Baumann, H.* (Hrsg.): Die Völker Afrikas und ihre traditionellen Kulturen. Teil I: Allgemeiner Teil und südliches Afrika, S. 383-408. Wiesbaden 1975.
Hömberg, A.: Die Entstehung der deutschen Flurformen. Blockgemengeflur, Streifenflur, Gewannflur. Berlin 1935.
Hömberg, A.: Siedlungsgeschichte des oberen Sauerlandes. Veröffentl. d. Histor. Kommission, Prov.-Institut f. westfälische Landes- und Volksk. XXII. Münster 1938.
Hömberg, A.: Grundfragen der deutschen Siedlungsforschung. Veröffentl. des Seminars für Staatenkunde und historische Geographie der Universität Berlin V. Berlin 1938.
Hövermann, J.: Die Entwicklung der Siedlungs-

formen in den Marschen des Elb-Weser-Winkels. Forschungen zur deutschen Landeskunde, Bd. 56. Remagen 1951.

Hövermann, J.: Siedlungs- und Agrarwesen in Nordäthiopien auf Grund einer Forschungsreise. Deutscher Geographentag Hamburg 1955. Tagungsbericht und wissenschaftliche Abhandlungen, S. 232-239. Wiesbaden 1957.

Hövermann, J.: Bauerntum und bäuerliche Siedlung in Äthiopien. Erde, S. 1-20 (1958).

Holmsen, A.: Problemer i norske jordelendoms historie. Historisk Tidskrift 24, S. 220 ff. (1946-1948).

Houston, J. M.: A Social Geography of Europe. London 1953.

Hudson, J.: The Dakota Homestead Frontiers. Annals of the Association of American Geographers, S. 442-462 (1973).

Hütteroth, W.-D.: Ländliche Siedlungen im südlichen Inneranatolien in den letzten 400 Jahren. Göttinger Geogr. Abhandl., H. 46 (1968).

Hütteroth, W.-D.: Ländliche Siedlung im Bergland und Küstenebenen Palästinas in Osmanischer Zeit. I Paesaggi Rurali Europei. Deputazione di Storia Patria per l'Umbria, App. al Boll., Nr. 12, S. 291-302. Perugia 1975.

Hütteroth, W.-D. und *Abdulfattah, K.*: Historical Geography of Palestine, Transjordan and Southern Syria in the Late 16 th Century. Erlanger Geogr. Arbeiten, Sonderband 5 (1977).

Hunter, J. M.: Avotuakrom. A case study of a devastated cocoa village in Ghana. Transactions and Papers, The Institute of British Geographers. Publ. Nr. 29, S. 161-186. London 1961.

Hunter, J. M.: Population pressure in a part of the West African Savanna, North East Ghana. Annals of the Association of American Geographers, S. 101-114 (1967).

Huppertz, R.: Räume und Schichten bäuerlicher Kulturformen in Deutschland. Bonn 1939.

Hurault, P. D.: Une Société de Côte d'Ivoire. Hier et Aujourd'hui. Le Monde d'Outre-Mer Passé et Présent, 2. Sér. Doc. VIII. Paris – Den Haag 1962.

Hurault, J.: Applications de la Photographie Aérienne aux Recherches de Sciences Humaines dans les Régions Tropicales. Paris 1963.

Huttenlocher, F.: Gewannflur und Weiler. Berichte zur Deutschen Landeskunde 6, S. 58-60 (1949).

Ikeda, M.: Regionality of the Jôri-System. Proceedings of IGU Regional Conference in Japan 1957, S. 348. Tokio 1959.

Ilešič, S.: Die Flurformen Sloweniens im Lichte der europäischen Forschung. Münchener Geogr. Hefte, H. 16. München 1959.

Ilesič, S.: Die jüngeren Gewannfluren in Nordwestjugoslawien. Geografiska Annaler, S. 130-137 (1961).

Ingers, E.: Bondon i svensk historien. 2 Bde. Stockholm 1943 und 1948.

Isnard, H.: Les Structures de l'autogestion agricole en Algérie. Méditerranée, S. 139-163 (1968).

Jaatinen, S.: The Human Geography of the Outer Hebrides. Acta Geographica XVI, 2. Helsinki 1957.

Jablonowski, H.: Sowjetische Forschungen der Nachkriegszeit zur russischen Agrargeschichte bis 1919. Zeitschr. für Agrargeschichte und Agrarsoziologie, Jg. 6, S. 54-76 (1958).

Jaeger, F.: Zur Geographie der ländlichen Siedlungen in Ostafrika. In: Die ländlichen Siedlungen in verschiedenen Klimazonen, hrsg. von *F. Klute*, S. 103-111. Breslau 1933.

Jaeger, H.: Die Entwicklung der Kulturlandschaft im Kreise Hofgeismar. Göttinger Geogr. Abhandl., H. 8. Göttingen 1951.

Jaeger, H.: Zur Wüstungs- und Kulturlandschaftsforschung. Erdkunde, S. 362-369 (1954).

Jaeger, H.: Entwicklungsgeschichte agrarer Siedlungsgebiete im mittleren Westdeutschland seit dem frühen 13. Jahrhundert. Würzburger Geographische Studien, H. 6 (1958).

Jäger, H.: Die Allmendteilungen in Nordwestdeutschland in ihrer Bedeutung für die Genese der gegenwärtigen Landschaften. Geografiska Annaler, S. 138-150 (1961).

Jäger, H.: Der Dreißigjährige Krieg und die deutsche Kulturlandschaft. In: Wege und Forschungen der Agrargeschichte, Festschr. G. Franz. Frankfurt a. M., S. 130-145 (1967).

Jäger, H.: Dauernde und temporäre Wüstungen in landeskundlicher Sicht. Sonderband 2 der Zeitschr. für Agrargesch. und Agrarsoziologie, S. 16-27 (1967).

Jäger, H.: Huben, Lehen, Güter und verwandte Einheiten in Franken. Zeitschr. für Agrargeschichte und Agrarsoziologie, S. 1-8 (1974).

Jäger, H. und *Schaper, J.*: Agrarische Reliktformen im Sandstein-Odenwald und ihre Bedeutung für die Landschaftsgeschichte. Zeitschr. für Agrargeschichte und Agrarsoziologie, S. 169-188 (1961).

Jänichen, H.: Beiträge zur Wirtschaftsgeschichte des schwäbischen Dorfes. Veröffentl. der Kommission für geschichtl. Landeskunde in Baden-Württemberg, Reihe B: Forschungen, 60. Bd. Stuttgart 1970.

Jätzold, R.: Die Nachwirkungen des fehlgeschlagenen Erdnußprojektes in Ostafrika. Erdkunde, S. 210-233 (1965).

Jätzold, R.: Aktuelle Probleme der Europäersiedlungen in Afrika. Geogr. Zeitschr., S. 42-51 (1967).

Jätzold, R.: Die wirtschaftsgeographische Struktur von Südtanzania. Tübinger Geogr. Studien, H. 36 (1970).

Jahn, W.: Strukturwandlung und Abgrenzung der voralpinen Allgäuer Kulturlandschaft. Mitteil. der Geogr. Gesellsch. München, S. 5-72 (1954).

Jankuhn, H.: Ackerfluren der Eisenzeit und ihre Bedeutung für die frühe Wirtschaftsgeschichte. 37./38. Bericht der Röm.-Germ. Kommission, S. 148-214 (1956-1957).

Jankuhn, H.: Die Entstehung der mittelalterlichen Agrarlandschaft in Angeln. Geografiska Annaler, S. 151-164 (1961).

Jankuhn, H.: Rodung und Wüstung in vor- und frühgeschichtlicher Zeit, S. 79-129. In: Die deutsche Ostsiedlung des Mittelalters als Problem der europäischen Geschichte, hrsg. von *W. Schlesinger.* Sigmaringen 1975.

Janssen, W.: Probleme und Ergebnisse der Wüstungsforschung im südwestlichen Harzrandgebiet. Sonderband 2 der Zeitschr. für Agrargesch. und Agrarsoziologie, S. 49-67 (1967).

Jaranoff, D.: Die Siedlungstypen in der östlichen und zentralen Balkanhalbinsel. Zeitschr. d. Gesellsch. f. Erdkunde Berlin, S. 183-190 (1934).

Jaranoff, D.: L'Evolution d'Habitat Rural en Europe Méridionale. Comptes Rendus du Congr. Intern. de Géographie Warschau 1934, Bd. III, S. 459-465. Warschau 1937.

Jentsch, Ch.: Typen der Agrarlandschaft im zentralen und östlichen Afghanistan. Arbeiten aus dem Geogr. Institut des Saarlandes, Bd. X, S. 23-68 (1965).

Jentsch, Ch.: Das Nomadentum in Afghanistan. Afghanische Studien, Bd. 9. Meisenheim 1973.

Jessen, O.: Die Mancha. Mitt. der Geogr. Gesellsch. Hamburg, S. 123-227 (1930).

Jessen, O.: Siedlungs- und Wohnweise der Eingeborenen im westlichen Angola. In: Die ländlichen Siedlungen in verschiedenen Klimazonen, hrsg. von *F. Klute,* S. 86-102. Breslau 1933.

Johnson, F. M.: The rectangular system of surveying. Washington 1924.

Johnson, J. H.: The development of the rural settlement pattern of Ireland. Geografiska Annaler, Bd. XLIII, Nr. 1 und 2, S. 163-173. Stockholm 1961.

Jones, G. R. J.: Some medieval rural settlements in North Wales. Institute of British Geographers, Transactions and Papers, S. 51-72 (1953).

Jones, G. R. J.: Die Entwicklung der ländlichen Besiedlung in Wales. Zeitschr. für Agrargeschichte und Agrarsoziologie, S. 174-194 (1962).

Jordan, T. G.: Antecedents of the Long Lot in Texas. Annals of Association of American Geographers, S. 70-86 (1974).

Jülich, V.: Die Agrarkolonisation im Regenwald des mittleren Huallaga (Peru). Marburger Geogr. Schriften, H. 63 (1975).

Juillard, E.: La vie rurale en Basse-Alsace. Strasbourg 1954.

Juillard, E. und *Meynier, A.:* Die Agrarlandschaft in Frankreich. Münchener Geogr. Hefte, H. 9. Regensburg 1955.

Juillard, E., Hatt, J. und *Lévy-Mertz:* Traces de centuriasation romaine en Alsace. Revue archéologique de l'Est et du Centre-Est, S. 10 (1959).

Jutikalla, E.: How the open fields came to be divided into numerous sellers. Sitzungsber. der Finnischen Akademie der Wissensch., S. 117 ff. (1953).

Käubler, R.: Die ländlichen Siedlungen des Egerlandes. Diss. Leipzig 1935.

Käubler, R.: Über Hochäcker zwischen Erzgebirge, Thüringer Wald und Ostsee. Berichte zur Deutschen Landeskunde, Bd. 28, S. 70-73 (1962).

Käubler, R.: Die erzgebirgischen Waldhufendörfer zur Zeit ihrer Entstehung. Wiss. Zeitschr. der Martin Luther-Univ. Halle–Wittenberg, Math.-Naturw. XII/10, S. 729-734 (1963).

Käubler, R.: Ein Beitrag zum Rundlingsproblem aus dem Tepler Hochland. Mitteil. Fränk. Geogr. Gesellsch., Bd. 10, S. 69-81. Erlangen 1963.

Karger, A.: Die Kollektivierung der Landwirtschaft in den Ostblockstaaten. Geogr. Rundschau, S. 213-22 (1960).

Karger, A.: Die Entwicklung der Siedlungen im westlichen Slawonien. Beitrag zur Kulturgeographie des Save-Drau-Zwischenstromlandes. Kölner Geogr. Arbeiten, H. 15 (1963).

Keil, G.: Zur historischen Besiedlung der mitteldeutschen Lößwälder. Mitteil. des Geogr. Instituts der Martin Luther-Univ. Halle-Wittenberg, S. 43-56 (1967).

Keller, F. L.: Angavi – A Medieval Survival on the Bolivian Altiplano. Economic Geography, S. 37-50 (1950).

Kern, H.: Siedlungsgeographische Geländeforschungen im Amöneburger Becken und seinen Randgebieten. Marburger Geogr. Schriften, H. 27 (1966).

Kern, H.: Untersuchungen zur Entwicklung des Siedlungs- und Flurbildes seit der vorkolumbischen Zeit. In: Das Mexiko-Projekt der Deutschen Forschungsgemeinschaft, Bd. I, S. 170-179. Wiesbaden 1968.

Keuning, H. J.: Eschsiedlungen in den östlichen Niederlanden. Westfäl. Forschungen I, S. 143-157 (1938).

Keuning, H. J.: L'Habitat Rural aux Pays Bas. Tijdschr. Aardr. Genootschap, S. 629-655 (1938).

Keuning, H. J.: Siedlungsform und Siedlungsvorgang. Zeitschr. für Agrargeschichte und Agrarsoziologie, S. 153-168 (1961).

Keussler, v.: Zur Geschichte und Kritik des bäuerlichen Gemeindebesitzes in Rußland. 1876 und 1879.

Kirbis, W.: Siedlungs- und Flurformen germanischer Länder, besonders Großbritanniens, im Lichte der deutschen Siedlungsforschung. Göttinger Geogr. Abhandl., H. 10 (1952).

Kirsten, E.: Römische Raumordnung in der Geschichte Italiens. In: Historische Raumforschung II. Forschungs- und Sitzungsberichte d. Akad. für Raumforschung und Landesplanung, S. 47-72. Bremen – Horn 1958.

Kish, G.: The "Marine" of Calabria. Geogr. Review, S. 495-505 (1953).

Klaar, A.: Siedlungsformenkarte der Reichsgaue Wien, Kärnten, Niederösterreich usf. Wien 1942.

Klapsch-Zuber, Ch. und *Day, J.*: Villages désertés en Italie. In Villages Désertés et Histoire Economique XI-XVIIIe siècle, S. 419-460. Paris 1965.

Knödler, G.: Wirtschafts- und Siedlungsgeographie des nordöstlichen Schwarzwaldes und der angrenzenden Gäulandschaften. Erdgesch. und landeskundl. Abhandl. aus Schwaben und Franken, H. 11 (1930).

Koch-Grünberg, Th.: Vom Roroima zum Orinoco, Bd. III. Stuttgart 1923.

Köhler, G.: Siedlungs- und verkehrsgeographische Fragen Nord-Chinas. Deutscher Geographentag Frankfurt a. M. 1951, S. 277-281. Remagen 1952.

Koentjaraningrat, K. M. (Hrsg.): Villages in Indonesia. Ithaca, New York 1967.

Kötzschke, R.: Allgemeine Wirtschaftsgeschichte des Mittelalters. Jena 1921.

Kötzschke, R.: Hufe und Hufenordnung. „Wirtschaft und Kultur", Festschr. z. 70. Geburtstag von A. Dopsch, S. 243-265. Baden–Wien–Leipzig 1938.

Kötzschke, R.: Die Siedelformen des deutschen Nordostens und Südostens in volks- und sozialgeschichtlicher Bedeutung. Deutsche Ostforschung, Bd. I, S. 362-390. Leipzig 1942.

Kötzschke, R.: Ländliche Siedlungen und Agrarwesen in Sachsen. Forschungen zur deutschen Landeskunde, Bd. 77. Remagen 1952.

Kötzschke, R. und *Ebert, W.*: Geschichte der ostdeutschen Kolonisation. Leipzig 1937.

Kohlhepp, G.: Die deutschstämmigen Siedlungsgebiete im südbrasilianischen Staate Santa Catarina. Heidelberger Geogr. Arbeiten, H. 15, S. 219-244 (1966).

Kohlhepp, G.: Planung und heutige Situation staatlicher kleinbäuerlicher Kolonisationsprojekte an der Transamazonica. Geogr. Zeitschr., S. 171-221 (1976).

Kolb, A.: Ostasien. Geographie eines Kulturerdteils. Heidelberg 1963.

Kolloquium über Fragen der Flurgenese. Berichte zur Deutschen Landeskunde, Bd. 29 (1962).

Kortum, G.: Die Marvdasht-Ebene in Fars. Kieler Geogr. Schriften, Bd. 44 (1976).

Kosack, H. P.: Epirus. Geogr. Helvetica, S. 78-92 (1949).

Kossmann, E. v.: Die deutsch-rechtliche Siedlung in Polen, dargestellt am Lodzer Raum. Ostdeutsche Forschungen, Bd. 8. Leipzig 1939.

Kovalev, S. A.: Les Types d'Habitats en USSR. Essais Géographiques. Articles pour le XVIIIe Congr. Intern. Géogr., Moskau – Leningrad, S. 272-282 (1956).

Kovalev, S. A.: Regional Peculiarities in Dynamics of Rural Settlement in the USSR (1959-70). Soviet Geography, S. 1-11 (1974).

Kraatz, H.: Die Generallandesvermessung des Landes Braunschweig von 1746-1784. Veröffentl. des Niedersächs. Instituts für Landeskunde und Landesentwicklung an der Univ. Göttingen, Forschungen zur niedersächs. Landeskunde, Bd. 104. Göttingen 1975.

Krämer, A.: Ergebnisse der Südsee-Expedition 1908-1910, II. Bd. Hamburg 1919.

Kraus, A.: Das indische Dorf. Jahrbuch für Soziologie, S. 294-314 (1927).

Krause, P.: Vergleichende Studien zur Flurformenforschung im nordwestlichen Vogelsberg. Rhein-Mainische Forschungen, H. 63 (1968).

Krebs, N.: Vorderindien und Ceylon. Stuttgart 1939.

Kreisel, W.: Siedlungsgeographische Untersuchungen zur Genese der Waldhufensiedlungen im Schweizer und Französischen Jura. Aachener Geogr. Arbeiten, H. 5 (1972).

Krenzlin, A.: Zur Erforschung der Beziehungen zwischen der spätslawischen und frühdeutschen Besiedlung in Nordostdeutschland. Berichte zur Deutschen Landeskunde, S. 133-145 (1949).

Krenzlin, A.: Dorf, Feld und Wirtschaft im Gebiet der großen Täler und Platten östlich der Elbe. Forschungen zur deutschen Landeskunde, Bd. 70. Remagen 1952.

Krenzlin, A.: Historische und wirtschaftliche Züge im Siedlungsformenbild des westlichen Ostdeutschland. Frankfurter Geographische Hefte, Jg. 27-29. Frankfurt a. M. 1955.

Krenzlin, A.: Das Wüstungsproblem im Lichte ostdeutscher Siedlungsforschung. Zeitschr. für Agrargeschichte und Agrarsoziologie, Jg. 7, S. 154-169 (1959).

Krenzlin, A.: Zur Genese der Gewannflur in Deutschland. Geografiska Annaler, S. 190-204 (1961).

Krenzlin, A.: Die Entwicklung der Gewannflur als Spiegel kulturlandschaftlicher Vorgänge. Deutscher Geographentag Köln, S. 304-322 (1962).

Krenzlin, A.: Die Kulturlandschaft des hannoverschen Wendlands. Forschungen z. deutschen Landeskunde, Bd. 28 (1931); Wiederabdruck 1969.

Krenzlin, A.: Die Siedlungen im ehemaligen Kreis Oberbarnim. In: Heimatbuch Oberbarnim-Eberswalde, Bd. 1, S. 69-94. Oberbarnim-Eberswalde 1972.

Krenzlin, A.: Die Siedlungsstrukturen in der Mark Brandenburg als Ergebnis grundherrschaftlicher Aktivitäten. Westfäl. Geogr. Studien, H. 33, S. 131-145 (1976).

Krenzlin, A. und *Reusch, L.:* Die Entstehung der Gewannflur nach Untersuchungen im nördlichen Unterfranken. Frankfurter Geogr. Hefte 1961.

Kressler, O.: Korea und Japan von der Urzeit bis zur umwälzenden Katastrophe im Zweiten Weltkrieg. In: Geschichte Asiens, S. 545-714. München 1950.

Krinks, P. A.: Peasant colonization in Mindanao. The Journal of Tropical Geography, S. 38-47 (1970).

Kroeber, A. L.: Handbook of the Indians of California. Smithsonian Institution, Burau of American Ethnology, Bull 78. Washington 1925.

Krüger, R.: Typologie des Waldhufendorfes nach Einzelformen und deren Verbreitungsmustern. Göttinger Geogr. Abhandl., H. 42 (1967).

Kubinyi, A.: Zur Frage der deutschen Siedlungen im mittleren Ungarn (1200-1541). In: Die deutsche Ostsiedlung als europäisches Problem, hrsg. von *W. Schlesinger*, S. 527-566. Sigmaringen 1975.

Kühne, D.: Malaysia – Ethnische, soziale und wirtschaftliche Strukturen. Bochumer Geogr. Arbeiten, H. 6. Paderborn 1970.

Künzler-Behncke, R.: Das Zenturiatssystem in der Po-Ebene. Ein Beitrag zur Untersuchung römischer Flurrelikte. Frankfurter Geogr. Hefte, H. 37, S. 159-170. Frankfurt a. M. 1961.

Kuhn, W.: Die deutschen Siedlungsformen in Polen. Deutsche Blätter in Polen, S. 309-324 (1929).

Kuhn, W.: Die deutschen Siedlungsräume im Südosten. Deutsches Archiv für Landes- und Volksforschung I, S. 808-827 (1937).

Kuhn, W.: Siedlungsgeschichte Oberschlesiens. Würzburg 1954.

Kuhn, W.: Die deutsche Ostsiedlung in der Neuzeit, Bd. I. Köln 1955; Bd. II. Köln 1957.

Kuhn, W.: Die Erschließung des südlichen Kleinpolen im 13. und 14. Jahrhundert. Zeitschr. für Ostforschung, S. 401-480 (1968).

Kuhn, W.: Die deutsch-rechtliche Siedlung in Kleinpolen. In: Die deutsche Ostsiedlung als europäisches Problem, hrsg. von *W. Schlesinger*, S. 369-415. Sigmaringen 1975.

Kullen, S.: Der Einfluß der Reichsritterschaft auf die Kulturlandschaft im Mittleren Neckarland. Tübinger Geogr. Studien, H. 24 (1967).

Kuls, W.: Bericht über anthropogeographische Studien in Südäthiopien. Erdkunde, S. 216-227 (1956).

Kuls, W.: Beiträge zur Kulturgeographie der südäthiopischen Seenregion. Frankfurter Geogr. Hefte 1958.

Kussmaul, F.: Siedlung und Gehöft bei den Taĝiken in den Bergländern Afghanistans. Anthropos, S. 487-532 (1965).

Kussmaul, F.: Badaxsan und seine Taĝiken. Tribus, S. 11-99 (1965).

Lambert, H. E.: Kikuyu, social and political institutions. London 1956.

Latron, A.: La vie rurale en Syrie et au Liban. Mémoires de l'Université de Damas. Beirut 1936.

Lauer, W.: Formen des Feldbaues im semiariden Spanien. Schriften des Geogr. Instituts der Universität Kiel, Bd. XV, H. 1. Kiel 1954.

Lautensach, H.: Die portugiesischen Ortsnamen. Eine sprachlich geographische Zusammenfassung. Volkstum und Kultur der Romanen, Bd. VI, S. 136-165 (1933).

Lautensach, H.: Das Mormonenland als Beispiel eines sozialgeographischen Raumes. Bonner Geogr. Abhandl., H. 11. Bonn 1953.

Lautensach, H.: Über die topographischen Namen arabischen Ursprungs in Spanien und Portugal. Erde, S. 219-243 (1954).

Lautensach, H.: Iberische Halbinsel. München 1964.

Lebau, R.: La vie rurale dans les montages du Jura Méridional. Lyon 1955.

Lebeau, R.: Carte des formes d'Habitat rural de la chaine jurassienne, suisse et française. Regio Basiliensis, Bd. II, 1, S. 19-34 (1960/61).

Le Coz, J.: Les lotissements au Maroc: du rapiécage agraire aux coopératives de production.

Revue Tunisienne de Sciences Sociales, S. 139-156, (1968).
Lee, H. K.: Land Utilization and Rural Economy in Korea. Schanghai–Hongkong–Singapore 1934.
Lee, Y. L.: Land Settlement for Agriculture in North Borneo. Tijdschrift vor Economische en Sociale Geografie, S. 184-191 (1968).
Lefèvre, M. A.: L'Habitat rural en Belgique. Etude de Géographie Humaine. Lüttich 1926.
Lehmann, H.: Die Landschaft Ngada auf Flores. Geogr. Zeitschr., S. 339-352 (1935).
Lehmann, H.: Das Landschaftsgefüge der Padania. Grundzüge einer natur- und kulturgeographischen Gliederung des Po-Tieflandes. Frankfurter Geogr. Hefte, H. 37, S. 87-158. Frankfurt a. M. 1961.
Leipoldt, J.: Die Geschichte der ostdeutschen Kolonisation im Vogtland. Plauen 1927.
Leipoldt, J.: Die Flurformen Sachsens. Pet. Mitt., S. 341-345 (1936).
Leister, I.: Zum Problem des „keltischen Einzelhofs" in Irland. Zeitschr. für Agrargeschichte und Agrarsoziologie, S. 3-13 (1959).
Leister, I.: Das Werden der Agrarlandschaft in der Grafschaft Tipperary (Irland). Marburger Geogr. Schriften, H. 18. Marburg 1963.
Le Lannou, M.: Pâtres et Paysans de la Sardaigne. Tours 1941.
Lendl, E.: Die Siedlungslandschaft des Raabbekkens. Mitteil. der Geogr. Gesellschaft Wien, S. 104-119 (1943).
Lenz, K.: Die Prärieprovinzen Kanadas. Marburger Geogr. Schriften, H. 21 (1965).
Lericollais, A.: Sob, étude géographique d'un terroir sérér (Sénégal). Atlas des Structures Agraires au Sud de Sahara, H. 7. Paris 1971.
Lese, B. P.: Entstehung und Verbreitung des Pfluges. Münster i. Westf. 1931.
Lichtenberger, E. und *Bobek, H.:* Zur siedlungsgeographischen Gliederung Jugoslawiens. Geogr. Jahresberichte aus Österreich XXVI, S. 78-154 (1955/56).
Liehl, E.: Das Feldberggebiet als Siedlungsraum. In: Der Feldberg im Schwarzwald, hrsg. von *K. Müller*, S. 525-586. Freiburg i. Br. 1948.
Linden, H. van der: De Cope. Bijdrage tot de Rechtsgeschiedenes der Hollands-Utrechtse Laagvlakte. Te Assen 1955.
Livet, R.: Habitat rural et structure agraire en Basse-Provence. Aix-en-Provence 1962.
Llobet, S.: Utilización del suelo economica del agua en la región semiárida de Huércal-Overa (Almeria). Estudios Geograficos, S. 5-22 (1958).
Louis, H.: Die ländlichen Siedlungen in Albanien. In: Die ländlichen Siedlungen in verschiedenen Klimazonen, hrsg. von *F. Klute,* S. 47-54. Breslau 1933.
Lozach, J. und *Hug, G.:* L'Habitat Rural en Egypte. Kairo 1930.
Ludwig, H. D.: Ukara. Ein Sonderfall tropischer Bodennutzung im Raum des Victoria-Sees. Jahrbuch der Geogr. Gesellschaft Hannover für 1957, Sonderheft 1. München 1967.
Lütge, F.: Geschichte der deutschen Agrarverfassung. Stuttgart 1963.
Maas, W.: Hauländereien, Holländereien. Deutsche Wissensch. Zeitschr. f. Polen, S. 199-210 (1935).
Maas, W.: „Loi de Beaumont" und „Jus Theutonicum". Vierteljahrsschrift f. Sozial- und Wirtschaftsgesch., Bd. XXXII, S. 219-227 (1939).
Maas, W.: Polnische agrargeschichtliche Forschungen seit 1945. Zeitschr. für Agrargeschichte und Agrarsoziologie, Jg. 4, S. 146-185 (1956).
Maass, A.: Entwicklung und Perspektiven der wirtschaftlichen Erschließung des tropischen Waldlandes von Peru. Tübinger Geogr. Studien, H. 31 (1969).
McCutchin, G. und *McBride, G.:* The Land Systems of Mexico. American Geogr. Society, Research Series, No. 12. New York 1923.
McKay, J.: New Rural Settlements. In: *Berry, L.* (Hrsg.): Tanzania in Maps, S. 128/29. London 1971.
Mackenthun, G.: Die Wüstungen im Kr. Lauterbach. Diss. Marburg 1948. Lautenbacher Sammlungen, H. 5 (1950).
Mangels, J.: Die Verfassung der Marschen am linken Ufer der Elbe im Mittelalter. Schriften der Wirtschaftswissensch. Gesellsch. zum Studium Niedersachsens, N. F. Bd. 48. Bremen-Horn 1957.
Manshard, W.: Die geographischen Grundlagen der Wirtschaft Ghanas unter besonderer Berücksichtigung der agrarischen Entwicklung. Kölner Geogr. Arbeiten, Beiträge zur Landeskunde Afrikas, Bd. I. Wiesbaden 1961.
Manshard, W.: Afrikanische Waldhufen- und Waldstreifendörfer – wenig bekannte Formelemente der Agrarlandschaften in Oberguinea. Erde, S. 246-258 (1961).
Manshard, W.: Kigezi (Südwest-Uganda). Erdkunde, S. 192-210 (1965).
Manshard, W.: Tropical Agriculture. London–New York 1974.
Marby, H.: Die Teelandschaft der Insel Ceylon. Erdkundliches Wissen, H. 27, S. 23-101. Wiesbaden 1971.
Marschner, F. J.: Land Use and its Patterns in the United States. Agricultural Handbook, Nr. 153. Washington 1959.

Marten, H.-R.: Die Entwicklung der Kulturlandschaft im alten Amt Aerzen des Landkreises Hameln-Pyrmont. Göttinger Geogr. Abhandl., H. 53 (1969).

Martiny, R.: Haus und Dorf in Altwestfalen. Forschungen zur deutschen Landes- und Volkskunde, S. 257-323 (1926).

Martiny, R.: Die Grundrißgestaltung der deutschen Siedlungen. Pet. Mitt. Ergh. 197. Gotha 1928.

Mather, E. C. und *Hart, J. F.:* Fences and Farms. Geogr. Review, S. 201-223 (1954).

Matis Mar, J.: Las Haciendas en el Valle de Chancay. In: Colloques Internationaux du Centre National de la Recherche Scientifique, Sciences Humaines: Les Problèmes Agrarères des Amériques Latines, S. 317-353. Paris 1967.

Matras-Thoubetzkoy, J.: L'essertage chez les Brou de Cambodgien. Organisation collective et autonomie familiale. Etudes Rurales, Bd. 53-56, S. 421-437 (1974).

Matzat, W.: Flurgeographische Studien im Bauland und Hinteren Odenwald. Rhein-Mainische Forschungen, H. 53 (1963).

Matzat, W.: Types of agrarian microrelief in the plains of Northern and Central Italy. I Paesaggi Rurali Europei, Deputazione di Storia Patria per l'Umbria, S. 347-358. Perugia 1975.

Matzat, W.: The Development of Settlement and Field Patterns in Lombardy since 1720. In: Fields, Farms and Settlement in Europe, Symposium Belfast, S. 132-137. Ulster Folk Transport Museum 1976.

Matzat, W. und *Harris, A.:* Anmerkungen zu „Solskifte“ und Nydale in Fluren des East Riding (Yorkshire). L'Habitat et les Paysages Ruraux d'Europe, hrsg. von *F. Dussart*, S. 325-331. Liège 1971.

Maydell, K. v.: Forschungen zur Siedlungsgeschichte und zu den Siedlungsformen der Sudetenländer. Deutsches Archiv für Landes- und Volksforschung II, S. 212-238 (1938).

Mayer, E.: Moderne Formen der Agrarkolonisation im sommertrockenen Spanien. Stuttgarter Geogr. Studien, H. 70. Stuttgart 1960.

Mayer, E.: Die Balearen. Stuttgarter Geogr. Studien, Bd. 88 (1976).

Mayer, St.: Die Alföldstädte. Abhandl. der Geogr. Gesellsch. Wien, Bd. XIV, H. 1 (1940).

Mayer, Th.: Königtum und Gemeinfreiheit im frühen Mittelalter. Deutsches Archiv für die Erforschung des Mittelalters 1943 und in: Mittelalterliche Studien, S. 139-163. Lindau und Konstanz 1963.

McBride, F. W.: The American Indian Communities of Highland Bolivia. American Geogr. Society, Research Series, No. 5. New York 1921.

Medici, G.: Land property and land tenure in Italy. Bologna 1952.

Meibeyer, W.: Die Rundlingsdörfer im östlichen Niedersachsen. Ihre Verbreitung, Entstehung und Beziehung zur slawischen Siedlung in Niedersachsen. Braunschweiger Geogr. Studien, H. 1 (1964).

Meibeyer, W.: Wölbäcker und Flurformen im östlichen Niedersachsen. Ein Beitrag zur Entstehung der kreuzlaufenden Gewannflur. Braunschweiger Geogr. Studien, H. 3, S. 35-66 (1971).

Meitzen, A.: Siedlungen und Agrarwesen der Westgermanen und Ostgermanen, der Kelten, Römer, Finnen und Slawen. Berlin 1895.

Mensching, H.: Tunesien. Darmstadt 1968; 2. Aufl. 1979.

Mertins, G.: Die Kulturlandschaft des westlichen Ruhrgebiets (Mühlheim–Oberhausen–Dinslaken). Gießener Geogr. Schriften, H. 4 (1964).

Metz, F.: Die ländlichen Siedlungen Badens. Karlsruhe 1926.

Meyer, J.: L'évolution des idées sur le bocage en Bretagne. Mélanges offerts au professeur A. Meynier: La Pensée Géographique Française Contemporaine, S. 453-467. Saint-Brieuc 1972.

Michèle-Dubaiano, J., Tironne, C. und *Lucien-de-Raparaz, A.:* Le village dans les campagnes provençales; analyse et l'évolution récente des villages perchés. In: I Paesaggi Rurali Europei, Appendici di Storia Patria Per l'Umbria Nr. 12, S. 303-316. Perugia 1975.

Middleton, J. und *Kershaw, G.:* The Kikuyu and Kamba of Kenya. Ethnographic Survey of Africa: East central Africa, Teil V. London 1972.

Mielke, R.: Die altslawische Siedlung. Zeitschrift für Ethnologie, S. 59-79 (1923).

Möbius, K.: Wandlungen einheimischer Agrarverfassungen und Bevölkerungsstrukturen unter dem Einfluß westlicher Wirtschaftsformen in Java und Thailand. Dissertation Kiel 1956.

Molnos, A.: Die sozialwissenschaftliche Erforschung Ostafrikas 1954-1963. Afrika-Studien, Bd. 5. München 1965.

Monheim, F.: Junge Indianerkolonisation in Ostbolivien. Braunschweig 1965.

Monheim, F.: Studien zur Haciendawirtschaft des Titicacabeckens. Heidelberger Geogr. Arbeiten, H. 15, S. 133-163 (1966).

Monheim, F.: Die Entwicklung der peruanischen Agrarreform. Geogr. Zeitschr., S. 161-180 (1972).

Monheim, F.: 20 Jahre Indianerkolonisation in Ostbolivien. Erdkundliches Wissen, H. 48 (1977).

Monheim, R.: Die Agrostadt im Siedlungsgefüge

Mittelsiziliens. Untersucht am Beispiel von Gangi. Bonner Geogr. Abhandl., H. 41 (1969).

Montagne, R.: Villages et Kasbas Berbères. Paris 1930.

Montagne, R.: La Civilisation du Désert. Paris 1947.

Moore, J. E.: Traditional rural settlements. In: *Berry, L.:* Tanzania in Maps, S. 124-127. London 1971.

Moreno, D. und *Maestri, S. de:* Casa rurale e cultura materiele nella colonizzazione dell'Appennino genovese tra XVI e XVII secolo. In: I Paesaggi Rurali Europei, Appendice al Bollettino, Nr. 12. Deputazione di Storia Patria per l'Umbria, S. 389-407. Perugia 1975.

Morgan, W. B.: Farming Practice, Settlement Pattern and Population Density in South-Eastern Nigeria. Geogr. Journal, S. 320-333 (1955).

Morgan, W. B.: The strip fields of Southern Nigeria. Intern. Geogr. Union, Report of a Symposium held at Makerere College. London 1955.

Mortensen, H.: Siedlungsgeographie des Samlandes. Forschungen zur deutschen Landes- und Volkskunde XXII, H. 4. Stuttgart 1923.

Mortensen, H.: Zur deutschen Wüstungsforschung. Göttingische Gelehrte Anzeigen 206, S. 193-215 (1944).

Mortensen, H.: Zur Entstehung der deutschen Dorfformen, insbesondere des Waldhufendorfes. Nachr. d. Akademie der Wissensch. Göttingen, phil.-hist. Kl., S. 37-59 (1946/47).

Mortensen, H.: Zur Entstehung der Gewannflur. Zeitschr. für Agrargeschichte und Agrarsoziologie, Jg. 3, S. 30-48 (1955).

Mortensen, H.: Probleme der mittelalterlichen Kulturlandschaft. Berichte zur Deutschen Landeskunde, Bd. 20, S. 98-104 (1958).

Mortensen, H. und *Scharlau, K:* Zur deutschen Wüstungsforschung. Göttingische Gelehrte Anzeigen, S. 193-224 (1949).

Mountjoy, A. B.: The Mezzogiorno. In: Problem Regions of Europe, hrsg. von *D. I. Scargill.* Oxford 1973.

Mühlen, H. von zur: Kolonisation und Gutsherrschaft in Ostdeutschland. Geschichtliche Landeskunde und Universalherrschaft, Festgabe für H. Aubin, S. 83-95. Hamburg 1950.

Müller, A. von: Zur hochmittelalterlichen Besiedlung des Teltow (Brandenburg). In: Die deutsche Ostsiedlung als Problem der europäischen Geschichte, hrsg. von *W. Schlesinger*, S. 311-332. Sigmaringen 1975.

Müller T.: Ostfälische Landeskundc. Braunschweig 1952.

Müller-Wille, M.: Eisenzeitliche Fluren in den festländischen Nordseegebieten. Landeskundl. Karten und Hefte der Geogr. Kommission für Westfalen, Reihe: Landschaft und Siedlung in Westfalen, H. 5. Münster/Westf. 1965.

Müller-Wille, W.: Langstreifenflur und Drubbel. Deutsches Archiv für Landes- und Volksforschung VIII, S. 9-44 (1944).

Müller-Wille, W.: Die Hagenhufendörfer in Schaumburg-Lippe. Pet. Mitt., S. 245-247 (1944).

Müller-Wille, W.: Westfalen. Landschaftliche Ordnung und Bindung eines Landes. Münster/Westf. 1952; Wiederabdruck 1981.

Müller-Wille, W.: Agrarbäuerliche Landschaftstypen in NW-Deutschland. Deutscher Geographentag Essen, S. 179-186 (1955).

Müller-Wille, W.: Die spätmittelalterlich-frühneuzeitliche Kulturlandschaft. Berichte zur Deutschen Landeskunde, Bd. 19, S. 187-200 (1957).

Münger, P.: Über die Schupposen. Diss. Zürich 1967.

Nadel, S. F.: A Black Byzantium. The Kingdom of Nupe in Nigeria. London–New York–Toronto 1942; 2. Aufl. 1961.

Neugebauer-Pfrommer, U. L.: Die Siedlungsformen im nordöstlichen Schwarzwald und ihr Wandel seit dem 17. Jahrhundert. Tübinger Geogr. Studien, H. 30 (1969).

Newiger, N.: Village Settlement Schemes. The Problems of Cooperative Farming. In: *Ruthenberg, H.:* Smallholder Farming and Smallholder Development in Tanzania, S. 249-273. München 1968.

Nickel, H. J.: Zur Problematik der Agrarreform in Lateinamerika. Voraussetzungen, Entwicklung und gegenwärtiger Stand der Agrarreform in Mexico. Mitteil. Geogr. Fachschaft Freiburg, H. 2, S. 1-55 (1970).

Nicod, J: Problèmes de structures agraires en Lorraine. Annales de Géographie, S. 337-344 (1951).

Niemeier, G.: Typen der ländlichen Siedlungen in Spanisch-Galicien. Zeitschr. der Gesellsch. f. Erdkunde Berlin, S. 7-21 (1934).

Niemeier, G.: Siedlungsgeographische Untersuchungen in Niederandalusien. Abhandl. aus dem Gebiet der Auslandskunde, Bd. 42, Reihe B, Bd. 22. Hamburg 1935.

Niemeier, G.: Eschprobleme in Nordwestdeutschland und in den östlichen Niederlanden. Comptes Rendus du Congr. Intern. de Géographie Amsterdam 1938, Bd. II, Sect. V, S. 27-40. Leiden 1938.

Niemeier, G.: Fragen der Flur- und Siedlungsformenforschung im Westmünsterland. Westf. Forschungen, H. 2, S. 124-142. Münster i. W. 1938.

Niemeier, G.: Probleme der bäuerlichen Kulturlandschaft in Nordwestdeutschland. Deutsche Geogr. Blätter, S. 111-118 (1939).

Niemeier, G.: Europäische Stadtdorfgebiete als Problem der Siedlungsgeographie und Raumplanung. Sitzungsber. europ. Geographen Würzburg 1942, S. 329-352. Leipzig 1943.

Niemeier, G.: Gewannfluren. Ihre Gliederung und die Eschkerntheorie. Pet. Mitteil., S. 57-74 (1944).

Niemeier, G.: Frühformen der Waldhufen. Pet. Mitteil., S. 14-27 (1949).

Niemeier, G.: Vöden. Kulturgeographische Studie über eine Sonderform der Gemeinen Mark. In: Festschrift zum 70. Geburtstag von Ludwig Mecking, S. 185-200. Bremen – Horn 1949.

Niemeier, G.: Stadt und Ksar in der algerischen Sahara, besonders im Mzab. Erde, S. 105-128 (1950).

Niemeier, G.: Die Ortsnamen des Münsterlandes. Westf. Geogr. Studien, H. 7. Münster i. W. 1953.

Niemeier, G.: C 14-Datierungen der Kulturlandschaftsgeschichte Nordwestdeutschlands. Abhandl. der Braunschw. Wissensch. Gesellsch., Bd. XL, S. 97-120 (1959).

Niemeier, G.: Probleme der Siedlungskontinuität und der Siedlungsgenese in Nordwestdeutschland. Göttinger Geogr. Abhandl., H. 60, S. 437-466 (1972).

Nitz, H.-J.: Regelmäßige Langstreifenfluren und fränkische Staatskolonisation. Geogr. Rundsch., S. 350-365 (1961).

Nitz, H.-J.: Die ländlichen Siedlungsformen des Odenwaldes. Heidelberger Geogr. Arbeiten, H. 7 (1962).

Nitz, H.-J.: Entwicklung und Ausbreitung planmäßiger Siedlungsformen bei der Erschließung von Odenwald, nördlichem Schwarzwald und Hardtwald. „Heidelberg und die Rhein-Nekkarlande", S. 210-235. Heidelberg–München 1963.

Nitz, H.-J.: Siedlungsgang und ländliche Siedlungsformen im Himalaya-Vorland von Kumaon (Nordindien). Erdkunde, S. 191-205 (1968).

Nitz, H.-J.: Langstreifenfluren zwischen Ems und Weser. Braunschweiger Geogr. Studien, H. 3, S. 11-34 (1971).

Nitz, H.-J.: Zur Entstehung und Ausbreitung schachbrettartiger Grundrißformen ländlicher Siedlungen und Fluren. Göttinger Geogr. Abhandl., S. 375-400 (1972).

Nitz, H.-J.: Siedlungsformen der früh- und hochmittelalterlichen Binnenkolonisation. Als Manuskript vervielfältigt. Symposium Marburg/Lahn 1975.

Nooy-Palm, H.: The culture of the Pagai-Island and Sipota, Mentawei. Tropical Man, S. 152-241 (1968).

Novaes Pinto, M.: A study of land use distribution in Northeastern Brazil. Heidelberger Geogr. Arbeiten, H. 34, S. 43-58 (1971).

Nowack, E.: Land und Volk der Konso. Bonner Geogr. Abhandl., H. 14. Bonn 1954.

Oberbeck, G.: Die mittelalterliche Kulturlandschaft des Gebietes um Gifhorn. Schriften der Wirtschaftswissensch. Gesellschaft zum Studium Niedersachsens, N. F., Bd. 66. Bremen–Horn 1957.

Oberbeck, G.: Das Problem der spätmittelalterlichen Kulturlandschaft – erläutert an Beispielen aus Niedersachsen. Geografiska Annaler, S. 236-242. Stockholm 1961.

Oberbeck-Jacobs, U.: Die Entwicklung der Kulturlandschaft nördlich und südlich der Lößgrenze im Raum um Braunschweig. Jahrbuch Geogr. Gesellsch. Hannover 1956-57, S. 25-138. Hannover 1957.

Obst, J.: „Descriptiones bonorum nostrorum Armpurgk" als Quelle zur Feldereinteilung und Flurformen der Wetterau im 14. Jahrhundert. Rhein-Mainische Forschungen, S. 85-94 (1961).

Obst, J.: Die Dreizelgenbrachwirtschaft im Kreis Marburg. Rhein-Mainische Forschungen, S. 9-23 (1963).

Obst, J.: Das Flurformengefüge der Wetterau im 14. Jahrhundert. Berichte z. Deutschen Landeskunde, Bd. 37, S. 53-63 (1966).

Obst, E. und *Spreitzer, H.:* Wege und Ergebnisse der Flurforschung im Gebiet der großen Haufendörfer. Pet. Mitteil, S. 1-19 (1939).

Ogasawara, S.: Settlement Patterns in Some Areas Recently Impolderd. The Science Reports of the Tôhoku-University, Geography, Nr. 14, S. 63-72 (1965).

Olafsen, O.: De norske almenniger i fortid og nutid. Oslo 1951.

Orni, E. und *Efrat, E.:* Geography of Israel. Jerusalem 1964.

Ortolani, M: La Pianuri Ferrarese. Memoire di Geografia Economica, Bd. XV. Neapel 1956.

Otremba, E.: Die Entwicklungsgeschichte der Flurformen im oberdeutschen Altsiedelland. Berichte zur Deutschen Landeskunde, S. 363-381 (1951).

Paul, J.: Wirtschaft und Besiedlung im südlichen Amboland. Veröff. des Museums für Länderkunde, N. F. 2, S. 69-102. Leipzig 1933.

Paullin, Ch. O.: Atlas of Historical Geography of the United States. Carnegie Institution of Washington and American Geographical Society of New York 1932.

Paulus, M.: Das Genossenschaftswesen in Tanganyika und Uganda. Institut für Wirtschaftsforschung München, Afrika-Studien, Bd. 15. Berlin–Heidelberg – New York 1967.

Peacock, H. St. G.: A report of the land settlement of the Gezira (Anglo-Egyptian Sudan). London 1913.

Pélissier, P.: Les paysans du Sénégal. Saint Yrieux 1966.

Peltre, J.: Du XVIe au XVIIIe Siècle: une génération de nouveaux village en Lorraine. Revue Géographique de l'Est, S. 3-27 (1966).

Peltre, J.: Les effets de la métrique ancienne sur le réseau des limites communales. Exemples pris en France. Il Paesaggi Rurali Europei, Appendice Al Bollettino N. 12, Deputazione di Storia Patria Per l'Umbria, S. 425-437. Perugia 1975.

Pendleton, R. L.: Thailand. Aspects of Landscape and Life. New York 1963.

Perret, M.-E.: Localités suisses tirant leur origine de domaines gallo-romains. Geogr. Helvetica, S. 248-251 (1960).

Pesez, J. M. und *Le Roy Ladurie, E.:* Le cas français. In: Villages Désertés et Histoire Economique XI.-XVIIIe siècle. Les Hommes et la Terre, Bd. XI, S. 127-252. Paris 1965.

Petri, F.: Entstehung und Verbreitung der Marschenkolonisation in Europa (mit Ausnahme der Ostsiedlung). In: Die deutsche Ostsiedlung als Problem der europäischen Geschichte, hrsg. von *W. Schlesinger,* S. 695-754. Sigmaringen 1975.

Pfeifer, G.: Das Siedlungsbild der Landschaft Angeln. Veröff. der Schleswig-Holstein. Universitätsgesellschaft XVIII. Breslau 1928.

Pfeifer, G.: Sinaloa und Sonora. Mitteil. der Geogr. Gesellsch. Hamburg, S. 289-460 (1939).

Pfeifer, G.: Kontraste in Rio Grande do Sul: Campanha und Alto Uruguai. Geogr. Zeitschrift, S. 163-206 (1967).

Philippson, A.: Das Mittelmeergebiet. 3. Aufl. Berlin 1914.

Philippson, A.: Das Klima Griechenlands. Bonn 1948.

Pieken, H.: Zur Entwicklung der Siedlungsformen in den Marschen des Elb-Weser-Winkels. Erde, S. 129-153 (1956).

Pilgram, H.: Der Landkreis Monschau, Regierungsbezirk Aachen. Die Landkreise in Nordrhein-Westfalen, Bd. 3. Bonn 1958.

Plaetschke, B.: Die Tschetschenen. Veröff. des Geogr. Instituts der Univ. Königsberg, H. XI. Hamburg 1929.

Planhol, X. de: Les villages fortifiés en Iran et en Asie Centrale. Annales de Géographie, S. 256-258 (1958).

Planhol, X. de: Un village de montagne de l'Azerbeidjan Iranien. Revue de Géographie de Lyon, S. 395-418 (1960).

Planhol, X. de: Nouveaux Village Algérois. Publications de la Faculté des Lettres et Sciences Humaines d'Alger, Bd. XXXIX. Paris 1961.

Planhol, X. de: Recherches sur la Géographie humaine de l'Iran Septentrional. Mémoires et Documents, S. 3-78 (1964).

Planhol, X. de: Les Fondements géographiques de l'histoire de l'Islam. Paris 1968.

Planhol, X. de und *Lacroix, J.:* Matériaux pour la Géographie historique et agraire de la Lorraine. Revue Géographique de l'Est, S. 9-14 (1963).

Planhol, X. de und *Rognon, P.:* Les Zones Tropicales Arides et Subtropicales. Collection Univ. Série Géogr. Paris 1970.

Platt, R. S.: Latin America. Countrysides and United Regions. New York – London 1942.

Plügge, W.: Innere Kolonisation in Neuseeland. Probleme der Weltwirtschaft XXVI. Jena 1916.

Poel, J. H. van der: De landbouw in het verste verleden. Berichten von de rijksdienst voor het oudheidkundig bodemonderzeck, S. 125-194 (1961).

Pohlendt, H.: Die Verbreitung der mittelalterlichen Wüstungen in Deutschland. Göttinger Geogr. Abhandl., H. 3 (1950).

Prange, W.: Siedlungsgeschichte des Kreises Lauenburg. Quellen und Forsch. z. Gesch. Schleswig-Holsteins, Bd. 41 (1960).

Prange, W.: Über Ausmaß und Nachwirkung der Wüstung in Ostholstein, Lauenburg und Nordwestmecklenburg. In: Wüstungen in Deutschland, hrsg. von *W. Abel,* S. 68-82. Sonderheft 2 der Zeitschr. für Agrargeschichte und Agrarsoziologie. Frankfurt a. M. 1967.

Prinz, G.: Die Siedlungsformen Ungarns. Ung. Jahrbuch, S. 127-146 und S. 335-352 (1924).

Proudfit, S. O.: Public Land System of the United States. Washington D. C. 1924.

Prunty, M.: The Renaissance of the Southern Plantation. Geogr. Review, S. 459-491 (1955).

Quelle, O.: Anthropogeographische Studien in Spanien. Mitt. der Geogr. Gesellsch. Hamburg, S. 69-186 (1917).

Rack, E.: Besiedlung und Siedlung des Altkreises Norden. Spieker 15 (1967).

Radig, W.: Die Siedlungstypen in Deutschland und ihre frühgeschichtliche Wurzel. Deutsche Bauakademie. Schriften des Forschungsinstituts für Theorie und Geschichte der Baukunst. Berlin 1955.

Reinhardt, W.: Zur Frage der Wüstungen in der ostfriesischen Marsch. Sonderheft 2 der

Zeitschr. für Agrargesch. und Agrarsoziologie, S. 97-101 (1967).
Remy, G.: Yobri (Haute-Volta). Atlas des Structures Agraires au Sud du Sahara, Bd. 1. Paris 1967.
Reusch, L.: Siedlungsgenetische Untersuchungen im Fuldaer Land. Rhein-Mainische Forschungen, H. 50, S. 95-108. Frankfurt a. M. 1961.
Reye, U.: Aspectos sociales de la colonización del Oriente boliviano. Aportes, Nr. 17, S. 50-120 (1970).
Richards, A. I.: Land, Labour and Diet in Northern Rhodesia. 3. Aufl. Oxford 1961.
Richter, W.: Historische Entwicklung und junger Wandel der Agrarlandschaft Israels. Kölner Geogr. Arbeiten, H. 21. Köln 1969.
Robequain, Ch.: L'Indochine. Paris 1952.
Robequain, Ch.: Malaya, Indonesia, Borneo and the Philippines. London–New York–Toronto 1958.
Roberts, S. A.: History of Australian Land Settlement (1788-1920). Melbourne 1924.
Roche, J.: La Colonisation Allemande et Le Rio Grande do Sul. Travaux et Mémoires de l'Institut des Hautes Etudes de l'Amérique Latine, Bd. III. Paris 1959.
Röhm, H.: Die Vererbung des landwirtschaftlichen Grundeigentums in Baden-Württemberg. Forschungen zur deutschen Landeskunde, Bd. 102. Remagen 1957.
Röhm, H.: Vererbungssitten in der Bundesrepublik. In: Atlas der deutschen Agrarlandschaft. Lief. II, Bl. 5. Wiesbaden 1962.
Röll, W.: Die kulturlandschaftliche Entwicklung des Fuldaer Landes seit der Frühneuzeit. Gießener Geogr. Schriften, H. 9 (1966).
Röll, W.: Die Einzelhöfe der Rhön. Berichte zur Deutschen Landeskunde, Bd. 39, S. 241-256 (1967).
Röll, W.: Bevölkerungsgeschichte und Siedlungsstruktur in Zentral-Java. Geograph. Rundschau, S. 58-66 (1971).
Röll, W.: Probleme der Bevölkerungsdynamik und der regionalen Bevölkerungsverteilung in Indonesien. Geogr. Rundschau, S. 139-150 (1975).
Rönneseth, O.: „Gard" und Einfriedung. Entwicklungsphasen der Agrarlandschaft Jaerens. Geografiska Annaler, Special Issue, Nr. 2. Stockholm 1975.
Roselli, B.: Pour une étude des types d'agglomération et de dispersion de la population dans le cadre de l'unité anthropogéographique minimum. Comptes Rendus du Congr. Intern. Géogr. Lissabon 1949, Bd. III, Travaux de la Section IV, S. 443-449. Lissabon 1951.
Rostaing, C.: Les noms de lieux. Paris 1954.
Rostankowski, P.: Siedlungsentwicklung und Siedlungsform in den Ländern der russischen Kosakenheere. Berliner Geogr. Abhandl., H. 6 (1969).
Roth, K.: Zum Fortgang der Agrarreform in Chile. Erdkunde, S. 312-315 (1974).
Rowe, J. H.: Inca culture at the time of Spanish Conquest. In: Handbook of the South American Indians, hrsg. von *J. H. Steward,* Bd. II: The Andeau Civilizations. Smithsonian Institution, Bureau of American Ethnology, Bull. 143. Washington 1946.
Rubow-Kalähne, M.: Langstreifenfluren in Neu-Vorpommern, eine Auswertung der schwedischen Matrikelkarten. Wissensch. Zeitschr. der Martin-Luther-Universität Halle-Wittenberg, S. 663-668 (1959).
Ruston, A. G. und *Witney, D.:* Hooton Pagnell. The agricultural evolution of a Yorkshire village. London 1934.
Ruthenberg, H. (Hrsg.): Smallholder Farming and Smallholder Development in Tanzania. Afrika-Studien, Nr. 24. München 1968.
Sabelberg, E.: Der Zerfall der Mezzadria in der Toskana Urbana. Kölner Geogr. Arbeiten, H. 33 (1975).
Saidi, K.: Landwirtschaftliche Aktiengesellschaften der landwirtschaftlichen Entwicklung in Iran. Zeitschr. für ausländ. Landwirtschaft, S. 286-297 (1973).
Sandner, G.: Agrarkolonisation in Costa Rica. Schriften des Geogr. Instituts der Univ. Kiel, Bd. XIX, H. 3 (1961).
Sandner, G.: Mitla und Cuajimalpa. Wandel und Beharrung in zwei mexikanischen Dörfern 1929-1962. Geogr. Zeitschr., S. 95-106 (1964).
Sapper, K.: Geographie und Geschichte der indianischen Landwirtschaft. Ibero-Amerikanische Studien I. Hamburg 1936.
Sarfert, E.: Haus und Dorf bei den Eingeborenen Nord-Amerikas. Archiv für Anthropologie, N. F., Bd. 7, S. 119-215 (1909).
Sauerwein, F.: Landschaft, Siedlung und Wirtschaft Innermesseniens (Griechenland). Frankf. Wirtschafts- und Sozialgeogr. Schriften, H. 4 (1968).
Sauerwein, F.: Das Siedlungsbild des Peleponnes um das Jahr 1700. Erdkunde, S. 237-244 (1969).
Savonnet, G.: Pina (Haute Volta). Atlas des Structures Agraires au Sud du Sahara, Bd. 4. Paris 1970.
Schaefer, I.: Zur Terminologie der Kleinformen unseres Ackerlandes. Pet. Mitteil., S. 194-199 (1957).
Schaefer, I.: Über Strangen und Bifänge. Pet. Mitteil., S. 179-189 (1958).

Schaefer, J.: Über Anwande und Gewannstöße. Mitt. d. Geogr. Gesellsch. München, S. 117-146 (1954).

Scharlau, K.: Beiträge zur geographischen Betrachtung der Wüstungen. Badische Geogr. Abhandl. X. Freiburg i. Br. 1933.

Scharlau, K.: Siedlung und Landschaft im Knüllgebiet. Forschungen zur deutschen Landeskunde, Bd. 37. Leipzig 1941.

Scharlau, K.: Neue Probleme der Wüstungsforschung. Berichte zur Deutschen Landeskunde, Bd. 17, S. 266-275 (1956).

Scharlau, K.: Ackerlagen und Ackergrenzen, flurgeographische Begriffsbestimmung. Geographisches Taschenbuch, S. 441-452 (1956/57).

Scharlau, K.: Kammerfluren und Streifenfluren im westdeutschen Mittelgebirge. Zeitschr. für Agrargeschichte und Agrarsoziologie, Jg. 5, S. 13-20 (1957).

Scharlau, K.: Ergebnisse und Ausblicke der heutigen Wüstungsforschung. Blätter für deutsche Landesgeschichte 93, S. 43-101 (1957).

Scharlau, K.: Die Bedeutung der Wüstungskartierung für die Flurformenforschung. Kolloquium über Fragen der Flurformengenese. Berichte zur Deutschen Landeskunde, S. 215-220 (1962).

Schebesta, P.: Die Urwald-Pygmäen. In: *Baumann, H.* (Hrsg.): Die Völker Afrikas und ihre traditionellen Kulturen. Teil I.: Allgemeiner Teil und südliches Afrika, S. 775-784 (1975).

Schempp, H.: Gemeinschaftssiedlungen auf religiöser und weltanschaulicher Grundlage. Tübingen 1969.

Schepke, H.: Flurform, Siedlungsform und Hausform im Siegtalgebiet in ihren Wandlungen seit dem 18. Jahrhundert. Beiträge zur Rhein. Landeskunde, Reihe 2, H. 3 (1934).

Schiller, O.: Die Wandlungen des sowjetischen Agrarsystems von der Oktoberrevolution bis zur Gegenwart. Zeitschr. für Agrargeschichte und Agrarsoziologie, S. 87-96 (1963).

Schiller, O.: Agrarstruktur und Agrarreform in den Ländern Süd- und Südostasiens. Agrarpolitik und Marktwesen, H. 2. Hamburg–Berlin 1964.

Schiller, O.: Kooperation und Integration im landwirtschaftlichen Produktionsbereich. Frankfurt a. M. 1970.

Schlenger, H.: Formen ländlicher Siedlungen in Schlesien. Veröffentl. der Schlesischen Gesellschaft für Erdkunde X. Breslau 1930.

Schlesinger, W.: Flemmingen und Kühren. Zur Siedlungsform niederländischer Siedlungen des 12. Jahrhunderts im mitteldeutschen Osten. In: Die deutsche Ostkolonisation als Problem der europäischen Geschichte, hrsg. von *W. Schlesinger,* S. 263-309. Sigmaringen 1975.

Schlüter, O.: Die Siedelungen im nordöstlichen Thüringen. Berlin 1903.

Schmieder, O.: Wandlungen im Siedlungsbilde Perus im 15. und 16. Jahrhundert. Festschr. f. A. Philippson, S. 18-31 (1930).

Schmieder, O.: The settlements of the Tzapotec and Mije Indians. State of Oaxaca (Mexico). Univ. of California Publ. Geogr. IV. Berkeley 1930.

Schmieder, O.: Die neue Welt, I. Teil: Mittel- und Südamerika. Heidelberg–München 1962.

Schmieder, O.: Die neue Welt, II. Teil: Nordamerika. Heidelberg–München 1963.

Schmieder, O. und *Wilhelmy, H.:* Deutsche Akkerbausiedlungen im südamerikanischen Grasland, Pampa und Gran Chaco. Veröff. des Deutschen Museums für Länderkunde, N. F. 6. Leipzig 1938.

Schmieder, O. und *Wilhelmy, H.:* Die faschistische Kolonisation in Nordafrika. Leipzig 1939.

Schmook, G.: The spontaneous evolution from farming on scattered strips to framing in severalty in Flanders between the sixteenth and the twentieth century: a quantitative approach to the study of farm fragmentation. Farms and Settlements in Europe, Symposium Belfast. Ulster Folk and Transport Museums, S. 107-117 (1976).

Schneider, S.: Die geographische Verteilung des Großgrundbesitzes im östlichen Pommern und ihre Ursachen. Forschungen zur deutschen Landeskunde, Bd. 42. Leipzig 1942.

Scholz, F.: Die Schwarzwaldrandplatten. Forschungen zur deutschen Landeskunde, Bd. 188 (1971).

Scholz, F.: Seßhaftmachung von Nomaden in der Upper Sind Frontier Province. (Pakistan) im 19. Jahrhundert. Geoforum, H. 18, S. 29-46 (1974).

Scholz, H.: Belutschistan. Eine sozialgeogr. Studie des Wandels in einem ehemaligen Nomadenland seit Beginn der britischen Kolonialzeit. Göttinger Geogr. Abhandlungen, H. 63 (1974).

Schoop, W.: Vergleichende Untersuchungen zur Agrarkolonisation der Hochlandindianer am Andenabfall und im Tiefland Ostboliviens. Aachener Geogr. Arbeiten, H. 4. Wiesbaden 1970.

Schott, C.: Landnahme und Kolonisation in Canada am Beispiel Südontarios. Schriften des Geogr. Instituts der Univ. Kiel, Bd. VI (1936).

Schott, C.: Orts- und Flurformen Schleswig-Holsteins. Schriften des Geogr. Instituts der Univers. Kiel, Sonderband: Beiträge zur Landeskunde von Schleswig-Holstein, S. 105-133. Kiel 1953.
Schott, C.: Die Auswirkungen der technischen Revolution in der Landwirtschaft nach 1945 auf die ländlichen Siedlungen Ostkanadas. Marburger Geogr. Schriften, H. 66, S. 89-110 (1976).
Schreiner, J.: Pest og prisfall in semmiddelalderen. Vitemskabsakademiet in Oslo, hist.-philos. Kl. 1948/1. Oslo 1948.
Schreyer, W.: Die Entwicklung der altbairischen Kulturlandschaft im Hügelland zwischen Amper und Donau. Diss. München 1935.
Schröder, K. H.: Die Flurformen in Württemberg-Hohenzollern. Tübinger geographische und geologische Abhandlungen, Reihe I, H. 29. Öhringen 1944.
Schröder, K. H.: Weinbau und Siedlung in Württemberg. Forschungen zur deutschen Landeskunde, Bd. 73. Remagen 1953.
Schröder, K. H. und *Schwarz, G.:* Die ländlichen Siedlungsformen in Mitteleuropa. Grundzüge und Probleme ihrer Entwicklung. Forschungen zur deutschen Landeskunde, Bd. 175 (1969), 2. Aufl. 1978.
Schröder, K.: Agrarlandschaftsstudien im südlichsten Texas. Frankfurter Geogr. Hefte, H. 38. Frankfurt a. M. 1962.
Schultz, G.: Agrarlandschaftliche Veränderungen. Ursachen, Formen und Problematik landwirtschaftlicher Entwicklung am Beispiel des Iraqw-Hochlands und seiner Randlandschaften. Afrika-Studien, Nr. 64. München 1971.
Schultze-Jena, L.: Makedonien. Jena 1927.
Schultze, J. H.: Neugriechenland. Eine Landeskunde Ostmakedoniens und Westthrakiens. Pet. Mitt. Ergh. 233. Gotha 1937.
Schultze, J. H.: Evolution und Revolution in der Landschaftsentwicklung Ostafrikas. Erdkundliches Wissen, H. 14. Wiesbaden 1966.
Schulz-Lüchow, W.: Primäre und sekundäre Rundlingsformen in der Niederen Geest des Wendlandes. Forschungen zur deutschen Landeskunde, Bd. 142. Bad Godesberg 1963.
Schwarz, E.: Die Ortsnamen der Sudetenländer als Geschichtsquelle. Forschungen zum Deutschtum der Ostmarken II, 2. München und Berlin 1931; 2. Aufl. München 1961.
Schwarz, E.: Die deutsche Namenkunde. Göttingen 1950.
Schwarz, E.: Sprache und Siedlung in Nordostbayern. Erlanger Beiträge zur Sprach- und Kunstwissenschaft, Bd. IV. Nürnberg 1960.
Schwarz, F. v.: Turkestan. Freiburg i. Br. 1909.
Schwarz, G.: Die Agrarreform des 18.-20. Jahrhunderts in ihrem Einfluß auf das Siedlungsbild. Hannoversches Hochschuljahrbuch, S. 155-167 (1954/55).
Schwarz, G.: Die Bedeutung der Befreiung von der Grundherrschaft für die landwirtschaftlichen Besitz- bzw. Betriebsgrößen in der oberen Markgrafschaft. Bull. de la Faculté des Lèttres de Mulhouse, Fasc. VII, S. 159-169 (1978).
Schwind, M.: Der japanische Bauer, seine Arbeit und sein Dorf. In: Japan, von Deutschen gesehen, hrsg. von *M. Schwind,* S. 113-119. Leipzig 1943.
Scofield, E.: The Origin of Settlement Pattern in Rural New England. Geogr. Review, S. 652-663 (1938).
Seebohm, F.: The English Village Community. London 1883.
Seel, K. A.: Zellenfluren – vorgeschichtliche Fluranlagen im nordöstlichen Vogelsberg; ihre Zeitstellung und Bebauungstechnik. Zeitschr. für Agrargeschichte und Agrarsoziologie, S. 158-173 (1962).
Seel, K. A.: Wüstungskartierungen und Flurformengenese im Riedesselland des nordöstlichen Vogelsberges. Marburger Geogr. Schriften, H. 17 (1963).
Seibel, H. D. und *Koll, M.:* Einheimische Genossenschaften in Afrika: Materialien des Arnold-Bergsträsser-Instituts für kulturwissenschaftliche Forschung, hrsg. von *D. Oberndörfer.* Freiburg i. Br. 1968.
Seibt, H.: Moderne Kolonisation in Palästina. Diss. Leipzig 1933.
Senftleben, W.: Neulanderschließung und raumrelevante Strukturverbesserung von Altland als zentrales Problem der Bodenpolitik in West-Malaysia. Berlin 1971.
Seraphim, H. J.: Die ländliche Besiedlung Westsibiriens durch Rußland. Jena 1923.
Shafi, M.: Land Utilization in Eastern Uttar Pradesh. Dep. of Geography, Muslin Univ. Aligarh India 1959.
Sheppard, J. A.: Pre-Enclosure Field and Settlement Patterns in an English Township (Wheldrake, near York). Geografiska Annaler, S. 59-77 (1966).
Shimkin, D. B.: Wind River Shoshone. Ethnogeography. Univ. of California, Anthrop. Records 5,4. Berkeley 1947.
Sicard, E.: La Zadruga sudslave dans l'évolution du groupe domestique. Paris 1943.
Sicard, H. v.: Das Gebiet zwischen Sambesi und Limpopo. In: *Baumann, H.:* Die Völker Afrikas und ihre traditionellen Kulturen. Teil I: Allgemeiner Teil und südliches Afrika, S. 457-472. Wiesbaden 1975.

Sick, W. D.: Die Vereinödung im nördlichen Bodenseegebiet. Württembergische Jahrbücher für Statistik und Landeskunde, S. 81-105 (1951/52).

Sick, W. D.: Flurzusammenlegungen und Ausbausiedlungen in der Nordostschweiz. Erdkunde, S. 169-196 (1955).

Sick, W. D.: Vergleichende Untersuchungen zur Siedlungsentwicklung im württembergischen Keuperland (Schönbuch und Limpurger Berge). Berichte zur Deutschen Landeskunde, Bd. 31, S. 166-183 (1963).

Sick, W. D.: Die Siebenbürger Sachsen in Rumänien. Geogr. Rundschau, S. 12-22 (1968).

Sick, W. D.: Das Freiamt Emmendingen. Ein Beitrag zur Kulturlandschaftsgenese des Mittleren Schwarzwalds. In: Die europäische Kulturlandschaft im Wandel, Schröder-Festschr., S. 109-119. Kiel 1974.

Sick, W. D.: Strukturwandel ländlicher Siedlungen in Madagaskar. Tagungsber. und wissensch. Abhandl., Deutscher Geographentag Innsbruck, S. 280-291 (1976).

Sick, W. D.: Die traditionellen ländlichen Siedlungen, S. 101-121. In: Madagaskar. Darmstadt 1979.

Siddle, D. J.: The Evolution of Rural Settlement Forms in Sierra Leone. Circa 1400 to 1968. Sierra Leone Geogr. Journal, Nr. 13, S. 33-44 (1969).

Siddle, D. J.: Traditional Agricultural Systems. In: Zambia in Maps, hrsg. von *D. H. Davis*, Karte 25. London 1972.

Sievers, A.: Ceylon. Gesellschaft und Lebensraum in den orientalischen Tropen. Wiesbaden 1964.

Singh, K. N.: The Territorial Basis of Medieval Town and Village Settlement in Eastern Uttar Pradesh, India. Annals of the Association of American Geographers, S. 203-220 (1968).

Singh, R. L. (Hrsg.) India: Regional Studies. Calcutta 1968.

Siu, W. H.: Die Verteilungsverhältnisse des ländlichen Grund und Bodens in China. Diss. Frankfurt a. M. 1909.

Slater, G.: The Enclosure of Common Fields considered geographically. Geogr. Journal XXIX, S. 35-55 (1907).

Smith, C., und *Litt, B.:* Ancient landscapes of the Tavoliere, Apulia. Transactions, Institute of British Geographers, S. 203-208 (1967).

Smith, E. G.: Far, Layout, Fragmented Farms in the United States. Annals of the Association of American Geographers, S. 58-70 (1975).

Sölch, J.: Die Kulturlandschaft Englands in vortechnischer Zeit. Geogr. Zeischr., S. 254-272 (1937).

Sorre, M.: Les Fondements de la Géographie Humaine, Bd. II und III. Paris 1948 und 1952.

Sorrensen, M. P. K.: Counter revolution to Mau Mau-Land consolidation in Kikuyuland (1952-1960). Proc. East Afr. Inst. Social Research Conference. Kampala 1963.

Spate, O. H. K.: The Indian Village. Geography, S. 142-152 (1952).

Spate, O. H. K.: India and Pakistan. A general and regional geography. London – New York 1967.

Sperling, W.: Der nördliche vordere Odenwald. Rhein-Mainische Forschungen, H. 51 (1962).

Steinbach, F.: Beiträge zur bergischen Agrargeschichte. Vererbung und Mobilisierung des Grundbesitzes im bergischen Hügelland. Rheinisches Archiv I. Bonn und Leipzig 1922.

Steinbach, F.: Gewanndorf und Einzelhof. „Historische Aufsätze", Aloys Schulte zum 70. Geburtstag, S. 44-62. Düsseldorf 1927.

Steinbach, F.: Geschichtliche Siedlungsformen in der Rheinprovinz. Heimat und Siedlung, S. 19-30 (1937).

Steinbach, F.: Studien zur westdeutschen Stammes- und Volksgeschichte. Schriften des Instituts für Grenz- und Auslanddeutschtum der Univ. Marburg V. Jena 1926; Wiederabdruck Darmstadt 1962.

Steinle, V.: Die „Agrarrevolution" in Algerien. Determinanten in der Agrarpolitik und politisch-administrative Dimensionen. Diss. Freiburg i. Br. Bamberg 1982.

Sternstein, L.: Settlement Patterns in Thailand. Journal of Tropical Geography, Bd. 21, S. 30-43 (1965).

Steward, J.: South American Cultures. An interpretative summary. In: Handbook of South American Indians, Vol. 5, S. 669-772. Smithsonian Institution, Bureau of American Ethnology, Bull. 143. Washington 1949.

Steward, J. H. und *Faron, L. C.:* Native peoples of South America. New York–Toronto–London 1959.

Stiehler, W.: Studien zur Landwirtschaft und Siedlungsgeographie Äthiopiens. Erdkunde, S. 257-282 (1948).

Stökl, G.: Die Entstehung des Kosakentums. Veröffentl. des Osteuropa-Institutes München 1953.

Stökl, G.: Siedlung und Siedlungsbewegungen im alten Rußland (13.-16. Jahrhundert). In: Die deutsche Ostsiedlung des Mittelalters als Problem der europäischen Geschichte, hrsg. von *W. Schlesinger.* Vorträge und Forschungen, Konstanzer Arbeitskreis für mittelalterliche Geschichte, Bd. XVIII, S. 755-779. Sigmaringen 1975.

Stoll, H.: Bevölkerungszahlen aus frühgeschichtlicher Zeit. Welt als Geschichte, S. 69-74 (1942).
Stolz, O.: Die Schwaighöfe in Tirol. Innsbruck 1930.
Stone, K. H.: Multiple-Scale Classification for Rural Settlement Geography. Acta Geographica, Bd. 20, S. 307-328. Helsinki 1968.
Strässer, M.: Die Bewässerungslandschaft der Wasatch Oase in Utah. Freiburger Geogr. Arbeiten, Bd. 4 (1972).
Strobel, A.: Agrarverfassung im Übergang. Forschungen zur oberrheinischen Landesgeschichte, Bd. XXIII (1971).
Stubbs, S. A.: Bird's Eye of the Pueblos. Norman 1950.
Sublett, M. D.: Farmers on the Road. Interfarm Migration and the Farming in the Three Midwestern Townships 1939-1969. The Univ. of Chicago, Dep. of Geography, Research Paper, Nr. 168 (1975).
Suizu, I.: The rectangular land allotments and the fieldsystem in ancient North China. Abhandl. Geogr. Gesellschaft Tokio, Bd. 36, H. 1, S. 1-23 (1963), jap.
Suter, K.: Die Bedeutung der Sippen im Mzab. „Paideuma". Mitteilungen zur Kulturkunde, Bd. VI, S. 510-523 (1958).
Sverdrup, H. K.: Die Renntier-Tschuktschen. Mitt. der Geogr. Gesellschaft Hamburg, S. 87-135 (1928).
Swanton, J. R.: The Indians of the southwestern United States. Smithsonian Institution, Bureau of American Ethnology, Bull. 137. Washington 1946.
Swart, F.: Zur friesischen Agrargeschichte. Staats- und sozialwissensch. Forschungen, H. 145 (1910).
Szulc, H.: Regular green villages in West Pomerania. Geogr. Polonica, S. 265-270 (1978).
Tamsma, R.: De Moshav Ovdiem. Assen o. J.
Tanioka, T.: Différenciation régionale des types de l'habitat rural au Japon. Proceedings of IGU Regional Conference in Japan 1957, S. 503-512. Tokio 1959.
Tanioka, T.: Jôri et centuriasiation: problèmes de l'ancien système agraire au Japon et en Europe. International Geography, Historical Geography, S. 35-38 (1976).
Taylor, D. R. F.: Agricultural Change in Kikuyuland. In: *Thomas, M. F.* und *Whittington, G. N.* (Hrsg.): Environment and Land Use in Africa, S. 463-493. London 1969.
Thomas, M. F. und *Whittington, G. N.* (Hrsg.): Environment and Land Use in Africa. London 1969.
Timmermann, O. F.: Grundherrschaftliche Einflüsse auf das Altsiedelland im Spiegel wenig beachteter Flurnamen. Zeitschr. des Vereins für die Geschichte von Soest, S. 5-24 (1957).
Tissandier, J.: Zengoaga (Cameroun). Atlas des Structures Agraires au Sud du Sahara, Bd. 3. Paris 1969.
Trewartha, G. T.: Land Reform and Land Reclamation of Japan. Geogr. Review, S. 376-396 (1950).
Tricart, J. und *Rochefort, M.:* Le problème du champ allongé. Comptes Rendus du Congr. Intern. de Géographie Lisbonne 1949, Bd. III: Travaux de la Section IV, S. 495-507. Lissabon 1951.
Tschopik, H.: The Aymara. In: Handbook of the South American Indians, hrsg. von *J. H. Steward,* Bd. II: The Andean Civilizations. Smithsonian Institution. Bureau of American Ethnology, Bull. 143. Washingtin 1946.
Tyman, J. L.: The Long Lots of the Swan River Colony, their Origin and Impact on the Landscape of Western Australia. International Geography, 1976, Historical Geography, S. 93-98. Intern. Geographentag Moskau 1976.
Uhlig, H.: Langstreifenfluren in Nordostengland, Wales und Schottland. Tagungsbericht und wissenschaftl. Abhandl. des Deutschen Geographentages Würzburg 1957, S. 399-410. Wiesbaden 1958.
Uhlig-Lienau: Flur und Flurformen. Materialien zur Terminologie der Agrarlandschaft, Vol. I. Gießen 1967.
Urban, R.: Die Strukturwandlung der tschechischen Landwirtschaft. Zeitschr. für Ostforschung, S. 130-137 (1953).
Weber, J.: Siedlungen im Albvorland von Nürnberg. Erlanger Geogr. Arbeiten, H. 20 (1965).
Weischet, W.: Agrarreform und Nationalisierung des Bergbaus in Chile. Darmstadt 1974.
Welling, F.: Flurzersplitterung und Flurbereinigung im nördlichen und westlichen Europa. Schriftenreihe für Flurbereinigung, H. 6. Stuttgart 1955.
Weygand, H.: Untersuchungen zur Entwicklung saarländischer Dörfer und ihrer Fluren. Veröff. des Instituts für Landeskunde des Saarlandes, Bd. 17 (1970).
Wieth-Knudsen, H.: Bauernfrage und Agrarreform in Rußland. München und Leipzig 1913.
Wilhelmy, H.: Wald und Grasland als Siedlungsraum in Südamerika. Geogr. Zeitschr., S. 208-219 (1940).
Wilhelmy-Rohmeder: Die La Plata-Länder. Braunschweig 1963.
Wirth, E.: Syrien. Darmstadt 1971.
Wirth, E.: Die Beziehungen der islamisch-orientalischen Stadt zum umgebenden Land. Ein

Beitrag zur Theorie des Rentenkapitalismus. In: Geographie heute, Einheit und Vielfalt, Plewe-Festschr., S. 323-333. Wiesbaden 1975.

Wörz, J. G. F.: Die genossenschaftliche Produktionsförderung in Ägypten. Wissensch. Schriftenreihe des Bundesministeriums für wirtschaftliche Zusammenarbeit, Bd. 12. Stuttgart 1967.

Wurtz, J.: Adiamprikofikro-Douakankro. Etude d'un terroir baoulé. Atlas des Structures Agraires au Sud du Sahara, Bd. 5. Paris 1971.

Zimmermann, G. R.: Die bäuerliche Kulturlandschaft in Südgalicien. Heidelberger Geogr. Arbeiten, H. 23 (1969).

Zschocke, R.: Siedlungsgeographische Untersuchungen der Gehöferschaften im Bereich von Saar-Ruwer-Prüm. Kölner Geogr. Arbeiten, H. 22 (1969).

V. Die zwischen Land und Stadt stehenden Siedlungen

A: Gewerbe- und Industrieansiedlungen der anautarken Wirtschaftskultur vor dem Industriezeitalter

Ahlmann, H. W.: The geographical study of settlements. Examples from Italy, Germany, Denmark and Norway. Geogr. Review, S. 93-128 (1928).

Allefresde, M. und *Barbe, M.*: Vers une nouvelle agriculture aux marges de l'Arctique. Le Cas des îles de Lofoten. Etudes Rurales, S. 97-117, Nr. 20 (1960).

Aubert de la Rue, E.: L'Homme et les Iles. Paris 1935.

Aubin, G.: Aus der Entwicklungsgeschichte der nordböhmischen Textilindustrie. Deutsches Archiv für Landes- und Volksforschung, S. 353-401 (1937).

Bartz, F.: Japans Seefischereien. Pet. Mitt., S. 145-160 (1940).

Bartz, F.: Fischgründe und Fischereiwirtschaft an der Westküste Nordamerikas. Schriften des Geogr. Instituts der Universität Kiel, Bd. XII. Kiel 1942.

Bartz, F.: Die Fischereiwirtschaft an der atlantischen Küste der USA. Erde, S. 167-195 (1954).

Bartz, F.: Fischer auf Ceylon. Ein Beitrag zur Wirtschafts- und Bevölkerungsgeographie des indischen Subkontinentes. Bonner Geogr. Abhandl., H. 27. Bonn 1959.

Bartz, F.: Bevölkerungsgruppen mit besonderer gesellschaftlicher Stellung unter den Küstenbewohnern und Fischern des Fernen Ostens. Erdkunde, S. 381-395 (1959).

Bartz, F.: Die großen Fischereiräume der Welt, Bd. I und II, Wiesbaden 1964-65; Bd. III, Wiesbaden 1974.

Bobek, H.: Südwestdeutsche Studien. Forschungen zur deutschen Landeskunde. Bd. 62. Remagen 1952.

Brüning, K.: Der Bergbau im Harz und im Mansfeldischen. Veröffentl. der Wirtschaftswiss. Gesellschaft zum Studium Niedersachsens E. V., Reihe B, H. 1. Braunschweig 1926.

Credner, W.: Landschaft und Wirtschaft in Schweden. Breslau 1926.

Carré, F.: Les paysans-pêcheurs écossais. Norois, S. 452-476 (1971).

Cernakian, J., Metran, A. und *Raveneau, J.*: Saint Pierre-de-Miquelon. Annales de Géographie, S. 657-688 (1970).

Creutzburg, N.: Zum Lokalisationsphänomen der Industrien am Beispiel des nordwestlichen Thüringerwaldes. Forschungen zur deutschen Landes- und Volkskunde XXIII. Stuttgart 1925.

Deffontaines, P.: L'Homme et la Forêt. Paris 1933.

Deffontaines, P.: Petits nomads du Jura. Annales de Géographie, S. 421-427 (1934).

Dirschel, J. F.: Das ostbayrische Grenzgebirge als Standraum der Glasindustrie. Mitt. der Geogr. Gesellsch. München, S. 37-153 (1938).

Düsterloh, D.: Beiträge zur Kulturgeographie des Niederbergisch-Märkischen Hügellandes. Bergbau und Verhüttung vor 1850 als Elemente der Kulturlandschaft. Göttinger Geogr. Abhandl., H. 38 (1967).

Eriksson, G. A.: Advance and retreat of charcoal iron industry and rural settlement in Bergslagen. Geografiska Annaler, Bd. XLII, S. 267-284. Stockholm 1960.

Doumenge, F.: La pêche et le commerce du "poisson bleu" en Rousillon. Bull. de la Société Languedocienne de Géographie, S. 151-169 (1952).

Fugmann, E.: Der Sonneberger Wirtschaftsraum. Beiheft zu den Mitt. des Sächsisch-Thüringischen Vereins für Erdkunde zu Halle, Nr. 8. Halle 1939.

Fugmann, E.: Der zentrale südöstliche Thüringerwald als Standraum der Glashütten. Pet. Mitt., S. 8-16 (1942).

Geldern-Crispendorf, G. v.: Kulturgeographie des Frankenwaldes. Mitt. des Vereins für Erdkunde zu Halle, Beiheft 1. Halle 1930.

Gibert, A.: De l'Industrie à domicile à l'industrie usiniére dans un vieux pays rural. Comptes

Rendus du Congr. Intern. de Géographie Amsterdam 1938, II, Sect. IIIa, S. 243-248. Leiden 1938.

Gourou, P.: Les paysans du delta Tonkinois. Paris 1936.

Gourou, P.: La Terre et l'Homme en Extrème Orient. Paris 1952.

Gradmann, R.: Das ländliche Siedlungswesen des Königreichs Württemberg. Forschungen zur deutschen Landes- und Volkskunde XX. Stuttgart 1913.

Hasel, K.: Herrenwies und Hundsbach. Forschungen zur deutschen Landeskunde, Bd. 45. Leipzig 1944.

Helbig, K.: Die Insel Bangka. Deutsche Geograph. Blätter, S. 135-210 (1940).

Héreubel, M.: L'Homme et la Côte. Paris 1938.

Hunke, H.: Landschaft und Siedlung im Lippischen Land. Veröff. der Wirtschaftswissensch. Gesellschaft zum Studium Niedersachsens, Reihe B, IX. Pyrmont 1931.

Huttenlocher, F.: Versuche kulturlandschaftlicher Gliederung am Beispiel von Württemberg. Forschungen zur deutschen Landeskunde, Bd. 47. Stuttgart 1949.

Huttenlocher, F.: Funktionale Siedlungstypen. Berichte zur Deutschen Landeskunde, Bd. 7, S. 76-86 (1949/50).

Huttenlocher, F.: Die kulturgeographische Bedeutung der Waldgebirge in Südwestdeutschland. Berichte zur Deutschen Landeskunde, Bd. 15, S. 1-19 (1955).

Jäger, F.: Entwicklung und Wandel der Oberharzer Bergstädte. Ein siedlungsgeographischer Vergleich. Gießener Geogr. Schriften, H. 25 (1972).

Klante, M.: Das Glas des Isergebirges. Eine siedlungs- und wirtschaftsgeschichtliche Untersuchung. Deutsches Archiv für Landes- und Volksforschung, S. 575-599 (1938).

Klante, M.: Bergbau und Metallwirtschaft im Sudetenraum. Deutsches Archiv für Landes- und Volksforschung, S. 78-101 (1939).

Klimm, L. E.: Inishmore: an outpost island. Geogr. Review, S. 387-396 (1927).

Kraus, Th.: Das Siegerland, ein Industriegebiet im Rheinischen Schiefergebirge. Forschungen zur deutschen Landes- und Volkskunde, Bd. 28, S. 1-148 (1931).

Kuhn, W.: Siedlungsgeschichte Oberschlesiens. Würzburg 1954.

Lefèvre, M. A.: L'habitat rural en Belgique. Lüttich 1926.

Leu, F.: Anthropogeographie der Freiberge (Berner Jura). Mitt. der Geogr.-Ethnol. Gesellsch. Basel, Bd. IX, S. 1-169 (1950-1954).

Liehl, E.: Das Feldberggebiet im südlichen Schwarzwald. In: Der Feldberg im Schwarzwald, hrsg. von *K. Müller,* S. 525-586. Freiburg i. Br. 1948.

Mennicken, P.: Die Technik im Werden der Kultur. Wolfenbüttel-Hannover 1947.

Metz, F.: Die Oberrheinlande. Breslau 1925.

Metz, F.: Zur Kulturgeographie des nördlichen Schwarzwaldes. Geogr. Zeitschr., S. 194-204 (1927).

Metz, F.: Der Bergbau und seine Bedeutung für die Ausbreitung des Deutschtums. Geogr. Zeitschr., S. 131-149 (1929).

Michotte, P. L.: L'Industrie à Domicile en Belgique. Comptes Rendus du Congr. Intern. de Géographie Amsterdam II, Sect. IIIa, S. 252-270 (1938).

Moberg, I.: Gotland um das Jahr 1700. Geogr. Annaler, S. 1-111 (1937).

Montelius, S.: Säfsnäsbrukens arbetskraft och Forsörjning 1600-1865. Geographica, Nr. 37. Fallun 1962.

Müller, J.: Die Industrialisierung der deutschen Mittelgebirge. Jena 1938.

Müller-Wille, W.: Westfalen. Münster i. Westfalen 1952; Wiederabdruck 1981.

Muntz, A. P.: Forests and Iron: The charíoal iron industry of the New Jersey Highlands. Geografiska Annaler, Bd. XLII, S. 315-326. Stockholm 1960.

Musset, R.: La Bretagne. Paris 1948.

Nguyen-Van-Chi-Bonnardel, R.: Les problèmes de la pêche maritime au Sénégal. Annales de Géographie, S. 25-56 (1969).

Ooi Jin-Bee, M. A.: Mining Landscapes of Kinta. The Malayan Journal of Tropical Geography, Bd. IV, S. 1-58 (1955).

Pfitzner, J.: Grundsätzliches zur Siedlungsforschung, gezeigt an der Besiedlung der Grafschaft Glatz im 18. Jahrhundert. Mitt. des Österr. Instituts für Gesch. Forschung XLIII, S. 283-234 (1929).

Pohlendt, H.: Die Landeshuter Paßlandschaften. Veröffentl. der Schles. Gesellsch. für Erdkunde E. V., H. 25. Breslau 1938.

Pries, J. F.: Die Entwicklung des mecklenburgischen Niedersachsenhauses zum Querhaus und das Mecklenburgische Seemannshaus. Forschungen zur deutschen Landes- und Volkskunde, Bd. 26, 4. Stuttgart 1928.

Rebsamen, H.: Die Landschaft von Bäritswil. Geogr. Helvetica, S. 85-95 (1947).

Riepenhausen, H.: Die Entwicklung der bäuerlichen Kulturlandschaft in Ravensberg. Arbeiten der Geogr. Kommission im Provinzialinstitut für westf. Landes- und Volkskunde. Münster 1938.

Rippel, J. H.: Die Entwicklung der Kulturland-

schaft am nordwestlichen Harzrand. Schriften der Wirtschaftswissensch. Gesellschaft zum Studium Niedersachsens, Bd. 69 (1958).
Ritter, C.: Velbert-Heiligenhaus-Tönisheide. Kulturgeographische Entwicklung eines niederbergischen Industrieraumes. Ratingen 1965.
Robequain, Ch.: L'Indochine. Paris 1952.
Schepke, H.: Flurform, Siedlungsform und Hausform im Siegtalgebiet in ihren Wandlungen seit dem 18. Jahrhundert. Beiträge zur Landeskunde der Rheinlande II, 3. Bonn 1934.
Schilli, H.: Siedlungs- und Hausformen der Glasmacherrodung Aeule. Alemannisches Jahrbuch, S. 314-324 (1953).
Schwarz, G.: Die Bergbausiedlungen im Mährischen Gesenke. Pet. Mitt., S. 97-112 (1949).
Seebass, F.: Bergslagen. Versuch einer kulturgeographischen Beschreibung und Umgrenzung. Nordische Studien IX. Braunschweig–Berlin–Hamburg 1928.
Siddiqi, M. I.: The Fishermen's Settlement of the Coast of West Pakistan. Schriften des Geogr. Instituts der Universität Kiel, Bd. XVI, H. 2. Kiel 1956.
Sönnecken, M.: Die mittelalterliche Rennfeuerverhüttung im märkischen Sauerland. Landeskundl. Karten und Hefte der Geogr. Kommission für Westf. Landeskunde, Reihe: Siedlung und Landschaft, H. 7. Münster/Westf. 1971.
Tanner, V.: Outlines of the Geography, Life and Customs of Newfoundland-Labrador. Acta Geographica 8. Helsinki 1944.
Timmermann, G.: Das Fischerhaus in Schleswig-Holstein. Nordelbingen, S. 73-82 (1961).
Trewartha, G. T.: Japan, a physical, cultural and regional geography. University of Wisconsin 1960.
Tsu, F.-X.: La Vie des Pêcheurs du Bas-Yangtse. Centre National de la Recherche Scientifique, Mémoires et Documents, Bd. III, S. 59-157. Paris 1952.
Voppel, K.: Das Landschaftsbild des Erzgebirges unter dem Einfluß des Erzbergbaus. Wissensch. Veröff. des Deutschen Museums für Länderkunde, N. F. 9. Leipzig 1941.
Wallner, S. M.: Zastler, eine Holzhauergemeinde im Schwarzwald. Freiburg i. Br. 1953.
Weizsäcker, W.: Bergbau. In: Handwörterbuch des Grenz- und Auslanddeutschtums, Bd. I, S. 372-375. Breslau 1933.
Winkler, E.: Veränderungen der Kulturlandschaft im zürcherischen Glattal. Mitt. der Geogr.-Ethnogr. Gesellsch. Zürich, S. 1-163 (1935/36).
Yamaoka, M.: Social outcasts villages along the Shikoku Pacific Coast. Proceedings of IGU Regional Conference in Japan 1957, S. 537-543. Tokio 1959.

V. B: Durch die Industrie bestimmte Siedlungen der modernen Zeit

Alexandersson, G.: The industrial structure of American Cities. London–Stockholm 1956.
Allen, J. B.: The Company Town in the American West. University of Oklahoma 1966.
Barr, B. M.: Regional Variation in Soviet Pulp and Paper Production. Annals of the Association of American Geographers, S. 45-64 (1971).
Bartz, F.: Fischgründe und Fischereiwirtschaft an der Westküste Nordamerikas. Schriften des Geogr. Instituts der Univ. Kiel, Bd. XII. Kiel 1942.
Bartz, F.: Die großen Fischereiräume der Welt. Bd. I und II, Wiebaden 1964-65; Bd. III. Wiesbaden 1974.
Bienz, G. und *Galusser, W.:* Die Kulturlandschaft des schweizerischen Lützeltales. Regio Basiliensis, Bd. III, S. 67-99 (1961/62).
Blanchard, R.: La Géographie de l'Industrie. Montréal 1960.
Blenck, J.: Randsiedlungen vor den Toren von Company Towns, dargestellt am Beispiel von Liberia. Bochumer Geogr. Arbeiten, H. 15, S. 99-124 (1975).
Brunner. E. de: Industrial village churches. New York 1930.
Buchholz, H. J.: Formen städtischen Lebens im Ruhrgebiet, untersucht an 6 Beispielen. Bochumer Geogr. Arbeiten, H. 8 (1970).
Buchholz, H. J., Heineberg, H., Mayr, A. und *Schöller, P.:* Modelle kommunaler regionaler Neugliederung im Rhein-Ruhr-Wupper-Ballungsgebiet und die Zukunft der Stadt Hattingen. In: Materialien zur Raumordnung aus dem Geographischen Institut der Ruhr-Universität Bochum, Forschungsabteilung für Raumordnung, Bd. 9. Hattingen 1971.
Busch, P.: Zur Siedlungsstruktur von Wanne-Eickel. Bochumer Geogr. Arbeiten, H. 1, S. 177-186 (1965).
Cabanne, C.: Concarneau, troisière ports de pêche française. Annales de Géographie, S. 283-286 (1964).
Conzen, M. R. G.: Geographie und Landesplanung in England. Colloquium Geographicum, Bd. 2. Bonn 1952.
Credner, W.: Landschaft und Wirtschaft in Schweden. Breslau 1926.

Croon, H.: Die verwaltungsmäßige Gliederung des mittleren Ruhrgebiets im 19. und 20. Jahrhundert. Bochumer Geogr. Arbeiten, H. 1, S. 59-64 (1965).

Dansereau, P.: Diversité des ressources dans l'environment canadien. The Canadian Geographer, S. 4-40 (1976).

Demangeon, A.: Pêcheries et Ports de la Mer du Nord. In: Problèmes de Géographie Humaine, S. 369-393. Paris 1952.

Dibb, P.: The Soviet Far Eastern Fishing Industry: a geographical appraisal. Geogr. Essays in Honour of K. C. Edwards, S. 149-160. Nottingham 1970.

Dörnmann, H.: Duisburg-Meiderich. Ein Beitrag zum Problem der Ruhrstadt. Frankfurter Geogr. Hefte, H. 2 (1951).

Ellscheid, C.: Das Vorgebirge. Diss. Köln 1929.

Eulenstein, F.: Die niederrheinisch-westfälische Zechenlandschaft. Eine geographisch-historische Studie. Geogr. Anzeiger, S. 241-253, S. 289-297 und S. 313-322 (1936).

Flüchter, W.: Neulandgewinnung und Industrieansiedlung vor den japanischen Küsten. Bochumer Geogr. Arbeiten, H. 21 (1975).

Förster, H.: Das Nordböhmische Braunkohlenbecken. Erdkunde, S. 278-292 (1971).

Gakat, A.: Die Städte am Nordrand des Ruhrgebiets. Probleme der Planung und des Wachstums. Diss. Köln 1968.

Gerlach, B.: Bergwerks- und Plantagensiedlungen in Liberia. Bochumer Geogr. Arbeiten, H. 15, S. 87-98 (1973).

Gribet, M.-F.: L'activité minière à la Machine (Nièvre) ou le mythe d'une reconversion. Mémoires et Documents, Bd. 14, S. 11-128 (1974).

Haas, H.-D.: Junge Industrieansiedlungen im nordöstlichen Baden-Württemberg. Tübinger Geogr. Studien, H. 35 (1970).

Habrich, W.: Das Gebiet des Großen Sklavensees. Diss. Freiburg i. Br. 1967.

Haller, F.: Das Neckarquellgebiet in seiner Entwicklung zur Industrielandschaft. Erdgeschichtliche und landeskundl. Abhandl. aus Schwaben und Franken, H. 14. Öhringen 1931.

Hartung, W.: Die Kulturlandschaft des Erdölgebietes im hannoverschen Raum. Jahrbuch der Geogr. Gesellsch. Hannover, S. 29-135 (1954/55).

Heese, M.: Der Landschaftswandel im mittleren Ruhrindustriegebiet seit 1820. Arbeiten der Geogr. Kommission im Provinzialinst. für westf. Landes- und Volkskunde, H. 6. Münster 1941.

Heide, F.: Das westliche Emsland. Marburger Geogr. Schriften, H. 22 (1965).

Heineberg, H.: Wirtschaftsgeogr. Strukturwandlungen auf den Shetland-Inseln. Bochumer Geogr. Arbeiten, H. 5 (1969).

Heineberg, H. und *Mayr, A.:* Modelle und Probleme der kommunalen und regionalen Neugliederung des Ruhrgebietes. Institut für Raumordnung Bonn–Bad Godesberg, Informationen, S. 1-17 (1973).

Helbig, K.: Die Insel Bangka. Beispiel des Landschafts- und Bedeutungswandels auf Grund einer geographischen „Zufallsform". Deutsche Geogr. Blätter, Bd. 43, S. 133-210 (1940).

Hendinger, H.: Die schwedische Waldlandschaft. Hamburger Geogr. Studien, H. 7 (1956).

Hendinger, H.: Der Wandel der mittel- und nordeuropäischen Waldlandschaft durch die Forstwirtschaft im industriellen Zeitalter. Geografiska Annaler, Bd. XLII, S. 294-305 (1960).

Hinrichs, A. F.: The United Mine Workers of America and the non-Union Coal Fields. New York 1923.

Hjulström, F., Arpi, G. und *Lörgren, E.:* Sundsvalldistritet 1850-1950. Geographica, Nr. 26. Uppsala 1956.

Howard, E.: Tomorrow. London 1898; 2. Aufl. Garden Cities of Tomorrow. London 1902.

House, J. W.: Industrial Britain: The Nord East. Newton Abbot 1969.

Hottes, K.: Industriegeographisch relevante Standortfaktoren. Tagungsber. und wissensch. Abhandl., Deutscher Geographentag Bochum, S. 371-382. Wiesbaden 1966.

Hottes, K.: Industrial estate-Industrie- und Gewerbepark-Typ einer neuen Standortgemeinschaft. In: Industriegeographie, hrsg. von *K. Hottes*, S. 483-515. Darmstadt 1976.

Humphrys, G.: Schefferville, a new pioneering town. Geogr. Review, S. 151-166 (1958).

Jerecki, C.: Der neuzeitliche Strukturwandel an der Ruhr. Marburger Geogr. Schriften, H. 29 (1967).

Jüngst, P.: Die Grundfischversorgung Großbritanniens. Häfen, Verarbeitung und Vermarktung. Marburger Geogr. Schriften, H. 35 (1968).

Jüngst, P.: Siedlungen des Erzbergbaus in den kanadischen Kordilleren. Marburger Geogr. Schriften, H. 50, S. 151-188 (1971).

Kappe, G.: Die Unterweser und ihr Wirtschaftsraum. Deutsche Geogr. Blätter, Bd. 40. Bremen 1929.

Karger, A.: Bratsk als Beispiel für eine moderne Erschließung Sibiriens. Geogr. Rundschau, S. 287-298 (1966).

Kay, G.: A Social Geography of Zambia. 2. Aufl. London 1971.

Keuning, H. J.: De Groninger Veenkolonien.

Een sociaalgeografische Studie. Amsterdam 1933.
Klucka, G.: Nordrhein-Westfalen in seiner Gliederung nach zentralörtlichen Bereichen. Eine geographisch-landeskundliche Bestandsaufnahme 1964-1968. Landesentwicklung, Schriftenreihe des Ministeriums des Landes Nordrhein-Westfalen, H. 27. Düsseldorf 1970.
Kühler, H.: Das Braunkohlengebiet am linken Niederrhein. Berichte zur Deutschen Landeskunde, S. 1-20 (1957).
Kolb, J. H. und *Brunner, E. de:* A Study of Rural Society. New York 1944.
Kovalev, S. A.: Les Types d'habitat rural en USSR. Essai de Géographie, Recueil des Articles pour le 18e Congr. Intern. Géogr. Moskau–Leningrad, S. 272-282 (1956).
Küpper, U. I.: Regionale Geographie und Wirtschaftsförderung in Großbritannien und Irland. Kölner Forschungen zur Wirtschafts- und Sozialgeogr., H. X (1970).
Kuhn, W.: Siedlungsgeschichte Oberschlesiens. Würzburg 1954.
Leloup, Y.: Villes et phases de développement industriel dans le Minas Gerais. Cahiers des Amériques Latines, S. 195-202 (1973).
Lerat, S.: La mise en valeur du gisement des gaz en Lacq. Annales de Géographie, S. 260-267 (1957).
Lerat, S.: Hassi Messaoud. Les Cahiers d'Outre-Mer, S. 16-31 (1971).
Lerat, S.: Géographie des Mines. Paris 1971.
Lewin, J. und *J.:* A specimen of the Timber-Industry and Town Growth in Finland. Geography, S. 129-145 (1970).
Leu, F.: Anthropogeographie der Freiberge. Mitteil. der Geogr.-Ethnogr. Gesellsch. Basel IX, S. 1-169 (1950/54).
Lower, A. R. M. und *Innes, H. A.:* Settlement and the mining and forest frontier of Eastern Canada. Canadian Frontiers of Settlement IX. Toronto 1936.
Mecking, L.: Japan – Meerbestimmtes Land. Stuttgart 1951.
MacKinnon, T. J.: The Forest Industry of British-Columbia. Geography, S. 231-236 (1971).
Mayr, A.: Ahlen in Westfalen. Bochumer Geogr. Arbeiten, H. 3 (1968).
Mead, W. K.: An Economic Geography of the Scandinavian States and Finland. London 1958.
Mittmann, G.: Die chemische Industrie im nordwestlichen Mitteleuropa. Kölner Forschungen zur Wirtschafts- und Sozialgeographie, H. XX (1974).
Murphy, R. E.: Southern West Virginia. Mining Community. Economic Geography, S. 51-59 (1933).
Nellner, W.: Das Eulengebirgsvorland. Veröffentl. der Schles. Gesellsch. für Erdkunde E. V., H. 30. Breslau 1941.
Neuhoff, H.-O.: Gabun. Bonn 1967.
Ooi-Jin-Bee, M. A.: Mining Landscapes of Kinta. The Malaysian Journal of Tropical Geography, Bd. IV, S. 1-58 (1955).
Pelzer, K. J.: Die Arbeiterwanderungen in Südostasien. Hamburg 1935.
Penkoff, I.: Die Siedlungen Bulgariens. Geogr. Berichte, S. 211-227 (1960).
Pina, M.: Concarneau, grand e porto di pesca della Francia. Boll. della Soc. Geogr. Italiana, Ser. 9, Vol. V, S. 1-67 (1964).
Porteous, J. B.: The nature of the company town. Institute of British Geographers, Transactions and Papers, Nr. 51, S. 127-142 (1970).
Porteous, J. B.: Urban Transplantation in Chile. Geogr. Review, S. 455-478 (1972).
Porteous, J. B.: The Company State: A Chilean Case Study. The Canadian Geographer, S. 113-126 (1973).
Robinson, I. M.: New industrial towns on Canada's Resource frontier. Chicago 1962.
Schmid, E.: Siedlung und Wirtschaft am oberen Neckar und im angrenzenden Schwarzwald. Tübinger geogr. und geol. Abhandl., Reihe I, H. 27. Öhringen 1938.
Schaffer, F.: Sozialgeographische Probleme des Strukturwandels einer Bergbaustadt: Beispiel Penzberg Obb. Tagungsber. und wissensch. Abhandl., Deutscher Geographentag Kiel, S. 313-325 (1970).
Schiotalla, E.: Der Braunkohlenbergbau in der Bundesrepublik Deutschland. Kölner Forschungen zur Wirtschafts- und Sozialgeographie, H. XIV (1971).
Schneider, S.: Braunkohlenbergbau über Tage im Luftbild, dargestellt am Beispiel des Kölner Braunkohlenreviers. In: Landeskundliche Luftbildauswertung im mitteleuropäischen Raum, H. 2. Remagen 1957.
Schöller, P.: Stalinstadt/Oder. Strukturtyp der neuen Stadt des Ostens. Informationen des Instituts für Raumforschung, H. 25-26, S. 255-261 (1953).
Schöller, P.: Die neuen Städte der DDR. In: Stadt-Land-Beziehungen und Zentralität als Problem der historischen Raumforschung. Veröffentl. der Akademie für Raumforschung und Landesplanung, Forschungen und Sitzungsberichte. Bd. 88: Historische Raumforschung 11, S. 299-324 (1974).
Schott, C.: Die Erschließung des nordkanadischen Waldlandes. Zeitschr. für Erdkunde, S. 554-563 (1937).
Schott, C.: Kanada als Rohstofflieferant der

Weltwirtschaft. In: Lebensraumfragen, Bd. III, 1: Gegenwartsprobleme der Neuen Welt, S. 209-246. Leipzig 1943.
Schott, C.: Die Entwicklung Nordkanadas unter dem Einfluß der modernen Technik. Pet. Mitteil., S. 184-189 (1954).
Schott, C.: Das Atlantische Kanada, ein Notstandsgebiet Nordamerikas. In: Beiträge zur Kulturgeographie von Kanada. Marburger Geogr. Schriften, H. 50, S. 117-150 (1971).
Schott, C.: Die Auswirkungen der technischen Revolution in der Landwirtschaft nach 1945 auf die ländlichen Siedlungen Ostkanadas. Marburger Geogr. Schriften, H. 66, S. 89-110 (1976).
Schrepfer, H.: Corner Brook, die zweitjüngste Stadt der ältesten britischen Kolonie. Länderkundl. Forschung, Norbert Krebs-Festschr., S. 254-267. Stuttgart 1936.
Schröder, K. H.: Realteilung und Industrialisierung als Ursachen agrargeographischer Wandlungen in Württemberg. Zeitschr. für Erdkunde, S. 542-548 (1942).
Schwabe, E.: Ste. Croix und Sissach, von der jüngsten Entwicklung zweier jurassischer Industriegemeinden. Regio Basiliensis I/2, S. 162-170 (1959/60).
Schwind, M.: Japans Zusammenbruch und Wiederaufbau seiner Wirtschaft. Düsseldorf 1954.
Soemme, A.: La Lorraine Métallurgique. Nancy–Strasbourg–Paris 1930.
Sorre, M.: Les Fondements de la Géographie Humaine, Bd. III: L'Habitat. Paris 1952.
Spethmann, H.: Das Ruhrgebiet. 3 Bde. Berlin 1933 und 1938.
Stang, F.: Die indischen Stahlwerke und ihre Städte. Kölner Forschungen zur Wirtschafts- und Sozialgeographie, Bd. VIII (1970).
Staven, F. D. N.: Recent settlement in the highlands of Scotland. Geografiska Annaler, Bd. LXII, S. 327-332 (1960).
Stavenhagen, H.: Typen ländlicher Neuindustrialisierung in der Bundesrepublik. In: Forschungs- und Sitzungsberichte der Akademie für Raumforschung und Landesplanung, Bd. XVII, S. 1-15 (1961).
Telschow, A.: Der Einfluß des Braunkohlenbergbaus auf das Landschaftsbild der Niederlausitz. Schriften des Geogr. Instituts der Univ. Kiel, Bd. I, H. 3 (1933).
Thomson, K. W.: Das Industriedreieck des Spencer Golfs als Beispiel einer Industrialisierung außerhalb der Hauptstädte. Erde, S. 286-330 (1955).
Tribian, H.: Das Salzgittergebiet. Göttinger Geogr. Abhandl., H. 65 (1976).
Tümertekin, E.: The Iron and Steel Industry of Turkey. Economic Geography, S. 179-184 (1955).
Uhlig, H.: Wandlungen der industriellen Standortbildung und des Kohlenbergbaus in Großbritannien. Erdkunde, S. 270-284 (1955).
Uhlig, H.: Die Kulturlandschaft. Methoden der Forschung und das Beispiel Nordostenglands. Kölner Geogr. Arbeiten, H. 9/10 (1956).
Wilhelmy, H.: Curaçao, Aruba, Maracaibo – eine ölwirtschaftliche Symbiose. Ergebnisse und Probleme moderner Forschung. H. Mortensen zum 60. Geburtstag, S. 275-302. Bremen–Horn 1954.
Wilhelmy, H.: Die Goldrauschstädte der „Mother Lode" in Kalifornien. Schriften des Geogr. Instituts der Univ. Kiel, Bd. VI, S. 55-68 (1961).
Zierer, C. M.: Scranton as an urban community. Geogr. Review, S. 415-428 (1927).

V. C.: Verkehrssiedlungen

Armstrong, T.: The Northern Sea-Route. Soviet Exploitations of the North East Passage. Scott Polar Research Institute, Special Publ., Nr. 1. Cambridge 1952.
Arranz, J. B.: Venta de Baños, contribución al estudio de las estructuras urbanas enclavadas en un medio rural. Estudios Geograficos, S. 483-521 (1960).
Blum, O.: Geographie und Geschichte im Verkehrs- und Siedlungswesen Nordamerikas. Berlin 1934.
Bailey, W. C.: A Typology of Arizona Communities. Economic Geography, S. 94-104 (1950).
Brunhes, J.: La Géographie Humaine. Paris 1947.
Caralp, R.: Les chemins de fer et l'économie des transports aux Etats Unis. Annales de Géographie, S. 54-77 (1963).
Cavaillès, H.: La Route Française, son Histoire, sa Fonction. Paris 1946.
Chang, K. S.: The Changing Railroad Pattern in Mainland China. Geogr. Review, S. 114-120 (1961).
Deffontaines, P.: The origin and growth of the Brazilian Network of Towns. Geogr. Review, S. 379-399 (1938).
Früh, J.: Geographie der Schweiz, Bd. II und III. St. Gallen 1932 und 1938.
Garrison, J.: Barstow, California: a transportation focus in a desert environment. Economic Geography, S. 159-167 (1953).

Gates, P. W.: The Illinois Central Railroad and its Colonization Work. Harvard Economic Studies, Bd. XLII. Cambridge, Mass. 1934.

Girardin, P.: Les Passages Alpestres en Liaison avec les Abbayes, les Pélerinages et les Saints de la Montagne. Geographica Helvetica, S. 65-74 (1947).

Hall, R. B.: Tokaido: Road and Region. Geogr. Review, S. 353-377 (1937).

Harris, C. D.: A Functional Classification of Cities in the United States. Geogr. Review, S. 86-99 (1943).

Harris, C. D.: Cities in the Soviet Union. Studies in their Functions, Sice, Density, and Growth. Chicago 1970.

Hermitte, J. E.: L'aménagement routier des rivières française et italienne. Méditerranée, S. 65-92 (1961).

Hermann, A.: Die alten Seidenstraßen zwischen China und Syrien. Quellen und Forschungen zur alten Geschichte und Geographie, H. 21. Berlin 1910.

Hettner, A.: Die geographische Verbreitung der Transportmittel des Landverkehrs. Zeitschrift d. Gesellsch. für Erdkunde Berlin, S. 271-289 (1894).

Hettner, A.: Allgemeine Geographie des Menschen, Bd. III: Verkehrsgeographie, bearb. von *H. Schmithenner*. Stuttgart 1952.

Kish, G.: Railroad Passenger Transport in the Soviet Union, Geogr. Review, S. 363-376 (1963).

Kohl, J. G.: Verkehr und Ansiedelungen des Menschen in ihrer Abhängigkeit von der Gestaltung der Erdoberfläche. Dresden und Leipzig 1841.

Kovalev, S. A.: Les types d'habitat rural en USSR. Essais de Géographie, Recueil des Articles pour le XVIIIe Congr. Intern. de Géographie, S. 272-282. Moskau–Leningrad 1956.

Mikus, W.: Die Auswirkungen eines Eisenbahnknotenpunktes auf die geographische Struktur einer Siedlung - dargestellt am speziellen Beispiel von Lehrte und Vergleich zu Bebra, Olten/Schweiz und Crewe/England. Freiburger Geogr. Hefte, H. 3 (1966).

Niemeier, G.: Typen der ländlichen Siedlungen in Spanisch-Galicien. Zeitschr. der Gesellsch. für Erdkunde Berlin, S. 105-128 (1934).

Niemeier, G.: Stadt und Ksar in der algerischen Sahara. Erde, S. 105-128 (1956).

Obst, E.: Grundzüge einer Geographie der südafrikanischen Seehäfen. Jahrbuch der Geogr. Gesellsch. Hannover 1934/35, S. 1-86 (1935).

Ohmann, F.: Die Anfänge des Postwesens und die Taxis. Leipzig 1909.

Olbricht, P.: Das Postwesen in China unter der Mongolenherrschaft im 13. und 14. Jahrhundert. Göttinger Asiatische Forschungen, Bd. 1. Wiesbaden 1954.

Otremba, E.: Allgemeine Geographie des Welthandels und des Weltverkehrs. Stuttgart 1957.

Richthofen, F. v.: Tagebücher aus China, Bd. I. Berlin 1907.

Rudolph W. E.: Strategie Roads of the World. Notes on recent development. Geogr. Review, S. 110-131 (1943).

Sandner, G.: Wabern. Die Entwicklung eines nordhessischen Dorfes unter dem Einfluß der Verkehrszentralität. Marburger Geogr. Schriften, H. 10. Marburg 1958.

Schulte, A.: Geschichte des mittelalterlichen Handels und Verkehrs zwischen Westdeutschland und Italien. Leipzig 1900.

Schwind, M.: Die japanische Stadt. In: Japan von Deutschen gesehen, hrsg. von *M. Schwind*, S. 128-133. Leipzig 1943.

Sion, J.: Asie des Moussons, Teil I: China-Japan. In: Géographie Universelle, Bd. IX/1. Paris 1928.

Sorre, M.: Les Fondements de la Géographie Humaine, Bd. II. Abschnitt: La Conquête de l'Espace, S. 392-598. Paris 1954.

Vidal de la Blache, P.: Principes de la Géographie Humaine, Abschnitt: La Circulation, S. 217-274. Paris 1922.

West, R. C. und *Parsons, J. J.:* The Topia Road: A Trans-Sierran Trail of Colonial Mexico. Geogr. Review, S. 406-413 (1941).

Wiens, H. J.: Riverine and coastal junks in China's Commerce. Economic Geography, S. 248-264 (1955).

V. D: Fremdenverkehrs-Siedlungen

Alexander, L. M.: The impact of tourism on the economy of Cape Cod, Massachusetts. Economic Geography, S. 320-326 (1953).

Aldskogius, H.: Vacation House Settlement in the Siljan Region. Geogr. Annaler, S. 69-95 (1967).

Arnold, A.: Der Fremdenverkehr in Tunesien. Entwicklung, Struktur, Funktion und Fremdenverkehrsräume. Würzburger Geogr. Arbeiten, H. 17, S. 453-489 (1972).

Barussaud, M.: Le développement touristique de L'Alpe d'Huez. Revue de Géographie Alpine, S. 275-292 (1961).

Biermann, Ch.: Les villes de cure. Comptes Ren-

dus du Congr. Intern. de Géographie Warschau 1934, Bd. III, Sect. III, S. 212-218. Warschau 1938.
Blüthgen, J.: Touristik und Geographie in Schweden. Erde, S. 53-60 (1951/52).
Blume, H.: Westindien als Fremdenverkehrsgebiet. Erde, S. 48-72 (1963).
Bobek, H.: Innsbruck, eine Gebirgsstadt, ihr Lebensraum und ihre Erscheinung. Forschungen zur deutschen Landes- und Volkskunde XXV, S. 221-372 (1928).
Boer, C.: Die Auswirkung des Fremdenverkehrs auf die wirtschaftliche Struktur der Gemeinden Regen, Bodenmais und Bayr. Eisenstein. Mitteil. Geogr. Gesellsch. München, S. 21-70 (1962).
Boeckmann, B.: Beiträge zur geographischen Erforschung des Kurfremden- und Freizeitverkehrs unter besonderer Berücksichtigung Sankt Peter-Ordings. Regensburger Geogr. Schriften, H. 7 (1975).
Carol, H.: Begleittext zur wirtschaftsgeographischen Karte der Schweiz. Geographica Helvetica, S. 185-246 (1946).
Charrier, J. B.: Le tourisme à Florence; la contribution directe et indirecte à la formation des revenus dans une grande ville. Méditerranée, S. 401-427 (1971).
Christaller, W.: Beiträge zu einer Geographie des Fremdenverkehrs. Erdkunde, S. 1-19 (1955).
Clout, H. D.: Second Homes in the Auvergne. Geogr. Review, S. 530-653 (1971).
Clout, H. D.: Rural Geography. Oxford–New York 1972.
Cribier, F.: La grande migration d'été des citadins en France. Mémoires et Documents (1959).
Deffontaines, P.: Mountain Settlement in the Central Brazilian Plateau. Geogr. Review, S. 394-413 (1937).
Demangeon, A.: La France Economique et Humaine. Géographie Universelle, Bd. VI, Teil 2, S. 519-536. Paris 1948.
Desplanques, H.: Une nouvelle utilisation de l'espace rural en Italie: l'agritourisme. Annales de Géographie, S. 151-164 (1973).
Diekmann, S.: Die Ferienhaussiedlungen Schleswig-Holsteins. Eine siedlungs- und sozialgeographische Studie. Schriften des Geogr. Instituts der Univ. Kiel, Bd. XXI, 3 (1964).
Dodt, J.: Fremdenverkehrslandschaften und Fremdenverkehrsorte im Rheinischen Schiefergebirge. Die Mittelrheinlande, S. 92-119. Wiesbaden 1967.
Dornrös, M.: Sri Lanka. Die Tropeninsel Ceylon. Darmstadt 1976.
Eriksen, W.: Zur Geographie des Fremdenverkehrs in Argentinien. Erde, S. 305-326 (1968).
Fiedler, G.: Kulturgeographische Untersuchungen in der Sierra de Gredos (Spanien). Würzburger Geogr. Arbeiten, H. 33 (1970).
Früh, J.: Geographie der Schweiz, Bd. II. St. Gallen 1932.
Gerstenhauer, A.: Acapulco, die Riviera Mexikos. Erde, S. 270-281 (1956).
Gierloff-Emden, H. G.: Texas als Reise- und Touristenland. Erde, S. 264-269 (1956).
Gilbert, E. W.: The growth of Brighton. Geogr. Journal, S. 30-52 (1949).
Hahlweg, H.: Die Gemeindetypenkarte 1961 für Baden-Württemberg. Raumforschung und Raumordnung, S. 68-74 (1968).
Hahn, H.: Die Erholungsgebiete der Bundesrepublik. Bonner Geogr. Abhandl., H. 22 (1958).
Heller, H. und *Wagner, H.-G.:* Untersuchungen zur Entwicklung des Fremdenverkehrs auf der Nordseeinsel Föhr unter besonderer Berücksichtigung der Stadt Wyk. Schriften Geogr. Institut der Univ. Kiel, Bd. 29, S. 185-217 (1971).
Helmfrid, S.: Geographie der mobilen Gesellschaft. Geogr. Rundschau, S. 445-451 (1968).
Hermitte, J. E.: Le Tourisme Etranger en Italie et ses enseignements. Méditerranée, S. 3-22 (1961, Nr. 4).
Jaeger, H.: Der geographische Strukturwandel des Kleinen Walsertals. Münchener Geogr. Hefte, H. 1 (1953).
Jost, C.: Der Einfluß des Fremdenverkehrs auf Wirtschaft und Bevölkerung in der Landschaft Davos. Schweizer Beiträge zur Verkehrswissenschaft, H. 40. Bern 1952.
Klöpper, R.: Das Erholungswesen als Bestandteil der Raumordnung und als Aufgabe der Raumforschung. Raumforschung und Raumordnung, S. 209-217 (1955).
Klug, H.: Die Insel Djerba. Wachstumsprobleme und Wandlungsprozesse eines südtunesischen Kulturraumes. Schriften des Geogr. Instituts der Univ. Kiel, Bd. 38, S. 45-90 (1973).
Lavery, P.: Patterns of Holidaymaking in the Northern Region. University of Newcastle-upon-Tyne, Dep. of Geography, Research Series, Nr. 9 (1971).
Martin, R.: Miami. Geogr. Helvetica, S. 115-123 (1951).
Maier, J. und *Ruppert, K.:* Geographische Aspekte kommunaler Initiativen im Freizeitraum. Münchener Studien zur Sozial- und Wirtschaftsgeographie, Bd. 9 (1974).
Mariot, P.: Probleme zur Typisierung von Fremdenverkehrsorten in der CSSR. Münchener Studien zur Sozial- und Wirtschaftsgeographie, Bd. 6, S. 37-48 (1970).
Mariot, P.: A Treatise on the Classification of

Tourist Resorts. Acta Geogr. Universitatis Comenianae, Economic Geograhica, Nr. 10, S. 155-174. Bratislavia 1971.

Marsden, G. S.: Holiday homescapes of Queensland. Australian Geogr. Review, S. 57-73 (1969).

Mai, U.: Der Fremdenverkehr am Südrand des Kanadischen Schildes. Marburger Geogr. Schriften, H. 47 (1971).

Matznetter, J. (Hrsg.): Studies in the Geography of Tourism. Frankfurter Wirtschafts- und Sozialgeogr. Schriften, H. 17 (1974).

Mitchell, N.: The Indian Hillstation: Kodaikanal. Univ. of Chicago Dep. of Geogr., Research Papers, Nr. 141. Chicago 1972.

Newig, J.: Die Entwicklung von Fremdenverkehr und Freizeitwohnen in ihren Auswirkungen auf Bad und Stadt Westerland auf Sylt. Schriften des Geogr. Instituts d. Univ. Kiel, Bd. 42 (1974).

Niemeier, G.: Entwicklung zu maritimen Heilbädern. Zur Wirtschafts- und Sozialgeographie der ostfriesischen Inseln. Gemeinschaft und Politik 2, S. 7-20 (1954).

Pletsch, A.: Planung und Wirklichkeit von Fremdenverkehrszentren im Languedoc/Roussillon, Südfrankreich. Tijdschr. vor Econ. en Sociale Geografie, S. 45-56 (1975).

Préau, P.: Essai d'une typologie des stations de sports d'hiver dans les Alpes du Nord. Revue de Géographie Alpine S. 127-141 (1968).

Probleme der Geographie des Fremdenverkehrs, hrsg. von der Geogr. Gesellsch. der Deutschen Demokratischen Republik. Leipzig 1968.

Poser, H.: Geographische Studien über den Fremdenverkehr im Riesengebirge. Abhandl. der Wissensch. Gesellschaft Göttingen, math.-phys. Kl., 3. Folge, H. 20. Göttingen 1939.

Ragatz, R. L.: Vacation Houses in the Northeastern United States: Seasonal City in Population District. Annals of the Association of American Geographers, S. 447-455 (1970).

Riedel, U.: Der Fremdenverkehr auf den Balearen. Schriften des Geogr. Instituts der Univ. Kiel, H. 35 (1971).

Riedel, U.: Der Fremdenverkehr auf den Kanarischen Inseln. Schriften des Geogr. Instituts der Univ. Kiel, Bd. 35 (1971).

Ritter, W.: Fremdenverkehr in Europa. Leiden 1966.

Ritter, W.: Tourism and Recreation in the Islamic Countries. Frankfurter Wirtschafts- und Sozialgeographische Schriften, H. 17, S. 273-281 (1974).

Ruppert, K.: Das Tegernseer Tal. Sozialgeographische Untersuchungen im oberbayerischen Fremdenverkehrsgebiet. Münchener Geogr. Hefte, H. 23 (1962).

Ruppert, K.: Almwirtschaft und Fremdenverkehr in den Bayerischen Alpen. Tagungsber. und wiss. Abhandl., Deutscher Geographentag Heidelberg, S. 325-334 (1965).

Ruppert, K. und *Maier, J.:* Zur Geographie des Freizeitverhaltens. Beiträge zur Fremdenverkehrsgeographie. Studien zur Sozial- und Wirtschaftsgeographie, Bd. 6, S. 9-36 (1970).

Ruppert, K.: Spezielle Formen freizeitorientierter Infrastruktur. Versuch einer Begriffsbestimmung. Informationen, Institut für Raumordnung Bonn-Bad Godesberg, S. 129-133 (1973).

Schadlbauer, F. G.: Fremdenverkehrsgeographische Arbeiten im oberen Oranje-Gebiet (Republik Südafrika). In: Ostafrika, S. 164-175. Wiesbaden 1974.

Schamp, H.: Bad Homburg v. d. Höhe. Strukturwandel einer Badestadt. Berichte zur Deutschen Landeskunde, S. 199-216 (1954).

Schott, C.: Die Entwicklung des Badetourismus an den Küsten des Mittelmeers. Erdkundliches Wissen, Bd. 35, S. 302-323 (1973).

Schott, C.: Strukturwandlungen des Tourismus an der französischen Riviera. Marburger Geogr. Schriften, H. 59, S. 73-100 (1973).

Schulze-Göbel, H.: Fremdenverkehr in ländlichen Gebieten Nordhessens. Marburger Geogr. Schriften, H. 52 (1972).

Senftleben, W.: Fremdenverkehr in Malaysia. Zeitschr. für Wirtschaftsgeographie, S. 121-124 (1972).

Simmons, I. G.: Rural Recreation in the Industrial World. London 1975.

Spencer, J. E. und *Thomas, W. L.:* The Hill Stations and Summer Resorts of the Orient. Geogr. Review, S. 637-651 (1948).

Sprengel, U.: Der Fremdenverkehr im Zentralappennin. Marburger Geogr. Schriften, H. 59, S. 163-183 (1973).

Stryzogwski, W.: Erholungsräume und Reiseziele der Bevölkerung Wiens. Mitteil. Geogr. Gesellsch. Wien, S. 321-333 (1942).

United Nations: Statistical Yearbook 1975. New York 1976.

Veyret-Verner, G.: De deux stations dauphinoises à la notion d'un ensemble touristique des Alpes française du Nord. Revue de Géographie Alpine, S. 319-332 (1962).

Werner, E.: Die Fremdenverkehrsgebiete des westlichen Hampshire-Beckens. Regensburger Geogr. Schriften, H. 5 (1974).

Widmann, N.: Le tourisme en Algérie. Méditerranée, S. 23-41 (1976, H. 2).

Winkler, E.: Die Landschaft der Schweiz als Voraussetzung des Fremdenverkehrs. Arbeiten d.

Geogr. Instituts an der Eidg. Techn. Hochschule Zürich, Nr. 2 (1944).
Withington, W. A.: Upland Resorts and Tourism in Indonesia; some recent trends. Geogr. Review, S. 418-423 (1961).
Zahn, U.: Der Fremdenverkehr an der spanischen Mittelmeerküste. Regensburger Geogr. Schriften, H. 2 (1973).
Zierer, C. M.: Tourism and Recreation in the West. Geogr. Review, S. 462-481 (1952).

V. E: Wohnsiedlungen

Berry, B. J. L.: The Human Consequences of Urbanisation. London 1973.
Berry, B. J. L. und *Horton, F. E.:* Geographic perspectives on urban systems. Englewood Cliffs 1970.
Conzen, M. E. G.: Geographie und Landesplanung in England. Colloquium Geographicum, Bd. 2. Bonn 1952.
Cresswell, P. und *Thomas, R.:* Employment and population balance. In: *Evans, H.:* New Towns, S. 66-79. London 1972.
Dickinson, R. E.: City and Region. A geographical interpretation. London 1964.
Evans, H. (Hrsg.): New Towns: The British Experience. London 1972.
Grotz, R.: Entwicklung, Struktur und Dynamik der Industrie im Wirtschaftsraum Stuttgart. Stuttgarter Geogr. Studien, H. 82 (1971).
Hartke, W.: Die „Sozialbrache“ als Phänomen der geographischen Differenzierung der Landschaft. Erdkunde, S. 257-269 (1956).
Hermes, E.: Bensberg. Die Entwicklung einer selbständigen Gemeinde in der Nähe der Großstadt. Berichte zur Deutschen Landeskunde, Bd. 23, S. 147-162 (1959).
Howard, E.: Tomorrow. London 1898; 2. Aufl. Garden Cities of Tomorrow. London 1902.
Kaltenhäuser, J.: Taunusrandstädte im Frankfurter Raum. Funktion, Struktur und Bild der Städte Bad Homburg, Oberursel, Kronberg und Königstein. Rhein-Mainische Forschungen, H. 43 (1955).
Krenzlin A.: Werden und Gefüge des rhein-mainischen Verstädterungsgebietes. Ein Versuch landeskundlicher Darstellung. Frankfurter Geogr. Hefte, Jg. 37, S. 311-387 (1961).
Leister, I.: Wachstum und Erneuerung britischer Industriegroßstädte. Schriften der Komm. für Raumforschung der Österr. Akad. der Wiss., Bd. 2. Wien–Köln–Graz 1970.
May, H.-D.: Junge Industrialisierungstendenzen im Untermaingebiet unter besonderer Berücksichtigung der Betriebsverlagerungen aus Frankfurt a. M. Rhein-Mainische Forschungen 65 (1968).
Rohr, H.-G. von: Industrieortverlagerungen im Hamburger Raum. Hamburger Geogr. Studien, H. 25 (1971).
Weigand, K.: Rüsselsheim und die Funktion der Stadt im Rhein-Main-Gebiet. Rhein-Mainische Forschungen, H. 44 (1956).
Wiebel, E.: Die Städte am Rande Berlins. Forschungen zur deutschen Landeskunde, Bd. 65 (1954).
Zschocke, R.: Die linksrheinischen Vororte Kölns. Ihre Ausdehnung seit dem 19. Jahrhundert im heutigen Bilde der Stadt. Berichte zur Deutschen Landeskunde, Bd. 23, S. 133-146 (1959).

V. F, 1: Schutz- und Herrschaftssiedlungen

Best, E.: The Pa Maori. Wellington 1927.
Bodde, D.: Feudalism in China. In: Feudalism in History, S. 49-92. Princeton 1956.
Bodde, D.: Deutschbalten und baltische Lande. In: Handwörterbuch des Grenz- und Auslanddeutschtums, Bd. II, S. 104-142. Breslau 1936.
Ebhardt, B.: Der Wehrbau Europas im Mittelalter. Berlin 1939.
Fischer, E. S.: Burgenland. In: Handwörterbuch des Grenz- und Auslanddeutschtums, Bd. I, S. 659-749. Breslau 1933.
Fischer, E. S.: Beiträge zur Geographie von Jehol, der ehemaligen Sommerresidenz der Mandschu-Kaiser. Mitt. der Geogr. Gesellsch. Wien, S. 240-248 (1937).
Gradmann, R.: Das ländliche Siedlungswesen des Königreichs Württemberg. Forschungen zur deutschen Landes- und Volkskunde, Bd. XXI. Stuttgart 1913.
Hafemann, D.: Beiträge zur Siedlungsgeographie des römischen Britannien I: Die militärischen Siedlungen. Akademie der Wissenschaften und der Literatur Mainz, Abhandl. der math.-naturwissensch. Kl., Nr. 3 (1956).
Hedin, S.: Jehol, die Kaiserstadt. Leipzig 1932.
Knapp, W.: Der Burgentypus in der Steiermark. Wege und Ziele neuzeitlicher Burgenforschung. Deutsches Archiv für Landes- und Volksforschung, S. 867-879 (1937).
Knapp, W.: Burgen um Innsbruck. Deutsches

Archiv für Landes- und Volksforschung, S. 110-129 (1940).
Leister, I.: Rittersitz und adliges Gut in Holstein und Schleswig. Schriften des Geogr. Instituts der Universität Kiel, Bd. XIV, 2. Kiel 1952.
Patze, H.: (Hrsg.): Die Burgen im deutschen Sprachraum. Ihre rechts- und verfassungsgeschichtliche Bedeutung. Vorträge und Forschungen des Konstanzer Arbeitskreises, Bd. XIX. 2 Bde. Sigmaringen 1976.
Piper, O.: Burgenkunde. München 1905.
Piper, O.: Abriß der Burgenkunde. Berlin und Leipzig 1932.
Schachtzabel, A.: Die Siedlungsverhältnisse der Bantuneger. Internationales Archiv für Ethnologie, Suppl. zu Bd. XX (1911).
Schlesinger, W.: Burgen und Burgbezirk. Beobachtungen im mitteldeutschen Osten. „Von Land und Kultur", Beiträge zur Geschichte des mitteldeutschen Ostens, *R. Kötzschke*-Festschr., S. 77-105. Leipzig 1937.
Schmid, B.: Die Burgen des deutschen Ordens in Preußen. Deutsches Archiv für Landes- und Volksforschung, S. 74-96 (1942).
Schuchardt, C.: Die Burgen im Wandel der Weltgeschichte. Potsdam 1931.
Storm, C.: Die geographische Lage und Verbreitung der Burgen in Tirol. Diss. Innsbruck 1934.
Storm, C.: Zur deutschen Burgenforschung. Deutsches Archiv für Landes- und Volksforschung, S. 118-142 (1940).
Trewartha, G. T.: Japan: A physical, cultural and regional Geography. University of Wisconsin 1945.
Weinelt, H.: Probleme schlesischer Burgenkunde. Darstellungen und Quellen zur schlesischen Geschichte 1936.
Welters, H.: Die Wasserburg im Siedlungsbild der oberen Erftlandschaft. Beiträge zur Landeskunde der Rheinlande, 3. Reihe, H. 4. Bonn 1940.

V. F, 2: Kultstätten und Kultsiedlungen

Adrian, v.: Der Höhencultus asiatischer und europäischer Völker. Wien 1891.
Bartz, F.: Die Insel Ceylon. Erdkunde, S. 249-266 (1957).
Ben Arieh, J.: The Growth of Jerusalem in the Nineteenth Century. Annals of the Association of American Geographers, S. 252-269 (1965).
Björklund, E. M.: Ideology and Culture exemplified in Southwestern Michigan. Annals of the Association of American Geographers, S. 227-241 (1964).
Bleibrunner, H.: Der Einfluß der Kirche auf die niederbairische Kulturlandschaft, Mitteil. der Geogr. Gesellsch. München, S. 7-196 (1951).
Boerschmann, E.: Die Baukunst und religiöse Kultur der Chinesen. Berlin 1911-1932.
Büttner, M.: A Discussion of the Geography of Religion in Germany. Annual Meeting of the Assoc. of American Geographers 1976.
Credner, W.: Kultbauten in der hinterindischen Landschaft. Erdkunde, S. 48-61 (1947).
Deffontaines, P.: Géographie des Religions. Paris 1948.
Dittmer, K.: Zum Problem des Wesens, des Ursprungs und der Entwicklung des Clantotemismus. Zeitschr. für Ethnologie, S. 189-200 (1951).
Dittmer, K.: Allgemeine Völkerkunde. Braunschweig 1954.
Fehn, H.: Der Wallfahrtsort Alt-Ötting. Mitteil. der Geogr. Gesellsch. München, S. 96-104 (1950).
Fickeler, P.: Grundfragen der Religionsgeographie. Erdkunde, S. 121-144 (1947).
Filchner, W.: Kumbum Dschamba Ling. Das Kloster der hunderttausend Bilder Matrayas. Leipzig 1933.
Franke, H., Hoffmann, H. u. a. (Hrsg.): Saeculum Weltgeschichte. 7 Bde. Freiburg–Basel–Wien 1965-1975.
Gautier, E.-L.: Les villes saintes de l'Arabie. Annales de Géographie, S. 115-131 (1917).
Geil, H. E.: The sacred 5 of China. London 1926.
Glasenapp, H. v.: Heilige Stätten Indiens. München 1928.
Hahn, H.: Der Einfluß der Konfessionen auf die Bevölkerungs- und Sozialgeographie des Hunsrücks. Bonner Geographische Abhandlungen, H. 4. Bonn 1950.
Hassinger, H.: Allgemeine Geographie des Menschen. In: Klutes Handbuch der Geographischen Wissenschaft. Potsdam 1933.
Heine-Geldern, R. v.: Weltbild und Bauform in Südostasien. Wiener Beiträge zur Kunst- und Kulturgeschichte Asiens, Bd. IV, S. 28-78. Wien 1934.
Helbig, K.: Glaube, Kult und Kultstätten der Indonesier in kulturgeographischer Betrachtung. Zeitschr. für Ethnologie, Bd. 76, S. 246-287 (1951).
Hotchkiss, W. A.: Areal Pattern of Religious Institutions in Cincinnati. Dep. of Geography, Research Paper, Nr. 13. University of Chicago 1950.

Johnson, H. B.: The Location of Christian Missions in Africa. Geogr. Review, S. 168-202 (1967).
King, H.: The Pilgramage to Mecca, some geographical and historical aspects. Erdkunde, S. 61-73 (1973).
Kriss, R.: Wallfahrtsorte Europas. München 1950.
Kühnel, E.: Kunst und Kultur der arabischen Welt. Heidelberg–Berlin–Magdeburg 1943.
Lasserre, P.: Lourdes. Revue Géographique des Pyrenées et du Sud-Ouest, S. 5-40 (1930).
Lautensach, H.: Korea. Leipzig 1945.
Lucas, D.: Der Anteil der Klöster Niederaltach und Metten an der Kulturlandschaft des Bayerischen Waldes. Mitteil. der Geogr. Gesellsch. München, S. 9-120 (1955).
Lucius, E.: Die Anfänge des Heiligenkultes in der christlichen Kirche. Tübingen 1904.
Maas, W.: Les Moines-Défricheurs. Moulin 1944.
Mecking, L.: Benares, ein kulturgeographisches Charakterbild. Geogr. Zeitschr., S. 20-35 und S. 77-96 (1913).
Mecking, L.: Kult und Landschaft in Japan. Geogr. Anzeiger, S. 138-148 (1929).
Meinig, D. W.: The Mormon Cultur. Regional Strategies and Patterns in the Geography of the American West 1847-1965. Annals of the Association of American Geographers, S. 191-220 (1965).
Meyer, J. W.: Ethnicity, Theology and Immigrant Church Expansion. Geogr. Review, S. 180-197 (1975).
Planhol, X. de: Le Monde Islamique. Essai de Géographie Religieuse. Paris 1957.
Rathjens, C.: Die Pilgerfahrt nach Mekka. Hamburg. Abhandl. zur Weltwirtschaft, Hamburg 1948.
Richthofen, F. v.: Schantung und seine Eingangspforte Kiautschou. Berlin 1898.
Rust, H.: Heilige Stätten. Peking, Benares, Lhasa, Mekka, Medina, Jerusalem, Rom, Moskau. Leipzig 1933.
Sauer, J.: Orient und frühchristliche Kunst. Freiburg i. Br. 1933.
Scheidl, L.: Das Gebiet von Nikko in Japan. Pet. Mitteil., S. 141-152 (1939).
Schmitthenner, H.: Chinesische Landschaften und Städte. Stuttgart 1925.
Schott, C.: Ostholstein als Guts- und Bauernland. Zeitschr. für Erdkunde, S. 643-656 (1938).
Schwind, M. (Hrsg.): Religionsgeographie. Darmstadt 1975 (zahlreiche Literaturangaben).
Smolitsch, I.: Russisches Mönchtum. Würzburg 1953.
Sopher, D. E.: Geography of religion. In: Foundation of Cultural Geography Series. Prentice-Hall, Englewood Cliffs 1967 (zahlreiche Literaturangaben).
Sprockhoff, J. Fr.: Zur Problematik einer Religionsgeographie. Mitteil. Geogr. Gesellschaft München, Bd. 48, S. 107-122. München 1963.
Termer, F.: Geographische Betrachtungen über die Maya-Kultur. Geographica Helvetica, S. 30-41 (1949).
Vries, W. de: Der christliche Osten in Geschichte und Gegenwart. Würzburg 1951.
Weber, M.: Gesammelte Aufsätze zur Religionssoziologie. 3 Bde. Tübingen 1920 und 1921.
Weigert, H.: Geschichte der europäischen Kunst, 2 Bde. Stuttgart 1951.
Wirth, E.: Zur Sozialgeographie der Religionsgemeinschaften im Orient. Erdkunde, S. 265-284 (1965).
Wüst, W.: Der Lamaismus als Religionsform der hochasiatischen Landschaft. Zeitschr. für Geopolitik, S. 295-302 (1924).
Zimpel, H. S.: Vom Religionseinfluß in den Kulturlandschaften zwischen Taurus und Sinai. Mitteil. Geogr. Gesellsch. München, Bd. 48, S. 123-172 (1963).
Zelinsky, W.: An Approach in the Religious Geography of the United States. Annals of the Association of American Geographers, S. 139-193 (1961).

VI. Mittelpunkts-Siedlungen

Aarbos, P.: La vie pastorale dans les Alpes Françaises. Grenoble und Paris 1922.
Allix, A.: The Geography of Foirs. Illustrated by Old World Examples. Geogr. Review, S. 532-569 (1922).
Armand, G.: Villes, Centres et Organisation Urbaine des Alpes du Nord. Grenoble 1974.
Belshaw, C. S.: Traditional Exchange and Modern Markets. Englewood Cliffs, N. J. 1965.
Bergling, R.: Kyrkstaden i övre Norrland. Meddel. från Uppsala Universitets Geografiska Institution, Ser. A, Nr. 195 (1964).
Berry, B. J. L.: Geography of Market Centers and Retail Distribution. Englewood Cliffs, N. J. 1967.
Bohannan, P. und *Dalton, G.* (Hrsg.): Markets in Africa. Evanston, Ill. 1962 (mit zahlreicher Literatur).
Borcherdt, C. und *Schülke, H.:* Die Marktorte im Saarland. Arbeiten aus dem Geographischen

Institut der Univ. Saarbrücken, S. 124-134 (1961).

Bromley, R. J. u. a.: The Rationale of Periodic Markets. Annals of the Association of American Geographers, S. 531-537 (1975).

Bronger, D.: Kriterien der Zentralität südindischer Siedlungen. Tagungsber. und wiss. Abhandl., Deutscher Geographentag Kiel, S. 498-518. Wiesbaden 1970.

Bronger, D.: Räumliche Grundlagen der Verflechtung in Andhra Pradeh. Materialien und kleine Schriften vom Sonderforschungsbereich 20: Entwicklungspolitik und Entwicklungsforschung. Bochum 1972.

Brunner, E. de und *Kolb, J. H.*: Rural Social Trends. New York 1933.

Carol, H.: Das agrargeographische Betrachtungssystem, dargelegt am Beispiel der Karru in Südafrika. Geogr. Helvetica, S. 17-67 (1952).

Casa Torres, J. M. und *Garayoa, A. A.*: Mercados geograficos y ferias en Navarra. Diputacion Foral de Navarra. Zaragoza 1948.

Deffontaines, P.: The Origin and Growth of the Brazilian Network of Towns. Geogr. Review, S. 379-399 (1938).

Deffontaines, P.: Routes et foires à bétail en Amérique Latine. Revue de Géographie Alpine, S. 659-681 (1957).

Enequist, G.: Vad ar en Tätort? Meddel. från Uppsala Universitets Geogr. Institution, Ser. A, Nr. 76 (1951).

Erixon, S.: Die alten Kirchstädte Nordschwedens. In: Technik und Gemeinschaftsleben im schwedischen Traditionsmilieu, S. 113-148 (1957).

Fehn, K.: Die Bedeutung der zentralörtlichen Funktionen für die früh- und hochmittelalterlichen Zentren Altbayerns. Forschungs- und Sitzungsber. der Akademie für Raumforschung und Landesplanung, Bd. 88: Hist. Raumforschung 11, S. 77-89 (1974).

Fröhlich, W.: Das afrikanische Marktwesen. Zeitschr. für Ethnologie, S. 234-328 (1940).

Gaube, H., Grötzbach, E., Niewöhner, E., Oettlinger B. und *Wirth, E.*: Wochenmärkte, Marktorte und Marktzyklen in Vorderasien. Erdkunde, S. 9-31 (1976).

Gormsen, E.: Wochenmärkte im Bereich von Puebla. Jahrbuch für Geschichte von Staat, Wirtschaft und Gesellschaft Lateinamerikas, Bd. 8, S. 366-402 (1971).

Gormsen, E. (Hrsg.): Market Distribution Systems. Papers submitted to the Symposium K-28 of the XXIII International Geographical Congress Moscow 1975. Mainzer Geogr. Studien, H. 10 (1976) (mit wichtiger Literatur).

Handbook of the South American Indians, hrsg. von *J. H. Steward,* Bd. 2: The Andean Civilization. Smithsonian Institution, Bureau of American Ethnology, Bull. 143. Washington 1946.

Harris, B.: Social Specifity in Rural Weekly Markets. The Case of Northern Tamil Nadu, India. In: *Gormsen, E.*: Market Distribution Systems, S. 39-48 (1976).

Hart, J. F. und *Salisbury, N. E.*: The Spatial Variations in Middle Western Villages. Annals of the Association of American Geographers, S. 140-160 (1965).

Heising, H.: Missionierung und Diözesanbildung in Kalifornien. Westfäl. Geogr. Studien, H. 14 (1958).

Hetzel, W.: Handel in Togo und Dahomey. Kölner Geogr. Arbeiten, Sonderfolge: Beiträge zur Landeskunde Afrikas, H. 7 (1974).

Hodder, B. W. und *Ukwu, U. I.*: Markets in West Africa. Studies of markets and trade among the Yoruba and Ibo. Ibadan 1969.

Ishirhara, H.: Periodic Markets in Hopei Province, China during the Ming, Ch'ing and Min-Kuo Periods. In: *Gormsen, E.*: Market Distribution Systems, S. 7-10 (1976).

Jankuhn, H.: Haithabu. Ein Handelsplatz der Wikingerzeit. Neumünster 1963.

Johnson, E. A. J.: The Organization of Space in Developing Countries. Cambridge, Mass. 1970.

Kniffen, F.: The American Agricultural Fair. Annals of the Association of American Geographers, S. 264-282 (1949).

Kniffen, F.: The American Agricultural Fair: Time and Place. Annals of the Association of American Geographers. S. 42-57 (1951).

Kolb, J. H. und *Brunner, E. de*: A Study of Rural Society. Washington 1944.

Lenz, K.: Die Konzentration der Versorgung im ländlichen Bereich. Untersuchungen in den nördlichen Präriegebieten von Nordamerika. Marburger Geogr. Schriften, H. 66, S. 9-48 (1976).

Martiny, R.: Hof und Dorf in Altwestfalen. Forschungen zur deutschen Landes- und Volkskunde, Bd. 24, 5 (1926).

Meillassoux, C. und *Forde, D.*: The Development of Indigenious Trade and Markets in West Africa. International African Institute, London 1971 (mit zahlreicher Literatur).

Métraux, A.: Jesuit Missions in South America. In: Handbook of the South American Indians, hrsg. von *J. H. Steward,* Bd. V, S. 633-644. Smithsonian Institution, Bureau of American Ethnology, Bull. 143. Washington 1946.

Mikesell, M. W.: The role of the tribal market in Morocco. Geogr. Review, S. 494-511 (1958).

Montagne, R.: Villages et Kasbas Berbères. Paris 1930.

Mott, L. R. B.: Marchés ruraux du Nordeste du Brésil. In: *Gormsen, E.:* Market Distribution Systems, S. 11-16 (1976).

Norton, A. und *Symanski, R.:* The Internal Marketing System of Jamaica. Geogr. Review, S. 467-475 (1975).

Pyle, J.: Farmers Markets in the United States: Functional Anachronisms. Geogr. Review, S. 167-197 (1971).

Rathjens, C.: Die Pilgerfahrt nach Mekka. Hamburgische Abhandl. zur Weltwirtschaft, Hamburg 1948.

Riese, G.: Die Marktorte am Geestrande Nordfrieslands. Schriften des Geogr. Instituts der Univ. Kiel, H. 10/4 (1940).

Sabaris, L. S.: Los Pirineos. Barcelona 1951.

Sapper, K.: Der Wirtschaftsgeist und die Arbeitsleistungen tropischer Kolonialvölker. Stuttgart 1941.

Schwarz, G.: Markt und Marktleben im französischen Baskenland. Jahrb. Geogr. Gesellsch. Hannover 1956 u. 1957, S. 139-152 (1957).

Skinner, W.: Marketing and Social Structure in Rural China. Journal of Asian Studies 24, S. 3-43 (Nov. 1964), S. 195-228 (Febr. 1965), S. 363-399 (Mai 1965).

Smith, M. G.: Exchange and Marketing among the Hausa. In: *Bohannan* und *Dalton*, (Hrsg.), S. 299-334 (1962).

Smith, R. H. T.: West African Market Places: temporal periodicity and locational spacing. In: *Meillassoux* und *Forde*, S. 319-346 (1971).

Tanner, V.: Outlines of the Geography, Life and Customs of Newfoundland-Labrador. Acta Geogr. 8. Helsinki 1944.

Thurnwald, R.: Werden, Wandel und Gestaltung der Wirtschaft im Lichte der Völkerforschung. In: Die menschliche Gesellschaft, Bd. 3. Berlin und Leipzig 1932.

Trewartha, G. T.: The Unincorporated Hamlet: One Element of the American Settlement Fabric. Annals of the Association of American Geographers, S. 32-81 (1943).

Troin, J.-F.: Les Souks Marocains. 2 Bde. Connaissance du Monde Méditerranéen. Aix-en-Provence 1975.

Waibel, L.: Die europäische Kolonisation Südbrasiliens. Coll. Geogr., Bd. 4 (1955).

Wanmali, S.: Market Centres and Distribution of Consumer Goods in Rural India – A Case Study of Singhbhum-District, South Bihar. In: *Gormsen, E.:* Market Distribution Systems, S. 49-56 (1976).

Wenk, U.: Die zentralen Orte an der Westküste Schleswig-Holsteins. Schriften des Geogr. Inst. der Univ. Kiel, Bd. 28, 2 (1968).

Wenke, I.-G.: Ile-Ife, Westnigeria. Vom traditionellen Yoruba-Zentrum zum modern-afrikanischen Zentrum eines agraren Problemgebietes. Paderborn 1976.

Wilhelmy, H. und *Rohmeder, W.:* Die La Plata-Länder. Braunschweig 1963.

Wirth, E.: Periodic Markets and the Bazar System in the Middle East. In: *Gormsen, E.:* Market Distribution Systems. Mainzer Geogr. Studien, H. 10, S. 69-73 (1976).

Wrigley, G. M.: Fairs of the Central Andes. Geogr. Review, S. 65-80 (1919).

Wood, D. P. J. und *Moser, B. J.:* Village communities in the Tambunan area of British North Borneo. Geogr. Journal, S. 65-68 (1958).

Sachregister

* deren Untergliederung gesondert unter Streifen-Gemengeverbände

* Jede der genannten Formen auch in selbständigen Stichworten

*Primäre und sekundäre Formen sind hier oft schlecht zu unterscheiden

---

* Primäre und sekundäre Formen sind hier oft schlecht zu unterscheiden

Siedlungsgeographische Studien

Festschrift für Gabriele Schwarz

Herausgeber: W. Kreisel, W. D. Sick, J. Stadelbauer

17 cm x 24 cm. 535 Seiten. Zahlreiche Abbildungen. 1979. Fester Einband.
ISBN 3 11 007573 3

Aus dem Inhalt
Historisch-genetische Siedlungsforschung in Mitteleuropa – Geographie der ländlichen Siedlungen außerhalb Mitteleuropas – Allgemeine und regionale Stadtgeographie – Kulturlandschaftswandel und Siedlungsplanung (überwiegend an Beispielen aus Südwestdeutschland).

Bernd Andreae

Allgemeine Agrargeographie

12 cm x 18 cm. 219 Seiten. Mit 45 Abbildungen, 27 Kartenskizzen. 1984. Kartoniert.
ISBN 3 11 010076 2 (Sammlung Göschen, 2624)

Dieser Göschen-Band ist eine **Einführung** in die **Allgemeine Agrargeographie** im Weltmaßstab. Er ist modern, allgemeinverständlich und kurzgefaßt, so daß er gleichermaßen den Geographie- und Agrarstudenten, aber auch den interessierten Laien anspricht.

Aus dem Inhalt
Agrarbetriebe als Bausteine der Agrarlandschaft · Wandlungstendenzen im Weltagrarraum · Räumliche Differenzierungen im Weltagrarraum · Marginalzonen im Weltagrarraum · Landschaftsgürtel im Weltagrarraum und ihre für die Agrarwirtschaft bedeutsamen Merkmale · Klassifizierungsrahmen für agrarräumliche Einheiten · Weiterführende Literatur · Englische Maßeinheiten · Worterklärungen · Register.

Bernd Andreae

Agrargeographie

2. Auflage

Strukturzonen und Betriebsformen in der Weltlandwirtschaft

17 cm x 24 cm. 503 Seiten. Mit 121 Abbildungen, 49 Übersichten, 78 Tabellen, 2 Farbkarten in der Rückentasche. 1982. Fester Einband. ISBN 3 11 008559 3

Aus dem Inhalt
Die Agrargeographie als Wissenschaft · Die Klimazonen des Weltagrarraumes und ihre agrargeographisch bedeutsamen Merkmale · Die Abgrenzung des Weltagrarraumes · Agrarbetriebe als Bausteine der Agrarlandschaft · Klassifizierungsrahmen für agrarräumliche Einheiten · Die Agrargeographie der feuchten Tropen · Die Agrargeographie der Trockengebiete · Die Agrargeographie der gemäßigten Breiten · Strukturwandlungen des Weltagrarraumes im Wirtschaftswachstum · Literaturverzeichnis.

de Gruyter · Berlin · New York

Genthiner Straße 13, D-1000 Berlin 30 · Tel.: (0 30) 2 60 05-0 · Telex 1 84 027 · Telefax (0 30) 2 60 05-251
200 Saw Mill River Road, Hawthorne, N.Y. 10532 · Tel.: (914) 747-0110 · Telex 64 66 77 · Telefax (914) 747-1326

Lehrbuch der Allgemeinen Geographie

H. Louis
Allgemeine Geomorphologie
4., erneuerte und erweiterte Auflage. In zwei Teilen.
Unter Mitarbeit von K. Fischer.
Textteil: XXXI, 814 Seiten. 147 Figuren. 2 beiliegende Karten.
Bilderteil: II, 181 Seiten. 176 Bilder. 1979.
ISBN 3 11 007103 7 (Band 1)

Blüthgen/Weischet
Allgemeine Klimageographie
3. Auflage
Etwa 900 Seiten. 208 Abbildungen und 4 mehrfarbige Karten. 1980.
ISBN 3 11 006561 4 (Band 2)

F. Wilhelm
Schnee- und Gletscherkunde
VIII, 414 Seiten. 58 Abbildungen. 156 Figuren und 71 Tabellen. 1975.
ISBN 3 11 004905 8 (Band 3)

J. Schmithüsen
Allgemeine Vegetationsgeographie
3., neu bearbeitete und erweiterte Auflage. XXIV, 463 Seiten. 275 Abbildungen. 13 Tabellen und 1 Ausschlagtafel. 1968.
ISBN 3 11 006052 3 (Band 4)

H. G. Gierloff-Emden
Geographie des Meeres
Ozeane und Küsten als Umwelt 2 Teilbände
Teil 1: XXIV, 847 Seiten. 324 Abbildungen und 1 Ausschlagtafel. 1979.
ISBN 3 11 002124 2 (Band 5, Teil 1)
Teil 2: XXVI, 608 Seiten. 290 Abbildungen und 1 Ausschlagtafel. 1979.
ISBN 3 11 007911 9 (Band 5, Teil 2)

G. Schwarz
Allgemeine Siedlungsgeographie
4. Auflage. 1989. (Band 6)

E. Obst
Allgemeine Wirtschafts- und Verkehrsgeographie
3., neu bearbeitete und erweiterte Auflage. XX, 698 Seiten. 57 Abbildungen und 1 mehrfarbige Karte. 1965. Mit Nachdruck zur 3. Auflage von E. Obst und G. Sandner. 64 Seiten. 1969.
ISBN 3 11 002809 3 (Band 7)

M. Schwind
Allgemeine Staatengeographie
XXII, 581 Seiten. 94 Abbildungen und 57 Tabellen. 1972.
ISBN 3 11 001634 6 (Band 8)

E. Imhof
Thematische Kartographie
XIV, 360 Seiten. 153 Abbildungen und 6 mehrfarbige Tafeln. 1972.
ISBN 3 11 002122 6 (Band 10)

S. Schneider
Luftbild und Luftbild-Interpretation
XVI, 530 Seiten. 216, zum Teil mehrfarbige Bilder. 1 Anaglyphenbild. 181 Abbildungen und 27 Tabellen. 1974.
ISBN 3 11 002123 4 (Band 11)

J. Schmithüsen
Allgemeine Geosynergetik
Grundlagen der Landschaftskunde
XII, 349 Seiten. 15 Abbildungen. 1976.
ISBN 3 11 001635 4 (Band 12)

In Vorbereitung:

Bevölkerungsgeographie
Sozialgeographie

de Gruyter · Berlin · New York

Genthiner Straße 13, D-1000 Berlin 30 · Tel.: (0 30) 2 60 05-0 · Telex 1 84 027 · Telefax (0 30) 2 60 05-251
200 Saw Mill River Road, Hawthorne, N.Y. 10532 · Tel.: (914) 747-0110 · Telex 64 66 77 · Telefax (914) 747-1326